AF666195

Chemische Reaktionstechnik

Gerhard Emig • Elias Klemm •
Hannsjörg Freund

Chemische Reaktionstechnik

7. Auflage

Unter Mitarbeit von Klaus-Dieter Hungenberg

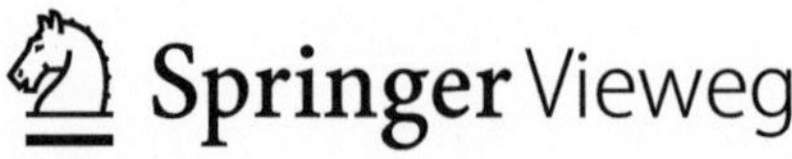

Gerhard Emig
LS für Chemische Reaktionstechnik
Universität Erlangen-Nürnberg
Erlangen, Deutschland

Elias Klemm
Institut für Technische Chemie
Universität Stuttgart
Stuttgart, Deutschland

Hannsjörg Freund
Fakultät Bio- und Chemieingenieurwesen,
Lehrstuhl Reaction Engineering and Catalysis
Technische Universität Dortmund
Dortmund, Deutschland

ISBN 978-3-662-68825-0 ISBN 978-3-662-68826-7 (eBook)
https://doi.org/10.1007/978-3-662-68826-7

Die Deutsche Nationalbibliothek verzeichnet diese Publikation in der Deutschen Nationalbibliografie; detaillierte bibliografische Daten sind im Internet über https://portal.dnb.de abrufbar.

Planung/Lektorat: Alexander Grün
Springer Vieweg ist ein Imprint der eingetragenen Gesellschaft Springer-Verlag GmbH, DE und ist ein Teil von Springer Nature.
Die Anschrift der Gesellschaft ist: Heidelberger Platz 3, 14197 Berlin, Germany

Vorwort

Dieses Lehrbuch bietet eine Einführung in die Chemische Reaktionstechnik und soll die Leserschaft letztendlich in die Lage versetzen, die beiden Schwerpunkte Reaktionsanalyse und Reaktorauslegung in Labor und Technik für konkrete Fälle anzuwenden. Angesprochen sind sowohl Studierende der Fachrichtungen Chemieingenieurwesen, Chemie und Verfahrenstechnik als auch Anwendende in der industriellen Praxis.

Gliederung und Struktur des Lehrbuchs sind im Vergleich zur Vorgängerauflage im Wesentlichen gleich geblieben. Sie haben sich bewährt und sind an vielen Hochschulstandorten in die entsprechenden Lehrveranstaltungen eingegangen. Wichtige Kapitel sind und bleiben Kap. 2 und 5: Kap. 2, das die notwendigen Begriffe und Definitionen der Chemischen Reaktionstechnik einführt, die dann in allen folgenden Kapiteln konsequent und konsistent verwendet werden. Kap. 5, in dem die Grundlagen der Modellierung idealer Reaktoren dargelegt werden, wobei zum besseren Verständnis von einer einzigen Reaktion ausgegangen wird. Einphasige komplexe Reaktionen werden dann in Kap. 7 anhand der idealen Reaktoren vorgestellt und erläutert. Die Mehrphasenreaktionen werden in Kap. 8 auf Basis gemeinsamer Grundlagen zum Stofftransport und zur Bilanzierung behandelt. Es schließen sich dann die Kapitel zu spezielleren Bereichen der Chemischen Reaktionstechnik an, wobei sich Kap. 9 der Mikroreaktionstechnik und Kap. 10 den Polyreaktionen widmet. Das in der Vorgängerauflage von Klaus-Dieter Hungenberg vollständig überarbeitete und in dieser Neuauflage nochmals leicht überarbeitete Kap. 10 bleibt ein Alleinstellungsmerkmal dieses Lehrbuchs. Wir hoffen, dass wir mit dem neuen Kap. 11, das in die elektrochemische Reaktionstechnik einführt, ein weiteres Alleinstellungsmerkmal geschaffen haben. Die Elektrifizierung der chemischen Industrie und die elektrochemische Energietechnik sind ein Schlüssel zur zukünftigen CO_2-Neutralität des Chemie- und Energiesektors, was die Aktualität und Relevanz dieses Kapitels unterstreicht.

Es gibt nicht viele Werke, die sich der elektrochemischen Reaktionstechnik widmen. Ein Beispiel ist das sehr zu empfehlende Werk „Electrochemical Engineering" von Hartmut Wendt und Gerhard Kreysa, das ebenfalls im Springer-Verlag erschienen ist. In der vorliegenden 7. Auflage unseres Lehrbuchs stellen wir die elektrochemische Reaktionstechnik in den Gesamtkontext der chemischen Reaktionstechnik und zeigen, wie die Grundlagen der Reaktionsanalyse und Reaktormodellierung thermochemischer und thermokatalytischer Reaktionen auf Elektrodenreaktionen und Elektrolysezellen übertragen werden können. Hierbei werden die Elektronen als Reaktionspartner betrachtet und deren elektrisches Potenzial berücksichtigt. Entsprechend ist Kap. 11 so aufgebaut, dass zunächst die bekannten Begriffe und Definitionen der chemischen Reaktionstechnik modifiziert und erweitert werden. Anschließend erfolgt die Erweiterung der chemischen Thermodynamik auf elektrochemische Systeme. Auf dieser Basis erfolgt dann die Ableitung mikrokinetischer Ansätze für unterschiedliche Typen von Elektrodenreaktionen sowie die Berücksichtigung von Stofftransportlimitierungen in Form makrokinetischer Ansätze. Abschließend wird dann auf verschiedene Typen elektrochemischer Reaktoren, deren Betriebsweisen und Scale-up eingegangen.

In der vorliegenden Neuauflage sind in allen Kapiteln erstmalig die wichtigsten Formeln und Gleichungen durch Unterlegungen hervorgehoben. Dies soll es der Leserschaft erleichtern, wichtige Zwischen- und Endergebnisse schnell zu erkennen, aber auch schnell wiederzufinden. Wir hoffen, dass dies die Stringenz und Konsistenz der Kapitelinhalte auch visuell unterstützt.

Schon mit der 5. Auflage ist mit Elias Klemm ein neuer Mitautor mit ergänzenden Lehr- und Forschungsschwerpunkten aufgenommen worden. Dies gehört zur Strategie des Springer-Verlags, ihre Lehrbücher über viele Auflagen hinweg jeweils mit den neuesten Forschungsschwerpunkten in Einklang zu bringen und entsprechend zu aktualisieren. Mit der 7. Auflage konnte mit Hannsjörg Freund von der Technischen Universität Dortmund ein weiterer Kollege aus dem aktiven Hochschuldienst gewonnen werden. Er bringt alle Voraussetzungen mit, um eine Weiterführung und kontinuierliche Ergänzung des Lehrinhalts im Sinne der modernen Reaktionstechnik auf hohem Niveau zu gewährleisten. Mit seiner wissenschaftlichen Kompetenz in Modellierungsfragen und Computersimulationen ergänzt er dabei die Forschungsbereiche der anderen Autoren sehr gut.

Dem Springer-Verlag, vertreten durch Susanne Schemann, Lisa Katharina Schroeder und Alexander Grün, möchten wir auch diesmal wieder für die hervorragende Unterstützung, die große Geduld und die gelungene und ansprechende Form dieses Lehrbuchs danken.

Erlangen, Deutschland — Gerhard Emig
Stuttgart, Deutschland — Elias Klemm
Dortmund, Deutschland — Hannsjörg Freund
Januar 2024

Inhaltsverzeichnis

1 Einführung in die Chemische Reaktionstechnik 1
1.1 Übergeordnete Ziele der Chemischen Reaktionstechnik 2
1.1.1 Entwicklung neuer chemischer Prozesse 2
1.1.2 Optimierung bestehender chemischer Prozesse 4
1.2 Lehrinhalte der Chemischen Reaktionstechnik 4
1.2.1 Reaktionsanalyse 4
1.2.2 Reaktorauslegung 6
1.3 Bedeutung der Chemischen Reaktionstechnik 6
Literatur 7

2 Begriffe und Definitionen der Chemischen Reaktionstechnik 9
2.1 Allgemeine Definition von Reaktionssystemen 9
2.2 Allgemeine Definition von Reaktoren 12
2.3 Quantitative Beschreibung von Reaktionen mit lokalen Größen 13
2.4 Quantitative Beschreibung von Reaktionen mit integralen Größen 17
2.4.1 Umsatzgrad, Ausbeute und Selektivität 18
2.4.2 Atomeffizienz und E-Faktor 24
2.4.3 Produktionshöhe und Kapazität 25
2.4.4 Raum-Zeit-Ausbeute 26
Literatur 33

3 Reaktionsanalyse 35
3.1 Stöchiometrie chemischer Reaktionen 36
3.1.1 Zielsetzung und Grundlagen 37
3.1.2 Bestimmung der Schlüsselkomponenten 39
3.1.3 Bestimmung der Schlüsselreaktionen 42
3.1.4 Praktische Relevanz 47
3.2 Thermodynamik 48
3.2.1 Erster Hauptsatz der Thermodynamik 49
3.2.2 Zweiter Hauptsatz der Thermodynamik 65

3.3 Mikrokinetik 90
3.3.1 Homogene Fluidreaktionen 92
3.3.2 Heterogen katalysierte Reaktionen 95
3.3.3 Homogen katalysierte Reaktionen 105
3.3.4 Biokatalysierte Reaktionen 108
3.3.5 Kettenreaktionen 114
Literatur 117

4 Grundlagen der Wärmeübertragung 119
4.1 Mechanismen des Wärmetransports 120
4.1.1 Wärmeleitung 120
4.1.2 Konvektion 122
4.1.3 Wärmestrahlung 123
4.2 Wärmeübergang 125
4.3 Wärmedurchgang 129
4.4 Auslegung von Wärmeübertragern 131
Literatur 134

5 Grundlagen der Reaktormodellierung 135
5.1 Grundlagen der Bilanzierung 136
5.2 Die allgemeine Stoffbilanz 138
5.3 Die allgemeine Energiebilanz 147
5.4 Ideale Reaktoren 155
5.4.1 Diskontinuierlicher idealer Rührkesselreaktor 157
5.4.2 Kontinuierlicher idealer Rührkesselreaktor 181
5.4.3 Halbkontinuierlicher idealer Rührkesselreaktor 210
5.4.4 Idealer Strömungsrohrreaktor 218
5.5 Vergleich idealer Reaktoren 233
5.5.1 Diskontinuierlicher idealer Rührkesselreaktor und idealer Strömungsrohrreaktor 234
5.5.2 Kontinuierlicher idealer Rührkesselreaktor und idealer Strömungsrohrreaktor 235
5.6 Kombination idealer Reaktoren 239
5.6.1 Serienschaltung von Rührkesselreaktoren (Rührkesselkaskade) 239
5.6.2 Parallelschaltung von Strömungsrohrreaktoren (Rohrbündelreaktor) 249
Literatur 251

6 Verweilzeitverteilung und Bilanzierung realer Reaktoren 253
6.1 Verweilzeitsummenfunktion und Verweilzeitverteilungsfunktion 254
6.2 Experimentelle Ermittlung der Verweilzeitsummenfunktion und der Verweilzeitverteilungsfunktion 256

6.3 Verweilzeitverhalten idealer Reaktoren 260
6.3.1 Verweilzeitverhalten des idealen Strömungsrohrreaktors . . . 260
6.3.2 Verweilzeitverhalten des kontinuierlichen idealen Rührkesselreaktors 262
6.3.3 Verweilzeitverhalten einer Kaskade kontinuierlicher idealer Rührkesselreaktoren 263
6.4 Verweilzeitverhalten realer Reaktoren 266
6.4.1 Verweilzeitverhalten kontinuierlicher realer Rührkesselreaktoren 266
6.4.2 Verweilzeitverhalten realer Strömungsrohrreaktoren 267
6.5 Bilanzierung realer Reaktoren 281
6.5.1 Berechnung des Umsatzgrades mit dem Dispersionsmodell . . . 281
6.5.2 Berechnung des Umsatzgrades mit dem Zellenmodell 284
6.5.3 Mikrovermischung und Makrovermischung (Segregation) . . . 286
6.5.4 Berechnung des Umsatzgrades für vollständige Segregation 288
Literatur 292

7 Reaktionstechnik einphasiger komplexer Reaktionen 295
7.1 Gleichgewichtsreaktionen 297
7.1.1 Monomolekulare Gleichgewichtsreaktion 297
7.1.2 Bimolekulare Gleichgewichtsreaktion 313
7.2 Folgereaktionen 323
7.2.1 1,1-Folgereaktion 325
7.2.2 2,1- bzw. 1,2-Folgereaktion 336
7.3 Parallelreaktionen 341
7.3.1 1,1-Parallelreaktion 342
7.3.2 2,1- bzw. 1,2-Parallelreaktion 345
7.4 Komplexe Reaktionen mit mehr als zwei Teilreaktionen 349
7.4.1 Irreversible Folge- und Parallelreaktion als Hauptnebenreaktionen 350
7.4.2 Reversible Folge- und Parallelreaktion als Hauptnebenreaktionen 354
Literatur 355

8 Reaktionstechnik mehrphasiger Reaktionen 357
8.1 Grundlagen der chemischen Reaktionen in mehrphasigen Systemen 358
8.1.1 Makrokinetik 358
8.1.2 Reaktormodellierung 364

8.2 Heterogen katalysierte Reaktionen . . . 368
8.2.1 Feste Katalysatoren . . . 369
8.2.2 Kinetische Modellierung . . . 372
8.2.3 Reaktorauslegung . . . 418
8.3 Fluid-Fest-Reaktionen . . . 463
8.3.1 Kinetische Modellierung . . . 465
8.3.2 Reaktorauslegung . . . 475
8.4 Fluid-Fluid-Reaktionen . . . 481
8.4.1 Kinetische Modellierung . . . 482
8.4.2 Reaktorauslegung . . . 496
Literatur . . . 503

9 Mikroreaktionstechnik . . . 509
9.1 Begriffe und Definitionen . . . 510
9.2 Homogene und homogen katalysierte Fluidreaktionen . . . 512
9.2.1 Fluiddynamik . . . 512
9.2.2 Stoffbilanz . . . 512
9.2.3 Enthalpiebilanz . . . 516
9.2.4 Reaktorauslegung . . . 519
9.3 Heterogen katalysierte Fluidreaktionen . . . 521
9.3.1 Stoffbilanz . . . 521
9.3.2 Enthalpiebilanz . . . 526
9.3.3 Reaktorauslegung . . . 528
9.4 Fluid-Fluid-Reaktionen . . . 529
9.4.1 Fluiddynamik . . . 530
9.4.2 Stoffbilanz . . . 530
9.4.3 Enthalpiebilanz . . . 532
9.4.4 Reaktorauslegung . . . 532
9.5 Mikrostrukturreaktoren . . . 532
9.5.1 Labormaßstab . . . 532
9.5.2 Technischer Maßstab . . . 532
Literatur . . . 536

10 Reaktionstechnik der Polyreaktionen . . . 537
10.1 Begriffe und Definitionen . . . 537
10.1.1 Einführung in die Polyreaktionen . . . 537
10.1.2 Polymerisationsgrad und Polymerisationsgradverteilung . . . 541
10.1.3 Klassifizierung nach Elementarreaktionen . . . 543
10.2 Kinetik von Polyreaktionen . . . 546
10.2.1 Kinetik der Polykondensation/Polyaddition . . . 547
10.2.2 Kinetik der ionischen/übergangsmetallkatalysierten Polymerisation . . . 550

10.2.3 Kinetik der radikalischen Polymerisation 556
10.2.4 Kinetik der Copolymerisation 565
10.2.5 Vergleich der verschiedenen Typen von Polyreaktionen 568
10.3 Einfluss des Reaktortyps auf die Polymerisation 569
10.3.1 Idealer Strömungsrohrreaktor/diskontinuierlicher idealer Rührkesselreaktor 569
10.3.2 Kontinuierlicher idealer Rührkesselreaktor 573
10.3.3 Halbkontinuierlicher idealer Rührkesselreaktor 576
10.3.4 Zusammenspiel von Reaktionsmechanismus und Reaktortyp 578
10.4 Polymerisationsverfahren in heterogener Phase 578
10.4.1 Suspensions-/Perlpolymerisation 579
10.4.2 Fällungs-/Dispersionspolymerisation 579
10.4.3 Emulsionspolymerisation 582
10.5 Schlussbemerkung 584
Literatur 585

11 Elektrochemische Reaktionstechnik 589
11.1 Begriffe, Definitionen und Beispiele 590
11.1.1 Begriffe 590
11.1.2 Definitionen 593
11.1.3 Beispiele 600
11.2 Elektrochemische Thermodynamik 603
11.2.1 Erster Hauptsatz der Thermodynamik 603
11.2.2 Zweiter Hauptsatz der Thermodynamik 605
11.3 Kinetik von Elektrodenreaktionen 621
11.3.1 Mikrokinetik 621
11.3.2 Makrokinetik 650
11.4 Elektrochemische Reaktoren 662
11.4.1 Labormaßstab 665
11.4.2 Technischer Maßstab 666
11.4.3 Betriebsweisen 667
Literatur 675

12 Mathematischer Anhang 677
12.1 Dimensionslose Kennzahlen 677
12.2 Taylor-Reihenentwicklung 681
12.3 Nullstellenbestimmung 683
12.4 Lösung von Differenzialgleichungen und Differenzialgleichungssystemen 686
12.4.1 Analytische Lösungsmöglichkeiten 686
12.4.2 Numerische Lösungsmöglichkeiten 690

12.5 Parameterschätzung 696
12.5.1 Lineare Modelle 697
12.5.2 Nichtlineare Modelle 698
12.6 Software 699
12.6.1 Kostenfreie Software 700
12.6.2 Kommerzielle Software 701
Literatur 703

Symbolverzeichnis 705

Stichwortverzeichnis 729

Einführung in die Chemische Reaktionstechnik 1

Die *Chemische Reaktionstechnik* und die *Mechanischen und Thermischen Grundoperationen* sind die wichtigsten Ausbildungsinhalte in der Grundausbildung *Technische Chemie* bzw. *Chemische Verfahrenstechnik* im Rahmen der Studiengänge Chemie, Chemieingenieurwesen und Verfahrenstechnik. Die Ausbildungsinhalte sind dabei im Chemie-Studiengang stärker stofflich-chemisch orientiert und im Verfahrenstechnik-Studiengang stärker abstrakt-mathematisch. Das Chemieingenieurwesen ist dabei ein Kompromiss zwischen diesen beiden Ausrichtungen. Dies gilt auch für das vorliegende Lehrbuch, das für alle drei Studiengänge geeignet ist.

Die Chemische Reaktionstechnik ist eine exakte Wissenschaft und liefert die theoretischen Grundlagen, um die in diesem Kapitel beschriebenen praxisrelevanten übergeordneten Ziele zu erreichen. Daneben gibt es eine Vielzahl von Forschungszielen, die letztendlich Beiträge zur Erreichung der übergeordneten Entwicklungsziele liefern. Beispiele reaktionstechnischer Forschungsziele sind die Bestimmung von Kinetiken, die Bewertung von Stoff- und Wärmetransporteinflüssen, die Optimierung der Reaktionsführung, die Entwicklung neuer chemischer Reaktoren oder die Reaktormodellierung und -simulation. In dieser Reihenfolge verschieben sich die Forschungskompetenzen von der Chemie zur Verfahrenstechnik, wobei z. B. der Chemiker Grundwissen für die Reaktorauslegung (z. B. Reaktormodellierung und -simulation) haben sollte und der Verfahrenstechniker das Grundwissen der molekularen chemischen Vorgänge (z. B. Mechanismus). Denn beides ist notwendig, um die nachfolgend beschriebenen übergeordneten Ziele zu erreichen.

G. Emig et al., *Chemische Reaktionstechnik*,
https://doi.org/10.1007/978-3-662-68826-7_1

1.1 Übergeordnete Ziele der Chemischen Reaktionstechnik

1.1.1 Entwicklung neuer chemischer Prozesse

Die *Entwicklung neuer chemischer Prozesse* umfasst die sichere Übertragung einer chemischen Reaktion vom Labormaßstab der Forschung in den technischen Maßstab der Produktion. Diese Übertragung wird als *Scale-up* bezeichnet und der Faktor dieser Maßstabsübertragung als *Scale-up-Faktor*. Im Wesentlichen können zwei Arten des *Scale-ups* unterschieden werden: das *klassische geometrische Scale-up* und das *Numbering-up*. Das Numbering-up, kann dabei *als internes Numbering-up* oder als *externes Numbering-up* erfolgen. Nachfolgend werden diese Begriffe kurz erläutert:

- *Klassisches geometrisches Scale-up*
  Der Fall eines klassischen geometrischen Scale-ups liegt vor, wenn ein Syntheseansatz vom z. B. 300-ml-Dreihalskolben des Syntheselabors in einen 3-m^3-Rührkessel der Produktion übertragen wird. Da das Verhältnis der Oberfläche für die Wärmeabfuhr zum wärmeerzeugenden Reaktionsvolumen bei der Übertragung drastisch abnimmt (s. Kap. 4), kann es bei stark exothermen Reaktionen im Produktionsmaßstab zu deutlich höheren, oft sicherheitstechnisch kritischen Temperaturen kommen (s. Kap. 5). Weiterhin müssen Rührorgan und Rührleistung vom z. B. magnetischen Rührfisch im Labor zum mechanischen Rührwerk im Produktionsmaßstab übertragen werden. Da im Labormaßstab beim Rühren im Allgemeinen ein höherer spezifischer Energieeintrag möglich ist, sind die zum Erreichen der selben Mischgüte nötigen Mischzeiten im Produktionsmaßstab meistens deutlich größer, sodass im Produktionsmaßstab Selektivitätseinbußen bei mischungssensitiven Reaktionen auftreten können.
- *Internes Numbering-up*
  Unter *internem Numbering-up* versteht man die Parallelisierung von Reaktoren innerhalb eines Apparates. Ein typisches Beispiel ist der Rohrbündelreaktor, bei dem bis zu einigen 10.000 Rohren (Rohrreaktoren) zwischen zwei Rohrböden parallel eingebaut sind. Ein weiteres Beispiel sind mikrostrukturierte Reaktoren, bei denen viele Mikrokanäle parallel durchströmt werden. Beim *internen Numbering-up* ist daher entscheidend, dass alle parallel betriebenen Reaktoren gleich angeströmt und gleich durchströmt werden.
- *Externes Numbering-up*
  Beim *externen Numbering-up* werden die Reaktoren als Apparate parallel verschaltet und betrieben. Beispiel für externes Numbering-up sind zwei oder mehr parallel betriebene Rührkesselreaktoren, Rohrbündelreaktoren oder mikrostrukturierte Reaktoren.

Es sei darauf hingewiesen, dass die geschilderten Arten des Scale-ups, oft nicht einzeln, sondern in Kombination auftreten. Dies sei am Beispiel des Rohrbündelreaktors erläutert.

So wird beispielsweise im Labor ein 10 cm langer Laborrohrreaktor betrieben, der einen Innendurchmesser von 1 cm hat. Um zum Produktionsmaßstab zu gelangen, ist zunächst ein geometrisches Scale-up auf Rohrdimensionen von 5 m Länge und einigen cm Innendurchmesser (z.B. 1-Zoll-Rohr = 2,54 cm) notwendig. Im nächsten Schritt werden gemäß eines internen Numbering-ups 10.000 Rohre als Rohrbündel in einem Apparat betrieben. Zur weiteren Erhöhung der Produktion können beispielsweise drei solcher Rohrbündelreaktoren parallel betrieben werden.

Die durch das Scale-up erfolgende Steigerung der Produktionshöhe kann mehr als 6 Zehnerpotenzen betragen (Scale-up-Faktor $> 10^6$). Laborreaktoren besitzen üblicherweise eine „Produktionshöhe" von einigen Gramm pro Stunde. Im Falle von Grundchemikalien oder petrochemischen Produkten beträgt die Produktionshöhe mehr als eine Tonne bis zu mehr als 10 t/h. Bei pharmazeutischen Wirkstoffen ist der Scale-up-Faktor deutlich kleiner und liegt in der Größenordnung von wenigen Zehnerpotenzen, da diese im g- oder kg-Maßstab produziert werden.

Ob das Reaktor-Scale-up in einer Stufe auf Basis von Laborversuchen erfolgen kann oder in mehreren Stufen über einen Technikums- oder Pilotreaktor erfolgen muss, hängt sehr stark von der reaktionstechnischen Wissensbasis und den Vorerfahrungen mit ähnlichen Reaktionen ab. Aus reaktionstechnischer Sicht umfasst das Reaktor-Scale-up mindestens die Bearbeitung folgender Fragestellungen, die im Allgemeinen iterativ erfolgt:

1. Festlegung der Betriebsweise (diskontinuierlich, halbkontinuierlich oder kontinuierlich)
2. Auswahl eines geeigneten Reaktortyps
3. Festlegung der optimalen Reaktionsführung (z. B. Konzentrationen, Temperaturen, Drucke)
4. Dimensionierung des Reaktors für die gewünschte Kapazität

Neben dem Reaktor-Scale-up muss natürlich auch ein Verfahrens-Scale-up erfolgen. Heutzutage wird aus Kosten- und Zeitgründen die sogenannte Miniplant-Technik bevorzugt. Eine Miniplant-Anlage zeichnet sich dadurch aus, dass der gesamte Prozess im kleinstmöglichen Maßstab, der noch einen reproduzierbaren Dauerbetrieb erlaubt, durchgeführt wird. Eine Miniplant-Anlage ist letztendlich eine miniaturisierte Produktionsanlage mit Massenströmen zwischen 0,1 und 10 kg/h, die alle Grundoperationen und sämtliche Rückführungen und Bypässe enthält. Somit kann beispielsweise eine Akkumulation von Nebenprodukten und deren Auswirkung auf den Reaktorbetrieb erkannt werden. Für weitergehende Informationen zur Miniplant-Technik sei der Leser auf die einschlägige Fachliteratur verwiesen ([1, 2]).

Im Rahmen dieses Lehrbuchs können nur die reaktionstechnischen Grundlagen der Reaktorauslegung behandelt werden, auf denen das Reaktor-Scale-up aufbaut, das wiederum Teil der Verfahrensentwicklung und des Verfahrens-Scale-ups ist. Auch hier sei wiederum auf die einschlägige Fachliteratur verwiesen ([3–5]).

1.1.2 Optimierung bestehender chemischer Prozesse

Die *Optimierung bestehender chemischer Prozesse* umfasst im Wesentlichen folgende Fragestellungen:

1. Erhöhung von Energie- und Rohstoffeffizienz
2. Kapazitätserhöhung (*debottlenecking*)
3. Analyse nicht bestimmungsgemäßer Betriebszustände

Die Punkte 1 und 2 werden in der Technik auch unter dem Terminus *revamping* zusammengefasst, was wörtlich übersetzt „aufmöbeln" bedeutet. Bei der Analyse nicht-bestimmungsgemäßer Betriebszustände werden mögliche Ursachen für Betriebsstörungen im Labormaßstab nachgestellt und bewertet.

Bei der Optimierung bestehender chemischer Prozesse besteht – im Gegensatz zum Scale-up – das Problem, dass man häufig den Produktionsprozess in den Labormaßstab herunterskalieren muss, um aussagekräftige Ergebnisse zu erhalten. Man spricht dann von einem *Scale-down*. Eine andere Strategie der Optimierung bestehender Prozesse besteht darin, ideale Laborreaktoren einzusetzen, um Prozesswissen aufzubauen und/oder einen Benchmark zu erhalten. Letzterer erlaubt eine Einschätzung des Optimierungspotenzials des bestehenden Prozesses hinsichtlich Isothermie und definierter Durchströmung, die in Laborreaktoren leichter zu realisieren sind (isothermer idealer Laborreaktor).

1.2 Lehrinhalte der Chemischen Reaktionstechnik

Der Lehrinhalt der Chemischen Reaktionstechnik kann in zwei Bereiche unterteilt werden, die *Reaktionsanalyse* und die *Reaktorauslegung*. Das vorliegende Lehrbuch orientiert sich an dieser Unterteilung und der nachfolgend beschriebenen und in Abb. 1.1 veranschaulichten Detaillierung.

1.2.1 Reaktionsanalyse

Die *Reaktionsanalyse* umfasst in der Chemischen Reaktionstechnik die Teildisziplinen *Stöchiometrie, Thermodynamik und Mikrokinetik* (s. Kap. 3). Für ein gegebenes Reaktionssystem können auf Basis experimentell ermittelter Produktzusammensetzungen und bei geschlossenen Elementbilanzen der dazugehörigen Messungen mithilfe der Stöchiometrie alle prinzipiell möglichen Teilreaktionen formuliert werden. Mithilfe des 2. Hauptsatzes der Thermodynamik muss dann jede dieser Teilreaktionen bewertet werden, ob sie auch tatsächlich ablaufen kann und wenn ja, ob es sich um eine reversible oder irreversible

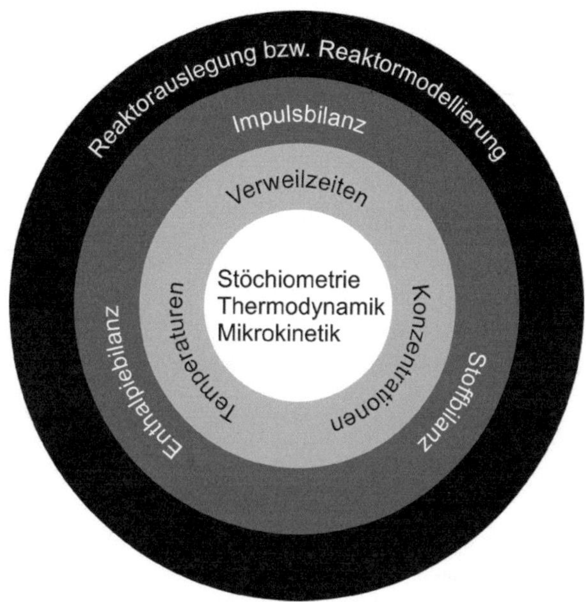

Abb. 1.1 Lehrinhalte der Reaktionstechnik. (Nach [6])

Teilreaktion handelt. Falls Phasengleichgewichte im Reaktionssystem vorliegen, liefert der 2. Hauptsatz der Thermodynamik auch die dazugehörigen Gleichgewichtslagen. Aus dem 1. Hauptsatz der Thermodynamik erhält man für jede der stöchiometrisch und thermodynamisch möglichen Teilreaktionen die jeweiligen Reaktionsenthalpien, die wiederum für die Reaktorauslegung notwendig sind.

Abschließend müssen die stöchiometrisch und thermodynamisch möglichen Teilreaktionen überprüft werden, ob sie auch tatsächlich kinetisch relevant sind. So kann eine stöchiometrisch und thermodynamisch mögliche Teilreaktion kinetisch gehemmt sein und nicht ablaufen. Nur mithilfe kinetischer Messungen sowie deren statistisch begründeter Auswertung können Teilreaktionen identifiziert werden, die den tatsächlichen Reaktionsablauf beschreiben und stöchiometrisch und thermodynamisch möglich sind.

Es wird immer mehrere Sätze möglicher Teilreaktionen geben, die das Reaktionssystem stöchiometrisch, thermodynamisch und kinetisch korrekt beschreiben. Ein Satz solcher Teilreaktionen kann für die Reaktorauslegung ausreichend sein, wenn man die Reaktionsbedingungen, für die die Reaktionsanalyse durchgeführt wurde, nicht verlässt. Einen größeren Gültigkeitsbereich und damit eine höhere Sicherheit der Reaktorauslegung erzielt man, wenn zusätzliche Informationen über den Mechanismus vorliegen – sei es durch zusätzliche spektroskopische Untersuchungen unter Reaktionsbedingungen (Operando-Spektroskopie) und/oder durch Anwendung oder Übertragung von bekannten Reaktionsmechanismen der organischen Chemie.

1.2.2 Reaktorauslegung

Wenn die Reaktionsanalyse abgeschlossen ist und insbesondere eine stöchiometrisch und thermodynamisch korrekte quantitative Kinetik des Reaktionssystems vorliegt, kann mit der *Reaktorauslegung* begonnen werden (s. Kap. 5 und folgende Kapitel). Bei der Reaktorauslegung wird auf Basis der Kinetik durch Bilanzierung von Stoff, Energie und Impuls ein quantitatives Reaktormodell erstellt, mit dessen Hilfe man die optimale Reaktionsführung ermitteln und die Reaktordimensionierung durchführen kann. Für einfache Reaktionssysteme und Reaktoren existieren analytische Lösungen, in komplexeren Fällen jedoch nur numerische Lösungen. Im letzteren Fall werden kommerzielle oder selbst geschriebene Programme verwendet und man spricht dann auch von Reaktorsimulation.

Bei der Reaktorauslegung sind die *Stoffbilanzen* der beteiligten chemischen Spezies in jedem Fall erforderlich, denn sie liefern die *Konzentrationsprofile* im Reaktor, die sich hinsichtlich der Reaktionsführung optimieren lassen und die die Dimensionierung des Reaktors ermöglichen. Sofern der Betrieb des Reaktors nicht isotherm ist, benötigt man zusätzlich die *Energiebilanz*, um das dazugehörige *Temperaturprofil* zu ermitteln. Über die Kinetik, die temperaturabhängig ist, sind die Stoffbilanzen und die Energiebilanz stark gekoppelt. Für den Fall, dass die *Geschwindigkeitsprofile* im Reaktor nicht bekannt sind, muss zusätzlich die *Impulsbilanz* gelöst werden. Die simultane Lösung aller Bilanzgleichungen kann dann nur noch numerisch am Computer mit kommerziellen CFD-Programmen gelöst werden (CFD steht für Computational Fluid Dynamics).

In vielen Fällen reicht es jedoch aus, sogenannte *ideale Reaktoren* anzunehmen, bei denen die Geschwindigkeitsprofile eindeutig definiert und somit bekannt sind (s. Abschn. 5.4). Mithilfe von sogenannten Verweilzeitmessungen kann bei jedem Reaktor bewertet werden, ob er ein Geschwindigkeitsprofil eines idealen Reaktors besitzt bzw. welchem idealen Reaktor sein Geschwindigkeitsprofil am nächsten kommt (s. Kap. 6). Manchmal kann das Geschwindigkeitsprofil eines Reaktors auch durch Kombination von idealen Reaktoren beschrieben werden.

1.3 Bedeutung der Chemischen Reaktionstechnik

Die Technische Chemie mit der Chemischen Reaktionstechnik als zentraler Fachdisziplin hat in Deutschland eine lange Tradition. In der deutschen chemischen Industrie reichen ihre Wurzeln bis in das 17. Jahrhundert zurück. So entwickelte Johann Rudolph Glauber Verfahren zur Herstellung von Salpetersäure, Salzsäure und Natriumsulfat, auch Glaubersalz genannt [7]. Einen weiteren Meilenstein der Technischen Chemie stellte dann die Entwicklung der Ammoniak-Synthese nach dem Haber-Bosch-Verfahren Anfang des 20. Jahrhunderts dar. Alwin Mittasch, der zusammen mit Carl Bosch seitens der BASF AG und in Kooperation mit der Universität Karlsruhe in Person von Fritz Haber maßgeblich zur technischen Realisierung der Ammoniak-Synthese nach dem Haber-Bosch-Verfahren beitrug, schreibt in seinem Buch *Geschichte der Ammoniak-Synthese*:

„Wird beim Arbeiten im Kreislauf jeweils nur ein geringer Umsatz der Reaktionsgase Stickstoff und Wasserstoff erreicht, so ist es von größter technischer und wirtschaftlicher Bedeutung, diese geringfügige Umsetzung noch bei schnellem Durchleiten, also kurzer Berührungszeit der Gase mit dem Katalysator zu erreichen".

Alwin Mittasch führt dann den Begriff der „Raum-Zeit-Ausbeute" ein (s. auch Abschn. 2.4.4), d. h. er stellte fest, dass hohe Raum-Zeit-Ausbeuten erreicht werden müssen, um eine wirtschaftliche Ammoniaksynthese technisch zu realisieren [8].

In der Ausbildung gehen die Wurzeln der Technischen Chemie auf Gewerbeschulen, vielfach Vorgängereinrichtungen der heutigen Technischen Universitäten zurück. So erfolgte bereits im 19. Jahrhundert an der Vereinigten Real- und Gewerbeschule zu Stuttgart oder an der Königlichen Gewerbeschule zu Chemnitz eine Ausbildung in Technischer Chemie. Ein Meilenstein in der Entwicklung des Faches Chemische Reaktionstechnik zu einer wissenschaftlichen Disziplin sind die Arbeiten von Gerhard Damköhler (1908–1944) am Institut für Physikalische Chemie der Universität Göttingen unter der damaligen Leitung von Arnold Eucken (1884–1950). Nach Gerhard Damköhler sind wichtige Kennzahlen der Chemischen Reaktionstechnik benannt (s. Abschn. 8.2.2). Karl Schoenemann (1900–1984), Leiter des Instituts für Chemische Technologie der damaligen TH Darmstadt, war ein wichtiger Wegbereiter für eine moderne universitäre Ausbildung in Technischer Chemie in Deutschland. Ein weiterer Meilenstein für die Entwicklung der Fachdisziplin der Chemischen Reaktionstechnik war dann die Einführung des Studiengangs Chemieingenieurwesen an deutschen Universitäten. Der Studiengang wurde in Deutschland 1966 erstmals an der Universität Erlangen-Nürnberg angeboten. Hanns Hofmann (1923–2006), der damalige Leiter des Instituts für Technische Chemie I, war Wegbereiter und Gründer dieses Studiengangs. Heute wird der Studiengang Chemieingenieurwesen an mehr als 30 deutschen Hochschulen angeboten.

Die moderne Chemische Reaktionstechnik beschränkt sich heute nicht mehr nur auf die Herstellung von Chemikalien in großem Maßstab. Andere Anwendungsbereiche haben mittlerweile ebenso große Bedeutung und sind ökologisch, ökonomisch und sozial höchst relevant wie z. B. energiewandelnde und energiespeichernde Systeme, Ressourceneffizienz und Stoffkreisläufe, neue Produktionstechnologien für Feinchemikalien und Pharmazeutika, Produktdesign und Partikeltechnologie ebenso wie Life Sciences und Medizintechnik [9].

Die große Bedeutung der Chemischen Reaktionstechnik spiegelt sich auch in einer Reihe von aktuellen deutsch- und englischsprachigen Lehrbüchern wieder (z. B. [10–13]).

Literatur

1. Steude, H.E., Deibele, L., Schröter, J.: MINIPLANT-Technik – ausgewählte Aspekte der apparativen Gestaltung. Chem. Ing. Tech. **69**, 623–631 (1997)
2. Deibele, L., Dohrn, R. (Hrsg.): Miniplant-Technik in der Prozessindustrie. Wiley-VCH, Weinheim (2006)
3. Blass, E.: Entwicklung verfahrenstechnische Prozesse. Springer, Berlin (1997)

4. Vogel, H.G.: Verfahrensentwicklung: von der ersten Idee zur chemischen Produktionsanlage. Wiley-VCH, Weinheim (2002)
5. Zlokarnik, M.: Scale-up: Modellübertragung in der Verfahrenstechnik, 2. Aufl. Wiley-VCH, Weinheim (2005)
6. Roadmap Chemical Reaction Engineering, 3. Auflage DECHEMA/VDI, Frankfurt (2023)
7. Pietsch, E.: Glauber, Johann Rudolph. Neue Dtsch. Biogr. **6**, 437f (1964) [Onlinefassung]. https://www.deutsche-biographie.de/pnd118695304.html#ndbcontent. Zugegriffen am 10.06.2024
8. Mittasch, A.: Geschichte der Ammoniaksynthese. Verlag Chemie, Berlin-Weinheim (1951)
9. Klemm, E., Wagemann, K.: Technische Chemie – ein unverzichtbarer Brückenkopf. Chem. Ing. Tech. **86**, 1831 (2014)
10. Baerns, M., Behr, A., Brehm, A., Gmehling, J., Hinrichsen, K.-O., Hofmann, H., Onken, U., Palkovits, R., Renken, A.: Technische Chemie, 2. Aufl. Wiley-VCH, Weinheim (2013)
11. Jess, A., Wasserscheid, P.: Chemical Technology – An Integrated Textbook. Wiley-VCH, Weinheim (2013)
12. Fogler, H.S.: Elements of Chemical Reaction Engineering. Pearson Education, Edinburgh (2014)
13. Levenspiel, O.: Chemical Reaction Engineering, 3. Aufl. Wiley, New York (1998)

2 Begriffe und Definitionen der Chemischen Reaktionstechnik

In Kap. 1 wurden die übergeordneten Ziele und die Lehrinhalte der Chemischen Reaktionstechnik erläutert. Kap. 2 beruht auf der Tatsache, dass die Chemische Reaktionstechnik seit Mitte des 20. Jahrhunderts eine systematische und exakte Wissenschaft ist. Daher ist es unerlässlich, zunächst die Begriffe und Definitionen der Chemischen Reaktionstechnik einzuführen und dann in den Folgekapiteln diese konsequent anzuwenden. Dem Leser sei dieses Kapitel daher besonders ans Herz gelegt. Die Begriffe und Definitionen beruhen auf der bereits in den 70er-Jahren des 20. Jahrhunderts eingeführten Nomenklatur [1]. Weiterhin gibt es Empfehlungen der IUPAC zur chemischen Kinetik von 1996 [2], die ebenfalls in diesem Lehrbuch Berücksichtigung finden.

2.1 Allgemeine Definition von Reaktionssystemen

Ausgangspunkt jeglicher reaktionstechnischer Betrachtungen ist eine chemische Synthese. Es empfiehlt sich, zu Beginn der reaktionstechnischen Betrachtungen die Synthesevorschrift des Synthesechemikers in eine technisch-chemische Beschreibung zu übertragen und eine Klassifizierung vorzunehmen. Die reaktionstechnisch relevanten Merkmale einer chemischen Synthese sind:

- Anzahl und Art der *chemischen Verbindungen* des Reaktionssystems
- Anzahl und Art der Phasen des Reaktionssystems (*Phasenbestand*)
- Anzahl und Art der ablaufenden Reaktionen (*Reaktionsschema*)
- die *Reaktionsbedingungen* (Temperatur, Druck etc.)

G. Emig et al., *Chemische Reaktionstechnik*,
https://doi.org/10.1007/978-3-662-68826-7_2

Dies sind die grundlegenden Informationen, die die Synthesechemie an der Schnittstelle zur Technischen Chemie liefert, und auf denen dann die Reaktionsanalyse (s. Kap. 3) und die Reaktormodellierung (s. Kap. 5) aufbauen.

Als *Reaktionssystem* versteht man das gesamte Reaktionsgemisch, das aus verschiedenen chemischen Verbindungen besteht (s. Abb. 2.1). Diese sind zum einen die *Edukte (Feed)* und zum anderen die *Produkte* aller ablaufenden Reaktionen, die man auch insgesamt als *Reaktanden* oder Spezies bezeichnet. Bei den Produkten unterscheidet man noch in:

- *Hauptprodukte* (erwünschte Produkte)
- *Nebenprodukte* (unerwünschte Produkte)
- *Koppelprodukte* (Nebenprodukte, die in derselben Reaktion mit dem Hauptprodukt entstehen)

Chemische Verbindungen des Reaktionssystems sind aber auch *Begleitstoffe* wie *Inertstoffe* (Lösungsmittel, Trägergas), *Verunreinigungen* (bei technischen Rohstoff-Spezifikationen) oder *Katalysatoren.*

Der *Phasenbestand* wird durch die Anzahl *P* der Phasen sowie deren Aggregatszustände beschrieben (s. Abb. 2.2). *Ein einphasiges Reaktionssystem wird auch als homogenes und ein mehrphasiges als heterogenes Reaktionssystem bezeichnet.* Heterogene Reaktionssysteme zeichnen sich dadurch aus, dass mindestens ein Edukt über eine oder mehrere Phasengrenzen in die Reaktionsphase und/oder mindestens ein Produkt aus der Reaktionsphase in die anderen Phasen transportiert werden muss. Damit wird deutlich, dass Stofftransportschritte einen Einfluss auf die Gesamtreaktion haben können. Ähnliches gilt auch für den Wärmetransport, der über andere Phasen von oder in die Reaktionsphase erfolgt.

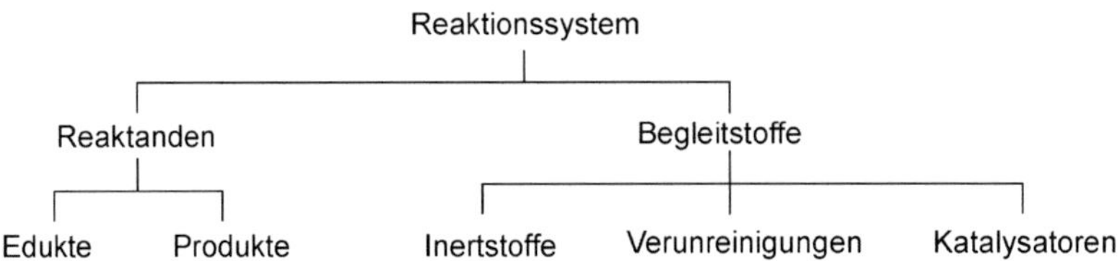

Abb. 2.1 Zusammensetzung des Reaktionssystems

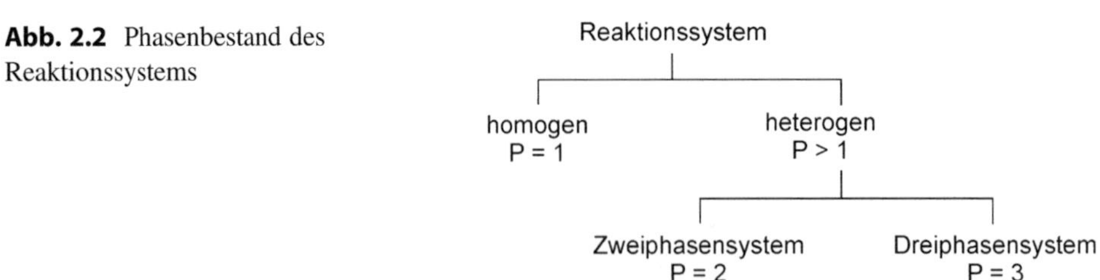

Abb. 2.2 Phasenbestand des Reaktionssystems

Beispiele für Zweiphasensysteme sind:

- Heterogen katalysierte Fluid-Reaktionen (s. Abschn. 8.2)
- Fluid-Fest-Reaktionen (s. Abschn. 8.3)
- Fluid-Fluid-Reaktionen (s. Abschn. 8.4)

Als typisches Dreiphasensystem sei die heterogen katalysierte Gas-Flüssig-Reaktion genannt. Dreiphasensysteme werden im Rahmen des Lehrbuchs nicht behandelt.

Das *Reaktionsschema* (auch als Reaktionsnetz bezeichnet) umfasst sämtliche ablaufenden Reaktionen, wobei zu dessen Beschreibung die nachfolgende Nomenklatur eingeführt und im gesamten Lehrbuch konsequent verwendet wird:

$$\begin{aligned}&\text{Spezies}: &&i = 1 \text{ bis } N \text{ mit } N = \text{Anzahl der Spezies}\\&\text{Reaktionen}: &&j = 1 \text{ bis } M \text{ mit } M = \text{Anzahl der Reaktionen}\end{aligned}$$

Die Spezies des Reaktionssystems werden mit dem Laufindex i durchnummeriert und im Folgenden mit A_i bezeichnet. Die Reaktionen werden dagegen mit dem Laufindex j durchnummeriert, wobei – wenn nichts anderes angegeben ist – die gewünschte Reaktion, die zum Hauptprodukt führt, als erste Reaktion formuliert wird und den Laufindex $j = 1$ erhält.

Das *Reaktionsschema* kann nun mit Hilfe einer Matrix beschrieben werden, in der die Zeilen den $j = 1$ bis M Reaktionen und die Spalten den $i = 1$ bis N Spezies zugeordnet sind. Die Komponenten der Matrix sind die stöchiometrischen Koeffizienten $\nu_{i,j}$, mit denen die Spezies A_i in den Reaktionen j auftreten. Dabei ist zu beachten, dass j der Zeilenindex und i der Spaltenindex ist. Ein Reaktionsschema kann dann mit Hilfe dieser *Matrix der stöchiometrischen Koeffizienten* mathematisch in der folgenden Form formuliert werden:

$$\sum_{i=1}^{N} \nu_{i,j} A_i = 0 \quad \text{für alle } j = 1 \text{ bis } M. \tag{2.1}$$

Das Gleichheitszeichen lässt offen, ob es sich um eine irreversible oder eine reversible Reaktion handelt. Weiterhin ist zu beachten, dass die stöchiometrischen Koeffizienten vorzeichenbehaftet sind:

$\nu_{i,j} < 0$ für alle Edukte
$\nu_{i,j} > 0$ für alle Produkte

Beispiel 2.1
Es liege folgendes Reaktionsschema bestehend aus drei Reaktionsgleichungen vor:

$$\begin{array}{llllllll} j=1: & A_1 & + & A_2 & \rightarrow & A_3 & + & A_4 \\ j=2: & 2A_1 & & & \rightarrow & A_5 & & \\ j=3: & A_3 & & & \rightarrow & A_6 & + & A_7. \end{array}$$

In der Hauptreaktion ($j = 1$) wird das gewünschte Produkt A_3 sowie das Koppelprodukt A_4 gebildet. Die Nebenreaktionen $j = 2$ und $j = 3$ führen zu den Nebenprodukten A_5, A_6 und A_7. Bei der Nebenreaktion $j = 2$ handelt es sich um eine Parallelreaktion eines Edukts und bei der Nebenreaktion $j = 3$ um eine Folgereaktion des gewünschten Produkts.

Mit den entsprechenden stöchiometrischen Koeffizienten $\nu_{i,j}$ können die Reaktionsgleichungen gemäß Gl. 2.1 auch in folgender Form dargestellt werden:

$$\begin{array}{rrrrrrrcl} -A_1 & -\ A_2 & +\ A_3 & +\ A_4 & & & & = & 0 \\ -2A_1 & & & & +\ A_5 & & & = & 0 \\ & & -\ A_3 & & & +\ A_6 & +\ A_7 & = & 0. \end{array}$$

Die Matrix der stöchiometrischen Koeffizienten lautet somit:

$$\begin{array}{c} \\ j=1 \\ j=2 \\ j=3 \end{array} \begin{array}{c} \begin{array}{ccccccc} A_1 & A_2 & A_3 & A_4 & A_5 & A_6 & A_7 \end{array} \\ \begin{pmatrix} -1 & -1 & +1 & +1 & 0 & 0 & 0 \\ -2 & 0 & 0 & 0 & +1 & 0 & 0 \\ 0 & 0 & -1 & 0 & 0 & +1 & +1 \end{pmatrix} \end{array}.$$

◄

2.2 Allgemeine Definition von Reaktoren

Chemische Reaktoren sind Apparate, in denen das jeweilige Reaktionssystem vorliegt und die Edukte gemäß dem zugrunde liegenden Reaktionsschema bei den gewählten Reaktionsbedingungen zu den Produkten umgesetzt werden. Der Betrieb chemischer Reaktoren kann in verschiedenen Betriebsweisen erfolgen:

- *Diskontinuierlicher Betrieb* (Satzbetrieb)
- *Kontinuierlicher Betrieb* (*Fließbetrieb*)
- *Halbkontinuierlicher Betrieb* (*Teilfließbetrieb*)

Chemische Reaktoren können in ideale Reaktoren (s. Abschn. 5.4) und reale Reaktoren (s. Abschn. 6.5) unterteilt werden. Die Optimierung der Reaktionsführung und die Modellierung bzw. Auslegung chemischer Reaktoren sind wesentliche Inhalte der Chemischen Reaktionstechnik (s. Kap. 5 und folgende Kapitel).

2.3 Quantitative Beschreibung von Reaktionen mit lokalen Größen

Die quantitative Beschreibung von Reaktionssystemen in Abhängigkeit von Ort und Zeit in einem Reaktor erfolgt über die Angabe zur Zusammensetzung sowie deren Änderung bei Ablauf einer oder mehrerer chemischer Reaktionen gemäß dem zugrunde liegenden Reaktionsschema.

Die lokale Zusammensetzung des Reaktionssystems wird im Allgemeinen mit sogenannten intensiven Größen beschrieben, die sich dadurch auszeichnen, dass sie im Gegensatz zu extensiven Größen von der Größe des lokal gewählten Volumens unabhängig sind (s. Bilanzvolumen der Reaktormodellierung in Kap. 5). Um dies zu erreichen, erfolgt bei intensiven Größen eine Normierunge durch eine extensive Bezugsgröße wie beispielsweise:

- Reaktionsvolumen V
- Gesamtmolzahl n mit:

$$n = \sum_{i=1}^{N} n_i$$

- Gesamtmasse m mit:

$$m = \sum_{i=1}^{N} m_i$$

- Gesamtdruck p (nur bei Gasphase) mit:

$$p = \sum_{i=1}^{N} p_i$$

In diesem Zusammenhang sei darauf hingewiesen, dass das *Reaktionsvolumen* V, also das Volumen, das das Reaktionssystem einnimmt, nicht notwendigerweise mit dem *Reaktorvolumen* V_R identisch sein muss. Grundsätzlich gilt:

$$V \leq V_R.$$

Weiterhin sei darauf hingewiesen, dass sich die Bezugsgrößen V und n im Gegensatz zur Bezugsgröße m mit dem Ablauf der chemischen Reaktionen ändern können. Bei Reaktionen in flüssiger Phase kann im Allgemeinen davon ausgegangen werden, dass das Reaktionsvolumen V konstant bleibt, wohingegen bei Gasphasenreaktionen das Reaktionsvolumen von Druck und Temperatur sowie der Gesamtmolzahländerung abhängig ist. Die Bezugsgröße n ändert sich in jedem Fall, wenn sich die Gesamtmolzahl ändert. Ob eine Änderung der Gesamtmolzahl n vorliegt, lässt sich anhand der Matrix der stöchiometrischen Koeffizienten überprüfen:

$$\begin{aligned}
&\sum_{j=1}^{M}\sum_{i=1}^{N}\nu_{i,j}=0: \text{ keine Molzahländerung (molzahlbeständig)}\\
&\sum_{j=1}^{M}\sum_{i=1}^{N}\nu_{i,j}>0: \text{ Zunahme der Gesamtmolzahl}\\
&\sum_{j=1}^{M}\sum_{i=1}^{N}\nu_{i,j}<0: \text{ Abnahme der Gesamtmolzahl.}
\end{aligned} \tag{2.2}$$

In Tab. 2.1 sind die intensiven Größen zusammengefasst, die sich aus den genannten Bezugsgrößen ergeben. Im vorliegenden Lehrbuch werden für die Beschreibung der lokalen Zusammensetzung bevorzugt *Konzentrationen* c_i verwendet.

Die Änderung der lokalen Zusammensetzung des Reaktionssystems bei Ablauf einer oder mehrerer chemischer Reaktionen ergibt sich ebenfalls aus der Matrix der stöchiometrischen Koeffizienten unter Einführung der sogenannten *Reaktionslaufzahl* ξ. Die *Reaktionslaufzahl* ξ_j der j-ten Reaktion ist wie folgt definiert:

$$\xi_j = \frac{\Delta n_{i,j}}{\nu_{i,j}}, \tag{2.3}$$

Tab. 2.1 Kennzeichnung der mengenmäßigen Zusammensetzung der Reaktionsmasse

	-anteil	-konzentration
Stoffmengen- (Mol-)	$x_i = n_i/n$ [–] (x_i = Molenbruch der Spezies A_i)	$c_i = n_i/V$ [mol/m^3] (c_i = Konzentration der Spezies A_i)
Massen-	$w_i = m_i/m$ [–] (w_i = Massenbruch der Spezies A_i)	$\rho_i = m_i/V$ [kg/m^3] (ρ_i = Partialdichte der Spezies A_i)
Druck-	$p_i = x_i \cdot p$ [Pa] (p_i = Partialdruck der Spezies A_i)	

mit

$$\Delta n_{i,j} = \left(n_i - n_{i,0}\right)_j. \tag{2.4}$$

$\Delta n_{i,j}$ ist die Stoffmengenänderung der Spezies A_i in der Reaktion j. Die *Reaktionslaufzahl* ξ_j hat somit folgende Eigenschaften:

- ξ_j hat immer ein positives Vorzeichen.
- ξ_j hat immer die Einheit mol.
- ξ_j ist immer unabhängig von der betrachteten Spezies A_i.

Bei Kenntnis der Startstoffmengen $n_{i,0}$ am Ort $x = x_0$ bzw. zur Zeit $t = t_0$ sowie der lokalen Zahlenwerte der *Reaktionslaufzahlen* ξ_j kann man die Stoffmengen (und damit auch die Konzentrationen und Molenbrüche) aller Spezies A_i des Reaktionssystems am Ort x bzw. der Zeit t wie folgt berechnen:

$$n_i = n_{i,0} + \sum_{j=1}^{M} \nu_{i,j}\, \xi_j. \tag{2.5}$$

Abschließend sei darauf hingewiesen, dass die *Reaktionslaufzahl* ξ_j in der Chemie auch bekannt ist unter dem Begriff *Formelumsatz*. ξ_j ist nichts anderes als die Zahl der Formelumsätze in mol in der Reaktion j.

Für die Auslegung chemischer Reaktoren ist aber nicht nur wichtig, welche Reaktionslaufzahlen ξ_j vorliegen, sondern in welcher Zeit diese erreicht werden. Somit kommt die Kinetik ins Spiel, die die Dimensionierung und Optimierung chemischer Reaktoren maßgeblich bestimmt. Bei der Angabe von Geschwindigkeiten chemischer Reaktionen sind zwei Größen strikt voneinander zu unterscheiden:

- *Reaktionsgeschwindigkeit* r_j
- *Stoffmengenänderungsgeschwindigkeit* R_i

Die *Reaktionsgeschwindigkeit* r_j gibt den Reaktionsfortschritt in Form der Reaktionslaufzahl ξ_j pro Zeiteinheit und Einheit des Reaktionsvolumens an und ist wie folgt definiert:

$$r_j = \frac{1}{V} \cdot \frac{\mathrm{d}\xi_j}{\mathrm{d}t} \quad \left[\frac{\mathrm{mol}}{\mathrm{m}^3\,\mathrm{s}}\right]. \tag{2.6}$$

Die Stoffmengenänderungsgeschwindigkeit R_i ist die Bildungs- oder Verbrauchsgeschwindigkeit der Spezies A_i:

$$R_i = \frac{1}{V} \cdot \frac{\mathrm{d}n_i}{\mathrm{d}t} \quad \left[\frac{\mathrm{mol}}{\mathrm{m^3\,s}}\right]. \tag{2.7}$$

Die Stoffmengenänderungsgeschwindigkeit R_i lässt sich unter Verwendung der Matrix der stöchiometrischen Koeffizienten aus den Reaktionsgeschwindigkeiten r_j aller Reaktionen j berechnen, an denen die Spezies A_i beteiligt ist.

Mit der differenziellen Schreibweise von Gl. 2.5

$$\mathrm{d}n_i = \sum_{j=1}^{M} \nu_{i,j}\, \mathrm{d}\xi_j \tag{2.8}$$

ergibt sich

$$R_i = \sum_{j=1}^{M} \nu_{i,j}\, r_j. \tag{2.9}$$

Für den Fall eines konstanten Reaktionsvolumens V entspricht die Stoffmengenänderungsgeschwindigkeit R_i dem Gradienten des Konzentrations-Zeit-Verlaufs $c_i(t)$ der jeweiligen Spezies A_i zur betrachteten Zeit t:

$$R_i = \frac{1}{V} \cdot \frac{\mathrm{d}n_i}{\mathrm{d}t} = \frac{\mathrm{d}c_i}{\mathrm{d}t} \quad \left[\frac{\mathrm{mol}}{\mathrm{m^3\,s}}\right]. \tag{2.10}$$

Mit der Gl. 2.9 wird deutlich, dass nur in dem Spezialfall einer einzigen chemischen Reaktion ($M = 1$) und einem Betrag des stöchiometrischen Koeffizienten von 1 ($\nu_i = +1$ oder -1) die Stoffmengenänderungsgeschwindigkeit und die Reaktionsgeschwindigkeit vom Zahlenwert identisch sind:

$$R_i = -r\ (\text{für Edukt}) \quad \text{bzw.} \quad R_\mathrm{i} = +r\ (\text{für Produkt}).$$

Beispiel 2.2
Es liege folgendes Reaktionsschema vor:

$$2A_1 \rightarrow A_2 \rightleftarrows A_3.$$

Das Reaktionsschema besteht also aus den folgenden $j = 1$ bis 3 Teilreaktionen:

$$\begin{aligned} j=1: &\quad 2A_1 \rightarrow A_2 \\ j=2: &\quad A_2 \rightarrow A_3 \\ j=3: &\quad A_3 \rightarrow A_2 \end{aligned}$$

und wird durch folgende Matrix der stöchiometrischen Koeffizienten beschrieben:

$$\begin{matrix} & A_1 & A_2 & A_3 \\ j=1 \\ j=2 \\ j=3 \end{matrix} \begin{pmatrix} -2 & +1 & 0 \\ 0 & -1 & +1 \\ 0 & +1 & -1 \end{pmatrix}.$$

Die Stoffmengenänderungsgeschwindigkeit der Spezies A_1, A_2 und A_3 errechnet sich aus Gl. 2.9 wie folgt:

$$\begin{aligned} R_1 &= (-2)r_1 = -2r_1 \\ R_2 &= (+1)r_1 + (-1)r_2 + (+1)r_3 = r_1 - r_2 + r_3 \\ R_3 &= (+1)r_2 + (-1)r_3 = r_2 - r_3. \end{aligned}$$

Gemäß Gl. 2.2 gilt:

$$\sum_{j=1}^{M} \sum_{i=1}^{N} \nu_{i,j} = -2 + 1 - 1 + 1 + 1 - 1 = -1.$$

Somit liegt eine Abnahme der Gesamtmolzahl vor. ◀

2.4 Quantitative Beschreibung von Reaktionen mit integralen Größen

Integrale reaktionstechnische Größen werden aus entsprechenden Größen zu Beginn und Ende der Reaktion bei diskontinuierlichem Betrieb oder aus entsprechenden Größen am Reaktorein- bzw. -ausgang bei kontinuierlichem Betrieb berechnet. Sie ergeben sich prinzipiell durch Integration lokaler Größen – insbesondere der Stoffmengenänderungsgeschwindigkeiten – zwischen Beginn und Ende der Reaktion in einem diskontinuierlich betriebenen Reaktor bzw. zwischen Eingang und Ausgang eines kontinuierlich betriebenen Reaktors. Im Falle des halbkontinuierlichen Betriebs können die integralen reaktionstechnischen Größen genauso wie beim diskontinuierlichen Betrieb berechnet werden, wenn man die gesamte eindosierte Menge der Spezies A_i mit der Menge zu Reaktionsbeginn gleich setzt. Im Folgenden wird daher nicht mehr gesondert auf den halbkontinuierlichen Betrieb eingegangen.

Im Zusammenhang mit den in diesem Abschnitt definierten und dann im gesamten Lehrbuch verwendeten integralen reaktionstechnischen Größen ist folgende Konvention zu beachten:

Größen am Reaktoreingang bzw. bei Reaktionsbeginn werden mit dem Index 0 *versehen.*

Integrale reaktionstechnische Größen sind für die Entwicklung neuer chemischer Prozesse und die Optimierung bestehender chemischer Prozesse von großer Bedeutung.

2.4.1 Umsatzgrad, Ausbeute und Selektivität

Der *Umsatzgrad* U_i eines Eduktes A_i gibt den Bruchteil der eingesetzten Stoffmenge $n_{\mathrm{i},0}$ bzw. des zugeführten Stoffstroms $\dot{n}_{i,0}$ an, der im chemischen Reaktor umgesetzt wurde:

$$U_i = \frac{n_{i,0} - n_i}{n_{i,0}} \quad \text{bzw.} \quad U_i = \frac{\dot{n}_{i,0} - \dot{n}_i}{\dot{n}_{i,0}}. \tag{2.11}$$

Im Falle eines diskontinuierlich betriebenen Reaktors ist die eingesetzte Stoffmenge des Eduktes A_i die Stoffmenge $n_{\mathrm{i},0}$ zu Beginn der Reaktion und im Falle eines kontinuierlich betriebenen Reaktors ist der zugeführte Stoffstrom der Stoffstrom $\dot{n}_{i,0}$ am Reaktoreingang. Die dazugehörige Stoffmenge am Ende der Reaktion wird mit n_i bzw. der dazugehörige Stoffstrom am Reaktorausgang mit $\dot{n}_i$ bezeichnet.

Die Umsatzgrade können auch mit den Massen m_i des Eduktes zu Beginn und Ende der Reaktion bzw. mit den Massenströmen $\dot{m}_i$ des Eduktes am Reaktoreingang und -ausgang gebildet werden, da sich die Molmasse des Eduktes M_i bei der Umrechnung herauskürzt:

$$U_i = \frac{m_{i,0} - m_i}{m_{i,0}} \quad \text{bzw.} \quad U_i = \frac{\dot{m}_{i,0} - \dot{m}_i}{\dot{m}_{i,0}}. \tag{2.12}$$

Bei Volumenkonstanz, d. h. bei konstantem Reaktionsvolumen ($V_0 = V$) im diskontinuierlichen Betrieb bzw. bei konstantem Volumenstrom ($\dot{V}_0 = \dot{V}$) im kontinuierlichen Betrieb ergibt sich aus Gl. 2.11 sowohl für den diskontinuierlich als auch für den kontinuierlich betriebenen Reaktor dieselbe auf Konzentrationen beruhende Gleichung für den Umsatzgrad:

$$U_i = \frac{c_{i,0} - c_i}{c_{i,0}}. \tag{2.13}$$

Volumenkonstanz ist im Allgemeinen gegeben bei Reaktionen in flüssiger Phase. Bei Reaktionen in der Gasphase ist Volumenkonstanz dagegen häufig nicht erfüllt, da Konzentrationen druck- und temperaturabhängig sind. Beim Durchströmen von Reaktoren können sich sowohl Druck als auch Temperatur zum Teil erheblich ändern, wenn der Druckverlust im Reaktor signifikant und/oder die Reaktion stark exo- oder endotherm ist.

Im Falle einer molzahlbeständigen Reaktion, d. h. wenn für die Gesamtstoffmenge im diskontinuierlichen Betrieb gilt $n_0 = n$ und für den Gesamtstoffstrom im kontinuierlichen Betrieb $\dot{n}_0 = \dot{n}$, dann ergibt sich aus der Gl. 2.11 sowohl für den diskontinuierlich als auch für den kontinuierlich betriebenen Reaktor dieselbe auf Molenbrüchen x_i beruhende Gleichung für den Umsatzgrad:

$$U_i = \frac{x_{i,0} - x_i}{x_{i,0}}. \tag{2.14}$$

Abschließend sei darauf hingewiesen, dass häufig synonym für den Begriff *Umsatzgrad* der kürzere Begriff *Umsatz* verwendet wird. Der Umsatz ist jedoch im Gegensatz zum Umsatzgrad eine absolute Angabe für die umgesetzte Menge. Im diskontinuierlichen Reaktor ist der Umsatz $n_{i,0} - n_i$ und im kontinuierlichen Reaktor $\dot{n}_{i,0} - \dot{n}_i$, d. h. er entspricht jeweils dem Zähler der Gl. 2.11.

Die *Ausbeute* $A_{k,\,i}$ des Hauptproduktes A_k bezogen auf das Edukt A_i gibt die Menge an gebildetem A_k als den Bruchteil derjenigen Menge an A_k an, die sich aus der eingesetzten bzw. zugeführten Menge an Edukt A_i unter Berücksichtigung der Stöchiometrie der gewünschten Reaktion $j = 1$ maximal bilden kann:

$$A_{k,i} = \frac{(n_k - n_{k,0})}{n_{i,0} \cdot \frac{|\nu_{k,1}|}{|\nu_{i,1}|}} \quad \text{bzw.} \quad A_{k,i} = \frac{(\dot{n}_k - \dot{n}_{k,0})}{\dot{n}_{i,0} \cdot \frac{|\nu_{k,1}|}{|\nu_{i,1}|}}. \tag{2.15}$$

Bei Volumenkonstanz bzw. Stoffmengenkonstanz ergeben sich analog zum Umsatzgrad sowohl für den diskontinuierlichen als auch für den kontinuierlichen Betrieb dieselben auf Konzentrationen bzw. Molenbrüchen beruhenden Gleichungen für die Ausbeute $A_{k,\,i}$:

$$A_{k,i} = \frac{(c_k - c_{k,0})}{c_{i,0} \cdot \frac{|\nu_{k,1}|}{|\nu_{i,1}|}} \quad \text{bzw.} \quad A_{k,i} = \frac{(x_k - x_{k,0})}{x_{i,0} \cdot \frac{|\nu_{k,1}|}{|\nu_{i,1}|}}. \tag{2.16}$$

Die *Selektivität* $S_{k,\,i}$ des Hauptproduktes A_k bezogen auf das Edukt A_i gibt die Menge an gebildetem A_k als den Bruchteil derjenigen Menge an A_k an, die sich aus der umgesetzten Menge an Edukt A_i unter Berücksichtigung der Stöchiometrie der gewünschten Reaktion $j = 1$ maximal bilden kann:

$$S_{k,i} = \frac{(n_k - n_{k,0})}{(n_{i,0} - n_i) \cdot \frac{|\nu_{k,1}|}{|\nu_{i,1}|}} \quad \text{bzw.} \quad S_{k,i} = \frac{(\dot{n}_k - \dot{n}_{k,0})}{(\dot{n}_{i,0} - \dot{n}_i) \cdot \frac{|\nu_{k,1}|}{|\nu_{i,1}|}}. \tag{2.17}$$

Bei Volumenkonstanz bzw. Stoffmengenkonstanz ergeben sich analog zum Umsatzgrad und der Ausbeute sowohl für den diskontinuierlichen als auch für den kontinuierlichen Betrieb dieselben auf Konzentrationen bzw. Molenbrüchen beruhenden Gleichungen für die Selektivität $S_{k,i}$:

$$S_{k,i} = \frac{(c_k - c_{k,0})}{(c_{i,0} - c_i) \cdot \frac{|\nu_{k,1}|}{|\nu_{i,1}|}} \quad \text{bzw.} \quad S_{k,i} = \frac{(x_k - x_{k,0})}{(x_{i,0} - x_i) \cdot \frac{|\nu_{k,1}|}{|\nu_{i,1}|}}. \tag{2.18}$$

Für den Zusammenhang zwischen *Umsatzgrad*, *Ausbeute* und *Selektivität* gilt die folgende sehr wichtige Gleichung:

$$S_{k,i} = \frac{A_{k,i}}{U_i}. \tag{2.19}$$

Als Merkhilfe für diese Gleichung kann das Wort „SAU" dienen oder – näher an den Definitionen orientiert – die Umrechnung von der eingesetzten Menge bei der Ausbeute auf die umgesetzte Menge bei der Selektivität über den Umsatzgrad.

Weiterhin können zu Umsatzgrad, Ausbeute und Selektivität folgende allgemeine Aussagen getroffen werden:

- Umsatzgrad, Ausbeute und Selektivität sind normierte Größen, deren Zahlenwerte zwischen 0 und 1 (bzw. 0 % und 100 %) liegen.
- Die Ausbeute kann nie größer als der Umsatzgrad sein.
- Die Selektivität kann größer sein als Ausbeute oder Umsatzgrad.
- Wenn eine einzige Reaktion vorliegt ($M = 1$), gilt: $S_{k,i} = 1$ und $A_{k,i} = U_i$.

Abschließend sei darauf hingewiesen, dass die Definitionen von Ausbeute und Selektivität gemäß der Gl. 2.15 bis 2.18 nicht nur für das Hauptprodukt und die gewünschte Reaktion ($j = 1$) gelten, sondern auch für Nebenprodukte, die in unerwünschten Reaktionen ($j = 2, \ldots, M$) gebildet werden. Es gilt dann:

$$\sum_{k=1}^{N_P} S_{k,i} = 1 \quad \text{und} \quad \sum_{k=1}^{N_P} A_{k,i} = U_i. \tag{2.20}$$

Dabei ist N_P die Zahl der Produkte, die aus dem betrachteten Edukt in unterschiedlichen Reaktionen entstehen, also Hauptprodukt und Nebenprodukte, nicht jedoch Koppelprodukte. Beispiel 2.4 verdeutlicht diesen Sachverhalt.

Beispiel 2.3
Es liege dasselbe Reaktionsschema wie in Beispiel 2.2 vor:

$$2A_1 \rightarrow A_2 \rightleftharpoons A_3.$$

Die Reaktion werde in flüssiger Phase durchgeführt und kann als volumenbeständig angenommen werden. Bei einer Startkonzentration von 1 mol/l an A_1 und einem gewünschten Umsatzgrad an A_1 von 60 % wird eine Selektivität von 80 % zum Zielprodukt A_2 erreicht.

Mit diesen Angabe von Startkonzentration, Umsatzgrad und Selektivität können die dazugehörigen Konzentrationen A_1, A_2 und A_3 berechnet werden:

Gemäß Gl. 2.13 ergibt sich für die Konzentration an A_1:

$$c_1 = c_{1,0} - c_{1,0} \cdot U_1 = c_{1,0} \cdot (1 - U_1) = 1\,\frac{\text{mol}}{\text{l}} \cdot (1 - 0,6) = 0{,}4\,\frac{\text{mol}}{\text{l}}.$$

Mit Gl. 2.18 kann die Konzentration an c_2 berechnet werden:

$$c_2 = S_{2,1}(c_{1,0} - c_1) \cdot \frac{|\nu_{2,1}|}{|\nu_{1,1}|} + c_{2,0}.$$

Es werde angenommen, dass zu Beginn der Reaktion noch kein Produkt A_2 vorliegt. Somit ergibt sich:

$$c_2 = 0{,}8 \cdot 0{,}6\,\frac{\text{mol}}{\text{l}} \cdot \frac{1}{2} + 0\,\frac{\text{mol}}{\text{l}} = 0{,}24\,\frac{\text{mol}}{\text{l}}.$$

Die gesuchte Konzentration an A_3 ergibt sich aus der Stöchiometrie: Aus den umgesetzten 0,6 mol/l an A_1 hätten gemäß Stöchiometrie der 1. Reaktion 0,3 mol/l an A_2 entstehen können. Da aber nur 0,24 mol/l entstanden sind, müssen 0,06 mol/l an A_2 zu A_3 weiterreagiert sein. Gemäß Stöchiometrie der 2. Reaktion wurden also 0,06 mol/l A_3 gebildet:

$$c_3 = 0{,}06\,\frac{\text{mol}}{\text{l}}.$$

Die Gesamtkonzentration c der Reaktanden beträgt:

$$c = c_1 + c_2 + c_3 = 0{,}7\,\frac{\text{mol}}{\text{l}}.$$

Wie im Beispiel 2.2 festgestellt, nimmt also die Gesamtstoffmenge der Reaktanden und somit auch ihre Gesamtkonzentration ab. ◀

Beispiel 2.4
Vinylacetat wird durch oxidative Kopplung von Ethen und Essigsäure an einem Pd/Au-Trägerkatalysator bei etwa 140 °C in der Gasphase in Rohrbündelreaktoren hergestellt:

$$\underset{A_1}{CH_2{=}CH_2} + \underset{A_2}{CH_3COOH} + \underset{A_3}{\tfrac{1}{2}\,O_2} \rightarrow \underset{A_4}{H_3C\text{-}\underset{\underset{O}{\|}}{C}\text{-}O\text{-}CH{=}CH_2} + \underset{A_5}{H_2O}$$

Es ergibt sich also zunächst folgende einzeilige Matrix der stöchiometrischen Koeffizienten:

$$\begin{array}{cccccc} & A_1 & A_2 & A_3 & A_4 & A_5 \\ j=1 & (-1 & -1 & -0{,}5 & +1 & +1). \end{array}$$

Im Prozess liegen am Reaktorein- und -ausgang folgende Massenströme vor (nach [3] für 20 t/h Vinylacetat):

Spezies	Reaktoreingang [t/h]	Reaktorausgang [t/h]
Ethen (A_1)	88,47	81,39
Essigsäure (A_2)	66,36	52,42
Sauerstoff (A_3)	13,12	7,35
Vinylacetat (A_4)	–	20,00

Aus den Massenströmen am Reaktorein- und -ausgang können nun sämtliche Umsatzgrade und Selektivitäten berechnet werden:

- Bestimmung der Umsatzgrade U_i (s. Gl. 2.12):

$$U_1 = \frac{\dot{m}_{1,0} - \dot{m}_1}{\dot{m}_{1,0}} = \frac{88{,}47\,\frac{\text{t}}{\text{h}} - 81{,}39\,\frac{\text{t}}{\text{h}}}{88{,}47\,\frac{\text{t}}{\text{h}}} = 0{,}08$$

$$U_2 = \frac{\dot{m}_{2,0} - \dot{m}_2}{\dot{m}_{2,0}} = \frac{66{,}36\,\frac{\text{t}}{\text{h}} - 52{,}42\,\frac{\text{t}}{\text{h}}}{66{,}36\,\frac{\text{t}}{\text{h}}} = 0{,}21$$

$$U_3 = \frac{\dot{m}_{3,0} - \dot{m}_3}{\dot{m}_{3,0}} = \frac{13{,}12\,\frac{\text{t}}{\text{h}} - 7{,}35\,\frac{\text{t}}{\text{h}}}{13{,}12\,\frac{\text{t}}{\text{h}}} = 0{,}44.$$

- Bestimmung der Selektivitäten $S_{k,i}$ (s. Gl. 2.17):

$$S_{4,1} = \frac{\dot{n}_4 - \dot{n}_{4,0}}{(\dot{n}_{1,0} - \dot{n}_1)\frac{|\nu_{4,1}|}{|\nu_{1,1}|}} = \frac{\frac{\dot{m}_4 - \dot{m}_{4,0}}{M_4}}{\frac{\dot{m}_{1,0} - \dot{m}_1}{M_1}\frac{|\nu_{4,1}|}{|\nu_{1,1}|}} = \frac{\frac{20.000\,\frac{\text{kg}}{\text{h}}}{86\,\frac{\text{kg}}{\text{kmol}}}}{\frac{(88.470 - 81.390)\,\frac{\text{kg}}{\text{h}}}{28\,\frac{\text{kg}}{\text{kmol}}} \cdot \frac{|+1|}{|-1|}} = \frac{232{,}56\,\frac{\text{kmol}}{\text{h}}}{252{,}86\,\frac{\text{kmol}}{\text{h}}} = 0{,}92$$

$$S_{4,2} = \frac{\frac{\dot{m}_4 - \dot{m}_{4,0}}{M_4}}{\frac{\dot{m}_{2,0} - \dot{m}_2}{M_2}\frac{|\nu_{4,1}|}{|\nu_{2,1}|}} = \frac{\frac{20.000\,\frac{\text{kg}}{\text{h}}}{86\,\frac{\text{kg}}{\text{kmol}}}}{\frac{(66.360 - 52.420)\,\frac{\text{kg}}{\text{h}}}{60\,\frac{\text{kg}}{\text{kmol}}} \cdot \frac{|+1|}{|-1|}} = \frac{232{,}56\,\frac{\text{kmol}}{\text{h}}}{232{,}33\,\frac{\text{kmol}}{\text{h}}} = 1{,}0$$

$$S_{4,3} = \frac{\frac{\dot{m}_4 - \dot{m}_{4,0}}{M_4}}{\frac{\dot{m}_{3,0} - \dot{m}_3}{M_3}\frac{|\nu_{4,1}|}{|\nu_{3,1}|}} = \frac{\frac{20.000\,\frac{\text{kg}}{\text{h}}}{86\,\frac{\text{kg}}{\text{kmol}}}}{\frac{(13.120 - 7.350)\,\frac{\text{kg}}{\text{h}}}{32\,\frac{\text{kg}}{\text{kmol}}} \cdot \frac{|+1|}{|-0{,}5|}} = \frac{232{,}56\,\frac{\text{kmol}}{\text{h}}}{180{,}31\,\frac{\text{kmol}}{\text{h}} \cdot 2} = 0{,}645.$$

Aus den berechneten Selektivitäten ist ersichtlich, dass die Totaloxidation von Ethen und nicht von Essigsäure ausgeht:

$$S_{4,1} = 0{,}92$$
$$S_{4,2} = 1{,}0.$$

Somit kann von folgender Nebenreaktion ($j = 2$) ausgegangen werden:

$$\underset{A_1}{H_2C{=}CH_2} + \underset{A_3}{3\,O_2} \rightarrow \underset{A_5}{2\,H_2O} + \underset{A_6}{2\,CO_2}.$$

Damit ergibt sich eine zweite Zeile in der Matrix der stöchiometrischen Koeffizienten:

$$\begin{array}{c} \\ j=1 \\ j=2 \end{array} \begin{array}{c} \begin{matrix} A_1 & A_2 & A_3 & A_4 & A_5 & A_6 \end{matrix} \\ \begin{pmatrix} -1 & -1 & -0{,}5 & +1 & +1 & 0 \\ -1 & 0 & -3 & 0 & +2 & +2 \end{pmatrix} \end{array}.$$

Die Selektivität der Bildung von CO_2 aus Ethen ergibt sich gemäß Gl. 2.17 wie folgt, wenn man anstelle von $j = 1$ (Hauptreaktion) $j = 2$ (Nebenreaktion) setzt:

$$S_{6,1} = \frac{\frac{\dot{m}_6}{M_6}}{\frac{\dot{m}_{1,0} - \dot{m}_1}{M_1} \frac{|\nu_{6,2}|}{|\nu_{1,2}|}}. \tag{a}$$

Geht man davon aus, dass alles Ethen, das nicht zu Vinylacetat umgesetzt wurde, vollständig oxidiert wird, muss gelten (s. Gl. 2.20):

$$S_{6,1} = 1 - S_{4,1} = 1 - 0{,}92 = 0{,}08.$$

Somit kann Gl. a nach dem Massenstrom an entstehendem CO_2 aufgelöst werden:

$$\begin{aligned}\dot{m}_6 &= S_{6,1} \cdot \frac{M_6}{M_1} \cdot (\dot{m}_{1,0} - \dot{m}_1) \cdot \frac{|\nu_{6,2}|}{|\nu_{1,2}|}\\ &= 0{,}08 \cdot \frac{44\,\frac{\text{kg}}{\text{kmol}}}{28\,\frac{\text{kg}}{\text{kmol}}} \cdot (88.470 - 81.390)\,\frac{\text{kg}}{\text{h}} \cdot \frac{|2|}{|-1|} = 1.780\,\frac{\text{kg}}{\text{h}} = 1{,}78\,\frac{\text{t}}{\text{h}}.\end{aligned}$$

◀

2.4.2 Atomeffizienz und E-Faktor

Das Konzept der *Atomeffizienz* wurde 1991 von Trost eingeführt [4]. Die Atomeffizienz ergibt sich als Quotient aus der Masse des gewünschten Produkts A_k und der Summe der Massen aller Produkte A_k, die pro Formelumsatz gemäß der gewünschten Reaktion $j = 1$ gebildet werden [5]:

$$\text{Atomeffizienz}\,[\%] = \frac{\nu_{k,1} \cdot M_k}{\sum_{k=1}^{N_P} \nu_{k,1} M_k} \cdot 100. \tag{2.21}$$

Im Falle der Bildung von Koppelprodukten kann die Selektivität $S_{k,i}$ zum gewünschten Produkt A_k einen Wert von 100 % besitzen, die Atomeffizienz dagegen deutlich niedriger sein. Im Sinne einer nachhaltigen Syntheseplanung sollten solche Synthesevorschriften bevorzugt ausgewählt werden, die eine hohe Atomeffizienz besitzen. Beispiele solcher Synthesen sind Additionen, Cycloadditionen und Isomerisierungen. Ausgesprochen atomineffizient sind z. B. die Wittig-Synthese, Cannizzaro-Reaktion oder die Oxidation mit CrO_3 [6].

Das Konzept des *E-Faktors* wurde 1992 von Sheldon eingeführt [7]. Der E-Faktor gibt das Verhältnis aus der Masse an Abfall bezogen auf die Masse an gewünschtem Produkt A_k an:

$$E = \frac{m_{\text{Abfall}}}{m_k}. \tag{2.22}$$

Typische E-Faktoren betragen [7]:

- bei *Grundchemikalien und Zwischenprodukten* kleiner als 5,
- bei *Fein- und Spezialchemikalien* 5 bis mehr als 50 und
- bei *Wirkstoffen* 25 bis mehr als 100.

2.4.3 Produktionshöhe und Kapazität

Im Falle eines diskontinuierlichen Reaktors ergibt sich die *Produktionshöhe* aus der Masse m_k des in einem Ansatz erzeugten Hauptproduktes A_k und der dazugehörigen Betriebszeit Δt. Die Betriebszeit Δt umfasst dabei die eigentliche Reaktionszeit sowie die sogenannte Totzeit, die zum Füllen, Aufheizen, Abkühlen, Leeren und Reinigen des Reaktors erforderlich ist. Die Masse m_k des innerhalb der Betriebszeit Δt erzeugten Hauptproduktes A_k kann aus Gl. 2.11 und 2.17 mit Hilfe der molaren Masse M_k und $n_{i,0} = V_0 \cdot c_{i,0}$ berechnet werden:

$$\dot{m}_k = \frac{m_k}{\Delta t} = \frac{V \cdot c_{i,0} \cdot U_i \cdot S_{k,i} \cdot \frac{|\nu_{k,1}|}{|\nu_{i,1}|} \cdot M_k}{\Delta t}. \tag{2.23}$$

Bei der Herleitung wurde davon ausgegangen, dass das Hauptprodukt A_k nicht bereits zu Beginn der Reaktion vorliegt ($n_{k,0} = 0$).

Für einen kontinuierlich betriebenen Reaktor ergibt sich unter der Annahme, dass das Hauptprodukt A_k am Reaktoreingang noch nicht vorliegt ($\dot{n}_{k,0} = 0$), die Produktionshöhe $\dot{m}_k$ an A_k aus Gl. 2.11 und 2.17 nach Umrechnung des Stoffstroms in den Massenstrom mit Hilfe der molaren Masse M_k und $\dot{n}_{i,0} = \dot{V}_0 \cdot c_{i,0}$ wie folgt:

$$\dot{m}_k = \dot{V}_0 \cdot c_{i,0} \cdot U_i \cdot S_{k,i} \cdot \frac{|\nu_{k,1}|}{|\nu_{i,1}|} \cdot M_k. \tag{2.24}$$

Die in Abhängigkeit vom Volumenstrom bzw. Betriebszeit und der Eingangskonzentration erreichbaren Umsatzgrade und Selektivitäten hängen zum einen von der Stöchiometrie, Thermodynamik und Kinetik des Reaktionssystems (s. Kap. 3) und zum anderen von der Reaktionsführung sowie dem verwendeten Reaktortyp (s. Kap. 5) ab.

Typische Produktionshöhen sind:

- bei *Grundchemikalien und Zwischenprodukten* einige t/h,
- bei *Fein- und Spezialchemikalien* einige kg/h und
- bei *Wirkstoffen* einige g/h.

Unter der *Anlagenkapazität* versteht man die maximale, in der vorliegenden Anlage mögliche Produktionshöhe. Die Anlage wird in diesem Fall unter Volllast betrieben. Ist die Produktionshöhe kleiner als die maximal mögliche Produktionshöhe, so spricht man von Teillast-Betrieb. Anlagenkapazitäten werden im Allgemeinen auf ein Jahr bezogen, d. h., die produzierbare Masse des Produktes A_k wird pro Jahr angegeben. Im Anlagenbau ist es üblich, mit 8000 Betriebsstunden pro Jahr zu rechnen, sodass sich die oben angegebenen typischen Produktionshöhen wie folgt in Anlagenkapazitäten umrechnen lassen:

- bei *Grundchemikalien und Zwischenprodukten* einige 10.000 bis einige 100.000 t pro Jahr,
- bei *Fein- und Spezialchemikalien* einige 10 bis einige 1.000 t pro Jahr und
- bei *Wirkstoffen* einige kg bis einige Tonnen im Jahr.

Grundchemikalien und Zwischenprodukte werden typischerweise im kontinuierlichen Betrieb und Wirkstoffe im diskontinuierlichen Betrieb produziert. Bei mehr als etwa 100 bis 1000 t Produkt pro Jahr ist der diskontinuierliche Betrieb nicht mehr realisierbar, sodass bei Fein- und Spezialchemikalien je nach Anlagenkapazität beide Betriebsarten vorkommen.

2.4.4 Raum-Zeit-Ausbeute

Die *Raum-Zeit-Ausbeute RZA* ist die auf das Reaktionsvolumen V bezogene Produktionshöhe:

$$RZA = \frac{\dot{m}_k}{V}. \tag{2.25}$$

Aus Gl. 2.25 ergibt sich mit Gl. 2.23 für den diskontinuierlichen Reaktorbetrieb:

$$RZA = \frac{\dot{m}_k}{V} = \frac{c_{i,0} \cdot U_i \cdot S_{k,i} \cdot \frac{|\nu_{k,1}|}{|\nu_{i,1}|} \cdot M_k}{\Delta t}. \tag{2.26}$$

Aus Gl. 2.25 ergibt sich mit Gl. 2.24 für den kontinuierlichen Reaktorbetrieb:

$$RZA = \frac{\dot{m}_k}{V} = \frac{\dot{V}_0 \cdot c_{i,0} \cdot U_i \cdot S_{k,i} \cdot \frac{|\nu_{k,1}|}{|\nu_{i,1}|} \cdot M_k}{V}. \tag{2.27}$$

Für ein volumenbeständiges Reaktionssystem kann die fluiddynamische Verweilzeit gemäß

$$\tau = \frac{V}{\dot{V}_0} = \frac{V}{\dot{V}} \tag{2.28}$$

eingeführt werden.

Für die Raum-Zeit-Ausbeute ergibt sich dann für den kontinuierlichen Reaktorbetrieb:

$$RZA = \frac{\dot{m}_k}{V} = \frac{c_{i,0} \cdot U_i \cdot S_{k,i} \cdot \frac{|\nu_{k,1}|}{|\nu_{i,1}|} \cdot M_k}{\tau}. \tag{2.29}$$

Typische Größenordnungen der *Raum-Zeit-Ausbeute* sind:

- bei *Grundchemikalien und Zwischenprodukten* ca. 1 bis 10 kg Produkt pro Liter und Stunde,
- bei *Fein- und Spezialchemikalien* ca. 0,01 bis 1 kg Produkt pro Liter und Stunde und
- bei *Wirkstoffen* ca. 0,001 bis 0,01 kg Produkt pro Liter und Stunde.

Die notwendigen Raum-Zeit-Ausbeuten werden in der Technik im Wesentlichen über die Reaktionstemperatur und den Einsatz von Katalysatoren erreicht:

- Bei *Grundchemikalien und Zwischenprodukten* handelt es sich im Allgemeinen um Gasphasenprozesse mit Reaktionstemperaturen von über 200 °C. In vielen Fällen werden feste Katalysatoren verwendet, um ausreichend hohe Selektivitäten zu erreichen. Man spricht dann von heterogen katalysierten Gasphasenreaktionen.
- Bei *Fein- und Spezialchemikalien* handelt es sich im Allgemeinen um Flüssigphasenprozesse mit Reaktionstemperaturen zwischen ca. 50 und 200 °C. In vielen Fällen werden molekulare oder feste Katalysatoren verwendet, um ausreichend hohe Selektivitäten zu erreichen. Man spricht in diesem Fall von homogen oder heterogen katalysierten Flüssigphasenreaktionen. Manchmal ist als weitere Phase eine Gasphase beteiligt, sodass dann eine Gas-Flüssig-Reaktion vorliegt.
- Bei *Wirkstoffen* handelt es sich im Allgemeinen um Flüssigphasenprozesse mit Reaktionstemperaturen in der Größenordnung der Raumtemperatur. Es werden üblicherweise Biokatalysatoren (Enzyme oder ganze Zellen) verwendet, um ausreichend hohe Selektivitäten (hier insbesondere Enantioselektivitäten) zu erreichen.

Beispiel 2.5

Ein Carbonsäureamid werde in einem diskontinuierlich betriebenen Rührkesselreaktor durch Hydrolyse des korrespondierenden Nitrils gemäß folgender Reaktionsgleichung produziert:

$$\begin{array}{ccccc} \mathrm{RCN} + \mathrm{H_2O} & \rightarrow & \mathrm{R\text{-}\underset{\underset{\displaystyle O}{\|}}{C}\text{-}NH_2} \\ A_1 \quad A_2 & & A_3 \end{array}$$

Es liegt also eine einzige Reaktion ($M = 1$) mit drei Reaktanden ($N = 3$) vor. Die Matrix der stöchiometrischen Koeffizienten besteht daher nur aus einer Zeile:

$$\begin{array}{cccc} & A_1 & A_2 & A_3 \\ j = 1 & (-1 & -1 & +1). \end{array}$$

Da es sich um eine einzige Reaktion handelt, wird der Laufindex j im Folgenden weggelassen. Da keine Nebenreaktion auftritt, gilt:

$$S_{3,1} = S_{3,2} = 1.$$

Die Reaktion wird mit einem Überschuss an Wasser in Diglyme, einem hochsiedenden Lösungsmittel, basen- oder säurekatalysiert durchgeführt. Bei einer Reaktionstemperatur von 40 °C und unter Verwendung des gewählten Katalysators wird der gewünschte Umsatzgrad von 98 % nach einer Reaktionszeit von 4 h erreicht. Das Reaktionsvolumen des Rührkessels betrage 2 m^3. Die Ausgangskonzentration an Nitril sei 2 mol/l und die Molmasse des Produktes (Carbonsäureamid) 100 g/mol.

Die Produktionshöhe berechnet sich nach Gl. 2.23 mit $k = 3$ und $i = 1$ wie folgt:

$$\dot{m}_3 = \frac{V \cdot c_{1,0} \cdot U_1 \cdot \frac{|+1|}{|-1|} \cdot M_3}{\Delta t}.$$

Es wird angenommen, dass pro Schicht (8 h) ein Ansatz durchgeführt und aufgearbeitet wird, d. h. die Betriebszeit Δt beträgt 8 h. Somit ergibt sich:

$$\dot{m}_3 = \frac{2\,\mathrm{m}^3 \cdot 2\,\frac{\mathrm{mol}}{\mathrm{l}} \cdot 1.000\,\frac{\mathrm{l}}{\mathrm{m}^3} \cdot 0{,}98 \cdot 100\,\frac{\mathrm{g}}{\mathrm{mol}} \cdot 10^{-3}\,\frac{\mathrm{kg}}{\mathrm{g}}}{8\,\mathrm{h}} = 49\,\frac{\mathrm{kg}}{\mathrm{h}}.$$

Bei einem Drei-Schicht-Betrieb und angenommenen 8000 Betriebsstunden im Jahr würde sich eine Anlagenkapazität von 392 t pro Jahr ergeben. Allerdings würde man in der Praxis niemals über einen so großen Zeitraum immer wieder denselben Ansatz durchführen, sondern entweder einen deutlich größeren diskontinuierlichen Rührkesselreaktor einsetzen oder auf kontinuierlichen Betrieb im Strömungsrohrreaktor umstellen (s. Beispiel 5.8).

Die Raum-Zeit-Ausbeute ergibt sich gemäß Gl. 2.26:

$$RZA = \frac{\dot{m}_3}{V} = 0{,}025\,\frac{\mathrm{kg\ Produkt}}{\mathrm{l\,h}}.$$

Abb. 2.3 Foto eines Rührkesselreaktors. (**a**) Blick auf den Deckel. (**b**) Blick in den Rührkessel. (Quelle: Firma Pfaudler)

Dies ist eine typische Raum-Zeit-Ausbeute bei der Herstellung einer Feinchemikalie in einem diskontinuierlich betriebenen Rührkesselreaktor (s. Abschn. 2.4.4). Abb. 2.3 zeigt das Foto eines Rührkesselreaktors wie er dem Beispiel zugrunde liegen könnte. ◀

Beispiel 2.6 (in Anlehnung an [8])
Die technische Ammoniak-Synthese wird bei 300 bar und 673 K an einer Katalysatorschüttung im Rohrbündelreaktor durchgeführt:

$$3\,H_2 + N_2 \rightleftharpoons 2\,NH_3$$

Für die Bilanzierung ist es ausreichend, wenn man das Gleichgewicht der Ammoniak-Synthese als eine Bruttoreaktion ($M = 1$) betrachtet, an der drei Spezies ($N = 3$) beteiligt sind. Die Matrix der stöchiometrischen Koeffizienten besteht daher für die Bruttoreaktion nur aus einer Zeile:

$$\begin{array}{cccc} & A_1 & A_2 & A_3 \\ j=1 & (-3 & -1 & +2). \end{array}$$

Da nur eine Bruttoreaktion betrachtet wird, wird der Laufindex j im Folgenden weggelassen. Da keine Nebenreaktionen auftreten, gilt:

$$S_{3,1} = S_{3,2} = 1.$$

Mittels Hochdruckkompressoren werde dem angenommenen Reaktor ein Gesamtvolumenstrom von 84 N m^3/s Synthesegas mit Wasserstoff und Stickstoff im Molverhältnis 3 : 1 ($x_{H_2,0} = 0{,}75$, $x_{N_2,0} = 0{,}25$) zugeführt. Am Reaktorausgang werden 17 Vol.% Ammoniak erhalten, der vollständig abgetrennt wird. Das nicht umgesetzte Synthesegas wird zurückgeführt.

Die Produktionshöhe berechnet sich nach Gl. 2.24 mit $k = 3$ und $i = 1$ wie folgt:

$$\dot{m}_3 = \dot{n}_{1,0} \cdot U_1 \cdot \frac{|\nu_3|}{|\nu_1|} \cdot M_3. \tag{a}$$

In dieser Gleichung sind $|\nu_1|$, $|\nu_3|$ und M_3 bekannt. U_1 und $\dot{n}_{1,0}$ müssen aus den Angaben berechnet werden.

Der Eingangsstoffstrom von Wasserstoff (A_1) berechnet sich aus dem angegebenen Gesamtvolumenstrom unter Normbedingungen, dem Eingangsmolenbruch und dem molaren Volumen unter Normbedingungen v_m wie folgt:

$$\dot{n}_{1,0} = \dot{V}_0 \cdot x_{1,0} \cdot \frac{1}{v_m} = 84\,\frac{\mathrm{N\,m^3}}{\mathrm{s}} \cdot 0{,}75 \cdot \frac{1}{22{,}414 \cdot \mathrm{N\,l\,mol^{-1}}} \cdot 1.000\,\frac{1}{\mathrm{m^3}} = 2.810{,}7\,\frac{\mathrm{mol}}{\mathrm{s}}.$$

Für den Umsatzgrad U_1 gilt:

$$U_1 = \frac{\dot{n}_{1,0} - \dot{n}_1}{\dot{n}_{1,0}}. \tag{b}$$

Es ist zwar nicht angegeben, wieviel Wasserstoff den Reaktor verlässt, aber wie viel Ammoniak am Reaktorausgang enthalten ist ($x_3 = 0{,}17$). Gemäß Gl. 2.3 gilt für die Zahl der Formelumsätze pro Zeit:

$$\dot{\xi} = \frac{\dot{n}_1 - \dot{n}_{1,0}}{\nu_1} = \frac{\dot{n}_3 - \dot{n}_{3,0}}{\nu_3} = \frac{\dot{n}_3}{\nu_3}. \tag{c}$$

Mit

$$\dot{n}_3 = \dot{n} \cdot x_3$$

und Gl. c ergibt sich aus Gl. b:

$$U_1 = -\frac{\nu_1}{\nu_3} \cdot x_3 \cdot \frac{\dot{n}}{\dot{n}_{1,0}}. \tag{d}$$

Der nun noch zu berechnende Gesamtstoffstrom am Reaktorausgang ergibt sich aus Gl. 2.5, die analog auch für Stoffströme gilt, indem über alle Spezies summiert wird:

$$\dot{n} = \sum_{i=1}^{N} \dot{n}_i = \dot{n}_0 + \dot{\xi} \cdot \left(\sum_{i=1}^{N} \nu_i \right). \tag{e}$$

Aus Gl. b und c kann folgender Zusammenhang zwischen Umsatzgrad und Reaktionslaufzahl abgeleitet werden:

$$\dot{\xi} = -\frac{U_1 \cdot \dot{n}_{1,0}}{\nu_1}. \tag{f}$$

Setzt man Gl. f in Gl. e und diese wiederum in Gl. d ein, erhält man:

$$U_1 = -\frac{\nu_1}{\nu_3} \cdot \frac{x_3}{\dot{n}_{1,0}} \cdot \left(\dot{n}_0 + \left(-\frac{U_1 \cdot \dot{n}_{1,0}}{\nu_1} \right) \cdot \left(\sum_{i=1}^{N} \nu_i \right) \right). \tag{g}$$

Löst man Gl. g nach U_1 auf, erhält man:

$$U_1 = \frac{-\frac{\nu_1}{\nu_3} \cdot \frac{x_3}{x_{1,0}}}{1 - \frac{x_3 \cdot \left(\sum_{i=1}^{N} \nu_i \right)}{\nu_3}}. \tag{h}$$

Nun sind alle Größen auf der rechten Seite bekannt und man erhält als Ergebnis:

$$U_1 = 0{,}291.$$

Nun kann die Produktionshöhe mit Gl. a berechnet werden, da alle Größen auf der rechten Seite jetzt bekannt sind:

$$\dot{m}_3 = 2.810{,}7\,\frac{\text{mol}}{\text{s}} \cdot 0{,}291 \cdot \frac{|+2|}{|-3|} \cdot 17\,\frac{\text{g}}{\text{mol}} \cdot 10^{-3}\,\frac{\text{kg}}{\text{g}} = 9{,}2697\,\frac{\text{kg}}{\text{s}} = 33{,}371\,\frac{\text{t}}{\text{h}}.$$

Die Anlagenkapazität ergibt sich dann mit 8.000 Betriebsstunden pro Jahr zu 267.000 t pro Jahr.

Es werde nun angenommen, dass ein Rohrbündelreaktor zum Einsatz kommt, dessen Einzelrohre die Länge $L = 3$ m und den Innendurchmesser $d_i = 2{,}5$ cm besitzen. Weiterhin

Abb. 2.4 Foto eines Rohrbündelreaktors. (**a**) Blick auf den Rohrboden. (**b**) Detail eines Rohrbodens. (Quelle: Firma MAN DWE)

werde angenommen, dass der verwendete Katalysator unter Reaktionsbedingungen eine Raum-Zeit-Ausbeute von 1 kg NH_3 pro 1 l Katalysatorschüttung und pro 1 h Betriebszeit liefert.

Die notwendige Anzahl der Einzelrohre des Rohrbündelreaktors kann aus der angegebenen Raum-Zeit-Ausbeute nach Gl. 2.25 berechnet werden:

$$V = z_{\text{Rohr}} \cdot V_{\text{Rohr}} = \frac{\dot{m}_3}{RZA} = \frac{33.371\,\frac{\text{kg}}{\text{h}}}{1.000\,\frac{\text{kg}}{\text{m}^3 \cdot \text{h}}} = 33{,}371\,\text{m}^3$$

mit $V_{\text{Rohr}} = 1{,}4726$ l ergibt sich für die Anzahl der Rohre:

$$z_{\text{Rohr}} = 22.661\,.$$

Dies entspricht einem der größten Rohrbündelreaktoren, wie ihn auch Abb. 2.4 zeigt. ◀

Literatur

1. Hoffmann, U.: Buchstabensymbole für die chemische Reaktionstechnik. Chem. Ing. Techn. **37**, 1128–1130 (1979)
2. Laidler, K.J.: A glossary of terms used in chemical kinetics, including reaction dynamics. Pure Appl. Chem. **68**, 149–192 (1996)
3. Roscher, G.: Vinyl esters. In: Ullmann's Encyclopedia of Industrial Chemistry, Bd. 38, S. 107–123. Wiley-VCH, Weinheim (2012)
4. Trost, B.M.: The atomic economy – a search for synthetic efficiency. Science **254**, 1471–1477 (1991)
5. Sheldon, R.A., Arends, I., Hanefeld, U.: Green Chemistry and Catalysis., S. 2–5. Wiley-VCH, Weinheim (2007)
6. Breitmaier, E., Jung, G.: Organische Chemie, 7. Aufl. Georg Thieme, Stuttgart (2012)
7. Sheldon, R.A.: Organic synthesis – past, presence and future. Chem. Ind. **23**, 903–906 (1992)
8. Hagen, J.: Chemiereaktoren – Auslegung und Simulation. Wiley-VCH, Weinheim (2004)

3 Reaktionsanalyse

Die *Reaktionsanalyse* umfasst die Teildisziplinen *Stöchiometrie*, *Thermodynamik* und *Mikrokinetik*, die in den nachfolgenden Abschnitten jeweils separat beschrieben werden.

Man unterscheidet in der Reaktionsanalyse zwischen einer *einfachen Reaktion* ($M = 1$) und einer *komplexen Reaktion* ($M > 1$), bei der mindestens zwei Reaktionen simultan ablaufen. Streng genommen handelt es sich daher bei einer Gleichgewichtsreaktion um eine komplexe Reaktion, da mit der Hin- und der Rückreaktion zwei simultan ablaufende Reaktionen vorliegen. Im Fall mehrerer ablaufender Reaktionen, insbesondere wenn $M \gg 1$, spricht man auch von einem *Reaktionsnetz* oder *Reaktionsschema*. Der Begriff des Reaktionsschemas oder Reaktionsnetzes ist dabei streng vom Begriff des Reaktionsmechanismus zu unterscheiden (s. Abschn. 3.3).

In Abb. 3.1 ist beispielhaft ein Reaktionsschema gezeigt, das die in der Abgasreinigung eines Otto-Motors am Drei-Wege-Katalysator ablaufenden Reaktionen umfasst [1]. Zur Vereinfachung werden hier die Oxidationsreaktionen des Ceroxids, das als Sauerstoffspeicherkomponente des Katalysators eine katalytisch relevante Rolle spielt, vernachlässigt [2]. Auch wurde davon ausgegangen, dass überwiegend NO vorliegt, wie dies beim klassischen Otto-Motor mit Drei-Wege-Katalysator näherungsweise der Fall ist. Die ersten drei Reaktionen in Abb. 3.1 sind die drei Hauptreaktionen, die den Abbau der Schadstoffe CO, C_xH_y und NO bewirken und nach denen der Drei-Wege-Katalysator seinen Namen erhalten hat. Insgesamt laufen $M = 18$ Reaktionen ab, wenn man allgemein von reversiblen Reaktionen ausgeht. Welche Reaktionen tatsächlich irreversibel sind, spielt bei den hier erfolgenden stöchiometrischen Betrachtungen keine Rolle, wohl aber später bei den kinetischen Betrachtungen (s. Abschn. 3.3 und Beispiel 3.13). Die Thermodynamik (s. Abschn. 3.2) bietet dabei die theoretischen Grundlagen, um vorauszuberechnen, ob eine Reaktion reversibel oder irreversibel ist. Das Reaktionssystem in Abb. 3.1 umfasst

G. Emig et al., *Chemische Reaktionstechnik*,
https://doi.org/10.1007/978-3-662-68826-7_3

$$
\begin{array}{llllllll}
CO & + & \frac{1}{2}O_2 & \rightleftharpoons & CO_2 & & & \\
C_xH_y & + & (x+\frac{y}{4})O_2 & \rightleftharpoons & xCO_2 & + & \frac{y}{2}H_2O & \\
NO & + & CO & \rightleftharpoons & \frac{1}{2}N_2 & + & CO_2 & \\
NO & + & H_2 & \rightleftharpoons & \frac{1}{2}N_2 & + & H_2O & \\
CO & + & H_2O & \rightleftharpoons & CO_2 & + & H_2 & \\
\frac{4x+y}{2}NO & + & C_xH_y & \rightleftharpoons & \frac{4x+y}{4}N_2 & + & \frac{y}{2}H_2O & + \quad xCO_2 \\
H_2 & + & \frac{1}{2}O_2 & \rightleftharpoons & H_2O & & & \\
NO & + & \frac{5}{2}H_2 & \rightleftharpoons & NH_3 & + & H_2O & \\
C_xH_y & + & \frac{3x}{2}H_2O & \rightleftharpoons & \frac{x}{2}CO & + & \frac{x}{2}CO_2 & + \quad \frac{3x+y}{2}H_2
\end{array}
$$

Abb. 3.1 Reaktionsschema einer komplexen Reaktion am Beispiel des Drei-Wege-Katalysators

insgesamt $N = 9$ Spezies (Reaktanden). Die Angaben von M und N treffen natürlich nur zu, wenn von einem einzigen Modellkohlenwasserstoff C_x H_y ausgegangen wird.

In Abschn. 3.1 werden komplexe Reaktionen mit Hilfe der Stöchiometrie diskutiert und analysiert. Die Stöchiometrie einfacher Reaktionen ist dagegen trivial. Die thermodynamischen Grundlagen der Chemischen Reaktionstechnik werden im Abschn. 3.2 sowohl an einfachen als auch an komplexen Reaktionen dargestellt. Im Sinne eines schrittweisen Aufbaus der Lehrinhalte wird in Abschn. 3.3 die Mikrokinetik nur für einfache Reaktionen behandelt. Die kinetische Diskussion komplexer Reaktionen ist eng mit dem chemischen Reaktor verknüpft, so dass diese separat im Kap. 7 (Reaktionstechnik einphasiger komplexer Reaktionen) erfolgt.

3.1 Stöchiometrie chemischer Reaktionen

In Abschn. 2.1 wurde die Matrix der stöchiometrischen Koeffizienten, die sämtliche stöchiometrischen Informationen des Reaktionsschemas enthält, eingeführt. Komponenten der Matrix sind die stöchiometrischen Koeffizienten $\nu_{i,j}$ der Spezies A_i in der Reaktion j. Die Dimension der Matrix kann sehr groß sein, wenn viele Reaktionen simultan ablaufen. In der Praxis treten solche komplexen Reaktionen sehr häufig auf, man denke nur an die Crackreaktionen in Raffinerien oder die Abgaskatalyse im Automobil (s. Abb. 3.1). Die systematische Behandlung der Stöchiometrie komplexer Reaktionen ist daher von großer praktischer Relevanz.

3.1.1 Zielsetzung und Grundlagen

Unter der Stöchiometrie versteht man die Lehre von den Gesetzmäßigkeiten, denen die Änderung der Zusammensetzung eines Reaktionsgemisches während des Ablaufs einer chemischen Reaktion, insbesondere einer komplexen chemischen Reaktion, unterliegt.

Bei Vorliegen eines beliebigen Reaktionsgemisches haben wir es im allgemeinen Fall mit N chemischen Spezies $A_1, \ldots, A_i, \ldots, A_N$ zu tun. Diese können nun nach einem – zunächst unbekannten – Reaktionsschema miteinander reagieren. Die Stöchiometrie kann dabei die folgenden, für die zuverlässige, stöchiometrische Beschreibung des reagierenden Systems wesentlichen Fragen beantworten:

1. Wie viele – und welche – der chemischen Spezies müssen in ihren Veränderungen während eines Reaktionsablaufs mindestens bekannt sein? Dies sind die sogenannten *Schlüsselkomponenten*. Zur vollständigen Beschreibung eines Systems muss deren Stoffmengenänderung experimentell ermittelt werden. Die Stoffmengenänderungen aller anderen Spezies können dann daraus berechnet werden. Diese Spezies werden dann als Nichtschlüsselkomponenten bezeichnet.
2. Wie viele – und welche – stöchiometrische Gleichungen benötigt man mindestens, um die Stoffmengenänderung aller Spezies zu erklären? Diese stöchiometrischen Gleichungen bezeichnet man dann als *Schlüsselreaktionen*.

Die Grundlage der Stöchiometrie ist der *Satz von der Erhaltung der Masse*. Dies bedeutet, dass in einem geschlossenen System auch beim Ablauf einer chemischen Reaktion die Anzahl der Atome eines jeden Elementes konstant bleibt. Formelmäßig ausgedrückt bedeutet dies

$$\sum_{i=1}^{N} \beta_{h,i} \cdot n_i = b_h, \quad h = 1, \ldots, L. \tag{3.1}$$

Hierin bedeuten:

L Anzahl der chemischen Elemente E_h mit einem Laufindex $h = 1, \ldots, L$,
N Anzahl der Spezies mit einem Laufindex $i = 1, \ldots, N$,
$\beta_{h,i}$ Koeffizient von Element E_h in der Summenformel der Spezies A_i,
n_i Stoffmenge der Spezies A_i,
b_h Stoffmenge eines Elements E_h im gesamten Reaktionsgemisch.

Beispiel 3.1
Wir betrachten das Reaktionssystem:

$$\begin{array}{ccccccc} CO & + & 3\,H_2 & \rightleftharpoons & CH_4 & + & H_2O. \\ A_1 & & A_2 & & A_3 & & A_4 \end{array}$$

Gl. 3.1 angewendet für Kohlenstoff ($h = 1$), Wasserstoff ($h = 2$) und Sauerstoff ($h = 3$) ergibt:

$$\begin{aligned} 1 \cdot n_1 + 0 \cdot n_2 + 1 \cdot n_3 + 0 \cdot n_4 &= b_1 \\ 0 \cdot n_1 + 2 \cdot n_2 + 4 \cdot n_3 + 2 \cdot n_4 &= b_2 \\ 1 \cdot n_1 + 0 \cdot n_2 + 0 \cdot n_3 + 1 \cdot n_4 &= b_3. \end{aligned}$$ ◀

Während einer komplexen chemischen Reaktion ändern sich die Stoffmengen n_i. Bezogen auf die Stoffmengen bei Reaktionsbeginn $n_{i,0}$ ergeben sich die Änderungen gemäß

$$\Delta n_i = n_i - n_{i,0}. \tag{3.2}$$

Wie schon festgestellt, müssen aber dabei die Stoffmengen der einzelnen Elemente unverändert bleiben. Die Elementbilanz, Gl. 3.1, kann daher sowohl zu Beginn als auch am Ende einer Reaktion angewandt werden:

$$\sum_{i=1}^{N} \beta_{h,i} n_i = \sum_{i=1}^{N} \beta_{h,i} n_{i,0} = b_h. \tag{3.3}$$

Daraus resultiert für die Differenz die Beziehung

$$\sum_{i=1}^{N} \beta_{h,i} \Delta n_i = 0 \quad h = 1, \ldots, L. \tag{3.4}$$

Aus dieser zentralen Gleichung folgen alle weiteren stöchiometrischen Zusammenhänge. Sie bildet die Basis sowohl zur Ermittlung der Schlüsselkomponenten als auch der Schlüsselreaktionen. Häufig wird diese Gleichung in Matrixschreibweise – der Schreibweise der linearen Algebra – dargestellt:

$$\mathbf{B} \cdot \boldsymbol{\Delta n} = \mathbf{0}, \tag{3.5}$$

wobei **B** die sogenannte *Element-Spezies-Matrix* und $\boldsymbol{\Delta n}$ der Vektor der Stoffmengenänderungen ist.

Beispiel 3.2
Als Beispiel für eine Element-Spezies-Matrix **B** dient das einfache System der NH_3-Synthese mit den Spezies N_2, H_2, NH_3.

	i (Spez.)		
h (Elem.)	1 (N_2)	2 (H_2)	3 (NH_3)
1 (N)	**2**	**0**	**1**
2 (H)	**0**	**2**	**3**

$L = 2, N = 3$

Die Komponenten $\beta_{h,i}$ der Element-Spezies-Matrix **B** sind fett gedruckt. ◄

3.1.2 Bestimmung der Schlüsselkomponenten

Üblicherweise sind bei einem zu untersuchenden Reaktionssystem die Summenformeln aller an den Umsetzungen beteiligten Spezies A_i bekannt. Dann ergibt sich aus Gl. 3.5 ein homogenes (alle rechten Seiten sind Null) lineares Gleichungssystem mit N Unbekannten Δn_i und den bekannten Koeffizienten $\beta_{h,i}$. Die das Gleichungssystem bestimmende Matrix **B** (Dimension $L \times N$) kann durch ihren Rang R_β charakterisiert werden. Dies ist eine spezifische Größe, die der Zahl der linear unabhängigen Zeilen bzw. Spalten und damit der Zahl der linear unabhängigen Bestimmungsgleichungen entspricht. Der Rang einer Matrix kann durch Anwendung des *Gauß'schen Algorithmus* bestimmt werden (z. B. [3, 4] und [5]).

Weil N im Allgemeinen größer als L ist (vgl. Beispiel 3.2), gilt fast immer $R_\beta = L$, sodass das Gleichungssystem Gl. 3.5 unterbestimmt ist. Bei der Lösung dieses unterbestimmten Gleichungssystems gelten die Regeln der linearen Algebra. Danach werden R_β „gebundene" Unbekannte als Funktion der restlichen $(N - R_\beta)$ „freien" Unbekannten ermittelt. Auf das vorliegende zu lösende Problem übertragen heißt dies, dass die freien Unbekannten die Stoffmengenänderungen der *Schlüsselkomponenten* sind. Sind diese bekannt, lassen sich die Stoffmengenänderungen der übrigen Spezies (gebundene Unbekannte) eindeutig bestimmen. Dies ergibt sich ja schon aus der Definition der Schlüsselkomponenten. Die gesuchte Anzahl der *Schlüsselkomponenten R* ist somit

$$R = N - R_\beta. \tag{3.6}$$

Die praktische Bestimmung der Anzahl und Art der *Schlüsselkomponenten* wird in den Beispielen 3.3 und 3.4 demonstriert.

Für die praktische Auswahl der *Schlüsselkomponenten* ist wichtig, dass natürlich wegen des unterbestimmten Gleichungssystems mehrere mögliche Sätze von *Schlüsselkomponen-*

ten existieren. Man wird daher als *Schlüsselkomponenten* diejenigen Spezies auswählen, deren Bildung bzw. Stoffmengenänderung Δn_i sich einfach und genau messen lässt. Dies bedeutet, dass Spezies mit möglichst großen Stoffmengenänderungen, die alle in derselben Größenordnung liegen, ausgewählt werden sollten. Dabei ist es allerdings wichtig, dass in den sich ergebenden *Nichtschlüsselkomponenten* mindestens R_β chemische Elemente enthalten sind. Ist dies nicht der Fall, so ergibt sich ein Rangabfall in der Matrix **B**, was zur Folge hat, dass für die Ermittlung der Nichtschlüsselkomponenten zu wenig Bestimmungsgleichungen vorliegen. Beispiel 3.3 soll dies verdeutlichen.

Beispiel 3.3

Zur Synthese des Aldehyds (A_2) wird der Alkohol (A_1) über einem Platinkatalysator dehydriert. Der dabei entstehende Wasserstoff wird durch Zugabe von Sauerstoff zu Wasser umgewandelt. Die Weiteroxidation des Aldehyds zur Carbonsäure (A_3) ist eine unerwünschte Folgereaktion. Parallel zur Dehydrierung kann die Dimerisierung des Alkohols (A_1) zum Ether (A_4) erfolgen.

$A_1 \rightleftharpoons A_2 + H_2$

$H_2 + 1/2\ O_2 \rightleftharpoons H_2O$

$A_2 + 1/2\ O_2 \rightleftharpoons A_3$

$2\ A_1 \rightleftharpoons A_4 + H_2O$

Die Element(E_h)-Spezies(A_i)-Matrix für dieses Reaktionssystem lautet:

	A_i						
E_h	A_1	A_2	A_3	A_4	H_2O	H_2	O_2
C	7	7	7	14	0	0	0
H	7	5	5	12	2	2	0
O	1	1	2	1	1	0	2
N	1	1	1	2	0	0	0
Cl	2	2	2	4	0	0	0

Wie man sofort sieht, ist der Rang der Matrix $R_\beta = 3$, da die letzten beiden Zeilen der Matrix linear abhängig von der ersten Zeile sind.

Die Anzahl der Spezies N ist sieben, so dass sich nach Gl. 3.6 die Anzahl der Schlüsselkomponenten zu $R = 4$ ergibt. Wählt man nun die Spezies A_1, A_2, A_3 und A_4 als Schlüsselkomponenten, so ist die Anzahl der Elemente in den gewählten Nichtschlüsselkomponenten zwei und damit kleiner als der Rang der Matrix. Dies führt zu einem Rangabfall der Matrix und damit im vorliegenden Fall zu einer fehlenden Ermittlungsgleichung für die gewählten Nichtschlüsselkomponenten H_2O, H_2 und O_2. Das ausformulierte Gleichungssystem macht dies deutlich:

$$\begin{aligned}
7\Delta n_1 + 7\Delta n_2 + 7\Delta n_3 + 14\Delta n_4 &= 0\\
7\Delta n_1 + 5\Delta n_2 + 5\Delta n_3 + 12\Delta n_4 + 2\Delta n_{H_2O} + 2\Delta n_{H_2} &= 0\\
1\Delta n_1 + 1\Delta n_2 + 2\Delta n_3 + 1\Delta n_4 + 1\Delta n_{H_2O} + 2\Delta n_{O_2} &= 0.
\end{aligned}$$

Eine geeignete Wahl an Schlüsselkomponenten wäre zum Beispiel A_1, A_2, A_3 und O_2. ◀

Beispiel 3.4

Bei der katalytischen Reinigung von Abgasen aus Otto-Motoren laufen die in Abb. 3.1 dargestellten Reaktionen ab. Nachfolgend wird für den Kohlenwasserstoff C_xH_y exemplarisch von Butan ($x = 4$ und $y = 10$) ausgegangen:

$$\begin{aligned}
CO + \frac{1}{2}\,O_2 &\rightleftharpoons CO_2\\
C_4H_{10} + \frac{13}{2}\,O_2 &\rightleftharpoons 4\,CO_2 + 5\,H_2O\\
NO + CO &\rightleftharpoons \frac{1}{2}\,N_2 + CO_2\\
NO + H_2 &\rightleftharpoons \frac{1}{2}\,N_2 + H_2O\\
CO + H_2O &\rightleftharpoons CO_2 + H_2\\
13\,NO + C_4H_{10} &\rightleftharpoons \frac{13}{2}\,N_2 + 5\,H_2O + 4\,CO_2\\
H_2 + \frac{1}{2}\,O_2 &\rightleftharpoons H_2O\\
NO + \frac{5}{2}\,H_2 &\rightleftharpoons NH_3 + H_2O\\
C_4H_{10} + 6\,H_2O &\rightleftharpoons 2\,CO + 2\,CO_2 + 11\,H_2.
\end{aligned}$$

Die Element(E_h)-Spezies(A_i)-Matrix für dieses Problem stellt sich wie folgt dar, wenn man die Spezies in den Spalten so anordnet, dass die Element-Spezies-Matrix in der Zeilenstufenform vorliegt:

	A_i								
E_h	N_2	H_2	O_2	CO	CO_2	C_4H_{10}	H_2O	NO	NH_3
N	2	0	0	0	0	0	0	1	1
H	0	2	0	0	0	10	2	0	3
O	0	0	2	1	2	0	1	1	0
C	0	0	0	1	1	4	0	0	0

Die Zeilenstufenform, die man durch entsprechendes Sortieren der Spalten oder durch Anwendung des Gauß'schen Algorithmus (s. Beispiel 3.5) erhält, zeichnet sich dadurch aus, dass in jeder Zeile (von oben nach unten) am Anfang der Zeile mehr Nullen stehen als in allen vorherigen Zeilen. In der Zeilenstufenform sind alle Zeilen, die mindestens eine von Null verschiedene Komponente enthalten, linear voneinander unabhängig. Im vorliegenden Fall ist der Rang der Matrix somit 4. Aus der Anzahl der Spezies $N = 9$ und dem Rang der Matrix $R_\beta = 4$ ergibt sich die Anzahl der Schlüsselkomponenten R somit zu:

$$R = N - R_\beta = 5.$$

Bei der Auswahl der Schlüsselkomponenten muss wiederum beachtet werden, dass die sich ergebenden vier Nichtschlüsselkomponenten mindestens R_β (also 4) Elemente enthalten, damit die zu den Nichtschlüsselkomponenten gehörenden Spaltenvektoren in der Element-Spezies-Matrix linear unabhängig sind. Dies ist beispielsweise der Fall, wenn die Spezies N_2, H_2, O_2, H_2O und NO als Schlüsselkomponenten ausgewählt werden. Entsprechend ergeben sich für die Nichtschlüsselkomponenten die Spezies CO, CO_2, C_4H_{10} und NH_3, die die vier Elemente C, O, H und N enthalten. ◄

3.1.3 Bestimmung der Schlüsselreaktionen

Bei der Bestimmung der *Schlüsselreaktionen* kann man entweder eine unsystematische, aber leicht verständliche Vorgehensweise wählen, oder systematisch auf der Basis der Element-Spezies-Matrix **B** vorgehen. Erstere Methode soll für eine Erklärung des Vorgehens zuerst dargestellt werden, letztere wird dann anschließend vorgestellt.

3.1.3.1 Schlüsselreaktionen aus einem vorgegebenen Satz von Reaktionsgleichungen

Bevor bei einem Reaktionssystem eine detaillierte kinetische Untersuchung erfolgt, muss ein Reaktionsschema, d. h. ein Satz von Reaktionsgleichungen, postuliert werden. Dies geschieht entweder auf der Basis allgemeiner Kenntnis chemischer Zusammenhänge, aus Literaturdaten oder auch aufgrund von ersten kinetischen Vorversuchen. Man muss dann natürlich davon ausgehen, dass dieser unsystematisch gewählte Satz von Gleichungen genügend Reaktionsgleichungen enthält, um daraus einen Satz Schlüsselreaktionen für eine stöchiometrisch ausreichende „Minimalbeschreibung“ erhalten zu können. Meist wird diese Vorgehensweise dazu führen, dass zunächst mehr oder weniger linear abhängige Gleichungen in dem Schema enthalten sein werden. Wenn M Reaktionsgleichungen ausgewählt wurden, entsteht gemäß Gl. 2.1 das Gleichungssystem:

$$\sum_{i=1}^{N} \nu_{i,j} A_i = 0, j = 1, \ldots, M. \tag{3.7}$$

Aus diesem System erhält man *den gesuchten Satz der Schlüsselreaktionen* durch Anwendung des *Gauß'schen Algorithmus* auf das vorgegebene Reaktionsschema. Diese Vorgehensweise führt zu einem Satz linear unabhängiger Reaktionen; das sind die Schlüsselreaktionen. Diese Methode wird im Beispiel 3.5 verdeutlicht.

Voraussetzung für den Erfolg dieser unsystematischen Methode ist allerdings, dass das vorgegebene Reaktionsschema auch einen vollständigen Satz aus $N - R_\beta$ Schlüsselreaktionen enthält. Dies ist bei Vorliegen sehr vieler Spezies und intuitiver Formulierung keineswegs immer gewährleistet. Man kann notwendige Schlüsselreaktionen leicht übersehen. Eine dann erforderliche Vorgehensweise nach einem Trial-and-error-Verfahren ist sehr mühsam. Daher ist die systematische, meist mit Hilfe eines Rechenprogramms durchzuführende Vorgehensweise auf der Basis der Element-Spezies-Matrix **B** zuverlässiger und effizienter.

3.1.3.2 Schlüsselreaktionen auf der Basis der Element-Spezies-Matrix B

Aus der Element-Spezies-Matrix **B** lassen sich im Prinzip *beliebig viele Sätze von Schlüsselreaktionen* und damit Reaktionsgleichungen formulieren, wobei schon aus der Definition hervorgeht, dass die Anzahl der Schlüsselreaktionen gleich der Anzahl der Schlüsselkomponenten sein muss. Jeder dieser beliebig vielen Sätze ist für eine Bilanzierung des Systems gleich gut geeignet, nicht jedoch für seine kinetische Beschreibung.

Aus Gl. 3.7 erhält man für eine einzige Reaktion zwischen N Spezies:

$$\sum_{i=1}^{N} \nu_i A_i = 0. \tag{3.8}$$

Für jede dieser Reaktionen gilt wiederum Gl. 3.4, d. h. die Massenerhaltung. Daraus resultiert nun für einen Formelumsatz, d. h. $\Delta n_i = \nu_i$:

$$\sum_{i=1}^{N} \beta_{h,i} \nu_i = 0, \quad h = 1, \ldots, L. \tag{3.9}$$

In strenger Parallelität zur Bestimmung der Schlüsselkomponenten in Abschn. 3.1.2 liegt damit auch hier wieder ein homogenes unterbestimmtes Gleichungssystem vor, diesmal mit den stöchiometrischen Koeffizienten ν_i der zu formulierenden Reaktionsgleichungen als Unbekannten. Da hier aber für die freien Unbekannten – im Gegensatz zum Fall der Schlüsselkomponenten – keine Zahlenwerte vorliegen, weil es keine gemessenen Werte für die stöchiometrischen Koeffizienten gibt, muss die sogenannte vollständige oder allgemeine Lösung des Gleichungssystems ermittelt werden (Fundamentales Lösungssystem [4, 5]). Dies besteht aus $R_\nu = N - R_\beta$ Sonderlösungen. Die aus den Sonderlösungen gebildete Matrix ist die gesuchte Matrix der stöchiometrischen Koeffizienten der Schlüsselreaktionen, die einen Rang R_ν aufweist:

$$\begin{bmatrix} \nu_{1,1} & \cdots & \nu_{i,1} & \cdots & \nu_{N,1} \\ \vdots & & \vdots & & \vdots \\ \nu_{1,j} & \cdots & \nu_{i,j} & \cdots & \nu_{N,j} \\ \vdots & & \vdots & & \vdots \\ \nu_{1,R_\nu} & \cdots & \nu_{i,R_\nu} & \cdots & \nu_{N,R_\nu} \end{bmatrix} = \left\{\nu_{i,j}\right\}. \tag{3.10}$$

Man erhält die einzelnen Sonderlösungen, d. h. die Zeilen der Matrix Gl. 3.10, indem man für freie Unbekannte R_ν beliebige, aber linear unabhängige Zahlenkombinationen vorgibt – gerade so viele sind überhaupt möglich – und dann die gebundenen Unbekannten errechnet, d. h. die zugehörigen Reaktionsgleichungen löst. Man erhält so die stöchiometrischen Koeffizienten von R_ν linear unabhängigen Reaktionsgleichungen, die gerade ausreichen, um die Umsätze der $N - R_\beta = R_\nu$ Schlüsselkomponenten – und damit aller Komponenten – zu ermitteln. Die vollständige Lösung des Gleichungssystems Gl. 3.9 liefert somit die gesuchten Schlüsselreaktionen, deren wesentliches Merkmal die lineare Unabhängigkeit darstellt.

Noch nicht angesprochen wurde die Frage, nach welcher Methode man nun Zahlenwerte für die freien Unbekannten findet. Hier hat sich ein einfaches Vorgehensschema bewährt, das darüber hinaus meist zu sinnvollen Reaktionsgleichungen führt: Man setzt nacheinander die 1., 2. usw. der freien Unbekannten gleich 1 und die übrigen null. Das bedeutet, dass in jeder Reaktionsgleichung nur eine der zu den freien Unbekannten gehörenden Spezies auftritt, was sinnvoll ist. Die beschriebene Systematik kann in dem anschließenden Beispiel 3.5 konkret nachvollzogen werden.

Beispiel 3.5
Zur Ermittlung der Schlüsselreaktionen (SR) für das dem Beispiel 3.4 zugrunde liegende Reaktionssystem kann nach zwei Methoden vorgegangen werden. Die Anzahl der Schlüsselreaktionen ist schon durch die Anzahl der Schlüsselkomponenten festgelegt und beträgt hier fünf (s. Beispiel 3.4).

1) Die Ermittlung mittels eines vorgegebenen Satzes von Reaktionsgleichungen (in diesem Fall die in Beispiel 3.4 aufgeführten Reaktionsgleichungen) erfolgt durch Anwendung des Gauß'schen Algorithmus auf die Matrix der stöchiometrischen Koeffizienten aus dem vorgegebenen Reaktionsschema in Beispiel 3.4. Diese Matrix lautet dann wie folgt:

$$\begin{array}{ccccccccc} O_2 & N_2 & H_2O & NO & H_2 & CO & CO_2 & NH_3 & C_4H_{10} \end{array}$$
$$\begin{bmatrix} -1 & 0 & 0 & 0 & 0 & -2 & 2 & 0 & 0 \\ -13 & 0 & 10 & 0 & 0 & 0 & 8 & 0 & -2 \\ 0 & 1 & 0 & -2 & 0 & -2 & 2 & 0 & 0 \\ 0 & 1 & 2 & -2 & -2 & 0 & 0 & 0 & 0 \\ 0 & 0 & -1 & 0 & 1 & -1 & 1 & 0 & 0 \\ 0 & 13 & 10 & -26 & 0 & 0 & 8 & 0 & -2 \\ -1 & 0 & 2 & 0 & -2 & 0 & 0 & 0 & 0 \\ 0 & 0 & 2 & -2 & -5 & 0 & 0 & 2 & 0 \\ 0 & 0 & -6 & 0 & 11 & 2 & 2 & 0 & -1 \end{bmatrix}$$

Nach Anwendung des Gauß'schen Algorithmus liegt die Ergebnismatrix in der Zeilenstufenform vor und sieht dann folgendermaßen aus:

$$\begin{array}{ccccccccc} O_2 & N_2 & H_2O & NO & H_2 & CO & CO_2 & NH_3 & C_4H_{10} \end{array}$$
$$\begin{bmatrix} -1 & 0 & 0 & 0 & 0 & -2 & 2 & 0 & 0 \\ 0 & -1 & 0 & 2 & 0 & 2 & -2 & 0 & 0 \\ 0 & 0 & -1 & 0 & 1 & -1 & 1 & 0 & 0 \\ 0 & 0 & 0 & 2 & 3 & 2 & -2 & -2 & 0 \\ 0 & 0 & 0 & 0 & 5 & 8 & -4 & 0 & -1 \\ 0 & 0 & 0 & 0 & 0 & 0 & 0 & 0 & 0 \\ 0 & 0 & 0 & 0 & 0 & 0 & 0 & 0 & 0 \\ 0 & 0 & 0 & 0 & 0 & 0 & 0 & 0 & 0 \\ 0 & 0 & 0 & 0 & 0 & 0 & 0 & 0 & 0 \end{bmatrix}$$

Der Rang dieser Matrix ist, wie erwartet, fünf, entsprechend der Anzahl der Schlüsselreaktionen (SR). Diese lauten somit wie folgt:

$$\begin{aligned} O_2 + 2CO &= 2CO_2 && \text{1. SR,} \\ N_2 + 2CO_2 &= 2NO + 2CO && \text{2. SR,} \\ H_2O + CO &= H_2 + CO_2 && \text{3. SR,} \\ 2CO_2 + 2NH_3 &= 3H_2 + 2CO + 2NO && \text{4. SR,} \\ 4CO_2 + C_4H_{10} &= 8CO + 5H_2 && \text{5. SR.} \end{aligned}$$

2) Bei der Ermittlung der Schlüsselreaktionen auf Basis der Element-Spezies-Matrix sucht man die $R_\nu = N - R_\beta$ Sonderlösungen des Gleichungssystems und bilanziert dann für jede Sonderlösung über die einzelnen Elemente. Die Matrix der stöchiometrischen Koeffizienten für die Schlüsselreaktionen sieht für die Sonderlösungen wie folgt aus:

	i								
j	CO	CO_2	NH_3	C_4H_{10}	O_2	N_2	H_2O	NO	H_2
1	$\nu_{1,1}$	$\nu_{2,1}$	$\nu_{3,1}$	$\nu_{4,1}$	1	0	0	0	0
2	$\nu_{1,2}$	$\nu_{2,2}$	$\nu_{3,2}$	$\nu_{4,2}$	0	1	0	0	0
3	$\nu_{1,3}$	$\nu_{2,3}$	$\nu_{3,3}$	$\nu_{4,3}$	0	0	1	0	0
4	$\nu_{1,4}$	$\nu_{2,4}$	$\nu_{3,4}$	$\nu_{4,4}$	0	0	0	1	0
5	$\nu_{1,5}$	$\nu_{2,5}$	$\nu_{3,5}$	$\nu_{4,5}$	0	0	0	0	1
	Nichtschlüsselkomponenten				Schlüsselkomponenten				

Beginnend bei der ersten Sonderlösung wird nun über die einzelnen Elemente gemäß Gl. 3.9 bilanziert. Für die erste Sonderlösung ergeben sich damit folgende Bilanzen:

$$\begin{aligned} &\text{N-Bilanz:} && 1 \cdot \nu_{3,1} = 0, && \text{(a)} \\ &\text{H-Bilanz:} && 3 \cdot \nu_{3,1} + 10 \cdot \nu_{4,1} = 0, && \text{(b)} \\ & && \Rightarrow \nu_{4,1} = 0, && \\ &\text{O-Bilanz:} && 1 \cdot \nu_{1,1} + 2 \cdot \nu_{2,1} + 2 = 0, && \text{(c)} \\ &\text{C-Bilanz:} && 1 \cdot \nu_{1,1} + 1 \cdot \nu_{2,1} + 4 \cdot \nu_{4,1} = 0, && \text{(d)} \\ &(\text{c} - \text{d}): && \nu_{1,1} + 2 \cdot \nu_{2,1} + 2 - \nu_{1,1} - \nu_{2,1} - 4 \cdot \nu_{4,1} = 0, && \\ & && \Rightarrow \nu_{2,1} = -2, && \\ & && \Rightarrow \nu_{1,1} = -\nu_{2,1} = 2. && \end{aligned}$$

Die Koeffizienten für die Komponenten aus der ersten Sonderlösung ergeben sich somit zu $\nu_{1,1} = 2$, $\nu_{2,1} = -2$, $\nu_{3,1} = 0$ und $\nu_{4,1} = 0$, wobei $\nu_{5,1} = \nu_{O_2} = 1$ ist. Die erste Schlüsselreaktion lautet somit:

$$2CO_2 = O_2 + 2CO.$$

Nach dieser Vorgehensweise werden auch für die übrigen Sonderlösungen die Elementbilanzen gelöst und man erhält den Satz aus fünf Schlüsselreaktionen zur vollständigen stöchiometrischen Beschreibung des Reaktionssystems:

$$
\begin{aligned}
2\,CO_2 &= O_2 + 2\,CO && \text{1. SR,}\\
24\,CO + 10\,NH_3 &= 12\,CO_2 + 3\,C_4H_{10} + 5\,N_2 && \text{2. SR,}\\
9\,CO_2 + C_4H_{10} &= 13\,CO + 5\,H_2O && \text{3. SR,}\\
14\,CO + 10\,NH_3 &= 3\,C_4H_{10} + 2\,CO_2 + 10\,NO && \text{4. SR,}\\
4\,CO_2 + C_4H_{10} &= 8\,CO + 5\,H_2 && \text{5. SR.}
\end{aligned}
$$

Wie zu erwarten, stimmen diese Schlüsselreaktionen nicht mit den nach der ersten Methode gefundenen Gleichungen überein.

Weiterhin kann man grundsätzlich anmerken, dass die mit den beiden Methoden bestimmten Schlüsselreaktionen lediglich die Stöchiometrie beschreiben können, jedoch nicht die Kinetik. So ergeben sich beispielsweise nicht die kinetisch relevanten Hauptreaktionen (erste 3 Reaktionen im Reaktionsschema) und die weiteren kinetisch relevanten Reaktionen (restliche 6 Reaktionen im Reaktionsschema), die auch im Sinne der Stöchiometrie linear abhängig sein können. ◀

3.1.4 Praktische Relevanz

Die *praktische Relevanz der Schlüsselreaktionen ist relativ gering*, da thermodynamische und kinetische Aspekte das tatsächliche Reaktionsgeschehen bestimmen. Die Thermodynamik (s. Abschn. 3.2) macht eine Aussage über die Richtung ablaufender Reaktionen und über die Lage chemischer Gleichgewichte. Die Kinetik (s. Abschn. 3.3) ist letztendlich maßgeblich, welche chemischen Reaktionen und in welchem Maße ablaufen. Erst die Untersuchung der Kinetik, d. h. kinetische Messungen und deren Auswertung, liefern das praktisch relevante Reaktionsschema. Bei diesem können z. B. auch linear abhängige Reaktionsgleichungen, die stöchiometrisch nicht notwendig sind, relevant sein.

Die *praktische Relevanz von Schlüsselkomponenten ist dagegen wesentlich größer*, da mit deren Hilfe, die Verfolgung und Kontrolle komplexer chemischer Reaktionen erheblich vereinfacht wird. So müssen lediglich die Stoffmengenänderungen der Schlüsselkomponenten verfolgt bzw. kontrolliert werden, da sich daraus die Stoffmengenänderungen der Nichtschlüsselkomponenten ergeben.

Bei der Ermittlung von Schlüsselreaktionen und Schlüsselkomponenten muss jedoch eine Bedingung unbedingt erfüllt sein: So müssen *alle* Reaktanden des Systems bekannt sein. Diese Bedingung ist von erheblicher praktischer Relevanz, da auch Nebenprodukte prozessrelevant sein können. So könnten Trennprozesse falsch ausgelegt werden oder Nebenprodukte im Kreislaufstrom akkumulieren. Aus den genannten Gründen ist es bereits im Labor unerlässlich, sicherzustellen, dass *alle* Reaktanden identifiziert werden. Dies kann auch hier am einfachsten durch eine *Elementbilanz* an Hand der experimentellen Daten erfolgen: So müssen alle Atome eines Elements, die am Anfang der Reaktion bzw. am Reaktoreingang vorlagen, am Ende der Reaktion bzw. am Reaktorausgang wiedergefunden werden. Diese Forderung spiegeln folgende Elementbilanzen wieder:

$$\%h = \frac{\sum_{i=1}^{N} \beta_{h,i} \cdot n_i}{\sum_{i=1}^{N} \beta_{h,i} \cdot n_{i,0}} \cdot 100, \quad h = 1, \ldots, L \tag{3.11}$$

bzw. bei kontinuierlich betriebenen Reaktoren

$$\%h = \frac{\sum_{i=1}^{N} \beta_{h,i} \cdot \dot{n}_i}{\sum_{i=1}^{N} \beta_{h,i} \cdot \dot{n}_{i,0}} \cdot 100, \quad h = 1, \ldots, L. \tag{3.12}$$

Die Elementbilanz sollte für jedes Element mit mindestens 90 % erfüllt sein, wenn man einen Fehler von maximal 10 % für die Quantifizierung aller Komponenten zugrunde legt.

Allerdings muss vor der Verwendung der Gl. 3.11 und 3.12 gewarnt werden, wenn die Umsatzgrade signifikant kleiner als 100 % sind. So werden beispielsweise bei einem Umsatzgrad von 10 % allein durch das Wiederfinden der nicht umgesetzten Edukte die entsprechenden Elementbilanzen erfüllt. Daher empfiehlt es sich grundsätzlich, die Elementbilanzen auf Basis der umgesetzten Edukte und gebildeten Produkte wie folgt durchzuführen:

$$\%h = \frac{\sum_{k=1}^{N_P} \beta_{h,k} \cdot \Delta n_k}{\sum_{i=1}^{N_E} \beta_{h,i} \cdot |\Delta n_i|} \cdot 100, \quad h = 1, \ldots, L \tag{3.13}$$

bzw. bei kontinuierlich betriebenen Reaktoren

$$\%h = \frac{\sum_{k=1}^{N_P} \beta_{h,k} \cdot \Delta \dot{n}_k}{\sum_{i=1}^{N_E} \beta_{h,i} \cdot |\Delta \dot{n}_i|} \cdot 100, \quad h = 1, \ldots, L. \tag{3.14}$$

In den Gl. 3.13 und 3.14 werden also nur diejenigen Elementatome bilanziert, die bei der Umsetzung der Edukte (N_E) verschwinden und sich daher in den gebildeten Produkten (N_P) wiederfinden müssen.

3.2 Thermodynamik

In diesem Abschnitt werden nur diejenigen thermodynamischen Größen und Gleichungen behandelt, die für reaktionstechnische Fragestellungen relevant sind. Für eine tiefergehende Darstellung sei auf die Standardlehrbücher der Physikalischen Chemie (z. B. [6, 7]) und der Technischen Thermodynamik (z. B. [8, 9]) verwiesen.

Für die Bilanzierung und Auslegung chemischer Reaktoren ist die *Reaktionsenthalpie* eine wichtige thermodynamische Größe, denn zusammen mit der Geschwindigkeit der chemischen Reaktion bestimmt sie über die Energiebilanz des Reaktors (s. Kap. 5), ob die Wärmeabfuhrleistung (s. Kap. 4) des Reaktors ausreicht oder ob ein Temperaturprofil in

Ort und/oder Zeit zu erwarten ist. Daher wird in Abschn. 3.2.1 im Zusammenhang mit dem *1. Hauptsatz der Thermodynamik* näher auf die Ermittlung der Reaktionsenthalpie und deren Umrechnung auf andere Temperaturen und Drücke eingegangen.

Komplexe Reaktionen, denen ein Reaktionsschema zugrunde liegt, zeichnen sich dadurch aus, dass neben der Hauptreaktion weitere unerwünschte Reaktionen ablaufen. Hierzu zählt auch die Rückreaktion im Falle reversibler Reaktionsschritte. Für die Bilanzierung und Auslegung chemischer Reaktoren ist es im Falle des Vorliegens eines Reaktionsschemas (s. Kap. 7) sehr wichtig zu wissen, welche Teilschritte als irreversibel angenommen werden können bzw. bei welchen die Rückreaktionen zu berücksichtigen sind. In Abschn. 3.2.2 wird daher im Zusammenhang mit dem *2. Hauptsatz der Thermodynamik* auf die Ermittlung der Lage *chemischer Gleichgewichte* und deren Umrechnung auf andere Temperaturen und Drücke eingegangen.

3.2.1 Erster Hauptsatz der Thermodynamik

Ein chemischer Reaktor ist im thermodynamischen Sinne ein *System*, das mit seiner Umgebung über die sogenannten Systemgrenzen in unterschiedlichem Maße im Austausch stehen kann:

- Wird sowohl Stoffmenge als auch Energie mit der Umgebung ausgetauscht, dann spricht man von einem *offenen System*. Alle kontinuierlich betriebenen Reaktoren wie der kontinuierliche ideale Rührkesselreaktor (s. Abschn. 5.4.2) oder der ideale Strömungsrohrreaktor (s. Abschn. 5.4.4) stellen offene Systeme dar.
- In einem *geschlossenen System* kann Energie mit der Umgebung ausgetauscht werden, jedoch keine Stoffmenge. Diskontinuierlich betriebene Reaktoren (s. Abschn. 5.4.1) stellen daher im Allgemeinen geschlossene Systeme dar.
- Ein *abgeschlossenes System* tauscht weder Energie noch Stoffmenge mit der Umgebung aus. Auch wenn es streng genommen in der Praxis keine vollständig abgeschlossenen, d. h. isolierten Systeme gibt, kann zumindest der adiabate diskontinuierliche Rührkesselreaktor (Abschn. 5.4.1.5) näherungsweise als solches betrachtet werden. Aber auch hier muss die in ihm ablaufende Reaktion letztendlich gestartet werden, sei es thermisch oder sei es durch einen Katalysator. In diesem Moment liegt dann allerdings ein geschlossenes oder offenes System vor.

Der 1. Hauptsatz der Thermodynamik besagt, dass die Energie in einem abgeschlossenen System konstant bleibt und sich in einem geschlossenen bzw. offenen System in dem Maße ändert wie Energie über die Systemgrenze in Form von Wärme oder Arbeit ausgetauscht wird.

Bei offenen Systemen ist zusätzlich der mit dem Stoffstrom verbundene Energiestrom zu berücksichtigen (s. Kap. 5). Für die Einführung und Definition der *Enthalpie*, insbesondere der Bildungsenthalpie, der Verbrennungsenthalpie und der Reaktionsenthalpie, reicht es aus, sich auf ein *geschlossenes System* zu beschränken und für dieses den *1. Hauptsatz der Thermodynamik* zu formulieren. Dieser lautet wie folgt:

$$\mathrm{d}U = \delta Q + \delta W. \tag{3.15}$$

Dabei stellt die sogenannte *innere Energie U* diejenige Energie dar, die in den im System vorhandenen chemischen Verbindungen enthalten ist. Die *innere Energie* umfasst die thermische, chemische und nukleare Energie des Systems. Im Falle chemischer Reaktoren (im Gegensatz zu Kernreaktoren) sind nur die thermische und die chemische Energie relevant. Die chemische Energie ist dabei die in den chemischen Bindungen gespeicherte Energie. Die thermische Energie setzt sich bei Systemen, bei denen keine Wechselwirkung zwischen den Molekülen des Systems vorliegt (ideale Systeme), aus den Beiträgen von Translation, Rotation und Schwingung zusammen. Bei realen Systemen kommen dann noch Beiträge der potentiellen Energie hinzu.

Über sogenannte Zustandssummen, die die Zahl der bei einer bestimmten Temperatur erreichbaren energetischen Zustände von Translation, Rotation und Schwingung angeben, lassen sich thermodynamische Größen auf Basis spektroskopischer Daten bestimmen. Dieses Teilgebiet der Physikalischen Chemie wird als Statistische Thermodynamik bezeichnet und basiert auf der Quantenmechanik. Für weiter- und tiefergehende Ausführungen sei auf die einschlägigen Lehrbücher der Physikalischen Chemie verwiesen (z. B. [6, 7]). Für die Betrachtungen in diesem Lehrbuch werden wir uns weiterhin im Bereich der klassischen Chemischen Thermodynamik bewegen.

Im Zusammenhang mit dem 1. Hauptsatz der Thermodynamik sei noch auf die unterschiedlichen Notationen der Differentiale verwiesen. Da es sich bei der inneren Energie um eine Zustandsgröße handelt, deren Änderung vom Weg unabhängig ist, wird dies mit einem „d" verdeutlicht. Mathematisch bedeutet dies, dass man eine infinitesimal kleine Änderung einer von drei unabhängigen Variablen abhängigen Zustandsfunktion F als totales Differential mit Hilfe der partiellen Differentiale formulieren kann:

$$\mathrm{d}F(x,y,z) = \left(\frac{\partial F}{\partial x}\right)_{y,z} \cdot \mathrm{d}x + \left(\frac{\partial F}{\partial y}\right)_{x,z} \cdot \mathrm{d}y + \left(\frac{\partial F}{\partial z}\right)_{x,y} \cdot \mathrm{d}z. \tag{3.16}$$

Wärme und Arbeit sind dagegen keine Zustandsgrößen, d. h. deren Änderung hängt vom Weg ab. Diese wegabhängige Änderung wird mit einen „δ" kenntlich gemacht. Das Vorzeichen der Änderung von Wärme und Arbeit ergibt sich aus der Änderung der inneren Energie des Systems:

Die innere Energie des Systems nimmt ab, wenn das System Wärme an die Umgebung abgibt oder Arbeit an der Umgebung verrichtet. δQ und δW haben dann also negatives Vorzeichen.

Da chemische Reaktoren im Gegensatz zu Wärmekraft- oder Verbrennungskraftmaschinen der Produktion von Chemikalien und nicht der Verrichtung von Arbeit dienen, lässt sich der 1. Hauptsatz der Thermodynamik vereinfachen. Die einzige Arbeitsform, die für chemische Reaktoren relevant ist, ist die Volumenänderungsarbeit $p\,\mathrm{d}V$. *Da chemische Reaktoren üblicherweise isobar betrieben werden*, muss eine Druckänderung, die z. B. durch eine reaktionsbedingte Stoffmengen- oder Temperaturänderung ausgelöst würde, durch eine Verschiebung der Systemgrenze (Volumenänderungsarbeit) verhindert werden. In der Realität ist dies die Volumenänderungsarbeit, die bei diskontinuierlich oder kontinuierlich betriebenen Reaktoren notwendig ist, um die umgebende Atmosphäre zurückzudrängen, sei es direkt oder indirekt über Druckhalte- bzw. Überströmventile. Um die Volumenänderungsarbeit bei isobaren Systemen einfach berücksichtigen zu können, wird die Enthalpie als thermodynamische Größe wie folgt eingeführt:

$$H = U + p \cdot V. \tag{3.17}$$

Die Enthalpie enthält also neben dem Beitrag der inneren Energie auch den Beitrag der Volumenänderungsarbeit.

Mit der Einführung der Enthalpie vereinfacht sich der 1. Hauptsatz der Thermodynamik für isobare geschlossene Systeme wie folgt:

$$(\mathrm{d}H)_p = \delta Q. \tag{3.18}$$

Für ein System, in dem eine chemische Reaktion abläuft, kann das totale Differential der Enthalpie unter Berücksichtigung der unabhängigen freien Variablen Temperatur, Druck und Stoffmengen gemäß Gl. 3.16 wie folgt formuliert werden:

$$\mathrm{d}H = \left(\frac{\partial H}{\partial T}\right)_{p,n_i} \cdot \mathrm{d}T + \left(\frac{\partial H}{\partial p}\right)_{T,n_i} \cdot \mathrm{d}p + \sum_{i=1}^{N}\left(\left(\frac{\partial H}{\partial n_i}\right)_{p,T,n_{j\neq i}} \cdot \mathrm{d}n_i\right). \tag{3.19}$$

Da wir uns bei der Diskussion auf isobare Systeme beschränken, kann in Gl. 3.19 der Beitrag durch die Druckänderung null gesetzt werden, so dass sich folgende Endgleichung ergibt:

$$\mathrm{d}H = \left(\frac{\partial H}{\partial T}\right)_{p,n_i} \cdot dT + \sum_{i=1}^{N}\left(\left(\frac{\partial H}{\partial n_i}\right)_{p,T,n_{j\neq i}} \cdot \mathrm{d}n_i\right). \tag{3.20}$$

Bei konstantem Druck und konstanter Zusammensetzung wird für die mit 1 K Temperaturänderung verknüpfte Enthalpieänderung des Systems die Wärmekapazität als stoffspezifische Größe eingeführt:

$$\left(\frac{\partial H}{\partial T}\right)_{p,n_i} = C_p. \tag{3.21}$$

Der 1. Hauptsatz der Thermodynamik für isobare geschlossene Systeme, Gl. 3.18, erlaubt die Schlussfolgerung, dass die Wärmekapazität auch derjenigen Wärmemenge entspricht, die bei einem geschlossenen System bei konstantem Druck und konstanter Zusammensetzung zu- bzw. abgeführt werden muss, um die Temperatur des Systems um 1 K zu erhöhen bzw. zu erniedrigen. Da C_p von der Größe des betrachteten Systems abhängt, wählt man als Bezugsgröße entweder die Masse oder die Stoffmenge des Systems und geht von einer extensiven auf eine intensive Größe über:

Im vorliegenden Lehrbuch ist c_p die massenspezifische Wärmekapazität des Reaktionssystems und $c_{p,i}$ die stoffmengenspezifische Wärmekapazität bezogen auf A_i.

Der zweite partielle Differentialquotient in Gl. 3.20 lässt sich mit Hilfe der Reaktionslaufzahl ξ (s. Abschn. 2.3) wie folgt darstellen:

$$\sum_{i=1}^{N}\left(\left(\frac{\partial H}{\partial n_i}\right)_{p,T,n_{j\neq i}}\cdot \mathrm{d}n_i\right)=\sum_{i=1}^{N}\left(\left(\frac{\partial H}{\partial n_i}\right)_{p,T,n_{j\neq i}}\cdot \nu_i\right)\cdot \mathrm{d}\xi=\left(\frac{\partial H}{\partial \xi}\right)_{p,T}\cdot \mathrm{d}\xi. \tag{3.22}$$

Bei konstantem Druck und konstanter Temperatur des Systems wird für die mit der Reaktionslaufzahl ξ verknüpfte Enthalpieänderung des Systems die Reaktionsenthalpie $\Delta_R H$ als reaktionsspezifische Größe eingeführt:

$$\left(\frac{\partial H}{\partial \xi}\right)_{p,T}=\Delta_R H. \tag{3.23}$$

Der 1. Hauptsatz der Thermodynamik erlaubt die Schlussfolgerung, dass die Reaktionsenthalpie auch derjenigen Wärmemenge entspricht, die bei einem geschlossenen System bei konstantem Druck pro Formelumsatz ($\xi = 1$ mol) zu- bzw. abgeführt werden muss, damit die Temperatur konstant bleibt.

Insgesamt kann der 1. Hauptsatz der Thermodynamik nun für ein geschlossenes Reaktionssystem bei konstantem Druck wie folgt formuliert werden:

$$\mathrm{d}H = m\cdot c_p\cdot \mathrm{d}T+\Delta_R H\cdot \mathrm{d}\xi=\delta Q. \tag{3.24}$$

In einem geschlossenen System, wie es beispielsweise im Falle eines diskontinuierlich betriebenen, idealen Rührkesselreaktors vorliegt, ändern sich die thermodynamischen Größen mit der Zeit, so dass sich folgende Differentialgleichung ergibt:

$$m\cdot c_p\frac{\mathrm{d}T}{\mathrm{d}t}=(-\,\Delta_R H)\cdot\frac{\mathrm{d}\xi}{\mathrm{d}t}+\dot{Q}. \tag{3.25}$$

Dividiert man Gl. 3.25 noch durch das als konstant angenommene Reaktionsvolumen und berücksichtigt dabei die Definition der Reaktionsgeschwindigkeit (Gl. 2.6) erhält man folgende Gleichung:

$$\rho \cdot c_p \cdot \frac{\mathrm{d}T}{\mathrm{d}t} = (-\Delta_R H) \cdot r + \frac{\dot{Q}}{V}. \tag{3.26}$$

Gl. 3.26 ist identisch mit der Enthalpiebilanz für den diskontinuierlichen idealen Rührkessel (vGl. Gl. 5.80), die wir in Kap. 5 herleiten werden. Der zu- bzw. abgeführte Wärmestrom wird dabei durch die Gleichung für den Wärmedurchgang (s. Gl. 4.31) beschrieben, die wir in Kap. 4 behandeln werden.

3.2.1.1 Molare Bildungsenthalpie

Die *molare Bildungsenthalpie* $\Delta_B H_i$ einer Spezies A_i ist die Reaktionsenthalpie für die Bildung von 1 mol dieser Spezies aus den Elementen E_h gemäß folgender Reaktionsgleichung:

$$|\nu_1| E_1 + \ldots + |\nu_h| E_h + \ldots + |\nu_L| E_L \rightarrow A_i. \tag{3.27}$$

Nachfolgende Punkte sind bei der Diskussion und Verwendung der *molaren Bildungsenthalpie* zu beachten:

- Üblicherweise wird die Bildungsenthalpie $\Delta_B H_i$ als sogenannte *molare Standardbildungsenthalpie* $\Delta_B H^0_{i,T}$ angegeben. Der *Standardzustand* einer Verbindung entspricht der reinen gasförmigen, flüssigen oder festen Verbindung bei der jeweils herrschenden Temperatur T und einem Druck von genau 1,01325 bar bzw. 1 atm. Es besteht jedoch in vielen Tabellenwerken die Konvention die Standardbildungsenthalpie für eine Temperatur von 25 °C, d. h. 298,15 K, anzugeben.
- Die *Standardbildungsenthalpie* der chemischen Elemente E_h in ihrem stabilsten Zustand ist per Definition auf 0 kJ/mol festgesetzt. Tab. 3.1 zeigt dies beispielhaft für H_2 oder C (Graphit). Der stabilste Zustand wird manchmal auch als Referenzzustand bezeichnet.

Wie wir in Abschn. 3.2.1.3 noch sehen werden, sind die molaren Standardbildungsenthalpien für die Berechnung von Standardreaktionsenthalpien bzw. Reaktionsenthalpien von großer Bedeutung. Es gibt daher für organische und/oder anorganische Verbindungen zahlreiche Tabellenwerke, in denen die molaren Standardbildungsenthalpien aufgelistet sind (z. B. [9–14]).

Tab. 3.1 gibt beispielhaft in der ersten Spalte für ausgewählte Verbindungen deren molare Standardbildungsenthalpien bei $T = 298$ K an. Man erkennt, dass es sogenannte *endotherme Verbindungen* gibt, deren Enthalpie höher ist als die der Elemente, aus denen sie zusammengesetzt sind. Sogenannte *exotherme Verbindungen* haben eine geringere Enthalpie als die Elemente, aus denen sie bestehen.

Tab. 3.1 Zahlenwerte thermodynamischer Funktionen einiger Elemente und Verbindungen bei 25 °C (298,15 K) und einem Druck von 1,01325 bar; gasförmige Stoffe im idealen Zustand [15]

Stoff	Zustand	$\Delta_B H^0_{i,298}$ $\left[\frac{kJ}{mol}\right]$	$s^0_{i,298}$ $\left[\frac{J}{mol\,K}\right]$	$c_{p,i}$ $\left[\frac{J}{mol\,K}\right]$	$\log K_B$ [–]	$\Delta_B G^0_{i,298}$ $\left[\frac{kJ}{mol}\right]$
H_2	g	0,00	130,67	28,85	0,000	0,00
H	g	218,09	114,68	20,81	– 35,605	203,39
O_2	g	0,00	205,15	29,39	0,000	0,00
O	g	247,69	161,07	21,94	– 40,310	230,23
OH	g	42,12	183,76	29,89	– 6,546	37,39
H_2O	g	– 242,00	188,87	33,58	40,047	– 228,77
H_2O	fl	– 286,04	70,00	75,36	41,553	– 237,35
Cl_2	g	0,00	223,11	33,95	0,000	0,00
Cl	g	121,46	165,21	21,86	– 18,465	105,47
HCl	g	– 92,36	186,82	29,14	16,690	– 95,33
N_2	g	0,00	191,63	29,14	0,000	0,00
NH_3	g	– 46,22	192,63	35,67	2,914	– 16,66
N_2O	g	81,60	220,14	38,73	– 18,149	103,67
NO	g	90,43	210,76	29,89	– 15,187	86,75
NO_2	g	33,87	240,62	37,93	– 9,082	51,87
S	g (rhomb.)	0,00	31,90	22,61	0,000	0,00
H_2S	g	– 20,18	205,78	34,00	5,785	– 33,03
SO_2	g	– 297,10	248,70	39,82	52,621	– 300,57
SO_3	g	– 395,44	256,40	50,66	64,884	– 370,62
C	s (Graphit)	0,00	5,70	8,67	0,000	0,00
C	s (Diamant)	1,90	2,44	6,07	– 0,502	2,87
CO	g	– 110,62	198,04	29,14	24,048	– 137,37
CO_2	g	– 393,77	213,78	37,14	69,091	– 394,65
CH_4	g	– 74,90	186,31	35,76	8,898	– 50,83
C_2H_2	g	226,88	200,97	43,96	– 36,649	209,34
C_2H_4	g	52,34	219,60	43,58	– 11,934	68,16
C_2H_6	g	– 84,74	229,65	52,67	5,761	– 32,91
C_3H_6	g	20,43	267,12	63,93	– 10,987	62,76
C_3H_8	g	– 103,92	270,05	73,56	4,115	– 23,49
n-C_4H_8	g	– 0,13	305,80	85,70	– 12,527	71,55
n-C_4H_{10}	g	– 126,23	310,33	97,51	3,005	– 17,17
i-C_4H_{10}	g	– 134,61	294,83	96,88	3,665	– 20,93
n-C_6H_{12}	g	– 41,70	384,77	132,43	– 15,350	87,67
n-C_6H_{14}	g	– 167,47	388,54	143,19	0,051	– 0,29
C_6H_6	g	82,98	269,21	81,73	– 22,710	129,74
CH_3OH	g	– 201,30	237,81	45,05	28,359	– 161,99
HCHO	g	– 115,97	218,80	35,38	19,280	– 110,11
HCOOH	fl	– 409,47	129,04	99,10	60,620	– 346,25

(Fortsetzung)

Tab. 3.1 (Fortsetzung)

Stoff	Zustand	$\Delta_B H^0_{i,298}$ $\left[\frac{kJ}{mol}\right]$	$s^0_{i,298}$ $\left[\frac{J}{mol\,K}\right]$	$c_{p,i}$ $\left[\frac{J}{mol\,K}\right]$	$\log K_B$ [–]	$\Delta_B G^0_{i,298}$ $\left[\frac{kJ}{mol}\right]$
C_2H_5OH	g	– 235,47	282,19	73,65	29,536	– 168,73
CH_3CHO	g	– 166,47	265,86	54,68	23,426	– 133,81
CH_3COOH	fl	– 487,34	159,94	123,51	68,750	– 392,72

In den Fällen, in denen für eine Verbindung keine molaren Standardbildungsenthalpien tabelliert sind, gibt es folgende Vorgehensweisen:

- Quantenchemische Ab-initio-Berechnungen
- Gruppenbeitragsmethoden 2. Ordnung
- Experimentelle Bestimmung

Quantenchemische Ab-initio-Berechnungen sind für kleine Moleküle, die aus nicht mehr als 5 Atomen bestehen, mit einem absoluten Fehler von ±0,24 kJ/mol für die Gasphase möglich [16]. Für Moleküle, die bis zu 20 Atome enthalten, können quantenchemische Ab-initio-Berechnungen häufig mit einem absoluten Fehler von einigen wenigen kJ/mol für die Gasphase berechnet werden. So wurde für Benzol in der Gasphase ein absoluter Fehler für die berechnete molare Standardbildungsenthalpie von ±1,8 kJ/mol ermittelt [17]. Besonders attraktiv sind Ab-initio-Berechnungen für reaktive Zwischenstufen, d. h. für Spezies, die experimentell nur sehr schwer zugänglich, aber für den Mechanismus der Reaktion relevant sind. Für große Moleküle, die mehr als 20 Atome enthalten, können *semiempirische Berechnungsmethoden oder die Dichtefunktionaltheorie* angewandt werden. Der absolute Fehler der berechneten Bildungsenthalpien liegt dabei mindestens um eine Zehnerpotenz höher als bei den Ab-initio-Berechnungen, die zu zeitaufwendig wären. Für große Moleküle wird daher zur Gruppenbeitragsmethode 2. Ordnung geraten, bei der der absolute Fehler in der selben Größenordnung liegt oder geringer ist.

Gruppenbeitragsmethoden 2. Ordnung berücksichtigen nicht nur die im Molekül enthaltenen Atome (0. Ordnung) und Bindungen (1. Ordnung), sondern auch die zu einem Atom benachbarten Atome. Beispiele für Gruppenbeitragsmethoden 2. Ordnung sind die Methoden nach Yoneda [18] oder Benson [19] für ideale Gase. Einen guten Überblick und Vergleich über die Gruppenbeitragsmethoden findet man in [20]. Nachfolgend soll nur auf die *Methode von Benson* für ideale Gase näher eingegangen werden. Tab. 3.2 enthält in der zweiten Spalte einen Auszug von Gruppenbeiträgen für die Berechnung der molaren Standardbildungsenthalpien von Alkanen, Cykloalkanen und Aromaten. Die Notation $C\text{-}(C)_2(H)_2$ bedeutet beispielsweise, dass es sich um ein sekundäres C-Atom handelt, das mit zwei weiteren C-Atomen verknüpft ist und dessen freie Valenzen mit H-Atomen abgesättigt sind. Wenn die beiden benachbarten C-Atome an C-C-Doppelbindungen beteiligt wären, dann würde die Notation $C\text{-}(C_d)_2(H)_2$ lauten und der Gruppenbeitrag wäre ein anderer (nicht in Tab. 3.2 gezeigt; d = *double bond*). Bei aromatischen Kohlen-

Tab. 3.2 Ausgewählte Gruppenbeiträge nach der Methode von Benson für die Berechnung von molaren Bildungsenthalpien und absoluten molaren Entropien idealer Gase bei 298,15 K und einem Druck von 1,01325 bar sowie für die Berechnung von molaren Wärmekapazitäten idealer Gase bei verschiedenen Temperaturen und einem Druck von 1,01325 bar [19]

Gruppe	$\Delta_B H^0_{298}$ $\left[\frac{kJ}{mol}\right]$	s^0_{298} $\left[\frac{J}{mol\,K}\right]$	c^0_p [J mol^{-1} K^{-1}] 300 K	400 K	500 K	600 K	800 K	1.000 K
C-(C)(H)$_3$	−42,20	127,32	25,92	32,82	39,36	45,18	54,51	61,8
C-(C)$_2$(H)$_2$	−20,72	39,44	23,03	29,10	34,54	39,15	46,35	51,7
C-(C)$_3$(H)	−7,95	−50,53	19,01	25,12	30,02	33,70	38,98	42,1
C-(C)$_4$	2,09	−146,96	18,30	25,67	30,81	34,00	36,72	36,6
Gauche-Korrektur (Alkane)	3,35	–	–	–	–	–	–	–
C$_B$-(H)	13,82	48,27	13,57	18,59	22,86	26,38	31,57	35,2
C$_B$-(C)	23,07	−32,20	11,18	13,15	15,41	17,38	20,77	22,7
C-(C$_B$)(H)$_3$	−42,20	127,32	25,92	32,82	39,36	45,18	54,51	61,8

wasserstoffen, wird das sp^2-hybridisierte Kohlenstoffatom des Aromatenrings mit C$_B$ abgekürzt (B = Benzol) und nur die verbleibende freie Valenz zugeordnet (s. Tab. 3.2). Liegen Stereoisomere vor, so muss die Gruppenbeitragsmethode zur Berechnung der molaren Standardbildungsenthalpien um entsprechende Korrekturen erweitert werden. Dies ist der Fall bei Konformations- und Diastereomeren, nicht dagegen bei Enantiomeren, da diese ohnehin die selbe Bildungsenthalpie besitzen. Tab. 3.2 enthält eine Korrektur für den Fall, dass Konformationsisomere vorliegen, die sich in der Anzahl an Gauche-Wechselwirkungen der Alkylgruppen unterscheiden. Die Zahl der Gauche-Wechselwirkungen kann am besten anhand der Newman-Projektion bestimmt und daraus der Korrekturwert berechnet werden [19]. In Beispiel 3.6 wird diese Korrektur auf Isomere des Hexans angewendet.

Domalski und Hearing [21] haben die Gruppenbeitragsmethode nach Benson [19] auf flüssige und feste Verbindungen erweitert. Zudem haben sie die Gauche-Korrektur nach Benson durch Korrekturterme für die repulsiven Wechselwirkungen von Methylgruppen sowie korrigierte Gruppenbeiträge für die tertiären und quaternären Kohlenstoffatome ersetzt.

Beispiel 3.6

Mit der Gruppenbeitragsmethode nach Benson können molare Standardbildungsenthalpien beliebiger Kohlenwasserstoffe mit einer Genauigkeit von wenigen kJ/mol vorausberechnet werden [20]. Nachfolgend werden beispielhaft unter Verwendung der in Tab. 3.2 aufgelisteten Gruppenbeitragswerte die molaren Standardbildungsenthalpien von Methylcyclohexan und Toluol sowie der Hexan-Isomere n-Hexan, 2-Methylpentan, 3-Methylpentan, 2,2-Dimethylbutan und 2,3-Dimethylbutan berechnet. Die experimentellen Werte wurden aus Domalski und Hearing [21] entnommen.

Methylcyclohexan (M-CHx)	
CH_3	$\Delta_B H^0_{\text{M-CHx},298} = 5 \cdot \left(-20{,}72 \frac{\text{kJ}}{\text{mol}}\right) + 1 \cdot \left(-7{,}95 \frac{\text{kJ}}{\text{mol}}\right) + 1 \cdot \left(-42{,}20 \frac{\text{kJ}}{\text{mol}}\right) = -153{,}75 \frac{\text{kJ}}{\text{mol}}$ (exp.: $-154{,}72 \frac{\text{kJ}}{\text{mol}}$)
Toluol (To)	
CH_3	$\Delta_B H^0_{\text{To},298} = 5 \cdot \left(13{,}82 \frac{\text{kJ}}{\text{mol}}\right) + \left(23{,}07 \frac{\text{kJ}}{\text{mol}}\right) + \left(-42{,}20 \frac{\text{kJ}}{\text{mol}}\right) = 49{,}97 \frac{\text{kJ}}{\text{mol}}$ (exp.: $50{,}17 \frac{\text{kJ}}{\text{mol}}$)
n-Hexan (n-Hx)	
	$\Delta_B H^0_{\text{n-Hx},298} = 2 \cdot \left(-42{,}20 \frac{\text{kJ}}{\text{mol}}\right) + 4 \cdot \left(-20{,}72 \frac{\text{kJ}}{\text{mol}}\right) = -167{,}28 \frac{\text{kJ}}{\text{mol}}$ (exp.: $-167{,}11 \frac{\text{kJ}}{\text{mol}}$)
2-Methylpentan (2-MPn)	
	$\Delta_B H^0_{\text{2-MPn},298} = 3 \cdot \left(-42{,}20 \frac{\text{kJ}}{\text{mol}}\right) + 2 \cdot \left(-20{,}72 \frac{\text{kJ}}{\text{mol}}\right) + 1 \cdot \left(-7{,}95 \frac{\text{kJ}}{\text{mol}}\right) + 1 \cdot \left(3{,}35 \frac{\text{kJ}}{\text{mol}}\right) = -172{,}64 \frac{\text{kJ}}{\text{mol}}$ (exp.: $-174{,}77 \frac{\text{kJ}}{\text{mol}}$)
3-Methylpentan (3-MPn)	
	$\Delta_B H^0_{\text{3-MPn},298} = 3 \cdot \left(-42{,}20 \frac{\text{kJ}}{\text{mol}}\right) + 2 \cdot \left(-20{,}72 \frac{\text{kJ}}{\text{mol}}\right) + 1 \cdot \left(-7{,}95 \frac{\text{kJ}}{\text{mol}}\right) + 2 \cdot \left(3{,}35 \frac{\text{kJ}}{\text{mol}}\right) = -169{,}29 \frac{\text{kJ}}{\text{mol}}$ (exp.: $-172{,}09 \frac{\text{kJ}}{\text{mol}}$)
2,3-Dimethylbutan (2,3-DMBu)	
	$\Delta_B H^0_{\text{2,3-DMBu},298} = 4 \cdot \left(-42{,}20 \frac{\text{kJ}}{\text{mol}}\right) + 2 \cdot \left(-7{,}95 \frac{\text{kJ}}{\text{mol}}\right) + 2 \cdot \left(3{,}35 \frac{\text{kJ}}{\text{mol}}\right) = -178{,}00 \frac{\text{kJ}}{\text{mol}}$ (exp.: $-178{,}28 \frac{\text{kJ}}{\text{mol}}$)
2,2-Dimethylbutan (2,2-DMBu)	
	$\Delta_B H^0_{\text{2,2-DMBu},298} = 4 \cdot \left(-42{,}20 \frac{\text{kJ}}{\text{mol}}\right) + 1 \cdot \left(-20{,}72 \frac{\text{kJ}}{\text{mol}}\right) + 1 \cdot \left(2{,}09 \frac{\text{kJ}}{\text{mol}}\right) + 2 \cdot \left(3{,}35 \frac{\text{kJ}}{\text{mol}}\right) = -180{,}73 \frac{\text{kJ}}{\text{mol}}$ (exp.: $-186{,}10 \frac{\text{kJ}}{\text{mol}}$)

Man erkennt, dass die Abweichung zwischen den experimentell bestimmten und den nach der Benson-Methode abgeschätzten molaren Standardbildungsenthalpien nur wenige kJ/mol beträgt. Nur im Falle des 2,2-Dimethylbutans ist die Abweichung mit ca. 5 kJ/mol relativ groß, was auf die notwendige Gauche-Korrektur zurückzuführen ist. Mit dem von Domalski und Hearing [21] vorgeschlagenen Korrekturterm für die Methylrepulsionen (− 4,56 kJ/mol) und dem gegenüber der Benson-Methode korrigierten Wert für das quartäre Kohlenstoffatom (19,2 kJ/mol) ergibt sich eine bessere Abschätzung:

$$\begin{aligned}\Delta_B H^0_{2,2\text{-DMBu},298} &= 4\cdot\left(-42{,}20\,\frac{\text{kJ}}{\text{mol}}\right)+1\cdot\left(-20{,}72\,\frac{\text{kJ}}{\text{mol}}\right)\\ &\quad +1\cdot\left(19{,}2\frac{\text{kJ}}{\text{mol}}\right)+3\cdot\left(-4{,}56\,\frac{\text{kJ}}{\text{mol}}\right)\\ &= -184{,}0\,\frac{\text{kJ}}{\text{mol}}\end{aligned}$$

$$\left(\text{exp.}:\ -186{,}10\,\frac{\text{kJ}}{\text{mol}}\right).\quad ◀$$

Die experimentelle Ermittlung der molaren Standardbildungsenthalpie erfolgt üblicherweise über die kalorimetrische Bestimmung der molaren Verbrennungsenthalpie der Verbindung (s. Abschn. 3.2.1.2). Da die Enthalpie eine Zustandsgröße ist, ist deren Änderung vom Weg unabhängig und die molare Bildungsenthalpie ergibt sich aus der Summe der Reaktionsenthalpien der ablaufenden Teilreaktionen, in die sich die Bildungsreaktion formal zerlegen lässt (Satz von Hess, siehe auch [6, 7]). Die Bildungsreaktion eines zu untersuchenden Kohlenwasserstoffs kann formal zerlegt werden in die Bildungsreaktion von Wasser und Kohlendioxid aus den Elementen (C, H) und die Verbrennung des zu untersuchenden Kohlenwasserstoffs zu Wasser und Kohlendioxid (s. Abb. 3.2). Unter Anwendung des Satzes von Hess und unter Berücksichtigung der Stöchiometrie kann man die gesuchte molare Bildungsenthalpie des Kohlenwasserstoffs C_xH_y aus den bekannten molaren Bildungsenthalpien von Wasser und Kohlendioxid (s. Tab. 3.1) sowie der gemessenen molaren Verbrennungsenthalpie des Kohlenwasserstoffs wie folgt berechnen:

$$\Delta_B H^0_{i,T} = x\Delta_B H^0_{CO_2,T} + \frac{y}{2}\Delta_B H^0_{H_2O,T} - \Delta_V H^0_{i,T}. \tag{3.28}$$

Das negative Vorzeichen vor der molaren Verbrennungsenthalpie in Gl. 3.28 berücksichtigt, dass diese Reaktion formal in umgekehrter Richtung ablaufen muss. Enthält der Kohlenwasserstoff Heteroatome wie Sauerstoff, Stickstoff oder Schwefel, so müssen die Reaktionsgleichungen in Abb. 3.2 erweitert und die Gl. 3.28 entsprechend angepasst werden.

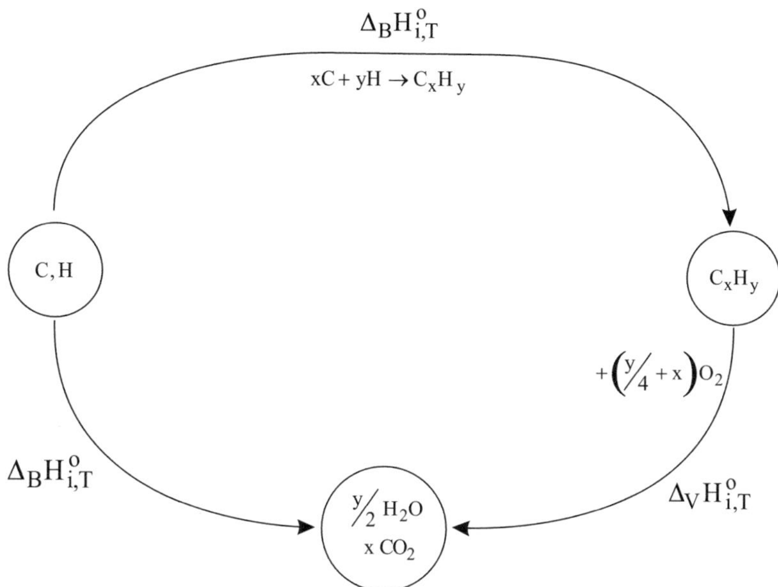

Abb. 3.2 Bestimmung der Standardbildungsenthalpie eines Kohlenwasserstoffs $C_x\ H_y$ aus dessen Verbrennungsenthalpie (Satz von Hess)

3.2.1.2 Molare Verbrennungsenthalpie

Die *molare Verbrennungsenthalpie* $\Delta_V H_i$ einer Spezies A_i ist die Reaktionsenthalpie für die Verbrennung von 1 mol dieser Spezies (Element oder Verbindung) mit molekularem Sauerstoff. Als *molare Standardverbrennungsenthalpie* $\Delta_V H^0_{i,T}$ bezeichnet man die Reaktionsenthalpie für die Verbrennung von 1 mol der Spezies bei 1,01325 bar. Auch hier besteht jedoch vielfach die Konvention die Standardverbrennungsenthalpie für eine Temperatur von 25 °C, d. h. 298,15 K, anzugeben. In der Technischen Thermodynamik wird diese Größe auch als *Brennwert* bezeichnet. Der *Heizwert* ist dagegen die Verbrennungsenthalpie, wenn es nicht zu einer Kondensation des im Abgas enthaltenen Wasserdampfs kommt. Die molaren Standardverbrennungsenthalpien findet man in Tabellenwerken (z. B. [22]). Wenn für eine vorliegende Spezies kein Wert tabelliert ist, dann kann man die Gruppenbeitragsmethode nach Cardozo [23] anwenden oder man bestimmt den Wert in einem Kalorimeter. Dabei kann für gasförmige Spezies ein Flammenkalorimeter und für flüssige und feste Spezies ein *Bombenkalorimeter* zum Einsatz kommen. Abb. 3.3 zeigt eine Prinzipskizze eines *adiabaten Bombenkalorimeters*. Die kalorimetrische Bombe befindet sich in einem mit destilliertem Wasser gefüllten und gegenüber der Umgebung isolierten Gefäß. Das Wasser wird während des Versuchs intensiv durchmischt. Die zu untersuchende Probe wird zusammen mit einem Zünddraht in die Bombe eingebracht. Nachdem die Bombe mit reinem Sauerstoff gefüllt worden ist, wird die Probe elektrisch gezündet. Aus der gemessenen Temperaturerhöhung des Wassers ΔT_W und der mittels

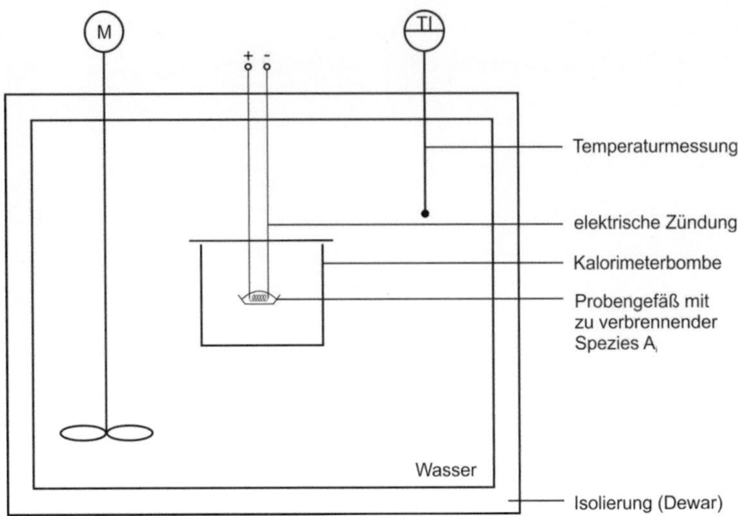

Abb. 3.3 Prinzipskizze eines adiabaten Bombenkalorimeters

Kalibrierung bestimmten Wärmekapazität C_{BK} des Systems lässt sich die Wärmetönung berechnen:

$$\delta Q = C_{\mathrm{BK}} \cdot \mathrm{d}T_{\mathrm{W}}. \tag{3.29}$$

Da das Bombenkalorimeter ein isochores System darstellt, in dem eine Druckerhöhung stattfindet, jedoch keine Volumenänderungsarbeit geleistet wird, vereinfacht sich der 1. Hauptsatz der Thermodynamik (Gl. 3.15) unter Berücksichtigung von Gl. 3.29 wie folgt:

$$\mathrm{d}U = \delta Q = C_{\mathrm{BK}} \cdot \mathrm{d}T_{\mathrm{W}}. \tag{3.30}$$

Die Verbrennungsenthalpie erhält man, indem man die Definitionsgleichung der Enthalpie Gl. 3.17 ableitet und $\mathrm{d}V = 0$ setzt (isochores System):

$$\mathrm{d}H = \mathrm{d}U + p \cdot \mathrm{d}V + V \cdot \mathrm{d}p = \mathrm{d}U + V \cdot \mathrm{d}p. \tag{3.31}$$

Nach Einsetzen von Gl. 3.30 in Gl. 3.31 sowie unter Berücksichtigung des idealen Gasgesetzes und der durch die Verbrennung des Zünddrahts freigesetzten Wärmemenge ergibt sich folgende Endgleichung für die gesuchte Verbrennungsenthalpie:

$$\Delta_{\mathrm{V}} H_i = C_{\mathrm{BK}} \cdot \Delta T_{\mathrm{W}} + R \cdot T \cdot \Delta n - Q_{\mathrm{Draht}}. \tag{3.32}$$

C_{BK} wird durch Verbrennen einer Spezies (z. B. Benzoesäure) mit bekannter molarer Verbrennungsenthalpie bestimmt.

Die Standardverbrennungsenthalpie für den gasförmigen Aggregatszustand der Spezies ergibt sich unter Berücksichtigung von Verdampfungsenthalpie bzw. Sublimationsenthalpie der Spezies, je nachdem ob diese im Bombenkalorimeter flüssig bzw. fest eingesetzt wird. Bedingt durch die geringe Druckabhängigkeit der Reaktionsenthalpie [8] ist eine Druckkorrektur gegenüber dem idealen Gas im Allgemeinen nicht notwendig, auch wenn die Versuche typischerweise bei ca. 30 bar durchgeführt werden.

3.2.1.3 Reaktionsenthalpie

Die Einführung und Definition der Reaktionsenthalpie erfolgte bereits mit Gl. 3.22 und 3.23 auf Basis des 1. Hauptsatzes der Thermodynamik. Im Folgenden soll etwas näher darauf eingegangen werden, wie die Reaktionsenthalpie ermittelt und auf Reaktionsbedingungen umgerechnet werden kann.

Gemäß dem Satz von Hess kann die Standardreaktionsenthalpie aus den molaren Standardbildungsenthalpien der Edukte und Produkte unter Berücksichtigung der Stöchiometrie berechnet werden, indem man die Edukte zunächst in die Elemente zerlegt (Umkehrung der Bildungsreaktion) und aus diesen die Produkte bildet:

$$\Delta_R H^0_{j,T} = \sum_{i=1}^{N} \nu_{i,j} \cdot \Delta_B H^0_{i,T}. \tag{3.33}$$

Ebenfalls basierend auf dem Satz von Hess erlauben gemessene oder tabellierte molare Verbrennungsenthalpien die Bestimmung von molaren Standardbildungsenthalpien (s. Abschn. 3.2.1.1), aber auch der Standardreaktionsenthalpien, indem man sich formal vorstellt, dass die Edukte zunächst zu Kohlendioxid und Wasser verbrannt und die Produkte aus Kohlendioxid und Wasser (Umkehrung der Verbrennungsreaktion) wieder aufgebaut werden:

$$\Delta_R H^0_{j,T} = \sum_{i=1}^{N} \nu_{i,j} \cdot \Delta_V H^0_{i,T}. \tag{3.34}$$

Es sei an dieser Stelle erwähnt, dass Gl. 3.33 und 3.34 nur gültig sind, wenn keine Wechselwirkungen zwischen den Spezies auftreten. Dies ist streng genommen nur im Falle des idealen Gases erfüllt. Ansonsten ist noch die sogenannte Exzessenthalpie zu berücksichtigen [8]. Zum Beispiel ist diese Exzessenthalpie bei schwach exo- oder endothermen Gleichgewichtsreaktionen in der Flüssigphase signifikant und kann nicht vernachlässigt werden.

Reaktionsbedingungen technischer Reaktionen entsprechen selten den Standardreaktionsbedingungen, so dass eine Umrechnung der Standardreaktionsenthalpie auf die Reaktionstemperatur und den Reaktionsdruck erfolgen muss. Im Falle *idealer Gase* ist die

Reaktionsenthalpie nicht druckabhängig und es muss nur die Temperaturabhängigkeit gemäß dem *Kirchhoff'schen Satz* berücksichtigt werden:

$$\Delta_R H^0_{j,T_2} = \Delta_R H^0_{j,T_1} + \int_{T_1}^{T_2} \Delta_R c_{p,j} \cdot dT. \quad (3.35)$$

Die Änderung der Wärmekapazität in Abhängigkeit von der Reaktionslaufzahl lässt sich für ideale Gase aus den Wärmekapazitäten der beteiligten Reinkomponenten mittels der stöchiometrischen Koeffizienten berechnen:

$$\Delta_R c_{p,j} = \sum_{i=1}^{N} \nu_{i,j} \cdot c_{p,i}. \quad (3.36)$$

Die Integration des Kirchhoff'schen Satzes kann auf Basis der sogenannten *Ulich'schen Näherungen* erfolgen:

- 1. Ulich'sche Näherung: $\Delta_R c_{p,j} = 0$
- 2. Ulich'sche Näherung: $\Delta_R c_{p,j} = \text{const}$
- 3. Ulich'sche Näherung: $\Delta_R c_{p,j} = f(T)$

Die Wärmekapazitäten der Reinkomponenten erhält man aus Tabellenwerken (z. B. Tab. 3.1) oder über Gruppenbeitragsmethoden (z. B. Methode nach Benson; s. Tab. 3.2).

Tab. 3.3 gibt einen Überblick über *typische Werte von Reaktionsenthalpien* anhand ausgewählter Reaktionen:

Tab. 3.3 Reaktionsenthalpien ausgewählter Reaktionen [24]

Reaktion	$\Delta_R H$ $\left[\frac{kJ}{mol}\right]$
Cyclohexan ⇌ Benzol + 3 H_2	+214
Ethylbenzol (H_2C–CH_3 am Benzolring) ⇌ Styrol (HC=CH_2 am Benzolring) + H_2	+121
$H_2C{=}CH_2$ + H_2O ⇌ C_2H_5OH	−46
$H_2C{=}CH_2$ + 0,5 O_2 → $H_2C{-}CH_2$ (Ethylenoxid, mit O verbrückt)	−105
$H_2C{=}CH_2$ + 3 O_2 → 2 CO_2 + 2 H_2O	−1.327

- Von *schwach exothermen/endothermen Reaktionen* spricht man, wenn der Betrag der Reaktionsenthalpie kleiner als etwa 25 kJ/mol ist.
- Im Bereich zwischen 25 bis 200 kJ/mol bezeichnet man die Reaktionen *als stark exotherm/endotherm.*
- Von *extrem oder sehr stark exothermen/endothermen Reaktionen* spricht man, wenn der Betrag der Reaktionsenthalpie größer als etwa 200 kJ/mol ist.

An dieser Stelle seien zwei Anmerkungen gemacht: Die Einteilung basiert auf keiner allgemeingültigen Norm oder Konvention, sondern ist eher als Erfahrungswert zu sehen. Das tatsächliche Gefahrenpotential einer exothermen Reaktion ergibt sich wie man Gl. 3.26 entnehmen kann, aus dem Produkt aus Reaktionsenthalpie und Reaktionsgeschwindigkeit und kann nur durch Auswertung der Energiebilanz des Reaktors eingeschätzt werden (s. Kap. 5).

Beispiel 3.7
Die Dehydrierung von Methylcyclohexan zu Toluol werde in der Gasphase bei 800 K und 30 bar gemäß folgender Reaktionsgleichung durchgeführt:

CH_3 $\quad$ CH_3

$\rightleftharpoons$ $+\ 3H_2$

A_1 $\quad$ A_2 $\quad$ A_3

Die Standardreaktionsenthalpie ergibt sich aus den theoretisch ermittelten Standardbildungsenthalpien für Methylcyclohexan (A_1) und Toluol (A_2) (s. Beispiel 3.6) und dem Wert null für Wasserstoff (A_3) (s. Tab. 3.1):

$$\begin{aligned}\Delta_R H^0_{298} &= -\Delta_B H^0_{1,298} + \Delta_B H^0_{2,298} + 3 \cdot \Delta_B H^0_{3,298} \\ &= -\left(-153{,}75\,\frac{\text{kJ}}{\text{mol}}\right) + \left(+49{,}97\,\frac{\text{kJ}}{\text{mol}}\right) + 3 \cdot \left(0\,\frac{\text{kJ}}{\text{mol}}\right) \\ &= +203{,}72\,\frac{\text{kJ}}{\text{mol}}.\end{aligned}$$

Die Dehydrierung von Methylcyclohexan zu Toluol ist somit eine stark endotherme Reaktion.

Für die Berechnung der Reaktionsenthalpie bei 800 K ist die Integration des Kirchhoff'schen Satzes (Gl. 3.35) erforderlich. Bezüglich $\Delta_R c_p$ können die Ulich'schen Näherungen angewandt werden:

1. Ulich'sche Näherung: $\Delta_R c_p = 0\ \frac{\mathrm{J}}{\mathrm{mol\,K}}$.

Diese Näherung entspricht der Annahme, dass sich die Wärmekapazität des Reaktionssystems bei Ablauf der Reaktion nicht ändert bzw. dass die Reaktionsenthalpie nicht temperaturabhängig ist.

$$\Delta_R H^0_{800} = \Delta_R H^0_{298} = +203{,}7\ \frac{\mathrm{kJ}}{\mathrm{mol}}.$$

2. Ulich'sche Näherung: $\Delta_R c_p = \mathrm{const} \neq 0\ \frac{\mathrm{J}}{\mathrm{mol\,K}}$.

Für die Berechnung von $\Delta_R c_p$ sind die molaren Wärmekapazitäten der Spezies A_i notwendig, die für Methylcyclohexan (A_1) und Toluol (A_2) mit der Gruppenbeitragsmethode nach Benson (s. Tab. 3.2) ermittelt werden können. Im Falle von Methylcyclohexan ist eine Ringkorrektur zu beachten, da die Gruppenbeiträge für azyklische Kohlenwasserstoffe gelten und durch die Ringbildung die Zahl der Freiheitsgrade erniedrigt wird [19]. Die molare Wärmekapazität von Wasserstoff kann Tab. 3.1 entnommen werden.

$$\begin{aligned}
c_{p,1,300} &= (5 \cdot (+23{,}03) + 1 \cdot (+19{,}01) + 1 \cdot (+25{,}92) + (-26{,}8))\ \frac{\mathrm{J}}{\mathrm{mol\,K}} \\
&= 133{,}3\ \frac{\mathrm{J}}{\mathrm{mol\,K}} \\
c_{p,2,300} &= (5 \cdot (+13{,}57) + 1 \cdot (+11{,}18) + 1 \cdot (+25{,}92))\ \frac{\mathrm{J}}{\mathrm{mol\,K}} \\
&= 105{,}0\ \frac{\mathrm{J}}{\mathrm{mol\,K}} \\
c_{p,3,300} &= 28{,}85\ \frac{\mathrm{J}}{\mathrm{mol\,K}}.
\end{aligned}$$

Somit ergibt sich

$$\begin{aligned}
\Delta_R c_{p,300} &= ((-1) \cdot 133,3 + (+1) \cdot 105,0 + (+3) \cdot 28,9)\ \frac{\mathrm{J}}{\mathrm{mol\,K}} \\
&= +58{,}4\ \frac{\mathrm{J}}{\mathrm{mol\,K}}.
\end{aligned}$$

Gemäß der 2. Ulich'schen Näherung gilt:

$$\begin{aligned}
\Delta_R H^0_{800} &= \Delta_R H^0_{298} + \int_{298}^{800} \Delta_R c_{p,300} \cdot \mathrm{d}T \\
&= 203{,}7\ \frac{\mathrm{kJ}}{\mathrm{mol}} + 58{,}4 \cdot 10^{-3}\ \frac{\mathrm{kJ}}{\mathrm{mol\,K}} \cdot 502\,\mathrm{K} \\
&= +233{,}0\ \frac{\mathrm{kJ}}{\mathrm{mol}}.
\end{aligned}$$

Man erkennt, dass die Reaktion bei 800 K um ca. 30 $\frac{\text{kJ}}{\text{mol}}$ stärker endotherm abläuft.

3. Ulich'sche Näherung:

Betrachtet man Tab. 3.2, so stellt man fest, dass die Gruppenbeiträge der Wärmekapazität stark temperaturabhängig sind. Daher empfiehlt es sich entsprechend der angegebenen Temperaturen abschnittsweise mit jeweils konstanten Wärmekapazitäten zu integrieren (3. Ulich'sche Näherung).

Es ergeben sich folgende Wärmekapazitäten, wobei diejenigen für Wasserstoff einschlägigen Tabellenwerken [13] entnommen sind:

T [K]	$c_{p,1}$ $\left[\frac{\text{J}}{\text{mol K}}\right]$	$c_{p,2}$ $\left[\frac{\text{J}}{\text{mol K}}\right]$	$c_{p,3}$ $\left[\frac{\text{J}}{\text{mol K}}\right]$	$\Delta_R c_p^0$ $\left[\frac{\text{J}}{\text{mol K}}\right]$
300	133,3	105,0	28,85	58,4
400	184,1	138,9	29,08	42,0
500	228,3	169,1	29,17	28,3
600	267,9	194,5	29,31	14,5
800	328,7	233,1	29,72	– 6,4
1000	370,6	260,7	30,10	– 19,6

Nun kann die abschnittsweise Integration erfolgen:

$$\begin{aligned}\Delta_R H^0_{800} &= \big(203{,}7 + 58{,}4 \cdot 10^{-3} \cdot (350 - 298) + 42{,}0 \cdot 10^{-3} \cdot (450 - 350)\\ &\quad + 28{,}3 \cdot 10^{-3} \cdot (550 - 450) + 14{,}5 \cdot 10^{-3} \cdot (650 - 550)\\ &\quad + \left(-6{,}4 \cdot 10^{-3}\right) \cdot (800 - 650)\big) \frac{\text{kJ}}{\text{mol}}\\ &= +214{,}3 \frac{\text{kJ}}{\text{mol}}.\end{aligned}$$

Man erkennt, dass mit der 3. Ulich'schen Näherung die Korrektur geringer ausfällt und etwa + 10 kJ/mol beträgt. Der so berechnete Wert stimmt zudem sehr gut mit dem in Tab. 3.3 angegeben Wert aus [24] überein. ◀

3.2.2 Zweiter Hauptsatz der Thermodynamik

Alle Prozesse, auch die chemischen Prozesse, lassen sich in zwei Gruppen einteilen: in diejenigen, die spontan ablaufen und in diejenigen, die nicht spontan ablaufen. Die Zustandsgröße, die maßgeblich dafür ist, ob ein Prozess spontan abläuft oder nicht, ist die *Entropie*. Mikroskopisch gesehen, d. h. im Sinne der statistischen Thermodynamik, ist die Entropie ein Maß für die Zahl der energetisch gleichwertigen Zustände, die ein System einnehmen kann, oder anders ausgedrückt, ein Maß für die „Unordnung" des Systems. In der statistischen Thermodynamik wird die Zahl der energetischen Zustände eines Systems über die Zustandssumme beschrieben ([6, 7]).

Der 2. Hauptsatz der Thermodynamik besagt nun, dass sich in einem abgeschlossenen System spontane irreversible Prozesse durch eine Entropiezunahme (Zunahme der „Unordnung“) auszeichnen und reversible Prozesse zu keiner Entropieänderung führen:

$$dS \geq 0. \tag{3.37}$$

Bei technischen Systemen werden im Allgemeinen über die Systemgrenzen Energie und Stoff ausgetauscht, d. h. es liegen geschlossene oder offene Systeme vor. Um für ein geschlossenes System Aussagen darüber machen zu können, ob ein Prozess spontan abläuft oder nicht bzw. wann er sich im Gleichgewicht befindet, behilft man sich dadurch, indem man um das betrachtete System ein dieses umgebendes System legt, so dass sich insgesamt ein abgeschlossenes System ergibt. Das umgebende System stellt dabei ein thermisches Reservoir der Temperatur T dar, dessen thermische Masse so groß ist, dass sich auch bei einer Übertragung von Wärme dessen Temperatur nicht ändert. Unter den genannten Annahmen ergibt sich die klassische thermodynamische Definition der Entropie:

$$dS = \frac{\delta Q_{rev}}{T}. \tag{3.38}$$

Die Entropieänderung eines geschlossenen Systems berechnet sich also als Quotient aus der reversibel übertragenen Wärme und der absoluten Temperatur des Systems. Dieser Quotient wird auch als *reduzierte Wärmemenge* bezeichnet. Eine reversibel zugeführte Wärmemenge bedeutet also eine Entropieerhöhung des geschlossenen Systems, da das System mikroskopisch gesehen mehr Zustände einnehmen kann. Dieser Effekt ist umso größer, je niedriger die Systemtemperatur ist, d. h., bei einer niedrigen Systemtemperatur führt eine Wärmezufuhr zu einer stärkeren Entropieerhöhung des Systems. Es kann nun gezeigt werden, dass im Falle eines irreversiblen Prozesses Gl. 3.38 in folgende Gleichung übergeht, die auch unter dem Namen *Clausius'sche Ungleichung* bekannt ist:

$$dS \geq \frac{\delta Q}{T}. \tag{3.39}$$

Die Clausius'sche Ungleichung ist eine äquivalente Formulierung des 2. Hauptsatzes der Thermodynamik für geschlossene Systeme. Ihr Nachteil ist jedoch, dass es notwendig ist, ein umgebendes System einzuführen und in Betracht zu ziehen. Aus diesem Grunde wurde die sogenannte *Gibbs'sche Energie* oder *freie Enthalpie* eingeführt. Geht man nämlich von einem isobaren geschlossenen System aus, dann kann man gemäß dem 1. Hauptsatz der Thermodynamik die übertragene Wärmemenge durch die Enthalpieänderung des geschlossenen Systems ausdrücken (s. Gl. 3.18) und den 2. Hauptsatz der Thermodynamik in Form der Clausius'schen Ungleichung wie folgt umformulieren:

$$\mathrm{d}S \geq \frac{(\mathrm{d}H)_p}{T} \tag{3.40}$$

bzw.

$$(\mathrm{d}H)_p - T\,\mathrm{d}S \leq 0. \tag{3.41}$$

Nimmt man zusätzlich an, dass auch die Temperatur im geschlossenen System konstant bleibt, kann man Gl. 3.41 auch in der Form

$$(\mathrm{d}H)_{p,T} - \mathrm{d}(T \cdot S) = \mathrm{d}(H - T \cdot S)_{p,T} \leq 0 \tag{3.42}$$

schreiben. Definiert man nun

$$G = H - T \cdot S \tag{3.43}$$

als neue Zustandsgröße, dann vereinfacht sich Gl. 3.42 wie folgt:

$$(\mathrm{d}G)_{p,T} \leq 0. \tag{3.44}$$

Die neue Zustandsgröße wird – wie bereits erwähnt – Gibbs'sche Energie oder freie Enthalpie genannt und ermöglicht ein einfaches *Spontaneitätskriterium* für isobare und isotherme geschlossene Systeme. Als Zustandsgröße kann auch für G ein totales Differential gemäß Gl. 3.16 formuliert werden. Dieses ergibt sich aus dem 1. Hauptsatz der Thermodynamik und den Definitionen der Entropie und Enthalpie wie folgt:

$$\mathrm{d}G = -S\,\mathrm{d}T + V\,\mathrm{d}p. \tag{3.45}$$

Im Falle offener Systeme muss die Entropie analog zur Enthalpie an Hand eines Bilanzvolumens bilanziert und der Entropietransport mit dem ein- und ausströmenden Fluid berücksichtigt werden (s. Kap. 5). Da es aber in fast allen Fällen ausreicht, die Lage chemischer Gleichgewichte in einem geschlossenen System zu ermitteln und auf offene Systeme zu übertragen, wird der 2. Hauptsatz der Thermodynamik für offene Systeme in diesem Lehrbuch nicht weiter diskutiert. Beispiele für „chemische Reaktoren", bei denen eine solche Übertragung nicht möglich ist, sind beispielsweise Verbrennungskraftmaschinen, bei denen die erzeugte Entropie entscheidend für den Wirkungsgrad, genau genommen den exergetischen Wirkungsgrad, der Maschine ist. Für eine weiter- und tiefergehende Behandlung der Thematik sei auf die einschlägigen Lehrbücher der Technischen Thermodynamik verwiesen ([8, 9]).

3.2.2.1 Freie Reaktionsenthalpie

Findet in einem isobaren, isothermen und geschlossenen System eine chemische Reaktion statt, dann erfolgt eine Änderung der freien Enthalpie lediglich durch die reaktionsbedingte Änderung der Stoffmengen des Systems:

$$(\mathrm{d}G)_{p,T} = \sum_{i=1}^{N} \left(\left(\frac{\partial G}{\partial n_i} \right)_{p,T,n_{j \neq i}} \cdot \mathrm{d}n_i \right). \tag{3.46}$$

Drückt man nun die Stoffmengenänderungen durch die Reaktionslaufzahl ξ und den jeweiligen stöchiometrischen Koeffizienten ν_i aus, dann erhält man folgende Gleichung:

$$(\mathrm{d}G)_{p,T} = \sum_{i=1}^{N} \left(\left(\frac{\partial G}{\partial n_i} \right)_{p,T,n_{j \neq i}} \cdot \nu_i \right) \cdot \mathrm{d}\xi. \tag{3.47}$$

Die Änderung der freien Enthalpie bezogen auf die Reaktionslaufzahl (Zahl der Formelumsätze) wird als *freie Reaktionsenthalpie* bezeichnet:

$$(\Delta_\mathrm{R} G)_{p,T} = \left(\frac{\partial G}{\partial \xi} \right)_{p,T}. \tag{3.48}$$

Das partielle Differential in Gl. 3.47 beschreibt die Änderung der freien Enthalpie des Systems, wenn sich die Stoffmenge eines Reaktanden um 1 mol ändert. Es handelt sich somit um eine molare freie Enthalpie, die auch als *chemisches Potential* μ_i bezeichnet wird:

$$\mu_i = \left(\frac{\partial G}{\partial n_i} \right)_{p,T,n_{j \neq i}}. \tag{3.49}$$

Die freie Reaktionsenthalpie kann somit über die chemischen Potentiale der Reaktanden berechnet werden:

$$(\Delta_\mathrm{R} G)_{p,T} = \sum_{i=1}^{N} (\nu_i \cdot \mu_i). \tag{3.50}$$

Für ein isobares, isothermes und geschlossenes Reaktionssystem kann der 2. Hauptsatz der Thermodynamik wie folgt formuliert werden:

$$\begin{aligned} (\Delta_R G)_{p,T} &= 0: && \text{chemisches Gleichgewicht,} \\ (\Delta_R G)_{p,T} &< 0: && \text{spontane Hinreaktion,} \\ (\Delta_R G)_{p,T} &> 0: && \text{spontane Rückreaktion.} \end{aligned} \tag{3.51}$$

Berücksichtigt man die Definition der freien Enthalpie (Gl. 3.43), so wird ersichtlich, dass sich in einem isothermen, isobaren, geschlossenen System die freie Reaktionsenthalpie aus einem Enthalpiebeitrag (Reaktionsenthalpie $\Delta_R H$) und einem Entropiebeitrag (Reaktionsentropie $\Delta_R S$) zusammensetzt:

$$\Delta_R G = \Delta_R H - T \cdot \Delta_R S. \tag{3.52}$$

Diese Gleichung wird auch als *Gibbs-Helmholtz-Gleichung* bezeichnet. Das Zusammenspiel von Enthalpieänderung und Entropieänderung ergibt vier Fälle:

1. $\Delta_R H < 0$ und $\Delta_R S > 0$: Solche chemischen Reaktionen laufen immer spontan in Richtung der Produkte ab, da sich in allen Fällen $\Delta_R G < 0$ ergibt. Ein typisches Beispiel sind Verbrennungsreaktionen, da diese stark exotherm sind und die Zahl der Gasmoleküle und damit der Grad der Unordnung zunimmt.
2. $\Delta_R H > 0$ und $\Delta_R S > 0$: Endotherme Hinreaktionen können nur ablaufen, wenn die Entropie zunimmt und die Temperatur so hoch ist, dass gilt: $\Delta_R G = \Delta_R H - T\Delta_R S < 0$. Ein typisches Beispiel ist die nichtoxidative Dehydrierung von Alkanen oder Cycloalkanen (s. auch Beispiel 3.8).
3. $\Delta_R H < 0$ und $\Delta_R S < 0$: Hinreaktionen mit Entropieabnahme können nur ablaufen, wenn sie exotherm sind und die Temperatur so niedrig ist, dass gilt: $\Delta_R G = \Delta_R H - T\Delta_R S < 0$. Ein typisches Beispiel ist die Knallgasreaktion, die bei niedrigen Temperaturen (z. B. 100 °C) explosionsartig, aber bei hohen Temperaturen (z. B. 1000 °C) dagegen nicht abläuft.
4. $\Delta_R H > 0$ und $\Delta_R S < 0$: Hinreaktionen mit Enthalpiezunahme und Entropieabnahme sind thermodynamisch nicht möglich. Beispielsweise kann sich Ozon nicht spontan aus molekularem Sauerstoff bilden. Stattdessen läuft die Rückreaktion spontan ab, d. h. Ozon zerfällt spontan zu molekularem Sauerstoff.

3.2.2.2 Chemische Gleichgewichtskonstante

Die thermodynamische Ableitung der chemischen Gleichgewichtskonstanten erfolgt über die chemischen Potentiale der Reaktanden im vorliegenden Reaktionssystem. Dabei sollen hier nur einphasige, d. h. homogene Reaktionssysteme betrachtet werden, bei denen die Reaktanden entweder in einer gasförmigen oder in einer flüssigen Mischphase vorliegen. Diese kann sich wie eine ideale Mischphase verhalten, wenn keine Mischungseffekte (Nichtidealitäten) auftreten. Ansonsten spricht man von einer realen Mischphase.

Um für ein vorliegendes Reaktionssystem eine Aussage darüber machen zu können, in welche Richtung die Reaktion spontan abläuft und wo ihr chemisches Gleichgewicht liegt, müssen die chemischen Potentiale aller Reaktanden im Reaktionssystem (Mischphase) bekannt sein. Das chemische Potential $\mu_i(p, T)$ einer Spezies A_i in einer Mischphase kann wie folgt berechnet werden:

$$\mu_i(p, T) = \mu_i^0(p, T) + RT \ln a_i. \tag{3.53}$$

Dabei ist $\mu_i^0(p, T)$ das *chemische Potential* der Spezies A_i in einem Standardzustand. Dieser ist jedoch ein anderer als der, den wir im Zusammenhang mit den Bildungs-, Verbrennungs- und Reaktionsenthalpien in Abschn. 3.2.1.1 bis 3.2.1.3 eingeführt haben. Für den Standardzustand des chemischen Potentials gibt es drei verschiedene Möglichkeiten:

1. Bei einer realen Gasmischung ist der Standardzustand die reine gasförmige Spezies A_i, die sich wie ein ideales Gas verhält. Als Bezugsdruck wird Normaldruck (1 atm = 1,01325 bar) gewählt.
2. Bei einer realen kondensierten Mischphase ist der Standardzustand die reine flüssige Spezies A_i bei selbem p und T.
3. Bei einer Lösung ist der Standardzustand die gelöste Spezies A_i in unendlicher Verdünnung. Als Bezugskonzentration wird 1 mol/l verwendet.

Das *chemische Potential* der Spezies A_i im Standardzustand $\mu_i^0(p, T)$ ist gemäß Gl. 3.49 identisch mit seiner partiellen molaren Enthalpie im Standardzustand und entspricht daher einer freien Standardbildungsenthalpie:

$$\mu_i^0(p, T) = \Delta_B G_i^0(p, T). \tag{3.54}$$

In Gl. 3.53 beschreibt der Term $+RT \ln a_i$ somit den *Mischungsbeitrag zum chemischen Potential*, wenn Spezies A_i vom jeweiligen Standardzustand in die Mischphase überführt wird. Die Größe a_i ist die sogenannte Aktivität der Spezies A_i in der realen Mischphase.

Setzt man nun Gl. 3.53 in Gl. 3.50 ein, so erhält man:

$$\Delta_R G = \sum_{i=1}^{N} \nu_i \mu_i^0 + RT \sum_{i=1}^{N} (\nu_i \ln a_i). \tag{3.55}$$

Unter Berücksichtigung von Gl. 3.50 und unter Beachtung der Rechenregeln für den Logarithmus kann Gl. 3.55 wie folgt umformuliert werden:

$$\Delta_R G = \Delta_R G^0 + RT \ln\left(\prod_{i=1}^{N} a_i^{\nu_i} \right). \tag{3.56}$$

Mit K als der *chemischen Gleichgewichtskonstante* ergibt sich das *Massenwirkungsgesetz* in seiner allgemeinen Formulierung:

$$K = \prod_{i=1}^{N} a_i^{\nu_i}. \tag{3.57}$$

Im thermodynamischen Gleichgewicht (Gl. 3.51) muss gelten:

$$\Delta_R G^0 = -RT \ln K \tag{3.58}$$

und

$$K = \prod_{i=1}^{N} a_{i,\mathrm{Gl}}^{\nu_i}. \tag{3.59}$$

Um für eine Zusammensetzung des Reaktionssystems mit gegebenen Aktivitäten a_i der Reaktanden gemäß Gl. 3.56 und 3.57 beurteilen zu können, ob die betrachtete Reaktion spontan abläuft, bzw. um die Aktivitäten $a_{i,\mathrm{Gl}}$ berechnen zu können, die im chemischen Gleichgewicht gemäß Gl. 3.58 und 3.59 vorliegen würden, bedarf es der Kenntnis der *freien Standardreaktionsenthalpie* $\Delta_R G^0$. Nachfolgend werden *zwei Vorgehensweisen* vorgestellt, wie man diese Größe für die betrachtete Reaktion ermitteln kann:

1. *Berechnung aus den freien Standardbildungsenthalpien* gemäß

$$\Delta_R G_{j,T}^0 = \sum_{i=1}^{N} \left(\nu_{i,j} \cdot \Delta_B G_{i,T}^0\right). \tag{3.60}$$

Tab. 3.1 enthält beispielhaft in der letzten Spalte freie Standardbildungsenthalpien einiger ausgewählter Verbindungen bei einer Systemtemperatur von 298 K. Weiterhin können Gruppenbeitragsmethoden eingesetzt werden wie die UNIFAC-Gruppenbeiträge [25] oder die Methoden nach Joback bzw. Thinh [20]. In Abb. 3.4 sind freie Standardbildungsenthalpien ausgewählter Verbindungen in Abhängigkeit von der Temperatur aufgetragen. Solche Diagramme werden manchmal auch – wie in der Festkörperforschung üblich – als Stabilitätsdiagramme bezeichnet. So kann aus Abb. 3.4 beispielsweise abgelesen werden, dass die Dehydrierung von Ethan zu Ethen erst bei Temperaturen oberhalb 800 K spontan ablaufen kann, da erst dann Ethen thermodynamisch stabiler und die freie Standardreaktionsenthalpie gemäß Gl. 3.60 negativ wird.

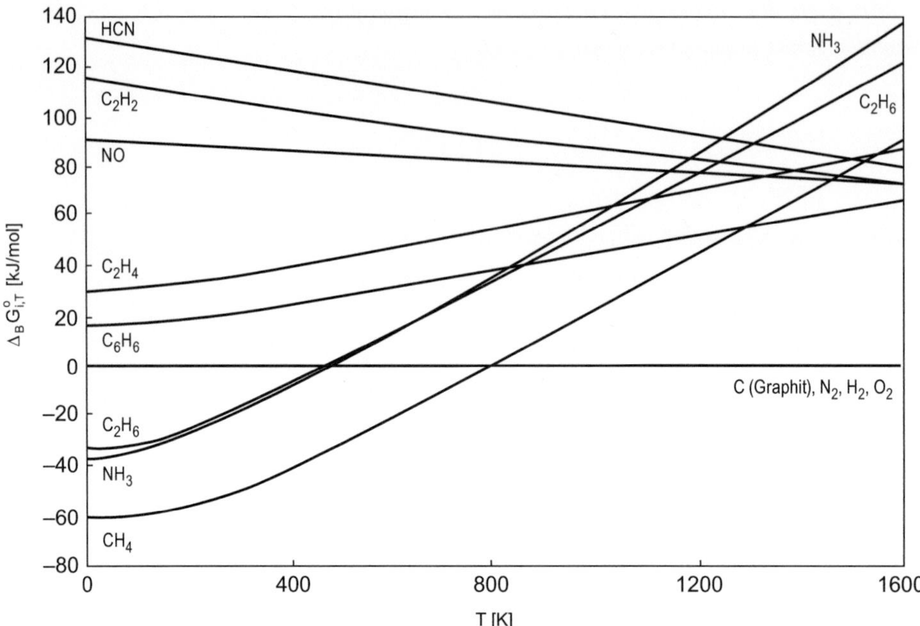

Abb. 3.4 Freie Standardbildungsenthalpien $\Delta_B G^0_{i,T}$ einiger Verbindungen als Funktion der Temperatur. $\Delta_B G^0_{i,T}$ ist bei Kohlenwasserstoffen auf ein C-Atom bezogen

2. *Berechnung mithilfe der Gibbs-Helmholtz-Gleichung* gemäß

$$\Delta_R G^0_{j,T} = \Delta_R H^0_{j,T} - T \cdot \Delta_R S^0_{j,T}. \tag{3.61}$$

Die Gibbs-Helmholtz-Gleichung eröffnet eine weitere Möglichkeit, die freie Reaktionsenthalpie – insbesondere auch für unterschiedliche Systemtemperaturen – zu ermitteln. In Abschn. 3.2.1.3 wurde bereits erläutert wie die *Reaktionsenthalpie* aus den molaren Bildungsenthalpien für beliebige Temperaturen mit dem Kirchhoff'schen Satz und den Ulich'schen Näherungen berechnet wird. Die dann noch notwendige Berechnung der Reaktionsentropie wird nachfolgend kurz dargestellt. So werden die *Reaktionsentropien* aus den absoluten molaren Entropien der Reaktanden gemäß folgender Gleichung berechnet:

$$\Delta_R S^0_{j,T} = \sum_{i=1}^{N} \left(\nu_{i,j} \cdot s^0_{i,T}\right). \tag{3.62}$$

Tab. 3.1 enthält in der vierten Spalte für ausgewählte Verbindungen deren absolute Entropien bei einem Druck von 1 atm (Standardbedingungen) und einer Temperatur von 298 K. Sofern die gesuchten absoluten Entropien der Reaktanden nicht tabelliert sind, können sie mit Gruppenbeitragsmethoden berechnet werden, z. B. mit der Methode nach Benson [19]. Tab. 3.2 enthält für die Methode nach Benson in der dritten Spalte einen Auszug von Gruppenbeitragswerten. Bei der Benson-Methode sind jedoch neben den Gruppenbeiträgen auch Symmetriezahlen zu beachten, die gemäß $-R \ln N_{\mathrm{sym}}$ einen weiteren Beitrag zur absoluten Entropie liefern. Die Symmetriezahl N_{sym} ergibt sich als Produkt aus interner und externer Symmetriezahl. Die interne Symmetriezahl bezieht sich auf Symmetrieachsen, die entlang einer Bindung im Molekül orientiert sind. Beispielsweise steuert jede Methylgruppe in einem Molekül mit einem multiplikativen Beitrag von 3 zur internen Symmetriezahl bei. Die externe Symmetriezahl bezieht sich auf Symmetrieachsen des gesamten Moleküls, das als starr betrachtet wird. Toluol hat beispielsweise neben der internen dreifachen Symmetrieachse der Methylgruppe eine externe zweifache Symmetrieachse (Achse entlang dem aromatischen Kohlenstoff und der Methylgruppe, die zu diesem paraständig ist). Insgesamt ergibt sich eine Symmetriezahl von 6 (s. auch Beispiel 3.8).

Die Verwendung absoluter Entropien lässt sich auf den *3. Hauptsatz der Thermodynamik* zurückführen, wonach die absolute Entropie einer Verbindung am absoluten Nullpunkt der Temperatur null wird, wenn sie als ideal kristallisierter Festkörper vorliegt. Bei konstantem Druck kann die absolute molare Entropie einer Verbindung wie folgt berechnet werden:

$$s_{i,T}^{0} = s_{i,T=0\,\mathrm{K}}^{0} + \int_{0}^{T} \frac{\mathrm{d}Q}{T} = \int_{0}^{T} \frac{c_{p,i}}{T}\mathrm{d}T = \int_{0}^{T} c_{p,i} \cdot \mathrm{d}\ln T. \tag{3.63}$$

Gl. 3.63 ermöglicht unter Berücksichtigung von Gl. 3.62 auch die Umrechnung der Standardreaktionsentropie auf andere Temperaturen:

$$\Delta_{\mathrm{R}} S_{j,T_2}^{0} = \Delta_{\mathrm{R}} S_{j,T_1}^{0} + \int_{T_1}^{T_2} \left(\Delta_{\mathrm{R}} c_{p,j} \cdot \mathrm{d}\ln T \right). \tag{3.64}$$

Die Integration von Gl. 3.64 kann wieder unter Anwendung der Ulich'schen Näherungen erfolgen. Die molaren Wärmekapazitäten $c_{p,i}$ der Reaktanden erhält man wiederum für verschiedene Temperaturen aus Tabellen oder Gruppenbeitragsmethoden wie der Methode nach Benson (s. Tab. 3.2, letzte sechs Spalten).

Beispiel 3.8

Die Dehydrierung von Methylcyclohexan zu Toluol gemäß Beispiel 3.7 ist eine endotherme Gleichgewichtsreaktion, die unter Entropiezunahme abläuft.

Die freie Reaktionsenthalpie $\Delta_{\mathrm{R}} G_{298}^{0}$ kann mit der Gibbs-Helmholtz-Gleichung (Gl. 3.61) ermittelt werden. Die Standardreaktionsenthalpie $\Delta_{R} H_{298}^{0}$ wurde im Beispiel 3.7 zu

+203,7 kJ/mol bestimmt. Die Standardreaktionsentropie $\Delta_R S^0_{298}$ kann gemäß Gl. 3.62 aus den absoluten molaren Entropien $s^0_{i,298}$ der Reaktanden erhalten werden.

- Methylcyclohexan (A_1):
  Mit der Gruppenbeitragsmethode nach Benson (s. Tab. 3.2) ergibt sich unter Berücksichtigung der Symmetriezahl N_{sym} von 3 und der Ringkorrektur von +78,71 J/(mol K) [19]:

$$\begin{aligned} s^0_{1,298} &= (5 \cdot 39,44 - 50,53 + 127,32)\,\frac{\mathrm{J}}{\mathrm{mol\,K}} + 78,71\,\frac{\mathrm{J}}{\mathrm{mol\,K}} - R \cdot \ln N_{sym} \\ &= 343,6\,\frac{\mathrm{J}}{\mathrm{mol\,K}}. \end{aligned}$$

- Toluol (A_2):
  Für die Bestimmung von $s^0_{2,298}$ ergibt sich mit einer Symmetriezahl N_{sym} von 6:

$$\begin{aligned} s^0_{2,298} &= (5 \cdot 48,27 - 32,20 + 127,32)\,\frac{\mathrm{J}}{\mathrm{mol\,K}} - R \cdot \ln N_{sym} \\ &= 321,57\,\frac{\mathrm{J}}{\mathrm{mol\,K}}. \end{aligned}$$

- Wasserstoff (A_3):
  $s^0_{3,298}$ kann aus Tab. 3.1 entnommen werden.

Insgesamt ergibt sich für $\Delta_R S^0_{298}$:

$$\begin{aligned} \Delta_R S^0_{298} &= -343,6\,\frac{\mathrm{J}}{\mathrm{mol\,K}} + 321,57\,\frac{\mathrm{J}}{\mathrm{mol\,K}} + 3 \cdot 130,67\,\frac{\mathrm{J}}{\mathrm{mol\,K}} \\ &= 369,99\,\frac{\mathrm{J}}{\mathrm{mol\,K}}. \end{aligned}$$

1. Ulich'sche Näherung:

In diesem Fall sind $\Delta_R H^0_T$ und $\Delta_R S^0_T$ nicht temperaturabhängig und $\Delta_R G^0_T$ ergibt sich gemäß

$$\begin{aligned} \Delta_R G^0_T &= \Delta_R H^0_T - T \cdot \Delta_R S^0_T \\ &= 203,7\,\frac{\mathrm{kJ}}{\mathrm{mol}} - T \cdot 0,370\,\frac{\mathrm{kJ}}{\mathrm{mol\,K}}. \end{aligned}$$

Für den Temperaturbereich zwischen 300 K und 1000 K berechnet man die nachfolgenden Werte.

T [K]	$\Delta_R G_T^0$ $\left[\frac{kJ}{mol}\right]$
300	92,7
400	55,7
500	18,7
600	– 18,3
700	– 55,3
800	– 92,3
900	– 129,3
1.000	– 166,3

2. Ulich'sche Näherung

Mit $\Delta_R c_{p,300}^0 = 58{,}4\,J/(mol\,K)$ aus Beispiel 3.7 können die Standardreaktionsenthalpien und -entropien bei den jeweiligen Temperaturen berechnet werden:

$$\Delta_R H_T^0 = \Delta_R H_{300}^0 + \Delta_R c_{p,300}^0 \cdot (T - 300\,K)$$
$$\Delta_R S_T^0 = \Delta_R S_{300}^0 + \Delta_R c_{p,300}^0 \cdot (\ln T - \ln 300).$$

Somit ergibt sich:

T [K]	$\Delta_R H_T^0$ $\left[\frac{kJ}{mol}\right]$	$\Delta_R S_T^0$ $\left[\frac{J}{mol\,K}\right]$	$\Delta_R G_T^0$ $\left[\frac{kJ}{mol}\right]$
300	203,7	370,0	92,7
400	209,5	386,8	54,8
500	215,4	399,8	15,5
600	221,2	410,5	– 25,1
700	227,1	419,5	– 66,6
800	232,9	427,3	– 108,9
900	238,7	434,2	– 152,0
1.000	244,6	440,3	– 195,7

3. Ulich'sche Näherung

Die temperaturabhängigen Werte für $\Delta_R c_p^0$ werden aus Beispiel 3.7 übernommen und mit diesen wird dann abschnittsweise integriert, um $\Delta_R H_T^0$ und $\Delta_R S_T^0$ zu berechnen.

T [K]	Δc_p $\left[\frac{\text{J}}{\text{mol K}}\right]$	$\Delta_R H_T^0$ $\left[\frac{\text{kJ}}{\text{mol}}\right]$	$\Delta_R S_T^0$ $\left[\frac{\text{J}}{\text{mol K}}\right]$	$\Delta_R G_T^0$ $\left[\frac{\text{kJ}}{\text{mol}}\right]$
300	58,4	203,7	370,0	92,7
400	42,0	209,5	386,8	54,8
500	28,3	213,7	396,2	15,7
600	14,5	216,6	401,3	– 24,2
700	≈4,1[a]	218,0	403,6	– 64,5
800	– 6,4	218,4	404,1	– 104,9
900	≈– 13,0[a]	217,8	403,4	– 145,2
1.000	– 19,6	216,5	402,0	– 185,5

[a]Linear interpolierter Wert

Die gemäß der 3. Ulich'schen Näherung berechneten freien Reaktionsenthalpien stimmen im Rahmen von wenigen kJ/mol mit den Werten überein, die in [10] tabelliert sind. ◀

3.2.2.3 Berechnung chemischer Gleichgewichte

Die in der allgemeinen Form des Massenwirkungsgesetzes (s. Gl. 3.57) enthaltenen Aktivitäten a_i der Komponenten A_i hängen vom gewählten Standardzustand des chemischen Potentials ab. Es wurden in Abschn. 3.2.2.2 Standardzustände genannt, die sich entweder auf gasförmige oder auf flüssige Mischphasen bezogen haben. Wir wollen nachfolgend daher zwischen gasförmigen und flüssigen Systemen unterscheiden.

Bei den *gasförmigen Reaktionssystemen* ist der übliche Standardzustand derjenige, der sich auf reine gasförmige Komponenten A_i bezieht, die sich wie ideale Gase verhalten. Als Bezugsdruck wird der Normaldruck $p^0 = 1$ atm $= 1{,}01325$ bar gewählt. In diesem Fall gilt für die Aktivität a_i folgender Zusammenhang:

$$a_i = \frac{f_i}{p^0}. \tag{3.65}$$

f_i ist hierbei die Fugazität der Spezies A_i, die sich mit Hilfe des Fugazitätskoeffizienten φ_i wie folgt berechnen lässt:

$$f_i = \varphi_i \cdot p_i. \tag{3.66}$$

Insgesamt ergibt sich dann unter Einführung des Systemdrucks p für die thermodynamische Gleichgewichtskonstante der chemischen Reaktion:

$$K = \prod_{i=1}^{N} \left(\frac{\varphi_i \cdot p_i}{p^0} \cdot \frac{p}{p}\right)^{\nu_i} = \prod_{i=1}^{N} \varphi_i^{\nu_i} \cdot \prod_{i=1}^{N} x_i^{\nu_i} \cdot \prod_{i=1}^{N} \left(\frac{p}{p^0}\right)^{\nu_i}. \tag{3.67}$$

Führt man die Gleichgewichtskonstanten K_x und K_φ ein, dann vereinfacht sich die Gleichung zu:

$$K = K_\varphi \cdot K_x \cdot \left(\frac{p}{p^0}\right)^{\sum_{i=1}^{N} \nu_i}. \tag{3.68}$$

Bei *flüssigen Reaktionssystemen* gibt es zwei Standardzustände. In beiden Fällen ergibt sich für die Aktivität a_i:

$$a_i = \gamma_i \cdot x_i. \tag{3.69}$$

γ_i ist der Aktivitätskoeffizient, dessen Wert von Druck, Temperatur und Zusammensetzung der Mischphase sowie vom gewählten Standardzustand abhängig ist. Die thermodynamische Gleichgewichtskonstante K ergibt sich somit wie folgt:

$$K = \prod_{i=1}^{N} \gamma_i^{\nu_i} \cdot \prod_{i=1}^{N} x_i^{\nu_i} = K_\gamma \cdot K_x. \tag{3.70}$$

3.2.2.3.1 Ideale Systeme

Im Falle *idealer gasförmiger Mischphasen* haben alle Fugazitätskoeffizienten φ_i den Wert 1 und somit auch die Gleichgewichtskonstante K_φ. Gl. 3.68 vereinfacht sich dann wie folgt:

$$K = K_x \cdot \left(\frac{p}{p^0}\right)^{\sum_{i=1}^{N} \nu_i}. \tag{3.71}$$

Unter Berücksichtigung des Dalton'schen Gesetzes

$$x_i = \frac{p_i}{p}$$

und des idealen Gasgesetzes

$$p_i = c_i RT$$

ergibt sich folgender Zusammenhang für die thermodynamischen Gleichgewichtskonstanten basierend auf Molenbrüchen, Partialdrücken oder Konzentrationen:

$$K = K_x \cdot \left(\frac{p}{p^0}\right)^{\sum_{i=1}^{N} \nu_i} = K_p \cdot \left(\frac{1}{p^0}\right)^{\sum_{i=1}^{N} \nu_i} = K_c \cdot \left(\frac{RT}{p^0}\right)^{\sum_{i=1}^{N} \nu_i}. \tag{3.72}$$

Wenn keine Molzahländerung vorliegt, d. h.

$$\sum_{i=1}^{N} \nu_i = 0$$

ist, vereinfacht sich Gl. 3.72 wie folgt:

$$K = K_x = K_p = K_c. \tag{3.73}$$

Bei *idealen flüssigen Reaktionssystemen* haben die Aktivitätskoeffizienten γ_i den Wert eins und Gl. 3.70 geht über in

$$K = K_x \tag{3.74}$$

mit

$$K_x = \prod_{i=1}^{N} x_{i,\mathrm{Gl}}^{\nu_i}.$$

In beiden Fällen, also sowohl bei idealen gasförmigen als auch bei idealen flüssigen Reaktionssystemen, spielt K_x die zentrale Rolle zur Berechnung des Gleichgewichtsumsatzgrades wie nachfolgend dargestellt wird.

Bei einem *einfachen Gleichgewicht* kann die Gleichgewichtszusammensetzung $x_{i,\mathrm{Gl}}$ jedes Reaktanden A_i bzw. der Gleichgewichtsumsatzgrad $U_{1,\mathrm{Gl}}$ einer Eduktspezies A_1 mit Hilfe der Stöchiometrie (d. h. der stöchiometrischen Koeffizienten) und der Reaktionslaufzahl ξ berechnet werden.

Aus der Definition des Molenbruchs

$$x_i = \frac{n_i}{\sum_{i=1}^{N} n_i}$$

und der Reaktionslaufzahl

$$\xi = \frac{U_1 \cdot n_{1,0}}{|\nu_1|}$$

ergibt sich unter Berücksichtigung von Gl. 2.5 ($M = 1$) folgender Zusammenhang zwischen der Gleichgewichtszusammensetzung $x_{i,\mathrm{Gl}}$ und dem Gleichgewichtsumsatzgrad $U_{1,\mathrm{Gl}}$:

$$x_{i,\mathrm{Gl}} = \frac{x_{i,0} + \frac{\nu_i}{|\nu_1|} \cdot x_{1,0} \cdot U_{1,\mathrm{Gl}}}{1 + \frac{\sum_{i=1}^{N} \nu_i}{|\nu_1|} \cdot x_{1,0} \cdot U_{1,\mathrm{Gl}}}. \tag{3.75}$$

Im thermodynamischen Gleichgewicht muss gemäß Gl. 3.58 gelten

$$\Delta_{\mathrm{R}} G^0 = -RT \ln K, \tag{3.76}$$

d. h., für eine bestimmte Temperatur und mit der dazugehörigen Standardreaktionsenthalpie, die – wie in Abschn. 3.2.2.2 beschrieben – bestimmt werden kann, besitzt K einen festen und bekannten Wert:

$$K = e^{-\frac{\Delta_{\mathrm{R}} G^0}{RT}}. \tag{3.77}$$

Mit Gl. 3.71 ergibt sich für ideale gasförmige bzw. ideale flüssige Reaktionssysteme durch Logarithmieren und Umstellen folgende Gleichung für die Bestimmung des Gleichgewichtsumsatzgrades bei einem bestimmten Druck und einer bestimmten Temperatur

$$\log K_x = \log K - \left(\sum_{i=1}^{N} \nu_i \right) \cdot \log\left(\frac{p}{p^0} \right) = \mathrm{const} \tag{3.78}$$

bzw.

$$K_x = \mathrm{const} \tag{3.79}$$

mit

$$K_x = \prod_{i=1}^{N} x_{i,\mathrm{Gl}}^{\nu_i} = \prod_{i=1}^{N} \left(\frac{x_{i,0} + \frac{\nu_i}{|\nu_1|} \cdot x_{1,0} \cdot U_{1,\mathrm{Gl}}}{1 + \frac{\sum_{i=1}^{N} \nu_i}{|\nu_1|} \cdot x_{1,0} \cdot U_{1,\mathrm{Gl}}} \right)^{\nu_i}. \tag{3.80}$$

Die Lösung dieser im allgemeinen nichtlinearen Gleichung zur Bestimmung des Gleichgewichtsumsatzgrades kann entweder grafisch (s. Beispiel 3.9) oder numerisch mit einem Verfahren zur Nullstellenbestimmung erfolgen (s. Abschn. 12.3).

Beispiel 3.9

Die Dehydrierung von Methylcyclohexan zu Toluol (s. Beispiel 3.7) ist eine signifikante Teilreaktion bei der katalytischen Reformierung, einem wichtigen Raffinerieprozess, der

der Erhöhung der Oktanzahl bzw. der Wasserstofferzeugung dient [24]. Nachfolgend sollen für diesen Prozess der Gleichgewichtsumsatzgrad in Abhängigkeit von Temperatur und Druck berechnet werden.

- *Sonderfall 1: Reines Methylcyclohexan am Reaktoreintritt (z. B. im Falle von Laboruntersuchungen an Methylcyclohexan als Modellkomponente) bei 1 bar*

Mit den Werten für $\Delta_R G_T^0$ aus Beispiel 3.8 (3. Ulich'sche Näherung) und unter Verwendung der Gl. 3.77 und 3.78 ergeben sich für die jeweiligen Temperaturen die dazugehörigen Werte für $\log K_x$ (s. 4. Spalte in Tab. 3.4).

Die Molenbrüche im Gleichgewicht $x_{i,\mathrm{Gl}}$ stehen gemäß Gl. 3.75 mit dem Gleichgewichtsumsatzgrad $U_{i,\mathrm{Gl}}$ in folgendem Zusammenhang:

$$x_{1,\mathrm{Gl}} = \frac{x_{1,0} - x_{1,0} \cdot U_{1,\mathrm{Gl}}}{1 + 3 \cdot x_{1,0} \cdot U_{1,\mathrm{Gl}}},$$
$$x_{2,\mathrm{Gl}} = \frac{x_{2,0} + x_{1,0} \cdot U_{1,\mathrm{Gl}}}{1 + 3 \cdot x_{1,0} \cdot U_{1,\mathrm{Gl}}},$$
$$x_{3,\mathrm{Gl}} = \frac{x_{3,0} + 3 \cdot x_{1,0} \cdot U_{1,\mathrm{Gl}}}{1 + 3 \cdot x_{1,0} \cdot U_{1,\mathrm{Gl}}}.$$

Berücksichtigt man die Werte für die Molenbrüche am Reaktoreingang

$$x_{1,0} = 1,$$
$$x_{2,0} = 0,$$
$$x_{3,0} = 0,$$

Tab. 3.4 $\Delta_R G_T^0$ aus Beispiel 3.8, K aus Gl. 3.77, $\log K_x$ aus Gl. 3.78, $U_{1,\mathrm{Gl}}$ aus Abb. 3.5 mit Wert für $\log K_x$

T [K]	$\Delta_R G_T^0$ $\left[\frac{\mathrm{kJ}}{\mathrm{mol}}\right]$	K [–]	$\log K_x$ [–]	$U_{1,\mathrm{Gl}}$ [–]
300	+92,7	$7{,}24 \cdot 10^{-17}$	–16,14	0,0000
400[a]	+54,8	$6{,}98 \cdot 10^{-8}$	–7,16	0,0075
500	+15,7	0,0229	–1,64	0,239
600	–24,2	127,87	2,11	0,997
700	–64,5	$6{,}501 \cdot 10^{4}$	4,81	1
800	–104,9	$7{,}065 \cdot 10^{6}$	6,85	1
900	–145,2	$2{,}673 \cdot 10^{8}$	8,43	1
1000	–185,5	$4{,}890 \cdot 10^{9}$	9,69	1

[a]Für Abb. 3.5 wurden zwischen 400 K und 600 K in 25-K-Schritten weitere Werte für $U_{1,\mathrm{Gl}}$ berechnet, um den Verlauf besser aufzulösen

dann ergibt sich für die Gleichgewichtskonstante K_x folgender Zusammenhang:

$$\begin{aligned} K_x &= \frac{x_{2,\text{Gl}} \cdot x_{3,\text{Gl}}^3}{x_{1,\text{Gl}}} \\ &= \frac{27 \cdot U_{1,\text{Gl}}^4}{(1 - U_{1,\text{Gl}}) \cdot (1 + 3 \cdot U_{1,\text{Gl}})^3}. \end{aligned} \tag{a}$$

Trägt man K_x gemäß Gl. (a) logarithmisch in Abhängigkeit von $U_{1,\text{Gl}}$ auf, so erhält man Abb. 3.5. Mit Hilfe von Abb. 3.5 kann man nun für die sich aus der Thermodynamik ergebenden Werte von log K_x (s. 4. Spalte in Tab. 3.4) die dazugehörigen Gleichgewichtsumsatzgrade $U_{1,\text{Gl}}$ ablesen. Trägt man diese Werte in Abhängigkeit von der Temperatur auf, so erhält man den in Abb. 3.6 gezeigten Verlauf.

- *Sonderfall 2: Methylcyclohexan in einem Überschuss an Wasserstoff am Reaktoreintritt (entspricht näherungsweise der Feedzusammensetzung der technischen Reformierung) bei 1 bar und 10 bar.*

Die Lösung erfolgt analog zu Sonderfall 1, nur mit dem Unterschied, dass durch den größeren Überschuss an Wasserstoff ($x_{3,\text{Gl}} \approx 1$) folgende Vereinfachung getroffen werden kann:

$$K_x = \frac{x_{2,\text{Gl}} \cdot x_{3,\text{Gl}}^3}{x_{1,\text{Gl}}} \approx \frac{x_{2,\text{Gl}}}{x_{1,\text{Gl}}}.$$

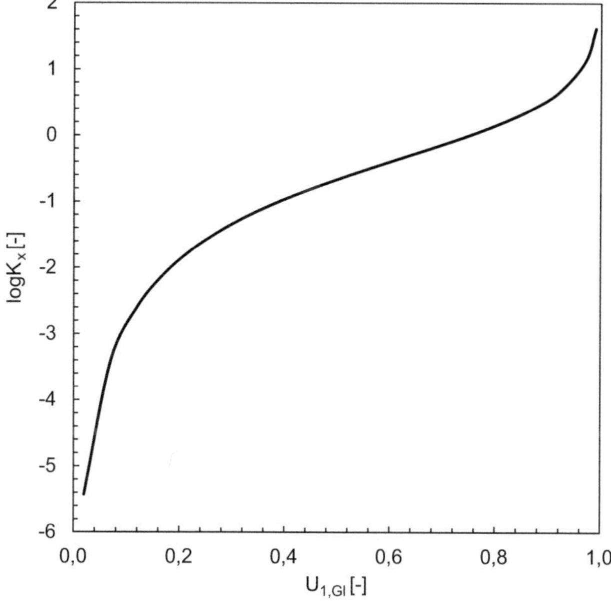

Abb. 3.5 Auftragung von log K_x in Abhängigkeit von $U_{1,\text{Gl}}$ gemäß Gl. (a)

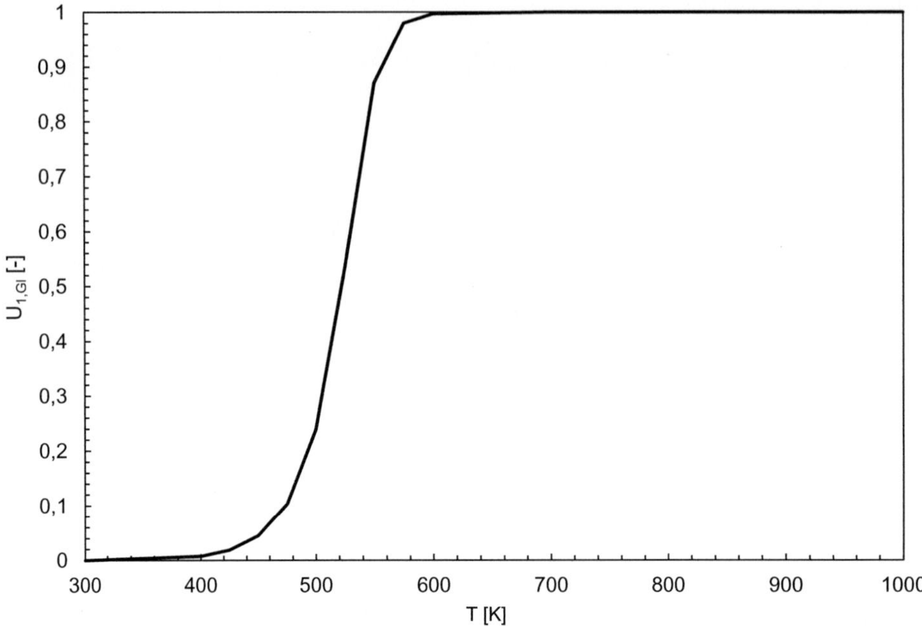

Abb. 3.6 Gleichgewichtsumsatzgrad $U_{1,\mathrm{Gl}}$ in Abhängigkeit von der Temperatur für reines Methylcyclohexan am Reaktoreingang und $p = 1$ bar

Mit

$$x_{2,0} = 0$$

ergibt sich:

$$K_x = \frac{U_{1,\mathrm{Gl}}}{1 - U_{1,\mathrm{Gl}}}.$$

In diesem Fall kann explizit nach $U_{1,\mathrm{Gl}}$ aufgelöst werden:

$$U_{1,\mathrm{Gl}} = \frac{K_x}{1 + K_x}.$$

K_x ergibt sich gemäß Gl. 3.71 zu

$$K_x = K \cdot \left(\frac{p}{p^0}\right)^{-\sum_{i=1}^{N} \nu_i}$$

und K aus der freien Standardreaktionsenthalpie $\Delta_R G^0$ gemäß Gl. 3.77. Die Werte für $\Delta_R G^0$ können wiederum Beispiel 3.8 (3. Ulich'sche Näherung) entnommen werden. In Abb. 3.7 sind die so berechneten Gleichgewichtsumsatzgrade $U_{1,Gl}$ für 1 bar und 10 bar in Abhängigkeit von der Temperatur aufgetragen. Auf eine Darstellung der Werte in Tabellenform wurde hier verzichtet.

Die Kurve des Gleichgewichtsumsatzgrads für Methylcyclohexan mit Wasserstoffüberschuss am Reaktoreingang (Sonderfall 2, Abb. 3.7) ist gegenüber derjenigen für reines Methylcyclohexan am Reaktoreingang (Sonderfall 1, Abb. 3.6) zu höheren Temperaturen verschoben. Mit zunehmendem Druck verschieben sich die Gleichgewichtsumsatzgrade ebenfalls zu höheren Temperaturen. Beide Effekte erklären sich aus der Thermodynamik, da das Gleichgewicht in beiden Fällen in Richtung des Edukts, d. h. zu kleineren Umsatzgraden, verschoben wird, wenn man Produkt (Wasserstoff) zugibt oder den Druck erhöht (Volumenzunahme). Derselbe Umsatzgrad wird daher bei höheren Temperaturen erreicht. ◀

Bis jetzt haben wir ideale Reaktionssysteme betrachtet, in denen nur eine Gleichgewichtsreaktion abläuft. Technisch relevante Reaktionen sind aber sehr häufig komplexe Reaktionen, d. h. ihnen liegt ein Reaktionsschema oder Reaktionsnetz zugrunde. Will man für ein solches Reaktionssystem die Gleichgewichtszusammensetzungen ermitteln, sind

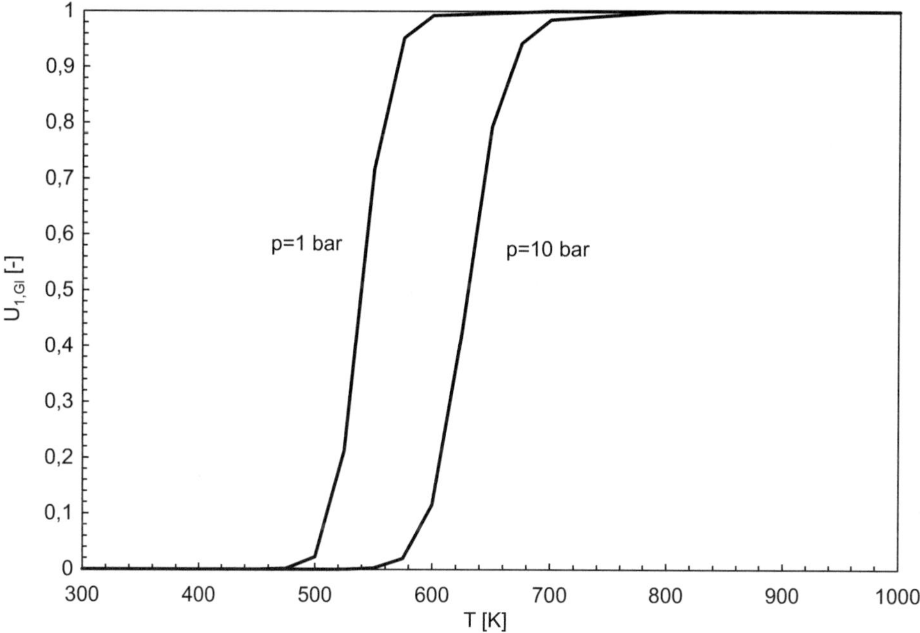

Abb. 3.7 Gleichgewichtsumsatzgrad $U_{1,Gl}$ in Abhängigkeit von Temperatur und Druck für Methylcyclohexan in einem Überschuss an Wasserstoff am Reaktoreingang

mehrere chemische Gleichgewichte zu berücksichtigen. Man spricht in diesem Fall auch von *Simultangleichgewichten*. An dieser Stelle soll darauf hingewiesen werden, dass in diesem Zusammenhang die Stöchiometrie (Abschn. 3.1) grundlegend für die richtige Ermittlung der Gleichgewichtszusammensetzungen ist. Insbesondere kommen die Anmerkungen zur praktischen Relevanz der Stöchiometrie (Abschn. 3.1.4) hier voll zum Tragen, wie nachfolgend weiter ausgeführt werden wird.

Für die Berechnung von Simultangleichgewichten gibt es prinzipiell zwei Vorgehensweisen:

- *Minimierung der Gibbs'schen Energie bzw. freien Enthalpie des Reaktionssystems unter Berücksichtigung der Elementbilanzen als Nebenbedingung.*

  Bei dieser Vorgehensweise sind die zugrundeliegenden chemischen Gleichgewichte nicht erforderlich, sondern lediglich die gemessenen Spezies des Reaktionssystems, die die Elementbilanz experimentell erfüllen. Auch können nicht gemessene Spezies hinzugenommen werden, um deren thermodynamische Relevanz zu bewerten.
- *Ermittlung der Gleichgewichtszusammensetzung aus den Massenwirkungsgesetzen der zugrundeliegenden chemischen Gleichgewichte.*

  Hierbei ist zu beachten, dass die berücksichtigten chemischen Gleichgewichte einen Satz Schlüsselreaktionen enthalten, da ansonsten das chemische Gleichgewicht nicht richtig berechnet wird.

Die *Minimierung der Gibbs'schen Energie* beruht auf der Gleichung

$$\min G(n_1, \ldots, n_N) = \min \sum_{i=1}^{N} (\mu_i \cdot n_i). \tag{3.81}$$

Das chemische Potential μ_i berechnet sich aus den freien Standardbildungsenthalpien der Spezies und der Aktivität a_i bzw. Zusammensetzung x_i gemäß Gl. 3.53. Als Nebenbedingungen sind die Elementbilanzen gemäß Gl. 3.1 sowie die Ungleichungen $n_i > 0$ zu erfüllen. Die Lösung dieses Minimumproblems liefert die Stoffmengen $n_{i,Gl}$ im Gleichgewicht. Es können hier die einschlägigen Methoden der nichtlinearen Optimierung mit Nebenbedingungen wie die Lagrange-Methode angewendet werden [1]. Für die Minimierung der Zielfunktion bei der Lagrange-Methode können die üblichen Optimierstrategien wie Such- oder Gradientenverfahren basierend auf der 1. oder 2. Ableitung angewendet werden.

Bei der *Ermittlung der Gleichgewichtszusammensetzung aus den Massenwirkungsgesetzen* müssen für alle Reaktionen $j = 1,2, \ldots, M$ folgende Gleichungen erfüllt werden:

$$K_{x,j} = \prod_{i=1}^{N} x_{i,\mathrm{Gl}}^{\nu_{i,j}}. \tag{3.82}$$

Da das Gleichungssystem Gl. 3.82 unterbestimmt ist, müssen auch hier wieder die Elementbilanzen gemäß Gl. 3.1 hinzugezogen und als Schließungsbedingung muss

$$n = \sum_{i=1}^{N} n_i \tag{3.83}$$

berücksichtigt werden.

Das sich ergebende Gleichungssystem wird wiederum mit einem Optimierprogramm gelöst. Insbesondere bei Isomerisierungsgleichgewichten ergeben sich Gleichungssysteme, die noch analytisch gelöst werden können (siehe Beispiel 3.10).

Beispiel 3.10

Bei der Isomerisierung von n-Hexan stellen sich folgende Simultangleichgewichte ein:

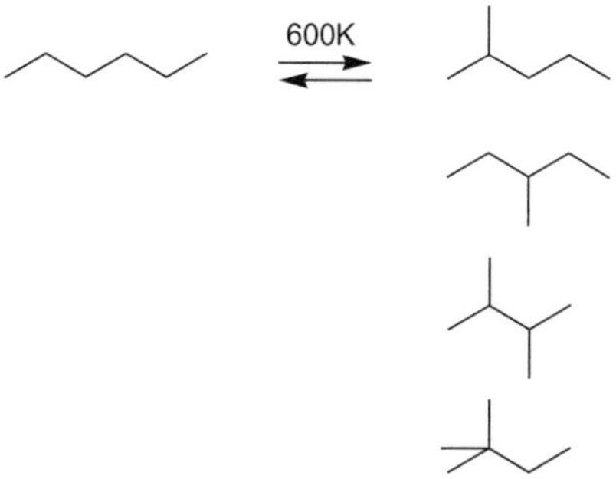

600K

Die freien Bildungsenthalpien der Isomere haben bei 600 K folgende Werte [10]:

Nummer der Spezies	Name der Spezies	$\Delta_B G^0_{i,600\,K}$ [kJ/mol]
1	n-Hexan	+ 180,06
2	2-Methyl-Pentan	+ 177,42
3	3-Methyl-Pentan	+ 180,77
4	2,3-Dimethylbutan	+ 183,20
5	2,2-Dimethylbutan	+ 179,73

Mithilfe der freien Standardbildungsenthalpien $\Delta_B G^0_{i,600\,K}$ können die freien Standardreaktionsenthalpien $\Delta_R G^0_{j,600\,K}$ gemäß Gl. 3.60 berechnet werden. Aus diesen ergeben sich die dazugehörigen Werte für die thermodynamischen Gleichgewichtskonstanten K gemäß Gl. 3.77. Die Ergebnisse dieser Berechnung sind in nachfolgende Tabelle eingetragen.

Reaktion j	$\Delta_R G^0_{j,600\,K}$ [kJ/mol]	K_j [–]
1	– 2,64	1,70
2	+ 0,71	0,87
3	+ 3,14	0,53
4	– 0,33	1,07

Da eine ideale gasförmige Mischphase angenommen werden kann und keine Molzahlenänderung vorliegt, gilt nach Gl. 3.73

$$K = K_x$$

bzw. für die vier chemischen Gleichgewichte

$$K_{x,1} = \frac{x_{2,\mathrm{Gl}}}{x_{1,\mathrm{Gl}}}, \quad K_{x,2} = \frac{x_{3,\mathrm{Gl}}}{x_{1,\mathrm{Gl}}}, \quad K_{x,3} = \frac{x_{4,\mathrm{Gl}}}{x_{1,\mathrm{Gl}}} \quad \text{und} \quad K_{x,4} = \frac{x_{5,\mathrm{Gl}}}{x_{1,\mathrm{Gl}}}.$$

Das vorliegende Gleichgewichtssystem besteht aus vier Gleichungen für die fünf Unbekannten $x_{i,\mathrm{Gl}}$, d. h. ist noch unbestimmt. Die Schließungsgleichung ergibt sich aus der Stöchiometrie und lautet:

$$x_{1,\mathrm{Gl}} + x_{2,\mathrm{Gl}} + x_{3,\mathrm{Gl}} + x_{4,\mathrm{Gl}} + x_{5,\mathrm{Gl}} = 1.$$

Somit kann das lineare Gleichungssystem einfach durch sukzessives Einsetzen gelöst werden:

$$\begin{aligned}
x_{1,\mathrm{Gl}} &= \frac{1}{1 + K_{x,1} + K_{x,2} + K_{x,3} + K_{x,4}} = 0{,}19, \\
x_{2,\mathrm{Gl}} &= K_{x,1} \cdot x_{1,\mathrm{Gl}} = 0{,}32, \\
x_{3,\mathrm{Gl}} &= K_{x,2} \cdot x_{1,\mathrm{Gl}} = 0{,}17, \\
x_{4,\mathrm{Gl}} &= K_{x,3} \cdot x_{1,\mathrm{Gl}} = 0{,}10, \\
x_{5,\mathrm{Gl}} &= K_{x,4} \cdot x_{1,\mathrm{Gl}} = 0{,}20.
\end{aligned}$$

◀

3.2.2.3.2 Reale Systeme

Zunächst sollen *reale gasförmige Reaktionssysteme* betrachtet werden. Aufgrund der Wechselwirkungen zwischen den Gasmolekülen ist das ideale Gasgesetz nicht mehr gültig. Letzteres ist ein Grenzfall, der näherungsweise bei hohen Temperaturen und kleinen Drücken angenommen werden kann. Für reale gasförmige Reaktionssysteme müssen daher andere thermische Zustandsgleichungen wie beispielsweise die van-der-Waals-Gleichung oder die Zustandsgleichungen von Redlich-Kwong-Soave und von Peng-Robinson verwendet werden [8].

Im Falle *gasförmiger realer Reaktionssysteme* nehmen die Fugazitätskoeffizienten φ_i in Abhängigkeit von Druck und Temperatur von 1 verschiedene Werte an. Auch die Gleichgewichtskonstante K_φ hat dann von 1 verschiedene Werte, sodass ihr Beitrag bei der Berechnung von K gemäß Gl. 3.68 berücksichtigt werden muss. Es stellt sich somit die Frage wie die Fugazitätskoeffizienten der beteiligten gasförmigen Spezies A_i berechnet werden können. Nachfolgend wird davon ausgegangen, dass die Fugazitätskoeffizienten der reinen Gaskomponenten verwendet werden können, d. h., dass bei deren Mischung kein zusätzlicher Volumeneffekt auftritt. Ist dies nicht der Fall, müssen thermische Zustandsgleichungen für Gemische verwendet werden [8].

Gemäß Gl. 3.53 und unter Berücksichtigung der Gl. 3.65 und 3.66 gilt für ein reales Gas

$$\mu_{i,\text{real}}(p,T) = \mu_i^0(p,T) + RT \ln \frac{\varphi_i \cdot p_i}{p^0} \tag{3.84}$$

und für ein ideales Gas

$$\mu_{i,\text{ideal}}(p,T) = \mu_i^0(p,T) + RT \ln \frac{p_i}{p^0}. \tag{3.85}$$

Somit ergibt sich für den gesuchten Fugazitätskoeffizienten φ_i folgender Zusammenhang:

$$\ln \varphi_i = \frac{1}{RT} \left(\mu_{i,\text{real}}(p,T) - \mu_{i,\text{ideal}}(p,T)\right). \tag{3.86}$$

Aus der Gibbs'schen Fundamentalgleichung für die freie Enthalpie ergibt sich für konstante Temperatur und Zusammensetzung die Druckabhängigkeit der freien Enthalpie [6]:

$$\left(\frac{\partial G}{\partial p}\right)_T = V. \tag{3.87}$$

Da das chemische Potential nach Gl. 3.49 eine partielle molare freie Enthalpie darstellt und bei Zustandsfunktionen der Schwarz'sche Satz angewendet werden kann, wonach bei gemischten zweiten Ableitungen die Reihenfolge der Ableitung keine Rolle spielt, kann gezeigt werden, dass gilt:

$$\left(\frac{\partial \mu_i}{\partial p}\right)_T = v_i. \tag{3.88}$$

Durch Integration zwischen einem niedrigen Druck p_{ideal}, bei dem das ideale Gasgesetz noch näherungsweise erfüllt ist, und dem gesuchten Druck p, ergibt sich folgende Bestimmungsgleichung für den Fugazitätskoeffizienten:

$$\ln \varphi_i = \int_{p_{\text{ideal}}}^{p} \left(\frac{v_{i,\text{real}}}{RT} - \frac{1}{p}\right) \mathrm{d}p. \tag{3.89}$$

Nach dem Theorem der übereinstimmenden Zustände geht die thermische Zustandsgleichung $v_{i,\text{real}}(p,T)$ bei Verwendung dimensionsloser reduzierter Zustandsgrößen in eine für chemisch ähnliche Stoffe universell gültige Zustandsgleichung über. Als Bezugsgrößen werden der kritische Druck, die kritische Temperatur und das kritische Volumen verwendet:

$$\begin{aligned} p_{i,\text{red}} &= \frac{p}{p_{i,\text{krit}}} \\ T_{i,\text{red}} &= \frac{T}{T_{i,\text{krit}}} \\ v_{i,\text{red}} &= \frac{v}{v_{i,\text{krit}}}. \end{aligned} \tag{3.90}$$

Der Fugazitätskoeffizient kann nun aus der universell gültigen thermischen Zustandsgleichung $v_{i,\text{red}}(p_{i,\text{red}}, T_{i,\text{red}})$ für reale Gase (bzw. Gasgemische) durch Integration von Gl. 3.89 ermittelt werden. Durch Auftragung der Fugazitäten in Abhängigkeit von $T_{i,\text{red}}$ und $p_{i,\text{red}}$ erhält man die in Abb. 3.8 dargestellten Verläufe.

Mit Kenntnis der Fugazitätskoeffizienten kann aus Gl. 3.68 K_x berechnet werden. Liegt nur eine Gleichgewichtsreaktion vor, so kann aus Gl. 3.80 der Gleichgewichtsumsatzgrad $U_{1,\text{Gl}}$ berechnet werden. Im Falle von Simultangleichgewichten muss wie in Abschn. 3.2.2.3.1 beschrieben vorgegangen werden.

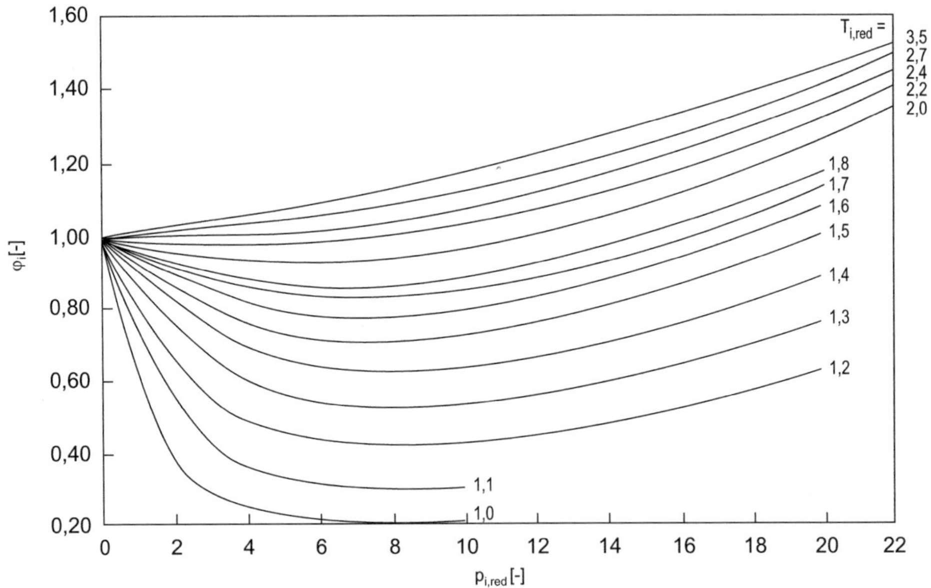

Abb. 3.8 Fugazitätskoeffizienten φ_i von Gasen als Funktion ihres reduzierten Druckes $p_{i,\text{red}}$ und ihrer reduzierten Temperatur $T_{i,\text{red}}$

Beispiel 3.11
Die Gasphasenhydratisierung von Ethen liefert als Produkt Ethanol.

$$\begin{array}{ccccc} C_2H_4 & + & H_2O & \rightarrow & C_2H_5OH. \\ A_1 & & A_2 & & A_3 \end{array}$$

Die Reaktion werde bei 523 K und 100 bar durchgeführt. Die thermodynamische Gleichgewichtskonstante habe unter diesen Bedingungen einen Wert von $K = 0{,}0058$. Das Molverhältnis von Ethen zu Wasser betrage zu Beginn der Reaktion 1 : 5.

Es sind folgende kritischen Daten gegeben:

Spezies Nr.	$T_{i,\mathrm{krit}}$ [K]	$p_{i,\mathrm{krit}}$ [bar]
1	283	51
2	647	218
3	516	63

Der Gleichgewichtsumsatzgrad von Ethen $U_{1,\mathrm{Gl}}$ kann aus Gl. 3.80 berechnet werden. Allerdings ist dazu die Gleichgewichtskonstante K_x des gasförmigen realen Reaktionssystems gemäß Gl. 3.68 notwendig:

$$K_x = \frac{K}{K_\varphi} \cdot \left(\frac{p}{p^0}\right)^{-\sum_{i=1}^{N} \nu_i}.$$

Für die Berechnung von K_x sind die Fugazitätskoeffizienten φ_i aller Spezies notwendig. Diese können mit Hilfe des reduzierten Drucks und Temperatur aus Abb. 3.8 ermittelt werden (hier genauere Werte als aus Abbildung ablesbar):

Spezies Nr.	$T_{i,\mathrm{red}}$ [–]	$p_{i,\mathrm{red}}$ [–]	φ_i [–]
1	1,85	1,96	0,97
2	0,81	0,46	0,71
3	1,01	1,59	0,48

Somit ergibt sich für K_φ

$$K_\varphi = \frac{\varphi_3}{\varphi_1 \cdot \varphi_2} = 0{,}7$$

und für K_x erhält man

$$K_x = 0{,}83.$$

Mit der Eingangszusammensetzung

$$x_{1,0} = \frac{1}{6}$$
$$x_{2,0} = \frac{5}{6}$$
$$x_{3,0} = 0$$

kann nun der Gleichgewichtsumsatzgrad nach Gl. 3.80 berechnet werden:

$$K_x = \frac{x_{3,\mathrm{Gl}}}{x_{1,\mathrm{Gl}} \cdot x_{2,\mathrm{Gl}}} = \frac{\frac{1}{6} \cdot U_{1,\mathrm{Gl}} \cdot \left(1 - \frac{1}{6} \cdot U_{1,\mathrm{Gl}}\right)}{\left(\frac{1}{6} - \frac{1}{6} \cdot U_{1,\mathrm{Gl}}\right) \cdot \left(\frac{5}{6} - \frac{1}{6} \cdot U_{1,\mathrm{Gl}}\right)}.$$

Auflösen nach $U_{1,\mathrm{Gl}}$ ergibt eine quadratische Gleichung:

$$-(1 + K_x) \cdot U_{1,\mathrm{Gl}}^2 + (6 + 5K_x + K_x) \cdot U_{1,\mathrm{Gl}} - 5K_x = 0.$$

Durch Lösen der Gleichung erhält man als Ergebnis:

$$U_{1,\mathrm{Gl}} = 40{,}5\ \%.$$ ◄

Für *reale flüssige Reaktionssysteme* sind die Aktivitätskoeffizienten γ_i aller Spezies erforderlich, um die Gleichgewichtskonstante K_x gemäß der Gl. 3.69 und 3.70 zu berechnen. Die Berechnung der Aktivitätskoeffizienten γ_i kann mit der UNIFAC-Methode erfolgen (UNIFAC = **Uni**versal Quasichemical **F**unctional Group **A**ctivity **C**oefficients). Die UNIFAC-Methode beschreibt die flüssige Phase als eine Mischung von Strukturelementen (funktionellen Gruppen), die in Wechselwirkung zueinander stehen. Diese Wechselwirkungen werden durch Wechselwirkungsparameter beschrieben. Für eine genauere Beschreibung der UNIFAC-Methode sei auf Lehrbücher der Thermodynamik verwiesen (z. B. [26]).

3.3 Mikrokinetik

Die *Mikrokinetik* befasst sich mit dem zeitlichen Ablauf chemischer Reaktionen ohne einen überlagerten Einfluss von physikalischen Wärme- und Stofftransportvorgängen. Im Falle einer solchen Überlagerung der Mikrokinetik durch Wärme- und Stofftransportvorgänge spricht man von einer *Makrokinetik*. Im Sonderfall einer starken Limitierung durch den Stofftransport entspricht die Makrokinetik der Kinetik des Stofftransports und die Mikrokinetik ist nicht mehr beobachtbar. Die Makrokinetik wird daher auch als beobachtbare Kinetik oder Effektivkinetik bezeichnet. Die Mikrokinetik wird dagegen auch häufig als intrinsische oder wahre Kinetik der chemischen Reaktion bezeichnet.

Im Rahmen des Lehrbuchs wird folgende Konvention eingehalten:

- Liegt für eine Reaktion j eine Mikrokinetik vor, wird die dazugehörige Reaktionsgeschwindigkeit mit r_j bezeichnet. Liegt nur eine Reaktion vor, kann der Index j weggelassen werden.
- Liegt für eine Reaktion j eine Makrokinetik vor oder ist nicht bekannt, ob es sich um eine Mikrokinetik handelt, wird die dazugehörige Reaktionsgeschwindigkeit mit $r_{j,e}$ bezeichnet. Liegt nur eine Reaktion vor, kann der Index j weggelassen werden.

Die Kenntnis der Mikrokinetik, die zumeist in Laborversuchen ermittelt wird, ist in der Verfahrensentwicklung sehr wichtig, da sie die Grundlage für das *Scale-up* neuer Prozesse und die Verbesserung bestehender Prozesse darstellt. Die Wärme- und Stofftransportvorgänge werden nämlich im Rahmen der Reaktormodellierung abgeschätzt und falls notwendig berücksichtigt. Bei der Verbesserung bestehender Prozesse kann es auch eine Strategie sein (*Scale-down*, s. Kap. 1), den Prozess so herunterzuskalieren, dass die Makrokinetik (Effektivkinetik) des Prozesses im Labor oder Technikum beobachtet werden kann.

Der kinetische Ansatz, d. h. die Reaktionsgeschwindigkeitgleichung, ist ein funktioneller Zusammenhang f, der die Abhängigkeit der Reaktionsgeschwindigkeit von den wesentlichen Einflussgrößen wie Konzentrationen, Temperatur, Druck und Hilfsstoffen beschreibt:

$$r = f(c_1, \ldots, c_N, T, p, Kat.). \tag{3.91}$$

Je nach Detaillierungsgrad unterscheidet man in:

- *Formalkinetische Ansätze*
- *Mechanistisch begründete Ansätze*

Formalkinetische Ansätze beschreiben die gemessenen Konzentrations-Zeit-Verläufe im Rahmen einer vorgegebenen Genauigkeit (meistens <10 %) und stammen aus einer formalen Anpassung kinetischer Messungen. Sie lassen also weder einen Rückschluss auf den Reaktionsmechanismus zu, noch erlauben sie eine Extrapolation auf andere Reaktionsbedingungen als die, die den kinetischen Messungen zugrunde liegen.

Mechanistisch begründete Ansätze basieren auf der Kenntnis oder Annahme sogenannter *Elementarreaktionen*, die die molekularen Vorgänge beschreiben und in ihrer Summe die beobachtete Bruttoreaktion ergeben. Zur Aufklärung von Elementarreaktionen können Experimente hoher Zeit- bzw. Ortsauflösung beitragen, bei denen auch reaktive Intermediate quantifiziert werden. Beispiele hierfür sind Molekularstrahlexperimente oder operando-spektroskopische Experimente. Die Methoden der theoretischen Chemie erlauben zusätzlich Hinweise auf wahrscheinliche bzw. unwahrscheinliche Elementarschritte. Für die Beschreibung der Reaktionsgeschwindigkeit von Elementarschritten können unterschiedliche Theorien wie die *einfache Stoßtheorie*, die *verfeinerte Stoßtheorie* oder die *Theorie des Übergangszustandes* angewendet werden. Für eine weiterführende Lektüre sei auf die einschlägigen Lehrbücher der physikalischen Chemie verwiesen (z. B. [6, 7]). Allen Theorien ist aber letztendlich gemeinsam, dass sie zu Geschwindigkeitsansätzen führen, die in ihrer Grundstruktur einem formalkinetischen Potenzansatz entsprechen. Zusätzlich liefern diese Theorien aber wertvolle Informationen zur Vorausberechnung der kinetischen Parameter sowie zu möglichen Abweichungen von einem einfachen Potenzansatz mit temperaturabhängigen Reaktionsgeschwindigkeitskonstanten gemäß der Arrhenius-Gleichung.

Für die Entwicklung neuer Prozesse ist ein formalkinetischer Ansatz für die Mikrokinetik häufig ausreichend, wenn man die Grenzen seiner Anwendbarkeit kennt und einhält. Für eine Optimierung bestehender Prozesse hinsichtlich der in Abschn. 1.1.2 genannten Fragestellungen müssen oftmals neue Reaktionsbedingungen bewertet werden, die außerhalb des Gültigkeitsbereiches der vorliegenden Formalkinetik liegen. Dies trifft insbesondere zu, wenn ein bestehender Prozess durch Entwicklung neuer Reaktortypen optimiert werden soll. Beispiele sind Mikroreaktoren, mit denen neue Prozessfenster realisiert werden können, oder Reaktoren wie Membranreaktoren, in denen die Stofftrennung überlagert wird.

Als anschauliches Maß für die Geschwindigkeit einer chemischen Reaktion kann die Zeitkonstante t_R verwendet werden:

$$t_R = \frac{c_{1,0}}{|\nu_1| \cdot r_0}. \tag{3.92}$$

Die Zeitkonstante t_R gibt an, nach welcher Zeit das Edukt vollständig abreagiert ist, wenn man davon ausgeht, dass zu jedem Zeitpunkt die Reaktionsgeschwindigkeit der Anfangsreaktionsgeschwindigkeit r_0 entspricht.

Im Folgenden werden für häufig auftretende Reaktionsklassen die jeweiligen typischen Reaktionsgeschwindigkeitsgleichungen dargestellt und diskutiert.

3.3.1 Homogene Fluidreaktionen

Die Kinetik homogener Fluidreaktionen kann sehr oft ausreichend mit *formalkinetischen Potenzansätzen* beschrieben werden, die folgende allgemeine Form besitzen:

$$r = k \cdot c_1^{n_1} \cdot \ldots \cdot c_N^{n_N} = k \cdot \prod_{i=1}^{N} c_i^{n_i}. \tag{3.93}$$

Die Reaktionsgeschwindigkeit r ist im Falle des Potenzansatzes proportional dem Produkt aus den Potenzen der Konzentrationen der Spezies A_i des Reaktionssystems. Die Exponenten n_i geben dabei die *Ordnung der Reaktion* in Bezug auf die jeweilige chemische Spezies A_i an. Unter der *Gesamtordnung n einer Reaktion* versteht man die Summe aller Exponenten n_i in der Reaktionsgeschwindigkeitsgleichung:

$$n = n_1 + \ldots + n_N = \sum_{i=1}^{N} n_i. \tag{3.94}$$

Es ist dabei zwischen *Ordnung* und *Molekularität* streng zu unterscheiden. Die Molekularität gibt die Zahl der an einer Elementarreaktion beteiligten Moleküle an, d. h., nur bei einer Elementarreaktion entspricht die Ordnung gleich der Molekularität. Die häufigste Elementarreaktion ist ein reaktiver Stoß zweier Moleküle, deren Reaktionsgeschwindigkeit durch einen Potenzansatz mit Gesamtordnung $n = 2$ beschrieben werden kann. Umgekehrt kann aber aus einem Potenzansatz mit Gesamtordnung $n = 2$ nicht grundsätzlich auf das Vorliegen eines Zweierstoß der beteiligten Spezies geschlossen werden. Oft beschreibt der Potenzansatz die Reaktionsgeschwindigkeit einer Bruttoreaktion, die aus mehr als einem Elementarschritt zusammengesetzt ist. In solchen Fällen kann die Gesamtordnung beispielsweise auch > 3 oder eine gebrochene Zahl sein wie z. B. 0,5.

Die Ordnung kann nicht nur den Einfluss der Konzentration der Edukte auf die Reaktionsgeschwindigkeit beschreiben, sondern auch den der Konzentration der Produkte. Geht ein Produkt mit negativer Ordnung in den Potenzansatz ein, dann spricht man von einer *Produktinhibierung*, weil die Gegenwart des Produktes die Geschwindigkeit der Reaktion erniedrigt. Geht das Produkt dagegen mit positiver Ordnung in den Potenzansatz ein, dann spricht man von einer *autokatalytischen Reaktion*, weil die Gegenwart des Produktes die Geschwindigkeit der Reaktion beschleunigt.

Der in Gl. 3.93 auftretende Proportionalitätsfaktor k wird als Reaktionsgeschwindigkeitskonstante oder als Geschwindigkeitskonstante der chemischen Reaktion bezeichnet. Auch wenn es sich streng genommen um keine Konstante handelt und der Begriff Reaktionsgeschwindigkeitskoeffizient angebrachter wäre, verwenden wir dennoch den Begriff Reaktionsgeschwindigkeitskonstante, weil er sich sowohl im Deutschen wie im Englischen (*reaction rate constant*) etabliert hat. k hat die Einheit:

$$[k] = \frac{[r]}{[c]^n} = \left(\frac{\text{mol}}{\text{l}}\right)^{1-n} \cdot \frac{1}{\text{s}}. \tag{3.95}$$

Die Geschwindigkeitskonstante k ist gemäß der *Arrhenius-Gleichung* temperaturabhängig:

$$k = k_0 \cdot e^{-E_{A,e}/RT}. \tag{3.96}$$

In Gl. 3.96 ist k_0 der präexponentielle Koeffizient und entspricht dem Grenzwert der Geschwindigkeitskonstanten k bei unendlich hohen Temperaturen T. $E_{A,e}$ ist die Arrhenius-

Aktivierungsenergie, R die universelle Gaskonstante und T die absolute Reaktionstemperatur. Nur im Falle einer Elementarreaktion ist die *Arrhenius-Aktivierungsenergie* $E_{A,e}$ gleich der *wahren Aktivierungsenergie* E_A der Reaktion, d. h. entspricht dem Abstand zwischen dem Energieniveau des Eduktes und dem des Übergangszustandes (siehe Abb. 3.10).

Die *Arrhenius-Aktivierungsenergie* kann aus einem sogenannten *Arrhenius-Diagramm* bestimmt werden, in dem der natürliche Logarithmus der Reaktionsgeschwindigkeit über der reziproken absoluten Reaktionstemperatur aufgetragen wird. Es ergibt sich eine Gerade, deren Steigung $-E_{A,e}/R$ beträgt und aus der man $E_{A,e}$ bestimmen kann.

Die Aktivierungsenergien chemischer Reaktionen liegen üblicherweise im Bereich von 20 bis 420 kJ/mol. Demnach kann sich eine Temperaturdifferenz von 10 K häufig in einem Faktor 2 bis 3 in der Reaktionsgeschwindigkeit auswirken. *Dies führt zu der Daumenregel: „Pro 10 K Temperaturerhöhung verdoppelt sich die Reaktionsgeschwindigkeit“.*

Beispiel 3.12

Als Beispiel für eine unimolekulare Zerfallsreaktion in der Gasphase betrachten wir die Isomerisierung von Cyclopropan zu Propen:

H_2
C
H_2C-CH_2 ⟶ H_3C C(H) CH_2
A_1 A_2

Es liegt also eine unimolekulare irreversible Reaktion vor, bei der man typischerweise eine Druckabhängigkeit der Reaktionsordnung feststellt:

$$r = k \cdot c_1^n \quad \text{mit } n = n(p).$$

Nur auf Basis einer mechanistisch begründeten Kinetik kann diese Beobachtung erklärt werden. Der Mechanismus wird auch als *Lindemann-Hinshelwood-Mechanismus* bezeichnet. Bei diesem Mechanismus wird davon ausgegangen, dass im ersten Schritt ein Molekül A_1 durch bimolekulare, inelastische Kollision in einen energetisch angeregten (aktivierten) Zustand übergeht:

$$A_1 + A_1 \xrightarrow{r_{+1}} A_1 + A_1^*$$
$$r_{+1} = k_{+1} \cdot c_1^2.$$

A_1^* kann die Energie durch erneuten Stoß wieder verlieren und deaktivieren:

$$A_1^* + A_1 \xrightarrow{r_{-1}} A_1 + A_1$$
$$r_{-1} = k_{-1} \cdot c_{1*} \cdot c_1.$$

Durch Schwingungsanregung kann es im Molekül A_1^* zum Bindungsbruch bzw. zur Isomerisierung kommen:

$$A_1^* \xrightarrow{r_2} A_2$$
$$r_2 = k_2 \cdot c_{1*}.$$

r_2 entspricht der gesuchten Reaktionsgeschwindigkeit r:

$$r = r_2 = R_2 = -R_1.$$

Die unbekannte Konzentration c_{1*} kann mit Hilfe des *Bodenstein'schen Quasistationaritätsprinzips* ermittelt werden:

$$R_{1*} = \frac{\mathrm{d}c_{1*}}{\mathrm{d}t} = k_{+1} \cdot c_1^2 - k_{-1} \cdot c_1^* \cdot c_1 - k_2 \cdot c_1^* \approx 0$$
$$\Rightarrow \quad c_1^* = \frac{k_{+1} \cdot c_1^2}{k_2 + k_{-1} \cdot c_1}.$$

Insgesamt ergibt sich:

$$r = \frac{k_2 \cdot k_{+1} \cdot c_1^2}{k_2 + k_{-1} \cdot c_1}.$$

Für niedrige Konzentration c_1, d. h. niedrige Drücke, ergibt sich eine Reaktion 2. Ordnung. Für hohe Konzentrationen c_1, d. h. hohe Drücke, dagegen eine Reaktion 1. Ordnung. Im mittleren Druckbereich findet ein Übergang zwischen 1. und 2. Ordnung statt. ◀

3.3.2 Heterogen katalysierte Reaktionen

Heterogen katalysierte Reaktionen zeichnen sich durch die Anwesenheit eines meist porösen Festkörpers aus, der als *Katalysator* gemäß der bis heute gültigen Definition von *Wilhelm Ostwald* (Nobelpreis 1909) die Mikrokinetik einer chemischen Reaktion beeinflusst [27]. Dabei kann sowohl eine Erhöhung als auch eine Erniedrigung der Geschwindigkeit der chemischen Reaktion unter Anwesenheit des festen Katalysators auftreten. Die Erniedrigung der Geschwindigkeit einer chemischen Reaktion spielt eine große Rolle bei der Unterdrückung unerwünschter Nebenreaktionen bei komplexen Reaktionen. Da im Folgenden von einer einzigen Reaktion ausgegangen werden soll, wird hier nur der Fall der Erhöhung der Reaktionsgeschwindigkeit und die dazugehörige mechanistisch begründete Mikrokinetik diskutiert.

Ein weiteres Merkmal eines Katalysators gemäß der Definition von Wilhelm Ostwald ist, dass der Katalysator unverändert aus der Reaktion hervorgeht, d. h. weder verbraucht noch gebildet wird. Dies lässt sich sehr anschaulich in einem *Katalysezyklus* am Beispiel einer heterogen katalysierten unimolekularen Reaktion veranschaulichen (siehe Abb. 3.9). Jede heterogen katalysierte unimolekulare Reaktion wird eingeleitet durch die Chemisorption der Edukt-Spezies A_1 am Katalysator. Da die Chemisorption im Gegensatz zur Physisorption an spezifischen Adsorptionsplätzen erfolgt, wird im Folgenden ein leerer Adsorptionsplatz mit z abgekürzt. Die chemisorbierte Spezies A_1-z reagiert dann in einer Oberflächenreaktion zum chemisorbierten Produkt A_2-z, das desorbiert und den Adsorptionsplatz für den nächsten Durchlauf des Katalysezyklus wieder frei macht. Nach *Hugh Scott Taylor* wird das Zentrum z, an dem die Reaktion abläuft, auch als *aktives Zentrum* bezeichnet [28].

Aufgrund von elektronischen Wechselwirkungen zwischen dem chemisorbierten Edukt und der Katalysatoroberfläche geht das Edukt in einen reaktionsfähigeren Zustand über. Die Stärke dieser Wechselwirkung muss nach *Sabatier* (Nobelpreis 1912) einen optimalen Wert haben [29], d. h. einerseits nicht zu schwach sein, da sonst keine ausreichende Erniedrigung der Aktivierungsenergie für die Oberflächenreaktion erfolgt, und andererseits nicht zu stark sein, da sonst das Adsorbat thermodynamisch zu stabil ist und die Oberflächenreaktion eine zu hohe Aktivierungsenergie besitzt. Im optimalen Fall wird durch die vorgelagerte Chemisorption die Aktivierungsenergie der Bruttoreaktion gegenüber einer nicht katalysierten, d. h. rein thermisch induzierten Reaktion erheblich erniedrigt. Abb. 3.10 zeigt diesen Sachverhalt in einem Energieschema, in dem über der Reaktionskoordinate die Energie der einzelnen Zustände aufgetragen ist. Besonders hingewiesen werden soll dabei auf den Unterschied der beobachtbaren Arrhenius-Aktivierungsenergie $E_{A,e}$ und der wahren Aktivierungsenergie der Oberflächenreaktion E_A. Weiterhin soll darauf hingewiesen

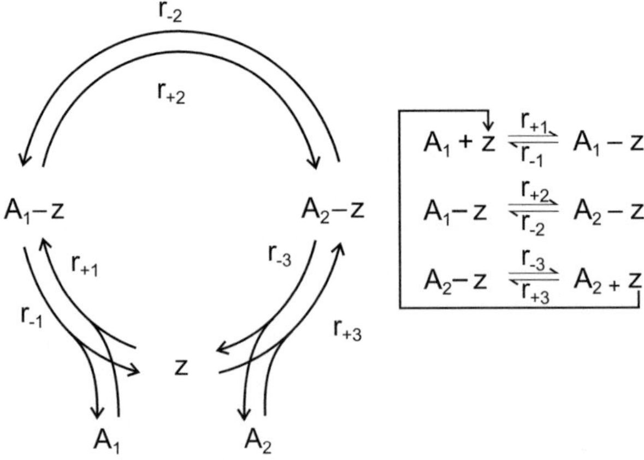

Abb. 3.9 Allgemeiner Katalysezyklus für eine heterogen katalysierte unimolekulare Reaktion von Edukt A_1 zu Produkt A_2

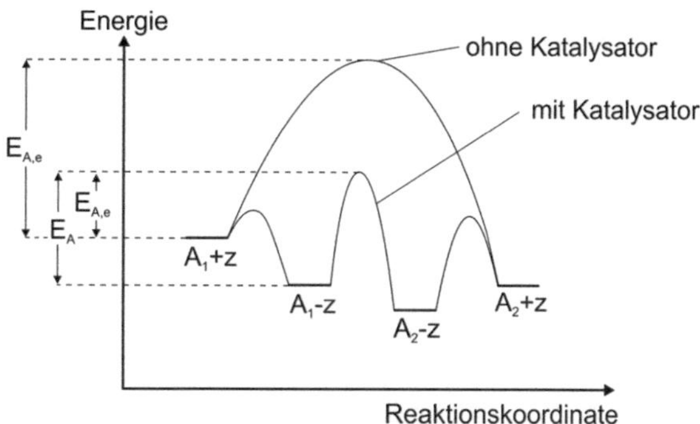

Abb. 3.10 Energieschema für die heterogen katalysierte unimolekulare Reaktion von Edukt A_1 zu Produkt A_2

werden, dass die Adsorption ein exothermer und die Desorption ein endothermer Oberflächenschritt ist.

In Abb. 3.10 sind die Reaktionsgeschwindigkeiten der einzelnen Oberflächenschritte zugeordnet. Im Einzelnen sind dies:

- Adsorption von A_1 am aktiven Zentrum z mit Geschwindigkeit r_{+1}
- Desorption von A_1 vom aktiven Zentrum z mit Geschwindigkeit r_{-1}
- Oberflächenreaktion von A_1-z zu A_2-z mit Geschwindigkeit r_{+2}
- Oberflächenreaktion von A_2-z zu A_1-z mit Geschwindigkeit r_{-2}
- Desorption von A_2 vom aktiven Zentrum z mit Geschwindigkeit r_{-3}
- Adsorption von A_2 am aktiven Zentrum z mit Geschwindigkeit r_{+3}

Somit wird die Reaktion von A_1 zu A_2 unter Anwesenheit des festen Katalysators in sechs Teilschritte zerlegt, d. h. ein neuer Reaktionsmechanismus und damit die Erniedrigung der Aktivierungsenergie der Reaktion ermöglicht. An jedem Ort und zu jeder Zeit der in einem chemischen Reaktor ablaufenden heterogen katalysierten Reaktion von A_1 zu A_2 wird je nach Reaktionsführung eine bestimmte Reaktionsgeschwindigkeit r beobachtet. Ziel der Reaktorauslegung und der Optimierung der Reaktionsbedingungen ist es, die Reaktionsgeschwindigkeit r zu jedem Ort und zu jeder Zeit zu maximieren. Im thermodynamischen Gleichgewicht ist die Reaktionsgeschwindigkeit r Null. Allerdings wird man aus ökonomischen Gründen (unendlich große Verweil- oder Reaktionszeiten) diesen theoretischen Endzustand technisch nicht realisieren. Abb. 3.11 veranschaulicht für die Umsetzung von A_1 zu A_2 und eine angenommene endliche Reaktionsgeschwindigkeit r das jeweilige Ungleichgewicht zwischen Hin- und Rückreaktion an der Oberfläche bzw. Adsorption und Desorption.

Um eine Reaktionsgeschwindigkeit für die heterogen katalysierte unimolekulare Zerfallsreaktion von A_1 zu A_2 abzuleiten, müssen die Geschwindigkeitsgleichungen für alle 6 Teilschritte formuliert werden. Bei der Formulierung der Geschwindigkeitsgleichungen wird davon ausgegangen, dass es sich jeweils um Elementarschritte handelt. Für die Formulierung von Stoßwahrscheinlichkeiten gemäß der einfachen Stoßtheorie muss ein

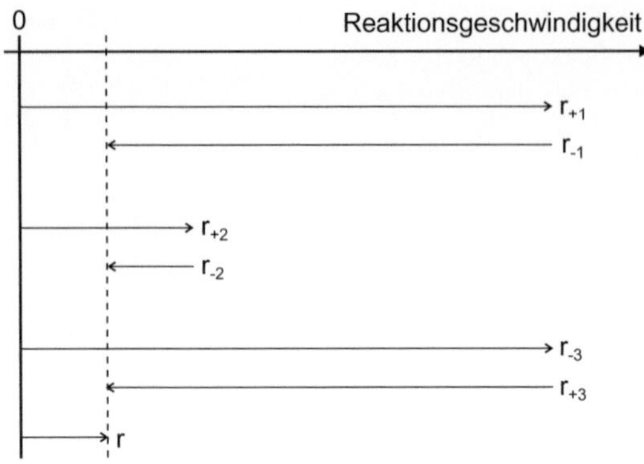

Abb. 3.11 Schematische Darstellung des Zusammenhangs zwischen der Reaktionsgeschwindigkeit der heterogen katalysierten unimolekularen Reaktion von Edukt A_1 zu Produkt A_2 und den Reaktionsgeschwindigkeiten der einzelnen Teilschritte

Konzentrationsmaß für die chemisorbierte Spezies eingeführt werden. Dabei hat es sich etabliert, hierfür den sogenannten Belegungsgrad Θ_i zu verwenden. Der Belegungsgrad Θ_i gibt den Bruchteil aktiver Zentren an, der mit der Spezies A_i belegt ist:

$$\Theta_i = \frac{n_{\mathrm{A}_i\text{-z}}}{n_{\mathrm{z,ges}}}. \tag{3.97}$$

$n_{\mathrm{A}_i\text{-z}}$ ist dabei die Stoffmenge an chemisorbierten A_i und $n_{\mathrm{z,ges}}$ die Stoffmenge aller aktiver Zentren, wobei diese Stoffmengen meistens auf die Oberfläche oder die Masse des Katalysators bezogen sind.

Somit ergibt sich die Geschwindigkeit für die Adsorption von A_1 aus der Wahrscheinlichkeit des Stoßes zwischen einem Molekül A_1 aus der fluiden Phase (Gas oder Flüssigkeit) mit einem leeren Zentrum z. Diese Stoßwahrscheinlichkeit ist proportional der Konzentration der Spezies A_1 in der fluiden Phase und dem Anteil leerer Zentren Θ_z:

$$r_{+1} = k_{+1} \cdot c_1 \cdot \Theta_{\mathrm{z}}. \tag{3.98}$$

Insgesamt muss folgende Zentrenbilanz erfüllt sein:

$$1 = \Theta_{\mathrm{z}} + \Theta_1 + \Theta_2. \tag{3.99}$$

Die Wahrscheinlichkeit der Desorption von A_1 ist proportional dem Belegungsgrad der Zentren mit A_1. Die Geschwindigkeit der Desorption ergibt sich somit gemäß:

$$r_{-1} = k_{-1} \cdot \Theta_1. \tag{3.100}$$

Die Geschwindigkeit der Oberflächenreaktion von A_1 zu A_2 ist proportional dem Belegungsgrad der Edukt-Spezies A_1:

$$r_{+2} = k_{+2} \cdot \Theta_1. \tag{3.101}$$

Entsprechend ergibt sich die Geschwindigkeit der Rückreaktion zu:

$$r_{-2} = k_{-2} \cdot \Theta_2. \tag{3.102}$$

Für die Adsorption und Chemisorption der Spezies A_2 lassen sich analog zur Spezies A_1 (s. Gl. 3.98 und 3.100) die folgenden Kinetiken formulieren:

$$r_{+3} = k_{+3} \cdot c_2 \cdot \Theta_z, \tag{3.103}$$

$$r_{-3} = k_{-3} \cdot \Theta_2. \tag{3.104}$$

Ziel ist es nun, aus den Kinetiken der sechs Teilschritte eine Kinetik für die heterogen katalysierte Reaktion abzuleiten, in der die unbekannten Belegungsgrade Θ eliminiert und nur noch die zugänglichen Konzentrationen c_i enthalten sind. Die Reaktionsgeschwindigkeit ergibt sich aus den Geschwindigkeiten der einzelnen Teilschritte wie folgt (vgl. Abb. 3.11):

$$r = r_{+1} - r_{-1} = r_{+2} - r_{-2} = r_{-3} - r_{+3}. \tag{3.105}$$

Diese Gleichungen sowie die Zentrenbilanz (Gl. 3.99) liefern ein Gleichungssystem, das jedoch hinsichtlich der unbekannten Belegungsgrade Θ unterbestimmt ist. Das heißt, es sind weitere Gleichungen notwendig, um die unbekannten Belegungsgrade Θ eliminieren zu können. Dazu wird üblicherweise einer der folgenden Vereinfachungen getroffen, die diese zusätzlichen Gleichungen liefert, um das Gleichungssystem dann lösen zu können:

- *Annahme des Bodenstein'schen Quasistationaritätsprinzips*:

$$\frac{d\Theta_i}{dt} \approx 0. \tag{3.106}$$

- *Annahme eines geschwindigkeitsbestimmenden Teilschritts* (*rate determining step*, abgekürzt „rds“):

$$r = r_{\text{rds}}. \tag{3.107}$$

- *Annahme einer dominierenden Adsorbat-Spezies* (*most abundant surface intermediate*, abgekürzt „masi“):

$$\Theta_i = 0 \quad i \neq \text{masi}. \tag{3.108}$$

Am häufigsten, und daher im Folgenden weiter ausgeführt, ist die *Methode des geschwindigkeitsbestimmenden Teilschritts*. In Abb. 3.11 wurde bereits davon ausgegangen, dass die Oberflächenreaktion der geschwindigkeitsbestimmende Teilschritt ist, was bei den meisten heterogen katalysierten Reaktionen der Fall ist:

$$r_{\text{rds}} = r_{+2} - r_{-2}. \tag{3.109}$$

Da die anderen Teilschritte somit nicht geschwindigkeitsbestimmend sind, d. h. ausreichend hohe Geschwindigkeiten haben, können die jeweiligen Hin- und Rückreaktionen als annähernd gleich groß angesetzt werden:

$$r_{+1} \approx r_{-1}, \tag{3.110}$$

$$r_{+3} \approx r_{-3}. \tag{3.111}$$

Mit den Gl. 3.109 bis 3.111 liegen nun ausreichend Gleichungen vor, um die unbekannten Belegungsgrade Θ_i auf die bekannten Konzentrationen c_i zurückzuführen. Aus den Gl. 3.110 und 3.111 folgen für die Belegungsgrade Θ_1 bzw. Θ_2 folgende Gleichungen:

$$\Theta_1 = \frac{k_{+1}}{k_{-1}} \cdot c_1 \cdot \Theta_z = K_{\text{ads},1} \cdot c_1 \cdot \Theta_z, \tag{3.112}$$

$$\Theta_2 = \frac{k_{+3}}{k_{-3}} \cdot c_2 \cdot \Theta_z = K_{\text{ads},2} \cdot c_2 \cdot \Theta_z. \tag{3.113}$$

Der Anteil der leeren Zentren Θ_z kann aus der Zentrenbilanz (Gl. 3.99) durch Einsetzen der Gl. 3.112 und 3.113 berechnet werden:

$$\Theta_z = \frac{1}{1 + K_{\text{ads},1} \cdot c_1 + K_{\text{ads},2} \cdot c_2}. \tag{3.114}$$

Somit ergibt sich insgesamt folgende Bruttoreaktionsgeschwindigkeitsgleichung:

$$r = r_{\text{rds}} = \frac{k_{+2} K_{\text{ads},1} \cdot c_1 - k_{-2} K_{\text{ads},2} \cdot c_2}{1 + K_{\text{ads},1} \cdot c_1 + K_{\text{ads},2} \cdot c_2}. \tag{3.115}$$

Diese Gleichung kann noch weiter vereinfacht werden, wenn man berücksichtigt, dass die thermodynamische Gleichgewichtskonstante K_c der Bruttoreaktion – wie leicht überprüft werden kann – in folgendem Zusammenhang mit den Gleichgewichtskonstanten $K_{ads,1}$, K_Θ und $K_{ads,2}$ stehen muss:

$$K_c = \frac{c_{2,Gl}}{c_{1,Gl}} = \frac{K_{ads,1}}{K_{ads,2}} \cdot K_\Theta. \tag{3.116}$$

K_Θ ist dabei die Gleichgewichtskonstante der Oberflächenreaktion, die wie folgt definiert ist:

$$K_\Theta = \frac{\Theta_{2,Gl}}{\Theta_{1,Gl}} = \frac{k_{+2}}{k_{-2}}. \tag{3.117}$$

Durch Umformen von Gl. 3.115 mit Hilfe der Gl. 3.116 und 3.117 ergibt sich die Gleichung für die *Geschwindigkeit der unimolekularen heterogen katalysierten Reaktion* wie folgt:

$$r = \frac{k_{+2} \cdot K_{ads,1} \cdot \left(c_1 - \frac{1}{K_c} \cdot c_2\right)}{1 + K_{ads,1} \cdot c_1 + K_{ads,2} \cdot c_2}. \tag{3.118}$$

Für eine irreversible Reaktion ($K_c \to \infty$) gilt:

$$r = \frac{k_{+2} \cdot K_{ads,1} \cdot c_1}{1 + K_{ads,1} \cdot c_1 + K_{ads,2} \cdot c_2}. \tag{3.119}$$

Diskutiert man nur die Anfangsreaktionsgeschwindigkeit ($c_{2,0} = 0$) gilt:

$$r_0 = \frac{k_{+2} \cdot K_{ads,1} \cdot c_{1,0}}{1 + K_{ads,1} \cdot c_{1,0}}. \tag{3.120}$$

Am Beispiel der Gleichungen für die Bruttoreaktionsgeschwindigkeit kann man sehr schön einige Besonderheiten heterogen katalysierter Reaktionen zeigen:

1. Die Kinetik heterogen katalysierter Oberflächenreaktionen kann nicht im gesamten Bereich der Konzentrationen der Eduktspezies A_1 durch einen einfachen Potenzansatz beschrieben werden. Es ergeben sich *gebrochen rationale Geschwindigkeitsansätze.*
2. Eine *starke Adsorption eines Produktes* (hier A_2) erniedrigt die Bruttoreaktionsgeschwindigkeit, weil aktive Zentren blockiert werden. Dieses Phänomen wird als *Produktinhibierung* bezeichnet. Diese Produktinhibierung tritt naturgemäß bei der Anfangsreaktionsgeschwindigkeit nicht in Erscheinung, was für kinetische Messungen wichtig, aber technisch nicht relevant ist. Im Falle einer extrem starken Produktinhibierung spricht man von einer Selbstvergiftung durch die Produktspezies A_2.
3. Es können wegen des Produktes $k_{+2} \cdot K_{ads,1}$ in den Gleichungen für die Reaktionsgeschwindigkeit *scheinbar negative Aktivierungsenergien* der heterogen katalysierten Reaktion auftreten. Eine Temperaturerhöhung verschiebt das vorgelagerte Chemisorp-

tionsgleichgewicht des Eduktes A_1 auf die Seite des nicht chemisorbierten Eduktes, d. h. die Desorption von A_1 dominiert gegenüber der Oberflächenreaktion von A_1. Dieses Phänomen kann nur dann auftreten, wenn die Adsorptionsenthalpie betragsmäßig größer ist als die Aktivierungsenergie der Oberflächenreaktion.

Wenn die Oberflächenreaktion der geschwindigkeitsbestimmende Teilschritt ist, dann kann eine Herleitung der Geschwindigkeitsgleichung heterogen katalysierter Reaktionen vereinfacht werden, da dann davon ausgegangen werden kann, dass sämtliche Adsorptionsgleichgewichte eingestellt sind. Somit können für die Belegungsgrade Θ_i der Spezies A_i direkt die Mehrkomponenten-Langmuir-Adsorptionsisothermen eingesetzt werden. Die *Mehrkomponenten-Langmuir-Adsorptionsisotherme* für die Spezies A_i lautet:

$$\Theta_i = \frac{K_{\text{ads},i} \cdot c_i}{1 + \sum_{i=1}^{N} K_{\text{ads},i} \cdot c_i}. \tag{3.121}$$

Für eine *dissoziative Adsorption* der Spezies A_1 in zwei Molekülfragmente (z. B. H_2 in H-Atome oder Carbonsäure in Carboxy-Gruppe und H-Atom) ergibt sich die Mehrkomponenten-Langmuir-Adsorptionsisotherme zu:

$$\Theta_1 = \frac{\sqrt{K_{\text{ads},1} \cdot c_1}}{1 + \sqrt{K_{\text{ads},1} \cdot c_1} + \sum_{i=2}^{N} K_{\text{ads},i} \cdot c_i}. \tag{3.122}$$

Für die irreversible unimolekulare Zerfallsreaktion von A_1 in A_2 kann die Reaktionsgeschwindigkeitsgleichung (Gl. 3.119) ohne umfangreiche Herleitung sofort formuliert werden:

$$r = r_{\text{rds}} = k_{+2} \cdot \Theta_1 = \frac{k_{+2} \cdot K_{\text{ads},1} \cdot c_1}{1 + K_{\text{ads},1} \cdot c_1 + K_{\text{ads},2} \cdot c_2}. \tag{3.123}$$

Für eine *irreversible bimolekulare Reaktion* $A_1 + A_2 \rightarrow A_3 + A_4$ gibt es zwei unterschiedliche Mechanismen. Bei beiden Mechanismen wird davon ausgegangen, dass die Oberflächenreaktion der geschwindigkeitsbestimmende Teilschritt ist. Beim *Langmuir-Hinshelwood-Mechanismus* müssen sowohl A_1 als auch A_2 chemisorbiert und aktiviert werden. Beim *Eley-Rideal-Mechanismus* reicht die Chemisorption und Aktivierung von A_1 an der Oberfläche aus, um mit dem nicht aktivierten Reaktionspartner A_2 aus der fluiden Phase zu reagieren.

Für den *Langmuir-Hinshelwood-Mechanismus* ergibt sich unter Berücksichtigung der Mehrkomponenten-Langmuir-Adsorptionsisotherme folgende Reaktionsgeschwindigkeitsgleichung:

$$r = r_{\text{rds}} = k \cdot \Theta_1 \cdot \Theta_2 = \frac{k \cdot K_{\text{ads},1} \cdot K_{\text{ads},2} \cdot c_1 \cdot c_2}{(1 + K_{\text{ads},1} \cdot c_1 + \ldots + K_{\text{ads},4} \cdot c_4)^2}. \tag{3.124}$$

Der *Eley-Rideal-Mechanismus* führt dagegen zu folgender Reaktionsgeschwindigkeitsgleichung:

$$r = r_{\text{rds}} = k \cdot \Theta_1 \cdot c_2 = \frac{k \cdot K_{\text{ads},1} \cdot c_1 \cdot c_2}{1 + K_{\text{ads},1} \cdot c_1 + \ldots + K_{\text{ads},4} \cdot c_4}. \tag{3.125}$$

Eine Unterscheidung der Mechanismen zeigt sich in der Auftragung der jeweiligen Reaktionsgeschwindigkeiten in Abhängigkeit von der Konzentration der Eduktspezies A_1 bei konstanter Konzentration der Eduktspezies A_2 (s. Abb. 3.12). Im Falle des Langmuir-Hinshelwood-Mechanismus ergibt sich ein Maximumsverlauf, wobei im Maximum die Belegungsgrade an A_1 und A_2 jeweils gleich groß sind (siehe Gl. 3.124). Der Anstieg erfolgt direkt proportional zu c_1 und der Abfall ist umgekehrt proportional zu c_1. Beim Eley-Rideal-Mechanismus wird dagegen kein Maximum durchlaufen, sondern es stellt sich nach dem proportionalen Anstieg in Abhängigkeit von c_1 eine maximale konstante Reaktionsgeschwindigkeit ein. Diese maximale, konstante Reaktionsgeschwindigkeit entspricht einem Belegungsgrad an A_1 von 100 %. Die unterschiedlichen Verläufe lassen sich auch anschaulich leicht verstehen: Wenn beide Eduktspezies A_1 und A_2 chemisorbieren müssen, um zu reagieren, dann kann die eine Spezies die andere verdrängen, wodurch die Reaktionsgeschwindigkeit jeweils abnimmt. Wenn nur die Spezies A_1 chemisorbieren muss, um zu reagieren, dann tritt dieser Verdrängungseffekt bei großen Konzentrationen von A_1 nicht auf, sondern es stellt sich eine maximale, aber konstante Reaktionsgeschwindigkeit ein, wenn alle Zentren mit A_1 belegt sind.

Aus den vorangegangenen Ableitungen wird deutlich, dass sich für heterogen katalysierte Reaktionen bei Anwendung der Methode des geschwindigkeitsbestimmenden Teil-

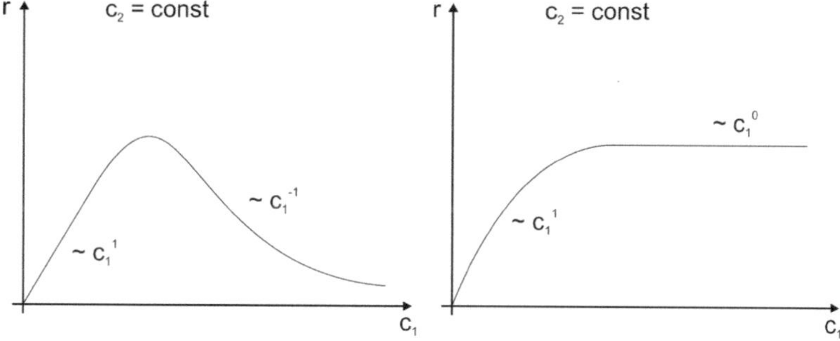

Abb. 3.12 Typische Abhängigkeiten der Reaktionsgeschwindigkeit von der Konzentration der Eduktspezies A_1 für die heterogen katalysierte bimolekulare Reaktion von A_1 und A_2 (c_2 = const). *Links*: Langmuir-Hinshelwood-Mechanismus. *Rechts*: Eley-Rideal-Mechanismus

schrittes typische Funktionen für die Geschwindigkeitsansätze der heterogen katalysierten Reaktionen ergeben. Diese Ansätze werden auch als Hougen-Watson-Geschwindigkeitsansätze bezeichnet und können als formalkinetische Ansätze in der heterogenen Katalyse verwendet werden. Die *Hougen-Watson-Geschwindigkeitsansätze* haben folgende typische Struktur [30]:

$$r = \frac{(\text{kinetischer Term}) \cdot (\text{Potentialterm})}{\text{Adsorptionsterm}}. \quad (3.126)$$

Der *kinetische Term* enthält dabei folgende Beiträge:

- Geschwindigkeitskonstante des geschwindigkeitsbestimmenden Teilschritts
- Gleichgewichtskonstanten sämtlicher dem geschwindigkeitsbestimmenden Teilschritt vorgelagerter Gleichgewichte.

Der *Potentialterm* enthält:

- bei irreversiblen Reaktionen die Konzentrationen sämtlicher Edukte und bei reversiblen Reaktionen den Abstand vom Gleichgewicht.

Der *Adsorptionsterm* hat die folgende Form:

$$\text{Adsorptionsterm} = \left(1 + \sum_{i=1}^{N} K_{\text{ads},i} \cdot c_i\right)^n. \quad (3.127)$$

Wenn eine Komponente dissoziativ adsorbiert, dann muss der Term $K_{\text{ads},i} \cdot c_i$ ersetzt werden durch $\sqrt{K_{\text{ads},i} \cdot c_i}$. Der Exponent n gibt an, wie viele aktive Zentren am geschwindigkeitsbestimmenden Teilschritt beteiligt sind. So ergab sich im Falle des Langmuir-Hinshelwood-Mechanismus $n = 2$ und im Falle des Eley-Rideal-Mechanismus $n = 1$.

Abschließend sei noch darauf hingewiesen, dass die Hougen-Watson-Geschwindigkeitsansätze wie formalkinetische Ansätze verwendet werden können, indem man die mathematische Struktur der Ansätze gemäß Gl. 3.126 für Anpassungen an kinetische Messungen verwendet. Bei heterogen katalysierten Gasphasenreaktionen werden meist die Partialdrucke p_i anstelle der Konzentrationen c_i verwendet.

Für das tiefergehende mechanistische Verständnis heterogen katalysierter Reaktionen sei auf die entsprechende Spezialliteratur verwiesen (z. B. [31, 32]).

Beispiel 3.13

Eine der drei Hauptreaktionen, die am Drei-Wege-Katalysator bei der Autoabgasreinigung von Ottomotoren ablaufen, ist die CO-Oxidation:

$$CO + 0{,}5\,O_2 \xrightarrow{Pt/Al_2O_3} CO_2.$$

Molekularer Sauerstoff chemisorbiert an Pt-Nanopartikeln (aktives Zentrum $z = Pt$) dissoziativ, CO dagegen molekular. Gemäß einem Langmuir-Hinshelwood-Mechanismus reagiert chemisorbierter atomarer Sauerstoff mit chemisorbiertem CO im geschwindigkeitsbestimmenden Schritt zu CO_2, dessen Chemisorption vernachlässigbar ist. Insgesamt kann der Mechanismus wie folgt formuliert werden:

$$
\begin{aligned}
O_2 + 2\,z &\rightleftarrows 2\,O\text{-}z \\
CO + z &\rightleftarrows CO\text{-}z \\
CO\text{-}z + O\text{-}z &\xrightarrow{r_{rds}} CO_2 + 2\,z.
\end{aligned}
$$

Die Reaktionsgeschwindigkeit der CO-Oxidation ergibt sich dann wie folgt:

$$r = r_{rds} = k_{rds} \cdot \Theta_{CO} \cdot \Theta_{O}.$$

Die Mehrkomponenten-Langmuir-Adsorptions-Isothermen können einfach abgeleitet werden:

$$
\begin{aligned}
\Theta_{CO} &= \frac{K_{ads,CO} \cdot c_{CO}}{1 + K_{ads,CO} \cdot c_{CO} + \sqrt{K_{ads,O_2} \cdot c_{O_2}}} \\
\Theta_{O} &= \frac{\sqrt{K_{ads,O_2} \cdot c_{O_2}}}{1 + K_{ads,CO} \cdot c_{CO} + \sqrt{K_{ads,O_2} \cdot c_{O_2}}}.
\end{aligned}
$$

Insgesamt ergibt sich für die Reaktionsgeschwindigkeit:

$$r = \frac{k_{rds} \cdot K_{ads,CO} \cdot \sqrt{K_{ads,O_2}} \cdot c_{CO} \cdot \sqrt{c_{O_2}}}{\left(1 + K_{ads,CO} \cdot c_{CO} + \sqrt{K_{ads,O_2} \cdot c_{O_2}}\right)^2}.$$

◀

3.3.3 Homogen katalysierte Reaktionen

Im Gegensatz zu heterogen katalysierten Reaktionen, bei denen ein fester Katalysator zugegen ist, befindet sich bei homogen katalysierten Reaktionen der Katalysator in derselben Phase wie die Edukte und/oder Produkte. Da mehrphasige, homogen katalysierte Reaktionen genau genommen heterogene Reaktionssysteme sind und damit heterogen katalysierte Systeme wären, soll der Klarheit wegen im Weiteren folgende Diktion und Definition eingehalten werden. Unter heterogener Katalyse sollen nur solche katalysierte Reaktionen verstanden werden, bei denen ein Feststoff als Katalysator wirkt. Unter homogen katalysierten Reaktionen sollen im Folgenden *molekular katalysierte Reaktionen* verstanden werden. Weiterhin findet im Folgenden eine Einschränkung auf die wichtigste

Klasse der *metallorganischen Katalysatoren* statt, wobei aber nicht näher auf die Grundlagen der Komplexchemie eingegangen werden soll. Hierbei sei auf die einschlägigen Lehrbücher verwiesen (z. B. [33, 34]). Metallorganische Katalysatoren ML_n bestehen aus einem Metall M als Zentralatom und einem oder mehreren, auch unterschiedlichen ein- oder mehrzähnigen Liganden L. Variationen dieser Liganden erlauben eine gezielte Beeinflussung der elektronischen und/oder sterischen Verhältnisse am Reaktionszentrum und bilden die Grundlage für eine Katalysatoroptimierung hinsichtlich Aktivität, Selektivität und Stabilität. Der Katalysezyklus kann in der metallorganischen Katalyse im einfachsten Fall in drei Einzelschritte zerlegt werden (s. Abb. 3.13). Zunächst müssen ein oder zwei Edukte an den Ausgangskomplex ML_n koordinieren, was durch Austausch mit einem Liganden und/oder durch Wechsel der Koordinationszahl geschehen kann („Komplexbildung"). Im zweiten Einzelschritt müssen die koordinierten Edukte neue Bindungen bilden, sodass das Produkt entsteht („Produktbildung"). Abschließend muss das gebildete Produkt aus dem Katalysezyklus ausgeschleust und der Ausgangskomplex ML_n zurückgebildet werden („Produkteliminierung").

Die drei Teilschritte der homogenen Katalyse können analog zu den drei Teilschritten der heterogenen Katalyse betrachtet werden (d. h. $z = ML_n$): Anstelle der Adsorption des Eduktes spricht man in der homogenen Katalyse von Koordination und Komplexbildung, anstelle der Oberflächenreaktion spricht man von Produktbildung durch z. B. Insertion oder oxidative Kupplung und anstelle der Desorption des Produktes spricht man von Produkteliminierung, die dissoziativ oder reduktiv erfolgen kann. Den Hin- und Rückreaktionen aller drei Teilschritte können wieder Reaktionsgeschwindigkeiten zugeordnet werden, deren jeweilige Differenz gemäß Abb. 3.11 der Geschwindigkeit der molekular katalysierten Reaktion entspricht. Auch in der molekularen (homogenen) Katalyse setzt man die Methode des geschwindigkeitsbestimmenden Teilschrittes ein, um eine Gleichung für die Reaktionsgeschwindigkeit abzuleiten. Entsprechend ergeben sich gebrochen rationale Gleichungen, die in ihrem Aufbau den Hougen-Watson-Geschwindigkeitsansätzen (s. Gl. 3.126) heterogen katalysierter Reaktionen entsprechen. Für eine unimolekulare Zerfallsreaktion, bei der die Produktbildung geschwindigkeitsbestimmend ist, ergibt sich:

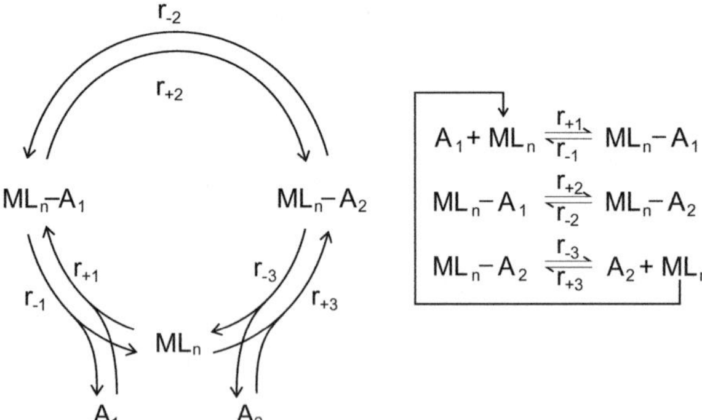

Abb. 3.13 Allgemeiner Katalysezyklus für eine molekular katalysierte unimolekulare Reaktion von Edukt A_1 zu Produkt A_2 mit metallorganischen Katalysatoren

$$r = \frac{k_{+2} \cdot K_1 \left(c_1 - \frac{c_2}{K_c} \right)}{1 + K_1 c_1 + K_2 c_2}. \tag{3.128}$$

Der einzige Unterschied zu Gl. 3.118 ist der, dass statt der Adsorptionsgleichgewichtskonstanten $K_{\text{ads},i}$ die Komplexbildungskonstanten K_i in der Gleichung auftreten.

Auch bimolekulare homogen katalysierte Reaktionen liefern Gleichungen für die Bruttoreaktionsgeschwindigkeit, die den gebrochen rationalen Geschwindigkeitsansätzen für den Langmuir-Hinshelwood- oder den Eley-Rideal-Mechanismus ähnlich sind. Allerdings verlaufen viele Katalysezyklen über mehr als die gezeigten drei Teilschritte, so dass die Ableitungen einer Bruttoreaktionsgeschwindigkeit schwieriger werden. Hinzu kommt, dass systematische kinetische Untersuchungen in der molekularen Katalyse eher selten sind und der Fokus meist auf mechanistischen Untersuchungen durch z. B. Operandospektroskopie liegt. Einen Überblick über die Kinetiken verschiedener molekular katalysierter Reaktionen findet man in [35].

Beispiel 3.14

Die Hydrierung eines Olefins kann molekular katalysiert mit dem sogenannten Wilkinson-Katalysator $Rh(I)(PPh_3)_3Cl$ durchgeführt werden [36]. Nach Abspaltung eines Phosphin-Liganden koordinieren sowohl der Wasserstoff als auch das Olefin am Katalysator gemäß dem nachfolgenden Mechanismus:

Geht man davon aus, dass die Insertion der geschwindigkeitsbestimmende Schritt ist, die vorgelagerten Koordinationsgleichgewichte eingestellt sind und die reduktive Eliminierung sehr schnell verläuft, dann gelten folgende Gleichungen:

$$K_{H_2} = \frac{c_{Kat/H_2}}{c_{Kat} \cdot c_{H_2}}$$

$$K_{C=C} = \frac{c_{Kat/H_2/C=C}}{c_{Kat/H_2} \cdot c_{C=C}}$$

$$r = r_{rds} = k_I \cdot c_{Kat/H_2/C=C}.$$

Mit der Katalysatorbilanz

$$c_{Kat,0} = c_{Kat} + c_{Kat/H_2} + c_{Kat/H_2/C=C}$$

ergibt sich insgesamt für die Reaktionsgeschwindigkeit:

$$r = \frac{k_I \cdot K_{H_2} \cdot K_{C=C} \cdot c_{H_2} \cdot c_{C=C} \cdot c_{Kat,0}}{1 + K_{H_2} \cdot c_{H_2} + K_{H_2} \cdot K_{C=C} \cdot c_{H_2} \cdot c_{C=C}}.$$ ◄

3.3.4 Biokatalysierte Reaktionen

Der Einsatz von *Biokatalysatoren* zur Produktion von Chemikalien wird auch als „weiße Biotechnologie" bezeichnet. Als Biokatalysatoren können *ganze Zellen* oder *isolierte Enzyme* eingesetzt werden. Im Falle der Ganzzellbiokatalyse sind es viele Enzyme, die entlang des Stoffwechselweges bei der Umsetzung eines Eduktes (in der Biokatalyse als Substrat bezeichnet) in ein Produkt zusammenwirken. Die Umsetzung des Substrates bzw. die Bildung des Produktes ist dabei mit dem Zellwachstum verbunden oder in einfachen Worten formuliert: „Der Katalysator lebt und vermehrt sich". Im Folgenden soll zunächst mit der Mikrokinetik der enzymatischen Biokatalyse begonnen und dann auf die Ganzzellbiokatalyse übergegangen werden.

Enzyme bestehen aus ein oder mehreren Proteinketten, die wiederum aus einer typischen Sequenz von Aminosäuren aufgebaut sind. Als aktive Zentren für die enzymatische Katalyse können Teile der Proteinstruktur selbst oder andere niedermolekulare Baueinheiten wie Komplexverbindungen mit Metallionen als Zentralatom (prosthetische Gruppe) fungieren. Die Wechselwirkung zwischen Substrat S (entspricht A_1) und aktivem Zentrum führt im Allgemeinen substratspezifisch (*„Schlüssel-Schloss-Prinzip"*) und reversibel zum sogenannten *Enzym-Substrat-Komplex* ES. Die Umwandlung des Enzym-Substrat-Komplexes zum Produkt P (entspricht A_2) erfolgt regio- und stereoselektiv, da aufgrund von dynamischen Wechselwirkungen nur bestimmte Übergangszustände durchlaufen werden können. Die Umwandlung des Substrats kann irreversibel oder reversibel erfolgen. Enzymatisch katalysierte Reaktionen können zudem durch chemische Spezies aktiviert oder inhibiert werden. Beispielsweise konkurrieren bei der kompetitiven Inhibierung Substrat und Inhibitor um dasselbe aktive Zentrum, wohingegen bei einer unkompetitiven Hemmung der Inhibitor den Enzym-Substrat-Komplex inaktiviert (s. Beispiel 3.15).

Die Reaktionsgeschwindigkeit einer irreversiblen monomolekularen Umwandlung eines Substrats S in ein Produkt P an einem Enzym E kann durch die sogenannte *Michaelis-Menten-Kinetik* beschrieben werden. Dabei wird von einer reversiblen Bildung eines Enzym-Substrat-Komplexes ES ausgegangen, der dann irreversibel in Produkt P und Enzym E zerfällt. Der dazugehörige Katalysezyklus sowie die Zuordnung von Reaktionsgeschwindigkeiten zu den Teilschritten ist in Abb. 3.14 gezeigt.

Die Reaktionsgeschwindigkeiten der drei Teilschritte können wie folgt formuliert werden:

$$\begin{aligned} r_{+1} &= k_{+1} \cdot c_{\mathrm{S}} \cdot c_{\mathrm{E}} \\ r_{-1} &= k_{-1} \cdot c_{\mathrm{ES}} \\ r_{+2} &= k_{+2} \cdot c_{\mathrm{ES}}. \end{aligned} \tag{3.129}$$

Der Zusammenhang zwischen r und den Reaktionsgeschwindigkeiten der drei Teilschritte r_{+1}, r_{-1} und r_{+2} ist in Abb. 3.15 veranschaulicht.

Zur Ableitung einer kinetischen Gleichung für die enzymatisch katalysierte unimolekulare Reaktion haben *Michaelis und Menten* angenommen (s. z. B. [38]), dass der Zerfall des Enzym-Substrat-Komplexes ES der geschwindigkeitsbestimmende Teilschritt ist und somit gilt:

$$r_{+1} \approx r_{-1}. \tag{3.130}$$

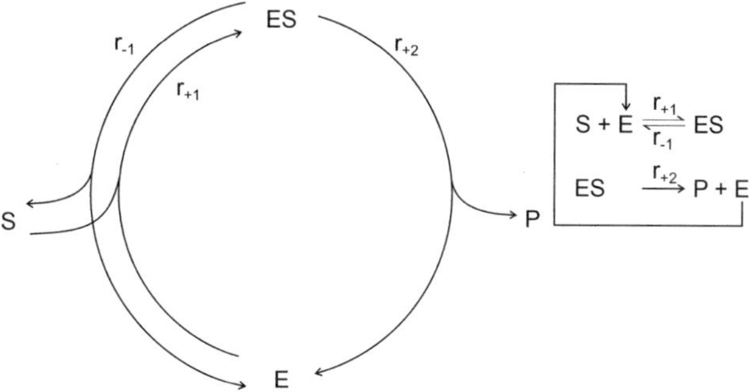

Abb. 3.14 Allgemeiner Katalysezyklus für eine enzymatisch katalysierte unimolekulare Reaktion von Edukt S (entspricht A_1) zu Produkt P (entspricht A_2)

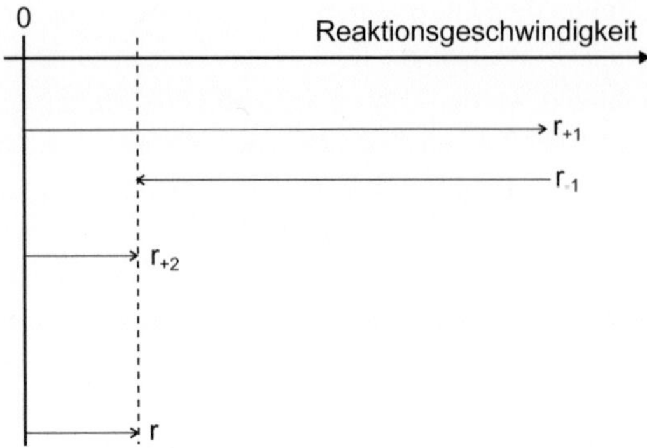

Abb. 3.15 Schematische Darstellung des Zusammenhangs zwischen der Reaktionsgeschwindigkeit der enzymatisch katalysierten unimolekularen Reaktion von Edukt S (entspricht A_1) zu Produkt P (entspricht A_2) und den Reaktionsgeschwindigkeiten der einzelnen Teilschritte

Diese Annahme wird auch als „Rapid-Equilibrium-Annahme" bezeichnet, d. h., es wird davon ausgegangen, dass das vorgelagerte Gleichgewicht zwischen Enzym, Substrat und Enzym-Substrat-Komplex sich sehr schnell einstellt. Aus Gl. 3.130 ergibt sich folgender Zusammenhang:

$$K_M = \frac{k_{-1}}{k_{+1}} = \frac{c_S \cdot c_E}{c_{ES}}. \tag{3.131}$$

K_M wird als Michaelis-Konstante bezeichnet und stellt die Dissoziationsgleichgewichtskonstante des Enzym-Substrat-Komplexes dar. Da das Enzym entweder in freier Form oder als Komplex vorliegt, muss folgende Gleichung (Massenerhaltung) erfüllt sein:

$$c_{E,0} = c_E + c_{ES}. \tag{3.132}$$

Durch Einsetzen der Enzym-Konzentration aus Gl. 3.132 in Gl. 3.131 ergibt sich für die Enzym-Substrat-Konzentration:

$$c_{ES} = \frac{c_{E,0} \cdot c_S}{K_M + c_S}. \tag{3.133}$$

Schlussendlich lässt sich nun eine Geschwindigkeitsgleichung für die enzymatisch katalysierte unimolekulare Reaktion formulieren:

$$r = r_{rds} = r_{+2} = \frac{k_{+2} \cdot c_{E,0} \cdot c_S}{K_M + c_S}. \tag{3.134}$$

Ersetzt man das Produkt $k_{+2} \cdot c_{E,0}$ durch die maximale initielle Reaktionsgeschwindigkeit r_{max}, die sich für sehr hohe Substratkonzentrationen ergibt, so erhält man die sogenannte *Michaelis-Menten-Gleichung*:

$$r = \frac{r_{\max} \cdot c_S}{K_M + c_S}. \tag{3.135}$$

Das *Briggs-Haldane-Modell* stellt eine Erweiterung des Michaelis-Menten-Modells dar (s. z. B. [38]), da Briggs und Haldane bei ihrer Ableitung einer Geschwindigkeitsgleichung für die enzymatisch katalysierte Reaktion nicht die Annahme eines geschwindigkeitsbestimmenden Teilschritts benutzten, sondern das *Bodenstein'sche Quasistationaritätsprinzip* für die Konzentration des Enzym-Substrat-Komplexes anwendeten. Mit dieser Annahme ergibt sich jedoch derselbe Zusammenhang für die Bruttoreaktionsgeschwindigkeit wie nach Michaelis und Menten (s. Gl. 3.135). Unterschiedlich ist nur die Berechnung und Interpretation der Michaelis-Konstante:

$$K_M = \frac{k_{-1} + k_{+2}}{k_{+1}}. \tag{3.136}$$

Nimmt man an dieser Stelle an, dass die Produktbildung geschwindigkeitsbestimmend ist, d. h. geht von folgenden Größenverhältnissen der Geschwindigkeitskonstanten aus

$$k_{-1} \gg k_{+2} \quad \text{und} \quad k_{+1} \gg k_{+2},$$

dann erhält man wieder die Definition von K_M nach Michaelis und Menten (Gl. 3.131).

Abschließend sei darauf hingewiesen, dass die Geschwindigkeitsansätze für enzymatisch katalysierte Reaktionen eine große Ähnlichkeit zu den Hougen-Watson-Geschwindigkeitsansätzen der heterogenen Katalyse besitzen. Stellt man die Geschwindigkeitsgleichungen für eine heterogen und eine enzymatisch katalysierte irreversible unimolekulare Reaktion einander gegenüber, dann erkennt man, dass – abgesehen von der anderen Terminologie ($z = E$, $A_1 = S$, $A_2 = P$) – in beiden Fällen gebrochen rationale Geschwindigkeitsansätze vorliegen, deren Ordnung mit steigender Eduktkonzentration zwischen 1 und 0 wechselt:

$$r = \frac{K_{ads,1} \cdot k_{+2} \cdot c_1}{1 + K_{ads,1} c_1} \tag{3.137}$$

$$r = \frac{r_{\max} \cdot c_S}{K_M + c_S} = \frac{1/K_M \cdot k_{+2} \cdot c_{E,0} \cdot c_S}{1 + c_S/K_M}. \tag{3.138}$$

Im Nenner der Gleichungen entspricht die reziproke Michaelis-Menten-Konstante (Assoziationsgleichgewichtskonstante) in der Enzym-Katalyse (Gl. 3.138) einer Adsorptionsgleichgewichtskonstante in der heterogenen Katalyse (Gl. 3.137). In beiden Fällen geht ein Inhibitor bei kompetitiver Wechselwirkung am selben aktiven Zentrum im Nenner mit einem zusätzlichen additiven Term ein (s. Beispiel 3.15). Auch hier entspricht die reziproke

Dissoziationsgleichgewichtskonstante des Enzym-Inhibitor-Komplexes in der Enzym-Katalyse einer Adsorptionsgleichgewichtskonstante in der heterogenen Katalyse.

An dieser Stelle sei auf eine Vielzahl weiterer kinetischer Ansätze für enzymatisch katalysierte Reaktionen verwiesen, die in den einschlägigen Lehrbüchern der Biochemie bzw. Biotechnologie ausführlich dargestellt werden (z. B. [37, 38]).

Beispiel 3.15 (nach [38])

Inhibitoren können in die Michaelis-Menten-Kinetik eingreifen. Bei der sogenannten kompetitiven Hemmung konkurrieren Inhibitor I und Substrat S um das aktive Zentrum E:

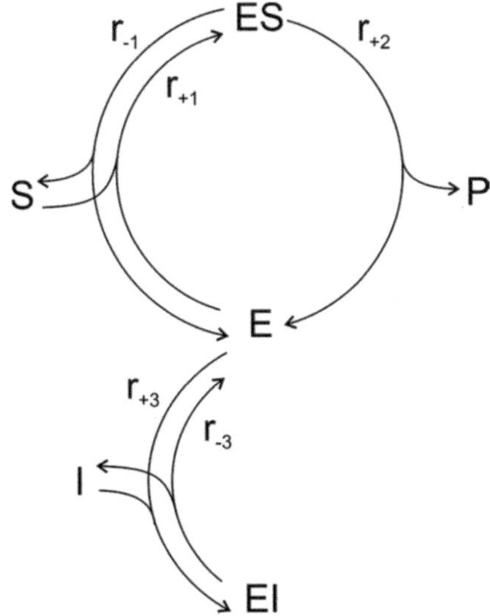

Wie bei der Ableitung der Michaelis-Menten-Kinetik wird wieder davon ausgegangen, dass der Zerfall des Enzym-Substrat-Komplexes zum Produkt P der geschwindigkeitsbestimmende Teilschritt ist und die anderen Gleichgewichte eingestellt sind.

Weiterhin gilt die Enzymbilanz:

$$c_{E,0} = c_E + c_{ES} + c_{EI}.$$

Aus

$$r_{+3} \approx r_{-3}$$

ergibt sich

$$K_3 = \frac{k_{-3}}{k_{+3}} = \frac{c_E \cdot c_I}{c_{EI}}.$$

K_3 ist die Dissoziationsgleichgewichtskonstante des Enzym-Inhibitor-Komplexes. Durch Einsetzen in die Enzymbilanz ergibt sich:

$$c_{E,0} = c_E \cdot \left(1 + \frac{c_I}{K_3}\right) + c_{ES}.$$

Aus

$$r_{+1} \approx r_{-1}$$

ergibt sich

$$K_1 = K_M = \frac{k_{-1}}{k_{+1}} = \frac{c_S \cdot c_E}{c_{ES}}$$

bzw.

$$c_E = K_M \cdot \frac{c_{ES}}{c_S}.$$

Insgesamt lautet die Enzymbilanz dann

$$c_{E,0} = c_{ES}\left[1 + \frac{K_M}{c_S}\left(1 + \frac{c_I}{K_3}\right)\right].$$

Für die Michaelis-Menten-Kinetik mit kompetitiver Hemmung durch einen Inhibitor folgt:

$$r = r_{+2} = k_{+2} \cdot c_{ES} = \frac{k_{+2} \cdot c_{E,0} \cdot c_S}{K_M\,(1 + c_I/K_3) + c_S}$$

bzw.

$$r = r_{+2} = \frac{1/K_M \cdot k_{+2} \cdot c_{E,0} \cdot c_S}{1 + c_S/K_M + c_I/K_3}.$$

Als Inhibitor kann beispielsweise das Produkt wirken ($c_I = c_P$). In diesem Fall ist Analogie zur heterogen katalysierten monomolekularen irreversiblen Reaktion mit Produkt-Inhibierung gemäß Gl. 3.119 deutlich zu erkennen. Die reziproken Dissoziationsgleichgewichtskonstanten entsprechen den Adsorptionsgleichgewichtskonstanten in Gl. 3.119 und die Gesamtkonzentration aktiver Zentren ist in Gl. 3.119 bereits in k_{+2} enthalten. ◀

Um die Substratverbrauchsgeschwindigkeit R_S bei der *Ganzzellbiokatalyse* beschreiben zu können, benötigt man zunächst eine Kinetik des Zellwachstums. Geht man zunächst davon aus, dass keine Komponente der Nährlösung limitierend oder inhibierend wirkt, dann kann das spontane Zellwachstum mit folgender Gleichung beschrieben werden:

$$R_Z = \frac{dc_Z}{dt} = \mu \cdot c_Z. \tag{3.139}$$

Der Proportionalitätsfaktor μ heißt spezifische Wachstumsgeschwindigkeit. Integriert man Gl. 3.139 dann erhält man das bekannte exponentielle Zellwachstum:

$$c_Z = c_{Z,0} \cdot e^{+\mu \cdot t}. \tag{3.140}$$

In der Praxis wird jedoch im Medium meist das bzw. ein Substrat limitieren. Da in der Zelle eine Vielzahl von Enzymen zusammenwirkt, ist es nicht verwunderlich, dass für die Abhängigkeit der spezifischen Wachstumsgeschwindigkeit μ von der limitierenden Substratkonzentration c_S ein der Michaelis-Menten-Kinetik ähnlicher Zusammenhang angewendet werden kann:

$$\mu = \mu_{max} \frac{c_S}{c_S + K_S}. \tag{3.141}$$

μ_{max} ist die maximale spezifische Wachstumsgeschwindigkeit mit der Einheit h^{-1} und K_S ist die Sättigungskonstante mit der Einheit mol/l. Diese beiden Größen sind Modellparameter. Da Gl. 3.141 erstmals von dem französischen Biochemiker Jacques Monod vorgeschlagen wurde, wird sie daher heute auch als *Monod-Kinetik* bezeichnet. Gl. 3.141 enthält die aktuelle Substratkonzentration c_S, die noch mit der aktuellen Zellkonzentration durch den dritten Modellparameter, den Ausbeutekoeffizient $Y_{Z,S}$, verknüpft werden kann:

$$|R_S| = \left|\frac{dc_S}{dt}\right| = R_Z / Y_{Z,S}. \tag{3.142}$$

Der Ausbeuteparameter $Y_{Z,S}$ ist das Verhältnis von Zellwachstums- zu Substratverbrauchsgeschwindigkeit. Er trägt immer ein positives Vorzeichen.

3.3.5 Kettenreaktionen

Kettenreaktionen zeichnen sich dadurch aus, dass ein thermisch, katalytisch oder photochemisch aktivierter Initiierungsschritt stattfindet, bei dem hochaktive Intermediate, zumeist Radikale, gebildet werden:

$$I \xrightarrow{r_I} |\nu_R|\, R^{\bullet}. \tag{3.143}$$

Die hochaktiven Intermediate werden auch als Kettenträger bezeichnet, da sie für die Kettenfortpflanzung verantwortlich sind:

$$A_1 + R^{\bullet} \xrightarrow{r_1} A_2 + R^{\bullet} \quad \text{mit } r_1 = k_1 \cdot c_1 \cdot c_{R^{\bullet}}. \tag{3.144}$$

Gl. 3.144 stellt eine unverzweigte Kettenreaktion dar, da bei der Kettenfortpflanzung aus einem Kettenträger wieder genau ein Kettenträger gebildet wird. Bei verzweigten Kettenreaktionen entstehen bei der Kettenfortpflanzung aus einem Kettenträger zwei oder mehr Kettenträger. Solche Reaktionen können unter Umständen einen explosionsartigen Verlauf haben. Ein typisches Beispiel ist die Knallgasreaktion.

Ein Kettenträger kann solange Kettenfortpflanzungsschritte gemäß Gl. 3.144 durchführen bis es zum Kettenabbruch kommt:

$$R^{\bullet} \xrightarrow{r_A} \text{inaktives Produkt} \quad \text{mit } r_A = k_A \cdot c_{R^{\bullet}}. \tag{3.145}$$

Für die Herleitung der Geschwindigkeit der Kettenreaktion soll angenommen werden, dass für die hochaktiven Intermediate das *Bodenstein'sche Quasistationaritätsprinzip* gilt (vgl. auch Gl. 3.106):

$$\frac{dc_{R^{\bullet}}}{dt} = r_I - k_A \cdot c_{R^{\bullet}} \approx 0. \tag{3.146}$$

Auflösen von Gl. 3.146 nach $c_{R^{\bullet}}$ und Einsetzen in Gl. 3.144 ergibt die Geschwindigkeit der Kettenreaktion:

$$r = k_1 \cdot c_1 \cdot c_{R^{\bullet}} = \frac{k_1 \cdot r_I}{k_A} \cdot c_1. \tag{3.147}$$

Polymerisationsreaktionen sind spezielle Kettenreaktionen, bei denen die Kettenfortpflanzungsschritte zu einem Wachstum der Polymerkette führen. Auf Polymerisationsreaktionen wird in Kap. 10 ausführlich eingegangen.

Beispiel 3.16

Die Pyrolyse von Acetaldehyd, d. h. dessen thermische Zersetzung in Abwesenheit von O_2, erfolgt in der Gasphase nach der Gleichung:

$$CH_3CHO \rightarrow CH_4 + CO.$$

Die Reaktion läuft nach einem Radikalkettenmechanismus, dem sogenannten *Rice-Herzfeld-Mechanismus*, ab [39]:

1) Initiierungsschritt:

$$CH_3CHO \xrightarrow{r_I} {}^\bullet CH_3 + {}^\bullet CHO$$
$$r_I = k_I \cdot c_{CH_3CHO}.$$

2) Fortpflanzungsschritt:

$$CH_3CHO + {}^\bullet CH_3 \xrightarrow{r_1} CH_4 + CH_3CO^\bullet$$
$$CH_3CO^\bullet \xrightarrow{r_2} {}^\bullet CH_3 + CO$$
$$r_1 = k_1 \cdot c_{CH_3CHO} \cdot c_{CH_3^\bullet}$$
$$r_2 = k_2 \cdot c_{CH_3CO^\bullet}.$$

3) Abbruchschritt:

$$^\bullet CH_3 + {}^\bullet CH_3 \xrightarrow{k_A} CH_3CH_3$$
$$r_A = k_A \cdot c^2_{CH_3^\bullet}.$$

Für die radikalischen Kettenträger $^\bullet CH_3$ und $CH_3CO^\bullet$ wird das Bodenstein'sche Quasistationaritätsprinzip angesetzt:

$$R_{CH_3^\bullet} = \frac{dc_{CH_3^\bullet}}{dt} = r_I - r_1 + r_2 - 2r_A \approx 0$$
$$R_{CH_3CO^\bullet} = \frac{dc_{CH_3CO^\bullet}}{dt} = + r_1 - r_2 \approx 0.$$

Durch Addition der beiden Gleichungen erhält man:

$$r_I - 2r_A \approx 0$$

bzw.

$$k_I \cdot c_{CH_3CHO} - 2 \cdot k_A \cdot c^2_{CH_3^\bullet} = 0.$$

Somit ergibt sich:

$$c_{CH_3^\bullet} = \sqrt{\frac{k_I}{2k_A} \cdot c_{CH_3CHO}}.$$

Für die Reaktionsgeschwindigkeit gilt:

$$r = -R_{CH_3CHO} = R_{CH_4} = R_{CO}.$$

Da gilt

$$R_{CH_4} = \frac{dc_{CH_4}}{dt} = r_1 = r$$

erhält man

$$r = r_1 = k_1 \cdot c_{CH_3CHO} \cdot c_{CH_3^\bullet}$$

und nach Einsetzen von $c_{CH_3^\bullet}$

$$r = k_1 \cdot \sqrt{\frac{k_I}{2k_A}} \cdot c_{CH_3CHO}^{1,5}.$$

Es ergibt sich also insgesamt eine Reaktion mit Ordnung 1,5 in Acetaldehyd. ◀

Literatur

1. Löwe, A., Hoffmann, U.: Reaktionstechnische Aspekte der katalytischen Abgasreinigung bei Kraftfahrzeugen. Chem. Ing. Tech. **57**, 835–843 (1985)
2. Ramanathan, K., Sharma, C.S.: Kinetic parameter estimation of three way catalyst modeling. Ind. Eng. Chem. Res. **50**, 9960–9979 (2011)
3. Papula, L.: Mathematik für Ingenieure und Naturwissenschaftler, Bd. 2, 14. Aufl. Springer Vieweg, Wiesbaden (2015)
4. Burg, K., Haf, H., Wille, F., Meister, A.: Höhere Mathematik für Ingenieure, Band II: Lineare Algebra, 7. Aufl. Springer Vieweg, Wiesbaden (2012)
5. Zachmann, H.G., Jüngel, A.: Mathematik für Chemiker, 6. Aufl. Wiley-VCH, Weinheim (2007)
6. Wedler, G., Freund, H.-J.: Lehrbuch der Physikalischen Chemie, 6. Aufl. Wiley-VCH, Weinheim (2012)
7. Atkins, P.W., de Paula, J.: Physikalische Chemie, 5. Aufl. Wiley-VCH, Weinheim (2013)
8. Baehr, H.D., Kabelac, S.: Thermodynamik, 15. Springer Vieweg, Heidelberg (2012)
9. Stephan, P., Schaber, K., Stephan, K., Mayinger, F.: Thermodynamik: Grundlagen und technische Anwendungen, Band 1: Einstoffsysteme, 17. Aufl. Springer, Berlin (2007)
10. Stull, D.R., Westrum, E.F., Sinke, G.C.: The chemical thermodynamics of organic compounds. Wiley, New York (1969)
11. Springer Materials – The Landolt-Börnstein Database. http://www.materials.springer.com
12. Haynes, W.M.: CRC Handbook of Chemistry and Physics, 93. Aufl. Taylor & Francis Ltd., Boca Raton (2012)
13. National Institute of Standards and Technology (NIST): Thermophysical Properties of Fluid Systems. http://webbook.nist.gov/chemistry/fluid/
14. DETHERM (DECHEMA): Thermophysical Properties of Pure Substances and Mixtures. http://www.dechema.de/Detherm.html
15. Winnacker, K., Küchler, L.: Chemische Technologie, 2. Aufl. Carl Hanser, München (1958)
16. Tajti, A., Szalay, P., Csaszar, A., Kallay, M., Gauss, J., Valeev, E., Flowers, B., Vazques, J., Stanton, J.: HEAT: High accuracy extrapolated ab inito thermochemistry. J. Chem. Phys. **121**, 11599–11613 (2004)

17. Harding, M., Vazquez, J., Gauss, J., Stanton, J., Kallay, M.: Towards highly accurate ab initio thermochemistry of large systems: benzene. J. Chem. Phys. **135**, 044513-1–044513-10 (2011)
18. Yoneda, Y.: An estimation of the thermodynamic properties of organic compounds in the ideal gas state. I. Acyclic compounds and cyclic compounds with a ring of cyclopentane, cyclohexane, benzene, or naphthalene. Bull. Chem. Soc. Japan. **52**, 1297–1314 (1979)
19. Benson, S.W., Cruickshank, F.R., Golden, D.M., Haugen, G.R., O'Neal, H.E., Rodgers, A.S., Shaw, R., Walsh, R.: Additivity rules for the estimation of thermochemical properties. Chem. Rev. **69**, 279–324 (1969)
20. Reid, R., Prausnitz, J., Poling, B.: The Properties of Gases and Liquids, 4. Aufl. McGraw-Hill, Boston (1987)
21. Domalski, E., Hearing, E.: Estimation of the thermodynamic properties of hydrocarbons at 298,15 K. J. Phys. Chem. Ref. Data. **17**, 1637–1678 (1988)
22. Domalski, E.: Selected values of heats of combustion and heats of formation of organic compounds containing the elements C, H, N, O, P and S. J. Phys. Chem. Ref. Data. **1**, 221–277 (1972)
23. Cardozo, R.L.: Prediction of the enthalpy of combustion of organic compounds. AIChE Journal. **32**, 844–848 (1986)
24. Weissermel, K., Arpe, H.-J.: Industrielle Organische Chemie, 5. Aufl. Wiley-VCH, Weinheim (1998)
25. Fredenslund, A., Rasmussen, P.: Correlation of pure component Gibbs energy using UNIFAC group contribution. AIChE Journal. **25**, 203–205 (1979)
26. Gmehling, J., Kolbe, B., Kleiber, M., Rarey, J.: Chemical thermodynamics for process simulation, 1. Aufl. Wiley-VCH, Weinheim (2012)
27. Ostwald, W.: Definition der Katalyse. Z. Phys. Chem. **15**, 705–706 (1894)
28. Taylor, H.S.: A theory of the catalytic surface. Proc. Roy. Soc. **A108**, 105–111 (1925)
29. Sabatier, P.: Hydrogenations et deshydrogenations par catalyse. Ber. Deutsch. Chem. Gesell. **44**, 1984 (1911)
30. Hougen, O.A., Watson, K.M.: Solid catalysts and reaction rates: General Principles. Ind. Eng. Chem. **35**, 529–541 (1943)
31. Thomas, J.M., Thomas, W.J.: Principles and practice of heterogeneous catalysis, 2. Aufl. Wiley-VCH, Weinheim (2014)
32. Ertl, G., Knözinger, H., Schüth, F., Weitkamp, J. (Hrsg.): Handbook of heterogeneous catalysis, Bd. 3, 2. Aufl. Wiley-VCH, Weinheim (2008)
33. Cornils, B., Herrmann, W.A.: Applied homogeneous catalysis with organometallic compounds, Bd. 1–3, 2.Aufl. Wiley-VCH, Weinheim (2002)
34. Behr, A.: Angewandte homogene Katalyse. Wiley-VCH, Weinheim (2008)
35. Chaudari, R.V., Seayad, A., Jayasree, S.: Kinetic modelling of homogeneous catalytic processes. Cat. Today. **66**, 371–380 (2001)
36. Osborn, J.A., Jardine, F.H., Young, J.F., Wilkinson, G.: The preparation and properties of tris (triphenylphosphine)halogeno-rhodium (I) and some reactions thereof including catalytic homogeneous hydrogenation of olefins and acetylenes and their derivatives. J. Chem. Soc. **A**, 1711–1732 (1966)
37. Nelson, D., Cox, M.: Lehninger Biochemie, 4 Aufl., . Springer, Berlin (2009)
38. Chmiel, H. (Hrsg.): Bioprozesstechnik. Spektrum, Heidelberg (2011)
39. Rice, F.O., Herzfeld, K.F.: The thermal decomposition of organic compounds from the standpoint of free radicals. VI. The mechanism of some chain reactions. J. Am. Chem. Soc. **56**, 284–289 (1934)

Grundlagen der Wärmeübertragung 4

Wärmeübertragungsprozesse spielen in der Chemischen Reaktionstechnik eine große Rolle. So müssen Edukte auf Reaktionstemperatur aufgeheizt und Produkte auf Umgebungstemperatur abgekühlt werden. Zusätzlich müssen chemische Reaktoren meist geheizt oder gekühlt werden (isothermer oder polytroper Betrieb, s. Kap. 5). Steigende Energiekosten und die Verknappung fossiler Energieträger zwingen die chemische Industrie ihre Energieeffizienz immer weiter zu steigern. Chemieparks und regionale Energieversorger optimieren daher ihre Energieströme im Sinne eines Energieverbunds.

In Abschn. 3.2.1 haben wir im Zusammenhang mit dem 1. Hauptsatz der Thermodynamik den Begriff der Wärme Q eingeführt. Wärme ist dabei streng genommen keine Energieform wie die innere Energie oder die kinetische Energie, sondern eine *Energietransportform*, da sie – ähnlich wie die Arbeit – über die Systemgrenze ausgetauscht wird. Auch haben wir in Abschn. 3.2.1 gesehen, dass Wärme und Arbeit keine Zustandsgrößen sind. Im Gegensatz zur Arbeit ist Wärme eine Form des Energietransports, die Folge von Temperaturunterschieden und mit einer Veränderung der Entropie des Systems verbunden ist.

Wärmetransport kann durch drei Mechanismen erfolgen:

- *Leitung*
- *Konvektion*
- *Strahlung*

Alle drei Mechanismen können in der chemischen Prozesstechnik zur Wärmeübertragung genutzt werden. Man unterscheidet dabei zwischen *direkter und indirekter Wärmeübertragung*. Bei der *direkten Wärmeübertragung* werden Fluide unterschiedlicher Temperatur miteinander vermischt. Typische Beispiele aus der chemischen Prozesstechnik sind die

G. Emig et al., *Chemische Reaktionstechnik*,
https://doi.org/10.1007/978-3-662-68826-7_4

Kaltgaseinspritzung bei exothermen Gleichgewichtsreaktionen (s. Abschn. 7.1) oder das schnelle Abkühlen (Quenchen) und Stoppen einer chemischen Reaktion durch Einspeisen eines kalten Fluids (z. B. beim Steamcracking-Prozess). Bei der *indirekten Wärmeübertragung* befindet sich eine Wand zwischen dem prozessseitigen Fluid und dem Heiz- und Kühlmedium.

In den folgenden Abschnitten werden zunächst die drei Mechanismen des Wärmetransports erläutert und anschließend wird auf die indirekte Wärmeübertragung anhand des Wärmeübergangs und des Wärmedurchgangs näher eingegangen.

4.1 Mechanismen des Wärmetransports

4.1.1 Wärmeleitung

Bei der Wärmeleitung wird die Wärme innerhalb eines Stoffs und entlang des Temperaturgefälles durch Schwingungen (Festkörper) oder Stöße (Fluide) übertragen. Dabei tritt keine Lageänderung der Atome oder Moleküle auf. Die *stationäre Wärmeleitung* wird dabei durch das *1. Fourier'sche Gesetz* beschrieben. Dieses lautet in kartesischen Koordinaten:

$$\boldsymbol{q} = -\lambda \cdot \mathrm{grad}\, T = -\lambda \cdot \begin{pmatrix} \frac{\partial T}{\partial x} \\ \frac{\partial T}{\partial y} \\ \frac{\partial T}{\partial z} \end{pmatrix}. \tag{4.1}$$

Der Vektor der Wärmestromdichte $\boldsymbol{q}$ ist dem Temperaturgradienten grad$T$ entgegengerichtet und dem Betrag nach proportional. Die Wärmestromdichte ist der auf die Flächeneinheit bezogene Wärmestrom und hat die Einheit W/m^2. Der Proportionalitätsfaktor ist der sogenannte *Wärmeleitfähigkeitskoeffizient* λ. Er hat die Einheit W/(m K). Der Wärmestromdichtevektor und der negative Temperaturgradient zeigen in Richtung des größten Temperaturgefälles.

Für ein stationäres, eindimensionales Wärmeleitproblem geht Gl. 4.1 über in:

$$q = \frac{\dot{Q}}{A_\mathrm{W}} = -\lambda \cdot \frac{\mathrm{d}T}{\mathrm{d}x}. \tag{4.2}$$

Angewendet auf den stationären Wärmetransport ($\dot{Q} = \mathrm{const}$) durch eine ebene Wand der Fläche A_W und der Dicke d (s. Abb. 4.1) ergibt sich nach bestimmter Integration zwischen $x = 0$ und $x = d$

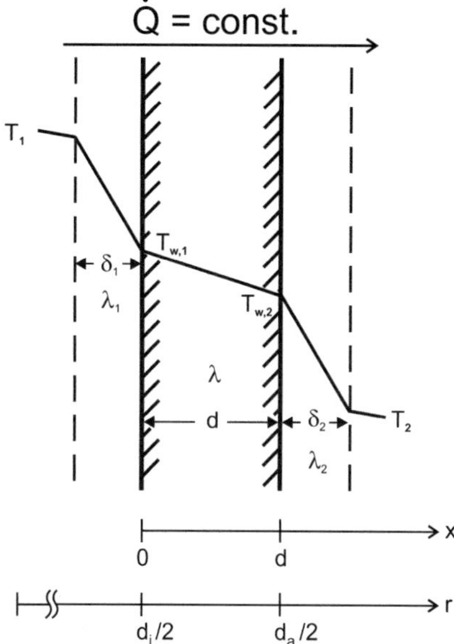

Abb. 4.1 Stationärer Wärmetransport durch eine Wand

$$q = \frac{\dot{Q}}{A_W} = \lambda \cdot \frac{T_{W,1} - T_{W,2}}{d} \tag{4.3}$$

bzw.

$$\dot{Q} = \lambda \cdot A_W \cdot \frac{T_{W,1} - T_{W,2}}{d}. \tag{4.4}$$

Wenn es sich um den stationären Wärmetransport ($\dot{Q} = \text{const}$) durch eine gekrümmte Wand eines zylindrischen Rohres handelt, dann muss bei der Integration von Gl. 4.2 berücksichtigt werden, dass sich die Querschnittsfläche A_W mit dem Radius r ändert. Nimmt man einen Rohrabschnitt der Länge l an, dann erhält man nach bestimmter Integration zwischen $r_{W,1}$ und $r_{W,2}$:

$$\dot{Q} = \lambda \cdot \frac{2\pi \cdot l}{\ln\left(\frac{r_{W,2}}{r_{W,1}}\right)} \cdot (T_{W,1} - T_{W,2}). \tag{4.5}$$

Der Temperaturverlauf in der Wand ist daher streng genommen nicht mehr linear, sondern links gekrümmt, d. h., der Temperaturgradient nimmt mit zunehmendem Radius ab, da die Querschnittsfläche zunimmt, der Wärmestrom aber konstant bleiben muss.

Die *instationäre Wärmeleitung*, bei der der Wärmestrom zeitlich nicht konstant bleibt, wird für eine ebene Wand durch das *2. Fourier'sche Gesetz* beschrieben:

$$\frac{\partial T}{\partial t} = a \cdot \frac{\partial^2 T}{\partial x^2} \tag{4.6}$$

mit

$$a = \frac{\lambda}{\rho \cdot c_p}. \tag{4.7}$$

a ist die sogenannte *Temperaturleitzahl* und hat die Einheit m^2/ s. Wie Gl. 4.6 zeigt, ist die Temperaturleitzahl die einzige Stoffeigenschaft, die den zeitlichen Verlauf einer Abkühlung oder Erwärmung bestimmt. Diese erfolgt umso schneller, je größer die Temperaturleitzahl ist. Es kann gezeigt werden, dass die Zeitkonstante t_W des Wärmetransports durch Wärmeleitung gegeben ist durch [1]:

$$t_W = \frac{d^2}{a}. \tag{4.8}$$

Nach $t = t_W$ ist der Temperaturausgleich durch Wärmeleitung über eine Strecke von d zu 90 % erfolgt [1].

In Tab. 4.1 sind beispielhaft Wärmeleitfähigkeitskoeffizienten und Temperaturleitzahlen für ausgewählte Stoffe aufgelistet.

4.1.2 Konvektion

Bei Fluiden ist ein Wärmetransport auch durch die Bewegung von Fluidelementen, d. h. durch Konvektion, möglich. Wird die Bewegung der Fluidelemente durch temperaturbedingte Dichteunterschiede im Medium und die damit verbundenen Auftriebskräfte hervorgerufen, liegt eine sogenannte *freie Konvektion* oder Eigenkonvektion vor. Davon zu unterscheiden ist die *erzwungene Konvektion*, die durch externe Kräfte, beispielsweise durch Rührer oder Pumpen, hervorgerufen wird. In der Chemischen Reaktionstechnik steht die erzwungene Konvektion im Vordergrund, weshalb nachfolgend nur auf diese eingegangen wird.

Tab. 4.1 Wärmeleitfähigkeitskoeffizienten und Temperaturleitzahlen einiger ausgewählter Stoffe [2–5]

Material	$\lambda\ \left[\frac{\mathrm{W}}{\mathrm{m\,K}}\right]$	$a\ \left[10^{-6}\ \frac{\mathrm{m}^2}{\mathrm{s}}\right]$
Feststoffe (20 °C)		
Aluminium	237	98,8
Borosilikatglas	1,2	0,65
Cr-Ni-Stahl (1.4301)	15	3,8
Gold	316	127
Korund 99 % (400 °C)	4,97	1,73
Kupfer	399	117
Plexiglas	0,184	0,108
Polytetrafluorethylen	0,23	0,10
Quarzglas	1,40	0,87
Siliziumcarbid 90 % (400 °C)	18,8	6,90
Flüssigkeiten (1 bar, 20 °C)		
Ethanol	0,18	0,09
Toluol	0,14	0,09
Wasser	0,598	0,14
Gase (1 bar, 20 °C)		
Kohlendioxid	0,016	10,6
Luft	0,026	21,6
Wasserstoff	0,202	191

Der Wärmetransport durch *erzwungene Konvektion* kann beschrieben werden durch:

$$(\boldsymbol{q})_{\mathrm{konv}} = \rho c_p T \cdot \boldsymbol{u} = \rho c_p T \cdot \begin{pmatrix} u_x \\ u_y \\ u_z \end{pmatrix}. \tag{4.9}$$

Der Vektor der konvektiven Wärmestromdichte $(\boldsymbol{q})_{\mathrm{konv}}$ ist dem Geschwindigkeitsvektor $\boldsymbol{u}$ gleichgerichtet und dem Betrage nach proportional. Die Wärmestromdichte ist der auf die Flächeneinheit bezogene Wärmestrom und hat die Einheit W/m^2.

4.1.3 Wärmestrahlung

Wärme kann auch durch Strahlung, d. h. durch elektromagnetische Wellen übertragen werden, d. h. der Wärmetransport ist hierbei nicht mehr an Masse gebunden. Die Wärmestromdichte eines schwarzen Strahlers wird durch das *Stefan-Boltzmann-Gesetz* beschrieben [6]:

$$q_S = \sigma \cdot T^4 \quad [\mathrm{W/m^2}]. \tag{4.10}$$

Die Wärmestromdichte eines schwarzen Körpers ist also proportional zur vierten Potenz seiner absoluten Temperatur: eine Verdoppelung der Temperatur bewirkt, dass die Wärmestromdichte um den Faktor 16 ansteigt. Die Stefan-Boltzmann-Konstante σ ist eine Naturkonstante und weist folgenden Wert auf [6]:

$$\sigma = (5{,}6696 \pm 0{,}0075) \cdot 10^{-8} \quad [\mathrm{W/(m^2\,K^4)}]. \tag{4.11}$$

Für Körper, die nicht schwarz sind, gilt:

$$q_S = \varepsilon \cdot \sigma \cdot T^4 \quad [\mathrm{W/m^2}]. \tag{4.12}$$

Das Emissionsverhältnis ε ist definiert als das Verhältnis der Ausstrahlung eines beliebigen Körpers zu der des schwarzen Körpers; für Letzteren ist $\varepsilon = 1$, für alle anderen Körper ist $\varepsilon < 1$. Für den schwarzen Strahler ergibt sich somit z. B.:

$$\begin{aligned} (q_S)_{0\,^\circ\mathrm{C}} &= 321\,\mathrm{W/m^2}, \\ (q_S)_{1.000\,^\circ\mathrm{C}} &= 151.546\,\mathrm{W/m^2}, \\ (q_S)_{2.000\,^\circ\mathrm{C}} &= 1.540.060\,\mathrm{W/m^2}. \end{aligned}$$

Das Emissionsverhältnis kann je nach der Oberflächenbeschaffenheit der strahlenden Fläche um Größenordnungen variieren. Während ε bei rauen Kohlenstoffoberflächen nahe beim Wert 1 liegt, ist ε bei oxidierten hitzebeständigen Stählen etwa 0,6, bei polierten Metalloberflächen < 0,04. Zum Schutz vor Wärmeverlusten durch Strahlung umgibt man Reaktionsgefäße und Leitungen nicht nur mit Wärmeisolierschichten, sondern zusätzlich mit reflektierenden Metallfolien.

Der durch Strahlung von einer Wand 1 mit der Fläche A_1 auf eine Wand 2 mit der Fläche A_2 übertragene Wärmestrom ist

$$\dot{Q}_{12} = \varepsilon_{12} \cdot \sigma \cdot \mathrm{A}_1 \left[T_1^4 - T_2^4\right] \quad [\mathrm{W}], \tag{4.13}$$

sofern sich zwischen den beiden Wänden kein wärmeabsorbierender Stoff befindet. ε_{12} ist das mittlere Emissionsverhältnis. Dieses ist für zwei parallele, ebene und gleich große Flächen ($A_1 = A_2$)

$$\varepsilon_{12} = \frac{1}{1/\varepsilon_1 + 1/\varepsilon_2 - 1} \tag{4.14}$$

und für zwei konzentrische Rohre (A_1 innen, A_2 außen)

$$\varepsilon_{12} = \frac{1}{\frac{1}{\varepsilon_1} + \frac{A_1}{A_2}\left(\frac{1}{\varepsilon_2} - 1\right)}. \tag{4.15}$$

Der Strahlungsaustausch zwischen den beiden zuvor genannten Fällen sowie zwischen zwei beliebig zueinander orientierten Flächen A_1 und A_2 ist z. B. in [6] beschrieben.

4.2 Wärmeübergang

Bei der indirekten Wärmeübertragung befinden sich auf jeder Seite der Wand strömende Fluide, das Prozessfluid und das Wärmeträgerfluid. Im Allgemeinen strömen diese Fluide turbulent. An der Wand bildet sich jedoch eine laminar strömende Grenzschicht aus, die durch die Wandreibung hervorgerufen wird. Diese Grenzschicht wird auch als *Prandtl'sche Grenzschicht* bezeichnet und habe die Dicke δ (s. Abb. 4.1). Da die Stromlinien in der Grenzschicht parallel zur Wand verlaufen, kann Wärme zur bzw. von der Wand nur durch Wärmeleitung durch die Grenzschicht transportiert werden. Im Falle laminar strömender Fluide erstreckt sich die Grenzschicht auf den gesamten Strömungskanal. Da die Grenzschichten Transportwiderstände darstellen, ergibt sich der in Abb. 4.1 gezeigte Temperaturverlauf. Das wärmere Fluid 1 (z. B. Reaktionssystem) habe die Temperatur T_1, das kältere Fluid 2 (z. B. Wärmeträgerfluid) die Temperatur T_2. Auf der Seite des Fluids 1 fällt die Temperatur von T_1 innerhalb der Grenzschicht der Dicke δ_1 auf die Wandtemperatur $T_{W,1}$ ab. Ein analoges Bild ergibt sich auf der Seite des Fluids 2. Innerhalb dieser Grenzschichten erfolgt der Wärmetransport wie bereits erwähnt nur durch Wärmeleitung (Wärmeleitfähigkeitskoeffizient λ_1 bzw. λ_2). Die Dicke der Grenzschicht wird mit zunehmender Strömungsgeschwindigkeit des Fluids abnehmen und mit steigender Viskosität jedoch zunehmen. Der Wärmestrom, welcher vom Fluid 1 auf die Wand übergeht, ist dann gemäß Gl. 4.2 :

$$\dot{Q} = \frac{\lambda_1}{\delta_1} A_W (T_1 - T_{W,1}) \quad [\mathrm{W}]. \tag{4.16}$$

Da die Dicke der Grenzschicht einer Messung nicht unmittelbar zugänglich ist, drückt man den Quotienten λ_1/δ_1 durch einen sogenannten Wärmeübergangskoeffizienten α_1 aus:

$$\alpha_1 = \lambda_1/\delta_1 \quad \left[\mathrm{W}/\left(m^2\,\mathrm{K}\right)\right]. \tag{4.17}$$

Durch Einsetzen von Gl. 4.17 in Gl. 4.16 erhält man:

$$\dot{Q} = \alpha_1 A_W (T_1 - T_{W,1}) \quad [W]. \tag{4.18}$$

Analog gilt für den Wärmeübergang auf der Seite des Fluids 2:

$$\dot{Q} = \alpha_2 A_W (T_{W,2} - T_2) \quad [W]. \tag{4.19}$$

Im Falle einer *Rohrströmung* hängt der über die Rohrlänge L gemittelte Wärmeübergangskoeffizient von folgenden sieben physikalischen Einflussgrößen ab:

$$\alpha = f\left(d_R, \rho, \eta, \lambda, u, c_p, L\right). \tag{4.20}$$

Mithilfe der Dimensionsanalyse (s. Abschn. 12.1) kann man den dimensionsbehafteten Zusammenhang zwischen acht physikalischen Größen nach Gl. 4.20 mit vier dimensionslosen Kenngrößen darstellen:

$$f\left(\frac{\alpha \cdot d_R}{\lambda}, \frac{\rho \cdot u \cdot d_R}{\eta}, \frac{c_p \cdot \eta}{\lambda}, \frac{L}{d_R}\right) = 0. \tag{4.21}$$

Die ersten drei dimensionslosen Kenngrößen in Gl. 4.21 sind unter den nachfolgenden Namen bekannt.

- *Nusselt-Zahl*:

$$Nu = \frac{\alpha \cdot d_R}{\lambda}. \tag{4.22}$$

- *Reynolds-Zahl*:

$$Re = \frac{\rho \cdot u \cdot d_R}{\eta} = \frac{u \cdot d_R}{\nu}. \tag{4.23}$$

- *Prandtl-Zahl*:

$$Pr = \frac{c_p \cdot \eta}{\lambda} = \frac{\nu}{a}. \tag{4.24}$$

Darin sind: α [W/(m² K)] = Wärmeübergangskoeffizient, λ [W/(m K)] = Wärmeleitfähigkeitskoeffizient des strömenden Mediums, u [m/s] = Strömungsgeschwindigkeit, ν [m²/ s] = η / ρ = kinematische Viskosität, a [m²/ s] = $\lambda/(\rho \cdot c_p)$ = Temperaturleitzahl (s. Gl. 4.7), ρ [kg/m³] = Dichte des strömenden Mediums, c_p [J/(kg K)] = spez. Wärmekapazität bei konstantem Druck, L [m] = Rohrlänge, d_R [m] = Rohrdurchmesser.

Gase haben dabei typischerweise Prandtl-Zahlen zwischen 0,5 und 1,5; niedrig-viskose Flüssigkeiten dagegen Werte zwischen 1,5 und 10. Bei zähen Flüssigkeiten und Ölen können die Prandtl-Zahlen Werte von bis zu einigen 100 annehmen.

Für *laminar durchströmte Rohre* mit ausreichend großen Werten für L/d_R gilt:

$$Nu = 3{,}66. \tag{4.25}$$

Für *turbulent durchströmte Rohre* können für große Werte für L/d_R folgende vereinfachte Formeln verwendet werden (s. [3]).

Für Gase:

$$Nu = 0{,}0214 \cdot \left(Re^{0,8} - 100\right) \cdot Pr^{0,4}. \tag{4.26}$$

Für Flüssigkeiten:

$$Nu = 0{,}012 \cdot \left(Re^{0,87} - 280\right) \cdot Pr^{0,4}. \tag{4.27}$$

Der Umschlag von laminarer in turbulente Rohrströmung findet statt bei

$$Re_{krit} \approx 2.300. \tag{4.28}$$

Gl. 4.25 bis 4.27 gelten näherungsweise für eine voll entwickelte laminare bzw. eine voll entwickelte turbulente Strömung. Letztere liegt ab $Re > 10^4$ vor. Die Gleichungen berücksichtigen nicht den sogenannten Einlaufbereich des Rohres, in dem ein besserer Wärmeübergang vorliegt. So ergeben sich bei kleineren Werten für L/d_R größere Nusselt-Zahlen. Für genauere Korrelationen der Nusselt-Zahl bei Rohrströmungen sei auf den VDI-Wärmeatlas verwiesen [3].

Weiterhin findet man im VDI-Wärmeatlas Korrelationen für die Nusselt-Zahl für Rohre mit Schüttungen, Wirbelschichten oder gerührte Behälter [3].

Einige Näherungswerte für die Wärmeübergangskoeffizienten sind in Tab. 4.2 aufgeführt.

Tab. 4.2 Näherungswerte für Wärmeübergangskoeffizienten

Strömungsform	α [W/(m² K)] Fluid: Wasser	α [W/(m² K)] Fluid: Luft
Turbulente Strömung im Rohr	1.000 bis 5.000	30 bis 50
Turbulent von außen quer angeströmtes Rohr	2.000 bis 7.000	50 bis 80
Laminare Strömung	250 bis 350	3 bis 4
Freie Konvektion	250 bis 700	3 bis 8
Verdampfung (Blasensieden)	5.000 bis 50.000	–
Verdampfung (Filmsieden)	200 bis 5.000	–
Kondensation (Tropfenkondensation)	10.000 bis 100.000	–
Kondensation (Filmkondensation)	1.000 bis 10.000	–

Beispiel 4.1

Es soll der Wärmeübergangskoeffizient α für Wasser berechnet werden, das in Rohren von 50 mm Durchmesser strömt und bei einem Durchsatz von 5,7 m^3/ h von 30 auf 70 °C erwärmt werden soll. Kondensierender Wasserdampf als Wärmeträgerfluid hält die Rohrwand auf 100 °C.

Um *Re* zu berechnen, müssen die Geschwindigkeit u und die kinematische Viskosität ν ermittelt werden. Der Volumenstrom ergibt eine Geschwindigkeit von

$$u = \frac{5{,}7\,\mathrm{m^3/s}}{3.600\,\mathrm{s/h}\cdot(0{,}05\,\mathrm{m})^2\cdot\pi/4} = 0{,}806\,\mathrm{m/s}.$$

Die kinematische Viskosität von Wasser bei 50 °C (mittlere Temperatur zwischen 30 und 70 °C) wird aus Tabellen [3] entnommen. Somit ergibt sich für die Reynolds-Zahl:

$$Re = \frac{ud}{\nu} = \frac{0{,}806\cdot 0{,}05}{5{,}54\cdot 10^{-7}} = 72.744.$$

Aus der Reynolds-Zahl ist zu ersehen, dass im Rohr eine voll entwickelte turbulente Strömung vorliegt ($Re > 10^4$).

Die Prandtl-Zahl ergibt sich mit der Temperaturleitzahl für Wasser aus Tab. 4.1 (es wird als Näherung der Wert bei 20 °C genommen) und dem bereits verwendeten Zahlenwert für die kinematische Viskosität wie folgt:

$$Pr = \frac{\nu}{a} = \frac{5{,}54\cdot 10^{-7}}{0{,}14\cdot 10^{-6}} = 3{,}96.$$

Für den Wärmeübergang zwischen der Rohrinnenwand und der turbulent strömenden Flüssigkeit gilt Gl. 4.27:

$$Nu = 0{,}012 \cdot \left(Re^{0{,}87} - 280\right) \cdot Pr^{0{,}4} = 0{,}012 \cdot \left(72.744^{0{,}87} - 280\right) \cdot 3,96^{0{,}4} = 347{,}4.$$

Der Wärmeübergangskoeffizient α für Wasser ergibt sich mit der Wärmeleitfähigkeit λ von Wasser aus Tab. 4.1 zu:

$$\alpha = \frac{Nu \cdot \lambda}{\mathrm{d}} = \frac{347{,}4 \;\cdot\; 0{,}598\,\mathrm{W/(m\,K)}}{0{,}05\,\mathrm{m}} = 4.155\,\mathrm{W/(m^2\,K)}. \blacktriangleleft$$

4.3 Wärmedurchgang

Die *indirekte Wärmeübertragung* zwischen einem wärmeabgebenden und einem wärmeaufnehmenden Fluid setzt sich gemäß Abb. 4.1 zusammen aus dem Wärmeübergang des wärmeabgebenden Fluids 1 an die Wand, der Wärmeleitung durch die Wand und dem anschließenden Wärmeübergang von der Wand an das wärmeaufnehmende Fluid 2.

Löst man Gl. 4.18 bzw. Gl. 4.19 nach $T_{W,1}$ bzw. $T_{W,2}$ auf, so erhält man:

$$T_{W,1} = T_1 - \frac{\dot{Q}}{\alpha_1 A_W}, \tag{4.29}$$

bzw.

$$T_{W,2} = T_2 - \frac{\dot{Q}}{\alpha_2 A_W}. \tag{4.30}$$

Ersetzt man in Gl. 4.4 $T_{W,1}$ bzw. $T_{W,2}$ durch die Beziehung nach Gl. 4.29 bzw. Gl. 4.30, so folgt als Gleichung für den Wärmedurchgang:

$$\dot{Q} = k_W\, A_W (T_1 - T_2) \quad [\mathrm{W}], \tag{4.31}$$

wobei

$$k_W = \frac{1}{\frac{1}{\alpha_1} + \frac{d}{\lambda} + \frac{1}{\alpha_2}} \quad \left[\mathrm{W}/\left(m^2\,\mathrm{K}\right)\right] \tag{4.32}$$

der *Wärmedurchgangskoeffizient* ist. Für Wände, welche aus mehreren Schichten j bestehen, muss man in die Gl. 4.32 an Stelle von d/λ die Größe $\sum_j d_j/\lambda_j$ setzen.

Die bisherigen Ableitungen basieren auf der Voraussetzung, dass der Wärmetransport durch eine ebene Wand erfolgt. Ist die Wand jedoch gekrümmt, z. B. ein Rohr, dessen

Innendurchmesser d_i, dessen Außendurchmesser d_a und dessen Länge L sei, so gilt für den Wärmedurchgang (s. Abb. 4.1):

$$\dot{Q} = \frac{\pi L}{\frac{1}{\alpha_i d_i} + \frac{\ln(d_a/d_i)}{2\lambda} + \frac{1}{\alpha_a d_a}} (T_1 - T_2). \tag{4.33}$$

(α_i, α_a = Wärmeübergangskoeffizienten an der Innen- bzw. Außenwand des Rohres).

In Gl. 4.32 repräsentieren die einzelnen Summanden $1/\alpha_1$, d/λ, $1/\alpha_2$ im Nenner die Widerstände der drei Teilvorgänge des Wärmedurchgangs. Liegen die Zahlenwerte dieser Widerstände in verschiedenen Größenordnungen, so müssen Maßnahmen zur Verbesserung des Wärmedurchgangs dort eingreifen, wo der Widerstand unter normalen Bedingungen am größten ist, z. B. bei einem dampfbeheizten Lufterhitzer auf der Luftseite, etwa durch Vergrößerung der Wärmeaustauschfläche durch Rippen. Hier spielt es keine Rolle, ob auf der Dampfseite Film- oder Tropfenkondensation vorliegt, obwohl bei der Tropfenkondensation der Wärmeübergangskoeffizient α etwa zehnmal so groß ist wie bei der Filmkondensation (s. Beispiel 4.2). Das Material der Wärmeaustauschfläche spielt ebenfalls praktisch keine Rolle.

Ist dagegen bei einem Wärmeaustauscher bzw. Reaktionsapparat auf beiden Seiten der Wärmeaustauschfläche der Wärmeübergang besonders gut, wenn etwa auf der einen Seite ein Dampf kondensiert, auf der anderen Seite eine Flüssigkeit verdampft, so liegen die Verhältnisse ganz anders. Hier wird der Wärmedurchgangskoeffizient k_W wesentlich durch das Material der Wand und deren Dicke bestimmt.

Beispiel 4.2

Bei einem dampfbeheizten Lufterhitzer aus Gusseisen ($\lambda = 58$ W/(m K), Wandstärke $d = 3$ mm) sind die Wärmeübergangskoeffizienten auf der Luftseite $\alpha_1 = 17{,}4$ W/(m^2 K), auf der Dampfseite $\alpha_2 = 6.980$ (bzw. 69.800) W/(m^2 K) bei Film- (bzw. Tropfen-) kondensation.

Der Wärmedurchgangskoeffizient k_W berechnet sich für den dampfbeheizten Lufterhitzer gemäß Gl. 4.32. Im Falle der Filmkondensation erhält man

$$k_W = \frac{1}{\frac{1}{\alpha_1} + \frac{d}{\lambda} + \frac{1}{\alpha_2}} = \frac{1}{\frac{1}{17{,}4} + \frac{0{,}003}{58} + \frac{1}{6.980}} = 17{,}34\,\mathrm{W/(m^2\,K)}$$

und im Falle der Tropfenkondensation

$$k_W = \frac{1}{\frac{1}{17{,}4} + \frac{0{,}003}{58} + \frac{1}{69.800}} = 17{,}38\,\mathrm{W/\left(m^2\,K\right)}.$$

Verwendet man anstelle von Gusseisen Kupfer, Cr-Ni-Stahl (1.4301) oder Quarzglas, so ergeben sich mit den dazugehörigen Wärmeleitfähigkeiten λ aus Tab. 4.1 folgende Wärmedurchgangskoeffizienten k_W:

	Cu	Cr-Ni-Stahl	Quarzglas
$\lambda = [\mathrm{W/(m\,K)}]$	399	15	1,4
Filmkondensation $k_\mathrm{W} = [\mathrm{W/(m^2\,K)}]$	17,35	17,30	16,73
Tropfenkondensation $k_\mathrm{W} = [\mathrm{W/(m^2\,K)}]$	17,39	17,33	16,77

Wegen des kleinen Wärmeübergangskoeffizienten auf der Luftseite spielt es für den Wärmedurchgang keine Rolle, ob Film- oder Tropfenkondensation vorliegt. Aus dem gleichen Grund hat auch die Art des Wandmaterials kaum einen Einfluss auf die Größe des Wärmedurchgangskoeffizienten. ◀

4.4 Auslegung von Wärmeübertragern

Wärmeübertrager (Wärmeaustauscher) sind Apparate, in denen Wärme von einem Fluid auf ein anderes Fluid übertragen wird. Liegt eine indirekte Wärmeübertragung vor, d. h. trennt eine wärmeleitende Wand die Fluide, spricht man auch von Rekuperatoren. Es gibt eine Reihe von Bauformen wie Rohrbündelwärmeübertrager, Plattenwärmeübertrager, Spiralwärmeübertrager oder Doppelrohrwärmeübertrager (z. B. Liebigkühler). Für Apparatebeschreibungen und weitergehende Informationen zur Auslegung sei auf die einschlägige Fachliteratur verwiesen (z. B. [6–8]). Auch chemische Reaktoren stellen letztendlich spezielle Wärmeübertrager dar, deren Auslegung in Kap. 5 eingehend behandelt wird. In diesem Abschnitt sollen chemische Reaktionen ausgeschlossen werden, d. h. eine Beschränkung auf Aufheiz- und Abkühlvorgänge bzw. Verdampfungs- und Kondensationsvorgänge erfolgen.

Nur wenn ein strömendes Medium kondensiert oder verdampft, bleibt dessen Temperatur längs der ganzen Wärmeübertragerfläche, d. h. zwischen $z = 0$ und $z = L$ konstant. Im Falle von Aufheiz- und Abkühlvorgängen ändert sich dagegen mit der aufgenommenen oder abgegebenen Wärmemenge die Temperatur des Fluids oder beider Fluide zwischen deren jeweiligem Eintritt E in den Wärmeübertrager und Austritt A aus dem Wärmeübertrager. Abb. 4.2 zeigt für die beiden Fälle *Gleich- bzw. Gegenstrom* die dazugehörigen Temperaturverläufe.

Die notwendige *Wärmeübertragerleistung* ergibt sich aus dem gewünschten Aufheiz- bzw. Abkühlvorgang des Fluids i ($i = 1$ oder 2) gemäß:

$$\dot{Q} = \dot{m} \cdot c_p \cdot (T_{i,\mathrm{E}} - T_{i,\mathrm{A}}) \quad [\mathrm{W}]. \tag{4.34}$$

Im Falle des Verdampfens und Kondensierens des Fluids i muss die entsprechende latente Wärme $\Delta_\mathrm{L} H_\mathrm{i}$ aufgebracht bzw. abgeführt werden und es gilt:

$$\dot{Q} = \dot{m} \cdot \Delta_\mathrm{L} H_i \quad [\mathrm{W}]. \tag{4.35}$$

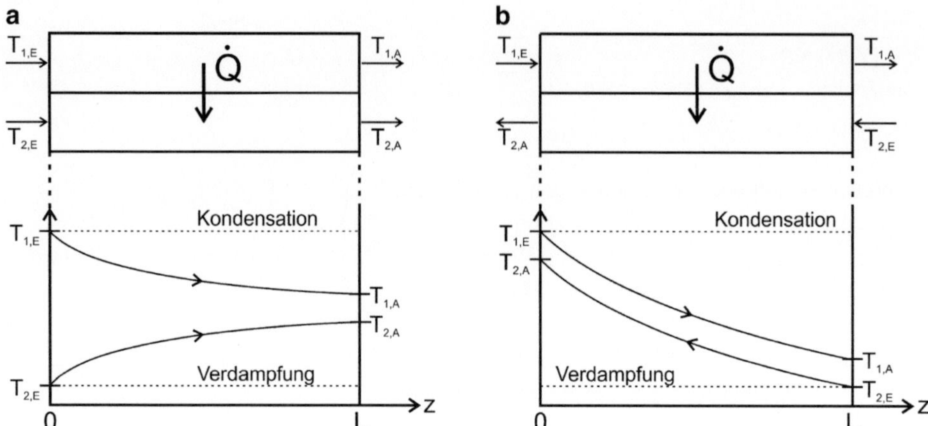

Abb. 4.2 Prinzipielle Temperaturverläufe für Wärmeübertrager. (**a**) Gleichstromwärmeübertrager, (**b**) Gegenstromwärmeübertrager. Anmerkung: Im Falle der Kondensation im Gegenstromwärmeübertrager hat der Temperaturverlauf des wärmeaufnehmenden Fluids entgegengesetzte Krümmung

Die gemäß Gl. 4.34 bzw. Gl. 4.35 notwendigen Wärmeströme müssen zwischen den beiden Fluiden unterschiedlicher Temperatur, dem Wärmeträgerfluid und dem Prozessfluid, übertragen werden. Dies erfolgt durch den in Abschn. 4.3 erläuterten Wärmedurchgang, der durch Gl. 4.31 beschrieben wird. Allerdings gilt Gl. 4.31 jeweils lokal an jeder Stelle z des Wärmeübertragers. Es kann gezeigt werden [6], dass durch Integration des Wärmedurchgangs zwischen $z = 0$ und $z = L$ näherungsweise folgende globale Gleichung verwendet werden kann:

$$\dot{Q} = k_W \, A_W \Delta T_m \quad [\text{W}]. \tag{4.36}$$

Dabei ist ΔT_m eine *mittlere logarithmische Temperaturdifferenz*. Diese ist gegeben durch:

$$\Delta T_m = \frac{\Delta T_{z=0} - \Delta T_{z=L}}{ln \, \frac{\Delta T_{z=0}}{\Delta T_{z=L}}}. \tag{4.37}$$

$\Delta T_{z=0}$ und $\Delta T_{z=L}$ sind die jeweiligen Temperaturunterschiede der Fluide an der Stelle $z = 0$ und $z = L$. Gl. 4.37 gilt sowohl für Gleichstrom wie auch für Gegenstrom.

Beispiel 4.3
In einem Liebigkühler soll Benzoldampf kondensiert werden. Der Liebigkühler habe eine Länge von 1 m mit einem Innenrohr-Durchmesser von 12 mm und einer Innenrohr-Wandstärke von 2 mm. Als wärmeaufnehmendes Fluid (Kühlmedium) wird Kühlwasser

verwendet, das mit einer Temperatur von 288 K zugeführt wird. Es soll abgeschätzt werden, wieviel Benzoldampf pro Stunde maximal kondensiert werden kann.

Die realisierbare Kühlleistung errechnet sich gemäß Gl. 4.36 aus dem Wärmedurchgangskoeffizienten k_W, der Wärmeübertragungsfläche A_W und der mittleren Temperaturdifferenz ΔT_m:

Der Wärmedurchgangskoeffizient k_W errechnet sich gemäß Gl. 4.32:

$$k_W = \frac{1}{\frac{1}{\alpha_{Benzol}} + \frac{d}{\lambda} + \frac{1}{\alpha_{Wasser}}}.$$

Für die Wärmeübergangskoeffizienten erfolgt mithilfe von Tab. 4.2 eine konservative Abschätzung:

$$\alpha_{Benzol} = 10.000 \, \frac{W}{m^2\,K} \text{ (Tropfenkondenstaion)}$$

$$\alpha_{Wasser} = 250 \, \frac{W}{m^2\,K} \text{ (laminare Strömung)}.$$

Genauere Abschätzungen können über Korrelationen für die Nusselt-Zahl erfolgen, die man z. B. dem VDI-Wärmeatlas [3] entnehmen kann.

Mit der Wärmeleitfähigkeit von Borosilikatglas (s. Tab. 4.1) ergibt sich für k_W:

$$k_W = \frac{1}{\frac{1}{10.000} + \frac{0{,}002}{1{,}2} + \frac{1}{250}} \frac{W}{m^2\,K} = 173 \, \frac{W}{m^2\,K}.$$

Die Wärmeübertragungsfläche A_W errechnet sich wie folgt:

$$A_W = L \cdot d_i \cdot \pi = 1 \cdot 0{,}012 \cdot \pi \, m^2 = 0{,}038 \, m^2.$$

Die mittlere Temperaturdifferenz ΔT_m zwischen den Fluiden ergibt sich aus der Siedetemperatur von Benzol (353 K) und der Zulauftemperatur des Kühlwassers (288 K) zu:

$$\Delta T_m = 353\,K - 288\,K = 65\,K.$$

Dem liegt die Annahme zu Grunde, dass der Volumenstrom des Kühlwassers ausreichend groß ist, sodass sich dieses nicht merklich erwärmt. Für eine genauere Abschätzung müsste der Massenstrom des Kühlwassers optimiert und die Temperaturerhöhung des Kühlwasser gemäß

$$\dot{Q} = \dot{m}_{Wasser} \cdot c_{p,Wasser} \cdot \left(T_{Wasser,A} - T_{Wasser,E}\right)$$

berücksichtigt werden.

Somit ergibt sich für die realisierbare Kühlleistung:

$$\dot{Q} = k_W \cdot A_W \cdot \Delta T_m = 173 \cdot 0{,}038 \cdot 65\,\text{W} = 427{,}3\,\text{W}.$$

Mit dieser Kühlleistung und der Verdampfungsenthalpie von Benzol ($\Delta_L H_{Benzol} = 397{,}4\,\text{kJ/kg}$) kann gemäß Gl. 4.35 der gesuchte Massenstrom an Benzoldampf berechnet werden, der mit dem vorliegenden Liebigkühler auskondensiert werden kann:

$$\dot{m}_{Benzol} = \frac{\dot{Q}}{\Delta_L H_{Benzol}} = \frac{427{,}3\,\text{W}}{397{,}4 \cdot 10^3\,\text{J/kg}} = 3{,}87\,\text{kg/h}. \quad ◀$$

Literatur

1. Bird, B., Steward, W., Lightfood, E.: Transport Phenomena, 2. Aufl. Wiley, New York (2002)
2. Grigull, U., Sandner, H.: Wärmeleitung, 2. Aufl. Springer, Berlin (1990)
3. VDI e. V. (Hrsg.): VDI-Wärmeatlas, 11. Aufl. Springer Vieweg, Wiesbaden (2013)
4. Reid, R., Prausnitz, J., Poling, B.: The Properties of Gases and Liquids, 4. Aufl. McGraw-Hill, Boston (1987)
5. Baehr, H.D., Stephan, K.: Wärme- und Stoffübergang, 8. Aufl. Springer Vieweg, Berlin (2013)
6. Böckh, P. von: Wärmeübertragung, Grundlagen und Praxis, 2. Aufl. Springer, Berlin (2006)
7. Wegener, E.: Planung eines Wärmeübertragers, 1. Aufl. Wiley-VCH, Weinheim (2013)
8. Herwig, H., Moschallski, A.: Wärmeübertragung, 2. Aufl. Vieweg + Teubner, Wiesbaden (2009)

Grundlagen der Reaktormodellierung 5

Voraussetzung für jegliche *Reaktormodellierung* ist die Kenntnis der Mikrokinetik der dem Reaktionsschema zugrundeliegenden Teilreaktionen (s. Abschn. 3.3). Die Mikrokinetiken der gewünschten und unerwünschten Reaktionen bestimmen die Wahl und Dimensionierung des Reaktors und die Optimierung der Reaktionsführung (z. B. Eingangskonzentrationen, Temperaturführung). Für eine gewünschte Anlagenkapazität ist es das Ziel, die Raum-Zeit-Ausbeute zu maximieren und damit die Reaktorgröße zu minimieren. Gemäß der Definition der Raum-Zeit-Ausbeute (s. Gl. 2.26 und 2.29) bedeutet dies eine Maximierung von Umsatzgrad und Selektivität bei gleichzeitiger Minimierung der Reaktions- bzw. Verweilzeiten. Eine weitere zusätzliche Zielgröße der Optimierung kann auch die Produktqualität sein, z. B. die Molmassenverteilung oder der Verzweigungsgrad bei Oligomeren oder Polymeren (s. Kap. 10). Typische Nebenbedingungen dieser Optimierung können sich aus sicherheitstechnischen, ökologischen und ökonomischen Aspekten ergeben.

Um von den Mikrokinetiken der gewünschten und unerwünschten Reaktionen zu den integralen reaktionstechnischen Leistungsgrößen Raum-Zeit-Ausbeute, Umsatzgrad und Selektivität zu gelangen, müssen die entsprechenden *Bilanzen für Stoff, Energie und Impuls* gelöst, d. h. im Allgemeinen integriert werden. Aus den Stoffbilanzen ergeben sich die *Konzentrationsverläufe im Reaktor* sowie die Konzentrationen und damit die Umsatzgrade und Selektivitäten für die jeweiligen Reaktions- bzw. Verweilzeiten. Die Raum-Zeit-Ausbeute lässt sich dann unter Berücksichtigung der dazugehörigen Verweilzeit berechnen. Bei einem komplexen Reaktionssystem müssen die Stoffbilanzen für alle N beteiligten Spezies $A_1, \ldots, A_N$ gelöst werden, wobei eine Reduktion auf die sogenannten Schlüsselkomponenten möglich ist, da die Konzentrationen der restlichen Spezies aus diesen berechnet werden können (s. Abschn. 3.1). Sofern die Reaktionstemperatur nicht

G. Emig et al., *Chemische Reaktionstechnik*,
https://doi.org/10.1007/978-3-662-68826-7_5

konstant ist, d. h. keine Isothermie vorliegt, muss simultan die Energiebilanz gelöst werden. Die Lösung der Energiebilanz liefert den *Temperaturverlauf im Reaktor.* Über die exponentielle Temperaturabhängigkeit der Mikrokinetiken sind Stoffbilanz und Energiebilanz nichtlinear miteinander gekoppelt. Schlussendlich ist die Formulierung der Stoffbilanz und das daraus resultierende Konzentrationsprofil auch stark *vom Verlauf der Strömungsgeschwindigkeiten im Reaktor* abhängig. *Bei den sogenannten idealen Reaktoren ist dieser bekannt, sodass die Impulsbilanz nicht gelöst werden muss.* Die idealen Reaktoren sind so gewählt, dass die realen Reaktoren in ihrer Verweilzeitverteilung in vielen Fällen zwischen den idealen Reaktoren liegen. Die Verweilzeitverteilung dient dem Reaktionstechniker als integrale Information über das Geschwindigkeitsfeld im Reaktor. Die Verweilzeitverteilung gibt die Wahrscheinlichkeit an, dass ein Fluidelement einen bestimmten Weg mit einer dazugehörigen Zeit (individuelle Verweilzeit) durch den Reaktor nimmt. Die Verweilzeitverteilung bestimmt maßgeblich die Konzentrationsverteilung im Reaktor. Mit der Kenntnis der Verweilzeitverteilung ist ein Lösen der Impulsbilanz vielfach nicht mehr erforderlich. In Kap. 6 wird auf die Verweilzeitverteilung und die Bilanzierung realer Reaktoren näher eingegangen.

In den folgenden Abschnitten wird zunächst in die *Grundlagen und die Methodik der Bilanzierung von Stoff und Energie* eingeführt (s. Abschn. 5.1, 5.2, 5.3), dann wird auf die sogenannten *idealen Reaktoren* eingegangen (s. Abschn. 5.4) und schlussendlich werden ideale Reaktoren verglichen und kombiniert (s. Abschn. 5.5 und 5.6). *In Kap. 5 erfolgt die Bilanzierung zunächst nur für homogene, d. h. einphasige Reaktionssysteme sowie eine einfache irreversible Reaktion, um das Grundprinzip deutlich zu machen.*

Die Bilanzierung und Diskussion *einphasiger komplexer Reaktionen*, denen mehr als eine Reaktion und somit ein Reaktionsschema zugrunde liegt, erfolgt dann in Kap. 7 für ideale Reaktoren. In den Kap. 8, 9, 10 werden dann auch *komplexe mehrphasige, d. h. heterogene Reaktionssysteme*, sowie *spezielle Reaktoren und Reaktionen* wie die Polyreaktionen behandelt.

5.1 Grundlagen der Bilanzierung

Für die Formulierung der *Stoff- und Energiebilanzen* empfiehlt es sich, die nachfolgende *Bilanzierungssystematik* strikt einzuhalten:

1. Skizze des zu bilanzierenden Reaktors anfertigen.
2. Bilanzraum so auswählen und einzeichnen, dass innerhalb des Bilanzraums die zu bilanzierenden Größen als ortsunabhängig angenommen werden können.
3. Bilanzgleichung (= Erhaltungsgleichung) in Worten formulieren und relevante Beiträge identifizieren:

$$\begin{bmatrix}\text{Akkumulation}\\ \text{im}\\ \text{Bilanzraum}\end{bmatrix} = \begin{bmatrix}\text{Dem Bilanzraum}\\ \textit{zugeführter}\\ \text{Strom der Größe}\end{bmatrix} - \begin{bmatrix}\text{Aus dem Bilanzraum}\\ \textit{abgeführter}\\ \text{Strom der Größe}\end{bmatrix}$$
$$+ \begin{bmatrix}\text{Quelle}\\ \text{für}\\ \text{die Größe}\end{bmatrix} - \begin{bmatrix}\text{Senke}\\ \text{für}\\ \text{die Größe}\end{bmatrix}. \tag{5.1}$$

4. Bilanzgleichung mathematisch-physikalisch korrekt formulieren
5. Bilanzgleichung auf Konsistenz der Einheiten überprüfen
6. Bilanzgleichung lösen

In den folgenden Abschn. 5.2 und 5.3 werden die Stoff- und die Energiebilanzen zunächst allgemein in einem kartesischen Koordinatensystem formuliert. Dies bedeutet, dass in diesen Kapiteln nicht von einem speziellen, zu bilanzierenden Reaktor ausgegangen wird, sondern von einem differenziellen Bilanzvolumen, das in einem beliebigen Reaktor vorliegen kann. Mit diesem deduktiven Ansatz fallen die Punkte 1. und 2. in obiger Systematik der Bilanzierung weg und es wird direkt mit Punkt 3. der Systematik begonnen. Als Ergebnis erhält man eine *allgemeine Bilanzgleichung in kartesischen Koordinaten*, die auch in andere Koordinatensysteme transformiert werden kann.

Die Bilanzierung der idealen Reaktoren wird in Abschn. 5.4 auf zwei Wegen erfolgen, die zur selben Bilanzgleichung führen:

- Herleitung der Bilanzgleichung für den jeweiligen zu bilanzierenden idealen Reaktor durch Abarbeitung der Punkte 1. bis 5. der eingangs dargestellten Systematik.
- Herleitung der Bilanzgleichung für den jeweiligen zu bilanzierenden idealen Reaktor aus den allgemeinen Bilanzgleichungen der Abschn. 5.2 und 5.3 durch Anpassung an die spezifischen Eigenschaften des idealen Reaktors.

Je nach Denkweise und Ausbildung des Lesers wird der eine oder der andere Weg bevorzugt. So bevorzugen Chemiker oftmals die konkrete Ableitung für den vorliegenden Reaktor und Verfahrenstechniker eher den allgemeinen, mehr abstrakteren Ansatz. Dies ist sicher keine grundsätzliche Aussage, d. h., jeder Leser sollte für sich entscheiden, welchen Weg er bevorzugt.

Unabhängig davon, welcher Weg gewählt wird, muss sich am Ende dieselbe Bilanzgleichung ergeben, die dann im letzten Schritt (Punkt 6. der Bilanzierungssystematik) gelöst werden muss.

5.2 Die allgemeine Stoffbilanz

Die mathematische Formulierung der *allgemeinen Stoffbilanz* für die Spezies A_i soll unabhängig vom speziellen, zu bilanzierenden Reaktor in einem *kartesischen Koordinatensystem* erfolgen (Punkt 1. der Bilanzierungssystematik entfällt). Um sicherzustellen, dass in jedem Fall Punkt 2. der Bilanzierungssystematik erfüllt ist, wird ein differenzielles Volumenelement an einer beliebigen Stelle mit den Koordinaten (x_0, y_0, z_0) als Bilanzraum ausgewählt, das entsprechend Abb. 5.1 die Form eines *differenziellen Quaders* mit dem konstanten Volumen $\mathrm{d}V = \mathrm{d}x\mathrm{d}y\mathrm{d}z$ hat. Dieses Volumenelement sei in einem homogenen, flüssigen oder gasförmigen Reaktionssystem ortsfest verankert und kann von diesem allseitig ungehindert durchströmt werden.

Gemäß Punkt 3. der *Bilanzierungssystematik* wird zunächst die allgemeine Stoffbilanz als Wortgleichung formuliert, d. h. in Gl. 5.1 werden die Terme entsprechend zugeordnet. Bilanziert wird die Stoffmenge einer Spezies A_i im Bilanzvolumen (*Akkumulationsterm*), die durch Konvektion und Diffusion zu- und abgeführt (*Konvektions-* und *Diffusionsterm*) und durch eine oder mehrere chemische Reaktionen gebildet oder verbraucht werden kann (*Quell-/Senkterm* = *Reaktionsterm*):

$$\begin{aligned}\begin{bmatrix}\text{Zeitliche Änderung}\\ \text{der Stoffmenge von}\\ A_i\text{ im Bilanzraum}\end{bmatrix} &= \begin{bmatrix}\text{Durch Konvektion}\\ \text{dem Bilanzraum}\\ \text{zugeführter}\\ \text{Stoffstrom von }A_i\end{bmatrix} - \begin{bmatrix}\text{Durch Konvektion aus}\\ \text{dem Bilanzraum}\\ \text{abgeführter}\\ \text{Stoffstrom von }A_i\end{bmatrix}\\ &+ \begin{bmatrix}\text{Durch Diffusion}\\ \text{dem Bilanzraum}\\ \text{zugeführter}\\ \text{Stoffstrom von }A_i\end{bmatrix} - \begin{bmatrix}\text{Durch Diffusion}\\ \text{aus dem Bilanzraum}\\ \text{abgeführter}\\ \text{Stoffstrom von }A_i\end{bmatrix}\\ &+ \begin{bmatrix}\text{Durch chemische}\\ \text{Reaktion(en) im Bilanz-}\\ \text{raum in der Zeiteinheit}\\ \text{gebildete (verbrauchte)}\\ \text{Stoffmenge von }A_i\end{bmatrix}.\end{aligned} \tag{5.2}$$

Anschließend müssen die Terme der Wortgleichung mathematisch-physikalisch korrekt formuliert werden (Punkt 4. der Bilanzierungssystematik). Bilanziert wird in der Einheit mol/s, d. h. Konsistenz der Einheiten (Punkt 5. der Bilanzierungssystematik) bedeutet, dass jeder Term der Stoffbilanz die Einheit mol/s haben muss.

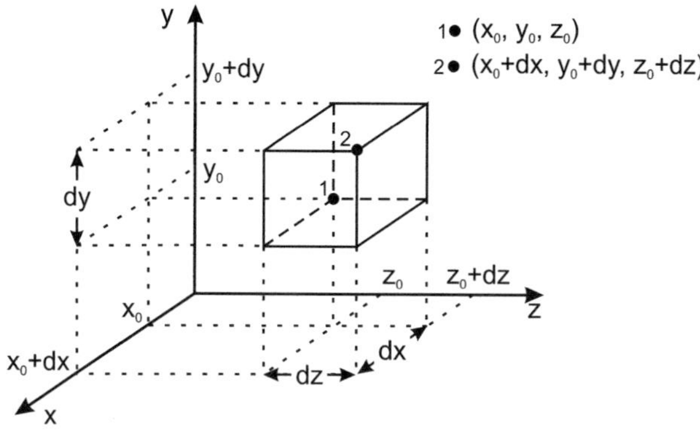

Abb. 5.1 Differenzielles Bilanzvolumen im kartesischen Koordinatensystem an einer beliebigen Stelle x_0, y_0, z_0 im Reaktor

In der Stoffbilanz gibt der *Akkumulationsterm* die zeitliche Änderung der Stoffmenge der Spezies A_i im Bilanzraum in der Einheit mol/s an:

$$\begin{bmatrix} \text{Zeitliche Änderung} \\ \text{der Stoffmenge von} \\ A_i \text{ im Bilanzraum} \end{bmatrix} = \frac{\partial n_i}{\partial t}. \tag{5.3}$$

Der *Konvektionsterm* gibt die zeitliche Änderung der Stoffmenge der Spezies A_i im Bilanzvolumen in mol/s an, die sich aus der Differenz von An- und Abtransport in mol/s durch die Strömung des Reaktionssystems ergibt. Der *konvektive Stofftransport* der Spezies A_i kann durch den Vektor der konvektiven Stoffstromdichte beschrieben werden, der sich mathematisch-physikalisch aus dem Produkt der Konzentration der Spezies A_i und dem Vektor der Strömungsgeschwindigkeit ergibt:

$$(\boldsymbol{j}_i)_{\text{konv}} = c_i \cdot \boldsymbol{u} = c_i \cdot \begin{pmatrix} u_x \\ u_y \\ u_z \end{pmatrix}. \tag{5.4}$$

Die Komponenten des Vektors in den drei Richtungen des kartesischen Koordinatensystems lauten:

$$\left(j_{i,x}\right)_{\text{konv}} = c_i \cdot u_x, \tag{5.5a}$$

$$\left(j_{i,y}\right)_{\text{konv}} = c_i \cdot u_y, \tag{5.5b}$$

$$\left(j_{i,z}\right)_{\text{konv}} = c_i \cdot u_z. \tag{5.5c}$$

Sie haben die Einheit $\frac{\text{mol}}{\text{m}^2\,\text{s}}$.

In der Komponentenschreibweise kann der durch einen beliebigen Vektor der konvektiven Stoffstromdichte an der Stelle (x_0, y_0, z_0) zugeführte Stoffstrom geschrieben werden als (s. Abb. 5.2):

$$\begin{bmatrix} \text{Durch } \textit{Konvektion} \\ \text{dem Bilanzraum} \\ \textit{zugeführter} \\ \text{Stoffstrom von } A_i \end{bmatrix} = (c_i \cdot u_x)_{x_0}\,\mathrm{d}y\mathrm{d}z + \left(c_i \cdot u_y\right)_{y_0}\mathrm{d}x\mathrm{d}z + (c_i \cdot u_z)_{z_0}\,\mathrm{d}x\mathrm{d}y. \tag{5.6}$$

Der durch Konvektion dem Bilanzraum an der Stelle $(x_0 + \mathrm{d}x, y_0 + \mathrm{d}y, z_0 + \mathrm{d}z)$ abgeführte Stoffstrom ergibt sich analog (s. Abb. 5.2):

$$\begin{bmatrix} \text{Durch } \textit{Konvektion} \\ \text{aus dem Bilanzraum} \\ \textit{abgeführter} \\ \text{Stoffstrom von } A_i \end{bmatrix} = (c_i \cdot u_x)_{x_0+\mathrm{d}x}\,\mathrm{d}y\mathrm{d}z + \left(c_i \cdot u_y\right)_{y_0+\mathrm{d}y}\mathrm{d}x\mathrm{d}z + (c_i \cdot u_z)_{z_0+\mathrm{d}z}\,\mathrm{d}x\mathrm{d}y. \tag{5.7}$$

Die Komponenten der Stoffstromdichte der Spezies A_i an der Stelle $(x_0 + \mathrm{d}x, y_0 + \mathrm{d}y, z_0 + \mathrm{d}z)$ kann man durch eine *Taylor-Reihenentwicklung* formulieren, die man nach dem ersten Term abbricht (Taylor-Linearisierung, s. Abschn. 12.2):

$$(c_i \cdot u_x)_{x_0+\mathrm{d}x} = (c_i \cdot u_x)_{x_0} + \left.\frac{\partial(c_i \cdot u_x)}{\partial x}\right|_{x_0} \mathrm{d}x, \tag{5.8a}$$

$$\left(c_i \cdot u_y\right)_{y_0+\mathrm{d}y} = \left(c_i \cdot u_y\right)_{y_0} + \left.\frac{\partial\left(c_i \cdot u_y\right)}{\partial y}\right|_{y_0} \mathrm{d}y, \tag{5.8b}$$

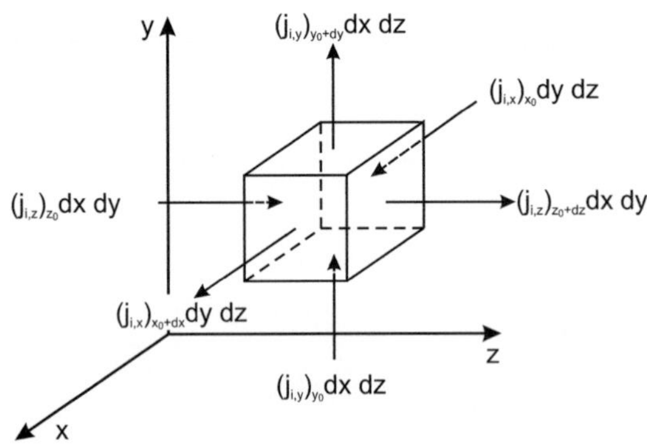

Abb. 5.2 Zu- und abgeführte Stoffströme an den Oberflächen des differenziellen Bilanzvolumens im kartesischen Koordinatensystem an einer beliebigen Stelle x_0, y_0, z_0 im Reaktor

$$(c_i \cdot u_z)_{z_0+\mathrm{d}z} = (c_i \cdot u_z)_{z_0} + \left.\frac{\partial(c_i \cdot u_z)}{\partial z}\right|_{z_0} \mathrm{d}z. \tag{5.8c}$$

Durch Einsetzen der Gl. 5.8a, 5.8b, 5.8c in Gl. 5.7 ergibt sich unter Berücksichtigung des Zusammenhangs $\mathrm{d}V = \mathrm{d}x\mathrm{d}y\mathrm{d}z$ *insgesamt für den konvektiven Beitrag in der Stoffbilanz*:

$$\begin{aligned}&\begin{bmatrix}\text{Durch } \textit{Konvektion}\\ \text{dem Bilanzraum}\\ \textit{zugeführter}\\ \text{Stoffstrom von } A_i\end{bmatrix} - \begin{bmatrix}\text{Durch } \textit{Konvektion}\\ \text{aus dem Bilanzraum}\\ \textit{abgeführter} \text{ Stoff-}\\ \text{strom von } A_i\end{bmatrix}\\ &= -\left(\frac{\partial(c_i \cdot u_x)}{\partial x} + \frac{\partial(c_i \cdot u_y)}{\partial y} + \frac{\partial(c_i \cdot u_z)}{\partial z}\right) \cdot \mathrm{d}V\end{aligned} \tag{5.9}$$

Der *Diffusionsterm* gibt die zeitliche Änderung der Stoffmenge der Spezies A_i im Bilanzvolumen in mol/s an, die sich aus der Differenz von An- und Abtransport in mol/s durch Diffusion im Reaktionssystem ergibt. Der *diffusive Stofftransport* der Spezies A_i kann durch den Vektor der diffusiven Stoffstromdichte beschrieben werden, der sich mathematisch-physikalisch aus dem Produkt des *molekularen Diffusionskoeffizienten* und dem Vektor der Konzentrationsgradienten der Spezies A_i ergibt (*1. Fick'sches Diffusionsgesetz*):

$$(\boldsymbol{j}_i)_{\mathrm{diff}} = -D_i \cdot \begin{pmatrix}\frac{\partial c_i}{\partial x}\\ \frac{\partial c_i}{\partial y}\\ \frac{\partial c_i}{\partial z}\end{pmatrix}. \tag{5.10}$$

Die Komponenten des Vektors in den drei Richtungen des kartesischen Koordinatensystems lauten:

$$(j_{i,x})_{\mathrm{diff}} = \left(-D_i \cdot \frac{\partial c_i}{\partial x}\right)_x, \tag{5.11a}$$

$$(j_{i,y})_{\mathrm{diff}} = \left(-D_i \cdot \frac{\partial c_i}{\partial y}\right)_y, \tag{5.11b}$$

$$\left(j_{i,z}\right)_{\text{diff}} = \left(-D_i \cdot \frac{\partial c_i}{\partial z}\right)_z . \tag{5.11c}$$

Sie haben die Einheit $\frac{\text{mol}}{\text{m}^2\,\text{s}}$.

In der Komponentenschreibweise kann der durch einen beliebigen Vektor der diffusiven Stoffstromdichte an der Stelle (x_0, y_0, z_0) zugeführte Stoffstrom geschrieben werden als (siehe Abb. 5.2):

$$\begin{bmatrix} \text{Durch } \textit{Diffusion} \\ \text{dem Bilanzraum} \\ \textit{zugeführter} \\ \text{Stoffstrom von } A_i \end{bmatrix} = \left(-D_i \cdot \frac{\partial c_i}{\partial x}\right)_{x_0} \mathrm{d}y\mathrm{d}z + \left(-D_i \cdot \frac{\partial c_i}{\partial y}\right)_{y_0} \mathrm{d}x\mathrm{d}z + \left(-D_i \cdot \frac{\partial c_i}{\partial z}\right)_{z_0} \mathrm{d}x\mathrm{d}y. \tag{5.12}$$

Der durch Diffusion dem Bilanzraum an der Stelle $(x_0 + \mathrm{d}x, y_0 + \mathrm{d}y, z_0 + \mathrm{d}z)$ abgeführte Stoffstrom ergibt sich analog (s. Abb. 5.2):

$$\begin{bmatrix} \text{Durch } \textit{Diffusion} \\ \text{aus dem Bilanzraum} \\ \textit{abgeführter} \\ \text{Stoffstrom von } A_i \end{bmatrix} = \left(-D_i \cdot \frac{\partial c_i}{\partial x}\right)_{x_0+\mathrm{d}x} \mathrm{d}y\mathrm{d}z + \left(-D_i \cdot \frac{\partial c_i}{\partial y}\right)_{y_0+\mathrm{d}y} \mathrm{d}x\mathrm{d}z + \left(-D_i \cdot \frac{\partial c_i}{\partial z}\right)_{z_0+\mathrm{d}z} \mathrm{d}x\mathrm{d}y. \tag{5.13}$$

Die Komponenten der diffusiven Stoffstromdichte der Spezies A_i an der Stelle $(x_0 + \mathrm{d}x, y_0 + \mathrm{d}y, z_0 + \mathrm{d}z)$ kann man wiederum durch eine *Taylor-Reihenentwicklung* formulieren, die man nach dem ersten Term abbricht (Taylor-Linearisierung, s. Abschn. 12.2):

$$\left(-D_i \cdot \frac{\partial c_i}{\partial x}\right)_{x_0+\mathrm{d}x} = \left(-D_i \cdot \frac{\partial c_i}{\partial x}\right)_{x_0} + \frac{\partial}{\partial x}\left(-D_i \cdot \frac{\partial c_i}{\partial x}\right)\bigg|_{x_0} \mathrm{d}x, \tag{5.14a}$$

$$\left(-D_i \cdot \frac{\partial c_i}{\partial y}\right)_{y_0+\mathrm{d}y} = \left(-D_i \cdot \frac{\partial c_i}{\partial y}\right)_{y_0} + \frac{\partial}{\partial y}\left(-D_i \cdot \frac{\partial c_i}{\partial y}\right)\bigg|_{y_0} \mathrm{d}y, \tag{5.14b}$$

$$\left(-D_i \cdot \frac{\partial c_i}{\partial z}\right)_{z_0+\mathrm{d}z} = \left(-D_i \cdot \frac{\partial c_i}{\partial z}\right)_{z_0} + \frac{\partial}{\partial z}\left(-D_i \cdot \frac{\partial c_i}{\partial z}\right)\bigg|_{z_0} \mathrm{d}z. \tag{5.14c}$$

Durch Einsetzen der Gl. 5.14a, 5.14b, 5.14c in Gl. 5.13 ergibt sich unter Berücksichtigung des Zusammenhangs $\mathrm{d}V = \mathrm{d}x\mathrm{d}y\mathrm{d}z$ *insgesamt der diffusive Beitrag in der Stoffbilanz*:

$$\begin{bmatrix} \text{Durch } \textit{Diffusion} \\ \text{dem Bilanzraum} \\ \textit{zugeführter} \\ \text{Stoffstrom von } A_i \end{bmatrix} - \begin{bmatrix} \text{Durch } \textit{Diffusion} \text{ aus} \\ \text{dem Bilanzraum} \\ \textit{abgeführter} \text{ Stoff-} \\ \text{strom von } A_i \end{bmatrix} = \left(\frac{\partial}{\partial x}\left(D_i \cdot \frac{\partial c_i}{\partial x}\right) + \frac{\partial}{\partial y}\left(D_i \cdot \frac{\partial c_i}{\partial y}\right) + \frac{\partial}{\partial z}\left(D_i \cdot \frac{\partial c_i}{\partial z}\right)\right) \cdot \mathrm{d}V. \tag{5.15}$$

Der *Reaktionsterm* kann über die *Stoffmengenänderungsgeschwindigkeit* R_i beschrieben werden, die sich wiederum aus der Kinetik der $j = 1, \ldots, M$ Reaktionen des Reaktionssystems ergibt:

$$\begin{bmatrix} \text{Durch chemische} \\ \textit{Reaktion(en)} \text{ im Bilanzraum} \\ \text{in der Zeiteinheit} \\ \textit{gebildete(verbrauchte)} \\ \text{Stoffmenge von } A_i \end{bmatrix} = R_i \cdot \mathrm{d}V = \left(\sum_{j=1}^{M} \nu_{i,j} r_j\right) \cdot \mathrm{d}V. \tag{5.16}$$

Setzt man nun alle mathematisch-physikalischen Gleichungen in die Wortgleichung Gl. 5.2 ein, ergibt sich für die *Stoffbilanz*:

$$\begin{aligned} \frac{\partial n_i}{\partial t} = &-\left(\frac{\partial (c_i \cdot u_x)}{\partial x} + \frac{\partial (c_i \cdot u_y)}{\partial y} + \frac{\partial (c_i \cdot u_z)}{\partial z}\right) \cdot \mathrm{d}V \\ &+\left(\frac{\partial}{\partial x}\left(D_i \cdot \frac{\partial c_i}{\partial x}\right) + \frac{\partial}{\partial y}\left(D_i \cdot \frac{\partial c_i}{\partial y}\right) + \frac{\partial}{\partial z}\left(D_i \cdot \frac{\partial c_i}{\partial z}\right)\right) \cdot \mathrm{d}V \\ &+\left(\sum_{j=1}^{M} \nu_{i,j} r_j\right) \cdot \mathrm{d}V. \end{aligned} \tag{5.17}$$

Geht man davon aus, dass Volumenkonstanz vorliegt, kann durch $\mathrm{d}V$ dividiert und im Akkumulationsterm die Konzentration c_i eingeführt werden:

$$\begin{aligned} \frac{\partial c_i}{\partial t} = &-\left(\frac{\partial (c_i \cdot u_x)}{\partial x} + \frac{\partial (c_i \cdot u_y)}{\partial y} + \frac{\partial (c_i \cdot u_z)}{\partial z}\right) \\ &+\left(\frac{\partial}{\partial x}\left(D_i \cdot \frac{\partial c_i}{\partial x}\right) + \frac{\partial}{\partial y}\left(D_i \cdot \frac{\partial c_i}{\partial y}\right) + \frac{\partial}{\partial z}\left(D_i \cdot \frac{\partial c_i}{\partial z}\right)\right) + \sum_{j=1}^{M} \nu_{i,j} r_j. \end{aligned} \tag{5.18}$$

Zur Berechnung der Konzentrations- und Temperaturverteilung in einem Reaktor werden üblicherweise einige *Vereinfachungen* eingeführt. Da sich bei turbulenter Strömung der Geschwindigkeitsvektor $\boldsymbol{u}$ in jedem Punkt dauernd ändert, wird im Konvektionsterm der Stoffbilanz der *zeitliche Mittelwert der Strömungsgeschwindigkeit* eingesetzt, d. h., der Konvektionsterm berücksichtigt nicht mehr die durch die Fluktuation der Geschwindigkeit hervorgerufene turbulente Vermischung. Diese *turbulente Vermischung* wird nun dadurch berücksichtigt, indem man in den Diffusionsterm anstelle des molekularen Diffusionskoeffizienten D_i sogenannte *effektive Diffusionskoeffizienten* oder *Dispersionskoeffizienten* entlang der drei Richtungen des Koordinatensystems $D_{\mathrm{e},x}$, $D_{\mathrm{e},y}$ und $D_{\mathrm{e},z}$ einsetzt. Diese sind dann keine reinen Stoffgrößen mehr, sondern hängen vielmehr von der Art der Strömung, der Turbulenz und von der Richtung der Konzentrationsgradienten zur Hauptströmungsrichtung ab. Die effektiven Diffusionskoeffizienten oder Dispersionskoeffizienten haben also verschiedene Werte, je nach der Richtung des Konzentrationsgefälles in Bezug auf die Hauptströmungsrichtung. *Die allgemeine Differenzialgleichung der Stoffbilanz für die Spezies A_i in einem einphasigen Reaktionssystem lautet dann*:

$$\frac{\partial c_i}{\partial t} = -\left(\frac{\partial(c_i \cdot u_x)}{\partial x} + \frac{\partial(c_i \cdot u_y)}{\partial y} + \frac{\partial(c_i \cdot u_z)}{\partial z}\right) + \left(\frac{\partial}{\partial x}\left(D_{\mathrm{e},x} \cdot \frac{\partial c_i}{\partial x}\right) + \frac{\partial}{\partial y}\left(D_{\mathrm{e},y} \cdot \frac{\partial c_i}{\partial y}\right) + \frac{\partial}{\partial z}\left(D_{\mathrm{e},z} \cdot \frac{\partial c_i}{\partial z}\right)\right) + \sum_{j=1}^{M} \nu_{i,j} r_j. \tag{5.19}$$

($D_{\mathrm{e},x}$, $D_{\mathrm{e},y}$, $D_{\mathrm{e},z}$ = effektive Diffusionskoeffizienten bzw. Dispersionskoeffizienten in Richtung von x, y und z).

Gl. 5.19 kann auch in *vektorieller Schreibweise* formuliert werden, wenn man die *Differenzialoperatoren Divergenz und Gradient* einführt. Die Divergenz ist ein Differenzialoperator, der einem Vektorfeld $\boldsymbol{a}$ ein Skalarfeld div $\boldsymbol{a}$ zuordnet. Für ein *kartesisches Koordinatensystem* ist die *Divergenz* eines Vektors $\boldsymbol{a}$ definiert durch

$$\operatorname{div} \boldsymbol{a} = \frac{\partial a_x}{\partial x} + \frac{\partial a_y}{\partial y} + \frac{\partial a_z}{\partial z}, \tag{5.20}$$

d. h. durch die Summe der partiellen Ableitungen der Komponenten a_x, a_y und a_z des Vektors $\boldsymbol{a}$ in den drei Koordinatenrichtungen nach den zugehörigen Koordinaten.

Der Differenzialoperator, *Gradient* liefert für ein Skalarfeld b ein Vektorfeld grad b, wobei grad b in die Richtung des steilsten Anstiegs des Skalarfelds b an der jeweiligen Stelle zeigt und seine Länge ein Maß für die Steigung ist:

$$\operatorname{grad} b = \begin{pmatrix} \frac{\partial b}{\partial x} \\ \frac{\partial b}{\partial y} \\ \frac{\partial b}{\partial z} \end{pmatrix}. \tag{5.21}$$

Mit den Differenzialoperatoren Divergenz und Gradient kann man die skalare Schreibweise der *Stoffbilanz* für Spezies A_i (Gl. 5.19) wie folgt in *Vektorschreibweise* formulieren:

$$\frac{\partial c_i}{\partial t} = -\operatorname{div}(c_i \cdot \boldsymbol{u}) + \operatorname{div}(\mathbf{D}_\mathrm{e} \cdot \operatorname{grad} c_i) + \sum_{j=1}^{M} \nu_{i,j} r_j \tag{5.22}$$

mit:

$$\mathbf{D}_\mathrm{e} = \begin{pmatrix} D_{\mathrm{e},x} & 0 & 0 \\ 0 & D_{\mathrm{e},y} & 0 \\ 0 & 0 & D_{\mathrm{e},z} \end{pmatrix}.$$

Die *vektorielle Schreibweise der Stoffbilanz* hat neben ihrer Kürze den Vorteil, dass die Formulierung nicht mehr an ein bestimmtes Koordinatensystem gebunden ist. Die Differenzialoperatoren Divergenz und Gradient sind auch für andere Koordinatensysteme wie zum Beispiel *Zylinderkoordinaten* definiert (siehe Abb. 5.3):

$$\operatorname{div} \boldsymbol{a} = \frac{1}{r} \cdot \frac{\partial}{\partial r}(r \cdot a_r) + \frac{1}{r} \cdot \frac{\partial a_\varphi}{\partial \varphi} + \frac{\partial a_z}{\partial z} \tag{5.23}$$

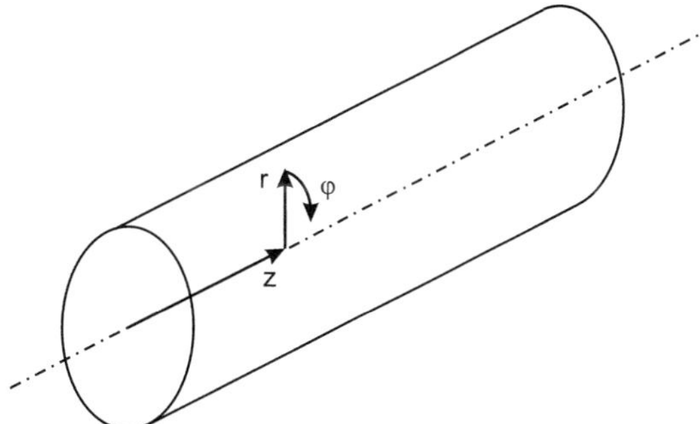

Abb. 5.3 Zylinderkoordinaten

$$\text{grad } b = \begin{pmatrix} \dfrac{\partial b}{\partial r} \\ \dfrac{1}{r} \cdot \dfrac{\partial b}{\partial \varphi} \\ \dfrac{\partial b}{\partial z} \end{pmatrix}. \tag{5.24}$$

Somit ergibt sich für die Komponentenschreibweise der *Stoffbilanz in Zylinderkoordinaten*:

$$\begin{aligned} \frac{\partial c_i}{\partial t} = &- \left[\frac{1}{r} \cdot (c_i \cdot u_r) + \frac{\partial (c_i \cdot u_r)}{\partial r} + \frac{1}{r} \cdot \frac{\partial (c_i \cdot u_\varphi)}{\partial \varphi} + \frac{\partial (c_i \cdot u_z)}{\partial z} \right] \\ &+ \frac{1}{r} \cdot \frac{\partial}{\partial r} \left(r \cdot D_{\mathrm{e},r} \cdot \frac{\partial c_i}{\partial r} \right) + \frac{1}{r^2} \cdot \frac{\partial}{\partial \varphi} \left(D_{\mathrm{e},\varphi} \cdot \frac{\partial c_i}{\partial \varphi} \right) + \frac{\partial}{\partial z} \left(D_{\mathrm{e},z} \cdot \frac{\partial c_i}{\partial z} \right) \\ &+ \sum_{j=1}^{M} \nu_{i,j} r_j. \end{aligned} \tag{5.25}$$

In Gl. 5.25 sind u_r, u_φ, und u_z wiederum die Komponenten des zeitlichen Mittelwerts des Geschwindigkeitsvektors $\boldsymbol{u}$, und $D_{\mathrm{e},r}$, $D_{\mathrm{e},\varphi}$ und $D_{\mathrm{e},z}$ die effektiven Diffusions- bzw. Dispersionskoeffizienten in der Richtung von r, φ und z. Sind die Konzentrationen und die Geschwindigkeit *rotationssymmetrisch* um die z-Achse verteilt, was praktisch stets anzunehmen ist, so verschwinden in Gl. 5.25 die Ableitungen nach φ; sind außerdem $D_{\mathrm{e},r}$ und $D_{\mathrm{e},z}$ konstant, so *vereinfacht sich die Stoffbilanz in Zylinderkoordinaten zu*

$$\begin{aligned} \frac{\partial c_i}{\partial t} = &- \left[\frac{1}{r} \cdot (c_i \cdot u_r) + \frac{\partial (c_i \cdot u_r)}{\partial r} + \frac{\partial (c_i \cdot u_z)}{\partial z} \right] \\ &+ D_{\mathrm{e},r} \cdot \left[\frac{\partial^2 c_i}{\partial r^2} + \frac{1}{r} \cdot \frac{\partial c_i}{\partial r} \right] + D_{\mathrm{e},z} \cdot \frac{\partial^2 c_i}{\partial z^2} + \sum_{j=1}^{M} \nu_{i,j} r_j. \end{aligned} \tag{5.26}$$

($D_{\mathrm{e},r}$, $D_{\mathrm{e},z}$ = konstante effektive Diffusions- bzw. Dispersionskoeffizienten in radialer und axialer Richtung).

Diese *Stoffbilanz für Zylinderkoordinaten und Rotationssymmetrie* kann aber auch direkt durch Bilanzierung eines differenziellen Ringvolumens $\mathrm{d}V = 2\pi r\,\mathrm{d}r\mathrm{d}z$ gemäß der vorgestellten Bilanzierungssystematik und analog zur Bilanzierung eines differenziellen Volumenelements $\mathrm{d}V = \mathrm{d}x\mathrm{d}y\mathrm{d}z$ in kartesischen Koordinaten abgeleitet werden (s. Abb. 5.4). Hierbei ist zu beachten, dass sich die von der konvektiven und diffusiven Stoffstromdichte radial durchströmte Fläche mit dem Radius ändert und Terme mit dem Produkt $\mathrm{d}r\mathrm{d}r$ vernachlässigt werden können.

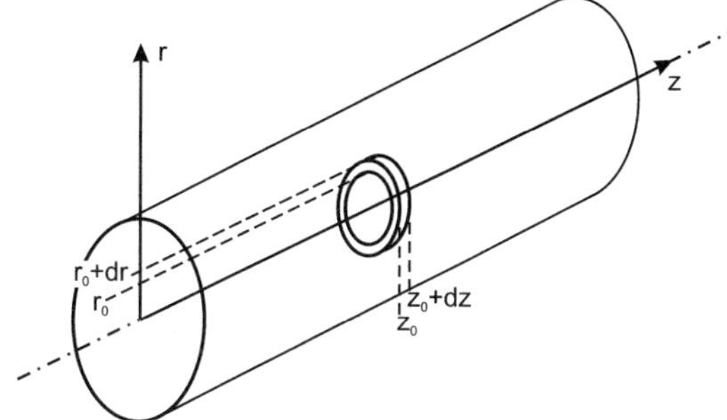

Abb. 5.4 Differenzielles Bilanzvolumen in Zylinderkoordinaten bei Rotationssymmetrie an einer beliebigen Stelle z_0, r_0 im Reaktor

Für *Kugelkoordinaten und Kugelsymmetrie* kann entweder durch Anwendung der Differenzialoperatoren auf Kugelkoordinaten oder durch Bilanzierung an einer differenziellen Kugelschale $\mathrm{d}V = 4\pi r^2\,\mathrm{d}r$ folgende Gleichung für die Stoffbilanz abgeleitet werden:

$$\frac{\partial c_i}{\partial t} = -\frac{2}{r}(c_i \cdot u_r) - \frac{\partial (c_i \cdot u_r)}{\partial r} + D_{\mathrm{e},r} \cdot \left(\frac{\partial^2 c_i}{\partial r^2} + \frac{2}{r} \cdot \frac{\partial c_i}{\partial r}\right) + \sum_{j=1}^{M} \nu_{i,j} r_j \tag{5.27}$$

($D_{\mathrm{e},r}$ = konstanter effektiver Diffusions- bzw. Dispersionskoeffizienten in radialer Richtung).

5.3 Die allgemeine Energiebilanz

Bei einer *Energiebilanz* müssen alle Energien (thermische, kinetische, potenzielle, mechanische, chemische Energie usw.) erfasst und bilanziert werden. In der Chemischen Reaktionstechnik müssen die kinetische, potenzielle und mechanische Energie im Allgemeinen nicht berücksichtigt werden. Dies ist z. B. anders in der Technischen Thermodynamik, da diese Energieformen in Verbrennungskraftanlagen wie Gasturbinen und Verbrennungsmotoren oder Wärmekraftanlagen wie Dampfturbinen eine große Rolle spielen [1]. Somit reduziert sich die Energiebilanz in der Reaktionstechnik zumeist auf die thermische und chemische Energie (= Reaktionswärme), d. h. auf die Wärmemengen, die akkumulieren, die mit der Umgebung ausgetauscht und die durch Reaktionen gebildet und verbraucht werden. Man spricht daher häufig von einer *Wärmebilanz*. Thermodynamisch korrekter, da auf dem 1. Hauptsatz der Thermodynamik basierend, handelt es sich eigentlich um eine *Enthalpiebilanz*, da technische Systeme im Allgemeinen isobar und nicht isochor sind, sodass mit der Druckkonstanz Volumenänderungsarbeit verbunden sein kann, die in der Enthalpie (z. B. Reaktionsenthalpie) berücksichtigt ist (s. Abschn. 3.2.1).

Analog zur Ableitung der Stoffbilanz in Abschn. 5.2 wird auch bei der Ableitung der Enthalpiebilanz zunächst von einem *kartesischen Koordinatensystem* ausgegangen und die Bilanzierung an einem *differenziellen Quader* mit dem konstanten Volumen $\mathrm{d}V = \mathrm{d}x\mathrm{d}y\mathrm{d}z$

(s. Abb. 5.1) durchgeführt. Da dadurch die Punkte 1. und 2. der am Anfang von Abschn. 5.1 vorgestellten Bilanzierungssystematik abgearbeitet sind, wird nun mit Punkt 3. die allgemeine Enthalpiebilanz als Wortgleichung formuliert, d. h. in Gl. 5.1 die Terme entsprechend zugeordnet. Bilanziert wird die Enthalpie im Bilanzvolumen (*Akkumulationsterm*), die durch Konvektion und Wärmeleitung zu- und abgeführt (*Konvektions-* und *Wärmeleitungsterm*) und durch eine oder mehrere chemische Reaktionen gebildet oder verbraucht werden kann (*Quell-/Senkterm* = *Reaktionsterm*):

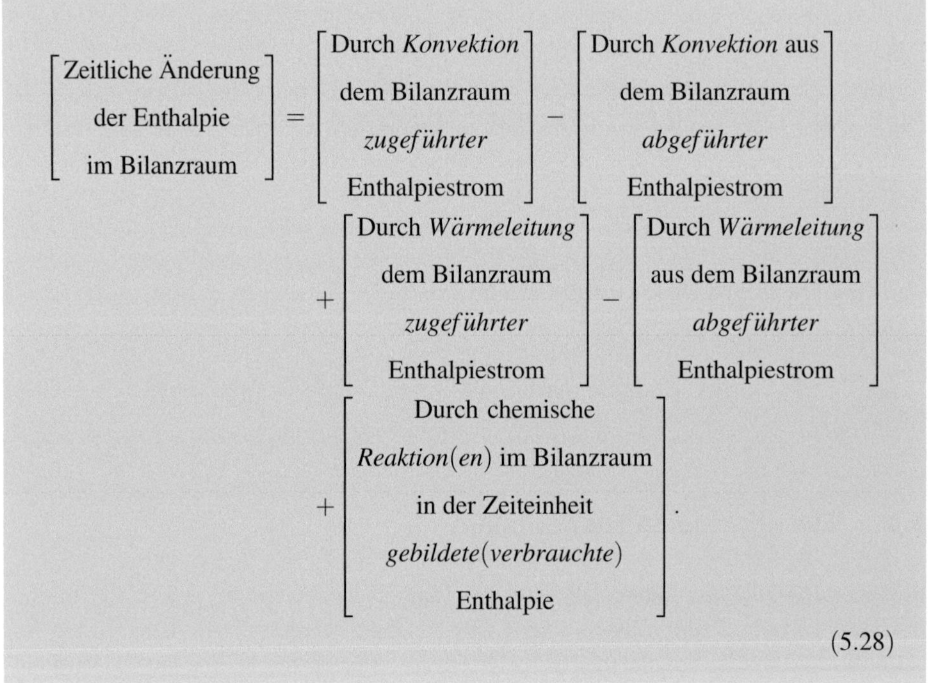

$$\begin{bmatrix}\text{Zeitliche Änderung}\\ \text{der Enthalpie}\\ \text{im Bilanzraum}\end{bmatrix} = \begin{bmatrix}\text{Durch } \textit{Konvektion}\\ \text{dem Bilanzraum}\\ \textit{zugeführter}\\ \text{Enthalpiestrom}\end{bmatrix} - \begin{bmatrix}\text{Durch } \textit{Konvektion} \text{ aus}\\ \text{dem Bilanzraum}\\ \textit{abgeführter}\\ \text{Enthalpiestrom}\end{bmatrix} + \begin{bmatrix}\text{Durch } \textit{Wärmeleitung}\\ \text{dem Bilanzraum}\\ \textit{zugeführter}\\ \text{Enthalpiestrom}\end{bmatrix} - \begin{bmatrix}\text{Durch } \textit{Wärmeleitung}\\ \text{aus dem Bilanzraum}\\ \textit{abgeführter}\\ \text{Enthalpiestrom}\end{bmatrix} + \begin{bmatrix}\text{Durch chemische}\\ \textit{Reaktion(en)} \text{ im Bilanzraum}\\ \text{in der Zeiteinheit}\\ \textit{gebildete(verbrauchte)}\\ \text{Enthalpie}\end{bmatrix}. \tag{5.28}$$

Anschließend müssen die Terme der Wortgleichung mathematisch-physikalisch korrekt formuliert werden (Punkt 4. der Bilanzierungssystematik). Bilanziert wird in der Einheit J/s bzw. W. Konsistenz der Einheiten (Punkt 5. der Bilanzierungssystematik) bedeutet dann, dass jeder Term der Enthalpiebilanz die Einheit J/s bzw. W haben muss.

In der Enthalpiebilanz gibt der *Akkumulationsterm* die zeitliche Änderung der Enthalpie im Bilanzraum in der Einheit J/s bzw. W an. Die Enthalpie ist als Zustandsgröße der Thermodynamik durch Temperatur, Druck und Zusammensetzung eindeutig festgelegt.

Der Energieinhalt $\mathrm{d}H$ des Bilanzvolumens $\mathrm{d}V$ kann aus der massenspezifischen Wärmekapazität c_p wie folgt berechnet werden:

$$\mathrm{d}H = \mathrm{d}V \cdot \rho c_p T. \tag{5.29}$$

Der *Akkumulationsterm* ergibt sich dann zu:

$$\begin{bmatrix} \textit{Zeitliche Änderung} \\ \text{der Enthalpie} \\ \text{im Bilanzraum} \end{bmatrix} = \frac{\partial(\mathrm{d}H)}{\partial t} = \frac{\partial\left(\mathrm{d}V \cdot \rho c_p T\right)}{\partial t}. \tag{5.30}$$

Der *Konvektionsterm* gibt die zeitliche Änderung der Enthalpie im Bilanzvolumen an, die sich aus der Differenz von Ein- und Abtransport in J/s bzw. W durch die Strömung des Reaktionssystems ergibt. Der *konvektive Enthalpietransport* kann durch den Vektor der konvektiven Enthalpiestromdichte beschrieben werden, der sich mathematisch-physikalisch aus dem Produkt von $\rho c_p T$ und dem Vektor der Strömungsgeschwindigkeit ergibt:

$$(\boldsymbol{q})_{\text{konv}} = \rho c_p T \cdot \boldsymbol{u} = \rho c_p T \cdot \begin{pmatrix} u_x \\ u_y \\ u_z \end{pmatrix}. \tag{5.31}$$

Die Komponenten des Vektors in den drei Richtungen des kartesischen Koordinatensystems lauten:

$$(q_x)_{\text{konv}} = \rho c_p T \cdot u_x, \tag{5.32a}$$

$$\left(q_y\right)_{\text{konv}} = \rho c_p T \cdot u_y, \tag{5.32b}$$

$$\left(q_z\right)_{\text{konv}} = \rho c_p T \cdot u_z. \tag{5.32c}$$

Sie haben die Einheit: $\frac{\mathrm{J}}{\mathrm{m}^2\,\mathrm{s}}$.

In der Komponentenschreibweise kann der durch einen beliebigen Vektor der konvektiven Enthalpiestromdichte an der Stelle (x_0, y_0, z_0) zugeführte Enthalpiestrom geschrieben werden als:

$$\begin{bmatrix} \text{Durch } \textit{Konvektion} \\ \text{dem Bilanzraum} \\ \textit{zugeführter} \\ \text{Enthalpiestrom} \end{bmatrix} = \left(\rho c_p T \cdot u_x\right)_{x_0} \mathrm{d}y\mathrm{d}z + \left(\rho c_p T \cdot u_y\right)_{y_0} \mathrm{d}x\mathrm{d}z + \left(\rho c_p T \cdot u_z\right)_{z_0} \mathrm{d}x\mathrm{d}y. \tag{5.33}$$

Der durch Konvektion dem Bilanzraum an der Stelle $(x_0 + \mathrm{d}x, y_0 + \mathrm{d}y, z_0 + \mathrm{d}z)$ abgeführte Enthalpiestrom ergibt sich analog:

$$\begin{bmatrix} \text{Durch } \textit{Konvektion} \\ \text{aus dem Bilanzraum} \\ \textit{abgeführter} \\ \text{Enthalpiestrom} \end{bmatrix} = \left(\rho c_p T \cdot u_x\right)_{x_0+\mathrm{d}x} \mathrm{d}y\mathrm{d}z + \left(\rho c_p T \cdot u_y\right)_{y_0+\mathrm{d}y} \mathrm{d}x\mathrm{d}z + \left(\rho c_p T \cdot u_z\right)_{z_0+\mathrm{d}z} \mathrm{d}x\mathrm{d}y. \tag{5.34}$$

Die Komponenten der Enthalpiestromdichte an der Stelle (x_0 + dx, y_0 + dy, z_0 + dz) kann man durch eine *Taylor-Reihenentwicklung* formulieren, die man nach dem ersten Term abbricht (Taylor-Linearisierung, s. Abschn. 12.2):

$$\left(\rho c_p T \cdot u_x\right)_{x_0+\mathrm{d}x} = \left(\rho c_p T \cdot u_x\right)_{x_0} + \left.\frac{\partial\left(\rho c_p T \cdot u_x\right)}{\partial x}\right|_{x_0} \mathrm{d}x, \tag{5.35a}$$

$$\left(\rho c_p T \cdot u_y\right)_{y_0+\mathrm{d}y} = \left(\rho c_p T \cdot u_y\right)_{y_0} + \left.\frac{\partial\left(\rho c_p T \cdot u_y\right)}{\partial y}\right|_{y_0} \mathrm{d}y, \tag{5.35b}$$

$$\left(\rho c_p T \cdot u_z\right)_{z_0+\mathrm{d}z} = \left(\rho c_p T \cdot u_z\right)_{z_0} + \left.\frac{\partial\left(\rho c_p T \cdot u_z\right)}{\partial z}\right|_{z_0} \mathrm{d}z. \tag{5.35c}$$

Durch Einsetzen der Gl. 5.35a, 5.35b, 5.35c in Gl. 5.34 ergibt sich unter Berücksichtigung des Zusammenhangs $\mathrm{d}V = \mathrm{d}x\mathrm{d}y\mathrm{d}z$ *insgesamt für den konvektiven Beitrag in der Enthalpiebilanz*:

$$\begin{aligned} &\begin{bmatrix} \text{Durch } \textit{Konvektion} \\ \text{dem Bilanzraum} \\ \textit{zugeführter} \\ \text{Enthalpiestrom} \end{bmatrix} - \begin{bmatrix} \text{Durch } \textit{Konvektion} \text{ aus} \\ \text{dem Bilanzraum} \\ \textit{abgeführter} \\ \text{Enthalpiestrom} \end{bmatrix} \\ &= -\left(\frac{\partial\left(\rho c_p T \cdot u_x\right)}{\partial x} + \frac{\partial\left(\rho c_p T \cdot u_y\right)}{\partial y} + \frac{\partial\left(\rho c_p T \cdot u_z\right)}{\partial z}\right) \cdot \mathrm{d}V. \end{aligned} \tag{5.36}$$

Der *Wärmeleitungsterm* gibt die zeitliche Änderung der Enthalpie im Bilanzvolumen in J/s bzw. W an, die sich aus der Differenz von An- und Abtransport an Enthalpie in J/s bzw. W durch Wärmeleitung ergibt. Wärmeleitung wird manchmal auch als Wärmediffusion oder Konduktion bezeichnet. Der *Enthalpietransport durch Wärmeleitung (diffusiver Enthalpietransport)* kann durch einen Vektor der diffusiven Enthalpiestromdichte beschrieben werden, der sich mathematisch-physikalisch aus dem Produkt des Wärmeleitfähigkeitskoeffizienten λ und dem Vektor der Temperaturgradienten ergibt (1. Fourier'sches Gesetz):

$$(\boldsymbol{q})_{\text{diff}} = -\lambda \cdot \begin{pmatrix} \dfrac{\partial T}{\partial x} \\ \dfrac{\partial T}{\partial y} \\ \dfrac{\partial T}{\partial z} \end{pmatrix}. \tag{5.37}$$

Die Komponenten des Vektors in den drei Richtungen des kartesischen Koordinatensystems lauten:

$$(q_x)_{\text{diff}} = \left(-\lambda \cdot \frac{\partial T}{\partial x}\right)_x, \tag{5.38a}$$

$$(q_y)_{\text{diff}} = \left(-\lambda \cdot \frac{\partial T}{\partial y}\right)_y, \tag{5.38b}$$

$$(q_z)_{\text{diff}} = \left(-\lambda \cdot \frac{\partial T}{\partial z}\right)_z. \tag{5.38c}$$

Sie haben die Einheit $\frac{\text{J}}{\text{m}^2\,\text{s}}$.

In der Komponentenschreibweise kann der durch einen beliebigen Vektor der diffusiven Enthalpiestromdichte an der Stelle (x_0, y_0, z_0) zugeführte Enthalpiestrom geschrieben werden als:

$$\begin{bmatrix} \text{Durch } \textit{Wärmeleitung} \\ \text{dem Bilanzraum} \\ \textit{zugeführter} \\ \text{Enthalpiestrom} \end{bmatrix} = \left(-\lambda \cdot \frac{\partial T}{\partial x}\right)_{x_0} \mathrm{d}y\mathrm{d}z + \left(-\lambda \cdot \frac{\partial T}{\partial y}\right)_{y_0} \mathrm{d}x\mathrm{d}z + \left(-\lambda \cdot \frac{\partial T}{\partial z}\right)_{z_0} \mathrm{d}x\mathrm{d}y. \tag{5.39}$$

Der durch Wärmeleitung dem Bilanzraum an der Stelle $(x_0 + \mathrm{d}x, y_0 + \mathrm{d}y, z_0 + \mathrm{d}z)$ abgeführte diffusive Enthalpiestrom ergibt sich analog:

$$\begin{bmatrix} \text{Durch } \textit{Wärmeleitung} \\ \text{aus dem Bilanzraum} \\ \textit{abgeführter} \\ \text{Enthalpiestrom} \end{bmatrix} = \left(-\lambda \cdot \frac{\partial T}{\partial x}\right)_{x_0+\mathrm{d}x} \mathrm{d}y\mathrm{d}z + \left(-\lambda \cdot \frac{\partial T}{\partial y}\right)_{y_0+\mathrm{d}y} \mathrm{d}x\mathrm{d}z + \left(-\lambda \cdot \frac{\partial T}{\partial z}\right)_{z_0+\mathrm{d}z} \mathrm{d}x\mathrm{d}y. \tag{5.40}$$

Die Komponenten der diffusiven Enthalpiestromdichte an der Stelle (x_0 + dx, y_0 + dy, z_0 + dz) kann man wiederum durch eine *Taylor-Reihenentwicklung* formulieren, die man nach dem ersten Term abbricht (Taylor-Linearisierung, s. Abschn. 12.2):

$$\left(-\lambda\cdot\frac{\partial T}{\partial x}\right)_{x_0+\mathrm{d}x}=\left(-\lambda\cdot\frac{\partial T}{\partial x}\right)_{x_0}+\frac{\partial}{\partial x}\left(-\lambda\cdot\frac{\partial T}{\partial x}\right)\Bigg|_{x_0}\mathrm{d}x, \tag{5.41a}$$

$$\left(-\lambda\cdot\frac{\partial T}{\partial y}\right)_{y_0+\mathrm{d}y}=\left(-\lambda\cdot\frac{\partial T}{\partial y}\right)_{y_0}+\frac{\partial}{\partial y}\left(-\lambda\cdot\frac{\partial T}{\partial y}\right)\Bigg|_{y_0}\mathrm{d}y, \tag{5.41b}$$

$$\left(-\lambda\cdot\frac{\partial T}{\partial z}\right)_{z_0+\mathrm{d}z}=\left(-\lambda\cdot\frac{\partial T}{\partial z}\right)_{z_0}+\frac{\partial}{\partial z}\left(-\lambda\cdot\frac{\partial T}{\partial z}\right)\Bigg|_{z_0}\mathrm{d}z. \tag{5.41c}$$

Durch Einsetzen der Gl. 5.41a, 5.41b, 5.41c in Gl. 5.40 ergibt sich unter Berücksichtigung des Zusammenhangs $\mathrm{d}V = \mathrm{d}x\mathrm{d}y\mathrm{d}z$ *insgesamt für den diffusiven Beitrag (Wärmeleitung) in der Enthalpiebilanz*:

$$\begin{bmatrix}\text{Durch } \textit{Wärmeleitung}\\ \text{dem Bilanzraum}\\ \textit{zugeführter}\\ \text{Enthalpiestrom}\end{bmatrix}-\begin{bmatrix}\text{Durch } \textit{Wärmeleitung} \text{ aus}\\ \text{dem Bilanzraum}\\ \textit{abgeführter}\\ \text{Enthalpiestrom}\end{bmatrix}=\left(\frac{\partial}{\partial x}\left(\lambda\cdot\frac{\partial T}{\partial x}\right)+\frac{\partial}{\partial y}\left(\lambda\cdot\frac{\partial T}{\partial y}\right)+\frac{\partial}{\partial z}\left(\lambda\cdot\frac{\partial T}{\partial z}\right)\right)\cdot\mathrm{d}V. \tag{5.42}$$

Der *Reaktionsterm* beschreibt die pro Zeiteinheit gebildete oder verbrauchte Enthalpie, die sich aus den *Reaktionsenthalpien* aller $j = 1,\ldots,M$ ablaufenden chemischen Reaktionen wie folgt ergibt:

$$\begin{bmatrix}\text{Durch chemische}\\ \textit{Reaktion(en)} \text{ im Bilanz-}\\ \text{raum in der Zeiteinheit}\\ \textit{gebildete(verbrauchte)}\\ \text{Enthalpie}\end{bmatrix}=\sum_{j=1}^{M}\left(r_j\cdot\left(-\Delta_\mathrm{R}H_j\right)\right)\cdot\mathrm{d}V. \tag{5.43}$$

Die Konsistenz der Einheiten ist erfüllt, da die Reaktionsgeschwindigkeit die Einheit „Zahl der Formelumsätze pro Volumen und Zeit“ und die Reaktionsenthalpie die Einheit „Enthalpie pro Formelumsatz“ hat, sodass sich durch Multiplikation mit dem Bilanzvolumen die Einheit Enthalpie pro Zeit bzw. J/s ergibt. Der Beitrag des Reaktionsterms ist also dann groß in der Bilanzgleichung, wenn es sich um eine schnelle und stark exotherme oder endotherme Reaktion handelt.

Setzt man nun alle mathematisch-physikalischen Gleichungen in die Wortgleichung Gl. 5.28 ein, *so ergibt sich für die Enthalpiebilanz*:

$$\begin{aligned}\frac{\partial\left(\mathrm{d}V\cdot\rho c_pT\right)}{\partial t} &= -\left(\frac{\partial\left(\rho c_pT\cdot u_x\right)}{\partial x}+\frac{\partial\left(\rho c_pT\cdot u_y\right)}{\partial y}+\frac{\partial\left(\rho c_pT\cdot u_z\right)}{\partial z}\right)\cdot\mathrm{d}V\\ &\quad+\left(\frac{\partial}{\partial x}\left(\lambda\cdot\frac{\partial T}{\partial x}\right)+\frac{\partial}{\partial y}\left(\lambda\cdot\frac{\partial T}{\partial y}\right)+\frac{\partial}{\partial z}\left(\lambda\cdot\frac{\partial T}{\partial z}\right)\right)\cdot\mathrm{d}V\\ &\quad+\sum_{j=1}^{M}\left(r_j\cdot\left(-\Delta_{\mathrm{R}}H_j\right)\right)\cdot\mathrm{d}V.\end{aligned}\tag{5.44}$$

Liegt Volumenkonstanz vor, dann kann durch $\mathrm{d}V$ dividiert und $\mathrm{d}V$ im Akkumulationsterm gekürzt werden:

$$\begin{aligned}\frac{\partial\left(\rho c_pT\right)}{\partial t} &= -\left(\frac{\partial\left(\rho c_pT\cdot u_x\right)}{\partial x}+\frac{\partial\left(\rho c_pT\cdot u_y\right)}{\partial y}+\frac{\partial\left(\rho c_pT\cdot u_z\right)}{\partial z}\right)\\ &\quad+\left(\frac{\partial}{\partial x}\left(\lambda\cdot\frac{\partial T}{\partial x}\right)+\frac{\partial}{\partial y}\left(\lambda\cdot\frac{\partial T}{\partial y}\right)+\frac{\partial}{\partial z}\left(\lambda\cdot\frac{\partial T}{\partial z}\right)\right)\\ &\quad+\sum_{j=1}^{M}\left(r_j\cdot\left(-\Delta_RH_j\right)\right).\end{aligned}\tag{5.45}$$

Da sich bei turbulenter Strömung der Geschwindigkeitsvektor $\boldsymbol{u}$ in jedem Punkt fortlaufend ändert, setzt man wie bei der Stoffbilanz in den Konvektionsterm der Enthalpiebilanz den *zeitlichen Mittelwert der Strömungsgeschwindigkeit* ein, wodurch jedoch im Konvektionsterm die durch die Fluktuation der Geschwindigkeit hervorgerufene turbulente Vermischung vernachlässigt wird. Diese *turbulente Vermischung* wird aber wiederum dadurch dann doch berücksichtigt, indem in den Wärmeleitterm die *effektiven Wärmeleitfähigkeitskoeffizienten* $\lambda_{\mathrm{e},x}$, $\lambda_{\mathrm{e},y}$ und $\lambda_{\mathrm{e},z}$ eingesetzt werden. Diese sind dann keine reinen Stoffgrößen mehr, sondern hängen wie die Dispersionskoeffizienten der Stoffbilanz von der Art der Strömung, der Turbulenz und von der Orientierung des Temperaturgradienten zur Hauptströmungsrichtung ab. Die effektiven Wärmeleitfähigkeitskoeffizienten haben demnach verschiedene Werte je nach der Richtung des Temperaturgefälles in Bezug auf die Hauptströmungsrichtung. Die Enthalpiebilanz lautet dann:

$$\begin{aligned}\frac{\partial(\rho c_p T)}{\partial t} = &-\left(\frac{\partial(\rho c_p T \cdot u_x)}{\partial x} + \frac{\partial(\rho c_p T \cdot u_y)}{\partial y} + \frac{\partial(\rho c_p T \cdot u_z)}{\partial z}\right) \\ &+\left(\frac{\partial}{\partial x}\left(\lambda_{e,x} \cdot \frac{\partial T}{\partial x}\right) + \frac{\partial}{\partial y}\left(\lambda_{e,y} \cdot \frac{\partial T}{\partial y}\right) + \frac{\partial}{\partial z}\left(\lambda_{e,z} \cdot \frac{\partial T}{\partial z}\right)\right) \\ &+\sum_{j=1}^{M}\left(r_j \cdot (-\Delta_R H_j)\right)\end{aligned} \tag{5.46}$$

($\lambda_{e,x}, \lambda_{e,y}, \lambda_{e,z}$ = effektive Wärmeleitfähigkeitskoeffizienten in x-, y- und z-Richtung).

Mit der Einführung der *Differenzialoperatoren Divergenz* und *Gradient* lässt sich die *Enthalpiebilanz in Vektorform* wie folgt schreiben:

$$\frac{\partial(\rho c_p T)}{\partial t} = -\operatorname{div}(\rho c_p T \cdot \boldsymbol{u}) + \operatorname{div}(\boldsymbol{\lambda}_e \cdot \operatorname{grad} T) + \sum_{j=1}^{M}\left(r_j \cdot (-\Delta_R H_j)\right) \tag{5.47}$$

mit

$$\boldsymbol{\lambda}_e = \begin{pmatrix} \lambda_{e,x} & 0 & 0 \\ 0 & \lambda_{e,y} & 0 \\ 0 & 0 & \lambda_{e,z} \end{pmatrix}.$$

Mit der Definition von Divergenz und Gradient für Zylinder- und Kugelkoordinaten erhält man aus Gl. 5.47 die Formulierung der Enthalpiebilanz für *Zylinderkoordinaten mit Rotationssymmetrie*. Nimmt man außerdem an, dass $\lambda_{e,r}$ und $\lambda_{e,z}$ entlang der jeweiligen Raumrichtung konstant sind, so vereinfacht sich die *Enthalpiebilanz in Zylinderkoordinaten* zu

$$\begin{aligned}\frac{\partial(\rho c_p T)}{\partial t} = &-\left[\frac{1}{r}(\rho c_p T \cdot u_r) + \frac{\partial(\rho c_p T \cdot u_r)}{\partial r} + \frac{\partial(\rho c_p T \cdot u_z)}{\partial z}\right] \\ &+\lambda_{e,r} \cdot \left[\frac{\partial^2 T}{\partial r^2} + \frac{1}{r} \cdot \frac{\partial T}{\partial r}\right] + \lambda_{e,z} \cdot \frac{\partial^2 T}{\partial z^2} + \sum_{j=1}^{M}\left(r_j \cdot (-\Delta_R H_j)\right)\end{aligned} \tag{5.48}$$

($\lambda_{e,r}, \lambda_{e,z}$ = konstante effektive Wärmeleitfähigkeitskoeffizienten in radialer und axialer Richtung) und für *Kugelkoordinaten mit Kugelsymmetrie*:

$$\begin{aligned}\frac{\partial(\rho c_p T)}{\partial t} &= -\left[\frac{2}{r}\cdot(\rho c_p T\cdot u_r) + \frac{\partial(\rho c_p T\cdot u_r)}{\partial r}\right]\\ &+\lambda_{e,r}\cdot\left[\frac{\partial^2 T}{\partial r^2}+\frac{2}{r}\cdot\frac{\partial T}{\partial r}\right]+\sum_{j=1}^{M}\left(r_j\cdot(-\Delta_R H_j)\right).\end{aligned} \tag{5.49}$$

5.4 Ideale Reaktoren

Ideale Reaktoren zeichnen sich durch einen *definierten Vermischungszustand* aus, der sich auch in einer charakteristischen und definierten Verweilzeitverteilung widerspiegelt (s. Kap. 6). Es gibt *zwei Typen idealer Reaktoren*, die jeweils einen extremen Grenzfall der Vermischung darstellen (s. Abb. 5.5):

1. *Der ideale Strömungsrohrreaktor* (*PFTR*, „***plug flow tubular reactor***")

   Beim idealen Strömungsrohrreaktor findet *keinerlei axiale Rückvermischung zwischen Eintritt E in das Reaktionsvolumen und Austritt A aus dem Reaktionsvolumen* statt und andererseits eine *vollständige Vermischung quer (lateral) zur Strömungsrichtung*. Somit treten Konzentrations- und Temperaturgradienten in axialer Richtung auf, jedoch nicht in lateraler Richtung.

   Ein reales Beispiel für einen idealen Strömungsrohrreaktor ist ein turbulent durchströmter Rohrreaktor (*plug flow*), der für die Namensgebung PFTR im Englischen gesorgt hat. Diese englische Namensgebung ist jedoch nicht ganz korrekt, weil es auch andere Reaktoren gibt, die das PFTR-Verhalten zeigen, aber nicht turbulent durchströmt sind (s. Kap. 9).
2. *Der kontinuierliche ideale Rührkesselreaktor* (*CSTR*, „***continuous stirred tank reactor***")

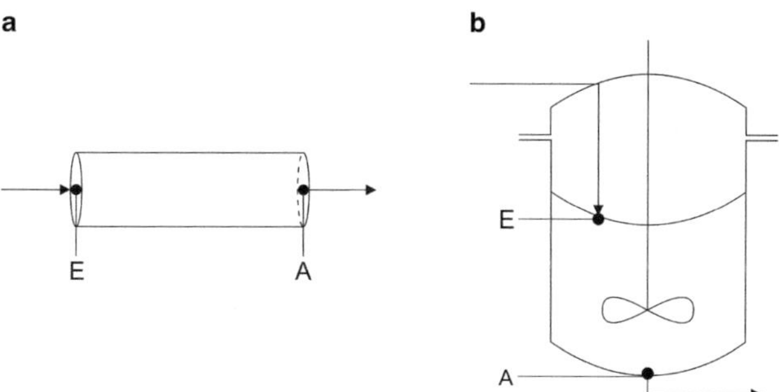

Abb. 5.5 Prinzipskizzen eines idealen Strömungsrohrreaktors (**a**) und eines kontinuierlichen idealen Rührkesselreaktors (**b**). (E = Eintritt, A = Austritt)

Beim kontinuierlichen idealen Rührkesselreaktor findet dagegen neben der *vollständigen lateralen Vermischung* eine *vollständige axiale Rückvermischung zwischen Eintritt E und Austritt* A statt, sodass keinerlei Konzentrations- und Temperaturgradienten im Reaktor vorliegen.

Ein reales Beispiel ist ein kontinuierlich betriebener Rührkesselreaktor, bei dem durch optimale Rührerauslegung (Rührertyp, Drehzahl) eine ausreichend hohe Mischeffizienz für die vorliegende Reaktion erreicht wurde.

Der *ideale Rührkesselreaktor* kann zudem *halbkontinuierlich* („Semi-Batch-Betrieb") oder *diskontinuierlich* („Batch-Betrieb") betrieben werden. Im Folgenden werden die idealen Reaktoren im Einzelnen für einfache, irreversible Reaktionen bilanziert und diskutiert.

Typische *Ziele der Reaktormodellierung* sind entweder die *Auslegung eines neuen Reaktors für eine zu realisierende Produktionshöhe des gewünschten Produktes* oder die *Berechnung und Maximierung der Produktionshöhe für einen vorhandenen Reaktor*. Beides sind Situationen, die in der chemischen Industrie auftreten, je nachdem, ob eine Investition in einen neuen Reaktor möglich ist oder mit einem bestehenden Reaktor produziert werden muss. In beiden Fällen kommen dieselben Gleichungen zur Anwendung, die auf den in Kap. 2 bereits abgeleiteten Gleichungen (s. Gl. 2.23 und 2.24) für die Produktionshöhe im diskontinuierlichen bzw. kontinuierlichen Betrieb beruhen.

Für *diskontinuierlich betriebene Reaktoren* sind dies die Gleichungen:

$$\dot{m}_k = \frac{m_k}{\Delta t} = \frac{c_{i,0} \cdot V \cdot U_i(t) \cdot S_{k,i} \cdot \frac{|\nu_{k,1}|}{|\nu_{i,1}|} \cdot M_k}{\Delta t}, \tag{5.50}$$

$$V = \frac{\dot{m}_k \cdot \Delta t}{c_{i,0} \cdot U_i(t) \cdot S_{k,i} \cdot \frac{|\nu_{k,1}|}{|\nu_{i,1}|} \cdot M_k} \tag{5.51}$$

(A_i : Edukt, A_k : Produkt, $j = 1$: gewünschte Reaktion, Δt: Betriebszeit).

Aus der Stoffbilanz und – bei nichtisothermer Reaktionsführung – der Enthalpiebilanz erhält man für eine einzige Reaktion ($S_{k,i} = 1$) durch Integration den Zusammenhang zwischen Umsatzgrad U_i und der Reaktionszeit t. Zusammen mit der Totzeit t_{tot} für Füllen, Aufheizen, Abkühlen, Leeren und Reinigen ergibt sich die Betriebszeit $\Delta t = t + t_{tot}$ und es kann dann entweder die Produktionshöhe für ein vorgegebenes Reaktionsvolumen (Gl. 5.50) oder das notwendige Reaktionsvolumen für eine gewünschte Produktionshöhe (Gl. 5.51) berechnet werden. Liegen neben der gewünschten Hauptreaktion noch ein oder mehr Nebenreaktionen vor, dann muss zusätzlich die Selektivität $S_{k,i}$ in die Auslegung mit einbezogen werden (s. Kap. 7).

Für *kontinuierlich betriebene Reaktoren* sind für die Reaktorauslegung entsprechend der beschriebenen Ziele folgende Gleichungen erforderlich:

$$\dot{m}_k = c_{i,0} \cdot \dot{V} \cdot U_i(\tau) \cdot S_{k,i} \cdot \frac{|\nu_{k,1}|}{|\nu_{i,1}|} \cdot M_k \tag{5.52}$$

bzw. mit

$$\dot{V} = \frac{V}{\tau} \tag{5.53}$$

ergibt sich für das notwendige Reaktionsvolumen:

$$V = \frac{\dot{m}_k \cdot \tau}{c_{i,0} \cdot U_i(\tau) \cdot S_{k,i} \cdot \frac{|\nu_{k,1}|}{|\nu_{i,1}|} \cdot M_k} \tag{5.54}$$

(A_i : Edukt, A_k : Produkt, $j = 1$: gewünschte Reaktion, τ: Verweilzeit).

Aus der Stoffbilanz und – bei nicht-isothermer Reaktionsführung – der Enthalpiebilanz erhält man für eine einzige Reaktion ($S_{k,i} = 1$) durch Integration den Zusammenhang zwischen Umsatzgrad U_i und der Verweilzeit τ und kann dann entweder die Produktionshöhe für ein vorgegebenes Reaktionsvolumen (Gl. 5.52 und 5.53) oder das notwendige Reaktionsvolumen für eine gewünschte Produktionshöhe (Gl. 5.54) berechnen. Liegen neben der gewünschten Hauptreaktion noch eine oder mehrere Nebenreaktionen vor, dann muss zusätzlich die Selektivität $S_{\mathrm{k,i}}$ in die Auslegung mit einbezogen werden (s. Kap. 7).

5.4.1 Diskontinuierlicher idealer Rührkesselreaktor

Zunächst sollen die *Stoff- und Enthalpiebilanzen* abgeleitet werden, wobei zwei Wege verfolgt werden (s. Abschn. 5.1): zum einen die deduktive Ableitung ausgehend von den allgemeinen Bilanzgleichungen und zum anderen die spezifische Ableitung für den vorliegenden Reaktortyp. Unabhängig davon, welchen Weg man vorzieht, ist es an dieser Stelle sinnvoll und notwendig, die Punkte 1 und 2 der Bilanzierungssystematik zu berücksichtigen, da nun ein konkreter Reaktortyp vorliegt. Abb. 5.6 zeigt eine *Prinzipskizze des diskontinuierlichen idealen Rührkesselreaktors* sowie den dazugehörigen Bilanzraum. Da eine vollständige, d. h. ideale Vermischung des Reaktionsvolumens vorliegt, kann das gesamte Reaktionsvolumen im Rührkesselreakor als Bilanzraum ausgewählt werden.

5.4.1.1 Stoffbilanz

Die *deduktive Ableitung* geht von der allgemeinen Stoffbilanz in kartesischen Koordinaten aus, wobei Gl. 5.19 dahingehend vereinfacht wurde, dass die Komponenten der Strö-

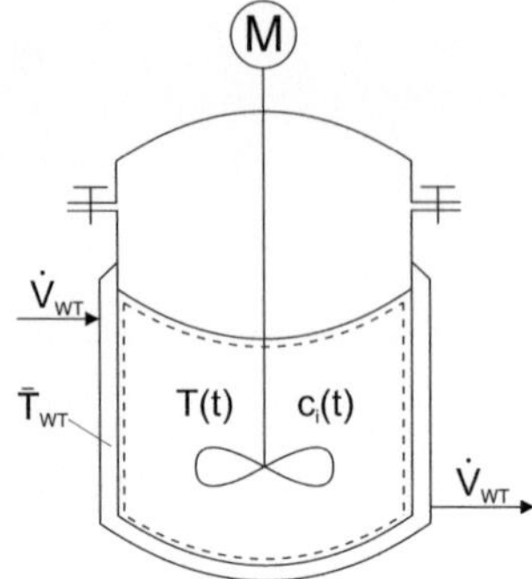

Abb. 5.6 Prinzipskizze eines diskontinuierlichen idealen Rührkesselreaktors mit dazugehörigem Bilanzraum (*gestrichelte Linie*)

mungsgeschwindigkeit und die Dispersionskoeffizienten in den jeweiligen Richtungen des Koordinatensystems als ortsunabhängig angenommen wurden:

$$\frac{1}{\mathrm{d}V}\frac{\partial n_i}{\partial t} = -\left(u_x\frac{\partial c_i}{\partial x} + u_y\frac{\partial c_i}{\partial y} + u_z\frac{\partial c_i}{\partial z}\right) + \left(D_{\mathrm{e},x}\frac{\partial^2 c_i}{\partial x^2} + D_{\mathrm{e},y}\frac{\partial^2 c_i}{\partial y^2} + D_{\mathrm{e},z}\frac{\partial^2 c_i}{\partial z^2}\right) + \left(\sum_{j=1}^{M}\nu_{i,j}r_j\right). \tag{5.55}$$

Da durch die ideale Vermischung im Reaktionsvolumen unabhängig vom Ort überall dieselbe Konzentration vorliegt, muss gelten

$$c_i(t,x,y,z) = c_i(t), \tag{5.56}$$

sodass sowohl die erste als auch die zweite Ableitung der Konzentration in die jeweiligen Raumrichtungen null ist:

$$\frac{1}{\mathrm{d}V}\frac{\partial n_i}{\partial t} = \sum_{j=1}^{M}\nu_{i,j}r_j. \tag{5.57}$$

Da Gl. 5.57 noch für ein differenzielles Reaktionsvolumen gilt, muss über das gesamte Reaktionsvolumen im Rührkesselreaktor integriert werden. Aufgrund der Tatsache, dass die Konzentrationen und damit die Reaktionsgeschwindigkeiten unabhängig vom Ort sind, ergibt sich

$$\frac{\mathrm{d}n_i}{\mathrm{d}t} = V\cdot\sum_{j=1}^{M}\nu_{i,j}r_j. \tag{5.58}$$

Zum selben Ergebnis kommt man auch, wenn man für den in Abb. 5.6 gezeigten *Bilanzraum des diskontinuierlichen idealen Rührkesselreaktors* die Bilanzierung gemäß der Wortgleichung Gl. 5.2 in der Einheit mol/s vornimmt. So gilt für den *Akkumulationsterm*

$$\begin{bmatrix} \textit{Zeitliche Änderung} \\ \text{der Stoffmenge von } A_i \\ \text{im Bilanzraum} \end{bmatrix} = \frac{\mathrm{d}n_i}{\mathrm{d}t}, \tag{5.59}$$

für den *Konvektionsterm*

$$\begin{bmatrix} \text{Durch } \textit{Konvektion} \\ \text{dem Bilanzraum} \\ \textit{zugeführter} \\ \text{Stoffstrom von } A_i \end{bmatrix} = \begin{bmatrix} \text{Durch } \textit{Konvektion} \text{ aus} \\ \text{dem Bilanzraum} \\ \textit{abgeführter} \text{ Stoff-} \\ \text{strom von } A_i \end{bmatrix} = 0, \tag{5.60}$$

für den *Diffusionsterm*

$$\begin{bmatrix} \text{Durch } \textit{Diffusion} \\ \text{dem Bilanzraum} \\ \textit{zugeführter} \\ \text{Stoffstrom von } A_i \end{bmatrix} = \begin{bmatrix} \text{Durch } \textit{Diffusion} \text{ aus} \\ \text{dem Bilanzraum} \\ \textit{abgeführter} \text{ Stoff-} \\ \text{strom von } A_i \end{bmatrix} = 0 \tag{5.61}$$

und für den *Reaktionsterm*

$$\begin{bmatrix} \text{Durch chemische} \\ \textit{Reaktion(en)} \text{ im Bilanz-} \\ \text{raum in der Zeiteinheit} \\ \textit{gebildete(verbrauchte)} \\ \text{Stoffmenge von } A_i \end{bmatrix} = V \cdot R_i = V \cdot \sum_{j=1}^{M} \nu_{i,j} r_j. \tag{5.62}$$

Insgesamt ergibt sich für die *Stoffbilanz des diskontinuierlichen idealen Rührkesselreaktors* wiederum die Gleichung:

$$\frac{\mathrm{d}n_i}{\mathrm{d}t} = V \cdot \sum_{j=1}^{M} \nu_{i,j} r_j. \tag{5.63}$$

Bei *konstanter Dichte* und damit *konstantem Reaktionsvolumen* kann geschrieben werden:

$$\frac{\mathrm{d}c_i}{\mathrm{d}t} = \sum_{j=1}^{M} \nu_{i,j} r_j. \tag{5.64}$$

5.4.1.2 Enthalpiebilanz

Die *deduktive Ableitung* der Enthalpiebilanz für den diskontinuierlichen Rührkesselreaktor geht von der allgemeinen Enthalpiebilanz in kartesischen Koordinaten aus. Dabei wurde Gl. 5.46 dahingehend vereinfacht, dass die Komponenten der Strömungsgeschwindigkeit sowie Dichte, Wärmekapazität und effektive Wärmeleitfähigkeit in den jeweiligen Richtungen des Koordinatensystems als ortsunabhängig angenommen werden:

$$\begin{aligned}\frac{\partial\left(\mathrm{d}V \cdot \rho c_p T\right)}{\partial t} = & -\rho c_p \left(u_x \frac{\partial T}{\partial x} + u_y \frac{\partial T}{\partial y} + u_z \frac{\partial T}{\partial z}\right) \cdot \mathrm{d}V \\ & + \left(\lambda_{\mathrm{e},x} \frac{\partial^2 T}{\partial x^2} + \lambda_{\mathrm{e},y} \frac{\partial^2 T}{\partial y^2} + \lambda_{\mathrm{e},z} \frac{\partial^2 T}{\partial z^2}\right) \cdot \mathrm{d}V \\ & + \sum_{j=1}^{M} \left(r_j \cdot \left(-\Delta_{\mathrm{R}} H_j\right)\right) \cdot \mathrm{d}V.\end{aligned} \tag{5.65}$$

Auf Grund der idealen Vermischung des Reaktionsvolumens gilt

$$T(t, x, y, z) = T(t) \tag{5.66}$$

und die Enthalpiebilanz für ein differenzielles Reaktionsvolumen dV ergibt sich zu

$$\frac{d\left(\mathrm{d}V \cdot \rho c_p T\right)}{dt} = \sum_{j=1}^{M} \left(r_j \cdot \left(-\Delta_{\mathrm{R}} H_j\right)\right) \cdot \mathrm{d}V. \tag{5.67}$$

Diese Bilanzgleichung gilt noch für ein differenzielles Reaktionsvolumen innerhalb des betrachteten Reaktionsvolumens. Erst durch Integration über das gesamte Reaktionsvolumen V erhält man die Enthalpiebilanz des kontinuierlichen idealen Rührkesselreaktors:

$$\frac{\mathrm{d}\left(V \cdot \rho c_p T\right)}{\mathrm{d}t} = V \cdot \sum_{j=1}^{M} \left(r_j \cdot \left(-\Delta_{\mathrm{R}} H_j\right)\right). \tag{5.68}$$

Die über die Grenzen des gesamten Reaktionsvolumens durch Heizen oder Kühlen zu- und abgeführten Enthalpieströme müssen allerdings dann bei der Integration als Randbedingungen berücksichtigt werden. Daher muss zu Gl. 5.68 ein Term hinzugefügt werden, der die *Wärmeübertragung* durch die vorhandene Wärmeübertragerfläche beschreibt. Die dem Reaktionsvolumen durch die Wärmeübertragerfläche A_W pro Zeiteinheit ab- oder zugeführte Wärmemenge ist nach Gl. 4.31:

$$\dot{Q} = k_W A_W \left(\overline{T}_{WT} - T\right) \tag{5.69}$$

(k_W = Wärmedurchgangskoeffizient, A_W = Wärmeübertragerfläche, $\overline{T}_{WT}$ = mittlere Temperatur des Wärmeträgers, T = Temperatur der Reaktionsmischung).

Insgesamt ergibt sich dann für die *Enthalpiebilanz eines idealen diskontinuierlichen Rührkesselreaktors*:

$$\frac{\mathrm{d}\left(V \cdot \rho c_p T\right)}{\mathrm{d}t} = V \cdot \sum_{j=1}^{M} \left(r_j \cdot \left(-\Delta_R H_j\right)\right) + k_W A_W \left(\overline{T}_{WT} - T\right). \tag{5.70}$$

Zum selben Ergebnis kommt man auch, wenn man für den in Abb. 5.6 gezeigten *Bilanzraum des diskontinuierlichen idealen Rührkesselreaktors* die Bilanzierung gemäß der Wortgleichung Gl. 5.28 in J/s vornimmt.

Der Energieinhalt H des Bilanzvolumens V kann aus der massenspezifischen Wärmekapazität c_p wie folgt berechnet werden:

$$H = V \cdot \rho c_p T. \tag{5.71}$$

Der *Akkumulationsterm* ergibt sich dann zu

$$\begin{bmatrix} \textit{Zeitliche Änderung} \\ \text{der Enthalpie} \\ \text{im Bilanzraum} \end{bmatrix} = \frac{\partial H}{\partial t} = \frac{\partial\left(V \cdot \rho c_p T\right)}{\partial t}, \tag{5.72}$$

der *Konvektionsterm* zu

$$\begin{bmatrix} \text{Durch } \textit{Konvektion} \\ \text{dem Bilanzraum} \\ \textit{zugeführter} \\ \text{Enthalpiestrom} \end{bmatrix} = \begin{bmatrix} \text{Durch } \textit{Konvektion} \\ \text{aus dem Bilanzraum} \\ \textit{abgeführter} \\ \text{Enthalpiestrom} \end{bmatrix} = 0, \tag{5.73}$$

der *Reaktionsterm* zu

$$\begin{bmatrix} \text{Durch chemische} \\ \textit{Reaktion(en)} \text{ im Bilanzraum} \\ \text{in der Zeiteinheit} \\ \textit{gebildete(verbrauchte)} \\ \text{Enthalpie} \end{bmatrix} = V \cdot \sum_{j=1}^{M} \left(r_j \cdot \left(-\Delta_R H_j \right) \right) \tag{5.74}$$

und der *Wärmeleitungsterm* zu

$$\begin{bmatrix} \text{Durch } \textit{Wärmeleitung} \\ \text{dem Bilanzraum} \\ \textit{zu- oder abgeführter} \\ \text{Enthalpiestrom} \end{bmatrix} = k_W A_W \left(\overline{T}_{WT} - T \right). \tag{5.75}$$

Die an der Bilanzgrenze durch Wärmeleitung an die Wand abgegebene oder über die Wand aufgenommene Enthalpie wird als Wärmeübertragungsterm gemäß Gl. 4.31 berücksichtigt.

Somit ergibt sich insgesamt für die *Enthalpiebilanz des diskontinuierlichen idealen Rührkesselreaktors* wiederum die Gleichung:

$$\frac{\mathrm{d}\left(V \cdot \rho c_p T\right)}{\mathrm{d}t} = V \cdot \sum_{j=1}^{M} \left(r_j \cdot \left(-\Delta_R H_j \right) \right) + k_W A_W \left(\overline{T}_{WT} - T \right) \tag{5.76}$$

bzw. bei *konstanter Dichte* und damit *konstantem Reaktionsvolumen V* sowie *konstanter Wärmekapazität c_p*

$$\rho c_p \frac{\mathrm{d}T}{\mathrm{d}t} = \sum_{j=1}^{M} \left(r_j \cdot \left(-\Delta_R H_j \right) \right) + k_W \frac{A_W}{V} \left(\overline{T}_{WT} - T \right). \tag{5.77}$$

5.4.1.3 Zusammenfassung der Bilanzgleichungen

Nachfolgend sind die Gleichungen für die *Stoff- und die Enthalpiebilanz des diskontinuierlichen idealen Rührkesselreaktors* zusammengefasst. Da in Kap. 5 von einer einzigen Reaktion ausgegangen und erst in Kap. 7 auf Reaktionsnetze eingegangen wird, ist daher im Reaktionsterm jeweils nur eine einzige Reaktion berücksichtigt:

Stoffbilanz für den diskontinuierlichen idealen Rührkesselreaktor für $M = 1$ und $\rho = \text{const}$

$$\frac{\mathrm{d}c_i}{\mathrm{d}t} = \nu_i \cdot r(c_i, T) \tag{5.78}$$

bzw.

$$\frac{\mathrm{d}U_i}{\mathrm{d}t} = -\frac{\nu_i \cdot r(U_i, T)}{c_{i,0}} = \frac{|\,\nu_i\,| \cdot r(U_i, T)}{c_{i,0}}. \tag{5.79}$$

Enthalpiebilanz für den diskontinuierlichen idealen Rührkesselreaktor für $M = 1$ und $\rho = \mathrm{const}$ sowie $c_p = \mathrm{const}$:

$$\rho c_p \frac{\mathrm{d}T}{\mathrm{d}t} = r(U_i, T) \cdot (-\Delta_\mathrm{R}H) + k_\mathrm{W}\frac{A_\mathrm{W}}{V}\left(\overline{T}_\mathrm{WT} - T\right). \tag{5.80}$$

5.4.1.4 Isotherme Reaktionsführung

Die *isotherme Reaktionsführung* setzt voraus, dass zu jedem Zeitpunkt die bei der Reaktion gebildete oder verbrauchte Wärmemenge ab- oder zugeführt wird, d. h., die Temperatur bleibt also nicht nur räumlich, sondern auch zeitlich konstant. In diesem Fall muss also nur die Stoffbilanz Gl. 5.78 bzw. Gl. 5.79 für eine feste Reaktionstemperatur T gelöst werden.

Für die Berechnung der Produktionshöhe für ein vorgegebenes Reaktionsvolumen bzw. des erforderlichen Reaktionsvolumens für eine vorgegebene Produktionshöhe (s. Einleitung in Abschn. 5.4) benötigt man die Reaktionszeit t, um einen gewünschten Umsatzgrad U_i zu erreichen. Hierzu muss die *Stoffbilanz* Gl. 5.79 gelöst werden. Die Lösung dieser Differenzialgleichung kann einfach durch Trennung der Variablen, anschließender Integration und Auflösung nach der Reaktionszeit erfolgen:

$$t = \int_0^{U_i} \frac{c_{i,0}}{|\,\nu_i\,| \cdot r(U_i)}\,\mathrm{d}U_i. \tag{5.81}$$

Nach *Einsetzen der Mikrokinetik* in Gl. 5.81 kann diese für die meisten irreversiblen Reaktionen analytisch gelöst werden (s. Tab. 5.1). Nachfolgend soll dies exemplarisch für eine irreversible Reaktion mit einer Kinetik 1. Ordnung, den allgemeinen Fall einer irreversiblen Reaktion mit einer Kinetik n-ter Ordnung ($n \neq 1$) und den allgemeinen Fall katalysierter Reaktionen mit einer hyperbolischen Kinetik erfolgen.

Die Reaktionsgeschwindigkeitsgleichung für eine *Kinetik 1. Ordnung* ($n = 1$) lautet:

$$r = k \cdot c_1 = k \cdot c_{1,0} \cdot (1 - U_1). \tag{5.82}$$

Durch Einsetzen in Gl. 5.81 mit $i = 1$ erhält man:

$$t = \frac{1}{|\nu_1| \cdot k} \int\limits_0^{U_1} \frac{dU_1}{(1-U_1)} = -\frac{1}{|\nu_1| \cdot k} \ln(1-U_1). \tag{5.83}$$

Für eine *Kinetik n-ter Ordnung* ($n \neq 1$) lautet die Reaktionsgeschwindigkeitsgleichung:

$$r = k \cdot c_1^n = k \cdot c_{1,0}^n \cdot (1-U_1)^n. \tag{5.84}$$

Durch Einsetzen in Gl. 5.81 mit $i = 1$ erhält man in diesem Fall:

$$t = \frac{1}{|\nu_1| \cdot k \cdot c_{1,0}^{n-1}} \int\limits_0^{U_1} \frac{dU_1}{(1-U_1)^n} = \frac{(1-U_1)^{1-n} - 1}{|\nu_1| \cdot k \cdot c_{1,0}^{n-1} \cdot (n-1)}. \tag{5.85}$$

Durch Einsetzen von $n = 0$ und $n = 2$ in Gl. 5.85 ergeben sich die in Tab. 5.1 eingetragenen Gleichungen zur Berechnung der Reaktionszeit.

Für eine *allgemeine hyperbolische Kinetik* lautet die Reaktionsgeschwindigkeitsgleichung:

$$r = \frac{k \cdot c_1}{1 + K \cdot c_1} = \frac{k \cdot c_{1,0}(1-U_1)}{1 + Kc_{1,0}(1-U_1)}. \tag{5.86}$$

Durch Einsetzen in Gl. 5.81 mit $i = 1$ erhält man nun:

Tab. 5.1 Reaktionszeiten t in Abhängigkeit vom Umsatzgrad U_1 für irreversible Reaktionen mit unterschiedlichen Kinetiken r bei isothermer Reaktionsführung und $\rho = \text{const}$ im diskontinuierlichen idealen Rührkesselreaktor

Reaktion	$r =$	$t =$
$\|\nu_1\| A_1 + \ldots \rightarrow \ldots$	$k \cdot c_1^0$	$\frac{c_{1,0}}{\|\nu_1\| \cdot k} \cdot U_1$
$\|\nu_1\| A_1 + \ldots \rightarrow \ldots$	$k \cdot c_1^1$	$\frac{-1}{\|\nu_1\| \cdot k} \cdot \ln(1-U_1)$
$\|\nu_1\| A_1 + \ldots \rightarrow \ldots$	$k \cdot c_1^2$	$\frac{1}{\|\nu_1\| \cdot c_{1,0} \cdot k} \cdot \frac{U_1}{1-U_1}$
$\|\nu_1\| A_1 + \ldots \rightarrow \ldots$	$k \cdot c_1^n \ (n \neq 1)$	$\frac{1}{\|\nu_1\| \cdot k} \cdot \frac{(1-U_1)^{1-n} - 1}{c_{1,0}^{n-1} \cdot (n-1)}$
$\|\nu_1\| A_1 + \ldots \rightarrow \ldots$	$\frac{k \cdot c_1}{1 + K \cdot c_1}$	$\frac{1}{\|\nu_1\| \cdot k} \cdot (-\ln(1-U_1) + K \cdot c_{1,0} \cdot U_1)$
$\|\nu_1\| A_1 + \|\nu_2\| A_2 + \ldots \rightarrow \ldots$	$k \cdot c_1 \cdot c_2 \ (c_1 \neq c_2)$	$\frac{1}{k \cdot (c_{1,0}\|\nu_2\| - c_{2,0}\|\nu_1\|)} \cdot \ln \frac{1-U_1}{c_{2,0}\|\nu_1\| - c_{1,0}\|\nu_2\| \cdot U_1}$

$$\begin{aligned} t &= \frac{1}{|\nu_1| \cdot k} \int_0^{U_1} \frac{dU_1}{(1-U_1)} + \frac{K \cdot c_{1,0}}{|\nu_1| \cdot k} \int_0^{U_1} dU_1 \\ &= -\frac{1}{|\nu_1| \cdot k} \ln(1-U_1) + \frac{K \cdot c_{1,0}}{|\nu_1| \cdot k} U_1. \end{aligned} \tag{5.87}$$

Beispiel 5.1

Die in Beispiel 2.5 beschriebene Nitril-Hydrolyse laufe wegen des Überschusses an Wasser pseudoerster Ordnung ($n = 1$) in Bezug auf das Nitril ab. Weiterhin werde angenommen, dass der verwendete diskontinuierliche Rührkesselreaktor ideal vermischt sei und dass die Nitril-Hydrolyse zu einer definierten Zeit ($t = 0$ h) z. B. durch Injizieren des Katalysators gestartet wird.

Löst man die für eine Kinetik 1. Ordnung im diskontinuierlichen, idealen Rührkesselreaktor gültige Gleichung, Gl. 5.83, nach der Reaktionsgeschwindigkeitskonstante auf und berücksichtigt die Angaben in Beispiel 2.5, nämlich dass nach 4 h ein Umsatzgrad von 98 % erreicht wird, so erhält man für die Reaktionsgeschwindigkeitskonstante k der Reaktion:

$$k = -\frac{1}{t} \cdot \ln(1 - U_1) = -\frac{1}{4\text{h}} \cdot \ln(1 - 0,98) = 0{,}978\text{h}^{-1}.$$

Für einen Umsatzgrad von $U_1 = 99{,}99\ \%$ wäre dann beispielsweise folgende Reaktionszeit t notwendig gewesen:

$$t = -\frac{1}{k} \cdot \ln(1 - U_1) = -\frac{1}{0{,}978}\text{h} \cdot \ln(1 - 0,9999) = 9{,}4\text{h}.$$ ◄

Ist die Integration der Gl. 5.81 analytisch nicht möglich, da beispielsweise nur Messwerte für die Reaktionsgeschwindigkeit in Abhängigkeit vom Umsatzgrad vorliegen und/oder der funktionelle Zusammenhang der Mikrokinetik zu komplex ist, dann kann auch eine *grafische Integration* von Gl. 5.81 erfolgen (s. Abb. 5.7). Die Reaktionszeit ergibt sich dann als Fläche unter der Kurve zwischen $U_i = 0$ und dem gewünschten Umsatzgrad U_i.

Neben der expliziten Berechnung der Reaktionszeit t für einen gewünschten Umsatzgrad U_i, kann die notwendige Reaktionszeit t auch implizit aus dem *Umsatzgrad-Zeit-Verlauf* ermittelt werden. Diesen erhält man wiederum aus Stoffbilanz Gl. 5.81, indem nach Trennung der Variablen und anschließender Integration nach dem Umsatzgrad aufgelöst wird. Somit erhält man beispielsweise für irreversible Reaktionen mit Kinetiken 0., 1. und 2. Ordnung durch Auflösen nach U_1 gemäß Tab. 5.1 folgende Gleichungen (mit $|\nu_1| = 1$):

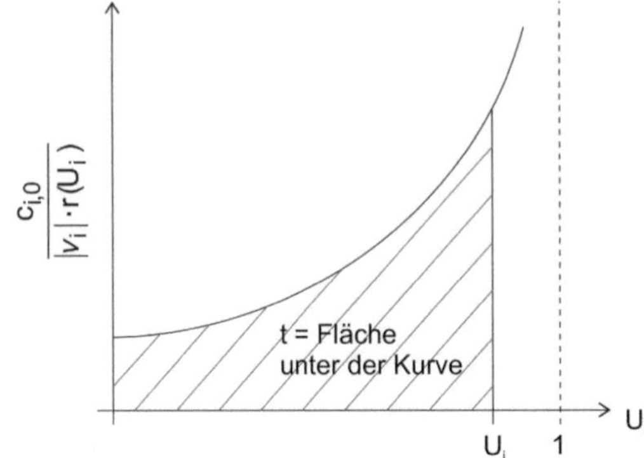

Abb. 5.7 Grafische Integration der Gl. 5.81 zur Ermittlung der notwendigen Reaktionszeit t für einen gewünschten Umsatzgrad U_i bei isothermer Reaktionsführung

$$U_1(t) = \frac{k}{c_{1,0}} \cdot t \quad \text{für n} = 0 \tag{5.88a}$$

mit

$$\left.\frac{\mathrm{d}U_1}{\mathrm{d}t}\right|_{t \to 0} = \frac{k}{c_{1,0}}. \tag{5.88b}$$

$$U_1(t) = 1 - e^{-k \cdot t} \quad \text{für n} = 1 \tag{5.89a}$$

mit

$$\left.\frac{\mathrm{d}U_1}{\mathrm{d}t}\right|_{t \to 0} = k. \tag{5.89b}$$

$$U_1(t) = \frac{c_{1,0} k \cdot t}{1 + c_{1,0} k \cdot t} \quad \text{für n} = 2 \tag{5.90a}$$

mit

$$\left.\frac{\mathrm{d}U_1}{\mathrm{d}t}\right|_{t \to 0} = k \cdot c_{1,0}. \tag{5.90b}$$

Abb. 5.8 zeigt die Umsatzgrad-Zeitverläufe gemäß Gl. 5.88a, 5.88b, 5.89a, 5.89b, 5.90a, 5.90b für die Ordnungen 0, 1 und 2. Bei Verdopplung der Anfangskonzentration $c_{1,0}$ bleibt also bei einer irreversiblen Reaktion 1. Ordnung der Umsatzgrad-Zeit-Verlauf gleich, bei einer irreversiblen Reaktion 0. Ordnung halbiert sich gemäß Gl. 5.88b deren Anfangssteigung und die selben Umsatzgrade werden nach doppelt so langer Reaktionszeit erreicht (s. Tab. 5.1). Bei einer irreversiblen Reaktion mit Kinetik 2. Ordnung wird der

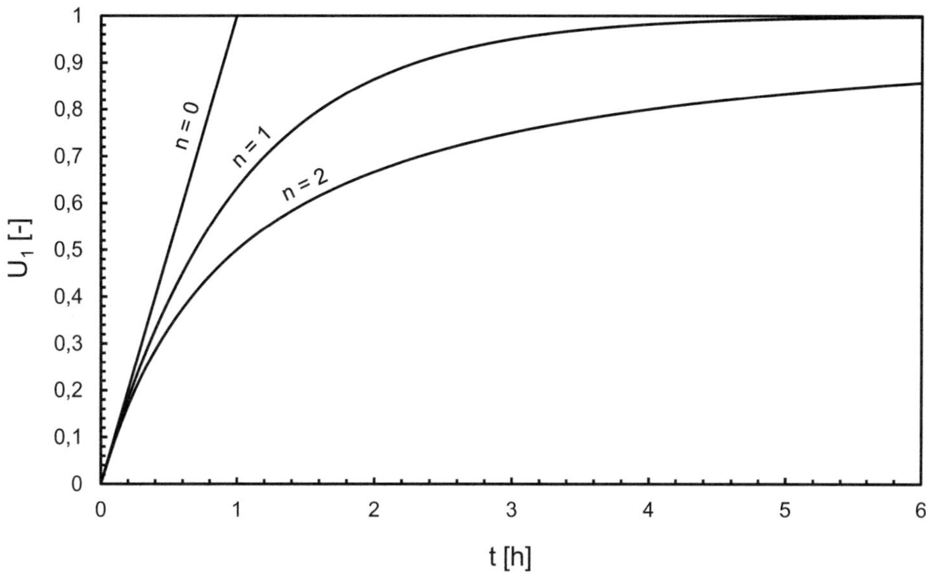

Abb. 5.8 Umsatzgrad-Zeit-Verläufe im diskontinuierlichen idealen Rührkesselreaktor für irreversible Reaktionen n-ter Ordnung ($c_{1,0} = 1$ mol/l, $k = 1\ \mathrm{mol}^{1-n}\mathrm{l}^{n-1}\mathrm{h}^{-1}$)

gewünschte Umsatzgrad bei Verdopplung der Anfangskonzentration $c_{1,0}$ nach halb so langer Reaktionszeit erreicht.

Für den Fall, dass keine analytische Lösung für $U_1(t)$ erhalten werden kann, kann man die Stoffbilanz Gl. 5.79 auch *numerisch lösen*. Dazu formuliert man die Stoffbilanz statt in Differenzialform in Differenzenform:

$$\frac{\Delta U_1}{\Delta t} = \frac{|\nu_1| \cdot r(U_1)}{c_{1,0}}. \tag{5.91}$$

Da es sich um ein *Anfangswertproblem* handelt, kann ausgehend von der Anfangsbedingung $t = t_0$ und $U_1(t_0) = 0$ für die Zeit $t_1 = t_0 + \Delta t$ der dazugehörige Umsatzgrad $U_1(t_0 + \Delta t)$ berechnet werden:

$$U_1(t_0 + \Delta t) = U_1(t_0) + \Delta U_1(t_0) = U_1(t_0) + \frac{|\nu_1| \cdot r(U_1(t_0))}{c_{1,0}} \cdot \Delta t. \tag{5.92}$$

Ausgehend von der Zeit $t_1 = t_0 + \Delta t$ und dem aus Gl. 5.92 für diese Zeit berechneten Umsatzgrad $U_1(t_1)$ kann wieder um eine Schrittweite Δt auf der Zeitachse vorangeschritten und der dazugehörige Umsatzgrad $U(t_2)$ berechnet werden:

$$U_1(t_2) = U_1(t_1) + \Delta U_1(t_1) = U_1(t_1) + \frac{|\nu_1| \cdot r(U_1(t_1))}{c_{1,0}} \cdot \Delta t. \tag{5.93}$$

Die Berechnung kann gemäß nachfolgender allgemeiner Formel so lange fortgesetzt werden, bis der gewünschte Umsatzgrad U_1 nach einer Reaktionszeit von $t_n = t_0 + n \cdot \Delta t$ erreicht ist:

$$U_1(t_n) = U_1(t_{n-1}) + \Delta U_1(t_{n-1}) = U_1(t_{n-1}) + \frac{|\nu_1| \cdot r(U_1(t_{n-1}))}{c_{1,0}} \cdot \Delta t. \tag{5.94}$$

Die beschriebene, auch mit einem einfachen Tabellenkalkulationsprogramm durchführbare Integration entspricht einem sogenannten *Euler-Verfahren* (s. Abschn. 12.4.2.1), bei dem es sich um ein Einschrittverfahren handelt und dessen Fehler mit 1. Ordnung von der Schrittweite Δt abhängt. Damit der Approximationsfehler einen vorgegebenen Schwellenwert unterschreitet, muss die Schrittweite Δt solange erniedrigt werden, bis die Abweichung der Kurven, d. h. der Approximationsfehler, akzeptabel ist. Diese Überprüfung nennt man auch Überprüfung auf Schrittweitenunabhängigkeit. Auf andere numerische Lösungsverfahren, deren Approximationsfehler mit abnehmender Schrittweite stärker abnimmt als 1. Ordnung, wie das z. B. bei den Runge-Kutta-Verfahren der Fall ist, wird in Abschn. 12.4.2.1 näher eingegangen.

Die bis jetzt immer angenommene isotherme Reaktionsführung ($T = \text{const}$) ist dann erfüllt, wenn gemäß Gl. 5.80 der Enthalpiebilanz gilt:

$$k_W \frac{A_W}{V} \left(T - \overline{T}_{WT}\right) = r(U_1) \cdot (-\Delta_R H). \tag{5.95}$$

Diese Gleichung kann dann erfüllt werden, wenn für $k_W \frac{A_W}{V}$ sehr hohe Werte realisiert werden können (z. B. in kleinen Laborrührkesselreaktoren, die ein hohes $\frac{A_W}{V}$ besitzen). In diesem Fall ergeben sich kleine Temperaturdifferenzen zwischen der Prozessseite (Reaktionsvolumen) und der Wärmeträgerseite:

$$T - \overline{T}_{WT} = \frac{r(U_1) \cdot (-\Delta_R H)}{k_W \frac{A_W}{V}}, \tag{5.96}$$

sodass man von einer Thermostatisierung des Reaktors sprechen kann.

Im Allgemeinen – insbesondere bei großen technischen Rührkesselreaktoren – ist eine Thermostatisierung des Reaktors durch indirekte Wärmeübertragung nicht möglich, sodass eine polytrope Reaktionsführung resultiert. Allenfalls mit einer direkten Wärmeübertragung kann Isothermie erreicht werden, indem man z. B. durch Verdampfung des Lösungsmittels und dessen Kondensation in einem Rückflusskühler die Reaktionswärme bei konstanter Temperatur (Siedetemperatur des Lösungsmittels) abführt.

5.4.1.5 Adiabate Reaktionsführung

Wenn man auf eine Temperaturlenkung durch Heizen/Kühlen des diskontinuierlichen idealen Rührkesselreaktors gänzlich verzichtet, dann liegt eine *adiabate Reaktionsführung* vor. Dies kann beispielsweise dann der Fall sein, wenn es sich um eine schwach exo- oder endotherme Reaktion handelt.

Für eine adiabate Reaktionsführung verschwindet in der Enthalpiebilanz (Gl. 5.80) der Term $k_{\mathrm{W}} \frac{A_{\mathrm{W}}}{V} \left(\overline{T}_{\mathrm{WT}} - T \right)$, der den Wärmeaustausch mit dem Wärmeträgermedium beschreibt. Somit lautet die Enthalpiebilanz für den adiabaten Fall sowie $\rho = \mathrm{const}$ und $c_p = \mathrm{const}$:

$$\rho c_p \frac{\mathrm{d}T}{\mathrm{d}t} = r(U_i, T) \cdot (-\Delta_{\mathrm{R}} H). \tag{5.97}$$

Die Stoffbilanz (Gl. 5.79) gilt unverändert auch für die adiabate Reaktionsführung, wobei zu beachten ist, dass sich die Reaktionsgeschwindigkeit nicht nur auf Grund der Konzentrations-, sondern auch aufgrund der Temperaturänderung mit der Reaktionszeit ändert:

$$\frac{\mathrm{d}U_i}{\mathrm{d}t} = \frac{|\nu_i| \cdot r(U_i, T)}{c_{i,0}}. \tag{5.98}$$

Dividiert man nun die Enthalpiebilanz (Gl. 5.97) durch die Stoffbilanz (Gl. 5.98), so erhält man für das Edukt A_1 folgenden differenziellen Zusammenhang zwischen Temperatur und Umsatzgrad:

$$\frac{\mathrm{d}T}{\mathrm{d}U_1} = \frac{c_{1,0} \cdot (-\Delta_{\mathrm{R}} H)}{|\nu_1| \rho c_p}. \tag{5.99}$$

Zum selben Ergebnis kommt man auch, wenn man die Stoffbilanz (Gl. 5.98) nach der Reaktionsgeschwindigkeit r auflöst und dann diese Gleichung in die Enthalpiebilanz einsetzt (Gl. 5.97).

Da die Temperaturabhängigkeit der Reaktionsenthalpie gemäß dem Kirchhoff'schen Satz und der 2. Ulich'schen Näherung proportional den Wärmekapazitäten der an der Reaktion beteiligten Spezies ist (s. Abschn. 3.2 Thermodynamik), kann in erster Näherung davon ausgegangen werden, dass die Temperaturabhängigkeiten von Zähler und Nenner ähnlich sind und der Quotient weitgehend temperaturunabhängig ist. Somit ist die rechte Seite von Gl. 5.99 annähernd konstant und es ergibt sich durch Integration folgender Zusammenhang zwischen Temperatur und Umsatzgrad:

$$T = T_0 + \frac{c_{1,0} \cdot (-\Delta_R H)}{|\nu_1| \rho c_p} \cdot U_1 \tag{5.100}$$

(T_0 = Temperatur im Reaktionsvolumen für $U_1 = 0$, d. h. zur Zeit $t = 0$).

Diese Gleichung, welche unabhängig von der Kinetik der Reaktion ist, zeigt, dass bei einer adiabaten Reaktionsführung in einem diskontinuierlichen idealen Rührkesselreaktor die *Temperatur proportional zum Umsatzgrad* ist. Die maximal erreichbare Temperatur im Reaktionsvolumen $T_{\max}$ ergibt sich bei vollständigem Umsatz ($U_1 = 1$):

$$T_{\max} = T_0 + \frac{c_{1,0} \cdot (-\Delta_R H)}{|\nu_1| \rho c_p}. \tag{5.101}$$

wobei die maximale Temperaturerhöhung auch als *adiabate Temperaturerhöhung* ΔT_{ad} bezeichnet wird:

$$\Delta T_{ad} = \frac{c_{1,0} \cdot (-\Delta_R H)}{|\nu_1| \rho c_p}. \tag{5.102}$$

Die adiabate Temperaturerhöhung ist auch zugleich eine sicherheitstechnische Kennzahl, denn sie gibt das Gefahrenpotenzial an, das vorliegt, wenn bei einer exothermen Reaktion, die Kühlung ausfällt. Beträgt die adiabate Temperaturerhöhung nur wenige K, dann ist das Gefahrenpotenzial gering und die Reaktion kann adiabat betrieben werden. Beträgt die adiabate Temperaturerhöhung beispielsweise mehrere 100 K, dann ist das Gefahrenpotenzial groß und die Kühlung muss sorgfältig ausgelegt werden. Ein Ausfall der Kühlung kann zum Durchgehen des Reaktors führen, d. h., es kommt zu einer schnellen exponentiellen Temperaturerhöhung, die zu einer explosionsartigen Zersetzung thermisch instabiler Verbindungen und/oder zu einer explosionsartigen Verdampfung eines Teils oder des gesamten Reaktionsvolumens führen kann. Wenn die Druckentlastungseinrichtungen nicht ausreichend schnell reagieren können, kann es zu einer mechanischen Zerstörung des Rührkesselreaktors und Freisetzung des Kesselinhalts kommen.

Beispiel 5.2

Die in Beispiel 2.5 beschriebene Nitril-Hydrolyse werde nun in einem idealen diskontinuierlichen Rührkesselreaktor adiabat durchgeführt. Sie sei eine exotherme Reaktion mit $\Delta_R H = -100\,\text{kJ/mol}$. Die Reaktion werde bei 25 °C gestartet und die Anfangskonzentration $c_{1,0}$ betrage 2 mol/l. Es sind weiterhin folgende Stoffdaten gegeben:

$$\rho = 0{,}94\,\text{kg/l}; \quad c_p = 2\,\text{kJ/(kg K)}.$$

Die adiabate Temperaturerhöhung kann nach Gl. 5.102 berechnet werden:

$$\Delta T_{\text{ad}} = \frac{c_{1,0} \cdot (-\Delta_{\text{R}} H)}{|\nu_1| \cdot \rho \cdot c_p} = \frac{2\,\text{mol/l} \cdot 1 \cdot 10^5\,\text{J/mol}}{|-1| \cdot 0{,}94\,\text{kg/l} \cdot 2 \cdot 10^3\,\text{J/(kg K)}} = 106{,}4\,^\circ\text{C}.$$

Die Endtemperatur beträgt somit 131,4 °C. Die Siedetemperatur von Diglyme beträgt 162 °C (z. B. in GESTIS-Stoffdatenbank), d. h. die Siedegrenze wird nicht überschritten, wenn Diglyme als Lösungsmittel verwendet wird. ◀

Die Bestimmung der für einen gewünschten Umsatzgrad U_i notwendigen Reaktionszeit t, kann wiederum explizit erfolgen oder implizit aus dem Umsatzgrad-Zeit-Verlauf. In beiden Fällen ist aber eine analytische Lösung nicht mehr möglich, sodass entweder *grafisch oder numerisch integriert* werden muss.

Geht man von der nach der Reaktionszeit aufgelösten und integrierten Stoffbilanz gemäß Gl. 5.81 aus, so ist zusätzlich zu beachten, dass die Reaktionsgeschwindigkeit auch von der Temperatur T abhängt:

$$t = \int_0^{U_i} \frac{c_{i,0}}{|\nu_i| \cdot r(U_i, T)} \, \mathrm{d}U_i. \tag{5.103}$$

Dieses Integral kann wieder *grafisch* gelöst werden, indem man zuerst die Temperatur über den Umsatzgrad gemäß Gl. 5.100 aufträgt und dann für zusammengehörige Werte von T und U_i die Reaktionsgeschwindigkeit aus der Mikrokinetik berechnet. Durch Auftragung von $\frac{c_{i,0}}{|\nu_i| \cdot r(U_i, T)}$ über den Umsatzgrad U_i ergibt sich die Reaktionszeit t als Fläche unter der Kurve zwischen $U_i = 0$ und dem gewünschten Umsatzgrad U_i (Abb. 5.9).

Den *Umsatzgrad-Zeit-Verlauf* für Spezies A_1 erhält man durch *numerische Lösung der gekoppelten Stoff- und Enthalpiebilanz* des vorliegenden *Anfangswertproblems* ($t = t_0$, $U_1 = 0$, $T = T_0$). Anstelle der differenziellen Enthalpiebilanz kann der lineare Zusammenhang zwischen Temperatur und Umsatzgrad gemäß Gl. 5.100 genutzt werden. Man

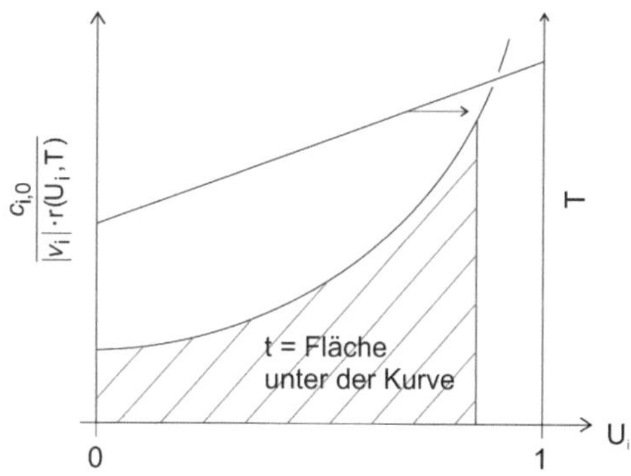

Abb. 5.9 Grafische Integration der Gl. 5.103 zur Ermittlung der notwendigen Reaktionszeit t für einen gewünschten Umsatzgrad U_i bei adiabater Reaktionsführung

formuliert wieder die Stoffbilanz statt in Differenzialform in Differenzenform und muss nun jedoch die Temperaturabhängigkeit der Reaktionsgeschwindigkeit berücksichtigen:

$$\frac{\Delta U_1}{\Delta t} = \frac{|\nu_1| \cdot r(U_1, T)}{c_{1,0}}. \tag{5.104}$$

Da es sich um ein Anfangswertproblem handelt, kann ausgehend von der Anfangsbedingung $t = t_0$ und $U_1(t_0) = 0$ bzw. $T(t_0) = T_0$ für die Zeit $t_1 = t_0 + \Delta t$ der dazugehörige Umsatzgrad $U_1(t_0 + \Delta t)$ berechnet werden:

$$U_1(t_0 + \Delta t) = U_1(t_0) + \Delta U_1(t_0) = U_1(t_0) + \frac{|\nu_1| \cdot r(U_1(t_0), T(t_0))}{c_{1,0}} \cdot \Delta t. \tag{5.105}$$

Die Temperatur für die Zeit $t_1 = t_0 + \Delta t$ ergibt sich gemäß:

$$T(t_0 + \Delta t) = T(t_0) + \Delta T_{ad} \cdot \Delta U_1(t_0). \tag{5.106}$$

Ausgehend von der Zeit $t_1 = t_0 + \Delta t$ und dem aus Gl. 5.105 für diese Zeit berechneten Umsatzgrad $U_1(t_1)$ bzw. der aus Gl. 5.106 für diese Zeit berechneten Temperatur $T(t_1)$ kann wieder um eine Schrittweite Δt auf der Zeitachse vorangeschritten und der dazugehörige Umsatzgrad $U(t_2)$ berechnet werden:

$$U_1(t_2) = U_1(t_1) + \Delta U_1(t_1) = U_1(t_1) + \frac{|\nu_1| \cdot r(U_1(t_1), T(t_1))}{c_{1,0}} \cdot \Delta t. \tag{5.107}$$

Die Temperatur für die Zeit $t_2 = t_1 + \Delta t$ ergibt sich gemäß:

$$T(t_2) = T(t_1) + \Delta T_{\text{ad}} \cdot \Delta U_1(t_1). \tag{5.108}$$

Die Berechnung kann gemäß nachfolgender allgemeiner Formeln so lange fortgesetzt werden, bis der gewünschte Umsatzgrad U_1 nach einer Reaktionszeit von $t_n = t_0 + n \cdot \Delta t$ erreicht ist:

$$\begin{aligned} U_1(t_n) &= U_1(t_{n-1}) + \Delta U_1(t_{n-1}) \\ &= U_1(t_{n-1}) + \frac{|\nu_1| \cdot r(U_1(t_{n-1}), T(t_{n-1}))}{c_{1,0}} \cdot \Delta t \end{aligned} \tag{5.109}$$

und

$$T(t_n) = T(t_{n-1}) + \Delta T_{\text{ad}} \cdot \Delta U_1(t_{n-1}). \tag{5.110}$$

Auch diese Integration nach dem expliziten *Euler-Verfahren* kann mit einem einfachen Tabellenkalkulationsprogramm durchgeführt werden, wobei wiederum auf Schrittweitenunabhängigkeit zu achten ist, d. h. geprüft werden muss, ob die Schrittweite klein genug ist, damit der Approximationsfehler unter einem vorgegebenen Schwellenwert liegt. Eine automatische Anpassung der Schrittweite an den Umsatzgrad- bzw. Temperatur-Zeit-Verlauf würde es dagegen ermöglichen, dort wo große Änderungen in der Temperatur bzw. im Umsatzgrad erfolgen, kleine Zeitschritte durchzuführen, und dort wo nur kleine zeitliche Änderungen in der Temperatur bzw. Umsatzgrad vorliegen, große Zeitschritte durchzuführen. Letzteres ist beispielsweise der Fall, wenn das Edukt weitgehend abreagiert ist und die Reaktionsgeschwindigkeit gegen null geht. Diese *automatische Anpassung der Schrittweite* ist möglich, wenn man das numerische Verfahren zur Lösung der Stoff- und Enthalpiebilanz wie folgt modifiziert.

Statt eine Schrittweite Δt auf der Zeitachse auszuwählen, wird eine Schrittweite ΔT auf der Temperaturachse gewählt und dann die dazugehörigen Schrittweiten auf der Zeitachse berechnet. Entsprechend dem vorliegenden *Anfangswertproblem* geht man wieder von der Anfangsbedingung $U_1(t_0) = 0$ bzw. $T(t_0) = T_0$ aus. Mit der gewählten Schrittweite der Temperatur ΔT ergibt sich für die noch zu berechnende Zeit t_1 die Temperatur wie folgt:

$$T(t_1) = T(t_0 + \Delta t_0) = T(t_0) + \Delta T. \tag{5.111}$$

Der dazugehörige Umsatzgrad $U(t_1)$ ergibt sich aus dem linearen Zusammenhang zwischen Temperatur und Umsatzgrad (s. Gl. 5.100) und der Definition der adiabaten Temperaturerhöhung ΔT_{ad}:

$$U_1(t_1) = U_1(t_0 + \Delta t_0) = U_1(t_0) + \frac{\Delta T}{\Delta T_{ad}}. \tag{5.112}$$

Nun kann aus der in Differenzenform formulierten Stoffbilanz (Gl. 5.104) der dazugehörige Zeitschritt Δt_0 bzw. die neue Zeit t_1 ermittelt werden:

$$t_1 = t_0 + \Delta t_0 = t_0 + (U_1(t_1) - U_1(t_0)) \cdot \frac{c_{1,0}}{|\nu_1| \cdot r(U_1(t_0), T(t_0))}. \tag{5.113}$$

Ausgehend von der Temperatur $T(t_1)$ kann nun der nächste Temperaturschritt ΔT erfolgen. Das Verfahren wird solange fortgesetzt bis der gewünschte Umsatzgrad und die dazugehörige Reaktionszeit erreicht ist. Die allgemeine Rechenvorschrift lautet:

$$T(t_n) = T(t_{n-1} + \Delta t_{n-1}) = T(t_{n-1}) + \Delta T, \tag{5.114}$$

$$U_1(t_n) = U_1(t_{n-1} + \Delta t_{n-1}) = U_1(t_{n-1}) + \frac{\Delta T}{\Delta T_{\text{ad}}} \tag{5.115}$$

und

$$t_n = t_{n-1} + \Delta t_{n-1} = t_{n-1} + (U_1(t_n) - U_1(t_{n-1})) \cdot \frac{c_{1,0}}{|\,\nu_1\,| \cdot r(U_1(t_{n-1}), T(t_{n-1}))}. \tag{5.116}$$

Auch hier muss auf Schrittweitenunabhängigkeit geprüft werden. Jedoch ist es wesentlich leichter, von vornherein eine bereits ausreichend kleine Schrittweite zu finden. So werden im Allgemeinen Schrittweiten kleiner 0,1 K ausreichend klein sein.

Adiabate Reaktionsführung liefert häufig einen typischen Umsatzgrad-Zeit- und Temperatur-Zeit-Verlauf mit Wendepunkt, d. h. die Reaktion läuft langsam an, beschleunigt auf Grund der Temperaturzunahme und verlangsamt sich wieder, wenn das Edukt zu Neige geht (s. Abb. 5.10 und 5.11).

Beispiel 5.3

In Beispiel 5.2 wurde für die Nitril-Hydrolyse die adiabate Temperaturerhöhung zu 106,4 °C berechnet. Die Endtemperatur im adiabaten Betrieb ergab sich zu 131,4 °C. Diese war unabhängig von der Kinetik der Reaktion. Nun wollen wir uns den dazugehörigen Tem-

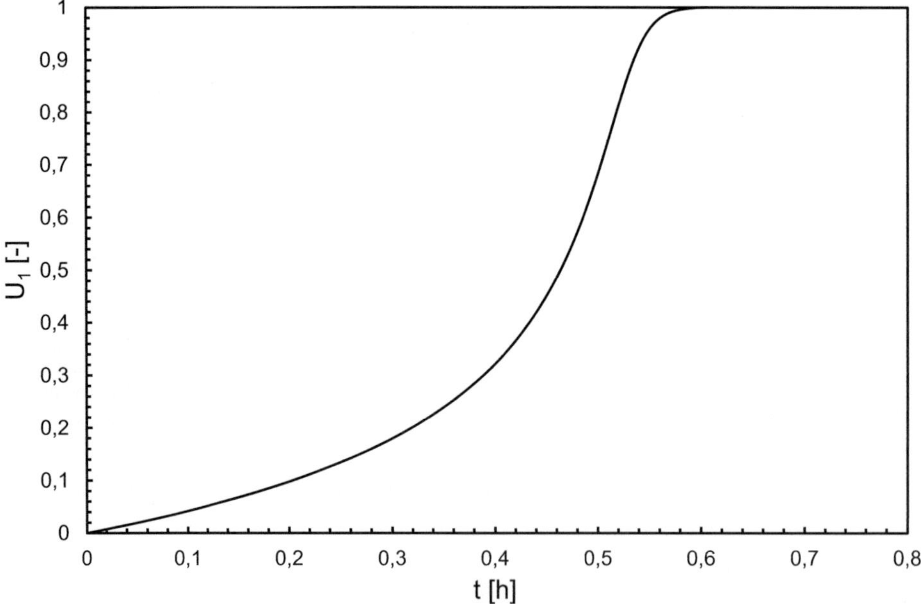

Abb. 5.10 Umsatzgrad-Zeit-Verlauf für Beispiel 5.3

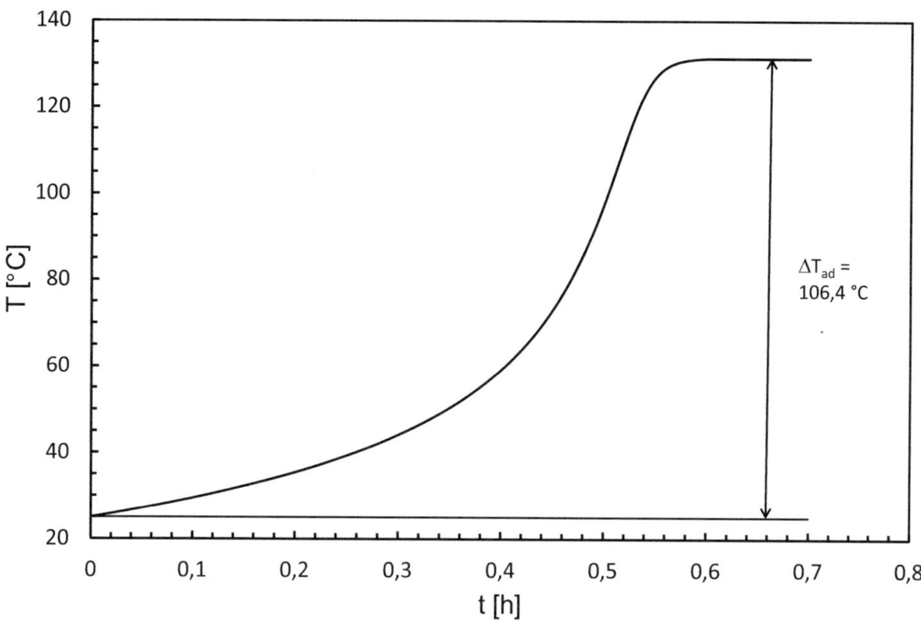

Abb. 5.11 Temperatur-Zeit-Verlauf für Beispiel 5.3

peratur- sowie den Umsatzgrad-Zeit-Verlauf genauer ansehen, wofür die Kinetik benötigt wird. Diese sei pseudoerster Ordnung in Bezug auf das Nitril (A_1):

$$r = k \cdot c_1 = k_0 \cdot e^{-E_A/RT} \cdot c_1$$

mit:

$$k_0 = 6{,}0 \cdot 10^4\,\mathrm{s}^{-1}; \quad E_A = 50\,\mathrm{kJ/mol}.$$

Mit den in Beispiel 5.2 gemachten Angaben für die Stoffdaten, die Reaktionsenthalpie, die Starttemperatur und die Anfangskonzentration können die Stoff- und Enthalpiebilanz (Gl. 5.79 und 5.80) gelöst werden. Die Lösung erfolgt numerisch mithilfe von Microsoft Excel gemäß der Gl. 5.114, 5.115, 5.116. Die Berechnungsergebnisse sind für die ersten 10 Rechenschritte in Form von Zahlenwerten und den dazugehörigen hinterlegten Formeln nachfolgend dargestellt:

	A	B	C	D	E	F
	Größe	Zahlenwert	Einheit			
6	DRH	-100	kJ/mol			
7	c10	2	mol/l			
8	rho	0,94	kg/l			
9	cp	2	kJ/(kg K)			
10	EA	50	kJ/mol			
11	k0	6,00E+04	1/s			
12	Tstart	298	K			
13						
14	DTad	106,3829787	K			
15	DT	0,212765957	K			
16						
17						
18						
19	T [K]	k [1/s]	U [-]	Dt [s]	t [s]	t [h]
20	298	0,000103292	0		0	0
21	298,212766	0,00010479	0,002	19,36263374	19,36263374	0,005378509
22	298,4255319	0,000106307	0,004	19,1240986	38,48673234	0,010690759
23	298,6382979	0,000107844	0,006	18,88896571	57,37569805	0,015937694
24	298,8510638	0,000109402	0,008	18,65718124	76,03287929	0,021120244
25	299,0638298	0,000110979	0,01	18,42869231	94,4615716	0,026239325
26	299,2765957	0,000112577	0,012	18,20344694	112,6650185	0,031295838
27	299,4893617	0,000114196	0,014	17,98139404	130,6464126	0,03629067
28	299,7021277	0,000115835	0,016	17,7624834	148,408896	0,041224693
29	299,9148936	0,000117496	0,018	17,54666568	165,9555617	0,046098767

T [K]	k [1/s]	U [-]
=B12	=$B$11*EXP(-$B$10*1000/(8,31441*A20))	0
=A20+$B$15	=$B$11*EXP(-$B$10*1000/(8,31441*A21))	=C20+$B$15/$B$14
=A21+$B$15	=$B$11*EXP(-$B$10*1000/(8,31441*A22))	=C21+$B$15/$B$14
=A22+$B$15	=$B$11*EXP(-$B$10*1000/(8,31441*A23))	=C22+$B$15/$B$14
=A23+$B$15	=$B$11*EXP(-$B$10*1000/(8,31441*A24))	=C23+$B$15/$B$14
=A24+$B$15	=$B$11*EXP(-$B$10*1000/(8,31441*A25))	=C24+$B$15/$B$14
=A25+$B$15	=$B$11*EXP(-$B$10*1000/(8,31441*A26))	=C25+$B$15/$B$14
=A26+$B$15	=$B$11*EXP(-$B$10*1000/(8,31441*A27))	=C26+$B$15/$B$14
=A27+$B$15	=$B$11*EXP(-$B$10*1000/(8,31441*A28))	=C27+$B$15/$B$14
=A28+$B$15	=$B$11*EXP(-$B$10*1000/(8,31441*A29))	=C28+$B$15/$B$14

Dt [s]	t [s]	t [h]
	0	0
=(1/B20)*(C21-C20)/(1-C20)	=E20+D21	=E21/3600
=(1/B21)*(C22-C21)/(1-C21)	=E21+D22	=E22/3600
=(1/B22)*(C23-C22)/(1-C22)	=E22+D23	=E23/3600
=(1/B23)*(C24-C23)/(1-C23)	=E23+D24	=E24/3600
=(1/B24)*(C25-C24)/(1-C24)	=E24+D25	=E25/3600
=(1/B25)*(C26-C25)/(1-C25)	=E25+D26	=E26/3600
=(1/B26)*(C27-C26)/(1-C26)	=E26+D27	=E27/3600
=(1/B27)*(C28-C27)/(1-C27)	=E27+D28	=E28/3600
=(1/B28)*(C29-C28)/(1-C28)	=E28+D29	=E29/3600

Der sich aus der Tabellenkalkulation ergebende Umsatzgrad-Zeit-Verlauf ist in Abb. 5.10 und der Temperatur-Zeit-Verlauf ist in Abb. 5.11 gezeigt.

Aus der Tabellenkalkulation ergibt sich nun ein Umsatzgrad von 98 % nach einer Reaktionszeit von 0,56 h. Bei der isothermen Reaktionsführung wurde dieser Umsatzgrad nach 4 h erreicht (s. Beispiel 5.1). ◀

5.4.1.6 Polytrope Reaktionsführung

Erfolgt die Reaktionsführung weder isotherm noch adiabat, so spricht man von *polytroper Reaktionsführung*. Bei dieser Art der Reaktionsführung wird also nur ein Teil der Reaktionswärme nach außen abgegeben bzw. von außen zugeführt. Hinzu kommt, dass das Reaktionsvolumen eines diskontinuierlichen, idealen Rührkesselreaktors zunächst auf Reaktionstemperatur aufgeheizt werden muss und sich dabei die ablaufende Reaktion mit ihrer Wärmetönung bereits überlagert. In der Praxis findet auch bei nahezu isothermem Betrieb zunächst ein Aufheizvorgang statt, sodass auch in diesem Falle die Stoff- und Enthalpiebilanz der polytropen Reaktionsführung gelöst werden muss. Für den häufigsten Fall einer indirekten Wärmeübertragung durch eine Wärmetauscherfläche gelten die bereits abgeleiteten Bilanzgleichungen:

Stoffbilanz für den diskontinuierlichen idealen Rührkesselreaktor für $M = 1$ und $\rho = \text{const}$ (s. Gl. 5.79)

$$\frac{\mathrm{d}U_i}{\mathrm{d}t} = -\frac{\nu_i \cdot r(U_i,T)}{c_{i,0}} = \frac{|\,\nu_i\,| \cdot r(U_i,T)}{c_{i,0}}. \tag{5.117}$$

Enthalpiebilanz für den diskontinuierlichen idealen Rührkesselreaktor für $M = 1$ und $\rho = \text{const}$ sowie $c_p = \text{const}$ (s. Gl. 5.80)

$$\rho c_p \frac{\mathrm{d}T}{\mathrm{d}t} = r(U_i,T) \cdot (-\Delta_{\mathrm{R}}H) + k_{\mathrm{W}} \frac{A_{\mathrm{W}}}{V} \left(\overline{T}_{\mathrm{WT}} - T\right). \tag{5.118}$$

Diese beiden über den Reaktionsterm *nicht-linear gekoppelten Differenzialgleichungen* müssen simultan gelöst werden, was nur mittels *numerischer Methoden* möglich ist. Da es sich um ein *Anfangswertproblem* mit bekannter Anfangsbedingung $U_1(t_0) = 0$ bzw. $T(t_0) = T_0$ handelt, können wiederum durch Formulierung der beiden Differenzialquotienten als Differenzenquotienten schrittweise die Umsatzgrad- bzw. Temperatur-Zeit-Verläufe, wie bereits bei der isothermen und auch der adiabaten Reaktionsführung beschrieben, ermittelt werden. Die allgemeine Rechenvorschrift lautet:

$$U_1(t_n) = U_1(t_{n-1}) + \Delta U_1(t_{n-1}) = U_1(t_{n-1}) + \frac{|\nu_1| \cdot r(U_1(t_{n-1}), T(t_{n-1}))}{c_{1,0}} \cdot \Delta t \tag{5.119}$$

und

$$T(t_n) = T(t_{n-1}) + \frac{1}{\rho c_p}\left(r(U_1(t_{n-1}), T(t_{n-1})) \cdot (-\Delta_R H) + k_W \frac{A_W}{V}\left(\overline{T}_{WT} - T(t_{n-1})\right)\right) \cdot \Delta t. \tag{5.120}$$

Polytrope Reaktionsführung mit Berücksichtigung der Aufheizphase liefert häufig einen typischen Umsatzgrad-Zeit- und Temperatur-Zeit-Verlauf. Der Temperaturverlauf folgt zunächst der Aufheizkurve, dann setzt mit zunehmender Reaktion eine exponentielle Temperaturerhöhung ein, die wegen der Wärmeabfuhr sich abschwächt und über ein Maximum verläuft, bevor dann der Kurvenverlauf einer Abkühlkurve folgt (s. Abb. 5.13).

Beispiel 5.4

Für die in Beispiel 2.5 beschriebene Nitril-Hydrolyse wurde in Beispiel 5.2 eine adiabate Temperaturerhöhung von 106,4 °C bzw. eine Endtemperatur von 131,4 °C berechnet. Da das entstehende Carbonsäureamid nur bis zu einer Temperatur von 60 °C stabil ist, soll der diskontinuierliche Rührkesselreaktor nun mit einer Mantelkühlung gekühlt werden. Für den angenommenen Rührkesselreaktor mit einem Reaktionsvolumen von 2 m^3 habe die spezifische Kühlfläche A / V einen Wert von 3,5 m^{-1} und der Wärmedurchgangskoeffizient betrage 400 W/(m^2 K). Das verwendete Wärmeträgermedium habe eine Temperatur von 40 °C.

Analog zu Beispiel 5.3 müssen hier die Stoff- und Enthalpiebilanzen (Gl. 5.117 und 5.118) für den polytropen diskontinuierlichen idealen Rührkesselreaktor gelöst werden. Die Lösung erfolgt numerisch mithilfe von Microsoft Excel gemäß der Gl. 5.119 und 5.120 sowie der in Beispiel 5.3 angegebenen Kinetik:

$$r(U_1(t_n), T(t_n)) = k_0 \cdot e^{-E_A/RT(t_n)} \cdot (1 - U_1(t_n)) \cdot c_{1,0}. \tag{5.121}$$

Die Berechnungsergebnisse sind für die ersten 10 Rechenschritte in Form von Zahlenwerten und den dazugehörigen hinterlegten Formeln nachfolgend dargestellt:

	A	B	C	D	E	F	G
	Größe	Zahlenwert	Einheit				
6	DRH	-100	kJ/mol				
7	c10	2	mol/l				
8	rho	0,94	kg/l				
9	cp	2	kJ/(kg K)				
10	EA	50	kJ/mol				
11	k0	6,00E+04	1/s				
12							
13	DTad	106,3829787	K				
14	kW	400	W/(m^2 K)				
15	TWT	313	K				
16	A/V	3,5	1/m				
17	Dt	60	s				
18							
19	Tstart	298	K				
20							
21	t [s]	t [h]	T[K]	T [°C]	k [1/s]	c [mol/l]	U [-]
22	0	0,00	298	25	0,000103292	2	0
23	60	0,02	299,3295217	26,3295217	0,000112978	1,987604992	0,006197504
24	120	0,03	300,6569953	27,65699529	0,000123457	1,97413169	0,012934155
25	180	0,05	301,9863234	28,98632345	0,00013482	1,959508445	0,020245778
26	240	0,07	303,3215549	30,32155488	0,000147172	1,943657582	0,028171209
27	300	0,08	304,6669276	31,66692756	0,000160638	1,92649447	0,036752765
28	360	0,10	306,0269184	33,0269184	0,000175365	1,907926423	0,046036789
29	420	0,12	307,4063009	34,40630089	0,00019153	1,887851421	0,05607429
30	480	0,13	308,8102123	35,81021228	0,000209344	1,866156594	0,066921703
31	540	0,15	310,2442325	37,24423248	0,000229062	1,842716436	0,078641782

t [s]	t [h]	T[K]
0	=A22/3600	=$B$19
=A22+$B$17	=A23/3600	=C22+$B$17/($B$8*1000*$B$9*1000)*(E22*F22*1000*-$B$6*1000-$B$14*$B$16*(C22-$B$15))
=A23+$B$17	=A24/3600	=C23+$B$17/($B$8*1000*$B$9*1000)*(E23*F23*1000*-$B$6*1000-$B$14*$B$16*(C23-$B$15))
=A24+$B$17	=A25/3600	=C24+$B$17/($B$8*1000*$B$9*1000)*(E24*F24*1000*-$B$6*1000-$B$14*$B$16*(C24-$B$15))
=A25+$B$17	=A26/3600	=C25+$B$17/($B$8*1000*$B$9*1000)*(E25*F25*1000*-$B$6*1000-$B$14*$B$16*(C25-$B$15))
=A26+$B$17	=A27/3600	=C26+$B$17/($B$8*1000*$B$9*1000)*(E26*F26*1000*-$B$6*1000-$B$14*$B$16*(C26-$B$15))
=A27+$B$17	=A28/3600	=C27+$B$17/($B$8*1000*$B$9*1000)*(E27*F27*1000*-$B$6*1000-$B$14*$B$16*(C27-$B$15))
=A28+$B$17	=A29/3600	=C28+$B$17/($B$8*1000*$B$9*1000)*(E28*F28*1000*-$B$6*1000-$B$14*$B$16*(C28-$B$15))
=A29+$B$17	=A30/3600	=C29+$B$17/($B$8*1000*$B$9*1000)*(E29*F29*1000*-$B$6*1000-$B$14*$B$16*(C29-$B$15))
=A30+$B$17	=A31/3600	=C30+$B$17/($B$8*1000*$B$9*1000)*(E30*F30*1000*-$B$6*1000-$B$14*$B$16*(C30-$B$15))

T [°C]	k [1/s]	c [mol/l]	U [-]
=C22-273	=$B$11*EXP(-$B$10*1000/(8,31441*C22))	=$B$7	0
=C23-273	=$B$11*EXP(-$B$10*1000/(8,31441*C23))	=F22-E22*F22*$B$17	=1-F23/$B$7
=C24-273	=$B$11*EXP(-$B$10*1000/(8,31441*C24))	=F23-E23*F23*$B$17	=1-F24/$B$7
=C25-273	=$B$11*EXP(-$B$10*1000/(8,31441*C25))	=F24-E24*F24*$B$17	=1-F25/$B$7
=C26-273	=$B$11*EXP(-$B$10*1000/(8,31441*C26))	=F25-E25*F25*$B$17	=1-F26/$B$7
=C27-273	=$B$11*EXP(-$B$10*1000/(8,31441*C27))	=F26-E26*F26*$B$17	=1-F27/$B$7
=C28-273	=$B$11*EXP(-$B$10*1000/(8,31441*C28))	=F27-E27*F27*$B$17	=1-F28/$B$7
=C29-273	=$B$11*EXP(-$B$10*1000/(8,31441*C29))	=F28-E28*F28*$B$17	=1-F29/$B$7
=C30-273	=$B$11*EXP(-$B$10*1000/(8,31441*C30))	=F29-E29*F29*$B$17	=1-F30/$B$7
=C31-273	=$B$11*EXP(-$B$10*1000/(8,31441*C31))	=F30-E30*F30*$B$17	=1-F31/$B$7

Der sich aus der Tabellenkalkulation ergebende Umsatzgrad-Zeit-Verlauf ist in Abb. 5.12 und der Temperatur-Zeit-Verlauf in Abb. 5.13 dargestellt.

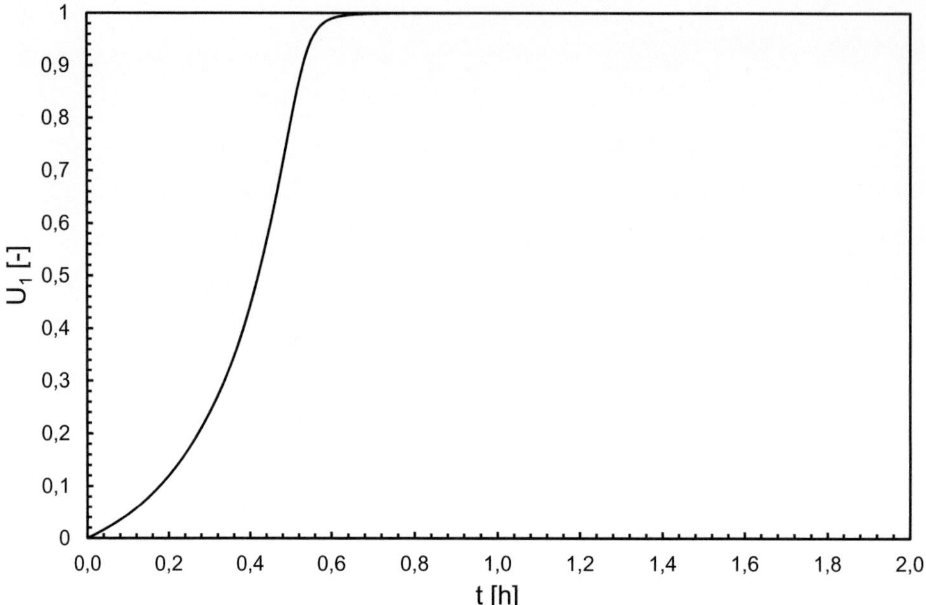

Abb. 5.12 Umsatzgrad-Zeit-Verlauf für Beispiel 5.4

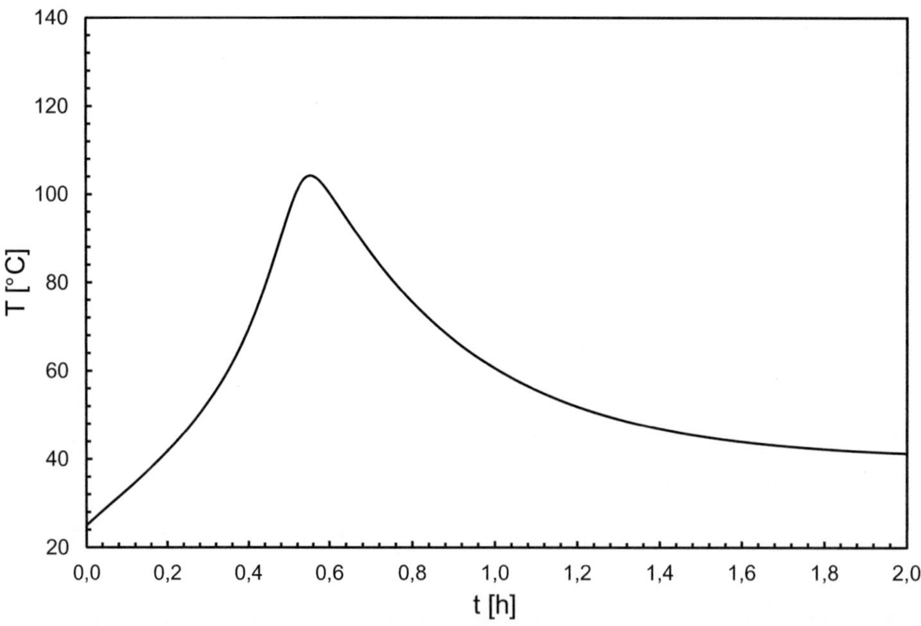

Abb. 5.13 Temperatur-Zeit-Verlauf für Beispiel 5.4

Aus Abb. 5.13 kann man entnehmen, dass der Hotspot ca. 104 °C beträgt und die geforderte Maximaltemperatur von 60 °C überschritten wird.

Um den Hotspot auf die geforderte Maximaltemperatur zu beschränken, kann das Wärmeerzeugungspotenzial erniedrigt und/oder die Wärmeabfuhrleistung erhöht werden. Im ersteren Fall könnte man die Anfangskonzentration erniedrigen, im letzteren Fall die spezifische Kühlfläche erhöhen (innen liegendes Heiz-/Kühlregister oder Umpumpen durch externen Wärmeübertrager) oder die Temperatur des Wärmeträgermediums erniedrigen. Dem Leser sei es überlassen, die jeweiligen Szenarien selbst durchzurechnen. ◀

Abschließend seien hinsichtlich der optimalen Temperaturführung des diskontinuierlichen idealen Rührkesselreaktors noch einige Anmerkungen gemacht, die insbesondere für technische Rührkesselreaktoren mit Reaktionsvolumina von mehreren Kubikmetern bis hin zu einigen Hundert Kubikmetern gelten. Wie aus der Enthalpiebilanz (Gl. 5.118) ersichtlich, ist die Wärmeabfuhrleistung proportional zu A_W/V und nimmt daher mit zunehmendem Volumen ab. Auf Grund der jeweiligen Abhängigkeit vom Durchmesser des Reaktors ergibt sich in erster Näherung eine Abnahme, die umgekehrt proportional zum Apparatedurchmesser ist. Die mögliche Temperaturführung hängt stark von der Exothermie der Reaktion ab. Bei sehr *stark exothermen Reaktionen* kann der Rührkesselreaktor nur noch *halbkontinuierlich* betrieben werden, indem man das Edukt bzw. eines der Edukte langsam zudosiert (s. Abschn. 5.4.3). Man spricht hier auch von einer dosierkontrollierten Betriebsweise, kurz Dosierkontrolle. In allen anderen Fällen ist ein diskontinuierlicher Betrieb möglich, wobei die Reaktionstemperatur möglichst hoch gewählt wird, um kleine Zeitkonstanten der Reaktion, d. h. eine große Produktionshöhe aus einem vorgegebenem Reaktionsvolumen oder ein kleines Reaktionsvolumen bei vorgegebener Produktionshöhe zu realisieren. Im Falle des adiabaten und des polytropen Betriebs wird der Temperatur-Zeit-Verlauf durch eine maximal zulässige Reaktionstemperatur begrenzt. Diese ergibt sich beispielsweise aus den Dampfdruckkurven der flüssigen Spezies und dem zulässigen Betriebsdruck des Rührkesselreaktors oder dem Auftreten von unerwünschten Nebenreaktionen ab einer bestimmten Maximaltemperatur. Beim Betrieb von technischen Rührkesselreaktoren gibt es schon allein auf Grund der thermischen Trägheit des Systems eine Untergrenze für die Zeitkonstante des Prozesses, die etwa bei einer Stunde liegt.

5.4.2 Kontinuierlicher idealer Rührkesselreaktor

Entsprechend der in Abschn. 5.1 vorgestellten Bilanzierungssystematik zeigt Abb. 5.14 eine *Prinzipskizze des kontinuierlichen idealen Rührkesselreaktors* mit dem gewählten Bilanzraum. Da eine vollständige, d. h. ideale Vermischung des Reaktionsvolumens vorliegt, kann wie beim diskontinuierlichen idealen Rührkesselreaktor das gesamte Reaktionsvolumen als Bilanzraum ausgewählt werden. Für den kontinuierlichen Betrieb bedeutet die ideale Vermischung, dass die Eduktkonzentration am Eintrittspunkt E sprung-

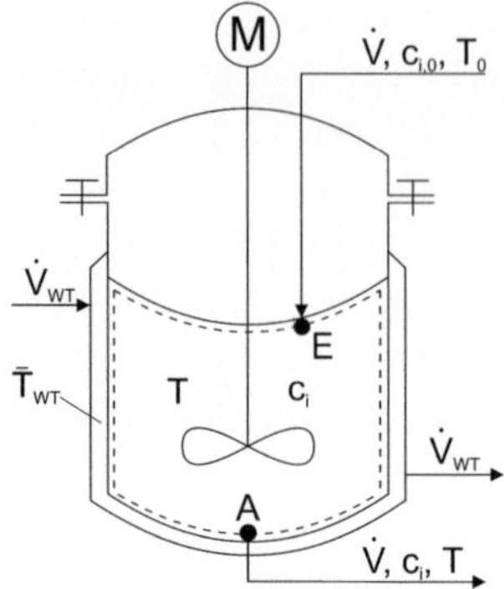

Abb. 5.14 Prinzipskizze eines kontinuierlichen idealen Rührkesselreaktors sowie dazugehöriger Bilanzraum gestrichelt. (E = Eintritt, A = Austritt)

artig von der Eintrittskonzentration $c_{i,0}$ auf die Austrittskonzentration c_i abnimmt bzw. dass die Produktkonzentration sprungartig von der Eintrittskonzentration $c_{i,0}$ auf die Austrittskonzentration c_i zunimmt. Ähnlich verhält es sich auch mit der Temperatur, die im Falle einer exothermen Reaktion am Eintrittspunkt E sprungartig von der Eintrittstemperatur T_0 auf die Austrittstemperatur T zunimmt bzw. im Falle einer endothermen Reaktion sprungartig von der Eintrittstemperatur T_0 auf die Austrittstemperatur T abnimmt.

In der nachfolgenden Ableitung und Diskussion der Bilanzgleichungen wird von einem stationären Betrieb des kontinuierlichen idealen Rührkesselreaktors ausgegangen. Dies ist der häufigste Betriebsfall, bei dem die Anlage „Strich fährt", d. h. bei dem keine zeitlichen Änderungen auftreten. Somit kann bei den nachfolgenden Ableitungen der Akkumulationsterm null gesetzt werden.

5.4.2.1 Stoffbilanz

Die deduktive Ableitung geht von der allgemeinen Stoffbilanz in kartesischen Koordinaten aus, wobei Gl. 5.19 – wie auch in Abschn. 5.4.1 geschehen – dahingehend vereinfacht wurde, dass die Komponenten der Strömungsgeschwindigkeit und die Dispersionskoeffizienten in den jeweiligen Richtungen des Koordinatensystems als ortsunabhängig angenommen wurden:

$$\frac{1}{\mathrm{d}V}\frac{\partial n_i}{\partial t} = -\left(u_x\frac{\partial c_i}{\partial x} + u_y\frac{\partial c_i}{\partial y} + u_z\frac{\partial c_i}{\partial z}\right) + \left(D_{\mathrm{e},x}\frac{\partial^2 c_i}{\partial x^2} + D_{\mathrm{e},y}\frac{\partial^2 c_i}{\partial y^2} + D_{\mathrm{e},z}\frac{\partial^2 c_i}{\partial z^2}\right) + \left(\sum_{j=1}^{M}\nu_{i,j}r_j\right). \quad (5.122)$$

Da durch die ideale Vermischung im Reaktionsvolumen unabhängig vom Ort überall dieselbe Konzentration vorliegt, muss gelten

$$c_i(t,x,y,z) = c_i(t), \quad (5.123)$$

sodass sowohl die erste als auch die zweite Ableitung der Konzentration in die jeweiligen Raumrichtungen null ist. Somit ergibt sich für die Stoffbilanz für das differenzielle Bilanzvolumen:

$$\frac{1}{\mathrm{d}V}\frac{\partial n_i}{\partial t} = \sum_{j=1}^{M} \nu_{i,j} r_j. \tag{5.124}$$

Integriert man diese Bilanzgleichung über das gesamte Reaktionsvolumen V, ergibt sich:

$$\frac{\mathrm{d}n_i}{\mathrm{d}t} = V \cdot \sum_{j=1}^{M} \nu_{i,j} r_j. \tag{5.125}$$

Die über die Grenzen des gesamten Reaktionsvolumens konvektiv zu- und abgeführten Stoffströme müssen allerdings dann bei der Integration als Randbedingungen berücksichtigt werden. Daher müssen zu Gl. 5.125 Terme hinzugefügt werden, die die zu- und abgeführten Stoffströme beschreiben. Der dem Reaktionsvolumen zugeführte Stoffstrom beträgt

$$\dot{n}_{i,0} = \dot{V}_0 \cdot c_{i,0} \tag{5.126}$$

und der aus dem Reaktionsvolumen abgeführte Stoffstrom

$$\dot{n}_i = \dot{V} \cdot c_i. \tag{5.127}$$

Somit ergibt sich für die *Stoffbilanz des kontinuierlichen idealen Rührkesselreaktors*:

$$\frac{\mathrm{d}n_i}{\mathrm{d}t} = \dot{V}_0 \cdot c_{i,0} - \dot{V} \cdot c_i + V \cdot \sum_{j=1}^{M} \nu_{i,j} r_j. \tag{5.128}$$

Zum selben Ergebnis kommt man auch, wenn man für den in Abb. 5.14 gezeigten Bilanzraum des kontinuierlichen idealen Rührkesselreaktors die Bilanzierung gemäß der Wortgleichung Gl. 5.2 in der Einheit mol/s vornimmt. So gilt für den *Akkumulationsterm*

$$\begin{bmatrix} \textit{Zeitliche Änderung} \\ \text{der Stoffmenge von } A_i \\ \text{im Bilanzraum} \end{bmatrix} = \frac{\mathrm{d}n_i}{\mathrm{d}t}, \tag{5.129}$$

für den *Konvektionsterm*

$$\begin{bmatrix} \text{Durch } \textit{Konvektion} \\ \text{dem Bilanzraum} \\ \textit{zugeführter} \\ \text{Stoffstrom von } A_i \end{bmatrix} - \begin{bmatrix} \text{Durch } \textit{Konvektion} \text{ aus} \\ \text{dem Bilanzraum} \\ \textit{abgeführter} \text{ Stoff-} \\ \text{strom von } A_i \end{bmatrix} = \dot{V}_0 \cdot c_{i,0} - \dot{V} \cdot c_i, \tag{5.130}$$

für den *Diffusionsterm*

$$\begin{bmatrix} \text{Durch } \textit{Diffusion} \\ \text{dem Bilanzraum} \\ \textit{zugeführter} \\ \text{Stoffstrom von } A_i \end{bmatrix} = \begin{bmatrix} \text{Durch } \textit{Diffusion} \text{ aus} \\ \text{dem Bilanzraum} \\ \textit{abgeführter} \text{ Stoff-} \\ \text{strom von } A_i \end{bmatrix} = 0 \tag{5.131}$$

und für den *Reaktionsterm*

$$\begin{bmatrix} \text{Durch chemische} \\ \textit{Reaktion(en)} \text{ im Bilanzraum} \\ \text{in der Zeiteinheit} \\ \textit{gebildete(verbrauchte)} \\ \text{Stoffmenge von } A_i \end{bmatrix} = V \cdot R_i = V \cdot \sum_{j=1}^{M} \nu_{i,j} r_j. \tag{5.132}$$

Somit ergibt sich insgesamt für die *Stoffbilanz des kontinuierlichen idealen Rührkesselreaktors* wiederum die Gleichung:

$$\frac{\mathrm{d}n_i}{\mathrm{d}t} = \dot{V}_0 \cdot c_{i,0} - \dot{V} \cdot c_i + V \cdot \sum_{j=1}^{M} \nu_{i,j} r_j. \tag{5.133}$$

Nimmt man *Stationarität* an, so kann der Akkumulationsterm null gesetzt werden, und es ergibt sich:

$$0 = \dot{V}_0 \cdot c_{i,0} - \dot{V} \cdot c_i + V \cdot \sum_{j=1}^{M} \nu_{i,j} r_j. \tag{5.134}$$

Bleibt zudem die *Dichte und damit der Volumenstrom konstant*, erhält man unter Berücksichtigung von Gl. 5.53:

$$0 = c_{i,0} - c_i + \tau \cdot \sum_{j=1}^{M} \nu_{i,j} r_j. \tag{5.135}$$

Wie beim diskontinuierlichen idealen Rührkesselreaktor beschrieben, gilt auch für den kontinuierlichen idealen Rührkesselreaktor, dass die Stoffbilanz über den Reaktionsterm von der Temperaturführung (isotherm, adiabat, polytrop) abhängt, sodass – mit Ausnahme des isothermen Falles – die Enthalpiebilanz simultan zu lösen ist.

5.4.2.2 Enthalpiebilanz

Die deduktive Ableitung der Enthalpiebilanz für den kontinuierlichen idealen Rührkesselreaktor geht wiederum von der allgemeinen Enthalpiebilanz in kartesischen Koordinaten aus. Dabei wurde Gl. 5.46 dahingehend vereinfacht, dass die Komponenten der Strömungsgeschwindigkeit sowie Dichte, Wärmekapazität und effektive Wärmeleitfähigkeiten in den jeweiligen Richtungen des Koordinatensystems als ortsunabhängig angenommen werden:

$$\begin{aligned}\frac{\partial\left(\mathrm{d}V \cdot \rho c_p T\right)}{\partial t} = & -\rho c_p\left(u_x \frac{\partial T}{\partial x} + u_y \frac{\partial T}{\partial y} + u_z \frac{\partial T}{\partial z}\right) \cdot \mathrm{d}V \\ & + \left(\lambda_{\mathrm{e},x} \frac{\partial^2 T}{\partial x^2} + \lambda_{\mathrm{e},y} \frac{\partial^2 T}{\partial y^2} + \lambda_{\mathrm{e},z} \frac{\partial^2 T}{\partial z^2}\right) \cdot \mathrm{d}V \\ & + \sum_{j=1}^{M} \left(r_j \cdot \left(-\Delta_{\mathrm{R}} H_j\right)\right) \cdot \mathrm{d}V.\end{aligned} \tag{5.136}$$

Auf Grund der idealen Vermischung des Reaktionsvolumens gilt

$$T(t, x, y, z) = T(t) \tag{5.137}$$

und die Enthalpiebilanz für ein differenzielles Reaktionsvolumen dV ergibt sich zu

$$\frac{\mathrm{d}\left(\mathrm{d}V \cdot \rho c_p T\right)}{dt} = \sum_{j=1}^{M} \left(r_j \cdot \left(-\Delta_{\mathrm{R}} H_j\right)\right) \cdot \mathrm{d}V. \tag{5.138}$$

Diese Bilanzgleichung gilt noch für ein differenzielles Reaktionsvolumen innerhalb des betrachteten Reaktionsvolumens. Erst durch Integration über das gesamte Reaktionsvolumen V erhält man die Enthalpiebilanz des kontinuierlichen idealen Rührkesselreaktors:

$$\frac{\mathrm{d}\left(V \cdot \rho c_p T\right)}{\mathrm{d}t} = V \cdot \sum_{j=1}^{M} \left(r_j \cdot \left(-\Delta_\mathrm{R} H_j\right)\right). \tag{5.139}$$

Die über die Grenzen des gesamten Reaktionsvolumens zu- und abgeführten Enthalpieströme müssen allerdings dann bei der Integration als Randbedingungen berücksichtigt werden. Daher müssen zu Gl. 5.139 Terme hinzugefügt werden, die die mit den zu- und abgeführten Massenströmen verbundenen Enthalpieströme sowie die durch Wärmeübertragung zu- und abgeführten Enthalpieströme berücksichtigen. Der dem Reaktionsvolumen mit dem eintretenden Massenstrom zugeführte Enthalpiestrom beträgt:

$$\dot{Q} = \dot{m} c_{p,0} T_0 = \dot{V}_0 \rho_0 c_{p,0} T_0. \tag{5.140}$$

Der aus dem Reaktionsvolumen mit dem austretenden Massenstrom abgeführte Enthalpiestrom beträgt:

$$\dot{Q} = \dot{m} c_p T = \dot{V} \rho c_p T. \tag{5.141}$$

Die dem Reaktionsvolumen durch die Wärmeübertragerfläche A_W pro Zeiteinheit ab- oder zugeführte Wärmemenge ist nach Gl. 4.31:

$$\dot{Q} = k_\mathrm{W} A_\mathrm{W} \left(\overline{T}_\mathrm{WT} - T\right) \tag{5.142}$$

(k_W = Wärmedurchgangskoeffizient, A_W = Wärmeübertragerfläche, $\overline{T}_\mathrm{WT}$ = mittlere Temperatur des Wärmeträgers, T = Temperatur der Reaktionsmischung).

Insgesamt ergibt sich dann für die *Enthalpiebilanz eines kontinuierlichen idealen Rührkesselreaktors*:

$$\frac{\mathrm{d}\left(V \cdot \rho c_p T\right)}{\mathrm{d}t} = \dot{V}_0 \rho_0 c_{p,0} T_0 - \dot{V} \rho c_p T + k_\mathrm{W} A_\mathrm{W} \left(\overline{T}_\mathrm{WT} - T\right) + V \cdot \sum_{j=1}^{M} \left(r_j \cdot \left(-\Delta_\mathrm{R} H_j\right)\right). \tag{5.143}$$

Zum selben Ergebnis kommt man auch, wenn man für den in Abb. 5.14 gezeigten Bilanzraum des kontinuierlichen idealen Rührkesselreaktors die Bilanzierung gemäß der Wortgleichung Gl. 5.28 in der Einheit J/s vornimmt. So gilt für den *Akkumulationsterm*

$$\begin{bmatrix} \textit{Zeitliche Änderung} \\ \text{der Enthalpie} \\ \text{im Bilanzraum} \end{bmatrix} = \frac{\partial H}{\partial t} = \frac{\partial \left(V \cdot \rho c_p T \right)}{\partial t}, \tag{5.144}$$

für den *Konvektionsterm*

$$\begin{bmatrix} \text{Durch } \textit{Konvektion} \\ \text{dem Bilanzraum} \\ \textit{zugeführter} \\ \text{Enthalpiestrom} \end{bmatrix} - \begin{bmatrix} \text{Durch } \textit{Konvektion} \\ \text{aus dem Bilanzraum} \\ \textit{abgeführter} \\ \text{Enthalpiestrom} \end{bmatrix} = \dot{V}_0 \rho_0 c_{p,0} T_0 - \dot{V} \rho c_p T, \tag{5.145}$$

für den *Reaktionsterm*

$$\begin{bmatrix} \text{Durch chemische} \\ \textit{Reaktion(en)} \text{ im Bilanz-} \\ \text{raum in der Zeiteinheit} \\ \textit{gebildete(verbrauchte)} \\ \text{Enthalpie} \end{bmatrix} = V \cdot \sum_{j=1}^{M} \left(r_j \cdot \left(- \Delta_{\mathrm{R}} H_j \right) \right) \tag{5.146}$$

und für den *Wärmeleitungsterm*

$$\begin{bmatrix} \text{Durch } \textit{Wärmeübertragung} \\ \text{dem Bilanzraum} \\ \textit{zu-oder abgeführter} \\ \text{Enthalpiestrom} \end{bmatrix} = k_{\mathrm{W}} A_{\mathrm{W}} \left(\overline{T}_{\mathrm{WT}} \quad T \right). \tag{5.147}$$

Die an der Bilanzgrenze durch Wärmeleitung an die Wand abgegebene oder über die Wand aufgenommene Enthalpie wird als Wärmeübertragungsterm gemäß Gl. 4.31 berücksichtigt.

Somit ergibt sich insgesamt für die *Enthalpiebilanz des kontinuierlichen idealen Rührkesselreaktors* wiederum die Gleichung:

$$\frac{\mathrm{d}\left(V \cdot \rho c_p T \right)}{\mathrm{d}t} = \dot{V}_0 \rho_0 c_{p,0} T_0 - \dot{V} \rho c_p T + k_{\mathrm{W}} A_{\mathrm{W}} \left(\overline{T}_{\mathrm{WT}} - T \right) + V \cdot \sum_{j=1}^{M} \left(r_j \cdot \left(- \Delta_{\mathrm{R}} H_j \right) \right). \tag{5.148}$$

Nimmt man *Stationarität* an, so kann der Akkumulationsterm null gesetzt werden, und es ergibt sich:

$$0 = \dot{V}_0 \rho_0 c_{p,0} T_0 - \dot{V} \rho c_p T + k_W A_W \left(\overline{T}_{WT} - T \right) + V \cdot \sum_{j=1}^{M} \left(r_j \cdot \left(- \Delta_R H_j \right) \right). \quad (5.149)$$

5.4.2.3 Zusammenfassung der Bilanzgleichungen

Nachfolgend sind die Gleichungen für die *Stoff- und die Enthalpiebilanz des stationären kontinuierlichen idealen Rührkesselreaktors* zusammengefasst. Da in Kap. 5 von einer einzigen Reaktion ausgegangen wird und erst in Kap. 7 auf komplexe Reaktionen eingegangen wird, ist im Reaktionsterm jeweils nur eine einzige Reaktion berücksichtigt:

Stoffbilanz für den stationären kontinuierlichen idealen Rührkesselreaktor für $M = 1$ und $\rho = \text{const}$

$$0 = c_{i,0} - c_i + \tau \cdot \nu_i r(c_i, T) \quad (5.150)$$

bzw.

$$0 = c_{i,0} U_i + \tau \cdot \nu_i r(U_i, T). \quad (5.151)$$

Enthalpiebilanz für den stationären kontinuierlichen idealen Rührkesselreaktor für $M = 1$, $\rho = \text{const}$ und $c_p = \text{const}$

$$0 = \dot{V} \rho c_p (T_0 - T) + k_W A_W \left(\overline{T}_{WT} - T \right) + V \cdot r(U_i, T) \cdot (- \Delta_R H). \quad (5.152)$$

5.4.2.4 Isotherme Reaktionsführung

Isotherme Reaktionsführung bedeutet, dass die bei der Reaktion gebildete oder verbrauchte Wärmemenge ab- oder zugeführt wird und gemäß der Enthalpiebilanz Gl. 5.152 die Eintrittstemperatur T_0 gleich der Austrittstemperatur T sein muss. Somit findet in diesem Fall am Eintritt des kontinuierlichen idealen Rührkesselreaktors kein Temperatursprung statt. Weiterhing gilt wegen der Annahmen der Stationarität und Idealität, dass sich auch im Rührkesselreaktor die Temperatur weder räumlich noch zeitlich ändert.

Zur Berechnung der Produktionshöhe für ein vorgegebenes Reaktionsvolumen bzw. des erforderlichen Reaktionsvolumens für eine vorgegebene Produktionshöhe benötigt man diejenige Verweilzeit τ, die notwendig ist, um den gewünschten Umsatzgrad U_i zu erreichen (s. auch Einleitung zu Abschn. 5.4). Diese ergibt sich durch Auflösen der Stoffbilanz Gl. 5.151 nach der Verweilzeit τ wie folgt:

$$\tau = \frac{c_{i,0}}{(-\nu_i) \cdot r(U_i)} U_i. \tag{5.153}$$

Vergleicht man mit Gl. 5.81 für die notwendige Reaktionszeit t im diskontinuierlichen idealen Rührkesselreaktor, so erkennt man, dass es sich um eine ähnliche, nun jedoch algebraische Gleichung handelt, d. h. eine Integration ist hier nicht erforderlich. In Tab. 5.2 sind analog zu Tab. 5.1 die entsprechenden Lösungen eingetragen. Grundsätzlich kann jede beliebige Kinetik, sofern eine Reaktionsgeschwindigkeitsgleichung vorliegt, in Gl. 5.153 eingesetzt und für eine optimale Temperatur und den gewünschten Umsatzgrad die notwendige Verweilzeit berechnet werden. Abb. 5.15 zeigt die *grafische Auswertung* der Gl. 5.153, die vor allem dann sinnvoll ist, wenn die Kinetik nicht als Gleichung, sondern nur in Form von Messwerten vorliegt. Man erkennt, dass sich auch beim kontinuierlichen idealen Rührkesselreaktor die notwendige Zeit (hier Verweilzeit) wiederum aus einer Fläche zwischen $U_i = 0$ und dem gewünschten Umsatzgrad U_i ergibt, jedoch nicht aus der Fläche

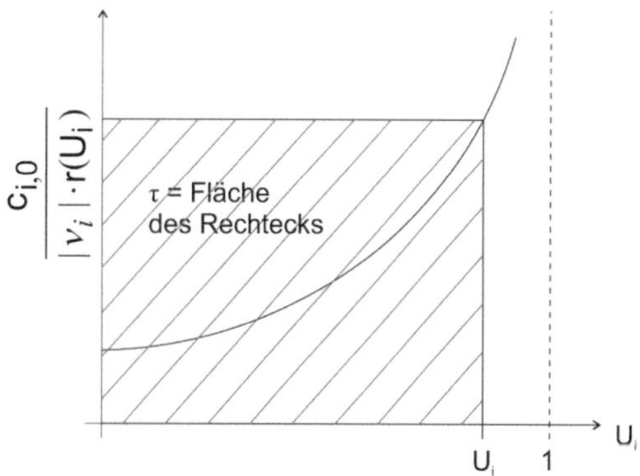

Abb. 5.15 Grafische Integration der Gl. 5.153 zur Ermittlung der notwendigen Verweilzeit τ für einen gewünschten Umsatzgrad U_i bei isothermer Reaktionsführung

Tab. 5.2 Verweilzeiten τ in Abhängigkeit vom Umsatzgrad U_1 für irreversible Reaktionen mit unterschiedlichen Kinetiken r bei isothermer Reaktionsführung und $\rho = \text{const}$ im kontinuierlichen idealen Rührkesselreaktor

Reaktion	$r =$	$\tau =$
$\lvert\nu_1\rvert A_1 + \ldots \rightarrow \ldots$	$k \cdot c_1^0$	$\frac{c_{1,0}}{\lvert\nu_1\rvert \cdot k} \cdot U_1$
$\lvert\nu_1\rvert A_1 + \ldots \rightarrow \ldots$	$k \cdot c_1^1$	$\frac{1}{\lvert\nu_1\rvert \cdot k} \cdot \frac{U_1}{1 - U_1}$
$\lvert\nu_1\rvert A_1 + \ldots \rightarrow \ldots$	$k \cdot c_1^2$	$\frac{1}{\lvert\nu_1\rvert \cdot c_{1,0} \cdot k} \cdot \frac{U_1}{(1 - U_1)^2}$
$\lvert\nu_1\rvert A_1 + \ldots \rightarrow \ldots$	$k \cdot c_1^n \; (n \neq 1)$	$\frac{1}{\lvert\nu_1\rvert \cdot c_{1,0}^{n-1} \cdot k} \cdot \frac{U_1}{(1 - U_1)^n}$
$\lvert\nu_1\rvert A_1 + \ldots \rightarrow \ldots$	$\frac{k \cdot c_1}{1 + K \cdot c_1}$	$\frac{1}{\lvert\nu_1\rvert \cdot k} \cdot \left(\frac{U_1}{1 - U_1} + K \cdot c_{1,0} \cdot U_1\right)$
$\lvert\nu_1\rvert A_1 + \lvert\nu_2\rvert A_2 + \ldots \rightarrow \ldots$	$k \cdot c_1 \cdot c_2 \; (c_1 \neq c_2)$	$\frac{1}{k} \cdot \frac{U_1}{(1 - U_1)(c_{2,0}\lvert\nu_1\rvert - c_{1,0}\lvert\nu_2\rvert \cdot U_1)}$

unter der Kurve wie beim diskontinuierlichen idealen Rührkesselreaktor, sondern aus der Rechteckfläche.

Neben der expliziten Berechnung der Verweilzeit τ für einen gewünschten Umsatzgrad U_1, kann die notwendige Verweilzeit τ auch implizit aus dem *Umsatzgrad-Verweilzeit-Verlauf* ermittelt werden. Diesen erhält man wiederum aus Stoffbilanz Gl. 5.151, indem nach dem Umsatzgrad aufgelöst wird. Somit erhält man beispielsweise für irreversible Reaktionen mit Kinetiken 0., 1. und 2. Ordnung durch Auflösen nach U_i folgende Gleichungen (stöchiometrischer Koeffizient wurde -1 gesetzt):

$$U_1(\tau) = \frac{k}{c_{1,0}} \cdot \tau \quad \text{für n} = 0 \tag{5.154a}$$

mit

$$\left.\frac{\mathrm{d}U_1(\tau)}{\mathrm{d}\tau}\right|_{\tau \to 0} = \frac{k}{c_{1,0}}, \tag{5.154b}$$

$$U_1(\tau) = \frac{k\tau}{1 + k\tau} \quad \text{für n} = 1 \tag{5.155a}$$

mit

$$\left.\frac{\mathrm{d}U_1(\tau)}{\mathrm{d}\tau}\right|_{\tau \to 0} = k, \tag{5.155b}$$

$$U_1(\tau) = \frac{2kc_{1,0}\tau + 1 - \sqrt{1 + 4kc_{1,0}\tau}}{2kc_{1,0}\tau} \quad \text{für n} = 2 \tag{5.156a}$$

mit

$$\left.\frac{\mathrm{d}U_1(\tau)}{\mathrm{d}\tau}\right|_{\tau \to 0} = k \cdot c_{1,0}. \tag{5.156b}$$

Abb. 5.16 zeigt die Umsatzgrad-Verweilzeit-Verläufe gemäß Gl. 5.154a, 5.154b, 5.155a, 5.155b, 5.156a, 5.156b für die Ordnungen 0, 1 und 2. Ähnlich wie beim diskontinuierlichen idealen Rührkesselreaktor gilt auch beim kontinuierlichen idealen Rührkesselreaktor, dass bei einer irreversiblen Reaktion 1. Ordnung der Umsatzgrad-Verweilzeit-Verlauf unabhängig von der Anfangskonzentration $c_{1,0}$ ist, d. h., dass der gewünschte Umsatzgrad unabhängig von der Anfangskonzentration $c_{1,0}$ immer nach derselben Verweilzeit erreicht wird. Im Falle einer irreversiblen Reaktion 0. Ordnung halbiert sich die Steigung der Geraden im Umsatzgrad-Verweilzeit-Verlauf bei Verdopplung der Anfangskonzentration $c_{1,0}$ und derselbe Umsatzgrad wird nach einer doppelt so langen Verweilzeit

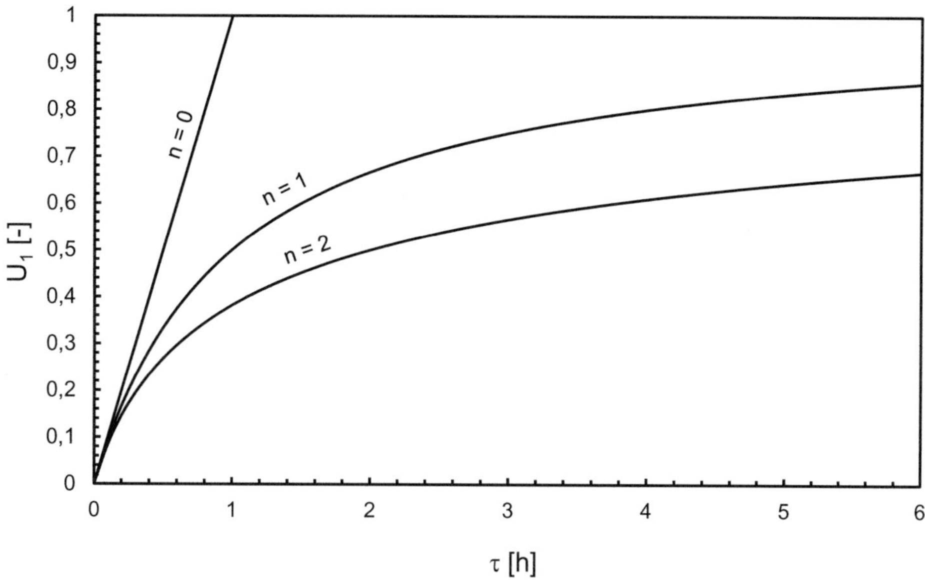

Abb. 5.16 Umsatzgrad-Verweilzeit-Verläufe im kontinuierlichen idealen Rührkesselreaktor für irreversible Reaktionen n-ter Ordnung ($c_{1,0} = 1$ mol/l, $k = 1\ \text{mol}^{1-n}\,\text{l}^{n-1}\,\text{h}^{-1}$)

erreicht (s. Tab. 5.2). Bei einer irreversiblen Reaktion 2. Ordnung ergibt sich gemäß Gl. 5.156b bei Verdopplung der Anfangskonzentration $c_{1,0}$ eine Verdopplung der Anfangssteigung im Umsatzgrad-Verweilzeit-Verlauf und derselbe Umsatzgrad wird in der Hälfte der Zeit erreicht (s. Tab. 5.2).

5.4.2.5 Adiabate Reaktionsführung

Bei einem *adiabat betriebenen kontinuierlichen idealen Rührkesselreaktor* wird Wärme weder zu- noch abgeführt. Somit verschwindet der Wärmeübertragungsterm in Gl. 5.152 und die Enthalpiebilanz vereinfacht sich zu:

$$0 = \dot{V}\rho c_p (T_0 - T) + V \cdot r(U_i, T) \cdot (-\Delta_R H). \tag{5.157}$$

Die Stoffbilanz (Gl. 5.151) gilt unverändert auch für die adiabate Reaktionsführung, wobei nun neben der Konzentrationsabhängigkeit auch die Temperaturabhängigkeit der Reaktionsgeschwindigkeit zu berücksichtigen ist:

$$0 = c_{i,0} U_i + \tau \cdot \nu_i r(U_i, T). \tag{5.158}$$

Löst man die Stoffbilanz (Gl. 5.158) nach der Reaktionsgeschwindigkeit r auf und setzt diese in die Enthalpiebilanz (Gl. 5.157) ein oder löst man die Enthalpiebilanz nach $T - T_0$ und die Stoffbilanz nach U_i auf und teilt die Enthalpiebilanz durch die Stoffbilanz, so erhält man für das Edukt A_1:

$$\frac{T - T_0}{U_1} = \frac{c_{1,0} \cdot (-\Delta_R H)}{|\nu_1| \rho c_p}. \tag{5.159}$$

Die Reaktionstemperatur, die sich im adiabaten kontinuierlichen idealen Rührkesselreaktor einstellt, ist wiederum mit

$$T = T_0 + \frac{c_{1,0} \cdot (-\Delta_R H)}{|\nu_1| \rho c_p} \cdot U_1 \tag{5.160}$$

linear vom Umsatzgrad abhängig und die maximale Temperaturerhöhung, die sich für Vollumsatz ergibt, beträgt:

$$\Delta T_{ad} = \frac{c_{1,0} \cdot (-\Delta_R H)}{|\nu_1| \rho c_p}. \tag{5.161}$$

Diese sogenannte *adiabate Temperaturerhöhung* ist – wie bereits beim adiabaten diskontinuierlichen idealen Rührkesselreaktor beschrieben – auch eine sicherheitstechnische Kenngröße, weil sie die Einschätzung des Gefahrenpotenzials erlaubt, wenn die Kühlung des Rührkesselsreaktors bei einer exothermen Reaktion ausfällt (s. auch Abschn. 5.4.1).

Die Bestimmung der für einen gewünschten Umsatzgrad U_1 notwendigen Verweilzeit τ, kann wiederum explizit erfolgen, sofern eine Gleichung für die Kinetik vorliegt und die maximal zulässige, optimale Reaktionstemperatur bekannt ist, die im kontinuierlich betriebenen idealen Rührkesselreaktor vorliegen soll. Dazu wird die Stoffbilanz mit der bekannten Kinetik und den gewünschten Werten für T und U_1 hinsichtlich der Verweilzeit τ nach Gl. 5.158 ausgewertet, also nach der Gleichung, die auch für den isothermen Betrieb ausgewertet wurde. Da aber keine isotherme, sondern eine adiabate Temperaturführung vorliegt, muss nun aus der Enthalpiebilanz Gl. 5.157 diejenige Eintrittstemperatur T_0 berechnet werden, die eingehalten werden muss, damit sich die gewünschte Temperatur im Rührkesselreaktor einstellt. Wenn dieser Wert beispielsweise zu niedrig und daher nicht praktikabel ist, dann ist zusätzlich eine Kühlung des Reaktors notwendig. Abb. 5.17 verdeutlicht diese Zusammenhänge, indem einerseits der Umsatzgrad exemplarisch für eine *irreversible Reaktion 1. Ordnung* gemäß Gl. 5.155a in Abhängigkeit von der Temperatur T für verschiedene Verweilzeiten τ aufgetragen ist. Andererseits besteht gemäß

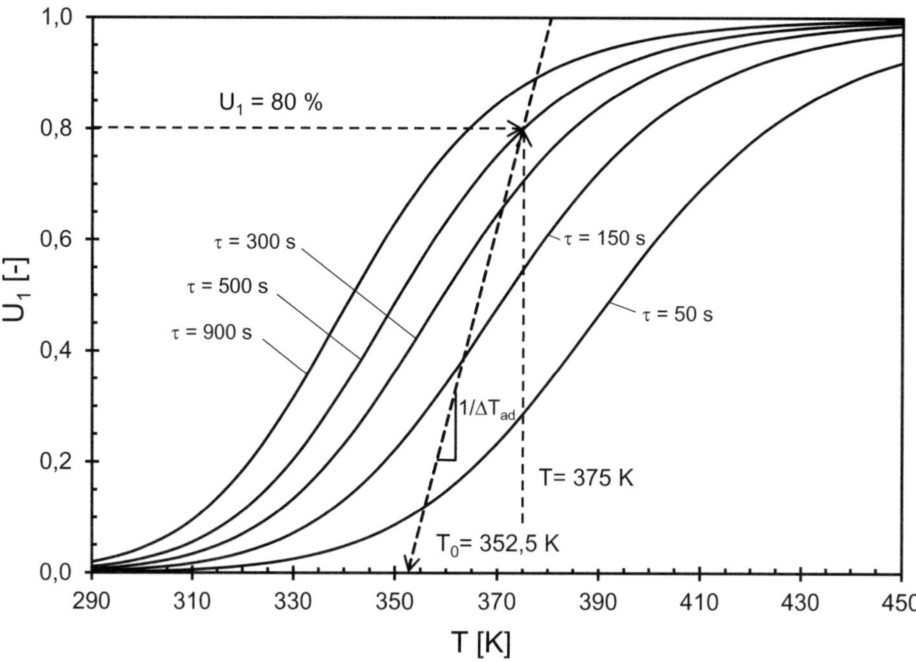

Abb. 5.17 Grafisches Verfahren zur Auslegung eines kontinuierlichen idealen Rührkesselreaktors bei adiabater Temperaturführung und Kinetik 1. Ordnung (Berechnung für $\rho = 1{,}28\,\text{kg/l}$, $c_p = 4{,}19\,\text{kJ/(kg K)}$, $\dot{V} = 6\ 1/\text{s}$, τ variabel, $c_{1,0} = 3\,\text{mol/l}$, $(-\Delta_R H) = 50\,\text{kJ/mol}$, $k_0 = 4{,}48 \cdot 10^6\,\text{s}^{-1}$, $E_A = 62{,}8\,\text{kJ/mol}$)

Gl. 5.160 ein linearer Zusammenhang zwischen dem erzielten Umsatzgrad und der Temperatur im Reaktor. Gibt man nun den gewünschten Umsatzgrad (in Abb. 5.17 $U_1 = 80\,\%$) und die optimale Temperatur (in Abb. 5.17 $T = 375\,\text{K}$) vor, so liegt dieser Punkt auf einem $U_1(T)$-Verlauf zu einer bestimmten, der gesuchten Verweilzeit (hier $\tau = 500\,\text{s}$). Ausgehend von diesem Punkt, kann eine adiabate Trajektorie (Gerade) mit Steigung $1/\Delta T_{ad}$ eingezeichnet werden, aus der sich die zu wählende Eintrittstemperatur T_0 ergibt. Im der Abb. 5.17 zugrunde liegenden Beispiel beträgt diese 352,5 K.

Aus der beschriebenen Auslegung eines adiabaten kontinuierlichen idealen Rührkesselreaktors wird deutlich, dass sich die Temperatur des Reaktionsmediums sprunghaft von der Eintrittstemperatur T_0 auf die Temperatur T im Rührkesselreaktor ändert. Die Temperatur T im Rührkesselreaktor ist zugleich auch die Austrittstemperatur des Reaktionsmediums aus dem Rührkesselreaktor. Wie schon aus Abb. 5.17 ersichtlich wird, kann die Gerade, die die Abhängigkeit zwischen dem erzielten Umsatzgrad und der Temperatur im Rührkesselreaktor gemäß der Enthalpiebilanz beschreibt, die $U_1(T)$-Kurve aus der Stoffbilanz in einem oder drei Punkten schneiden. Man spricht dann auch von *statischen thermischen Instabilitäten* und *mehrfach stabilen Betriebspunkten*, die ein *Zünd-Lösch-Verhalten* zur Folge haben können. Im Folgenden soll dieses Phänomen am Beispiel einer *irreversiblen Re-*

aktion 1. Ordnung näher diskutiert werden. Durch Einsetzen der Temperaturabhängigkeit der Geschwindigkeitskonstanten gemäß der Arrhenius-Gleichung (Gl. 3.96) in Gl. 5.155a erhält man für die Eduktspezies A_1 den Zusammenhang zwischen Umsatzgrad und Temperatur wie er auch Abb. 5.17 zugrunde liegt:

$$U_1 = \frac{\tau k_0 e^{-E_A/RT}}{1 + \tau k_0 e^{-E_A/RT}}. \tag{5.162}$$

Bei konstant gehaltenem τ steigt U_1 bei niedrigen Temperaturen exponentiell mit der Temperatur an, da der Exponentialterm im Nenner von Gl. 5.162 klein ist und daher gegenüber 1 vernachlässigt werden kann. Bei hohen Temperaturen wird der Exponentialterm im Nenner sehr viel größer als 1, sodass sich U_1 asymptotisch dem Wert 1 nähert.

Die Temperatur im Reaktor ergibt sich, indem man die Stoffbilanz für eine Kinetik 1. Ordnung, also Gl. 5.162, in die Enthalpiebilanz für adiabate Reaktionsführung, also Gl. 5.157, einsetzt und entsprechend umformt:

$$\begin{aligned} \underbrace{\dot{V}\rho c_p(T - T_0)}_{\dot{Q}_{Ab}} &= V \cdot r(U_1, T) \cdot (-\Delta_R H) \\ &= V \cdot k_0 e^{-E_A/RT} c_{1,0}(1 - U_1) \cdot (-\Delta_R H) \\ &= \underbrace{c_{1,0}\dot{V}(-\Delta_R H)\frac{\tau k_0 e^{-E_A/RT}}{1 + \tau k_0 e^{-E_A/RT}}}_{\dot{Q}_R}. \end{aligned} \tag{5.163}$$

Die linke Seite der Gl. 5.163 stellt im Falle einer exothermen Reaktion die netto konvektiv abgeführte Enthalpie $\dot{Q}_{Ab}$ dar, die rechte Seite die durch chemische Reaktion in der Zeiteinheit freiwerdende Enthalpie $\dot{Q}_R$.

$\dot{Q}_R$ ist in Abb. 5.18 für eine exotherme Reaktion als Funktion von T aufgezeichnet. Es ergibt sich ein typischer S-förmiger Kurvenverlauf, die sogenannte Wärmeerzeugungskurve. $\dot{Q}_{Ab}$ wird durch Geraden mit der Steigung ($\dot{V}\rho c_p$) dargestellt, welche die Abszisse bei der Temperatur $T = T_0$ schneiden; diese Wärmeabfuhrgeraden sind für verschiedene Zulauftemperaturen ebenfalls in Abb. 5.18 eingezeichnet. Je nach der Eintrittstemperatur T_0 können sich die Geraden und die S-Kurve in einem, in zwei oder in drei Punkten schneiden, wobei die Abszissenwerte dieser Schnittpunkte diejenigen Temperaturen T sind, für welche die Gl. 5.163 erfüllt ist. Gl. 5.163 wird auch als *Stationaritätskriterium* bezeichnet.

Wenn an einem gewählten Betriebspunkt, z. B. A_1, A, C, C_1, die Wärmeerzeugungskurve $\dot{Q}_R = f(T)$ flacher verläuft als die Wärmeabfuhrgerade $\dot{Q}_{Ab} = f(T)$, so wird bei einer kleinen Temperaturerhöhung des Reaktionsgemischs, wie sie infolge betrieblicher Schwankungen auftreten kann, mehr Wärme in der Zeiteinheit durch Strömung abgeführt, als durch die chemische Reaktion gebildet wird; die Reaktionsmischung kühlt sich also so

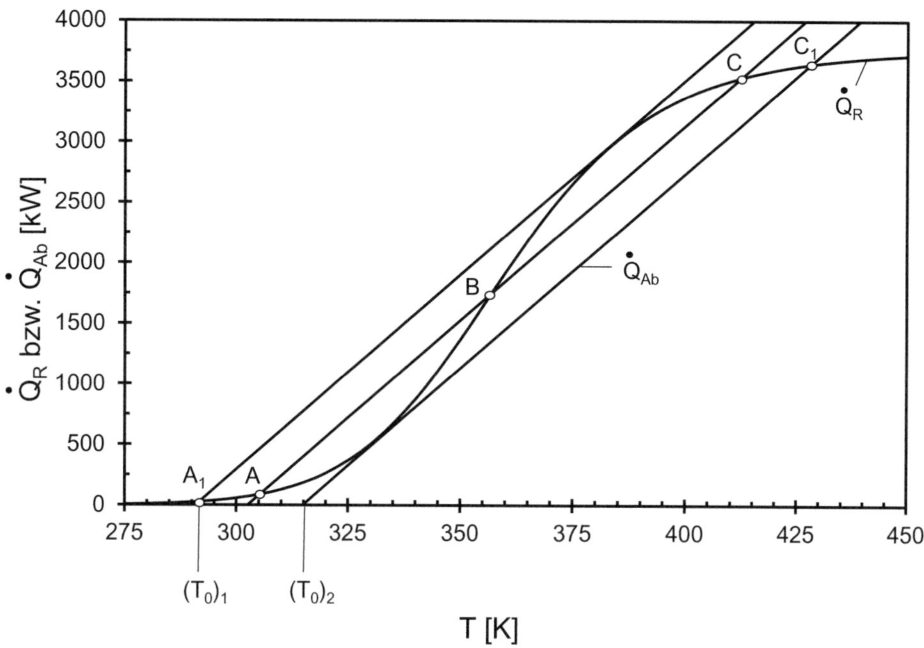

Abb. 5.18 Wärmeerzeugungskurve und Wärmeabfuhrgeraden für unterschiedliche Zulauftemperaturen T_0 und Kinetik 1. Ordnung im adiabaten kontinuierlichen Rührkesselreaktor (Berechnung für $\rho = 1{,}28\,\text{kg/l}$, $c_p = 4{,}19\,\text{kJ/(kg K)}$, $\dot{V} = 6\ \text{l/s}$, $\tau = 300\,\text{s}$, $c_{1,0} = 3\,\text{mol/l}$, $(-\Delta_R H) = 50\,\text{kJ/mol}$, $k_0 = 4{,}48 \cdot 10^6\,\text{s}^{-1}$, $E_A = 62{,}8\,\text{kJ/mol}$)

lange ab, bis wieder der stationäre Betriebspunkt erreicht ist. Umgekehrt ist bei einer kleinen Temperaturerniedrigung die durch chemische Reaktion in der Zeiteinheit gebildete Wärmemenge größer als die durch Strömung abgeführte, sodass sich die Reaktionsmischung so lange erwärmt, bis wieder der stationäre Betriebspunkt erreicht ist. Bei den in Abb. 5.18 eingezeichneten Schnittpunkten A_1, A, C und C_1, handelt es sich daher um *stabile Betriebspunkte*.

Wenn jedoch in einem gewählten Betriebspunkt (z. B. Punkt B in Abb. 5.18) die Steigung der Wärmeerzeugungskurve größer ist als diejenige der Wärmeabfuhrgeraden, so wird bei einer Erhöhung der Temperatur der Reaktionsmischung infolge betrieblicher Schwankungen mehr Wärme in der Zeiteinheit gebildet als abgeführt; die Reaktionsmischung wird sich dann so lange aufheizen, bis die Temperatur und der Umsatzgrad erreicht sind, die dem oberen stabilen Betriebspunkt C entsprechen. Bei einer Erniedrigung der Reaktionstemperatur dagegen kühlt sich das Reaktionsgemisch so lange ab, bis die Temperatur und der Umsatzgrad erreicht sind, welche dem unteren stabilen Betriebspunkt A entsprechen. Bei dem Schnittpunkt B handelt es sich daher um einen *instabilen Betriebspunkt*.

Zusammenfassend kann man festhalten, dass bei einem adiabat betriebenen kontinuierlichen idealen Rührkesselreaktor, in welchem eine exotherme Reaktion abläuft, diejenigen stationären Betriebszustände stabil sind, bei denen die Wärmeabfuhrgerade steiler verläuft als die Wärmeerzeugungskurve, d. h. für welche gilt:

$$\frac{\mathrm{d}\dot{Q}_{\mathrm{Ab}}}{\mathrm{d}T} > \frac{\mathrm{d}\dot{Q}_{\mathrm{R}}}{\mathrm{d}T}. \tag{5.164}$$

Gl. 5.164 wird auch als *Stabilitätskriterium* bezeichnet. Tritt also nur ein Schnittpunkt zwischen Wärmeerzeugungskurve und Wärmeabfuhrgerade auf, so entspricht diesem beim adiabat betriebenen kontinuierlichen idealen Rührkesselreaktor immer ein *stabiler Betriebszustand*; liegen dagegen drei Schnittpunkte vor, so sind der untere und der obere Betriebszustand stabil, der mittlere ist instabil.

In Abb. 5.18 stellen $(T_0)_1$ und $(T_0)_2$ Grenztemperaturen des Zulaufstroms dar; für alle Zulauftemperaturen $T_0 < (T_0)_1$ und $T_0 > (T_0)_2$ tritt nur ein Schnittpunkt zwischen Wärmeerzeugungskurve und Wärmeabfuhrgerade auf. Im einen Fall ergeben sich stabile Betriebszustände im unteren Temperaturbereich mit entsprechend niedrigeren Umsatzgraden, im anderen Fall stabile Betriebszustände im oberen Temperaturbereich mit entsprechenden höheren Umsatzgraden.

Aus den bisherigen Betrachtungen lässt sich leicht ableiten, auf welche Weise ein *„Zünden"* bzw. *„Löschen" einer Reaktion* erreicht werden kann. Eine Reaktion ist gezündet, wenn diese in einem oberen, gelöscht, wenn diese in einem unteren Betriebszustand abläuft. Eine Zündung kann bewirkt werden:

1. Durch Erhöhung der Zulauftemperatur T_0 über die Temperatur $(T_0)_2$ hinaus bei sonst gleichen Reaktionsbedingungen (Abb. 5.18). Nach erfolgter Zündung kann die Zulauftemperatur nach Bedarf wieder etwas gesenkt werden bei leichter Verringerung des Umsatzgrades. Sinkt jedoch die Zulauftemperatur unter $(T_0)_1$, so erfolgt eine starke Abnahme des Umsatzgrades, bis ein stationärer Betriebszustand im unteren Temperaturbereich erreicht ist, was einer Löschung der Reaktion gleichkommt.
2. Durch Erhöhung der Zulaufkonzentration $c_{1,0}$ bei festgelegter Zulauftemperatur und festgelegtem Zulaufstrom, d. h. festgelegter Wärmeabfuhrgeraden. Eine Erhöhung von $c_{1,0}$ bewirkt nach Gl. 5.163 eine Dehnung der Ordinatenwerte der Wärmeerzeugungskurve. $c_{1,0}$ muss zur Zündung so hoch gewählt werden, dass die Wärmeerzeugungskurve etwas über der Wärmeabfuhrgeraden liegt.
3. Durch Erhöhung der fluiddynamischen Verweilzeit. Eine Erhöhung der Verweilzeit bewirkt eine Verschiebung der Wärmeerzeugungskurve nach links (Abb. 5.19). Um bei festgelegter Wärmeabfuhrgeraden und vorgegebener Zulaufkonzentration eine Reaktion zu zünden, muss die Verweilzeit so weit erhöht werden, dass die Wärmeerzeugungskurve von der Wärmeabfuhrgeraden nicht mehr tangiert wird, im Beispiel der Abb. 5.19 über $\tau = 600\,\mathrm{s}$. Nach gezündeter Reaktion kann die fluiddynamische Verweilzeit wieder erniedrigt werden; sie muss jedoch über $\tau = 150\,\mathrm{s}$ bleiben. Bei Unterschreitung dieses Grenzwertes erfolgt praktisch ein Löschen der Reaktion.

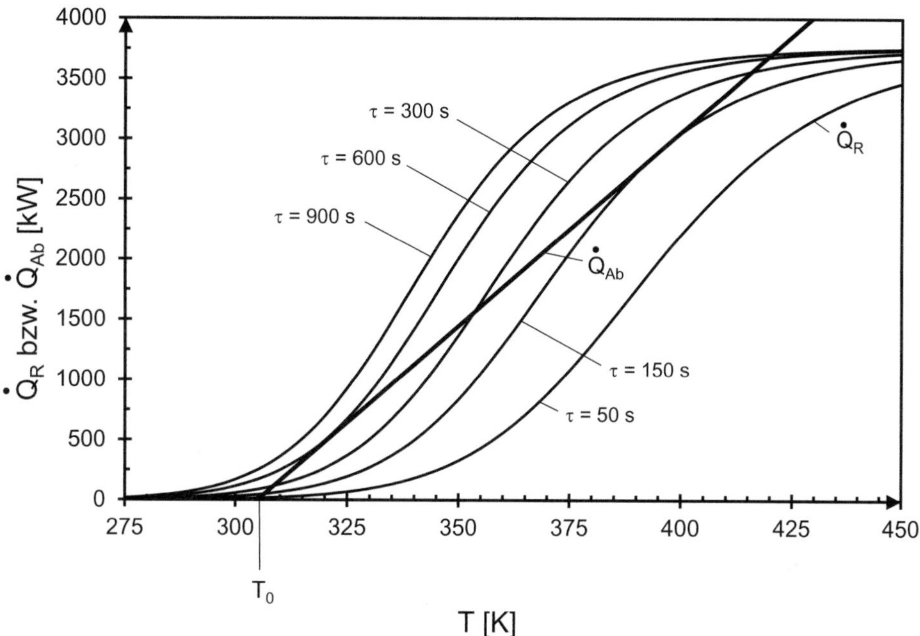

Abb. 5.19 Wärmeerzeugungskurven und Wärmeabfuhrgerade für unterschiedliche Verweilzeiten τ im adiabaten kontinuierlichen Rührkesselreaktor. (Berechnung mit Werten aus Abb. 5.18)

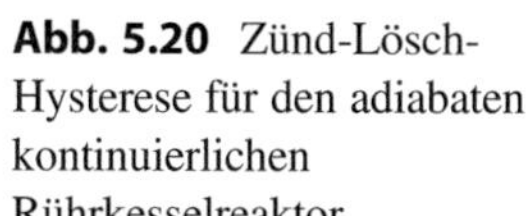
Abb. 5.20 Zünd-Lösch-Hysterese für den adiabaten kontinuierlichen Rührkesselreaktor

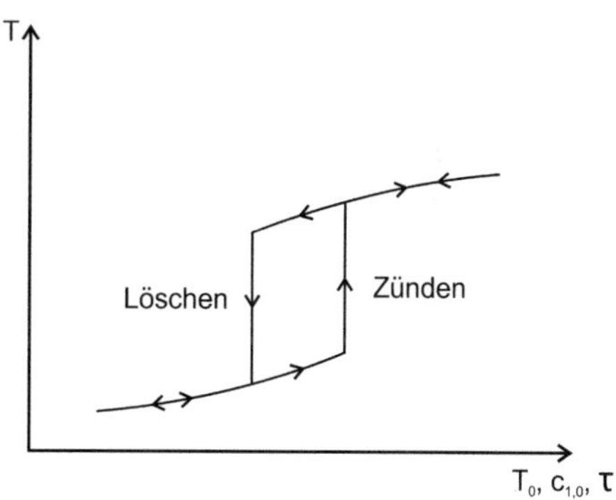

Das *Zünd-Lösch-Verhalten* des adiabaten kontinuierlichen Rührkesselreaktors kann sehr schön veranschaulicht werden, indem man die Temperatur T im Rührkesselreaktor in Abhängigkeit vom variierten Betriebsparameter, der Zulauftemperatur T_0, der Eingangskonzentration $c_{1,0}$ oder der Verweilzeit τ, aufträgt (Abb. 5.20). Für alle drei genannten Fälle ergibt sich ein charakteristischer Verlauf mit einem sprunghaften Anstieg der Temperatur im Reaktor *(Zünden)* bei Erhöhung des Betriebsparameters und einer sprunghaften Abnahme der Temperatur im Reaktor (*Löschen*) bei Erniedrigung des Betriebsparameters.

Zünden und Löschen finden nicht bei dem selben Wert des Betriebsparameters statt, sodass sich eine *Zünd-Lösch-Hysterese* ergibt.

Für *endotherme Reaktionen* ist $\dot{Q}_R$ negativ, d. h. die S-förmige Wärmebildungskurve ist in diesem Fall gegenüber der für exotherme Reaktionen gültigen um die Abszisse nach unten geklappt (gespiegelt); die Steigung der Wärmeabführungsgeraden ist dagegen unverändert positiv. Man sieht leicht ein, dass bei endothermen Reaktionen nur ein Schnittpunkt zwischen der Wärmeerzeugungskurve und der Wärmeabfuhrgeraden existiert, entsprechend einem stabilen Betriebszustand.

Zusammenfassend kann man sagen, dass bei einer exothermen Reaktion, die in einem adiabat betriebenen kontinuierlichen idealen Rührkesselreaktor abläuft, stets diejenigen stationären Betriebszustände stabil sind, bei welchen die Wärmeabfuhrgerade steiler verläuft als die Wärmeerzeugungskurve, entsprechend dem Stabilitätskriterium Gl. 5.164. Ist dieses Kriterium nicht erfüllt, so kann eine sprunghafte Instabilität auftreten, wobei Reaktionstemperatur, Reaktionsgeschwindigkeit und Umsatzgrad von niedrigen zu hohen Werten umschlagen oder umgekehrt.

5.4.2.6 Polytrope Reaktionsführung

Erfolgt die Reaktionsführung weder isotherm noch adiabat, so spricht man von *polytroper Reaktionsführung*. Bei dieser Art der Reaktionsführung wird also nur ein Teil der Reaktionswärme nach außen abgegeben bzw. von außen zugeführt. Im Falle einer exothermen Reaktion stellt sich mit Kühlung ein Temperatursprung ein, der zwischen null (isothermer Betrieb) und der adiabaten Temperaturerhöhung (adiabater Betrieb) liegt. Für den häufigsten Fall einer indirekten Wärmeübertragung durch eine Wärmetauscherfläche gelten die bereits abgeleiteten Bilanzgleichungen (Gl. 5.150, 5.151, 5.152):

Stoffbilanz für den stationären kontinuierlichen idealen Rührkesselreaktor für $M = 1$ und $\rho = \text{const}$

$$0 = c_{i,0} - c_i + \tau \cdot \nu_i r(c_i, T) \tag{5.165}$$

bzw.

$$0 = c_{i,0} U_i + \tau \cdot \nu_i r(U_i, T). \tag{5.166}$$

Enthalpiebilanz für den stationären kontinuierlichen idealen Rührkesselreaktor für $M = 1$, $\rho = \text{const}$ und $c_p = \text{const}$

$$0 = \dot{V} \rho c_p (T_0 - T) + k_W A_W \left(\overline{T}_{WT} - T\right) + V \cdot r(U_i, T) \cdot (-\Delta_R H). \tag{5.167}$$

Löst man die Stoffbilanz Gl. 5.166 nach der Reaktionsgeschwindigkeit r auf und setzt in die Enthalpiebilanz Gl. 5.167 ein, so erhält man wie im adiabaten Fall eine lineare Abhängigkeit zwischen der Reaktionstemperatur und dem Umsatzgrad. Allerdings wird die Steigung dieser Geraden nicht mehr allein durch die adiabate Temperaturerhöhung bestimmt, sondern noch zusätzlich durch die relative Kühlleistung:

$$T = T^* + \frac{\Delta T_{\text{ad}}}{1 + \frac{k_W A_W}{\dot{V}\rho c_p}} \cdot U_1 \tag{5.168}$$

mit

$$T^* = \frac{T_0 + \frac{k_W A_W}{\dot{V}\rho c_p} \cdot \overline{T}_{\text{WT}}}{1 + \frac{k_W A_W}{\dot{V}\rho c_p}}. \tag{5.169}$$

T^* ist die Temperatur im Reaktor, die sich ergibt, wenn keine Reaktion ablaufen würde (aus Gl. 5.167 mit $r = 0$).

Die relative Kühlleistung ist eine wichtige dimensionslose Kennzahl, nämlich die sogenannte *Stanton-Zahl*, die bei Rührkesselreaktoren typischerweise zwischen 1 und 10 liegt:

$$St = \frac{k_W A_W}{\dot{V}\rho c_p}. \tag{5.170}$$

Die Bestimmung der für einen gewünschten Umsatzgrad U_1 notwendigen Verweilzeit τ, kann wiederum explizit erfolgen, sofern eine Gleichung für die Kinetik vorliegt und die optimale Reaktionstemperatur bekannt ist, die im kontinuierlich betriebenen idealen Rührkesselreaktor vorliegen soll. Dazu wird die Stoffbilanz mit der bekannten Kinetik und den gewünschten Werten für T und U_1 hinsichtlich der Verweilzeit τ nach Gl. 5.166 ausgewertet. Da aber keine isotherme, sondern eine polytrope Temperaturführung vorliegt, muss nun aus der Enthalpiebilanz Gl. 5.168 die dazugehörige Temperatur T^* berechnet werden. Gemäß Gl. 5.169 gibt es verschiedene Wertepaare T_0 und $\overline{T}_{\text{WT}}$, die möglich sind und aus denen ein praktikables Wertepaar gewählt wird. Die Veranschaulichung der Vorgehensweise kann wieder durch Abb. 5.17 erfolgen. Für einen gewünschten Umsatzgrad und eine optimale Reaktionstemperatur ergibt sich wiederum ein Punkt $U_1(T)$, der auf dem $U_1(T)$-Verlauf der gesuchten Verweilzeit liegt. Wieder wird ausgehend von diesem Punkt eine adiabate Trajektorie (Gerade) gezeichnet, die aber im polytropen Fall die größere Steigung $(1 + St)/\Delta T_{\text{ad}}$ hat. Die Gerade schneidet die Abszisse nun nicht bei T_0, sondern bei T^*. Gemäß Gl. 5.169 gibt es verschiedene Wertepaare T_0 und $\overline{T}_{\text{WT}}$, die möglich sind und aus denen ein praktikables Wertepaar gewählt wird.

Analog zum adiabat betriebenen idealen Rührkesselreaktor können sich auch beim polytrop betriebenen idealen Rührkesselreaktor *statische thermische Instabilitäten* und *mehrfach stabile Betriebspunkte* ergeben. Durch Einsetzen der Stoffbilanz für eine irreversible Reaktion 1. Ordnung (Gl. 5.162) in die Enthalpiebilanz für polytrope Reaktionsführung (Gl. 5.167) erhält man:

$$\underbrace{\dot{V}\rho c_p(T - T_0) + k_W A_W\left(T - \overline{T}_{WT}\right)}_{\dot{Q}_{Ab}} = \underbrace{c_{1,0}\dot{V}(-\Delta H_R)\frac{\tau k_0 e^{-E_A/RT}}{1 + \tau k_0 e^{-E_A/RT}}}_{\dot{Q}_R}. \tag{5.171}$$

Die linke Seite der Gl. 5.171 stellt die im Falle einer exothermen Reaktion durch Konvektion und Wärmeübertragung abgeführte Enthalpie dar, die rechte Seite die durch chemische Reaktion in der Zeiteinheit freigesetzte Enthalpie. Stellt man analog zu Abb. 5.18 die beiden Seiten der Gl. 5.171 als Funktion der Reaktionstemperatur T dar, erhält man wiederum eine Wärmeabfuhrgerade und eine Wärmeerzeugungskurve. Für den Sonderfall $T_0 = \overline{T}_{WT}$ kann die Diskussion analog zum adiabaten Fall erfolgen (s. Abb. 5.18), nur dass die Steigung der Wärmeabfuhrgeraden nicht $\dot{V}\rho c_p$ sondern $\dot{V}\rho c_p + k_W A_W$ ist, aber ebenfalls bei T_0 die Abszisse schneidet. Durch ausreichend gute Kühlung ($k_W A_W$ groß) erhält man eine steilere Wärmeabfuhrgerade und im günstigsten Fall nur einen stabilen Betriebspunkt bzw. die Vermeidung eines Zünd-Lösch-Verhaltens.

Für den allgemeinen Fall ist die Vorgehensweise etwas komplizierter, da nun die Enthalpiebilanz zunächst in dimensionsloser Form formuliert werden muss, dann aber mit den dimensionslosen Wärmeerzeugungskurven und Wärmeabfuhrgeraden analog diskutiert werden kann. Hierzu sei auf weiterführende Literatur verwiesen (z. B. [1–3]). Das Stabilitätskriterium Gl. 5.164 bzw. seine dimensionslose Formulierung gilt auch für den polytropen Fall. Allerdings genügt dieses Kriterium alleine noch nicht, da neben statischen Instabilitäten auch *dynamische Instabilitäten* auftreten können. Dieses Phänomen soll nachfolgend anhand der *instationären Stoff- und Enthalpiebilanz* diskutiert und ein entsprechendes *Stabilitätskriterium für dynamische Instabilitäten* abgeleitet werden (siehe auch [1] und [5]).

Bei den folgenden Betrachtungen setzen wir eine irreversible, volumenbeständige Reaktion 1. Ordnung ($r = kc_1$) und $\rho = \text{const}$ sowie $c_p = \text{const}$ voraus. Für diesen Fall folgen die Stoff- und Wärmebilanzen bei instationärer Betriebsweise aus den Gl. 5.128 und 5.143:

$$\frac{dc_1}{dt} = \frac{c_{1,0} - c_1}{\tau} - kc_1 \tag{5.172}$$

$$V\rho c_p \frac{\mathrm{d}T}{\mathrm{d}t} = \dot{V}\rho c_p(T_0 - T) + k_\mathrm{W}A_\mathrm{W}\left(\overline{T}_\mathrm{WT} - T\right) + V(-\Delta H_\mathrm{R})kc_1. \tag{5.173}$$

Diese beiden Differenzialgleichungen sind nicht unabhängig voneinander, sondern über die Reaktionsgeschwindigkeit

$$r = kc_1 = k_0 e^{-E_\mathrm{A}/RT} c_1$$

miteinander gekoppelt. Daher verhält sich der kontinuierlich betriebene Rührkesselreaktor mit Kühlung wie ein System aus einem Masse- und einem Energiespeicher, die miteinander im Austausch stehen [4]. Dadurch kommt es, dass bei einer exothermen Reaktion z. B. auch an einem Betriebspunkt, der aufgrund des Kriteriums Gl. 5.164 stabil sein sollte, bei einer plötzlichen Erhöhung der Reaktionstemperatur etwas über den stationären Wert $(T)_\mathrm{s}$ hinaus, infolge der höheren Temperatur zunächst die Reaktionsgeschwindigkeit zunimmt, und deshalb die Temperatur noch etwas höher steigt (vgl. Abb. 5.21). Durch die Erhöhung der Reaktionsgeschwindigkeit fällt infolge des rascheren Verbrauchs die Konzentration unter den stationären Wert $(c_1)_\mathrm{s}$, bevor durch die erhöhte Wärmeabfuhr infolge einer größeren Temperaturdifferenz zwischen Reaktionsvolumen und Wärmeträger die Reaktionstemperatur auf ihren stationären Wert gefallen ist. Erreicht schließlich die Reaktionstemperatur ihren stationären Wert, so wird nun infolge der zu kleinen Reaktionsgeschwindigkeit eine zu geringe Wärmemenge durch die Reaktion gebildet; als Folge davon kühlt sich die Reaktionsmischung noch weiter ab. Da die Reaktionsgeschwindigkeit dadurch noch geringer wird, nimmt die Konzentration wieder zu; nachdem infolge verminderter Wärmeabfuhr wieder die stationäre Reaktionstemperatur erreicht wurde, hat die Konzentration wieder einen zu hohen Wert. Deshalb steigt die Reaktionsgeschwindigkeit und entsprechend auch die Temperatur der Reaktionsmischung erneut über den stationären Wert, und das Wechselspiel beginnt von vorne.

Aus der simultanen Lösung der beiden Differenzialgleichungen Gl. 5.172 und 5.173 erhält man alle Informationen, die sowohl für den Betrieb als auch für die Regelung eines kontinuierlich betriebenen Rührkesselreaktors erforderlich sind. So erhält man

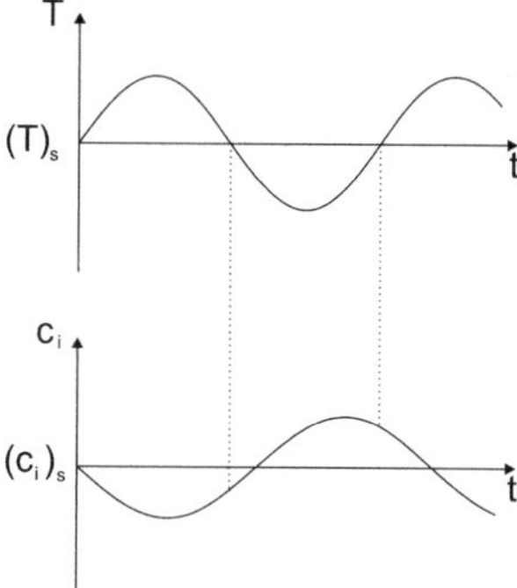

Abb. 5.21 Verlauf der Temperatur T und der Konzentration c_i eines polytropen kontinuierlichen idealen Rührkesselreaktors in einem dynamisch instabilen Betriebspunkt [4]

- Auskunft über die Stabilität bestimmter stationärer Betriebsbedingungen,
- die Übergangsfunktion, welche das Verhalten des Reaktors bei einer Änderung der Betriebsbedingungen beschreibt, bis ein neuer stationärer Zustand erreicht ist.

Eine geschlossene Lösung der Differenzialgleichungen ist infolge der Nichtlinearität, welche durch die exponentielle Abhängigkeit der Reaktionsgeschwindigkeit von der Temperatur bedingt ist, nicht möglich. Es wurden jedoch Methoden beschrieben, die es erlauben, Aussagen über das dynamische Verhalten eines kontinuierlichen idealen Rührkesselreaktors zu machen, z. B. durch Computersimulation [4]. Hier soll nur der Weg aufgezeigt werden, wie man durch Lösung der linearisierten Grundgleichungen zu einer *exakten Aussage über die Stabilität* eines Betriebspunktes kommt (vgl. z. B. [1] und [5]). In der Linearisierung ist begründet, dass durch dieses Verfahren das dynamische Verhalten des Reaktors nur für ganz geringe Abweichungen der Konzentration und der Temperatur von einem stationären Betriebszustand ausreichend genau beschrieben wird.

Die den Gl. 5.172 und 5.173 entsprechenden Gleichungen für den stationären Betriebszustand (Index „s“) lauten:

$$0 = \frac{c_{1,0} - (c_1)_s}{\tau} - (k)_s (c_1)_s \tag{5.174}$$

$$0 = \frac{T_0 - (T)_s}{\tau} + \frac{k_W A_W}{V \rho c_p} \left(\overline{T}_{WT} - (T)_s \right) + \frac{(-\Delta H_R) k_s (c_1)_s}{\rho c_p}. \tag{5.175}$$

Subtrahiert man Gl. 5.174 von Gl. 5.172 und ebenso Gl. 5.175 von Gl. 5.173 und führt man die Abweichungen der Konzentration und Temperatur von den Werten des stationären Zustands ein

$$\Delta c_1 = c_1 - (c_1)_s \tag{5.176}$$

$$\Delta T = T - (T)_s \tag{5.177}$$

$$\Delta k = k - (k)_s, \tag{5.178}$$

so erhält man:

$$\frac{d \Delta c_1}{dt} = - \frac{\Delta c_1}{\tau} - \left(k c_1 - (k)_s (c_1)_s \right) \tag{5.179}$$

und

$$\frac{d \Delta T}{dt} = - \frac{\Delta T}{\tau} - \frac{k_W A_W}{V \rho c_p} \cdot \Delta T + \frac{(-\Delta H_R)}{\rho c_p} \left(k c_1 - (k)_s (c_1)_s \right). \tag{5.180}$$

Mithilfe der Gl. 5.176 und 5.178 ergibt sich für

$$\begin{aligned} kc_1 - (k)_s(c_1)_s &= \left(\Delta k + (k)_s\right) \cdot \left(\Delta c_1 + (c_1)_s\right) - (k)_s(c_1)_s \\ &= \Delta k \cdot \Delta c_1 + \Delta k (c_1)_s + (k)_s \Delta c_1 . \end{aligned} \tag{5.181}$$

Für sehr kleine Abweichungen vom stationären Zustand kann man in dieser Gleichung $\Delta k \cdot \Delta c_1$ vernachlässigen und setzen

$$k = (k)_s + \left(\frac{\mathrm{d}k}{\mathrm{d}T}\right)_s \Delta T \quad \text{bzw.} \quad \Delta k = \left(\frac{\mathrm{d}k}{\mathrm{d}T}\right)_s \Delta T; \tag{5.182}$$

daraus folgt mit der Beziehung von Arrhenius (Gl. 3.96):

$$\Delta k = (k)_s \frac{E_A \Delta T}{\mathrm{R} \cdot (T)_s^2} . \tag{5.183}$$

Unter Berücksichtigung der Gl. 5.181 und 5.183 erhält man aus den Gl. 5.179 und 5.180 die linearen Gleichungssysteme

$$\frac{\mathrm{d}\Delta c_1}{\mathrm{d}t} = a_{11} \Delta c_1 + a_{12} \Delta T \tag{5.184}$$

$$\frac{\mathrm{d}\Delta T}{\mathrm{d}t} = a_{21} \Delta c_1 + a_{22} \Delta T; \tag{5.185}$$

darin bedeuten:

$$a_{11} = -\frac{1}{\tau} - (k)_s \tag{5.186a}$$

$$a_{12} = -\frac{(k)_s (c_1)_s E_A}{\mathrm{R} \cdot (T)_s^2} \tag{5.186b}$$

$$a_{21} = \frac{(-\Delta_R H)}{\rho c_p} (k)_s \tag{5.186c}$$

$$a_{22} = \frac{(k)_s (c_1)_s E_A}{\mathrm{R} \cdot (T)_s^2} \cdot \frac{(-\Delta_R H)}{\rho c_p} - \frac{1}{\tau} - \frac{k_W A_W}{V \rho c_p} . \tag{5.186d}$$

Indem man die beiden Gl. 5.184 und 5.185 jeweils einmal nach der Zeit differenziert und substituiert, gelangt man zu

$$\frac{d^2\Delta c_1}{dt^2} - 2\alpha \frac{d\Delta c_1}{dt} + \beta \Delta c_1 = 0 \tag{5.187}$$

und

$$\frac{d^2\Delta T}{dt^2} - 2\alpha \frac{d\Delta T}{dt} + \beta \Delta T = 0. \tag{5.188}$$

In den Gl. 5.187 und 5.188 bedeuten:

$$2\alpha = a_{11} + a_{22} \tag{5.189a}$$

und

$$\beta = a_{11}a_{22} - a_{12}a_{21}. \tag{5.189b}$$

Aus dem Lösungsansatz $\Delta c_i{\sim}e^{\lambda t}$ bzw. $\Delta T{\sim}e^{\lambda t}$ erhält man die Wurzeln der charakteristischen Gleichung (s. Abschn. 12.4.1.2):

$$\lambda_{1,2} = \alpha \pm \sqrt{\alpha^2 - \beta}. \tag{5.190}$$

Die vollständigen Lösungen der Differenzialgleichungen Gl. 5.187 und 5.188 lauten somit:

$$\Delta c_1(t) = C_1 e^{\lambda_1 t} + C_2 e^{\lambda_2 t} = C_1 e^{\left(\alpha + \sqrt{\alpha^2 - \beta}\right)\cdot t} + C_2 e^{\left(\alpha - \sqrt{\alpha^2 - \beta}\right)\cdot t} \tag{5.191}$$

und

$$\Delta T(t) = D_1 e^{\lambda_1 t} + D_2 e^{\lambda_2 t} = D_1 e^{\left(\alpha + \sqrt{\alpha^2 - \beta}\right)\cdot t} + D_2 e^{\left(\alpha - \sqrt{\alpha^2 - \beta}\right)\cdot t}. \tag{5.192}$$

C_1 und C_2 sowie D_1 und D_2 sind Integrationskonstanten, welche aus den Anfangswerten von c_1 und T sowie aus den Gl. 5.184 und 5.185 zu ermitteln sind. Durch Einführung von Gl. 5.191 in Gl. 5.184 erhält man

$$\Delta T(t) = \frac{C_1(\lambda_1 - a_{11})}{a_{12}} e^{\lambda_1 t} + \frac{C_2(\lambda_2 - a_{11})}{a_{12}} e^{\lambda_2 t}. \tag{5.193}$$

Aus dem Vergleich dieser Gleichung mit Gl. 5.192 ergibt sich folgender Zusammenhang zwischen den Integrationskonstanten

$$D_1 = \frac{C_1(\lambda_1 - a_{11})}{a_{12}}, \tag{5.194}$$

$$D_2 = \frac{C_2(\lambda_2 - a_{11})}{a_{12}}. \tag{5.195}$$

Damit nun die Werte $\Delta c_1 = c_1 - (c_1)_s$ und $\Delta T = T - (T)_s$ abklingen, d. h. der Reaktor sich *stabil* verhält, ist es erforderlich, dass in den Gl. 5.191 und 5.192 sowohl

$$\beta > 0 \tag{5.196}$$

als auch

$$\alpha < 0 \tag{5.197}$$

ist.

Sind die Stabilitätsbedingungen Gl. 5.196 und 5.197 erfüllt, d. h. ist $\beta > 0$ und $\alpha < 0$, darüber hinaus aber $\beta > \alpha^2$, so treten *Schwingungen* auf nach

$$\Delta c_1(t) = e^{\alpha t}\left(C_1' \cos \omega t + C_2' \sin \omega t\right) \tag{5.198}$$

und

$$\Delta T(t) = e^{\alpha t}\left(D_1' \cos \omega t + D_2' \sin \omega t\right) \tag{5.199}$$

mit der Kreisfrequenz

$$\omega = 2\pi\nu = \sqrt{\beta - \alpha^2} \quad (\nu = \text{Frequenz}). \tag{5.200}$$

Diese Schwingungen sind jedoch, da $\alpha < 0$ ist, gedämpft, und nach deren Abklingen befindet sich das System in einem stabilen Ruhepunkt (Bereich a, Abb. 5.22).

Ist $\beta > \alpha^2$ und damit die Stabilitätsbedingung $\beta > 0$ erfüllt, jedoch $\alpha > 0$, so wächst die Amplitude, und die Schwingung schaukelt sich auf; es liegt kein stabiler Ruhepunkt vor. Ist $\beta > \alpha^2$ und $\alpha = 0$, so treten ungedämpfte Schwingungen um den Ruhepunkt auf (vgl. Abb. 5.21).

Damit sich ein kontinuierlicher idealer Rührkesselreaktor stabil verhält, müssen demnach zwei Bedingungen erfüllt sein. Dabei zeigt es sich, dass die Bedingung $\beta > 0$ (Gl. 5.196) mit dem bereits abgeleiteten Kriterium für die *statische Stabilität* nach Gl. 5.164 identisch ist.

Das zweite Stabilitätskriterium, Gl. 5.197, d. h. $\alpha < 0$, stellt die Bedingung für die sogenannte *oszillatorische Stabilität* (dynamische Stabilität) dar.

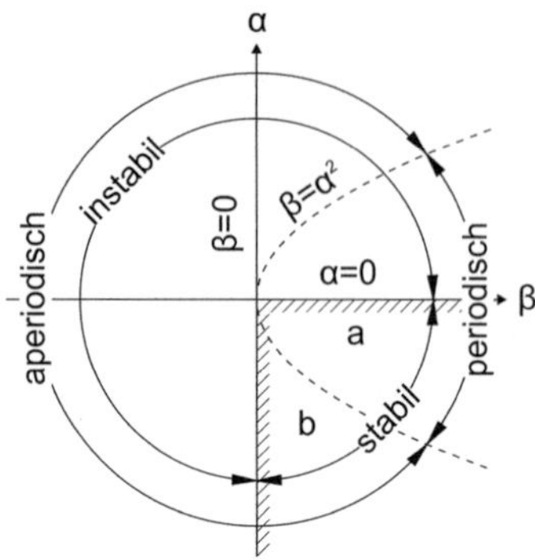

Abb. 5.22 Verhaltensbereiche eines polytropen kontinuierlichen idealen Rührkesselreaktors in β-α-Koordinaten [6]

Das Stabilitätsverhalten eines kontinuierlich betriebenen Idealkessels in einem stationären Betriebspunkt kann man leicht aus der Lage dieses Betriebspunktes in einem Diagramm [6] mit den Koordinaten β und α ablesen (Abb. 5.22). Darin kommt die Lage der verschiedenen Verhaltensbereiche zum Ausdruck; der Bereich der Stabilität ($\beta > 0$, $\alpha < 0$) liegt im rechten unteren Quadranten, während der Bereich schwingungsfähiger Systeme ($\beta > \alpha^2$) innerhalb des gestrichelt eingezeichneten Parabelbogens liegt.

Für den bereits in Abschn. 5.4.2.5 behandelten *adiabat betriebenen kontinuierlichen idealen Rührkesselreaktor* entfällt in Gl. 5.186d das Glied $k_W A_W / V \rho c_p$.

Aus den Gl. 5.186a, 5.186b, 5.186c, 5.186d und den Gl. 5.189a und 5.189b kann man dann ableiten, dass

$$\beta = -\frac{2\alpha}{\tau} - \frac{1}{\tau^2} \tag{5.201}$$

und damit

$$\alpha^2 - \beta = \alpha^2 + \frac{2\alpha}{\tau} + \frac{1}{\tau^2} = \left(\alpha + \frac{1}{\tau}\right)^2, \tag{5.202}$$

d. h.

$$\alpha^2 > \beta \tag{5.203}$$

ist. Daher sind in den Gl. 5.191 und 5.192 die Wurzelausdrücke stets reell und somit treten beim adiabat betriebenen kontinuierlichen idealen Rührkesselreaktor im linearen Bereich keine Schwingungen auf. Sofern die Bedingung für die statische Stabilität erfüllt, d. h. $\beta > 0$ ist, wird damit nach Gl. 5.201 gleichzeitig stets auch $\alpha < 0$ sein (Bereich b, Abb. 5.22). Daher genügt für den adiabat betriebenen kontinuierlichen idealen Rührkesselreaktor eine einzige Stabilitätsbedingung, nämlich die Gl. 5.196, welche mit dem in Abschn. 5.4.2.5 abgeleiteten Steigungskriterium Gl. 5.164 identisch ist.

Aus unseren Betrachtungen können wir folgenden *Schluss ziehen*: Wurden bei der Vorausberechnung eines idealen Rührkesselreaktors Betriebsbedingungen gewählt, welche einem instabilen Betriebspunkt entsprechen, so kann beim praktischen Betrieb eines so berechneten Reaktors der Fall eintreten, dass es nur schwierig oder gar nicht möglich ist, die festgelegten Betriebsbedingungen einzustellen oder bei Schwankungen einer Betriebsvariablen durch eine entsprechende Regelung wieder zu erreichen. So können selbst geringe, im Betrieb unvermeidliche Störungen zu großen, häufig periodischen Temperatur- und Konzentrationsschwankungen Anlass geben, welche z. B. die Qualität eines Reaktionsprodukts beeinträchtigen. Es soll jedoch noch bemerkt werden, dass stabile Betriebspunkte in der chemischen Industrie nicht immer verwirklicht werden können, z. B. wenn die erforderlichen Verweilzeiten zu groß oder der erreichbare Umsatzgrad zu niedrig oder unerwünscht hoch sein würden [7]. In einem solchen Fall ist es erforderlich, einen Reaktor auch in einem instabilen Betriebszustand zu betreiben und durch eine der Art der Instabilität entsprechende Regeleinrichtung für ein zuverlässiges Arbeiten des Reaktors an diesem Betriebspunkt zu sorgen.

Beispiel 5.5
Das Dihydroperoxid vom m-Diisopropylbenzol zerfällt in saurer Lösung in Resorcin und Aceton. In der folgenden Tabelle sind Versuchsparameter und -ergebnisse für diese Reaktion aufgeführt [6]:

$\dot{V}$	τ	T_0	$\overline{T}_{WT}$	$\frac{(-\Delta_R H)c_{1,0}}{\rho c_p} = \Delta T_{ad}$	$\frac{k_W A_W}{\rho c_p}$	$\frac{c_1}{c_{1,0}}$
0,174 cm³/s	747 s	20,0 °C	16,0 °C	332 K	1,493 cm³/s	0,0742

Der Geschwindigkeitsausdruck lautet:

$$r = 4{,}95 \cdot 10^8 \cdot e^{-7.754/T} \cdot c_1 \quad \left[\mathrm{mol}/\left(\mathrm{cm}^3\,\mathrm{s}\right)\right].$$

Es soll festgestellt werden, ob der Reaktor ($V = 130\,\mathrm{cm}^3$) unter den aufgeführten Bedingungen in einem statisch oder dynamisch stabilen Betriebspunkt arbeitet.

Obwohl wir die statische Stabilität aus dem Kriterium Gl. 5.196, d. h. $\beta > 0$, unmittelbar rechnerisch erhalten können, sei zur besseren Veranschaulichung auch die grafische Lösung durchgeführt.

Wir formen die Enthalpiebilanz, Gl. 5.171, für stationäre Betriebsbedingungen wie folgt um, indem wir Gl. 5.171 durch $\dot{V}\rho c_p$ dividieren und ΔT_{ad} einführen:

$$T\left(1 + \frac{1}{\dot{V}}\frac{k_W A_W}{\rho c_p}\right) - \frac{1}{\dot{V}}\frac{k_W A_W}{\rho c_p}\overline{T}_{WT} - T_0 = \Delta T_{ad}\frac{\tau k_0 e^{-E_A/RT}}{1 + \tau k_0 e^{-E_A/RT}}.$$

Einsetzen der Zahlenwerte in diese Gleichung ergibt:

$$T\left(1+\frac{1{,}493}{0{,}174}\right)-\frac{1{,}493}{0{,}174}\cdot 289-293=332\cdot\frac{747\cdot 4{,}95\cdot 10^{8}\cdot e^{-7.754/T}}{1+747\cdot 4{,}95\cdot 10^{8}\cdot e^{-7.754/T}}$$

bzw.

$$\underbrace{T\cdot 9{,}58-2.772}_{(a)}=\underbrace{\frac{1{,}228\cdot 10^{14}\cdot e^{-7.754/T}}{1+3{,}698\cdot 10^{11}\cdot e^{-7.754/T}}}_{(b)}.$$

Trägt man die linke Seite (Gl. a) dieser Gleichung als Funktion von T auf, so erhält man die Wärmeabfuhrgerade, die Auftragung der rechten Seite (Gl. b) dieser Gleichung ergibt die S-förmige Wärmeerzeugungskurve (Abb. 5.23). Die beiden Kurven haben nur einen Schnittpunkt C, dessen Abszissenwert die Temperatur T (321,5 K = 48,5 °C) am Reaktorausgang ist. Der Reaktor arbeitet also in einem statisch stabilen Betriebspunkt.

Wir ziehen nun die Stabilitätskriterien Gl. 5.196 und 5.197 heran, um eine Auskunft über die statische und dynamische Stabilität zu erhalten. Hierzu sind die Werte für a_{11}, a_{12}, a_{21} und a_{22} nach den Gl. 5.186a, 5.186b, 5.186c, 5.186d zu berechnen und dann nach den Gl. 5.189a und 5.189b die Werte für α und β. Für die stationäre Temperatur $(T)_s$ ist $(k)_s = 1{,}669\cdot 10^{-2}\,s^{-1}$ und $R\cdot (T)_s^2/E_A = 13{,}32\,K$.

Mit den oben angegebenen Daten erhält man für

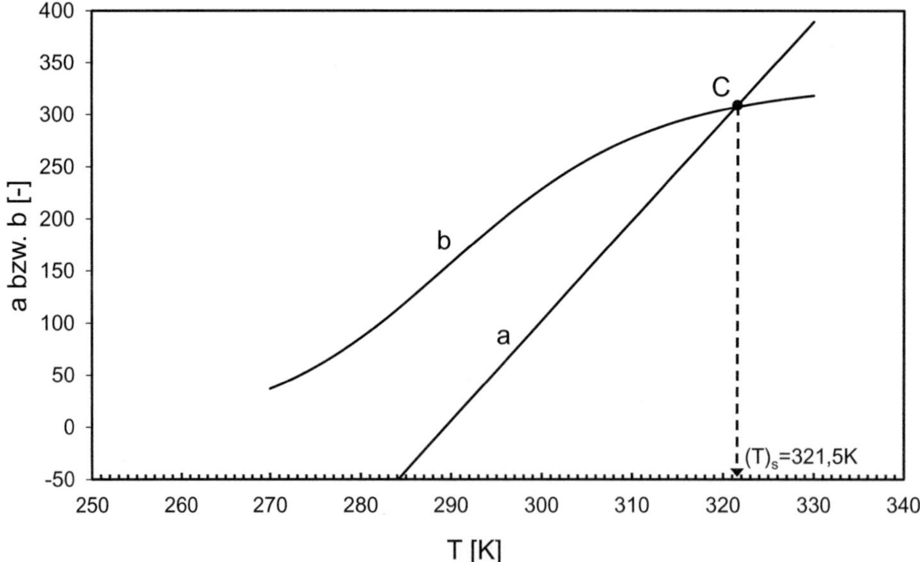

Abb. 5.23 Wärmeabfuhrgerade (a) und Wärmeerzeugungskurve (b) für das Beispiel 5.5

$$a_{11} = -\frac{1}{747} - (k)_s = -1{,}33 \cdot 10^{-3} - 16{,}69 \cdot 10^{-3} = -18{,}02 \cdot 10^{-3} s^{-1} \quad \text{(c)}$$

$$\frac{a_{12}}{c_{1,0}} = -\frac{(k)_s}{R \cdot (T)_s^2 / E_A} \cdot \left(\frac{(c_1)_s}{c_{1,0}}\right)$$

$$= -\frac{1{,}669 \cdot 10^{-2}}{13{,}32} \cdot 7{,}42 \cdot 10^{-2} = -9{,}3 \cdot 10^{-5} \mathrm{K}^{-1} \mathrm{s}^{-1} \quad \text{(d)}$$

$$a_{21} c_{1,0} = \frac{(-\Delta_R H) c_{1,0}}{\rho c_p} (k)_s = \Delta T_{ad} (k)_s = 332 \cdot 1{,}669 \cdot 10^{-2} = 5{,}54\,\mathrm{K\,s}^{-1} \quad \text{(e)}$$

$$a_{22} = -\left(\frac{a_{12}}{c_{1,0}}\right) \frac{a_{21} c_{1,0}}{(k)_s} - \frac{1}{\tau} - \frac{1}{V} \frac{k_W A_W}{\rho c_p}$$

$$= -\left(-9{,}3 \cdot 10^{-5}\right) \frac{5{,}54}{1{,}669 \cdot 10^{-2}} - \frac{1}{747} - \frac{1{,}493}{130} = 18{,}02 \cdot 10^{-3} s^{-1}. \quad \text{(f)}$$

Daraus ergibt sich für

$$2\alpha = a_{11} + a_{22} = -18{,}02 \cdot 10^{-3} + 18{,}02 \cdot 10^{-3} = 0 \quad \text{(g)}$$

und

$$\begin{aligned} \beta &= a_{11} a_{22} - a_{12} a_{21} = a_{11} a_{22} - \frac{a_{12}}{c_{1,0}} \cdot (a_{21} c_{1,0}) \\ &= \left(-1{,}802 \cdot 10^{-2}\right) \cdot \left(1{,}802 \cdot 10^{-2}\right) - \left(-9{,}3 \cdot 10^{-5}\right) \cdot 5{,}54 \\ &= 1{,}90 \cdot 10^{-4} s^{-2}. \end{aligned} \quad \text{(h)}$$

Aus Gl. h sehen wir, dass $\beta > 0$ ist, d. h. statische Stabilität vorliegt. Nach Gl. g ergibt sich für α ein Wert von 0; dies bedeutet (s. Abb. 5.22), dass ungedämpfte Schwingungen der Konzentrationen und der Temperatur um den stationären Ruhepunkt erfolgen müssen. Die Schwingungsdauer ergibt sich aus Gl. 5.200:

$$\frac{1}{\nu} = \frac{2\pi}{\omega} = \frac{2\pi}{\sqrt{\beta - \alpha^2}} = \frac{6{,}28}{10^{-2} \cdot \sqrt{1{,}90}} = 456\,\mathrm{s}.$$

Tatsächlich wurden Temperaturschwingungen mit $1/\nu = 466\,\mathrm{s}$ beobachtet. Die Rechnung steht also in sehr guter Übereinstimmung mit den experimentellen Beobachtungen. ◀

5.4.3 Halbkontinuierlicher idealer Rührkesselreaktor

In der Produktion – insbesondere von Fein- und Spezialchemikalien – werden häufig Rührkesselreaktoren betrieben, die einerseits Merkmale des diskontinuierlichen Betriebs zeigen, bei denen jedoch andererseits während der Reaktion Edukte zu- und/oder Produkte abgeführt werden. Man spricht dann von einem *halbkontinuierlichen idealen Rührkesselreaktor.*

Für den halbkontinuierlichen Betrieb eines idealen Rührkesselreaktors ist charakteristisch, dass während der gesamten Betriebszeit des Reaktors kein stationärer Zustand erreicht wird, da ähnliche Verhältnisse vorliegen wie während des Anfahr-, Abstell- oder Umstellvorgangs eines kontinuierlichen idealen Rührkesselreaktors. Somit entspricht die Stoffbilanz des halbkontinuierlichen idealen Rührkesselreaktors der des kontinuierlichen idealen Rührkesselreaktors mit zu berücksichtigendem Akkumulationsterm. Diese Gleichung wurde bereits in Abschn. 5.4.2 abgeleitet (s. Gl. 5.128). Für den halbkontinuierlichen Betrieb muss jedoch eine kleine Anpassung vorgenommen werden, da es hier möglich ist, Ströme mit anderen Konzentrationen abzuführen als der Konzentration im Rührkesselreaktor entspricht. Dies ist beispielsweise bei überlagerter Destillation der Fall. Daher wird $\dot{V} \cdot c_i$ durch $\dot{V}_{\mathrm{ab}} \cdot c_{i,\mathrm{ab}}$ ersetzt, d. h., die Stoffbilanz lautet nun:

$$\frac{\mathrm{d}n_i}{\mathrm{d}t} = \dot{V}_0 \cdot c_{i,0} - \dot{V}_{\mathrm{ab}} \cdot c_{i,\mathrm{ab}} + V \cdot \sum_{j=1}^{M} \nu_{i,j} r_j. \tag{5.204}$$

Für die Enthalpiebilanz gelten analoge Überlegungen. Auch diese Gleichung wurde bereits in Abschn. 5.4.2 (s. Gl. 5.143) hergeleitet, wobei hier aus dem bereits beschriebenen Grund $\dot{V}\rho c_p T$ durch $\dot{V}_{\mathrm{ab}} \cdot \rho_{\mathrm{ab}} \cdot c_{p,\mathrm{ab}} T_{\mathrm{ab}}$ ersetzt wird:

$$\begin{aligned} \frac{\mathrm{d}\left(V \cdot \rho c_p T\right)}{\mathrm{d}t} &= \dot{V}_0 \rho_0 c_{p,0} T_0 - \dot{V}_{\mathrm{ab}} \cdot \rho_{\mathrm{ab}} \cdot c_{p,ab} \cdot T_{\mathrm{ab}} \\ &+ k_{\mathrm{W}} A_{\mathrm{W}} \left(\overline{T}_{\mathrm{WT}} - T\right) + V \cdot \sum_{j=1}^{M} \left(r_j \cdot \left(-\Delta_{\mathrm{R}} H_j\right)\right). \end{aligned} \tag{5.205}$$

Typische Beispiele für die Entfernung eines Produktes sind komplexe Reaktionen, bei denen das Produkt unerwünscht weiterreagiert, sei es in einer Rückreaktion oder sei es in einer Folgereaktion. Auf solche Fälle wird in Kap. 7 näher eingegangen. Da in Kap. 5 von einer einzigen irreversiblen Reaktion ausgegangen wird, ergeben sich die folgenden Gleichungen für die *Stoff- und Enthalpiebilanz:*

Stoffbilanz für den halbkontinuierlichen idealen Rührkesselreaktor für $M = 1$

$$\frac{\mathrm{d}n_i}{\mathrm{d}t} = \dot{V}_0 \cdot c_{i,0} - \dot{V}_{\mathrm{ab}} \cdot c_{i,\mathrm{ab}} + V \cdot \nu_i r. \tag{5.206}$$

Enthalpiebilanz für den halbkontinuierlichen idealen Rührkesselreaktor für $M = 1$, $\rho = \mathrm{const}$ und $c_p = \mathrm{const}$

$$\begin{aligned} \frac{\mathrm{d}(V \cdot T)}{\mathrm{d}t} \rho c_p = {} & \dot{V}_0 \rho_0 \cdot c_{p,0} \cdot T_0 - \dot{V}_{\mathrm{ab}} \cdot \rho_{\mathrm{ab}} \cdot c_{p,\mathrm{ab}} \cdot T_{\mathrm{ab}} \\ & + k_{\mathrm{W}} A_{\mathrm{W}} \left(\overline{T}_{\mathrm{WT}} - T \right) + V \cdot r \cdot (-\Delta_{\mathrm{R}} H). \end{aligned} \tag{5.207}$$

Zusätzlich ist noch die *Massenerhaltung* zu berücksichtigen, die im Falle konstanter Dichte zu folgender zusätzlicher Gleichung für das sich mit der Zeit ändernde Reaktionsvolumen führt:

$$\frac{\mathrm{d}V(t)}{\mathrm{d}t} = \dot{V}_0 - \dot{V}_{\mathrm{ab}}. \tag{5.208}$$

Da für die Kinetik einer bimolekularen Reaktion die Konzentrationen $c_1(t)$ und $c_2(t)$ benötigt werden und diese auch vom jeweiligen zum Zeitpunkt t vorliegenden Reaktionsvolumen $V(t)$ abhängen, müssen die Konzentrationen $c_i(t)$ zu jedem Zeitpunkt t nach folgender Formel neu berechnet werden:

$$c_i(t) = \frac{n_i(t)}{V(t)}. \tag{5.209}$$

Nachfolgend soll auf einen vor allem in der Produktion von Fein- und Spezialchemikalien sehr häufigen Fall einer halbkontinuierlichen Betriebsweise im Rührkesselreaktor eingegangen werden. Es handelt sich um *stark exotherme bimolekulare Reaktionen* des Typs:

$$|\nu_1| \mathrm{A}_1 + |\nu_2| \mathrm{A}_2 \rightarrow \ldots \tag{5.210}$$

Diese können im Rührkesselreaktor nur dadurch kontrolliert werden, indem der zweite Reaktand langsam zudosiert wird (s. Abb. 5.24). Man spricht dann auch von einer *dosierkontrollierten Betriebsweise* bzw. von *Dosierkontrolle*. Diese ermöglicht es, das Wärmeerzeugungspotenzial so zu reduzieren und zu kontrollieren, dass die freiwerdende Reaktionswärme abgeführt werden kann.

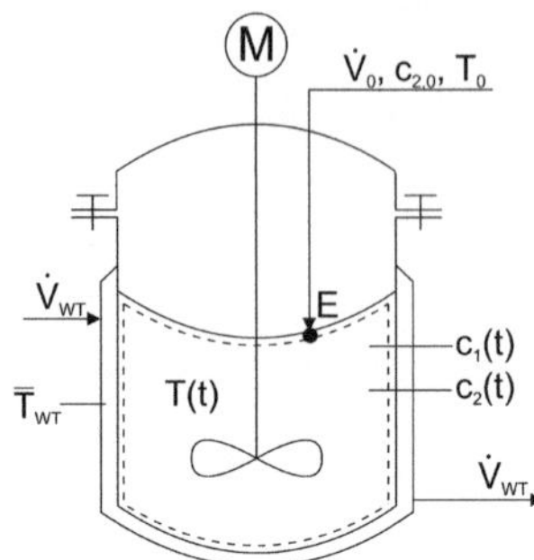

Abb. 5.24 Prinzipskizze eines halbkontinuierlich betriebenen idealen Rührkesselreaktors zur dosierkontrollierten Durchführung einer bimolekularen Reaktion. (Bilanzraum: *gestrichelte Linie*, E: Eintritt)

Für den beschriebenen Fall zweier Reaktanden A_1 (wird vorgelegt) und A_2 (wird zudosiert) lauten die *Stoffbilanzen* für den halbkontinuierlich betriebenen Rührkesselreaktor zur dosierkontrollierten Durchführung einer bimolekularen Reaktion wie folgt:

$$\frac{\mathrm{d}n_1}{\mathrm{d}t} = V(t) \cdot \nu_1 r, \tag{5.211}$$

$$\frac{\mathrm{d}n_2}{\mathrm{d}t} = \dot{V}_0 \cdot c_{2,0} + V(t) \cdot \nu_2 r \tag{5.212}$$

$$\frac{\mathrm{d}V(t)}{\mathrm{d}t} = \dot{V}_0 \tag{5.213}$$

$$c_i(t) = \frac{n_i(t)}{V(t)} \quad \text{für i} = 1 \text{ und i} = 2. \tag{5.214}$$

Für die Integration des *Anfangswertproblems* sind folgende Anfangswerte (bei $t = 0$) zu berücksichtigen:

$$n_1(t = 0) = n_{1,0} \tag{5.215}$$

$$n_2(t = 0) = 0\text{mol} \tag{5.216}$$

$$V(t = 0) = V_0. \tag{5.217}$$

Die Kinetik und die stöchiometrischen Koeffizienten sind für die jeweils vorliegende bimolekulare Reaktion einzusetzen und die Gleichungen numerisch zu integrieren (s. Beispiel 5.7).

Für eine sehr schnelle Reaktion, bei der der zudosierte Reaktand A_2 sofort abreagiert, wird dieser zu keinem Zeitpunkt im Reaktionsvolumen akkumulieren können und seine Stoffmenge im Reaktionsvolumen wird immer null sein. Somit gilt:

$$\frac{dn_2}{dt} = \dot{V}_0 \cdot c_{2,0} + V(t) \cdot \nu_2 r = 0 \tag{5.218}$$

und es folgt:

$$r = \frac{\dot{V}_0 \cdot c_{2,0}}{V(t) \cdot |\nu_2|} = \frac{\dot{n}_{2,0}}{V(t) \cdot |\nu_2|}. \tag{5.219}$$

Setzt man nun Gl. 5.219 in Gl. 5.211 ein, erhält man für die Stoffmengenänderungsgeschwindigkeit von A_1:

$$\frac{dn_1}{dt} = -\frac{|\nu_1|}{|\nu_2|}\dot{n}_{2,0} = -\frac{|\nu_1|}{|\nu_2|}\dot{V}_0 \cdot c_{2,0}. \tag{5.220}$$

Gl. 5.219 bzw. Gl. 5.220 verdeutlicht die Dosierkontrolle, da die Reaktionsgeschwindigkeit r bzw. die Stoffmengenänderungsgeschwindigkeit von A_1 nicht mehr durch die eigentliche Kinetik der Reaktion gegeben ist, sondern durch die Geschwindigkeit mit der der Reaktionspartner A_2 zudosiert wird.

Ob im dosierkontrollierten Betrieb nahezu isotherme Bedingungen realisiert werden können, hängt von der Dosiergeschwindigkeit des Reaktionspartners A_2 ab. Diese darf einen maximalen Wert nicht überschreiten, damit die Reaktionswärme vollständig abgeführt werden kann. Die *maximale Dosiergeschwindigkeit* kann aus der Enthalpiebilanz Gl. 5.207 berechnet werden. Dabei gehen wir davon aus, dass die Temperatur, die Dichte und die Wärmekapazität des zudosierten Stromes den Werten im Reaktor näherungsweise entsprechen. Setzt man $\dot{V}_{ab} = 0$, so lässt sich Gl. 5.207 wie folgt vereinfachen:

$$\frac{d(V \cdot T)}{dt}\rho c_p = \dot{V}_0 \rho c_p T + k_W A_W \left(\overline{T}_{WT} - T\right) + V \cdot r \cdot (-\Delta_R H). \tag{5.221}$$

Differenziert man die linke Seite entsprechend der Produktregel und berücksichtigt Gl. 5.208, mit $\dot{V}_{ab} = 0$ erhält man:

$$V \rho c_p \frac{dT}{dt} = k_W A_W \left(\overline{T}_{WT} - T\right) + V \cdot r \cdot (-\Delta_R H). \tag{5.222}$$

Setzt man nun im Falle einer sehr schnellen bimolekularen Reaktion für die Reaktionsgeschwindigkeit r die Gl. 5.219 ein, so erhält man für den maximalen Volumenstrom, bis zu dem isotherme Bedingungen (linke Seite von Gl. 5.222 gleich null) gewährleistet werden können:

$$\dot{V}_{0,max} = \frac{k_W A_W \left(T - \overline{T}_{WT}\right)}{(-\Delta_R H) \cdot \frac{c_{2,0}}{|\nu_2|}}. \tag{5.223}$$

Sofern der maximale Dosierstrom gemäß Gl. 5.223 überschritten werden muss, um beispielsweise höhere Raum-Zeit-Ausbeuten zu erreichen, ist die Enthalpiebilanz Gl. 5.207 simultan zu den Gl. 5.211, 5.212, 5.213, 5.214 zu lösen.

Beispiel 5.6
In einem halbkontinuierlichen idealen Rührkesselreaktor werde eine anionische Polymerisation (s. auch Kap. 10) durchgeführt. Diese läuft nach folgendem Reaktionsschema ab:

$$\text{Startreaktion:} \qquad I^- + M \rightarrow IM_1^- \tag{a}$$

$$\text{Wachstumsreaktion:} \quad IM_n^- + M \rightarrow IM_{n+1}^-. \tag{b}$$

Da keine Kettenübertragungsreaktionen auftreten und unter der Annahme, dass alle Polymerketten gleich schnell wachsen, können die Reaktionsgleichungen Gl. a und b auf den allgemeinen Fall einer irreversiblen bimolekularen Reaktion gemäß Gl. 5.210 zurückgeführt werden. Dabei gilt folgende Zuordnung:

A_1: Initiator (I) bzw. Anion (A)
A_2: Monomer (M)
$|\nu_1| = |\nu_2| = 1$

Der Initiator werde dabei in einem Lösungsmittel vorgelegt und das Monomer werde zudosiert.

Folgende Stoffdaten und Betriebsparameter liegen vor:

$$c_p = 1{,}9\,\text{kJ}/(\text{kg K}), \quad \rho = 733\,\text{kg}/\text{m}^3,$$
$$\Delta_R H = -70\text{kJ}/(\text{mol Monomer}) \quad \text{und} \quad T - \overline{T}_{WT} = 10\,\text{K}.$$

In einem Laborrührkesselreaktor werden kinetische Messungen durchgeführt und auf einen technischen Reaktor übertragen.

Der *Laborrührkesselreaktor* habe folgende Kenndaten:

$$V_0 = 100\,\text{ml},$$
$$A_W = 100\,\text{cm}^2,$$
$$k_W = 1000\,\text{W}/(\text{m}^2\,\text{K}).$$

Für den *technischen Reaktor* gelte:

$$V_0 = 4\,\text{m}^3,$$
$$A_W = 12\,\text{m}^2,$$
$$k_W = 400\,\text{W}/(\text{m}^2\,\text{K}).$$

Der Initiator wird in beiden Fällen mit einer Konzentration von $c_{1,0} = 0{,}06\,\text{mol/l}$ vorgelegt und es sollen 100 Monomer-Einheiten im Polymer vorliegen. Dabei ist davon auszugehen, dass alle Ketten gleich schnell wachsen.

Nachfolgend soll berechnet werden, welche minimale Dosierzeit $t_{\text{D,min}}$ in dem Laborrührkesselreaktor und dem technischen Reaktor nicht unterschritten werden darf, um Isothermie zu gewährleisten.

Aus dem maximalen Volumenstrom gemäß Gl. 5.223 ergibt sich die minimale Dosierzeit wie folgt:

$$t_{\text{D, min}} = \frac{n_{2,0}}{\dot{V}_{0,\,\text{max}} \cdot c_{2,0}} = \frac{(-\Delta_R H) \cdot n_{2,0}}{k_W \cdot A_W \cdot \left(T - \overline{T}_{\text{WT}}\right)}. \tag{c}$$

Aus der Stoffmenge an vorgelegtem Initiator und der gewünschten Kettenlänge (100 Monomereinheiten) kann die Menge an Monomer ausgerechnet werden, die zudosiert werden muss.

Für den *Laborrührkesselreaktor* ergibt sich:

$$n_{2,0} = 100 \cdot n_{1,0} = 100 \cdot V_0 \cdot c_{1,0} = 100 \cdot 0{,}11 \cdot 0{,}06\,\text{mol/l} = 0{,}6\ \text{mol}$$

und man erhält für $t_{\text{D,min}}$:

$$t_{\text{D, min}} = \frac{70.000\,\text{J/mol} \cdot 0{,}6\,\text{mol}}{1000\,\text{W/m}^2\,\text{K} \cdot 10^{-2}\,\text{m}^2 \cdot 10\,\text{K}} = 7\ \text{min}. \tag{d}$$

Für den *technischen Rührkesselreaktor* ergibt die analoge Berechnung

$$n_{2,0} = 100 \cdot n_{1,0} = 100 \cdot 4.0001 \cdot 0{,}06\,\text{mol/l} = 24\,\text{kmol}$$

und:

$$t_{\text{D, min}} = \frac{70.000\,\text{J/mol} \cdot 24.000\,\text{mol}}{400\,\text{W/(m}^2\,\text{K)} \cdot 12\,\text{m}^2 \cdot 10\,\text{K}} = 9{,}7\,\text{h}. \tag{e}$$

Erweitert man die Gl. d und e jeweils durch die Reaktionsvolumina V_0 zu Beginn der Reaktion, so erhält man sowohl für den Labor- als auch für den technischen Rührkesselreaktor im Zähler das selbe volumenspezifische Wärmeerzeugungspotenzial $\frac{\dot{Q}_R}{V_0}$, im Nenner aber deutlich unterschiedliche volumenspezifische Wärmeübertragerleistungen $\frac{\dot{Q}_{\text{Ab}}}{V_0}$ (s. auch Gl. 4.36). So ist zum einen die volumenspezifische Wärmeübertragerfläche im Laborrührkesselreaktor mit $\frac{A_W}{V_0} = 100\,\text{m}^{-1}$ gegenüber der im technischen Reaktor von $\frac{A_W}{V_0} = 3\,\text{m}^{-1}$ um etwa den Faktor 33 und zum anderen der Wärmedurchgangskoeffizient im Laborrührkesselreaktor mit 1000 W/(m^2 K) gegenüber dem im technischen Reaktor von 400 W/(m^2 K) um den Faktor 2,5 größer. Wenn man also Isothermie streng gewährleisten möchte, dann ergibt sich daraus – wie in Gl. e berechnet – für den technischen Rührkesselreaktor eine um den Faktor 83 größere Dosierzeit. In der Praxis wird man daher eine Temperaturerhöhung in Kauf nehmen müssen, deren maximal zulässiger Wert festgelegt werden muss. ◄

Beispiel 5.7

Die anionische Polymerisation aus Beispiel 5.6 werde in dem dort beschriebenen halbkontinuierlich betriebenen Laborrührkesselreaktor kinetisch untersucht. Dazu wird das Monomer innerhalb von 7 min zudosiert, sodass die Isothermie sichergestellt ist. Die Monomerkonzentration wird in Abhängigkeit von der Reaktionszeit gemessen und der gemessene Verlauf mit dem für verschiedene Geschwindigkeitskonstanten simulierten Konzentrations-Zeit-Verlauf verglichen. Dazu wird folgender kinetischer Ansatz verwendet:

$$r = k \cdot c_1 \cdot c_2$$

mit:

A_1: Initiator bzw. Anion, wobei $n_{1,0} = 0{,}006\,\text{mol}$
A_2: zudosiertes reines Monomer mit $M_2 = 68\,\text{g/mol}$, $\rho_2 = 0{,}68\,\text{kg/l}$

Gemäß Beispiel 5.6 werden innerhalb der ersten 7 min 0,6 mol Monomer (A_2) zudosiert. Daraus errechnet sich der folgende Volumenstrom $\dot{V}_0$:

$$\dot{V}_0 = \frac{0{,}6\,\text{mol}}{7\ \text{min}} \cdot \frac{M_2}{\rho_2} = 0{,}0857\,\frac{\text{mol}}{\text{min}} \cdot 100\,\frac{\text{ml}}{\text{mol}} = 8{,}57\,\frac{\text{ml}}{\text{min}}.$$

Da sich die Stoffmenge der Anionen $n_1 = n_{1,0}$ bei diesem speziellen Typ der Polymerisation im zeitlichen Verlauf der Reaktion nicht ändert, vereinfacht sich für Spezies A_1 die Bilanzgleichung Gl. 5.211 wie folgt:

$$\frac{\mathrm{d}n_1}{\mathrm{d}t} = 0. \tag{a}$$

Die Anwendung der restlichen Bilanzgleichungen Gl. 5.212, 5.213, 5.214 auf das vorliegende Beispiel ergibt:

$$\frac{\mathrm{d}n_2(t)}{\mathrm{d}t} = \dot{n}_{2,0} - V(t) \cdot k \cdot c_1(t) \cdot c_2(t), \tag{b}$$

$$\frac{\mathrm{d}V(t)}{\mathrm{d}t} = \dot{V}_0, \tag{c}$$

$$c_1(t) = \frac{n_1(t)}{V(t)}, \tag{d}$$

$$c_2(t) = \frac{n_2(t)}{V(t)}. \tag{e}$$

Weiterhin gilt:

$$t \leq 7\,\text{min}: \dot{n}_{2,0} = 0{,}0857 \frac{\text{mol}}{\text{min}} \quad \text{und} \quad \dot{V}_0 = 8{,}57 \frac{\text{ml}}{\text{min}}, \tag{f}$$

$$t > 7\,\text{min}: \dot{n}_{2,0} = 0 \frac{\text{mol}}{\text{min}} \quad \text{und} \quad \dot{V}_0 = 0 \frac{\text{ml}}{\text{min}}. \tag{g}$$

Die Integration kann mit einem einfachen Eulerverfahren in einem Tabellenkalkulationsprogramm erfolgen. Die Anfangsbedingungen lauten wie folgt:

$$n_1(t=0) = 0{,}006\,\text{mol},$$
$$n_2(t=0) = 0\,\text{mol},$$
$$V(t=0) = 100\,\text{ml}.$$

Als Nebenbedingungen sind Gl. f und g zu berücksichtigen.

Abb. 5.25 zeigt die berechneten Konzentrations-Zeit-Verläufe für das zudosierte Monomer A_2. Für den Fall, dass keine Reaktion abläuft ($k = 0$ l/(mol min)) nimmt die Monomerkonzentration c_2 innerhalb der Dosierzeit lediglich entsprechend der zudosierten Stoffmenge (und dem zunehmenden Volumen) bis zu einer Endkonzentration zu. Mit zunehmender Reaktionsgeschwindigkeitskonstante k (z. B. $k = 1$ l/(mol min)) erfolgt zwar während des Zudosierens ($t \leq 7$ min) eine geringfügige Umsetzung des Monomers A_2, der Hauptteil der Umsetzung findet aber nach Abschluss des Zudosierens ($t > 7$ min) statt und folgt dem für einen isothermen diskontinuierlichen idealen Rührkesselreaktor typischen Verlauf (s. Abb. 5.8, $n = 1$). Bei sehr hohen Reaktionsgeschwindigkeitskonstanten k (z. B. $k = 50$ l/(mol min)) reagiert das Monomer bereits während des Zudosierens stark ab, sodass kaum freies Monomer im Reaktionsvolumen vorliegt ($c_2(t) \rightarrow 0$) und somit eine Auswertung kinetischer Messungen nicht mehr möglich ist. Nur wenn die gemessenen Monomerkonzentrationen in Abhängigkeit von der Zeit signifikant von null verschiedene Werte annehmen, kann eine Anpassung der für unterschiedliche Reaktionsgeschwindigkeitskonstanten simulierten Konzentrations-Zeit-Verläufe erfolgen. ◀

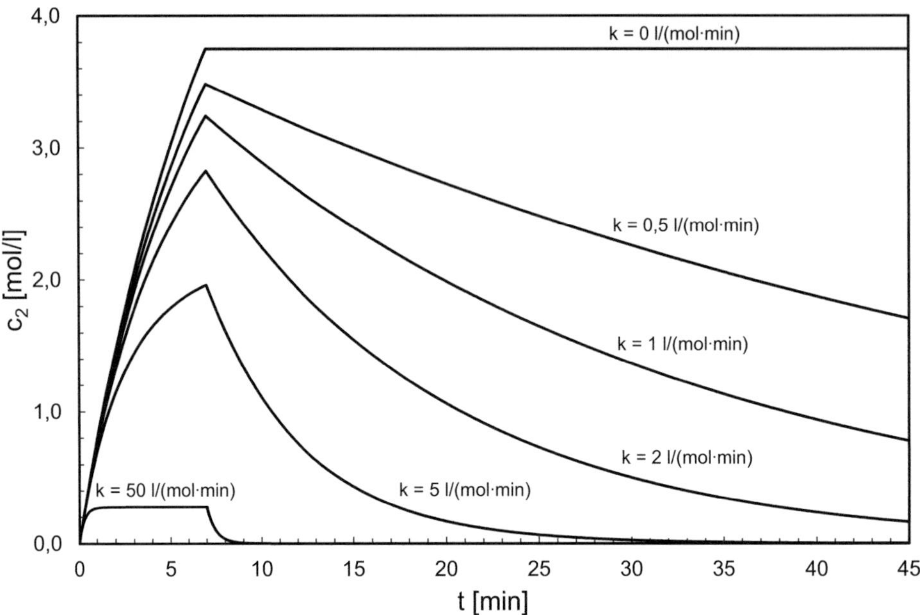

Abb. 5.25 Konzentrations-Zeit-Verläufe des zudosierten Monomers (A_2) bei unterschiedlichen Geschwindigkeitskonstanten k für Beispiel 5.7

5.4.4 Idealer Strömungsrohrreaktor

Der Strömungsrohrreaktor, gelegentlich auch als Rohrreaktor bezeichnet, ist insbesondere bei der kontinuierlichen Produktion von Grundchemikalien der wichtigste Reaktortyp. Abb. 5.26 zeigt die *Prinzipskizze eines Strömungsrohrreaktors*. Um die für Grundchemikalien typischen großen Produktionshöhen zu realisieren, sind entweder große Durchmesser von mehreren Metern notwendig (*Vollraumreaktor*) oder es werden einige 1000 oder gar einige 10.000 Einzelrohre von wenigen Zentimetern Durchmesser parallel angeordnet (*Rohrbündelreaktor*). Der Vollraumreaktor wird adiabat, der Rohrbündelreaktor dagegen polytrop oder nahezu isotherm betrieben. Im Gegensatz zum kontinuierlichen idealen Rührkesselreaktor kann der Strömungsrohrreaktor auch für Gasphasenreaktionen eingesetzt werden. Auch dies ist insbesondere für die Produktion von Grundchemikalien relevant, da meist hohe Reaktionstemperaturen von einigen Hundert Grad Celsius notwendig sind, um große Produktionshöhen zu erzielen. Unter diesen Bedingungen liegen die Reaktanden dann in der Gasphase vor.

Ein Strömungsrohrreaktor hat üblicherweise eine zylindrische Geometrie, enthält keine aktiven oder passiven Mischelemente und wird axial durchströmt. In axialer Richtung liegt daher keine oder nur eine geringe Vermischung vor, sodass Konzentrationen, Temperatur, Strömungsgeschwindigkeit und physikalische Eigenschaften von Ort zu Ort unterschied-

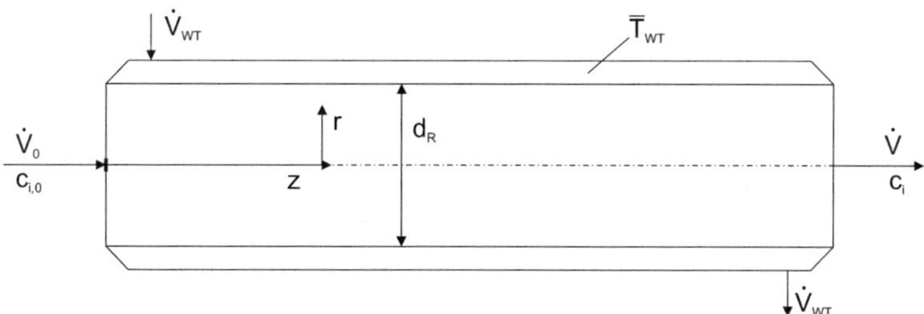

Abb. 5.26 Prinzipskizze eines idealen Strömungsrohrreaktors

lich sein können. Dies gilt auch für die radiale Richtung, wenn beispielsweise ein radiales Geschwindigkeitsprofil vorliegt (laminare Strömung) oder wenn der radiale Wärmetransport zur Wand limitiert und radiale Temperaturgradienten auftreten. In beiden Fällen hat dies auch radiale Konzentrationsgradienten zur Folge. Im Falle des idealen Strömungsrohrreaktors wird in axialer Richtung jegliche Rückvermischung ausgeschlossen und in radialer Richtung vollständige Vermischung angenommen, d. h. in radialer Richtung sind Konzentrations- und Temperaturgradienten vernachlässigbar (s. auch Einleitung in Abschn. 5.4).

5.4.4.1 Stoffbilanz

Da Rohrreaktoren üblicherweise Zylindergeometrie mit Rotationssymmetrie besitzen, wird bei der deduktiven Ableitung der Stoffbilanz für den idealen Strömungsrohrreaktor von der allgemeinen Stoffbilanz in Zylinderkoordinaten ausgegangen (s. Gl. 5.25). Dieser liegt bereits die Annahme zugrunde, dass das differenzielle Bilanzvolumen dV an jeder Stelle zeitlich konstant bleibt. Zusätzlich wurde davon ausgegangen, dass die Komponenten der Strömungsgeschwindigkeit und die Dispersionskoeffizienten in den jeweiligen Richtungen des Koordinatensystems ortsunabhängig sind:

$$\begin{aligned}\frac{\partial c_i}{\partial t} &= -\left[\frac{1}{r}(c_i u_r) + u_r\frac{\partial c_i}{\partial r} + u_z\frac{\partial c_i}{\partial z}\right] \\ &\quad + D_{\mathrm{e},r}\left[\frac{\partial^2 c_i}{\partial r^2} + \frac{1}{r}\frac{\partial c_i}{\partial r}\right] + D_{\mathrm{e},z}\frac{\partial^2 c_i}{\partial z^2} + \sum_{j=1}^{M}\nu_{i,j}r_j.\end{aligned} \tag{5.224}$$

Da durch die vollständige radiale Vermischung unabhängig vom Radius dieselbe Konzentration vorliegt, muss gelten:

$$c_i(t,z,r) = c_i(t,z). \tag{5.225}$$

Somit vereinfacht sich die Stoffbilanz zu:

$$\frac{\partial c_i}{\partial t} = -\left[\frac{1}{r}(c_i u_r) + u_z \frac{\partial c_i}{\partial z}\right] + D_{\mathrm{e},z} \frac{\partial^2 c_i}{\partial z^2} + \sum_{j=1}^{M} \nu_{i,j} r_j. \tag{5.226}$$

In axialer Richtung soll keinerlei Rückvermischung auftreten, sodass angenommen werden kann:

$$D_{\mathrm{e},z} = 0\,\mathrm{m}^2/\mathrm{s}. \tag{5.227}$$

Insgesamt erhält man dann für den idealen Strömungsrohrreaktor, der ausschließlich axial durchströmt wird ($u_r = 0$ m/s), als *Stoffbilanz*:

$$\frac{\partial c_i}{\partial t} = -u_z \frac{\partial c_i}{\partial z} + \sum_{j=1}^{M} \nu_{i,j} r_j. \tag{5.228}$$

Zum selben Ergebnis kommt man auch, wenn man für den idealen Strömungsrohrreaktor gemäß Abb. 5.27 Scheiben mit der differenziellen Dicke dz als Bilanzraum wählt und die Bilanzierung gemäß der Wortgleichung Gl. 5.2 vornimmt. So erhält man für den *Akkumulationsterm*

$$\begin{bmatrix} \textit{Zeitliche Änderung} \\ \text{der Stoffmenge von } A_i \\ \text{im Bilanzraum} \end{bmatrix} = \frac{\partial n_i}{\partial t} = \frac{\partial(\mathrm{d}V \cdot c_i)}{\partial t}, \tag{5.229}$$

den *Konvektionsterm*

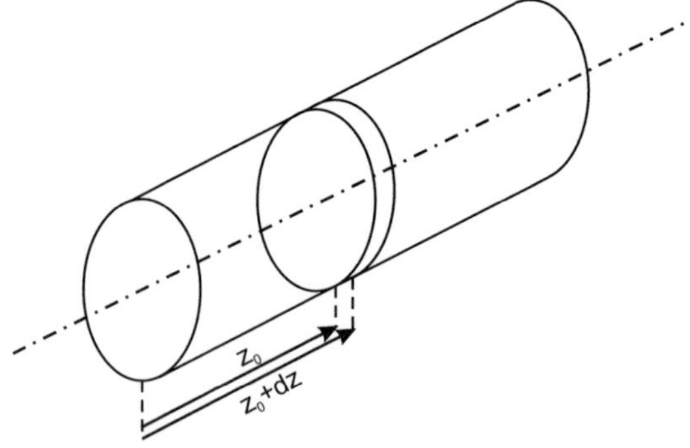

Abb. 5.27 Differenzielles Bilanzvolumen eines idealen Strömungsrohrreaktors an einer beliebigen Stelle z_0

$$\begin{bmatrix} \text{Durch } \textit{Konvektion} \\ \text{dem Bilanzraum} \\ \textit{zugeführter} \\ \text{Stoffstrom von } A_i \end{bmatrix} - \begin{bmatrix} \text{Durch } \textit{Konvektion} \text{ aus} \\ \text{dem Bilanzraum} \\ \textit{abgeführter} \text{ Stoff-} \\ \text{strom von } A_i \end{bmatrix} = (\dot{n}_i)_{z_0} - (\dot{n}_i)_{z_0+\mathrm{d}z}, \tag{5.230}$$

den *Diffusionsterm*

$$\begin{bmatrix} \text{Durch } \textit{Diffusion} \\ \text{dem Bilanzraum} \\ \textit{zugeführter} \\ \text{Stoffstrom von } A_i \end{bmatrix} = \begin{bmatrix} \text{Durch } \textit{Diffusion} \text{ aus} \\ \text{dem Bilanzraum} \\ \textit{abgeführter} \text{ Stoff-} \\ \text{strom von } A_i \end{bmatrix} = 0 \tag{5.231}$$

und den *Reaktionsterm*

$$\begin{bmatrix} \text{Durch chemische} \\ \textit{Reaktion(en)} \text{ im Bilanz-} \\ \text{raum in der Zeiteinheit} \\ \textit{gebildete(verbrauchte)} \\ \text{Stoffmenge von } A_i \end{bmatrix} = \mathrm{d}V \cdot R_i = \mathrm{d}V \cdot \sum_{j=1}^{M} \nu_{i,j} r_j. \tag{5.232}$$

Insgesamt ergibt sich für die *Stoffbilanz des idealen Strömungsrohrreaktors* die Gleichung:

$$\frac{\partial(\mathrm{d}V \cdot c_i)}{\partial t} = (\dot{n}_i)_{z_0} - (\dot{n}_i)_{z_0+\mathrm{d}z} + \mathrm{d}V \cdot \sum_{j=1}^{M} \nu_{i,j} r_j. \tag{5.233}$$

Führt man für den Stoffstrom an der Stelle $z_0 + \mathrm{d}z$ eine *Taylor-Reihenentwicklung* durch und bricht diese nach dem ersten Glied ab (Taylor-Linearisierung, s. Abschn. 12.2), so gilt:

$$(\dot{n}_i)_{z_0+\mathrm{d}z} = (\dot{n}_i)_{z_0} + \left.\frac{\partial \dot{n}_i}{\partial z}\right|_{z_0} \mathrm{d}z. \tag{5.234}$$

Nach Einsetzen von Gl. 5.234 in Gl. 5.233 erhält man:

$$\frac{\partial(\mathrm{d}V \cdot c_i)}{\partial t} = -\left.\frac{\partial \dot{n}_i}{\partial z}\right|_{z_0} \mathrm{d}z + \mathrm{d}V \cdot \sum_{j=1}^{M} \nu_{i,j} r_j. \tag{5.235}$$

Nimmt man an, dass dV zeitlich konstant bleibt und berücksichtigt man noch folgende Zusammenhänge:

$$\dot{n}_i = \dot{V} \cdot c_i \tag{5.236}$$

$$\dot{V} = A_\mathrm{R} \cdot u_z \tag{5.237}$$

$$\mathrm{d}V = A_\mathrm{R} \cdot \mathrm{d}z, \tag{5.238}$$

dann ergibt sich folgende Endgleichung für die *Stoffbilanz des instationären idealen Strömungsrohrreaktors*:

$$\frac{\partial c_i}{\partial t} = -\frac{\partial (u_z \cdot c_i)}{\partial z} + \sum_{j=1}^{M} \nu_{i,j} r_j. \tag{5.239}$$

Diese Gleichung ist identisch mit der nach der deduktiven Vorgehensweise hergeleiteten Gleichung (Gl. 5.228), wenn man $u_z = \text{const}$ voraussetzt.

Nimmt man *Stationarität* an, so kann der Akkumulationsterm gleich null gesetzt werden, und die partielle Differenzialgleichung geht in eine gewöhnliche Differenzialgleichung über ($u_z = \text{const}$):

$$0 = -u_z \frac{\mathrm{d}c_i}{\mathrm{d}z} + \sum_{j=1}^{M} \nu_{i,j} r_j. \tag{5.240}$$

5.4.4.2 Enthalpiebilanz

Die allgemeine Enthalpiebilanz in Zylinderkoordinaten mit Rotationssymmetrie (Gl. 5.48) lautet für konstante Strömungsgeschwindigkeit, Dichte und Wärmekapazität:

$$\begin{aligned}\rho c_p \frac{\partial T}{\partial t} = & -\left[\frac{1}{r}\left(\rho c_p u_r T\right) + \rho c_p u_r \frac{\partial T}{\partial r} + \rho c_p u_z \frac{\partial T}{\partial z}\right] \\ & + \lambda_{\mathrm{e},r}\left[\frac{\partial^2 T}{\partial r^2} + \frac{1}{r}\frac{\partial T}{\partial r}\right] + \lambda_{\mathrm{e},z}\frac{\partial^2 T}{\partial z^2} + \sum_{j=1}^{M}\left(r_j \cdot \left(-\Delta_\mathrm{R} H_j\right)\right).\end{aligned} \tag{5.241}$$

Da durch die vollständige radiale Vermischung unabhängig vom Radius dieselbe Temperatur vorliegt, muss gelten:

$$T(t, z, r) = T(t, z). \tag{5.242}$$

Somit vereinfacht sich die Enthalpiebilanz zu:

$$\rho c_p \frac{\partial T}{\partial t} = -\left[\frac{1}{r}\left(\rho c_p u_r T\right) + \rho c_p u_z \frac{\partial T}{\partial z}\right] + \lambda_{\mathrm{e},z} \frac{\partial^2 T}{\partial z^2} + \sum_{j=1}^{M} \left(r_j \cdot \left(-\Delta_{\mathrm{R}} H_j\right)\right). \tag{5.243}$$

In axialer Richtung soll keinerlei Rückvermischung auftreten, sodass angenommen werden kann:

$$\lambda_{\mathrm{e},z} = 0 \ \mathrm{W/(mK)}. \tag{5.244}$$

Insgesamt erhält man dann für den idealen Strömungsrohrreaktor, der ausschließlich axial durchströmt wird ($u_r = 0$ m/s), als *Enthalpiebilanz*:

$$\rho c_p \frac{\partial T}{\partial t} = -\rho c_p u_z \frac{\partial T}{\partial z} + \sum_{j=1}^{M} \left(r_j \cdot \left(-\Delta_{\mathrm{R}} H_j\right)\right). \tag{5.245}$$

Allerdings ist zu beachten, dass in der allgemeinen Enthalpiebilanz kein Term für die durch die Wand (=Wärmeaustauschfläche) ab- oder zugeführte Wärmemenge berücksichtigt war, weil die Bilanz für ein differenzielles Volumenelement innerhalb eines beliebigen Reaktionsvolumens formuliert wurde. Da in radialer Richtung vollständige Vermischung vorliegt, muss keine Integration in radialer Richtung erfolgen und der differenzielle Ring geht in eine differenzielle Scheibe als Bilanzraum über. Dabei muss an der radialen Grenze des Bilanzraumes die Wärmeab- und -zufuhr durch die Wand als Randbedingungen berücksichtigt werden. Der differenzielle Wärmestrom, der dem differenziellen Volumenelement durch die Wand zu- oder abgeführt wird, lautet:

$$\frac{\mathrm{d}\dot{Q}}{\mathrm{d}V} = k_{\mathrm{W}} \frac{\mathrm{d}A_{\mathrm{W}}}{\mathrm{d}V} \left(\overline{T}_{\mathrm{WT}} - T\right) \tag{5.246}$$

und mit

$$\mathrm{d}A_{\mathrm{W}} = d_{\mathrm{R}} \pi \cdot \mathrm{d}z \tag{5.247}$$

und

$$\mathrm{d}V = A_{\mathrm{R}} \cdot \mathrm{d}z = \frac{d_R^2 \pi}{4} \cdot \mathrm{d}z \tag{5.248}$$

ergibt sich

$$\frac{\mathrm{d}\dot{Q}}{\mathrm{d}V} = k_\mathrm{W}\frac{4}{d_\mathrm{R}}\left(\overline{T}_\mathrm{WT} - T\right). \tag{5.249}$$

Die Enthalpiebilanz lautet dann:

$$\rho c_p \frac{\partial T}{\partial t} = -\rho c_p u_z \frac{\partial T}{\partial z} + \sum_{j=1}^{M}\left(r_j \cdot \left(-\Delta_\mathrm{R} H_j\right)\right) + k_\mathrm{W}\frac{4}{d_\mathrm{R}}\left(\overline{T}_\mathrm{WT} - T\right). \tag{5.250}$$

Zum selben Ergebnis kommt man auch, wenn man für den idealen Strömungsrohrreaktor gemäß Abb. 5.27 Scheiben mit der differenziellen Dicke $\mathrm{d}z$ als Bilanzraum wählt und die Bilanzierung gemäß der Wortgleichung Gl. 5.28 in der Einheit J/s vornimmt:

Der *Akkumulationsterm* lautet

$$\begin{bmatrix} \textit{Zeitliche Änderung} \\ \text{der Enthalpie} \\ \text{im Bilanzraum} \end{bmatrix} = \frac{\partial(\mathrm{d}H)}{\partial t} = \frac{\partial\left(\mathrm{d}V \cdot \rho c_p T\right)}{\partial t}, \tag{5.251}$$

der *Konvektionsterm*

$$\begin{bmatrix} \text{Durch } \textit{Konvektion} \\ \text{dem Bilanzraum} \\ \textit{zugeführter} \\ \text{Enthalpiestrom} \end{bmatrix} - \begin{bmatrix} \text{Durch } \textit{Konvektion} \\ \text{aus dem Bilanzraum} \\ \textit{abgeführter} \\ \text{Enthalpiestrom} \end{bmatrix} = \left(\dot{m} c_p T\right)_{z_0} - \left(\dot{m} c_p T\right)_{z_0 + \mathrm{d}z}, \tag{5.252}$$

der *Reaktionsterm*

$$\begin{bmatrix} \text{Durch chemische} \\ \textit{Reaktion(en)} \text{ im Bilanz-} \\ \text{raum in der Zeiteinheit} \\ \textit{gebildete(verbrauchte)} \\ \text{Enthalpie} \end{bmatrix} = \mathrm{d}V \cdot \sum_{j=1}^{M}\left(r_j \cdot \left(-\Delta_\mathrm{R} H_j\right)\right) \tag{5.253}$$

und der *Wärmeleitungsterm*

$$\begin{bmatrix} \text{Durch } \textit{Wärmeleitung} \\ \text{dem Bilanzraum} \\ \textit{zu-oder abgeführter} \\ \text{Enthalpiestrom} \end{bmatrix} = k_{\mathrm{W}} \mathrm{d}A_{\mathrm{W}} \left(\overline{T}_{\mathrm{WT}} - T \right). \tag{5.254}$$

Die an der Bilanzgrenze durch Wärmeleitung an die Wand abgegebene oder über die Wand aufgenommene Enthalpie wird als Wärmeübertragungsterm gemäß Gl. 4.31 berücksichtigt.

Somit ergibt sich insgesamt für die *Enthalpiebilanz des idealen Strömungsrohrreaktors*:

$$\begin{aligned} \frac{\partial \left(\mathrm{d}V \cdot \rho c_p T \right)}{\partial t} &= \left(\dot{m} c_p T \right)_{z_0} - \left(\dot{m} c_p T \right)_{z_0 + \mathrm{d}z} \\ &\quad + \mathrm{d}V \cdot \sum_{j=1}^{M} \left(r_j \cdot \left(-\Delta_{\mathrm{R}} H_j \right) \right) + k_{\mathrm{W}} \mathrm{d}A_{\mathrm{W}} \left(\overline{T}_{\mathrm{WT}} - T \right). \end{aligned} \tag{5.255}$$

Führt man für den Enthalpiestrom an der Stelle $z_0 + \mathrm{d}z$ eine *Taylor-Reihenentwicklung* durch und bricht diese nach dem ersten Glied ab (Taylor-Linearisierung, s. Abschn. 12.2), so gilt:

$$\left(\dot{m} c_p T \right)_{z_0 + \mathrm{d}z} = \left(\dot{m} c_p T \right)_{z_0} + \left. \frac{\partial \left(\dot{m} c_p T \right)}{\partial z} \right|_{z_0} \mathrm{d}z. \tag{5.256}$$

Nach Einsetzen von Gl. 5.256 in Gl. 5.255 erhält man:

$$\frac{\partial \left(\mathrm{d}V \cdot \rho c_p T \right)}{\partial t} = - \left. \frac{\partial \left(\dot{m} c_p T \right)}{\partial z} \right|_{z_0} \partial z + \mathrm{d}V \cdot \sum_{j=1}^{M} \left(r_j \cdot \left(-\Delta_{\mathrm{R}} H_j \right) \right) + k_{\mathrm{W}} \mathrm{d}A_{\mathrm{W}} \left(\overline{T}_{\mathrm{WT}} - T \right). \tag{5.257}$$

Nimmt man an, dass $\mathrm{d}V$ konstant bleibt und berücksichtigt man noch folgende Zusammenhänge

$$\mathrm{d}V = A_{\mathrm{R}} \cdot \mathrm{d}z, \quad \dot{m} = \rho \cdot \dot{V}, \quad \dot{V} = u_z \cdot A_{\mathrm{R}}, \quad \frac{\mathrm{d}A_{\mathrm{W}}}{\mathrm{d}V} = \frac{4}{d_{\mathrm{R}}},$$

so erhält man als Endgleichung für die *Enthalpiebilanz des idealen Strömungsrohrreaktors*:

$$\frac{\partial \left(\rho c_p T \right)}{\partial t} = - \frac{\partial \left(\rho u_z c_p T \right)}{\partial z} + \sum_{j=1}^{M} \left(r_j \cdot \left(-\Delta_{\mathrm{R}} H_j \right) \right) + k_{\mathrm{W}} \frac{4}{d_{\mathrm{R}}} \left(\overline{T}_{\mathrm{WT}} - T \right). \tag{5.258}$$

Für konstante Strömungsgeschwindigkeit, Dichte und Wärmekapazität ergibt sich dieselbe Gleichung für die Enthalpiebilanz des idealen Strömungsrohrreaktors, die auch aus der allgemeinen Enthalpiebilanz abgleitet wurde:

$$\rho c_p \frac{\partial T}{\partial t} = -\rho u_z c_p \frac{\partial T}{\partial z} + \sum_{j=1}^{M} \left(r_j \cdot \left(-\Delta_R H_j \right) \right) + k_W \frac{4}{d_R} \left(\overline{T}_{WT} - T \right). \tag{5.259}$$

Nimmt man *Stationarität* an, so kann der Akkumulationsterm gleich null gesetzt werden, und die partielle Differenzialgleichung geht in eine gewöhnliche Differenzialgleichung über:

$$0 = -\rho u_z c_p \frac{\mathrm{d}T}{\mathrm{d}z} + \sum_{j=1}^{M} \left(r_j \cdot \left(-\Delta_R H_j \right) \right) + k_W \frac{4}{d_R} \left(\overline{T}_{WT} - T \right). \tag{5.260}$$

5.4.4.3 Zusammenfassung der Bilanzgleichungen

Nachfolgend sind die Gleichungen für die *Stoff- und Enthalpiebilanz des idealen Strömungsrohrreaktors* zusammengefasst. Da in Kap. 5 von einer einzigen Reaktion ausgegangen wird, ist daher im Reaktionsterm nur eine einzige Reaktion berücksichtigt.

Stoffbilanz für den stationären idealen Strömungsrohrreaktor für $M = 1$ und $u_z = \mathrm{const}$

$$\frac{\mathrm{d}c_i}{\mathrm{d}z} = \frac{\nu_i r(c_i, T)}{u_z} \tag{5.261}$$

bzw.

$$\frac{\mathrm{d}U_i}{\mathrm{d}z} = -\frac{\nu_i \cdot r}{u_z \cdot c_{i,0}} = \frac{|\nu_i| \cdot r(U_i, T)}{u_z \cdot c_{i,0}}. \tag{5.262}$$

Enthalpiebilanz für den stationären idealen Strömungsrohrreaktor für $M = 1$ und u_z, ρ, $c_p = \mathrm{const}$

$$\rho c_p \frac{\mathrm{d}T}{\mathrm{d}z} = \frac{1}{u_z} \left(r(U_i, T) \cdot \left(-\Delta_R H \right) + k_W \frac{4}{d_R} \left(\overline{T}_{WT} - T \right) \right). \tag{5.263}$$

Diese Bilanzgleichungen für den idealen Strömungsrohrreaktor beschreiben den Konzentrations- bzw. Umsatzgrad- sowie den Temperaturverlauf entlang der axialen Koordinate des Strömungsrohrreaktors. Je höher die axiale Strömungsgeschwindigkeit im Vergleich zur Geschwindigkeit der Reaktion bzw. Geschwindigkeit der Wärmeerzeugung und Wärmeabfuhr ist, desto kleiner werden diese Gradienten. Vergleicht man mit den Bilanzgleichungen Gl. 5.78, 5.79, 5.80 des diskontinuierlichen idealen Rührkesselreaktors, so erkennt man, dass bis auf die axiale Strömungsgeschwindigkeit auf der rechten Seite der Bilanzgleichungen dieselben Terme stehen. Bringt man die axiale Strömungsgeschwindigkeit auf die linke Seite und führt die Verweilzeit τ bzw. ihr Differenzial $\mathrm{d}\tau$ gemäß

$$\tau = \frac{z}{u_z} \tag{5.264}$$

bzw.

$$\mathrm{d}\tau = \frac{\mathrm{d}z}{u_z} \tag{5.265}$$

ein, so können die Bilanzgleichungen in folgende Form gebracht werden:

Stoffbilanz für den stationären idealen Strömungsrohrreaktor für $M = 1$ und $u_z = \text{const}$

$$\frac{\mathrm{d}c_i}{\mathrm{d}\tau} = \nu_i r(c_i, T) \tag{5.266}$$

bzw.

$$\frac{\mathrm{d}U_i}{\mathrm{d}\tau} = -\frac{\nu_i \cdot r}{c_{i,0}} = \frac{|\,\nu_i\,| \cdot r(U_i, T)}{c_{i,0}}. \tag{5.267}$$

Enthalpiebilanz für den stationären idealen Strömungsrohrreaktor für $M = 1$ und u_z, ρ, $c_p = \text{const}$

$$\rho c_p \frac{\mathrm{d}T}{\mathrm{d}\tau} = r(U_i, T) \cdot (-\Delta_\mathrm{R} H) + k_\mathrm{W} \frac{4}{d_\mathrm{R}} \left(\overline{T}_\mathrm{WT} - T\right). \tag{5.268}$$

Anmerkungen zur Anwendung der Bilanzgleichungen Gl. 5.267 und 5.268 bei vorliegender Dichteänderung (z. B. bei nicht molzahlbeständigen Gasphasenreaktionen): Da der Umsatzgrad auf den Eingangsstoffstrom bezogen ist, gilt Gl. 5.267 auch dann, wenn sich die Dichte und damit Strömungsgeschwindigkeit bzw. der Volumenstrom entlang der axialen Koordinate ändern. In Gl. 5.267 muss dann die Verweilzeit τ mit dem Eingangsvolumenstrom $\dot{V}_0$ berechnet werden. Dies kann einfach gezeigt werden, indem man bei der Herleitung der Stoffbilanz ab Gl. 5.235 nicht die Konzentration c_i , sondern den Umsatzgrad U_i und als freie Variable anstelle der axialen Koordinate z die Verweilzeit τ einführt.

Da der Massenstrom auch mit der Dichte und dem Volumenstrom am Reaktoreingang gebildet werden kann, gilt Gl. 5.268 auch dann, wenn sich die Dichte und damit die Strömungsgeschwindigkeit bzw. der Volumenstrom entlang der axialen Koordinate z ändern. In Gl. 5.268 muss dann die Verweilzeit τ mit dem Eingangsvolumenstrom $\dot{V}_0$ berechnet und die Dichte durch die Dichte am Reaktoreingang ρ_0 ersetzt werden. Dies kann einfach gezeigt werden, wenn man bei der Herleitung der Enthalpiebilanz ab Gl. 5.257 den Massenstrom durch die Dichte und den Volumenstrom am Reaktoreingang ausdrückt ($\dot{m} = \dot{V}_0 \cdot \rho_0$) und als freie Variable die Verweilzeit τ und nicht die axiale Koordinate z einführt.

In Kap. 8 wird in Beispiel 8.1 eine heterogen-katalysierte Gasphasenreaktion in einem idealen Strömungsrohrreaktor (Festbettreaktor) berechnet und dabei berücksichtigt, dass die Dichte auf Grund einer Molzahländerung während der Reaktion nicht konstant bleibt. Bis auf dieses eine Beispiel wird in diesem Lehrbuch im Allgemeinen davon ausgegangen, dass sich das Reaktionsvolumen bzw. der Volumenstrom während der Reaktion im Reaktor nicht ändern. Diese Annahme ist bei Reaktionen in flüssiger Phase üblicherweise erfüllt, wohingegen es bei Gasphasenreaktionen, die typischerweise in Strömungsrohrreaktoren durchgeführt werden, prinzipiell zu einer Änderung der Dichte und damit des Volumenstromes kommen kann, z. B., wenn die Reaktion nicht molzahlbeständig ist (vgl. Beispiel 8.1) oder wenn starke Temperaturänderungen im Reaktor vorliegen. Letzterer Fall kann nur durch eine numerische Integration der gekoppelten Stoff- und Energiebilanzen gelöst werden.

5.4.4.4 Isotherme, adiabate und polytrope Reaktionsführung

Da die Bilanzgleichungen für den diskontinuierlichen idealen Rührkesselreaktor und den idealen Strömungsrohrreaktor identisch sind, wenn man die Reaktionszeit t durch die Verweilzeit τ ersetzt und umgekehrt, gelten dieselben Gleichungen für die isotherme, polytrope und adiabate Reaktorauslegung, die in Abschn. 5.4.1 für den diskontinuierlichen Rührkesselreaktor abgeleitet wurden, auch für den idealen Strömungsrohrreaktor. Unabhängig von der mathematischen Äquivalenz gibt es rein praktische Gründe, die für die Wahl des Strömungsrohrreaktors sprechen. So können große Produktionshöhen in der Größenordnung von einigen t/h, wie sie typisch für Grundchemikalien und Zwischenprodukte sind, durch eine Parallelisierung von Strömungsrohren in Gestalt eines Rohrbündelreaktors einfach realisiert werden (vgl. Abschn. 5.6.2). Weiterhin können stark exo- oder endotherme Reaktion besser beherrscht, d. h. kleinere Temperaturmaxima und

-minima sichergestellt werden, indem der Rohrdurchmesser erniedrigt und die volumenspezifische Wärmeübertragerfläche erhöht wird ($dA_W/dV = 4/d_R$ in Gl. 5.268 gegenüber A_W/V in Gl. 5.80). Auch eine autotherme Reaktionsführung, d. h. Wärmeintegration, lässt sich im Strömungsrohrreaktor einfacher realisieren (vgl. Abschn. 5.4.4.5). Schlussendlich kann der klassische Rührkesselreaktor nicht bei Gasphasenreaktionen eingesetzt werden, wohl aber der Strömungsrohrreaktor. Bei Gasphasenreaktionen sind dann auch zusätzlich eventuelle Dichteänderungen im Reaktor zu berücksichtigen (s. Abschn. 5.4.4.3).

5.4.4.5 Autotherme Reaktionsführung (Wärmeintegration)

Wärmeintegration ist eine Schlüsseltechnologie zur Steigerung der Energieeffizienz chemischer Produktionsanlagen. Dabei werden heiße Prozessströme genutzt, um kalte Prozessströme aufzuheizen. Im Falle einer vollständigen Wärmeintegration spricht man von einem *autothermen Prozess*. Eine typische Verschaltung von Prozessströmen ergibt sich beispielsweise bei einer exothermen Reaktion, indem der heiße Prozessstrom im oder nach dem Reaktor seine Wärme auf den kalten Zulaufstrom zum Reaktor überträgt. Bei Rohrreaktoren ergeben sich zwei Varianten einer autothermen Betriebsweise:

1. Der Rohrreaktor wird adiabat betrieben und die Reaktionswärme wird anschließend in einem separaten Wärmeübertrager auf den Zulaufstrom übertragen.
2. Der Rohrreaktor wird polytrop betrieben, indem der Zulaufstrom zugleich das Wärmeträgermedium darstellt und die Reaktionswärme im selben Apparat durch Wärmeübertragung aufnimmt.

Adiabater Strömungsrohrreaktor mit separatem Wärmeübertrager

In Abb. 5.28 sind die Temperaturverläufe im Wärmeübertrager und im adiabaten Strömungsrohrreaktor illustriert.

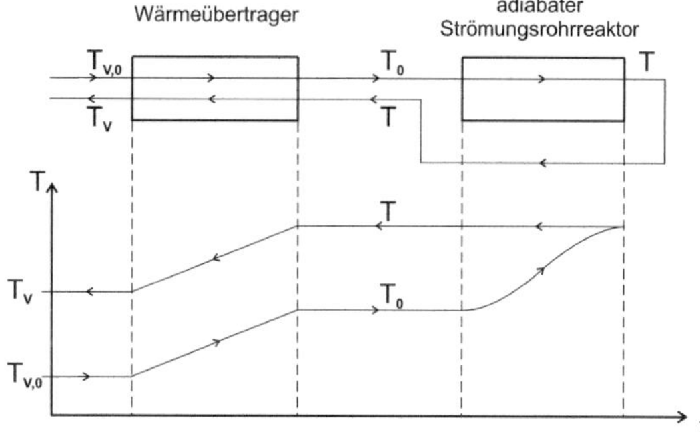

Abb. 5.28 Temperaturverläufe für einen adiabaten idealen Strömungsrohrreaktor mit Vorheizung des Zulaufstromes durch Wärmeübertragung vom heißen Austrittstrom in einem separaten Wärmeübertrager

Die Bilanzen für den adiabat betriebenen idealen Strömungsrohrreaktor lauten gemäß Gl. 5.267 und 5.268:

$$\frac{\mathrm{d}U_i}{\mathrm{d}\tau} = \frac{|\, \nu_i \,| \cdot r(U_i, T)}{c_{i,0}} \tag{5.269}$$

$$\rho c_p \frac{\mathrm{d}T}{\mathrm{d}\tau} = r(U_i, T) \cdot (-\Delta_\mathrm{R} H). \tag{5.270}$$

Liegt für die Kinetik der Reaktion eine Gleichung vor, dann kann für die jeweilige Eintrittstemperatur T_0 der $T(\tau)$- und $U(\tau)$-Verlauf ermittelt werden. Es ergeben sich analoge Verläufe wie im Beispiel 5.3 für den adiabaten diskontinuierlichen idealen Rührkesselreaktor, wenn man t durch τ ersetzt.

Auf Grund der Verschaltung des heißen Austrittsstromes aus dem Reaktor mit dem kalten Zulaufstrom zum Reaktor in einem Wärmeübertrager ist die Eintrittstemperatur T_0 in den Reaktor nicht direkt zugänglich, sondern muss unter Berücksichtigung der Enthalpiebilanz des Wärmeübertragers (= Vorwärmer) aus der Zulauftemperatur $T_{\mathrm{V},0}$ zum Vorwärmer ermittelt werden. Berücksichtigt man weiterhin den proportionalen Zusammenhang zwischen der Temperaturerhöhung im Reaktor und dem Umsatzgrad im Reaktor (s. Gl. 5.100 und 5.102) so gilt:

$$\dot{V} \rho c_p (T_0 - T_{\mathrm{V},0}) = k_\mathrm{W} A_{\mathrm{W,V}} (T - T_0) = k_\mathrm{W} A_{\mathrm{W,V}} \cdot \Delta T_\mathrm{ad} \cdot U_i. \tag{5.271}$$

Somit ergibt sich folgende Gleichung für die Temperaturerhöhung des kalten Zulaufs im Vorwärmer:

$$T_0 - T_{\mathrm{V},0} = \frac{k_\mathrm{W} A_{\mathrm{W,V}}}{\dot{V} \rho c_p} \cdot \Delta T_\mathrm{ad} \cdot U_i. \tag{5.272}$$

Man sieht, dass die Temperaturerhöhung des Zulaufstroms im Vorwärmer gleich dem Temperaturanstieg im Strömungsrohrreaktor, multipliziert mit dem Faktor $k_\mathrm{W} A_{\mathrm{W,V}} / (\dot{V} \rho c_p)$ ist. Der Ausdruck auf der linken Seite von Gl. 5.272 ist proportional der Wärmemenge, welche vom Zulaufstrom aufgenommen wird; der Ausdruck auf der rechten Seite ist proportional der Wärmeerzeugung durch die chemische Reaktion. Trägt man beide Ausdrücke in Abhängigkeit von T_0 als unabhängige Variable auf, so ist für die Schnittpunkte der beiden Kurven die Gleichung erfüllt. Die Schnittpunkte sind demnach mögliche Betriebspunkte für das System. In Abb. 5.29 sind die Kurven für eine irreversible Reaktion 1. Ordnung und verschiedenen Verweilzeiten τ im Strömungsrohrreaktor dargestellt. Die linke Seite der Gleichung ist eine Gerade mit Steigung 1, die bei $T_{\mathrm{V},0}$ die Abszisse schneidet. Die rechte Seite hat einen S-förmigen Verlauf, der sich aus der Lösung der Stoff- und Enthalpiebilanz des adiabaten Strömungsrohrreaktors ergibt, indem man den Umsatzgrad am Reaktorausgang U_i für verschiedene Eintrittstemperaturen T_0 und Verweil-

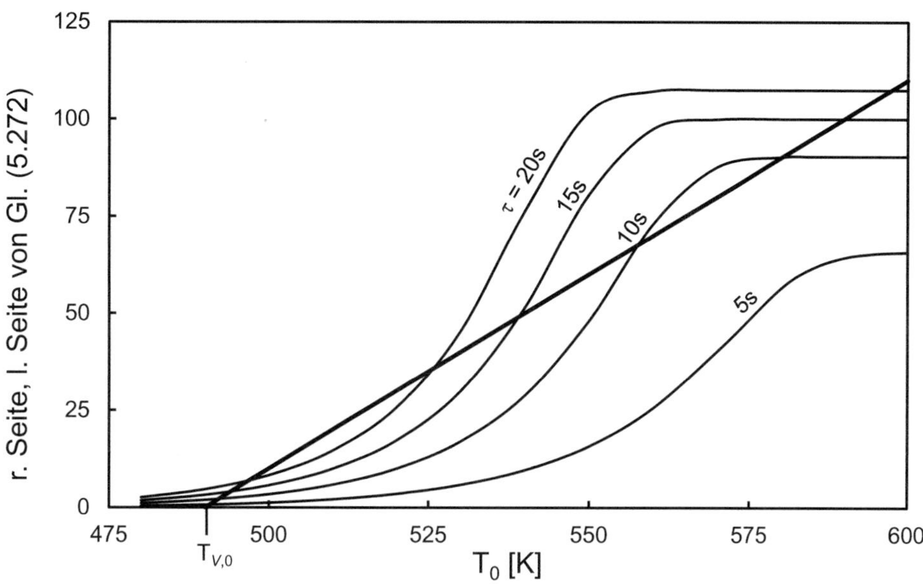

Abb. 5.29 Betriebspunkte eines adiabaten Strömungsrohrreaktors mit separatem Wärmeübertrager gemäß Abb. 5.28 für verschiedene Verweilzeiten τ. Für: $k = 1{,}192 \cdot 10^9 \, \exp(-13.500/T)\ s^{-1}$, $\Delta T_{ad} = 50\,°C$, $k_W A_{W,V}/(\dot{V}\rho c_p) = 2$ für $\tau = 15\ s$, $k_W \sim \dot{V}^{3/4}$

zeiten τ berechnet. Dies erfolgt durch numerische Integration der Stoff- und Enthalpiebilanz (s. Gl. 5.269 und 5.270). Das so berechnete $U_i(T_0)$ wird dann mit ΔT_{ad} und $k_W A_{W,V}/(\dot{V}\rho c_p)$ multipliziert. Spätestens an dieser Stelle muss eine Dimensionierung des Strömungsrohrreaktors hinsichtlich seines Innendurchmessers d_R und seiner Länge L angenommen werden, um für die aufgetragenen Verweilzeiten Volumenströme berechnen zu können. In den Faktor $k_W A_{W,V}/(\dot{V}\rho c_p)$ geht der Volumenstrom nicht nur explizit ein, sondern auch implizit, da der Wärmedurchgangskoeffizient k_W vom Volumenstrom bzw. der Reynoldszahl abhängig ist. In Abb. 5.29 wurde angenommen, dass k_W proportional $\dot{V}^{3/4}$ ist.

Aus Abb. 5.29 geht hervor, dass ein stabiler Betrieb des Reaktors bei hohen Umsatzgraden nur oberhalb einer bestimmten Verweilzeit möglich ist. In diesem Bereich ist das Temperaturniveau im Reaktor sehr empfindlich gegenüber einer Änderung des Volumenstroms und damit der Verweilzeit. Wird der Volumenstrom erhöht, d. h. die Verweilzeit erniedrigt, so erlischt die Reaktion bei einer bestimmten Verweilzeit, im vorliegenden Fall, wenn die Verweilzeit unter 8,6 s sinkt.

Polytroper Strömungsrohrreaktor mit integrierter Zulaufvorwärmung

In Abb. 5.30 ist schematisch der *autotherm betriebene Gegenstromrohrreaktor* dargestellt; mit eingezeichnet sind der Temperaturverlauf im Strömungsrohrreaktor sowie des Zulauf-

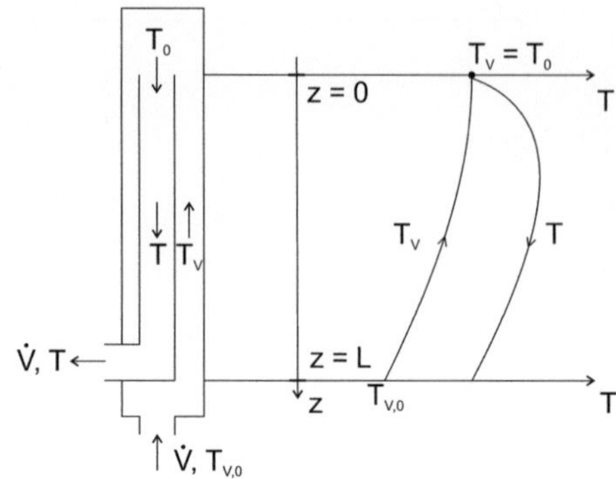

Abb. 5.30 Polytroper idealer Strömungsrohrreaktor mit integrierter Zulaufvorwärmung

stromes im Mantelraum um den Strömungsrohrreaktor. Das Grundprinzip kann erweitert werden auf einen Rohrbündelreaktor. Die Stoff- und Energiebilanz für den polytropen Strömungsrohrreaktor lauten (s. Gl. 5.262 und 5.263):

$$\frac{\mathrm{d}U_i}{\mathrm{d}z} = \frac{|\,\nu_i\,| \cdot r(U_i, T)}{u_z \cdot c_{i,0}} \tag{5.273}$$

$$\frac{\mathrm{d}T}{\mathrm{d}z} = \frac{1}{\rho c_p u_z}\left(r(U_i, T) \cdot (-\,\Delta_\mathrm{R} H) + k_\mathrm{W}\frac{4}{d_\mathrm{R}}(T_\mathrm{V} - T)\right). \tag{5.274}$$

Die Enthalpiebilanz für die Vorwärmzone lautet (Gl. 5.263 ohne Reaktionsterm):

$$\frac{\mathrm{d}T_\mathrm{V}}{\mathrm{d}z} = \frac{1}{\rho c_p u_{\mathrm{V},z}}\left(k_\mathrm{W}\frac{4}{d_\mathrm{R}}(T_\mathrm{V} - T)\right). \tag{5.275}$$

Für die Lösung der Differenzialgleichungen sind folgende Randbedingungen erforderlich:

a) bei $z = 0$ gilt: $T = T_\mathrm{V} = T_0$
b) bei $z = 0$ gilt: $U_i = 0$
c) bei $z = L$ gilt: $T_\mathrm{V} = T_{\mathrm{V},0}$

Bei dem Differenzialgleichungssystem handelt es sich um ein *Randwertproblem*, dessen Diskretisierung ein algebraisches Gleichungssystem liefert, das gelöst werden muss. Die bis jetzt in Kap. 5 numerisch zu lösenden Differenzialgleichungssysteme waren Anfangswertprobleme, die ausgehend von den Anfangswerten vom Reaktoreingang zum Reaktorausgang bzw. vom Reaktionsstart bis zum Reaktionsende integriert werden. Diese Integration von Anfangswertproblemen kann einfach mit einem Tabellenkalkulationsprogramm erfolgen. Die Integration von Randwertproblemen ist dagegen aufwendiger und muss mit numerischen Lösern erfolgen, die beispielsweise in kommerziellen Programmen wie Matlab® oder Aspen Custom Modeler® hinterlegt sind (vgl. Abschn. 12.4.2.2 und 12.6).

5.5 Vergleich idealer Reaktoren

In den Abb. 5.31 und 5.32 sind die typischen Konzentrations- und Temperaturprofile der idealen Reaktoren zusammengefasst.

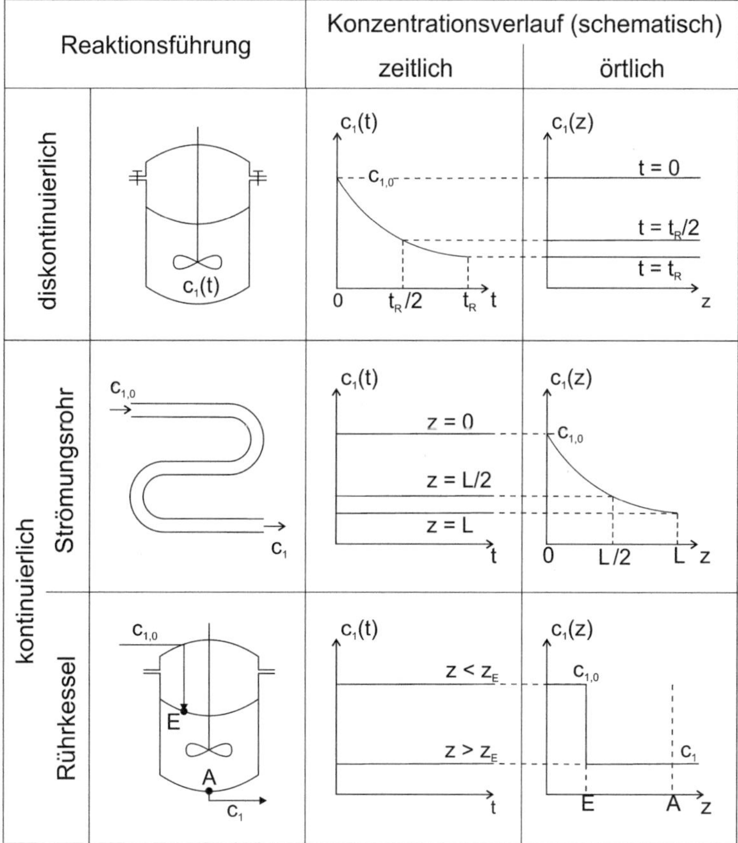

Abb. 5.31 Typische Konzentrationsverläufe in den idealen Reaktoren

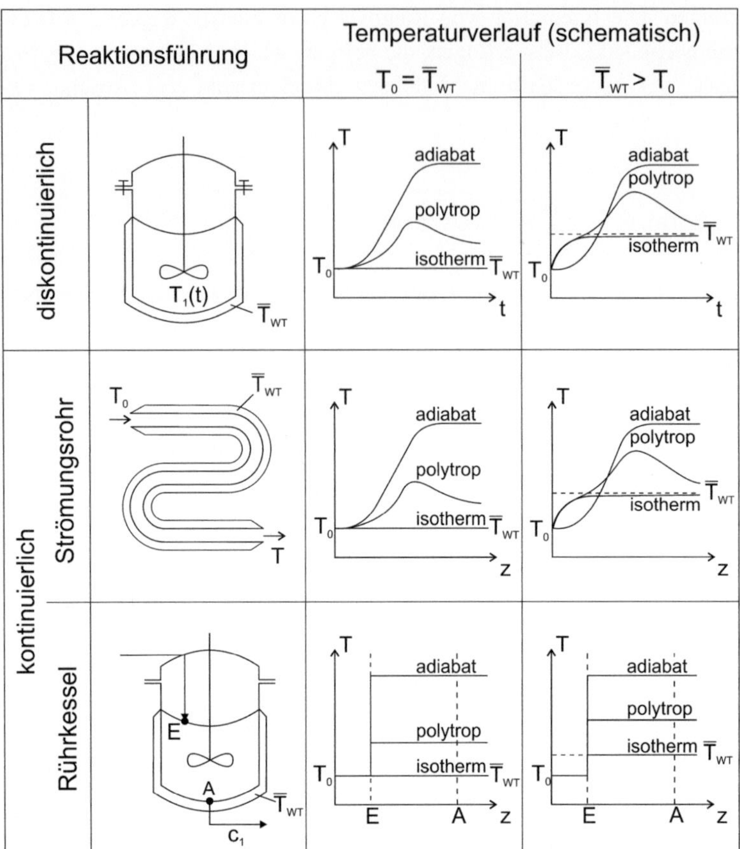

Abb. 5.32 Typische Temperaturverläufe in den idealen Reaktoren

5.5.1 Diskontinuierlicher idealer Rührkesselreaktor und idealer Strömungsrohrreaktor

Unter der Voraussetzung der Idealität hinsichtlich des Vermischungszustandes (s. Abschn. 5.4*) und unter der Voraussetzung, dass sich die Dichte während der Reaktion nicht wesentlich ändert, sind der diskontinuierliche ideale Rührkesselreaktor und der ideale Strömungsrohrreaktor einander äquivalent.* Die Konzentrations- und Temperaturverläufe (s. Abb. 5.31 und 5.32) sind identisch, wenn man folgende Transformation der Abszisse (z-Achse) durchführt:

$$t = \frac{z}{u_z} = \tau. \tag{5.276}$$

Gl. 5.276 bedeutet, dass im idealen Strömungsrohrreaktor am Ort z dieselbe Temperatur und Konzentration vorliegt, die im diskontinuierlichen Rührkesselreaktor zur Zeit t beobachtet wird, wenn das Fluidelement im Strömungsrohrreaktor die Zeit t benötigt, um den Ort z zu erreichen. Diese Zeit wird dann als Verweilzeit τ bezeichnet, da es sich wegen der Stationarität des Strömungsrohrreaktors nicht um eine chronologische Zeit handelt, sondern um eine Zeit, die der sich mit dem Fluidelement bewegende Beobachter messen würde.

Hinsichtlich der *Äquivalenz des diskontinuierlichen idealen Rührkesselreaktors und des idealen Strömungsrohrreaktors* sei nochmals darauf hingewiesen, dass diese bei polytroper Betriebsführung in der Praxis dadurch eingeschränkt wird, dass die volumenspezifische Wärmeübertragerfläche A_W/V im Strömungsrohrreaktor deutlich größer sein kann als im Rührkesselreaktor. Die Konzentrations- und Temperaturverläufe können dann nicht mehr einfach durch eine Transformation der z-Achse ineinander umgerechnet werden. Die Äquivalenz der Bilanzgleichungen sowie deren grafische oder numerische Lösung bleibt jedoch davon unberührt. Die in Abschn. 5.4.1 beschriebenen Bilanzgleichungen und Lösungsverfahren können uneingeschränkt auf den idealen Strömungsrohrreaktor angewendet werden, wenn man die chronologische Zeit t durch die Verweilzeit τ ersetzt. Die ortsabhängigen Verläufe ergeben sich durch Umrechnung gemäß Gl. 5.276. Daher wurden in Abschn. 5.4 die Lösungsverfahren für den idealen Strömungsrohrreaktor nicht mehr ausführlich beschrieben.

5.5.2 Kontinuierlicher idealer Rührkesselreaktor und idealer Strömungsrohrreaktor

Vergleicht man den kontinuierlichen idealen Rührkesselreaktor und den idealen Strömungsrohrreaktor hinsichtlich der erforderlichen Verweilzeit, um einen gewünschten, optimalen Umsatzgrad zu erreichen, so können bei isothermer Reaktionsführung die in den Tab. 5.1 und 5.2 angegebenen Gleichungen ausgewertet werden. Für die Berechnung der Verweilzeit im idealen Strömungsrohrreaktor nutzt man die Äquivalenz zum diskontinuierlichen Rührkesselreaktor (s. Abschn. 5.5.1), indem man in Tab. 5.1 die Reaktionszeit durch die Verweilzeit ersetzt. Trägt man nun das Verhältnis der Verweilzeiten zwischen kontinuierlichem Rührkesselreaktor und Strömungsrohrreaktor für verschiedene Ordnungen auf, ergeben sich die in Abb. 5.33 dargestellten Verläufe.

Aus Abb. 5.33 wird ersichtlich, dass für Reaktionsordnungen größer null im kontinuierlichen Rührkesselreaktor stets höhere Verweilzeiten notwendig sind, um einen gewünschten Umsatzgrad zu erreichen, als im idealen Strömungsrohrreaktor. Die Unterschiede werden umso größer, je höher der Umsatzgrad und je höher die Reaktionsordnung ist. Dies kann an Hand von Abb. 5.31 leicht erklärt werden. Im kontinuierlich betriebenen Rührkesselreaktor nimmt die Eduktkonzentration sprunghaft auf die Austrittskonzentration ab, die wegen der vollständigen Rückvermischung im gesamten Reaktionsvolumen vorliegt. Somit produziert der kontinuierliche Rührkesselreaktor bei einer niedrigeren Reaktionsgeschwindigkeit (positive Ordnungen vorausgesetzt) als der Strömungsrohrreaktor, in dem die Reaktionsgeschwindigkeit im Mittel höher ist. Letzteres lässt sich darauf zurück-

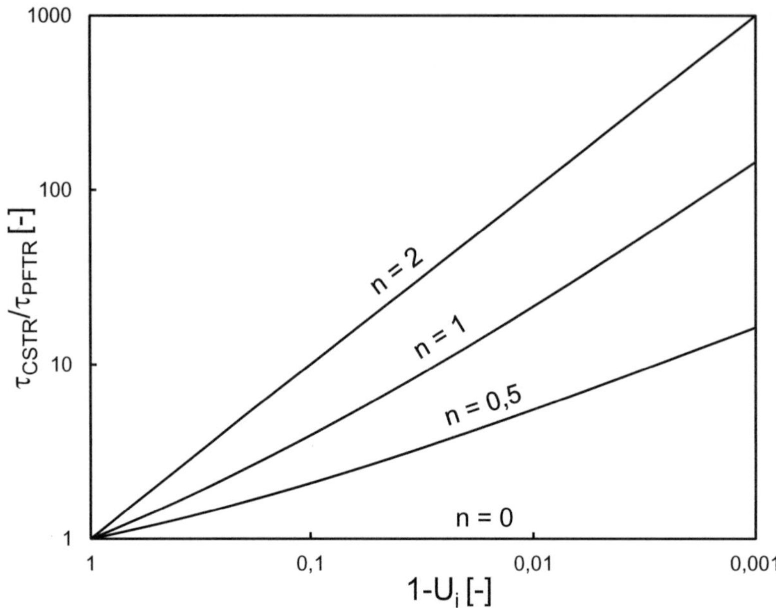

Abb. 5.33 Verhältnis der notwendigen Verweilzeiten von idealem Rührkesselreaktor und idealem Strömungsrohrreaktor für einen zu erreichenden Umsatzgrad U_i

führen, dass die Eduktkonzentration von der Eintrittskonzentration auf die Austrittkonzentration stetig und nicht sprunghaft abnimmt. Insbesondere bei sehr hohen Umsatzgraden geht die Reaktionsgeschwindigkeit im kontinuierlichen Rührkesselreaktor gegen null, da die Eduktkonzentration im gesamten Reaktionsvolumen gegen null geht. Wenn sehr hohe Umsatzgrade erreicht werden müssen, z. B. bei Polykondensationen oder -additionen, ist der kontinuierliche ideale Rührkesselreaktor nicht geeignet. Aus Abb. 5.33 wird auch ersichtlich, dass bei einer Reaktion 0. Ordnung die notwendigen Verweilzeiten zum Erreichen eines gewünschten Umsatzgrades für beide Reaktoren, kontinuierlicher Rührkesselreaktor und Strömungsrohrreaktor, gleich groß sind.

Um den Einfluss der Ordnung allgemeiner diskutieren zu können, soll die grafische Auswertung, wie sie bereits für den kontinuierlichen Rührkesselreaktor und den Strömungsrohrreaktor (Äquivalenz gemäß Abschn. 5.5.1 beachten) separat in Abb. 5.7 und 5.15 durchgeführt wurde, nun in einem Diagramm erfolgen (s. Abb. 5.34). Eingezeichnet ist für eine negative Ordnung der Vergleich der Verweilzeit, die für den Strömungsrohrreaktor die Fläche unter der Kurve und für den kontinuierlichen Rührkesselreaktor die Rechteckfläche ist. Man erkennt, dass im Falle der negativen Reaktionsordnung der kontinuierliche Rührkesselreaktor bevorzugt ist, weil eine niedrigere Verweilzeit benötigt wird. Wieder nimmt der Unterschied der Verweilzeiten mit zunehmendem Umsatzgrad zu,

Abb. 5.34 Veranschaulichung der notwendigen Verweilzeiten von idealem Rührkesselreaktor und idealem Strömungsrohrreaktor für einen zu erreichenden Umsatzgrad U_i bei einer Reaktion mit negativer Ordnung

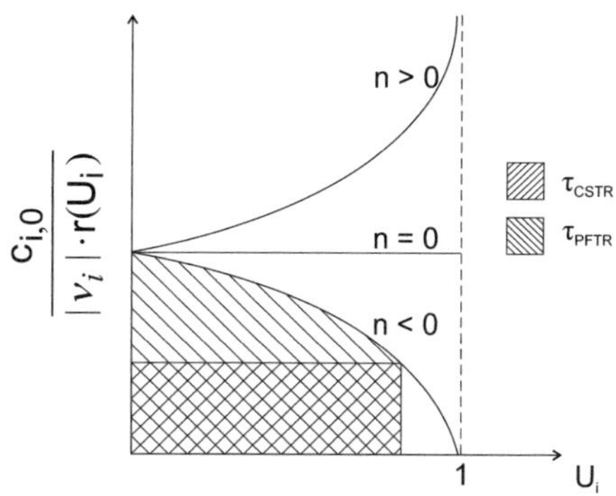

Tab. 5.3 Wahl des Reaktors in Abhängigkeit von der Ordnung der Reaktion für eine einfache irreversible Reaktion bei hohen Umsatzgraden

n	CSTR	PFTR
< 0	+	−
$= 0$	+	+
> 0	−	+

wie man aus Abb. 5.34 ableiten kann. Abb. 5.34 bestätigt auch den Anhand der Gleichungen durchgeführten Vergleich für positive Ordnungen sowie Ordnung Null. Insgesamt kommt man zu den in Tab. 5.3 zusammengefassten Aussagen bezüglich der Wahl des Reaktors entsprechend der geringeren notwendigen Verweilzeit.

Beispiel 5.8

Die in Beispiel 2.5 beschriebene Nitril-Hydrolyse soll von einem isothermen diskontinuierlichen auf einen isothermen kontinuierlichen Betrieb umgestellt werden. Dazu kann zum einen der vorhandene diskontinuierliche ideale Rührkesselreaktor auf einen kontinuierlichen Betrieb umgerüstet werden. Zum anderen stehe ein idealer Strömungsrohrrektor zur Verfügung, der ebenfalls ein Reaktionsvolumen von $V = 2\text{m}^3$ besitzt. Es gelten alle sonstigen Angaben aus Beispiel 2.5 auch für dieses Beispiel.

Im isothermen diskontinuierlichen idealen Rührkesselreaktor war eine Reaktionszeit von 4 h erforderlich, um den gewünschten Umsatzgrad von 98 % zu erreichen. Aufgrund der Äquivalenz von diskontinuierlichem idealem Rührkesselreaktor und idealem Strömungsrohrreaktor kann geschlossen werden, dass im idealen Strömungsrohrreaktor eine Verweilzeit von $\tau_{\text{PFTR}} = 4$ h notwendig ist, um den gewünschten Umsatzgrad von 98 % zu erzielen. Mithilfe von Abb. 5.33 kann nun die notwendige Verweilzeit τ_{CSTR} im kontinuierlichen idealen Rührkesselreaktor bestimmt werden, die erforderlich ist, um ebenfalls einen Umsatzgrad von 98 % zu erreichen:

$$1 - U_1 = 0{,}02 \quad \rightarrow \quad \tau_{\mathrm{CSTR}} = 12{,}5 \cdot \tau_{\mathrm{PFTR}} = 50\ \mathrm{h}$$

Es wurde wegen des Überschusses von Wasser von einer Reaktion pseudo-erster Ordnung ausgegangen ($n = 1$ in Abb. 5.33).

Der Volumenstrom muss somit beim kontinuierlichen idealen Rührkesselreaktor auf

$$\dot{V}_0 = \frac{V}{\tau} = \frac{2\ \mathrm{m}^3}{50\ \mathrm{h}} = 0{,}04\frac{\mathrm{m}^3}{\mathrm{h}} = 40\frac{\mathrm{l}}{\mathrm{h}}$$

und im idealen Strömungsrohrreaktor auf

$$\dot{V}_0 = \frac{V}{\tau} = \frac{2\ \mathrm{m}^3}{4\ \mathrm{h}} = 0{,}5\frac{\mathrm{m}^3}{\mathrm{h}} = 500\frac{\mathrm{l}}{\mathrm{h}}$$

eingestellt werden.

Gemäß Gl. 2.24 ergibt sich nun für das Carbonsäureamid im kontinuierlichen idealen Rührkesselreaktor eine Produktionshöhe von

$$\dot{m}_3 = \dot{V}_0 \cdot c_{1,0} \cdot U_1 \cdot M_3 = 40\frac{\mathrm{l}}{\mathrm{h}} \cdot 2\frac{\mathrm{mol}}{\mathrm{l}} \cdot 0{,}98 \cdot 100\frac{\mathrm{g}}{\mathrm{mol}} = 7.840\frac{\mathrm{g}}{\mathrm{h}} = 7{,}84\frac{\mathrm{kg}}{\mathrm{h}}$$

und im idealen Strömungsrohrreaktor eine Produktionshöhe von

$$\dot{m}_3 = \dot{V}_0 \cdot c_{1,0} \cdot U_1 \cdot M_3 = 500\frac{\mathrm{l}}{\mathrm{h}} \cdot 2\frac{\mathrm{mol}}{\mathrm{l}} \cdot 0{,}98 \cdot 100\frac{\mathrm{g}}{\mathrm{mol}} = 98.000\frac{\mathrm{g}}{\mathrm{h}} = 98\frac{\mathrm{kg}}{\mathrm{h}}.$$

Bei angenommenen 8.000 Betriebsstunden im Jahr entspricht dies einer Anlagenkapazität von 62,72 t Carbonsäureamid pro Jahr für den kontinuierlichen idealen Rührkesselreaktor und 784 t Carbonsäureamid pro Jahr für den idealen Strömungsrohrreaktor. Im diskontinulierlichen idealen Rührkesselreaktor lag die Produktionshöhe von Carbonsäureamid gemäß Beispiel 2.5 unter Annahme eines 3-Schichtbetriebs bei 49 kg/h, was 392 t Carbonsäureamid im Jahr entspricht.

Sofern einige Hundert Tonnen Carbonsäureamid im Jahr produziert werden sollten, ist ein diskontinuierlicher Rührkesselreaktor ungeeignet, da zu viele Ansätze notwendig sind, und der kontinuierliche Rührkesselreaktor ungeeignet, da man nicht die geforderte Menge produzieren kann. Für eine Umstellung auf kontinuierlichen Betrieb muss daher ein Strömungsrohrreaktor verwendet werden. ◀

5.6 Kombination idealer Reaktoren

5.6.1 Serienschaltung von Rührkesselreaktoren (Rührkesselkaskade)

Häufig wird eine Reaktion nicht in einem einzigen kontinuierlich betriebenen idealen Rührkesselreaktor, sondern in mehreren hintereinander geschalteten kontinuierlich betriebenen idealen Rührkesselreaktoren, einer *Kaskade*, durchgeführt. In diesem Fall ist der Ablaufstrom eines Kessels der Zulaufstrom des nächsten Kessels. Die Einzelkessel sind ideal vermischt, zwischen den Einzelkesseln besteht jedoch keine Rückvermischung. Für die folgenden Herleitungen wird gemäß Abb. 5.35 folgende Nomenklatur eingeführt:

1. Die Kessel werden in Strömungsrichtung von 1 bis N durchnummeriert und n als dazugehöriger Laufindex eingeführt.
2. Die Größensymbole für die Eigenschaften (Konzentrationen, Temperatur usw.) und das Volumen des Reaktionsgemisches im n-ten Kessel sowie die Zulauf- und Ablaufströme des n-ten Kessels werden mit tiefgestellten Indizes 1 bis N bzw. allgemein n gekennzeichnet. Dabei wird das Größensymbol in einer Klammer formuliert und dann die Klammer indiziert.

Die Stoffbilanz für den n-ten Kessel einer Kaskade unter der Annahme eines *stationären Betriebszustands* ergibt sich aus der bereits formulierten Stoffbilanz für den Einzelkessel (s. Gl. 5.134), indem man die soeben eingeführte Notation anwendet:

$$0 = \left(\dot{V}_0\right)_n \cdot (c_{i,0})_n - \left(\dot{V}\right)_n \cdot (c_i)_n + (V)_n \cdot \sum_{j=1}^{M} \left(\nu_{i,j} \cdot \left(r_j\right)_n\right). \tag{5.277}$$

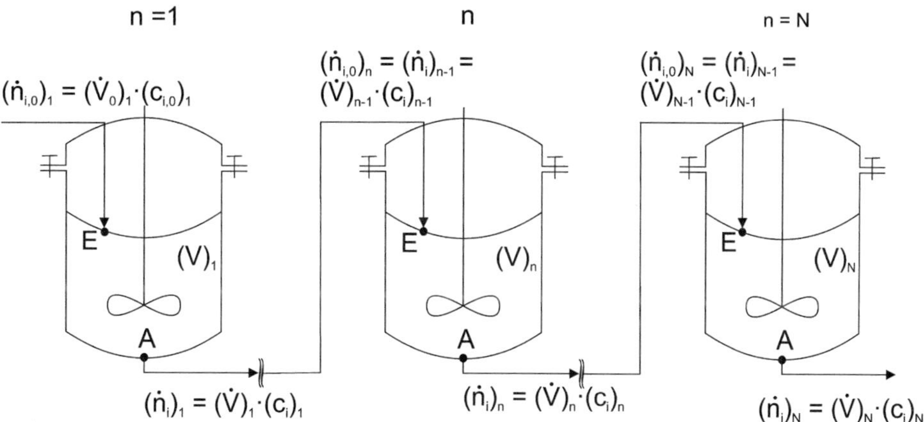

Abb. 5.35 Prinzipskizze einer Kaskade idealer Rührkesselreaktoren

Geht man davon aus, dass keine Dichteänderung auftritt, gilt:

$$(\dot{V})_n = (\dot{V}_0)_n = \dot{V} \tag{5.278}$$

bzw.

$$(\tau)_n = \frac{(V)_n}{\dot{V}}. \tag{5.279}$$

Nimmt man noch an, dass nur *eine einzige Reaktion* abläuft, dann lässt sich die Stoffbilanz wie folgt formulieren:

$$0 = (c_{i,0})_n - (c_i)_n + (\tau)_n \cdot \nu_i \cdot (r)_n. \tag{5.280}$$

Da der Zulaufstrom in den n-ten Kessel identisch ist mit dem Ablaufstrom aus dem $(n-1)$-ten Kessel, kann man für $n = 1, \ldots, N$ auch schreiben:

$$0 = (c_i)_{n-1} - (c_i)_n + (\tau)_n \cdot \nu_i \cdot (r)_n \tag{5.281}$$

mit

$$(c_i)_0 = (c_{i,0})_1 \quad \text{für n} = 1. \tag{5.282}$$

Nun wird der Umsatzgrad $(U_i)_n$ eingeführt, der in der Rührkesselkaskade als Umsatzgrad der Eduktspezies A_i vom Eintritt in den ersten Kessel bis zum Austritt aus dem n-ten Kessel definiert ist:

$$(U_i)_n = \frac{(c_{i,0})_1 - (c_i)_n}{(c_{i,0})_1}. \tag{5.283}$$

Analog gilt:

$$(U_i)_{n-1} = \frac{(c_{i,0})_1 - (c_i)_{n-1}}{(c_{i,0})_1} \tag{5.284}$$

mit

$$(U_i)_0 = 0 \quad \text{für n} = 1. \tag{5.285}$$

Löst man nun die Gl. 5.283 und 5.284 nach $(c_i)_n$ bzw. $(c_i)_{n-1}$ auf und setzt in die Stoffbilanz Gl. 5.281 ein, so erhält man:

$$0 = (c_{i,0})_1 \cdot \left((U_i)_n - (U_i)_{n-1}\right) + (\tau)_n \cdot \nu_i \cdot (r)_n. \tag{5.286}$$

Der Umsatzgrad im n-ten Kessel ergibt sich durch die Differenz der Umsatzgrade, die nach dem n-ten und dem $(n - 1)$-ten Kessel erreicht werden:

$$(\Delta U_i)_n = (U_i)_n - (U_i)_{n-1}. \tag{5.287}$$

Für die *Verweilzeit im n-ten Kessel* gilt dann:

$$(\tau)_n = \frac{(c_{i,0})_1}{|\nu_i|\,(r)_n} \cdot (\Delta U_i)_n. \tag{5.288}$$

Mit Gl. 5.288 kann sehr schön die Charakteristik der Rührkesselkaskade abhängig von der Kesselzahl gezeigt werden.

Für $N = 1$ (Einzelkessel) vereinfacht sich Gl. 5.288 zur Stoffbilanz des kontinuierlichen idealen Rührkesselreaktors (s. Gl. 5.153):

$$\tau = \frac{c_{i,0}}{|\nu_i|\,r} \cdot U_i. \tag{5.289}$$

Für N Kessel ergibt sich die notwendige Verweilzeit, um einen gewünschten Umsatzgrad zu erreichen, durch Summation von Gl. 5.288

$$\tau = \sum_{n=1}^{N} (\tau)_n = \sum_{n=1}^{N} \frac{(c_{i,0})_1}{|\nu_i|\,(r)_n} \cdot (\Delta U_i)_n. \tag{5.290}$$

Für unendlich viele Kessel ($N \to \infty$) geht die Summation in eine Integration über:

$$\tau = \int_0^{U_i} \frac{c_{i,0}}{|\nu_i|\,r(U_i)} \mathrm{d}U_i. \tag{5.291}$$

Diese Gleichung wurde für den diskontinuierlichen Rührkesselreaktor bereits abgeleitet (s. Gl. 5.81) und ist identisch mit derjenigen für den idealen Strömungsrohrreaktor, wenn man t durch τ ersetzt (s. Abschn. 5.5.1).

Somit kann folgende wichtige Aussage zur Rührkesselkaskade getroffen werden: Je nach Anzahl N der Kessel, auf welche das Gesamtvolumen V der Kaskade aufgeteilt ist, kann deren Verhalten demnach zwischen dem eines einzelnen idealen Rührkesselreaktors ($N = 1$) und dem eines idealen Strömungsrohrreaktors ($N \to \infty$) variieren.

Zur Berechnung von Kaskaden können nur in einigen wenigen Fällen geschlossene Formeln abgeleitet werden. Dies ist der Fall für eine *irreversible Reaktion erster Ordnung*. Setzt man diese Kinetik in die Stoffbilanz Gl. 5.281 ein, so erhält man:

$$0 = (c_i)_{n-1} - (c_i)_n + (\tau)_n \cdot \nu_i \cdot (k)_n \cdot (c_i)_n. \tag{5.292}$$

Das Verhältnis von Austritts- zu Eintrittskonzentration für den n-ten Kessel lautet somit:

$$\frac{(c_i)_n}{(c_i)_{n-1}} = \frac{1}{1 - \nu_i \cdot (k)_n \cdot (\tau)_n}. \tag{5.293}$$

Mit

$$1 - (U_i)_N = \frac{(c_i)_N}{(c_{i,0})_1} = \frac{(c_i)_N}{(c_i)_{N-1}} \cdot \frac{(c_i)_{N-1}}{(c_i)_{N-2}} \cdot \ldots \cdot \frac{(c_i)_n}{(c_i)_{n-1}} \cdot \ldots \cdot \frac{(c_i)_1}{(c_{i,0})_1} \tag{5.294}$$

folgt:

$$1 - (U_i)_N = \frac{1}{\prod_{n=1}^{N} \left(1 - \nu_i \cdot (k)_n \cdot (\tau)_n\right)}. \tag{5.295}$$

Für eine *isotherme Rührkesselkaskade* sind die Geschwindigkeitskonstanten in jedem Kessel gleich und nimmt man weiterhin an, dass die *Kessel alle gleich groß* sind (Verweilzeit in jedem Kessel gleich), dann gilt:

$$1 - (U_i)_N = \frac{1}{(1 - \nu_i \cdot k \cdot \tau)^N}. \tag{5.296}$$

Aus dieser Beziehung kann man bei gegebener Geschwindigkeitskonstante, Verweilzeit im Kessel und Kesselzahl den in der Kaskade erreichbaren Umsatzgrad $(U_i)_N$ berechnen. Sind andererseits k und τ festgelegt sowie ein bestimmter Umsatzgrad $(U_i)_N$ gefordert, so lässt sich die hierfür erforderliche Anzahl N von Kesseln aus Gl. 5.296 durch Logarithmieren erhalten:

$$N = \frac{-\log\left(1 - (U_i)_N\right)}{\log(1 - \nu_i \cdot k \cdot \tau)}. \tag{5.297}$$

Dieser Fall einer einfachen Reaktion erster Ordnung bei gleichen Temperaturen und Verweilzeiten in allen Kesseln ist eine der wenigen Ausnahmen, für welche eine Formel zur Berechnung einer Kaskade abgeleitet werden kann.

Mithilfe einer *iterativen Methode* ist es möglich, für eine *beliebige Reaktionsordnung* und eine beliebige Anzahl von Kesseln mit *unterschiedlichen Reaktionstemperaturen* und *unterschiedlichen Reaktionsvolumina* eine Kaskade zu berechnen.

Wichtiger Hinweis: Wegen der Verwechslungsgefahr zwischen der Ordnung n des Potenzansatzes für die Kinetik, wie sie normalerweise in diesem Buch benutzt wird, und der Nummer n des Kessels wird in diesem Fall und in Beispiel 5.9 von der üblichen Nomenklatur für die Ordnung abgewichen und hier der Buchstabe m verwendet.

Wird das Edukt A_i nur in einer einzigen Reaktion der Ordnung m umgesetzt und bleibt die Dichte näherungsweise konstant (= konstanter Volumenstrom), so erhält man durch Einsetzen der Kinetik in die Stoffbilanz Gl. 5.281 für den n-ten Kessel:

$$0 = (c_i)_{n-1} - (c_i)_n + (\tau)_n \cdot \nu_i \cdot (k)_n \cdot (c_i)_n^m. \tag{5.298}$$

Dividiert man diese Gleichung durch $(c_i)_{n-1}$ und erweitert den letzten Term mit $(c_i)_{n-1}^m$ so erhält man:

$$0 = 1 - \frac{(c_i)_n}{(c_i)_{n-1}} + (\tau)_n \cdot \nu_i \cdot (k)_n \cdot (c_i)_{n-1}^{m-1} \cdot \left(\frac{(c_i)_n}{(c_i)_{n-1}}\right)^m. \tag{5.299}$$

Da $(c_i)_{n-1} = (c_{i,0})_n$ ist, kann man auch schreiben:

$$0 = 1 - \frac{(c_i)_n}{(c_i)_{n-1}} + (\tau)_n \cdot \nu_i \cdot (k)_n \cdot (c_{i,0})_n^{m-1} \cdot \left(\frac{(c_i)_n}{(c_i)_{n-1}}\right)^m. \tag{5.300}$$

Führt man die Bezeichnungen

$$(R)_n = (\tau)_n \cdot 2\nu_i \cdot (k)_n \cdot (c_{i,0})_n^{m-1} \tag{5.301}$$

und

$$(S)_n = \frac{(c_i)_n}{(c_i)_{n-1}} \tag{5.302}$$

ein, dann lautet Gl. 5.300:

$$(S)_n - \frac{(R)_n}{2} \cdot (S)_n^m - 1 = 0 = f\big((S)_n\big). \tag{5.303}$$

Diese Gleichung wird, beginnend beim ersten Kessel, vom ersten bis zum n-ten Kessel der Kaskade gelöst. $(R)_n$ ist für den jeweiligen Kessel n bekannt, da man die Geschwindigkeitskonstante (aus Arrhenius-Gleichung), die Verweilzeit (aus Reaktionsvolumen und Volumenstrom) und die Eintrittskonzentration für den Kessel kennt. Die Eintrittskonzentration liegt für den ersten Kessel vor bzw. ergibt sich für den n-ten Kessel aus der berechneten Austrittskonzentration des vorhergehenden Kessels. Mit bekanntem $(R)_n$ muss dann die Lösung der Gl. 5.303 für $(S)_n$ gefunden werden, aus der sich die Austrittskonzentration des n-ten Kessels ergibt. So arbeitet man sich sukzessive durch die Kaskade, bis man beim letzten Kessel angekommen ist.

Die Lösung der Gl. 5.303 bezüglich $(S)_n$ kann durch ein Nullstellenbestimmungsverfahren wie das Newton-Verfahren (s. Abschn. 12.3) erfolgen. Auf Grund der Definition von $(S)_n$ muss der gesuchte Wert zwischen 0 und 1 liegen. Ist $(S)_{n,0}$ ein Näherungswert für die Lösung der Gl. 5.303, so ergibt sich eine bessere Näherung mithilfe der Newton-Formel (s. Gl. 12.18):

$$(S)_{n,1} = (S)_{n,0} - \frac{f\left((S)_{n,0}\right)}{f'\left((S)_{n,0}\right)}. \tag{5.304}$$

Die erste Ableitung von Gl. 5.303 lautet:

$$f'\left((S)_n\right) = 1 - \frac{m \cdot (R)_n}{2} \cdot (S)_n^{m-1}. \tag{5.305}$$

Setzt man Gl. 5.305 in Gl. 5.304 ein, erhält man folgende Iterationsvorschrift:

$$(S)_{n,\alpha+1} = (S)_{n,\alpha} - \frac{(S)_{n,\alpha} - \frac{(R)_n}{2} \cdot (S)_{n,\alpha}^m - 1}{1 - \frac{m \cdot (R)_n}{2} \cdot (S)_{n,\alpha}^{m-1}}. \tag{5.306}$$

In Gl. 5.306 ist α die Nummer der Iteration, n die Nummer des Kessels und m die Ordnung. Die Gl. 5.306 kann wie beschrieben für jeden Kessel beginnend beim ersten Kessel der Kaskade gelöst werden. Man erhält dabei $(S)_1, (S)_2, \ldots, (S)_N$ und kann dann die Konzentration am Ausgang des N-ten Kessels bzw. den Umsatzgrad der Rührkesselkaskade wie folgt berechnen:

$$\frac{(c_i)_N}{(c_{i,0})_1} = 1 - (U_i)_N = (S)_1 \cdot (S)_2 \cdot \ldots \cdot (S)_N. \tag{5.307}$$

Die Anwendung des Verfahrens auf eine aus zwei Kesseln bestehende Kaskade wird in Beispiel 5.9 gezeigt.

Beispiel 5.9

In einer aus zwei Kesseln ($(V)_1 = 1\,m^3$, $(V)_2 = 1\,m^3$) bestehenden Kaskade wird folgende Reaktion durchgeführt:

$$|\nu_1|\,A_1 \rightarrow |\nu_2|\,A_2.$$

Die Geschwindigkeit der Reaktion lässt sich in jedem Kessel durch einen Potenzansatz mit der Ordnung $m = 0{,}8$ beschreiben:

$$(r)_n = (k)_n \cdot (c_1)_n^{0,8}.$$

Aufgrund einer höheren Temperatur im zweiten Kessel sind die Reaktionsgeschwindigkeitskonstanten für die beiden Kessel unterschiedlich:

$$(k)_1 = 0{,}06635 \left(\frac{\text{mol}}{\text{m}^3}\right)^{0,2} \cdot \frac{1}{\text{s}},$$

$$(k)_2 = 0{,}09950 \left(\frac{\text{mol}}{\text{m}^3}\right)^{0,2} \cdot \frac{1}{\text{s}}.$$

Der stöchiometrische Koeffizient für das Edukt A_1 sei:

$$\nu_1 = -1.$$

Der Volumenstrom beträgt $\dot{V} = 0{,}5\,\text{m}^3/\text{min}$ $(= 8{,}3 \cdot 10^{-3}\text{m}^3/\text{s})$, die Konzentration $(c_{1,0})_1$ im Zulaufstrom 1.200 mol/m³. Gesucht ist der Gesamtumsatz in der Kaskade.

Für den ersten Kessel ist nach Gl. 5.301:

$$(R)_1 = \left(\frac{1}{8{,}3 \cdot 10^{-3}}\right) \cdot 2 \cdot (-1) \cdot 0{,}06635 \cdot (1.200)^{(0,8-1)} = -3{,}8722. \qquad (5.308)$$

Nun wird mithilfe von Gl. 5.306 der Wert $(S)_{1,1}$ mit dem Startwert $(S)_{1,0} = 1{,}0$ berechnet:

$$(S)_{1,1} = 1 - \frac{1 + \frac{3{,}8722}{2} \cdot 1^{0,8} - 1}{1 + \frac{0{,}8 \cdot 3{,}8722}{2} \cdot 1^{-0,2}} = 0{,}2404. \qquad (5.309)$$

Bei zwei weiteren Iterationen nach Gl. 5.306 erhält man $(S)_{1,2} = 0{,}2864$ und $(S)_{1,3} = 0{,}2869$. Aus dem letzten Wert ergibt sich für den Umsatzgrad im ersten Kessel $(U_1)_1 = 0{,}7131$. Die Konzentration im Austragstrom des ersten Kessels ist somit $1200 \cdot 0{,}2869 = 344{,}28$ mol/m³ (= Konzentration im Zulaufstrom des zweiten Kessels).

Für den zweiten Kessel ist:

$$(R)_2 = \left(\frac{1}{8{,}3 \cdot 10^{-3}}\right) \cdot 2 \cdot (-1) \cdot 0{,}09950 \cdot (344,28)^{(0{,}8-1)} = -7{,}4541. \quad (5.310)$$

Damit erhält man wieder mit einem Startwert von $(S)_{2,0} = 1$ aus Gl. 5.306:

$$(S)_{2,1} = 1 - \frac{1 + \frac{7{,}4541}{2} \cdot 1^{0{,}8} - 1}{1 + \frac{0{,}8 \cdot 7{,}4541}{2} \cdot 1^{-0{,}2}} = 0{,}06394. \quad (5.311)$$

Dieser Wert wird für eine weitere Iteration verwendet:

$$(S)_{2,2} = 0{,}06394 - \frac{0{,}06394 + \frac{7{,}4541}{2} \cdot (0,06394)^{0{,}8} - 1}{1 + \frac{0{,}8 \cdot 7{,}4541}{2} \cdot (0,06394)^{-0{,}2}} = 0{,}14874. \quad (5.312)$$

Bei der dritten Iteration ergibt sich $(S)_{2,3} = 0{,}15615$. Für die Konzentration im Austritt aus dem zweiten Kessel erhalten wir mithilfe von Gl. 5.307:

$$\frac{(c_1)_2}{(c_{1,0})_1} = (S)_{1,3} \cdot (S)_{2,3} = 0{,}2869 \cdot 0{,}15615 = 0{,}04480 \quad (5.313)$$

und damit für den Umsatzgrad in der Kaskade:

$$(U_1)_2 = 1 - (c_1)_2/(c_{1,0})_1 = 1 - 0{,}04480 = 0{,}95520. \quad (5.314)$$

◀

Ist *keine Beziehung für die Kinetik* bekannt oder liegen *komplexere kinetische Ansätze* vor, dann können *grafische Verfahren* zum Einsatz kommen. Zunächst wird ein Verfahren vorgestellt, bei dem *gleiche Temperaturen und Verweilzeiten in allen Kesseln* vorausgesetzt werden. Die Methode basiert auf der Stoffbilanz in Form der Gl. 5.286, die wie folgt geschrieben wird:

$$(U_i)_{n-1} = (U_i)_n + \frac{(\tau)_n \cdot \nu_i \cdot (r)_n}{(c_{i,0})_1}. \quad (5.315)$$

Im kinetischen Term auf der rechten Seite dieser Gleichung sind die Konzentrationen des Eduktes bzw. der Edukte als Funktion von $(U_i)_n$ auszudrücken:

$$(c_i)_n = (c_{i,0})_1 - (c_{i,0})_1 \cdot (U_i)_n. \quad (5.316)$$

Somit gibt Gl. 5.315 den Umsatzgrad $(U_i)_{n-1}$ als Funktion von $(U_i)_n$ wieder, die in einem Diagramm aufgetragen werden kann. Zieht man noch eine Hilfsgerade, für welche $(U_i)_{n-1} = (U_i)_n$ ist, so kann mithilfe eines *Stufenzugverfahrens* die Zahl der Kessel N ermittelt werden, um für gegebene Zulaufbedingungen sowie gegebenem k und τ einen bestimmten Umsatzgrad $(U_i)_N$ zu erreichen. Die Vorgehensweise kann anhand des Beispiels 5.10 nachvollzogen werden.

Beispiel 5.10

In einer Kaskade von idealen Rührkesselreaktoren ($(V)_n = 26{,}5\,\text{m}^3$) sollen Styrol ($A_1$) und Butadien ($A_2$) bei 5 °C copolymerisiert werden. Die Reaktionsgleichung lautet:

$$A_1 + 3{,}2A_2 \rightarrow \text{Polymer}.$$

Die Reaktionsgeschwindigkeit ist gegeben durch den Ausdruck

$$r = k \cdot c_1 \cdot c_2,$$

wobei $k = 1 \cdot 10^{-8}\,\text{m}^3/(\text{mol} \cdot \text{s})$ ist. Die Konzentrationen im Zulaufstrom sind: $(c_{1,0})_1 = 795\,\text{mol/m}^3$ und $(c_{2,0})_1 = 3.550\,\text{mol/m}^3$. Der Zulaufstrom beträgt $6{,}29 \cdot 10^{-3}\,\text{m}^3/\text{s}$ und die Dichte des Reaktionsgemisches sei näherungsweise konstant. Es soll die Gesamtzahl N der Kessel ermittelt werden, die erforderlich sind, um einen Endumsatzgrad $(U_1)_\text{N}$ des Styrols von 0,75 zu erzielen.

Wir gehen dazu von Gl. 5.315 aus, in welcher die Konzentrationen nach Gl. 5.316 auszudrücken sind. Damit erhalten wir für die Stoffbilanz des Styrols:

$$\begin{aligned}(U_1)_{n-1} &= (U_1)_n - \frac{(k)_n \cdot (V)_n \cdot (c_{1,0})_1}{(c_{1,0})_1 \cdot \dot{V}} \cdot (1 - (U_1)_n) \cdot \left((c_{2,0})_1 - \frac{|\nu_2|}{|\nu_1|}(c_{1,0})_1 \cdot (U_1)_n\right) \\ &= (U_1)_n - 4{,}213 \cdot 10^{-5} \cdot (1 - (U_1)_n) \cdot (3.550 - 3{,}2 \cdot 795 \cdot (U_1)_n)\end{aligned} \quad (5.317)$$

oder

$$(U_1)_{n-1} = 1{,}257(U_1)_n - 0{,}107(U_1)_n^2 - 0{,}150. \quad (5.318)$$

Diese Beziehung ist in Abb. 5.36 aufgetragen, ebenso die Hilfsgerade $(U_1)_{n-1} = (U_1)_n$. Nach dem oben beschriebenen grafischen Verfahren ergibt sich, dass für den geforderten Wert $(U_1)_N = 0{,}75$ eine Kaskade von $N = 16$ kontinuierlich betriebenen Rührkesselreaktoren erforderlich ist. Man sieht aus Abb. 5.36, dass in den ersten 6 Kesseln etwa die Hälfte des Gesamtumsatzes stattfindet; demnach muss auch dort mehr Wärme abgeführt werden als in den letzten Kesseln (Reaktion exotherm!). Bei einer so großen Anzahl von Kesseln hat die Kaskade praktisch dasselbe Verhalten wie ein idealer Strömungsrohrreaktor mit

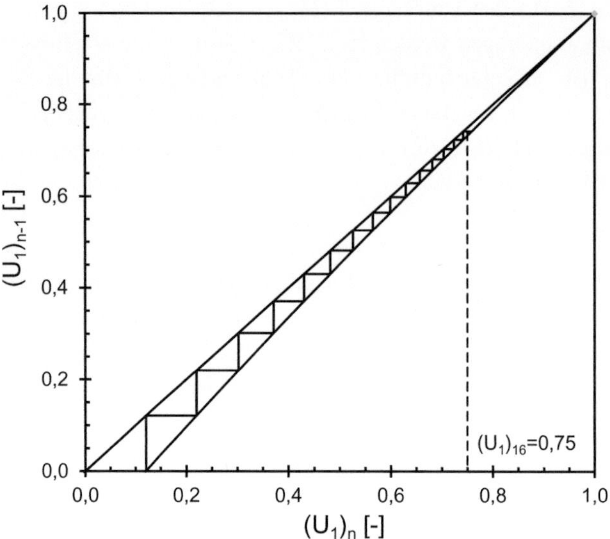

Abb. 5.36 Grafische Bestimmung der Kesselzahl einer Kaskade idealer Rührkesselreaktoren

derselben Verweilzeit. Technisch wird die Kaltpolymerisation von Butadien und Styrol in etwa 8 Kesseln unter Zudosierung zusätzlicher Polymerisationsaktivatoren in die einzelnen Kessel durchgeführt. ◄

Zur Berechnung isotherm und stationär betriebener Kaskaden ohne die Voraussetzung gleich großer Reaktionsvolumina der Kessel kann ein leicht abgewandeltes Verfahren herangezogen werden, das auf der in Konzentrationen formulierten Stoffbilanz Gl. 5.281 beruht:

$$\frac{|\,\nu_i\,|\cdot(r)_n}{(c_i)_{n-1}-(c_i)_n}=\frac{1}{(\tau)_n}. \tag{5.319}$$

Ist die Reaktionsgeschwindigkeit in Abhängigkeit von der Konzentration z. B. aus Messungen im diskontinuierlichen Rührkesselreaktor bekannt, so kann $|\nu_i\,|\cdot(r)_n$ in Abhängigkeit von $(c_i)_n$ aufgetragen werden (s. Abb. 5.37). Die Lösungen der Stoffbilanz nach Gl. 5.319 liegen dann auf Geraden mit der Steigung $-1/(\tau)_n$. Der Schnittpunkt mit der tatsächlich vorliegenden Kinetik ergibt die Konzentration im Zulauf zum n-ten Kessel. So kann die Kaskade ausgehend von der bekannten Zulaufkonzentration $(c_{i,0})_1$ von Kessel zu Kessel durchgerechnet werden, bis der gewünschte Umsatzgrad $(U_i)_N$ erreicht und damit die Zahl der notwendigen Kessel N ermittelt ist.

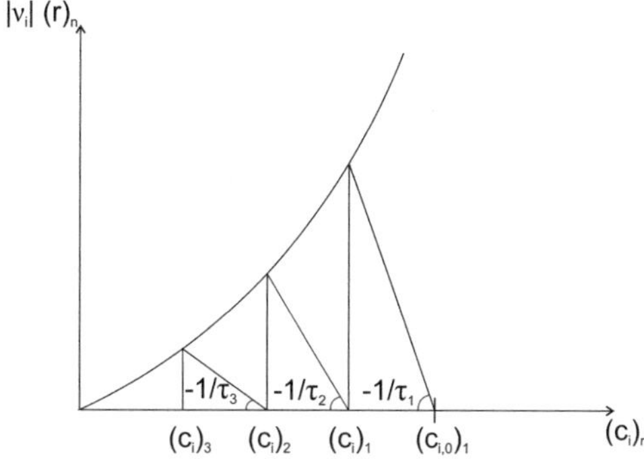

Abb. 5.37 Grafische Bestimmung der Kesselzahl einer Kaskade idealer Rührkesselreaktoren mit verschieden großen Reaktionsvolumina

5.6.2 Parallelschaltung von Strömungsrohrreaktoren (Rohrbündelreaktor)

Insbesondere bei stark exothermen Reaktionen werden Strömungsrohrreaktoren eingesetzt, die einen Innendurchmesser von wenigen Zentimetern haben. Somit ist die spezifische Wärmeübertragerfläche ausreichend hoch, um die Reaktionswärme ausreichend abzuführen. Im Idealfall kann dann nahezu isothermer Betrieb erreicht werden. Um dennoch große Produktionshöhen realisieren zu können, werden viele Strömungsrohre parallel geschalten. Dies können nur wenige 10 Rohre bis hin zu mehreren Zehntausend Rohren sein. Wenn man davon ausgeht, dass alle Rohre gleich durchströmt werden, genügt die Auslegung eines Einzelrohres. Der Volumenstrom durch das Einzelrohr ergibt sich aus dem Gesamtvolumenstrom dividiert durch die Gesamtzahl der Rohre.

Beispiel 5.11

Eine elementare Gasphasenreaktion $A_1 \rightarrow A_2$ verläuft nach einer Kinetik 1. Ordnung mit $k = 0{,}0015\ \text{min}^{-1}$ bei 300 K. Die Reaktion wird in einem Rohrbündelreaktor durchgeführt. Die einzelnen Strömungsrohre haben eine Länge von 3 m und einen Innendurchmesser von 2,5 cm. Der Reaktor wird bei einem Druck von 9 bar und bei einer Temperatur von 400 K betrieben. Es wird eine Produktionshöhe von 454 kg/h an A_2 bei einem Umsatzgrad von 90 % verlangt. Die Aktivierungsenergie beträgt $E_A = 105$ kJ/mol und die Molmassen seien $M_1 = M_2 = 58$ kg/kmol.

Für den idealen Strömungsrohrreaktor ergibt sich für eine Reaktion 1. Ordnung die Verweilzeit τ, die eingestellt werden muss, um den Umsatzgrad U_1 zu erreichen, aus folgender Gleichung (s. Tab. 5.1 mit τ statt t):

$$\tau = -\frac{1}{k}\ln(1 - U_1). \tag{a}$$

Aus der gegebenen Geschwindigkeitskonstante k für 300 K kann über das Arrhenius-Gesetz der Stoßfaktor k_0 bestimmt

$$k = k_0 \cdot \exp\left(-E_\mathrm{A} \cdot (\mathrm{R} \cdot T)^{-1}\right) \tag{b}$$

und zur Berechnung der Geschwindigkeitskonstante bei 400 K verwendet werden. Stellt man entsprechend um und logarithmiert, so erhält man folgende Gleichung:

$$\ln\left(\frac{k(T_2)}{k(T_1)}\right) = -\frac{E_\mathrm{A}}{\mathrm{R}} \cdot \left(\frac{1}{T_2} - \frac{1}{T_1}\right). \tag{c}$$

Durch Auswertung vom Gl. c ergibt sich:

$$k(T_2) = 55{,}8\ \mathrm{min}^{-1}. \tag{d}$$

Die notwendige Verweilzeit, um bei 400 K einen Umsatzgrad von 90 % zu erreichen, ergibt sich dann aus Gl. a zu:

$$\tau = 2{,}48\ \mathrm{s}. \tag{e}$$

Für die Berechnung der Produktionshöhe gilt Gl. 2.24:

$$\dot{m}_2 = c_{1,0} \cdot \dot{V} \cdot U_1(\tau) \cdot S_{2,1} \cdot \frac{\nu_2}{|\nu_1|} \cdot M_2. \tag{f}$$

Berücksichtigt man, dass die Selektivität $S_{2,1} = 1$ ist sowie die stöchiometrischen Koeffizienten im Betrag ebenfalls 1 sind, kann der notwendige Volumenstrom aus Gl. f wie folgt berechnet werden:

$$\dot{V} = \frac{\dot{m}_2}{c_{1,0} \cdot U_1(\tau) \cdot M_2}. \tag{g}$$

Die Eingangskonzentration $c_{1,0}$ erhält man aus dem idealen Gasgesetz

$$p \cdot V = n \cdot R \cdot T \tag{h}$$

zu

$$c_{1,0} = \frac{p}{R \cdot T} = \frac{9 \cdot 10^5\ \frac{\mathrm{N}}{\mathrm{m}^2}}{8{,}31\ \frac{\mathrm{J}}{\mathrm{mol\,K}} \cdot 400\,\mathrm{K}} = 270\ \frac{\mathrm{mol}}{\mathrm{m}^3}. \tag{i}$$

Nun kann aus Gl. g der für die geforderte Produktionshöhe notwendige Volumenstrom berechnet werden. Es ergibt sich:

$$\dot{V} = \frac{\dot{m}_2}{c_{1,0} \cdot U_1(\tau) \cdot M_2} = \frac{454\,\frac{\text{kg}}{\text{h}} \cdot \frac{1\,\text{h}}{3.600\,\text{s}}}{270\,\frac{\text{mol}}{\text{m}^3} \cdot 0{,}9 \cdot 58\,\frac{\text{kg}}{\text{kmol}} \cdot \frac{1\,\text{kmol}}{1.000\,\text{mol}}} = 8{,}95\,\frac{\text{l}}{\text{s}}. \tag{j}$$

Um die notwendige Verweilzeit von 2,48 s sicherzustellen, ist insgesamt ein Reaktionsvolumen von 22,2 l notwendig.

Das Reaktionsvolumen eines Einzelrohres erhält man gemäß

$$V_R = \frac{\pi \cdot d_R^2 \cdot L}{4} = \frac{\pi \cdot (2,5\text{cm})^2 \cdot 3\text{m}}{4} = 1{,}47\,\text{l}. \tag{k}$$

Die Anzahl N der benötigten Strömungsrohre ergibt sich zu

$$N = \frac{22{,}2\ \text{l}}{1{,}47\ \text{l}} = 15{,}1. \tag{l}$$

Für die geforderte Produktionshöhe werden 15 Strömungsrohre benötigt, die parallel geschaltet werden. ◀

Literatur

1. Steinbach, J.: Chemische Sicherheitstechnik. Wiley-VCH, Weinheim (1995)
2. Froment, G.F., Bischoff, K.B., De Wilde, J.: Chemical Reactor Analysis and Design, 2. Aufl. Wiley, New York (2010)
3. Varma, A., Morbidelli, M., Wu, H.: Parametric Sensitivity in Chemical Systems. Cambridge University Press, Cambridge (2005)
4. Hofmann, H.: Untersuchungen über das dynamische Verhalten kontinuierlich betriebener Rührkesselreaktoren. In: Oppelt, W., Wicke, E. (Hrsg.) Grundlagen der chemischen Prozessregelung. Oldenbourg, München (1964)
5. Wicke, E.: Das dynamische Verhalten des Durchflußrührkessels in linearer Näherung. In: Oppelt, W., Wicke, E. (Hrsg.) Grundlagen der chemischen Prozessregelung. Oldenbourg, München (1964)
6. Brandes, H.: Das Verhalten des Rührreaktors imc,T-Schaubild und die Ermittlung der stabilisierenden Kühlbedingungen. In: Oppelt, W., Wicke, E. (Hrsg.) Grundlagen der chemischen Prozessregelung. Oldenbourg, München (1964)
7. Wittmer, P., Ankel, T., Gerrens, H., Romeis, H.: Zum dynamischen Verhalten von Polymerisationsreaktoren. Chem. Ing. Tech. **37**, 392–399 (1965)

6 Verweilzeitverteilung und Bilanzierung realer Reaktoren

Die beiden kontinuierlich betriebenen, *idealen Reaktoren* entsprechen zwei extremen Vermischungszuständen. Der kontinuierliche ideale Rührkesselreaktor zeichnet sich durch eine vollständige Rückvermischung zwischen Eintritt E und Austritt A aus (vgl. Abb. 5.5b). Der ideale Strömungsrohrreaktor weist dagegen keinerlei Rückvermischung zwischen Eintritt E und Austritt A, aber vollständige Vermischung in radialer Richtung auf (vgl. Abb. 5.5a). Somit ergeben sich für die beiden kontinuierlichen idealen Reaktoren charakteristische *Verweilzeitverteilungen*, die sich signifikant voneinander unterscheiden und in diesem Kapitel beschrieben werden. *Die kontinuierlich betriebenen, idealen Reaktoren können somit auch über ihre jeweils charakteristische Verweilzeitverteilung definiert werden.* Durch Messung der Verweilzeitverteilung kann also überprüft werden, ob und welcher kontinuierlich betriebener, idealer Reaktor vorliegt.

In diesem Kapitel soll auch gezeigt werden, in welchem Ausmaß kontinuierlich betriebene, *reale Reaktoren* von diesen idealen Reaktoren in ihrer Verweilzeitverteilung abweichen und wie diese beschrieben werden kann. In vielen Fällen befindet sich die Verweilzeitverteilung realer Reaktoren zwischen den beiden Grenzfällen idealer Reaktoren. Anschließend soll der Einfluss dieser Abweichungen vom idealen Verhalten auf den Umsatzgrad behandelt werden.

Die folgenden Betrachtungen zur Verweilzeitverteilung gelten für jegliche durchströmte Apparate, auch wenn in diesen keine Reaktionen durchgeführt werden. Wir werden uns im Folgenden aber auf Reaktoren beschränken, da in der Chemischen Reaktionstechnik die Anwendung der Verweilzeitverteilungen auf chemische Reaktoren im Vordergrund steht.

G. Emig et al., *Chemische Reaktionstechnik*,
https://doi.org/10.1007/978-3-662-68826-7_6

6.1 Verweilzeitsummenfunktion und Verweilzeitverteilungsfunktion

Für die Diskussion von Verweilzeitverteilungen wird im Folgenden der aus der Fluidmechanik stammende Begriff des *Fluidelements* verwendet. Unter einem Fluidelement versteht man ein sehr kleines Teilvolumen des strömenden Fluids, das noch als Kontinuum behandelt und dem somit eine Konzentration, eine Dichte oder eine Temperatur zugeordnet werden kann.

Die *fluiddynamische Verweilzeit* τ $(= V/\dot{V})$ eines strömenden Fluids in einem Reaktor sagt über die tatsächlichen Aufenthaltszeiten (*individuellen Verweilzeiten*) einzelner Fluidelemente nichts aus, da diese davon abhängen, auf welchem Weg und mit welcher Geschwindigkeit das Fluidelement vom Eintritt E zum Austritt A des Reaktors gelangt. Liegen unterschiedliche Wege und Geschwindigkeiten vor, sind die individuellen Verweilzeiten t der einzelnen Fluidelemente, die gleichzeitig in den Reaktor eingespeist wurden, über ein mehr oder weniger breites Spektrum von Verweilzeiten verteilt. Dieses kann entweder durch die sogenannte *Verweilzeitsummenfunktion F(t)* oder die sogenannte *Verweilzeitverteilungsfunktion E(t)* beschrieben werden.

Als *Verweilzeitsummenfunktion* $F(t)$ eines kontinuierlich durchströmten Reaktors bezeichnet man den Anteil der zur Zeit $t = 0$ in den Reaktor eintretenden Fluidelemente, der eine individuelle Verweilzeit zwischen 0 und t besitzt. Aufgrund dieser Definition der Verweilzeitsummenfunktion ist $F(t)$ somit die Wahrscheinlichkeit dafür, dass ein Fluidelement, das zum Zeitpunkt $t = 0$ in den Reaktor eintritt, diesen innerhalb eines Zeitraums zwischen 0 und t wieder verlassen wird. Die Wahrscheinlichkeit dafür, dass dieses Fluidelement den Reaktor später als t verlassen wird, ist gegeben durch $(1 - F(t))$.

Da kein Fluidelement des strömenden Mediums den Reaktor in der Zeit null durchströmen kann, gilt für $t = 0$:

$$F(0) = 0. \tag{6.1}$$

Andererseits müssen Fluidelemente, die zur Zeit $t = 0$ in den Reaktor eingetreten sind, diesen nach unendlich langer Zeit alle wieder verlassen haben:

$$F(\infty) = 1. \tag{6.2}$$

Aus der Definition der Verweilzeitsummenfunktion $F(t)$ folgt ferner, dass deren Differenzial $\mathrm{d}F(t)$ der Anteil von Fluidelementen am Reaktorausgang ist, der eine individuelle Verweilzeit zwischen t und $t + \mathrm{d}t$ hat.

Nach der üblichen Definition der Mittelwerte erhält man die *mittlere Verweilzeit* $\bar{t}$ dadurch, dass man jeden Wert für die individuelle Verweilzeit t mit dem Anteil $\mathrm{d}F(t)$ am Reaktoraustritt multipliziert, der diese individuelle Verweilzeit t (genauer eine Verweilzeit zwischen t und $t + \mathrm{d}t$) hat. Summiert bzw. integriert man diese Produkte über den gesamten möglichen Bereich der Funktion F, erhält man für die mittlere Verweilzeit:

$$\bar{t} = \int_0^1 t \, \mathrm{d}F(t). \tag{6.3}$$

Diese mittlere individuelle Verweilzeit $\bar{t}$ entspricht der fluiddynamischen Verweilzeit τ nur im Falle idealer Reaktoren:

$$\bar{t} = \tau. \tag{6.4}$$

Ein Beispiel für eine beliebige Verweilzeitsummenfunktion ist in Abb. 6.1 dargestellt. Aus Gl. 6.3 folgt, dass die schraffierte Fläche gleich der mittleren individuellen Verweilzeit $\bar{t}$ ist. Wählt man die Position der gestrichelten Linie so, dass die beiden Flächen A_1 und A_2 gleich sind, dann besitzt das dazugehörige Rechteck, das durch die Punkte (0,0) und $(\bar{t}, 1)$ aufgespannt wird, dieselbe Fläche und man kann $\bar{t}$ direkt auf der Abszisse ablesen.

Ein Maß für die Verteilung der aus dem Reaktor austretenden Fluidelemente auf die verschiedenen Verweilzeiten t ist die sogenannte *Verweilzeitverteilungsfunktion E(t)*. Diese ist so definiert, dass $E(t)\,\mathrm{d}t$ der Anteil der zur Zeit $t = 0$ in den Reaktor eintretenden Fluidelemente ist, der eine individuelle Verweilzeit zwischen t und $t + \mathrm{d}t$ hat. $E(t)\,\mathrm{d}t$ ist also die Wahrscheinlichkeit dafür, dass ein Fluidelement, das zum Zeitpunkt $t = 0$ in den Reaktor eingetreten ist, diesen im Zeitintervall zwischen t und $t + \mathrm{d}t$ wieder verlassen wird. Aufgrund der Definition von $E(t)$ folgt, dass $E(t)\,\mathrm{d}t$ identisch ist mit $\mathrm{d}F(t)$:

$$\mathrm{d}F(t) = E(t)\,\mathrm{d}t. \tag{6.5}$$

Man sieht aus Gl. 6.5, dass sich die Verweilzeitverteilungsfunktion $E(t)$ durch Differenziation von $F(t)$ nach t ergibt.

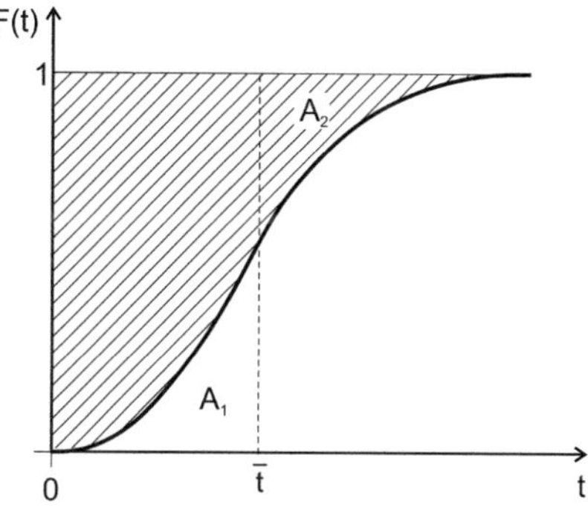

Abb. 6.1 Beispiel einer Verweilzeitsummenfunktion

Unter Berücksichtigung der Gl. 6.5 erhält man aus Gl. 6.3 für die mittlere Verweilzeit:

$$\bar{t} = \int_0^\infty tE(t)\,\mathrm{d}t. \tag{6.6}$$

Für den idealen Strömungsrohrreaktor, den kontinuierlichen idealen Rührkesselreaktor und die Kaskade von kontinuierlichen idealen Rührkesselreaktoren lassen sich die Verweilzeitsummenfunktion $F(t)$ und die Verweilzeitverteilungsfunktion $E(t)$ berechnen, wie wir in den Abschn. 6.3.1 bis 6.3.3 sehen werden.

6.2 Experimentelle Ermittlung der Verweilzeitsummenfunktion und der Verweilzeitverteilungsfunktion

Die einzelnen Fluidelemente eines strömenden homogenen Mediums, die zum selben Zeitpunkt dem Reaktor zugeführt wurden, die aber verschiedene individuelle Verweilzeiten im Reaktor haben, sind untereinander vollständig gleichartig, lassen sich also nicht voneinander unterscheiden. Daher können die Verweilzeitverteilungsfunktion und die Verweilzeitsummenfunktion nicht direkt bestimmt werden.

Zur experimentellen Ermittlung des Verweilzeitverhaltens eines Reaktors geht man daher so vor, dass man irgendeine Eigenschaft des strömenden Mediums unmittelbar vor dem Eintritt in den Reaktor als Funktion der Zeit ändert und die daraus resultierende Änderung unmittelbar nach dem Austritt aus dem Reaktor in Abhängigkeit von der Zeit verfolgt. Dieses Experiment wird als *Markierungsexperiment* bezeichnet. Als messbare Eigenschaft wird im Allgemeinen die Konzentration einer *Markierungssubstanz*, z. B. eines radioaktiven Stoffs, eines Farbstoffs, einer Salzlösung oder einer Säure, verwendet; die Konzentration der Markierungssubstanz am Austritt kann dann durch Messung der Strahlung, der Lichtabsorption, der elektrischen Leitfähigkeit oder des pH-Werts verfolgt werden. Mithilfe der Markierungssubstanz werden gewissermaßen die dem Reaktor zugeführten Fluidelemente zu einem bestimmten Zeitpunkt markiert und anschließend wird deren weiteres Schicksal verfolgt, das nur von den Strömungsverhältnissen im Reaktor abhängt.

Die Markierungssubstanz muss sich mit allen anderen Komponenten des Reaktionssystems, die gleichzeitig mit ihr dem Reaktor zugeführt werden, gut mischen und darf die Fluiddynamik, z. B. die Rheologie, nicht verändern. Wesentlich ist auch, dass die Markierungssubstanz beim Durchströmen des Reaktors keine Veränderung erfährt, etwa durch chemische Reaktion, Adsorption an den Behälterwänden oder Phasentrennung. Außerdem muss die Konzentration der Markierungssubstanz auch bei starker Verdünnung exakt messbar sein.

Die als Funktion der Zeit variierte Konzentration $c_{i,0}(t)$ der Markierungssubstanz am Eintritt in den Reaktor bezeichnet man als *Eingangssignal*, die Konzentration $c_i(t)$ am Austritt als *Ausgangssignal* oder als *Antwortsignal* des Systems auf das Eingangssignal. Das Eingangssignal $c_{i,0}(t)$ kann man als Funktion der Zeit auf verschiedene Weise aufgeben; die drei häufigsten Arten der Aufgabe des Eingangssignals werden mathematisch durch eine *Sprungfunktion*, eine *Pulsfunktion* und durch eine *Sinusfunktion* beschrieben. Die Beziehungen zwischen den gemessenen Konzentrationen der Markierungssubstanz am Austritt aus dem Reaktor als Funktion der Zeit (Antwortsignal) und dem Verweilzeitverhalten wollen wir im Folgenden für Eingangssignale nach einer Sprungfunktion und nach einer Pulsfunktion untersuchen. Die entsprechenden Markierungsexperimente werden als *Verdrängungsmarkierung* und als *Stoßmarkierung* bezeichnet. Für Eingangssignale nach einer Sinusfunktion ist dieser Zusammenhang komplexer, sodass für die Diskussion dieses Falls auf die entsprechende Literatur [10] verwiesen werden muss.

Sprungfunktion (Verdrängungsmarkierung)

Ein Eingangssignal in Form einer Sprungfunktion bedeutet mathematisch Folgendes:

$$c_{i,0}(t) = \begin{cases} 0 & \text{für } t < 0 \\ c_{i,0} & \text{für } t \geq \Delta t_0. \end{cases} \tag{6.7}$$

Zum Zeitpunkt $t = 0$ springt die Konzentration einer Markierungssubstanz am Reaktoreintritt in der kürzest möglichen Zeit, die mit Δt_0 bezeichnet ist, vom Wert null auf den Wert $c_{i,0}$ und behält diesen Wert für alle Zeiten $t \geq \Delta t_0$ bei (Abb. 6.2a). In einer Laboranlage lässt sich eine Verdrängungsmarkierung durch totvolumenfreies Umschalten zwischen einem nichtmarkierten und einem markierten Volumenstrom gleicher Größe mithilfe eines Mehrwegeventils, wie es in der Chromatografie gebräuchlich ist, realisieren.

Zu einem Zeitpunkt t enthält dann der Bruchteil $F(t)$ der Fluidelemente am Austritt aus dem Reaktor, dessen individuelle Verweilzeit also kürzer als die betrachtete Zeit t ist, die Markierungssubstanz mit der Konzentration $c_{i,0}$. Umgekehrt enthält der Bruchteil $(1 - F(t))$ der Fluidelemente, die also eine individuelle Verweilzeit haben, die länger als die

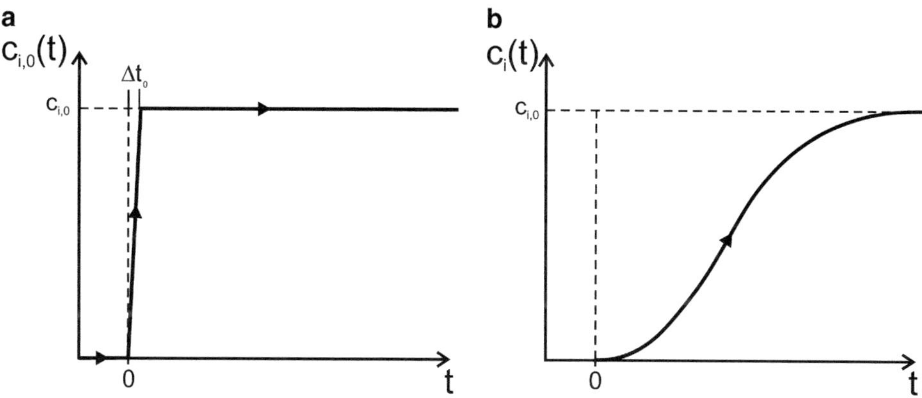

Abb. 6.2 Markierung mit einer Sprungfunktion (Verdrängungsmarkierung). (**a**) Eingangssignal am Reaktoreintritt E, (**b**) Beispiel für ein Antwortsignal am Reaktoraustritt A

betrachtete Zeit t ist, keine Markierungssubstanz. Demnach ist zum Zeitpunkt t die Konzentration $c_i(t)$ der Markierungssubstanz am Austritt aus dem Reaktor gegeben durch:

$$c_i(t) = F(t) \cdot c_{i,0}. \tag{6.8}$$

Ein Beispiel für das Antwortsignal $c_i(t)$ auf ein Eingangssignal nach einer Sprungfunktion ist in Abb. 6.2b dargestellt.

Aus Gl. 6.8 ergibt sich

$$\frac{c_i(t)}{c_{i,0}} = F(t). \tag{6.9}$$

Das relative Antwortsignal $c_i(t)/c_{i,0}$ auf ein Eingangssignal nach einer Sprungfunktion ist demnach identisch mit der Verweilzeitsummenfunktion $F(t)$.

Pulsfunktion (Stoßmarkierung)

Ein Eingangssignal in Form einer Pulsfunktion bedeutet mathematisch Folgendes:

$$c_{i,0}(t) = \begin{cases} 0 & \text{für } t < 0 \\ c_{i,0} & \text{für } 0 \leq t \leq \Delta t_0 \\ 0 & t > \Delta t_0. \end{cases} \tag{6.10}$$

Bei einem Eingangssignal nach einer Pulsfunktion wird zur Zeit $t = 0$ eine bestimmte Menge ($= n_{i,0}$) einer Markierungssubstanz dem Zulaufstrom am Eintritt in den Reaktor in der kürzest möglichen Zeit, die mit Δt_0 bezeichnet sei, zugeführt (Abb. 6.3a). In einer Laboranlage lässt sich eine Pulsmarkierung mithilfe eines Mehrwegeventils mit Probeschleife, wie es in der Chromatografie als Injektionsventil gebräuchlich ist, realisieren.

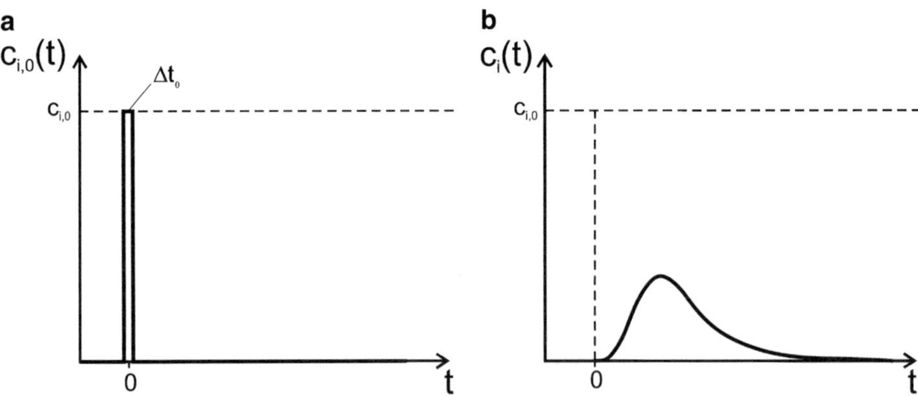

Abb. 6.3 Markierung mit einer Pulsfunktion (Stoßmarkierung). (**a**) Eingangssignal am Reaktoreintritt E, (**b**) Beispiel für ein Antwortsignal am Reaktoraustritt A

Prinzipiell ist es auch möglich, die Markierungssubstanz über ein T-Stück mit Septum mithilfe einer GC-Spritze in den Hauptstrom zu injizieren.

Während dieser Zeit Δt_0 ist die Konzentration der Markierungssubstanz im Zulaufstrom gleich $c_{\mathrm{i},0}$. Ist $\dot{V}$ der Volumenstrom des strömenden Mediums, so gilt die Beziehung

$$n_{i,0} = c_{i,0} \dot{V} \Delta t_0. \tag{6.11}$$

Die Menge der Markierungssubstanz, die im Zeitintervall zwischen t und $t + \mathrm{d}t$ den Reaktor verlässt, ist

$$\mathrm{d}n_i(t) = c_i(t) \dot{V} \, \mathrm{d}t. \tag{6.12}$$

Andererseits folgt aus der Definition der Verweilzeitsummenfunktion $F(t)$, dass für die Menge der Markierungssubstanz, welche den Reaktor zwischen t und $t + \mathrm{d}t$ verlässt, gilt:

$$\mathrm{d}F(t) = \frac{\mathrm{d}n_i(t)}{n_{i,0}}. \tag{6.13}$$

Aus den Gl. 6.12 und 6.13 erhält man:

$$\mathrm{d}F(t) = \frac{c_i(t) \dot{V}}{n_{i,0}} \, \mathrm{d}t \tag{6.14}$$

und daraus unter Berücksichtigung von Gl. 6.5

$$E(t) = \frac{c_i(t) \dot{V}}{n_{i,0}}. \tag{6.15}$$

Sofern die eingespritzte Stoffmenge der Markierungssubstanz $n_{\mathrm{i},0}$ und der Volumenstrom $\dot{V}$ bekannt sind (z. B. über das Volumen der Probeschleife bzw. der Einstellung des Dosierorgans), kann man mit Gl. 6.15 die Verweilzeitverteilungsfunktion $E(t)$ aus dem Antwortsignal $c_i(t)$ des Reaktors nach einer Stoßmarkierung berechnen (z. B. Abb. 6.3b).

Noch einfacher ist es, die eingespritzte Stoffmenge der Markierungssubstanz $n_{\mathrm{i},0}$ aus der Fläche unter der Antwortkurve zu ermitteln:

$$n_{i,0} = \dot{V} \int_0^\infty c_i(t) \, \mathrm{d}t. \tag{6.16}$$

Diese Bestimmungsmethode für $n_{\mathrm{i},0}$ ergibt sich aus der Tatsache, dass die gesamte Markierungssubstanz den Reaktor nach unendlich langer Zeit wieder verlassen haben muss. Mithilfe der Gl. 6.16 erhält man aus Gl. 6.15:

$$E(t) = \frac{c_i(t)}{\int_0^\infty c_i(t)\,\mathrm{d}t}. \tag{6.17}$$

Das relative Antwortsignal $c_i(t)/\int_0^\infty c_i(t)\,\mathrm{d}t$ auf ein Eingangssignal nach einer Pulsfunktion ist demnach identisch mit der Verweilzeitverteilungsfunktion $E(t)$.

Mittels Gl. 6.17 kann man die Verweilzeitverteilungsfunktion $E(t)$ ausschließlich aus dem gemessenen Antwortsignal $c_i(t)$ des Reaktors nach einer Stoßmarkierung berechnen (Abb. 6.3b). Aus Gl. 6.17 wird weiterhin ersichtlich, dass die Fläche unter der Verweilzeit-Verteilungsfunktion den Wert eins ergeben muss, da alle Fluidelemente, die zur Zeit $t = 0$ in den Reaktor eingetreten sind, diesen nach unendlich langer Zeit mit 100 % Wahrscheinlichkeit wieder verlassen haben:

$$\int_0^\infty E(t)\,\mathrm{d}t = 1. \tag{6.18}$$

Die Verweilzeitsummenfunktion $F(t)$ und die Verweilzeitverteilungsfunktion $E(t)$ besitzen beide dieselbe Aussagekraft, da jede der beiden Kurven in die andere übergeführt werden kann. Wie sich aus Gl. 6.5 ersehen lässt, ist die Verweilzeitverteilungsfunktion gleich der Ableitung der Verweilzeitsummenfunktion nach t.

6.3 Verweilzeitverhalten idealer Reaktoren

6.3.1 Verweilzeitverhalten des idealen Strömungsrohrreaktors

Da in einem idealen Strömungsrohrreaktor keinerlei axiale Rückvermischung in und andererseits eine vollständige Vermischung quer zur Strömungsrichtung auftritt (s. Abschn. 5.4), haben alle Fluidelemente dieselbe individuelle Verweilzeit. Das Antwortsignal ist daher immer identisch mit dem Eingangssignal und lediglich um die fluiddynamische Verweilzeit τ auf der Zeitachse verschoben. Der Verlauf von $E(t)$ folgt daher gemäß Gl. 6.17 dem um die Verweilzeit τ verschobenen Eingangssignal der Stoßmarkierung (Abb. 6.3a), wobei im Idealfall davon ausgegangen wird, dass $\Delta t_0 \rightarrow 0$ gilt. Formuliert man es anschaulich, dann kann man sagen, dass die Verweilzeitverteilungsfunktion des idealen Strömungsrohrreaktors ein unendlich hoher, extrem scharfer „Peak" ist, der bei $t = \tau$ liegt und gemäß Gl. 6.18 eine Fläche von 1 besitzt:

$$E(t) \rightarrow \infty \ \text{ für } t = \tau; \quad \mathrm{E}(t) = 0 \ \text{ für } t \neq \tau. \tag{6.19}$$

Abb. 6.4a zeigt die Verweilzeitverteilungsfunktion des idealen Strömungsrohrreaktors, wobei die dimensionslose Verweilzeit t/τ als Variable eingeführt wurde. Da man ein

Fluidelement mit der selben Wahrscheinlichkeit im Intervall zwischen t und $t + \mathrm{d}t$ sowie im korrespondierenden Intervall t/τ und $t/\tau + \mathrm{d}(t/\tau)$ finden muss:

$$E(t/\tau)\,\mathrm{d}(t/\tau) = E(t)\,\mathrm{d}t, \tag{6.20}$$

ergibt sich folgender einfacher Zusammenhang zwischen $E(t/\tau)$ und $E(t)$:

$$E(t/\tau) = \tau \cdot E(t). \tag{6.21}$$

Der Verlauf von $F(t)$ folgt gemäß Gl. 6.9 dem um die Verweilzeit τ verschobenen Eingangssignal der Verdrängungsmarkierung (Abb. 6.2a), wobei auch hier im Idealfall davon ausgegangen wird, dass gilt: $\Delta t_0 \to 0$. Formuliert man es wieder anschaulich, dann ist die Verweilzeitsummenfunktion des idealen Strömungsrohrreaktors eine unendlich steile Sprungfunktion, die bei $t = \tau$ sofort auf den Wert 1 springt:

$$F(t) = 0 \ \text{ für } t < \tau; \quad F(t) = 1, \text{für } t \geq \tau. \tag{6.22}$$

Abb. 6.4b zeigt die Verweilzeitsummenfunktion des idealen Strömungsrohrreaktors, wobei wiederum die dimensionslose Verweilzeit t/τ als Variable eingeführt wurde. Zwischen $F(t/\tau)$ und $F(t)$ besteht gemäß Gl. 6.20 der einfache Zusammenhang:

$$\mathrm{d}F(t/\tau) = \mathrm{d}F(t) \tag{6.23}$$

bzw.

$$F(t/\tau) = F(t). \tag{6.24}$$

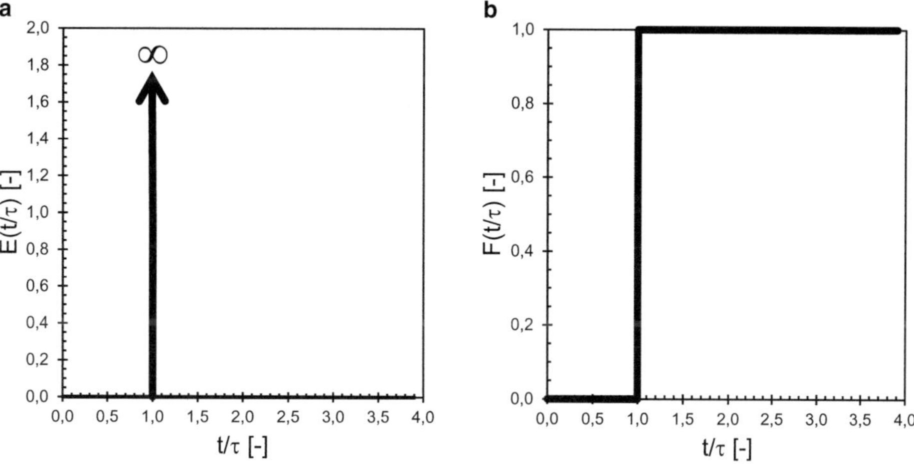

Abb. 6.4 Idealer Strömungsrohrreaktor. (**a**) Verweilzeitverteilungsfunktion $E(t/\tau)$, (**b**) Verweilzeitsummenfunktion $F(t/\tau)$

6.3.2 Verweilzeitverhalten des kontinuierlichen idealen Rührkesselreaktors

Für eine Verdrängungsmarkierung, bei der die Konzentration einer Markierungssubstanz A_i im Zulaufstrom zum Zeitpunkt $t = 0$ nach einer unendlich steilen Sprungfunktion vom Wert null auf den Wert $c_{i,0}$ geändert wird (s. Abb. 6.2a mit $\Delta t_0 \to 0$), lautet die *Stoffbilanz des instationären, kontinuierlich betriebenen, idealen Rührkesselreaktors* (s. Gl. 5.133):

$$\frac{dn_i}{dt} = \dot{V}_0 \cdot c_{i,0} - \dot{V} \cdot c_i + V \cdot \sum_{j=1}^{M} \nu_{i,j} r_j. \tag{6.25}$$

Mit den in Abschn. 6.2 gemachten Voraussetzungen, dass die Markierungssubstanz nicht reagiert und sich die Fluiddynamik nicht verändert, gilt:

$$\sum_{j=1}^{M} \nu_{i,j} r_j = 0, \quad \dot{V}_0 = \dot{V} \quad \text{und} \quad \tau = V/\dot{V}.$$

Somit lässt sich Gl. 6.25 wie folgt vereinfachen:

$$\frac{dc_i(t)}{dt} = \frac{1}{\tau} \cdot (c_{i,0} - c_i(t)). \tag{6.26}$$

Gl. 6.26 kann leicht nach der Methode der Trennung der Variablen mit der Anfangsbedingung $c_i(t) = 0$ für $t = 0$ zwischen $t = 0$ und $t = \tau$ integriert werden:

$$c_i(t) = c_{i,0} \cdot \left(1 - e^{-t/\tau}\right). \tag{6.27}$$

Das relative Antwortsignal $c_i(t)/c_{i,0}$ auf ein Eingangssignal nach einer Sprungfunktion entspricht nach Gl. 6.9 der Verweilzeitsummenkurve $F(t)$:

$$F(t) = F(t/\tau) = 1 - e^{-t/\tau}. \tag{6.28}$$

Aus Gl. 6.28 erhält man durch Differenziation nach t gemäß Gl. 6.5 die Verweilzeitverteilungsfunktion $E(t)$:

$$E(t) = \frac{1}{\tau} \cdot e^{-t/\tau}, \tag{6.29}$$

bzw. mit Gl. 6.21:

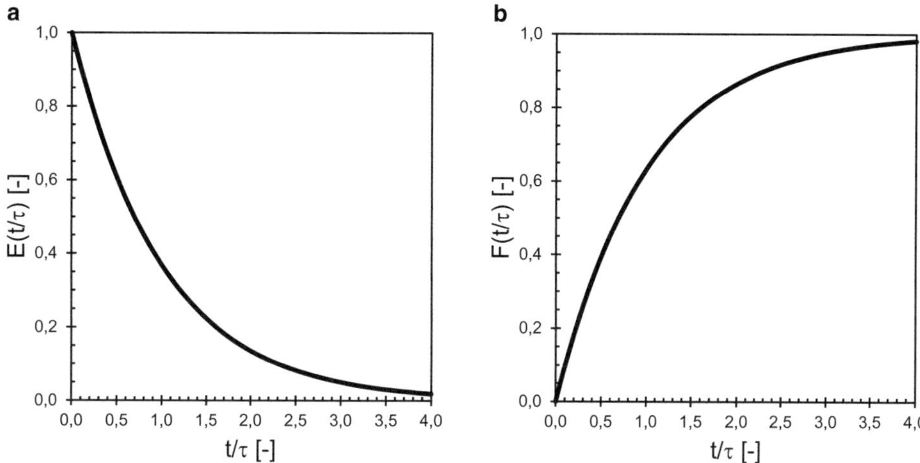

Abb. 6.5 Kontinuierlich betriebener, idealer Rührkesselreaktor. (**a**) Verweilzeitverteilungsfunktion $E(t/\tau)$, (**b**) Verweilzeitsummenfunktion $F(t/\tau)$

$$E(t/\tau) = e^{-t/\tau}. \tag{6.30}$$

Abb. 6.5 zeigt die Funktionen $E(t/\tau)$ und $F(t/\tau)$ für den kontinuierlich betriebenen, idealen Rührkesselreaktor. Aufgrund der vollständigen Rückvermischung zwischen Eintritt E und Austritt A ist die Wahrscheinlichkeit ein Fluidelement, das zur Zeit $t = 0$ in den Reaktor eintritt, am Reaktoraustritt wiederzufinden, zur Zeit $t = 0$ am größten. Diese Wahrscheinlichkeit nimmt dann mit zunehmender Zeit t exponentiell ab. Das korrespondierende Antwortsignal einer Stoßmarkierung besitzt im Gegensatz zum idealen Strömungsrohrreaktor ein äußerst ausgeprägtes Tailing.

6.3.3 Verweilzeitverhalten einer Kaskade kontinuierlicher idealer Rührkesselreaktoren

Es werde angenommen, dass die Kaskade aus $n = 1$ bis $n = N$ kontinuierlichen idealen Rührkesselreaktoren besteht, die alle dasselbe Volumen $(V)_n$ haben (s. Abb. 5.35). Wir wollen nun die Konzentration $(c_i(t))_N$ einer Markierungssubstanz A_i am Austritt aus dem letzten Kessel als Funktion der Zeit t berechnen, nachdem zum Zeitpunkt $t = 0$ die Konzentration dieser Markierungssubstanz im Zulauf zum ersten Kessel ($n = 1$) vom Wert 0 auf den Wert $c_{i,0}$ nach einer unendlich steilen Sprungfunktion geändert wurde (s. Abb. 6.2a mit $\Delta t_0 \to 0$). Die Stoffbilanz für die Markierungssubstanz A_i im n-ten Kessel entspricht derjenigen eines einzelnen kontinuierlichen idealen Rührkesselreaktors nach Gl. 6.26; für $t > 0$ gilt:

$$\frac{\mathrm{d}(c_i)_n}{\mathrm{d}t} = \frac{1}{(\tau)_n} \cdot \left((c_{i,0})_n - (c_i)_n\right) = \frac{1}{(\tau)_n} \cdot \left((c_i)_{n-1} - (c_i)_n\right). \tag{6.31}$$

$(\tau)_n$ ist die fluiddynamische Verweilzeit im n-ten Kessel. Da bei gleich großen Kesseln auch die fluiddynamische Verweilzeit in allen Kesseln gleich groß ist, kann man anstelle von $(\tau)_n$, die fluiddynamische Verweilzeit τ in der gesamten Kaskade einführen:

$$\tau = N \cdot (\tau)_n. \tag{6.32}$$

Somit kann man Gl. 6.31 auch schreiben als:

$$\frac{\mathrm{d}(c_i)_n}{\mathrm{d}t} + \frac{N}{\tau} \cdot (c_i)_n = \frac{N}{\tau} \cdot (c_i)_{n-1}. \tag{6.33}$$

Gl. 6.33 ist eine gewöhnliche lineare inhomogene Differenzialgleichung 1. Ordnung, deren allgemeine Lösung durch Gl. 12.34 gegeben ist (s. Abschn. 12.4.1.1). Ordnet man die Funktionen $p(x)$ und $q(x)$ sowie die Variablen x und y in Gl. 12.26 entsprechend Gl. 6.33 zu und berücksichtigt man die Anfangsbedingung $(c_i)_n = 0$ für $t = 0$, lautet die Lösung von Gl. 6.33:

$$(c_i)_n = e^{-\frac{N}{\tau} \cdot t} \cdot \frac{N}{\tau} \cdot \int_0^t (c_i)_{n-1} e^{\frac{N}{\tau} \cdot t} \, \mathrm{d}t. \tag{6.34}$$

Für den 1. Rührkesselreaktor ($n = 1$) folgt aus Gl. 6.34:

$$(c_i)_1 = e^{-\frac{N}{\tau} \cdot t} \cdot c_{i,0} \cdot \left(e^{\frac{N}{\tau} \cdot t} - 1\right) = c_{i,0} \cdot \left(1 - e^{-\frac{N}{\tau} \cdot t}\right). \tag{6.35}$$

Für den 2. Rührkesselreaktor ($n = 2$) ergibt sich durch Einsetzen von Gl. 6.35 in Gl. 6.34:

$$(c_i)_2 = e^{-\frac{N}{\tau} \cdot t} \cdot \frac{N}{\tau} \cdot c_{i,0} \cdot \int_0^t \left(1 - e^{-\frac{N}{\tau} \cdot t}\right) e^{\frac{N}{\tau} \cdot t} \, \mathrm{d}t = c_{i,0} \cdot \left[1 - e^{-\frac{N}{\tau} \cdot t}\left(1 + \frac{N}{\tau} \cdot t\right)\right] \tag{6.36}$$

und weiter für den 3. Rührkesselreaktor ($n = 3$)

$$(c_i)_3 = c_{i,0}\left[1 - e^{-\frac{N}{\tau} \cdot t}\left(1 + \frac{N}{\tau} \cdot t + \frac{1}{2}\left(\frac{N}{\tau} \cdot t\right)^2\right)\right]. \tag{6.37}$$

Für die gesamte Kaskade aus N idealen Rührkesselreaktoren erhält man dann die Verweilzeitsummenfunktion $F(t)$:

$$\begin{aligned} F(t) &= F(t/\tau) = \frac{(c_i)_N}{c_{i,0}} \\ &= 1 - e^{-\frac{N}{\tau} \cdot t}\left[1 + \frac{N}{\tau} \cdot t + \frac{1}{2!}\left(\frac{N}{\tau} \cdot t\right)^2 + \ldots + \frac{1}{(N-1)!}\left(\frac{N}{\tau} \cdot t\right)^{N-1}\right]. \end{aligned} \tag{6.38}$$

Diese Funktion ist 0 für $t = 0$ und 1 für $t \to \infty$. Die Verweilzeitverteilungsfunktion $E(t)$ erhält man aus Gl. 6.38 durch Differenziation nach t gemäß Gl. 6.5:

$$E(t) = \frac{N}{\tau} \cdot \frac{1}{(N-1)!} \cdot e^{-\frac{N}{\tau} \cdot t}\left(\frac{N}{\tau} \cdot t\right)^{N-1} \tag{6.39}$$

bzw. mit Gl. 6.21 :

$$E(t/\tau) = \frac{N}{(N-1)!} \cdot e^{-\frac{N}{\tau} \cdot t}\left(\frac{N}{\tau} \cdot t\right)^{N-1}. \tag{6.40}$$

Diese Beziehung stellt eine *Poisson-Verteilung* dar, deren Verlauf in Abhängigkeit von der Anzahl N gleich großer kontinuierlicher idealer Rührkesselreaktoren in Abb. 6.6a aufgetragen ist.

Der Verlauf für $N = 1$ entspricht der Verweilzeit-Verteilungsfunktion eines einzigen kontinuierlichen idealen Rührkesselreaktors (s. Abschn. 6.3.2). Mit zunehmender Kessel-

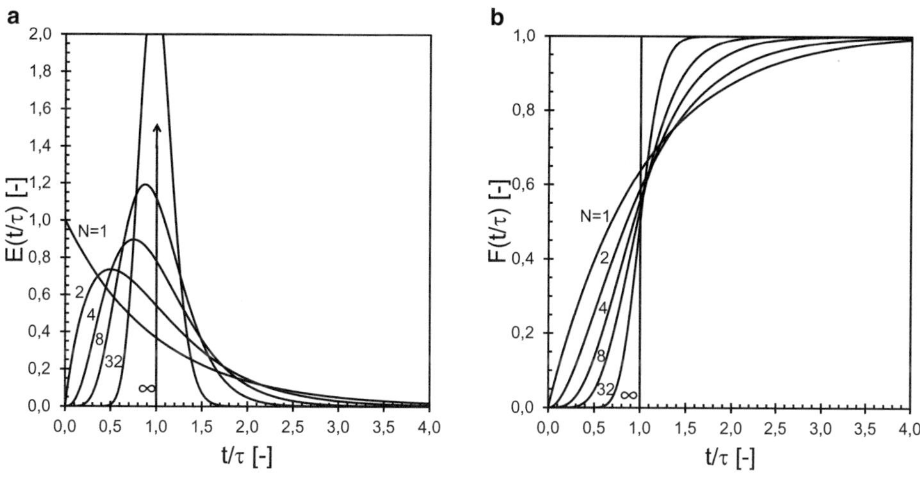

Abb. 6.6 Ideale Rührkesselkaskade. (**a**) Verweilzeitverteilungsfunktion $E(t/\tau)$, (**b**) Verweilzeitsummenfunktion $F(t/\tau)$

zahl N nähert sich der Verlauf der Kaskade immer mehr dem Verlauf des idealen Strömungsrohrreaktors, d. h. die Verweilzeitverteilungsfunktionen werden schmäler und verschieben sich nach rechts in Richtung auf den Abszissenwert $t/\tau = 1$. Für $N \rightarrow \infty$ entspricht dann der Verlauf der Verweilzeitverteilungsfunktion der Kaskade dem eines idealen Strömungsrohrreaktors (s. Abschn. 6.3.1).

In Abb. 6.6b sind die korrespondierenden Verweilzeitsummenfunktionen aufgetragen. Auch hier sieht man, dass sich mit zunehmender Anzahl N der Kessel die $F(t/\tau)$-Kurven einer Kaskade der $F(t/\tau)$-Kurve eines idealen Strömungsrohrreaktors immer mehr annähern; diese wird für $N \rightarrow \infty$ erreicht.

6.4 Verweilzeitverhalten realer Reaktoren

6.4.1 Verweilzeitverhalten kontinuierlicher realer Rührkesselreaktoren

In diesem Abschnitt soll kurz erläutert werden, wodurch sich ein *kontinuierlicher realer Rührkesselreaktor* von einem kontinuierlichen idealen Rührkesselreaktor unterscheidet. Beim kontinuierlichen idealen Rührkesselreaktor wird vorausgesetzt, dass die Fluidelemente am Reaktoreingang sofort mit dem gesamten Kesselinhalt vermischt werden. Diese Voraussetzung wird bei einem realen Rührkesselreaktor nicht streng erfüllt sein, da eine vollständige Vermischung eine gewisse Zeit erfordert. Als Folge davon wird das experimentell bestimmte Antwortsignal, das aus einer Konzentrationsänderung einer Markierungssubstanz am Reaktoreingang nach einer Sprungfunktion resultiert, anfangs gegenüber dem Antwortsignal eines idealen Rührkessels, Gl. 6.28 bzw. Abb. 6.5b, verzögert sein. Andererseits werden gleichzeitig Fluidelemente am Reaktoreingang, die nicht sofort mit dem Kesselinhalt vermischt werden, unmittelbar zum Reaktorausgang gelangen. Dadurch werden unregelmäßige Schwankungen am Anfang des Antwortsignals hervorgerufen, welche quantitativ schwierig zu beschreiben sind. Es ist einleuchtend, dass die Anordnung von Reaktoreingang und -ausgang relativ zueinander und zur Rühreinrichtung diese unregelmäßigen Schwankungen sehr stark beeinflusst.

Auf Basis der Vorstellung, dass einerseits nur ein Bruchteil des gesamten Rührkesselinhalts ideal durchmischt wird, andererseits ein Teil der Fluidelemente ohne Vermischung mit dem Rührkesselinhalt zum Reaktorausgang gelangt, können auch für kontinuierliche reale Rührkesselreaktoren und Kaskaden realer Rührkesselreaktoren Beziehungen für die Verweilzeitverteilungsfunktionen bzw. Verweilzeitsummenfunktionen abgeleitet werden (s. z. B. [4, 5, 7]).

Das Verhalten eines kontinuierlichen realen Rührkesselreaktors wird von einem kontinuierlichen idealen Rührkesselreaktor umso besser angenähert, je kleiner das Verhältnis zwischen der Zeit, die zu einer vollständigen Vermischung benötigt wird, und der mittleren Verweilzeit des strömenden Mediums im Rührkessel ist. Eine genügende Annäherung dürfte dann erreicht sein, wenn der Wert dieses Verhältnisses kleiner als 1:10 ist (s. z. B. [19, 20]).

6.4.2 Verweilzeitverhalten realer Strömungsrohrreaktoren

Wie in Abb. 6.4b gezeigt wurde, weist die Verweilzeitsummenkurve eines idealen Strömungsrohrreaktors die Form einer zeitlich verzögerten Sprungfunktion auf. Die $F(t)$-Kurven realer Strömungsrohrreaktoren sind dagegen nicht so scharf ausgeprägt. Ein *realer Strömungsrohrreaktor* kann beispielsweise bei laminarer Durchströmung vorliegen (s. Abschn. 6.4.2.1) oder bei turbulenter Durchströmung, wenn das Verhältnis L/d_R zu klein ist oder wenn durch Strömungshindernisse im Rohr (Festbett mit kugelförmigen Partikeln, Strömungsverengung/-erweiterung) axiale Rückvermischungen auftreten (s. Abschn. 6.4.2.2).

Zur Beschreibung des Verweilzeitverhaltens realer Strömungsrohrreaktoren wurden mehrere Modellvorstellungen entwickelt. Für den laminar durchströmten Strömungsrohrreaktor kann ein eigenes Modell formuliert werden (s. Abschn. 6.4.2.1). Alle anderen Fälle können mithilfe des *Dispersionsmodells* (s. Abschn. 6.4.2.2) oder des *Zellenmodells* (s. Abschn. 6.4.2.3) beschrieben werden.

6.4.2.1 Verweilzeitverhalten eines laminaren Strömungsrohrreaktors

Für einen *laminaren Strömungsrohrreaktor*, dessen *laminare Strömung voll entwickelt* ist (Vernachlässigung des Einlaufbereichs), ist das radiale Profil der axialen Strömungsgeschwindigkeiten $u_z(r)$, im Folgenden nur mit $u(r)$ bezeichnet, bekannt (s. Abb. 6.7). So ist die axiale Strömungsgeschwindigkeit $u(r)$ parabolisch vom Radius r abhängig:

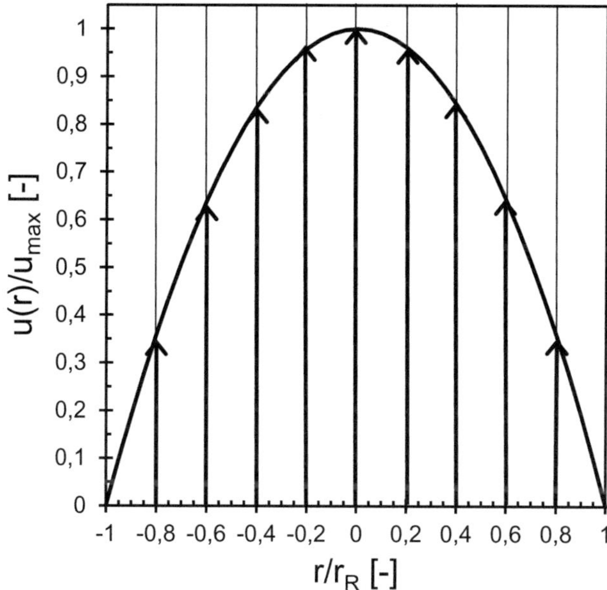

Abb. 6.7 Geschwindigkeitsprofil für eine voll entwickelte laminare Rohrströmung mit Stromlinien und Geschwindigkeitsvektoren

$$u(r) = u_{\max}\left[1 - \left(\frac{r}{r_R}\right)^2\right] \tag{6.41}$$

mit:

$$u_{\max} = 2\bar{u} = 2\frac{\dot{V}}{\pi r_R^2}. \tag{6.42}$$

In Abhängigkeit von der *Fourier-Zahl Fo*, die der Quotient der Zeitkonstanten von Konvektion (Verweilzeit τ) und molekularer Diffusion t_D gemäß Gl. 9.1 ist, können drei Fälle unterschieden werden (s. auch Abb. 9.2):

- $t_D \ll \tau$, $Fo = \tau/t_D \to \infty$:
  Die Diffusion ist gegenüber der Konvektion so schnell, dass Konzentrationsgradienten zwischen den Stromlinien in radialer Richtung ausreichend schnell abgebaut werden und von vollständiger Quervermischung ausgegangen werden kann. Es liegt dann das Verweilzeitverhalten eines *idealen Strömungsrohrreaktors* vor. Dies ist insbesondere bei Mikrostrukturreaktoren der Fall, die in Kap. 9 ausführlicher behandelt werden.
- $t_D \gg \tau$, $Fo = \tau/t_D \to 0$:
  Die Diffusion ist gegenüber der Konvektion so langsam, sodass kein diffusiver Austausch zwischen den Stromlinien in radialer Richtung stattfindet. Die Fluidelemente strömen vollkommen unabhängig voneinander auf den jeweiligen Stromlinien (segregiert) durch den Rohrreaktor. Man spricht dann von *vollständig segregierter Strömung*.
- $t_D \approx \tau$, $Fo \approx 1$:
  Es findet ein nicht vernachlässigbarer diffusiver Austausch zwischen den Stromlinien unterschiedlicher radialer Positionen statt, d. h. es liegt eine *teilweise segregierte Strömung vor*. Dieser Fall kann auch mithilfe des Dispersionsmodells beschrieben werden (Taylor-Aris-Dispersion gemäß Gl. 6.71), das in Abschn. 6.4.2.2 ausführlicher behandelt wird.

Im Folgenden wird die *vollständig segregierte, laminare Strömung durch einen Rohrreaktor* behandelt.

Mit dem bekannten Geschwindigkeitsprofil der laminaren Rohrströmung, Gl. 6.41, kann nun $F(t)$ berechnet werden. Da u eine Funktion von r ist, besteht auch ein Zusammenhang zwischen der radialen Position des Fluidelements und seiner *individuellen Verweilzeit t*:

$$t(r) = \frac{L}{u(r)} = \frac{\tau \cdot \overline{u}}{u(r)}. \tag{6.43}$$

Da die Strömungsgeschwindigkeit in der Rohrachse am höchsten ist (Gl. 6.42) und bis zur Rohrwand parabolisch auf null abfällt, entspricht der Anteil am Gesamtvolumenstrom *F*(*r*), der zwischen der Rohrachse ($r = 0$) und dem Radius *r* strömt, dem Anteil *F*(*t*) der Fluidelemente, die eine individuelle Verweilzeit haben, die kleiner als *t*(*r*) gemäß Gl. 6.43 ist. Somit gilt:

$$F(r) = \frac{\int_0^r \mathrm{d}\dot{V}}{\dot{V}} = \frac{\int_0^r u(r) 2\pi r \,\mathrm{d}r}{\dot{V}}. \tag{6.44}$$

Durch Einsetzen von Gl. 6.41 und 6.42 in Gl. 6.44 erhält man:

$$F(r) = 2\frac{r^2}{r_R^2} - \frac{r^4}{r_R^4}. \tag{6.45}$$

Setzt man nun in Gl. 6.43 *u*(*r*) gemäß Gl. 6.41 und 6.42 ein, so erhält man folgenden einfachen Zusammenhang:

$$\frac{r^2}{r_R^2} = 1 - \frac{\tau}{2t}. \tag{6.46}$$

Mit Gl. 6.46 kann *F*(*r*) aus Gl. 6.45 in *F*(*t*) umgerechnet werden:

$$F(t) = F(t/\tau) = 1 - \frac{1}{4 \cdot (t/\tau)^2}. \tag{6.47}$$

Die Verweilzeitverteilungsfunktion *E*(*t*) erhält man aus Gl. 6.47 durch Differenziation nach *t* gemäß Gl. 6.5:

$$E(t) = \frac{1}{2\tau} \cdot \frac{1}{(t/\tau)^3} \tag{6.48}$$

bzw. mit Gl. 6.21:

$$E(t/\tau) = \frac{1}{2} \cdot \frac{1}{(t/\tau)^3}. \tag{6.49}$$

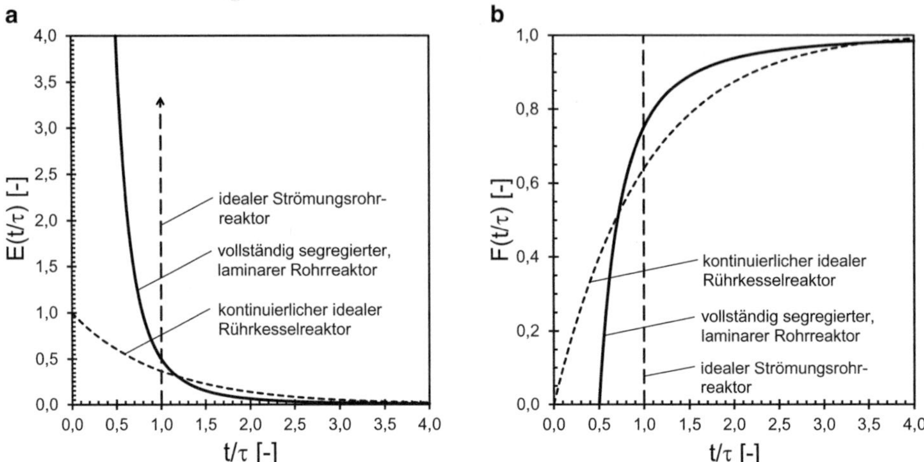

Abb. 6.8 Vollständig segregierter, laminar durchströmter Rohrreaktor. (**a**) Verweilzeitverteilungsfunktion $E(t/\tau)$, (**b**) Verweilzeitsummenfunktion $F(t/\tau)$. Der ideale Strömungsrohrreaktor und der kontinuierliche ideale Rührkesselreaktor sind zum Vergleich mit eingezeichnet

Abb. 6.8 zeigt die Funktionen $E(t/\tau)$ und $F(t/\tau)$ für den *vollständig segregierten, laminar durchströmten Strömungsrohrreaktor* sowie zum Vergleich diejenigen für den kontinuierlichen idealen Rührkesselreaktor und den idealen Strömungsrohrreaktor. Da $F(t/\tau)$ nur positive Werte annehmen kann, muss beim vollständig segregierten, laminar durchströmten Strömungsrohrreaktor gemäß Gl. 6.47 die kleinste individuelle Verweilzeit

$$t_{\min} = \frac{\tau}{2} \tag{6.50}$$

betragen. Hierbei handelt es sich um diejenigen Fluidelemente, die auf der Rohrachse strömen. Diejenigen Fluidelemente, die nahe an der Wand des Rohrreaktors strömen, haben sehr geringe Strömungsgeschwindigkeiten und tragen zu einem starken Tailing der Verweilzeitverteilung $E(t/\tau)$ bei, wie dies auch beim kontinuierlichen idealen Rührkesselreaktor der Fall ist.

6.4.2.2 Dispersionsmodell

Bei der Ableitung der allgemeinen Stoffbilanz in Abschn. 5.2 haben wir im Diffusionsterm den molekularen Diffusionskoeffizienten durch einen sogenannten *effektiven Diffusionskoeffizienten* ersetzt, der die durch die chaotische Fluktuation der Geschwindigkeitsvektoren hervorgerufenen turbulenten Vermischungen zusätzlich berücksichtigt. Wir hatten in diesem Kapitel bereits darauf hingewiesen, dass der effektive Diffusionskoeffizient auch als *Dispersionskoeffizient* bezeichnet wird und keine reine Stoffgröße mehr ist, sondern als Systemgröße von der Art der Strömung, der Turbulenz und der Lage des Koordinatensystems im betrachteten Apparat abhängt. Bei der Ableitung der Stoffbilanz für den idealen

Strömungsrohrreaktor sind wir von Zylinderkoordinaten ausgegangen und haben den axialen Dispersionskoeffizienten $D_{e,z}$ null gesetzt, da im idealen Strömungsrohrreaktor definitionsgemäß keine axiale Rückvermischung auftritt. Beim sogenannten *Dispersionsmodell* wird nun die axiale Rückvermischung zugelassen und mithilfe des Parameters $D_{e,z}$ quantifiziert. Somit ergibt sich für das Dispersionsmodell die folgende Bilanzgleichung, die der um den Dispersionsterm erweiterten Bilanzgleichung des idealen Strömungsrohrreaktors (s. Gl. 5.239) entspricht:

$$\frac{\partial c_i}{\partial t} = -\frac{\partial (u_z \cdot c_i)}{\partial z} + D_{e,z}\frac{\partial^2 c_i}{\partial z^2} + \sum_{j=1}^{M} \nu_{ij} r_j. \tag{6.51}$$

Die radiale Dispersion ($D_{e,r}$) wurde dabei nicht berücksichtigt, da radiale Konzentrationsgradienten in realen Strömungsrohrreaktoren oftmals gegenüber den axialen Konzentrationsgradienten vernachlässigt werden können. Dies ist aber beispielsweise dann nicht mehr der Fall, wenn starke radiale Temperaturgradienten aufgrund hoher Wärmetönungen auftreten und/oder wenn in laminar durchströmten Rohren sehr schnelle Reaktionen durchgeführt werden. Ersterer Fall wird in Kap. 8 für Festbettreaktoren und letzterer Fall in Kap. 9 für Mikroreaktoren diskutiert.

Die Verweilzeitsummenfunktion $F(t)$ des Dispersionsmodells kann durch Berechnung der Konzentration $c_i(t)$ einer Markierungssubstanz (Antwortsignal) am Austritt des Strömungsrohrs abgeleitet werden, wenn man als Anfangsbedingung annimmt, dass die Konzentration dieser Markierungssubstanz am Eintritt in das Strömungsrohr zum Zeitpunkt $t = 0$ gemäß einer unendlich steilen Sprungfunktion vom Wert 0 auf den Wert $c_{i,0}$ erhöht wird. Mit den in Abschn. 6.2 gemachten Voraussetzungen, dass die Markierungssubstanz nicht reagiert und die Fluiddynamik sich nicht verändert, gilt

$$\sum_{j=1}^{M} \nu_{i,j} r_j = 0, \qquad u_z = \text{const}$$

und Gl. 6.51 vereinfacht sich wie folgt:

$$\frac{\partial c_i}{\partial t} = -u_z\frac{\partial c_i}{\partial z} + D_{e,z}\frac{\partial^2 c_i}{\partial z^2}. \tag{6.52}$$

Die Front der Markierungssubstanz wandert mit der Geschwindigkeit u_z durch den Strömungsrohrreaktor und wird überlagert von einer instationären Gegendiffusion in die beiden unendlichen Halbräume diesseits und jenseits der Front. Für das mit u_z bewegte Koordinatensystem gilt dann [6]:

$$\frac{\partial c_i}{\partial t} = D_{\mathrm{e},z} \frac{\partial^2 c_i}{\partial z^2}. \tag{6.53}$$

Für diese partielle Differenzialgleichung existiert für die entsprechende Anfangsbedingung einer Verdrängungsmarkierung im bewegten Koordinatensystem eine analytische Lösung [6]:

$$c_i(t, z) = \frac{c_{1,0}}{2} \cdot \left(1 - \operatorname{erf}\left(\frac{z}{2\sqrt{D_{\mathrm{e},z} \cdot t}}\right)\right). \tag{6.54}$$

Die sogenannte Fehlerfunktion ist wie folgt definiert:

$$\operatorname{erf}(y) = \frac{2}{\sqrt{\pi}} \int_0^y e^{-x^2} \mathrm{d}x; \quad \operatorname{erf}(\pm\infty) = \pm 1, \quad \operatorname{erf}(0) = 0. \tag{6.55}$$

Gl. 6.54 beschreibt den Konzentrationsverlauf der Markierungssubstanz im Strömungsrohr, wobei $z = 0$ den Ort der Front darstellt. Der Reaktorausgang entspricht daher der Stelle $z = L - u_z \cdot t$, sodass für die Konzentration am Reaktorausgang bzw. die Verweilzeitsummenfunktion *F(t)* gilt [6]:

$$F(t) = \frac{c_i(t)}{c_{1,0}} = \frac{1}{2} \cdot \left(1 - \operatorname{erf}\left(\frac{L - u_z \cdot t}{2\sqrt{D_{e,z} \cdot t}}\right)\right). \tag{6.56}$$

Die Verweilzeit τ ergibt sich aus der Reaktorlänge L und der Strömungsgeschwindigkeit u_z gemäß

$$\tau = \frac{L}{u_z}, \tag{6.57}$$

sodass Gl. 6.56 auch wie folgt formuliert werden kann:

$$F(t) = F(t/\tau) = \frac{1}{2} \cdot \left(1 - \operatorname{erf}\left(\frac{1}{2}\sqrt{\frac{u_z \cdot L}{D_{\mathrm{e},z}}} \cdot \frac{1 - t/\tau}{\sqrt{t/\tau}}\right)\right). \tag{6.58}$$

In der Verweilzeitsummenfunktion, Gl. 6.58, ist der dimensionslose Parameter $u_z L / D_{\mathrm{e},z}$ ein Maß für das Verhältnis zwischen konvektivem Stofftransport und axialer Vermischung. Dieser dimensionslose Parameter wird als *Bodenstein-Zahl Bo* bezeichnet:

$$Bo = \frac{u_z \cdot L}{D_{e,z}}. \tag{6.59}$$

Damit kann man Gl. 6.58 auch schreiben als:

$$F(t) = F(t/\tau) = \frac{1}{2} \cdot \left(1 - \mathrm{erf}\left(\frac{\sqrt{Bo}}{2} \cdot \frac{1 - t/\tau}{\sqrt{t/\tau}}\right)\right). \tag{6.60}$$

Die Verweilzeitverteilungsfunktion $E(t)$ erhält man aus Gl. 6.60 durch Differenziation nach t gemäß Gl. 6.5:

$$E(t) = \frac{1}{2 \cdot \tau} \cdot \sqrt{\frac{Bo}{\pi \cdot t/\tau}} \cdot \exp\left(-Bo \cdot \frac{(1 - t/\tau)^2}{4 \cdot t/\tau}\right) \tag{6.61}$$

bzw. mit Gl. 6.21:

$$E(t/\tau) = \frac{1}{2} \cdot \sqrt{\frac{Bo}{\pi \cdot t/\tau}} \cdot \exp\left(-Bo \cdot \frac{(1 - t/\tau)^2}{4 \cdot t/\tau}\right). \tag{6.62}$$

Abb. 6.9 zeigt die Funktionen $E(t/\tau)$ und $F(t/\tau)$ für das Dispersionsmodell. Für $Bo \to \infty$ ist die axiale Vermischung gegenüber der Konvektion vernachlässigbar, d. h. das System erfüllt die Voraussetzungen des idealen Strömungsrohrreaktors. Die $E(t/\tau)$- bzw. die $F(t/\tau)$-Kurve ist für $Bo \to \infty$ mit derjenigen des idealen Strömungsrohrreaktors (vgl. Abb. 6.4)

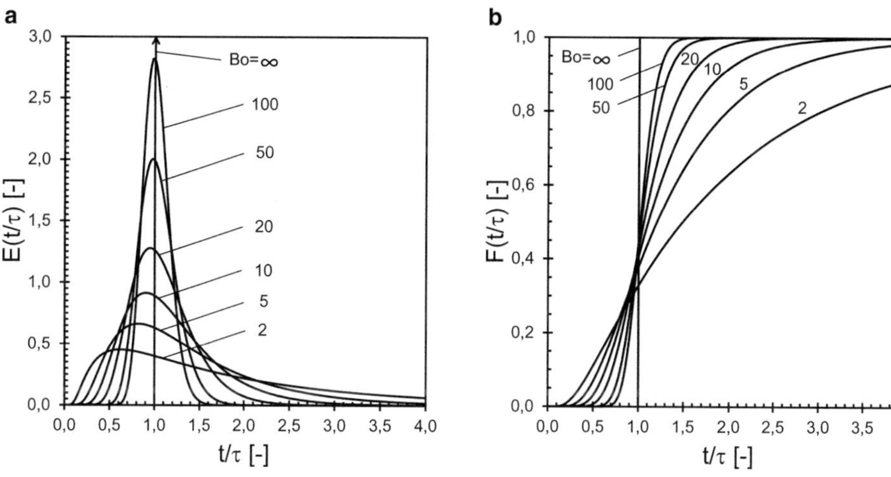

Abb. 6.9 Realer Strömungsrohrreaktor (Dispersionsmodell beidseitig offen hinsichtlich Dispersion). (**a**) Verweilzeitverteilungsfunktion $E(t/\tau)$ gemäß Gl. 6.62, (**b**) Verweilzeitsummenfunktion $F(t/\tau)$ gemäß Gl. 6.60

identisch. Für $Bo > 100$ kann Gl. 6.62 mit ausreichender Genauigkeit durch die Gauß'sche Normalverteilung angenähert werden:

$$E(t/\tau) = \frac{1}{2} \cdot \sqrt{\frac{Bo}{\pi}} \cdot \exp\left(- Bo \cdot \frac{(1 - t/\tau)^2}{4} \right). \tag{6.63}$$

Für $Bo > 100$ ist die Verweilzeitverteilungskurve $E(t/\tau)$ also symmetrisch. Der Schwerpunkt der Verteilung liegt bei $t/\tau = 1$ und die Varianz beträgt $2/Bo$. *Daher kann der reale Strömungsrohrreaktor ab* $Bo > 100$ *mit ausreichender Genauigkeit als idealer Strömungsrohrreaktor betrachtet werden.*

Gl. 6.60 bzw. Gl. 6.62 wurden unter der Annahme hergeleitet, dass die Dispersion ausgehend von der Front der Markierungssubstanz als Gegendiffusion in zwei unendliche Halbräume erfolgt. Man bezeichnet das System daher auch *hinsichtlich der axialen Dispersion als beidseitig offen*. In der Praxis liegt dieser Fall aber im Allgemeinen nicht vor, da die Dispersion in der Zu- und Abführung gegenüber der Dispersion im Strömungsrohr meist deutlich geringer und damit vernachlässigbar ist. Somit sind die Gl. 6.60 bzw. Gl. 6.62 nicht für kleine Bodenstein-Zahlen, d. h. einen hohen Grad an Rückvermischung, geeignet, da dann die Randbedingung des beidseitig offenen Systems nicht der Realität entspricht. Insbesondere gehen die $E(t/\tau)$- bzw. die $F(t/\tau)$-Kurven gemäß der Gl. 6.60 bzw. Gl. 6.62 für $Bo \to 0$ nicht in diejenigen des idealen Rührkesselreaktors über! Für $Bo > 1$ können die Gleichungen jedoch als Näherung zur Beschreibung realer Strömungsrohre verwendet werden. Für $Bo > 50$ kann dann davon ausgegangen werden, dass die Gleichungen den realen Strömungsrohrreaktor mit ausreichender Genauigkeit beschreiben (s. z. B. [6, 9]).

Reale Strömungsrohre sind im Allgemeinen *hinsichtlich der axialen Dispersion geschlossene Systeme*, d. h. in der Zu- und Abführung ist die axiale Dispersion vernachlässigbar. An der Stelle $z = 0$ muss dennoch die Kontinuität des Transports der Markierungssubstanz gewährleistet sein. Die Randbedingung an der Stelle $z = 0$ lautet somit:

$$u_z \cdot c_{i,0} = u_z \cdot c_i(z=0) - D_{e,z} \cdot \left.\frac{dc_i}{dz}\right|_{z=0}. \tag{6.64}$$

Für einen endlichen Wert von $D_{e,z}$ bedeutet diese Bedingung eine diskontinuierliche Abnahme von c_i an der Stelle $z = 0$, da zusätzlich zur konvektiven Stoffstromdichte eine Stoffstromdichte durch Dispersion hinzukommt. Eine analoge Bedingung müsste auch am Reaktorausgang, d. h. für die Stelle $z = L$ gelten:

$$u_z \cdot c_{i,ab} = u_z \cdot c_i(z=L) - D_{e,z} \cdot \left.\frac{dc_i}{dz}\right|_{z=L}. \tag{6.65}$$

Bei einer Verdrängungsmarkierung mit signifikanter axialer Dispersion nimmt die Konzentration der Markierungssubstanz an der Front mit endlicher Steigung in z-Richtung ab, d. h. dc_i/dz ist negativ. Bei einem endlichen Wert von $D_{e,z}$ würde das bedeuten, dass bei Gültigkeit dieser Randbedingung $c_{i,ab}$ am Reaktoraustritt höher wäre als c_i *im* Reaktor an der Stelle $z = L$, was physikalisch unmöglich ist. Die richtige Randbedingung an der Stelle $z = L$ muss lauten [6]:

$$D_{e,z} \cdot \left.\frac{dc_i}{dz}\right|_{z=L} = 0. \tag{6.66}$$

Die instationäre Stoffbilanz gemäß Gl. 6.52 kann mit den beiden Danckwerts-Randbedingungen Gl. 6.64 und 6.66 sowie der Anfangsbedingung Gl. 6.7 für die Verdrängungsmarkierung nur numerisch gelöst werden. Abb. 6.10 zeigt die Verweilzeitverteilungsfunktionen $E(t/\tau)$ für unterschiedliche Bodenstein-Zahlen. Für $Bo = 0$ geht die Verweilzeitverteilungsfunktion $E(t/\tau)$ nun in diejenige des kontinuierlichen idealen Rührkesselreaktors über. Ab etwa einer Bodenstein-Zahl von 50 stimmen die $E(t/\tau)$-Kurven des offenen und des geschlossenen Systems überein (vgl. Abb. 6.9a mit Abb. 6.10).

Beispiel 6.1 ([15])
In einem Strömungsrohr wurde die Konzentration einer Markierungssubstanz im Zulauf zum Zeitpunkt $t = 0$ nach einer Sprungfunktion vom Wert 0 auf den Wert $c_{i,0}$ erhöht. Die Messung der Konzentration c_i im Ablauf als Funktion der Zeit ergab folgende Werte:

t/τ	0	0,50	0,70	0,875	1,0	1,5	2,0	2,5	3,0
$c_i/c_{i,0}$	0	0,10	0,22	0,40	0,57	0,84	0,94	0,98	0,99

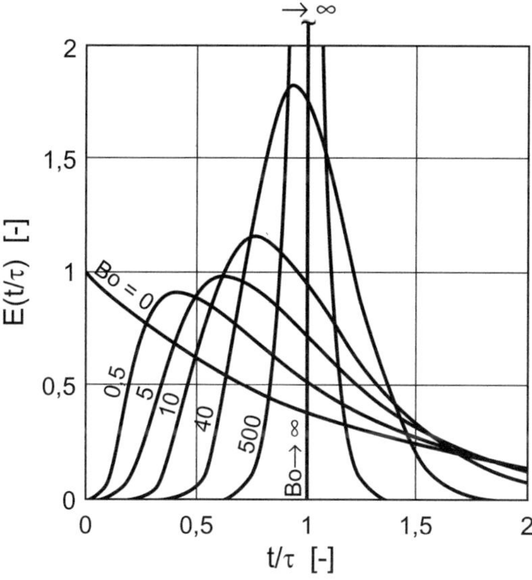

Abb. 6.10 Verweilzeitverteilungsfunktion $E(t/\tau)$ für einen realen Rohrreaktor (Dispersionsmodell beidseitig geschlossen hinsichtlich Dispersion), aus [11]

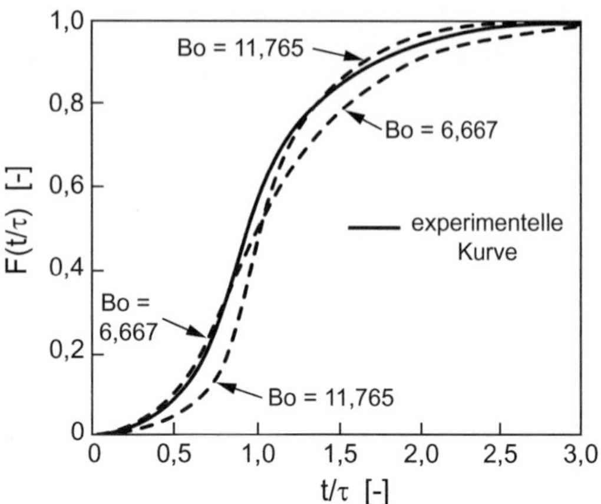

Abb. 6.11 Anpassung des Dispersionsmodells an eine experimentell ermittelte $F(t/\tau)$-Kurve (Beispiel 6.1)

Abb. 6.11 zeigt die experimentelle Kurve, außerdem zwei mit $Bo = 11{,}765$ bzw. $Bo = 6{,}667$ berechnete Kurven, jeweils als Funktion von t/τ. Man sieht, dass die mit $Bo = 11{,}765$ berechnete Kurve bei höheren Werten von t/τ gut mit der experimentellen Kurve übereinstimmt; die mit $Bo = 6{,}667$ berechnete Kurve dagegen passt sich der experimentellen Kurve bei niedrigen Werten von t/τ gut an. Für Umsatzberechnungen mithilfe des Dispersionsmodells (s. Abschn. 6.5.1, Beispiel 6.3) werden wir einen Mittelwert für Bo von 9,216 annehmen. ◀

Voraussetzung für die Anwendbarkeit des Dispersionsmodells ist die Kenntnis des axialen Dispersionskoeffizienten $D_{e,z}$. Zur *axialen Vermischung* können folgende Effekte beitragen:

a) die konvektive Vermischung in Strömungsrichtung, hervorgerufen durch *Wirbelbildung und Turbulenz,*
b) die *unterschiedlichen Verweilzeiten von Fluidelementen*, die sich entlang verschiedener Stromlinien bewegen, verursacht durch eine ungleichförmige Verteilung der Strömungsgeschwindigkeit über den Rohrquerschnitt,
c) die *molekulare Diffusion.*

Die Abhängigkeit des axialen Dispersionskoeffizienten $D_{e,z}$ von den wesentlichen strömungsmechanischen und stoffspezifischen Einflussparametern wird üblicherweise in Form von Korrelationen dimensionsloser Kenngrößen dargestellt, die aus theoretischen Überlegungen stammen und/oder auf einer Vielzahl experimenteller Daten beruhen. Um die axiale Dispersion zu quantifizieren und zu korrelieren, wird die sogenannte axiale *Péclet-Zahl* Pe_z verwendet. Sie ist eine dimensionslose Kenngröße und ist wie folgt definiert:

$$Pe_z = \frac{u_z \cdot l_c}{D_{e,z}}. \tag{6.67}$$

Sofern die axiale Strömungsgeschwindigkeit u_z vom Radius r abhängig ist (z. B. bei laminarer Strömung), wird u_z ersetzt durch eine mittlere axiale Strömungsgeschwindigkeit:

$$\overline{u}_z = \frac{\dot{V}}{A}. \tag{6.68}$$

In Gl. 6.67 ist l_c eine charakteristische Längenabmessung, die für den Mechanismus, durch welchen die axiale Vermischung hervorgerufen wird, relevant ist, z. B. der Rohrdurchmesser d_{R} oder der Durchmesser von Partikeln d_{P} einer Schüttschicht.

Die Bodenstein-Zahl, die die charakteristische dimensionslose Kenngröße des Dispersionsmodells ist, steht mit der Péclet-Zahl Pe_z in folgender Beziehung, wie sich durch Vergleich der Gl. 6.59 und 6.67 ergibt:

$$Bo = Pe_z \cdot \frac{L}{l_c}. \tag{6.69}$$

Im Folgenden werden nur die Fälle einer einphasigen Strömung in leeren Rohren und in Rohren mit Schüttschichten behandelt.

Leere Strömungsrohre

Im *laminaren Strömungsregime* gilt für eine einphasige Strömung in leeren geraden Strömungsrohren die von Taylor theoretisch abgeleitete Beziehung (s. [2, 17]):

$$Pe_z = \frac{\overline{u}_z \cdot d_{\mathrm{R}}}{D_{e,z}} = \frac{192}{Re \cdot Sc} = \frac{192 \cdot D_i}{\overline{u}_z \cdot d_{\mathrm{R}}}. \tag{6.70}$$

In Gl. 6.70 ist d_{R} der Rohrdurchmesser, Re die Reynolds-Zahl $= \overline{u}_z d_{\mathrm{R}}/\nu$, Sc die Schmidt-Zahl $= \nu/D_i$ (ν = kinematische Viskosität, D_i = molekularer Diffusionskoeffizient).

Bei der Herleitung der Gl. 6.70 ist Taylor davon ausgegangen, dass die molekulare Diffusion in axialer Richtung vernachlässigt werden kann [17].

Aris [1] hat die axiale molekulare Diffusion in der Herleitung berücksichtigt und folgende Korrelation abgeleitet:

$$\frac{1}{Pe_z} = \frac{1}{Re \cdot Sc} + \frac{Re \cdot Sc}{192}. \tag{6.71}$$

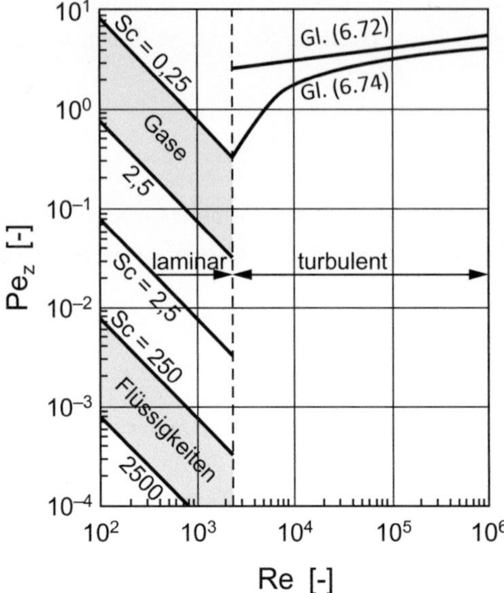

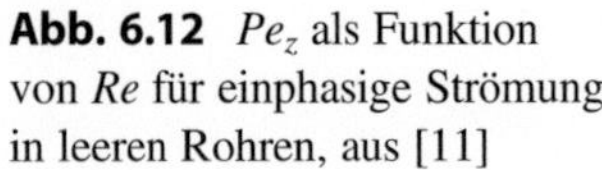
Abb. 6.12 Pe_z als Funktion von Re für einphasige Strömung in leeren Rohren, aus [11]

Bei kleinen Reynolds-Zahlen steigt also die Péclet-Zahl zunächst mit zunehmender Reynolds-Zahl an (nicht gezeigt in Abb. 6.12), durchläuft ein Maximum und nimmt dann mit zunehmender Reynolds-Zahl ab. In Abb. 6.12 ist nur der abfallende Ast bei hohen Reynolds-Zahlen (Ableitung von Taylor [17]) gezeigt, da der Bereich sehr niedriger Reynolds-Zahlen im Allgemeinen technisch nicht relevant ist.

Zusammenfassend kann man sagen, dass die axiale Dispersion bei sehr niedrigen Reynolds-Zahlen durch die molekulare Diffusion in axialer Richtung hervorgerufen wird. Erhöht man in diesem Bereich die Reynolds-Zahl, dann nimmt in axialer Richtung der konvektive Stofftransport gegenüber dem diffusiven zu und die Péclet-Zahl steigt. Bei höheren Reynolds-Zahlen, aber immer noch laminarer Strömung, führt der zunehmende radiale Geschwindigkeitsunterschied zu einer scheinbaren Erhöhung der axialen Dispersion, d. h. die Péclet-Zahl sinkt. In diesem Bereich wird nun die radiale Diffusion relevant für den Stofftransport und ein zunehmender Diffusionskoeffizient wirkt der scheinbaren Erhöhung der axialen Dispersion entgegen, d. h. erhöht die Péclet-Zahl (s. Gl. 6.70).

Für das *turbulente Strömungsregime* hat Taylor [18] folgende Beziehung theoretisch abgeleitet:

$$Pe_z \approx \frac{0{,}56}{\sqrt{\zeta}}. \tag{6.72}$$

Diese Beziehung stimmt nur für $10^4 < Re < 10^6$ mit Messwerten zufriedenstellend überein. In Gl. 6.72 ist ζ der sog. Widerstandsbeiwert; für diesen gilt bei glatten Rohren nach Blasius [3]:

$$\zeta = (100 \cdot Re)^{-1/4}. \tag{6.73}$$

Für den Übergangsbereich ($2300 < Re < 10^4$) kann eine empirische Korrelation von Levenspiel [12] verwendet werden:

$$Pe_z = \left(\frac{3 \cdot 10^7}{Re^{2,1}} + \frac{1,35}{Re^{0,125}} \right)^{-1}. \tag{6.74}$$

In Abb. 6.12 ist für einphasige Strömung in leeren Rohren Pe_z als Funktion von Re dargestellt. Daraus kann man ersehen, dass Pe_z für turbulente Strömung in leeren Rohren mit $Re > 10^4$ größer als 2 ist; für ein Verhältnis L/d_R von 50 ist dann $Bo > 100$, womit das ideale Strömungsrohr praktisch angenähert ist (s. Abb. 6.10). *Ein turbulent durchströmter Rohrreaktor verhält sich somit also näherungsweise wie ein idealer Strömungsrohrreaktor.*

Strömungsrohre mit Schüttschichten

Bei der Strömung von Fluiden durch ein Bett von kugelförmigen Teilchen strebt die Péclet-Zahl ($Pe_z = \overline{u}_z d_P / D_{e,z}$ mit $\overline{u}_z = \dot{V}/A_R$) gegen einen Grenzwert von $Pe_z \approx 2$. Bei Flüssigkeiten wird dieser Grenzwert bereits bei etwa $Re_P = 0{,}001$ und bei Gasen erst bei etwa $Re_P = 1$ erreicht ($Re_P = \overline{u}_z d_P/\nu$; d_P = Partikeldurchmesser) [11]. Somit verhalten sich Strömungsrohre mit Schüttschichten oberhalb der genannten Reynolds-Zahlen wie ein idealer Strömungsrohrreaktor, wenn gilt:

$$\frac{L}{d_P} > 50. \tag{6.75}$$

6.4.2.3 Zellenmodell

Beim *Zellenmodell* wird das Reaktionsvolumen des realen Strömungsrohrreaktors in N Zellen unterteilt. Das Volumen jeder Zelle ist jeweils vollständig rückvermischt, wohingegen zwischen den Zellen keinerlei Rückvermischung vorliegt. Das Zellenmodell entspricht also einer *Rührkesselkaskade*, die wir bereits in Abschn. 6.3.3 behandelt haben. Mithilfe des *Parameters N* (Anzahl der Zellen) kann jeder *Grad der Rückvermischung* abgebildet werden, vom idealen Rührkesselreaktor ($N = 1$) bis zum idealen Strömungsrohrreaktor ($N \to \infty$) (s. Abb. 6.6). Auch das Dispersionsmodell für das beidseitig hinsichtlich der Dispersion geschlossene Reaktionsvolumen konnte mithilfe des Parameters Bo (Bodenstein-Zahl) jeden Grad der Rückvermischung abbilden, vom idealen Rührkessel ($Bo \rightarrow 0$) bis zum idealen Strömungsrohr ($Bo \rightarrow \infty$) (s. Abb. 6.10). Für Bodenstein-Zahlen $Bo > 50$ gilt der Zusammenhang:

$$N \approx \frac{Bo}{2}. \tag{6.76}$$

Wollen wir also ein reales System mithilfe des Zellenmodells beschreiben, so besteht unsere Aufgabe darin, die Anzahl der Zellen N zu bestimmen, deren $F(t)$-Kurve am besten mit derjenigen übereinstimmt, welche experimentell für das betreffende reale Strömungsrohr ermittelt wurde.

Beispiel 6.2

In Beispiel 6.1 wurde eine experimentell ermittelte Verweilzeitsummenkurve mithilfe des Dispersionsmodells ausgewertet und eine Bodenstein-Zahl von 9,216 bestimmt. Wertet man nun die selbe gemessene Verweilzeitsummenkurve mit dem Zellenmodell aus, so ergibt sich die in Abb. 6.13 gezeigte Anpassung. So können die Messwerte im Anfangsbereich mit 6 Zellen und im Endbereich mit 4 Zellen approximiert werden. Die beste Anpassung ist also mit 5 Zellen möglich. Aus Gl. 6.76 ergibt sich daraus als grobe Näherung eine Bodenstein-Zahl von 10, die recht gut mit dem Ergebnis aus Beispiel 6.1 übereinstimmt. ◀

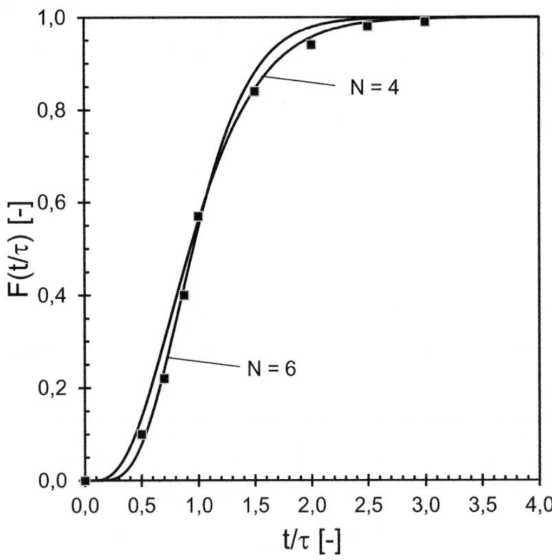

Abb. 6.13 Anpassung des Zellenmodells an die Messpunkte einer experimentell ermittelten $F(t/\tau)$-Kurve (Beispiel 6.2)

6.5 Bilanzierung realer Reaktoren

6.5.1 Berechnung des Umsatzgrades mit dem Dispersionsmodell

Im Folgenden wollen wir das *Dispersionsmodell* anwenden, um den Umsatzgrad in einem unter stationären Bedingungen betriebenen realen Strömungsrohrreaktor zu berechnen. Es sei dabei vorausgesetzt, dass der axiale Vermischungskoeffizient $D_{e,z}$ und die Strömungsgeschwindigkeit u_z über die ganze Länge des Strömungsrohrs konstant sind. Die Stoffbilanz für das Edukt A_i lautet dann:

$$0 = -u_z \frac{dc_i}{dz} + D_{e,z} \frac{d^2 c_i}{dz^2} + \sum_{j=1}^{M} \nu_{i,j} r_j. \tag{6.77}$$

Für eine einfache Reaktion, bei der die Reaktionsgeschwindigkeit in 1. Ordnung von einem Reaktionspartner A_i abhängt ($i = 1$, $\nu_1 = -1$, $\sum_j \nu_{i,j} r_j = -kc_1$), ergibt sich für die Stoffbilanz:

$$0 = -u_z \frac{dc_1}{dz} + D_{e,z} \frac{d^2 c_1}{dz^2} - kc_1. \tag{6.78}$$

Zur Lösung dieser Differenzialgleichung 2. Ordnung sind zwei Randbedingungen erforderlich. Diese wurden bereits in Abschn. 6.4.2.2 diskutiert. Sie lauten:

Randbedingung für $z = 0$:

$$u_z \cdot c_{i,0} = u_z \cdot c_i(z = 0) - D_{e,z} \cdot \left.\frac{dc_i}{dz}\right|_{z=0}. \tag{6.79}$$

Randbedingung für $z = L$:

$$D_{e,z} \cdot \left.\frac{dc_i}{dz}\right|_{z=L} = 0. \tag{6.80}$$

Machen wir nun die Gl. 6.78 dimensionslos, indem wir

$$\hat{c}_1 = c_1 / c_{1,0} \tag{6.81}$$

und

$$\hat{z} = z/L \tag{6.82}$$

einführen, so erhalten die Stoffbilanz und die Randbedingungen folgende Form:

$$
\begin{aligned}
&0=-\frac{\mathrm{d}\widehat{c}_1}{\mathrm{d}\widehat{z}}+\frac{D_{\mathrm{e},z}}{u_zL}\frac{\mathrm{d}^2\widehat{c}_1}{\mathrm{d}\widehat{z}^2}-\frac{kL}{u_z}\widehat{c}_1\\
&\widehat{z}=0\colon 1-\widehat{c}_1=-\frac{D_{\mathrm{e},z}}{u_zL}\frac{\mathrm{d}\widehat{c}_1}{\mathrm{d}\widehat{z}}\\
&\widehat{z}=1\colon \frac{\mathrm{d}\widehat{c}_1}{\mathrm{d}\widehat{z}}=0.
\end{aligned}
\tag{6.83}
$$

Die in der Gl. 6.83 auftretenden Quotienten $u_zL/D_{\mathrm{e},z}$ und $k \cdot L/u_z$ sind dimensionslose, für das System charakteristische Parameter. Der erste ist die uns schon bekannte *Bodenstein-Zahl Bo* (s. Gl. 6.59), die ein Maß für die Geschwindigkeit des Stofftransports durch Konvektion im Verhältnis zu der Geschwindigkeit der axialen Rückvermischung ist.

Der zweite dimensionslose Parameter $k \cdot L/u_z$ ist die *Damköhler-Zahl 1. Art* Da_{I} für eine Reaktion 1. Ordnung:

$$Da_{\mathrm{I}}=kL/u_z=k\tau. \tag{6.84}$$

Die allgemeine Definition der Damköhler-Zahl 1. Art lautet:

$$Da_{\mathrm{I}}=\frac{\tau}{t_{\mathrm{R}}}, \tag{6.85}$$

d. h. sie stellt das Verhältnis aus der Zeitkonstante der Konvektion, gegeben durch die Verweilzeit τ, und der Zeitkonstante der chemischen Reaktion t_{R} gegeben durch Gl. 3.92 dar. Setzt man Gl. 3.92 in Gl. 6.85 ein, so erhält man für eine irreversible Reaktion n-ter Ordnung die Damköhler-Zahl 1. Art wie folgt:

$$Da_{\mathrm{I}}=\frac{\tau}{c_{i,0}/r_0}=\tau\cdot k\cdot c_{i,0}^{n-1}. \tag{6.86}$$

Nach Einführung der beiden dimensionslosen Kenngrößen *Bo* und Da_{I} erhält man für die Stoffbilanz und die Randbedingungen:

$$
\begin{aligned}
&0=-\frac{\mathrm{d}\widehat{c}_1}{\mathrm{d}\widehat{z}}+\frac{1}{Bo}\frac{\mathrm{d}^2\widehat{c}_1}{\mathrm{d}\widehat{z}^2}-Da_{\mathrm{I}}\widehat{c}_1\\
&\widehat{z}=0\colon 1-\widehat{c}_1=-\frac{1}{Bo}\frac{\mathrm{d}\widehat{c}_1}{\mathrm{d}\widehat{z}}\\
&\widehat{z}=1\colon \frac{\mathrm{d}\widehat{c}_1}{\mathrm{d}\widehat{z}}=0.
\end{aligned}
\tag{6.87}
$$

Die Lösung der Differenzialgleichung lautet (vgl. Abschn. 12.4.1.2):

$$\widehat{c}_1 = \frac{-2(1-\beta)e^{Bo(1-\beta)/2}e^{Bo(1+\beta)\widehat{z}/2} + 2(1+\beta)e^{Bo(1+\beta)/2}e^{Bo(1-\beta)\widehat{z}/2}}{(1+\beta)^2 e^{Bo(1+\beta)/2} - (1-\beta)^2 e^{Bo(1-\beta)/2}}, \tag{6.88}$$

wobei

$$\beta = \sqrt{1 + \frac{4Da_{\mathrm{I}}}{Bo}} \tag{6.89}$$

ist. Die Gl. 6.88 beschreibt den Konzentrationsverlauf in einem Strömungsrohr mit axialer Durchmischung für eine volumenbeständige irreversible Reaktion 1. Ordnung als Funktion von $\widehat{z} = z/L$. Für den Reaktoraustritt ($\widehat{z} = 1$) folgt daraus:

$$\widehat{c}_1 = \frac{c_1}{c_{1,0}} = 1 - U_1 = \frac{4\beta}{(1+\beta)^2 e^{-Bo(1-\beta)/2} - (1-\beta)^2 e^{-Bo(1+\beta)/2}}. \tag{6.90}$$

Trägt man nun für einen gewünschten Umsatzgrad U_1 das Verhältnis aus der Verweilzeit nach dem Dispersionsmodell τ_{DM} gemäß Gl. 6.88 sowie 6.90 und der Verweilzeit für einen idealen Strömungsrohrreaktor τ_{PFTR} gemäß Gl. 5.83 über $1 - U_1$ in Abhängigkeit von der Bodenstein-Zahl Bo auf, so erhält man die in Abb. 6.14 dargestellten Verläufe. Man sieht, dass mit zunehmender Rückvermischung, d. h. abnehmender Bodenstein-Zahl, im realen Strömungsrohrreaktor deutlich höhere Verweilzeiten notwendig sind, um den gewünschten Umsatzgrad zu erreichen. Dieser Effekt ist umso größer, je größer der zu erzielende Umsatzgrad ist. Die beiden Grenzfälle, zum einen die vollständige Rückver-

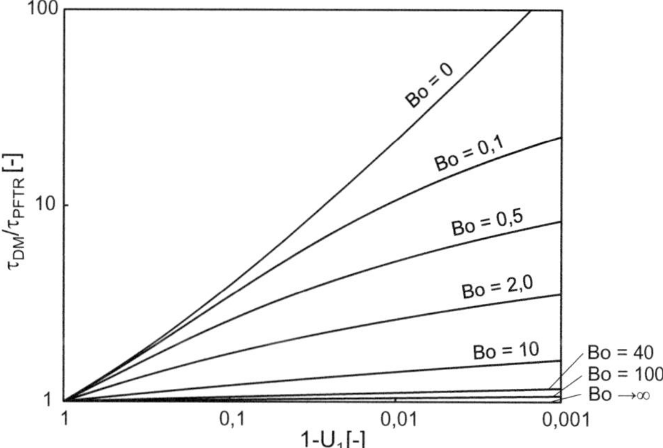

Abb. 6.14 Verhältnis der notwendigen Verweilzeiten von realem Strömungsrohrreaktor (Dispersionsmodell) und idealem Strömungsrohrreaktor für einen zu erreichenden Umsatzgrad U_i und eine irreversible Reaktion 1. Ordnung

mischung ($Bo \rightarrow 0$) und zum anderen keine Rückvermischung ($Bo \rightarrow \infty$), entsprechen in Abb. 5.33 den Verläufen $n = 1$ (τ_{CSTR}/τ_{PFTR} für 1. Ordnung) und $n = 0$ (entspricht $\tau_{CSTR}/\tau_{PFTR} = 1$). Alle anderen Grade der Rückvermischung ergeben Verläufe, die zwischen dem idealen Rührkesselreaktor und dem idealen Strömungsrohrreaktor liegen. Aus Abb. 6.14 wird auch ersichtlich, dass für $Bo > 100$ näherungsweise von einem idealen Strömungsrohrreaktor ausgegangen werden kann.

Ähnliche Abbildungen können auch für andere Ordnungen erstellt werden. In [13] findet man eine analoge Auftragung für eine irreversible Reaktion 2. Ordnung.

Beispiel 6.3 ([16])

In Beispiel 6.1 hatten wir festgestellt, dass sich die dort aufgrund experimenteller Ergebnisse ermittelte $F(t/\tau)$-Kurve mithilfe des Dispersionsmodells recht gut beschreiben lässt, wenn man einen Mittelwert für Bo von 9,216 annimmt. Dieser Wert soll nun dazu benutzt werden, um den Umsatzgrad für eine Reaktion 1. Ordnung zu berechnen, wenn $k = 0{,}1\,\text{s}^{-1}$ und $\tau = 10\,\text{s}$ beträgt.

Nach Gl. 6.84 ist $Da_\text{I} = 1$; damit folgt nach Gl. 6.89:

$$\beta = \sqrt{1 + \frac{4 \cdot 1}{9{,}216}} = 1{,}1975.$$

Mit diesem Wert ergibt sich aus Gl. 6.90:

$$\frac{c_1}{c_{1,0}} = 1 - U_1 = \frac{4 \cdot 1{,}1975}{4{,}829 e^{0{,}9101} - 0{,}039 e^{-10{,}1261}} = 0{,}399$$

und für den Umsatzgrad $U_1 = 0{,}601$. ◄

6.5.2 Berechnung des Umsatzgrades mit dem Zellenmodell

Wie im Abschn. 6.4.2.3 beschrieben wird beim Zellenmodell das Reaktionsvolumen V in N gleich große Zellen unterteilt, die jeweils vollständig rückvermischt sind. Jede Zelle entspricht also einem Kessel einer Rührkesselkaskade, der für alle $n = 1, \ldots, N$ ein Volumen

$$(V)_n = \frac{V}{N} \tag{6.91}$$

besitzt und in dem für alle $n = 1, \ldots, N$ eine Verweilzeit von

$$(\tau)_n = \frac{(V)_n}{\dot{V}} = \frac{1}{N} \cdot \tau \tag{6.92}$$

mit $\tau = V/\dot{V}$ vorliegt.

Somit ergibt sich für eine irreversible Reaktion 1. Ordnung gemäß Gl. 5.296 der Umsatzgrad in Abhängigkeit von der Zellenzahl N zu:

$$1 - (U_i)_N = \frac{1}{\left(1 - \nu_i \cdot k \cdot \frac{\tau}{N}\right)^N}. \tag{6.93}$$

Trägt man nun für einen gewünschten Umsatzgrad U_i das Verhältnis aus der Verweilzeit nach dem Zellenmodell τ_{ZM} gemäß Gl. 6.93 und der Verweilzeit für einen idealen Strömungsrohrreaktor τ_{PFTR} gemäß Gl. 5.83 über $1 - U_i$ in Abhängigkeit von der Zellenzahl N auf, so erhält man die in Abb. 6.15 dargestellten Verläufe. Man sieht, dass mit zunehmender Rückvermischung, d. h. abnehmender Zellenzahl, im realen Strömungsrohrreaktor deutlich höhere Verweilzeiten notwendig sind, um den gewünschten Umsatzgrad zu erreichen. Dieser Effekt ist umso größer, je größer der zu erzielende Umsatzgrad ist. Die beiden Grenzfälle, zum einen die vollständige Rückvermischung ($N = 1$) und zum anderen keine Rückvermischung ($N \to \infty$), entsprechen in Abb. 5.33 den Verläufen $n = 1$ (τ_{CSTR}/τ_{PFTR} für 1. Ordnung) und $n = 0$ (entspricht $\tau_{CSTR}/\tau_{PFTR} = 1$). Alle anderen Grade der Rückvermischung ergeben Verläufe, die zwischen dem idealen Rührkesselreaktor und dem idealen Strömungsrohrreaktor liegen. Aus Abb. 6.15 wird auch ersichtlich, dass für $N > 50$ näherungsweise von einem idealen Strömungsrohrreaktor ausgegangen werden kann.

Ähnliche Abbildungen können auch für andere Ordnungen erstellt werden. In [13] findet man eine analoge Auftragung für eine irreversible Reaktion 2. Ordnung.

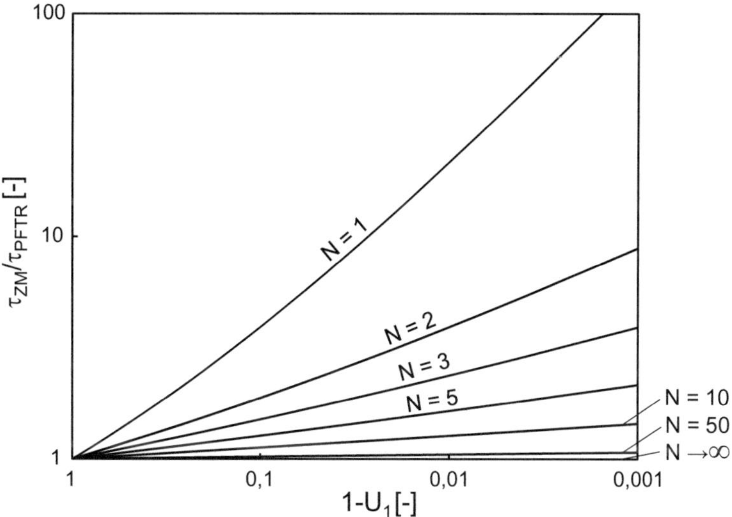

Abb. 6.15 Verhältnis der notwendigen Verweilzeiten von realem Strömungsrohrreaktor (Zellenmodell) und idealem Strömungsrohrreaktor für einen zu erreichenden Umsatzgrad U_i und eine irreversible Reaktion 1. Ordnung

Beispiel 6.4
In Beispiel 6.2 hatten wir festgestellt, dass sich die dort aufgrund experimenteller Ergebnisse ermittelte $F(t/\tau)$-Kurve mithilfe des Zellenmodells recht gut beschreiben lässt, wenn man einen Mittelwert für N von 5 annimmt. Es soll für diesen realen Strömungsrohrreaktor der Umsatzgrad für eine Reaktion 1. Ordnung berechnet werden, wobei wie in Beispiel 6.3 $k = 0{,}1\,\text{s}^{-1}$ und $\tau = 10\,\text{s}$ beträgt.

Den Umsatzgrad nach dem Zellenmodell erhält man aus Gl. 6.93 mit $\nu_1 = -1$:

$$(U_1)_5 = 1 - \frac{1}{\left(1 + k \cdot \frac{\tau}{5}\right)^5} = 1 - \frac{1}{(1 + 0,2)^5} = 1 - \frac{1}{2{,}488} = 0{,}598.$$

Das Dispersionsmodell hatte für die selbe gemessene $F(t/\tau)$-Kurve einen Umsatzgrad von $U_1 = 0{,}601$ ergeben (s. Beispiel 6.3). Man sieht daraus, dass die Ergebnisse, welche nach verschiedenen Modellen für reale Strömungsrohrreaktoren erhalten wurden, befriedigend übereinstimmen. ◄

6.5.3 Mikrovermischung und Makrovermischung (Segregation)

Bis jetzt sind wir bei der Bilanzierung idealer und realer Reaktoren stillschweigend davon ausgegangen, dass unabhängig vom Ort im Reaktor und der dort vorliegenden Konzentration eine *vollständige Mikrovermischung* vorliegt. Dies bedeutet, dass in dem Probevolumen, das wir an einem Ort im Reaktor entnommen haben, eine *Vermischung bis in den molekularen Bereich* erfolgt. Wenn dies nicht der Fall ist, spricht man von *teilweiser oder vollständiger Segregation*. Bei teilweiser oder vollständiger Segregation liegen im Probevolumen auf der Mikroskala Domänen vor, die unterschiedliche Konzentrationen haben und die sich nicht oder nur teilweise mischen. Ein gutes Beispiel für eine vollständige Segregation ist die Suspensionspolymerisation, bei der das in Wasser unlösliche Monomer im Wasser dispergiert ist und bei der die Polymerisation im Monomertropfen stattfindet (s. Abschn. 10.4.1).

Die Reaktorleistung bzw. die für einen gewünschten Umsatzgrad notwendige Verweilzeit kann vom Grad der Mikrovermischung, d. h. vom Grad der Segregation abhängen. Die experimentelle Bestimmung des Segregationsgrades bereitet jedoch einige Schwierigkeiten. Wir wollen uns hier nicht mit der quantitativen Behandlung der teilweisen Segregation befassen, sondern nur untersuchen, wie sich der Extremfall einer vollständigen Segregation auf die Reaktionsgeschwindigkeit und damit auf die Reaktorleistung auswirkt.

In den Abschn. 6.3 und 6.4 haben wir uns mit dem Verweilzeitverhalten idealer und realer Reaktoren befasst. *Die Verweilzeitverteilung beschreibt den Grad der Makrovermischung* zwischen Reaktoreingang und Reaktorausgang. Wir haben die beiden Extremfälle kennengelernt: Der kontinuierliche ideale Rührkesselreaktor, der sich durch eine vollständige Rückvermischung zwischen Reaktoreintritt und Reaktoraustritt auszeichnet und der ideale Strömungsrohrreaktor, bei dem keinerlei Rückvermischung zwischen Reaktoreintritt und Reaktoraustritt vorliegt.

Zunächst soll der *diskontinuierliche ideale Rührkesselreaktor* betrachtet werden. Liegt in einem solchen Reaktor eine vollständige Segregation in der Flüssigkeit vor, so verhält sich jede Flüssigkeitsdomäne wiederum wie ein kleiner diskontinuierlicher Rührkesselreaktor. Umsatzgrad und Konzentration sind in allen Flüssigkeitsdomänen zu jedem Zeitpunkt dieselben, da in jeder Flüssigkeitsdomäne die Reaktion zum gleichen Zeitpunkt $t = 0$ begonnen hat. Man erhält somit den selben Umsatzgrad wie bei einer vollständigen Mikrovermischung, d. h. wenn keine Segregation vorliegt. *Der Grad der Mikrovermischung hat somit keinen Einfluss auf den Umsatzgrad und die Reaktorleistung.* Dieselbe Feststellung gilt auch für ein *ideales Strömungsrohr*, in welchem sich auch bei einer vollständigen Segregation alle Domänen mit der gleichen Geschwindigkeit durch das Rohr bewegen.

In allen anderen *kontinuierlich betriebenen Reaktoren*, wie z. B. dem kontinuierlichen idealen Rührkesselreaktor oder dem realen Strömungsrohrreaktor, in welchen nicht alle Domänen dieselbe Verweilzeit haben, beeinflusst der Segregationsgrad den Umsatzgrad bzw. die Reaktorleistung. Die einzige Ausnahme sind Reaktionen 1. Ordnung wie nachfolgend noch gezeigt werden wird.

Wir wollen nun eine Domäne des strömenden Mediums ins Auge fassen. In dessen Nachbarschaft können sich Domänen befinden, die sich erst kürzere oder auch schon längere Zeit im System aufgehalten haben, d. h. in welchen demnach die Reaktion schon weniger oder weiter fortgeschritten und die Konzentration eines Reaktionspartners A_1 größer oder kleiner ist als in der zuerst betrachteten Domäne.

Wir nehmen nun zwei gleich große Domänen mit unterschiedlichen Konzentrationen c_1' und c_1'' des Reaktionspartners A_1 an. Die Reaktion soll in Bezug auf A_1 von n-ter Ordnung sein. Findet zwischen den beiden Domänen eine vollständige Mikrovermischung (Index „M“) statt, so ist die mittlere Konzentration der Mikromischung $(\bar{c}_1)_M = (c_1' + c_1'')/2$ und die Reaktionsgeschwindigkeit nach der Vermischung:

$$r_M = k \cdot \left(\frac{(c_1' + c_1'')}{2}\right)^n . \tag{6.94}$$

Bleiben die beiden Domänen jedoch segregiert (Index „S“), so ist die beobachtete Reaktionsgeschwindigkeit der Mittelwert der Reaktionsgeschwindigkeiten in den beiden Domänen:

$$r_S = \frac{k(c_1')^n + k(c'')^n}{2} . \tag{6.95}$$

Das Verhältnis der Reaktionsgeschwindigkeiten r_S und r_M bei Segregation bzw. bei vollständiger Mikrovermischung ist demnach:

$$\frac{r_S}{r_M} = \frac{\left((c_1')^n + (c_1'')^n\right)/2}{\left((c_1' + c_1'')/2\right)^n}. \tag{6.96}$$

Mithilfe von Gl. 6.96 kann man für eine positive Reaktionsordnung n folgende Fallunterscheidung durchführen:

$$\begin{aligned} n > 1: &\quad r_S/r_M > 1 \\ n = 1: &\quad r_S/r_M = 1 \\ n < 1: &\quad r_S/r_M < 1. \end{aligned} \tag{6.97}$$

Gl. 6.97 zeigt, dass es hinsichtlich der Reaktionsgeschwindigkeit und damit hinsichtlich des Umsatzgrades nur bei einer Reaktion 1. Ordnung gleichgültig ist, ob eine vollständige Segregation oder ob eine vollständige Mikrovermischung vorliegt. Wenn die Reaktionsordnung größer als 1 ist, dann ist $r_S > r_M$, d. h., man wird bei einer bestimmten fluiddynamischen Verweilzeit den größeren Umsatzgrad und die größere Reaktorleistung bei vollständiger Segregation erreichen. Andererseits wird dann, wenn die Reaktionsordnung kleiner als 1 ist, $r_S < r_M$ und damit wird der Umsatzgrad und die Reaktorleistung in einem Reaktor mit Mikrovermischung größer sein.

In welchem Ausmaß sich die beiden Grenzfälle der Mikrovermischung bei verschiedenen Reaktionsordnungen auf den Umsatzgrad und die Reaktorleistung auswirken, wird im nächsten Abschnitt am Beispiel des kontinuierlich betriebenen idealen Rührkesselreaktors, d. h. maximaler Makrovermischung, gezeigt werden.

6.5.4 Berechnung des Umsatzgrades für vollständige Segregation

Wir nehmen an, dass die Verweilzeitverteilungsfunktion $E(t)$ eines Reaktors und die Kinetik der ablaufenden Reaktion bekannt seien. Unter der Annahme, dass vollständige Segregation vorliegt, kann dann der Umsatzgrad für diesen Reaktor vorausberechnet werden. Der Umsatzgrad U_1 eines Edukts A_1 im Bruchteil $E(t)\,\mathrm{d}t$ des Auslaufs, der ja eine individuelle Verweilzeit zwischen t und $t + \mathrm{d}t$ hat, ist gleich dem Umsatzgrad in einem idealen Strömungsrohrreaktor mit einer Verweilzeit $t = \tau$ bzw. in einem diskontinuierlichen Rührkesselreaktorreaktor mit einer Reaktionszeit t. Werden nach dem Austritt aus dem Reaktor die verschiedenen segregierten Ströme, die unterschiedliche individuelle Verweilzeiten haben, vereinigt, so resultiert ein *mittlerer Umsatzgrad*, der gegeben ist durch:

$$\overline{U}_1 = \int_{t=0}^{t=\infty} U_1(t) \cdot E(t) \cdot \mathrm{d}t = \int_{F=0}^{F=1} U_1(t) \cdot \mathrm{d}F(t). \tag{6.98}$$

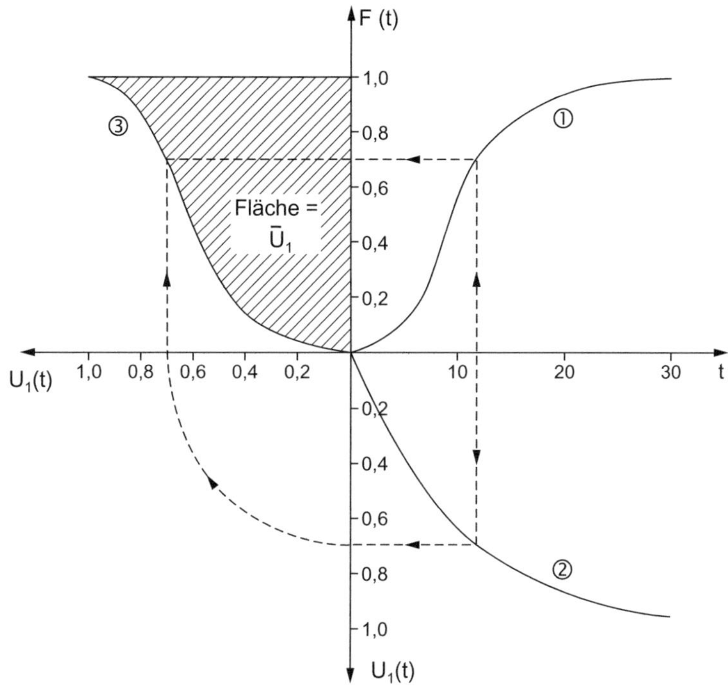

Abb. 6.16 Bestimmung des Umsatzgrades aus einer experimentell ermittelten Verweilzeitsummenkurve $F(t)$ und der experimentell oder rechnerisch bestimmten Umsatzgrad-Zeit-Beziehung [8, 14]

Eine grafische Lösungsmethode für Gl. 6.98 wurde von Hofmann und Schönemann (s. [8, 14]) eingeführt und soll anhand von Abb. 6.16 erläutert werden. Die Kurve 1 repräsentiert die experimentell ermittelte Verweilzeitsummenkurve $F(t)$, Kurve 2 den berechneten oder experimentell bestimmten Umsatzgrad U_1 als Funktion der Zeit t in einem diskontinuierlichen idealen Rührkesselreaktor bzw. der Verweilzeit τ in einem idealen Strömungsrohrreaktor. Aus diesen beiden Kurven lässt sich auf die in Abb. 6.16 angegebene Weise eine Kurve 3 konstruieren, welche einen Zusammenhang zwischen $U_1(t)$ und $F(t)$ vermittelt. Nach Gl. 6.98 entspricht die schraffierte Fläche dem mittleren Umsatzgrad $\overline{U}_1$ in diesem Reaktor.

Die Auswertung der Gl. 6.98 kann aber auch direkt durch Integration erfolgen, wenn sowohl $E(t)$ als auch $U_1(t)$ durch eine algebraische Funktion gegeben sind. Dies soll nachfolgend beispielhaft für eine *irreversible Reaktion 1. Ordnung* erfolgen, die im *kontinuierlichen idealen Rührkesselreaktor* durchgeführt wird und bei der eine *vollständige Segregation* vorliegt.

Die Verweilzeitverteilungskurve $E(t)$ des kontinuierlichen idealen Rührkesselreaktors wurde in Abschn. 6.3.2 abgeleitet und lautet (s. Gl. 6.29)

$$E(t) = \frac{1}{\tau} \cdot e^{-t/\tau}. \tag{6.99}$$

Der Umsatzgrad in einem isothermen, diskontinuierlichen idealen Rührkesselreaktor wurde für eine Reaktion 1. Ordnung in Abhängigkeit von der Zeit in Abschn. 5.4.1.4 abgeleitet (Gl. 5.89a). Für $|\nu_1| = 1$ gilt:

$$U_1(t) = 1 - e^{-kt}. \tag{6.100}$$

Somit ist nach Gl. 6.98 der mittlere Umsatzgrad bei vollständiger Segregation:

$$\overline{U}_1 = \int_0^\infty \left(1 - e^{-kt}\right) \frac{e^{-t/\tau}}{\tau} \, dt = \frac{k\tau}{1 + k\tau}. \tag{6.101}$$

Der andere Extremfall, die *vollständige Mikrovermischung,* wurde bereits in Kap. 5 behandelt. In Abschn. 5.4.2.4 wurde für einen isothermen kontinuierlichen idealen Rührkesselreaktor und eine Reaktion 1. Ordnung für die Abhängigkeit des Umsatzgrads von der Zeit Gl. 5.155a hergeleitet, die vollkommen identisch mit der Gl. 6.101 ist. Dadurch wird die Schlussfolgerung gemäß Gl. 6.97 bestätigt, wonach das Ausmaß der Mikrovermischung bei einer Reaktion 1. Ordnung den Umsatzgrad nicht beeinflusst.

Für irreversible Reaktionen der Ordnung $n = 0$, 1/2, 1 und 2 ($r = kc_1^n$) sind die Beziehungen für den mittleren Umsatzgrad in einem kontinuierlichen idealen Rührkesselreaktor bei vollständiger Segregation und bei vollständiger Mikrovermischung in Tab. 6.1 aufgeführt. Vorausgesetzt ist dabei, dass die $F(t)$-Kurve des Reaktors derjenigen des kontinuierlichen idealen Rührkesselreaktors entspricht.

Tab. 6.1 Beziehungen für den Umsatzgrad U_1 in einem kontinuierlichen idealen Rührkesselreaktor bei vollständiger Segregation bzw. vollständiger Mikrovermischung; $r = kc_1^n$

Ordnung n	Vollständige Segregation $\overline{U}_1 =$	Vollständige Mikrovermischung $U_1 =$
0	$\frac{k\tau}{c_{1,0}}\left(1 - e^{-c_{1,0}/k\tau}\right)$	$k\tau/c_{1,0}$ für $\tau < c_{1,0}/k$ 1 für $\tau \geq c_{1,0}/k$
0,5	$\frac{k\tau}{\sqrt{c_{1,0}}}\left[1 - \frac{k\tau}{2\sqrt{c_{1,0}}}\left(1 - e^{-2\sqrt{c_{1,0}}/k\tau}\right)\right]^{a}$	$\frac{(k\tau)^2}{2c_{1,0}}\left(\sqrt{1 + \frac{4c_{1,0}}{(k\tau)^2}} - 1\right)$
1	$k\tau/(1 + k\tau)$	$k\tau/(1 + k\tau)$
2	$1 + \frac{1}{k\tau c_{1,0}} e^{1/k\tau c_{1,0}} Ei\left(-\frac{1}{k\tau c_{1,0}}\right)^{b}$	$1 + \frac{1 - \sqrt{1 + 4k\tau c_{1,0}}}{2k\tau c_{1,0}}$

[a] Integrationsgrenzen sind hier $\tau = 0$ und $\tau = \sqrt{4c_{1,0}}/k$.

[b] Ei ist das Exponentialintegral (Euler'sches Integral); dieses ist folgendermaßen definiert: $Ei(-x) = \int_x^\infty \frac{e^{-z}}{z} \, dz$

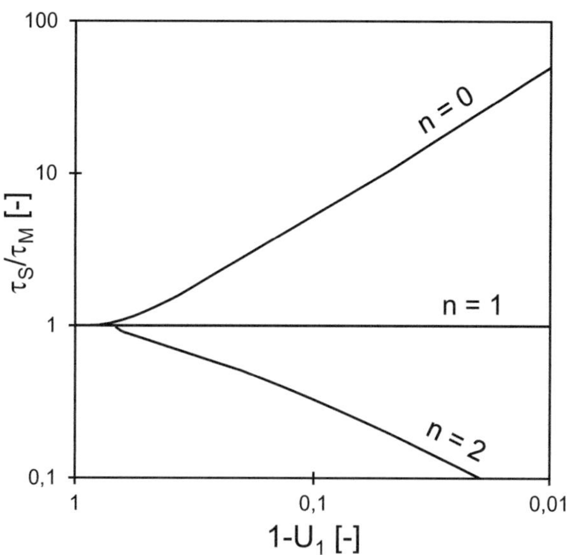

Abb. 6.17 Verhältnis der notwendigen Verweilzeiten für vollständige Segregation und vollständige Mikrovermischung im isothermen, kontinuierlichen idealen Rührkesselreaktor für einen zu erreichenden Umsatzgrad U_1 (n = Reaktionsordnung, S = vollständige Segregation, M = Mikrovermischung)

Zur besseren Veranschaulichung ist in Abb. 6.17 die notwendige Verweilzeit bei vollständiger Segregation im Vergleich zu der bei vollständiger Mikrovermischung aufgetragen, wenn man im isothermen kontinuierlichen idealen Rührkesselreaktor einen bestimmten Umsatzgrad erreichen möchte. Der Abbildung kann man entnehmen, dass bei einer Reaktion 0. Ordnung die notwendige Verweilzeit im Falle der vollständigen Segregation deutlich größer ist – und zwar um so mehr, je größer der zu erzielende Umsatzgrad ist – als bei vollständiger Mikrovermischung. Bei einer Reaktion 2. Ordnung ist dagegen die notwendige Verweilzeit bei vollständiger Segregation kleiner als bei vollständiger Mikrovermischung. Auch hier gilt, dass der Effekt umso größer ist, je größer der zu erzielende Umsatzgrad ist.

Beispiel 6.5

Wie auch in den Beispielen 6.3 und 6.4 gehen wir wieder von einer Reaktion $A_1 \rightarrow A_2$ aus, die nach einer Kinetik 1. Ordnung verläuft, wobei $k = 0{,}1\,\mathrm{s}^{-1}$ und $\tau = 10\,\mathrm{s}$ seien.

Es soll der mittlere Umsatzgrad $\overline{U}_1$ unter Annahme vollständiger Segregation berechnet werden:

a) für ein ideales Strömungsrohr,
b) für ein Rohr mit laminarer Strömung nach Gl. 6.98 unter Berücksichtigung der Gl. 6.100 und 6.48,
c) für ein reales Strömungsrohr nach Gl. 6.98 unter Berücksichtigung von Gl. 6.100 und mithilfe der experimentell ermittelten $F(t)$-Kurve aus Beispiel 6.1,
d) für einen kontinuierlichen idealen Rührkesselreaktor nach Gl. 6.101.

Wir erhalten folgende Ergebnisse:

a) Ideales Strömungsrohr:

$$\overline{U}_1 = 1 - e^{-k\tau} = 0{,}63.$$

b) Reales Strömungsrohr (laminare Strömung):

$$\overline{U}_1 = \int_{\tau/2}^{\infty} \left(1 - e^{-k\tau}\right) \frac{\tau^2}{2t^3}\, \mathrm{d}t.$$

Die untere Integrationsgrenze ist hier nicht Null, sondern $\tau/2$, vgl. Abschn. 6.4.2.1. Damit ist

$$\overline{U}_1 = 50 \int_{t=5}^{\infty} \left(1 - e^{-0{,}1\tau}\right) \frac{\mathrm{d}t}{t^3} = 0{,}52.$$

c) Reales Strömungsrohr (vorgegebene $F(t)$-Kurve):

Die Ermittlung von $\overline{U}_1$ nach der grafischen Methode ist in Abb. 6.16 gezeigt. Die schraffierte Fläche entspricht

$$\overline{U}_1 = 0{,}61.$$

d) Kontinuierlicher idealer Rührkesselreaktor:

$$\overline{U}_1 = \frac{k\tau}{1 + k\tau} = 0{,}50.$$

Die Ergebnisse stimmen mit denjenigen überein, die man bei vollständiger Mikrovermischung erhalten würde, da bei der vorliegenden Ordnung von $n = 1$ der Grad der Mikrovermischung keinen Einfluss auf den Umsatzgrad hat. ◄

Literatur

1. Aris, R.: On the dispersion of a solute in a fluid flowing through a tube. Proc. Roy. Soc. **A235**, 67–77 (1956)
2. Bird, B.R., Stewart, W.E., Lightfoot, E.N.: Transport Phenomena, 2. Aufl. Wiley, New York (2002)
3. Blasius, H.: Das Ähnlichkeitsgesetz bei Reibungsvorgängen in Flüssigkeiten. Forschungsarbeiten des VDI, Bd. 131. Springer, Berlin (1913)

4. Cholette, A., Cloutier, L.: Mixing efficiency determinations for continuous flow systems. Can. J. Chem. Eng. **37**, 105–112 (1959)
5. Cholette, A., Blanchet, J., Cloutier, L.: Performance of flow reactors at various levels of mixing. Can. J. Chem. Eng. **38**, 1–18 (1960)
6. Danckwerts, P.V.: Continuous flow systems: Distribution of residence time. Chem. Eng. Sci. **2**, 1–13 (1958)
7. Fogler, H.S.: Elements of chemical reaction engineering, 4. Aufl. Pearson Education, Saddle River (2006)
8. Hofmann, H.: Dissertation. Technische Hochschule Darmstadt (1955)
9. Hofmann, H.: Der derzeitige Stand bei der Vorausberechnung der Verweilzeitverteilung in technischen Reaktoren. Chem. Eng. Sci. **14**, 193–208 (1961)
10. Kramers, H., Alberda, G.: Frequency response analysis of continuous flow systems. Chem. Eng. Sci. **2**, 173–181 (1953)
11. Kraume, M.: Transportvorgänge in der Verfahrenstechnik, 2. Aufl. Springer, Berlin (2012)
12. Levenspiel, O.: Chemical reaction engineering. Wiley, New York (1962)
13. Levenspiel, O.: The chemical reactor omnibook. OSU Book Stores, Corvallis (1984)
14. Schoenemann, K.: Der Chemische Umsatz bei kontinuierlich durchgeführten Reaktionen. Dechema Monographien, 21. Aufl. Chemie, Weinheim (1952)
15. Smith, J.M.: Chemical Engineering Kinetics, 2. Aufl., S. 258. McGraw-Hill Book Company, New York (1970)
16. Smith, J.M.: Chemical Engineering Kinetics, 2. Aufl., S. 267. McGraw-Hill Book Company, New York (1970)
17. Taylor, G.I.: Dispersion of soluble matter in solvent flowing slowly through a tube. Proc. Roy. Soc. **A219**, 186–203 (1953)
18. Taylor, G.I.: The dispersion of matter in turbulent flow through a pipe. Proc. Roy. Soc. **A223**, 446–468 (1954)
19. van de Vusse, J.G.: Mixing by agitation of miscible liquids. Part I. Chem. Eng. Sci. **4**, 178–200 (1955)
20. van de Vusse, J.G.: Mixing by agitation of miscible liquids. Part II. Chem. Eng. Sci. **4**, 209–220 (1955)

Reaktionstechnik einphasiger komplexer Reaktionen 7

Die Modellierung idealer Reaktoren wurde in Kap. 5 am Beispiel einer einzigen irreversiblen Reaktion n-ter Ordnung demonstriert. Auf Basis der Stoffbilanz und bei nichtisothermem Betrieb zusätzlich der Enthalpiebilanz wurden die Konzentrations- und Temperaturverläufe abgeleitet sowie die Produktionshöhe für ein vorgegebenes Reaktionsvolumen bzw. das notwendige Reaktionsvolumen für eine vorgegebene Produktionshöhe berechnet. Grundlage für die Berechnung von Produktionshöhe bzw. Reaktionsvolumen war die Kenntnis des Zusammenhangs zwischen der Reaktionszeit bzw. Verweilzeit und dem gewünschten Umsatzgrad.

In diesem Kapitel werden nun *komplexe Reaktionen* diskutiert, die aus *mehr als einer Teilreaktion* bestehen. So liegen zwei Teilreaktionen vor, wenn das gewünschte Produkt zum Edukt zurück reagieren (*Gleichgewichtsreaktion*) oder unerwünscht weiter reagieren (*Folgereaktion*) kann. Zwei Teilreaktionen liegen auch dann vor, wenn das Edukt nicht nur zum erwünschten Produkt, sondern parallel auch zu einem unerwünschten Produkt reagieren kann (*Parallelreaktion*).

Im Falle der *Gleichgewichtsreaktion* ist der Umsatzgrad durch den Gleichgewichtsumsatzgrad thermodynamisch limitiert (s. Abschn. 7.1). Nicht umgesetztes Edukt wird daher zumeist abgetrennt und rückgeführt bzw. wieder eingesetzt. Aus ökonomischen Gründen ist daher einerseits ein gewisser Mindestumsatzgrad notwendig, aber andererseits ein bestimmter maximaler Umsatzgrad nicht zu überschreiten, da in der Nähe des Gleichgewichtes die Stoffmengenänderungsgeschwindigkeit des Eduktes und damit die Raum-Zeit-Ausbeute zu gering ist. Somit gibt es einen *wirtschaftlich optimalen Umsatzgrad*, dem zusätzlich eine *optimale Temperatur bzw. Temperaturführung* zugrunde liegt. Im Falle der *Folge- oder Parallelreaktion* (s. Abschn. 7.2 und 7.3) gibt es ebenfalls einen wirtschaftlich optimalen Umsatzgrad. Zu geringe Umsatzgrade führen wie bei der Gleichgewichtsreaktion zu zu hohen Kosten für Abtrennung und Rückführung/Wiedereinsatz des nicht umge-

G. Emig et al., *Chemische Reaktionstechnik*,
https://doi.org/10.1007/978-3-662-68826-7_7

setzten Eduktes. Zu hohe Umsatzgrade bedeuten andererseits, insbesondere bei der Folgereaktion, Selektivitätsverluste für das gewünschte Produkt und damit erhöhte Kosten für den Rohstoffeinsatz und die spezifikationsgerechte Aufreinigung. Sogenannte *Selektivitäts-Umsatzgrad-Diagramme* sind die Basis zur Ermittlung des optimalen Umsatzgrades.

Komplexe Reaktionen, die mehr als zwei Teilreaktionen umfassen, sich aber aus den in den Abschn. 7.1, 7.2, 7.3 behandelten Reaktionstypen zusammensetzen, werden in Abschn. 7.4 diskutiert.

Für die idealen Reaktoren wurden die Stoff- und Energiebilanzen bereits in Kap. 5 abgeleitet. Wir werden auf diese Bilanzgleichungen zurückgreifen, jedoch nun berücksichtigen, dass mehr als eine Reaktion abläuft. Dies bedeutet, dass wir *die Reaktionsterme (Quell-/Senkterme) in der Stoff- bzw. Enthalpiebilanz wie folgt ersetzen*:

$$\nu_i \cdot r \rightarrow \sum_{j=1}^{M} \nu_{i,j}\, r_j \tag{7.1}$$

$$r \cdot (-\Delta_\mathrm{R} H) \rightarrow \sum_{j=1}^{M} r_j \cdot \left(-\Delta_\mathrm{R} H_j\right). \tag{7.2}$$

Weiterhin werden wir in diesem Kapitel bei den theoretischen Betrachtungen die *Äquivalenz von idealem Strömungsrohrreaktor und diskontinuierlichem idealen Rührkesselreaktor* nutzen. Bei der tatsächlichen Wahl des Reaktortyps ist diese Äquivalenz aber in der Praxis von geringerer Bedeutung, da die beiden Reaktortypen üblicherweise in unterschiedlichen Zeitbereichen der Reaktionszeit bzw. Verweilzeit betrieben werden. So können in diskontinuierlichen idealen Rührkesselreaktoren mit Reaktionsvolumina von mehreren Kubikmetern keine Reaktionen durchgeführt werden, die Zeitkonstanten von Minuten und Sekunden oder von noch kleineren Werten besitzen. In idealen Strömungsrohrreaktoren können dagegen Reaktionen mit solch kleinen Zeitkonstanten problemlos durchgeführt werden, indem entsprechend kurze Verweilzeiten eingestellt werden. Auch können in idealen Strömungsrohrreaktoren stark exotherme Reaktionen sicher beherrscht werden, da im Gegensatz zum diskontinuierlichen idealen Rührkesselreaktor wesentlich höhere Oberflächen/Volumen-Verhältnisse für die Wärmeabfuhr zur Verfügung stehen. Eine typische Ausführungsform sind in diesem Fall Rohrbündelreaktoren, die eine Vielzahl von parallelen Strömungsrohren mit kleinen Innendurchmessern von wenigen Zentimetern besitzen (s. Kap. 2, Abb. 2.4). Abschließend sei noch angemerkt, dass ideale Strömungsrohrreaktoren sowohl für Gas- wie für Flüssigphasenreaktionen einsetzbar sind, wohingegen sich der Einsatz des idealen diskontinuierlichen Rührkesselreaktors auf die Flüssigphase beschränkt.

Aus den genannten Gründen, d. h. wegen des größeren Einsatzbereichs des idealen Strömungsrohrreaktors, werden die theoretischen Ableitungen in diesem Kapitel für den idealen Strömungsrohrreaktor erfolgen. Sie können jedoch einfach auf den diskontinuier-

lichen idealen Rührkesselreaktor übertragen werden, indem die Verweilzeit τ durch die Reaktionszeit t ersetzt wird.

Abschließend sei noch darauf hingewiesen, dass – sofern nicht anderslautende Angaben vorliegen – sich die *Abbildungen und Beispiele im Falle des idealen Strömungsrohrreaktors auf schnelle Gasphasenreaktionen bei höheren Temperaturen von mehr als 200 °C beziehen, die im Sekundenmaßstab ablaufen. Im Falle des idealen Rührkesselreaktors beziehen sich die Abbildungen und Beispiele auf langsame Flüssigphasenreaktionen bei niedrigeren Temperaturen von weniger als 200 °C, die im Minuten- oder Stundenmaßstab ablaufen.*

7.1 Gleichgewichtsreaktionen

7.1.1 Monomolekulare Gleichgewichtsreaktion

Eine *monomolekulare Gleichgewichtsreaktion* kann durch folgende allgemeine Reaktionsgleichung beschrieben werden:

$$|\nu_1|\,A_1 \underset{k_2}{\overset{k_1}{\rightleftarrows}} |\nu_2|\,A_2. \tag{7.3}$$

Die dazugehörige Matrix der stöchiometrischen Koeffizienten lautet somit:

$$\begin{array}{c} \\ j=1 \\ j=2 \end{array} \begin{array}{c} \begin{array}{cc} A_1 & A_2 \end{array} \\ \begin{pmatrix} -|\nu_1| & +|\nu_2| \\ +|\nu_1| & -|\nu_2| \end{pmatrix} \end{array}. \tag{7.4}$$

Da in den nachfolgenden Bilanzgleichungen die Beträge der stöchiometrischen Koeffizienten, also die positiven Werte aus der Reaktionsgleichung (Gl. 7.3), verwendet werden, wird die Matrix der stöchiometrischen Koeffizienten in Gl. 7.4 ebenfalls mit den Beträgen gebildet und das jeweilige Vorzeichen separat vor dem jeweiligen Betrag berücksichtigt. Dies hat den Vorteil, dass in den nachfolgenden Bilanzgleichungen die Beiträge der Hin- und Rückreaktion direkt am Vorzeichen erkennbar sind.

Als Kinetiken werden sowohl für die Hin- als auch die Rückreaktion Potenzansätze 1. Ordnung angenommen:

$$r_1 = k_1 c_1, \tag{7.5}$$

$$r_2 = k_2 c_2. \tag{7.6}$$

Im Folgenden wird jeweils für die beiden idealen Reaktoren zunächst der Zusammenhang zwischen Umsatzgrad und Verweilzeit sowie die optimale Reaktionstemperatur für isothermen Betrieb abgeleitet und dann die optimale Temperaturführung für nichtisothermen Betrieb diskutiert.

7.1.1.1 Idealer Strömungsrohrreaktor/diskontinuierlicher idealer Rührkesselreaktor

Isothermer Betrieb

Setzt man die Kinetiken der Gleichgewichtsreaktion 1. Ordnung Gl. 7.5 und 7.6 unter Berücksichtigung der Matrix der stöchiometrischen Koeffizienten gemäß Gl. 7.4 und unter Annahme von $u_z = \text{const}$ in die Bilanzgleichung des idealen Strömungsrohrreaktors Gl. 5.266 ein, so erhält man:

$$\frac{dc_1}{d\tau} = R_1 = \sum_{j=1}^{2} \nu_{1,j}\, r_j = -\mid \nu_1 \mid k_1 c_1 + \mid \nu_1 \mid k_2 c_2. \tag{7.7}$$

Unter Berücksichtigung der Stöchiometrie kann man die Konzentration der Produktspezies A_2 auf die jeweilige Konzentration der Eduktspezies A_1 zurückführen:

$$c_2 = c_{2,0} + (c_{1,0} - c_1) \cdot \frac{\mid \nu_2 \mid}{\mid \nu_1 \mid}. \tag{7.8}$$

Im weiteren Verlauf der Ableitung wird davon ausgegangen, dass zu Beginn der Reaktion kein Produkt vorliegt, d. h., es gilt:

$$c_{2,0} = 0\,\text{mol/l}. \tag{7.9}$$

Durch Einsetzen von Gl. 7.8 in Gl. 7.7 und Umstellen erhält man folgende inhomogene Differenzialgleichung 1. Ordnung mit konstanten Koeffizienten:

$$\frac{dc_1}{d\tau} + (|\nu_1|k_1 + |\nu_2|k_2)c_1 = \mid \nu_2 \mid k_2 c_{1,0}. \tag{7.10}$$

Diese Differenzialgleichung kann durch Substitution der Variablen c_1 durch die Variable $c_1 - c_{1,Gl}$ gelöst werden, wobei $c_{1,Gl}$ die Gleichgewichtskonzentration ist. Diese Substitution führt zu folgender neuer Differenzialgleichung:

$$\frac{d(c_1 - c_{1,Gl})}{d\tau} + (|\nu_1|k_1 + |\nu_2|k_2)(c_1 - c_{1,Gl}) = b \tag{7.11}$$

mit

$$b = |\nu_2|\, k_2 c_{1,0} - (|\nu_1| k_1 + |\nu_2| k_2) c_{1,\text{Gl}}. \tag{7.12}$$

Es kann nun gezeigt werden, dass die rechte Seite von Gl. 7.11 – also die Konstante b – den Wert null annimmt und eine homogene Differenzialgleichung resultiert. Dazu berechnet man aus dem thermodynamischen Gleichgewicht (mikroskopische Reversibilität für ideales System)

$$r_{1,\text{Gl}} = k_1 \cdot c_{1,\text{Gl}} = r_{2,\text{Gl}} = k_2 \cdot c_{2,\text{Gl}} \tag{7.13}$$

die thermodynamische Gleichgewichtskonstante

$$K_c = \frac{c_{2,\text{Gl}}}{c_{1,\text{Gl}}} = \frac{(c_{1,0} - c_{1,\text{Gl}}) \cdot \frac{|\nu_2|}{|\nu_1|}}{c_{1,\text{Gl}}} = \frac{k_1}{k_2} \tag{7.14}$$

sowie die Gleichgewichtskonzentration $c_{1,\text{Gl}}$:

$$c_{1,\text{Gl}} = \frac{c_{1,0}}{1 + K_c \cdot \frac{|\nu_1|}{|\nu_2|}}. \tag{7.15}$$

Setzt man Gl. 7.15 in Gl. 7.12 ein, ergibt sich für b der Wert null und Gl. 7.11 geht über in die homogene Differenzialgleichung

$$\frac{\mathrm{d}(c_1 - c_{1,\text{Gl}})}{\mathrm{d}\tau} + (|\nu_1| k_1 + |\nu_2| k_2)(c_1 - c_{1,\text{Gl}}) = 0, \tag{7.16}$$

die durch Trennung der Variablen wie folgt gelöst werden kann:

$$c_1 - c_{1,\text{Gl}} = (c_{1,0} - c_{1,\text{Gl}}) \cdot e^{-(|\nu_1| k_1 + |\nu_2| k_2)\tau}. \tag{7.17}$$

Es ergibt sich somit eine *Relaxation 1. Ordnung*, d. h., die Abweichung der Konzentration c_1 von der Gleichgewichtskonzentration $c_{1,\text{Gl}}$ nimmt exponentiell ab, so wie das auch bei einer irreversiblen Reaktion der Fall war (dann $c_{1,\text{Gl}} = 0$ mol/l und $k_2 = 0\ \text{h}^{-1}$). Die Geschwindigkeit der Gleichgewichtseinstellung erfolgt mit der über die stöchiometrischen Koeffizienten gewichteten Summe der Geschwindigkeitskonstanten:

$$k = |\nu_1|\, k_1 + |\nu_2|\, k_2. \tag{7.18}$$

Führt man den Umsatzgrad U_1 sowie den Gleichgewichtsumsatzgrad $U_{1,\text{Gl}}$ ein, so resultiert die folgende Gleichung:

$$U_1 = U_{1,\mathrm{Gl}}\left(1 - e^{-k\tau}\right) \tag{7.19}$$

mit

$$U_{1,\mathrm{Gl}} = \frac{K_c}{K_c + \frac{|\nu_2|}{|\nu_1|}}. \tag{7.20}$$

Die für einen gewünschten Umsatzgrad U_1 notwendige Verweilzeit kann explizit angegeben werden, indem man Gl. 7.19 nach der Verweilzeit τ auflöst:

$$\tau = -\frac{1}{k}\ln\left(1 - \frac{U_1}{U_{1,\mathrm{Gl}}}\right). \tag{7.21}$$

Sowohl Gl. 7.19 als auch Gl. 7.21 gehen über in die jeweilige Gleichung für die irreversible Reaktion 1. Ordnung (s. Gl. 5.89a bzw. Gl. 5.83 in Abschn. 5.4.1.4), wenn man $U_{1,\mathrm{Gl}} = 1$ und $k_2 = 0\,\mathrm{h}^{-1}$ einsetzt.

Bei der irreversiblen Reaktion 1. Ordnung bedeutet eine Temperaturerhöhung eine exponentielle Zunahme der Geschwindigkeitskonstanten k, sodass Vollumsatz ($U_1 = 100\,\%$) umso schneller erreicht wird, je höher die Reaktionstemperatur ist.

Auch bei der *endothermen reversiblen Gleichgewichtsreaktion* ergibt sich die optimale Reaktionstemperatur als maximal mögliche Temperatur, bei der noch keine Nebenreaktionen ablaufen, keine Werkstoffprobleme auftreten oder bei Flüssigphasenreaktionen noch kein Sieden einsetzt.

Bei der *exothermen reversiblen Gleichgewichtsreaktion* 1. Ordnung ist zusätzlich zu berücksichtigen, dass mit zunehmender Temperatur zwar die Reaktionsgeschwindigkeit zunimmt, aber der Gleichgewichtsumsatzgrad abnimmt. Kinetik und Thermodynamik verhalten sich also gegenläufig. Abb. 7.1 verdeutlicht exemplarisch diesen Sachverhalt: Bei 575 K stellt sich das Gleichgewicht innerhalb etwa einer Zehntelsekunden ein, der Gleichgewichtsumsatzgrad liegt aber nur bei etwa 18 %. Bei 400 K liegt der Gleichgewichtsumsatzgrad zwar bei 100 % (quasi irreversibel), stellt sich aber selbst innerhalb einer Verweilzeit von 8 s nicht ein. *Je nach gewünschtem Umsatzgrad gibt es also eine optimale Temperatur.* Diese kann berechnet werden, indem man bei bekannter Kinetik und Thermodynamik die für den gewünschten Umsatzgrad notwendige Verweilzeit gemäß Gl. 7.21 in Abhängigkeit von der Temperatur aufträgt (s. Abb. 7.2). Die optimale isotherme Reaktionstemperatur ist diejenige Temperatur, bei der die Verweilzeit durch ein Minimum läuft.

Nichtisothermer Betrieb

Die endotherme Gleichgewichtsreaktion wird hier nicht näher betrachtet, da – wie bereits für den isothermen Betrieb diskutiert – in diesem Fall aus thermodynamischen und

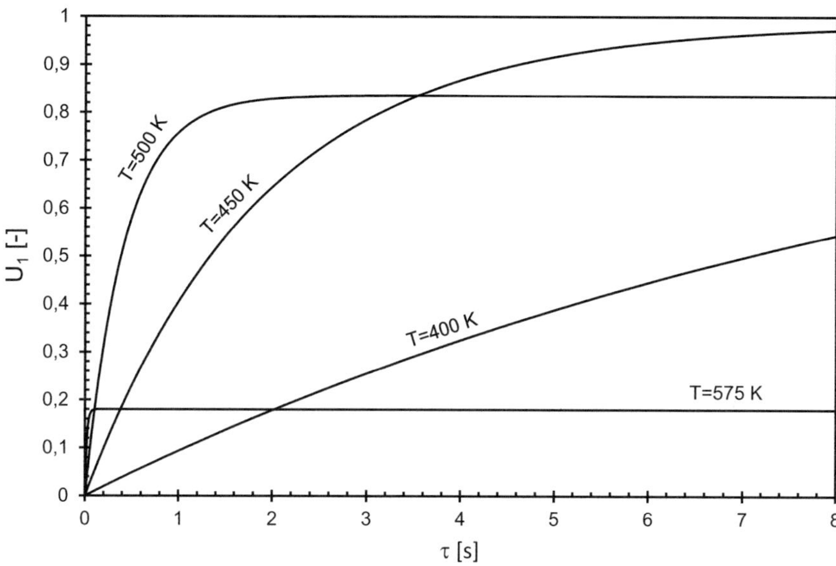

Abb. 7.1 Umsatzgrad-Verweilzeit-Verläufe für eine exotherme 1,1-Gleichgewichtsreaktion im isothermen idealen Strömungsrohrreaktor für unterschiedliche Reaktionstemperaturen. Berechnung für: $\nu_1 = -1$, $\nu_2 = +1$, $\Delta_R H = -100$ kJ/mol, $E_{A,1} = 50$ kJ/mol, $E_{A,2} = 150$ kJ/mol, $K_{c,0} = 1{,}81 \cdot 10^{-10}$, $k_{1,0} = 3{,}32 \cdot 10^5\,\text{s}^{-1}$

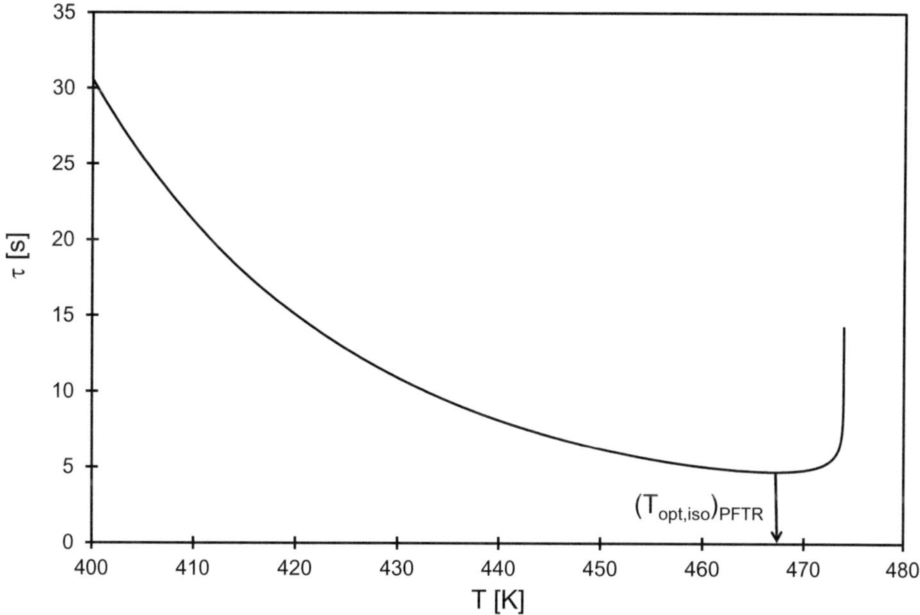

Abb. 7.2 Optimale isotherme Reaktionstemperatur für eine exotherme 1,1-Gleichgewichtsreaktion im idealen Strömungsrohrreaktor bei vorgegebenem zu erreichendem Umsatzgrad von $U_1 = 0{,}95$. (Berechnung mit Parametern aus Abb. 7.1)

kinetischen Gründen eine möglichst hohe Temperatur angestrebt wird, deren Wert sich aus einsetzenden Nebenreaktionen, der Werkstoffstabilität oder bei Flüssigphasenreaktionen durch den Siedepunkt ergibt.

Im Falle der *exothermen Gleichgewichtsreaktion* gibt es jedoch eine *theoretisch optimale polytrope Temperaturführung*, da Thermodynamik und Kinetik sich gegenläufig verhalten. *So gibt es für jeden Umsatzgrad im Reaktor eine optimale Temperatur, bei der die Stoffmengenänderungsgeschwindigkeit des Eduktes A_1 maximal ist.* Dies kann man erkennen, wenn man in Gl. 7.16 den Umsatzgrad U_1 sowie den Gleichgewichtsumsatzgrad $U_{1,\mathrm{Gl}}$ einführt:

$$\frac{\mathrm{d}c_1}{\mathrm{d}\tau} = R_1 = -k(U_{1,\mathrm{Gl}} - U_1)c_{1,0}. \tag{7.22}$$

Gl. 7.22 ergibt für einen festen Wert von U_1 in Abhängigkeit von der Temperatur einen Maximumsverlauf, der beispielhaft in Abb. 7.3 dargestellt ist. Zunächst nimmt die Stoffmengenänderungsgeschwindigkeit exponentiell zu, weil die Temperaturabhängigkeit von k gemäß der Arrhenius-Gleichung überwiegt. Ab einer bestimmten Temperatur überwiegt die Abnahme von $U_{1,\mathrm{Gl}} - U_1$, da die Gleichgewichtskonstante und damit der Gleichgewichtsumsatzgrad mit zunehmender Temperatur abnehmen. Dies wird durch die van't Hoff'sche Reaktionsisobare beschrieben:

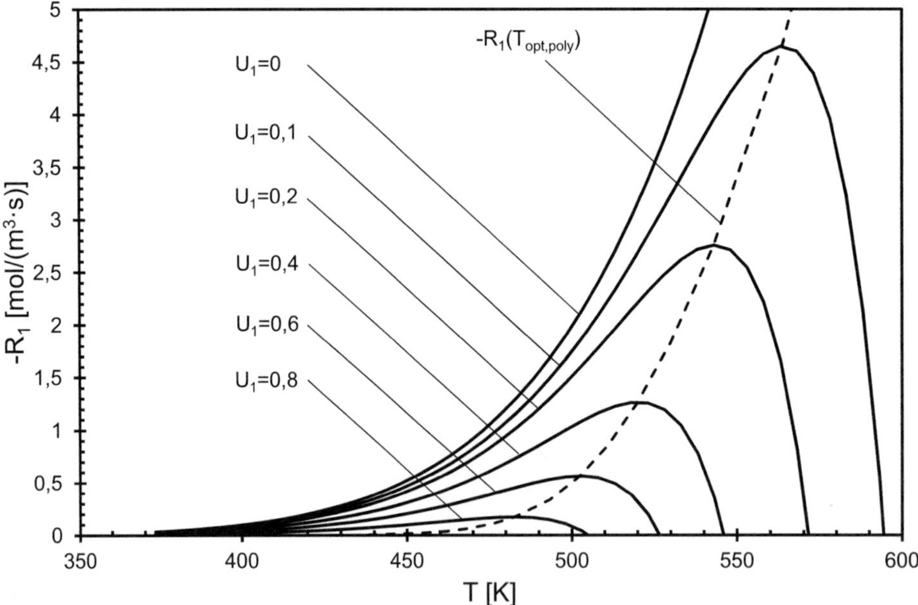

Abb. 7.3 Temperaturabhängigkeit der Stoffmengenänderungsgeschwindigkeit der Spezies A_1 für verschiedene konstante Umsatzgrade bei einer exothermen 1,1-Gleichgewichtsreaktion sowie theoretisch optimale polytrope Temperaturführung als *gestrichelte Kurve*. (Berechnung mit Parametern aus Abb. 7.1)

$$\left(\frac{\partial \ln K}{\partial T}\right)_p = \frac{\Delta_R H}{RT^2} \tag{7.23}$$

mit

$$\Delta_R H = E_{A,1} - E_{A,2} \tag{7.24}$$

$$K = K_c. \tag{7.25}$$

Für den Gleichgewichtsumsatzgrad $U_{1,Gl}$ gilt Gl. 7.20:

$$U_{1,Gl} = \frac{K_c}{K_c + \frac{|\nu_2|}{|\nu_1|}}. \tag{7.26}$$

Trägt man den Gleichgewichtsumsatzgrad $U_{1,Gl}$ gemäß Gl. 7.23 bis 7.26 in ein *Umsatzgrad-Temperatur-Diagramm* auf, dann erhält man den für eine exotherme Gleichgewichtsreaktion typischen S-förmigen Verlauf (s. Abb. 7.4). Weiterhin sind in Abb. 7.4 Kurven konstanter Stoffmengenänderungsgeschwindigkeiten $-R_1$ eingetragen, die sich aus

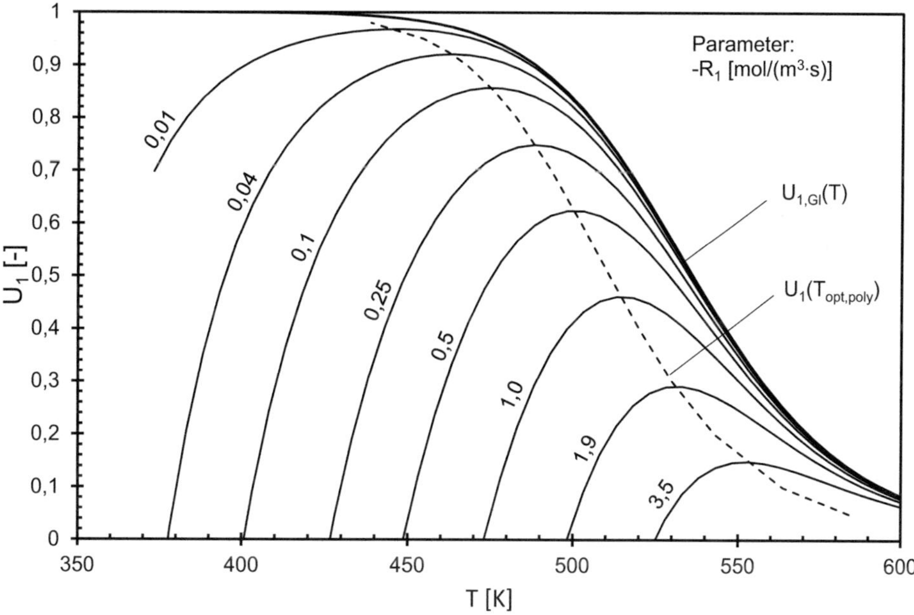

Abb. 7.4 Umsatzgrad-Temperatur-Diagramm einer exothermen 1,1-Gleichgewichtsreaktion mit Kurven konstanter Stoffmengenänderungsgeschwindigkeit $-R_1$ sowie theoretisch optimale polytrope Temperaturführung nach Gl. 7.31 als *gestrichelte Kurve*. (Berechnung mit Parametern aus Abb. 7.1)

Abb. 7.3 ergeben, wenn man für $-R_1 = \text{const}$ (horizontale Linien) die Wertepaare (U_1, T) ermittelt und in das Umsatzgrad-Temperatur-Diagramm überträgt. Diese Werte können auch berechnet werden, wenn man Gl. 7.22 nach U_1 auflöst und $U_1(T)$ für verschiedene Werte für $-R_1 = \text{const}$ berechnet.

Für jeden Reaktionsfortschritt bzw. Umsatzgrad existiert eine optimale Reaktionstemperatur, bei der die Stoffmengenänderungsgeschwindigkeit maximal ist (s. gestrichelte Linie in Abb. 7.3 und 7.4). Diese optimalen Temperaturen, die in ihrer Gesamtheit der theoretisch optimalen polytropen Temperaturführung entsprechen, können berechnet werden, indem man für jeden Umsatzgrad das Maximum der Stoffmengenänderungsgeschwindigkeit von A_1 bestimmt. Dazu verwenden wir Gl. 7.7 und führen in den kinetischen Termen den Umsatzgrad sowie die Arrhenius-Abhängigkeit der Geschwindigkeitskonstante ein:

$$R_1 = \frac{\mathrm{d}c_1}{\mathrm{d}\tau} = -\mid \nu_1 \mid k_{1,0} \cdot e^{-E_{\mathrm{A},1}/RT} c_{1,0}(1-U_1) + \mid \nu_1 \mid k_{2,0} \cdot e^{-E_{\mathrm{A},2}/RT} \cdot \frac{\mid \nu_2 \mid}{\mid \nu_1 \mid} c_{1,0} U_1. \tag{7.27}$$

Um das Maximum der Stoffmengenänderungsgeschwindigkeit in Abhängigkeit von der Temperatur zu finden, leitet man diese nach der Temperatur ab und setzt die Ableitung gleich null:

$$\frac{\mathrm{d}R_1}{\mathrm{d}T} = -\frac{E_{\mathrm{A},1}}{RT_{\mathrm{opt}}^2} \mid \nu_1 \mid k_1 \cdot c_{1,0}(1-U_1) + \frac{E_{\mathrm{A},2}}{RT_{\mathrm{opt}}^2} \mid \nu_1 \mid k_2 \cdot \frac{\mid \nu_2 \mid}{\mid \nu_1 \mid} c_{1,0} U_1 = 0 \tag{7.28}$$

mit

$$k_1 = k_{1,0} \cdot e^{-E_{\mathrm{A},1}/RT_{\mathrm{opt}}}, \tag{7.29}$$

und

$$k_2 = k_{2,0} \cdot e^{-E_{\mathrm{A},2}/RT_{\mathrm{opt}}}. \tag{7.30}$$

Durch Auflösen nach der *optimalen Temperatur* erhält man:

$$T_{\mathrm{opt}} = T_{\mathrm{opt,poly}} = \frac{1}{R} \cdot \frac{E_{\mathrm{A},2} - E_{\mathrm{A},1}}{\ln\left(\frac{k_{0,2} \cdot E_{\mathrm{A},2}}{k_{0,1} \cdot E_{\mathrm{A},1}} \cdot \frac{U_1}{1-U_1} \cdot \frac{|\nu_2|}{|\nu_1|}\right)}. \tag{7.31}$$

Trägt man nun diesen *theoretisch optimalen polytropen Temperaturverlauf gemäß* Gl. 7.31 in die Abb. 7.3 und 7.4 ein, so erhält man die gestrichelten Temperaturverläufe.

Der theoretisch optimale polytrope Temperaturverlauf zeichnet sich dadurch aus, dass die Stoffmengenänderungsgeschwindigkeit des Eduktes A_1 bei jedem Umsatzgrad, d. h. an jeder Stelle z im Falle des idealen Strömungsrohrreaktors bzw. zu jeder Zeit t im Falle des diskontinuierlichen idealen Rührkesselreaktors maximal ist. In Abb. 7.5 sind für die *polytrope und die adiabate Betriebsweise* die tatsächlichen Verläufe von Umsatzgrad U_1 und Temperatur T im idealen Strömungsrohrreaktor dargestellt und mit der optimalen isothermen Betriebsweise, die in Abb. 7.2 ermittelt wurde, verglichen. Dabei wurde in allen Fällen davon ausgegangen, dass ein Endumsatzgrad von 95 % erzielt werden soll. Man erkennt, dass die reale polytrope Betriebsweise am nächsten zum theoretisch optimalen polytropen Temperaturverlauf liegt und der einstufige adiabate Betrieb am weitesten entfernt liegt. Entsprechend der durchlaufenen Stoffmengenänderungsgeschwindigkeiten ist gemäß der Stoffbilanz (Integration von Gl. 5.266 mit Stoffmengenänderungsgeschwindigkeit anstelle Reaktionsgeschwindigkeit gemäß Gl. 7.1) im einstufigen adiabaten Betrieb die notwendige Verweilzeit im Strömungsrohr am größten und im polytropen Betrieb am kleinsten.

Die U_1-T-Verläufe des polytropen Betriebs ergeben sich analog zu der Vorgehensweise in Abschn. 5.4.1.6 durch eine einfache Euler-Integration aus der Stoffbilanz Gl. 5.117 und der Enthalpiebilanz Gl. 5.118. Dabei ist zu beachten, dass in Abschn. 5.4.1.6 die Herleitung für den diskontinuierlichen idealen Rührkesselreaktor erfolgte, d. h. t durch τ ersetzt werden

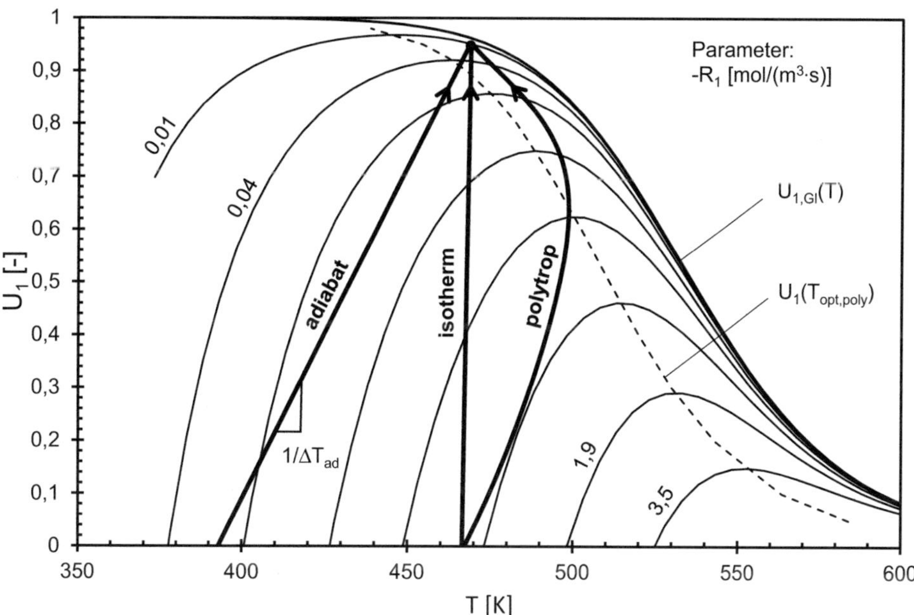

Abb. 7.5 Umsatzgrad-Temperatur-Diagramm für eine exotherme 1,1-Gleichgewichtsreaktion mit den typischen U_1-T-Verläufen für isothermen, polytropen und adiabaten Betrieb eines idealen Strömungsrohrreaktors. (Theoretisch optimale polytrope Temperaturführung nach Gl. 7.31 ist *gestrichelt* eingezeichnet)

muss, wenn man den idealen Strömungsrohrreaktor beschreiben möchte. Weiterhin ist zu beachten, dass nun zwei Reaktionen vorliegen (Hin- und Rückreaktion) und Gl. 7.1 und Gl. 7.2 berücksichtigt werden müssen. Somit ergeben sich folgende Bilanzgleichungen:

$$\frac{\mathrm{d}U_1}{\mathrm{d}\tau} = \frac{+\mid \nu_1 \mid r_1 - \mid \nu_1 \mid r_2}{c_{1,0}} \tag{7.32}$$

$$\frac{\mathrm{d}T}{\mathrm{d}\tau} = \frac{1}{\rho \cdot c_p} \cdot \left(r_1 \cdot (-\Delta_\mathrm{R} H_1) + r_2 \cdot (-\Delta_\mathrm{R} H_2) + k_\mathrm{W} \frac{A_\mathrm{W}}{V} \left(\overline{T}_\mathrm{WT} - T \right) \right). \tag{7.33}$$

Die U_1-T-Verläufe des adiabaten Betriebs ergeben sich aus den Bilanzgleichungen Gl. 5.97 und 5.98 in Abschn. 5.4.1.5, wobei t durch τ ersetzt werden muss und wiederum Gl. 7.1 und 7.2 zu berücksichtigen sind. Beachtet man weiterhin den im Falle der reversiblen Reaktion gültigen Zusammenhang

$$\Delta_\mathrm{R} H_2 = -\Delta_\mathrm{R} H_1, \tag{7.34}$$

dann ergibt sich auch für die reversible Reaktion der für die adiabate Betriebsweise typische lineare Zusammenhang zwischen Temperatur und Umsatzgrad gemäß Gl. 5.100 mit der adiabaten Temperaturerhöhung ΔT_ad als Steigung gemäß Gl. 5.102. Entsprechend ist die Steigung der adiabaten Trajektorie im U_1-T-Diagramm dann $1/\Delta T_\mathrm{ad}$.

Der in Abb. 7.5 dargestellte adiabate Betrieb hat den Nachteil, dass die Eintrittstemperatur entsprechend niedrig sein muss, damit der gewünschte Umsatzgrad (im Beispiel $U_1 = 95\,\%$) mit maximaler mittlerer Stoffmengenänderungsgeschwindigkeit erreicht wird. Diese große Abweichung von der theoretisch optimalen polytropen Temperaturführung hat sehr lange Verweilzeiten zur Folge. Eine Annäherung an die theoretisch optimale polytrope Temperaturführung kann bei adiabater Betriebsweise jedoch dadurch erreicht werden, dass man nicht nur einen adiabaten Strömungsrohrreaktor betreibt, sondern mehrere und dazwischen mithilfe eines Wärmeübertragers indirekt kühlt. Im Falle von heterogen katalysierten Reaktionen spricht man auch von einem *Abschnittsreaktor* oder *Hordenreaktor* (s. Abschn. 8.2.3). In Abb. 7.6 sind die U_1-T-Verläufe eingezeichnet: Die horizontalen Pfeile beschreiben die Abkühlung des Reaktionsgemischs im Wärmeübertrager (ohne Änderung des Umsatzgrades) und die schrägen Pfeile die lineare Temperaturzunahme mit Steigung $1/\Delta T_\mathrm{ad}$ in den adiabaten Strömungsrohrreaktoren. Die optimale abschnittsweise adiabate Reaktionsführung ist ein mehrdimensionales Optimierungsproblem, das als Parameter die Ein- und Austrittstemperaturen aller adiabater Abschnitte umfasst. So kann zwar die theoretisch optimale polytrope Temperaturführung mit einer sehr großen Anzahl an adiabaten Abschnitten realisiert werden, was aber bedingt durch die hohen Investitionskosten – vor allem durch die große Anzahl an Wärmeübertragern – wirtschaftlich nicht sinnvoll ist. Auf der anderen Seite sind mindestens zwei adiabate Abschnitte erforderlich,

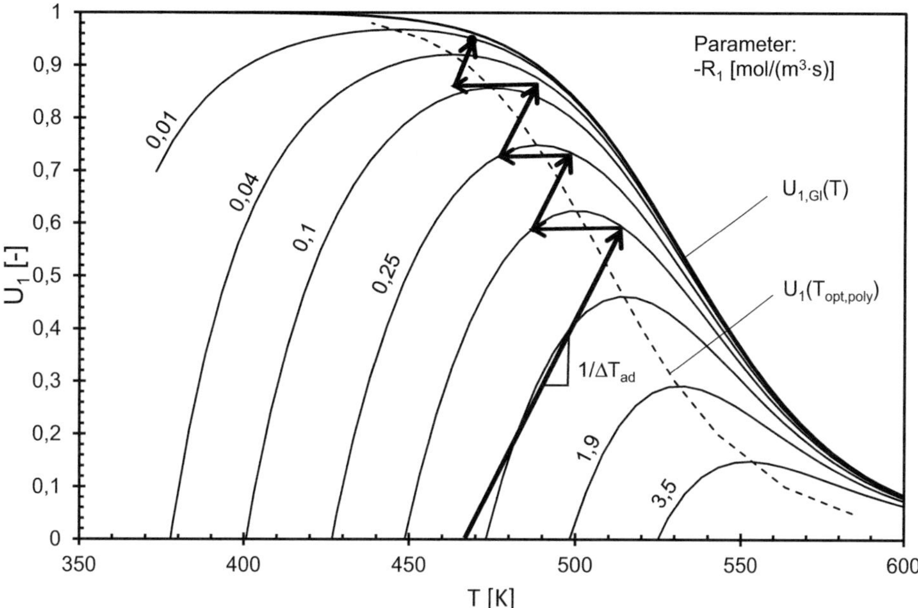

Abb. 7.6 Umsatzgrad-Temperatur-Diagramm für eine exotherme 1,1-Gleichgewichtsreaktion mit typischen U_1-T-Verläufen für abschnittsweise adiabaten Betrieb eines idealen Strömungsrohrreaktors mit indirekter Zwischenkühlung. (Theoretisch optimale polytrope Temperaturführung nach Gl. 7.31 ist *gestrichelt* eingezeichnet)

um die ansonsten zu langen Verweilzeiten (große Reaktionsvolumina bzw. kleine Volumenströme) zu reduzieren. Das wirtschaftliche Optimum liegt typischerweise im Bereich von 2 bis 8 adiabaten Abschnitten.

Die notwendige Kühlung nach den adiabaten Abschnitten kann auch durch direkte Zwischenkühlung, d. h. durch *Kaltgaseinspritzung mit frischem Edukt* ($U_1 = 0$) erfolgen. Die Eintrittstemperatur in den nächsten adiabaten Abschnitt ergibt sich dann mithilfe der sogenannten Mischungsgerade, die die Zustandspunkte der sich mischenden Ströme verbindet. Der sich einstellende Mischungspunkt hängt gemäß dem sogenannten Hebelgesetz vom Verhältnis der Massenströme von Kaltgas und Heißgas (Gas am Austritt des adiabaten Abschnitts) ab. Abb. 7.7 veranschaulicht diese Betriebsweise.

Durch die Kaltgaseinspritzung entfallen zwar die teuren Wärmeübertrager, jedoch sind mehr adiabate Abschnitte notwendig, um den gewünschten Umsatzgrad zu erreichen (s. Abb. 7.7). Abhängig vom vorliegenden Reaktionssystem kann die indirekte Zwischenkühlung aber die wirtschaftlich günstigere Lösung sein.

7.1.1.2 Kontinuierlicher idealer Rührkesselreaktor

Isothermer Betrieb

Wird die monomolekulare Gleichgewichtsreaktion gemäß Reaktionsgleichung Gl. 7.3 in einem *isothermen kontinuierlichen idealen Rührkesselreaktor* durchgeführt, so muss le-

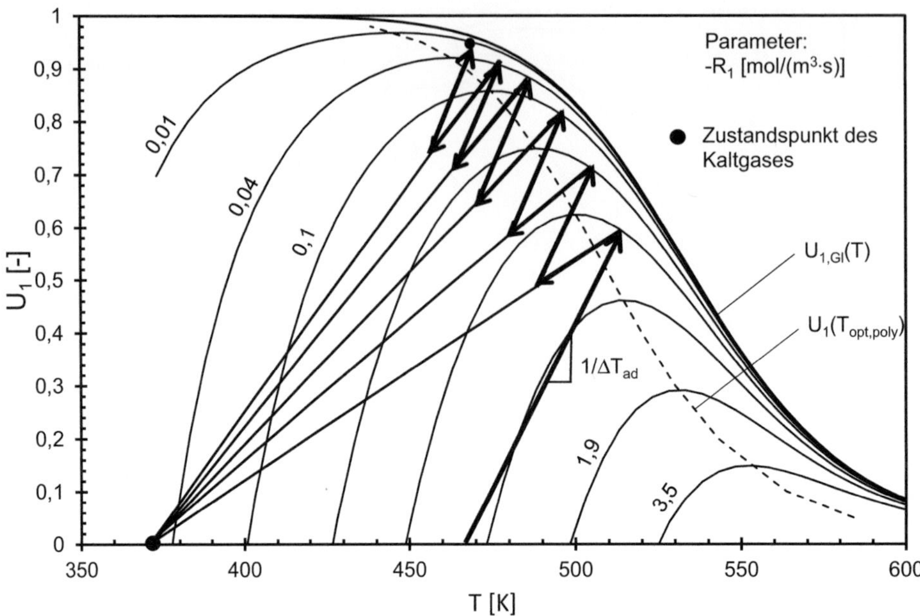

Abb. 7.7 Umsatzgrad-Temperatur-Diagramm für eine exotherme 1,1-Gleichgewichtsreaktion mit typischen U_1-T-Verläufen für abschnittsweise adiabaten Betrieb eines idealen Strömungsrohrreaktors mit direkter Zwischenkühlung, d. h. Kaltgaseinspritzung. (Theoretisch optimale polytrope Temperaturführung nach Gl. 7.31 ist *gestrichelt* eingezeichnet)

diglich die entsprechende Stoffbilanz gelöst werden. Diese wurde bereits in Kap. 5 abgeleitet (s. Gl. 5.150), wobei nun gemäß Gl. 7.1 zwei Reaktionen, nämlich Hin- und Rückreaktion, zu berücksichtigen sind:

$$0 = c_{1,0} - c_1 + \tau \sum_{j=1}^{2} \nu_{1,j}\, r_j. \tag{7.35}$$

Mit $\nu_{1,1} = -\mid \nu_1 \mid$ und $\nu_{1,2} = + \mid \nu_1 \mid$ und den Kinetiken 1. Ordnung (Gl. 7.5 und 7.6) folgt:

$$0 = c_{1,0} - c_1 + \tau(-|\nu_1|k_1 c_1 + |\nu_1|k_2 c_2). \tag{7.36}$$

Drückt man wieder die Konzentration der Produktspezies A_2 durch die Konzentration der Eduktspezies A_1 aus (s. Gl. 7.8), nimmt $c_{2,0} = 0$ mol/l an und führt den Umsatzgrad U_1 gemäß Gl. 2.13 ein, so erhält man:

$$U_1 = \frac{|\nu_1| k_1 \tau}{1 + k\tau}, \tag{7.37}$$

mit $k = |\nu_1| k_1 + |\nu_2| k_2$.

Unter Berücksichtigung des Gleichgewichtsumsatzgrades $U_{1,\mathrm{Gl}}$ ergibt sich folgende Endgleichung:

$$U_1 = U_{1,\mathrm{Gl}} \frac{k\tau}{1 + k\tau}. \tag{7.38}$$

Dabei kann Gl. 7.38 aus Gl. 7.37 abgeleitet werden, wenn man den Zusammenhang gemäß Gl. 7.20 anwendet und $K_c = k_1/k_2$ berücksichtigt:

$$U_{1,\mathrm{Gl}} = \frac{|\nu_1| k_1}{k}. \tag{7.39}$$

Die irreversible Reaktion ergibt sich auch hier für $U_{1,\mathrm{Gl}} = 1$ und $k_2 = 0\,\mathrm{h}^{-1}$, womit Gl. 7.38 in Gl. 5.155a übergeht.

Die notwendige Verweilzeit τ für einen gewünschten Umsatzgrad U_1 kann explizit angegeben werden, indem man Gl. 7.38 nach der Verweilzeit τ auflöst:

$$\tau = \frac{1}{k} \cdot \frac{U_1/U_{1,\mathrm{Gl}}}{1 - U_1/U_{1,\mathrm{Gl}}}. \tag{7.40}$$

Vergleicht man die notwendigen Verweilzeiten für den kontinuierlichen idealen Rührkesselreaktor τ_{CSTR} nach Gl. 7.40 mit dem des idealen Strömungsrohrreaktors τ_{PFTR} nach Gl. 7.21, ergibt sich die selbe Abhängigkeit des Verhältnisses $\tau_{\mathrm{CSTR}}/\tau_{\mathrm{PFTR}}$ wie in Abb. 5.33 für eine irreversible Reaktion 1. Ordnung dargestellt, wenn man auf der Abszisse $1 - U_1/U_{1,\mathrm{Gl}}$ anstelle von $1 - U_1$ aufträgt. Oder anders ausgedrückt: Die notwendige Verweilzeit für das Erreichen eines bestimmten Umsatzgrades wird im kontinuierlichen idealen Rührkesselreaktor im Vergleich zum idealen Strömungsrohrreaktor immer größer, je stärker man sich dem Gleichgewichtsumsatzgrad nähert.

Abb. 7.8 zeigt exemplarisch in Abhängigkeit von der Temperatur die Verweilzeit, die gemäß Gl. 7.40 im kontinuierlichen idealen Rührkesselreaktor eingestellt werden muss, um bei gegebener Kinetik und Thermodynamik einen gewünschten Umsatzgrad von 95 % zu erreichen. Die optimale isotherme Reaktionstemperatur entspricht dann derjenigen Temperatur, bei der die notwendige Verweilzeit minimal ist. Würde man einen idealen Strömungsrohrreaktor einsetzen, dann ergeben sich für die selbe Kinetik und Thermodynamik gemäß Gl. 7.21 – wie erwartet – insgesamt deutlich kürzere Verweilzeiten sowie eine etwas höhere optimale isotherme Reaktionstemperatur (s. Abb. 7.8).

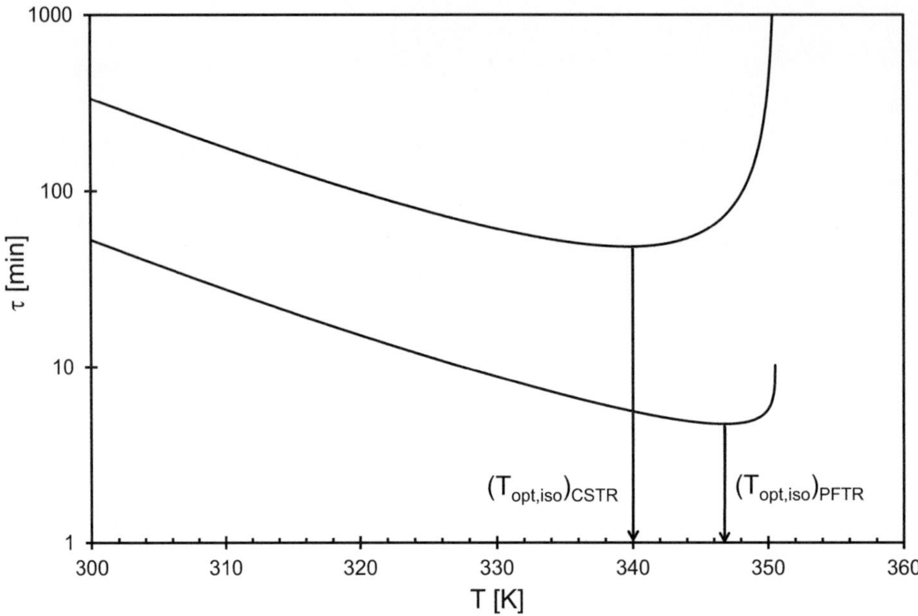

Abb. 7.8 Optimale isotherme Reaktionstemperatur für eine exotherme 1,1-Gleichgewichtsreaktion im kontinuierlichen idealen Rührkesselreaktor (CSTR) sowie im idealen Strömungsrohrreaktor (PFTR) bei vorgegebenem zu erreichendem Umsatzgrad von $U_1 = 0{,}95$. Berechnung für $\nu_1 = -1$, $\nu_2 = +1$, $\Delta_R H = -100\,\text{kJ/mol}$, $E_{A,1} = 50$ kJ/mol, $E_{A,2} = 150$ kJ/mol, $K_{c,0} = 2{,}38 \cdot 10^{-14}$, $k_{1,0} = 2{,}9 \cdot 10^7\,\text{min}^{-1}$

Nichtisothermer Betrieb

Der *nichtisotherm betriebene kontinuierliche ideale Rührkesselreaktor* kann wie im vorangegangenen Abschn. 7.1.1.1 im *Umsatzgrad-Temperatur-Diagramm* diskutiert werden. Die Kurven konstanter Stoffmengenänderungsgeschwindigkeit ergeben sich wiederum gemäß der Gl. 7.22 bis 7.26, da der diskontinuierliche ideale Rührkesselreaktor direkt die Kinetik und Thermodynamik widerspiegelt, die unabhängig vom Reaktortyp gültig ist. Die theoretisch optimale polytrope Temperaturführung wird daher weiterhin durch Gl. 7.31 beschrieben und ist als gestrichelte Kurve in Abb. 7.9 eingezeichnet. Im Gegensatz zum idealen Strömungsrohrreaktor zeigt der nichtisotherme kontinuierliche ideale Rührkesselreaktor eine *sprunghafte Änderung der Temperatur zwischen Eintritt und Austritt* (s. Abb. 5.32). Aus diesem Grunde sind die isotherme, adiabate und polytrope Trajektorie in Abb. 7.9 als gestrichelte Pfeile gezeichnet, da im Gegensatz zum idealen Strömungsrohrreaktor die Zustände zwischen Eintritt und Austritt nicht durchlaufen werden. Die Eintrittstemperatur muss entsprechend niedrig gewählt werden, damit sich im Falle des adiabaten und des polytropen Betriebs im kontinuierlichen idealen Rührkesselreaktor der gewünschte Umsatzgrad ($U_1 = 0{,}95$ in Abb. 7.9) bei der optimalen Reaktionstemperatur (340 K gemäß Abb. 7.8) einstellt. Die Temperatur nimmt dann wegen der nicht ausreichenden (polytrop) bzw. nicht erfolgenden (adiabat) Wärmeabfuhr sprunghaft von der

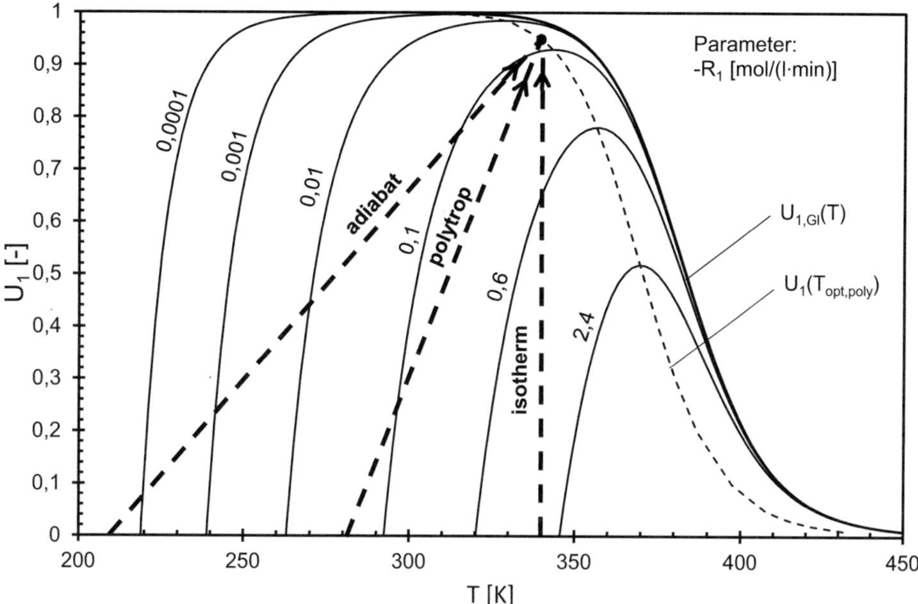

Abb. 7.9 Umsatzgrad-Temperatur-Diagramm für eine exotherme 1,1-Gleichgewichtsreaktion mit den typischen U_1-T-Verläufen für isothermen, polytropen und adiabaten Betrieb eines kontinuierlichen idealen Rührkesselreaktors sowie theoretisch optimale polytrope Temperaturführung nach Gl. 7.31 als *gestrichelte Kurve.* (Berechnung mit Parametern aus Abb. 7.8)

Eintrittstemperatur auf die optimale Reaktionstemperatur im Reaktor bzw. am Austritt des Reaktors zu. Aus Abb. 7.9 wird ersichtlich, dass die für den gewünschten Umsatzgrad optimale Reaktionstemperatur der Temperatur entspricht, bei der die Stoffmengenänderungsgeschwindigkeit maximal ist, d. h. auf der theoretisch optimalen polytropen Temperaturführung gemäß Gl. 7.31 liegt. Im Gegensatz dazu liegt beim idealen Strömungsrohrreaktor die für einen gewünschten Umsatzgrad optimale isotherme Temperatur oberhalb der bei diesem Umsatzgrad theoretisch optimalen polytropen Temperatur (s. Abb. 7.5). Dies ist dadurch zu erklären, dass im idealen Strömungsrohr die *mittlere* Stoffmengenänderungsgeschwindigkeit maximal sein muss, die sich aus allen Stoffmengenänderungsgeschwindigkeiten ergibt, die vom Eintritt zum Austritt durchlaufen werden.

Die sprunghafte Änderung der Temperatur auf die für den betrachteten Umsatzgrad optimale Reaktionstemperatur im nichtisotherm betriebenen kontinuierlichen idealen Rührkesselreaktor bedeutet, dass im gesamten Reaktionsvolumen die für diesen Umsatzgrad maximale Stoffmengenänderungsgeschwindigkeit vorliegt. Dagegen werden im idealen Strömungsrohrreaktor alle Temperaturen von der niedrigen Eintrittstemperatur bis zur optimalen Temperatur am Reaktorausgang durchlaufen, sodass die Geschwindigkeitskonstanten im Reaktionsvolumen im Mittel geringer sind. Andererseits sinkt im idealen

Strömungsrohrreaktor die Eduktkonzentration nicht sofort auf die niedrige Austrittskonzentration ab, sodass die Eduktkonzentration im Mittel im Reaktionsvolumen größer ist. Bei isothermem Betrieb ist nur der letztere Effekt relevant, sodass die Verweilzeit im idealen Strömungsrohrreaktor geringer ist als im kontinuierlichen idealen Rührkesselreaktor (s. Abb. 7.8). Im nichtisothermen Betrieb ist aber auch der beschriebene Einfluss der Temperatur zu berücksichtigen. Wenn der Temperatureffekt gegenüber dem Konzentrationseffekt überwiegt, dann sind im nichtisotherm betriebenen, kontinuierlichen idealen Rührkesselreaktor kleinere Verweilzeiten notwendig und damit höhere Raum-Zeit-Ausbeuten möglich. Welcher Effekt überwiegt, hängt vom gewünschten Umsatzgrad und den kinetischen Parametern ab und muss von Fall zu Fall überprüft werden.

Bei adiabatem und polytropem Betrieb ist wie bei der irreversiblen Reaktion 1. Ordnung zu beachten, dass ein Zünd-/Lösch-Verhalten auftreten kann (s. Abschn. 5.4.2.5). Die möglichen Betriebspunkte ergeben sich für diese Betriebsweisen aus den Schnittpunkten von Wärmeabfuhrgeraden und Wärmeerzeugungskurve. Der einzige Unterschied ist der Verlauf der *Wärmeerzeugungskurve, die im Falle der exothermen reversiblen 1,1-Gleichgewichtsreaktion ein Maximum durchläuft* (s. Abb. 7.10), d. h. nicht wie im Falle der irreversiblen Reaktion 1. Ordnung einen S-förmigen Verlauf besitzt (s. Abb. 5.18). Das Maximum erklärt sich durch die mit höherer Temperatur zunehmende Rückreaktion und

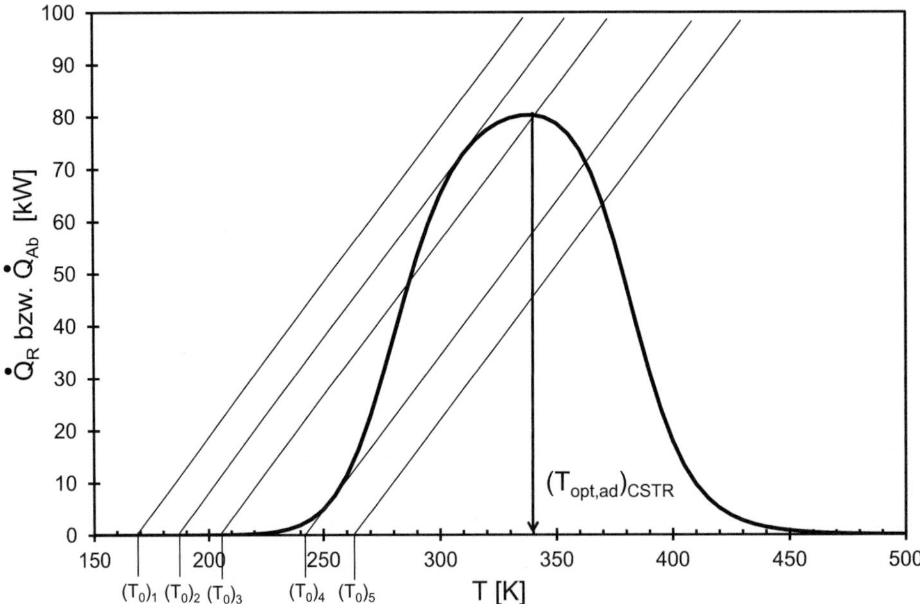

Abb. 7.10 Wärmeerzeugungskurve und Wärmeabfuhrgeraden für unterschiedliche Zulauftemperaturen für eine exotherme 1,1-Gleichgewichtsreaktion im adiabaten idealen kontinuierlichen Rührkesselreaktor (Berechnung mit Parametern aus Abb. 7.8 sowie zusätzlich $\rho = 780\,\text{kg/m}^3$, $c_p = 2700\,\text{J/(kg K)}$, $c_{1,0} = 3\,\text{mol/l}$, $\tau = 3600\,\text{s}$, $\dot{V} = 2{,}8 \cdot 10^{-4}\,\text{m}^3/\text{s}$)

die dadurch sinkende Stoffmengenänderungsgeschwindigkeit von Edukt A_1, was zu einer abnehmenden Wärmeerzeugung führt.

Wie bereits in Abschn. 5.4.2.5 diskutiert, ergeben sich je nach Eintrittstemperatur T_0, 1 oder 3 Betriebspunkte. Im letzteren Falle ist der mittlere Betriebspunkt gemäß dem Stabilitätskriterium Gl. 5.164 kein stabiler Betriebspunkt. Aus Abb. 7.10 kann man auch schlussfolgern, dass die für den gewünschten Umsatzgrad optimale Temperatur $(T_{\mathrm{opt,ad}})_{\mathrm{CSTR}}$ erst dann erreicht werden kann, wenn man zunächst den gezündeten Zustand ($T_0 > (T_0)_4$) einstellt und dann die Eintrittstemperatur auf $(T_0)_3$ reduziert. Im vorliegenden Beispiel kann man das Edukt mit Raumtemperatur (ca. 293 K) dem Reaktor zuführen. Die Temperatur im Reaktor springt dann auf 380 K und der Umsatzgrad sinkt auf unter 50 %. Anschließend muss der Zulauf gekühlt werden und die Eintrittstemperatur auf ca. 205 K, d. h. $(T_0)_3$, abgesenkt werden, sodass im Reaktor eine Temperatur von 340 K und der gewünschte Umsatzgrad von 95 % erreicht wird.

7.1.1.3 Halbkontinuierlicher idealer Rührkesselreaktor

Prinzipiell kann man bei einer Gleichgewichtsreaktion die thermodynamische Limitierung überwinden und auch die mittlere Stoffmengenänderungsgeschwindigkeit des Eduktes erhöhen, wenn man das Edukt im idealen Rührkesselreaktor vorlegt und das entstehende Produkt kontinuierlich abzieht (Rektifikation, Extraktion etc.). In diesem Falle resultiert ein halbkontinuierlich betriebener idealer Rührkesselreaktor. An dieser Stelle sei auf das Beispiel 7.2 in Abschn. 7.1.2.3 verwiesen, wo für eine bimolekulare Gleichgewichtsreaktion ein halbkontinuierlich betriebener, idealer Rührkesselreaktor berechnet wird, bei dem Produkt kontinuierlich entzogen wird.

7.1.2 Bimolekulare Gleichgewichtsreaktion

Eine *bimolekulare Gleichgewichtsreaktion* kann durch folgende allgemeine Reaktionsgleichung beschrieben werden:

$$|\nu_1|\,A_1 + |\nu_2|\,A_2 \underset{k_2}{\overset{k_1}{\rightleftarrows}} |\nu_3|\,A_3 + |\nu_4|\,A_4. \tag{7.41}$$

Die dazugehörige Matrix der stöchiometrischen Koeffizienten lautet somit:

$$\begin{array}{c} \\ j=1 \\ j=2 \end{array} \begin{array}{c} \begin{array}{cccc} A_1 & A_2 & A_3 & A_4 \end{array} \\ \begin{pmatrix} -|\nu_1| & -|\nu_2| & +|\nu_3| & +|\nu_4| \\ +|\nu_1| & +|\nu_2| & -|\nu_3| & -|\nu_4|\,. \end{pmatrix} \end{array} \tag{7.42}$$

Da in den nachfolgenden Bilanzgleichungen die Beträge der stöchiometrischen Koeffizienten, also die positiven Werte aus der Reaktionsgleichung (Gl. 7.41), verwendet werden, wird die Matrix der stöchiometrischen Koeffizienten in Gl. 7.42 ebenfalls mit den Beträgen gebildet und das jeweilige Vorzeichen separat vor dem jeweiligen Betrag berücksichtigt. Dies hat den Vorteil, dass in den nachfolgenden Bilanzgleichungen die Beiträge der Hin- und Rückreaktion direkt am Vorzeichen erkennbar sind.

Nimmt man eine Kinetik 1. Ordnung bezüglich jeder Spezies an, dann lassen sich die Reaktionsgeschwindigkeitsgleichungen für die Hin- und Rückreaktion wie folgt formulieren:

$$r_1 = k_1 \cdot c_1 \cdot c_2 \tag{7.43}$$

$$r_2 = k_2 \cdot c_3 \cdot c_4. \tag{7.44}$$

7.1.2.1 Idealer Strömungsrohrreaktor/diskontinuierlicher idealer Rührkesselreaktor

Isothermer Betrieb

Bei Annahme eines konstanten Reaktionsvolumens lautet die Bilanzgleichung des idealen Strömungsrohrreaktors für die Spezies A_1:

$$\frac{dc_1}{d\tau} = R_1 = \sum_{j=1}^{2} \nu_{1,j}\, r_j \tag{7.45}$$

bzw. nach der Einführung des Umsatzgrades U_1

$$\frac{dU_1}{d\tau} = -\frac{R_1}{c_{1,0}} = -\frac{\sum_{j=1}^{2} \nu_{1,j}\, r_j}{c_{1,0}}. \tag{7.46}$$

Mit den Kinetiken gemäß der Gl. 7.43 und 7.44 sowie unter Berücksichtigung der Matrix der stöchiometrischen Koeffizienten gemäß Gl. 7.42 ergibt sich dann:

$$\frac{dU_1}{d\tau} = \frac{1}{c_{1,0}}\left(|\nu_1| \cdot k_1 \cdot c_1 \cdot c_2 - |\nu_1| \cdot k_2 \cdot c_3 \cdot c_4\right) \tag{7.47}$$

bzw.

$$\frac{dU_1}{d\tau} = \frac{|\,\nu_1\,| \cdot k_1}{c_{1,0}}\left(c_1 \cdot c_2 - \frac{c_3 \cdot c_4}{K_c}\right) \quad \text{mit } K_c = k_1/k_2. \tag{7.48}$$

Im allgemeinen Fall, dass jede Spezies A_i mit einer beliebigen Anfangs- bzw. Eintrittskonzentration $c_{i,0}$ vorliegt, können die Konzentrationen jeder Spezies A_i aus dem Umsatzgrad der Spezies A_1 mittels der entsprechenden stöchiometrischen Koeffizienten und ihren Anfangs- bzw. Eingangskonzentrationen wie folgt berechnet werden:

$$\begin{aligned} c_1 &= c_{1,0}(1-U_1), & c_2 &= c_{2,0} - \frac{|\nu_2|}{|\nu_1|} c_{1,0} \cdot U_1, \\ c_3 &= c_{3,0} + \frac{|\nu_3|}{|\nu_1|} c_{1,0} \cdot U_1, & c_4 &= c_{4,0} + \frac{|\nu_4|}{|\nu_1|} c_{1,0} \cdot U_1. \end{aligned} \tag{7.49}$$

Die Verweilzeit τ, um einen gewünschten Umsatzgrad U_1 zu erreichen, ergibt sich dann aus den Gl. 7.48 und 7.49 durch Trennung der Variablen und bestimmte Integration:

$$\tau = \frac{c_{1,0}}{|\nu_1|\, k_1} \int\limits_0^{U_1} \frac{\mathrm{d}U_1}{(c_{1,0}(1-U_1)) \cdot \left(c_{2,0} - \frac{|\nu_2|}{|\nu_1|} c_{1,0} U_1\right) - \frac{1}{K_c}\left(c_{3,0} + \frac{|\nu_3|}{|\nu_1|} c_{1,0} U_1\right) \cdot \left(c_{4,0} + \frac{|\nu_4|}{|\nu_1|} c_{1,0} U_1\right)}. \tag{7.50}$$

Die Stammfunktion für das Integral in Gl. 7.50 kann in Standardtabellenwerken der Mathematik (z. B. [1]) nachgeschlagen werden. Man erhält somit als Ergebnis der Integration:

$$\tau = \frac{c_{1,0}}{k_1\, |\nu_1|\, \sqrt{b^2 - 4ad}} \ln \left[\frac{\left(2aU_1 + b - \sqrt{b^2 - 4ad}\right)\left(b + \sqrt{b^2 - 4ad}\right)}{\left(2aU_1 + b + \sqrt{b^2 - 4ad}\right)\left(b - \sqrt{b^2 - 4ad}\right)} \right]. \tag{7.51}$$

In Gl. 7.51 bedeuten

$$a = (c_{1,0})^2 \left(\frac{|\nu_2|}{|\nu_1|} - \frac{1}{K_c} \frac{|\nu_3|\,|\nu_4|}{|\nu_1|^2} \right), \tag{7.52}$$

$$b = -c_{1,0} \left(c_{2,0} + c_{1,0} \frac{|\nu_2|}{|\nu_1|} + \frac{c_{3,0}}{K_c} \frac{|\nu_4|}{|\nu_1|} + \frac{c_{4,0}}{K_c} \frac{|\nu_3|}{|\nu_1|} \right), \tag{7.53}$$

$$d = c_{1,0} c_{2,0} - \frac{c_{3,0} c_{4,0}}{K_c} \quad \text{mit } K_c = \frac{k_1}{k_2}. \tag{7.54}$$

Für den Sonderfall $c_{2,0} = c_{1,0}$, $c_{3,0} = c_{4,0} = 0$, $|\nu_1| = |\nu_2| = |\nu_3| = |\nu_4| = 1$ ist

$$\tau = \frac{\sqrt{K_c}}{2k_1 c_{1,0}} \cdot \ln \left[\frac{\sqrt{K_c} + (1 - \sqrt{K_c})U_1}{\sqrt{K_c} - (1 + \sqrt{K_c})U_1} \right]. \tag{7.55}$$

Die Verweilzeit durchläuft gemäß der Gl. 7.51 bzw. 7.55 wiederum ein Minimum in Abhängigkeit von der Temperatur, so wie das auch bei der 1,1-Gleichgewichtsreaktion der Fall war (s. Abschn. 7.1.1.1). Die optimale Reaktionstemperatur im isotherm betriebenen idealen Strömungsrohrreaktor ist dann diejenige, bei der das Minimum der Verweilzeit vorliegt. Auch hier gilt, dass die optimale isotherme Reaktionstemperatur im idealen Strömungsrohrreaktor nicht identisch ist mit der zum gewünschten Umsatzgrad am Reaktorausgang gehörenden theoretisch optimalen polytropen Temperatur, bei der die dazugehörige Stoffmengenänderungsgeschwindigkeit maximal ist (s. Gl. 7.59). Dies wurde bereits im Abschn. 7.1.1.2 für die monomolekulare Gleichgewichtsreaktion diskutiert.

Beispiel 7.1
Es sollen im diskontinuierlichen idealen Rührkesselreaktor täglich 50 t (= 23,647 kmol/h) Ethylacetat aus Essigsäure und Ethylalkohol produziert werden:

$$\underset{(A_1)}{CH_3COOH} + \underset{(A_2)}{C_2H_5OH} \underset{k_2}{\overset{k_1}{\rightleftarrows}} \underset{(A_3)}{CH_3COOC_2H_5} + \underset{(A_4)}{H_2O}$$

In Gegenwart von Wasser und HCl (als Katalysator) sind die Reaktionsgeschwindigkeiten gegeben durch

$$r_1 = k_1 c_1 c_2$$

und

$$r_2 = k_2 c_3 c_4 = \frac{k_1}{K_c} c_3 c_4,$$

wobei $k_1 = 7{,}93 \cdot 10^{-6}$ l/(mol s) und $K_c = 2{,}93$ ist. Die Anfangskonzentrationen in mol/l sind: $c_{1,0} = 3{,}91$, $c_{2,0} = 10{,}20$, $c_{3,0} = 0$, $c_{4,0} = 17{,}56$. Der Umsatzgrad U_1 an Essigsäure soll 0,35 betragen. Die Totzeit sei 1 h, unabhängig von der Größe des Reaktors. Die Dichte der Reaktionsmasse sei konstant.

Die Reaktionszeit erhält man aus Gl. 7.51, worin

$$a = 3{,}91^2\left(1 - \frac{1}{2{,}93}\right) = 10{,}07,$$

$$b = -3{,}91\left(10{,}20 + 3{,}91 + \frac{17{,}56}{2{,}93}\right) = -78{,}60,$$

$$d = 3{,}91 \cdot 10{,}20 = 39{,}88$$

und

$$\sqrt{b^2 - 4ad} = 67{,}62$$

ist. Damit ergibt sich für

$$t = \frac{3{,}91 \cdot 10^6 \cdot 2{,}303}{7{,}93 \cdot 67{,}62} \cdot \log\left[\frac{(2 \cdot 10,07 \cdot 0,35 - 78,60 - 67,62)(-78,60 + 67,62)}{(2 \cdot 10,07 \cdot 0,35 - 78,60 + 67,62)(-78,60 - 67,62)}\right]$$
$$= 7123\,\mathrm{s} \approx 2\,\mathrm{h}.$$

Das für die geforderte Produktionshöhe notwendige Reaktionsvolumen folgt aus Gl. 5.51 und beträgt für einen Einschichtbetrieb:

$$V = \frac{23{,}647 \cdot (2+1)}{3{,}91 \cdot 0{,}35}\,\mathrm{m}^3 = 51.8\,\mathrm{m}^3.$$

◄

Nichtisothermer Betrieb

Die Stoffmengenänderungsgeschwindigkeit ergibt sich für die bimolekulare Gleichgewichtsreaktion (Gl. 7.41) unter Berücksichtigung der Kinetiken von Hin- und Rückreaktion nach Gl. 7.43 und 7.44 sowie unter der Annahme, dass zu Beginn der Reaktion keine Produkte vorliegen, wie folgt:

$$\begin{aligned} R_1 = \frac{\mathrm{d}c_1}{\mathrm{d}t} = &-|\nu_1| \cdot k_{1,0} \cdot e^{-E_{\mathrm{A},1}/RT} \cdot c_{1,0}(1-U_1) \cdot \left(c_{2,0} - \frac{|\nu_2|}{|\nu_1|}c_{1,0}U_1\right) \\ &+ |\nu_1| \cdot k_{2,0} \cdot e^{-E_{\mathrm{A},2}/RT} \cdot \frac{|\nu_3|}{|\nu_1|}c_{1,0}U_1 \cdot \frac{|\nu_4|}{|\nu_1|}c_{1,0}U_1. \end{aligned} \tag{7.56}$$

Im Falle einer exothermen Gleichgewichtsreaktion gilt wegen Gl. 7.24

$$E_{\mathrm{A},2} > E_{\mathrm{A},1}, \tag{7.57}$$

d. h., die Rückreaktion hat eine größere Aktivierungsenergie als die Hinreaktion. Dies führt dazu, dass die Stoffmengenänderungsgeschwindigkeit für das Edukt A_1 in Abhängigkeit von der Temperatur für einen konstanten Wert des Umsatzgrades ein Maximum durchläuft, so wie das auch bei der monomolekularen Gleichgewichtsreaktion der Fall war (s. Abb. 7.3 und Gl. 7.22). Diese Verläufe können dann auch wiederum in ein Umsatzgrad-Temperatur-Diagramm übertragen werden (s. Abb. 7.4). Es lassen sich auch bei der bimolekularen Gleichgewichtsreaktion die Trajektorien für den adiabaten, isothermen und polytropen Betrieb analog im Umsatzgrad-Temperatur-Diagramm diskutieren. An dieser Stelle soll daher lediglich die Gleichung für die optimale polytrope Temperaturführung abgeleitet werden, da diese – neben der Temperaturabhängigkeit des Gleichgewichtsumsatzgrades – die zentrale Rolle im Selektivitäts-Umsatzgrad-Diagramm spielt.

Die *theoretisch optimale polytrope Temperaturführung* liegt dann vor, wenn bei jedem Umsatzgrad, der durchlaufen wird, die Stoffmengenänderungsgeschwindigkeit für das Edukt A_1 maximal ist. Somit ergibt sich die optimale Temperatur für den jeweiligen Umsatzgrad durch Ableiten von Gl. 7.56 nach der Temperatur und Null setzen der Ableitung:

$$\begin{aligned}\frac{dR_1}{dT} &= -\mid\nu_1\mid\cdot\frac{E_{A,1}}{RT_{opt}^2}\cdot k_{1,0}\cdot e^{-E_{A,1}/RT_{opt}}\cdot c_{1,0}(1-U_1)\cdot\left(c_{2,0}-\frac{\mid\nu_2\mid}{\mid\nu_1\mid}c_{1,0}U_1\right)\\ &\quad+\mid\nu_1\mid\cdot\frac{E_{A,2}}{RT_{opt}^2}\cdot k_{2,0}\cdot e^{-E_{A,2}/RT_{opt}}\cdot\frac{\mid\nu_3\mid}{\mid\nu_1\mid}c_{1,0}U_1\cdot\frac{\mid\nu_4\mid}{\mid\nu_1\mid}c_{1,0}U_1=0.\end{aligned} \tag{7.58}$$

Durch Auflösen nach der optimalen Temperatur erhält man:

$$T_{opt}=T_{opt,poly}=\frac{1}{R}\frac{E_{A,2}-E_{A,1}}{\ln\left(\frac{k_{0,2}\cdot E_{A,2}}{k_{0,1}\cdot E_{A,1}}\cdot\frac{c_{1,0}^2U_1^2\cdot\frac{|\nu_3|\cdot|\nu_4|}{|\nu_1|^2}}{c_{1,0}\cdot(1-U_1)\cdot\left(c_{2,0}-\frac{|\nu_2|}{|\nu_1|}c_{1,0}U_1\right)}\right)}. \tag{7.59}$$

Geht man ferner von einem stöchiometrischen Einsatz der Edukte A_1 und A_2 aus, so gilt

$$c_{2,0}=c_{1,0}\cdot\frac{\mid\nu_2\mid}{\mid\nu_1\mid} \tag{7.60}$$

und Gl. 7.59 vereinfacht sich zu:

$$T_{opt}=T_{opt,poly}=\frac{1}{R}\frac{E_{A,2}-E_{A,1}}{\ln\left(\frac{k_{0,2}\cdot E_{A,2}}{k_{0,1}\cdot E_{A,1}}\cdot\frac{U_1^2}{(1-U_1)^2}\cdot\frac{|\nu_3|\cdot|\nu_4|}{|\nu_1|\cdot|\nu_2|}\right)}. \tag{7.61}$$

7.1.2.2 Kontinuierlicher idealer Rührkesselreaktor

Isothermer Betrieb

Wird die bimolekulare Gleichgewichtsreaktion gemäß Reaktionsgleichung Gl. 7.41 in einem *isotherm betriebenen kontinuierlichen idealen Rührkesselreaktor* durchgeführt, so muss lediglich die entsprechende Stoffbilanz unter Berücksichtigung der Kinetiken der Hin- und Rückreaktion (Gl. 7.43 und 7.44) gelöst werden. Die Vorgehensweise ist analog zu derjenigen bei der monomolekularen Gleichgewichtsreaktion, sodass auf die Stoffbilanz Gl. 7.35 in Abschn. 7.1.1.2 zurückgegriffen werden kann. Setzt man in diese Stoffbilanz die Kinetiken für die Hin- und Rückreaktion der bimolekularen Gleichgewichtsreaktion ein, so erhält man:

$$0 = c_{1,0} - c_1 + \tau(-|\nu_1|k_1 c_1 c_2 + |\nu_1|k_2 c_3 c_4). \tag{7.62}$$

Führt man nun den Umsatzgrad U_1 gemäß Gl. 7.49 ein, so erhält man unter der Annahme, dass am Reaktoreingang noch kein Produkt vorliegt und die Edukte A_1 und A_2 stöchiometrisch eingesetzt werden, folgende Gleichung für die Berechnung der Verweilzeit in Abhängigkeit vom gewünschten Umsatzgrad am Reaktorausgang:

$$\tau = \frac{1}{c_{1,0} \cdot k_1} \cdot \frac{U_1}{(1-U_1)^2 \cdot |\nu_1| \cdot |\nu_2| - \frac{U_1^2}{K_c} \cdot |\nu_3| \cdot |\nu_4|}. \tag{7.63}$$

Die optimale Reaktionstemperatur für den gewünschten Umsatzgrad, die für die Berechnung der Geschwindigkeits- und Gleichgewichtskonstanten erforderlich ist, ergibt sich aus Gl. 7.61.

Nichtisothermer Betrieb

Die Diskussion kann vollkommen analog zur monomolekularen Gleichgewichtsreaktion im Umsatzgrad-Temperatur-Diagramm erfolgen (s. Abschn. 7.1.1.2, Abb. 7.9). Wie in Abb. 7.9 dargestellt, ändert sich die Temperatur sprunghaft von der Eintrittstemperatur auf die Temperatur im Reaktor bzw. am Reaktorausgang. Die Eintrittstemperatur muss bei der Auslegung so gewählt werden, dass sich diejenige Temperatur im Reaktionsvolumen einstellt, bei der die Stoffmengenänderungsgeschwindigkeit für den gewünschten Umsatzgrad maximal ist. Dieser Betriebspunkt liegt wiederum auf der Kurve der theoretisch optimalen polytropen Temperaturführung gemäß Gl. 7.61.

7.1.2.3 Halbkontinuierlicher idealer Rührkesselreaktor

Bei der bimolekularen Gleichgewichtsreaktion bietet es sich an, das chemische Gleichgewicht dadurch zu verschieben, indem man ein Produkt aus dem chemischen Gleichgewicht entfernt. Ein typischer Anwendungsfall ist beispielsweise die bimolekulare Veresterungsreaktion, bei der der leichtflüchtige Ester während der Reaktion durch Rektifikation abgezogen wird. Gegenüber dem diskontinuierlich betriebenen Rührkesselreaktor, bei dem der Ester im Reaktionsvolumen verbleibt, erlaubt der halbkontinuierlich betriebene ideale Rührkesselreaktor, bei dem der Ester entfernt wird, eine Steigerung des Umsatzgrads. Dieser Vergleich der Betriebsweisen soll in Beispiel 7.2 erfolgen und die Steigerung des Umsatzgrads berechnet werden. Die Vorgehensweise, d. h. die Formulierung und Lösung der Bilanzgleichungen, ist aber auch auf viele andere Anwendungsfälle wie beispielsweise die Entfernung des Produkts durch Extraktion übertragbar.

Beispiel 7.2
Ethylacetat soll wie in Beispiel 7.1 in einem idealen Rührkesselreaktor hergestellt werden, jedoch nun in der Weise, dass ein Teil des Produkts abgezogen wird, um bei dieser bimolekularen Gleichgewichtsreaktion die Stoffmengenänderungsgeschwindigkeit der Edukte zu erhöhen. Bei der Reaktionstemperatur verdampft ein Teil des Reaktionsvolumens, wobei dieser Dampf durch eine aufgesetzte Rektifikationskolonne aufkonzentriert wird. Das am Kopf der Kolonne abgezogene Produkt ist ein azeotropes Gemisch folgender Zusammensetzung in mol/l:

$$c_{1,\mathrm{ab}} = 0$$
$$c_{2,\mathrm{ab}} = 1{,}86$$
$$c_{3,\mathrm{ab}} = 9{,}58$$
$$c_{4,\mathrm{ab}} = 5{,}1.$$

Der Flüssigkeitsinhalt der Rektifikationskolonne sei im Verhältnis zum Reaktionsvolumen vernachlässigbar. Die Dichte des Reaktionssystems und des abgezogenen Produkts wird als gleich angenommen und soll sich mit der Zeit nicht ändern.

Mit dem Abziehen des Produkts wird erst begonnen, wenn die Konzentration des Esters im Reaktor $c_3(t) = 0{,}232$ mol/l beträgt; dann wird die Netto-Verdampfungsgeschwindigkeit so reguliert, dass die Konzentration des Esters im Reaktor konstant 0,232 mol/l bleibt.

Es gelte dieselbe Kinetik wie in Beispiel 7.1, d. h. $k_1 = 7{,}93 \cdot 10^{-6}$ l/(mol s) und $K_c = 2{,}93$. Auch werde von denselben Anfangskonzentrationen in mol/l ausgegangen:

$$c_{1,0} = 3{,}91$$
$$c_{2,0} = 10{,}20$$
$$c_{3,0} = 0$$
$$c_{4,0} = 17{,}56$$

mit: A_1 = Essigsäure, A_2 = Ethanol, A_3 = Ethylacetat (Essigsäureethylester), A_4 = Wasser.

Bis zum Erreichen einer Produktkonzentration von $c_3(t) = 0{,}232$ mol/l wird der Rührkesselreaktor diskontinuierlich betrieben. Der dazugehörige Umsatzgrad an Essigsäure kann aus der Produktkonzentration unter Berücksichtigung der Stöchiometrie wie folgt berechnet werden:

$$U_1(t) = \frac{(c_3(t) - c_{3,0}) \cdot \frac{|\nu_1|}{|\nu_3|}}{c_{1,0}} = 0{,}05934.$$

Die zu diesem Umsatzgrad dazugehörigen Konzentrationen der Spezies A_1, A_2, A_3 und A_4 lassen sich nun unter Berücksichtigung der Stöchiometrie wie folgt berechnen (mol/l):

$$c_1(t) = c_{1,0} - c_{1,0} \cdot U_1(t) = 3{,}68$$
$$c_2(t) = c_{2,0} - c_{1,0} \cdot U_1(t) = 9{,}97$$
$$c_3(t) = c_{3,0} + c_{1,0} \cdot U_1(t) = 0{,}232$$
$$c_4(t) = c_{4,0} + c_{1,0} \cdot U_1(t) = 17{,}79.$$

Mit Gl. 7.51 und den Werten für a, b und d aus Beispiel 7.1 kann die dazugehörige Reaktionszeit nach Gl. 7.51 zu $t = 781$ s berechnet werden.

Die Stoffbilanzen der vier Spezies können nun für den halbkontinuierlichen idealen Rührkesselreaktor nach Gl. 5.206 berechnet werden:

$$\frac{\mathrm{d}n_1(t)}{\mathrm{d}t} = -\dot{V}_{\mathrm{ab}} \cdot c_{1,\mathrm{ab}} + V(t) \cdot R_1(t) \tag{a}$$

$$\frac{\mathrm{d}n_2(t)}{\mathrm{d}t} = -\dot{V}_{\mathrm{ab}} \cdot c_{2,\mathrm{ab}} + V(t) \cdot R_2(t) \tag{b}$$

$$\frac{\mathrm{d}n_3(t)}{\mathrm{d}t} = -\dot{V}_{\mathrm{ab}} \cdot c_{3,\mathrm{ab}} + V(t) \cdot R_3(t) \tag{c}$$

$$\frac{\mathrm{d}n_4(t)}{\mathrm{d}t} = -\dot{V}_{\mathrm{ab}} \cdot c_{4,\mathrm{ab}} + V(t) \cdot R_4(t). \tag{d}$$

Der Destillatstrom wird so eingestellt, dass die Konzentration an A_3 konstant bleibt, d. h., Gl. c kann null gesetzt und nach dem Destillatstrom aufgelöst werden:

$$\dot{V}_{\mathrm{ab}} = \frac{V(t) \cdot R_3(t)}{c_{3,\mathrm{ab}}}. \tag{e}$$

Berücksichtigt man noch folgenden stöchiometrischen Zusammenhang der Stoffmengenänderungsgeschwindigkeiten

$$-R_1(t) = -R_2(t) = R_3(t) = R_4(t), \tag{f}$$

so kann das System der Gl. a, b, c, d wie folgt umformuliert werden:

$$\frac{\mathrm{d}n_1(t)}{\mathrm{d}t} = V(t) \cdot R_1(t) \cdot \left(1 + \frac{c_{1,\mathrm{ab}}}{c_{3,\mathrm{ab}}}\right) \tag{g}$$

$$\frac{\mathrm{d}n_2(t)}{\mathrm{d}t} = V(t) \cdot R_1(t) \cdot \left(1 + \frac{c_{2,\mathrm{ab}}}{c_{3,\mathrm{ab}}}\right) \tag{h}$$

$$\frac{dn_3(t)}{dt} = 0 \tag{i}$$

$$\frac{dn_4(t)}{dt} = -V(t) \cdot R_1(t) \cdot \left(1 - \frac{c_{4,ab}}{c_{3,ab}}\right). \tag{j}$$

Die Stoffmengenänderungsgeschwindigkeit für Spezies A_1 lautet:

$$R_1(t) = -k_1 c_1 c_2 + \frac{k_1}{K_c} c_3 c_4. \tag{k}$$

Die Konzentrationen c_i berechnen sich gemäß

$$c_i(t) = \frac{n_i(t)}{V(t)}, \tag{l}$$

wobei zu berücksichtigen ist, dass sich das Reaktionsvolumen wie folgt ändert:

$$\frac{dV(t)}{dt} = -\dot{V}_{ab}, \tag{m}$$

Die Anfangsbedingungen für die Integration des Systems aus Gl. g, h, i, j, k, l, m beziehen sich auf den Zeitpunkt $t = 781$ s und können wie folgt formuliert werden:

$$V(t = 781\,\mathrm{s}) = 51{,}8\,\mathrm{m}^3$$
$$n_1(t = 781\,\mathrm{s}) = 191{,}0\,\mathrm{kmol}$$
$$n_2(t = 781\,\mathrm{s}) = 517{,}4\,\mathrm{kmol}$$
$$n_3(t = 781\,\mathrm{s}) = 12{,}04\,\mathrm{kmol}$$
$$n_4(t = 781\,\mathrm{s}) = 923{,}3\,\mathrm{kmol}.$$

Somit kann für diesen halbkontinuierlich betriebenen Rührkessel das Anfangswertproblem mit einem einfachen Euler-Verfahren und der Hilfe eines Tabellenkalkulationsprogramms integriert und der Umsatzgrad an A_1 aufgetragen werden (s. Abb. 7.11). Zum Vergleich ist auch der Verlauf des Umsatzgrades für den diskontinuierlichen Rührkesselreaktor aufgetragen, der mithilfe von Gl. 7.51 und den Werten für *a*, *b* und *d* aus Beispiel 7.1 berechnet werden kann. Abb. 7.11 zeigt, dass die Entfernung des Produkts durch Rektifikation ab $t = 781$ s zu einer Erhöhung des Umsatzgrades führt.

Nach 2 h erreicht man im halbkontinuierlich betriebenen, idealen Rührkesselreaktor einen Umsatzgrad von 42 %, wohingegen der diskontinuierliche Betrieb nur zu einem Umsatzgrad von 35 % führt. ◄

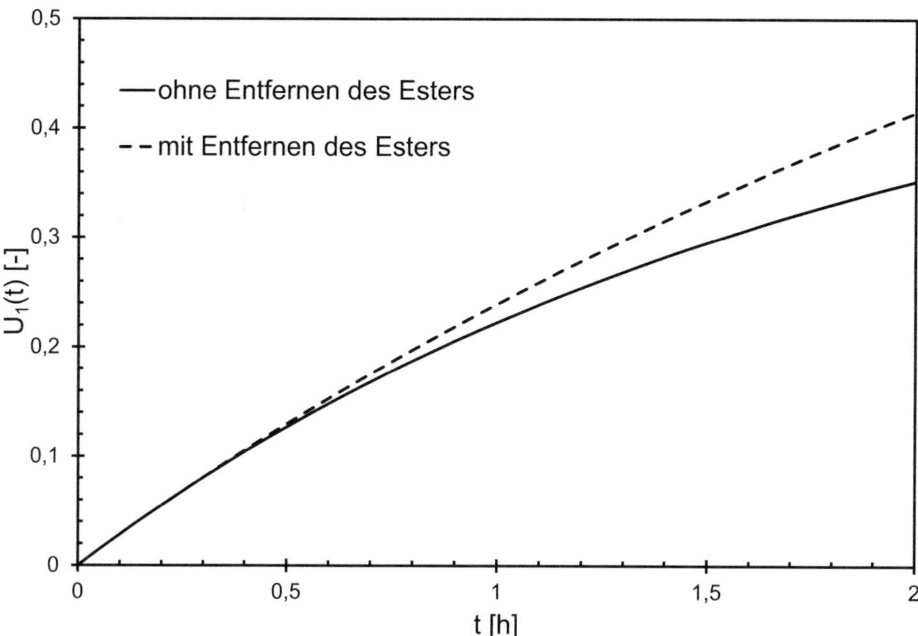

Abb. 7.11 Umsatzgrad-Zeit-Verläufe für die bimolekulare Veresterungsreaktion nach Beispiel 7.2 mit/ohne Entfernen des gebildeten Esters durch eine aufgesetzte Rektifikationskolonne

7.2 Folgereaktionen

Bei technischen Reaktionen liegt häufig ein Reaktionsschema vor, wonach das gewünschte Produkt unerwünscht zu Nebenprodukten weiterreagieren kann. Man nennt diese unerwünschte Reaktion auch *Folgereaktion* und das unerwünschte Produkt *Folgeprodukt*. *Beispiele* für solche Folgereaktionen sind:

- Totaloxidation bei partiellen Oxidationen
- Weiterhydrierung bei partiellen Hydrierungen
- Weiteralkylierung bei der Monoalkylierung
- Zersetzungsreaktion des Produkts aufgrund mangelnder thermischer Stabilität

In allen Fällen führt die unerwünschte Folgereaktion zu Selektivitäts- und Ausbeuteverlusten. Eine Wirtschaftlichkeitsbetrachtung ist notwendig, um zu klären, wie hoch die zu erreichenden Selektivitäten und Ausbeuten mindestens sein müssen bzw. wie hoch die Selektivitäts- und Ausbeuteverluste maximal sein dürfen. In vielen Fällen ist die Selektivität und nicht die Ausbeute ausschlaggebend, da man nicht umgesetztes Edukt abtrennen und rückführen kann. Letzteres wird insbesondere dann gemacht, wenn es sich um Grundchemikalien und Zwischenprodukte handelt, die in großen Mengen hergestellt und mit geringen Gewinnmargen verkauft werden. Ein Betrieb bei maximaler Ausbeute ist bei solchen Produkten meist unwirtschaftlich. Dagegen werden chemische Prozesse zur Herstellung von Feinchemikalien und insbesondere von Wirkstoffen für den Pharmabereich häufig hinsichtlich der Ausbeute maximiert, da das Produkt z. B. durch technische Chromatografie aufgereinigt wird und alle anderen Spezies verworfen werden. Eine Rückführung des nicht umgesetzten Eduktes ist häufig nicht wirtschaftlich, vor allem wenn die Gewinnmargen sehr hoch sind oder gar durch Patentschutz kein Preiswettbewerb vorhanden ist.

Wir werden uns im Folgenden daher auf die sogenannten *Selektivitäts-Umsatzgrad-Diagramme* und sogenannte „*Selektivitätsprobleme*“ konzentrieren. Je nach Prozess gibt es Umsatzgrade und Selektivitäten, die mindestens zu erreichen sind, damit der Prozess wirtschaftlich ist. Ist der Umsatzgrad zu gering, dann müssen zu große Eduktströme rückgeführt werden, was zu Lasten der Energieeffizienz geht. Ist die Selektivität zu gering, dann verliert man zu viel Edukt (Rohstoff) zu unerwünschten Nebenprodukten, was zu Lasten der Rohstoffeffizienz geht. Abb. 7.12 veranschaulicht ein einfaches Prozessschema, das auf der Abtrennung und Rückführung nicht umgesetzten Edukts beruht.

Auch wenn hier das „Selektivitätsproblem“ im weiteren Verlauf diskutiert wird, können die Ergebnisse auf „Ausbeuteprobleme“ übertragen werden, da sich die Ausbeute als Produkt von Selektivität und Umsatzgrad ergibt, die dem Selektivitäts-Umsatzgrad-Diagramm entnommen werden können. Auch werden im Folgenden teilweise Formeln für die Ausbeuten angegeben, jedoch nicht abgeleitet und nicht im Detail diskutiert.

In den folgenden Abschnitten wird nun nach der Ordnung der beiden Teilreaktionen unterschieden und der Begriff n_1, n_2-*Folgereaktion* eingeführt, wobei n_1 die Ordnung der gewünschten Bildungs- und n_2 die Ordnung der unerwünschten Folgereaktion ist. Bei einer *1,1-Folgereaktion* haben beide Teilreaktionen die Ordnung 1, sodass sich die Eingangskonzentration an Edukt nicht auf die Selektivität auswirken wird. Dies ist dann nicht mehr der Fall, wenn die Ordnungen unterschiedlich sind.

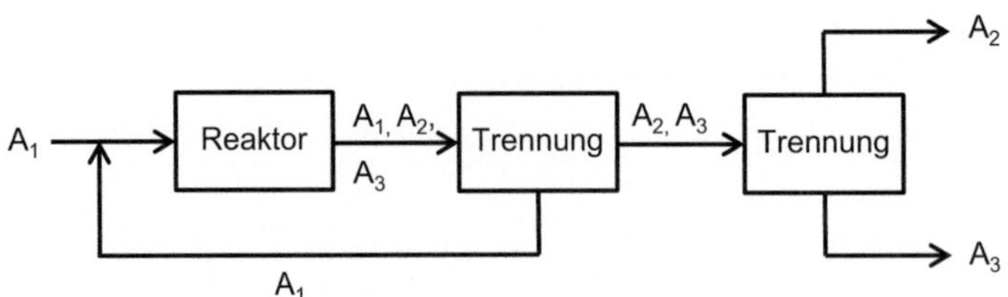

Abb. 7.12 Schema eines Prozesses zur Herstellung des Produkts A_2 aus dem Edukt A_1, wobei das Produkt A_2 unerwünscht zu Nebenprodukt A_3 weiterreagieren kann

7.2.1 1,1-Folgereaktion

Die 1,1-Folgereaktion basiere auf folgendem vereinfachten Reaktionsschema

$$A_1 \xrightarrow{k_1} A_2 \xrightarrow{k_2} A_3, \tag{7.64}$$

bei dem die stöchiometrischen Koeffizienten alle als Betrag den Wert eins besitzen:

$$\begin{array}{c} \\ j=1 \\ j=2 \end{array} \begin{array}{c} \begin{array}{ccc} A_1 & A_2 & A_3 \end{array} \\ \begin{pmatrix} -1 & +1 & 0 \\ 0 & -1 & +1. \end{pmatrix} \end{array} \tag{7.65}$$

Die Kinetiken für die gewünschte Bildungs- und die unerwünschte Folgereaktion lauten bei Annahme von Reaktionen 1. Ordnung:

$$r_1 = k_1 c_1 \tag{7.66}$$

$$r_2 = k_2 c_2. \tag{7.67}$$

Im Folgenden werden jeweils für die beiden idealen Reaktoren zunächst der Zusammenhang zwischen Selektivität und Umsatzgrad (*S-U-Diagramme*) sowie die *optimale Reaktionstemperatur für isothermen Betrieb* und dann die *optimale Temperaturführung für nichtisothermen Betrieb* diskutiert.

7.2.1.1 Idealer Strömungsrohrreaktor/diskontinuierlicher idealer Rührkesselreaktor

Isothermer Betrieb

Für die 1,1-Folgereaktion lauten die Bilanzgleichungen des idealen Strömungsrohrreaktors für die drei Spezies A_1, A_2 und A_3 unter Berücksichtigung der kinetischen Gleichungen Gl. 7.66 und 7.67 sowie der Matrix der stöchiometrischen Koeffizienten Gl. 7.65:

$$\frac{\mathrm{d}c_1}{\mathrm{d}\tau} = R_1 = \sum_{j=1}^{2} \nu_{1,j} r_j = -r_1 = -k_1 c_1, \tag{7.68}$$

$$\frac{\mathrm{d}c_2}{\mathrm{d}\tau} = R_2 = \sum_{j=1}^{2} \nu_{2,j} r_j = +r_1 - r_2 = +k_1 c_1 - k_2 c_2, \tag{7.69}$$

$$\frac{\mathrm{d}c_3}{\mathrm{d}\tau} = R_3 = \sum_{j=1}^{2} \nu_{3,j} r_j = +r_2 = +k_2 c_2. \tag{7.70}$$

Die Konzentrationen am Reaktoreingang ($\tau = 0$), d. h. die Anfangswerte des Anfangswertproblems, betragen:

$$\begin{aligned} c_1 &= c_{1,0} \\ c_2 &= c_{2,0} = 0 \\ c_3 &= c_{3,0} = 0. \end{aligned} \tag{7.71}$$

Die Gl. 7.68, 7.69, 7.70 stellen ein System gewöhnlicher, linearer Differenzialgleichungen mit konstanten Koeffizienten dar, das mit den Anfangswerten aus Gl. 7.71 gelöst werden muss. Die relativ schwache Kopplung der Differenzialgleichungen erlaubt das sukzessive Lösen der Differenzialgleichungen Gl. 7.68, 7.69, 7.70.

Zunächst kann die Differenzialgleichung Gl. 7.68 durch Trennung der Variablen einfach gelöst werden. Die Abreaktion von A_1 läuft unabhängig von der Folgereaktion als irreversible Reaktion erster Ordnung ab. In Kap. 5 haben wir bereits das Ergebnis hergeleitet, das sich durch einfache Umformung von Gl. 5.89a ergibt:

$$c_1(\tau) = c_{1,0} \cdot e^{-k_1 \tau}. \tag{7.72}$$

Setzt man Gl. 7.72 in Gl. 7.69 ein, erhält man folgende inhomogene, lineare Differenzialgleichung 1. Ordnung mit konstanten Koeffizienten:

$$\frac{dc_2}{d\tau} + k_2 c_2 = k_1 c_{1,0} \cdot e^{-k_1 \tau}. \tag{7.73}$$

Die Lösung dieser Differenzialgleichung kann mit der Methode der Variation der Konstanten nach Lagrange erfolgen (s. Abschn. 12.4.1.1). Die Anwendung dieser Methode erlaubt die Integration der Differenzialgleichung Gl. 7.73 für das vorliegende Anfangswertproblem und liefert aufgrund einer bei der Integration erforderlichen Fallunterscheidung zwei analytische Lösungen:

Für $k_1 = k_2$ ergibt sich:

$$c_2(\tau) = k_1 c_{1,0} \cdot \tau \cdot e^{-k_2 \tau}. \tag{7.74}$$

Für $k_1 \neq k_2$ ergibt sich:

$$c_2(\tau) = \frac{k_1 c_{1,0}}{k_2 - k_1} \cdot \left(e^{-k_1 \tau} - e^{-k_2 \tau}\right). \tag{7.75}$$

Die Integration der Differenzialgleichung Gl. 7.70 ist prinzipiell nicht erforderlich, da sich $c_3(t)$ einfach auf Basis der Stöchiometrie berechnen lässt:

$$c_3(\tau) = c_{1,0} - c_1(\tau) - c_2(\tau). \tag{7.76}$$

In Abb. 7.13 sind die Konzentrationsverläufe der drei Spezies exemplarisch aufgetragen. Es ergibt sich der typische Maximumsverlauf für die Konzentration der Spezies A_2, der je nach dem Verhältnis der Geschwindigkeitskonstanten stärker oder schwächer ausgeprägt ist. Auf eine ausführlichere Diskussion der Konzentrationsverläufe sei auf die Lehrbücher der Physikalischen Chemie verwiesen (z. B. [2, 3]). *In der Chemischen Reaktionstechnik werden diese Konzentrations-Verweilzeit-Verläufe in sogenannte Selektivitäts-Umsatzgrad-Diagramme übertragen*. Dies kann erfolgen, indem man aus den in Abb. 7.13 aufgetragenen Konzentrationswerten $c_1(\tau)$ und $c_2(\tau)$ die dazugehörigen Selektivitäten $S_{2,1}(\tau)$ und Umsatzgrade $U_1(\tau)$ gemäß der Gl. 2.18 und 2.13 berechnet und aufträgt. Berechnet man die Konzentrationsverläufe $c_1(\tau)$ und $c_2(\tau)$ für unterschiedliche Werte der Geschwindigkeitskonstanten k_1 und k_2 gemäß der Gl. 7.72 und 7.75 und führt die entsprechende Umrechnung in die dazugehörigen Selektivitäten $S_{2,1}(\tau)$ und Umsatzgrade $U_1(\tau)$ durch, erhält man in Abhängigkeit vom Verhältnis k_2/k_1 unterschiedliche *S*-*U*-Kurven (s. Abb. 7.14). Der Vorteil dieses Diagramms ist die Normierung der Achsen auf den Wertebereich zwischen null und eins sowie dessen Unabhängigkeit von der Anfangskonzentration und der Verweilzeit.

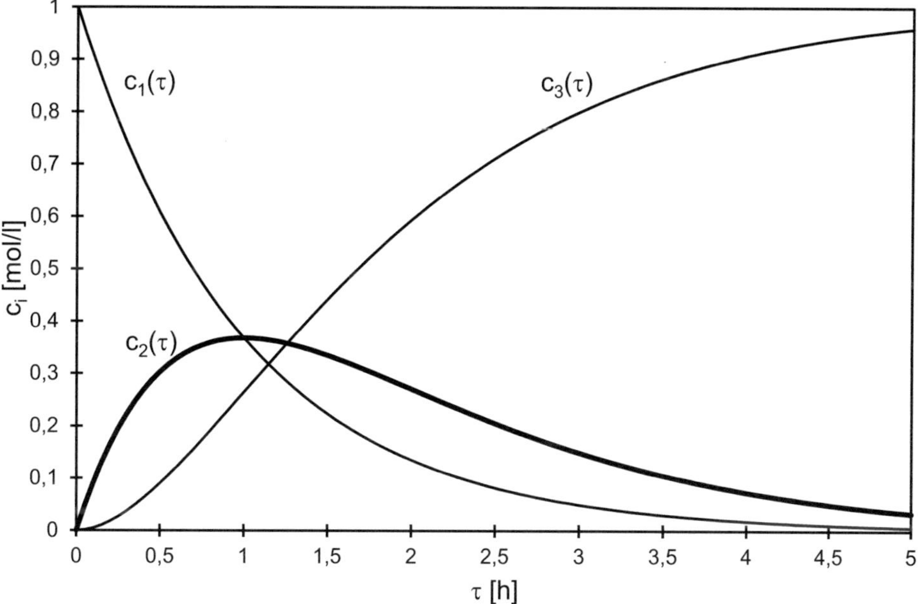

Abb. 7.13 Typische Konzentrationsverläufe der drei Spezies eines Folgeschemas gemäß Gl. 7.64. Berechnung für $k_1 = 1\,h^{-1}$, $k_2 = 1\,h^{-1}$, $c_{1,0} = 1$ mol/l

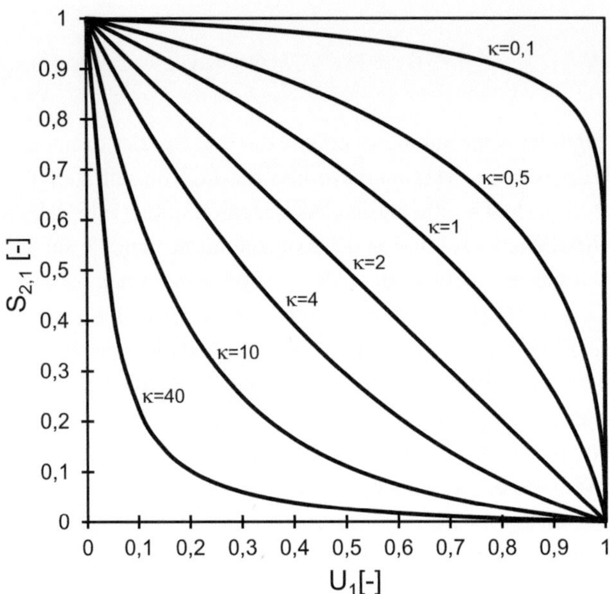

Abb. 7.14 Selektivitäts-Umsatzgrad-Diagramm für das Folgeschema gemäß Gl. 7.64 und einen isothermen idealen Strömungsrohrreaktor. Berechnung für unterschiedliche Werte von $\kappa = k_2/k_1$

Die Umrechnung (Transformierung) der Konzentrations-Verweilzeit-Verläufe in Selektivitäts-Umsatzgrad-Diagramme kann aber auch mathematisch durch eine Achsentransformation erfolgen. Die für einen bestimmten Umsatzgrad an A_1 erforderliche Verweilzeit τ im idealen Strömungsrohrreaktor (bzw. Reaktionszeit t im diskontinuierlichen idealen Rührkesselreaktor) wurde für eine irreversible Reaktion 1. Ordnung in Kap. 5 bereits abgeleitet (s. Tab. 5.1):

$$\tau = -\frac{\ln(1 - U_1)}{k_1}. \tag{7.77}$$

Setzt man Gl. 7.74 bzw. Gl. 7.75 in die Definitionsgleichung der Selektivität Gl. 2.18 ein und berücksichtigt Gl. 7.77, erhält man die Funktionen der S-U-Kurven in Abb. 7.14.

Für $k_1 = k_2$ ergibt sich:

$$S_{2,1}(U_1) = \frac{1 - U_1}{U_1} \cdot \ln\left(\frac{1}{1 - U_1}\right). \tag{7.78}$$

Für $k_1 \neq k_2$ ergibt sich:

$$S_{2,1}(U_1) = \frac{1}{\kappa - 1} \cdot \frac{(1 - U_1) - (1 - U_1)^{\kappa}}{U_1}. \tag{7.79}$$

Dabei ist der Parameter κ wie folgt definiert:

$$\kappa = \frac{k_2}{k_1}. \tag{7.80}$$

Auch für den Fall des sogenannten Ausbeuteproblems (= Ausbeutemaximierung), also für Prozesse, bei denen keine Rückführung des nicht umgesetzten Edukts erfolgt, können Gl. 7.78 und 7.79 sowie Abb. 7.14 herangezogen werden. Durch Multiplikation der Gl. 7.78 und 7.79 mit dem Umsatzgrad erhält man die dazugehörigen Ausbeuten:

Für $k_1 = k_2$ ergibt sich:

$$A_{2,1}(U_1) = (1 - U_1) \cdot \ln\left(\frac{1}{1 - U_1}\right). \tag{7.81}$$

Für $k_1 \neq k_2$ ergibt sich:

$$A_{2,1}(U_1) = \frac{1}{\kappa - 1} \cdot ((1 - U_1) - (1 - U_1)^{\kappa}). \tag{7.82}$$

Die Auftragung der A-U-Kurven gemäß der Gl. 7.81 und 7.82 ergibt Abb. 7.15.

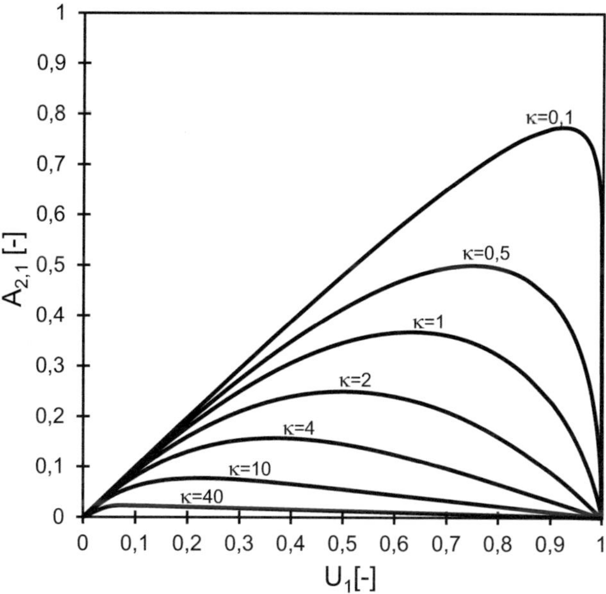

Abb. 7.15 Ausbeute-Umsatzgrad-Diagramm für das Folgeschema gemäß Gl. 7.64 und einen isothermen idealen Strömungsrohrreaktor. Berechnung für unterschiedliche Werte von $\kappa = k_2/k_1$

Anhand der Abb. 7.14 und 7.15 soll nochmals der Unterschied zwischen einem Selektivitäts- und einem Ausbeuteproblem verdeutlich werden, indem wir von dem Fall $\kappa = 1$ ausgehen:

- *Ausbeuteproblem*: In diesem Fall würde der Umsatzgrad (und damit die entsprechende Verweilzeit) im Strömungsrohrreaktor so gewählt, dass die Ausbeute maximal ist. Die maximale Ausbeute wird bei einem Umsatzgrad von 63 % erreicht und beträgt 37 %, wie man Abb. 7.15 entnehmen kann. Dies bedeutet eine Rohstoffeffizienz von nur 37 %, da 63 % des Rohstoff nicht genutzt und im ungünstigsten Fall entsorgt werden müssen.
- *Selektivitätsproblem*: In diesem Fall würde – je nach Ergebnis der Wirtschaftlichkeitsberechnung – eine hohe Selektivität, z. B. 90 %, gewählt werden, die bei einem Umsatzgrad von etwa 20 % erreicht wird (s. Abb. 7.14). Da das nicht umgesetzte Edukt abgetrennt und rückgeführt wird (s. Abb. 7.12), ergibt sich hier eine Rohstoffeffizienz von 90 %. Dies zeigt, warum in diesem Lehrbuch mehr Augenmerk auf das Selektivitätsproblem gerichtet werden soll.

In beiden Fällen wird es aber Ziel einer Prozessoptimierung sein, die *S*-*U*-Kurven zu höheren Selektivitäten und Umsatzgraden zu verschieben, ohne dass andere Nebeneffekte einen negativen Einfluss gewinnen. Geeignete reaktionstechnische Maßnahmen hierzu sind:

- Optimale Wahl des Reaktors (z. B. Wahl des Strömungsrohrreaktors und nicht des kontinuierlichen idealen Rührkesselreaktors, s. Abschn. 7.2.1.2)
- Optimierung der Temperaturführung (Erniedrigung von κ)
- Optimierung der Konzentrationsführung (nur möglich, wenn Ordnungen der Bildungs- und Folgereaktion unterschiedlich sind, s. Abschn. 7.2.2)

Eine weitere sehr wichtige Maßnahme soll hier nicht unerwähnt bleiben, nämlich die Entwicklung optimaler Katalysatoren (z. B. Erniedrigung von κ). Auch wenn diese Maßnahme eindeutig der Fachdisziplin der Katalyse zuzuordnen ist, muss man dabei berücksichtigen, dass Katalysatorentwicklung und Reaktionstechnik nicht unabhängig voneinander sind. Reaktionstechnische Untersuchungen an einem „schlechten" Katalysator sind ebenso wenig sinnvoll wie Katalysatorentwicklung unter reaktionstechnisch „falschen" Bedingungen. Die Abhängigkeit zwischen Reaktionstechnik und Katalyse wird noch zusätzlich verstärkt, da jeder Katalysator ein anderes reaktionstechnisches Optimum besitzt.

Auf eine reaktionstechnische Maßnahme, nämlich die *Wahl der optimalen Temperatur* für den isothermen Betrieb, soll hier aber noch abschließend etwas ausführlicher eingegangen werden. Diese hängt von den Aktivierungsenergien für Bildungs- und Folgereaktion ab, die wiederum die Temperaturabhängigkeit des Verhältnisses der Geschwindigkeitskonstanten κ und damit den Verlauf der *S*-*U*-Kurve bestimmen. Bei der Diskussion der optimalen isothermen Temperatur müssen daher die beiden Fälle $E_{A,1} > E_{A,2}$ und $E_{A,2} > E_{A,1}$ unterschieden werden:

- Fall $E_{A,1} > E_{A,2}$:

  In diesem Fall hat die Bildungsreaktion eine höhere Aktivierungsenergie als die Folgereaktion. Das dazugehörige Arrhenius-Diagramm ist beispielhaft in Abb. 7.16 dargestellt, wobei zur besseren Veranschaulichung angenommen wurde, dass die Geschwindigkeitskonstanten bei der Referenztemperatur gleich groß sind ($\kappa = 1$). Erhöht man ausgehend von der Referenztemperatur $T_{ref} = 373$ K die Reaktionstemperatur, d. h. erniedrigt man $1/T$ und geht vom Schnittpunkt der Geraden nach links, dann nimmt die Geschwindigkeitskonstante der Bildungsreaktion stärker zu als die der Folgereaktion und der Wert κ nimmt ab. Im vorliegenden Beispiel wird bei $T = 435$ K ein Wert für κ von 0,1 erreicht. Nach Abb. 7.14 ergibt diese Erhöhung der Reaktionstemperatur um 62 K eine signifikante Verschiebung der S-U-Kurve von $\kappa = 1$ zu $\kappa = 0{,}1$. Wie stark die Temperatur erhöht werden kann, hängt vom jeweiligen Prozess ab. Bei Überschreiten einer Maximaltemperatur können beispielsweise Werkstoffprobleme auftreten oder weitere Nebenreaktionen einsetzen, die eine noch größere Aktivierungsenergie besitzen wie die Bildungsreaktion (z. B. Zersetzung einer Spezies durch Spaltung chemischer Bindungen). Bei Flüssigphasenreaktionen kann beispielsweise die Siedegrenze erreicht werden.
- Fall $E_{A,2} > E_{A,1}$:

  Nun hat die Folgereaktion eine höhere Aktivierungsenergie als die Bildungsreaktion. Die Diskussion kann wiederum im Arrhenius-Diagramm Abb. 7.16 erfolgen, wenn man

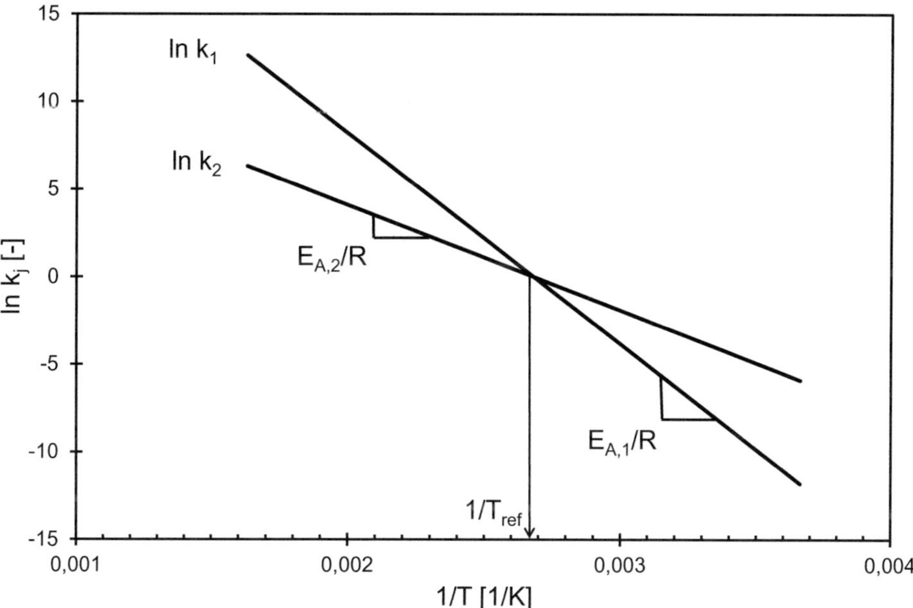

Abb. 7.16 Arrhenius-Diagramm mit den Geschwindigkeitskonstanten der Bildungs- und Folgereaktion. Berechnung für $k_{1,ref} = 1\ h^{-1}$, $k_{2,ref} = 1\ h^{-1}$, $T_{ref} = 373$ K, $E_{A,1} = 100$ kJ/mol, $E_{A,2} = 50$ kJ/mol

die Indizes 1 und 2 vertauscht. In diesem Falle muss ausgehend von der Referenztemperatur die Reaktionstemperatur erniedrigt, d. h. $1/T$ erhöht werden, um die Folgereaktion zu unterdrücken (κ nimmt ab). Wie stark die Temperatur gegenüber der Referenztemperatur erniedrigt werden kann, hängt wieder vom jeweiligen Prozess ab. Die Minimaltemperatur ergibt sich hier vor allem aufgrund der Tatsache, dass mit Erniedrigung der Reaktionstemperatur die Geschwindigkeitskonstanten exponentiell abnehmen und die für den optimalen Umsatzgrad notwendigen Verweil- bzw. Reaktionszeiten entsprechend exponentiell zunehmen (s. Gl. 7.77). Dies hat wiederum eine exponentielle Abnahme der Raum-Zeit-Ausbeute (s. Gl. 2.26 bzw. 2.29) zur Folge und führt zu großen Reaktoren bzw. kleinen Produktionshöhen. Eine Wirtschaftlichkeitsbetrachtung ist notwendig, um die optimale isotherme Temperatur festzulegen.

Nichtisothermer Betrieb

Ein *nichtisothermer Betrieb* liegt vor, wenn es nicht möglich ist, die Reaktionsenthalpie an jedem Ort z im idealen Strömungsrohrreaktor oder zu jeder Zeit t im diskontinuierlichen idealen Rührkesselreaktor vollständig zu- oder abzuführen. Es kommt dann zu einer Temperaturänderung in Abhängigkeit von der Verweilzeit (dem Ort) bzw. Reaktionszeit. Eine Temperaturänderung liegt auch dann vor, wenn während des Aufheizvorgangs bereits die Reaktion einsetzt. Wir haben diese Fälle für eine einzige irreversible exotherme Reaktion bereits im Abschn. 5.4.1.5 bzw. 5.4.1.6 für den diskontinuierlichen idealen Rührkesselreaktor und damit auch, wegen der Äquivalenz, für den idealen Strömungsrohrreaktor ausführlich diskutiert und exemplarisch berechnet. Im Falle der exothermen 1,1-Folgereaktion müssen lediglich die Reaktionsterme der Bilanzgleichungen Gl. 5.79 und 5.80 entsprechend den Gl. 7.1 und 7.2 erweitert werden, um Bildungs- und Folgereaktion zu berücksichtigen. Die Integration der Bilanzgleichungen für Stoff und Energie erfolgt wiederum numerisch wie in Abschn. 5.4.1.5 bzw. 5.4.1.6 beschrieben. Auch hier ist bei stark exothermen Reaktionen ein erheblicher Temperaturanstieg bei adiabater und ein ausgeprägtes Temperaturmaximum (Hotspot) bei polytroper Reaktionsführung zu erwarten. Dieses wird sich zusätzlich auf die erreichbare Selektivität $S_{2,1}$ und somit das *S*-*U*-Diagramm auswirken:

- Fall $E_{A,1} > E_{A,2}$:

  In diesem Fall ist – wie bereits beim isothermen Betrieb diskutiert (s. Abb. 7.16) – die optimale Temperatur die Maximaltemperatur, bei der noch keine weiteren Nebenreaktionen oder Schädigungen von Werkstoffen, Katalysatoren etc. einsetzen. Anders als beim isothermen Betrieb muss beim nichtisothermen Betrieb der Temperaturanstieg in axialer Richtung (Ortskoordinate z) berücksichtigt werden (s. Abb. 5.31 bzw. Abb. 5.32), d. h., die Eintrittstemperatur muss ausreichend gering sein, damit die Maximaltemperatur an keiner Stelle im Reaktor, z. B. im Hotspot, überschritten wird. Eine Realisierung der isothermen Reaktionsführung, beispielsweise durch den Einsatz von Mikroreaktoren (s. Kap. 9), hat dagegen den Vorteil, dass im gesamten Reaktor eine höhere Reaktionstemperatur nahe der Maximaltemperatur realisiert werden kann.

- Fall $E_{A,2} > E_{A,1}$:

  Für den Fall $E_{A,2} > E_{A,1}$, d. h. wenn die Folgereaktion eine höhere Aktivierungsenergie hat als die Bildungsreaktion, werden bei adiabater oder polytroper Reaktionsführung durch zu hohe lokale Reaktionstemperaturen Selektivitätsverluste auftreten. Für den genannten Fall kann eine Temperaturführung sinnvoll sein, bei der in axialer Richtung (z-Koordinate) zunächst ein schnelles Aufheizen und anschließend ein fallender Temperaturverlauf realisiert wird. Die Temperatur ist dann also vor allem im vorderen Bereich des Reaktors hoch, wo der Beitrag der Folgereaktion aufgrund der geringen Produktkonzentrationen gering ist und die Bildungsreaktion durch Temperaturerhöhung gezielt beschleunigt werden kann. Im hinteren Bereich des Reaktors, wo die Produktkonzentration bis zum Reaktorausgang stetig ansteigt, muss die Reaktionstemperatur entsprechend abgesenkt werden, um die Folgereaktion zu unterdrücken. Beispielsweise erlauben Mikroreaktoren eine Minimierung von Hotspots und ein schnelles Aufheizen und Abkühlen (s. Kap. 9), sodass mit diesem Reaktortyp Selektivitätssteigerungen zu erwarten sind.

Endotherme 1,1-Folgereakionen sollen hier an dieser Stelle nicht diskutiert werden, da sie zum einen sicherheitstechnisch weniger kritisch sind (cold spot und Erlöschen der Reaktion) und zum anderen die Diskussion des Einflusses des Temperaturverlaufs auf die Selektivität komplementär zur exothermen 1,1-Folgereaktion geführt werden kann.

7.2.1.2 Kontinuierlicher idealer Rührkesselreaktor

Isothermer Betrieb

Wird die 1,1-Folgereaktion gemäß Reaktionsschema Gl. 7.64 im isothermen kontinuierlichen idealen Rührkesselreaktor durchgeführt, so müssen die entsprechenden Bilanzgleichungen (Gl. 7.35) für die Spezies A_1, A_2 und A_3 unter Berücksichtigung der kinetischen Gleichungen Gl. 7.66 und 7.67 sowie der Matrix der stöchiometrischen Koeffizienten Gl. 7.65 gelöst werden:

$$0 = c_{1,0} - c_1 - \tau k_1 c_1 \tag{7.83}$$

$$0 = c_{2,0} - c_2 + \tau(k_1 c_1 - k_2 c_2) \tag{7.84}$$

$$0 = c_{3,0} - c_3 + \tau k_2 c_2. \tag{7.85}$$

Geht man davon aus, dass am Reaktoreingang bzw. zu Beginn der Reaktion noch kein Produkt bzw. Nebenprodukt vorliegt, können $c_{2,0}$ und $c_{3,0}$ gleich null gesetzt werden. Löst man nun Gl. 7.84 nach der Konzentration c_2 auf und ersetzt c_1 durch $c_{1,0} \cdot (1 - U_1)$, so erhält man:

$$c_2 = c_{1,0} \cdot (1 - U_1) \cdot \frac{k_1 \tau}{1 + k_2 \tau}. \tag{7.86}$$

Die notwendige Verweilzeit τ, um den Umsatzgrad U_1 zu erreichen, kann aus Gl. 7.83 abgeleitet bzw. der Tab. 5.2 entnommen werden:

$$\tau = \frac{1}{k_1} \cdot \frac{U_1}{1 - U_1}. \tag{7.87}$$

Setzt man nun Gl. 7.87 in Gl. 7.86 ein, erhält man den gesuchten Zusammenhang zwischen Selektivität $S_{2,1}$ und Umsatzgrad U_1 für den isothermen kontinuierlichen idealen Rührkesselreaktor:

$$S_{2,1} = \frac{1 - U_1}{1 - U_1 \cdot (1 - \kappa)}. \tag{7.88}$$

Trägt man die Funktion Gl. 7.88 in einer Abbildung auf (s. Abb. 7.17), so erhält man ähnliche Verläufe wie beim idealen Strömungsrohrreaktor, dessen *S*-*U*-Kurven als gestri-

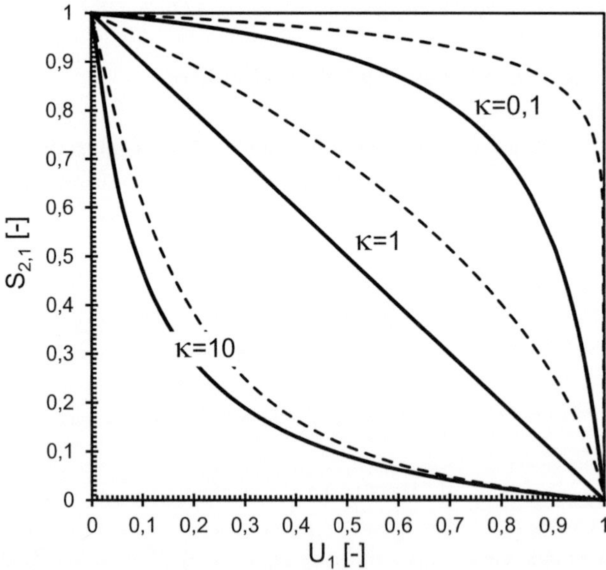

Abb. 7.17 Selektivitäts-Umsatzgrad-Diagramm für das Folgeschema gemäß Gl. 7.64 und einen isothermen kontinuierlichen idealen Rührkesselreaktor (*S*-*U*-Kurven des idealen Strömungsrohrreaktors aus Abb. 7.14 sind als *gestrichelte Kurven* eingezeichnet). Berechnung für unterschiedliche Werte von $\kappa = k_2/k_1$

chelte Kurven eingezeichnet sind. *Es wird deutlich, dass im idealen Strömungsrohrreaktor beim selben Umsatzgrad höhere Selektivitäten erzielt werden.* Dieser Unterschied ist umso größer, je kleiner das Verhältnis k_2/k_1 ist, d. h. je langsamer die Folgereaktion im Vergleich zur Bildungsreaktion ist. Zusätzlich werden im Strömungsrohrreaktor vor allem große Umsatzgrade bei kleineren Verweilzeiten τ erreicht (s. Abb. 5.33). Insgesamt ergeben sich also gemäß Gl. 2.29 beim Strömungsrohrreaktor im Falle der 1,1-Folgereaktion größere Raum-Zeit-Ausbeuten für das gewünschte Produkt.

Die mit dem idealen Strömungsrohrreaktor bei demselben Umsatzgrad gegenüber dem kontinuierlichen, idealen Rührkesselreaktor erreichbare höhere Selektivität erklärt sich bei einer 1,1,-Folgereaktion durch die Tatsache, dass im letzteren Reaktortyp die Konzentration des Edukts am Reaktoreintritt sofort auf die dem Umsatzgrad entsprechende Konzentration im Reaktor bzw. am Reaktorausgang absinkt und die Produktkonzentration entsprechend sprunghaft zunimmt. Dagegen nimmt im idealen Strömungsrohrreaktor die Eduktkonzentration kontinuierlich vom Reaktoreingang zum Reaktorausgang ab und die Produktkonzentration umgekehrt kontinuierlich zu, was dazu führt, dass im Strömungsrohrreaktor die Eduktkonzentration im Mittel höher und die Produktkonzentration im Mittel kleiner ist. Dementsprechend ist auch die Reaktionsgeschwindigkeit der Produktbildung im Mittel höher und die Reaktionsgeschwindigkeit der Folgereaktion im Mittel kleiner als im kontinuierlichen, idealen Rührkesselreaktor, sodass bei demselben Umsatzgrad höhere Produktselektivitäten resultieren.

Die Diskussion der optimalen isothermen Temperatur kann für den kontinuierlichen idealen Rührkesselreaktor ganz analog zum idealen Strömungsrohrreaktor im Arrhenius-Diagramm (Abb. 7.16) geführt werden.

Nichtisothermer Betrieb

Bei *nichtisothermem Betrieb* kommt zu der sprunghaften Konzentrationsänderung noch die *sprunghafte Temperaturänderung* hinzu (s. Abb. 5.31 bzw. Abb. 5.32). Im Falle der exothermen Folgereaktion handelt es sich dabei um eine sprunghafte Temperaturerhöhung. Die Reaktorauslegung erfolgt so, dass sich im Reaktor bzw. am Reaktorausgang die *optimale Temperatur* für isothermen Betrieb einstellt. Die durch die Konzentrationssprünge niedrigere Selektivität im kontinuierlichen idealen Rührkesselreaktor (s. vorangegangenes Kapitel) kann durch die sprunghafte Temperaturzunahme verstärkt oder vermindert werden. Im Falle $E_{A,1} > E_{A,2}$ wirkt sich der Sprung auf die höhere Reaktionstemperatur vorteilhaft auf die Selektivität aus, im Falle $E_{A,2} > E_{A,1}$ wirkt er sich nachteilig aus. Hinzu kommt, dass im letzteren Falle eine optimale Temperaturführung (optimales Temperaturprofil) wie sie für den idealen Strömungsrohrreaktor beschrieben wurde, durch das sprunghafte Verhalten gar nicht möglich ist. Die Enthalpie- und Stoffbilanzen müssen für den jeweiligen Fall gelöst werden, um abhängig von den jeweiligen kinetischen Parametern genauere quantitative Aussagen über Selektivitäten und Verweilzeiten bzw. Raum-Zeit-Ausbeuten machen zu können.

7.2.1.3 Halbkontinuierlicher idealer Rührkesselreaktor

Der Vollständigkeit halber sei die halbkontinuierliche Betriebsweise als eine Möglichkeit erwähnt, die Selektivität zum gewünschten Produkt zu steigern, indem dieses durch Rektifikation in eine Destillatphase oder durch Extraktion in eine Schutzphase vor der Weiterreaktion gehindert wird. Auch diese Betriebsweise kann durch Formulierung der Energie- und Stoffbilanzen berechnet und bewertet werden.

7.2.2 2,1- bzw. 1,2-Folgereaktion

Die 2,1-Folgereaktion basiere auf folgendem vereinfachten Reaktionsschema

$$\begin{aligned} A_1 + A_1 &\overset{k_1}{\rightarrow} A_2 \\ A_2 &\overset{k_2}{\rightarrow} A_3, \end{aligned} \tag{7.89}$$

das auch durch die nachfolgende Matrix der stöchiometrischen Koeffizienten beschrieben werden kann:

$$\begin{array}{c} \\ j=1 \\ j=2 \end{array} \begin{array}{c} \begin{array}{ccc} A_1 & A_2 & A_3 \end{array} \\ \begin{pmatrix} -2 & +1 & 0 \\ 0 & -1 & +1 \end{pmatrix} \end{array}. \tag{7.90}$$

Die Kinetiken für die gewünschte Bildungs- und die unerwünschte Folgereaktion lauten:

$$r_1 = k_1 c_1^2 \tag{7.91}$$

$$r_2 = k_2 c_2. \tag{7.92}$$

Analog gilt für die 1,2-Folgereaktion

$$\begin{aligned} A_1 &\overset{k_1}{\rightarrow} A_2 \\ A_2 + A_2 &\overset{k_2}{\rightarrow} A_3 \end{aligned} \tag{7.93}$$

mit

$$\begin{array}{c} \\ j=1 \\ j=2 \end{array} \begin{array}{c} \begin{array}{ccc} A_1 & A_2 & A_3 \end{array} \\ \begin{pmatrix} -1 & +1 & 0 \\ 0 & -2 & +1 \end{pmatrix} \end{array}. \tag{7.94}$$

Die Kinetiken für die gewünschte Bildungs- und die unerwünschte Folgereaktion lauten:

$$r_1 = k_1 c_1 \tag{7.95}$$

$$r_2 = k_2 c_2^2. \tag{7.96}$$

Um den Vergleich mit der 1,1-Folgereaktion zu gewährleisten, werden die Zeitkonstanten τ_j für die gewünschte Bildungs- und die unerwünschte Folgereaktion aus einer separaten Betrachtung der Teilschritte gebildet, indem für das Edukt der jeweiligen Teilreaktion dessen Anfangskonzentration durch dessen Anfangsstoffmengenänderungsgeschwindigkeit dividiert wird:

$$\tau_j = \frac{c_{i,0}}{-R_{i,0}} = \frac{c_{i,0}}{|\nu_{i,j}| \cdot k_j \cdot c_{i,0}^{n_j}}. \tag{7.97}$$

Das Verhältnis der Geschwindigkeiten von Folgereaktion zu Bildungsreaktion wird nun mithilfe von Gl. 7.97 wie folgt definiert:

$$\kappa = \frac{\tau_1}{\tau_2} = \frac{|\nu_{2,2}| \cdot k_2 \cdot c_{2,0}^{n_2}}{|\nu_{1,1}| \cdot k_1 \cdot c_{1,0}^{n_1}}. \tag{7.98}$$

Zur Berechnung der Zeitkonstanten der Reaktionen wird sowohl bei der Bildungsreaktion für die Anfangskonzentration der Spezies A_1 als auch bei der Folgereaktion für die Anfangskonzentration der Spezies A_2 die selbe Konzentration angenommen, d. h., es gilt $c_{1,0} = c_{2,0}$. *Diese Vorgehensweise erlaubt die Angabe eines charakteristischen Zeitmaßes für die Geschwindigkeit der beiden Teilreaktionen.*

Für den Fall $n_1 = n_2$ ergibt sich Gl. 7.80, d. h., der Parameter κ, wie wir ihn bei der 1,1-Folgereaktion eingeführt haben.

7.2.2.1 Idealer Strömungsrohrreaktor/diskontinuierlicher idealer Rührkesselreaktor

Für den *isothermen Betrieb* müssen die entsprechenden Stoffbilanzen formuliert und gelöst werden. An dieser Stelle sei auf die Stoffbilanzen der 1,1-Folgereaktion verwiesen (Gl. 7.68, 7.69, 7.70), wobei bei der n_1,n_2-Folgereaktion die jeweiligen Ordnungen n_j in den Kinetiken sowie die jeweiligen stöchiometrischen Koeffizienten (2 bei den bimolekularen Teilreaktionen) zu berücksichtigen sind. *Das Anfangswertproblem (Gl.* 7.71) *kann mit einem Euler-Verfahren (s. Abschn.* 12.4.2.1) *und einem Tabellenkalkulationsprogramm einfach numerisch gelöst werden – ähnlich wie das in Abschn.* 5.4.1.4 *für eine einzige Reaktion gezeigt wurde.* Abb. 7.18 zeigt für unterschiedliche Ordnungen der Teilschritte, wie sich die dazugehörigen *S*-*U*-Kurven im *S*-*U*-Diagramm gegenüber der

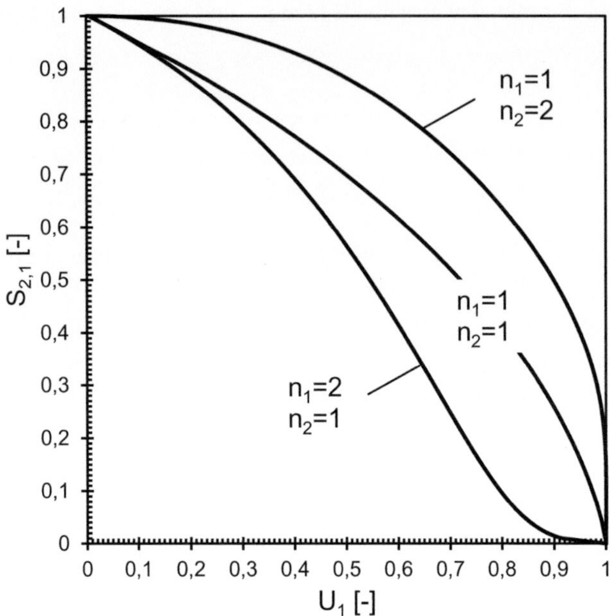

Abb. 7.18 Selektivitäts-Umsatzgrad-Diagramm für eine n_1,n_2-Folgereaktion im isothermen idealen Strömungsrohrreaktor. Berechnung für $\kappa = \tau_1/\tau_2 = 1$ und $c_{1,0} = 1$ mol/l

1,1-Folgereaktion verschieben. Ist die gewünschte Bildungsreaktion eine bimolekulare Reaktion, dann wird diese mit zunehmendem Umsatzgrad, d. h. sinkender Eduktkonzentration, immer stärker gegenüber der unerwünschten monomolekularen Folgereaktion unterdrückt. Insbesondere bei hohen Umsatzgraden, d. h. hohen Produkt- und niedrigen Eduktkonzentrationen, dominiert die monomolekulare Folgereaktion gegenüber der bimolekularen Bildungsreaktion und die *S*-*U*-Kurve läuft asymptotisch gegen $S_{2,1} = 0$. Ist dagegen die gewünschte Bildungsreaktion eine monomolekulare und die unerwünschte Folgereaktion eine bimolekulare Reaktion, dann werden bei niedrigen Umsatzgraden deutlich höhere Selektivitäten zum gewünschten Produkt erzielt, da bei niedrigen Umsatzgraden die Produktkonzentrationen gering sind und damit die bimolekulare Folgereaktion unterdrückt wird.

Die Diskussion der optimalen Temperatur im isothermen bzw. der optimalen Temperaturführung im nichtisothermen Betrieb kann analog zu der Diskussion bei der 1,1-Folgereaktion geführt werden (s. Abschn. 7.2.1.1). Gegenüber der 1,1-Folgereaktion kommt aber noch ein *weiterer Parameter hinzu, der variiert und optimiert werden kann, nämlich die Eingangskonzentration.* Aufgrund der unterschiedlichen Ordnungen der Kinetiken von Bildungs- und Folgereaktion hat die Eingangskonzentration einen Einfluss auf die Lage der *S*-*U*-Kurven im *S*-*U*-Diagramm, was bei der 1,1-Folgereaktion nicht der Fall war. *Löst man für die 2,1- und die 1,2-Folgereaktion die Stoffbilanzen numerisch mit einem Euler-Verfahren (s. Abschn.* 12.4.2.1) *und einem Tabellenkalkulationsprogramm – ähnlich wie das in Abschn.* 5.4.1.4 *für eine einzige Reaktion gezeigt wurde –, so erhält man die in Abb.* 7.19 *dargestellten Verschiebungen der S-U-Kurven*, wenn man die Eingangskonzentration von 1 mol/l über 0,5 mol/l auf 0,1 mol/l erniedrigt.

Im Falle der 2,1-Folgereaktion bewirkt eine Absenkung der Eingangskonzentration von 1 mol/l über 0,5 mol/l auf 0,1 mol/l eine Erniedrigung der Selektivität (s. Abb. 7.19), da die gewünschte bimolekulare Bildungsreaktion gegenüber der monomolekularen Folgereaktion zunehmend unterdrückt wird. Oder anders ausgedrückt: *Bei der 2,1-Folgereaktion muss man bei möglichst hohen Eingangskonzentrationen arbeiten, um hohe Selektivitäten zu erzielen.* Im Falle von Gasphasenreaktionen kann dies beispielsweise durch Druckerhöhung und im Falle von Flüssigphasenreaktionen durch – sofern möglich – lösungsmittelfreien Betrieb erfolgen.

Im Falle der 1,2-Folgereaktion verschieben sich die S-U-Kurven bei Erniedrigung der Eingangskonzentration dagegen zu höheren Selektivitäten, da mit abnehmendem Konzentrationsniveau bzw. größerer Verdünnung die bimolekulare Folgereaktion zunehmend unterdrückt werden kann. Allerdings muss bei der Optimierung der Konzentrationsführung auch berücksichtigt werden, dass mit abnehmendem Konzentrationsniveau die Raum-Zeit-Ausbeuten sinken (s. Gl. 2.26 bzw. 2.29), d. h. größere Reaktionsvolumina bei vorgegebener Produktionshöhe notwendig sind bzw. bei vorgegebenem Reaktionsvolumen nur

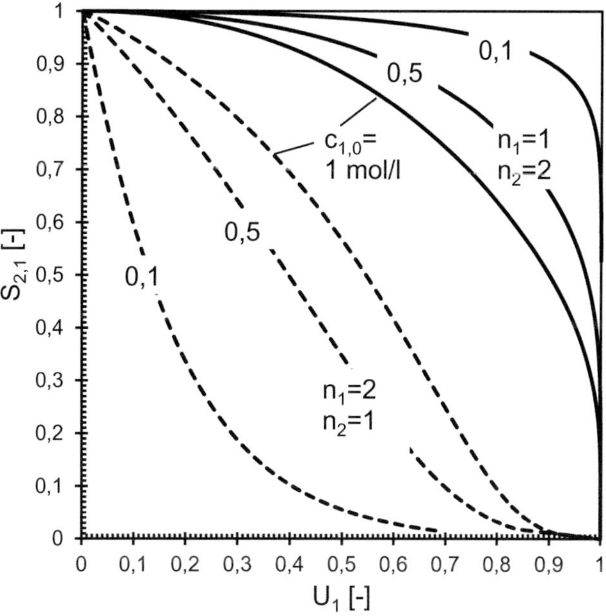

Abb. 7.19 Selektivitäts-Umsatzgrad-Diagramm für eine 2,1-Folgereaktion (*gestrichelte Kurven*) und eine 1,2-Folgereaktion (*durchgezogene Kurven*) im isothermen idealen Strömungsrohrreaktor bei unterschiedlichen Eingangskonzentrationen. Berechnung für $\kappa = \tau_1/\tau_2 = 1$ und $c_{1,0} = 1$, 0,5 und 0,1 mol/l

kleinere Produktionshöhen erreicht werden können. Diesem Nachteil steht der Vorteil einer größeren Rohstoffeffizienz entgegen. Eine Wirtschaftlichkeitsbetrachtung ist notwendig, um das Minimum der Gestehungskosten zu ermitteln.

7.2.2.2 Kontinuierlicher idealer Rührkesselreaktor

Für den isothermen Betrieb müssen wiederum die entsprechenden Stoffbilanzen formuliert und gelöst werden. Die Stoffbilanzen der 1,1-Folgereaktion wurden für den kontinuierlichen idealen Rührkesselreaktor bereits formuliert (Gl. 7.83, 7.84, 7.85 in Abschn. 7.2.1.2). Bei einer n_1,n_2-Folgereaktion ändern sich lediglich die jeweiligen Ordnungen n_j in den Kinetiken sowie die jeweiligen stöchiometrischen Koeffizienten (2 bei den bimolekularen Teilreaktionen). Das Anfangswertproblem, d. h. am Reaktoreingang ist $c_1 = c_{1,0}$ und $c_{2,0} = c_{3,0} = 0$, kann wiederum algebraisch gelöst werden. Ähnlich wie bei der 1,1-Folgereaktion wird aus der Stoffbilanz für die Spezies A_2 deren Konzentration und damit die dazugehörige Selektivität berechnet, wobei man die Verweilzeit durch den dazugehörigen Umsatzgrad an A_1 (aus Stoffbilanz für A_1) ausdrückt. Die Rechnungen sind relativ einfach nachzuvollziehen, sodass hier lediglich die Endergebnisse für den Zusammenhang zwischen der Selektivität zu A_2 und dem Umsatzgrad an A_1 angegeben werden:

2,1-Folgereaktion:

$$S_{2,1} = \frac{1}{1 + \kappa \cdot \frac{U_1}{(1 - U_1)^2}}. \qquad (7.99)$$

1,2-Folgereaktion:

$$S_{2,1} = \frac{-b + \sqrt{b^2 - 4ac}}{2U_1 \cdot a}. \qquad (7.100)$$

mit:

$$\begin{aligned} a &= 1 \\ b &= \frac{1}{\kappa} \cdot \frac{1 - U_1}{U_1} \\ c &= -\frac{1}{\kappa} \cdot (1 - U_1). \end{aligned}$$

Die S-U-Kurven der 2,1- und 1,2-Folgereaktion sind entsprechend der Gl. 7.99 und 7.100 für $\kappa = 1$ in Abb. 7.20 aufgetragen. Wie bei der 1,1-Folgereaktion (s. Abb. 7.17) und unabhängig von der Ordnung der Teilschritte der Folgereaktion werden im idealen Strömungsrohrreaktor bei gleichem Umsatzgrad höhere Selektivitäten erzielt. Die Erklärung ist auch hier die sprunghafte Konzentrationsänderung im kontinuierlichen idealen Rührkesselreaktor (s. Abschn. 7.2.1.2).

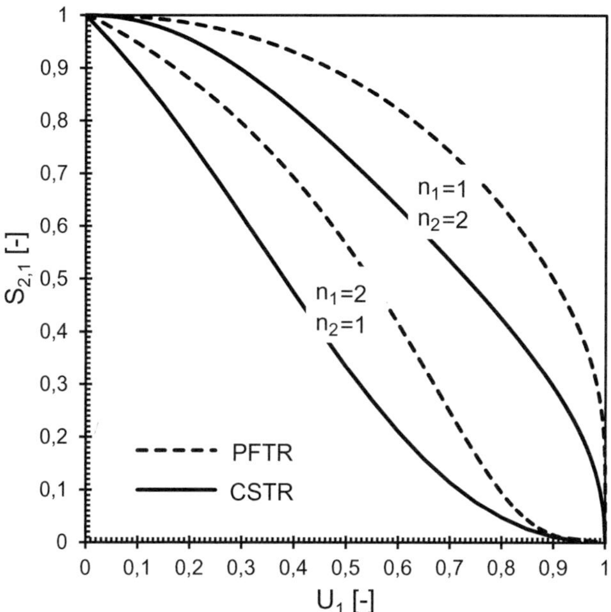

Abb. 7.20 Selektivitäts-Umsatzgrad-Diagramm für eine n_1,n_2-Folgereaktion und einen isothermen kontinuierlichen idealen Rührkesselreaktor (*S-U*-Kurven des idealen Strömungsrohrreaktors aus Abb. 7.18 sind als *gestrichelte Kurven* eingezeichnet). Berechnung für $\kappa = \tau_1/\tau_2 = 1$

7.3 Parallelreaktionen

Es gibt viele Beispiele für technische Reaktionen, bei denen das Edukt parallel zur gewünschten Reaktion, d. h. in einer *unerwünschten Parallelreaktion*, zu einem Nebenprodukt reagiert. Nachfolgend seien Beispiele für solche Parallelreaktionen genannt:

- Methylierung von Toluol mit Methanol zu ortho-, meta- oder para-Xylol
- Umsetzung von Milchsäure zu Acetaldehyd (Decarbonylierung/Decarboxylierung) oder zu Acrylsäure (Dehydratisierung)
- Chlorierung von Propen zu Allylchlorid oder 1,2-Dichlorpropan
- Bromierung von Toluol an Seitenkette oder am aromatischen Kern

Im Folgenden wird entsprechend der Ordnung der gewünschten Bildungsreaktion n_1 bzw. der unerwünschten Parallelreaktion n_2 der Begriff *n_1,n_2-Parallelreaktion* eingeführt. Zunächst werden 1,1-Parallelreaktionen und anschließend 2,1- bzw. 1,2-Parallelreaktionen betrachtet.

7.3.1 1,1-Parallelreaktion

Die 1,1-Parallelreaktion wird durch folgendes Reaktionsschema beschrieben

$$\begin{gathered} A_1 \overset{k_1}{\rightarrow} A_2 \\ A_1 \overset{k_2}{\rightarrow} A_3, \end{gathered} \tag{7.101}$$

wobei die stöchiometrischen Koeffizienten alle als Betrag den Wert eins besitzen:

$$\begin{array}{c} \\ j=1 \\ \\ j=2 \end{array} \begin{array}{c} \begin{array}{ccc} A_1 & A_2 & A_3 \end{array} \\ \begin{pmatrix} -1 & +1 & 0 \\ & & \\ -1 & 0 & +1 \end{pmatrix} \end{array}. \tag{7.102}$$

Die Kinetiken für die gewünschte Bildungs- und die unerwünschte Parallelreaktion lauten bei Annahme von Reaktionen 1. Ordnung:

$$r_1 = k_1 c_1, \tag{7.103}$$

$$r_2 = k_2 c_1. \tag{7.104}$$

Im Folgenden werden die idealen Reaktoren wieder getrennt betrachtet, die *S*-*U*-Kurven abgeleitet und in *S*-*U*-Diagrammen aufgetragen sowie die optimale Temperatur bzw. Temperaturführung diskutiert.

7.3.1.1 Idealer Strömungsrohrreaktor/diskontinuierlicher idealer Rührkesselreaktor

Isothermer Betrieb

Für die *1,1-Parallelreaktion* lauten die Bilanzgleichungen des idealen Strömungsrohrreaktors für die drei Spezies A_1, A_2 und A_3 unter Berücksichtigung der kinetischen Gl. 7.103 und 7.104 sowie der Matrix der stöchiometrischen Koeffizienten Gl. 7.102:

$$\frac{\mathrm{d}c_1}{\mathrm{d}\tau} = R_1 = \sum_{j=1}^{2} \nu_{1,j} r_j = -r_1 - r_2 = -k_1 c_1 - k_2 c_1 = -(k_1 + k_2) \cdot c_1, \tag{7.105}$$

$$\frac{\mathrm{d}c_2}{\mathrm{d}\tau} = R_2 = \sum_{j=1}^{2} \nu_{2,j} r_j = +r_1 = +k_1 c_1, \tag{7.106}$$

$$\frac{\mathrm{d}c_3}{\mathrm{d}\tau} = R_3 = \sum_{j=1}^{2} \nu_{3,j} r_j = +r_2 = +k_2 c_1. \tag{7.107}$$

Durch Trennung der Variablen und unter Berücksichtigung der Anfangsbedingung $c_1 = c_{1,0}$ ergibt die Integration der Gl. 7.105 folgendes Ergebnis für $c_1(\tau)$:

$$c_1(\tau) = c_{1,0} \cdot e^{-(k_1+k_2)\tau}. \tag{7.108}$$

Setzt man nun Gl. 7.108 in Gl. 7.106 ein und führt wieder mittels Trennung der Variablen und unter Berücksichtigung der Anfangsbedingung $c_{2,0} = 0$ die Integration der Gl. 7.106 durch, erhält man als Lösung für $c_2(\tau)$:

$$c_2(\tau) = \frac{k_1 c_{1,0}}{k_1 + k_2} \cdot \left(1 - e^{-(k_1+k_2)\tau}\right). \tag{7.109}$$

Aus den Gl. 7.108 und 7.109 kann nun die Selektivität einfach gemäß Gl. 2.18 berechnet werden:

$$S_{2,1} = \frac{1}{1 + \kappa}, \tag{7.110}$$

mit der Definition von κ gemäß Gl. 7.80.

Trägt man nun die *S*-*U*-Kurven gemäß Gl. 7.110 auf, erhält man das in Abb. 7.21 dargestellte *S*-*U*-Diagramm. Aufgrund der selben Ordnung von Bildungs- und Parallelreaktion werden beide Reaktionen unabhängig von der Konzentration immer im Verhältnis ihrer Geschwindigkeitskonstanten durchlaufen und es resultiert *keine Abhängigkeit der Selektivität vom Umsatzgrad.*

Die Diskussion der optimalen isothermen Temperatur kann wieder anhand des in Abb. 7.16 dargestellten Arrhenius-Diagramms für die beiden Fälle $E_{A,1} > E_{A,2}$ bzw. $E_{A,2} > E_{A,1}$ erfolgen. Die Diskussion erfolgt im Prinzip analog zur 1,1-Folgereaktion (s. Abschn. 7.2.1.1), d. h., die Temperatur muss ausgehend von der Referenztemperatur, bei der $\kappa = 1$ ist, je nach Fall entweder erhöht oder abgesenkt werden. Auch hier gelten die selben Limitierungen.

Nichtisothermer Betrieb

Auch hier kann im Prinzip ähnlich argumentiert werden wie bei der 1,1-Folgereaktion (s. Abschn. 7.2.1.1). Bei einer stark exothermen Parallelreaktion tritt bei adiabater Reaktionsführung ein starker Temperaturanstieg bzw. bei polytroper Reaktionsführung ein ausgeprägter Hotspot auf. Für den Fall $E_{A,1} > E_{A,2}$ muss möglichst schnell auf die optimale, d. h. maximale Temperatur aufgeheizt werden, wobei im Falle der polytropen Reaktionsführung die Hotspot-Temperatur und im Falle der adiabaten Reaktionsführung die Austritts- bzw. Endtemperatur maßgeblich ist. Für den Fall $E_{A,2} > E_{A,1}$ muss die Temperatur auf eine optimale Temperatur abgesenkt werden, die sich letztendlich aus einer

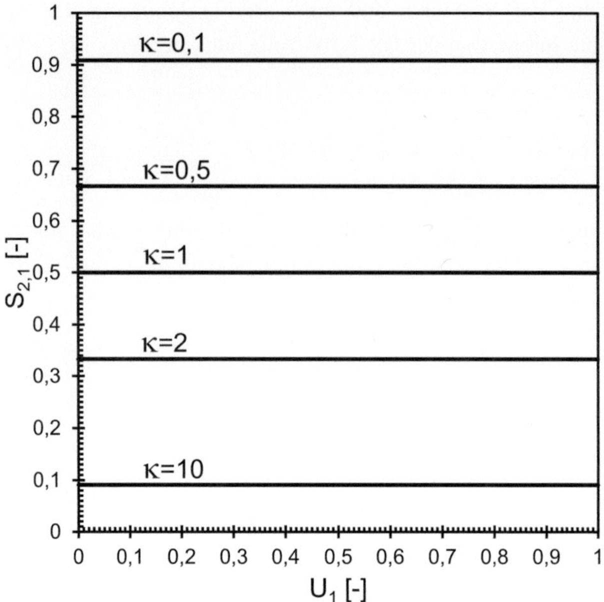

Abb. 7.21 Selektivitäts-Umsatzgrad-Diagramm für das Parallelschema gemäß Gl. 7.101 und einen isothermen idealen Strömungsrohrreaktor. Berechnung für unterschiedliche Werte von $\kappa = k_2/k_1$

Wirtschaftlichkeitsbetrachtung ergibt. Zu hohe Temperaturen bedeuten zu große Selektivitätsverluste (schlechte Rohstoffeffizienz) und zu niedrige Temperaturen zu geringe Reaktionsgeschwindigkeiten und damit zu große Verweilzeiten (zu große Reaktoren).

7.3.1.2 Kontinuierlicher idealer Rührkesselreaktor

Isothermer Betrieb

Wird die *1,1-Parallelreaktion* gemäß Reaktionsschema Gl. 7.101 in einem isotherm betriebenen kontinuierlichen idealen Rührkesselreaktor durchgeführt, so sind wieder die entsprechenden Bilanzgleichungen für die Spezies A_1, A_2 und A_3 unter Berücksichtigung der kinetischen Gl. 7.103 und 7.104 sowie der Matrix der stöchiometrischen Koeffizienten Gl. 7.102 zu lösen:

$$0 = c_{1,0} - c_1 - \tau k_1 c_1 - \tau k_2 c_1, \tag{7.111}$$

$$0 = c_{2,0} - c_2 + \tau k_1 c_1, \tag{7.112}$$

$$0 = c_{3,0} - c_3 + \tau k_2 c_1. \tag{7.113}$$

Aus Gl. 7.111 kann nun die Verweilzeit τ errechnet werden, die für einen bestimmten Umsatzgrad U_1 erforderlich ist. Geht man wieder davon aus, dass am Reaktoreingang bzw. zu Beginn der Reaktion noch kein Produkt bzw. Nebenprodukt vorliegt, dann kann der

Zusammenhang $\tau(U_1)$ in Gl. 7.112 eingesetzt und die Selektivität aus $c_2(U_1)$ berechnet werden. Man erhält folgendes Ergebnis:

$$S_{2,1} = \frac{1}{1+\kappa}. \tag{7.114}$$

Es ergeben sich also exakt die selben S-U-Kurven im S-U-Diagramm wie beim idealen Strömungsrohrreaktor (s. Gl. 7.110 und Abb. 7.21). Bei der Parallelreaktion wirkt sich der Konzentrationssprung zwischen Eingang und Ausgang nicht auf die Selektivität aus, da unabhängig vom Konzentrationsniveau die beiden parallelen Teilreaktionen im Verhältnis ihrer Geschwindigkeitskonstanten durchlaufen werden. Auch hier gilt aber wieder, dass insbesondere bei großen Umsatzgraden der gewünschte Umsatzgrad im idealen Strömungsrohrreaktor bei einer kleineren Verweilzeit erreicht wird (s. Abb. 5.33).

Nichtisothermer Betrieb

Da sich die sprunghafte Konzentrationsänderung im kontinuierlichen idealen Rührkesselreaktor nicht auf die Selektivität auswirkt, dominiert hier der Einfluss der *sprunghaften Temperaturänderung*, also bei exothermen Teilreaktionen der sprunghaften Temperaturerhöhung. So können im Falle $E_{A,1} > E_{A,2}$ im idealen Rührkesselreaktor durch den sprunghaften Anstieg auf die optimale, d. h. maximale Temperatur höhere Selektivitäten als im idealen Strömungsrohrreaktor erzielt werden, in dem die Temperatur kontinuierlich bis zum Reaktorausgang (adiabate Reaktionsführung) bzw. bis zum Hotspot (polytrope Reaktionsführung) zunimmt. Im Falle $E_{A,2} > E_{A,1}$ wirkt sich eine sprunghafte Temperaturzunahme negativ auf die Selektivität aus.

7.3.2 2,1- bzw. 1,2-Parallelreaktion

Die *2,1-Parallelreaktion* wird durch folgendes Reaktionsschema

$$\begin{aligned} A_1 + A_1 &\xrightarrow{k_1} A_2 \\ A_1 &\xrightarrow{k_2} A_3 \end{aligned} \tag{7.115}$$

bzw. die nachfolgende Matrix der stöchiometrischen Koeffizienten beschrieben:

$$\begin{matrix} & A_1 & A_2 & A_3 \\ j=1 & -2 & +1 & 0 \\ j=2 & -1 & 0 & +1 \end{matrix} \tag{7.116}$$

Die Kinetiken für die gewünschte Bildungs- und die unerwünschte Parallelreaktion lauten:

$$r_1 = k_1 c_1^2 \tag{7.117}$$

$$r_2 = k_2 c_1. \tag{7.118}$$

Analog gilt für die 1,2-Parallelreaktion

$$\begin{aligned} A_1 &\overset{k_1}{\rightarrow} A_2 \\ A_1 + A_1 &\overset{k_2}{\rightarrow} A_3 \end{aligned} \tag{7.119}$$

mit

$$\begin{matrix} & A_1 & A_2 & A_3 \\ j=1 & -1 & +1 & 0 \\ j=2 & -2 & 0 & +1 \end{matrix}. \tag{7.120}$$

Die Kinetiken für die gewünschte Bildungs- und die unerwünschte Parallelreaktion lauten:

$$r_1 = k_1 c_1, \tag{7.121}$$

$$r_2 = k_2 c_1^2. \tag{7.122}$$

Ähnlich wie bei den Folgereaktionen mit unterschiedlicher Ordnung wird auch hier um den Vergleich mit der 1,1-Parallelreaktion zu ermöglichen, für die 2,1- und 1,2-Parallelreaktionen der Parameter κ über die Zeitkonstanten der gewünschten und der unerwünschten Reaktion gebildet (s. Gl. 7.97 und 7.98).

7.3.2.1 Idealer Strömungsrohrreaktor/diskontinuierlicher idealer Rührkesselreaktor

In Abschn. 7.3.1.1 wurden die Stoffbilanzen für die 1,1-Parallelreaktion formuliert. Entsprechend der Ordnungen n_1 und n_2 müssen in den Gl. 7.105, 7.106, 7.107 lediglich die Kinetiken angepasst und die stöchiometrischen Koeffizienten richtig berücksichtigt werden (2 bei bimolekularer Teilreaktion). *Integriert man das Anfangswertproblem wieder numerisch mit einem Euler-Verfahren (s. Abschn.* 12.4.2.1) *unter Verwendung eines Tabellenkalkulationsprogramms – ähnlich wie das in Abschn.* 5.4.1.4 *für eine einzige Reaktion gezeigt wurde –, so erhält man die entsprechenden S-U-Kurven bzw. das S-U-Diagramm.* Abb. 7.22 zeigt beispielhaft für $\kappa = 1$, wie sich die unterschiedlichen Ordnungen auf die Abhängigkeit der Selektivität vom Umsatzgrad auswirken.

Im Falle der 2,1-Parallelreaktion nimmt die Selektivität mit zunehmendem Umsatzgrad ab, da mit entsprechend abnehmender Eduktkonzentration die gewünschte bimolekulare

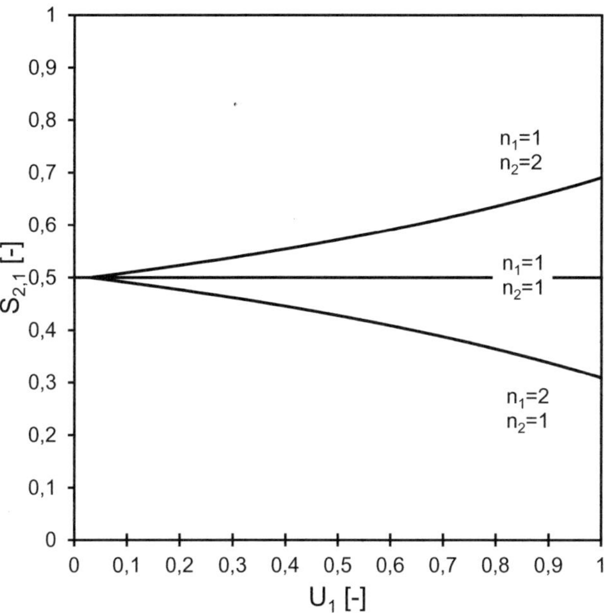

Abb. 7.22 Selektivitäts-Umsatzgrad-Diagramm für eine n_1,n_2-Parallelreaktion im isothermen idealen Strömungsrohrreaktor. Berechnung für $\kappa = \tau_1/\tau_2 = 1$ und $c_{1,0} = 1$ mol/l

Bildungsreaktion gegenüber der unerwünschten monomolekularen Parallelreaktion zunehmend unterdrückt wird.

Im Falle der 1,2-Parallelreaktion nimmt die Selektivität dagegen mit zunehmendem Umsatzgrad zu, da in diesem Fall die abnehmende Eduktkonzentration sich günstig auf die Selektivität auswirkt, da die unerwünschte bimolekulare Parallelreaktion stärker unterdrückt wird als die gewünschte monomolekulare Bildungsreaktion.

Die *Diskussion der optimalen Temperatur* im isothermen bzw. *der optimalen Temperaturführung* im nicht-isothermen Betrieb kann analog zu der Diskussion bei der 1,1-Parallelreaktion geführt werden (s. Abschn. 7.3.1.1). Gegenüber der 1,1-Parallelreaktion kommt aber noch ein weiterer Parameter hinzu, der variiert und optimiert werden kann, nämlich die Eingangskonzentration. Im Falle der 2,1-Parallelreaktion ist es vorteilhaft, möglichst hohe Eingangskonzentrationen zu wählen, da dann die gewünschte bimolekulare Bildungsreaktion gegenüber der monomolekularen Parallelreaktion beschleunigt wird und sich die *S*-*U*-Kurven zu höheren Selektivitäten verschieben. Wie bereits an anderer Stelle erwähnt, kann dies in der Gasphase durch Druckerhöhung oder in der Flüssigphase durch lösemittelfreien Betrieb erfolgen. Bei der 1,2-Parallelreaktion sind umgekehrt niedrige Eingangskonzentrationen vorteilhaft, um die unerwünschte bimolekulare Parallelreaktion gegenüber der erwünschten monomolekularen Bildungsreaktion zu unterdrücken. Jedoch wird es eine optimale Eingangskonzentration geben, da diese auch nicht zu niedrig sein darf, da ansonsten die Reaktionsgeschwindigkeiten und damit die Raum-Zeit-Ausbeuten zu gering werden.

7.3.2.2 Kontinuierlicher idealer Rührkesselreaktor

Die Stoffbilanzen für die 1,1-Parallelreaktion im kontinuierlichen idealen Rührkesselreaktor (Gl. 7.111, 7.112, 7.113) sind entsprechend der Ordnungen n_1 und n_2 und der stöchiometrischen Koeffizienten (2 für die bimolekulare Teilreaktion) anzupassen und anschließend zu lösen. Im Folgenden werden nur die jeweiligen Endgleichungen angegeben, die sich durch Lösen der algebraischen Bilanzgleichungen ergeben:

2,1-Parallelreaktion:

$$S_{2,1} = \frac{1}{1 + \kappa \cdot \frac{1}{1-U_1}}. \tag{7.123}$$

1,2-Parallelreaktion:

$$S_{2,1} = \frac{1}{1 + \kappa \cdot (1 - U_1)}. \tag{7.124}$$

Trägt man die *S*-*U*-Kurven gemäß Gl. 7.123 und 7.124 in einem Diagramm auf, so erhält man das in Abb. 7.23 dargestellte *S*-*U*-Diagramm. Zusätzlich sind in das Diagramm

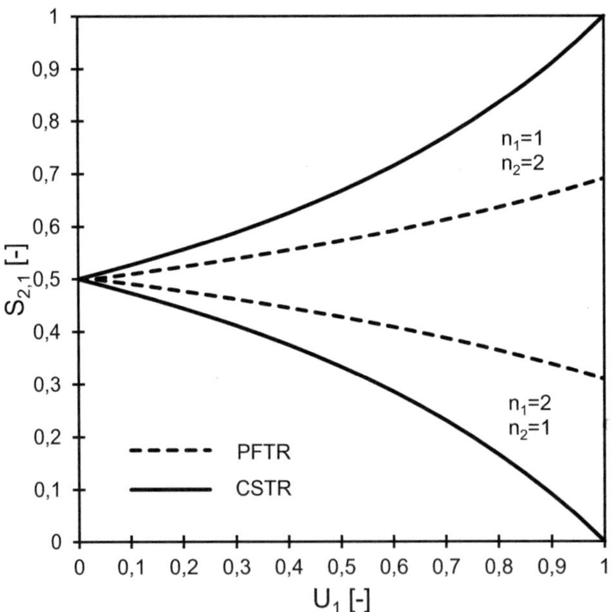

Abb. 7.23 Selektivitäts-Umsatzgrad-Diagramm für eine n_1,n_2-Parallelreaktion und einen isothermen kontinuierlichen idealen Rührkesselreaktor (*S*-*U*-Kurven des idealen Strömungsrohrrektors aus Abb. 7.22 sind als *gestrichelte Kurven* eingezeichnet). Berechnung für $\kappa = \tau_1/\tau_2 = 1$ und $c_{1,0} = 1$ mol/l

die *S-U*-Kurven für den idealen Strömungsrohrreaktor gemäß Abb. 7.22 als gestrichelte Kurve eingezeichnet. Es wird ersichtlich, dass im Falle der 2,1-Parallelreaktion die mit zunehmendem Umsatzgrad zunehmende sprunghafte Abnahme der Eduktkonzentration im kontinuierlichen idealen Rührkesselreaktor eine stärkere Unterdrückung der gewünschten bimolekularen Bildungsreaktion gegenüber der unerwünschten monomolekularen Parallelreaktion bewirkt, d. h., beim selben Umsatzgrad liegt eine niedrigere Selektivität als im idealen Strömungsrohrreaktor vor. Im idealen Strömungsrohrreaktor nimmt die Eduktkonzentration kontinuierlich vom Eingang zum Ausgang ab, sodass eine höhere mittlere Eduktkonzentration und damit eine höhere mittlere Reaktionsgeschwindigkeit der gewünschten bimolekularen gegenüber der unerwünschten monomolekularen Parallelreaktion vorliegt. Bei der 1,2-Parallelreaktion verhält es sich genau umgekehrt. Hier wirkt sich die sprunghafte Abnahme der Eduktkonzentration im kontinuierlichen idealen Rührkesselreaktor positiv auf die Selektivität aus, da die unerwünschte bimolekulare Parallelreaktion sofort maximal unterdrückt wird. Im idealen Strömungsrohrreaktor ist dies nicht der Fall, weil die Eduktkonzentration am Reaktoreingang noch hoch ist und dann bis zum Reaktorausgang kontinuierlich abnimmt. Dies bewirkt, dass die unerwünschte bimolekulare Parallelreaktion im Reaktionsvolumen im Mittel schneller abläuft als im kontinuierlichen, idealen Rührkesselreaktor. Im idealen Strömungsrohrreaktor werden daher bei gleichem Umsatzgrad niedrigere Selektivitäten erreicht.

7.4 Komplexe Reaktionen mit mehr als zwei Teilreaktionen

Es gibt eine Vielzahl von *Reaktionsschemata, die mehr als zwei Teilreaktionen umfassen*. Abb. 7.24 zeigt beispielhaft die Hydrierung einer wässrigen Maleinsäurenahydrid-Lösung, die in mehreren Folgeschritten bis zum Tetrahydrofuran erfolgen kann. Ein Folgeschritt ist hierbei reversibel, nämlich die Hydrierung vom γ-Butyrolacton zum Butandiol. Daneben finden ausgehend vom Edukt Maleinsäureanhydrid und dem Zwischenprodukt Bernsteinsäureanhydrid reversible Parallelreaktionen statt, nämlich die Hydrolyse der Säureanhydride.

Es sei an dieser Stelle darauf verwiesen, *dass man sehr oft Teilschritte zusammenfasst („lumping")*, um zu einem vereinfachten Reaktionsschema zu kommen. *Bei entsprechender Vereinfachung kann man fast alle komplexen Reaktionsschemata auf folgende Teilreaktionen zurückführen: Die gewünschte Bildungsreaktion, die unerwünschte Parallelreaktion des Edukts und die unerwünschte Folgereaktion des Produkts.* Dabei ist zu überprüfen, ob reversible Teilschritte enthalten sind. Aus diesem Grunde werden in den beiden nachfolgenden Abschnitten zwei Fälle behandelt: *Die irreversible Folge- und Parallelreaktion als Hauptnebenreaktionen sowie die reversible Folge- und Parallelreaktion als Hauptnebenreaktionen.*

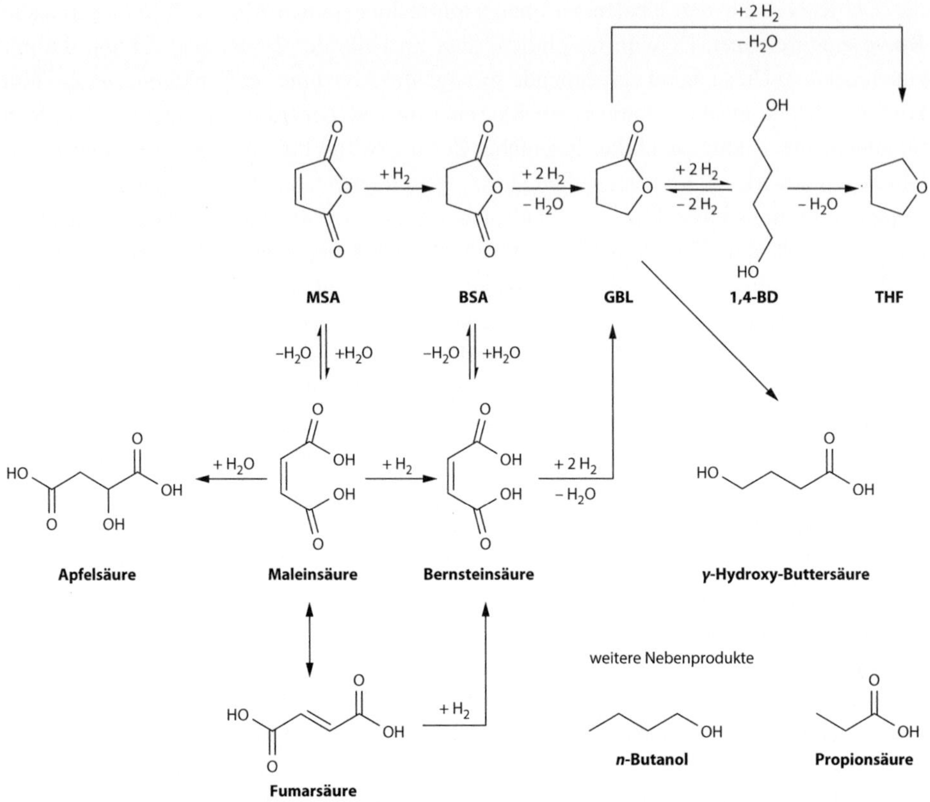

Abb. 7.24 Komplexes Reaktionsschema für die heterogen katalysierte Hydrierung wässriger Maleinsäureanhydrid-Lösungen mit molekularem Wasserstoff [4]. (Abkürzungen: MSA = Maleinsäureanhydrid, BSA = Bernsteinsäureanhydrid, GBL = γ-Butyrolacton, 1,4-BD = 1,4-Butandiol, THF = Tetrahydrofuran)

7.4.1 Irreversible Folge- und Parallelreaktion als Hauptnebenreaktionen

Findet sowohl die *unerwünschte Folgereaktion des Produkts als auch die unerwünschte Parallelreaktion des Edukts* statt, ergibt sich folgendes vereinfachte Reaktionsschema

$$\begin{aligned} &A_1 \overset{k_1}{\rightarrow} A_2 \overset{k_2}{\rightarrow} A_3 \\ &A_1 \overset{k_3}{\rightarrow} A_4, \end{aligned} \tag{7.125}$$

wenn man annimmt, dass die stöchiometrischen Koeffizienten alle als Betrag den Wert eins besitzen:

$$\begin{array}{c} \\ j=1 \\ j=2 \\ j=3 \end{array} \begin{array}{c} \begin{array}{cccc} A_1 & A_2 & A_3 & A_4 \end{array} \\ \begin{pmatrix} -1 & +1 & 0 & 0 \\ 0 & -1 & +1 & 0 \\ -1 & 0 & 0 & +1 \end{pmatrix} \end{array}. \tag{7.126}$$

Die Kinetiken für die drei Teilreaktionen lauten bei Annahme von Reaktionen 1. Ordnung:

$$r_1 = k_1 c_1 \tag{7.127}$$

$$r_2 = k_2 c_2 \tag{7.128}$$

$$r_3 = k_3 c_1. \tag{7.129}$$

Für den isothermen idealen Strömungsrohrreaktor lauten die Stoffbilanzen für die Spezies A_1 und A_2:

$$\frac{\mathrm{d}c_1}{\mathrm{d}\tau} = R_1 = \sum_{j=1}^{3} \nu_{1,j} r_j = -r_1 - r_3 = -k_1 c_1 - k_3 c_1, \tag{7.130}$$

$$\frac{\mathrm{d}c_2}{\mathrm{d}\tau} = R_2 = \sum_{j=1}^{3} \nu_{2,j} r_j = +r_1 - r_2 = +k_1 c_1 - k_2 c_2. \tag{7.131}$$

Es wird wiederum das *Verhältnis der Geschwindigkeitskonstanten von unerwünschter zu erwünschter Reaktion* eingeführt, wobei eines für die Folgereaktion (κ_F) und eines für die Parallelreaktion (κ_P) formuliert wird:

$$\kappa_F = \frac{k_2}{k_1}, \tag{7.132}$$

$$\kappa_P = \frac{k_3}{k_1}. \tag{7.133}$$

Führt man wieder eine *numerische Integration des Anfangswertproblems mithilfe eines einfachen Euler-Verfahrens* (*s. Abschn.* 12.4.2.1) durch, so erhält man die in Abb. 7.25 dargestellten *S*-*U*-Kurven. Man erkennt, dass der durch κ_P gegebene Anteil der Parallelreaktion den Startpunkt der *S*-*U*-Kurve für $U_1 = 0$ festlegt (s. auch Abb. 7.21). Das bedeutet umgekehrt, dass bei $U_1 = 0$ der Anteil der unerwünschten Parallelreaktion und der dazugehörige Selektivitätsverlust abgelesen werden kann. Mit zunehmendem Umsatz-

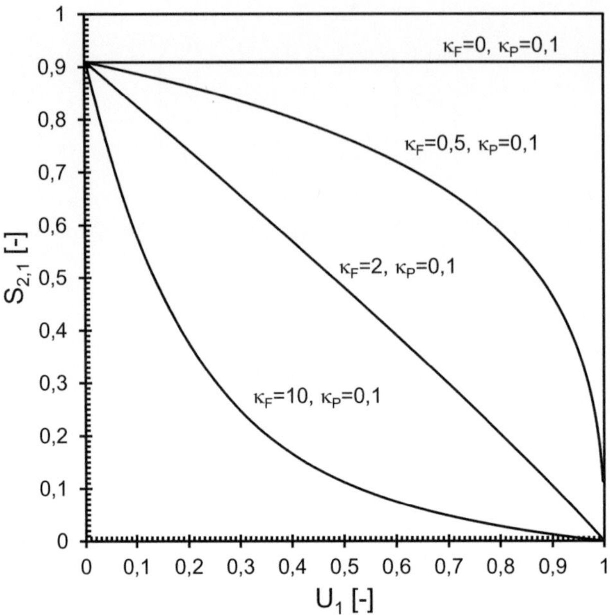

Abb. 7.25 Selektivitäts-Umsatzgrad-Diagramm für den Fall der Überlagerung einer irreversiblen Folge- und einer irreversiblen Parallelreaktion als Nebenreaktionen in einem isothermen, idealen Strömungsrohrreaktor. Berechnung für $\kappa_P = 0{,}1$ und verschiedene Werte für κ_F

grad wirkt sich dann die unerwünschte irreversible Folgereaktion selektivitätsmindernd aus, und zwar umso stärker, je größer das Verhältnis $\kappa_F = k_2/k_1$ ist. Dieses Beispiel macht auch sehr schön deutlich, dass aus einer gemessenen *S*-*U*-Kurve im *S*-*U*-Diagramm einfach kinetische Informationen abgelesen werden können, nämlich die Verhältnisse der Geschwindigkeitskonstanten von unerwünschter Nebenreaktion zu erwünschter Bildungsreaktion. Die Absolutwerte der Geschwindigkeitskonstanten erhält man aus den zu den gemessenen Umsatzgraden jeweils eingestellten Verweilzeiten.

An dieser Stelle sei noch auf ein Reaktionssystem eingegangen, das ebenfalls auf dem in Gl. 7.125 dargestellten Reaktionsschema beruht, bei dem aber das gewünschte Produkt die Spezies A_3 ist. In diesem Fall sind die Folgeschritte keine unerwünschten Reaktionsschritte, sondern müssen durchlaufen werden, um das gewünschte Endprodukt zu bilden. Als Nebenreaktion liegt dann nur die Parallelreaktion vor. Trägt man also im *S*-*U*-Diagramm nun $S_{3,1}$ über U_1 auf, dann erhält man die in Abb. 7.26 dargestellten Verläufe. In diesem Fall kann der Anteil der unerwünschten Parallelreaktion bei $U_1 = 1$ abgelesen werden, da dann kein Zwischenprodukt mehr vorliegt. Da die Bildung des gewünschten Produkts über ein Zwischenprodukt verläuft, steigt die Selektivität mit zunehmendem Umsatzgrad an, und zwar umso schneller, je größer κ_F ist, also je schneller das Zwischenprodukt zum Endprodukt weiterreagiert. Aus der Krümmung des Verlaufs der *S*-*U*-Kurve

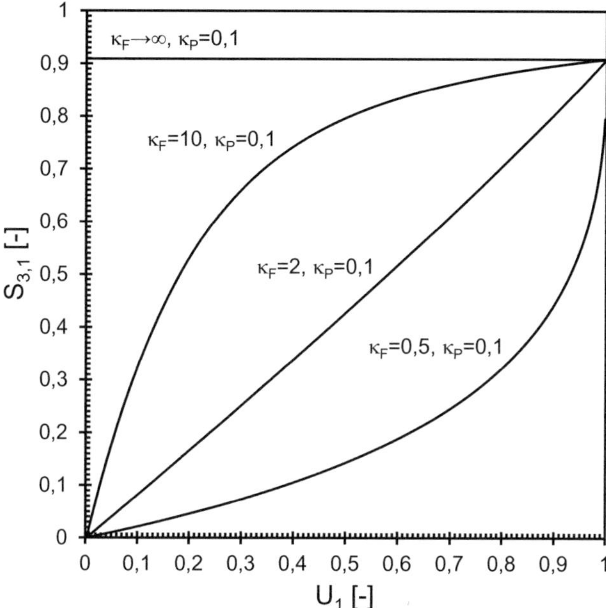

Abb. 7.26 Selektivitäts-Umsatzgrad-Diagramm für den Fall der Bildung des Endprodukts über ein Zwischenprodukt und einer irreversiblen Parallelreaktion des Edukts als Nebenreaktion in einem isothermen idealen Strömungsrohrreaktor. Berechnung für $\kappa_P = 0{,}1$ und verschiedene Werte für κ_F

kann somit abgelesen werden, wie schnell das Zwischenprodukt weiterreagiert. Das in Abb. 7.24 dargestellte Reaktionsschema der Hydrierung von Maleinsäureanhydrid ergibt das in Abb. 7.26 dargestellte *S*-*U*-Diagramm, wenn Tetrahydrofuran das gewünschte Produkt ist [5]. Ein weiteres Beispiel ist die partielle Oxidation von o-Xylol zu Phthalsäureanhydrid, da die Oxidation der Seitenkette über mehrere Zwischenprodukte verläuft und o-Xylol in einer unerwünschten Parallelreaktion vollständig zu CO_2 und H_2O oxidiert werden kann [6]. In den genannten Fällen wird das Endprodukt über mehr als einen Folgeschritt gebildet, was aber am prinzipiellen Verlauf nichts wesentlich ändert.

Sofern A_3 zwar über gewünschte Folgeschritte gebildet wird, jedoch in einem weiteren Folgeschritt unerwünscht weiterreagieren kann, können die *S*-*U*-Kurven in Abb. 7.26 auch ein Maximum besitzen. Der Anteil der Parallelreaktion kann dann nicht mehr so einfach bei $U_1 = 1$ abgelesen werden. Beispiele für einen solchen Verlauf ist die Hydrierung von Maleinsäureanhydrid, wenn beispielsweise 1,4-Butandiol das gewünschte Produkt ist. Auch bei der o-Xylol-Oxidation kann ein solcher Verlauf auftreten, wenn die Reaktionsbedingungen so ungünstig sind, dass das Produkt Phthalsäureanhydrid total oxidiert wird.

7.4.2 Reversible Folge- und Parallelreaktion als Hauptnebenreaktionen

Im Reaktionsschema Gl. 7.125 können einzelne ablaufende Nebenreaktionen auch reversibel sein.

Ist die unerwünschte Parallelreaktion reversibel, so kann dennoch aus der Selektivität $S_{2,1}$ bei $U_1 = 0$ das Verhältnis der Geschwindigkeitskonstanten der Parallelreaktion und Bildungsreaktion abgelesen werden. In diesem Fall erhält man die Geschwindigkeitskonstante der parallel ablaufenden Hinreaktion. Mit zunehmendem Umsatzgrad wird die Rückreaktion der parallelen Nebenreaktion relevant, wodurch A_1 aus A_4 nachgeliefert wird. Dies kann einen positiven Einfluss auf die Selektivität $S_{2,1}$ haben, was im Einzelfall in Abhängigkeit von den kinetischen Parametern durch Lösen der Stoffbilanzen überprüft werden muss. Ist A_3 das Endprodukt, dann wird bei $U_1 = 1$ sogar $S_{3,1} = 1$ erreicht, da A_1 durch die irreversiblen Folgeschritte verbraucht und durch das reversible Gleichgewicht der Parallelreaktion aus dem Nebenprodukt nachgeliefert würde. Dies erfolgt so lange, bis das Nebenprodukt vollständig verschwunden ist.

Im Falle, dass die unerwünschte Folgereaktion reversibel ist, ergeben sich die in Abb. 7.27 gezeigten *S*-*U*-Verläufe. In diesem Fall enden – bei ablaufender Folgereaktion – die *S*-*U*-Kurven bei $U_1 = 1$ dem entsprechenden chemischen Gleichgewicht, das sich zwischen A_2 und A_3 einstellt. Im vorliegenden Fall wurde $K_c = 1$ angenommen. Dass sich

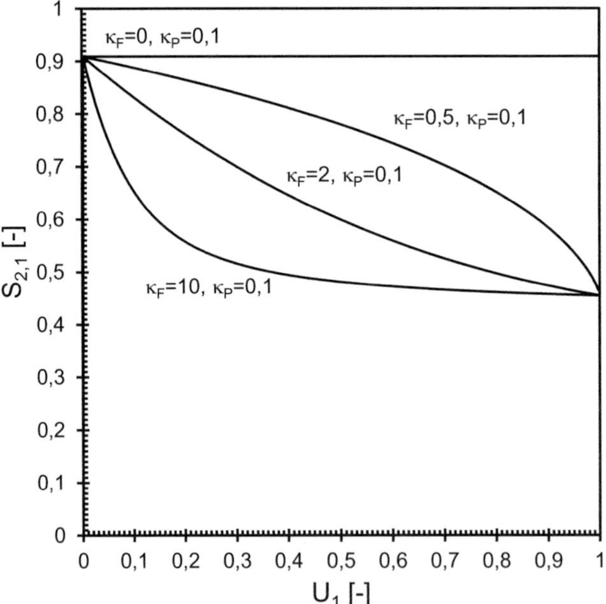

Abb. 7.27 Selektivitäts-Umsatzgrad-Diagramm für den Fall der Überlagerung einer *reversiblen Folgereaktion* und einer irreversiblen Parallelreaktion als Nebenreaktionen in einem isothermen idealen Strömungsrohrreaktor. Berechnung für $K_c = 1$, $\kappa_P = 0{,}1$ und verschiedene Werte für κ_F

nicht genau eine Selektivität von $S_{2,1} = 0{,}5$ ergibt, sondern der Wert $S_{2,1} = 0{,}455$, liegt daran, dass ein irreversibler Selektivitätsverlust durch die Parallelreaktion von 9,1 % zu berücksichtigen ist, d. h., bei einer Eingangskonzentration von 1 mol/l verschwinden bei vollständigem Umsatzgrad 0,91 mol/l in die Bildungs- und Folgereaktion, sodass sich bei $K_c = 1$ diese Menge jeweils hälftig auf A_2 und A_3 aufteilt. Hieraus ergibt sich dann bei Vollumsatz eine Selektivität von $S_{2,1} = 0{,}455$. Diese Rechnung kann analog für jede andere Gleichgewichtslage vorgenommen werden. Im vorliegenden Fall wurde lediglich ein einfaches Rechenbeispiel gewählt, das sich leicht nachvollziehen lässt.

Literatur

1. Bronstein, I.N., Semendjajew, K.A.: Taschenbuch der Mathematik, 22. Aufl. Harri Deutsch, Frankfurt am Main (1985)
2. Wedler, G., Freund, H.-J.: Lehrbuch der Physikalischen Chemie, 6. Aufl. Wiley-VCH, Weinheim (2012)
3. Atkins, P.W., de Paula, J.: Physikalische Chemie, 5. Aufl. Wiley-VCH, Weinheim (2013)
4. Küksal, A.: Einstufige Synthese von 1,4-Butandiol durch Hydrierung von Maleinsäureanhydrid in der Flüssigphase. Dissertation, Universität Erlangen-Nürnberg (2006)
5. Zhang, D., Yin, H., Xue, J., Ge, C., Jiang, T., Yu, L., Shen, Y.: Selective hydrogenation of maleic anhydride to tetrahydrofuran over Cu-Zn-M (M =Al, Ti, Zr) catalysts using ethanol as a solvent. Ind. Eng. Chem. Res. **48**, 11220–11224 (2009)
6. Papageorgiou, J.N., Froment, G.G.: Phythalic anhydride synthesis. Reactor optimization aspects. Chem. Eng. Sci. **51**, 2091–2098 (1996)

Reaktionstechnik mehrphasiger Reaktionen 8

In Abschn. 2.1 wurde die Anzahl P der Phasen eines Reaktionssystems, d. h. der Phasenbestand, bereits als reaktionstechnisch relevantes Merkmal eines Reaktionssystems vorgestellt und zu dessen Klassifizierung eingesetzt (s. Abb. 2.2).

Bisher haben wir uns nur mit der Kinetik chemischer Reaktionen in einphasigen homogenen Reaktionssystemen ($P = 1$) und mit der Reaktormodellierung für derartige Systeme befasst. In diesem Kapitel wollen wir uns nun mit mehrphasigen heterogenen Reaktionssystemen ($P > 1$) beschäftigen, wobei wir uns auf die am häufigsten auftretenden Zweiphasensysteme ($P = 2$) beschränken werden. Entsprechend der Aggregatszustände der beiden Phasen kann eine weitere Unterteilung gemäß Tab. 8.1 erfolgen.

Üblicherweise befindet sich das eine Edukt A_1 in Phase 1 ($p = 1$) und das zweite Edukt A_2 in Phase 2 ($p = 2$). Damit die chemische Reaktion

$$| \nu_1 | A_1 + | \nu_2 | A_2 \rightarrow | \nu_3 | A_3 + \ldots \tag{8.1}$$

ablaufen kann, muss in allen Fällen ein Stofftransport an die Phasengrenzfläche (Stoffübergang) bzw. in die zweite Phase (Stoffdurchgang) stattfinden (s. Abschn. 8.1). Beispiele für die in Tab. 8.1 gezeigten Kombinationen sind Gas-Fest- bzw. Flüssig-Fest-Reaktionen (s. Abschn. 8.3) sowie Gas-Flüssig- bzw. Flüssig-Flüssig-Reaktionen (s. Abschn. 8.4).

Wenn es sich bei der zweiten Phase um einen Feststoff handelt, der nicht abreagiert, sondern als Katalysator fungiert, liegt ein wichtiger Sonderfall eines Zweiphasensystems vor (s. Abschn. 8.2).

G. Emig et al., *Chemische Reaktionstechnik*,
https://doi.org/10.1007/978-3-662-68826-7_8

Tab. 8.1 Klassifizierung von Zweiphasensystemen ($P = 2$)

Phase $p = 1$	Phase $p = 2$
Gasförmig	Fest
	Flüssig
Flüssig	Fest
	Flüssig

8.1 Grundlagen der chemischen Reaktionen in mehrphasigen Systemen

8.1.1 Makrokinetik

In mehrphasigen Reaktionssystemen können der *Stoffübergang* von einer fluiden Phase auf eine feste oder fluide Phasengrenzfläche sowie der *Stoffdurchgang* von einer fluiden Phase durch eine Phasengrenzfläche hindurch in eine andere fluide Phase die Geschwindigkeit chemischer Umsetzungen mehr oder weniger stark beeinflussen. Ist die Geschwindigkeit des Stofftransports zum Reaktionsort sehr groß gegenüber derjenigen der chemischen Reaktion, so wirkt sich die Stofftransportgeschwindigkeit nicht auf die Geschwindigkeit des Gesamtvorgangs aus; ist dagegen die Transportgeschwindigkeit sehr klein gegenüber der chemischen Reaktionsgeschwindigkeit, so ist der Stofftransport der *geschwindigkeitsbestimmende Schritt* für den Ablauf des Gesamtvorgangs. In allen Fällen, in denen der Stofftransport kinetisch relevant ist, d. h. keine reine Kinetik der chemischen Reaktion vorliegt, spricht man von einer *Makrokinetik*. Die reine Kinetik der chemischen Reaktion wird dagegen als intrinsische Kinetik oder *Mikrokinetik* bezeichnet.

8.1.1.1 Stoffübergang

In Flüssigkeiten und Gasen findet der Stofftransport *innerhalb der Phase* im Wesentlichen durch Konvektion statt, zumindest unter den Bedingungen technischer Prozesse, bei denen die Fluide im Allgemeinen turbulent strömen oder durch Rühren turbulent vermischt werden. Dadurch werden etwaige Konzentrationsunterschiede im Kern der fluiden Phase weitgehend ausgeglichen, können also vernachlässigt werden. Eine Konzentrationsdifferenz tritt beim Stoffübergang, wie der Stofftransport aus einer fluiden Phase an einer Phasengrenzfläche bezeichnet wird, vorwiegend in einer an die Phasengrenzfläche angrenzenden sog. *Grenzschicht (Grenzfilm)* auf. Im Gegensatz zum Kern der fluiden Phase liegt in der Grenzschicht keine turbulente, sondern eine laminare Strömung vor, wobei die Stromlinien parallel zur Phasengrenzfläche verlaufen. Somit kann in dieser auch als stagnierend bezeichneten Grenzschicht der konvektive Beitrag zum Stofftransport an die Phasengrenze vernachlässigt werden. Abb. 8.1 zeigt den Stoffübergang der Spezies A_i aus einer fluiden Phase $p = 1$ durch die Grenzschicht mit der Dicke δ_1 an die Phasengrenze P. In der Grenzschicht liegt also der wesentliche Widerstand für den Stoffübergang vor und

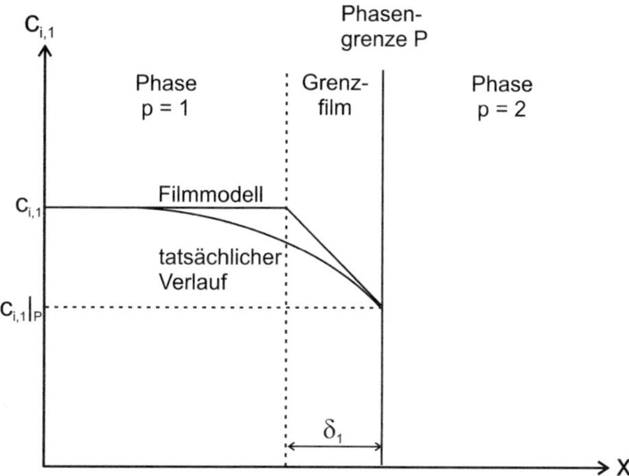

Abb. 8.1 Verlauf der Konzentration c_i an einer Phasengrenzfläche nach dem Filmmodell

die Konzentration nimmt, sofern eine Makrokinetik vorliegt, in dieser Grenzschicht zur Phasengrenze ab. Ist dagegen der Stoffübergang nicht kinetisch limitierend, d. h., es liegt eine Mikrokinetik vor, dann tritt in der Grenzschicht kein Konzentrationsgradient auf und die Konzentration an der Phasengrenzfläche entspricht der im Kern der fluiden Phase.

Die hier dargestellte Theorie zur Beschreibung des Stoffübergangs wird als *Filmtheorie* bezeichnet und stammt von Whitman [1]. Im Folgenden soll die Filmtheorie weiter ausgeführt und das dazugehörige *Filmmodell* abgeleitet werden.

Ohne besondere Voraussetzungen über die Art und Dicke dieser Grenzschicht zu machen, kann man für den Stoffmengenstrom beim Stoffübergang, analog Gl. 4.18 für den Wärmeübergang, ansetzen

$$\dot{n}_{i,1} = \beta_{i,1} A \cdot \left(c_{i,1} - c_{i,1}|_P\right). \tag{8.2}$$

Es bedeuten: $\dot{n}_{i,1}$ [mol/s] = von der Phase 1 an die Phasengrenze P übergehender Stoffstrom der Spezies A_i, A [m^2] = Phasengrenzfläche, $c_{i,1}$ bzw. $c_{i,1}|_P$ [mol/m^3] = Konzentration der Spezies A_i in der Hauptmasse (im Kern) der fluiden Phase 1 bzw. an der Phasengrenze P.

Der Proportionalitätsfaktor $\beta_{i,1}$ [m/s] ist der *Stoffübergangskoeffizient* der Spezies A_i von der Phase 1 an die Phasengrenze P. Handelt es sich bei der betrachteten Phase um ein Gas, dann kann man bei Gültigkeit des idealen Gasgesetzes Gl. 8.2 auch schreiben

$$\dot{n}_{i,1} = \frac{\beta_{i,1} A}{RT} \cdot \left(p_{i,1} - p_{i,1}|_P\right). \tag{8.3}$$

Es bedeuten: $p_{i,1}$ bzw. $p_{i,1}|_P$ [Pa] = Partialdrücke des übergehenden Gases A_i in der Hauptmasse (im Kern) der Gasphase $p = 1$ bzw. an der Phasengrenze, $R = 8{,}31446$ J/(mol K) (universelle Gaskonstante), T [K] = thermodynamische Temperatur.

Der stationäre Stofftransport von der turbulent vermischten Phase $p = 1$ durch die Grenzschicht an die Phasengrenze erfolgt gemäß der Filmtheorie ausschließlich durch *molekulare Diffusion*. Somit gilt andererseits das 1. Fick'sche Gesetz:

$$\dot{n}_{i,1} = -D_{i,1}A\frac{\mathrm{d}c_{i,1}}{\mathrm{d}x} = D_{i,1}A\frac{c_{i,1} - c_{i,1}|_P}{\delta_1} = \frac{D_{i,1}}{\delta_1}A \cdot \left(c_{i,1} - c_{i,1}|_P\right). \tag{8.4}$$

Es bedeutet: $D_{i,1}$ [m^2/s] = Diffusionskoeffizient der Spezies A_i in der Phase $p = 1$.

Durch Vergleich von Gl. 8.2 mit Gl. 8.4 ergibt sich für den Stoffübergangskoeffizienten:

$$\beta_{i,1} = \frac{D_{i,1}}{\delta_1}. \tag{8.5}$$

Die in Gl. 8.5 auftretende „Grenzschichtdicke" δ_1 hat natürlich nur formalen Charakter, da zwischen laminarer Grenzschicht und turbulent vermischtem Phasenkern keine scharfe Trennung besteht, sondern beide Bereiche kontinuierlich ineinander übergehen (s. Abb. 8.1), d. h. es liegt keine Unstetigkeit des Konzentrationsgradienten vor. Gl. 8.5 hat aber insofern grundsätzliche Bedeutung, als sie die Abhängigkeit des Stoffübergangskoeffizienten $\beta_{i,1}$ vom Diffusionskoeffizienten $D_{i,1}$ und damit von den stofflichen Eigenschaften des Systems sowie die Abhängigkeit von der Grenzschichtdicke δ_1 und damit vom Strömungszustand und der Geometrie des Systems aufzeigt.

Die Vorausberechnung von Stoffübergangskoeffizienten aus Stoffeigenschaften, Strömungszustand und Geometrie des jeweiligen Systems erfolgt meist unter Verwendung von dimensionslosen Kennzahlen (Ähnlichkeitskennzahlen), die mithilfe der Dimensionsanalyse (s. Abschn. 12.1) abgeleitet werden können.

Aus der Dimensionsanalyse ergeben sich folgende dimensionslose Kennzahlen zur Beschreibung des Stoffübergangs:

Sherwood-Zahl:

$$Sh = \frac{\beta \cdot l_c}{D}. \tag{8.6}$$

Reynolds-Zahl:

$$Re = \frac{u \cdot l_c}{\nu}. \tag{8.7}$$

Schmidt-Zahl:

$$Sc = \frac{\nu}{D}. \tag{8.8}$$

Darin sind: β [m/s] = Stoffübergangskoeffizient, D [m^2/s] = Diffusionskoeffizient der Spezies in der betrachteten Phase, u [m/s] = Strömungsgeschwindigkeit, ν [m^2/s] = kinematische Viskosität, l_c [m] = charakteristische Länge.

Gase haben typischerweise Schmidt-Zahlen von etwa 1 und Flüssigkeiten von etwa 1000.

Der Stoffübergangskoeffizient β kann nun aus *Kriteriengleichungen* der Form

$$Sh = a \cdot Re^b \cdot Sc^c \tag{8.9}$$

ermittelt werden. Hilfreich ist in diesem Zusammenhang auch die Analogie von Wärme- und Stofftransport [2, 3], d. h., die Konstanten a, b und c können auch näherungsweise der entsprechenden Kriteriengleichung für den Wärmeübergang entnommen werden:

$$Nu = a \cdot Re^b \cdot Pr^c \tag{8.10}$$

Abschließend sei noch auf weitere Stoffübergangsmodelle wie die Oberflächenerneuerungs- und die Penetrationstheorie hingewiesen, die insbesondere dann anzuwenden sind, wenn kein stationärer Stofftransport vorliegt, d. h. sich die Konzentrationen mit der Zeit ändern [4–7].

8.1.1.2 Stoffdurchgang

Als *Stoffdurchgang* wird der Stofftransport von einer fluiden Phase in eine zweite fluide Phase durch die zwischen den beiden Phasen ausgebildete Phasengrenzfläche bezeichnet.

Im Gegensatz zum Wärmedurchgang, dort sind die beiden fluiden Phasen durch eine Wand voneinander getrennt, berühren sich beim Stoffdurchgang die beiden fluiden Phasen unmittelbar. Während man beim Wärmedurchgang die Aufteilung der als treibende Kraft wirkenden Temperaturdifferenz auf die beiden fluiden Phasen durch Messung der Temperatur in der Wand bestimmen kann, sind Konzentrationsmessungen an Phasengrenzflächen praktisch kaum möglich. Schließlich ändern sich die Konzentrationen an der Phasengrenzfläche sprungartig.

Die meisten Modelle zur Beschreibung des Stoffdurchgangs nehmen an, dass in der Phasengrenzfläche selbst kein Widerstand für den Stofftransport vorliegt. Das ist jedoch nicht immer der Fall. Vielmehr können zum Beispiel Hemmungen in der Phasengrenzfläche auftreten, wenn sich dort grenzflächenaktive Substanzen anreichern, oder Grenzflächenreaktionen stattfinden, aber auch, wenn der durch die Grenzfläche tretende Stoff in den beiden Phasen in verschiedener Form vorliegt. Auch können in der Phasengrenzfläche auftretende Eruptionen und Wirbel (Grenzflächenturbulenzen, Marangoni-Effekt) infolge örtlicher Grenzflächenspannungs- oder Konzentrationsunterschiede den Stofftransport wesentlich beeinflussen.

Die *Zweifilmtheorie* von Lewis und Whitman [8] stellt eine Erweiterung der Filmtheorie auf den Stoffdurchgang dar und geht von der Vorstellung aus, dass

- der Widerstand für den Stoffdurchgang nur in den zwei an die Phasengrenze angrenzenden Grenzschichten liegt, wobei in diesen laminar strömenden Grenzfilmen der Stofftransport nur durch molekulare Diffusion erfolgt; die Phasengrenze selbst bietet keinen Widerstand für den Stofftransport.
- an der Phasengrenze das thermodynamische Phasengleichgewicht vorliegt.

Im Kern der fluiden Phasen erfolgt der Stofftransport jeweils sehr schnell durch turbulente Konvektion, sodass man dort von einheitlichen Konzentrationen $c_{i,1}$ (Phase 1) bzw. $c_{i,2}$ (Phase 2) ausgehen kann (s. Abb. 8.2). Für den Stoffmengenstrom $\dot{n}_{i,1}$ des aus Phase 1 an die Phasengrenze P transportierten Stoffes A_i gilt (vgl. Gl. 8.2 in einfacher Filmtheorie):

$$\dot{n}_{i,1} = \beta_{i,1} A \cdot \left(c_{i,1} - c_{i,1}|_P\right). \tag{8.11}$$

Für den Stoffmengenstrom $\dot{n}_{i,2}$ des von der Phasengrenze in die Phase 2 transportierten Stoffes A_i gilt analog:

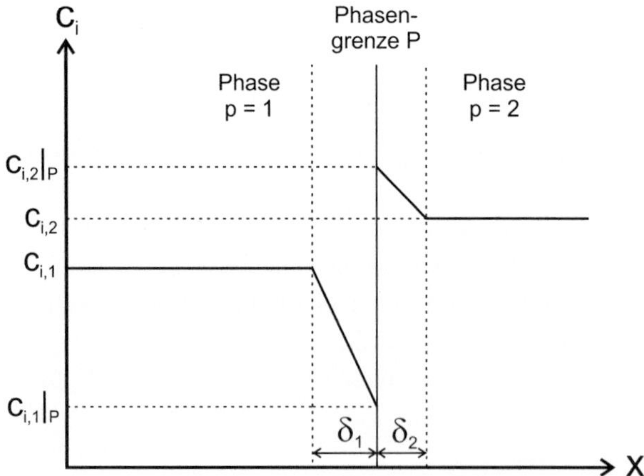

Abb. 8.2 Verlauf der Konzentration c_i an einer Phasengrenzfläche zwischen zwei fluiden Phasen $p = 1$ und $p = 2$ nach dem Zweifilmmodell

$$\dot{n}_{i,2} = \beta_{i,2} A \cdot \left(c_{i,2}|_P - c_{i,2} \right). \tag{8.12}$$

In Gl. 8.11 und 8.12 bedeuten: $\dot{n}_{i,1}$, $\dot{n}_{i,2}$ [mol/s] = transportierte Stoffmengenströme an A_1 durch die Grenzschichten der Phasen 1 und 2, $\beta_{i,1}$, $\beta_{i,2}$ [m/s] = Stoffübergangskoeffizienten auf den Seiten der Phase 1 bzw. 2, A [m^2] = Phasengrenzfläche, $c_{i,1}$ und $c_{i,2}$ [mol/m^3] = Konzentrationen des Stoffes A_i im Kern der Phase 1 bzw. 2, $c_{i,1}|_P$, $c_{i,2}|_P$ [mol/m^3] Konzentrationen des Stoffes A_i an der Phasengrenzfläche auf den Seiten der Phasen 1 bzw. 2.

Im stationären bzw. pseudostationären Zustand muss der an der Phasengrenze ankommende Stoff A_i in die Phase 2 weitertransportiert werden, da es ansonsten zu einer Akkumulation des Stoffes A_i an der Phasengrenze kommen würde. Somit gilt:

$$\dot{n}_{i,1} = \dot{n}_{i,2} = \dot{n}_i. \tag{8.13}$$

Weiterhin gilt wegen des an der Phasengrenzfläche vorausgesetzten Phasengleichgewichts:

$$K_c = \left. \frac{c_{i,2,\mathrm{Gl}}}{c_{i,1,\mathrm{Gl}}} \right|_P. \tag{8.14}$$

Es bedeutet: K_c [–] = thermodynamische Phasengleichgewichtskonstante bezogen auf Konzentrationen.

Bei Gas-Flüssig-Systemen ist K_c die *Absorptionsgleichgewichtskonstante* und bei Flüssig-Flüssig-Systemen der *Nernst'sche Verteilungskoeffizient*.

Da die Gleichgewichtskonzentrationen an der Phasengrenze unter Betriebsbedingungen nicht messbar sind, eliminiert man sie dadurch, dass man die Gl. 8.11 nach $c_{i,1}|_P$, die Gl. 8.12 nach $c_{i,2}|_P$ auflöst und in die Gl. 8.14 einsetzt. Dann erhält man unter Berücksichtigung von Gl. 8.13

$$\frac{\dot{n}_i}{\beta_{i,2} A} + c_{i,2} = K_c c_{i,1} - \frac{K_c \dot{n}_i}{\beta_{i,1} A} \tag{8.15}$$

und daraus durch Auflösen nach $\dot{n}_i$:

$$\dot{n}_i = \frac{A}{\frac{1}{\beta_{i,2}} + \frac{K_c}{\beta_{i,1}}} \left(K_c c_{i,1} - c_{i,2} \right). \tag{8.16}$$

Analog zur Gleichung des Wärmedurchgangs (s. Gl. 4.31) ist beim Stoffdurchgang nicht die Temperatur-, sondern die Konzentrationsdifferenz auf den beiden Seiten der Wand bzw. der Phasengrenze ausschlaggebend. Im Falle des Stoffdurchgangs geht jedoch die thermodynamische Phasengleichgewichtskonstante in die Berechnung der Konzentrationsdifferenz ein. So stellt $K_c c_{i,1}$ diejenige Konzentration dar, die in Phase 2 vorliegen müsste, wenn diese mit Phase 1 im thermodynamischen Gleichgewicht vorliegen würde:

$$K_c c_{i,1} = c_{i,2,\mathrm{Gl}}. \tag{8.17}$$

Phase 2 ist somit die Bezugsphase und man erhält für den auf Phase 2 bezogenen Stoffdurchgang:

$$\dot{n}_i = k_{\mathrm{S},2} \cdot A \cdot (K_c c_{i,1} - c_{i,2}) = k_{\mathrm{S},2} \cdot A \cdot (c_{i,2,\mathrm{Gl}} - c_{i,2}), \tag{8.18}$$

wobei sich der auf Phase 2 bezogene Stoffdurchgangskoeffizient $k_{\mathrm{S},2}$ wie folgt berechnet:

$$\frac{1}{k_{\mathrm{S},2}} = \frac{1}{\beta_{i,2}} + \frac{K_c}{\beta_{i,1}}. \tag{8.19}$$

Die Gleichung für den Stoffdurchgang bezogen auf Phase 1 kann durch einfaches Umformen von Gl. 8.16, indem man mit *1/K*$_c$ erweitert, erhalten werden:

$$\dot{n}_i = k_{\mathrm{S},1} \cdot A \cdot \left(c_{i,1} - \frac{c_{i,2}}{K_c}\right) = k_{\mathrm{S},1} \cdot A \cdot (c_{i,1} - c_{i,1,\mathrm{Gl}}). \tag{8.20}$$

$c_{i,2}/K_c$ stellt nun diejenige Konzentration dar, die Phase 1 haben müsste, um mit Phase 2 im Gleichgewicht zu stehen. Für den auf die Phase 1 bezogenen Stoffdurchgangskoeffizienten $k_{\mathrm{S},1}$ gilt:

$$\frac{1}{k_{\mathrm{S},1}} = \frac{1}{K_c \cdot \beta_{i,2}} + \frac{1}{\beta_{i,1}}. \tag{8.21}$$

8.1.2 Reaktormodellierung

Wir haben uns bisher mit der Reaktormodellierung einphasiger Reaktionssysteme beschäftigt. Im Falle zweiphasiger Reaktionssysteme gibt es zwei prinzipielle Modellierungsansätze. Zum einen kann für jede der beiden Phasen die Stoff- und Enthalpiebilanz gelöst werden. Die beiden Phasen sind sowohl über den Stoffdurchgang (s. Abschn. 8.1.1.2) als auch über den Wärmedurchgang (s. Abschn. 4.3) miteinander gekoppelt. In diesem Fall spricht man von einem *heterogenen Reaktormodell*. Eine andere Möglichkeit besteht darin, das zweiphasige System quasi als homogenes System zu behandeln. Dies erfolgt dadurch, dass eine *effektive Reaktionsgeschwindigkeit* bzw. ein *Wirkungsgrad* eingeführt wird, mit dessen Hilfe eine Limitierung durch Transportvorgänge berücksichtigt wird. Man spricht in diesem Fall von einem *pseudohomogenen Reaktormodell*.

8.1.2.1 Heterogenes Reaktormodell

Beim *heterogenen Reaktormodell* werden für jede der beiden Phasen die Stoff- und Enthalpiebilanzen gelöst. Die Ableitung der Stoff- und Enthalpiebilanzen erfolgt analog zu Kap. 5, indem das Kontrollvolumen $\mathrm{d}V$ in Kontrollvolumina $\varepsilon_p\,\mathrm{d}V$ aufgeteilt wird. ε_p ist dabei der Volumenanteil, den die jeweilige Phase p im Mittel in einem Reaktionsvolumen ΔV einnimmt. Das Reaktionsvolumen ΔV ist gerade so groß, dass beide Phasen in unregelmäßiger Verteilung enthalten sind. Entsprechend kann die *Stoffbilanz* für Einphasensysteme gemäß Gl. 5.17 wie folgt auf Zweiphasensysteme erweitert werden:

$$\begin{aligned}\frac{\partial n_{i,p}}{\partial t} =& -\left(\frac{\partial\left(c_{i,p}\cdot u_{p,x}\right)}{\partial x}+\frac{\partial\left(c_{i,p}\cdot u_{p,y}\right)}{\partial y}+\frac{\partial\left(c_{i,p}\cdot u_{p,z}\right)}{\partial z}\right)\cdot\varepsilon_p\,\mathrm{d}V\\ &+\left(\frac{\partial}{\partial x}\left(D_{i,p}\cdot\frac{\partial c_{i,p}}{\partial x}\right)+\frac{\partial}{\partial y}\left(D_{i,p}\cdot\frac{\partial c_{i,p}}{\partial y}\right)+\frac{\partial}{\partial z}\left(D_{i,p}\cdot\frac{\partial c_{i,p}}{\partial z}\right)\right)\cdot\varepsilon_p\,\mathrm{d}V\\ &+\left(\sum_{j=1}^{M}\nu_{i,j}r_{j,p}\left(c_{i,p}\right)\right)\cdot\varepsilon_p\,\mathrm{d}V\pm k_{S,p}\cdot\mathrm{d}A\cdot\left(c_{i,p}-c_{i,p,\mathrm{Gl}}\right).\end{aligned}\tag{8.22}$$

Im Vergleich zu Gl. 5.17 wurde zusätzlich der Stoffdurchgang (s. Abschn. 8.1.1.2) als Quell/Senk-Term berücksichtigt. Im Falle von Fluid-Fest-Systemen wird als Quell-/Senk-Term der Stoffübergang an die Phasengrenzfläche (s. Abschn. 8.1.1.1) angesetzt. In diesem Fall müssen zusätzlich die an der äußeren Feststoffoberfläche nachfolgenden Schritte, nämlich die Oberflächenreaktion oder die Porendiffusion bilanziert werden (s. Abschn. 8.2).

Führt man wiederum zeitgemittelte Strömungsgeschwindigkeiten und ortsunabhängige Dispersionskoeffizienten ein, die die turbulente Vermischung berücksichtigen, und betrachtet man nur die z-Richtung (*eindimensionale Reaktormodellierung*), so vereinfacht sich Gl. 8.22 wie folgt:

$$\begin{aligned}\frac{\partial n_{i,p}}{\partial t} =& -\frac{\partial\left(c_{i,p}\cdot u_{p,z}\right)}{\partial z}\cdot\varepsilon_p\,\mathrm{d}V+D_{\mathrm{e},z,p}\cdot\frac{\partial^2 c_{i,p}}{\partial z^2}\cdot\varepsilon_p\,\mathrm{d}V\\ &+\left(\sum_{j=1}^{M}\nu_{i,j}r_{j,p}\left(c_{i,p}\right)\right)\cdot\varepsilon_p\,\mathrm{d}V\pm k_{\mathrm{S},p}\cdot\mathrm{d}A\cdot\left(c_{i,p}-c_{i,p,\mathrm{Gl}}\right).\end{aligned}\tag{8.23}$$

Dividiert man durch $\mathrm{d}V$ und geht von konstanter Strömungsgeschwindigkeit der Phase p aus, vereinfacht sich Gl. 8.23 weiter:

$$\begin{aligned}\varepsilon_p\cdot\frac{\partial c_{i,p}}{\partial t} =& -u_{\mathrm{L},p,z}\frac{\partial c_{i,p}}{\partial z}+\varepsilon_p\cdot D_{\mathrm{e},z,p}\cdot\frac{\partial^2 c_{i,p}}{\partial z^2}\\ &+\varepsilon_p\left(\sum_{j=1}^{M}\nu_{i,j}r_{j,p}\left(c_{i,p}\right)\right)\pm k_{\mathrm{S},p}\cdot a_V\cdot\left(c_{i,p}-c_{i,p,\mathrm{Gl}}\right).\end{aligned}\tag{8.24}$$

In Gl. 8.24 wurden zwei neue Größen eingeführt:

- Die *Leerrohrgeschwindigkeit* $u_{\mathrm{L},p,z}$ der Phase p in Richtung z gemäß:

$$u_{\mathrm{L},p,z} = \varepsilon_p \cdot u_{p,z}.$$

Die Lehrrohrgeschwindigkeit ist also diejenige Strömungsgeschwindigkeit, die die Phase hätte, wenn sie alleine durch das leere Rohr strömen würde.

- Die auf das Reaktionsvolumen bezogene, *spezifische Phasengrenzfläche* a_V gemäß:

$$a_V = \frac{\Delta A}{\Delta V} = \frac{\mathrm{d}A}{\mathrm{d}V}.$$

Auch hier wird wiederum dem differenziellen Volumen dV eine spezifische Phasengrenzfläche über das Reaktionsvolumen ΔV zugeordnet, das so groß sein muss, dass eine unregelmäßige Verteilung der Phasen in ihm enthalten ist.

Als häufiger Fall der *zweidimensionalen Reaktormodellierung* seien Rohrreaktoren mit Zylindersymmetrie genannt, in denen das Fluid bzw. die Fluide nur in z-Richtung strömt bzw. strömen (s. z. B. Abschn. 8.2.3.1). Die einphasige Stoffbilanz gemäß Gl. 5.26 und unter der Annahme, dass $u_r = 0$ gilt, kann analog zu der bereits in diesem Abschnitt beschriebenen Vorgehensweise auf das zweiphasige Reaktionssystem übertragen werden:

$$\begin{aligned}\varepsilon_p \cdot \frac{\partial c_{i,p}}{\partial t} = & -u_{\mathrm{L},p,z} \frac{\partial c_{i,p}}{\partial z} + \varepsilon_p \cdot D_{\mathrm{e},r,p} \cdot \left(\frac{\partial^2 c_{i,p}}{\partial r^2} + \frac{1}{r} \cdot \frac{\partial c_{i,p}}{\partial r} \right) + \varepsilon_p \cdot D_{\mathrm{e},z,p} \cdot \frac{\partial^2 c_{i,p}}{\partial z^2} \\ & + \varepsilon_p \left(\sum_{j=1}^{M} \nu_{i,j} r_{j,p}(c_{i,p}) \right) \pm k_{\mathrm{S},p} \cdot a_V \cdot \left(c_{i,p} - c_{i,p,\mathrm{Gl}} \right).\end{aligned} \tag{8.25}$$

Die *Enthalpiebilanzen* für jede Phase p können analog aus Gl. 5.46 und 5.48 abgeleitet werden, wobei zusätzlich der Wärmedurchgang zwischen der betrachteten Phase p und einer benachbarten Phase $p + 1$ berücksichtigt werden muss (s. Abschn. 4.3).

Für das *eindimensionale Reaktormodell* (nur z-Koordinate) ergibt sich gemäß Gl. 5.46:

$$\begin{aligned}\varepsilon_p \cdot \frac{\partial \left(\rho_p \cdot (c_p)_p T_p \right)}{\partial t} = & -\frac{\partial \left(\rho_p \cdot (c_p)_p T_p \cdot u_{\mathrm{L},p,z} \right)}{\partial z} + \varepsilon_p \lambda_{\mathrm{e},p} \cdot \frac{\partial^2 T_p}{\partial z^2} \\ & + \varepsilon_p \left(\sum_{j=1}^{M} r_{j,p} \cdot \left(-\Delta_\mathrm{R} H_{j,p} \right) \right) \pm k_\mathrm{W} \cdot a_V \cdot \left(T_p - T_{p+1} \right).\end{aligned} \tag{8.26}$$

Für das *zweidimensionale Reaktormodell* mit axialer und radialer Koordinate (zylindersymmetrisches Rohr) gilt gemäß Gl. 5.48 und der Annahme, dass $u_r = 0$ ist:

$$\varepsilon_p \cdot \frac{\partial\left(\rho_p \cdot (c_p)_p T_p\right)}{\partial t} = -\frac{\partial\left(\rho_p \cdot (c_p)_p T_p \cdot u_{\mathrm{L},p,z}\right)}{\partial z} + \varepsilon_p \cdot \lambda_{\mathrm{e},r,p} \cdot \left(\frac{\partial^2 T_p}{\partial r^2} + \frac{1}{r} \cdot \frac{\partial T_p}{\partial r}\right) + \varepsilon_p \lambda_{\mathrm{e},z,p} \cdot \frac{\partial^2 T_p}{\partial z^2} + \varepsilon_p \left(\sum_{j=1}^{M} r_{j,p} \cdot (-\Delta_{\mathrm{R}} H_{j,p})\right) \pm k_W \cdot a_V \cdot \left(T_p - T_{p+1}\right). \tag{8.27}$$

8.1.2.2 Pseudohomogenes Reaktormodell

Bei der *pseudohomogenen Reaktormodellierung* wird nur diejenige Phase bilanziert, in der die Edukte und Produkte vom Reaktorein- zum Reaktorausgang transportiert werden („Transportphase"), und diejenige Phase, in der die Reaktion stattfindet („Reaktionsphase"), dadurch angekoppelt, dass in der Transportphase als Quell-/Senk-Term eine *effektive Reaktionsgeschwindigkeit* $r_{j,\mathrm{e}}$ eingeführt wird, die die Transportvorgänge und die jeweilige Reaktion j berücksichtigt. Die *effektive Reaktionsgeschwindigkeit* beschreibt also die *Makrokinetik*. Zwischen der effektiven und der intrinsischen, d. h. nicht transportlimitierten Reaktionsgeschwindigkeit, besteht folgender Zusammenhang:

$$\eta_j = \frac{r_{j,\mathrm{e}}}{r_j} = \frac{\text{Makrokinetik}}{\text{Mikrokinetik}}. \tag{8.28}$$

Dabei ist η_j ein Wirkungsgrad, der angibt zu wieviel Prozent die Reaktion j in der Reaktionsphase angekoppelt ist. Ein Wert von 1 bzw. 100 % besagt, dass keine Transportlimitierung vorliegt. Es ist zu beachten, dass nicht nur – wie zunächst zu erwarten – Wirkungsgrade kleiner als 100 %, sondern auch Wirkungsgrade größer 100 % möglich sind (s. z. B. Abschn. 8.2.2.5.2, Abb. 8.18).

Die für die heterogenen Reaktormodelle gültigen Stoffbilanzen Gl. 8.24 und 8.25 sowie die Enthalpiebilanzen Gl. 8.26 und 8.27 vereinfachen sich beim pseudohomogenen Reaktormodell dahingehend, dass die jeweils letzten beiden Terme wie folgt zusammengefasst werden (*Homogenisierungsansatz*):

Stoffbilanz:

$$\varepsilon_p \left(\sum_{j=1}^{M} \nu_{i,j} r_{j,p}(c_{i,p})\right) \pm k_{S,p} \cdot a_V \cdot \left(c_{i,p} - c_{i,p,\mathrm{Gl}}\right) = \left(\sum_{j=1}^{M} \nu_{i,j} r_{j,\mathrm{e}}(c_i)\right) = \left(\sum_{j=1}^{M} \nu_{i,j} \cdot \eta_j \cdot r_j(c_i)\right). \tag{8.29}$$

Enthalpiebilanz:

$$\begin{aligned}\varepsilon_p\left(\sum_{j=1}^{M} r_{j,p}\cdot\left(-\Delta_{\mathrm{R}}H_{j,p}\right)\right) \pm k_W\cdot a_V\cdot\left(T_p-T_{p+1}\right) &= \left(\sum_{j=1}^{M} r_{j,\mathrm{e}}\cdot\left(-\Delta_{\mathrm{R}}H_j\right)\right)\\ &= \left(\sum_{j=1}^{M} \eta_j\cdot r_j\cdot\left(-\Delta_{\mathrm{R}}H_j\right)\right).\end{aligned} \tag{8.30}$$

Bei diesem pseudohomogenen Reaktormodell ist dann nur noch die Bilanzierung einer Phase, nämlich der Transportphase notwendig, die nicht mehr gesondert indiziert werden muss (Index p nicht mehr notwendig in Gl. 8.29 und 8.30). Das pseudohomogene Reaktormodell ist besonders geeignet bei Fluid-Fest-Systemen, da die Reaktion mit bzw. an der festen Phase erfolgt, und die fluide Phase als Transportphase die Edukte und Produkte vom Reaktorein- zum Reaktorausgang transportiert. Aufgrund der großen Bedeutung der effektiven Reaktionsgeschwindigkeiten und Wirkungsgrade bei der pseudohomogenen Reaktormodellierung wird auf diese Größen in den nachfolgenden Abschnitten (Abschn. 8.2 bis 8.4) besonders eingegangen.

8.2 Heterogen katalysierte Reaktionen

Heterogen katalysierte Reaktionen zeichnen sich dadurch aus, dass die Edukte in ein oder zwei fluiden Phasen vorliegen und an einem festen Katalysator reagieren. Dreiphasige Gas-Flüssig-Fest-Systeme, wie z. B. heterogen katalysierte Hydrierungen flüssiger Substrate mit molekularem Wasserstoff, werden hier nicht behandelt, weshalb auf Spezialliteratur verwiesen wird [9]. Wir beschränken uns hier auf die zweiphasigen heterogen katalysierten Reaktionssysteme, bei denen neben dem festen Katalysator entweder eine gasförmige oder eine flüssige Phase vorliegt. Insbesondere heterogen katalysierte Gasphasenreaktionen spielen in der Petrochemie und in der weiterverarbeitenden chemischen Industrie eine wichtige Rolle, da diese Prozesse bei höheren Temperaturen mit entsprechend hohen Reaktionsgeschwindigkeiten und kurzen Verweilzeiten in kontinuierlich betriebenen Reaktoren durchgeführt werden. So werden die für petrochemische Chemikalien, Grundchemikalien und Zwischenprodukte notwendigen hohen Raum-Zeit-Ausbeuten von 1 bis 10 kg Produkt pro Liter Reaktionsvolumen und Stunde (s. Abschn. 2.4.4) und typische Produktionshöhen von 1 bis mehrere 10 t Produkt pro Stunde erreicht (Abschn. 2.4.3). Tab. 8.2 zeigt beispielhaft einen kleinen Ausschnitt industriell wichtiger heterogen katalysierter Fluid-Reaktionen.

In den folgenden Abschnitten werden zunächst die Besonderheiten und typischen Eigenschaften fester Katalysatoren dargestellt (s. Abschn. 8.2.1), anschließend wird detailliert auf die Makrokinetik eingegangen (s. Abschn. 8.2.2) und abschließend die Reaktormodellierung

Tab. 8.2 Beispiele für heterogen katalysierte Reaktionen

Prozess	Edukt(e)	Produkt(e)	Katalysator
Ammoniaksynthese (Haber-Bosch-Verfahren)	N_2/H_2	NH_3	$Fe/Al_2O_3/K_2O$, Ru/Rb/C
Oxidation von NH_3 (Ostwald-Verfahren)	NH_3/O_2	NO (HNO_3)	Pt/Rh-Netze
Methanol-Synthese	CO/H_2	CH_3OH	$Cu/ZnO/Al_2O_3$
Ammoxidation von Propen	NH_3/O_2/Propen	Acrylnitril	$Bi_2O_3/MoO_3/P_2O_5$
Katalytisches Cracken	Vakuumgasöl	Benzin/Diesel	Zeolithe
Autoabgaskatalyse (Dreiwegekatalysator)	CO, NO, C_x H_y	CO_2, N_2, H_2O	$Pt/Pd/Rh/Al_2O_3$
Fetthärtung	Ungesättigte Fettsäuren/H_2	Gesättigte Fettsäuren	Ni/SiO_2

am Beispiel von Festbett- und Wirbelschichtreaktoren gezeigt (s. Abschn. 8.2.3). Die Mikrokinetik wurde ja bereits schon ausführlich in Abschn. 3.3.2 behandelt.

8.2.1 Feste Katalysatoren

Feste Katalysatoren können klassifiziert werden nach der Textur sowie nach der Verteilung und der chemischen Natur der aktiven Zentren [10, 11].

Klassifiziert man nach der Textur, kann man feste Katalysatoren zunächst in *poröse und nichtporöse Feststoffe* unterteilen. Nichtporöse Feststoffe spielen als Katalysatoren nur eine untergeordnete Rolle, da sie nur im Fall sehr schneller heterogen-katalysierter Reaktionen eingesetzt werden, die ohnehin nur an der äußeren, d. h. geometrischen Oberfläche des Feststoffs ablaufen. Als Beispiele seien das Ostwald-Verfahren zur Herstellung von Salpetersäure und das Andrussow-Verfahren zur Herstellung von Blausäure genannt. Bei beiden Verfahren werden nichtporöse Pt/Rh-Netze eingesetzt und die Prozesstemperaturen betragen etwa 1000 °C. Die spezifische Oberfläche nichtporöser Katalysatoren liegt, sofern es sich nicht um Nanopartikel handelt, unter 1 m^2/g. Der weit überwiegende Teil technischer Katalysatoren ist hoch porös mit spezifischen Oberflächen von mehreren 100 bis mehreren 1000 m^2/g. Nach einer Klassifizierung der IUPAC (International Union of Pure and Applied Catalysis) unterscheidet man je nach Porendurchmesser d_{Pore} in:

- Mikroporen: $d_{\text{Pore}} < 2\,\text{nm}$
- Mesoporen: $2\,\text{nm} \leq d_{\text{Pore}} \leq 50\,\text{nm}$
- Makroporen: $d_{\text{Pore}} > 50\,\text{nm}$

Die Herstellung poröser Materialien erfolgt mit entsprechenden porogenen Substanzen, die anschließend meist durch Abbrennen entfernt werden. Für Mikroporen werden sogenannte

Templates, d. h. molekulare Substanzen wie Tetrapropylammoniumbromid, für Mesoporen Tenside, z. B. Hexadecyltrimethylammoniumbromid, und für Makroporen Makromoleküle, z. B. Cellulose, eingesetzt. Entsprechend erhält man Zeolithe wie ZSM-5, mesoporöse Oxide wie MCM-41 oder makroporöse Formkörper. Eine weitere Möglichkeit, Poren zu erzeugen, ist die sogenannte Phasenseparation, mit deren Hilfe makroporöse Polymere oder makroporöse Gläser (VYCOR-Glas) hergestellt werden können, oder das Entfernen von Legierungsbestandteilen bei Metallen zur Herstellung von Metallschwämmen (z. B. Raney-Nickel). Schlussendlich gibt es auch synthetische Ansätze, die ohne Hilfsstoffe bzw. -phasen auskommen, wie die templatfreie Herstellung von Zeolithen oder die Selbstorganisation von metallorganischen Gerüstverbindungen. Einen umfangreichen Überblick zur Herstellung poröser Katalysatoren liefern die einschlägigen Handbücher [12] und [13].

Klassifiziert man nach der Verteilung der aktiven Zentren, so kann zwischen *Vollkatalysatoren* und *Trägerkatalysatoren* unterschieden werden. Bei Vollkatalysatoren ist das aktive Zentrum struktureller Bestandteil (z. B. Brønstedsäure-Zentren in Zeolith-Katalysatoren), wohingegen bei Trägerkatalysatoren das aktive Zentrum nachträglich auf den porösen Träger aufgebracht wird. Im Falle von *Schalenkatalysatoren* befindet sich das aktive Zentrum nur in einer äußeren Schale des Trägers. Auch Vollkatalysatoren können als Schalenkatalysatoren hergestellt werden, indem auf einem inerten, nichtporösen Kern der Vollkatalysator aufgebracht wird. Bei Trägerkatalysatoren kann zudem der Träger eine katalytische Funktion übernehmen, sodass man in diesem Fall von einem bifunktionellen Katalysator spricht. Ein sehr häufiger Typ von Trägerkatalysatoren sind die sogenannten Metallträgerkatalysatoren, bei denen sich das Metall in Form von Nanopartikeln sehr fein verteilt in den Poren des Trägers befindet. Typische Träger sind Zeolithe, Aktivkohlen, Aluminiumoxide, Aluminiumsilicate, Kieselsäuren oder Bentonite.

Klassifiziert man nach der chemischen Natur des Katalysators, so kann man zunächst entsprechend der elektrischen Leitfähigkeit der aktiven Phase die Katalysatoren in Leiter, Nichtleiter und Halbleiter unterteilen:

- Leiter: Metalle wie Cu, Ni, Pt, Pd etc., Metalllegierungen wie NiAu, PtRh etc.
- Nichtleiter: Metalloxide wie SiO_2, Al_2O_3, MgO, Komplexe Mehrkomponentenoxide wie Zeolithe, Vanadiumphosphate, Bismuthmolybdate, Perovskite, Hydrotalzite
- Halbleiter: Metalloxide wie ZnO, TiO_2, CeO_2

Die *Katalysatoraktivität* nimmt häufig während des Betriebes ab; dieser sog. *Alterungsvorgang*, der bei Metall- und Metallträgerkatalysatoren auf eine allmähliche Umkristallisation oder Sinterung des Metalls zurückzuführen ist, drückt sich in einer Verringerung der Oberfläche der aktiven Komponente aus. Auch kann eine langsam fortschreitende Blockierung der Katalysatoroberfläche, z. B. durch kohlenstoffhaltige Ablagerungen, sogenannten Koks, oder hochsiedende Verbindungen (z. B. Polymere) aus Nebenreaktionen, auftreten. Eine Verminderung der Katalysatoraktivität wird aber auch durch *Katalysatorgifte* – bekannt sind PH_3, AsH_3, H_2S, CO, COS, SO_2, Thiophen, Halogene und Hg –

hervorgerufen; diese können schon in geringen Konzentrationen allmählich zu irreversiblen Veränderungen der Katalysatoroberfläche führen.

In technischen Reaktoren werden feste Katalysatoren zumeist als *Formkörper* von einigen Millimetern bis Zentimetern eingesetzt. Eine Ausnahme sind Suspensionsreaktoren (Flüssig/Fest) und Wirbelschichtreaktoren (Gas/Fest), bei denen Katalysatoren mit Korngrößen unter 1 mm vorliegen. In den üblichen Festbettreaktoren (Hordenreaktor, Rohrreaktor, Rohrbündelreaktor) werden makroporöse Formkörper (Kugeln, Stränge oder Stifte) von einigen mm Partikelgröße eingesetzt, damit der Druckverlust nicht zu groß wird. Die Formkörper werden durch Granulieren, Verpressen oder Extrudieren hergestellt und besitzen eine bimodale Porenradienverteilung, d. h. Makroporen zwischen den Primärpartikeln und Meso- oder Mikroporen in den Primärpartikeln. Bei dem sehr häufig eingesetzten Festbettreaktor bilden die Katalysator-Formkörper eine *Katalysatorschüttung*. Hier hat man nochmals zu unterscheiden zwischen dem bereits beschriebenen Porenvolumen innerhalb eines einzelnen Katalysatorkorns und dem freien Volumen zwischen den Körnern (Zwischenkornvolumen). Das Zwischenkornvolumen ist eine unregelmäßige Anordnung verhältnismäßig großer, miteinander verbundener Hohlräume, deren Form von der Gestalt, Größe und Anordnung der Katalysatorkörner abhängt. Für ein durch die Katalysatorschüttung strömendes Medium ist der Strömungswiderstand umso geringer, je größer das Zwischenkornvolumen ist.

Im allgemeinen Fall einer heterogenen Reaktion an der Oberfläche eines porösen Katalysatorteilchens, an dem die fluide Phase, in der die Reaktionspartner enthalten sind, vorbeiströmt, erfolgen hintereinander folgende Teilschritte (s. Abb. 8.3):

1. Stoffübergang der Reaktionspartner von der Hauptströmung durch eine Grenzschicht an die äußere Oberfläche des Katalysatorkorns (*äußerer Stofftransport bzw. Filmdiffusion*),
2. Transport der Reaktionspartner durch einen Diffusionsvorgang von der äußeren Oberfläche durch die Poren in das Katalysatorkorn (*innerer Stofftransport bzw. Porendiffusion*),

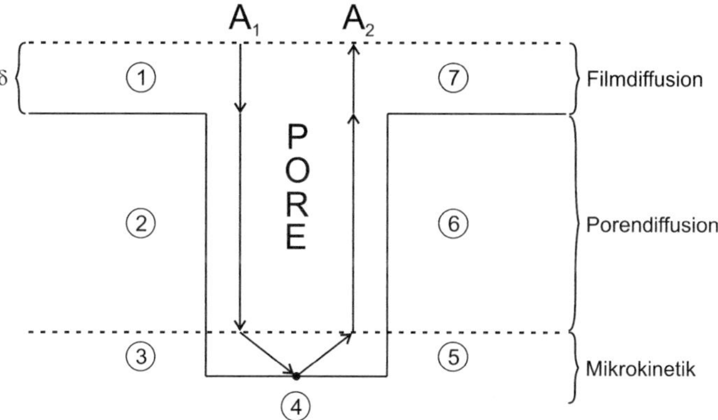

Abb. 8.3 Relevante Teilschritte in der Makrokinetik einer heterogen katalysierten Reaktion

3. *Chemisorption* eines oder mehrerer Reaktionspartner an der inneren Katalysatoroberfläche,
4. *Chemische Reaktion* der chemisorbierten Spezies miteinander oder mit Reaktionspartnern aus der fluiden Phase unter Bildung chemisorbierter Reaktionsprodukte,
5. *Desorption* der chemisorbierten Produkte,
6. Transport der Reaktionsprodukte durch einen Diffusionsvorgang von der inneren Oberfläche durch die Poren an die äußere Oberfläche des Katalysatorkorns (*innerer Stofftransport bzw. Porendiffusion*),
7. Stoffübergang der Reaktionsprodukte von der Phasengrenzfläche in die Hauptströmung (*äußerer Stofftransport bzw. Filmdiffusion*).

Unter stationären Bedingungen sind die Geschwindigkeiten der einzelnen Teilschritte gleich groß. Die Teilschritte 1, 2, 6 und 7 sind rein physikalische Vorgänge. Bei nicht porösen Katalysatorkörnern erfolgen Chemisorption, chemische Reaktion und Desorption nur an der äußeren Oberfläche. Die Teilschritte 2 und 6 entfallen.

8.2.2 Kinetische Modellierung

In Abschn. 8.2.1 wurde bereits auf die Teilschritte in der Makrokinetik einer heterogen katalysierten Reaktion eingegangen. Wir wollen uns nun auf die Teilschritte 1 und 2 (s. Abb. 8.3) konzentrieren, d. h. auf den Stofftransport des Eduktes A_1 zum aktiven Zentrum. Die Mikrokinetik der Abreaktion des Eduktes A_1 (Teilschritte 3, 4 und 5) wurde bereits in Abschn. 3.3.2 behandelt. Die Teilschritte 6 und 7, d. h. die Stofftransportschritte des Produkts vom aktiven Zentrum zurück in den Kern des strömenden Fluids, werden hier nicht weiter diskutiert. Diese Schritte werden dann insbesondere für die Selektivität relevant, wenn das Produkt A_2 in einer Folgereaktion unerwünscht weiterreagieren kann. Hier sei auf weiterführende Literatur verwiesen [14, 15].

Nimmt man zu den Stofftransportschritten 1 und 2 (s. Abb. 8.3) noch die korrespondierenden Wärmetransportschritte, d. h. die Wärmeleitung im Katalysator und den Wärmeübergang vom Katalysator an das Fluid, hinzu, dann ergeben sich die in Abb. 8.4 dargestellten allgemeinen Konzentrations- und Temperaturverläufe im Grenzfilm und im porösen Feststoff. Jeder der in Abb. 8.4 dargestellten vier Transportschritte soll in den nachfolgenden Abschnitten zunächst jeweils separat und dann in verschiedenen Kombinationen dargestellt werden.

Bei der kinetischen Modellierung heterogen katalysierter Reaktionen werden oftmals Reaktionsgeschwindigkeiten definiert, die nicht – wie bei homogenen und pseudo-homogenen Reaktionssystemen üblich – auf das Reaktionsvolumen bezogen sind (s. Gl. 2.6), sondern auf charakteristische Größen heterogener Reaktionssysteme:

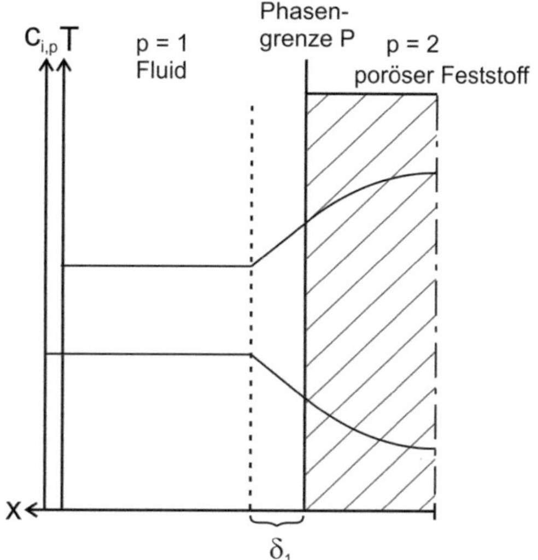

Abb. 8.4 Verschiedene Fälle der Überlagerung von Stoff- und Wärmetransportschritten am Beispiel einer porösen Katalysatorplatte

- Reaktionsgeschwindigkeit bezogen auf die Katalysatormasse m_{Kat}:

$$r_{j,m} = \frac{1}{m_{\mathrm{Kat}}} \cdot \frac{\mathrm{d}\xi_j}{\mathrm{d}t} \quad \left[\frac{\mathrm{mol}}{\mathrm{kg\,s}}\right]. \tag{8.31}$$

- Reaktionsgeschwindigkeit bezogen auf die Katalysatoroberfläche A_{Kat}:

$$r_{j,A} = \frac{1}{A_{\mathrm{Kat}}} \cdot \frac{\mathrm{d}\xi_j}{\mathrm{d}t} \quad \left[\frac{\mathrm{mol}}{\mathrm{m^2\,s}}\right]. \tag{8.32}$$

- Reaktionsgeschwindigkeit bezogen auf das Katalysatorvolumen V_{Kat}:

$$r_{j,V} = \frac{1}{V_{\mathrm{Kat}}} \cdot \frac{\mathrm{d}\xi_j}{\mathrm{d}t} \quad \left[\frac{\mathrm{mol}}{\mathrm{m^3\,s}}\right]. \tag{8.33}$$

Die Reaktionsgeschwindigkeiten lassen sich wie folgt unter der Annahme eines Festbettreaktors umrechnen:

$$r_j = r_{j,V} \cdot \varepsilon_{\mathrm{Kat}} = r_{j,m} \cdot \rho_{\mathrm{Schütt}} = r_{j,A} \cdot a_m \cdot \rho_{\mathrm{Schütt}} \quad \left[\frac{\mathrm{mol}}{\mathrm{m^3\,s}}\right] \tag{8.34}$$

mit:

$$\varepsilon_{\text{Kat}} = \frac{V_{\text{Kat}}}{V}$$
$$\rho_{\text{Schütt}} = \frac{m_{\text{Kat}}}{V}$$
$$a_m = \frac{A_{\text{Kat}}}{m_{\text{Kat}}}.$$

Es bedeuten: ε_{Kat} [–] = Volumenanteil Katalysator im Reaktionsvolumen V, $\rho_{\text{Schütt}}$ [kg/m^3] = Schüttdichte, a_m [m^2/g] = spezifische Katalysatoroberfläche.

Diese für die Umrechnung von Reaktionsgeschwindigkeiten in der heterogenen Katalyse wichtigen Größen können wie folgt ermittelt werden:

- Der *Volumenanteil* ε_{Kat} des Katalysators im Reaktionsvolumen liegt bei monodispersen Katalysatorschüttungen bei etwa 60 %. Mit zunehmendem Verdichtungs- und Ordnungsgrad steigt dieser Wert und kann bei monodispersen kugelförmigen Partikeln maximal 74 % erreichen, nämlich die Raumerfüllung der dichtesten Kugelpackung.

  In der Literatur finden sich Korrelationen für unterschiedliche Partikelformen, Partikeldurchmesser und Rohrdurchmesser [16].
- Die *Schüttdichte* kann durch Einfüllen einer Schüttung in ein bekanntes Messvolumen durch Auswiegen erfolgen.
- Die *spezifische Katalysatoroberfläche* kann durch Physisorptionsmessungen (z. B. Tieftemperatur-Stickstoff-Adsorption) bestimmt werden.

Schlussendlich sei auf eine weitere Größe hingewiesen, die auf molekularer Ebene die Reaktionsgeschwindigkeit beschreibt, die sogenannte *turnover frequency TOF*. Die *TOF* gibt die Gesamtanzahl an einem aktiven Zentrum z umgesetzter Moleküle an Spezies A_i pro Zeit an und hat die Einheit s^{-1}. Das aktive Zentrum z wurde bereits in Abschn. 3.3.2 eingeführt und erläutert. Die TOF_i kann wie folgt in die auf die Katalysatoroberfläche bezogene Reaktionsgeschwindigkeit $r_{j,A}$ umgerechnet werden, sofern der Verbrauch oder die Bildung der Spezies A_i einer bestimmten Reaktion j zugeordnet werden kann (z. B., wenn nur eine Reaktion abläuft):

$$r_{j,A} = TOF_i \cdot \frac{N_{z,\text{ges}}}{A} \cdot \frac{1}{N_{\text{A}}} \cdot \frac{1}{|\nu_{i,j}|}. \tag{8.35}$$

Es bedeuten: $N_{z,\text{ges}}/A$ [1/m^2] = Zentrendichte, d. h. Anzahl aktiver Zentren pro m^2 Katalysatoroberfläche, $N_{\text{A}} = 6{,}02214 \cdot 10^{23}$ mol^{-1} (Avogadro-Konstante).

Die Zentrendichte kann durch Chemisorptionsmessungen bestimmt werden [17].

Abschließend sei darauf hingewiesen, dass die Umrechnung der verschiedenen Reaktionsgeschwindigkeiten gemäß Gl. 8.34 auch für eine vorliegende Makrokinetik, d. h.

effektive Reaktionsgeschwindigkeiten r_e, gilt. Lediglich die Umrechnung der *TOF* setzt voraus, dass eine Mikrokinetik vorliegt, da ansonsten nicht alle aktiven Zentren z in gleicher Weise zur Reaktionsgeschwindigkeit beitragen.

8.2.2.1 Äußerer Stofftransport (Filmdiffusion)

Im Folgenden werden wir uns mit Teilschritt 1 in Abb. 8.3 beschäftigen, d. h. mit der Frage, wie sich der äußere Stofftransport auf eine heterogen katalysierte Reaktion auswirkt. Wir gehen dabei von der in Abschn. 8.1.1.1 vorgestellten Filmtheorie aus und beschreiben den äußeren Stofftransport als Stoffübergang von der fluiden Phase ($p = 1$) an die Phasengrenze P. Gemäß der Filmtheorie bezeichnet man den äußeren Stofftransport daher auch als Filmdiffusion. Die Phasengrenze P stellt dabei die äußere Katalysatoroberfläche dar, an der die Reaktion ausschließlich ablaufen soll. Diese Situation liegt z. B. bei nichtporösen Katalysatorpartikeln vor oder bei porösen Katalysatorpartikeln, wenn bereits die Limitierung durch Porendiffusion (Teilschritt 2 in Abb. 8.3) so stark ist, dass das Edukt sofort an der äußeren Oberfläche abreagiert.

Wir gehen im Folgenden von einer einzigen ablaufenden, irreversiblen Reaktion des Edukts A_1 aus, wobei dessen stöchiometrischer Koeffizient $\nu_1 = -1$ betragen soll:

$$A_1 \rightarrow A_2 + \ldots \tag{8.36}$$

Für den stationären bzw. quasistationären Zustand muss dann gelten, dass die durch Stoffübergang pro Zeiteinheit antransportierte Stoffmenge an A_1 gleich der an der Oberfläche pro Zeiteinheit abreagierten Stoffmenge an A_1 sein muss. Unter Berücksichtigung von Gl. 8.2 und 8.32 gilt:

$$\dot{n}_1 = \beta_{1,1} A_{\text{Kat}} \cdot (c_{1,1} - c_{1,1}|_P) = r_{1,A}|_P \cdot A_{\text{Kat}}. \tag{8.37}$$

Es bedeuten: $\dot{n}_1$ [mol/s] = antransportierte und abreagierte Stoffmenge der Spezies A_1 pro Zeiteinheit, $\beta_{1,1}$ [m/s] = Stoffübergangskoeffizient der Spezies A_1 von der Phase $p = 1$ an die Phasengrenze (äußere Katalysatoroberfläche), A_{Kat} [m^2] = äußere Katalysatoroberfläche, $c_{1,1}$ bzw. $c_{1,1}|_P$ [mol/m^3] = Konzentration der Spezies A_1 im Kern der fluiden Phase $p = 1$ bzw. an der Phasengrenze (äußere Katalysatoroberfläche), $r_{1,A}|_P$ [mol/(m^2 s)] = Reaktionsgeschwindigkeit der Reaktion $j = 1$ an der äußeren Katalysatoroberfläche pro Oberflächeneinheit.

Da nur eine Reaktion ($j = 1$) und eine fluide Phase ($p = 1$) vorliegen, kann man nach Kürzen durch A_{Kat} vereinfacht schreiben:

$$\beta_1 \cdot (c_1 - c_1|_P) = r_A|_P. \tag{8.38}$$

Für die Reaktionsgeschwindigkeit an der äußeren Katalysatoroberfläche, $r_A|_P$, ist die jeweils gültige Mikrokinetik der heterogen katalysierten Reaktion einzusetzen, die jedoch von $c_1|_P$, d. h. der Konzentration der Spezies A_1 an der äußeren Katalysatoroberfläche abhängt. Zur Vereinfachung gehen wir nachfolgend von einem formalkinetischen Potenzansatz aus:

$$r_A|_P = k_A \cdot (c_1|_P)^n. \tag{8.39}$$

Der *äußere Katalysatorwirkungsgrad*, auch *Filmwirkungsgrad* genannt, ergibt sich dann gemäß Gl. 8.28 wie folgt:

$$\eta = \frac{r_{A,e}}{r_A} = \frac{r_A|_P}{r_A} = \frac{k_A \cdot (c_1|_P)^n}{k_A \cdot c_1^n} = \left(\frac{c_1|_P}{c_1}\right)^n. \tag{8.40}$$

Aus Gl. 8.40 wird sofort ersichtlich, dass der äußere Katalysatorwirkungsgrad eins ist, wenn *keine Limitierung durch den äußeren Stofftransport* vorliegt, da dann gilt:

$$c_1|_P = c_1. \tag{8.41}$$

Mit *zunehmender Limitierung durch den äußeren Stofftransport* kann nicht mehr genügend Edukt-Spezies A_1 an die Katalysatoroberfläche nachtransportiert werden und die Konzentration an der Phasengrenze P wird kleiner als die im Kern der fluiden Phase:

$$c_1|_P < c_1. \tag{8.42}$$

Für irreversible Reaktionen mit positiver Reaktionsordnung ($n > 0$) nimmt der Wirkungsgrad Werte kleiner als eins an.

Liegt eine *maximale Limitierung durch den äußeren Stofftransport* vor, dann sinkt die Konzentration an der Phasengrenze (äußere Katalysatoroberfläche) auf den Wert null:

$$c_1|_P = 0\,\mathrm{mol/m^3}. \tag{8.43}$$

Abb. 8.5 veranschaulicht diese drei Fälle anhand der dazugehörigen Konzentrationsverläufe.

Im Falle einer *maximalen Limitierung durch den äußeren Stofftransport* (s. Gl. 8.43) kann nur die Stoffmenge an A_1 umgesetzt werden, die durch den Stoffübergang herantransportiert wird. In diesem Falle gilt für die effektive Reaktionsgeschwindigkeit unabhängig von der vorliegenden Mikrokinetik die folgende Gleichung:

$$r_{A,e} = \beta_1 \cdot (c_1 - c_1|_P) = \beta_1 \cdot c_1. \tag{8.44}$$

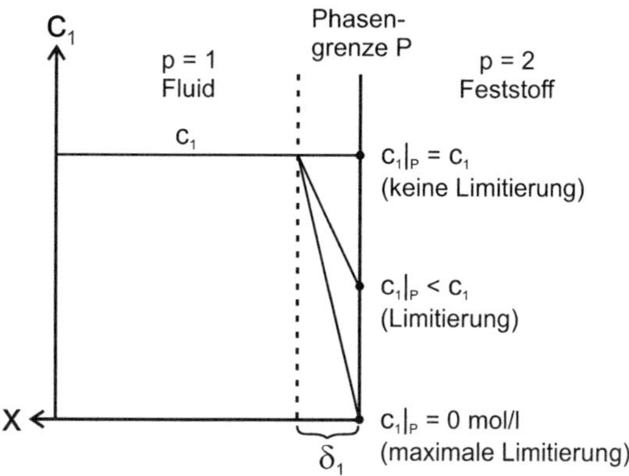

Abb. 8.5 Konzentrationsverläufe in der Grenzschicht eines Katalysatorpartikels mit zunehmender Limitierung durch äußeren Stofftransport

Dies bedeutet, dass alleine der Stoffübergang die Effektivkinetik bestimmt, sodass deren Ordnung dann eins und deren effektiver Reaktionsgeschwindigkeitskoeffizient dann der Stoffübergangskoeffizient ist!

Liegt *keine Limitierung durch Filmdiffusion* vor (s. Gl. 8.41), dann misst man die Mikrokinetik, d. h., es gilt:

$$r_{A,e} = k_A \cdot c_1^n. \tag{8.45}$$

In allen anderen Fällen ergibt sich eine Effektivkinetik, in die sowohl der Stoffübergangskoeffizient als auch die Geschwindigkeitskonstante der Reaktion eingeht. Nachfolgend soll dies für die Ordnungen $n = 1$ und $n = 2$ demonstriert werden.

Für eine irreversible Reaktion 1. Ordnung ergibt sich aus Gl. 8.38 und 8.39 die Konzentration an der Phasengrenze, d. h. an der äußeren Katalysatoroberfläche, wie folgt:

$$c_1|_P = \frac{\beta_1}{k_A + \beta_1} \cdot c_1. \tag{8.46}$$

Die effektive Reaktionsgeschwindigkeit lautet somit:

$$r_{A,e} = \frac{k_A \beta_1}{k_A + \beta_1} \cdot c_1. \tag{8.47}$$

Aus Gl. 8.47 wird deutlich, dass sich die beiden Grenzfälle der maximalen Limitierung durch den äußeren Stofftransport (s. Gl. 8.44) bzw. keiner Limitierung durch den äußeren Stofftransport (s. Gl. 8.45) ergeben, wenn $\beta_1 \ll k_A$ bzw. $\beta_1 \gg k_A$ ist. In allen anderen Fällen überlagern sich Stofftransport und chemische Reaktion gemäß Gl. 8.47.

Der *äußere Katalysatorwirkungsgrad* ergibt sich aus Gl. 8.40 und 8.46 zu:

$$\eta = \frac{1}{1 + \frac{k_A}{\beta_1}}. \tag{8.48}$$

Der äußere Katalysatorwirkungsgrad hängt also nur vom Verhältnis der intrinsischen Reaktionsgeschwindigkeit (Mikrokinetik) zur Geschwindigkeit des Stofftransports ab. Dieses Verhältnis stellt eine dimensionslose Kennzahl dar, die auch als *Damköhler-Zahl 2. Art* bezeichnet wird und die für den Stoffübergang und eine Reaktion n-ter Ordnung wie folgt definiert ist:

$$Da_{II} = \frac{k_A \cdot c_1^n}{\beta_1 \cdot c_1} = \frac{k_A \cdot c_1^{n-1}}{\beta_1}. \tag{8.49}$$

Somit geht Gl. 8.48 über in

$$\eta = \frac{1}{1 + Da_{II}}. \tag{8.50}$$

Für eine irreversible *Reaktion 2. Ordnung* ergibt sich aus Gl. 8.38 und 8.39 eine quadratische Gleichung für die gesuchte Konzentration an der Phasengrenze. Die Lösung der quadratischen Gleichung gemäß Lösungsformel („*a*-*b*-*c*-Formel“) lautet:

$$c_1|_P = \frac{\sqrt{1 + 4\frac{k_A}{\beta_1} \cdot c_1} - 1}{2\frac{k_A}{\beta_1}}. \tag{8.51}$$

Die effektive Reaktionsgeschwindigkeit lautet somit:

$$r_{A,e} = \frac{\beta_1^2}{4k_A} \cdot \left(\sqrt{1 + 4\frac{k_A}{\beta_1} \cdot c_1} - 1\right)^2. \tag{8.52}$$

Auch diese Gleichung geht für die Grenzfälle $\beta_1 \ll k_A$ bzw. $\beta_1 \gg k_A$ in Gl. 8.44 bzw. Gl. 8.45 über. Im letzteren Falle ist zu berücksichtigen, dass für kleine Werte a gilt:

$$\sqrt{1 + 2a} \approx 1 + a. \tag{8.53}$$

Der äußere Katalysatorwirkungsgrad ergibt sich aus Gl. 8.51 und 8.40 unter Berücksichtigung der Damköhler-Zahl 2. Art (Gl. 8.49):

$$\eta = \left(\frac{\sqrt{1 + 4Da_{\mathrm{II}}} - 1}{2Da_{\mathrm{II}}} \right)^2 . \tag{8.54}$$

In analoger Weise können auch für andere Ordnungen wie $n = -1$ oder $n = 0{,}5$ die Wirkungsgrade in Abhängigkeit von der Damköhler-Zahl 2. Art hergeleitet werden [18]. Abb. 8.6 zeigt die Abhängigkeit des äußeren Katalysatorwirkungsgrades von der Damköhler-Zahl 2. Art für verschiedene Ordnungen der irreversiblen Reaktion. Die Verläufe haben zwei Asymptoten:

$$Da_{\mathrm{II}} \ll 1 \quad \eta \to 1$$

$$Da_{\mathrm{II}} \gg 1 \quad \eta \to \frac{1}{Da_{\mathrm{II}}} .$$

Weiterhin kann man feststellen, dass die Erniedrigung des Wirkungsgrads umso stärker ausfällt, je größer die Ordnung der Reaktion ist, d. h. je stärker sich eine niedrigere Konzentration an der Phasengrenze auf die Mikrokinetik auswirkt. Bei negativen Ordnungen (Inhibierung) wird sogar ein Wirkungsgrad größer eins gefunden, da in diesem Fall

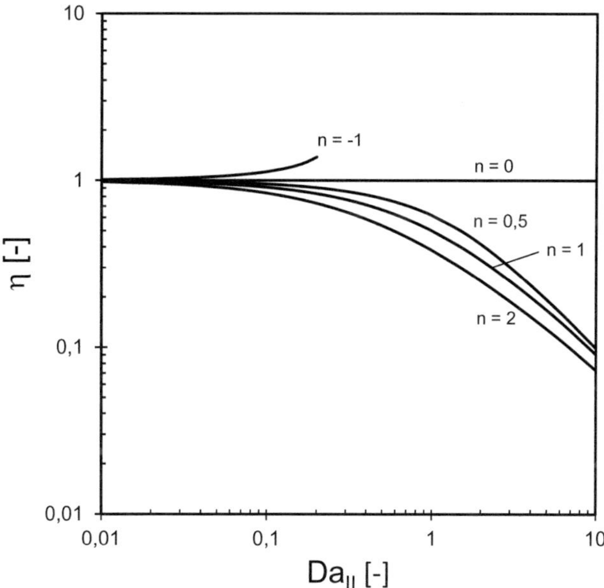

Abb. 8.6 Äußerer Katalysatorwirkungsgrad in Abhängigkeit von der Damköhler-Zahl 2. Art

niedrigere Konzentrationen an der Phasengrenze gemäß der Mikrokinetik eine höhere Reaktionsgeschwindigkeit bewirken.

Mithilfe der Damköhler-Zahl 2. Art kann an jeder Stelle des Reaktors der äußere Katalysatorwirkungsgrad berechnet und das pseudohomogene Reaktormodell angewendet werden (s. Abschn. 8.1.2.2). Hierzu ist jedoch bereits die Kenntnis der Mikrokinetik erforderlich. Um gemessene Kinetiken hinsichtlich des Einflusses des äußeren Stofftransports bewerten und Mikrokinetiken bestimmen zu können, muss der Wirkungsgrad aus der effektiven Reaktionsgeschwindigkeit (Makrokinetik) ermittelt werden. Daher transformiert man die Abszisse in Abb. 8.6 durch Multiplikation mit dem äußeren Katalysatorwirkungsgrad η, um die effektive Reaktionsgeschwindigkeit zu erhalten. Es gilt dann:

$$\eta \cdot Da_{\mathrm{II}} = \frac{\eta \cdot k_{\mathrm{A}} \cdot c_1^n}{\beta_1 \cdot c_1} = \frac{r_{\mathrm{A,e}}}{\beta_1 \cdot c_1}. \tag{8.55}$$

Diese Transformation der Abszisse ist sehr einfach durchzuführen, indem man aus den Wertepaaren (Da_{II}, η) die neuen Wertepaare $(\eta \cdot Da_{\mathrm{II}}, \eta)$ berechnet und aufträgt. Abb. 8.7 zeigt die so erhaltene Abhängigkeit des Katalysatorwirkungsgrads η von $\eta \cdot Da_{\mathrm{II}}$.

Im Folgenden wollen wir etwas näher darauf eingehen, wie man für das betrachtete heterogen katalysierte Reaktionssystem (n, k_{A}) und die vorliegenden Betriebsbedingungen (β_1) beurteilen kann, ob die gemessenen kinetischen Daten und reaktionstechnischen Größen auf einer Mikro- oder einer Makrokinetik beruhen bzw. ob der äußere Stofftrans-

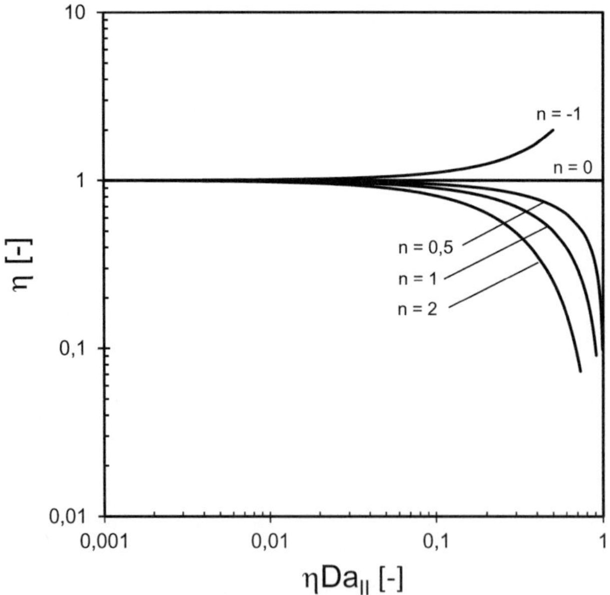

Abb. 8.7 Äußerer Katalysatorwirkungsgrad in Abhängigkeit von $\eta \cdot Da_{\mathrm{II}}$

port die Kinetik beeinflusst oder nicht. Eine Limitierung durch den äußeren Stofftransport liegt vor bzw. kann vorliegen, wenn

- *kinetische Messungen eine Ordnung von eins und eine Arrhenius-Aktivierungsenergie* $E_{A,e} < 5\,\text{kJ/mol}$ *liefern.*

  Die niedrige Arrhenius-Aktivierungsenergie erklärt sich dadurch, dass bei maximaler Limitierung durch den äußeren Stofftransport einzig und allein der Stoffübergang die Kinetik bestimmt (s. Gl. 8.44) und die Diffusion durch den Grenzfilm lediglich ein schwach aktivierter Prozess ist. Allerdings ist hierbei zu beachten, dass diese Aussage nicht gilt, wenn bereits die Reaktion eine sehr niedrige Aktivierungsenergie besitzt (z. B. sehr reaktive Edukte). Weiterhin ist zu beachten, dass eine Ordnung von eins auch dann vorliegt, wenn bereits die Mikrokinetik 1. Ordnung ist.
- *bei konstanter Verweilzeit der Umsatzgrad mit zunehmender Strömungsgeschwindigkeit (Re-Zahl) zunimmt.*

  Die Grenzschichtdicke δ nimmt mit zunehmender Strömungsgeschwindigkeit ab, sodass sich bei vorliegender Limitierung durch den äußeren Stofftransport die effektive Reaktionsgeschwindigkeit r_e im Reaktor entsprechend erhöht. In Festbettreaktoren gilt dabei Gl. 8.60 und damit im Falle der maximalen Limitierung durch Filmdiffusion:

$$r_{A,e} \propto \sqrt{\frac{u}{d_{Kat}}} c_1. \tag{8.56}$$

  Im Festbettreaktor muss bei einer Erhöhung der Strömungsgeschwindigkeit die Katalysatormenge im Reaktor um den selben Faktor erhöht werden, damit sich die Verweilzeit nicht ändert (s. auch Abschn. 8.2.3).
- $\eta \cdot Da_{II}$ *Wirkungsgrade ergibt, die signifikant von 1 abweichen.*

  Hierzu werden die höchsten gemessenen effektiven Reaktionsgeschwindigkeiten in Gl. 8.55 eingesetzt und $\eta \cdot Da_{II}$ berechnet. Der Stoffübergangskoeffizient kann aus Kriteriengleichungen erhalten werden (siehe Abschn. 8.1.1.1 und nachfolgende Darstellung).
- *folgendes Diagnose-Kriterium („Mears-Kriterium") nicht erfüllt ist* [19]:

$$\frac{r_{A,e}}{\beta_1 \cdot c_1} < \frac{0{,}05}{|\,n\,|}. \tag{8.57}$$

  Die Ableitung dieses Kriteriums basiert auf der Bedingung

$$1 - 0{,}05 < \eta < 1 + 0{,}05,$$

  d. h. einer maximalen Abweichung des Wirkungsgrads um 5 % vom Wert 100 % [19]. Auch hier benötigt man wiederum den Stoffübergangskoeffizienten, der aus Kriteriengleichungen erhalten werden kann (s. Abschn. 8.1.1.1 und nachfolgende Darstellung).

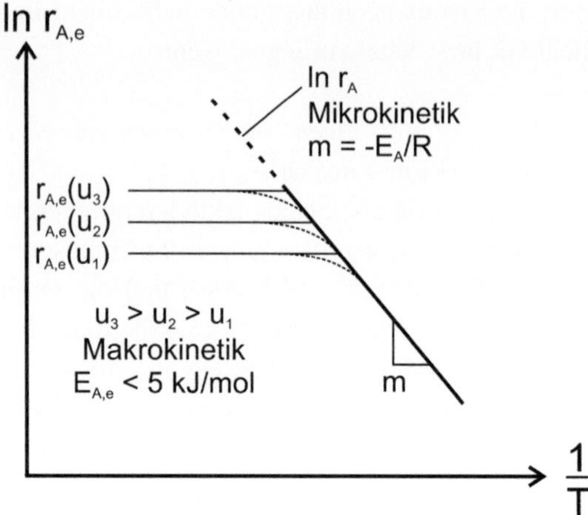

Abb. 8.8 Auswirkung der Filmdiffusion auf das Arrhenius-Diagramm einer einfachen irreversiblen Reaktion

Eine Limitierung durch den äußeren Stofftransport wirkt sich auch auf das *Arrhenius-Diagramm* aus. So erkennt man in Abb. 8.8 bei ausreichend hohen Temperaturen den Bereich der starken Limitierung durch Filmdiffusion, der sich durch eine niedrige Aktivierungsenergie und die Abhängigkeit der effektiven Reaktionsgeschwindigkeit von der Strömungsgeschwindigkeit auszeichnet. Der Wirkungsgrad ergibt sich aus Abb. 8.8 aus dem Abstand von r_A und $r_{A,e}$, da gilt:

$$\ln \eta = \ln r_{A,e} - \ln r_A. \tag{8.58}$$

Die genaue Quantifizierung des Einflusses der Filmdiffusion auf die effektive Reaktionsgeschwindigkeit erfolgt mit dem Wirkungsgrad-Konzept. Hierzu ist aber die Kenntnis des Stoffübergangskoeffizienten notwendig, der wiederum vom vorliegenden Reaktionssystem (Diffusionskoeffizient), vom gewählten Reaktor und von den Betriebsbedingungen (Grenzschichtdicke) abhängt. Nachfolgend sind exemplarisch für drei wichtige Reaktortypen Kriteriengleichungen zur Ermittlung des Stoffübergangskoeffizienten aufgelistet:

- *Festbettreaktor*

  Eine häufig verwendete Kriteriengleichung für den äußeren Stoffübergang zwischen einer fluiden Phase und dem Festbett im Bereich von $Re = 10$ bis $Re = 10.000$ ist die *Thoenes-Kramers-Korrelation* [20]. Für ein Festbett bestehend aus einer statistischen Kugelpackung ($\varepsilon_{Kat} = 0{,}6$) monodisperser kugelförmiger Katalysatorpartikel lautet diese:

$$Sh = 1{,}9 \cdot Re^{0{,}5} \cdot Sc^{0{,}33}. \tag{8.59}$$

Die Definition der drei Kennzahlen Sherwood-, Reynolds- und Schmidt-Zahl erfolgte bereits mit Gl. 8.6, 8.7 und 8.8, wobei für die charakteristische Länge l_c bei kugelförmigen Partikeln der Partikeldurchmesser d_{Kat} einzusetzen ist:

$$l_c = d_{\mathrm{Kat}}$$

Diese Reynolds-Zahl wird dann auch oft als Partikel-Reynolds-Zahl bezeichnet.

Löst man Gl. 8.59 nach dem Stoffübergangskoeffizienten auf, so erhält man folgende Abhängigkeit von der Strömungsgeschwindigkeit und dem Partikeldurchmesser:

$$\beta \propto \sqrt{\frac{u}{d_{\mathrm{Kat}}}}. \tag{8.60}$$

- *Wirbelschichtreaktor*

  Eine geeignete Kriteriengleichung für den Stoffübergang zwischen der Gasphase und den Partikeln einer Wirbelschicht ist die *Dwivedi-Upadhyay-Korrelation* [21]:

  $$(1 - \varepsilon_{\mathrm{Kat}}) \cdot Sh = 0{,}45 \cdot Re^{0{,}59} \cdot Sc^{0{,}33}. \tag{8.61}$$

  Die Korrelation ist gültig für Partikel-Reynolds-Zahlen im Bereich $10 < Re < 10.000$.

- *Suspensionsrührkesselreaktor*

  Hughmark [22] gibt folgende Kriteriengleichung für den Stoffübergang zwischen einer gerührten flüssigen Phase und einem suspendierten Feststoffpartikel für $Sc < 250$ an:

  $$Sh = 2 + 0{,}6 \cdot Re^{0{,}5} \cdot Sc^{0{,}33}. \tag{8.62}$$

  Die Korrelation ist gültig für Partikel-Reynolds-Zahlen im Bereich $1 < Re < 450$. Bei der Ermittlung der *Re*-Zahl ist zu beachten, dass die Relativgeschwindigkeit zwischen Partikel und Fluid (Schlupfgeschwindigkeit) einzusetzen ist, die sich nach Hughmark aus dem Rührerdurchmesser, dem spezifischen Energieeintrag und dem Partikeldurchmesser berechnen lässt.

Auf die drei Reaktortypen wird in Abschn. 8.2.3 noch näher eingegangen.

8.2.2.2 Innerer Stofftransport (Porendiffusion)

Im Folgenden werden wir uns mit Teilschritt 2 in Abb. 8.3 beschäftigen, d. h. mit der Frage, wie sich der innere Stofftransport auf eine heterogen katalysierte Reaktion auswirkt. Dabei gehen wir von einem porösen, plättchenförmigen Katalysator der Dicke 2L sowie von folgenden weiteren Annahmen aus:

- Es liege keine Limitierung durch den äußeren Stofftransport (Filmdiffusion) vor.
- Der innere Stofftransport erfolge ausschließlich in x-Richtung (eindimensionales Problem).
- Die meist sehr komplexen Diffusionsvorgänge im porösen Katalysator können durch einen effektiven Diffusionskoeffizienten D_e, der unabhängig von der Ortskoordinate x ist, beschrieben werden.
- Es liegen isotherme Bedingungen vor.

Im Gegensatz zum äußeren Stofftransport mit nachgelagerter Reaktion an der Phasengrenze (s. Abschn. 8.2.2.1) finden nun Stofftransport und Reaktion simultan statt. Auch in diesem Falle wird man erwarten, dass sich in Abhängigkeit vom Verhältnis aus Reaktions- zu Diffusionsgeschwindigkeit (Damköhler-Zahl 2. Art) unterschiedlich starke Limitierungen durch den inneren Stofftransport ergeben und sich entsprechende Konzentrationsverläufe einstellen (s. Abb. 8.9).

Wir gehen im Folgenden wieder von einer einzigen ablaufenden, irreversiblen Reaktion des Edukts A_1 aus, wobei dessen stöchiometrischer Koeffizient $\nu_1 = -1$ betragen soll (s. Gl. 8.36). Die quantitative Berechnung der in Abb. 8.9 qualitativ dargestellten Konzentrationsverläufe im porösen Katalysator erfolgt über die Stoffbilanz für das Edukt A_1. Diese kann einfach aus der allgemeinen Stoffbilanz für einphasige Reaktionssysteme abgeleitet werden (s. Kap. 5, Gl. 5.19), indem man folgende Terme null setzt:

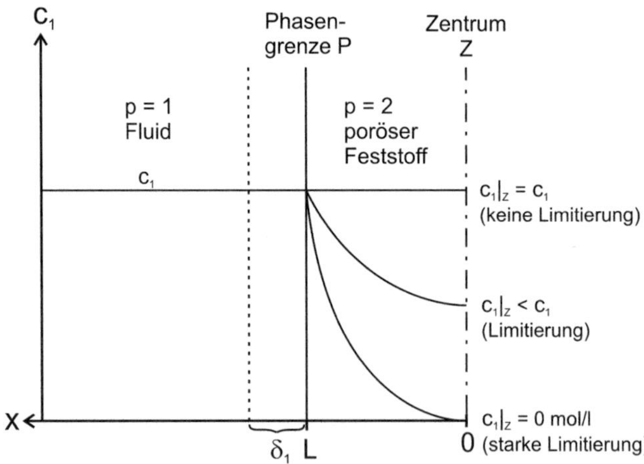

Abb. 8.9 Konzentrationsverläufe in einem porösen, plättchenförmigen Katalysatorpartikel mit zunehmender Limitierung durch inneren Stofftransport ($c_1|_Z$ ist die Konzentration im Zentrum des Katalysators)

$$\frac{\partial c_i}{\partial t} = 0 \qquad \text{stationärer Fall}$$

$$\frac{\partial(c_i \cdot u_x)}{\partial x} = \frac{\partial(c_i \cdot u_y)}{\partial y} = \frac{\partial(c_i \cdot u_z)}{\partial z} = 0 \qquad \text{kein konvektiver Stofftransport}$$

$$\frac{\partial c_i}{\partial y} = \frac{\partial c_i}{\partial z} = 0 \qquad \text{eindimensionales Problem.}$$

Es verbleiben dann nur der diffusive Stofftransport (Porendiffusion) und der Reaktionsterm:

$$0 = D_{1,\mathrm{e}} \cdot \frac{\mathrm{d}^2 c_1}{\mathrm{d}x^2} - r_V. \tag{8.63}$$

Gl. 8.63 entspricht einer pseudohomogenen Betrachtung (s. auch Abschn. 8.1.2.2), da nur eine Phase bilanziert und die andere durch effektive Größen berücksichtigt wird. So wird die Diffusion in den Poren durch das 1. Fick'sche Gesetz beschrieben und der Feststoffanteil und die labyrinthartige Porenstruktur durch einen effektiven Diffusionskoeffizienten $D_{1,\mathrm{e}}$ berücksichtigt. Auf den effektiven Diffusionskoeffizienten und dessen Bestimmung wird am Ende des Abschnitts nochmals eingegangen. Die Reaktionsgeschwindigkeit r_V bezieht sich auf das Katalysatorvolumen bestehend aus Feststoff und Poren gemäß Gl. 8.33.

Für eine *irreversible Reaktion n-ter Ordnung* geht Gl. 8.63 über in:

$$0 = D_{1,\mathrm{e}} \cdot \frac{\mathrm{d}^2 c_1}{\mathrm{d}x^2} - k_V \cdot c_1^n. \tag{8.64}$$

Zur Vereinfachung und Verallgemeinerung der Berechnung bringt man die Stoffbilanz in eine Form, die nur dimensionslose Größen enthält. Dazu führt man zunächst die *dimensionslosen Variablen*

$$\widehat{x} = \frac{x}{L} \tag{8.65}$$

und

$$\widehat{c}_1 = \frac{c_1}{c_1|_P} \tag{8.66}$$

ein. Somit erhält die *dimensionslose Stoffbilanz* folgende Form:

$$0 = \frac{\mathrm{d}^2 \widehat{c}_1}{\mathrm{d}\widehat{x}^2} - L^2 \frac{k_V \cdot (c_1|_P)^{n-1}}{D_{1,\mathrm{e}}} \cdot \widehat{c}_1^n. \tag{8.67}$$

Gl. 8.67 kann man entnehmen, dass der nun dimensionslose Konzentrationsverlauf von nur einem dimensionslosen Parameter bestimmt wird, der das Verhältnis von Reaktionsgeschwindigkeit zur Diffusionsgeschwindigkeit darstellt und der uns bereits als *Damköhler-Zahl 2. Art* [24] bekannt ist:

$$Da_{\mathrm{II}} = L^2 \frac{k_V \cdot \left(c_1|_P\right)^{n-1}}{D_{1,\mathrm{e}}} \tag{8.68}$$

Im Zusammenhang mit der Porendiffusion wird allerdings meist der sogenannte *Thiele-Modul* ϕ [25] als dimensionslose Kenngröße verwendet, der sich aus der Damköhler-Zahl 2. Art wie folgt ergibt:

$$\phi = \sqrt{Da_{\mathrm{II}}} = L \cdot \sqrt{\frac{k_V \cdot \left(c_1|_P\right)^{n-1}}{D_{1,\mathrm{e}}}}. \tag{8.69}$$

Im Folgenden wollen wir zunächst eine *Reaktion 1. Ordnung* diskutieren. Die dimensionslose Stoffbilanz lautet in diesem Fall

$$0 = \frac{\mathrm{d}^2\widehat{c}_1}{\mathrm{d}\widehat{x}^2} - \phi^2 \cdot \widehat{c}_1, \tag{8.70}$$

mit den Randbedingungen

$$\begin{aligned} \hat{x} = 0: &\quad \left.\frac{\mathrm{d}\hat{c}_1}{\mathrm{d}\hat{x}}\right|_Z = 0 \\ \hat{x} = 1: &\quad \hat{c}_1|_P = 1. \end{aligned} \tag{8.71}$$

Die erste Randbedingung bedeutet, dass die Konzentration des Edukts aufgrund der Symmetrie des Problems im Zentrum des porösen, plättchenförmigen Katalysatorpartikels ein Minimum besitzt.

Gl. 8.70 stellt eine gewöhnliche, lineare, homogene Differenzialgleichung 2. Ordnung mit konstanten Koeffizienten dar, deren allgemeine Lösung die Form

$$\widehat{c}_1 = C_1 e^{\lambda_1 \widehat{x}} + C_2 e^{\lambda_2 \widehat{x}} \tag{8.72}$$

hat. Die Werte für λ_1 und λ_2 ergeben sich aus dem sogenannten charakteristischen Polynom der Differenzialgleichung (Gl. 8.70)

$$\lambda^2 - \phi^2 = 0 \tag{8.73}$$

zu $\lambda_1 = -\phi$ und $\lambda_2 = +\phi$ (vgl. Abschn. 12.4.1.2).

Die Konstanten C_1 und C_2 lassen sich aus den Randbedingungen gemäß Gl. 8.71 berechnen:

$$C_1 = C_2 = \frac{1}{e^{\phi} + e^{-\phi}}. \tag{8.74}$$

Somit ergibt sich als Lösung von Gl. 8.70:

$$\widehat{c}_1(\widehat{x}) = \frac{e^{\phi\widehat{x}} + e^{-\phi\widehat{x}}}{e^{\phi} + e^{-\phi}} = \frac{\cosh(\phi\widehat{x})}{\cosh\phi}. \tag{8.75}$$

Die qualitativen Konzentrationsverläufe in Abb. 8.9 können nun für verschiedene Thiele-Moduli mit Gl. 8.75 exakt berechnet werden. Abb. 8.10 zeigt für ϕ = 0,3, 1, 3 und 10 die dazugehörigen berechneten Konzentrationsverläufe. Große Thiele-Moduli bedeuten somit eine starke Limitierung durch Porendiffusion und kleine Thiele-Moduli eine geringe bzw. keine Limitierung durch Porendiffusion. Eine bessere Einschätzung der

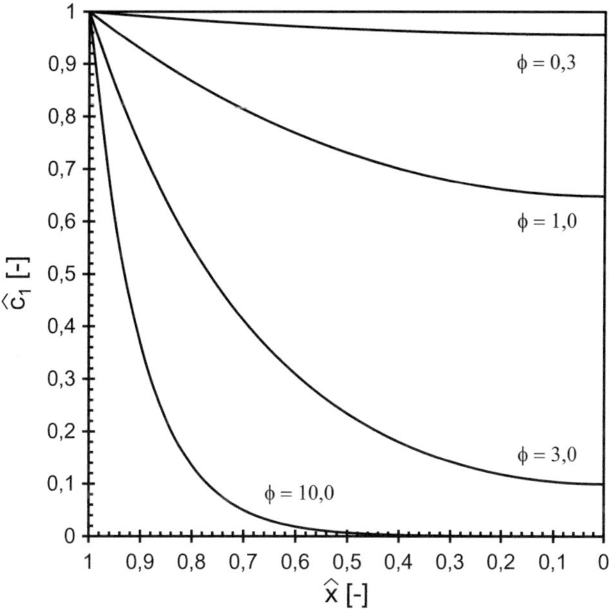

Abb. 8.10 Konzentrationsverläufe in einem porösen, plättchenförmigen Katalysatorpartikel in Abhängigkeit vom Thiele-Modul ϕ

quantitativen Auswirkung der Porendiffusion auf die chemische Reaktion erlaubt wiederum das Wirkungsgrad-Konzept, das nachfolgend näher betrachtet wird.

Um einen Zusammenhang zwischen dem Katalysatorwirkungsgrad und dem Thiele-Modul herzuleiten, benötigt man die effektive Reaktionsgeschwindigkeit r_e in Abhängigkeit vom Thiele-Modul. Die effektive Reaktionsgeschwindigkeit kann aus dem Konzentrationsverlauf gemäß Gl. 8.75 einfach hergeleitet werden, da sämtliches im porösen Katalysator umgesetztes Edukt A_1 durch die Phasengrenze P, d. h. die äußere Oberfläche A diffundieren muss. Beachtet man, dass wegen der Symmetrie des plättchenförmigen Katalysators das Volumen 2L · A und die äußere Oberfläche 2 · A beträgt, ergibt sich:

$$r_{V,e} = \frac{1}{2L \cdot A} \cdot (2A) \cdot D_{1,e} \frac{dc_1}{dx}\bigg|_P. \tag{8.76}$$

Der Konzentrationsgradient an der äußeren Oberfläche (Phasengrenze) ergibt sich in dimensionsloser Form durch Ableiten von Gl. 8.75 an der Stelle $\widehat{x} = 1$:

$$\frac{d\widehat{c}_1}{d\widehat{x}}\bigg|_P = \frac{d\widehat{c}_1}{d\widehat{x}}\bigg|_{\widehat{x}=1} = \phi \tanh \phi. \tag{8.77}$$

Mit der Definition der dimensionslosen Variablen gemäß Gl. 8.65 und 8.66 erhält man Gl. 8.77 in dimensionsbehafteter Form, die eingesetzt in Gl. 8.76 folgende Endgleichung für die effektive Reaktionsgeschwindigkeit $r_{V,e}$ liefert:

$$r_{V,e} = \frac{D_{1,e} \cdot c_1|_P}{L^2} \cdot \phi \tanh \phi. \tag{8.78}$$

Der Katalysatorwirkungsgrad ist der Quotient aus der effektiven Reaktionsgeschwindigkeit gemäß Gl. 8.78 und der Geschwindigkeit der chemischen Reaktion (Mikrokinetik). Letztere lässt sich für die hier angenommene Reaktion 1. Ordnung wie folgt schreiben:

$$r_V = k_V c_1|_P. \tag{8.79}$$

Durch Division von Gl. 8.78 durch Gl. 8.79 erhält man den *inneren Katalysatorwirkungsgrad*, auch *Porenwirkungsgrad* genannt:

$$\eta = \frac{D_{1,e}}{k_V \cdot L^2} \cdot \phi \tanh \phi. \tag{8.80}$$

Berücksichtig man, dass für eine Reaktion 1. Ordnung nach Gl. 8.69 gilt

$$\phi^2 = L^2 \frac{k_V}{D_{1,e}}, \tag{8.81}$$

dann ergibt sich als Endgleichung für den inneren Katalysatorwirkungsgrad:

$$\eta = \frac{\tanh \phi}{\phi}. \tag{8.82}$$

Abb. 8.11 zeigt den Zusammenhang zwischen dem inneren Katalysatorwirkungsgrad η und dem Thiele-Modul ϕ gemäß Gl. 8.82. Der tanhϕ besitzt zwei Asymptoten, nämlich bei ausreichend kleinen bzw. ausreichend großen Argumenten (siehe z. B. [23]):

$$\phi < 0{,}3 \quad \tanh \phi \approx \phi$$
$$\phi > 3 \quad \tanh \phi \approx 1.$$

Aus diesen beiden Asymptoten des tanhϕ ergeben sich die entsprechenden *Asymptoten für den Wirkungsgrad* η:

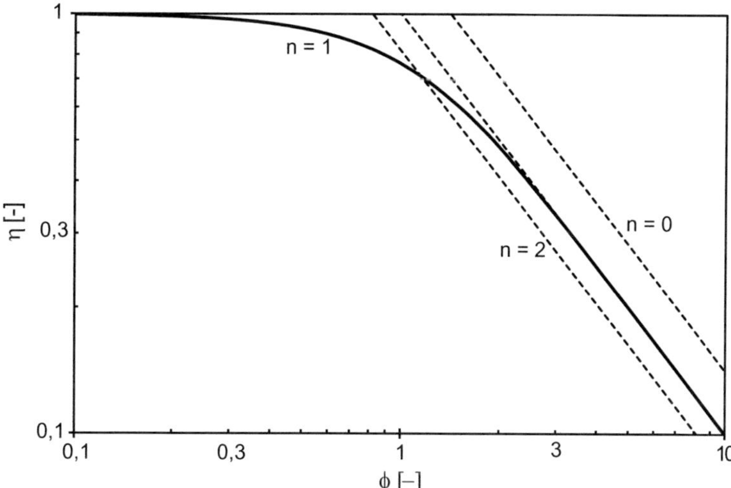

Abb. 8.11 Wirkungsgrad η in Abhängigkeit vom Thiele-Modul ϕ für ein poröses plättchenförmiges Katalysatorpartikel (für $n = 1$ gesamter Verlauf gezeigt; für $n = 0$ und $n = 2$ sind nur die Asymptoten für $\phi > 3$ gezeigt)

$$\begin{aligned} &\phi < 0{,}3 \quad \eta \approx 1 \\ &\phi > 3 \quad \eta \approx \frac{1}{\phi}. \end{aligned} \tag{8.83}$$

Dies bedeutet, dass im Fall $\phi < 0{,}3$ keine Limitierung durch Porendiffusion vorliegt, d. h. dass die innere Oberfläche des Katalysators nahezu vollständig ausgenutzt wird und damit an allen aktiven Zentren die selbe Mikrokinetik abläuft. Im Fall $\phi > 3$ liegt eine starke Limitierung durch Porendiffusion vor und der innere Katalysatorwirkungsgrad sinkt auf Werte $\eta < 0{,}333$. Die innere Oberfläche wird nun nur noch zu weniger als 33 % genutzt. Gemäß Gl. 8.75 sinkt dann die Konzentration im Zentrum des plättchenförmigen Katalysators auf $c_1|_Z < c_1|_P/10$, d. h. sie beträgt weniger als 1/10 der Konzentration an der äußeren Katalysatoroberfläche (s. auch Abb. 8.10). Ein aktives Zentrum, das sich in der Mitte des Katalysators befindet, „sieht" also eine deutlich geringere Konzentration als ein aktives Zentrum in der Nähe der Phasengrenze, d. h. der äußeren Katalysatoroberfläche. Somit kann Gl. 8.35 nicht mehr zur Umrechnung zwischen gemessener Reaktionsgeschwindigkeit und *TOF* angewendet werden. Die aus der effektiven Reaktionsgeschwindigkeit berechnete *TOF* stellt dann nur eine untere Grenze dar und kann bei entsprechend niedrigem Wirkungsgrad deutlich höher sein.

Im Folgenden wollen wir nun auf eine *irreversible Reaktion n-ter Ordnung* übergehen. Die zu lösende Stoffbilanz lautet gemäß Gl. 8.67:

$$0 = \frac{d^2\widehat{c}_1}{d\widehat{x}^2} - \phi^2 \cdot \widehat{c}_1^n. \tag{8.84}$$

Es gelten weiterhin die Randbedingungen Gl. 8.71. Da die vollständige Lösung je nach Ordnung recht komplex ist, wollen wir uns hier auf den Einfluss der Ordnung n auf die Asymptote bei hohen Thiele-Moduli beschränken. Um die effektive Reaktionsgeschwindigkeit und daraus den Wirkungsgrad berechnen zu können, genügt die erste Ableitung (siehe Gl. 8.76). Um diese durch Integration ermitteln zu können, wird Gl. 8.84 zunächst umgestellt und mit $d\widehat{c}_1/d\widehat{x}$ erweitert:

$$\frac{d^2\widehat{c}_1}{d\widehat{x}^2} \cdot \frac{d\widehat{c}_1}{d\widehat{x}} = \phi^2 \cdot \widehat{c}_1^n \cdot \frac{d\widehat{c}_1}{d\widehat{x}}. \tag{8.85}$$

Nun kann einfach integriert werden. Die unbestimmte Integration ergibt mit C als Integrationskonstante:

$$\frac{1}{2} \cdot \left(\frac{d\widehat{c}_1}{d\widehat{x}}\right)^2 = \phi^2 \cdot \frac{\widehat{c}_1^{n+1}}{(n+1)} + C. \tag{8.86}$$

Als Randbedingungen wählt man nun:

$$\begin{aligned} \hat{x}=0: &\quad \hat{c}_1=\hat{c}_1|_Z \\ \hat{x}=0: &\quad \left.\frac{\mathrm{d}\hat{c}_1}{\mathrm{d}\hat{x}}\right|_Z=0. \end{aligned} \tag{8.87}$$

Mit diesen Randbedingungen kann man die Integrationskonstante bestimmen

$$C=-\phi^2\cdot\frac{\left(\widehat{c}_1|_Z\right)^{n+1}}{(n+1)}, \tag{8.88}$$

in Gl. 8.86 einsetzen und nach $\mathrm{d}\widehat{c}_1/\mathrm{d}\widehat{x}$ auflösen:

$$\frac{\mathrm{d}\widehat{c}_1}{\mathrm{d}\widehat{x}}=\sqrt{\frac{2\phi^2}{(n+1)}\cdot\left(\widehat{c}_1^{\,n+1}-\left(\widehat{c}_1|_Z\right)^{n+1}\right)}. \tag{8.89}$$

An der äußeren Oberfläche gilt $\widehat{c}_1=1$ und Gl. 8.89 geht über in:

$$\left.\frac{\mathrm{d}\widehat{c}_1}{\mathrm{d}\widehat{x}}\right|_{\widehat{x}=1}=\sqrt{\frac{2\phi^2}{(n+1)}\cdot\left(1-\left(\widehat{c}_1|_Z\right)^{n+1}\right)}. \tag{8.90}$$

Mit der Definition der dimensionslosen Variablen gemäß Gl. 8.65 und 8.66 kann Gl. 8.90 einfach in einen dimensionsbehafteten Konzentrationsgradienten an der äußeren Katalysatoroberfläche umgewandelt und in Gl. 8.76 eingesetzt werden. Die effektive Reaktionsgeschwindigkeit ergibt sich somit wie folgt:

$$r_{V,\mathrm{e}}=\frac{D_{1,\mathrm{e}}\cdot c_1|_P}{L^2}\cdot\sqrt{\frac{2\phi^2}{(n+1)}\cdot\left(1-\left(\widehat{c}_1|_Z\right)^{n+1}\right)}. \tag{8.91}$$

Mit der Mikrokinetik

$$r_V=k_V\left(c_1|_P\right)^n \tag{8.92}$$

und der Definition des Wirkungsgrads nach Gl. 8.28 erhält man:

$$\eta=\frac{1}{\phi^2}\cdot\sqrt{\frac{2\phi^2}{(n+1)}\cdot\left(1-\left(\widehat{c}_1|_Z\right)^{n+1}\right)}. \tag{8.93}$$

Für starke Limitierung durch Porendiffusion ($\phi > 3$) kann $\hat{c}_1|_Z \approx 0$ gesetzt werden und es ergibt sich folgende Asymptote:

$$\eta = \frac{1}{\phi} \cdot \sqrt{\frac{2}{(n+1)}}. \tag{8.94}$$

In logarithmierter Form lautet die Asymptotengleichung:

$$\log \eta = -\log \phi + 0{,}5 \cdot \log\left(\frac{2}{n+1}\right). \tag{8.95}$$

Abb. 8.11 zeigt die vollständige Abhängigkeit des Wirkungsgrads vom Thiele-Modul für $n = 1$ gemäß Gl. 8.82 und für die Ordnungen $n = 0$ und $n = 2$ die dazugehörigen Asymptoten gemäß Gl. 8.95. Man sieht, dass bei dem selben Wert von ϕ für $n > 1$ kleinere Porenwirkungsgrade und für $n < 1$ größere Porenwirkungsgrade erzielt werden.

Führt man den *generalisierten Thiele-Modul* ϕ_n gemäß

$$\phi_n = L \cdot \sqrt{\frac{n+1}{2} \cdot \frac{k_V \cdot \left(c_1|_P\right)^{n-1}}{D_{1,\mathrm{e}}}} \tag{8.96}$$

ein, so gilt der Verlauf für $n = 1$ in Abb. 8.11 näherungsweise für alle Ordnungen. Insbesondere stimmen dann die Asymptoten überein.

Wegen der größeren praktischen Relevanz sollen nun *kugelförmige Katalysatorpartikel* des Radius r_{Kat} betrachtet werden. Wir gehen wieder von den selben Annahmen aus wie bei dem zuvor betrachteten plättchenförmigen Katalysatorpartikel. Der wesentliche Unterschied ist nun die Kugelsymmetrie und die Tatsache, dass die effektive Diffusion nun in radialer Richtung des Partikels erfolgt (wiederum eindimensionales Problem). Auch hier kann man sich wieder der allgemeinen Stoffbilanz bedienen, allerdings nun der für kugelsymmetrische Systeme gemäß Gl. 5.27. Geht man wieder von Stationarität sowie einer einzigen ablaufenden irreversiblen Reaktion n-ter Ordnung mit $\nu_1 = -1$ aus und setzt die konvektiven Terme null, so erhält man:

$$0 = D_{1,\mathrm{e}}\left(\frac{\mathrm{d}^2 c_1}{\mathrm{d}r^2} + \frac{2}{r}\frac{\mathrm{d}c_1}{\mathrm{d}r}\right) - k_V \cdot c_1^n. \tag{8.97}$$

Durch Einführen der dimensionslosen Variablen

$$\hat{r} = \frac{r}{r_{\mathrm{Kat}}} \tag{8.98}$$

und

$$\widehat{c}_1 = \frac{c_1}{c_1|_P} \tag{8.99}$$

geht Gl. 8.97 über in

$$0 = \left(\frac{\mathrm{d}^2\widehat{c}_1}{\mathrm{d}\widehat{r}^2} + \frac{2}{\widehat{r}}\,\frac{\mathrm{d}\widehat{c}_1}{\mathrm{d}\widehat{r}}\right) - \phi^2 \cdot \widehat{c}_1^{\,n} \tag{8.100}$$

mit

$$\phi = \sqrt{Da_{\mathrm{II}}} = r_{\mathrm{Kat}} \cdot \sqrt{\frac{k_V \cdot \left(c_1|_P\right)^{n-1}}{D_{1,\mathrm{e}}}}. \tag{8.101}$$

Im Folgenden wird wiederum eine *irreversible Reaktion 1. Ordnung* diskutiert. Die Stoffbilanz lautet dann

$$0 = \left(\frac{\mathrm{d}^2\widehat{c}_1}{\mathrm{d}\widehat{r}^2} + \frac{2}{\widehat{r}}\,\frac{\mathrm{d}\widehat{c}_1}{\mathrm{d}\widehat{r}}\right) - \phi^2 \cdot \widehat{c}_1 \tag{8.102}$$

mit den beiden Randbedingungen:

$$\begin{aligned} \hat{r} = 0: &\quad \left.\frac{\mathrm{d}\hat{c}_1}{\mathrm{d}\hat{r}}\right|_Z = 0 \\ \hat{r} = 1: &\quad \hat{c}_1|_P = 1. \end{aligned} \tag{8.103}$$

Die erste Randbedingung bedeutet wiederum, dass die Konzentration des Edukts aufgrund der Symmetrie des Problems im Zentrum des porösen, kugelförmigen Katalysatorpartikels ein Minimum besitzt.

Die Differenzialgleichung Gl. 8.102 kann nun mittels der Variablentransformation

$$\widehat{c}_1(\widehat{r}) = \frac{\widehat{w}_1(\widehat{r})}{\widehat{r}} \tag{8.104}$$

überführt werden in die einfacher zu lösende Differenzialgleichung 2. Ordnung mit konstanten Koeffizienten

$$0 = \frac{\mathrm{d}^2\widehat{w}_1}{\mathrm{d}\widehat{r}^2} - \phi^2 \cdot \widehat{w}_1. \tag{8.105}$$

Ähnlich wie bei dem plättchenförmigen Katalysatorpartikel erfolgt die Lösung gemäß Abschn. 12.4.1.2 über das charakteristische Polynom der Differenzialgleichung. Die Anpassung der Konstanten C_1 und C_2 erfolgt analog über die transformierten Randbedingungen. Durch Rücktransformation des Ergebnisses für $\widehat{w}_1$ in $\widehat{c}_1$ erhält man:

$$\widehat{c}_1(\widehat{r}) = \frac{\sinh(\phi\widehat{r})}{\widehat{r} \cdot \sinh\phi}. \tag{8.106}$$

Trägt man die dimensionslosen Konzentrationsverläufe $\widehat{c}_1$ für verschiedene Thiele-Moduli ϕ in Abhängigkeit von der dimensionslosen radialen Koordinate $\widehat{r}$ auf, dann ergeben sich qualitativ ähnliche Verläufe wie in Abb. 8.10. Allerdings sinkt die Konzentration im Falle einer Limitierung durch Porendiffusion im kugelförmigen Katalysatorpartikel nicht so stark ab wie im plättchenförmigen. Somit sind bei einem kugelförmigen Katalysatorpartikel höhere Katalysatorwirkungsgrade als bei einem plättchenförmigen Katalysatorpartikel zu erwarten, vorausgesetzt Kugeldurchmesser und Plättchendicke sind gleich groß. Um die Abhängigkeit des Katalysatorwirkungsgrads vom Thiele-Modul für das kugelförmige Katalysatorpartikel abzuleiten, nutzt man wiederum die Tatsache, dass sich die effektive Reaktionsgeschwindigkeit aus der an der Stelle $r = r_{\mathrm{Kat}}$ (Phasengrenze bzw. äußere Oberfläche) eindiffundierenden Stoffmenge an Edukt berechnen lässt:

$$r_{V,\mathrm{e}} = \frac{1}{\frac{4}{3}\pi r_{\mathrm{Kat}}^3} \cdot \left(4\pi r_{\mathrm{Kat}}^2\right) \cdot D_{1,\mathrm{e}} \left.\frac{\mathrm{d}c_1}{\mathrm{d}r}\right|_P. \tag{8.107}$$

Der dimensionslose Konzentrationsgradient an der äußeren Oberfläche (Phasengrenze) ergibt sich aus der Ableitung von Gl. 8.106 an der Stelle $\widehat{r} = 1$:

$$\left.\frac{\mathrm{d}\widehat{c}_1}{\mathrm{d}\widehat{r}}\right|_P = \left.\frac{\mathrm{d}\widehat{c}_1}{\mathrm{d}\widehat{r}}\right|_{\widehat{r}=1} = \frac{\phi}{\tanh\phi} - 1. \tag{8.108}$$

Durch Umwandlung von Gl. 8.108 in den dimensionsbehafteten Konzentrationsgradienten und Einsetzen in Gl. 8.107 erhält man die effektive Reaktionsgeschwindigkeit, aus der der innere Katalysatorwirkungsgrad berechnet werden kann:

$$\eta = \frac{3}{\phi} \cdot \left(\frac{1}{\tanh\phi} - \frac{1}{\phi}\right). \tag{8.109}$$

Auch im Falle des kugelförmigen Katalysatorpartikels ergeben sich für entsprechend große und entsprechend kleine Werte des Thiele-Moduls jeweils Asymptoten:

$$\begin{aligned} &\phi < 0{,}3 \quad \eta \approx 1 \\ &\phi > 3 \quad \eta \approx \frac{3}{\phi}. \end{aligned} \tag{8.110}$$

Bei großen Thiele-Moduli, d. h. starker Limitierung durch Porendiffusion, ist der Wirkungsgrad des kugelförmigen Katalysatorspartikels also um den Faktor 3 höher als der des plättchenförmigen Katalysatorpartikels (s. Gl. 8.83), vorausgesetzt Plättchendicke und Kugeldurchmesser sind identisch. Um den Geometrieeffekt so zu erfassen, dass die Abhängigkeit des Wirkungsgrads vom Thiele-Modul näherungsweise mit einem einzigen Verlauf, nämlich dem für das plättchenförmige Katalysatorpartikel, beschrieben werden kann, führt man den *generalisierten Thiele-Modul* ϕ_l

$$\phi_l = l_c \cdot \sqrt{\frac{k_V \cdot \left(c_1|_P\right)^{n-1}}{D_{1,\mathrm{e}}}} \tag{8.111}$$

ein, wobei

$$l_c = \frac{V_{\mathrm{Kat}}}{A_{\mathrm{Kat}}} \tag{8.112}$$

die charakteristische Partikelabmessung ist [26]. Dabei ist zu beachten, dass in Gl. 8.112 A_{Kat} die äußere Katalysatoroberfläche ist. Entsprechend erhält man für plättchenförmige Katalysatoren $l_c = L$ und für ein kugelförmiges Katalysatorpartikel $l_c = r_{\mathrm{Kat}}/3$. Diese charakteristische Partikelabmessung wird in der Partikeltechnologie als *Sauter-Durchmesser* bezeichnet und kann für jegliche Partikelform angewendet werden. Berücksichtigt man zusätzlich den Einfluss der Ordnung n auf den Verlauf des Wirkungsgrads in Abhängigkeit vom Thiele-Modul gemäß Gl. 8.96 , dann ergibt sich der *generalisierte Thiele-Modul* $\phi_{\mathrm{l,n}}$ [27]:

$$\phi_{l,n} = \frac{V_{\mathrm{Kat}}}{A_{\mathrm{Kat}}} \cdot \sqrt{\frac{n+1}{2} \cdot \frac{k_V \cdot \left(c_1|_P\right)^{n-1}}{D_{1,\mathrm{e}}}}. \tag{8.113}$$

Die Asymptoten des Wirkungsgrads bei niedrigen und hohen Thiele-Moduli entsprechen dann derjenigen des plättchenförmigen Katalysatorpartikels gemäß Gl. 8.83:

$$\begin{aligned} &\phi_{l,n} < 0{,}3 \quad \eta \approx 1 \\ &\phi_{l,n} > 3 \quad \eta \approx \frac{1}{\phi_{l,n}}. \end{aligned} \tag{8.114}$$

Bei starker Limitierung durch Porendiffusion kann man für sämtliche Partikelformen und Reaktionsordnungen der betrachteten irreversiblen Reaktion eine Beziehung für die effektive Reaktionsgeschwindigkeit ableiten. Mithilfe von Gl. 8.28, 8.113 und 8.114 ergibt sich:

$$r_{V,e} = \eta \cdot r_V = \frac{r_V}{\phi_{l,n}} = \frac{k_V \cdot \left(c_1|_P\right)^n}{\phi_{l,n}} = \frac{1}{l_c} \cdot \sqrt{\frac{2}{n+1}} \cdot \sqrt{k_V \cdot D_{1,e}} \cdot \left(c_1|_P\right)^{\frac{n+1}{2}}. \tag{8.115}$$

Berücksichtigt man noch, dass die Diffusion ein schwach aktivierter Vorgang ist und ihre Temperaturabhängigkeit näherungsweise vernachlässigt werden kann, verbleibt nur die Temperaturabhängigkeit der chemischen Reaktion gemäß der Arrhenius-Gleichung für k_V (s. Gl. 3.96):

$$r_{V,e} = \frac{1}{l_c} \cdot \sqrt{\frac{2}{n+1}} \cdot \sqrt{k_{V,0} \cdot D_{1,e}} \cdot e^{-\frac{E_A}{2RT}} \cdot \left(c_1|_P\right)^{\frac{n+1}{2}}. \tag{8.116}$$

Aus Gl. 8.116 sieht man, dass bei starker Limitierung durch Porendiffusion die beobachtete Aktivierungsenergie $E_{A,e}$ und Ordnung n_e folgende Werte annehmen:

$$E_{A,e} = \frac{E_A}{2}, \tag{8.117}$$

$$n_e = \frac{n+1}{2}. \tag{8.118}$$

Dies bedeutet, dass bei einer starken Limitierung durch Porendiffusion die effektive Aktivierungsenergie nur halb so groß ist wie die „wahre" Aktivierungsenergie der chemischen Reaktion. Die effektive Ordnung ergibt sich als Mittelwert aus der „wahren" Ordnung der Reaktion und der Ordnung der Diffusion (Vorgang 1. Ordnung), da beide Vorgänge simultan ablaufen. Die Porendiffusion „zieht" also die Ordnung in Richtung des Wertes 1. So verhält sich eine chemische Reaktion 2. Ordnung bei starker Limitierung durch Porendiffusion wie eine Reaktion mit Ordnung 1,5. Eine chemische Reaktion 0. Ordnung verhält sich dagegen wie eine Reaktion mit Ordnung 0,5.

Weiterhin kann man Gl. 8.116 entnehmen, dass im Falle starker Limitierung durch Porendiffusion die effektive Reaktionsgeschwindigkeit umgekehrt proportional zur charakteristischen Abmessung der Partikel l_c ist. Eine Halbierung der charakteristischen Partikelabmessung führt daher zu einer Verdoppelung der effektiven Reaktionsgeschwindigkeit.

Mithilfe des Thiele-Moduls kann an jeder Stelle des Reaktors der innere Katalysatorwirkungsgrad berechnet und das pseudohomogene Reaktormodell angewendet werden (s. Abschn. 8.1.2.2). Hierzu ist jedoch bereits die Kenntnis der Mikrokinetik erforderlich.

Um gemessene Kinetiken hinsichtlich des Einflusses des inneren Stofftransports bewerten und Mikrokinetiken bestimmen zu können, muss der Katalysatorwirkungsgrad aus der gemessenen effektiven Reaktionsgeschwindigkeit (Makrokinetik) ermittelt werden. Daher transformiert man die Abszisse in Abb. 8.11, indem man den Thiele-Modul quadriert und mit dem Wirkungsgrad multipliziert. Nach Einsetzen der Definition des Thiele-Moduls gemäß Gl. 8.113 erhält man die transformierte Variable $\psi_{1,n}$, die nun die effektive Reaktionsgeschwindigkeit enthält:

$$\psi_{l,n} = \eta \cdot \phi_{l,n}^2 = l_c^2 \cdot \frac{n+1}{2} \cdot \frac{\eta \cdot k_V \cdot \left(c_1|_P\right)^n}{D_{1,e} \cdot c_1|_P} = l_c^2 \cdot \frac{n+1}{2} \cdot \frac{r_{V,e}}{D_{1,e} \cdot c_1|_P}. \tag{8.119}$$

Die durch Transformation entstandene Variable $\psi_{1,n}$ wird auch als *Weisz-Modul* bezeichnet. Die Transformation der Abszisse ist sehr einfach durchzuführen, indem man aus den Wertepaaren $(\phi_{l,n}, \eta)$ die neuen Wertepaare $\left(\eta \cdot \phi_{l,n}^2, \eta\right)$ berechnet und aufträgt. Abb. 8.12 zeigt die entsprechende Auftragung sowie die Asymptote bei hohen Weisz-Moduli. Man erkennt, dass der Verlauf der Kurve bei hohen Weisz-Moduli unverändert bleibt und dass der Wirkungsgrad durch die Transformation erst bei niedrigeren Werten des Weisz-Moduls gegen 1 läuft. Es sei noch angemerkt, dass der Verlauf für $n = 0$, dem der eingezeichneten Asymptote entspricht. Alle anderen Ordnungen liegen durch die Verwendung des generalisierten Weisz-Moduls sehr nahe an der Kurve für $n = 1$.

Im Folgenden wollen wir etwas näher darauf eingehen, wie man für das betrachtete heterogen katalysierte Reaktionssystem (n, k_V) und die vorliegenden Katalysatoreigenschaften $(l_c, D_{1,e})$ beurteilen kann, ob die gemessenen kinetischen Daten und reaktionstechnischen Größen auf einer Mikro- oder einer Makrokinetik beruhen bzw. ob der innere

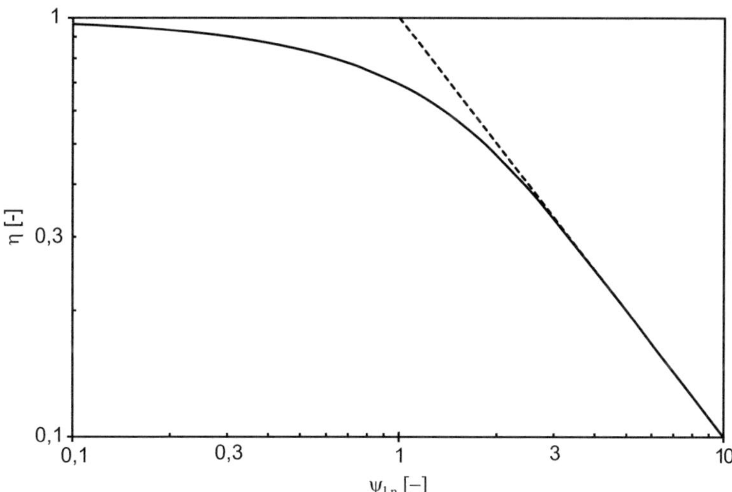

Abb. 8.12 Wirkungsgrad η in Abhängigkeit vom Weisz-Modul $\psi_{1,n}$

Stofftransport die Kinetik beeinflusst oder nicht. Eine Limitierung durch den inneren Stofftransport (Porendiffusion) liegt vor bzw. kann vorliegen, wenn

- *kinetische Messungen eine Ordnung von* $(n + 1)/2$ *und eine Arrhenius-Aktivierungsenergie* $E_{A,e} = E_A/2$ *liefern.*
- *bei konstanter Verweilzeit der Umsatzgrad mit abnehmendem Partikeldurchmesser zunimmt.*
- *wenn folgendes Diagnose-Kriterium („Weisz-Prater-Kriterium") für ein kugelförmiges Katalysatorpartikel mit Radius* r_{Kat} *nicht erfüllt ist* [28]:

$$\psi_{l,n} = \frac{r_{\mathrm{Kat}}^2 \cdot r_{\mathrm{V,e}}}{D_{1,\mathrm{e}} \cdot c_1|_P} \begin{cases} < 6 & n = 0 \\ < 0{,}6 & n = 1 \\ < 0{,}3 & n = 2. \end{cases} \tag{8.120}$$

Eine Limitierung durch den inneren Stofftransport wirkt sich auch auf das *Arrhenius-Diagramm* aus. So erkennt man in Abb. 8.13 bei ausreichend hohen Temperaturen den Bereich der starken Limitierung durch Porendiffusion, der sich durch eine Halbierung der wahren Aktivierungsenergie und die Abhängigkeit der effektiven Reaktionsgeschwindigkeit von der charakteristischen Abmessung des Katalysatorpartikels auszeichnet. Der Wirkungsgrad ergibt sich in Abb. 8.13 aus dem Abstand von r_V und $r_{V,e}$ analog zu Gl. 8.58.

Unsere Betrachtung des Einflusses des inneren Stofftransports hatten wir auf eine einzige irreversible Reaktion *n*-ter Ordnung beschränkt. Es können aber andere Kinetiken (z. B. Hougen-Watson-Geschwindigkeitsansätze) und mehr als eine Reaktion (Rückreaktion, Folgereaktion) vorliegen. Diese Fälle bedürfen einer tiefergehenden Betrachtung, die hier nicht mehr erfolgen soll. Stattdessen werde auf die einschlägige Fachliteratur verwiesen [15].

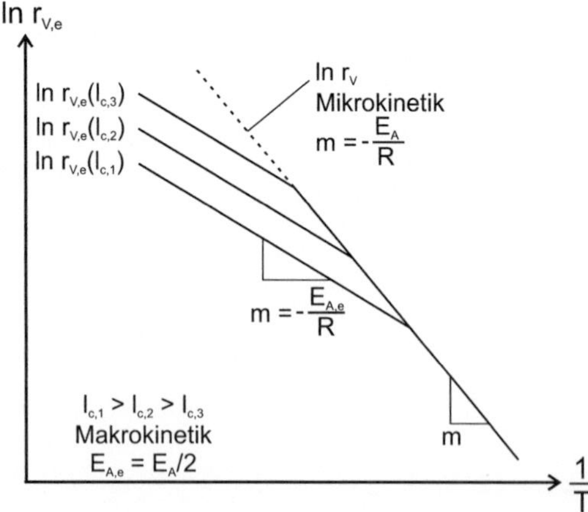

Abb. 8.13 Auswirkung der Porendiffusion auf das Arrhenius-Diagramm einer einfachen irreversiblen Reaktion

Zum Abschluss soll noch etwas näher auf die *Diffusion in porösen Feststoffen* eingegangen werden. Der Diffusionsstrom in die Poren eines porösen Feststoffs kann analog wie im freien Fluid durch das 1. Fick'sche Diffusionsgesetz beschrieben werden, wenn man einen *effektiven Diffusionskoeffizienten* $D_{1,e}$ einführt. Dieser trägt der Tatsache Rechnung, dass die Fläche der Porenöffnungen bzw. das Porenvolumen nur einen bestimmten Anteil $\varepsilon_{\text{Pore}}$ der äußeren Gesamtfläche bzw. des Gesamtvolumens des porösen Feststoffteilchens ausmacht und dass die Poren keine ideale Zylinderform haben, sondern unregelmäßige Gestalt und dass sie außerdem noch labyrinthartig untereinander verbunden sind. Letzteres wird durch den *Tortuositätsfaktor* τ berücksichtigt. Für die Stoffstromdichte einer Spezies A_1 in einem binären Gemisch durch ein poröses, pseudohomogenes Feststoffteilchen gilt

$$j_1 = -D_{1,e}\frac{\mathrm{d}c_1}{\mathrm{d}x} \tag{8.121}$$

mit

$$D_{1,e} = \frac{D_1 \cdot \varepsilon_{\text{Pore}}}{\tau}. \tag{8.122}$$

$\varepsilon_{\text{Pore}}$ besitzt typischerweise Werte zwischen 0,4 und 0,7 und kann mittels Quecksilberporosimetrie (Makro- und Mesoporen) und Tieftemperaturstickstoffadsorption (Meso- und Mikroporen) gemessen werden. Der Tortuositätsfaktor τ hängt stark von der Porosität $\varepsilon_{\text{Pore}}$ des Partikels sowie dem verwendeten Porenmodell ab und besitzt typischerweise einen Wert von etwa 4 [29, 30]. Für den Zusammenhang zwischen τ und $\varepsilon_{\text{Pore}}$ wird häufig die *Bruggeman-Gleichung* verwendet [31]:

$$\tau = \frac{1}{\sqrt{\varepsilon_{\text{Pore}}}}. \tag{8.123}$$

Mit einer Abschätzung des molekularen Diffusionskoeffizienten D_1, genau genommen des molekularen, binären Diffusionskoeffizienten $D_{1,2}$, kann dann mittels Gl. 8.122 der effektive Diffusionskoeffizient $D_{1,e}$ ermittelt werden. Für die Abschätzung des molekularen, binären Diffusionskoeffizienten $D_{1,2}$ und die Ermittlung des effektiven Diffusionskoeffizienten $D_{1,e}$ muss man unterscheiden, ob Gas- oder Flüssigphase und welcher *Diffusionsmechanismus* vorliegt. Es können in porösen Feststoffen drei Diffusionsmechanismen unterschieden werden:

- *Molekulare Diffusion*
  Molekulare Diffusion liegt vor, wenn das Fluid sich in den Poren wie ein Kontinuum verhält. Dies ist dann der Fall, wenn die mittlere freie Weglänge λ kleiner ist als der Porendurchmesser d_{Pore}:

$$\lambda < d_{\text{Pore}}.$$

- *Knudsen-Diffusion*
  Knudsen-Diffusion liegt vor, wenn die mittlere freie Weglänge λ größer ist als der Porendurchmesser d_{Pore}:

$$\lambda > d_{\text{Pore}}.$$

- *Konfigurelle Diffusion*
  Konfigurelle Diffusion liegt vor, wenn die Größe des Moleküls d_{M} im Bereich des Porendurchmessers d_{Pore} liegt:

$$d_{\text{M}} \approx d_{\text{Pore}}.$$

Nachfolgend sollen einige theoretische und empirische Korrelationen zur Ermittlung des molekularen, binären Diffusionskoeffizienten $D_{1,2}$ angegeben werden.

Bei *molekularer Diffusion in der Gasphase* kann im Falle eines *idealen Gases* der molekulare, binäre Gasdiffusionskoeffizient $D_{1,2}$ aus der kinetischen Gastheorie abgeleitet werden

$$D_{1,2} = \frac{2}{3} \frac{\mathrm{R}^{\frac{3}{2}}}{\pi^{\frac{3}{2}} \cdot r_{1,2}^2 \cdot M_{1,2}^{\frac{1}{2}} \cdot N_{\text{A}}} \cdot \frac{T^{\frac{3}{2}}}{p}, \tag{8.124}$$

wobei

$$r_{1,2} = \frac{r_{\text{M},1} + r_{\text{M},2}}{2}$$

und

$$\frac{1}{M_{1,2}} = \frac{1}{2} \cdot \left(\frac{1}{M_1} + \frac{1}{M_2} \right).$$

Es bedeuten: R = 8,31446 J/(mol K) (universelle Gaskonstante), N_{A} = 6,02214 · 10^{23} mol^{-1} (Avogadro-Konstante), T [K] = thermodynamische Temperatur, p [Pa] =

Systemdruck, r_1 bzw. r_2 [m] = Molekülradius der Spezies A_1 und A_2, M_1 bzw. M_2 [g/mol] = molare Masse der Spezies A_1 und A_2.

Typische Werte für Diffusionskoeffizienten in der Gasphase liegen im Bereich

$$D_{1,2} = 1 \cdot 10^{-5}\,\frac{\mathrm{m}^2}{\mathrm{s}} \quad \text{bis} \quad D_{1,2} = 1 \cdot 10^{-4}\,\frac{\mathrm{m}^2}{\mathrm{s}}.$$

Im Falle eines *realen Gases* müssen die Kräfte zwischen den Molekülen, z. B. gemäß dem Lennard-Jones-12-6-Potenzial, bei der Abschätzung des *molekularen Gasdiffusionskoeffizienten* berücksichtigt werden. Mit einer Genauigkeit von etwa 10 % kann die *Chapman-Enskog-Beziehung* verwendet werden [32]:

$$D_{1,2} = 0{,}00186 \cdot \frac{\left(\frac{1}{M_1} + \frac{1}{M_2}\right)^{\frac{1}{2}}}{\sigma_{1,2}^2 \Omega_{1,2}} \cdot \frac{T^{\frac{3}{2}}}{p} \quad \left[\frac{\mathrm{cm}^2}{s}\right]. \tag{8.125}$$

Es bedeuten: T [K] = thermodynamische Temperatur, p [atm] = Systemdruck, M_1 bzw. M_2 [g/mol] = molare Masse der Spezies A_1 und A_2, $\sigma_{1,2}$ [10^{-10} m] = charakteristische Länge, $\Omega_{1,2}$ [–] = Kollisionsintegral.

Sowohl die charakteristische Länge als auch das Kollisionsintegral können aus den Parametern der Lennard-Jones-Potenziale der beiden Moleküle A_1 und A_2 berechnet werden. Hierzu sei auf weiterführende Literatur und die dort zu findenden Tabellen verwiesen [32–34].

Für die binären Diffusionskoeffizienten in der Gasphase gibt es *empirische Korrelationen* wie diejenige von *Wilke und Lee* [35] oder diejenige von *Fuller* [36]. Eine gute Zusammenfassung der empirischen Korrelationen findet man in [34].

Molekulare Flüssigkeitsdiffusionskoeffizienten lassen sich bisher im Allgemeinen nicht theoretisch vorausberechnen. Sie müssen daher in der Regel experimentell z. B. durch Pulsed-Gradient Spin-Echo-NMR-Spektroskopie (PGSE-NMR-Spektroskopie) bestimmt werden. Nur für verdünnte Lösungen kann man mithilfe einer empirischen Beziehung von *Wilke und Chang* [37] den Diffusionskoeffizienten für die gelöste Spezies A_1 abschätzen (A_2 ist Lösungsmittel):

$$D_{1,2} = 7{,}4 \cdot 10^{-8} \cdot \frac{(X \cdot M_2)^{\frac{1}{2}}}{\eta_2 \cdot v_1^{0{,}6}} \cdot T \quad \left[\frac{\mathrm{cm}^2}{\mathrm{s}}\right]. \tag{8.126}$$

Es bedeuten: T [K] = thermodynamische Temperatur, M_2 [g/mol] = molare Masse der Spezies A_2 (Lösungsmittel), η_2 [cP] = dynamische Viskosität des Lösungsmittels, v_1 [cm^3/mol] = molares Volumen der Spezies A_1 bei Siedetemperatur unter Normaldruck, X [–] = Assoziationsparameter für Lösungsmittel (2,6 für H_2O, 1,9 für CH_3OH, 1,5 für C_2H_5OH, 1 für C_6H_6).

Das molare Volumen der Spezies A_1 bei Siedetemperatur unter Normaldruck lässt sich aus Inkrementen nach Le Bas additiv errechnen [38]. Diffusionskoeffizienten in flüssiger Phase liegen typischerweise im Bereich

$$D_{1,2} = 1 \cdot 10^{-10}\,\frac{\mathrm{m}^2}{\mathrm{s}} \quad \text{bis} \quad D_{1,2} = 1 \cdot 10^{-9}\,\frac{\mathrm{m}^2}{\mathrm{s}},$$

sind also um etwa 5 Zehnerpotenzen kleiner als in der Gasphase.

Stoßen die in den Poren diffundierenden Moleküle sehr viel häufiger mit der Porenwand als mit anderen Molekülen zusammen, so spricht man von *Knudsen-Diffusion*. Aufgrund der extrem geringen mittleren freien Weglänge in der flüssigen Phase tritt dieser Diffusionsmechanismus nur in der Gasphase auf, insbesondere dann, wenn die Gasdrücke und/oder die Porendurchmessern klein sind. So tritt bei 1 bar Knudsen-Diffusion bei Porendurchmessern kleiner als 100 nm und bei 10 bar bei Porendurchmessern kleiner als 10 nm auf. Knudsen-Diffusion ist also typisch für Mesoporen und kleine Makroporen. Aus der kinetischen Gastheorie ergibt sich unter Zugrundelegung des idealen Gasgesetzes für den *Knudsen-Diffusionskoeffizient* $(D_K)_1$ in einer einzelnen zylindrischen Pore:

$$(D_K)_1 = 4.850 \cdot d_{\mathrm{Pore}} \cdot \sqrt{\frac{T}{M_1}} \quad \left[\frac{\mathrm{cm}^2}{\mathrm{s}}\right]. \tag{8.127}$$

Es bedeuten: T [K] = thermodynamische Temperatur, M_1 [g/mol] = molare Masse der Spezies A_1, d_{Pore} [cm] = Porendurchmesser.

Gemäß Gl. 8.127 ist die Knudsen-Diffusion proportional zum Porendurchmesser und nicht mehr vom Druck abhängig. Die molekulare Diffusion (z. B. in ausreichend großen Makroporen) ist gemäß Gl. 8.124 dagegen nicht vom Porendurchmesser, aber umgekehrt proportional vom Druck abhängig. Beide Diffusionsmechanismen zeigen nur eine schwache Temperaturabhängigkeit (proportional $T^{3/2}$ bzw. $T^{1/2}$).

Im Falle der *konfigurellen Diffusion* ist der Porendurchmesser so klein (i. A. Mikroporen), dass der Porendurchmesser in der Größenordnung des Moleküldurchmessers liegt und das Molekül sich im Potenzialfeld des Feststoffgitters bewegt. Diese Art von Diffusion zeigt ebenfalls keine Druckabhängigkeit, jedoch zumeist eine starke exponentielle Temperaturabhängigkeit. Der Diffusionskoeffizient kann mit verschiedenen Methoden gemessen, aber auch mittels Molekulardynamik oder Monte-Carlo-Simulationen berechnet werden [39].

Da technische Katalysatoren zumeist bimodale Porenradienverteilungen besitzen, kommt es oft zu Überlagerung von Diffusionsmechanismen. In diesem Fall ist dann ein Porenmodell (z. B. Random-Pore-Modell oder Dusty-Gas-Modell) erforderlich, um einen effektiven Diffusionskoeffizienten aus den Diffusionskoeffizienten der einzelnen Mechanismen herzuleiten. Hierzu sei auf weiterführende Literatur verwiesen [40].

Effektive Diffusionskoeffizienten können aber auch experimentell bestimmt werden [29, 40], z. B. mit Tracer-Molekülen wie Helium oder Stickstoff an Einzelpartikeln

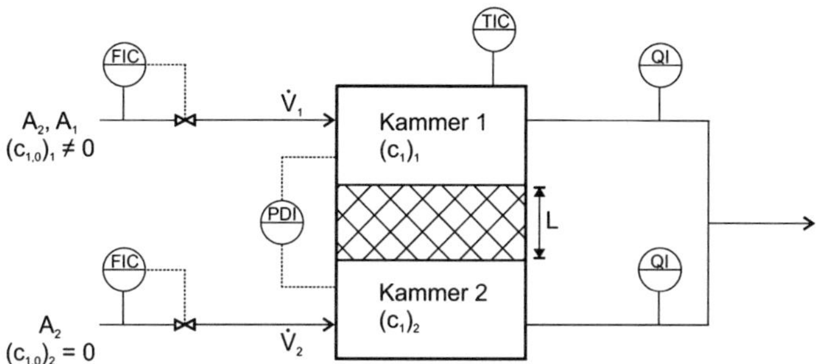

Abb. 8.14 Prinzipskizze einer Wicke-Kallenbach-Zelle zur Messung von effektiven Diffusionskoeffizienten in porösen Feststoffen bei konstantem Druck

(*Wicke-Kallenbach-Zelle* [41]) oder im Festbett (gaschromatografische Messung). Abb. 8.14 zeigt die Prinzipskizze einer *Wicke-Kallenbach-Zelle*. Für den Tracer A_1, der von der Kammer 1 in die Kammer 2 diffundiert, ergibt sich die Stoffstromdichte durch den porösen Feststoff gemäß dem 1. Fick'schen Gesetz:

$$j_1 = D_{1,e} \cdot \frac{(c_1)_1 - (c_1)_2}{L}. \tag{8.128}$$

Andererseits kann die Stoffstromdichte aus der vom Trägergas A_2 aufgenommenen Menge an A_1 bestimmt werden:

$$j_1 = \frac{\dot{V}_2 \cdot (c_1)_2}{A}. \tag{8.129}$$

Durch Gleichsetzen von Gl. 8.128 und 8.129 kann der effektive Diffusionskoeffizient berechnet werden:

$$D_{1,e} = \frac{L}{A} \cdot \dot{V}_2 \cdot \frac{(c_1)_2}{(c_1)_1 - (c_1)_2}. \tag{8.130}$$

Es bedeuten: $(c_1)_1$ bzw. $(c_1)_2$ [mol/l] = Konzentration des Tracers A_1 in Kammer 1 bzw. Kammer 2, L [m] = Dicke der Katalysatorprobe, A [m^2] = Querschnittsfläche der Katalysatorprobe, $\dot{V}_2$ [m^3/s] = Volumenstrom des Trägergases, j_1 [mol/(m^2 s)] = Stoffstromdichte der Spezies A_1 durch die Probe, $D_{1,e}$ [m^2/s] = effektiver Diffusionskoeffizient des Tracers A_1.

Die Auswertegleichung Gl. 8.130 setzt voraus, dass die Kammern ideal durchmischt sind, d. h. sich wie ideale Rührkessel verhalten und dass kein Druckunterschied zwischen den Kammern vorliegt, der zu einem Beitrag durch konvektiven Stofftransport führt.

8.2.2.3 Äußerer Wärmetransport

Der äußere Wärmetransport ist der Wärmeübergang vom oder zum Katalysatorpartikel (s. Abb. 8.4). Den Wärmeübergang haben wir bereits in Abschn. 4.2 im Zusammenhang mit dem Heizen bzw. Kühlen von Reaktoren besprochen. Wie beim Wärmeübergang von der oder zur Reaktorwand erfolgt der Wärmeübergang vom oder zum Katalysatorpartikel ebenfalls durch eine laminar strömende Grenzschicht. Für die weitere Betrachtung nehmen wir zu Vereinfachung an, dass eine einzige chemische Reaktion abläuft, diese nur an der äußeren Oberfläche des Katalysatorpartikels (Phasengrenze) stattfindet und exotherm ist. Endotherme Reaktionen können analog behandelt werden. Abhängig von der Geschwindigkeit der Wärmeübergangs und der Geschwindigkeit der Wärmeerzeugung durch die chemische Reaktion erhält man einen mehr oder weniger ausgeprägten Temperaturgradienten zwischen der Phasengrenze und dem Kern des strömenden Fluids (s. Abb. 8.15). Ist der Wärmeübergang schnell genug, d. h. liegt keine Limitierung durch den Wärmeabtransport vor, dann herrscht an der Phasengrenze auch die Temperatur des Fluids. Je langsamer der Wärmeübergang, d. h. je größer die Limitierung durch den Wärmetransport ist, desto höher ist die Temperatur an der äußeren Katalysatoroberfläche. Die Temperatur an der Phasengrenze kann aus einer Enthalpiebilanz berechnet werden, indem man an der Phasengrenze die Wärmeabfuhr durch den Wärmeübergang gemäß Gl. 4.18 und die Wärmeerzeugung durch die chemische Reaktion gleichsetzt:

$$\alpha \cdot A_{\text{Kat}} \cdot \left(T|_P - T\right) = \mid \Delta_{\text{R}}H \mid \cdot r_{\text{A,e}} \cdot A_{\text{Kat}}. \tag{8.131}$$

Somit ergibt sich:

$$\Delta T_{\text{Kat}} = T|_P - T = \frac{\mid \Delta_{\text{R}}H \mid \cdot r_{\text{A,e}}}{\alpha}. \tag{8.132}$$

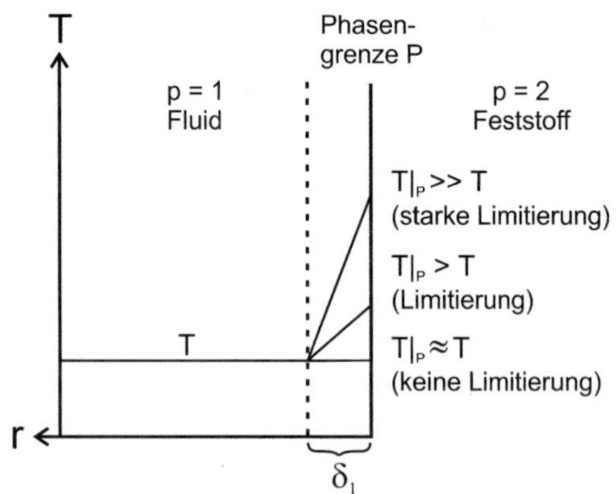

Abb. 8.15 Temperaturverläufe in der Grenzschicht eines kugelförmigen Katalysatorpartikels mit zunehmender Limitierung durch äußeren Wärmetransport

Nach Mears [42] kann ähnlich wie bei der Filmdiffusion ein Diagnose-Kriterium abgeleitet werden, das erfüllt sein muss, damit gilt:

$$1 - 0{,}05 < \eta < 1 + 0{,}05 \tag{8.133}$$

Die effektive Reaktionsgeschwindigkeit kann mithilfe einer Taylor-Reihenentwicklung (s. Abschn. 12.2) berechnet werden, indem man nach dem 1. Glied abbricht (Taylor-Linearisierung gemäß Gl. 12.11):

$$r_{\mathrm{A,e}} = r_{\mathrm{A}}(T_P) \approx r_{\mathrm{A}}(T) + \left.\frac{\partial r_{\mathrm{A}}}{\partial T}\right|_T \cdot \left(T|_P - T\right). \tag{8.134}$$

Mit

$$\left.\frac{\partial r_{\mathrm{A}}}{\partial T}\right|_T = \frac{E_{\mathrm{A}}}{R \cdot T^2} \cdot r_{\mathrm{A}}(T) \tag{8.135}$$

und Einsetzen in Gl. 8.134 erhält man unter Berücksichtigung von Gl. 8.133 und 8.132 das *Diagnose-Kriterium nach Mears für den äußeren Wärmetransport*:

$$\frac{|\Delta_{\mathrm{R}} H| \cdot r_{\mathrm{A,e}}}{\alpha} < \frac{0{,}05}{\gamma}. \tag{8.136}$$

γ ist dabei die sogenannte *Arrhenius-Zahl*, die wie folgt definiert ist:

$$\gamma = \frac{E_{\mathrm{A}}}{RT}. \tag{8.137}$$

Für gemessene effektive Reaktionsgeschwindigkeiten $r_{\mathrm{A,e}}$ kann mithilfe von Gl. 8.136 überprüft werden, ob bei diesen Reaktionsbedingungen eine Limitierung durch den äußeren Wärmetransport vorliegt oder nicht.

Die Abschätzung des Wärmeübergangskoeffizienten α für Festbett-, Wirbelschicht und Suspensionskatalysatoren erfolgt über entsprechende Korrelationen der Nusselt-Zahl in Abhängigkeit von der Reynolds- und Prandtl-Zahl. Diese findet man z. B. im VDI-Wärmeatlas. Zudem kann man aufgrund der Analogie von Wärme- und Stofftransport die Korrelationen in Gl. 8.59, 8.61 und 8.62 verwenden, indem man die Sherwood-Zahl durch die Nusselt-Zahl und die Schmidt-Zahl durch die Prandtl-Zahl ersetzt.

8.2.2.4 Innerer Wärmetransport

Der innere Wärmetransport ist die Wärmeleitung im Katalysatorpartikel (s. Abb. 8.4). Auch hier nehmen wir für die weitere Betrachtung an, dass eine einzige exotherme chemische Reaktion abläuft. Abhängig von der Geschwindigkeit der Wärmeleitung im

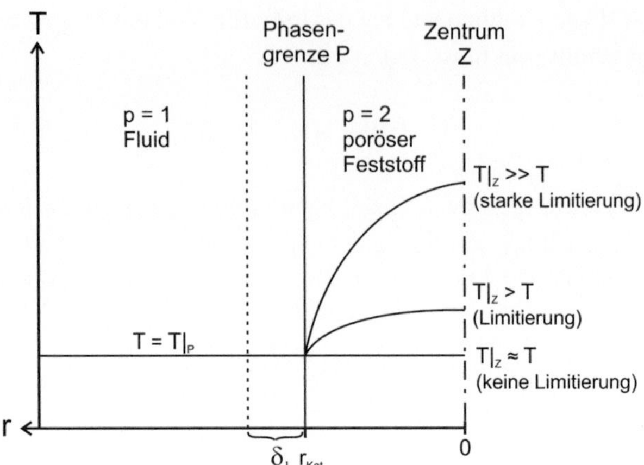

Abb. 8.16 Temperaturverläufe im kugelförmigen Katalysatorpartikel mit zunehmender Limitierung durch inneren Wärmetransport

Katalysatorpartikel und der Geschwindigkeit der Wärmeerzeugung durch die chemische Reaktion erhält man einen mehr oder weniger ausgeprägten Temperaturunterschied ΔT_{Kat} zwischen dem Zentrum Z des Katalysatorpartikels und der Phasengrenze P (s. Abb. 8.16). Für die Ableitung eines Diagnose-Kriteriums hat Anderson [43] ein parabolisches Temperaturprofil im kugelförmigen Katalysatorpartikel angenommen ($\widehat{r}$ gemäß Gl. 8.98):

$$T(\widehat{r}) = T|_P + (T|_Z - T|_P) \cdot \left(1 - \widehat{r}^2\right) = T|_P + \Delta T_{\mathrm{Kat}} \cdot \left(1 - \widehat{r}^2\right). \tag{8.138}$$

Wendet man zur Berechnung der ortsabhängigen Reaktionsgeschwindigkeit im Katalysatorpartikel eine Taylor-Reihenentwicklung an, die man wiederum nach dem ersten Glied abbricht (Taylor-Linearisierung gemäß Gl. 12.11), so erhält man:

$$r_V(T) \approx r_V(T|_P) + \left.\frac{\partial r_V}{\partial T}\right|_{T|_P} \cdot \left(T(\widehat{r}) - T|_P\right). \tag{8.139}$$

Nach Einsetzen von Gl. 8.138 in Gl. 8.139 und unter Berücksichtigung von

$$\left.\frac{\partial r_V}{\partial T}\right|_{T|_P} = \frac{E_{\mathrm{A}}}{R \cdot \left(T|_P\right)^2} \cdot r_V\left(T|_P\right) \tag{8.140}$$

erhält man folgende Gleichung für die ortsabhängige Reaktionsgeschwindigkeit:

$$r_V(\widehat{r}) \approx r_V(T|_P) \cdot \left(1 + \Delta T_{\text{Kat}} \cdot \left(1 - \widehat{r}^2\right) \cdot \frac{E_A}{R \cdot (T|_P)^2}\right). \tag{8.141}$$

Die effektive Reaktionsgeschwindigkeit ergibt sich nun durch eine Mittelung der ortsabhängigen Reaktionsgeschwindigkeiten gemäß Gl. 8.141 mithilfe folgender Gleichung:

$$r_{V,e} \approx \int_0^1 r(\widehat{r}) \frac{4\pi \widehat{r}^2 \, d\widehat{r}}{\frac{4}{3}\pi}. \tag{8.142}$$

Führt man diese Mittelung durch und berechnet den Wirkungsgrad, dann ergibt sich als Bedingung für einen Wirkungsgrad im Bereich von 95 bis 105 %:

$$\frac{2}{5} \cdot \frac{\Delta T_{\text{Kat}} \cdot E_A}{R \cdot (T|_P)^2} < \pm 0{,}05. \tag{8.143}$$

ΔT_{Kat} kann aus einer Enthalpiebilanz an der Phasengrenze P bestimmt werden, da die gesamt im Katalysatorpartikel freigesetzte Wärmemenge durch Wärmeleitung an die äußere Oberfläche transportiert werden muss:

$$\left|\Delta_R H\right| \cdot r_{V,e} \cdot V_{\text{Kat}} = A_{\text{Kat}} \cdot \lambda_{\text{Kat}} \cdot \left.\frac{dT}{dr}\right|_{r_{\text{Kat}}}. \tag{8.144}$$

Mit dem Temperaturprofil nach Gl. 8.138 kann die erste Ableitung an der Kugeloberfläche bestimmt werden und es ergibt sich für die gesuchte Temperaturüberhöhung ΔT_{Kat}:

$$\Delta T_{\text{Kat}} = \frac{1}{6} \cdot \frac{|\Delta_R H| \cdot r_{V,e} \cdot r_{\text{Kat}}^2}{\lambda_{\text{Kat}}}. \tag{8.145}$$

Durch Einsetzen von Gl. 8.145 in Gl. 8.143 erhält man das *Anderson-Kriterium für den inneren Wärmetransport*:

$$\frac{|\Delta_R H| \cdot r_{V,e} \cdot r_{\text{Kat}}^2}{\lambda_{\text{Kat}} \cdot T|_P} < 0{,}75 \cdot \frac{R \cdot T|_P}{E_A} = 0{,}75 \cdot \frac{1}{\gamma}. \tag{8.146}$$

Für gemessene effektive Reaktionsgeschwindigkeiten $r_{V,e}$ kann mithilfe von Gl. 8.146 überprüft werden, ob bei diesen Reaktionsbedingungen eine Limitierung durch den inneren Wärmetransport vorliegt oder nicht. Dabei nimmt man zunächst an, dass die Temperatur $T|_P$ an der Oberfläche des Katalysatorpartikels gleich der Temperatur T im Fluid ist.

Die Wärmeleitfähigkeiten λ_{Kat} poröser Katalysatorpartikel liegen typischerweise im Bereich:

$$\lambda_{Kat} = 0{,}1 \quad \text{bis} \quad 1{,}0 \, \frac{\mathrm{W}}{\mathrm{m\,K}}.$$

Eine theoretische Abschätzung nach Harriott [44] basiert auf den Wärmeleitfähigkeiten des Fluids in den Poren, des Feststoffs und der Porosität des Katalysatorpartikels. Eine experimentelle Bestimmung kann mit der sogenannten Laser-Flash-Methode, einem Standardverfahren zur Messung der Temperaturleitzahl, erfolgen [45].

8.2.2.5 Überlagerung von Transportvorgängen

8.2.2.5.1 Äußerer Stoff- und Wärmetransport

Wir betrachten nun die *Überlagerung von äußerem Stoff- und Wärmetransport* für eine *exotherme Reaktion* an der äußeren Oberfläche eines nichtporösen Katalysatorpartikels. Bei der theoretischen Betrachtung dieser Überlagerung ist nun sowohl die Stoffbilanz für den äußeren Stoffübergang des Edukts (s. Gl. 8.38)

$$\beta_1 \cdot \left(c_1 - c_{1|P}\right) = r_A|_P$$

als auch die Enthalpiebilanz für den äußeren Wärmeübergang (s. Gl. 8.131)

$$\alpha \cdot \left(T|_P - T\right) = |\Delta_R H| \cdot r_A|_P$$

zu berücksichtigen. Es handelt sich also um gekoppelte Gleichungen, die es nun zu lösen gilt.

Geht man zur Vereinfachung von einem *formalkinetischen Potenzansatz 1. Ordnung* aus, dann lautet die Stoffbilanz

$$\beta_1 \cdot \left(c_1 - c_{1|P}\right) = k_A \cdot c_1|_P \tag{8.147}$$

und die Enthalpiebilanz

$$\alpha \cdot \left(T|_P - T\right) = |\Delta_R H| \cdot k_A \cdot c_1|_P. \tag{8.148}$$

Löst man die Stoffbilanz (Gl. 8.147) nach $c_1|_P$ auf und setzt das Ergebnis (s. Gl. 8.46) in die Enthalpiebilanz (Gl. 8.148) ein, so erhält man:

$$\alpha \cdot \left(T|_P - T\right) = |\Delta_R H| \cdot \frac{k_A \cdot \beta_1}{k_A + \beta_1} \cdot c_1. \tag{8.149}$$

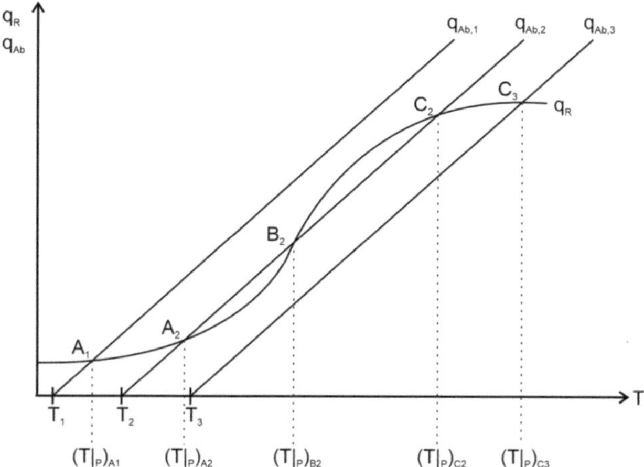

Abb. 8.17 Wärmeerzeugungskurve q_R und Wärmeabfuhrgerade q_{Ab} bei einer exothermen Reaktion an der äußeren Oberfläche eines Katalysatorpartikels

Die linke Seite von Gl. 8.149 stellt die vom Katalysatorpartikel durch Wärmeübergang an das Fluid abgeführte Wärmestromdichte q_{Ab} dar:

$$q_{Ab} = \alpha \cdot \left(T|_P - T \right). \tag{8.150}$$

Trägt man q_{Ab} über $T|_P$ auf, dann ergibt sich eine Gerade deren Steigung dem Wärmeübergangskoeffizienten α entspricht und die bei $T = T|_P$ die Abszisse schneidet (s. Abb. 8.17). Diese Gerade wird auch als *Wärmeabfuhrgerade* bezeichnet.

Die rechte Seite von Gl. 8.149 stellt die an der äußeren Oberfläche des Katalysators durch die chemische Reaktion erzeugte Wärmestromdichte q_R dar:

$$q_R = |\ \Delta_R H\ | \cdot \frac{k_A \cdot \beta_1}{k_A + \beta_1} \cdot c_1. \tag{8.151}$$

Setzt man für die Temperaturabhängigkeit der Geschwindigkeitskonstante k_A der chemischen Reaktion die Arrhenius-Gleichung (s. Gl. 3.96) ein, so erhält man:

$$q_R = |\ \Delta_R H\ | \cdot \frac{k_{A,0} \cdot e^{-\frac{E_A}{R \cdot T|_P}} \cdot \beta_1}{k_{A,0} \cdot e^{-\frac{E_A}{R \cdot T|_P}} + \beta_1} \cdot c_1. \tag{8.152}$$

Die Filmdiffusion ist ein schwach aktivierter Vorgang mit einer Aktivierungsenergie kleiner 5 kJ/mol (s. Abschn. 8.2.2.1), sodass die Temperaturabhängigkeit des Stoffübergangskoeffizienten β_1 in erster Näherung vernachlässigt werden kann.

Bei niedrigen Oberflächentemperaturen $T|_P$ gilt

$$k_{A,0} \cdot e^{-\frac{E_A}{R \cdot T|_P}} \ll \beta_1 \tag{8.153}$$

und Gl. 8.152 geht über in

$$q_R = |\Delta_R H| \cdot k_{A,0} \cdot e^{-\frac{E_A}{R \cdot T|_P}} \cdot c_1. \tag{8.154}$$

Bei niedrigen Oberflächentemperaturen $T|_P$ erhält man somit eine exponentielle Zunahme der Wärmeerzeugung mit zunehmender Temperatur. In diesem Temperaturbereich liegt keine Limitierung durch den äußeren Stofftransport (Filmdiffusion) vor und die Wärmeerzeugung wird durch die Mikrokinetik und ihre exponentielle Temperaturabhängigkeit bestimmt. Frank-Kamenetzki [46] bezeichnet diesen Temperaturbereich als *reaktionskontrollierten Bereich.*

Bei hohen Oberflächentemperaturen $T|_P$ gilt

$$k_{A,0} \cdot e^{-\frac{E_A}{R \cdot T|_P}} \gg \beta_1 \tag{8.155}$$

und Gl. 8.152 geht über in

$$q_R = |\Delta_R H| \cdot \beta_1 \cdot c_1. \tag{8.156}$$

Bei hohen Oberflächentemperaturen $T|_P$ erreicht die Wärmeerzeugung näherungsweise einen temperaturunabhängigen Maximalwert. In diesem Temperaturbereich liegt eine maximale Limitierung durch den äußeren Stofftransport (Filmdiffusion) vor und die Wärmeerzeugung wird durch die Makrokinetik und ihre geringe bzw. vernachlässigbare Temperaturabhängigkeit bestimmt. Frank-Kamenetzki [46] bezeichnet diesen Temperaturbereich als *diffusionskontrollierten Bereich.*

Insgesamt ergibt sich für q_R ein S-förmiger Kurvenverlauf (s. Abb. 8.17), der auch als *Wärmeerzeugungskurve* bezeichnet wird.

Mögliche Betriebspunkte sind somit alle Betriebspunkte, die die Stoff- und Enthalpiebilanz erfüllen, d. h. für die das sogenannte *Stationaritätskriterium* gilt:

$$\underbrace{\alpha \cdot \left(T|_P - T\right)}_{q_{Ab}} = \underbrace{|\Delta_R H| \cdot \frac{k_{A,0} \cdot e^{-\frac{E_A}{R \cdot T|_P}} \cdot \beta_1}{k_{A,0} \cdot e^{-\frac{E_A}{R \cdot T|_P}} + \beta_1} \cdot c_1}_{q_R}. \tag{8.157}$$

In Abb. 8.17 sind also die Punkte A_1, A_2, B_2, C_2 und C_3 stationäre Betriebspunkte. Ob es sich bei einem stationären Betriebspunkt um einen statisch stabilen Betriebspunkt handelt, entscheidet das sogenannte *Stabilitätskriterium*:

$$\frac{dq_{Ab}}{dT} > \frac{dq_R}{dT}. \tag{8.158}$$

Gemäß dem Stabilitätskriterium muss die Wärmeabfuhrgerade im Schnittpunkt steiler verlaufen als die Wärmeerzeugungskurve. Nur dann wird bei einer kleinen Temperaturerhöhung an der äußeren Oberfläche des Katalysators, wie sie infolge betrieblicher Schwankungen auftreten kann, mehr Wärme in der Zeiteinheit durch Wärmeübergang abgeführt, als durch die chemische Reaktion gebildet wird; die Oberfläche des Katalysatorpartikels kühlt sich also so lange ab, bis wieder der stationäre Betriebspunkt erreicht ist. Umgekehrt ist bei einer kleinen Temperaturerniedrigung die durch chemische Reaktion in der Zeiteinheit gebildete Wärmemenge größer als die durch Wärmeübergang abgeführte, sodass sich die äußere Oberfläche des Katalysatorpartikels so lange erwärmt, bis wieder der stationäre Betriebspunkt erreicht ist. Bei den in Abb. 8.17 eingezeichneten Schnittpunkten A_1, A_2, C_2 und C_3 handelt es sich daher um *stabile* Betriebspunkte.

Wenn jedoch in einem gewählten Betriebspunkt (z. B. Punkt B_2 in Abb. 8.17) die Steigung der Wärmeerzeugungskurve größer ist als diejenige der Wärmeabfuhrgeraden, so wird bei einer Erhöhung der Oberflächentemperatur infolge betrieblicher Schwankungen mehr Wärme in der Zeiteinheit gebildet als abgeführt; die äußere Oberfläche des Katalysatorpartikels wird sich dann so lange aufheizen, bis die Oberflächentemperatur erreicht ist, die dem oberen stabilen Betriebspunkt C_2 entspricht. Bei einer Erniedrigung der Oberflächentemperatur dagegen kühlt sich die Oberfläche so lange ab, bis die Oberflächentemperatur erreicht ist, welche dem unteren stabilen Betriebspunkt A_2 entspricht. Bei dem Schnittpunkt B_2 handelt es sich daher um einen *instabilen Betriebspunkt.*

Im reaktionskontrollierten Bereich (Betriebspunkte A_1 und A_2 in Abb. 8.17) liegt die Oberflächentemperatur nur unwesentlich höher als die Temperatur des Fluids. Im diffusionskontrollierten Bereich (Betriebspunkte C_1 und C_2 in Abb. 8.17) ist jedoch die Temperatur an der Oberfläche des Katalysatorpartikels sehr viel höher als die Temperatur des Fluids. Entsprechend ergibt sich bei Erhöhung der Temperatur des Fluids ausgehend von niedrigen Temperaturen ein *Zünden* der Reaktion und entsprechend bei Erniedrigung der Temperatur des Fluids ausgehend von hohen Temperaturen ein *Löschen* der Reaktion. Der Übergang zwischen gezündetem und gelöschtem Zustand findet bei denjenigen Temperaturen des Fluids statt, bei denen die Wärmeabfuhrgerade der Tangente an die Wärmeerzeugungskurve entspricht (nicht gezeigt in Abb. 8.17).

Ein ähnliches Phänomen der stabilen und instabilen Betriebspunkte sowie des Zündens und Löschens haben wir bereits in Abschn. 5.4.2.5 bei der Modellierung eines adiabat betriebenen kontinuierlichen idealen Rührkesselreaktors kennengelernt.

8.2.2.5.2 Innerer Stoff- und Wärmetransport

Wir betrachten nun die *Überlagerung von innerem Stoff- und Wärmetransport* in einem porösen Katalysatorpartikel. Es können nun sowohl Konzentrations- als auch Temperaturgradienten gleichzeitig auftreten (s. Abb. 8.9 und 8.16). Zur Berechnung des Konzentrations- und Temperaturverlaufs im porösen Katalysatorpartikel muss gleichzeitig die

Stoff- und die Enthalpiebilanz erfüllt sein. Im Gegensatz zur Überlagerung von äußerem Stoff- und Wärmetransport (s. Abschn. 8.2.2.5.1) handelt es sich hier um gekoppelte Differenzialgleichungen.

Nehmen wir *kugelförmige Katalysatorpartikel und einen formalkinetischen Potenzansatz 1. Ordnung* an, dann lautet die *Stoffbilanz* (s. Gl. 8.97)

$$0 = D_{1,\mathrm{e}}\left(\frac{\mathrm{d}^2 c_1}{\mathrm{d}r^2} + \frac{2}{r}\frac{\mathrm{d}c_1}{\mathrm{d}r}\right) - k_V \cdot c_1 \tag{8.159}$$

und die dazugehörigen Randbedingungen

$$\begin{aligned} r = 0: &\quad \left.\frac{\mathrm{d}c_1}{\mathrm{d}r}\right|_Z = 0 \\ r = r_{\mathrm{Kat}}: &\quad c_1 = c_1|_P. \end{aligned} \tag{8.160}$$

Die *Enthalpiebilanz* ergibt sich aus der allgemeinen Enthalpiebilanz für kugelsymmetrische Systeme gemäß Gl. 5.48, indem man eine irreversible Reaktion 1. Ordnung und Stationarität annimmt, den konvektiven Wärmetransport ausschließt und für die effektive Wärmeleitfähigkeit $\lambda_{\mathrm{e},r}$ die Wärmeleitfähigkeit des Katalysatorpartikels λ_{Kat} setzt:

$$0 = \lambda_{\mathrm{Kat}}\left(\frac{\mathrm{d}^2 T}{\mathrm{d}r^2} + \frac{2}{r}\frac{\mathrm{d}T}{\mathrm{d}r}\right) + k_V \cdot c_1 \cdot (-\Delta_{\mathrm{R}}H). \tag{8.161}$$

Die dazugehörigen Randbedingungen lauten:

$$\begin{aligned} r = 0: &\quad \left.\frac{\mathrm{d}T}{\mathrm{d}r}\right|_Z = 0 \\ r = r_{\mathrm{Kat}}: &\quad T = T|_P. \end{aligned} \tag{8.162}$$

Stoff- und Enthalpiebilanz sind über die Arrhenius-Gleichung nichtlinear gekoppelt. Die Lösung dieses Systems nichtlinear gekoppelter Differenzialgleichungen 2. Ordnung kann nur noch numerisch erfolgen. Man kann jedoch einen analytischen Zusammenhang zwischen der Konzentration $c_1(r)$ und der Temperatur $T(r)$ bekommen, wenn man aus Gl. 8.159 und 8.161 den Term $k_V \cdot c_1$ eliminiert. Dies führt zu der Gleichung

$$D_{1,\mathrm{e}}\left(\frac{\mathrm{d}^2 c_1}{\mathrm{d}r^2} + \frac{2}{r}\frac{\mathrm{d}c_1}{\mathrm{d}r}\right) = \frac{\lambda_{\mathrm{Kat}}}{(-\Delta_{\mathrm{R}}H)} \cdot \left(\frac{\mathrm{d}^2 T}{\mathrm{d}r^2} + \frac{2}{r}\frac{\mathrm{d}T}{\mathrm{d}r}\right) \tag{8.163}$$

$$-\frac{D_{1,\mathrm{e}} \cdot (-\Delta_{\mathrm{R}}H)}{\lambda_{\mathrm{Kat}}} \cdot \frac{\mathrm{d}}{\mathrm{d}r}\left(r^2\frac{\mathrm{d}c_1}{\mathrm{d}r}\right) = \frac{\mathrm{d}}{\mathrm{d}r}\left(r^2\frac{\mathrm{d}T}{\mathrm{d}r}\right). \tag{8.164}$$

Integriert man diese Gleichung einmal zwischen den Integrationsgrenzen 0 und r und dann nochmals zwischen r und r_{Kat}, jeweils unter Berücksichtigung der Randbedingungen Gl. 8.160 und 8.162, so erhält man:

$$\Delta T_{\text{Kat}} = T - T|_P = \frac{D_{1,\text{e}} \cdot (-\Delta_\text{R} H)}{\lambda_{\text{Kat}}} \cdot \left(c_1|_P - c_1\right). \qquad (8.165)$$

Diese Gleichung gibt den gesuchten Zusammenhang zwischen der Temperatur T und der Konzentration c_1 im Inneren des porösen Katalysatorpartikels wieder; sie gilt für jede beliebige Mikrokinetik, ist also nicht auf Reaktionen 1. Ordnung beschränkt. Mithilfe dieser Gleichung lässt sich die maximal auftretende Temperaturüberhöhung $(\Delta T_{\text{Kat}})_{\max}$ berechnen, die dann auftritt, wenn A_1 auf dem Diffusionsweg zur Mitte des Katalysatorpartikels vollständig umgesetzt wird ($c_1 = 0$):

$$(\Delta T_{\text{Kat}})_{\max} = T_{\max} - T\Big|_P = \frac{D_{1,\text{e}} \cdot (-\Delta_\text{R} H)}{\lambda_{\text{Kat}}} \cdot c_1\Big|_P. \qquad (8.166)$$

Für heterogene Gasphasenreaktionen kann man typische Werte annehmen und erhält eine maximale Temperaturüberhöhung von 10 K:

$$(\Delta T_{\text{Kat}})_{\max} = T_{\max} - T\Big|_P = \frac{1 \cdot 10^{-6}\,\frac{\text{m}^2}{\text{s}} \cdot 100 \cdot 10^3\,\frac{\text{J}}{\text{mol}}}{0{,}2\,\frac{\text{W}}{\text{m K}}} \cdot 20\,\frac{\text{mol}}{\text{m}^3} = 10\,\text{K}. \qquad (8.167)$$

Bei stärker exothermen Reaktionen kann die Temperaturüberhöhung auch noch größer sein. Typischerweise liegt sie im Bereich von 0 bis etwa 100 K.

Das Konzentrationsprofil im kugelförmigen Katalysatorpartikel wurde von Weisz und Hicks [47] durch numerische Lösung von Gl. 8.159 und 8.161 berechnet und der Katalysatorwirkungsgrad ermittelt. Dieser wird gewöhnlich als Funktion dreier dimensionsloser Parameter dargestellt:

Der Damköhler-Zahl 2. Art bzw. dem *Thiele-Modul* (hier für $n = 1$)

$$\phi = \sqrt{Da_{\text{II}}} = r_{\text{Kat}} \cdot \sqrt{\frac{k_{V,0} \cdot e^{-\frac{E_A}{RT|_P}}}{D_{1,\text{e}}}}, \qquad (8.168)$$

der *Arrhenius-Zahl*

$$\gamma = \frac{E_A}{RT|_P} \tag{8.169}$$

und der sogenannten *Prater-Zahl*

$$\beta_{Pr} = \frac{D_{1,e} \cdot (-\Delta_R H) \cdot c_1|_P}{\lambda_{Kat} \cdot T|_P}. \tag{8.170}$$

Vergleicht man die Prater-Zahl β_{Pr} mit Gl. 8.166, so erkennt man, dass die Prater-Zahl β_{Pr} die relative maximale Temperaturerhöhung ist:

$$\beta_{Pr} = \frac{T_{max} - T|_P}{T|_P}. \tag{8.171}$$

In Abb. 8.18 ist η für $\gamma = 20$ als Funktion vom Thiele-Modul ϕ für verschiedene Werte von β_{Pr} dargestellt. Weitere Kurven für $\gamma = 10$, 30 und 40 finden sich bei Weisz und Hicks [47].

Wie aus Abb. 8.18 zu ersehen ist, kann η bei *exothermen Reaktionen* ($\beta_{Pr} > 0$) unter Umständen wesentlich größer als 1 werden. Dies rührt daher, dass die durch Temperaturüberhöhung im Inneren des Katalysatorpartikels hervorgerufene Erhöhung der Reaktionsgeschwindigkeit größer ist als die durch die Konzentrationserniedrigung bewirkte Verminderung der Reaktionsgeschwindigkeit. Die Kurve für $\beta_{Pr} = 0$ entspricht isothermen Bedingungen ($\Delta_R H = 0$ oder $\lambda_{Kat} \cdot T|_P \gg D_{1,e} \cdot (-\Delta_R H) \cdot c_1|_P$) und ist identisch mit der Kurve für $n = 1$ in Abb. 8.11. Bei *endothermen Reaktionen* ($\beta_{Pr} < 0$) wirken sich Temperatur- und Konzentrationserniedrigung in gleicher Weise, nämlich erniedrigend, auf die Reaktionsgeschwindigkeit und damit η aus.

Aus Abb. 8.18 geht weiterhin hervor, dass bei *stark exothermen* Reaktionen ($\beta_{Pr} > 0{,}3$) die Kurven nach links überhängen, und zwar umso mehr, je größer β_{Pr} ist. Daher können innerhalb eines bestimmten Bereichs ($\phi < 1$) für einen einzigen Wert von ϕ bis zu drei verschiedene η-Werte existieren. Die Lösung mit dem höchstem η-Wert entspricht einem großen Temperatur- und Konzentrationsgradienten, d. h., der innere Wärme- und Stofftransport bestimmt die Reaktionsgeschwindigkeit. Andererseits entspricht die Lösung mit dem niedrigsten η-Wert (nahe bei 1) geringen Temperatur- und Konzentrationsgradienten, d. h., die Mikrokinetik und deren exponentielle Temperaturabhängigkeit bestimmen die Reaktionsgeschwindigkeit. Beide Betriebspunkte sind stabile Betriebspunkte. Die dritte Lösung, die einen mittleren Wert für η ergibt, entspricht einem instabilen Betriebspunkt, wie wir ihn auch beim äußeren Stoff- und Wärmetransport in Abschn. 8.2.2.5.1 kennengelernt haben.

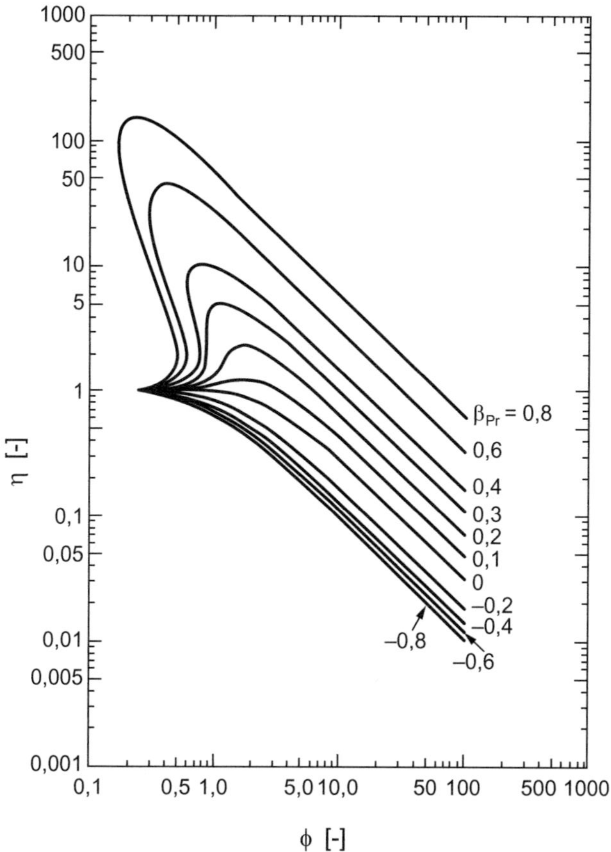

Abb. 8.18 Katalysatorwirkungsgrad η als Funktion vom Thiele-Modul ϕ für eine irreversible Reaktion 1. Ordnung bei nicht isothermen Verhältnissen innerhalb kugelförmiger Katalysatorpartikel ($\gamma = 20$) [47]

8.2.2.5.3 Äußere und innere Transportvorgänge

Wir betrachten nun zunächst die *Überlagerung von äußerem und innerem Stofftransport*. Die Stoffbilanz für den inneren Stofftransport in einem kugelförmigen Katalysatorpartikel und einer irreversiblen Reaktion n-ter Ordnung bleibt unverändert (s. Gl. 8.97). Jedoch ändern sich die Randbedingungen (in dimensionsbehafteter Form) wie folgt:

$$\begin{aligned} r = 0: &\qquad \left.\frac{\mathrm{d}c_1}{\mathrm{d}r}\right|_Z = 0 \\ r = r_{\mathrm{Kat}}: &\quad \beta_1 \cdot \left(c_1 - c_{1|P}\right) = D_{1,\mathrm{e}} \cdot \left.\frac{\mathrm{d}c_1}{\mathrm{d}r}\right|_{r = r_{\mathrm{Kat}}}. \end{aligned} \tag{8.172}$$

Die Lösung von Gl. 8.97 zusammen mit Randbedingung Gl. 8.172 findet man z. B. in [15]. Auch ohne diese Lösung für die effektive Reaktionsgeschwindigkeit und den Katalysatorwirkungsgrad kann man alleine durch Diskussion der Randbedingung an der Stelle $r = r_{\text{Kat}}$ zu wichtigen praktischen Schlussfolgerungen kommen. Setzt man nämlich in die Randbedingung an der Stelle $r = r_{\text{Kat}}$ die Definition des Stoffübergangskoeffizienten β_1 gemäß Gl. 8.5 und diejenige des effektiven Diffusionskoeffizienten $D_{1,\text{e}}$ gemäß Gl. 8.122 ein, so erhält man

$$\frac{D_1}{\delta} \cdot \left(c_1 - c_{1|P}\right) = \frac{D_1 \cdot \varepsilon_{\text{Pore}}}{\tau} \cdot \left.\frac{\mathrm{d}c_1}{\mathrm{d}r}\right|_{r=r_{\text{Kat}}} \tag{8.173}$$

und nach Umstellen der Gleichung

$$\left.\frac{\mathrm{d}c_1}{\mathrm{d}r}\right|_{r=r_{\text{Kat}}} = \frac{\tau}{\varepsilon_{\text{Pore}}} \cdot \frac{\left(c_1 - c_1|_P\right)}{\delta}. \tag{8.174}$$

Setzt man typische Werte für τ und $\varepsilon_{\text{Pore}}$ ein (s. Abschn. 8.2.2.2), so erhält man folgende Abschätzung:

$$\left.\frac{\mathrm{d}c_1}{\mathrm{d}r}\right|_{r=r_{\text{Kat}}} \approx 10 \cdot \frac{\left(c_1 - c_1|_P\right)}{\delta}. \tag{8.175}$$

Gl. 8.175 besagt, dass der Konzentrationsgradient im Korn an der Phasengrenzfläche um den Faktor 10 steiler ist als der Konzentrationsgradient über den Grenzfilm. Dieser Sachverhalt ist in Abb. 8.19 veranschaulicht. Eine wichtige praktische Schlussfolgerung ist die Merkregel, dass *bei Überlagerung des äußeren und inneren Stofftransports die Stofftransportlimitierung zunächst im porösen Katalysatorpartikel einsetzt, bevor sie dann auf den Grenzfilm übergreift.* Umgekehrt gilt für ein poröses Katalysatorpartikel die Schluss-

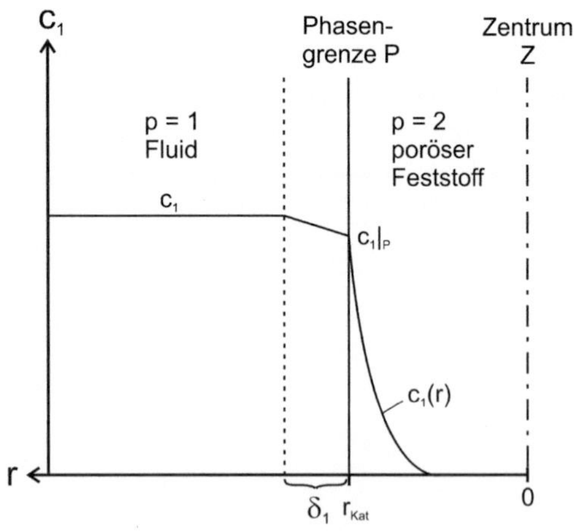

Abb. 8.19 Typischer Konzentrationsverlauf bei Überlagerung von äußerem und innerem Stofftransport

folgerung, dass bei Vorliegen einer Limitierung durch Filmdiffusion auch eine Limitierung durch Porendiffusion vorliegen muss.

Eine Überlagerung von äußerem und innerem Stofftransport macht sich im *Arrhenius-Diagramm* dadurch bemerkbar, dass ausgehend von niedrigen Temperaturen mit zunehmender Temperatur zunächst die Limitierung durch Porendiffusion einsetzt und bei noch höheren Temperaturen die Filmdiffusion limitiert (s. Abb. 8.20).

Abschließend sei noch die *Überlagerung von äußerem und inneren Wärmetransport* diskutiert. Auch hier soll keine Lösung der Enthalpiebilanz erfolgen, sondern lediglich die Randbedingung an der Phasengrenze $r = r_{\mathrm{Kat}}$ diskutiert werden. Diese lautet:

$$\alpha \cdot (T|_P - T) = \lambda_{\mathrm{Kat}} \cdot \left.\frac{\mathrm{d}T}{\mathrm{d}r}\right|_{r=r_{\mathrm{Kat}}}. \tag{8.176}$$

Mit der Definition des Wärmeübergangskoeffizienten α gemäß Gl. 4.17 und nach Umstellen der Gleichung erhält man:

$$\left.\frac{\mathrm{d}T}{\mathrm{d}r}\right|_{r=r_{\mathrm{Kat}}} = \frac{\lambda}{\lambda_{\mathrm{Kat}}} \cdot \frac{\left(T|_P - T\right)}{\delta}. \tag{8.177}$$

Da die Wärmeleitfähigkeit λ des Fluids im Allgemeinen kleiner als die Wärmeleitfähigkeit λ_{Kat} des Katalysators ist, ist in diesem Fall der Temperaturgradient im Katalysator geringer als der im Film. Im Falle von heterogen katalysierten Gasphasenreaktionen gilt

$$\lambda_{\mathrm{Kat}} \approx 10 \cdot \lambda, \tag{8.178}$$

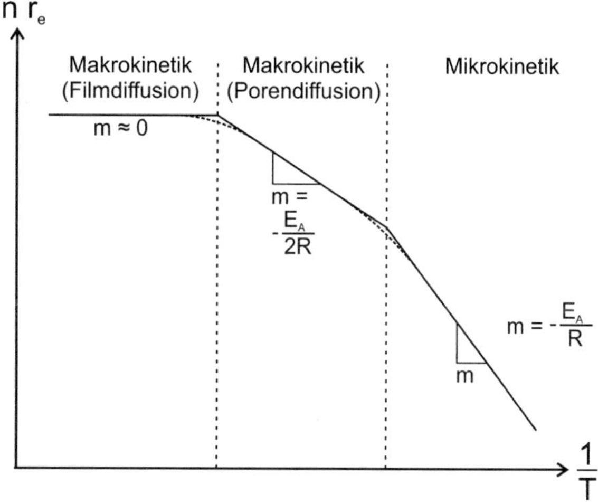

Abb. 8.20 Arrhenius-Diagramm bei Überlagerung von äußerem und innerem Stofftransport

sodass der Temperaturgradient im Katalysator um etwa den Faktor 10 geringer ist. In diesem Fall gilt also die Merkregel, dass *bei Überlagerung des äußeren und inneren Wärmetransports die Wärmetransportlimitierung zunächst im Grenzfilm einsetzt bevor sie dann auf das poröse Katalysatorpartikel übergreift*. Umgekehrt gilt für ein poröses Katalysatorpartikel die Schlussfolgerung, dass bei Vorliegen einer Limitierung durch den inneren Wärmetransport auch eine Limitierung durch den äußeren Wärmetransport vorliegen muss.

8.2.3 Reaktorauslegung

8.2.3.1 Festbettreaktoren

8.2.3.1.1 Ausführungsformen

Bei den Festbettreaktoren unterscheidet man im wesentlichen

- Vollraumreaktoren,
- Rohrbündelreaktoren und
- Hordenreaktoren (Abschnittsreaktoren).

Vollraumreaktoren bestehen aus einem einzigen, senkrecht stehenden Rohr, in dem die Katalysatorschüttung (Katalysatorbett bzw. Festbett) ohne Unterteilung untergebracht ist (s. Abb. 8.21a). Vollraumreaktoren stellen den einfachsten Typ des Festbettreaktors dar.

Muss während des Reaktionsablaufs dem Reaktionsvolumen eine größere Wärmemenge zugeführt bzw. aus dem Reaktionsvolumen eine größere Wärmemenge abgeführt werden, so ist es notwendig, in den Vollraumreaktor eine Anzahl dünnerer Rohre einzubauen (s. Abb. 8.21b). Diese sind innerhalb eines einzigen Reaktorkörpers zwischen zwei Rohrböden zu einem Rohrbündel zusammengefasst (s. auch Abb. 2.4). Das Festbett

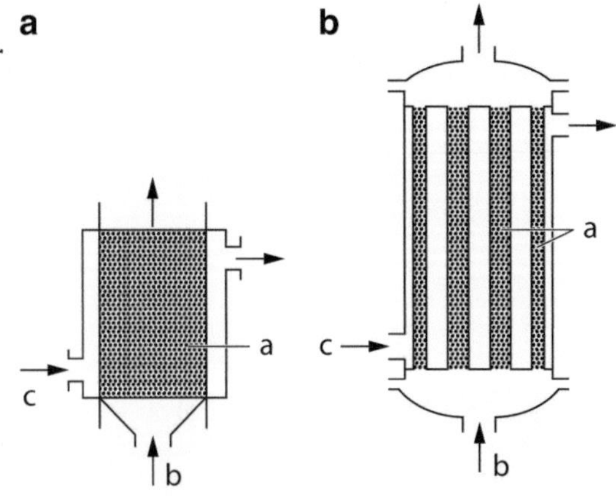

Abb. 8.21 **a** Vollraumreaktor, **b** Rohrbündelreaktor; *a* Katalysatorschüttung, *b* Eintritt des Reaktionsgemisches, *c* Eintritt des Wärmeträgers

kann sich sowohl in den Rohren oder auch zwischen den Rohren befinden. Die Wärmeabfuhr bzw. -zufuhr erfolgt durch ein Wärmeträgermedium (Heiz- oder Kühlmittel), das in den Rohren strömt oder die Rohre umströmt. Dieser Reaktortyp verhält sich wärmetechnisch ähnlich wie ein Rohrbündelwärmeübertrager. Zur Beheizung kommt als Wärmeträgermedium z. B. Dampf in Frage, zur Kühlung werden Thermoöle, Salzschmelzen, siedende Flüssigkeiten oder strömende Gase eingesetzt. Bei Letzteren handelt es sich häufig um das Reaktionsgemisch selbst, das dadurch auf die erforderliche Eintrittstemperatur gebracht wird. Je größer die Reaktionsenthalpie ist, desto geringer muss der Durchmesser eines Einzelrohrs sein (bis herunter zu 2 cm), um große radiale Temperaturgradienten zu vermeiden, die z. B. zu einer Überhitzung oder Sinterung des Katalysators führen können. Die Beantwortung der Frage nach der Größe des Rohrdurchmessers und nach der Zahl der für eine festgelegte Produktionsleistung benötigten Rohre ist eine wesentliche Aufgabe bei der Berechnung solcher Reaktoren. Im Beispiel 2.6 hatten wir beispielhaft einen Rohrbündelreaktor für die großtechnische Ammoniak-Synthese bilanziert und die Zahl der Rohre berechnet. Große Rohrbündelreaktoren können aus bis zu einigen 10.000 Rohren bestehen.

Man kann die Rohrbündelreaktoren ähnlich wie die Rohrbündelwärmeübertrager noch hinsichtlich der Strömungsführung von Prozessfluid und Wärmeträgerfluid in Gegenstrom- und Gleichstrom-Rohrbündelreaktoren einteilen (s. Abschn. 4.4). Am Beispiel von NH_3-Synthese-Reaktoren ist dies in Abb. 8.22 und 8.23 gezeigt [48]. Beim Gegenstrom-Rohrbündelreaktor (s. Abb. 8.22a) tritt die Hauptmenge des Synthesegases (d) am Boden in den Wärmeübertrager (b) ein und wird im Gegenstrom zum reagierten heißen Gas aufgeheizt.

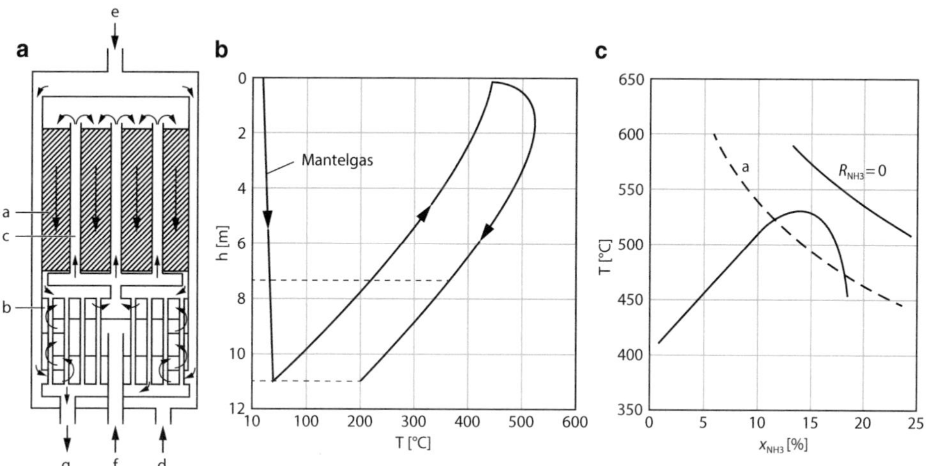

Abb. 8.22 Gegenstrom-Rohrbündelreaktor nach [48]. **a** Schema mit *a* Katalysatorzone, *b* Wärmeübertrager, *c* Kühlrohre, *d* Eintritt der Hauptgasmenge, *e* Mantelgas, *f* Regelgas, *g* Gasaustritt; **b** Temperaturverlauf des Gases im Reaktor; **c** NH_3-Molenbruch/Temperatur-Verlauf, $R_{NH_3} = 0$ (Gleichgewichtskurve)

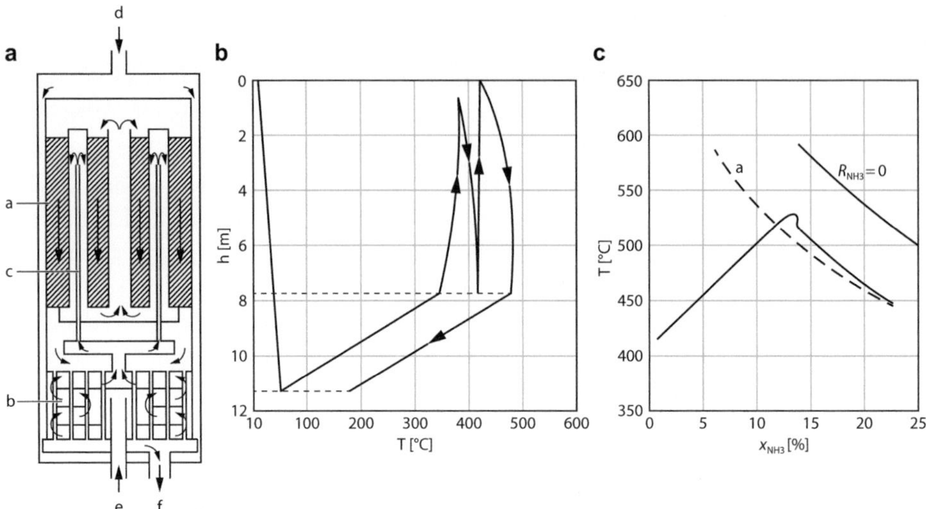

Abb. 8.23 Gleichstrom-Rohrbündelreaktor nach [48]. **a** Schema mit *a* Katalysatorzone, *b* Wärmeübertrager, *c* Kühlrohre, *d* Eintritt der Hauptgasmenge, *e* Regelgas, *f* Gasaustritt; **b** Temperaturverlauf des Gases im Reaktor; **c** NH_3-Molenbruch/Temperatur-Verlauf, $R_{NH_3} = 0$ (Gleichgewichtskurve)

Ein Teil des Synthesegases (e) wird am Kopf des Reaktors zugeführt und dient zur Kühlung des Reaktormantels (Mantelgas); dieser Teil wird unten im Wärmeübertrager mit dem Hauptstrom vereinigt. Ein weiterer Gasstrom (f) regelt die Katalysatoreintrittstemperatur (Regelgas); er kann nach dem Wärmeübertrager mit dem schon aufgeheizten Gas vermischt werden. Danach durchströmt das Gas die Kühlrohre (c) für die Katalysatorzone (a) und erreicht dabei die für die Reaktion erforderliche Katalysatoreintrittstemperatur; dabei wird gleichzeitig die Katalysatorzone gekühlt. Nach dem Austritt aus der Katalysatorzone wird das Gas im Wärmeübertrager abgekühlt.

Abb. 8.22b zeigt die Temperatur des Gases in den einzelnen Reaktorabschnitten. Günstig ist, dass am Anfang der Reaktion dem reagierenden Gas wenig Wärme entzogen wird, nachteilig, dass am Ende der Reaktionszone, wo der Umsatzgrad und damit auch die Wärmeentwicklung nur noch gering ist, infolge der großen Temperaturdifferenz zwischen den Strömen die Kühlwirkung am größten ist. In Abb. 8.22c ist der im Reaktor erhaltene NH_3-Anteil/Temperatur-Verlauf mit dem bei optimaler polytroper Temperaturführung erreichbaren (a) verglichen (vgl. Abschn. 7.1). Die ungünstige Kühlwirkung kommt deutlich zum Ausdruck.

Diesen Nachteil des Gegenstrombetriebs vermeidet der Gleichstrom-Rohrbündelreaktor, der in Abb. 8.23a schematisch dargestellt ist. Er ist dem Gegenstromreaktor ähnlich; die Umkehrung der Strömungsrichtung während des Kühlvorgangs in der Katalysatorzone (a) wird durch konzentrische Doppelrohre (c) bewirkt. Nach dem Aufheizen im Wärmeübertrager (b) wird das Gas durch das Innenrohr nach oben geleitet. In der Höhe, in der die Kühlung beginnen soll, endet dieses Innenrohr. Das Gas strömt als Kühlgas zwischen dem Außenrohr und Innenrohr abwärts und kühlt dabei die Katalysatorzone, wird unten gesammelt und durch ein Zentralrohr nach oben auf die Katalysatorzone geleitet. Das Gas tritt nach Durchströmen der Katalysatorzone und des Wärmeübertragers aus dem Reaktor aus. Der Temperaturverlauf des Reaktionsgases im Reaktor ist in Abb. 8.23b gezeigt. Abb. 8.23c lässt erkennen, dass der NH_3-Anteil/Temperatur-Verlauf des Gleichstrom-Rohrbündelreaktors dem bei optimaler polytroper Temperaturführung erreichbaren (a) nahe kommt (vgl. Abschn. 7.1).

Alle Rohrbündelreaktoren haben den Nachteil, dass die Regelungsmöglichkeit verhältnismäßig gering ist und dass sie sehr empfindlich auf Veränderungen der Betriebsvariablen reagieren.

Die *Hordenreaktoren (Abschnittsreaktoren)* zeichnen sich dagegen durch eine sehr große Stabilität gegenüber einer Veränderung der Betriebsvariablen und durch eine Regelbarkeit über weite Bereiche aus. In den Hordenreaktoren ist die gesamte Katalysatormasse in zwei oder mehr Abschnitte (Horden) aufgeteilt. Man hat nun zu unterscheiden zwischen Hordenreaktoren mit *indirekter* und *direkter Kühlung*.

Bei *Hordenreaktoren mit indirekter Kühlung* (Abb. 8.24a) wird das Gas nach dem Wärmeübertrager (b) entweder durch ein Zentralrohr oder entlang der Innenseite des Mantels nach oben auf den ersten Katalysatorabschnitt (a) des Reaktors geleitet. Zwischen den Katalysatorabschnitten (a) wird das Gas dann mithilfe von Wärmeübertragern (c) indirekt gekühlt; diese können auch außerhalb des Reaktors liegen. Abb. 8.24 b zeigt den Temperaturverlauf des Reaktionsgases in einem solchen Reaktor mit drei Abschnitten,

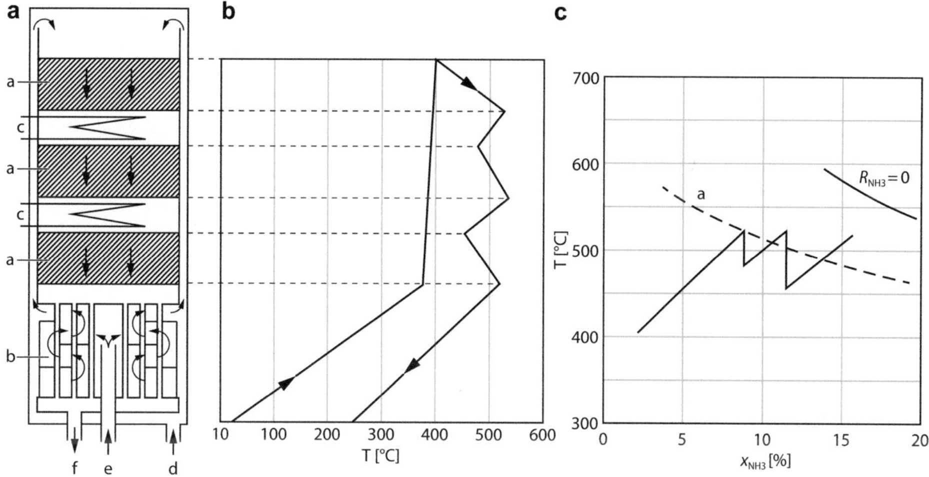

Abb. 8.24 Hordenreaktor mit indirekter Kühlung nach [48]. **a** Schema mit *a* Katalysatorabschnitte, *b* Wärmeübertrager, *c* indirekte Kühlung (Wärmeübertrager), *d* Eintritt der Hauptgasmenge, *e* Regelgas, *f* Gasaustritt; **b** Temperaturverlauf des Gases im Reaktor; **c** NH_3-Molenbruch/Temperatur-Verlauf, $R_{NH_3} = 0$ (Gleichgewichtskurve)

und rechts ist der NH_3-Anteil/Temperatur-Verlauf mit dem bei optimaler Temperaturführung (a) verglichen (vgl. Abschn. 7.1). Innerhalb der einzelnen Katalysatorabschnitte liegt eine adiabate Temperaturführung vor. Man sieht, wie sich nach dem Aufbau der Temperatur infolge der Reaktion im ersten Abschnitt das NH_3-Anteil/Temperatur-Profil in den weiteren Abschnitten zickzackförmig um die Kurve für optimale Temperaturführung (a) bewegt. Die Schichthöhen der einzelnen Abschnitte nehmen in Strömungsrichtung zu, wobei der letzte Abschnitt bis zu 60 % des Katalysators enthalten kann.

Der heute weitaus verbreitetste Festbettreaktortyp ist der *Hordenreaktor mit direkter Kühlung*. Der Grund hierfür ist die einfache Bauart und die gute Regelbarkeit ohne besondere Einbauten. Gekühlt wird hier zwischen den Katalysatorabschnitten durch Zumischen von kaltem, unreagiertem Synthesegas. Hinsichtlich der Kinetik ist ungünstig, dass durch die Kühlung das reagierte Gas verdünnt wird, was durch eine größere Katalysatormenge gegenüber den bisher besprochenen Typen aufgewogen werden muss. Der Katalysatormehrbedarf beträgt gegenüber dem Hordenreaktor mit indirekter Kühlung oft über 25 %. Abb. 8.25a zeigt schematisch den Aufbau des Reaktors, in der Mitte den Temperaturverlauf des Reaktionsgases im Reaktor und rechts das NH_3-Anteil/Temperatur-Profil verglichen mit der optimalen polytropen Temperaturführung (a). Man sieht hier deutlich den Nachteil der Verdünnung durch das unreagierte Synthesegas.

Hordenreaktoren besonderer Bauart wurden für die NH_3-Synthese entwickelt (z. B. [49, 50]); bei diesen durchströmt das Reaktionsgas den Reaktor nicht in axialer, sondern in radialer Richtung (s. Abb. 8.26). Diese Bauarten versprechen den Vorteil, dass die Strömungsgeschwindigkeit des Gases in den Katalysatorabschnitten wesentlich geringer ist, sodass kleinere Partikelgrößen von etwa 2 mm verwendet werden können, ohne dass der Druckverlust zu hoch wird. Durch diese Konstruktion soll es möglich sein, in einer Einheit

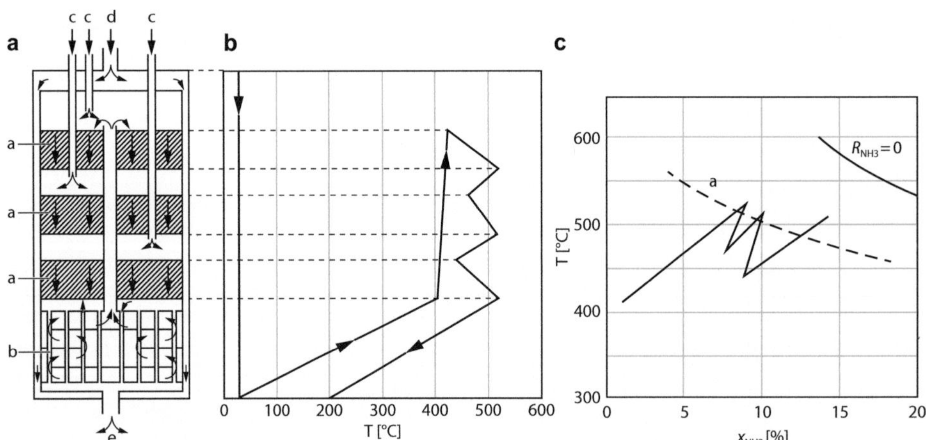

Abb. 8.25 Hordenreaktor mit direkter Kühlung nach [48]. **a** Schema mit *a* Katalysatorabschnitte, *b* Wärmeübertrager, *c* Kaltgaszuführung, *d* Eintritt der Hauptgasmenge, *e* Gasaustritt; **b** Temperaturverlauf des Gases im Reaktor; **c** NH_3-Molenbruch/Temperatur-Verlauf, $R_{NH_3} = 0$ (Gleichgewichtskurve)

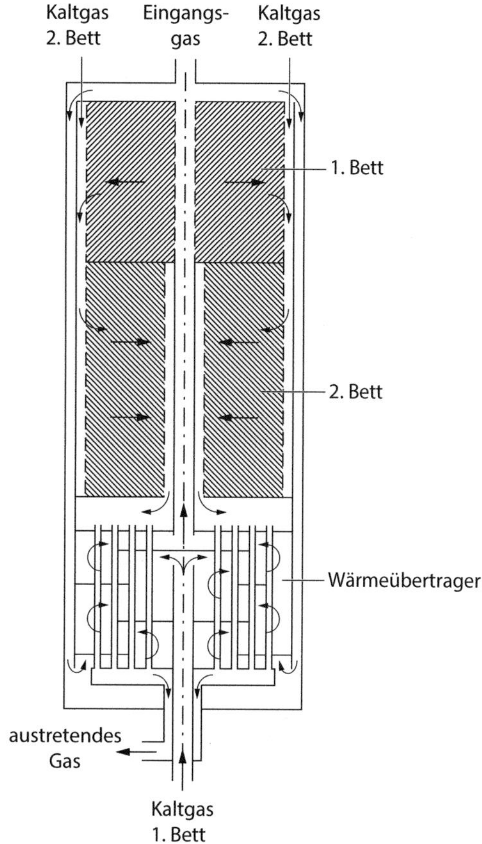

Abb. 8.26 Hordenreaktor für die Ammoniak-Synthese mit radial durchströmten Abschnitten [49]

eine Produktionshöhe von über 3000 t/d zu erzielen. Hinzu kommt, dass an kleineren Partikelgrößen größere Katalysatorwirkungsgrade durch geringe Limitierung durch Porendiffusion erzielt werden können (s. Abschn. 8.2.2.2).

8.2.3.1.2 Stoffbilanz

Für die Bilanzierung von Rohrreaktoren bietet sich ein *zweidimensionales pseudohomogenes Reaktormodell* an (s. Abschn. 8.1.2.2), das sich unter Berücksichtigung von Gl. 8.29 (Homogenisierungsansatz) aus Gl. 8.25 ergibt:

$$\varepsilon_p \cdot \frac{\partial c_{i,p}}{\partial t} = -u_{\mathrm{L},p}\frac{\partial c_{i,p}}{\partial z} + \varepsilon_p \cdot D_{e,r,p} \cdot \left(\frac{\partial^2 c_{i,p}}{\partial r^2} + \frac{1}{r} \cdot \frac{\partial c_{i,p}}{\partial r}\right) + \varepsilon_p \cdot D_{\mathrm{e},z,p} \cdot \frac{\partial^2 c_{i,p}}{\partial z^2} + \sum_{j=1}^{M} \nu_{i,j} \cdot r_{j,\mathrm{e}}\left(c_{i,p}\right). \tag{8.179}$$

Es sei darauf hingewiesen, dass Gl. 8.179 bereits die Annahmen enthält, dass die Leerrohrgeschwindigkeit $u_{L,p}$, der radiale Dispersionskoeffizient $D_{e,r,p}$ und der axiale Dispersionskoeffizient $D_{e,z,p}$ ortsunabhängig sind.

Im Folgenden wollen wir noch folgende Vereinfachungen treffen:

- Es liegen stationäre Bedingungen vor.
- Es liege nur eine einzige Reaktion ($M = 1$) vor, sodass der Index j nicht notwendig ist.
- Es werde nur die fluide Phase bilanziert (pseudohomogene Modellierung), sodass der Index p nicht notwendig ist. ε_p, d. h. der Volumenanteil der strömenden fluiden Phase im Festbett, geht dann über in die sogenannte Bettporosität $\varepsilon_{\mathrm{Bett}}$. Letztere steht mit dem Volumenanteil des Katalysators im Reaktionsvolumen $\varepsilon_{\mathrm{Kat}}$ (s. Abschn. 8.2.2) in folgendem Zusammenhang:

$$\varepsilon_{\mathrm{Bett}} + \varepsilon_{\mathrm{Kat}} = 1. \tag{8.180}$$

Gl. 8.179 geht mit diesen Vereinfachungen in folgende Gleichung über:

$$0 = -u_{\mathrm{L}} \frac{\partial c_i}{\partial z} + \varepsilon_{\mathrm{Bett}} \cdot D_{\mathrm{e},r} \cdot \left(\frac{\partial^2 c_i}{\partial r^2} + \frac{1}{r} \cdot \frac{\partial c_i}{\partial r} \right) + \varepsilon_{\mathrm{Bett}} \cdot D_{\mathrm{e},z} \cdot \frac{\partial^2 c_i}{\partial z^2} + \nu_i \cdot r_{\mathrm{e}}(c_i). \tag{8.181}$$

Das Gl. 8.181 zugrunde liegende Bilanzvolumen ist ein differenzielles Reaktionsvolumen, das sowohl fluide Phase als auch Katalysator enthält. Führt man den auf den gesamten Reaktorquerschnitt A_{R} bezogenen Dispersionskoeffizienten $D'_{\mathrm{e},r}$ bzw. $D'_{\mathrm{e},z}$ gemäß

$$D'_{\mathrm{e},r} = \varepsilon_{\mathrm{Bett}} \cdot D_{\mathrm{e},r} \quad \text{bzw.} \quad D'_{\mathrm{e},z} = \varepsilon_{\mathrm{Bett}} \cdot D_{\mathrm{e},z} \tag{8.182}$$

ein, so erhält man

$$0 = -u_L \frac{\partial c_i}{\partial z} + D'_{\mathrm{e},r} \cdot \left(\frac{\partial^2 c_i}{\partial r^2} + \frac{1}{r} \cdot \frac{\partial c_i}{\partial r} \right) + D'_{\mathrm{e},z} \cdot \frac{\partial^2 c_i}{\partial z^2} + \nu_i \cdot r_e(c_i). \tag{8.183}$$

Diese Gleichung entspricht dem homogenen Dispersionsmodell zur Berechnung eines realen Strömungsrohrreaktors, das wir in Abschn. 6.5.1 mit Gl. 6.78 kennengelernt haben. Lediglich der Term für die radiale Dispersion ist im zweidimensionalen Dispersionsmodell hinzugekommen.

Zur Lösung der Stoffbilanz Gl. 8.183 werden je zwei Randbedingungen für c_i in der z- und in der r-Koordinate benötigt. Als Randbedingungen für das axiale Konzentrationsprofil werden die sogenannten Danckwerts-Randbedingungen verwendet, da Festbettreaktoren im Allgemeinen hinsichtlich der axialen Dispersion geschlossene Systeme darstellen.

Die Danckwerts-Randbedingungen wurden bereits in Abschn. 6.4.2.2 beschrieben und lauten für $z = 0$ und $0 < r < r_\mathrm{R}$

$$u_\mathrm{L} \cdot c_{i,0} = u_\mathrm{L} \cdot c_i(z=0) - D'_{\mathrm{e},z} \cdot \left.\frac{\partial c_i}{\partial z}\right|_{z=0} \tag{8.184}$$

und für $z = L$ und $0 < r < r_\mathrm{R}$

$$D'_{\mathrm{e},z} \cdot \left.\frac{\partial c_i}{\partial z}\right|_{z=L} = 0. \tag{8.185}$$

Die beiden Randbedingungen für das radiale Konzentrationsprofil lauten für $r = 0$ und $0 < z < L$

$$\frac{\partial c_i}{\partial r} = 0 \tag{8.186}$$

und für $r = r_\mathrm{R}$ und $0 < z < L$ ebenfalls

$$\frac{\partial c_i}{\partial r} = 0. \tag{8.187}$$

Wir führen nun folgende dimensionslose Variablen ein:

$$\widehat{c}_i = \frac{c_i}{c_{i,0}}, \tag{8.188}$$

$$\widehat{z} = \frac{z}{L}, \tag{8.189}$$

$$\widehat{r} = \frac{r}{r_\mathrm{R}}. \tag{8.190}$$

Damit erhält die Stoffbilanz, Gl. 8.183, folgende dimensionslose Form:

$$0 = -\frac{\partial \widehat{c}_i}{\partial \widehat{z}} + \frac{1}{Pe_r} \cdot \frac{L \cdot d_\mathrm{Kat}}{r_\mathrm{R}^2}\left(\frac{\partial^2 \widehat{c}_i}{\partial \widehat{r}^2} + \frac{1}{\widehat{r}} \cdot \frac{\partial \widehat{c}_i}{\partial \widehat{r}}\right) + \frac{1}{Pe_z} \cdot \frac{d_\mathrm{Kat}}{L} \cdot \frac{\partial^2 \widehat{c}_i}{\partial \widehat{z}^2} + \frac{L}{c_{i,0} - u_\mathrm{L}} \cdot \nu_i \cdot r_e(\widehat{c}_i). \tag{8.191}$$

In Gl. 8.191 sind Pe_z und Pe_r dimensionslose Kennzahlen, nämlich die *axiale und die radiale Peclet-Zahl*. Diese sind wie folgt definiert:

$$Pe_z = \frac{u_L \cdot d_{Kat}}{D'_{e,z}} \tag{8.192}$$

bzw.

$$Pe_r = \frac{u_L \cdot d_{Kat}}{D'_{e,r}}. \tag{8.193}$$

Bei der Strömung von Fluiden durch Festbetten kugelförmiger Katalysatorpartikel strebt die *axiale Peclet-Zahl* gegen einen Grenzwert von $Pe_z \approx 2$ (s. Abschn. 6.4.2.2). Da zwischen der Bodenstein-Zahl Bo (s. Gl. 6.59) und der axialen Peclet-Zahl Pe_z folgender Zusammenhang besteht

$$Bo = Pe_z \cdot \frac{L}{d_{Kat}} \tag{8.194}$$

und da nach Abschn. 6.4.2.2 ein Strömungsrohrreaktor sich ideal verhält (axiale Dispersion vernachlässigbar), wenn gilt

$$Bo > 100 \tag{8.195}$$

kann daraus geschlossen werden, dass dann gelten muss:

$$\frac{L}{d_{Kat}} > 50. \tag{8.196}$$

Diese Idealitätsbedingung ist also bei ausreichend langen Katalysatorbetten erfüllt und die axiale Dispersion kann dann vernachlässigt werden.

Die *radialen Peclet-Zahlen* können aus Abb. 8.27 entnommen werden ([51, 52]). Man erkennt, dass Pe_r für die meisten praktischen Fälle zwischen 8 und 11 liegt (für die meisten Festbettreaktoren gilt $d_R \gg d_{Kat}$) und damit etwa um den Faktor 5 größer ist als die axiale Peclet-Zahl. Daher bilden sich in vielen Fällen nur geringe Konzentrationsunterschiede über den Radius aus, sodass die radiale Dispersion vernachlässigt werden kann. Allerdings ist dies dann nicht mehr der Fall, wenn große radiale Temperaturgradienten vorliegen. Diese führen nämlich wegen der Kopplung von Energie- und Stoffbilanz über die exponentielle Temperaturabhängigkeit der Geschwindigkeitskonstanten der ablaufenden Reaktionen zu starken radialen Konzentrationsunterschieden. So wird beispielsweise bei einem zylindrischen Festbettreaktor und einer stark exothermen Reaktion das Edukt in der Nähe

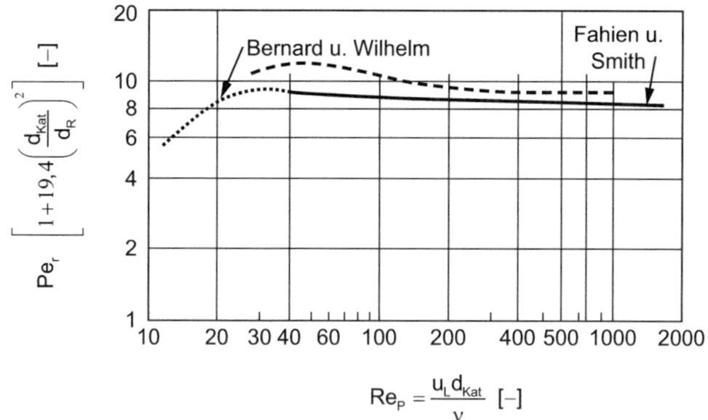

Abb. 8.27 Diagramm zur Berechnung von Pe_r als Funktion von $Re_P = u_L d_{Kat}/\nu$ ([51, 52])

der gekühlten Wand weniger schnell umgesetzt (= höhere Edukt-Konzentration) als in der Symmetrieachse, wo höhere Temperaturen herrschen (= geringere Edukt-Konzentrationen). In diesem Fall ist die radiale Dispersion dann zu berücksichtigen (s. Abschn. 8.2.3.1.6).

In Gl. 8.191 kann der Reaktionsterm noch mithilfe der Damköhler-Zahl 1. Art, die wir im Kap. 6 mit Gl. 6.86 für eine irreversible Reaktion n-ter Ordnung eingeführt haben, formuliert werden:

$$0 = -\frac{\partial \widehat{c}_i}{\partial \widehat{z}} + \frac{1}{Pe_r} \cdot \frac{L \cdot d_{Kat}}{r_R^2} \left(\frac{\partial^2 \widehat{c}_i}{\partial \widehat{r}^2} + \frac{1}{\widehat{r}} \cdot \frac{\partial \widehat{c}_i}{\partial \widehat{r}} \right) + \frac{1}{Pe_z} \cdot \frac{d_{Kat}}{L} \cdot \frac{\partial^2 \widehat{c}_i}{\partial \widehat{z}^2} + Da_I \cdot \widehat{c}_i^n. \tag{8.197}$$

Hierbei ist zu beachten, dass Da_I bei einer heterogen katalysierten Reaktion mit der Verweilzeit im leeren Rohr ($\tau = L/u_L$) und der effektiven, auf das Reaktionsvolumen V bezogenen Reaktionsgeschwindigkeit r_e gebildet wird.

Abschließend sei noch angemerkt, dass die Reaktionsgeschwindigkeit r_e gemäß Gl. 8.34 aus den jeweiligen auf die Katalysatormasse, die Katalysatoroberfläche oder das Katalysatorvolumen bezogenen Reaktionsgeschwindigkeiten $r_{m,e}$, $r_{A,e}$, $r_{V,e}$ berechnet werden kann. Der einzige Unterschied zu Gl. 8.34 ist der, dass hier effektive Reaktionsgeschwindigkeiten vorliegen, was aber nichts an der Umrechnung ändert.

8.2.3.1.3 Enthalpiebilanz

Bei stark endo- oder exothermen Reaktionen, bei denen im Festbettreaktor über die Reaktorwand Wärme ein- oder ausgekoppelt wird (polytrope Reaktionsführung), spielt die effektive radiale Wärmeleitung im Festbett die entscheidende Rolle bei der Ausbildung eines radialen Temperaturprofils. Der radiale Wärmeleitfähigkeitskoeffizient einer nichtdurchströmten Schüttung $\lambda_{Schütt}$, auch als Ruhebettleitfähigkeit bezeichnet, hängt von drei primären Einflussparametern, nämlich den Wärmeleitfähigkeiten des Katalysators λ_{Kat} und des Fluids λ_f sowie der Bettporosität $\varepsilon_{\text{Bett}}$ ab. Es gibt eine Vielzahl von Modellen zur Abschätzung der Ruhebettleitfähigkeit. Einen guten Überblick liefern Tsotsas und Martin [53]. Am häufigsten wird das Modell von Zehner, Bauer und Schlünder verwendet [54]. Bei durchströmten Schüttungen, wie dies im Festbettreaktor der Fall ist, kommt noch ein turbulenter Beitrag λ_t, der meist linear von der Reynolds-Zahl abhängt, zur Wärmeleitfähigkeit hinzu [55]. Insgesamt ergibt sich dann der radiale effektive Wärmeleitfähigkeitskoeffizient gemäß:

$$\lambda_{\text{e},r} = \lambda_{\text{Schütt}} + \lambda_t. \tag{8.198}$$

Die effektive Wärmeleitung in axialer Richtung kann meist gegenüber dem konvektiven Wärmetransport vernachlässigt werden ($\lambda_{\text{e},z} \approx 0$). Sie spielt lediglich bei sehr kurzen Festbetten und kleinen Strömungsgeschwindigkeiten eine Rolle.

Wie bei der Stoffbilanz im Abschn. 8.2.3.1.2 wird auch die Enthalpiebilanz im Folgenden für ein *zweidimensionales pseudohomogenes Reaktormodell* formuliert. Diese ergibt sich unter Berücksichtigung von Gl. 8.30 (Homogenisierungsansatz) aus Gl. 8.27:

$$\begin{aligned} \varepsilon_p \cdot \frac{\partial\left(\rho_p \cdot (c_p)_p T_p\right)}{\partial t} = & -u_{L,p} \frac{\partial\left(\rho_p \cdot (c_p)_p T_p\right)}{\partial z} \\ & + \varepsilon_p \cdot \lambda_{\text{e},r,p} \cdot \left(\frac{\partial^2 T_p}{\partial r^2} + \frac{1}{r} \cdot \frac{\partial T_p}{\partial r}\right) + \varepsilon_p \lambda_{\text{e},z,p} \cdot \frac{\partial^2 T_p}{\partial z^2} \\ & + \sum_{j=1}^{M} r_{j,\text{e}} \cdot \left(-\Delta_{\text{R}} H_j\right). \end{aligned} \tag{8.199}$$

Es sei darauf hingewiesen, dass Gl. 8.199 analog zu Gl. 8.179 bereits die Annahmen enthält, dass die Leerrohrgeschwindigkeit $u_{\text{L},p}$, der radiale effektive Wärmeleitkoeffizient $\lambda_{\text{e},r,p}$ und der axiale effektive Wärmeleitkoeffizient $\lambda_{\text{e},z,p}$ ortsunabhängig sind.

Im Folgenden wollen wir noch folgende Vereinfachungen treffen:

- Es liegen stationäre Bedingungen vor.
- Die axiale Wärmeleitung sei gegenüber dem konvektiven Wärmetransport vernachlässigbar ($\lambda_{\text{e},z} \approx 0$).
- Es liege nur eine einzige Reaktion ($M = 1$) vor, sodass der Index j nicht notwendig ist.
- Es werde nur die fluide Phase bilanziert (pseudohomogene Modellierung), sodass der Index p nicht notwendig ist. ε_p, d. h. der Volumenanteil der strömenden fluiden Phase im Festbett, geht dann über in die sogenannte Bettporosität $\varepsilon_{\text{Bett}}$.

Gl. 8.199 geht mit diesen Vereinfachungen in folgende Gleichung über:

$$0 = -u_{\mathrm{L}} \frac{\partial (\rho c_p T)}{\partial z} + \varepsilon_{\mathrm{Bett}} \cdot \lambda_{\mathrm{e},r,p} \cdot \left(\frac{\partial^2 T}{\partial r^2} + \frac{1}{r} \cdot \frac{\partial T}{\partial r} \right) + r_{\mathrm{e}} \cdot (-\Delta_{\mathrm{R}} H). \tag{8.200}$$

Eine weitere Konsequenz des Homogenisierungsansatzes ist, dass $\varepsilon_{\mathrm{Bett}} \cdot \lambda_{\mathrm{e},r,p}$ ersetzt werden muss durch $\lambda_{\mathrm{e},r}$, sodass sich folgende Endgleichung für die Enthalpiebilanz ergibt (Annahme: ρ und c_p sind konstant):

$$0 = -\rho \cdot c_p \cdot u_{\mathrm{L}} \cdot \frac{\partial T}{\partial z} + \lambda_{\mathrm{e},r} \cdot \left(\frac{\partial^2 T}{\partial r^2} + \frac{1}{r} \cdot \frac{\partial T}{\partial r} \right) + r_{\mathrm{e}} \cdot (-\Delta_{\mathrm{R}} H). \tag{8.201}$$

Folgende Randbedingungen sind zur Lösung der Differenzialgleichung notwendig:
Für $z = 0$ und $0 \leq r \leq r_{\mathrm{R}}$:

$$T = T_0. \tag{8.202}$$

Für $r = 0$ und $0 \leq z \leq L$:

$$\frac{\partial T}{\partial r} = 0. \tag{8.203}$$

Für $r = r_{\mathrm{R}}$ und $0 \leq z \leq L$:

$$-\lambda_{\mathrm{e},r} \frac{\partial T}{\partial r}\bigg|_{r = r_{\mathrm{R}}} = k_{\mathrm{W}} \cdot \left(T(r_{\mathrm{R}}) - \overline{T}_{\mathrm{WT}} \right). \tag{8.204}$$

Die Randbedingung bei $r = r_{\mathrm{R}}$ besagt, dass die an die Reaktorwand durch das Katalysatorbett transportierte Wärme an das Wärmeträgermedium übertragen werden muss.

Diese Gleichung für die Enthalpiebilanz stellt insofern eine Näherung dar, weil die Temperaturen der fluiden und der festen Phase an derselben Stelle des Reaktionsraums jeweils als gleich angenommen wurden. Unterscheiden sich die Temperaturen der fluiden und der festen Phase, so muss man für jede dieser beiden Phasen eine Enthalpiebilanz aufstellen und dann zur Beschreibung des Konzentrations- und Temperaturverlaufs im Reaktor diese beiden Differenzialgleichungen für die Enthalpiebilanz simultan mit der Stoffbilanz numerisch lösen.

8.2.3.1.4 Isotherme Reaktionsführung

Bei isothermer Reaktionsführung benötigen wir zur Berechnung des Konzentrationsverlaufs eines Reaktanden entlang der Achse des Festbettreaktors nur die Stoffbilanz, Gl. 8.183. Wie bereits in Abschn. 8.2.3.1.2 diskutiert, kann bei isothermen Bedingungen die radiale Dispersion im Allgemeinen vernachlässigt werden. Ist zudem $L/d_{\mathrm{Kat}} > 50$ dann kann im Allgemeinen auch die axiale Dispersion vernachlässigt werden. Insgesamt erhält man dann die Stoffbilanz eines Festbettreaktors, der sich wie ein *idealer Strömungsrohrreaktor* verhält (vgl. auch Gl. 5.240):

$$0 = -u_{\mathrm{L}} \frac{dc_i}{dz} + \nu_i \cdot r_e(c_i). \tag{8.205}$$

Vergleicht man mit Gl. 5.240, so stellt man fest, dass in der pseudohomogenen Stoffbilanz des idealen Festbettreaktors lediglich die Leerrohrgeschwindigkeit und eine effektive, auf das differenzielle Reaktionsvolumen dV bezogene Reaktionsgeschwindigkeit eingesetzt werden muss. Mit der differenziellen Form von Gl. 5.276

$$\frac{\mathrm{d}z}{u_{\mathrm{L}}} = \mathrm{d}\tau \tag{8.206}$$

resultiert:

$$\frac{\mathrm{d}c_i}{\mathrm{d}\tau} = \nu_i \cdot r_e(c_i) \tag{8.207}$$

bzw. nach Einführung des Umsatzgrades:

$$\frac{\mathrm{d}U_i}{\mathrm{d}\tau} = -\frac{\nu_i \cdot r_{\mathrm{e}}(U_i)}{c_{i,0}}. \tag{8.208}$$

Gl. 8.207 bzw. Gl. 8.208 sind identisch mit Gl. 5.266 und 5.267 für das einphasige Reaktionssystem im idealen Strömungsrohr. Es sei nochmals wiederholt, dass wegen des Homogenisierungsansatzes lediglich die Verweilzeit im leeren Rohr ($\tau = V/\dot{V}$) und die auf das differenzielle Reaktionsvolumen dV (Fluid und Feststoff) bezogene effektive Reaktionsgeschwindigkeit einzusetzen sind. Die für einen bestimmten Umsatzgrad notwendige, auf das leere Reaktionsvolumen bezogene Verweilzeit ergibt sich dann nach Umstellen und Integration:

$$\tau = \int_0^{U_i} \frac{c_{i,0}}{|\,\nu_i\,| \cdot r_{\mathrm{e}}(U_i)} \mathrm{d}U_i. \tag{8.209}$$

Diese Gleichung ist: wegen der Äquivalenz von idealem diskontinuierlichen Rührkesselreaktor und idealem Strömungsrohrreaktor identisch mit Gl. 5.81, nur dass t durch τ ersetzt wurde. Für einige kinetische Ansätze können analytische Lösungen angegeben werden (s. Tab. 5.1), bei komplexeren Kinetiken muss die Lösung numerisch oder grafisch erhalten werden (s. Abschn. 5.4.1.4).

Wenn die Reaktionsgeschwindigkeit, wie in der heterogenen Katalyse üblich, auf die Katalysatormasse bezogen ist, dann muss diese im Falle von Festbettreaktoren mittels der Schüttdichte $\rho_{\text{Schütt}}$ gemäß Gl. 8.34 umgerechnet und anschließend in die Stoffbilanz, Gl. 8.205, eingesetzt werden:

$$0 = -u_\text{L}\frac{\text{d}c_i}{\text{d}z} + \nu_i \cdot r_{m,\text{e}}(c_i) \cdot \rho_{\text{Schütt}}. \tag{8.210}$$

Erweitert man nun den Konvektionsterm in Gl. 8.210 mit dem Reaktorquerschnitt A_R und berücksichtigt, dass $\text{d}V = \text{d}z \cdot A_\text{R}$ und $\dot{V} = u_\text{L} \cdot A_\text{R}$ ist, lässt sich Gl. 8.210 in folgender Form schreiben:

$$0 = -\dot{V}\frac{\text{d}c_i}{\text{d}V} + \nu_i \cdot r_{m,\text{e}}(c_i) \cdot \rho_{\text{Schütt}}. \tag{8.211}$$

Führt man die sogenannte *modifizierte Verweilzeit* τ_mod ein, die wie folgt definiert ist:

$$\tau_{mod} = \frac{m_\text{Kat}}{\dot{V}} \tag{8.212}$$

und berücksichtigt, dass auch der Volumenstrom $\dot{V}$ wegen $u_\text{L} = \text{const}$ ortsunabhängig ist und dass $\text{d}m_\text{Kat} = \rho_{\text{Schütt}}\,\text{d}V$ gilt, dann ergeben sich die zu Gl. 8.208 und Gl. 8.209 analogen Gleichungen:

$$\frac{\text{d}U_i}{\text{d}\tau_\text{mod}} = -\frac{\nu_i \cdot r_{m,\text{e}}(U_i)}{c_{i,0}} \tag{8.213}$$

bzw.

$$\tau_\text{mod} = \int_0^{U_i} \frac{c_{i,0}}{|\,\nu_i\,| \cdot r_{m,\text{e}}(c_i)}\text{d}U_i. \tag{8.214}$$

Es sei an dieser Stelle auf Abschn. 5.4.4.3 verwiesen, wonach Gl. 8.213 und 8.214 auch dann gelten, wenn sich die Dichte im Strömungsrohrreaktor aufgrund einer nicht molzahlbeständigen Reaktion ändert (Gasphasenreaktionen), d. h., die Bedingungen $\dot{V} = \text{const}$ und $u_\text{L} = \text{const}$ nicht erfüllt sind. In diesem Fall muss man lediglich die modifizierte Verweilzeit mit dem Volumenstrom $\dot{V}_0$ am Reaktoreingang bilden (vgl. Gl. 8.212).

Gl. 8.214 besagt auch, dass bei einer Übertragung einer isothermen heterogen katalysierten Reaktion vom Labormaßstab in den Produktionsmaßstab die modifizierte Verweilzeit τ_mod konstant gehalten werden muss, um den selben Umsatzgrad zu erzielen. Dabei darf sich auch die effektive Reaktionsgeschwindigkeit bzw. die Kinetik nicht ändern, d. h.

es muss der selbe Katalysator eingesetzt werden und sichergestellt sein, dass der Katalysatorwirkungsgrad η sich nicht ändert. Letzteres wäre z. B. der Fall, wenn unabhängig vom Maßstab der Katalysatorwirkungsgrad 1 ist, d. h. keine Transportlimitierung und somit eine Mikrokinetik vorliegt.

Gl. 8.214 ist wegen der Äquivalenz von idealem diskontinuierlichen Rührkesselreaktor und idealem Strömungsrohrreaktor wieder identisch mit Gl. 5.81, nur dass t durch τ_{mod} ersetzt wurde und die auf die Katalysatormasse bezogene Reaktionsgeschwindigkeit einzusetzen ist. Für einige kinetische Ansätze können analytische Lösungen angegeben werden (s. Tab. 5.1), bei komplexeren Kinetiken muss die Lösung numerisch oder grafisch erhalten werden (Abschn. 5.4.1.4).

Liegt kein ideales Strömungsrohr vor, d. h., ist die axiale Dispersion zu berücksichtigen, die radiale Dispersion aber wegen der Isothermie weiterhin zu vernachlässigen, dann lautet die dimensionslose Stoffbilanz gemäß Gl. 8.197:

$$0 = -\frac{\mathrm{d}\widehat{c}_i}{\mathrm{d}\widehat{z}} + \frac{1}{Pe_z} \cdot \frac{d_{\text{Kat}}}{L} \cdot \frac{\mathrm{d}^2\widehat{c}_i}{\mathrm{d}\widehat{z}^2} + Da_{\text{I}} \cdot \widehat{c}_i^n. \tag{8.215}$$

Berücksichtigt man noch den Zusammenhang zwischen der Bodenstein-Zahl Bo und der axialen Peclet-Zahl Pe_z gemäß Gl. 8.194, dann geht Gl. 8.215 über in:

$$0 = -\frac{\mathrm{d}\widehat{c}_i}{\mathrm{d}\widehat{z}} + \frac{1}{Bo} \cdot \frac{\mathrm{d}^2\widehat{c}_i}{\mathrm{d}\widehat{z}^2} + Da_{\text{I}} \cdot \widehat{c}_i^n. \tag{8.216}$$

Diese Gleichung ist: analog der Gl. 6.87 für eine homogene Reaktion in einem realen Strömungsrohr. Daher entspricht deren Lösung für eine Reaktion 1. Ordnung der Gl. 6.88. Die Konzentration am Reaktoraustritt bzw. den dazugehörigen Umsatzgrad erhält man aus Gl. 6.90. Selbstverständlich muss die Damköhler-Zahl 1. Art wie in Abschn. 8.2.3.1.2 beschrieben für eine heterogen katalysierte Reaktion gebildet werden.

8.2.3.1.5 Adiabate Reaktionsführung

Eine isotherme Reaktionsführung wird in technischen Festbettreaktoren praktisch kaum zu verwirklichen sein. Dagegen werden solche Reaktoren oft adiabat betrieben oder in adiabat betriebene Abschnitte unterteilt, zwischen denen z. B. bei einer exothermen Reaktion eine Zwischenkühlung erfolgt (s. Abschn. 7.1.1.1 sowie Abb. 8.24 und 8.25). Bei einer guten Wärmeisolation des Reaktors sind adiabate Bedingungen recht gut zu realisieren. Radiale Konzentrations- und Temperaturgradienten innerhalb des Festbettreaktors können dann nur durch Unterschiede der axialen Strömungsgeschwindigkeit in radialer Richtung bedingt sein. Häufig ist auch die axiale Vermischung zu vernachlässigen, es sei denn, dass das Festbett sehr kurz ist [56]. Man kann daher meist die Stoffbilanz nach Gl. 8.213 anwenden, die jedoch nun zusammen mit der Enthalpiebilanz gelöst werden muss. Für die Enthalpiebilanz folgt aus Gl. 8.201, wenn die radialen Temperaturgradienten zu vernachlässigen sind:

$$0 = -\rho \cdot c_p \cdot u_\mathrm{L} \cdot \frac{\mathrm{d}T}{\mathrm{d}z} + r_\mathrm{e} \cdot (-\Delta_\mathrm{R}H). \tag{8.217}$$

Führt man wieder mithilfe der Schüttdichte $\rho_\mathrm{Schütt}$ die auf die Katalysatormasse bezogene Reaktionsgeschwindigkeit $r_{\mathrm{e},m}$ sowie die modifizierte Verweilzeit τ_mod ein und nimmt $\dot{V} = \mathrm{const}$ bzw. $u_\mathrm{L} = \mathrm{const}$ an, so erhält man für den Festbettreaktor:

$$\frac{\mathrm{d}T}{\mathrm{d}\tau_\mathrm{mod}} = \frac{r_{m,\mathrm{e}} \cdot (-\Delta_\mathrm{R}H)}{\rho \cdot c_p}. \tag{8.218}$$

Dividiert man nun die Enthalpiebilanz Gl. 8.218 durch die Stoffbilanz Gl. 8.213 erhält man folgenden Zusammenhang (vgl. auch Abschn. 5.4.1.5):

$$\frac{\mathrm{d}T}{\mathrm{d}U_i} = \frac{c_{i,0} \cdot (-\Delta_\mathrm{R}H)}{|\nu_i| \cdot \rho \cdot c_p} \tag{8.219}$$

Es sei hier wiederum darauf hingewiesen, dass Gl. 8.219 auch dann gilt, wenn sich $\dot{V}$ und u_L im Strömungsrohrreaktor aufgrund einer Molzahländerung der Reaktion ändern (Gasphasenreaktionen). In diesem Fall muss man τ_mod mit dem Volumenstrom $\dot{V}_0$ am Reaktoreingang berechnen und die Dichte ρ durch die Dichte ρ_0 des Fluids am Reaktoreingang ersetzen (vgl. Abschn. 5.4.4.3). Allerdings muss weiterhin gelten, dass sich c_p nicht wesentlich entlang der z-Koordinate ändert.

Da die Temperaturabhängigkeit der Reaktionsenthalpie gemäß dem Kirchhoff'schen Satz und der 2. Ulich'schen Näherung proportional den Wärmekapazitäten der an der Reaktion beteiligten Spezies ist (s. Abschn. 3.2.1.3), kann in erster Näherung davon ausgegangen werden, dass die Temperaturabhängigkeiten von Zähler und Nenner ähnlich sind und der Quotient weitgehend temperaturunabhängig ist. Die Integration von Gl. 8.219 ergibt daher:

$$T = T_0 + \Delta T_\mathrm{ad} \cdot U_i \tag{8.220}$$

mit

$$\Delta T_\mathrm{ad} = \frac{c_{i,0} \cdot (-\Delta_\mathrm{R}H)}{|\nu_i| \cdot \rho_0 \cdot c_p}. \tag{8.221}$$

ΔT_{ad} ist die maximale Temperaturerhöhung des Fluids bei vollständigem Umsatzgrad ($U_i = 1$) und adiabater Reaktionsführung (vgl. Abb. 8.37).

Beispiel 8.1 ([57])
Die effektive Reaktionsgeschwindigkeit für die heterogen katalysierte Dehydrierung von Ethylbenzol zu *Styrol*

$$\underset{A_1}{C_6H_5{-}CH_2{-}CH_3} \rightleftharpoons \underset{A_2}{C_6H_5{-}CH{=}CH_2} + \underset{A_3}{H_2}$$

kann bei einem bestimmten Katalysator durch folgende Gleichung wiedergegeben werden:

$$r_{m,\mathrm{e}} = k_{m,\mathrm{e}} \cdot \left(p_1 - \frac{p_2 p_3}{K_p}\right) \quad [\mathrm{kmol/(kg\,h)}]. \tag{a}$$

$k_{m,\mathrm{e}}$ lässt sich ausdrücken durch

$$k_{m,e} = 12.435 \cdot e^{-\frac{10.985}{T}} \quad [\mathrm{kmol/(kg\,h\,bar)}] \tag{b}$$

und $K_p(T)$ zwischen 500 und 700 °C durch

$$K_p = 6{,}912 - \frac{6.598}{T} \quad [\mathrm{bar}]. \tag{c}$$

Es soll das Reaktorvolumen berechnet werden, das benötigt wird, um in Reaktorrohren von 1,2 m Durchmesser, die mit dem Katalysator gefüllt sind, bei einem Umsatzgrad des Ethylbenzols von 50 % täglich 30 t Styrol zu produzieren. Es seien dabei Nebenreaktionen vernachlässigt und vorausgesetzt, dass die Reaktion unter streng adiabaten Bedingungen verläuft.

Das Ethylbenzol wird durch Zusatz von Wasserdampf zum Zulaufstrom auf die Reaktionstemperatur gebracht. Der Zulaufstrom pro Reaktorrohr beträgt 6,124 kmol/h Ethylbenzol (= 649,14 kg/h) und 122,472 kmol/h Wasserdampf (= 2.204,46 kg/h). Weiterhin werden noch folgende Daten benötigt:

- Temperatur des Zulaufstroms am Reaktoreingang: $T_0 = 625$ °C.
- Schüttdichte des Katalysators: $\rho_{\mathrm{Schütt}} = 1442$ kg/m^3.
- Mittlerer Druck in den Reaktionsrohren: $\overline{p} = 1{,}216$ bar
- Reaktionsenthalpie: $\Delta_R H = 139{,}57$ kJ/mol
- Spezifische Wärmekapazität des Zulaufstroms: $c_p = 2{,}177$ kJ/(kg K)

Die Lösung soll nachfolgend auf grafischem Wege erfolgen. Die Stoffbilanz folgt aus Gl. 8.213 mit Gl. 8.212 und $\mathrm{d}m_{\text{Kat}} = \mathrm{d}V \cdot \rho_{\text{Schütt}}$:

$$\mathrm{d}V = \frac{\dot{n}_{1,0}}{\rho_{\text{Schütt}} \cdot r_{m,\text{e}}} \cdot \mathrm{d}U_1. \tag{d}$$

Die Enthalpiebilanz ist gegeben durch Gl. 8.220 unter Berücksichtigung von Gl. 8.221. Daraus erhält man durch Einsetzen der oben angegebenen Daten für die Reaktionstemperatur T in Abhängigkeit vom Umsatzgrad U_1:

$$T = T_0 + \frac{\dot{n}_{1,0} \cdot (-\Delta_{\text{R}}H)}{\dot{m} \cdot c_p} \cdot U_1 = 625 + \frac{6{,}124 \cdot (-139.570)}{(649,14 + 2204,46) \cdot 2{,}177} \cdot U_1 \quad [^\circ\text{C}]. \tag{e}$$

Unter Berücksichtigung der Zusammenhänge

$$p_i = x_i \cdot \overline{p}$$

(s. Tab. 2.1),

$$x_i = \frac{\dot{n}_i}{\dot{n}} = \frac{\dot{n}_{i,0} + \nu_i \cdot \xi}{\dot{n}_0 + \left(\sum_{i=1}^{N} \nu_i\right) \cdot \xi}$$

(s. Gl. 2.5) und

$$U_1 = \frac{\dot{n}_{1,0} - \dot{n}_1}{\dot{n}_{1,0}} = \frac{-\nu_1 \cdot \xi}{\dot{n}_{1,0}}$$

(s. Gl. 2.11) erhält man einen Zusammenhang zwischen den Partialdrücken p_i und dem Umsatzgrad U_1 (mit $\nu_1 = -1$ im vorliegenden Fall), der auch berücksichtigt, dass die Reaktion nicht molzahlbeständig ist:

$$p_i = \frac{\dot{n}_{i,0} + \nu_i \cdot \xi}{\dot{n}_0 + \left(\sum_{i=1}^{N} \nu_i\right) \cdot \xi} \cdot \overline{p} = \frac{\dot{n}_{i,0} + \nu_i \cdot \dot{n}_{1,0} \cdot U_1}{\dot{n}_0 + \dot{n}_{1,0} \cdot U_1} \cdot \overline{p}. \tag{f}$$

Setzt man die Partialdrücke gemäß Gl. f in Gl. a ein und berücksichtigt $\dot{n}_{2,0} = \dot{n}_{3,0} = 0$, erhält man folgenden Ausdruck für $r_{m,\text{e}}$ [kmol/(h kg)]:

$$
\begin{aligned}
r_{m,e} &= k_{m,e} \cdot \left(\frac{\dot{n}_{1,0} + \nu_1 \cdot \dot{n}_{1,0} \cdot U_1}{\dot{n}_0 + \dot{n}_{1,0} \cdot U_1} \cdot \overline{p} - \frac{1}{K_p} \cdot \frac{\dot{n}_{2,0} + \nu_2 \cdot \dot{n}_{1,0} \cdot U_1}{\dot{n}_0 + \dot{n}_{1,0} \cdot U_1} \cdot \frac{\dot{n}_{3,0} + \nu_3 \cdot \dot{n}_{1,0} \cdot U_1}{\dot{n}_0 + \dot{n}_{1,0} \cdot U_1} \cdot \overline{p}^2 \right) \\
&= \frac{\overline{p}}{\dfrac{\dot{n}_0}{\dot{n}_{1,0}} + U_1} \cdot k_{m,e} \cdot \left(1 + \nu_1 \cdot U_1 - \frac{1}{K_p} \cdot \frac{\nu_2 \cdot \nu_3 \cdot U_1^2}{\dfrac{\dot{n}_0}{\dot{n}1{,}0} + U_1} \cdot \overline{p} \right) \\
&= \frac{1{,}216}{21 + U_1} \cdot k_{m,e} \cdot \left(1 - U_1 - \frac{1}{K_p} \cdot \frac{U_1^2}{21 + U_1} \cdot 1{,}216 \right).
\end{aligned}
\tag{g}
$$

Man nimmt nun verschiedene Umsatzgrade $U_1 = 0{,}1$; 0,2 usw. an, berechnet mit Gl. e die diesen Umsatzgraden entsprechenden Reaktionstemperaturen T und damit nach Gl. b die Werte für $k_{m,\mathrm{e}}$ sowie nach Gl. c die Werte für K_p und schlussendlich nach Gl. g die Werte für $r_{m,\mathrm{e}}$ (s. Tabelle zu diesem Beispiel).

Dann wird nach Gl. d mit den berechneten Werten für $r_{m,\mathrm{e}}$ der Ausdruck

$$
\frac{\dot{n}_{1,0}}{\rho_{\text{Schütt}} \cdot r_{m,\mathrm{e}}}
\tag{h}
$$

berechnet und als Funktion von U_1 aufgetragen (s. Abb. 8.28). Die Fläche unter der Kurve zwischen $U_1 = 0$ und dem gewünschten Umsatzgrad $U_1 = 0{,}5$ ist das zur Erzielung dieses Umsatzgrads erforderliche Reaktionsvolumen (letzte Spalte in Tabelle). Für $U_1 = 0{,}5$ ergeben sich 1,72 m^3. Bei einem Rohrdurchmesser von 1,2 m (Querschnitt = 1,13 m^2) entspricht das einer Rohrlänge von 1,52 m. Die Produktionshöhe eines Rohres ist dann gemäß Gl. 2.23:

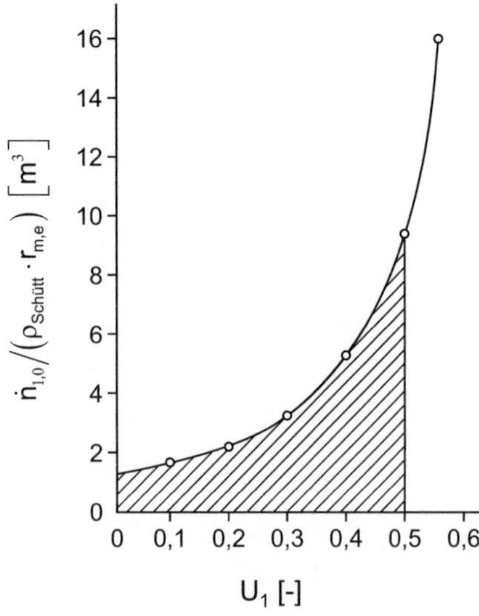

Abb. 8.28 Grafische Ermittlung des Reaktionsvolumens für einen adiabaten Festbettreaktor

$$\dot{m}_2 = \dot{n}_{1,0} \cdot U_1 \cdot M_2 = 318{,}45\,\text{kg/h} = 7{,}643\,\text{t/d}.$$

Für eine Produktion von 30 t Styrol pro Tag sind demnach vier Rohre (Vollraumreaktoren) von 1,52 m Länge mit einem Durchmesser von 1,2 m erforderlich.

U_1 [–]	T [°C]	$k_{m,e} \cdot 10^2$ [kmol/(kg h bar)]	$K_p \cdot 10^2$ [bar]	$r_{m,e} \cdot 10^3$ [kmol/(kg h)]	$\dot{n}_{1,0}/(\rho_{\text{Schütt}} \cdot r_{m,e})$ [m³]	V_R [m³]
0,0	625,0	6,059	37,69	3,51	1,21	–
0,1	611,2	5,014	29,08	2,59	1,64	0,142
0,2	597,5	4,115	22,19	1,86	2,28	0,341
0,3	583,7	3,365	16,82	1,29	3,30	0,622
0,4	570,0	2,733	12,67	0,818	5,19	1,042
0,5	556,2	2,201	9,42	0,433	9,81	1,721
0,55	549,3	1,964	8,11	0,265	16,02	2,241
0,6	542,5	1,757	6,99	0,106	40,06	3,023

Beispiel 8.2
Die Oxidation von NH_3 (A_1) mittels Luftsauerstoff unter Bildung von NO nach der Gleichung

$$\underset{A_1}{NH_3} + \underset{A_2}{\tfrac{5}{4}O_2} \longrightarrow \underset{A_3}{NO} + \underset{A_4}{\tfrac{3}{2}H_2O}$$

zur großtechnischen Herstellung von HNO_3 wird an Pt/Rh-Netzen als Katalysator durchgeführt (s. Abb. 8.29). Es handelt sich um eine stark exotherme Reaktion mit einer Reaktionsenthalpie von $\Delta_R H = -\ 226{,}1$ kJ/mol (bei 800 °C). Bei Netztemperaturen von 800 bis 900 °C ist die chemische Reaktionsgeschwindigkeit so hoch, dass die effektive Reaktionsgeschwindigkeit ganz durch den äußeren Stofftransport des NH_3 zum Katalysator bestimmt wird. Die Betriebsbedingungen entsprechen somit einem oberen Betriebspunkt (s. Abschn. 8.2.2.5.1 und Abb. 8.17). Die Reaktion muss gezündet werden, entweder durch kurzzeitiges Vorheizen der Netze oder des Reaktionsgases.

Es werden folgende Betriebsbedingungen angegeben ([58, 59]):

- Gesamtdruck: $p = 1{,}01325$ bar
- Molenbruch von NH_3 (A_1) im Zulaufstrom: $x_{1,0} = 0{,}11$
- Zulauftemperatur: $T_0 = 60$ °C
- Zahl N der Netze: $N = 3$ ($n = 1$ bis 3)
- Dicke d der gewebten Netze (Drahtdurchmesser): $d = 60 \cdot 10^{-6}$ m
- Oberfläche pro m² Netz: $a_V \cdot d = 1{,}2\,\text{m}^2/\text{m}^2$

Abb. 8.29 Reaktor für die katalysierte Oxidation von Ammoniak an Pt/Rh-Netzen mit integriertem Wärmerückgewinnungssystem (Steinmüller); a = Brennerkopf, b = Lochplatte, c = Pt/Rh-Netze, d = Packung, e = Überhitzer-Rohre, f = Verdampfer, g = Austritt der nitrosen Gase (nach [61])

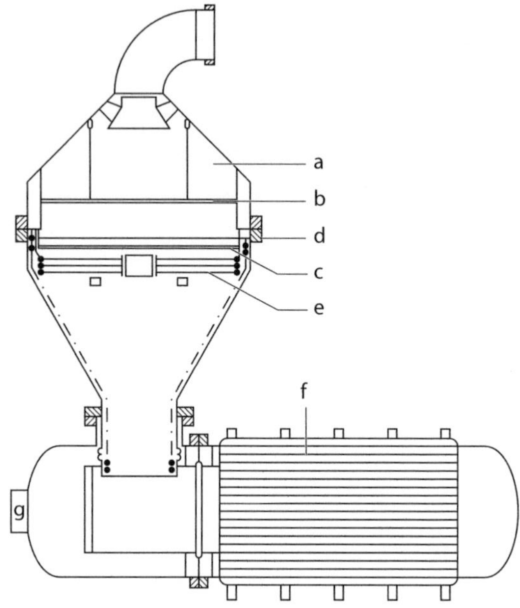

- Massenstrom pro Einheit Netzfläche: $\dot{m}/A_{\mathrm{R}} = 0{,}4\,\mathrm{kg}/(\mathrm{m}^2\,\mathrm{s})$
- mittlere molare Wärmekapazität zwischen 60 und 800 °C: $c_{p,\mathrm{mol}} = 31{,}8 \cdot 10^{-3}\,\mathrm{kJ}/(\mathrm{mol\,K})$

Es sollen nun der Gesamtumsatzgrad $U_{1,\mathrm{ges}}$ an allen drei Netzen sowie die Umsatzgrade $(U_1)_n$ und die mittleren Gastemperaturen $\left(\overline{T}\right)_n$ an jedem Netz n berechnet werden.

Den Reaktor zur NH_3-Oxidation mit drei Pt/Rh-Netzen kann man auffassen als Abschnittsreaktor mit drei Katalysatorabschnitten, in denen die Reaktion unter adiabaten Bedingungen stattfindet, wobei zwischen den einzelnen Abschnitten keine Kühlung erfolgt. Die Länge der Katalysatorabschnitte ist hier sehr klein, nämlich gleich dem Drahtdurchmesser der Netze.

Den Stoffübergangskoeffizienten β kann man für einen Gasstrom senkrecht zu dünnen Drähten nach einer von Kramers angegebenen Beziehung berechnen ([59, 60]): Danach sind die Zahlenwerte für β: bei 400 °C 1,37 m/s und bei 800 °C 2,7 m/s. Die Dichte des Gasgemischs beträgt bei 400 °C 0,49 kg/m^3 und bei 800 °C 0,31 kg/m^3.

Da bei dieser Reaktion die effektive Reaktionsgeschwindigkeit ausschließlich durch den Stoffübergang des NH_3 (A_1) vom Kern der fluiden Phase an das Katalysatornetz bestimmt wird, ist nach Gl. 8.44

$$r_{\mathrm{e}} = a_{\mathrm{V}} \beta_1 c_1 . \tag{a}$$

Die *Stoffbilanz* folgt mit $\nu_1 = -1$ aus Gl. 8.205 mit Gl. a:

$$A_R\,dz = \frac{\dot{n}_{1,0}}{r_e} \cdot dU_1 = \frac{c_{1,0} \cdot \dot{m}}{a_V \beta_1 c_1 \rho_0} \cdot dU_1. \tag{b}$$

Mit der Definition des Umsatzgrads (s. Gl. 2.11)

$$U_1 = \frac{\dot{n}_{1,0} - \dot{n}_1}{\dot{n}_{1,0}} = \frac{\dot{V}_0 c_{1,0} - \dot{V} c_1}{\dot{V}_0 c_{1,0}}$$

und dem Zusammenhang

$$\frac{\dot{V}}{\dot{V}_0} = \frac{\rho_0}{\rho}$$

erhält man:

$$c_1 = c_{1,0} \frac{\rho}{\rho_0} (1 - U_1). \tag{c}$$

Setzt man Gl. c in Gl. b ein, erhält man die Stoffbilanz in folgender Form:

$$\frac{dU_1}{1 - U_1} = \frac{a_V \beta_1 \rho}{\dot{m}} A_R\,dz. \tag{d}$$

Kann man näherungsweise das Produkt $\beta_1 \rho$ als unabhängig von z annehmen, dann ergibt die Integration dieser Gleichung

$$U_1 = 1 - e^{-\frac{a_V \beta_1 \rho A_R \Delta z}{\dot{m}}} \tag{e}$$

mit

$$\Delta z = d.$$

Für mittlere Temperaturen im Gasgrenzfilm von 400 °C (1. Netz) und 800 °C (3. Netz) erhält man mit den oben angegebenen Daten folgende Tabelle:

T [°C]	ρ [kg/m^3]	β_1 [m/s]	$\beta_1 \cdot \rho$ [kg/(m^2 s)]	$a_V \beta_1 \rho A_R \Delta z / \dot{m}$ [–]
400	0,49	1,37	0,67	2,0
800	0,31	2,7	0,84	2,5

Als Zahlenwert des Ausdrucks in der letzten Spalte nehmen wir für das 2. Netz den Wert 2,3 an. Dann erhält man für den Umsatzgrad aus Gl. (e):

$$\begin{aligned}
&\text{am 1. Netz:} \quad (U_1)_1 = 1 - (\dot{n}_1)_1/(\dot{n}_{1,0})_1 = 1 - e^{-2,0} = 1 - 0{,}13 = 0{,}87 \\
&\text{am 2. Netz:} \quad (U_1)_2 = 1 - (\dot{n}_1)_2/(\dot{n}_{1,0})_2 = 1 - e^{-2,3} = 1 - 0{,}10 = 0{,}90 \\
&\text{am 3. Netz:} \quad (U_1)_3 = 1 - (\dot{n}_1)_3/(\dot{n}_{1,0})_3 = 1 - e^{-2,5} = 1 - 0{,}08 = 0{,}92.
\end{aligned}$$

Da

$$(\dot{n}_1)_1 = (\dot{n}_{1,0})_2$$

und

$$(\dot{n}_1)_2 = (\dot{n}_{1,0})_3$$

ist, beträgt der Gesamtumsatzgrad bis zum N-ten Netz (einschließlich):

$$\left(U_{1,\mathrm{ges}}\right)_N = 1 - (\dot{n}_1)_N/(\dot{n}_{1,0})_1 = 1 - \prod_{n=1}^{N} \left[1 - (U_1)_n\right]; \tag{f}$$

also

$$\left(U_{1,\mathrm{ges}}\right)_2 = 1 - (1 - 0,87)(1 - 0,90) = 1 - 0{,}013 = 0{,}987$$

und

$$\left(U_{1,\mathrm{ges}}\right)_3 = 1 - (1 - 0,87)(1 - 0,90)(1 - 0,92) = 1 - 0{,}001 = 0{,}999.$$

An den drei Netzen lässt sich also ein Umsatzgrad des NH_3 (A_1) von 99,9 % erzielen.

Die *Gastemperaturen* folgen aus Gl. 8.220. Die adiabate Temperaturerhöhung ergibt sich aus Gl. 8.221 unter Berücksichtigung der Umrechnung von der spezifischen Wärmekapazität c_p auf die molare Wärmekapazität $c_{p,\mathrm{mol}}$:

$$\begin{aligned}
\Delta T_{\mathrm{ad}} &= \frac{\dot{n}_{1,0} \cdot (-\Delta_{\mathrm{R}} H)}{\dot{m} \cdot c_p} = \frac{x_{1,0} \cdot (-\Delta_{\mathrm{R}} H)}{\dfrac{\dot{m}}{\dot{n}_0} \cdot c_p} = \frac{x_{1,0} \cdot (-\Delta_{\mathrm{R}} H)}{c_{p,\mathrm{mol}}} \\
&= \frac{0{,}11 \cdot 226.100}{31{,}8}\ {}^\circ\mathrm{C} = 782\ {}^\circ\mathrm{C}.
\end{aligned} \tag{g}$$

Somit sind die Gastemperaturen hinter den jeweiligen Netzen:

$$1.\ \text{Netz}: \quad (T)_1 = 60 + 782 \cdot 0{,}87 = 740\ °\text{C}$$
$$2.\ \text{Netz}: \quad (T)_2 = 60 + 782 \cdot 0{,}987 = 832\ °\text{C}$$
$$3.\ \text{Netz}: \quad (T)_3 = 60 + 782 \cdot 0{,}999 = 841\ °\text{C}.$$

Die mittleren Gastemperaturen zwischen den Maschen der einzelnen Netze sind dann:

$$1.\ \text{Netz}: \quad (\overline{T})_1 = (60 + 740)/2 = 400\ °\text{C}$$
$$2.\ \text{Netz}: \quad (\overline{T})_2 = (740 + 832)/2 = 786\ °\text{C}$$
$$3.\ \text{Netz}: \quad (\overline{T})_3 = (832 + 841)/2 = 837\ °\text{C}.$$

◀

Optimale adiabate Reaktionsführung für exotherme Gleichgewichtsreaktionen in einem Festbettreaktor

Es wurde bereits in Abschn. 7.1.1.1 hervorgehoben, dass es für exotherme Gleichgewichtsreaktionen in einem *idealen Strömungsrohrreaktor*, d. h. auch in einem Festbettreaktor, der sich wie ein idealer Strömungsrohrreaktor verhält, einen *theoretisch optimalen polytropen Temperaturverlauf* gibt; folgt man diesem, so liegt an jeder Stelle z im Strömungsrohrreaktor die maximale Stoffmengenänderungsgeschwindigkeit der Edukte vor (vgl. Abb. 7.3). Das zum Erreichen eines bestimmten Endumsatzgrades notwendige Reaktionsvolumen V (bzw. die erforderliche Katalysatormasse m_{Kat}) ist dann, bei vorgegebener Eintrittszusammensetzung und festgelegtem Durchsatz, das (die) kleinstmögliche. Eine derartige polytrope Temperaturführung mit hoher Temperatur des Reaktionsgemischs am Reaktoreintritt und Temperaturabsenkung entsprechend dem fortschreitenden Umsatzgrad bis zum Reaktoraustritt gemäß der gestrichelten Kurve in Abb. 7.4 würde jedoch einen enormen technischen Aufwand erfordern, aber auch energetisch ungünstig sein. Man müsste nämlich das Reaktionsgemisch vor dem Eintritt in den Reaktor mittels hochwertiger Energie auf hohe Temperatur aufheizen, während anschließend die durch Kühlung abgeführte Reaktionswärme nur auf einem niedrigeren Temperaturniveau zurückgewonnen wird. Deshalb zieht man hier die adiabate Reaktionsführung heran, die technisch einfach zu realisieren ist. Diese haben wir bereits in Abschn. 7.1.1.1 qualitativ diskutiert, jedoch wollen wir hier genauer auf die *theoretisch optimale adiabate Reaktionsführung* näher eingehen.

Bei exothermen reversiblen Reaktionen nimmt bei adiabater Temperaturführung die Temperatur mit fortschreitendem Umsatzgrad zu. Gleichzeitig nimmt mit zunehmender Temperatur der Gleichgewichtsumsatzgrad aber ab. Entsprechend Gl. 7.22 und Abb. 7.3 steigt die Stoffmengenänderungsgeschwindigkeit des Edukts, ausgehend von niedrigen Eingangstemperaturen, zunächst anfänglich exponentiell an, durchläuft dann einen Wendepunkt, durchschreitet anschließend ein Maximum und wird dann mit Erreichen des Gleichgewichtsumsatzgrades null (s. Abb. 8.30). Der Zusammenhang zwischen der Re-

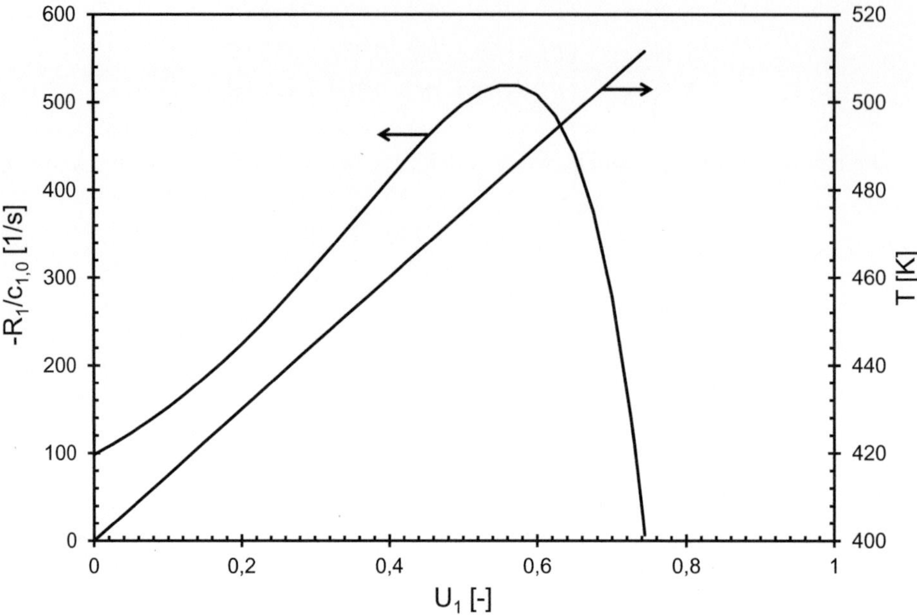

Abb. 8.30 Stoffmengenänderungsgeschwindigkeit des Edukts und Reaktionstemperatur als Funktion des Umsatzgrads für eine exotherme monomolekulare Gleichgewichtsreaktion 1. Ordnung (s. Abschn. 7.1.1 ; Parameter wie in Abb. 7.1 bzw. Abb. 7.3 , $T_0 = 400$ K, $\Delta T_{\text{ad}} = 150$ K)

aktionstemperatur T und dem Umsatzgrad U_i des Edukts ist durch Gl. 8.220 gegeben. Demnach hängt unter adiabaten Bedingungen die Stoffmengenänderungsgeschwindigkeit R_i des Edukts A_i bei vorgegebener Feed-Zusammensetzung nur vom Umsatzgrad U_i und der Eintrittstemperatur T_0 ab:

$$R_i(U_i, T) = R_i(U_i, T_0 + \Delta T_{\text{ad}} U_i) = R_{i,\text{ad}}(U_i, T_0). \tag{8.222}$$

Die Stoffmengenänderungsgeschwindigkeit R_i des Edukts A_i ergibt sich aus den beiden Reaktionsgeschwindigkeiten der Hin- und Rückreaktion und der Stöchiometrie gemäß Gl. 2.9.

Infolge der Kopplung von Temperatur und Umsatzgrad liegt bei adiabater Temperaturführung die maximale Stoffmengenänderungsgeschwindigkeit des Edukts nicht bei denselben Wertepaaren U_i und $T_{\text{opt,pol}}$ wie bei theoretisch optimaler polytroper Temperaturführung. Bei festgelegten Eintrittsbedingungen und damit bekannter Temperatur des Reaktionsgemisches am Reaktoreingang ermittelt man die in einem adiabat betriebenen Strömungsrohrreaktor maximal erreichbare Stoffmengenänderungsgeschwindigkeit durch Differenziation der Gl. 8.222:

$$\left(\frac{\partial R_{i,\text{ad}}}{\partial U_i}\right)_{T_0} = \left(\frac{\partial R_i}{\partial U_i}\right)_T + \left(\frac{\partial R_i}{\partial T}\right)_{U_i} \cdot \left(\frac{\partial T}{\partial U_i}\right) = \left(\frac{\partial R_i}{\partial U_i}\right)_T + \left(\frac{\partial R_i}{\partial T}\right)_{U_i} \cdot \Delta T_{\text{ad}} = 0. \tag{8.223}$$

Während es für eine bestimmte reversible Reaktion nur eine einzige Kurve $U_i(T_{\text{opt,pol}})$ gibt, die die theoretisch optimale *polytrope* Temperaturführung beschreibt (s. Abb. 7.4), existiert für die theoretisch optimale *adiabate* Temperaturführung gemäß Gl. 8.223 eine Kurvenschar, abhängig von der adiabaten Temperaturerhöhung ΔT_{ad} als Parameter. In Abb. 8.31 ist zum einen die Kurve $U_{i,\text{Gl}}(T)$ für den Gleichgewichtsumsatzgrad (d. h. $R_i = 0$) aufgetragen, dann die Kurve $U_i(T_{\text{opt,pol}})$ für optimale polytrope Temperaturführung (d. h. $R_{i,\text{max,pol}}$) und schließlich als Beispiel zwei Kurven $U_i(T_{\text{opt,ad}})$ für optimale adiabate Temperaturführung (d. h. $R_{i,\text{max,ad}}$) mit $\Delta T_{\text{ad}} = 80$ K und $\Delta T_{\text{ad}} = 200$ K.

Wie aus Abb. 8.31 hervorgeht, ergibt sich für einen bestimmten Wert von ΔT_{ad} die maximale Stoffmengenänderungsgeschwindigkeit bei adiabater Temperaturführung mit *den* Werten für U_i und T, die durch die Koordinaten des Berührungspunktes der Tangente mit der Steigung $1/\Delta T_{\text{ad}}$ an die Kurve $U_i(T_{R_i=\text{const}})$ gegeben sind. Auf diese Weise kann man (jeweils für einen bestimmten Wert von ΔT_{ad}) zum Verlauf von $U_i(T_{\text{opt,ad}})$ gelangen, der außer von ΔT_{ad} den kinetischen Parametern der Reaktion abhängt. Mit zunehmendem ΔT_{ad} wird die Steigung der Tangente immer kleiner, sodass sich die Kurven $U_i(T_{\text{opt,ad}})$ immer mehr der Kurve $U_i(T_{\text{opt,pol}})$ nähern.

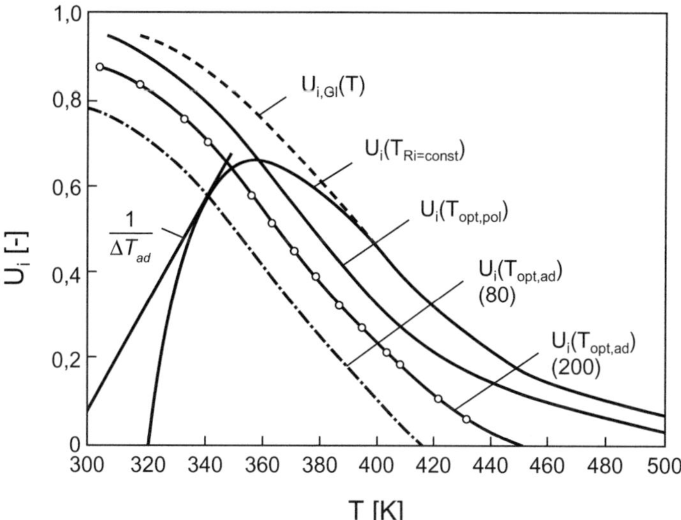

Abb. 8.31 Exotherme Gleichgewichtsreaktion: Verlauf des Umsatzgrades U_i im thermodynamischen Gleichgewicht, in Abhängigkeit von der theoretisch optimalen polytropen Temperatur $T_{\text{opt,pol}}$, der theoretisch optimalen adiabaten Temperatur $T_{\text{opt,ad}}$ ($\Delta T_{\text{ad}} = 80$ K und 200 K) sowie für $U_i = f(T_{R_i=\text{const}})$ einen Wert konstanter Stoffmengenänderungsgeschwindigkeit

Die Raum-Zeit-Ausbeute (*RZA*) eines Strömungsrohres, in dem eine exotherme Gleichgewichtsreaktion stattfindet, weist bei gegebenen Zulaufbedingungen als Funktion des Umsatzgrads ein Maximum auf, ebenso wie die Stoffmengenänderungsgeschwindigkeit. Die *RZA* für das Produkt A_k ist gegeben durch (s. Gl. 2.27):

$$RZA = \frac{\dot{m}_k}{V} = \frac{\dot{V}_0 \cdot c_{i,0} \cdot U_i \cdot S_{k,i} \cdot \frac{|\nu_{k,1}|}{|\nu_{i,1}|} \cdot M_k}{V} = \frac{\dot{n}_{i,0} \cdot U_i \cdot \frac{|\nu_{k,1}|}{|\nu_{i,1}|} \cdot M_k}{V}. \tag{8.224}$$

Das für einen Umsatzgrad U_i nötige Reaktionsvolumen V beträgt nach Gl. 8.209, wenn man die Stoffmengenänderungsgeschwindigkeit $R_i(U_i)$ einführt:

$$V = \int\limits_0^{U_i} \frac{\dot{n}_{i,0}}{\mid R_i(U_i) \mid} \mathrm{d}U_i. \tag{8.225}$$

Setzt man Gl. 8.225 in Gl. 8.224 ein, so erhält man:

$$RZA = \frac{U_i}{\int_0^{U_i} \frac{\mathrm{d}U_i}{|R_i(U_i)|}} \cdot \frac{\mid \nu_{k,1} \mid}{\mid \nu_{i,1} \mid} \cdot M_k. \tag{8.226}$$

Für einen idealen adiabaten Strömungsrohrreaktor mit Katalysatorbett ergibt sich eine maximale *RZA* bei Einhaltung eines bestimmten Umsatzgrads am Austritt aus dem Reaktor. Zur Bestimmung dieses Optimalwertes muss die *RZA* nach dem Umsatzgrad abgeleitet und null gesetzt werden:

$$\frac{\partial RZA}{\partial U_i} = \frac{\partial}{\partial U_i} \left[\frac{U_i}{\int_0^{U_i} \frac{\mathrm{d}U_i}{|R_i(U_i)|}} \right] = 0. \tag{8.227}$$

Unter Anwendung der Quotientenregel erhält man

$$\frac{\partial RZA}{\partial U_i} = \left[\int\limits_0^{U_{i,\mathrm{opt}}} \frac{\mathrm{d}U_i}{\mid R_i(U_i) \mid} - \frac{U_{i,\mathrm{opt}}}{\mid R_i\left(U_{i,\mathrm{opt}}\right) \mid} \right] \cdot \left[\int\limits_0^{U_{i,\mathrm{opt}}} \frac{\mathrm{d}U_i}{\mid R_i(U_i) \mid} \right]^{-2} = 0 \tag{8.228}$$

bzw. die Bedingung

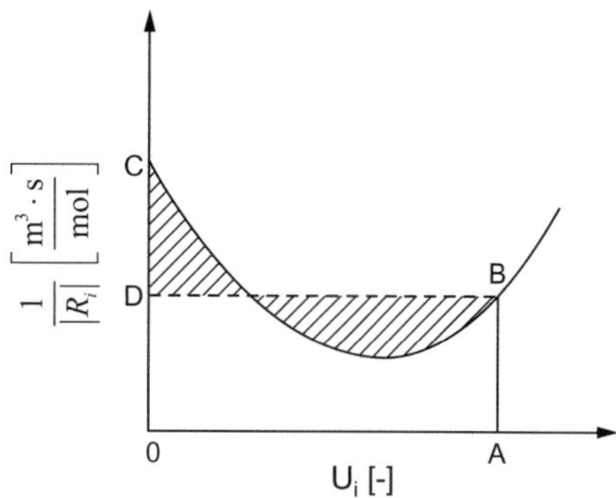

Abb. 8.32 Maximale *RZA* in einem idealen adiabaten Strömungsrohrreaktor (Festbettreaktor) für den Fall einer exothermen Gleichgewichtsreaktion

$$\int_0^{U_{i,\text{opt}}} \frac{dU_i}{|R_i(U_i)|} = -\frac{U_{i,\text{opt}}}{|R_i(U_{i,\text{opt}})|}. \tag{8.229}$$

Diese Bedingung für die maximale *RZA* des Strömungsrohrs wird durch die Abb. 8.32 veranschaulicht, in der $1/|R_i|$ als Funktion von U_i aufgetragen ist. Die maximale *RZA* wird dann erreicht, wenn die über die Reaktorlänge gemittelte Stoffmengenänderungsgeschwindigkeit maximal ist. Nach Gl. 8.229 ist dies dann der Fall, wenn die Fläche 0ABC unter der Kurve (entspricht der linken Seite der Gleichung) gleich der Rechteckfläche 0ABD (entspricht der rechten Seite der Gleichung) ist. Diese Bedingung ist erfüllt, wenn die schraffierten Flächen gleich groß sind. Der optimale Umsatzgrad $U_{i,\text{opt}}$ ist durch den Abszissenwert des Punktes *A* gegeben. Der Reziprokwert der gemittelten maximalen Stoffmengenänderungsgeschwindigkeit, d. h. $1/|R_i(U_{i,\text{opt}})|$ ergibt sich aus dem Ordinatenwert des Punktes *D*.

Optimale adiabate Reaktionsführung für exotherme Gleichgewichtsreaktionen in einem Hordenreaktor (Abschnittsreaktor)

In einem einzelnen adiabaten Festbettreaktor sind Temperatur und Umsatzgrad gemäß Gl. 8.220 miteinander verknüpft. Für exotherme Gleichgewichtsreaktionen folgt daraus, dass dann, wenn ein bestimmter Umsatzgrad U_i am Reaktoraustritt gefordert wird, die Temperatur *T* des Reaktionsgemischs dort niedriger sein muss, als die Temperatur, bei der der Umsatzgrad U_i dem Gleichgewichtsumsatzgrad $U_{i,\text{Gl}}(T_{\text{Gl}})$ entspricht. Demnach muss gelten:

$$T_0 < T_{\text{Gl}} - \Delta T_{\text{ad}} \cdot U_i.$$

Für viele heterogen katalysierte reversible Fluidreaktionen würde dies zu so niedrigen Eintrittstemperaturen führen, dass extrem lange Verweilzeiten bzw. ein übermäßig großes Reaktions- und somit Reaktorvolumen notwendig wären.

In der Praxis begegnet man dieser Schwierigkeit dadurch, dass man das Gesamtvolumen des Reaktors auf mehrere adiabat betriebene Abschnitte aufteilt, zwischen denen eine Kühlung des Reaktionsgemisches erfolgt. Ein solches System, das als *Hordenreaktor (Abschnittsreaktor)* bezeichnet wird, ist in Abb. 8.33 zusammen mit dem Temperaturverlauf als Funktion der Ortskoordinate z dargestellt. Die Temperatur steigt in den einzelnen Abschnitten jeweils linear (sofern ΔT_{ad} konstant ist) mit dem Umsatzgrad an, dieser allerdings nicht linear mit der Ortskoordinate z. Die Temperatur wird nach jedem Abschnitt, vor dem Eintritt in den folgenden, dadurch abgesenkt, dass das Reaktionsgemisch in einem außerhalb des Reaktors befindlichen Wärmeübertrager gekühlt wird. Je nach der Anzahl der Abschnitte kann dadurch der optimale adiabate Temperaturverlauf entsprechend der in Abb. 8.34 eingezeichneten Zickzackkurve angenähert werden. Man kann sich nun fragen, wie bei festgelegter Anzahl N der Abschnitte das Reaktionsvolumen bzw. die Katalysatormasse des adiabat betriebenen Hordenreaktors aufgeteilt werden muss, damit dessen Raum-Zeit-Ausbeute insgesamt einen Maximalwert erreicht.

Horn und Küchler [62] haben die Lösung für eine leicht modifizierte Formulierung desselben Problems gegeben, nämlich Ermittlung des größtmöglichen Endumsatzgrades bei vorgegebenem Reaktionsvolumen, vorgegebener Anzahl von Abschnitten und festgelegter Eintrittstemperatur T_0 in den ersten Abschnitt:

a) Für jeden Abschnitt n muss der Umsatzgrad $(U_i)_n$ für die jeweilige Temperatur $(T_0)_n$ zu einer maximalen *RZA* führen, d. h., es muss sein

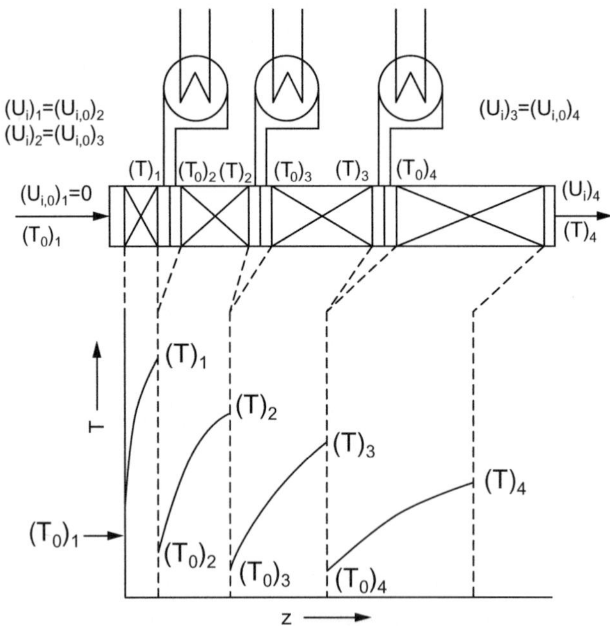

Abb. 8.33 Adiabat betriebener Hordenreaktor mit indirekter Zwischenkühlung

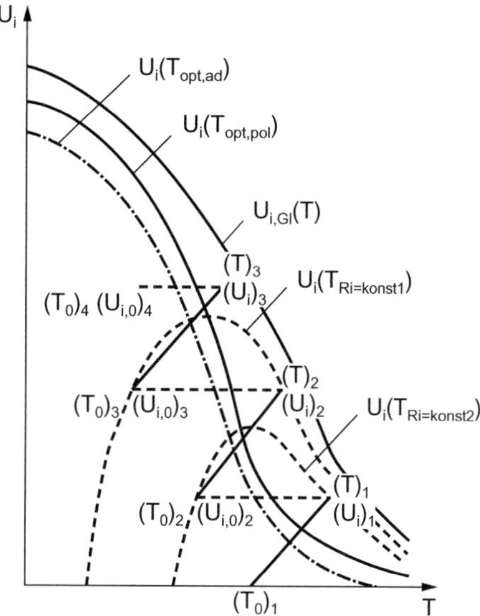

Abb. 8.34 Umsatzgrad-Temperatur-Verlauf in einem adiabat betriebenen Hordenreaktor mit indirekter Zwischenkühlung

$$\int_{(U_i)_{n-1}}^{(U_i)_n} \left[\frac{1}{R_i^2} \cdot \frac{\partial(-R_i)}{\partial T} \right] \mathrm{d}U_i = 0, \tag{8.230}$$

wobei zwischen Umsatzgrad und Temperatur analog zu Gl. 8.220 gilt

$$(T)_n = (T_0)_n + \Delta T_{\mathrm{ad}} \cdot \left((U_i)_n - (U_{i,0})_n \right). \tag{8.231}$$

b) Zwischen zwei Abschnitten wird durch Zwischenkühlung die Temperatur so weit abgesenkt, dass die Stoffmengenänderungsgeschwindigkeit am Austritt des einen gleich derjenigen am Eintritt in den nächsten ist:

$$(R_{i,0})_n = (R_i)_{n-1}. \tag{8.232}$$

c) Während der Zwischenkühlung bleibt der Umsatzgrad konstant, d. h.

$$(U_{i,0})_n = (U_i)_{n-1}. \tag{8.233}$$

Die Bedeutung dieser Bedingungen zum optimalen Betrieb eines adiabaten Abschnittsreaktors lässt sich am besten mithilfe des Umsatzgrad-Temperatur-Diagramms (s. Abb. 8.34) veranschaulichen. Dieses enthält die benötigte Kurve $U_i(T_{\mathrm{opt,ad}})$ für den entsprechenden Wert ΔT_{ad} der betreffenden Reaktion, ferner, lediglich zum Vergleich, die

Kurven $U_{i,\mathrm{Gl}}(T)$ und $U_i(T_{\mathrm{opt,pol}})$. Zwei Kurven $U_i(T_{R_i=\mathrm{const}})$ für zwei Werte von R_i sind ebenfalls eingezeichnet.

Das Reaktionsgemisch tritt mit der Temperatur $(T_0)_1$ in den ersten Abschnitt ein, wobei vor dem ersten Abschnitt noch kein Edukt umgesetzt wurde ($(U_{i,0})_1 = 0$). Im ersten Abschnitt steigt die Temperatur linear mit dem Umsatzgrad an (Voraussetzung: $\Delta T_{\mathrm{ad}} = \mathrm{const}$). Der Betrag der Stoffmengenänderungsgeschwindigkeit des Edukts erhöht sich zunächst, d. h., es ist $\partial(-R_i)/\partial T > 0$. Bei dem Wertepaar (U_i, T), das dem Schnittpunkt der Geraden mit der strichpunktierten Kurve $U_i(T_{\mathrm{opt,ad}})$ entspricht, erreicht der Betrag der Stoffmengenänderungsgeschwindigkeit seinen Maximalwert $\partial(-R_i)/\partial T = 0$; bei weiterer Erwärmung nimmt dann der Betrag der Stoffmengenänderungsgeschwindigkeit ab ($\partial(-R_i)/\partial T < 0$). Die Bedingung a (Gl. 8.230), d. h. maximale mittlere Stoffmengenänderungsgeschwindigkeit R_i, ist erfüllt im Punkt mit den Koordinaten $((U_i)_1, (T)_1)$. Durch diesen Punkt muss die entsprechende Kurve $U_i(T_{R_i=\mathrm{const}})$ gelegt werden. Das Reaktionsgemisch wird von der Temperatur $(T)_1$ auf eine Temperatur $(T_0)_2$ abgekühlt, sodass es beim Eintritt in den zweiten Abschnitt dieselbe Stoffmengenänderungsgeschwindigkeit R_i hat wie beim Austritt aus dem ersten Abschnitt (Bedingung b, Gl. 8.232). Da $(U_{i,0})_2 = (U_i)_1$ ist, (Bedingung c, Gl. 8.233) erhält man $(T_0)_2$ als Schnittpunkt der Parallelen zur Abszissenachse durch den Punkt $((U_i)_1, (T)_1)$ mit der gestrichelten Kurve $U_i(T_{R_i=\mathrm{const}})$. Dieses Verfahren wird so oft wiederholt, bis die gewünschte Stufenzahl oder der geforderte Endumsatzgrad $(U_i)_N$ erreicht ist.

Die Eintrittstemperatur $(T_0)_1$ in den ersten Abschnitt ist ein unabhängiger, d. h. frei wählbarer, zusätzlicher Optimierungsparameter, der variiert werden muss, um das Mindestvolumen bzw. die Mindestkatalysatormasse für einen bestimmten Endumsatzgrad zu ermitteln, oder umgekehrt den maximalen Umsatzgrad, der mit einem bestimmten Reaktorvolumen bzw. mit einer bestimmten Katalysatormasse in einer gegebenen Anzahl von Stufen erreicht werden kann. Je größer die Anzahl der Stufen ist, umso besser passt sich die Zickzacklinie dem optimalen Temperaturverlauf an.

Der optimale Umsatzgrad-Temperatur-Verlauf kann auch dadurch angenähert werden, dass dem Reaktionsgemisch zwischen den einzelnen Abschnitten zur Kühlung Frischgas zugeführt wird. Dadurch sinkt aber nicht nur die Temperatur, sondern infolge der Verdünnung auch der Umsatzgrad (s. z. B. Abb. 8.25c).

8.2.3.1.6 Polytrope Reaktionsführung

Findet eine Reaktion in einem Festbettreaktor unter *polytropen* Bedingungen statt, d. h., entspricht die in der Zeiteinheit einem differenziellen Volumenelement über eine Wärmeübertragerfläche zugeführte bzw. aus diesem abgeführte Wärmemenge nicht der durch die chemische Reaktion verbrauchten bzw. gebildeten Wärmemenge, so werden radiale Temperaturgradienten den Reaktionsablauf im Reaktor wesentlich beeinflussen. Die Aufgabe besteht nun darin, sowohl den radialen als auch den axialen Temperatur- und Konzentrationsverlauf in einem Festbettreaktor zu berechnen und dann aus dem Konzen-

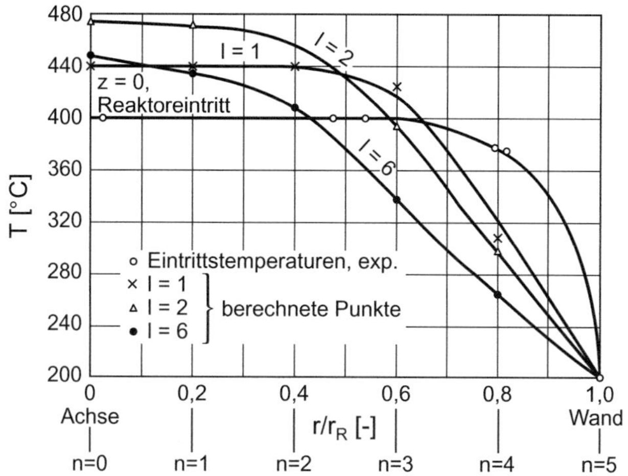

Abb. 8.35 Temperaturprofile als Funktion des Radius und der Reaktorlänge [63]

trationsverlauf den mittleren Umsatzgrad eines Eduktes A_i bzw. die mittlere Ausbeute eines Produktes A_k zu ermitteln.

Das radiale Temperaturprofil in polytrop betriebenen Festbettreaktoren ist parabolisch (s. Abb. 8.35). Bei einer ganz exakten mathematischen Behandlung müsste man auch die radiale Geschwindigkeitsverteilung, die Abhängigkeit der radialen effektiven Vermischungs- und Wärmeleitfähigkeitskoeffizienten vom Ort sowie die axiale Vermischung berücksichtigen. Bei einer numerischen Berechnung kann man diese Einflüsse alle einschließen. Um die Berechnungsmethode zu erläutern, machen wir jedoch folgende vereinfachende Annahmen:

1. Es liegen stationäre Bedingungen vor,
2. es liege Zylindersymmetrie vor,
3. die Strömungsgeschwindigkeit sei konstant über den Reaktorquerschnitt,
4. $D_{e,r}$ und $\lambda_{e,r}$ seien unabhängig von den Ortskoordinaten z und r sowie unabhängig von der Temperatur,
5. das Festbett sei lang genug, sodass die Vermischung und die effektive Wärmeleitung in axialer Richtung gegenüber dem Transport durch Konvektion vernachlässigt werden können,
6. der Massenstrom

$$\dot{m} = u_{\mathrm{L}} A_{\mathrm{R}} \rho = \dot{V} \rho \tag{8.234}$$

sei konstant über den Reaktorquerschnitt (Änderungen der Geschwindigkeit in z-Richtung infolge Temperatur- und Stoffmengenänderungen werden berücksichtigt).

Die *Stoffbilanz* lautet dann (s. Gl. 8.183):

$$0 = -\frac{\partial(u_\mathrm{L}c_i)}{\partial z} + D'_{\mathrm{e},r} \cdot \left(\frac{1}{r} \cdot \frac{\partial c_i}{\partial r} + \frac{\partial^2 c_i}{\partial r^2}\right) + \nu_i \cdot r_\mathrm{e}(c_i). \tag{8.235}$$

Folgende Randbedingungen sind zur Lösung der Differenzialgleichung notwendig:
Für $z = 0$ und $0 \leq r \leq r_\mathrm{R}$:

$$c_i = c_{i,0}. \tag{8.236}$$

Für $r = 0$ und $0 \leq z \leq L$:

$$\frac{\partial c_i}{\partial r} = 0. \tag{8.237}$$

Für $r = r_\mathrm{R}$ und $0 \leq z \leq L$:

$$\frac{\partial c_i}{\partial r} = 0. \tag{8.238}$$

Drückt man in Gl. 8.235 die Konzentration c_i durch den Umsatzgrad U_i aus und führt Pe_r mithilfe von Gl. 8.193 ein, so lautet die Stoffbilanz:

$$0 = \frac{\partial U_i}{\partial z} - \frac{d_\mathrm{Kat}}{Pe_r} \cdot \left(\frac{1}{r} \cdot \frac{\partial U_i}{\partial r} + \frac{\partial^2 U_i}{\partial r^2}\right) + \frac{\nu_i \cdot r_\mathrm{e}(c_i) \cdot A_\mathrm{R}}{\dot{n}_{i,0}}. \tag{8.239}$$

Die *Enthalpiebilanz* ergibt sich aus Gl. 8.200:

$$0 = -\frac{\partial\left(\rho c_p T \cdot u_\mathrm{L}\right)}{\partial z} + \lambda_{\mathrm{e},r} \cdot \left(\frac{\partial^2 T}{\partial r^2} + \frac{1}{r} \cdot \frac{\partial T}{\partial r}\right) + r_\mathrm{e} \cdot (-\Delta_\mathrm{R} H). \tag{8.240}$$

Nach Einführung des Massenstroms gemäß Gl. 8.234 im Konvektionsterm von Gl. 8.240 erhält man:

$$0 = -\frac{\partial T}{\partial z} + \frac{\lambda_{\mathrm{e},r} \cdot A_\mathrm{R}}{\dot{m} c_p} \cdot \left(\frac{\partial^2 T}{\partial r^2} + \frac{1}{r} \cdot \frac{\partial T}{\partial r}\right) + \frac{r_\mathrm{e} \cdot (-\Delta_\mathrm{R} H) \cdot A_\mathrm{R}}{\dot{m} c_p}. \tag{8.241}$$

Die Randbedingungen lauten:
Für $z = 0$ und $0 < r < r_\mathrm{R}$:

$$T = T_0. \tag{8.242}$$

Für $r = 0$ und $0 \leq z \leq L$:

$$\frac{\partial T}{\partial r} = 0. \tag{8.243}$$

Für $r = r_R$ und $0 \leq z \leq L$:

$$-\lambda_{e,r} \left.\frac{\partial T}{\partial r}\right|_{r=r_R} = k_W \cdot \left(T(r_R) - \overline{T}_{WT}\right). \tag{8.244}$$

Aus der simultanen Lösung der Stoff- und Enthalpiebilanz erhält man den Konzentrations- und Temperaturverlauf im Reaktor. Daraus kann die *Katalysatormenge* berechnet werden, die zur Erzielung eines bestimmten mittleren Umsatzgrades erforderlich ist. Eine Lösung des Gleichungssystems auf analytischem Weg ist nicht möglich, sondern nur mithilfe numerischer Methoden (s. auch Abschn. 12.4.2). Eines der gebräuchlichsten numerischen Verfahren besteht darin, die Stoff- und Enthalpiebilanzgleichungen in Differenzenform zu schreiben [63]. Teilt man den Festbettreaktor in l longitudinale Inkremente der Größe Δz und in n radiale Inkremente der Größe Δr auf, dann ist

$$z = l \cdot \Delta z \tag{8.245}$$

und

$$r = n \cdot \Delta r. \tag{8.246}$$

So ist z. B. der Umsatzgrad an irgend einem Punkt des Reaktors gegeben durch $U_{n,l}$, d. h., der Umsatzgrad bei $r = n \cdot \Delta r$ und $z = l \cdot \Delta z$. r wird dabei von der Achse, z vom Reaktoreintritt aus gemessen. Der Index i für den Reaktionspartner A_i wird im Folgenden der Einfachheit halber weggelassen.

Die Diskretisierung der ersten Ableitung des Umsatzgrades in Richtung von r ist

$$\frac{\partial U}{\partial r} \approx \frac{U_{n+1,l} - U_{n,l}}{\Delta r} \tag{8.247}$$

und entsprechend in z-Richtung

$$\frac{\partial U}{\partial z} \approx \frac{U_{n,l+1} - U_{n,l}}{\Delta z}. \tag{8.248}$$

Die zweite Ableitung des Umsatzgrades in Richtung von r ist in Differenzenform

$$\frac{\partial^2 U}{\partial r^2} \approx \frac{\frac{U_{n+1,l} - U_{n,l}}{\Delta r} - \frac{U_{n,l} - U_{n-1,l}}{\Delta r}}{\Delta r} = \frac{U_{n+1,l} - 2U_{n,l} - U_{n-1,l}}{\Delta r^2}. \tag{8.249}$$

Mit diesen Beziehungen sowie dem Zusammenhang $r = n \cdot \Delta r$ lautet die Stoffbilanz Gl. 8.239 in diskretisierter Form:

$$\begin{aligned} U_{n,l+1} = {} & U_{n,l} + \frac{\Delta z}{(\Delta r)^2} \frac{d_{\mathrm{Kat}}}{Pe_r} \cdot \left(\frac{U_{n+1,l} - U_{n,l}}{n} + U_{n+1,l} - 2U_{n,l} + U_{n-1,l} \right) \\ & - \frac{\nu_i \cdot r_{\mathrm{e}}(c_i) \cdot A_{\mathrm{R}}}{\dot{n}_{i,0}} \Delta z. \end{aligned} \tag{8.250}$$

In analoger Weise erhält man aus Gl. 8.241 für die Enthalpiebilanz:

$$\begin{aligned} T_{n,l+1} = {} & T_{n,l} + \frac{\Delta z}{(\Delta r)^2} \frac{\lambda_{e,r} \cdot A_{\mathrm{R}}}{\dot{m}\, c_p} \cdot \left(\frac{T_{n+1,l} - T_{n,l}}{n} + T_{n+1,l} - 2T_{n,l} + T_{n-1,l} \right) \\ & + \frac{r_{\mathrm{e}} \cdot (-\Delta_{\mathrm{R}} H) \cdot A_{\mathrm{R}}}{\dot{m}\, c_p} \Delta z. \end{aligned} \tag{8.251}$$

Unter der Voraussetzung, dass ausreichend experimentelle Werte für die effektive Reaktionsgeschwindigkeit vorliegen, können Gl. 8.250 und 8.251 numerisch nach den üblichen Methoden stufenweise als Anfangswertproblem gelöst werden. Der erste Schritt besteht darin, die Werte für den Umsatzgrad und die Temperatur über den Reaktorquerschnitt bei $l = 1$, d. h. $z = \Delta z$ aus den bekannten Werten bei $l = 0$ zu berechnen. Dann wird derselbe Vorgang für das nächste axiale Inkrement, d. h. $l = 2$ wiederholt usw. Für $n = 0$ würde man aus Gl. 8.250 und 8.251 unbestimmte Ausdrücke erhalten. Durch Anwendung der Regel von l'Hospital ergibt sich für $n = 0$:

$$U_{0,l+1} = U_{0,l} + \frac{2\Delta z}{(\Delta r)^2} \frac{d_{\mathrm{Kat}}}{Pe_r} \cdot (U_{1,l} - U_{0,l}) - \frac{\nu_i \cdot r_e(c_i) \cdot A_{\mathrm{R}}}{\dot{n}_{i,0}} \Delta z \tag{8.252}$$

bzw.

$$T_{0,l+1} = T_{0,l} + \frac{2\Delta z}{(\Delta r)^2} \frac{\lambda_{\mathrm{e},r} \cdot A_{\mathrm{R}}}{\dot{m} c_p} \cdot (T_{1,l} - T_{0,l}) + \frac{r_{\mathrm{e}} \cdot (-\Delta_{\mathrm{R}} H) \cdot A_{\mathrm{R}}}{\dot{m} c_p} \Delta z. \tag{8.253}$$

Die Ergebnisse einer solchen Berechnung für eine exotherme Gleichgewichtsreaktion (SO_2-Oxidation [63]) in einem von außen gekühlten Festbettreaktor sind in den Abb. 8.35 und 8.36 dargestellt. Der Umsatzgrad ist natürlich bei $r = 0$ (Rohrachse) höher als an der Rohrwand. Aus Abb. 8.35 geht hervor, dass die Temperatur in axialer Richtung ein Maximum erreicht, um dann bei weiterem Fortschreiten in axialer Richtung wieder ab-

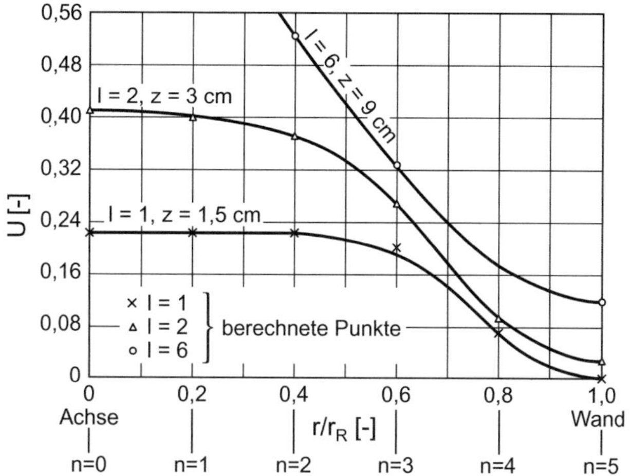

Abb. 8.36 Umsatzgradprofile als Funktion des Radius und der Reaktorlänge [63]

zunehmen, da die in radialer Richtung in der Zeiteinheit abgeführte Wärmemenge größer ist als die durch chemische Reaktion erzeugte.

Die mittleren Temperaturen und die mittleren Umsatzgrade erhält man für jeden Querschnitt des Reaktors durch grafische Integration der radialen Temperatur- und Konzentrationsprofile. Die mittlere Temperatur $\overline{T}$ über den Radius in einem bestimmten Querschnitt des Reaktors ist gegeben durch (s. Abb. 8.36):

$$\overline{T} = \frac{\int_0^{r_R} \dot{m} c_p T \cdot 2\pi r \, dr}{\dot{m}\overline{c}_p \cdot r_R^2 \pi} = \frac{2\int_0^{r_R} T c_p \cdot r \, dr}{\overline{c}_p \cdot r_R^2} = \frac{2}{\overline{c}_p} \int_0^5 T c_p \cdot n \, dn. \tag{8.254}$$

In ähnlicher Weise erhält man den mittleren Umsatzgrad $\overline{U}$ in einem bestimmten Querschnitt des Reaktors (s. Abb. 8.36):

$$\overline{U} = \frac{2\int_0^{r_R} U \cdot r \, dr}{r_R^2} = 2 \int_0^5 U \cdot n \, dn. \tag{8.255}$$

Trägt man also $Tc_p \cdot n$ und $U \cdot n$, wobei T und U aus den Temperatur- und Umsatzprofilen für einen bestimmten Reaktorquerschnitt entnommen werden, gegen n auf, so sind die Flächen unter den Kurven gleich den auf den rechten Seiten der Gl. 8.254 und 8.255 stehenden Integralen.

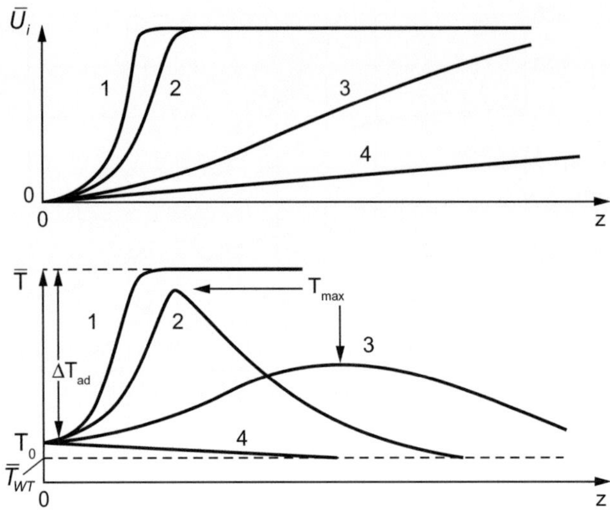

Abb. 8.37 Qualitativer Verlauf des mittleren Umsatzgrades und der mittleren Temperatur als Funktion von z für eine exotherme Reaktion in einem Festbettreaktor: 1 adiabate Reaktionsführung, 2 geringe, 3 starke und 4 sehr starke Kühlung

Es ergibt sich für eine exotherme Reaktion bei konstanter Kühlmitteltemperatur $\overline{T}_{\mathrm{WT}}$ ein Verlauf des mittleren Umsatzgrads $\overline{U}$ und der mittleren Temperatur $\overline{T}$ als Funktion von z, wie er qualitativ in Abb. 8.37 dargestellt ist.

Aus Abb. 8.37 lässt sich unmittelbar die Reaktorlänge $z = L$ ablesen, die zur Erzielung eines geforderten mittleren Umsatzgrades erforderlich ist. Die hierfür benötigte Katalysatormenge m_{Kat} ist dann:

$$m_{\mathrm{Kat}} = r_{\mathrm{R}}^2 \pi L \rho_{\mathrm{Schütt}}. \tag{8.256}$$

8.2.3.2 Wirbelschichtreaktoren

Wirbelschichtreaktoren (Fließbettreaktoren) werden in der Technik fast ausschließlich bei *Gas-Feststoff-Reaktionssystemen* verwendet, wobei der Feststoff entweder ein Reaktionspartner (Edukt), ein Katalysator oder auch ein fester Wärmeträger sein kann. Solche Wirbelschichtreaktoren haben nicht selten Durchmesser von 3 bis 10 m, so z. B. in den katalytischen Crackanlagen der petrochemischen Industrie. Anwendungsbeispiele aus dem Bereich der heterogen katalysierten Gasreaktionen sind das katalytische Cracken, die Herstellung von Acrylnitril, von Ethylendichlorid und o-Phthalsäureanhydrid. Beispiele aus dem Gebiet der nicht katalysierten Gas-Feststoff-Reaktionen sind die Verbrennung und Vergasung von Kohle, die Verbrennung von Müll und Industrierückständen, das Kalzinieren von Kalkstein und Tonerdehydrat sowie das Rösten sulfidischer Erze (Pyrit, Zinkblende). Flüssigkeits-/Feststoff-Wirbelschichten können eingesetzt werden in der elektrochemischen Verfahrenstechnik und besonders in der Biotechnologie, wo Enzyme und Zellen auf inerten festen Trägern immobilisiert werden.

Eine leicht überschaubare Übersicht über Wirbelschichtreaktoren und Wirbelschichtverfahren geben Enzyklopädien der technischen Chemie, z. B. [64–66], ausführliche Informationen vermitteln entsprechende Monografien [67–71].

Entstehung von Wirbelschichten und Wirbelschichtzustände

Strömt ein Gas oder eine Flüssigkeit entgegen der Richtung der Schwerkraft durch eine Schicht aus feinkörnigen Feststoffpartikeln ($d_P = 0{,}1$ bis 10 mm) und kann sich diese Schicht nach oben ausdehnen, so bilden sich, je nach der Strömungsgeschwindigkeit des Fluids, verschiedene technisch interessante Zustände aus (s. Abb. 8.38):

a) Bei niedriger Strömungsgeschwindigkeit bleiben die Feststoffpartikel in Ruhe und der Druckabfall innerhalb der Schicht steigt mit zunehmendem Fluiddurchsatz an. Es liegt der Zustandsbereich des Festbettes vor (s. Abschn. 8.2.3.1).
b) Mit weiterer Steigerung der Strömungsgeschwindigkeit u werden bei einem Grenzwert $u = u_{mf}$ die Feststoffpartikel leicht gegeneinander verschiebbar, sodass die Fluid/Feststoffschicht einen flüssigkeitsähnlichen Zustand annimmt und die so genannte *homogene Wirbelschicht* bildet (Abb. 8.38, 2). Dieser Zustand wird dadurch erreicht, dass die auf jedes Partikel wirkende Schwerkraft minus Auftriebskraft durch die entgegengesetzt

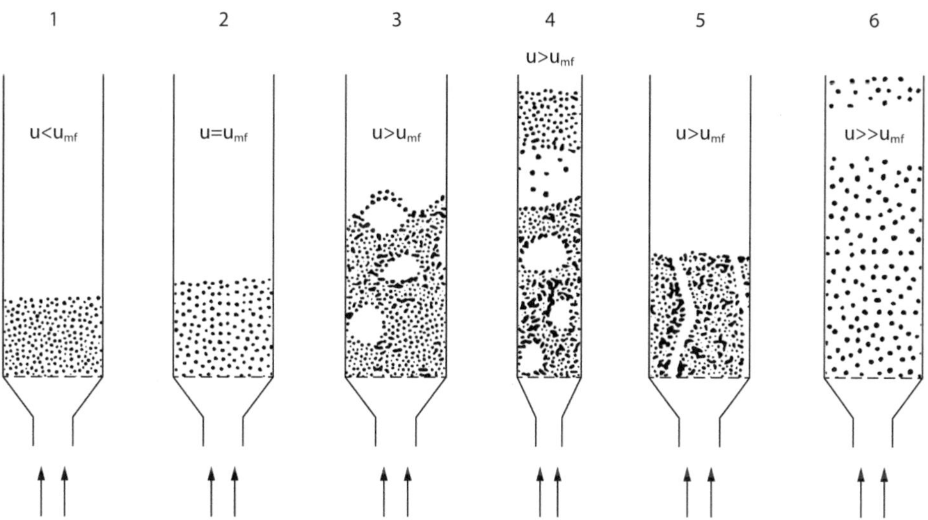

Abb. 8.38 Strömungszustände in der Wirbelschicht: 1 ruhende Schüttung (Festbett) $u < u_{mf}$; 2 Wirbelschicht bei Lockerungsgeschwindigkeit $u = u_{mf}$; 3 blasenbildende Wirbelschicht, $u > u_{mf}$; 4 stoßende Wirbelschicht, $u > u_{mf}$; 5 Kanalbildung in der Wirbelschicht, $u > u_{mf}$; 6 pneumatischer Transport (Feststoffaustrag), $u \gg u_{mf}$

gerichtete Reibungskraft zwischen strömendem Fluid und Partikel aufgehoben wird. Die Grenzgeschwindigkeit u_{mf} wird als Minimalfluidisationsgeschwindigkeit oder Lockerungsgeschwindigkeit, der dadurch gegebene Zustand auch als Lockerungspunkt bezeichnet. Diese Lockerungsgeschwindigkeit (auf Leerrohr bezogen) kann z. B. unter Verwendung einer empirischen Beziehung von Ergun berechnet werden:

$$u_{mf} = 42{,}9 \cdot \frac{\nu(1-\varepsilon_{mf})}{d_P \psi_P} \left[\sqrt{1 + 3{,}11 \cdot 10^{-4} \frac{\varepsilon_{mf}^3 (\psi_P \cdot d_P)^3 g(\rho_P - \rho_{fl})}{(1-\varepsilon_{mf})^2 \nu^2 \cdot \rho_{fl}}} - 1 \right] \; [\mathrm{m/s}]. \tag{8.257}$$

Es bedeuten: ν [m²/s] = kinematische Viskosität des Fluids, ε_{mf} [–] = relatives Kornzwischenraumvolumen am Lockerungspunkt, d_P [m] = Partikeldurchmesser, Ψ_P [–] = Sphärizität des Partikels, ρ_P bzw. ρ_f [kg/m³] = Dichte des Partikels bzw. Fluids.

Die Sphärizität ist wie folgt definiert:

$$\psi_P = \frac{\pi}{A_P} \cdot \left(\frac{6}{\pi} V_P \right)^{2/3}. \tag{8.258}$$

Es bedeuten: A_P [m²] = äußere Oberfläche des Partikels, V_P [m³] = Volumen des Partikels.

Erhöht man die Strömungsgeschwindigkeit des Fluids über u_{mf} hinaus, so expandiert die Wirbelschicht ohne weiteren Druckanstieg.

c) Mit weiter steigender Strömungsgeschwindigkeit wird bei Gas-Feststoff-Wirbelschichten die Verteilung von Feststoffpartikeln und Gas zunehmend immer unregelmäßiger. Es bilden sich Blasen und sich ständig ändernde Bereiche höherer und niedrigerer Feststoffkonzentration. Feststoff und Gas werden intensiv durchmischt (*blasenbildende Wirbelschicht* Abb. 8.38, 3).
d) Die Inhomogenität von Gas-Feststoff-Wirbelschichten erhöht sich mit weiter zunehmender Strömungsgeschwindigkeit immer mehr, bis die Blasen so groß werden, dass sie – insbesondere bei hohen schlanken Reaktorformen – den ganzen Reaktorquerschnitt ausfüllen und in Kolbenform durch die Schicht stoßen (*stoßende Wirbelschicht* Abb. 8.38, 4).
e) Überschreitet die Fluidgeschwindigkeit schließlich die freie Sinkgeschwindigkeit der Teilchen, so werden diese ausgetragen (*pneumatischer Transport* Abb. 8.38, 6).

Eigenschaften von Wirbelschichten

Charakteristische Eigenschaften der Wirbelschichtreaktoren sind die gleichmäßige Feststoff- und einheitliche Temperaturverteilung innerhalb der gesamten Wirbelschicht, eine

Folge der intensiven radialen und axialen Feststoffvermischung. Radiale Temperaturgradienten, die in einem von außen gekühlten oder beheizten Festbettreaktor eine große Rolle spielen können, sind in einem Wirbelschichtreaktor vernachlässigbar.

Ein weiterer Vorteil des Wirbelschichtreaktors ist, dass kleinere Feststoffpartikel ($d_P = d_{\text{Kat}} \approx$ 10–800 µm) verwendet werden können, ohne dass man deshalb einen hohen Druckverlust in Kauf nehmen muss; die Katalysatorpartikel besitzen daher in der Wirbelschicht eine viel größere äußere Oberfläche pro Masseneinheit des Feststoffes als z. B. in einem Festbettreaktor. Bei nicht porösen Feststoffen resultiert daraus eine größere effektive Reaktionsgeschwindigkeit (pro Masseneinheit des Feststoffes); außerdem sind die Einflüsse innerer Transportvorgänge bei porösen Partikeln wegen der kleineren Partikeldurchmesser meist vernachlässigbar. Schließlich sind auch die Wärmeübergangskoeffizienten zwischen einer Wirbelschicht und festen Wärmeaustauschflächen, etwa in die Wirbelschicht eingetauchten Rohren, Rohrbündeln und Platten, oder einem die Wirbelschicht umgebenden Mantel, um ein Mehrfaches größer als in einem Festbett; sie betragen etwa 150–300 W/(m^2 K) (abhängig von der Teilchengröße, der Art des Gases und des Feststoffs sowie von der Strömungsgeschwindigkeit). Der Wärmeübergangskoeffizient steigt vom Lockerungspunkt aus mit zunehmender Gasgeschwindigkeit zunächst sprunghaft an, erreicht ein Maximum und fällt dann mit zunehmender Auflockerung der Wirbelschicht wieder ab.

Außer den oben erwähnten Eigenschaften bietet ein Wirbelschichtreaktor auch die Möglichkeit, einen Feststoff (Reaktionspartner oder Katalysator) zu transportieren, sei es, um einen Feststoff kontinuierlich umzusetzen oder um einen Katalysator zur Regenerierung oder zum Wärmeaustausch in einen äußeren Wärmeaustauscher im Kreislauf zu führen.

Den geschilderten vorteilhaften Eigenschaften des Wirbelschichtreaktors stehen aber auch mehr oder weniger schwerwiegende Nachteile gegenüber, so die uneinheitliche Verweilzeitverteilung des Gases infolge von Dispersion und Bypass in Blasen sowie die uneinheitliche Verweilzeitverteilung des Feststoffes durch Rückvermischung, wenn dieser kontinuierlich durchgesetzt wird. Die starke Bettbewegung kann zu Erosion der Gefäßwände und zum Abrieb der Feststoffteilchen führen. Schließlich bereitet auch die Maßstabvergrößerung von Labor- oder Technikumsreaktoren auf technische Dimensionen Schwierigkeiten [73], ebenso die mathematische Modellierung [74].

Mathematische Modellierung von Wirbelschichtreaktoren (Stoffbilanz)

Zur Beschreibung des Betriebsverhaltens von Wirbelschichtreaktoren wird in der Literatur eine Vielzahl von mathematischen Modellen herangezogen. Ausführliche zusammenfassende Literaturübersichten hierüber findet man in [67–72]. Den weitaus größten Teil kann man zwei Klassen zuordnen, nämlich den so genannten „*einfachen Zweiphasenmodellen*" und den „*Blasenmodellen*" [75].

Das bekannteste *Blasenmodell* ist dasjenige von *Kunii und Levenspiel* [76], in dem die Wirbelschicht modellmäßig reduziert wird auf eine Gasblase, die in der Wirbelschicht aufsteigt. Während dieser Zeit findet der Stoffaustausch zwischen der Gasblase und der Suspensionsphase, in der sich der fluidisierte Feststoff befindet statt. Damit bei einer Gas-Feststoff-Reaktion (Feststoff entweder Katalysator oder Reaktionspartner) eine Umsetzung erfolgen kann, muss das Reaktionsgas aus der Blasenphase in die Suspensionsphase gelangen. Bei dem Blasenmodell von Kunii und Levenspiel wird dabei die lokale Fluiddynamik der Gasblase berücksichtigt: Wegen des Druckverlaufs im Nahbereich der Gasblase tritt im oberen Teil Gas aus der Gasblase in die Suspensionsphase aus und am unteren Teil der Gasblase wieder ein. Die Zirkulationsströmung bildet einen Bereich, der als Blasenkorona („Cloud Phase“) bezeichnet wird. Außerhalb der Blasenkorona befindet sich dann die Suspensionsphase, in der der Feststoff homogen verteilt ist. Der Feststoffanteil steigt von der Blasen-, über die Cloud-, zur Suspensionsphase. Der Feststoffanteil in der Blasenphase kann meist vernachlässigt werden. Im Blasenmodell wird dann der Stofftransport zwischen Blasen- und Cloud-Phase sowie zwischen Cloud- und Suspensionsphase berücksichtigt sowie die Reaktion in den jeweiligen Phasen. Entsprechend erhält man dann am Reaktorausgang eine Abnahme der Konzentration an Edukt und eine Zunahme der Konzentration an Produkt in der Gasblase. Gegen dieses Modell lässt sich vor allem einwenden, dass es annimmt, in einer Wirbelschicht würden unbeeinflusst voneinander einzelne Blasen aufsteigen. Tatsächlich jedoch finden Wechselwirkungen zwischen den Blasen statt, die zu Koaleszenzen führen. Da für den Koaleszenzvorgang eine definierte Zeitspanne erforderlich ist, lässt sich aus gemessenen Koaleszenzraten berechnen, dass bei höheren Gasgeschwindigkeiten der überwiegende Teil der in der Wirbelschicht befindlichen Blasen an Koaleszenzvorgängen beteiligt ist. Diese strömungsmechanischen Wechselwirkungen zwischen den Blasen haben zur Folge, dass durch sie der Gasaustausch zwischen Blasen- und Suspensionsphase, verglichen mit der isoliert aufsteigenden Einzelblase, wesentlich erhöht wird [74]. Das Kunii/Levenspiel-Modell entspricht daher, wie auch alle anderen Blasenmodelle, nicht der Wirklichkeit; schließlich gibt es gegenwärtig auch keine zuverlässige Möglichkeit, den „effektiven“ Blasendurchmesser d_B auf andere Weise als durch Anpassung zu bestimmen, sodass dieses Modell im Zusammenhang mit dem Problem der Maßstabsvergrößerung ungeeignet ist.

Die zweite große Gruppe der Wirbelschichtreaktormodelle, die „*einfachen Zweiphasenmodelle*“ ersetzen die Wirbelschicht durch zwei parallel geschaltete Einphasenreaktoren, zwischen denen ein Stoffaustausch durch Kreuzstrom erfolgt (s. Abb. 8.39). Diese Vorstellung liegt den Modellen von May [77, 78] und van Deemter [79] zugrunde, welche von Sitzmann, Werther, Böck und Emig [80–83] erweitert wurden.

Im Folgenden soll auf das von den zuletzt genannten Autoren konzipierte Wirbelschichtreaktor-Modell näher eingegangen werden. Bei dessen Formulierung wurden folgende Annahmen zugrunde gelegt:

1. In Blasen- und Suspensionsphase liegt Kolbenströmung vor, d. h., es erfolgt keine Rückvermischung.

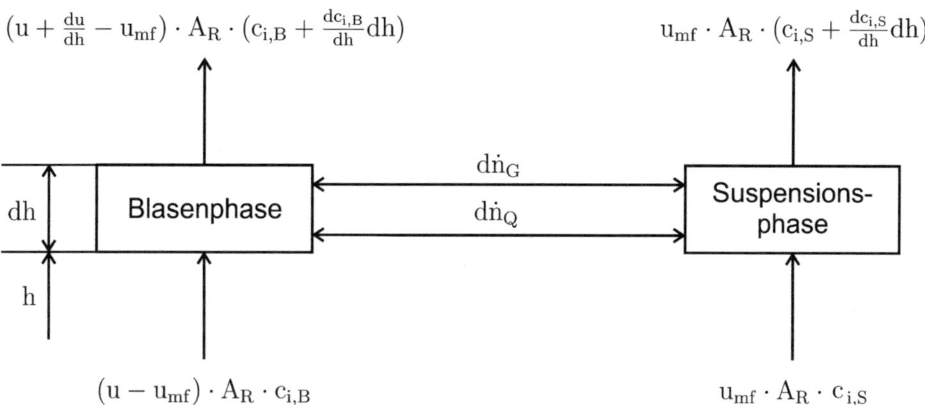

$d\dot{n}_G = k_G \cdot a_V(c_{i,S} - c_{i,B})dV$
für $k_Q < 0$ gilt (Gasstrom von Blasen- in Suspensionphase):
$d\dot{n}_Q = k_Q \cdot c_{i,B} \cdot dV$
für $k_Q > 0$ gilt (Gasstrom von Suspensions- in Blasenphase):
$d\dot{n}_Q = k_Q \cdot c_{i,S} \cdot dV$
$(dV = A_R \cdot dh)$

Abb. 8.39 Zweiphasenmodell der Wirbelschicht nach Werther et al. [80–83]

2. Die Suspensionsphase wird stets mit einer Gasgeschwindigkeit entsprechend der Minimalfluidisationsgeschwindigkeit u_{mf} durchströmt.
3. Wenn infolge der stattfindenden Reaktion(en) eine Änderung der Stoffmenge und damit eine Volumenänderung erfolgt, so ändert sich auch die Gasgeschwindigkeit u (bezogen auf den Rohrquerschnitt). Mit Annahme 2 bedeutet dies, dass die Überschussgasgeschwindigkeit $(u - u_{mf})$ eine Funktion der Höhe ist.
4. Infolge des Druckabfalls längs der Wirbelschicht ergibt sich eine Erhöhung der Gasgeschwindigkeit mit zunehmender Höhe über dem Verteilerboden. Daraus folgt wieder eine Abhängigkeit der Überschussgasgeschwindigkeit $(u - u_{mf})$ von der Höhe. (Dieser Effekt wirkt sich in der Praxis nur bei sehr hohen Wirbelschichten aus, nicht bei Laborwirbelschichtreaktoren.)
5. Für die spezifische Stoffaustauschfläche $a_V = a_V(h)$ [m^2/m^3] und den Blasengas-Holdup $\varepsilon_B = \varepsilon_B(h)$ sind örtliche Werte einzusetzen. Der Blasengas-Holdup ist definiert als das Gesamtvolumen der Blasen V_B bezogen auf das Gesamtvolumen der Wirbelschicht:

$$\varepsilon_B = \frac{V_B}{V}.$$

6. Die Reaktion findet ausschließlich in der Suspensionsphase statt.

Das Zweiphasenmodell von Werther et al. [80–83] für die Bilanzierung eines Reaktanden A_i in einem differenziellen Volumenelement $\mathrm{d}V = A_\mathrm{R} \cdot \mathrm{d}h$ eines Wirbelschichtreaktors ist in Abb. 8.39 dargestellt. A_R ist die Querschnittsfläche des Reaktors, $c_{i,\mathrm{B}}$ und $c_{i,\mathrm{S}}$ sind die Konzentrationen von A_i in der Blasen- bzw. Suspensionsphase, u ist die Gasgeschwindigkeit, u_mf ist die Gasgeschwindigkeit am Lockerungspunkt, beide jeweils bezogen auf den Querschnitt A_R des leeren Reaktors, $\dot{n}_\mathrm{G}$ ist der infolge der Konzentrationsdifferenz $(c_{i,\mathrm{S}} - c_{i,\mathrm{B}})$ diffusiv ausgetauschte Stoffmengenstrom (k_G Stoffdurchgangskoeffizient), während $\dot{n}_\mathrm{Q}$ den infolge der Volumenänderung durch die Reaktion konvektiv ausgetauschten Stoffmengenstrom zwischen Suspensions- und Blasenphase berücksichtigt.

Im Folgenden werden die Bilanzgleichungen für die Blasen- bzw. Suspensionsphase nur für den Fall des Gasstroms von der Suspensions- in die Blasenphase behandelt ($k_\mathrm{Q} > 0$).

Für die *Blasenphase* gilt gemäß der Stoffmengenströme der Abb. 8.39 und unter Berücksichtigung, dass in der Blasenphase keine Reaktion stattfindet folgende Stoffbilanz:

$$\frac{\mathrm{d}c_{i,\mathrm{B}}}{\mathrm{d}h} = \frac{-c_{i,\mathrm{B}}}{(u-u_\mathrm{mf})}\left(\frac{\mathrm{d}u}{\mathrm{d}h}\right) + \frac{k_\mathrm{Q} \cdot c_{i,\mathrm{S}}}{(u-u_\mathrm{mf})} + \frac{k_\mathrm{G} \cdot a_V (c_{i,\mathrm{S}} - c_{i,\mathrm{B}})}{(u-u_\mathrm{mf})}. \tag{8.259}$$

Für die *Suspensionsphase* ergibt sich analog, allerdings nun unter Berücksichtigung der ablaufenden Reaktion:

$$\frac{\mathrm{d}c_{i,\mathrm{S}}}{\mathrm{d}h} = -\frac{k_\mathrm{Q}}{u_\mathrm{mf}} \cdot c_{i,\mathrm{S}} - \frac{k_\mathrm{G} \cdot a_V}{u_\mathrm{mf}} \cdot (c_{i,\mathrm{S}} - c_{i,\mathrm{B}}) + \frac{1}{u_\mathrm{mf}}\left(\frac{\mathrm{d}m_\mathrm{Kat}}{\mathrm{d}V}\right) \cdot \sum_{j=1}^{M} \left(\nu_{i,j} \cdot r_{j,m,\mathrm{e}}\right). \tag{8.260}$$

Für die Lösung der beiden Bilanzgleichungen Gl. 8.259 und 8.260 sind Korrelationen für die Stofftransportkoeffizienten k_Q und k_G sowie eine Gleichung für $\mathrm{d}u/\mathrm{d}h$ notwendig. Hierauf soll im Folgenden kurz eingegangen werden.

Für die Katalysatormasse m_Kat gilt im differenziellen Volumenelement:

$$\frac{\mathrm{d}m_\mathrm{Kat}}{\mathrm{d}h} = A_\mathrm{R} \rho_\mathrm{Kat} \varepsilon_\mathrm{Kat} \tag{8.261}$$

mit

$$\varepsilon_\mathrm{Kat} = (1-\varepsilon_\mathrm{B}) \cdot (1-\varepsilon_\mathrm{mf}). \tag{8.262}$$

Der Druckverlust längs der Höhe der Wirbelschicht ist

$$\frac{\mathrm{d}p}{\mathrm{d}h} = -\rho_\mathrm{Kat} \varepsilon_\mathrm{Kat} g. \tag{8.263}$$

Der gesamte Stoffstrom $\dot{n}$ erfährt im Volumenelement dV eine Änderung infolge der chemischen Reaktionen:

$$\frac{\mathrm{d}\dot{n}}{\mathrm{d}h} = A_{\mathrm{R}} \rho_{\mathrm{Kat}} \varepsilon_{\mathrm{Kat}} \cdot \sum_{j=1}^{M} \left(r_{j,m,\mathrm{e}} \sum_{i=1}^{N} \nu_{i,j} \right). \tag{8.264}$$

Mithilfe des auf den Stoffstrom $\dot{n}$ angewandten idealen Gasgesetzes

$$p\dot{V} = \dot{n}RT \tag{8.265}$$

erhält man nach Ableiten mit der Produktregel:

$$\frac{\mathrm{d}\dot{n}}{\mathrm{d}h} = \frac{1}{RT} \cdot \left(\frac{\mathrm{d}p}{\mathrm{d}h} \cdot \dot{V} + \frac{\mathrm{d}\dot{V}}{\mathrm{d}h} p \right). \tag{8.266}$$

Setzt man noch

$$\dot{V} = A_{\mathrm{R}} \cdot u$$

ein und löst nach dem gesuchten Term du/dh auf, erhält man:

$$\frac{\mathrm{d}u}{\mathrm{d}h} = \frac{1}{A_{\mathrm{R}}} \cdot \frac{RT}{p} \cdot \frac{\mathrm{d}\dot{n}}{\mathrm{d}h} - \frac{u}{p} \cdot \frac{\mathrm{d}p}{\mathrm{d}h}. \tag{8.267}$$

Mit Gl. 8.263 und 8.264 kann Gl. 8.267 herangezogen werden, um bei der numerischen Integration der Stoffbilanzen die Gasgeschwindigkeit für eine differenzielle Änderung der Höhe zu berechnen.

Im Folgenden soll nun auf die Berechnung des Stofftransportparameters k_{Q} eingegangen werden.

Aufgrund der Annahme 2, wonach die Suspensionsphase stets mit der Minimalfluidisationsgeschwindigkeit u_{mf} durchströmt wird, muss bei einer Reaktion mit Volumenzunahme ein Volumenstrom von der Suspensionsphase in die Blasenphase erfolgen, bei einer Reaktion mit Volumenverminderung dagegen in umgekehrter Richtung. Dieser Volumenstrom beträgt in einem differenziellen Volumenelement des Reaktors:

$$\mathrm{d}\dot{V}_{\mathrm{Q}} = k_{\mathrm{Q}} \cdot A_{\mathrm{R}} \cdot \mathrm{d}h. \tag{8.268}$$

Aus der Stoffbilanz der Suspensionsphase für das differenzielle Volumenelement (vgl. Abb. 8.39)

$$\mathrm{d}\dot{n}_\mathrm{Q} = \dot{n}_\mathrm{S} - (\dot{n}_\mathrm{S} + \mathrm{d}\dot{n}_\mathrm{S}) + A_\mathrm{R} \cdot \mathrm{d}h \cdot \rho_\mathrm{Kat}\varepsilon_\mathrm{Kat} \cdot \sum_{j=1}^{M} \left(r_{j,m,\mathrm{e}} \sum_{i=1}^{N} \nu_{i,j} \right) \tag{8.269}$$

ergibt sich mit dem idealen Gasgesetz angewandt auf $\dot{n}_\mathrm{Q}$

$$\dot{n}_Q = \frac{\dot{V}_Q \cdot p}{RT} \tag{8.270}$$

für den Stofftransportkoeffizienten k_Q:

$$k_\mathrm{Q} = -\frac{1}{A_\mathrm{R}} \cdot \frac{RT}{p} \cdot \left(\frac{\mathrm{d}\dot{n}_\mathrm{S}}{\mathrm{d}h} \right) + \frac{RT}{p} \rho_\mathrm{Kat}\varepsilon_\mathrm{Kat} \cdot \sum_{j=1}^{M} \left(r_{j,m,\mathrm{e}} \sum_{i=1}^{N} \nu_{i,j} \right). \tag{8.271}$$

Wendet man auch auf $\dot{n}_\mathrm{S}$ das ideale Gasgesetz und differenziert mithilfe der Produktregel, dann erhält man analog zu Gl. 8.266

$$\frac{\mathrm{d}\dot{n}_\mathrm{S}}{\mathrm{d}h} = \frac{1}{RT} \cdot \left(\frac{\mathrm{d}p}{\mathrm{d}h} \cdot \dot{V}_\mathrm{S} + \frac{\mathrm{d}\dot{V}_\mathrm{S}}{\mathrm{d}h} p \right), \tag{8.272}$$

wobei wegen Annahme 2 gilt:

$$\frac{\mathrm{d}\dot{V}_\mathrm{S}}{\mathrm{d}h} = 0. \tag{8.273}$$

Setzt man Gl. 8.272 unter Berücksichtigung von Gl. 8.273 in Gl. 8.271 ein, erhält man die Endgleichung:

$$k_\mathrm{Q} = -\frac{u_\mathrm{mf}}{p} \cdot \frac{\mathrm{d}p}{\mathrm{d}h} + \frac{RT}{p} \rho_\mathrm{Kat}\varepsilon_\mathrm{Kat} \cdot \sum_{j=1}^{M} \left(r_{j,m,\mathrm{e}} \sum_{i=1}^{N} \nu_{i,j} \right). \tag{8.274}$$

$\mathrm{d}p/\mathrm{d}h$ kann gemäß Gl. 8.263 berechnet werden.

Der Stoffdurchgangskoeffizient k_G kann über Kennzahlengleichungen ermittelt werden [83].

Aus den vorstehenden Gleichungen ersieht man, dass die mathematische Modellierung von Wirbelschichtreaktoren – trotz vereinfachender Annahmen – recht kompliziert ist. Zur Beschreibung der Strömungsmechanik sind noch Korrelationen für die Blasengröße, den sichtbaren Blasengasstrom, die Blasenaufstiegsgeschwindigkeit, die örtliche spezifische Stoffaustauschfläche sowie den örtlichen Blasengas-Holdup notwendig. Diese Angaben sollen hier nicht im Einzelnen aufgeführt, sondern nur auf die entsprechende Literatur verwiesen werden (Werther [84, 85]).

Das oben abgeleitete Differenzialgleichungssystem für die Blasen- und Suspensionsphase Gl. 8.259 und Gl. 8.260 muss numerisch gelöst werden. Eine ausführliche Beschreibung der numerischen Lösung wird in [86] gegeben. Es zeigte sich, dass Messungen in einem Laborwirbelschichtreaktor mithilfe dieses Modells gut beschrieben werden können [81, 82].

8.3 Fluid-Fest-Reaktionen

Von den Reaktionen, an denen Reaktanden in verschiedenen Phasen beteiligt sind, haben diejenigen, die zwischen fluiden und festen Reaktionspartnern stattfinden, größte Bedeutung in der industriellen anorganischen Chemie und in der metallurgischen Industrie. Soweit sie nicht unter die heterogen katalysierten Reaktionen fallen (s. Abschn. 8.2), können sie allgemein folgendermaßen formuliert werden:

$$A_1\,(\text{fluid}) + |\nu_2|\,A_2\,(\text{fest}) \rightarrow |\nu_3|\,A_3\,(\text{fest}) + |\nu_4|\,A_4\,(\text{fluid}). \tag{8.275}$$

Beispiele für solche nichtkatalysierten Fluid-Fest-Reaktionen gemäß Gl. 8.275 können Tab. 8.3 entnommen werden. Bei den ersten vier in Tab. 8.3 aufgeführten Prozessen werden feste Reaktionsprodukte gebildet, sodass die ursprünglichen Feststoffteilchen durch eine andere feste Phase ersetzt werden. In den letzten drei in Tab. 8.3 aufgeführten Prozessen wird die feste Phase unter Bildung fluider Reaktionsprodukte verbraucht. In allen Fällen ändert sich die Größe der für die Reaktion zur Verfügung stehenden Oberfläche mit fortschreitender Reaktion. Damit ändert sich auch die (auf das Reaktionsvolumen bezogene) effektive Reaktionsgeschwindigkeit. Die Berechnung von Reaktoren für nichtkatalysierte heterogene Reaktionen kann in komplexen Systemen, so z. B. in einem Hochofen, recht schwierig sein. Es gibt jedoch eine Vielzahl anderer Systeme, in welchen

Tab. 8.3 Beispiele für nichtkatalysierte Fluid-Fest-Reaktionen

Prozess	A_1 (fluid)	A_2 (fest)	A_3 (fest)	A_4 (fluid)
Rösten sulfidischer Erze	O_2	ZnS/FeS_2	ZnO/Fe_2O_3	SO_2
Reduktion oxidischer Erze	CO/H_2	Fe_2O_3	Fe	CO_2/H_2O
Herstellung von Calciumcyanamid (Kalkstickstoff) aus Calciumcarbid	N_2	CaC_2	CaNCN + C	–
Wasserenthärtung mittels Ionentauscher	$CaCO_3$ (aq)	NaR	CaR_2	Na_2CO_3 (aq)
Verbrennung kohlenstoffhaltiger Brennstoffe	O_2	C	–	$CO + CO_2$
Herstellung von Schwefelkohlenstoff	S	C	–	CS_2
Herstellung von Natriumthiosulfat	Na_2SO_3 (aq)	S	–	$Na_2S_2O_3$ (aq)

wesentlich einfachere Verhältnisse vorliegen. Für derartige Fälle können relativ einfache mathematische Modelle aufgestellt werden, die den tatsächlichen Vorgang gut beschreiben.

Zur quantitativen Beschreibung nichtkatalysierter Reaktionen zwischen festen und fluiden Stoffen wird häufig das „*Modell mit schrumpfendem Feststoffkern*" (unreacted core oder shrinking core model) herangezogen [87, 88]. Bei diesem Modell wird angenommen, dass die Reaktion an der äußeren Schicht des Feststoffs beginnt und dass anschließend die Reaktionszone in den Feststoff hineinwandert, während eine Schicht aus vollständig umgesetztem Material und eventuell vorhandenem inertem Feststoff zurückbleibt. Diese Schicht soll kurz als festes Reaktionsprodukt bezeichnet werden. Zu jedem Zeitpunkt während des Reaktionsablaufs ist nach diesem Modell also eine nicht umgesetzte Feststoffschicht bzw. bei kugelförmigen Teilchen ein nicht abreagierter Feststoffkern vorhanden (vgl. Abb. 8.40). Die Größe des nicht umgesetzten Feststoffkerns verringert sich im Verlauf der Reaktion. Die Anwendung dieses Modells ist dann gerechtfertigt, wenn die Porosität des noch nicht umgesetzten Feststoffs sehr klein, dieser also praktisch undurchlässig für den fluiden Reaktionspartner ist; in diesem Fall, der sehr häufig

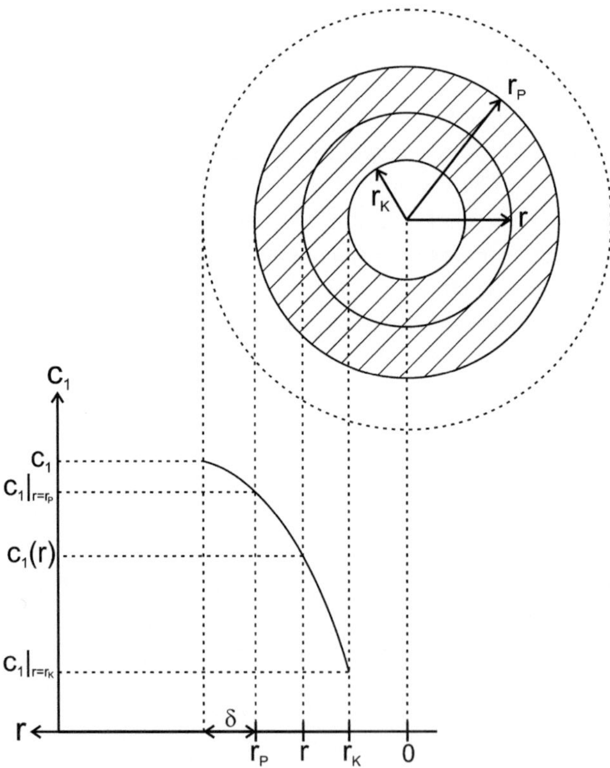

Abb. 8.40 Schematische Darstellung des Konzentrationsprofils in einem kugelförmigen Teilchen nach dem Modell mit schrumpfendem Feststoffkern

ist, findet die Reaktion an der Oberfläche des Feststoffs bzw. nachher an der Grenzfläche zwischen dem nicht umgesetzten Feststoffkern und der mehr oder weniger porösen Produktschicht statt. Ein anderer Fall, für den dieses Modell anwendbar ist, liegt dann vor, wenn die chemische Reaktion sehr schnell abläuft und dadurch die Reaktionszone eng begrenzt ist auf eine dünne Schicht zwischen dem nicht umgesetzten Feststoff und dem festen Reaktionsprodukt.

In manchen Fällen ist jedoch der feste Reaktionspartner so porös, dass die fluiden Reaktionspartner frei in das Innere des Feststoffs hineindiffundieren können; dann ist die Annahme berechtigt, dass die Reaktion zwischen festem und fluidem Stoff zu jedem Zeitpunkt *im ganzen Feststoff* stattfindet, wahrscheinlich jedoch mit verschiedenen Geschwindigkeiten an verschiedenen Stellen des Teilchens. Der Feststoff wird so kontinuierlich und gleichzeitig fortschreitend im ganzen Teilchen umgesetzt. Ein Modell, das auf diesen Voraussetzungen beruht, wird als „*homogenes Modell*" (homogeneous oder continuous-reaction model) bezeichnet.

Die Voraussetzungen, die den beiden erwähnten Modellen zugrunde liegen, lassen erkennen, dass diese Modelle Grenzfälle darstellen, sodass keines die tatsächlichen Vorgänge bei Fluid-Fest-Reaktionen in jedem Fall erschöpfend beschreiben kann.

8.3.1 Kinetische Modellierung

Im Folgenden soll nur das „*Modell mit schrumpfendem Feststoffkern*" diskutiert werden, da dieses leicht mathematisch zu behandeln ist und viele reale Systeme recht gut beschreibt. Auf ein allgemeines Modell, welches den ganzen Bereich von Reaktionsbedingungen umspannt, sei hingewiesen [89]. Die Ableitung und Lösung wurde für kugelförmige Teilchen [90] und für Feststoffe mit ebenen Begrenzungsflächen [91, 92] angegeben.

Wir nehmen eine Fluid-Feststoff-Reaktion gemäß Gl. 8.275 an. Beim Modell mit schrumpfendem Feststoffkern erfolgen während der Umsetzung fünf Teilvorgänge hintereinander (s. Abb. 8.40):

1. Diffusion des fluiden Edukts A_1 durch den Fluidgrenzfilm, der das Partikel umgibt.
2. Diffusion von A_1(fluid) durch die Schicht des gebildeten Reaktionsprodukts A_3 (fest) zur Oberfläche des festen Edukts A_2, an dem die Reaktion stattfindet.
3. Chemische Reaktion von A_1 (fluid) mit A_2 (fest).
4. Diffusion des fluiden Reaktionsprodukts A_4 (fluid) durch die Schicht des gebildeten Reaktionsprodukts A_3 (fest) zurück zur äußeren Oberfläche des Partikels.
5. Diffusion des fluiden Reaktionsprodukts A_4 (fluid) durch den Fluidgrenzfilm zurück in den Kern der fluiden Phase.

Die Konzentration von A_1 im Kern der fluiden Phase sei mit c_1, an der äußeren Partikeloberfläche mit $c_1|_{r=r_P}$, innerhalb des festen Reaktionsprodukts mit $c_1(r)$ und an der

Oberfläche des Feststoffkerns A_2 mit $c_1|_{r=r_K}$ bezeichnet. Der feste Reaktionspartner A_2 sei zu Beginn der Reaktion eine Kugel vom Radius r_P; der variable Radius der Reaktionsfläche bzw. des Kerns werde mit r_K und ein beliebiger Radius innerhalb der festen Produktschicht mit r bezeichnet.

Wir nehmen an, dass das Partikel seine Kugelform während der Reaktion beibehält und dass sich der Gesamtradius r_P des Teilchens zeitlich nicht ändert. Außerdem müssen wir voraussetzen, dass die Geschwindigkeit der Wanderung des Kerns, d. h. $\mathrm{d}r_K/\mathrm{d}t$, klein ist gegenüber der Diffusionsgeschwindigkeit von A_1 durch die Produktschicht (*pseudo-stationäre Bedingungen*). Diese Voraussetzung ist erfüllt, wenn die Dichte des Gases in den Poren der festen Produktschicht klein ist im Verhältnis zur Dichte des festen Reaktionspartners A_2; dies ist praktisch meistens der Fall. Schließlich nehmen wir noch isotherme Verhältnisse an.

Unter diesen Voraussetzungen sind die Geschwindigkeiten der für den Reaktionspartner A_1 geltenden Teilschritte 1) bis 3), also Diffusion von A_1 durch die Grenzschicht, Diffusion von A_1 durch die gebildete Produktschicht und Reaktion von A_1 an der Oberfläche des festen Reaktionspartners A_2 gleich. Es gilt:

1. für die Diffusion von A_1 durch die Grenzschicht (Stoffübergang, vgl. Gl. 8.2 mit $i = 1$ und weglassen von $p = 1$)

$$-\frac{\mathrm{d}n_1}{\mathrm{d}t} = 4\pi r_P^2 \cdot \beta_1 \cdot \left(c_1 - c_1|_{r=r_P}\right), \tag{8.276}$$

2. für die Diffusion von A_1 durch die gebildete Produktschicht an der Stelle $r = r_K$

$$-\frac{\mathrm{d}n_1}{\mathrm{d}t} = 4\pi r_K^2 \cdot D_{1,e} \cdot \left.\frac{\mathrm{d}c_1}{\mathrm{d}r}\right|_{r=r_K}, \tag{8.277}$$

3. für die chemische Reaktion (irreversible Reaktion 1. Ordnung) an der Stelle $r = r_K$

$$-\frac{\mathrm{d}n_1}{\mathrm{d}t} = 4\pi r_K^2 \cdot k_A \cdot c_1\Big|_{r=r_K}. \tag{8.278}$$

Es bedeuten: β_1 [m/s] = Stoffübergangskoeffizient, $D_{1,e}$ [m^2/s] = effektiver Diffusionskoeffizient von A_1 durch die poröse Produktschicht, k_A [m/s] = Reaktionsgeschwindigkeitskonstante bezogen auf die Einheit der reagierenden Oberfläche.

Die Konzentrationsgradienten $\mathrm{d}c_1/\mathrm{d}r$ in der gebildeten Produktschicht erhält man aus der Stoffbilanz in Kugelkoordinaten (s. Gl. 5.27), wenn man dort den Konvektions- und den Reaktionsterm gleich null setzt sowie von Pseudostationarität ausgeht:

$$0 = \frac{\mathrm{d}^2 c_1}{\mathrm{d}r^2} + \frac{2}{r}\frac{\mathrm{d}c_1}{\mathrm{d}r}. \tag{8.279}$$

Die Randbedingungen lauten wie folgt:
Für $r = r_P$:

$$c_1 = c_1\big|_{r=r_P}. \tag{8.280}$$

Für $r = r_\mathrm{K}$:

$$c_1 = c_1\big|_{r=r_\mathrm{K}}. \tag{8.281}$$

Die zweimalige Integration von Gl. 8.279 ergibt:

$$c_1(r) = c_1\big|_{r=r_\mathrm{K}} + \left(c_1\big|_{r=r_P} - c_1\big|_{r=r_\mathrm{K}}\right) \cdot \frac{\left(1-\frac{r_\mathrm{K}}{r}\right)}{\left(1-\frac{r_\mathrm{K}}{r_P}\right)}. \tag{8.282}$$

Daraus erhält man durch Differenziation den Konzentrationsgradienten an der Stelle $r = r_\mathrm{K}$:

$$\left.\frac{\mathrm{d}c_1}{\mathrm{d}r}\right|_{r=r_\mathrm{K}} = \frac{c_1\big|_{r=r_P} - c_1\big|_{r=r_\mathrm{K}}}{r_\mathrm{K}\cdot\left(1-\frac{r_\mathrm{K}}{r_P}\right)}. \tag{8.283}$$

Durch Einsetzen dieser Beziehung in Gl. 8.277 folgt:

$$-\frac{\mathrm{d}n_1}{\mathrm{d}t} = 4\pi r_\mathrm{K}\cdot D_{1,\mathrm{e}}\cdot\frac{c_1\big|_{r=r_P} - c_1\big|_{r=r_\mathrm{K}}}{\left(1-\frac{r_\mathrm{K}}{r_P}\right)}. \tag{8.284}$$

Man kann nunmehr $c_1\big|_{r=r_P}$ und $\mathrm{d}n_1/\mathrm{d}t$ aus Gl. 8.276, 8.278 und 8.284 eliminieren und erhält dann $c_1\big|_{r=r_\mathrm{K}}$ als Funktion von c_1 und r_K:

$$c_1\big|_{r=r_\mathrm{K}} = \frac{c_1}{1+\frac{k_\mathrm{A}}{\beta_1}\cdot\left(\frac{r_\mathrm{K}}{r_P}\right)^2 + \frac{k_\mathrm{A} r_\mathrm{K}}{D_{1,\mathrm{e}}}\cdot\left(1-\frac{r_\mathrm{K}}{r_P}\right)}. \tag{8.285}$$

Setzt man diese Beziehung in Gl. 8.278 ein, so ergibt sich für die in *einem* kugelförmigen Partikel in der Zeiteinheit umgesetzte Menge von A_1:

$$\frac{\mathrm{d}n_1}{\mathrm{d}t} = -\frac{4\pi r_\mathrm{K}^2 \cdot k_\mathrm{A} \cdot c_1}{1 + \frac{k_\mathrm{A}}{\beta_1} \cdot \left(\frac{r_\mathrm{K}}{r_P}\right)^2 + \frac{k_\mathrm{A} r_\mathrm{K}}{D_{1,\mathrm{e}}} \cdot \left(1 - \frac{r_\mathrm{K}}{r_P}\right)}. \tag{8.286}$$

Da in Gl. 8.286 r_K eine Variable ist, müssen wir r_K noch als Funktion der Zeit ausdrücken, um eine für Reaktorberechnungen verwendbare Gleichung zu erhalten. Einen Zusammenhang zwischen r_K und t bekommen wir aufgrund folgender Überlegungen. Zwischen der in der Zeiteinheit umgesetzten Menge des Feststoffs A_2 und r_K besteht der Zusammenhang:

$$\frac{\mathrm{d}n_2}{\mathrm{d}t} = \frac{\rho_2}{M_2} \cdot \frac{\mathrm{d}V_2}{\mathrm{d}t} = \frac{\rho_2}{M_2} \cdot \frac{\mathrm{d}V_2}{\mathrm{d}r_K} \cdot \frac{\mathrm{d}r_K}{\mathrm{d}t} = \frac{\rho_2}{M_2} \cdot \frac{\mathrm{d}r_\mathrm{K}}{\mathrm{d}t} \cdot \frac{\mathrm{d}}{\mathrm{d}r_\mathrm{K}}\left(\frac{4\pi}{3} r_\mathrm{K}^3\right) = \frac{4\pi r_\mathrm{K}^2 \cdot \rho_2}{M_2} \cdot \frac{\mathrm{d}r_\mathrm{K}}{\mathrm{d}t}. \tag{8.287}$$

Es bedeuten: ρ_2 [kg/m^3] = Dichte des Feststoffkerns A_2, M_2 [kg/mol] = Molare Masse des Feststoffkerns A_2, V_2 [m^3] = Volumen des Feststoffkerns A_2.

Aus den stöchiometrischen Verhältnissen der angenommenen Reaktion, Gl. 8.275, folgt mit Gl. 8.287:

$$\frac{\mathrm{d}n_1}{\mathrm{d}t} = \frac{1}{|\,\nu_2\,|} \cdot \frac{\mathrm{d}n_2}{\mathrm{d}t} = \frac{4\pi r_\mathrm{K}^2 \cdot \rho_2}{|\,\nu_2\,| \cdot M_2} \cdot \frac{\mathrm{d}r_\mathrm{K}}{\mathrm{d}t}. \tag{8.288}$$

Durch Einsetzen dieser Gleichung in Gl. 8.278 erhält man dann

$$\frac{\mathrm{d}r_\mathrm{K}}{\mathrm{d}t} = -\frac{|\,\nu_2| \cdot M_2 \cdot k_\mathrm{A} \cdot c_1|_{r=r_\mathrm{K}}}{\rho_2} \tag{8.289}$$

und daraus durch Substitution von $c_1|_{r=r_\mathrm{K}}$ aus Gl. 8.285:

$$\frac{\mathrm{d}r_\mathrm{K}}{\mathrm{d}t} = -\frac{|\,\nu_2\,| \cdot M_2 \cdot k_\mathrm{A}}{\rho_2} \cdot \frac{c_1}{1 + \frac{k_\mathrm{A}}{\beta_1} \cdot \left(\frac{r_\mathrm{K}}{r_P}\right)^2 + \frac{k_\mathrm{A} r_\mathrm{K}}{D_{1,\mathrm{e}}} \cdot \left(1 - \frac{r_\mathrm{K}}{r_P}\right)}. \tag{8.290}$$

Gl. 8.286 und 8.290 ergeben zusammen die effektive Reaktionsgeschwindigkeit als Funktion von c_1 und t. Die Integration der Gl. 8.290 hängt davon ab, wie c_1 mit der Zeit variiert, mit anderen Worten von der Art der Reaktionsführung. Ist bei kontinuierlichem Betrieb die fluide Phase vollständig durchmischt, so ist c_1 zeitlich und räumlich konstant.

8.3.1.1 Umsatzgrad als Funktion der Zeit für ein einzelnes Feststoffpartikel bei konstanter Zusammensetzung der fluiden Phase

Ist c_1 zeitlich konstant, so erhält man aus Gl. 8.290 durch Integration den Zusammenhang zwischen t und r_K ($r_K = r_P$ zur Zeit $t = 0$) für ein einzelnes kugelförmiges Partikel:

$$t = \frac{\rho_2 r_P}{\mid \nu_2 \mid M_2 k_A c_1} \cdot \left[\left(1 - \frac{r_K}{r_P}\right) + \frac{k_A}{3\beta_1} \cdot \left(1 - \frac{r_K^3}{r_P^3}\right) + \frac{k_A r_P}{D_{1,e}} \cdot \left(\frac{1}{6} - \frac{1}{2} \cdot \frac{r_K^2}{r_P^2} + \frac{1}{3} \cdot \frac{r_K^3}{r_P^3}\right)\right]. \tag{8.291}$$

Schließlich besteht zwischen dem Umsatzgrad U_2 des Feststoffs und r_K folgende Beziehung

$$U_2 = 1 - \frac{m_2}{m_{2,0}} = 1 - \frac{\frac{4}{3}\pi r_K^3 \cdot \rho_2}{\frac{4}{3}\pi r_P^3 \cdot \rho_2} = 1 - \left(\frac{r_K}{r_P}\right)^3. \tag{8.292}$$

Gl. 8.291 gilt für den allgemeinen Fall, dass die Widerstände aller drei Teilvorgänge in der gleichen Größenordnung liegen. Überwiegt der Widerstand eines Teilvorgangs, wie es häufig der Fall ist, so vereinfacht sich Gl. 8.291 wesentlich. Diese Fälle seien im Folgenden besprochen.

a. Geschwindigkeitsbestimmender Vorgang: Stoffübergang

Ist in Gl. 8.291

$$k_A \gg \beta_1 \quad \text{und} \quad k_A \cdot r_P \ll D_{1,e},$$

so ist der zweite Term in der eckigen Klammer von Gl. 8.291 sehr viel größer als die beiden anderen Terme; diese können daher vernachlässigt werden. Man erhält also dann, wenn die Geschwindigkeit der Umsetzung durch den Stoffübergang bestimmt wird, aus Gl. 8.291 unter Berücksichtigung von Gl. 8.292:

$$t = \frac{\rho_2 r_P}{3 \mid \nu_2 \mid M_2 \beta_1 c_1} U_2. \tag{8.293}$$

Für die Zeit t_R, nach der der Feststoff A_2 vollständig umgesetzt ist ($U_2 = 1$), ergibt sich daraus:

$$t_R = \frac{\rho_2 r_P}{3 \mid \nu_2 \mid M_2 \beta_1 c_1}. \tag{8.294}$$

Aus Gl. 8.293 und 8.294 erhält man

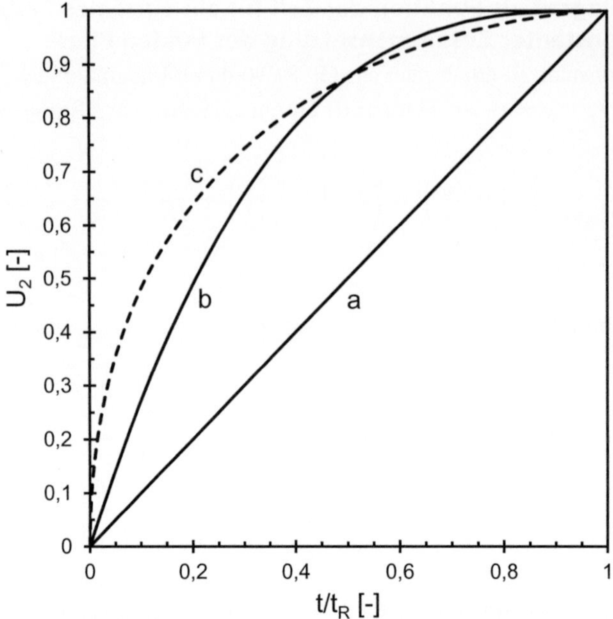

Abb. 8.41 Verlauf der Reaktion eines einzelnen kugelförmigen Feststoffpartikels mit einem umgebenden fluiden Reaktionspartner, ausgedrückt durch den Umsatzgrad U_2 des Feststoffs als Funktion von t/t_R (t_R = benötigte Zeit für vollständigen Umsatz); geschwindigkeitsbestimmende Vorgänge bei Kurve *a*: Stoffübergang, Kurve *b*: chemische Reaktion, Kurve *c*: Diffusion des gasförmigen Reaktionspartners durch die poröse Produktschicht

$$\frac{t}{t_\mathrm{R}} = U_2. \tag{8.295}$$

In diesem Fall muss sich also ein linearer Zusammenhang zwischen U_2 und t/t_R ergeben (s. Abb. 8.41, Kurve a).

b. Geschwindigkeitsbestimmender Vorgang: chemische Reaktion

Der Widerstand für den Stoffübergang kann vernachlässigt werden, wenn die Strömungsgeschwindigkeit der fluiden relativ zur festen Phase sehr groß ist. Ebenso kann bei einer sehr porösen Produktschicht und niedrigen Umsatzgraden der Diffusionswiderstand innerhalb der Produktschicht vernachlässigt werden. Dann also ist die chemische Reaktionsgeschwindigkeit für die Geschwindigkeit der Umsetzung bestimmend, d. h.

$$\beta_1 \gg k_\mathrm{A} \quad \text{und} \quad D_{1,\mathrm{e}} \gg k_\mathrm{A} \cdot r_P,$$

sodass man aus Gl. 8.291 unter Berücksichtigung von Gl. 8.292 erhält:

$$t = \frac{\rho_2 r_P}{\mid \nu_2 \mid M_2 k_A c_1} \left[1 - (1 - U_2)^{\frac{1}{3}} \right]. \tag{8.296}$$

Die Zeit t_R, nach der der Feststoff A_2 vollständig umgesetzt ist ($U_2 = 1$), ist somit:

$$t_R = \frac{\rho_2 r_P}{\mid \nu_2 \mid M_2 k_A c_1}. \tag{8.297}$$

Aus Gl. 8.296 und 8.297 erhält man dann

$$\frac{t}{t_R} = 1 - (1 - U_2)^{\frac{1}{3}}. \tag{8.298}$$

Der Zusammenhang zwischen U_2 und t/t_R nach dieser Gleichung ist: in Abb. 8.41 (Kurve b) dargestellt.

c. Geschwindigkeitsbestimmender Vorgang: Diffusion von A_1 durch die poröse Produktschicht

Ist

$$k_A \cdot r_P \gg D_{1,e} \quad \text{und} \quad \beta_1 \gg k_A,$$

so bestimmt die Diffusion von A_1 durch die poröse Produktschicht die Geschwindigkeit der Umsetzung. Man kann die beiden ersten Terme in der eckigen Klammer der Gl. 8.291 gegenüber dem letzten Term vernachlässigen und erhält unter Berücksichtigung von Gl. 8.292

$$t = \frac{\rho_2 r_P^2}{6 \mid \nu_2 \mid M_2 D_{1,e} c_1} \left[3 - 3(1 - U_2)^{\frac{2}{3}} - 2U_2 \right]. \tag{8.299}$$

Für die Zeit t_R, nach der der Feststoff A_2 vollständig umgesetzt ist ($U_1 = 1$), ergibt sich daraus

$$t_R = \frac{\rho_2 r_P^2}{6 \mid \nu_2 \mid M_2 D_{1,e} c_1} \tag{8.300}$$

und ferner

$$\frac{t}{t_R} = 3 - 3(1 - U_2)^{\frac{2}{3}} - 2U_2. \tag{8.301}$$

Die Beziehung zwischen U_2 und t/t_R entsprechend Gl. 8.301 ist in Abb. 8.41 (Kurve c) eingezeichnet.

Beispiel 8.3
Eine Reaktion zwischen einem Gas und einem kugelförmigen Feststoffpartikel unter Bildung eines festen Reaktionsprodukts wird durch Messung der Zeit t_R, die für einen vollständigen Umsatz des Feststoffs A_2 erforderlich ist, als Funktion des Partikeldurchmessers verfolgt. Es wurden dabei folgende Messergebnisse erhalten:

d_P [mm]	t_R [min]
0,065	6
0,130	12
0,260	24

Da t_R proportional dem Partikeldurchmesser ist, ergibt sich aus Gl. 8.294 und 8.297, dass die Geschwindigkeit der Umsetzung entweder durch den äußeren Stoffübergang oder durch die chemische Reaktion bestimmt wird. Eine Limitierung durch den äußeren Stoffübergang (Filmdiffusion) kann mithilfe der in Abschn. 8.2.2.1 beschriebenen Vorgehensweise überprüft werden. Würde die Diffusion des Gases durch die gebildete Produktschicht die Geschwindigkeit der Umsetzung bestimmen, so müsste nach Gl. 8.300 t_R proportional dem Quadrat des Partikeldurchmessers sein. ◄

Beispiel 8.4 ([63, 93])
Bei der *Reduktion von Pyrit-Partikeln* mit Wasserstoff

$$H_2\,(\text{gasf}) + FeS_2\,(\text{fest}) \rightleftarrows FeS\,(\text{fest}) + H_2S\,(\text{gasf})$$

wurde der Wasserstoff unter Atmosphärendruck mit so hoher Geschwindigkeit durch ein Festbett aus FeS_2-Teilchen geleitet, dass der Partialdruck des Wasserstoffs in der Gasphase als konstant betrachtet werden kann [93]. Aus den Ergebnissen folgt, dass die Reaktion reversibel und in Bezug auf H_2 von 1. Ordnung ist. Die experimentell ermittelten Umsatzgrade von FeS_2 sind für drei Temperaturen (450, 477 und 495 °C) in Abb. 8.42 als Funktion der Reaktionszeit aufgezeichnet. Der mittlere Radius der FeS_2-Teilchen betrug $3{,}5 \cdot 10^{-5}$ m, deren Dichte $5 \cdot 10^3$ kg/m^3. Es soll untersucht werden, ob das Modell mit schrumpfendem Feststoffkern diese Ergebnisse beschreiben kann; ferner sind der präexponentielle Faktor $k_{A,0}$ die Aktivierungsenergie E_A und der effektive Diffusionskoeffizient $D_{1,e}$ in der gebildeten Produktschicht zu bestimmen.

Aufgrund der hohen Gasströmungsgeschwindigkeit nehmen wir an, dass der Stoffübergangskoeffizient β_1 so groß ist, dass in Gl. 8.291 der zweite Term in der eckigen Klammer vernachlässigt werden kann. Es ist dann unter Berücksichtigung von Gl. 8.292:

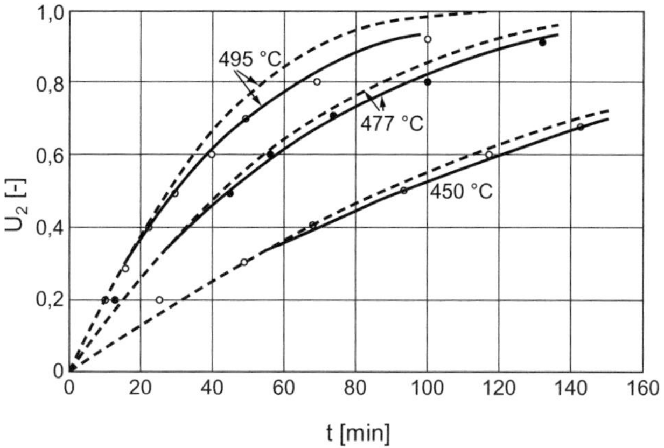

Abb. 8.42 Umsatzgrad von FeS_2 als Funktion der Reaktionszeit für die Reaktion $H_2 + FeS_2 \rightleftarrows FeS + H_2S$. Die *gestrichelten Kurven* sind berechnet nach Gl. b, die *ausgezogenen* nach Gl. a (s. Beispiel 8.4). Experimentelle Werte (∘, •) [63]

$$t = \frac{\rho_2 r_P}{|\nu_2|\, M_2 k_A c_1} \cdot \left\{1 - (1 - U_2)^{1/3} + \frac{k_A r_P}{6D_{1,e}} \cdot \left[1 - 3 \cdot (1 - U_2)^{2/3} + 2(1 - U_2)\right]\right\}. \quad \text{(a)}$$

Bei geringen Umsatzgraden ist die gebildete Produktschicht (FeS) noch sehr dünn, sodass die chemische Reaktion die Geschwindigkeit der Umsetzung bestimmt ($k_A r_P \ll 6D_{1,e}$); dies trifft umso besser zu, je niedriger die Reaktionstemperatur ist (geringere Reaktionsgeschwindigkeit). Nehmen wir nun an, dass bei der niedrigsten Reaktionstemperatur (450 °C) diese Voraussetzung erfüllt ist, so vereinfacht sich die Gl. a zu:

$$t = \frac{\rho_2 r_P \left[1 - (1 - U_2)^{1/3}\right]}{|\nu_2|\, M_2 k_A c_1}. \quad \text{(b)}$$

Nach dem idealen Gasgesetz ist bei 450 °C:

$$c_1 = \frac{p}{RT} = \frac{101.325}{8{,}3145 \cdot (273 + 450)} = 16{,}9\,\text{mol/m}^3 \quad \text{(c)}$$

Durch Einsetzen der gegebenen Daten erhält man somit aus Gl. b:

$$t = \frac{(5 \cdot 10^3)(3{,}5 \cdot 10^{-5})\left[1 - (1 - U_2)^{1/3}\right]}{0{,}12 \cdot k_A \cdot 16{,}9} = \frac{8{,}6 \cdot 10^{-2}}{k_A}\left[1 - (1 - U_2)^{1/3}\right]. \quad \text{(d)}$$

Aus den experimentell ermittelten Anfangswerten für 450 °C (s. Abb. 8.42; $U_{FeS_2} = 0{,}2$ nach 30,9 min) erhält man mithilfe der Gl. d für $k_A(T = 723\,K) = 3{,}33 \cdot 10^{-6}$ m/s. Ebenso ergibt sich aus den Anfangswerten bei einer Reaktionstemperatur von 477 °C für $k_A(T = 750\,K) = 7{,}23 \cdot 10^{-6}$ m/s. Daraus erhält man nach der Beziehung von Arrhenius

$$k_A(T) = k_{A,0} \cdot e^{-E_A/RT}$$

für den präexponentiellen Faktor $k_{A,0} = 7{,}56 \cdot 10^3$ m/s und für die Aktivierungsenergie $E_A = 129{,}5$ kJ/mol. Die Geschwindigkeitskonstante für eine Reaktionstemperatur von 495 °C ist dann $k_A(T = 768\,K) = 11{,}8 \cdot 10^{-6}$ m/s.

Die mit diesen Geschwindigkeitskonstanten unter Vernachlässigung des Diffusionswiderstands der Produktschicht nach Gl. b berechneten Abhängigkeiten des Umsatzgrads von der Reaktionszeit sind für die drei Temperaturen in Abb. 8.42 als gestrichelte Kurven eingezeichnet. Man sieht, dass sich diese berechneten Kurven bei niedrigen Umsatzgraden mit den experimentellen Ergebnissen gut decken. Bei höheren Umsatzgraden und bei den beiden höheren Reaktionstemperaturen dagegen sind die berechneten Umsatzgrade größer als die experimentell ermittelten. Daraus ist zu schließen, dass der Diffusionswiderstand der Produktschicht nicht vernachlässigt werden darf. Sofern die Voraussetzung, dass der Widerstand für den äußeren Stofftransport vernachlässigbar ist, weiterhin zulässig ist, gibt die Gl. a den Zusammenhang zwischen der Reaktionszeit und dem Umsatzgrad wieder. Im Folgenden soll die Reaktionszeit nach Gl. a als t_a, die Reaktionszeit nach Gl. b mit t_b bezeichnet werden.

Dividiert man Gl. a durch Gl. b, so erhält man

$$\frac{t_a}{t_b} = 1 + \frac{k_A r_P}{6D_{1,e}} \left[1 + (1 - U_2)^{\frac{1}{3}} - 2(1 - U_2)^{\frac{2}{3}}\right]. \tag{e}$$

Für einen bestimmten Umsatzgrad U_2 kann man die Werte für t_b aus den in Abb. 8.42 gestrichelt eingezeichneten, nach Gl. b berechneten Kurven ablesen; die Werte für t_a bei dem selben Umsatzgrad wählt man so, dass die beste Übereinstimmung mit den experimentellen Werten erzielt wird. Man berechnet t_a/t_b sowie den Ausdruck in der eckigen Klammer und kann dann, da k_A und r_P bekannt sind, den Zahlenwert von $D_{1,e}$ bestimmen.

Nach Gl. b wurde für $T = 477$ °C und $U_2 = 0{,}6$ ein Wert t_b von 53,95 min berechnet (s. Abb. 8.42). Aufgrund der experimentellen Ergebnisse müsste die zu diesem Umsatzgrad gehörende Reaktionszeit $t_a = 58$ min sein; somit ist $t_a/t_b = 58/53{,}95 = 1{,}075$. Für $U_2 = 0{,}6$ ist nach Gl. e

$$1{,}075 = 1 + \frac{k_A r_P}{6D_{1,e}} \left[1 + 0{,}4^{\frac{1}{3}} - 2 \cdot 0{,}4^{\frac{2}{3}}\right] = 1 + \frac{k_A r_P}{6D_{1,e}} \cdot 0{,}651.$$

Daraus folgt

$$\frac{k_A r_P}{6D_{1,e}} = 0{,}11525 = \frac{(7,23 \cdot 10^{-6})(3,5 \cdot 10^{-5})}{6D_{1,e}}$$

und weiter

$$D_{1,e} = 3{,}66 \cdot 10^{-10}\,\mathrm{m^2/s}.$$

Die unter Verwendung dieses Wertes für $D_{1,e}$ nach Gl. a berechneten Kurven sind für alle drei Temperaturen in Abb. 8.42 als ausgezogene Linien eingezeichnet. Aus dem Vergleich der gestrichelten und ausgezogenen Kurven ersieht man den Einfluss des Diffusionswiderstandes der Produktschicht, insbesondere bei den höheren Umsatzgraden und den höheren Reaktionstemperaturen. Das Modell mit schrumpfendem Feststoffkern ergibt für dieses Beispiel eine befriedigende Übereinstimmung der berechneten mit den gemessenen Werten. ◄

8.3.2 Reaktorauslegung

Die Berechnung von Reaktoren zur Durchführung von Reaktionen zwischen fluiden und festen Reaktionspartnern wird in erster Linie vom Strömungsverhalten der fluiden Phase und dem der Feststoffpartikel im Reaktor bestimmt. Die Berechnungsprobleme für solche Reaktoren sind denen ähnlich, welche in Abschn. 8.2 für heterogen katalysierte Reaktionen behandelt wurden. Die Besonderheit bei Reaktionen zwischen fluiden und festen Reaktionspartnern besteht jedoch darin, dass die Geschwindigkeit der Umsetzung häufig sowohl von der *Zeit* als auch vom *Ort* im Reaktor abhängt; oft wird die feste Phase auch kontinuierlich durch den Reaktor geschleust.

Die einfachsten Verhältnisse liegen dann vor, wenn die *fluide Phase im gesamten Reaktor dieselbe Zusammensetzung* hat. Dies ist z. B. in einem ideal durchmischten Rührkessel, unter gewissen Bedingungen auch in einem Wirbelschichtreaktor, der Fall. Zur Berechnung des mittleren Umsatzgrads in einem solchen Reaktor kann dann die Beziehung zwischen Umsatzgrad und Reaktionszeit für ein einzelnes Feststoffpartikel, Gl. 8.291, zusammen mit der Verweilzeit- und Teilchengrößenverteilung verwendet werden (s. Abschn. 8.3.2.1).

Ist die *fluide Phase nicht vollständig durchmischt*, so ist deren Zusammensetzung eine Funktion der Ortskoordinaten. Ein Grenzfall ist die Pfropfenströmung wie in einem idealen Strömungsrohrreaktor (vgl. Abschn. 5.4). Ein derartiges Strömungsverhalten der fluiden Phase ist bei einer Reaktion zwischen fluiden und festen Reaktionspartnern in einem Festbettreaktor zumeist erfüllt. Die Reaktorberechnung ist dann etwas komplexer als bei homogener Zusammensetzung der fluiden Phase. Eine quantitative Behandlung ist jedoch möglich, wenn das Strömungsverhalten sowohl der festen als auch der fluiden Phase eindeutig definiert ist (Abschn. 8.3.2.2).

8.3.2.1 Homogene Zusammensetzung der fluiden Phase im Reaktor

Wir betrachten zunächst den Fall gleicher Konzentration c_1 eines Reaktionspartners A_1 in der fluiden Phase an jeder Stelle des Reaktors. Dies ist bei intensiver Durchmischung der fluiden Phase der Fall oder auch bei einer beliebigen Strömung, wenn der Umsatzgrad des Reaktionspartners A_1 sehr klein ist. Außerdem soll die individuelle Verweilzeit aller Feststoffpartikel im Reaktor gleich sein (ruhender Feststoff oder Kolbenströmung des Feststoffs). Ein Beispiel für eine solche Reaktionsführung ist die Regenerierung von Katalysatorpartikeln (Abbrennen von Kohlenstoff) mit einem großen Luftüberschuss in einem absatzweise betriebenen Wirbelschichtreaktor. Ein anderes Beispiel ist ein stehender Reaktor, in dem die Feststoffpartikel kontinuierlich oben eingeschleust und unten abgezogen werden, wenn die Geschwindigkeit der fluiden Phase so groß ist, dass die Änderung von deren Zusammensetzung im Reaktor vernachlässigt werden kann. Der Zusammenhang zwischen der Reaktionszeit und dem Umsatzgrad des Feststoffs ergibt sich aus Gl. 8.291 und Gl. 8.292 mit dem Partikelradius r_P als Parameter.

Durch Einsetzen von Gl. 8.292 in Gl. 8.291 ergibt sich der Zusammenhang zwischen der Reaktionszeit t (= Verweilzeit der Feststoffpartikel) und dem Umsatzgrad U_2 für eine bestimmte Partikelgröße (Radius r_P):

$$t = \frac{\rho_2 r_P}{\mid \nu_2 \mid M_2 k_A c_1} \cdot \left\{ 1 - (1 - U_2)^{1/3} + \frac{k_A}{3\beta_1} \cdot U_2 + \frac{k_A r_P}{D_{1,e}} \cdot \left[3 - 3(1 - U_2)^{2/3} - 2U_2 \right] \right\}. \tag{8.302}$$

Besteht der Feststoff aus einer Mischung von n Partikelfraktionen verschiedener Größe und ist w_α der Masseanteil von Partikeln, die einen Radius zwischen $r_{P,\alpha}$ und $r_{P,\alpha} + \Delta r_{P,\alpha}$ haben, so ist nach einer bestimmten Zeit t der Umsatzgrad des festen Reaktionspartners in diesen Partikeln $U_{2,\alpha}$. Der mittlere Umsatzgrad $\overline{U}_2$ im ganzen Partikelgemisch nach der Zeit t ist dann:

$$\overline{U}_2 = \sum_{\alpha=1}^{n} U_{2,\alpha} w_\alpha. \tag{8.303}$$

In einem Reaktor mit kontinuierlichem Feststoffdurchsatz haben verschiedene Partikel meist verschiedene Verweilzeiten. Häufig besteht ein Zusammenhang zwischen Verweilzeit und Teilchengröße. In diesem Fall ist der Umsatzgrad nach Gl. 8.302 für die betreffende Partikelgröße und die dieser entsprechenden Verweilzeit zu berechnen. Der mittlere Umsatz ergibt sich dann wieder aus Gl. 8.303.

8.3.2.2 Veränderliche Zusammensetzung der fluiden Phase im Reaktor

a. Festbettreaktor

In einem Festbettreaktor wird sich im Allgemeinen die Konzentration im Kern der fluiden Phase mit der Ortskoordinate z ändern. Die effektive Reaktionsgeschwindigkeit hängt an jedem Ort im Reaktor zusätzlich noch von der Zeit t ab. Somit ist die Konzentration des Reaktionspartners A_1 in der fluiden Phase eine Funktion vom Ort z und der Zeit t, d. h. $c_1 = f(t, z)$. Solche Verhältnisse können bei technischen Prozessen vorliegen, z. B. bei der Regenerierung von Katalysatorpartikeln (Verbrennung von abgelagertem Kohlenstoff mittels Luft), bei Ionenaustauschreaktionen oder bei der Adsorption aus Gasen oder Flüssigkeiten an Aktivkohle.

Wir betrachten wieder die Reaktion gemäß Gl. 8.275, die unter isothermen Bedingungen in einem Festbettreaktor ablaufen möge. Liegt im Reaktor Pfropfenströmung der fluiden Phase vor, so entspricht die Stoffbilanz für den Reaktionspartner A_1 derjenigen einer heterogen katalysierten Reaktion im idealen Strömungsrohr bei instationärer Betriebsweise, Gl. 8.179:

$$\varepsilon_{\text{Bett}} \cdot \frac{\partial c_1}{\partial t} = -u_{\text{L}} \frac{\partial c_1}{\partial z} - r_{\text{e}}. \tag{8.304}$$

Die pro Volumeneinheit eines Reaktors umgesetzte Menge von A_1, d. h. die effektive Reaktionsgeschwindigkeit r_e, erhält man, wenn man das Modell des schrumpfenden Feststoffkerns anwendet und Gl. 8.286 mit der Zahl der Feststoffteilchen z_P pro Volumeneinheit des Reaktors

$$\frac{z_P}{V} = \frac{1 - \varepsilon_{\text{Bett}}}{\frac{4}{3}\pi r_P^3} \tag{8.305}$$

multipliziert:

$$r_{\text{e}} = \frac{3 \cdot (1 - \varepsilon_{\text{Bett}}) \cdot r_{\text{K}}^2 \cdot k_{\text{A}} \cdot c_1}{r_P^3 \cdot \left(1 + \frac{k_{\text{A}}}{\beta_1} \cdot \left(\frac{r_{\text{K}}}{r_P}\right)^2 + \frac{k_{\text{A}} r_{\text{K}}}{D_{1,\text{e}}} \cdot \left(1 - \frac{r_{\text{K}}}{r_P}\right)\right)}. \tag{8.306}$$

Die Stoffbilanz lautet somit:

$$\varepsilon_{\text{Bett}} \cdot \frac{\partial c_1}{\partial t} = -u_{\text{L}} \frac{\partial c_1}{\partial z} - \frac{3 \cdot (1 - \varepsilon_{\text{Bett}}) \cdot r_{\text{K}}^2 \cdot k_{\text{A}} \cdot c_1}{r_P^3 \cdot \left(1 + \frac{k_{\text{A}}}{\beta_1} \cdot \left(\frac{r_{\text{K}}}{r_P}\right)^2 + \frac{k_{\text{A}} r_{\text{K}}}{D_{1,\text{e}}} \cdot \left(1 - \frac{r_{\text{K}}}{r_P}\right)\right)}. \tag{8.307}$$

Diese Gleichung enthält den Radius r_{K} des noch nicht umgesetzten Feststoffkerns, der gemäß Gl. 8.290 eine Funktion der Zeit t ist. Die simultane Lösung von Gl. 8.307 und 8.290 ergibt $c_1 = f(t,z)$ sowie $r_{\text{K}} = f(t,z)$.

Die Randbedingungen sind:

Für $z = 0$ und $t \geq 0$:

$$c_1 = c_{1,0}. \tag{8.308}$$

Für $t = 0$ und $z \geq 0$:

$$r_K = r_P. \tag{8.309}$$

Die Lösung der Gl. 8.307 und 8.290 ist auf numerischem Weg möglich, wobei Kurven für $c_1 = f(t,z)$ und $r_K = f(t,z)$ von der Form erhalten werden, wie sie in Abb. 8.43a, b dargestellt sind. Den Umsatzgrad U_2 des Feststoffs erhält man aus r_K mithilfe von Gl. 8.292 (s. Abb. 8.43c).

Es ist noch zu bemerken, dass Gl. 8.307 dann, wenn c_1 örtlich und zeitlich konstant ist, verschwindet. Damit bleibt nur Gl. 8.290, deren Lösung durch Gl. 8.291 gegeben ist.

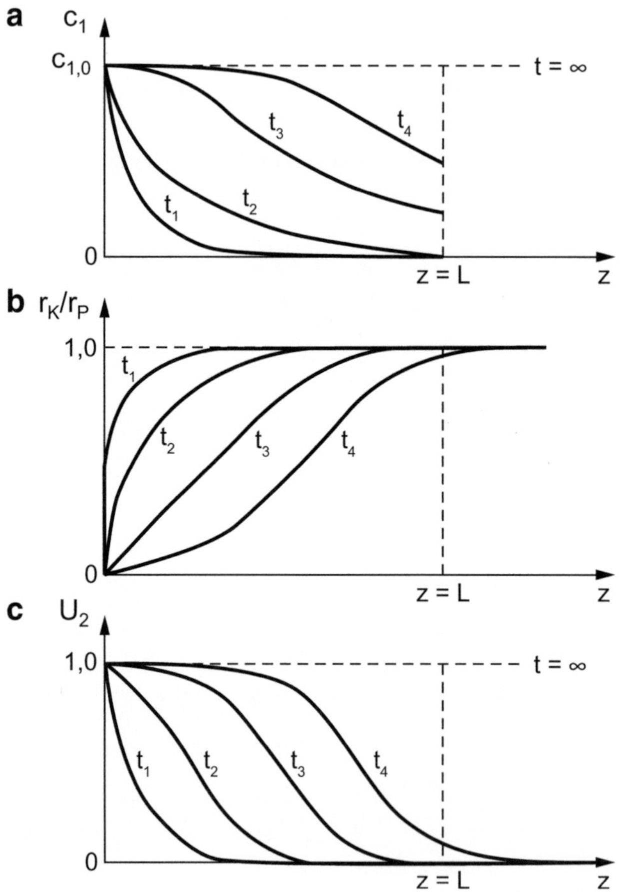

Abb. 8.43 Örtlicher und zeitlicher Verlauf einer Reaktion 1. Ordnung zwischen fluiden und festen Reaktionspartnern in einem Festbettreaktor

b. Wanderschichtreaktor

Ein anderer Reaktortyp, in dem sich die Zusammensetzung der fluiden Phase mit der Ortskoordinate z ändern kann, ist der Wanderschichtreaktor (s. Abb. 8.44). In diesem stehenden Rohrreaktor *bewegen sich die Feststoffpartikel unter dem Einfluss der Schwerkraft* von oben nach unten. Die fluide Phase wird meist von unten nach oben, d. h. im Gegenstrom zum Feststoff, geführt. Beispiele für Wanderschichtreaktoren sind der Hochofen zur Eisenverhüttung und der Kalkbrennofen. Das Verhalten eines solchen Reaktors ist sehr einfach zu beschreiben, wenn sowohl für die feste als auch für die fluide Phase Pfropfenströmung vorausgesetzt werden kann. Wir nehmen wieder eine Reaktion nach Gl. 8.275 an, die durch das Modell mit schrumpfendem Feststoffkern zu beschreiben sei. Gl. 8.290 drückt die Änderung von r_K während der Aufenthaltszeit im Reaktor aus. Bei Vorliegen einer Pfropfenströmung des Feststoffs ist dessen Aufenthaltszeit (= Verweilzeit)

$$t = \tau = \frac{(1 - \varepsilon_{\text{Bett}})\rho_2 A_R}{\dot{m}_2} \cdot z \tag{8.310}$$

bzw.

$$\mathrm{d}t = \frac{(1 - \varepsilon_{\text{Bett}})\rho_2 A_R}{\dot{m}_2} \cdot \mathrm{d}z. \tag{8.311}$$

Durch Einsetzen von Gl. 8.311 für dt in Gl. 8.290 ergibt sich für die Änderung von r_K mit der Ortskoordinate z:

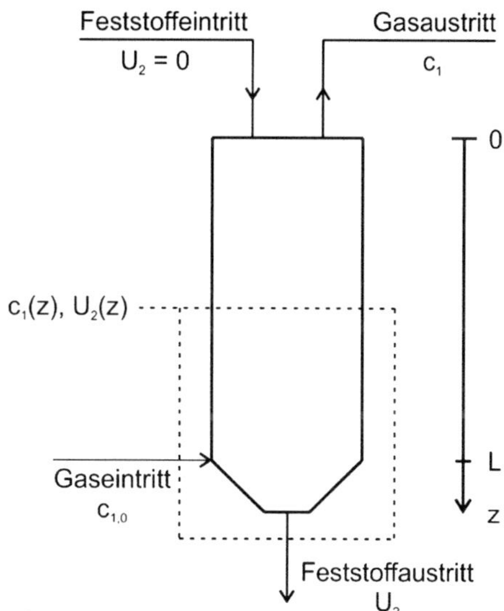

Abb. 8.44 Wanderschichtreaktor mit stofflichem Gegenstrom der fluiden und festen Phase

$$\frac{\mathrm{d}r_{\mathrm{K}}}{\mathrm{d}z}=-\frac{(1-\varepsilon_{\mathrm{Bett}})\cdot A_{\mathrm{R}}\cdot\mid\nu_2\mid\cdot M_2\cdot k_{\mathrm{A}}\cdot c_1}{\dot{m}_2\left[1+\frac{k_{\mathrm{A}}}{\beta_1}\cdot\left(\frac{r_{\mathrm{K}}}{r_P}\right)^2+\frac{k_{\mathrm{A}}r_{\mathrm{K}}}{D_{1,\mathrm{e}}}\cdot\left(1-\frac{r_{\mathrm{K}}}{r_P}\right)\right]}. \tag{8.312}$$

Der Radius r_{K} kann nach Gl. 8.292 durch den Feststoffumsatzgrad U_2 ausgedrückt werden, sodass mit

$$\frac{\mathrm{d}U_2}{\mathrm{d}r_{\mathrm{K}}}=-3\cdot\left(\frac{r_{\mathrm{K}}}{r_P}\right)^2\cdot\frac{1}{r_P} \tag{8.313}$$

aus Gl. 8.312 folgt:

$$\frac{\mathrm{d}U_2}{\mathrm{d}z}=\frac{3\cdot(1-\varepsilon_{\mathrm{Bett}})\cdot A_R\cdot\mid\nu_2\mid\cdot M_2\cdot k_{\mathrm{A}}\cdot c_1\cdot(1-U_2(z))^{2/3}}{r_P\cdot\dot{m}_2\left[1+\frac{k_{\mathrm{A}}}{\beta_1}\cdot(1-U_2(z))^{2/3}+\frac{k_{\mathrm{A}}r_{\mathrm{K}}}{D_{1,\mathrm{e}}}\cdot\left(1-(1-U_2(z))^{1/3}\right)\right]}. \tag{8.314}$$

Damit wir Gl. 8.314 integrieren können, müssen wir c_1 in Abhängigkeit vom Umsatzgrad U_2 des Feststoffs ausdrücken. Den Zusammenhang zwischen c_1 und U_2 erhält man aus einer Stoffbilanz, wobei der Bilanzraum das untere Reaktorende (Austritt des teilweise oder ganz umgesetzten Feststoffs A_2) und einen beliebigen Querschnitt des Reaktors umfasst. Der Bilanzraum ist in Abb. 8.44 gestrichelt angedeutet. Die Stoffbilanz lautet unter Berücksichtigung der Reaktionsgleichung, Gl. 8.275:

$$\dot{V}\cdot(c_{1,0}-c_1(z))=\frac{\dot{m}_{2,0}}{\mid\nu_2\mid M_2}\cdot(U_2(z=L)-U_2(z)) \tag{8.315}$$

bzw.

$$c_1(z)=c_{1,0}-\frac{\dot{m}_{2,0}}{\dot{V}\mid\nu_2\mid M_2}\cdot(U_2(z=L)-U_2(z)). \tag{8.316}$$

Man kann nun Gl. 8.316 in Gl. 8.314 einsetzen und den erhaltenen Ausdruck von $U_2(z)=0$ (bei $z=0$) an integrieren, um den Umsatzgrad von A_2 zu erhalten. Will man den Umsatzgrad des Feststoffs am Austritt aus dem Reaktor für eine bestimmte Reaktorlänge L berechnen, so muss man eine Probiermethode anwenden, da $U_2(z=L)$ bereits in Gl. 8.316 auftritt. Man geht so vor, dass man einen Wert von $U_2(z=L)$ annimmt und dann den Verlauf von U_2 als Funktion von z berechnet. Stimmt der berechnete Umsatzgrad $U_2(z=L)$ mit dem angenommenen Wert für $U_2(z=L)$ überein, dann sind keine weiteren Probierschritte mehr erforderlich. Ist andererseits ein bestimmter Umsatzgrad $U_2(z=L)$ gefordert, und die dafür notwendige Reaktorlänge L gesucht, so ist kein Probierverfahren notwendig. Gl. 8.314 wird unter Berücksichtigung von Gl. 8.316 solange integriert, bis der gewünschte

Umsatzgrad $U_2(z = L)$ erreicht ist. Wenn dies der Fall ist, dann entspricht z der gesuchten Reaktorlänge L.

8.4 Fluid-Fluid-Reaktionen

Von den Reaktionen, an denen Reaktanden in verschiedenen Phasen beteiligt sind, haben diejenigen, die zwischen zwei nicht homogen mischbaren fluiden Reaktionspartnern stattfinden, größte Bedeutung in der industriellen organischen Chemie, in der Biotechnologie sowie in der Abwasser- und Abluftreinigung. Sie können allgemein folgendermaßen formuliert werden:

$$|\nu_1| \, A_1\,(\text{fluid}) + |\nu_2| \, A_2\,(\text{fluid}) \rightarrow |\nu_3| \, A_3\,(\text{flüssig}). \tag{8.317}$$

Beispiele für solche Fluid-Fluid-Reaktionen gemäß Gl. 8.317 können Tab. 8.4 entnommen werden. Bei den ersten drei Einträgen handelt es sich um Gas-Flüssig-Reaktionen der Aromatenchemie [94], die z. T. homogen katalysiert ablaufen, was aber für die Theorie der Fluid-Fluid-Reaktionen unerheblich ist. Bei den letzten beiden Einträgen handelt es sich um Flüssig-Flüssig-Reaktionen. Da Gas-Flüssig-Reaktionen in der chemischen Industrie eine größere Bedeutung haben, soll im Folgenden nur dieser Typ von Fluid-Fluid-Reaktionen behandelt werden. Zudem werden Nomenklatur und Indizierung einfacher, da die Phasen über Partialdruck und Konzentration eindeutig zugeordnet werden können. Auch ist noch anzumerken, dass eine Übertragung der Theorie von den Gas-Flüssig- auf die Flüssig-Flüssig-Reaktionssysteme prinzipiell leicht möglich ist. Es ist dabei allerdings zu beachten, dass der Stofftransport in der Flüssigphase einen wesentlich größeren Widerstand darstellt als in der Gasphase, sodass der Stofftransport in der Phase $p = 1$ dann oft nicht mehr vernachlässigt werden kann.

Bei dem im Folgenden betrachteten Gas-Flüssig-Reaktionssystem handelt es sich also um ein zweiphasiges Reaktionssystem, bei dem die eigentliche chemische Reaktion in der flüssigen Phase abläuft und die Reaktionspartner auf beide Phasen verteilt sind. Damit überhaupt eine chemische Reaktion stattfinden kann, muss das gasförmige Edukt A_1 zuerst

Tab. 8.4 Beispiele für Fluid-Fluid-Reaktionen

Prozess	A_1 (fluid)	A_2 (fluid)	A_3 (flüssig)
Oxidation von p-Xylol	O_2	p-Xylol	Terephthalsäure
Alkylierung von Benzol	Ethen	Benzol	Ethylbenzol
Chlorierung von Benzol	Cl_2	Benzol	Chlorbenzole
Hydroformylierung von 1-Octen	CO/H_2	1-Octen	Nonanal
Chemische Absorption	NO_2	H_2O	HNO_3
Reaktivextraktion	Milchsäure	Trioctylamin	Trioctylammoniumlactat
Nitrierung von Benzol	HNO_3/H_2SO_4	Benzol	Nitrobenzol

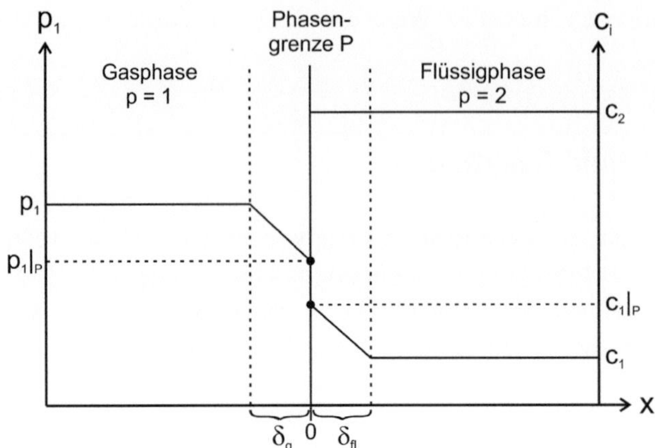

Abb. 8.45 Verläufe des Partialdrucks und der Konzentrationen bei Gas-Flüssig-Reaktionen (Limitierung durch den Stoffdurchgang)

aus dem Kern der Gasphase an die Phasengrenze P transportiert werden. Anschließend muss es weiter von der Phasengrenze in die Flüssigphase gelangen, in der sich der Reaktionspartner A_2 befindet. In der Flüssigphase findet dann die Reaktion gemäß Gl. 8.317 statt (vgl. Abb. 8.45).

Die Anzahl der zu berücksichtigenden Teilschritte ist bei den Fluid-Fluid-Reaktionen geringer als bei heterogenen Reaktionen (vgl. Abschn. 8.2 und 8.3). Trotzdem ergeben sich auch hier ähnliche Überlegungen und theoretische Betrachtungen wie bei den Fluid-Fest-Systemen. Im Vordergrund steht dabei wieder die Überlagerung von Stofftransport und chemischer Reaktion (Makrokinetik).

8.4.1 Kinetische Modellierung

Bei der kinetischen Modellierung sollen zwei makrokinetische Grenzfälle unterschieden werden, die bei Gas-Flüssig-Reaktionen auftreten können:

1. Die Reaktion findet fast ausschließlich im Kern der Flüssigphase statt (sehr langsame Reaktion). Der Stofftransport kann somit getrennt (als vorgeschalteter Vorgang) berücksichtigt werden.
2. Die Reaktion findet überwiegend in der Grenzschicht der Flüssigphase statt (schnelle Reaktion). Dann muss berücksichtigt werden, dass Stofftransport und chemische Reaktion parallel ablaufen.

Im abschließenden Abschn. 8.4.1.3 erfolgt anhand dimensionsloser Kennzahlen eine Diskussion des Gesamtproblems der Makrokinetik von Gas-Flüssig-Reaktionssystemen.

8.4.1.1 Reaktion im Kern der Flüssigphase

In diesem Fall ist der Stofftransport in der Flüssigphase so schnell bzw. die chemische Reaktion in der Flüssigphase so langsam, dass die chemische Reaktion im Kern der Flüssigphase abläuft und die gesamte Flüssigphase an der Reaktion beteiligt ist. Der Stofftransport von der Gasphase durch die Phasengrenze in die Flüssigphase wird als *Stoffdurchgang* bezeichnet und kann durch die *Zweifilmtheorie* beschrieben werden (s. Abschn. 8.1.1.2). In Abb. 8.2 ist also die Phase $p = 1$ die Gasphase und die Phase $p = 2$ die Flüssigphase. Verwendet man für die Beschreibung der Zusammensetzung der Gasphase den Partialdruck p_1 für Edukt A_1, dann kann das Absorptionsgleichgewicht von A_1 an der Phasengrenze durch das *Henry-Gesetz*

$$p_{1,\mathrm{Gl}} = H_1 \cdot c_{1,2,\mathrm{Gl}} \tag{8.318}$$

beschrieben werden. Unter Berücksichtigung des idealen Gasgesetzes

$$c_1 = \frac{p_1}{RT} \tag{8.319}$$

erhält man folgenden Zusammenhang zwischen der thermodynamischen Phasengleichgewichtskonstante K_c (Gl. 8.14) und dem Henry-Koeffizienten H_1 (Gl. 8.318):

$$K_c = \frac{c_{1,2,\mathrm{Gl}}}{c_{1,1,\mathrm{Gl}}} = \frac{c_{1,2,\mathrm{Gl}}}{p_{1,\mathrm{Gl}}/RT} = \frac{RT}{H_1}. \tag{8.320}$$

Für den auf Phase 2 (Flüssigphase) bezogenen Stoffdurchgang hatten wir in Abschn. 8.1.1.2 Gl. 8.18 abgeleitet, die unter Berücksichtigung des Henry-Gesetzes (Gl. 8.318) wie folgt auf das Gas-Flüssig-Reaktionssystem angepasst werden kann:

$$\dot{n}_1 = k_{\mathrm{S},2} \cdot A \cdot \left(\frac{p_1}{H_1} - c_{1,2}\right). \tag{8.321}$$

$k_{\mathrm{S},2}$ ist der auf die Flüssigphase bezogene Stoffdurchgangskoeffizient, der im Folgenden als *Gas-Flüssig-Stoffdurchgangskoeffizient* mit $k_{\mathrm{g,fl}}$ abgekürzt wird. Für $c_{1,2}$ kann man auch kurz c_1 schreiben, wenn man im Folgenden die Konvention einhält, dass Zusammensetzungen der Flüssigphase mit Konzentrationen und die der Gasphase mit Partialdrücken angegeben werden. A ist die Phasengrenzfläche.

Der Stoffdurchgangskoeffizient $k_{\mathrm{g,fl}}$ ergibt sich gemäß Gl. 8.19 unter Berücksichtigung von Gl. 8.318 wie folgt:

$$\frac{1}{k_{S,2}} = \frac{1}{k_{g,fl}} = \frac{1}{\beta_{1,fl}} + \frac{RT}{H_1} \cdot \frac{1}{\beta_{1,g}}. \tag{8.322}$$

Die Phasen $p = 1$ und $p = 2$ sind nun mit „g“ und „fl“ indiziert.

Wenn der gasseitige Stoffübergang nicht limitiert, vereinfacht sich Gl. 8.322 zu:

$$k_{g,fl} = \beta_{1,fl}. \tag{8.323}$$

Dies ist häufig der Fall, da die Diffusion in der Gasphase um Größenordnungen schneller ist als die in der Flüssigphase. Auch wenn die Gasphase nur aus A_1 besteht, kann der gasseitige Stofftransport vernachlässigt werden.

Die Berechnung der Makrokinetik für den Fall, dass die Reaktion im Kern der flüssigen Phase abläuft, ist sehr ähnlich zu dem Problem der Limitierung durch Filmdiffusion in der heterogenen Katalyse (s. Abschn. 8.2.2.1). In beiden Fällen ist der Stofftransport der Reaktion vorgelagert.

Wir nehmen an, dass die Reaktion nach Gl. 8.317 durch folgende Mikrokinetik beschrieben werden kann:

$$r_{fl} = k \cdot c_1 \cdot c_2. \tag{8.324}$$

Die Reaktionsgeschwindigkeit r_{fl} sei auf das Flüssigphasenvolumen dV_{fl} bezogen.

Wir nehmen nun weiterhin an, dass die Spezies A_2 in der Flüssigphase im großen Überschuss vorliegt, sodass die Reaktion pseudoerster Ordnung bezüglich der aus der Gasphase absorbierten Spezies A_1 ist:

$$r_{fl} = k \cdot c_1 \cdot c_2 = k' \cdot c_1. \tag{8.325}$$

Das flüssig vorliegende Edukt A_2 und das ebenfalls flüssig vorliegende Produkt A_3 sollen einen so niedrigen Dampfdruck besitzen, dass ihre Konzentration in der Gasphase praktisch vernachlässigbar ist. Aufgrund dieser Annahmen genügt die Betrachtung der Bilanz für die Spezies A_1 ausschließlich in der Flüssigphase.

Wie bei der Filmdiffusion muss im stationären bzw. quasistationären Zustand gelten, dass die durch den Stoffdurchgang von der Gasphase in die Flüssigphase pro Zeiteinheit antransportierte Stoffmenge an A_1 gleich der in der Flüssigphase pro Zeiteinheit abreagierten Stoffmenge an A_1 sein muss (vgl. Gl. 8.37)

$$\dot{n}_1 = k_{g,fl} \cdot A \cdot \left(\frac{p_1}{H_1} - c_1\right) = V_{fl} \cdot \mid \nu_1 \mid \cdot k' \cdot c_1 \tag{8.326}$$

bzw. mit $\nu_1 = -1$ und Division durch V

$$r_{\mathrm{e}}=\frac{\dot{n}_1}{V}=k_{\mathrm{g,fl}}\cdot a_V\cdot\left(\frac{p_1}{H_1}-c_1\right)=\frac{V_{\mathrm{fl}}}{V}\cdot k'\cdot c_1=\varepsilon_{\mathrm{fl}}\cdot k'\cdot c_1=k''\cdot c_1. \quad (8.327)$$

a_{V} ist die spezifische, auf das Reaktionsvolumen bezogene Phasengrenzfläche und k'' die auf das Reaktionsvolumen V bezogene Geschwindigkeitskonstante der Reaktion pseudoerster Ordnung.

Löst man Gl. 8.327 nach c_1 auf, so erhält man für die *Konzentration in der flüssigen Phase*:

$$c_1=\frac{k_{\mathrm{g,fl}}\cdot a_V}{k''+k_{\mathrm{g,fl}}\cdot a_V}\cdot\frac{p_1}{H_1}. \quad (8.328)$$

Diese Gleichung ist analog zu Gl. 8.46 bei der Limitierung durch Filmdiffusion in der heterogenen Katalyse (s. Abschn. 8.2.2.1). Die *effektive Reaktionsgeschwindigkeit* ergibt sich durch Einsetzen von Gl. 8.328 in Gl. 8.327

$$r_{\mathrm{e}}=\frac{k''\cdot k_{\mathrm{g,fl}}\cdot a_V}{k''+k_{\mathrm{g,fl}}\cdot a_V}\cdot\frac{p_1}{H_1}=\frac{1}{\frac{1}{k''}+\frac{1}{k_{\mathrm{g,fl}}\cdot a_V}}\cdot\frac{p_1}{H_1} \quad (8.329)$$

mit $k_{\mathrm{g,fl}}$ aus Gl. 8.322.

Liegt *keine Limitierung durch den Stoffdurchgang* vor, d. h. gilt

$$k_{\mathrm{g,fl}}\cdot a_V\gg k'', \quad (8.330)$$

dann geht Gl. 8.329 über in:

$$r_{\mathrm{e}}=k''\cdot\frac{p_1}{H_1}. \quad (8.331)$$

Gl. 8.331 bedeutet, dass sich das Absorptionsgleichgewicht für die gasförmige Spezies A_1 in der gesamten Flüssigphase einstellt und, dass die Mikrokinetik nach Gl. 8.325 nur von der Gleichgewichtskonzentration an A_1 in der Flüssigphase gemäß dem Henry-Gesetz, Gl. 8.318, abhängt. Die dazugehörigen Verläufe des Partialdrucks und der Konzentrationen sind in Abb. 8.46 gezeigt.

8.4.1.2 Reaktion in der Grenzschicht der Flüssigphase

In diesem Fall laufen Stofftransport und chemische Reaktion in der Grenzschicht simultan ab (s. Abb. 8.47). Ein ganz analoges Problem haben wir bereits in Abschn. 8.2.2.2 bei den heterogen katalysierten Reaktionen kennengelernt als wir für einen porösen, plättchenförmigen Katalysator die Überlagerung von Porendiffusion und chemischer Reaktion dis-

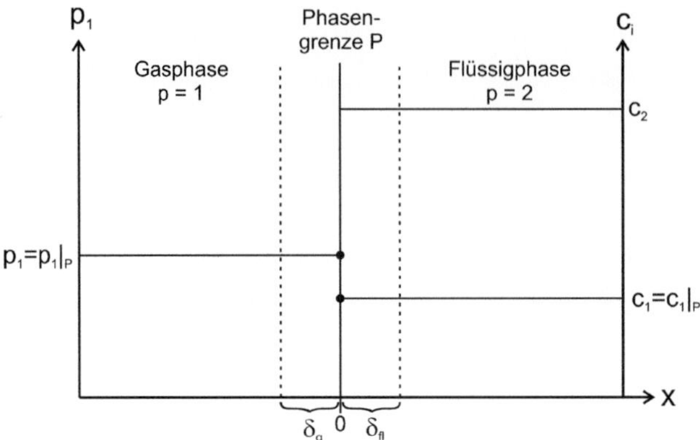

Abb. 8.46 Verläufe des Partialdrucks und der Konzentrationen bei Gas-Flüssig-Reaktionen (keine Limitierung durch den Stoffdurchgang)

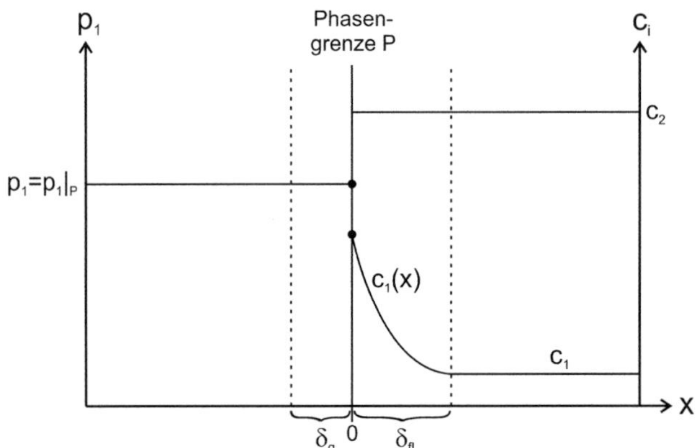

Abb. 8.47 Verläufe des Partialdrucks und der Konzentrationen bei Gas-Flüssig-Reaktionen im flüssigkeitsseitigen Grenzfilm (keine Limitierung durch den gasseitigen Stoffübergang)

kutiert und modelliert haben. Die *Stoffbilanz* ist daher analog zu Gl. 8.63 und lautet mit einer Mikrokinetik n-ter Ordnung und $\nu_1 = -1$:

$$0 = D_{1,\mathrm{fl}} \cdot \frac{\mathrm{d}^2 c_1}{\mathrm{d}x^2} - k' c_1^n. \tag{8.332}$$

Es genügt die Betrachtung der Bilanzgleichung für die Spezies A_1 in der Grenzschicht der Flüssigphase, da gemäß Voraussetzung die Konzentration der Spezies A_2 in der Flüssigphase annähernd konstant und in der Gasphase vernachlässigbar ist.

Zur Vereinfachung und Verallgemeinerung der Berechnung bringt man die Stoffbilanz wieder in eine *dimensionslose Form*, indem man folgende dimensionslose Variablen einführt:

$$\widehat{x} = \frac{x}{\delta_{\text{fl}}} \tag{8.333}$$

und

$$\widehat{c}_1 = \frac{c_1}{c_1|_P}. \tag{8.334}$$

Die *dimensionslose Stoffbilanz* lautet somit (analog zu Gl. 8.67):

$$0 = \frac{\mathrm{d}^2\widehat{c}_1}{\mathrm{d}\widehat{x}^2} - \delta_{\text{fl}}^2 \frac{k' \cdot \left(c_1|_P\right)^{n-1}}{D_{1,\text{fl}}} \cdot \widehat{c}_1^n. \tag{8.335}$$

Der dimensionslose Konzentrationsverlauf gemäß Gl. 8.335 hängt von nur einem dimensionslosen Parameter ab, der sogenannten *Hatta-Zahl* (*Ha*):

$$Ha = \delta_{\text{fl}} \sqrt{\frac{k' \cdot \left(c_1|_P\right)^{n-1}}{D_{1,\text{fl}}}}. \tag{8.336}$$

Die Hatta-Zahl ist eine zum Thiele-Modul analoge Kennzahl für Gas-Flüssig-Reaktionen im flüssigkeitsseitigem Grenzfilm. Die dimensionslose Stoffbilanz lautet somit:

$$0 = \frac{\mathrm{d}^2\widehat{c}_1}{\mathrm{d}\widehat{x}^2} - Ha^2 \cdot \widehat{c}_1^n \tag{8.337}$$

mit den Randbedingungen:

$$\begin{aligned} \widehat{x} = 0: &\quad \widehat{c}_1 = 1 \\ \widehat{x} = 1: &\quad \widehat{c}_1 = \frac{c_1}{c_1|_P}. \end{aligned} \tag{8.338}$$

Die zweite Randbedingung unterscheidet sich von derjenigen, die wir bei der Limitierung durch Porendiffusion in der heterogenen Katalyse verwendet haben (dort Symmetrie-randbedingung, s. Gl. 8.71), da im Kern der flüssigen Phase die Konzentration c_1 vorliegen soll.

Betrachten wir nun eine *Reaktion 1. Ordnung*, so stellt Gl. 8.337 eine gewöhnliche, lineare, homogene Differenzialgleichung 2. Ordnung mit konstanten Koeffizienten dar, deren allgemeine Lösung die Form

$$\widehat{c}_1 = C_1 e^{\lambda_1 \widehat{x}} + C_2 e^{\lambda_2 \widehat{x}} \tag{8.339}$$

hat. Die Werte für λ_1 und λ_2 ergeben sich aus dem sogenannten charakteristischen Polynom der Differenzialgleichung (Gl. 8.337)

$$\lambda^2 - Ha^2 = 0 \tag{8.340}$$

zu $\lambda_1 = -\,Ha$ und $\lambda_2 = +\,Ha$ (vgl. Abschn. 12.4.1).

Die Konstanten C_1 und C_2 lassen sich aus den Randbedingungen gemäß Gl. 8.338 berechnen:

$$C_1 = 1 - C_2, \tag{8.341}$$

$$C_2 = \frac{\left(c_1/c_1|_P\right) - e^{-Ha}}{e^{+Ha} - e^{-Ha}}. \tag{8.342}$$

Somit ergibt sich die Lösung von Gl. 8.337:

$$\widehat{c}_1(\widehat{x}) = \frac{\sinh(Ha - Ha \cdot \widehat{x}) + \left(c_1/c_1|_P\right) \cdot \sinh(Ha \cdot \widehat{x})}{\sinh(Ha)}. \tag{8.343}$$

Um aus Gl. 8.343 die effektive, auf das Reaktionsvolumen bezogene Reaktionsgeschwindigkeit r_e zu erhalten, muss eine zusätzliche Bilanzbetrachtung durchgeführt werden: Im stationären bzw. pseudostationären Zustand muss sämtliches in der flüssigen Phase umgesetztes Edukt A_1 durch die Phasengrenze P diffundieren. Somit muss (analog zu Gl. 8.76) gelten:

$$r_e = -\,D_{1,\text{fl}} a_V \left.\frac{\mathrm{d}c_1}{\mathrm{d}x}\right|_{x=0} = -\,\frac{D_{1,\text{fl}} a_V c_1|_P}{\delta_{\text{fl}}} \left.\frac{\mathrm{d}\widehat{c}_1}{\mathrm{d}\widehat{x}}\right|_{\widehat{x}=0}. \tag{8.344}$$

Leitet man also Gl. 8.343 nach der dimensionslosen Ortskoordinate $\widehat{x}$ ab und setzt $\widehat{x} = 0$, so erhält man nach Einsetzen in Gl. 8.344

$$r_e = Ha\left(\frac{c_1|_P}{\tanh(Ha)} - \frac{c_1}{\sinh(Ha)}\right) \cdot \beta_{1,\text{fl}} a_V \tag{8.345}$$

mit

$$\beta_{1,\text{fl}} = \frac{D_{1,\text{fl}}}{\delta_{\text{fl}}} \tag{8.346}$$

gemäß der Filmtheorie für den Stoffübergang (s. Abschn. 8.1.1.1).

Auch die Hatta-Zahl kann gemäß der Filmtheorie dann wie folgt geschrieben werden:

$$Ha = \delta_{\text{fl}}\sqrt{\frac{k'}{D_{1,\text{fl}}}} = \frac{\sqrt{k' \cdot D_{1,\text{fl}}}}{\beta_{1,\text{fl}}}. \tag{8.347}$$

Hatta-Zahlen, die deutlich kleiner als eins sind ($Ha < 0{,}3$), bedeuten – ähnlich wie das auch beim Thiele-Modul der Fall war –, dass der Stofftransport im flüssigkeitsseitigem Grenzfilm nicht limitiert. Große Hatta-Zahlen ($Ha > 3$) bedeuten dagegen eine starke Limitierung durch den Stofftransport im flüssigkeitsseitigem Grenzfilm. Für $Ha > 3$ gilt $\tanh(Ha) \approx 1$ und $c_1 \approx 0$ [95], sodass Gl. 8.345 übergeht in:

$$r_e = a_V \cdot \beta_{1,\text{fl}} \cdot Ha \cdot c_1\Big|_P = a_V \cdot \sqrt{k' D_{1,\text{fl}}} \cdot c_1\Big|_P. \tag{8.348}$$

Die Konzentration an der Phasengrenze $c_1|_P$ kann im einfachsten Fall (vernachlässigbarer Stofftransportwiderstand auf der Gasseite) wieder mithilfe des Phasengleichgewichts, Gl. 8.318, durch den Partialdruck in der Gasphase ersetzt werden.

Muss der gasseitige Stoffübergang zusätzlich berücksichtigt werden, so ergibt sich ein entsprechend komplexerer Ausdruck für die effektive Reaktionsgeschwindigkeit:

$$r_e = a_V \frac{Ha}{\tanh(Ha)} \cdot \frac{p_1 - \frac{c_1 H_1}{\cosh(Ha)}}{\frac{RT}{\beta_{1,g}} + \frac{H_1}{\beta_{1,\text{fl}}} \cdot \frac{\tanh(Ha)}{Ha}}. \tag{8.349}$$

Sowohl Gl. 8.345 als auch Gl. 8.349 gehen für kleine Hatta-Zahlen ($Ha < 0{,}3$) in die jeweiligen Gleichungen für den Stoffübergang (Gl. 8.4) bzw. Stoffdurchgang (Gl. 8.18) über (physikalische Absorption), wenn man das Henry-Gesetz berücksichtigt und, dass für $Ha < 0{,}3$ gilt $\tanh(Ha) \approx Ha$, $\sinh(Ha) \approx Ha$ und $\cosh(Ha) \approx 1$ [95]:

$$\begin{aligned} r_\mathrm{e} &= Ha\left(\frac{c_1|_P}{\tanh(Ha)} - \frac{c_1}{\sinh(Ha)}\right)\cdot \beta_{1,\mathrm{fl}} a_V \\ &\approx a_V \cdot \beta_{1,\mathrm{fl}} \cdot \left(c_1|_P - c_1\right) \end{aligned} \tag{8.350}$$

bzw.

$$\begin{aligned} r_\mathrm{e} &= a_V \frac{Ha}{\tanh(Ha)} \cdot \frac{p_1 - \dfrac{c_1 H_1}{\cosh(Ha)}}{\dfrac{RT}{\beta_{1,g}} + \dfrac{H_1}{\beta_{1,\mathrm{fl}}} \cdot \dfrac{\tanh(Ha)}{Ha}} \\ &\approx a_V \cdot \frac{\dfrac{p_1}{H_1} - c_1}{\dfrac{RT}{H_1}\dfrac{1}{\beta_{1,g}} + \dfrac{1}{\beta_{1,\mathrm{fl}}}} = a_V \cdot k_{g,\mathrm{fl}} \cdot \left(c_1|_P - c_1\right). \end{aligned} \tag{8.351}$$

Wenn der gasseitige Stoffübergang vernachlässigt werden kann, d. h. wenn Gl. 8.323 gilt, geht Gl. 8.351 schlussendlich in Gl. 8.350 über.

Beispiel 8.5
Als Alternative zur heterogen katalysierten Entstickung von Rauchgasen wurden Verfahren entwickelt, bei denen NO_2 mithilfe von Ammoniumsulfit-Lösungen aus Rauchgasen absorbiert wird, um stickstoffhaltige Düngemittel zu gewinnen. Vereinfacht gesehen basieren diese Verfahren auf einer Absorption des Stickstoffdioxids in wässrigen Lösungen [96]. Ein möglicher Ansatz für die intrinsische Kinetik der Absorptionsreaktion (Mikrokinetik) ist eine Reaktion pseudo-erster Ordnung des Dimeren N_2O_4 mit Wasser [97, 98]:

$$\mathrm{N_2O_4 + H_2O \rightarrow HNO_2 + HNO_3}. \tag{a}$$

Das vorgelagerte Gasphasengleichgewicht zwischen dem Monomeren NO_2 und dem Dimeren N_2O_4 gilt als eingestellt:

$$\mathrm{2\,NO_2 \rightleftarrows N_2O_4}. \tag{b}$$

Der Gesamtpartialdruck der vierwertigen Stickoxide berechnet sich somit wie folgt:

$$p_{\mathrm{NO_2,ges}} = p_{\mathrm{NO_2}} + 2p_{\mathrm{N_2O_4}}. \tag{c}$$

Es soll nun aus der intrinsischen Kinetik ein effektiv-kinetischer Ansatz (Makrokinetik) in Abhängigkeit vom Partialdruck des NO_2 hergeleitet und die beobachtbare Ordnung angegeben werden. Weiterhin soll noch die effektive Stoffstromdichte als Funktion des Gesamtpartialdrucks $p_{\mathrm{NO_2,ges}}$ ausgedrückt werden. Bei den Berechnungen kann zum einen davon ausgegangen werden, dass keine Stofftransportlimitierung auf der Gasseite vorliegt und zum anderen, dass die Reaktion überwiegend in der Grenzschicht an der Phasengrenze abläuft ($Ha > 3$; schnelle Reaktion).

Die für die Berechnung notwendigen Systemgrößen besitzen folgende Zahlenwerte:

- Gasphasengleichgewichtskonstante für Reaktion gemäß Gl. b:

$$K_p = \frac{p_{N_2O_4}}{p_{NO_2}^2} = 6{,}4 \cdot 10^{-5}\,\mathrm{Pa}^{-1}. \tag{d}$$

- Experimentell ermittelte effektive Geschwindigkeitskonstante der Makrokinetik:

$$\frac{\sqrt{D_{N_2O_4,\mathrm{fl}} \cdot k'}}{H_{N_2O_4}} = 7{,}4 \cdot 10^{-6}\,\mathrm{mol}/\left(\mathrm{m}^2\,\mathrm{s\,Pa}\right). \tag{e}$$

- Gesamtpartialdruck der vierwertigen Stickoxide:

$$p_{NO_2,\mathrm{ges}} = 1000\,\mathrm{Pa}. \tag{f}$$

Da es sich um eine schnelle Reaktion handelt, kann die effektive Reaktionsgeschwindigkeit mit Gl. 8.348 unter Berücksichtigung von $n = 1$ wie folgt formuliert werden:

$$r_\mathrm{e} = a_V \cdot \sqrt{k' D_{N_2O_4,\mathrm{fl}}} \cdot c_{N_2O_4}\Big|_P. \tag{g}$$

Da der gasseitige Stoffübergang nicht limitiert, d. h. ausreichend schnell, erfolgt, steht die Konzentration von N_2O_4 in der Flüssigphase an der Phasengrenze gemäß dem Henry-Gesetz (Gl. 8.318) im Phasengleichgewicht mit dem Partialdruck von N_2O_4 in der Gasphase:

$$c_{N_2O_4}\big|_P = \frac{p_{N_2O_4}}{H_{N_2O_4}}. \tag{h}$$

Somit geht Gl. g über in:

$$r_\mathrm{e} = a_V \cdot \frac{\sqrt{k' D_{N_2O_4,\mathrm{fl}}}}{H_{N_2O_4}} \cdot p_{N_2O_4}. \tag{i}$$

Die Umrechnung des Partialdrucks von N_2O_4 in den von NO_2 erfolgt mittels des Massenwirkungsgesetzes, Gl. d, sodass Gl. i übergeht in:

$$r_e = a_V \cdot \frac{\sqrt{k' D_{N_2O_4,fl}}}{H_{N_2O_4}} \cdot K_p \cdot p_{NO_2}^2. \tag{j}$$

Die beobachtbare Ordnung der Makrokinetik ist somit 2.

Die gesuchte effektive Stoffstromdichte ergibt sich aus Gl. j nach Division durch a_V:

$$j_{N_2O_4} = \frac{\sqrt{k' D_{N_2O_4,fl}}}{H_{N_2O_4}} \cdot K_p \cdot p_{NO_2}^2. \tag{k}$$

Der Partialdruck des NO_2 kann unter Zuhilfenahme des Massenwirkungsgesetzes, Gl. d, und der Gl. c durch den Partialdruck der vierwertigen Stickoxide $p_{NO_2,ges}$ ausgedrückt werden:

$$p_{NO_2,ges} = p_{NO_2} + 2K_p \cdot p_{NO_2}^2 \tag{l}$$

bzw.

$$p_{NO_2} = \frac{-1 \pm \sqrt{1 + 8K_p \cdot p_{NO_2,ges}}}{4K_p}. \tag{m}$$

Da negative Partialdrücke physikalisch unsinnig sind, muss als Vorzeichen vor der Wurzel ein Plus stehen. So folgt schließlich aus Gl. k:

$$j_{N_2O_4} = \frac{\sqrt{k' D_{N_2O_4,fl}}}{H_{N_2O_4}} \cdot \frac{\left(\sqrt{1 + 8K_p \cdot p_{NO_2,ges}} - 1\right)^2}{16K_p}. \tag{n}$$

Setzt man die Zahlenwerte ein, so ergibt sich:

$$j_{N_2O_4} = 7{,}4 \cdot 10^{-6} \cdot \frac{\left(\sqrt{1 + 8 \cdot 6{,}4 \cdot 10^{-5}\,\frac{1}{\mathrm{Pa}} \cdot 10^3\,\mathrm{Pa}} - 1\right)^2}{16 \cdot 6{,}4 \cdot 10^{-5}\,\mathrm{Pa}} = 3{,}8 \cdot 10^{-4}\,\frac{\mathrm{mol}}{\mathrm{m^2\,s}}.$$

◀

8.4.1.3 Gesamtbetrachtung

Wie wir in Abschn. 8.4.1.2 gesehen haben, eignet sich die Hatta-Zahl als Kennzahl, um alle Fälle, von der physikalischen Absorption bis zur starken Stofftransportlimitierung, zu beschreiben. Eine weitere dimensionslose Kenngröße, die bei Fluid-Fluid-Reaktionen von großem Interesse ist, ist der *Verstärkungsfaktor E* (engl. *enhancement factor*). Dieser ergibt sich aus dem Verhältnis zwischen der Stoffmengenstromdichte durch die Phasengrenzschicht mit Reaktion (Gl. 8.345) zu derjenigen ohne Reaktion (Gl. 8.350) und ist somit ein *Maß für die Verstärkung des Stoffüberganges durch die chemische Reaktion*:

$$E = \frac{j_1\,(\text{mit Reaktion})}{j_1\,(\text{ohne Reaktion})} = \frac{r_e/a_V}{\beta_{1,\text{fl}} \cdot \left(c_1|_P - c_1\right)} = \frac{Ha\left(\frac{c_1|_P}{\tanh(Ha)} - \frac{c_1}{\sinh(Ha)}\right)}{c_1|_P - c_1}. \qquad (8.352)$$

Die Größe des Verstärkungsfaktors ergibt sich in Abhängigkeit von der Hatta-Zahl für verschieden schnelle Reaktionen. Dabei werden folgende Bereiche unterschieden:

1. *Langsame Reaktion* im Bereich $Ha < 0{,}3$. In diesem Bereich ergibt sich keine Verbesserung des Stoffübergangs (s. Gl. 8.350 und Abb. 8.48a):

$$E = 1. \qquad (8.353)$$

2. *Reaktion mittlerer Geschwindigkeit* im Bereich $0{,}3 < Ha < 3$ (s. Abb. 8.48b). Der Verstärkungsfaktor wird hier größer 1 und der funktionale Zusammenhang ergibt sich aus Gl. 8.352 mit

$$c_1|_P \gg c_1 \quad \text{und} \quad \frac{c_1|_P}{\tanh(Ha)} \gg \frac{c_1}{\sin(Ha)}$$

zu

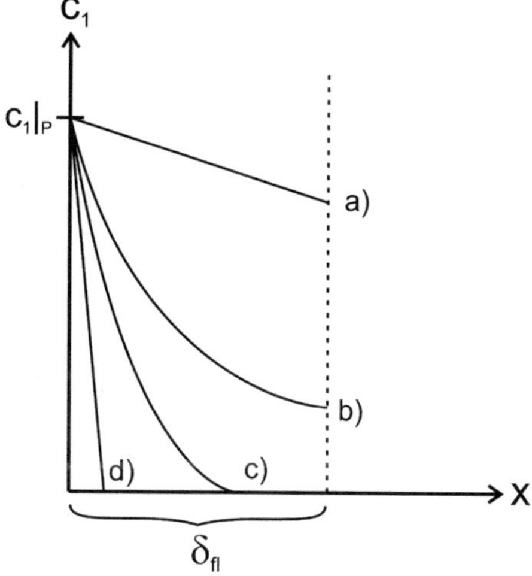

Abb. 8.48 Konzentrationsverläufe bei unterschiedlich schnellen Reaktionen: *a* langsame Reaktion bzw. physikalische Absorption, *b* Reaktion mittlerer Geschwindigkeit, *c* schnelle Reaktion, *d* momentane Reaktion

$$E = \frac{Ha}{\tanh(Ha)}. \qquad (8.354)$$

Für $Ha = 1$ ergibt sich beispielsweise $E = 1{,}31$ und für $Ha = 3$ erhält man $E = 3{,}01$.

3. *Schnelle Reaktion* im Bereich $3 < Ha < 10E_{\text{max}}$. In diesem Fall findet die Reaktion ausschließlich in der flüssigkeitsseitigen Grenzschicht statt (s. Abb. 8.48c). Mit

$$\tanh(Ha) \approx 1 \quad \text{und} \quad c_1 = 0$$

ergibt sich aus Gl. 8.352

$$E = Ha. \qquad (8.355)$$

Die effektive Reaktionsgeschwindigkeit nach Gl. 8.348 hängt nun nicht mehr von der Grenzschichtdicke δ_{fl} ab. Da bereits innerhalb der Grenzschichtdicke $c_1 = 0$ erreicht wird, ist die effektive Grenzschichtdicke deutlich geringer als δ_{fl}.

4. *Momentane Reaktion* für $Ha > 10E_{\text{max}}$. Bei diesen sehr hohen Reaktionsgeschwindigkeiten reagieren die beiden Edukte A_1 und A_2 in einer Ebene innerhalb der flüssigkeitsseitigen Grenzschicht und liegen somit nicht nebeneinander vor (s. Abb. 8.48d). Der Verstärkungsfaktor hat in diesem Fall seinen Maximalwert E_{max} erreicht [99, 100]:

$$E = E_{\text{max}} = 1 + \frac{\nu_1}{\nu_2} \cdot \frac{D_{2,\text{fl}} \cdot c_2}{D_{1,\text{fl}} \cdot c_1|_P}. \qquad (8.356)$$

In diesem Fall ist die für die ersten drei Fälle gemachte Annahme, dass die Konzentration von A_2 in der Grenzschicht konstant den Wert $c_2(x) = c_2$ besitzt, nicht mehr gültig. Auch die Konzentration von A_2 nimmt in der Grenzschicht zur Reaktionsebene auf den Wert 0 ab (nicht gezeigt in Abb. 8.48d). In der Reaktionsebene können A_1 und A_2 nur mit der Geschwindigkeit reagieren wie sie durch Diffusion von der Phasengrenze bzw. Kern der flüssigen Phase antransportiert werden.

Die Darstellung des Verstärkungsfaktors E als Funktion der Hatta-Zahl Ha (s. Abb. 8.49) ermöglicht es, in einem Laborreaktor, einer Technikumsanlage oder einer Modellrechnung abzuschätzen, welchen Einfluss der Stofftransport auf die Geschwindigkeit der Umsetzung besitzt. Sind die intrinsische (homogene) Kinetik, die Stoffgrößen und die Konzentrationen bekannt, so können die Parameter Ha und E_{max} berechnet werden. Aus diesen erhält man dann einen Wert für den Verstärkungsfaktor E unter gegebenen Reaktions- und Strömungsbedingungen, der sich auch in dem entsprechenden technischen Reaktor ergeben würde.

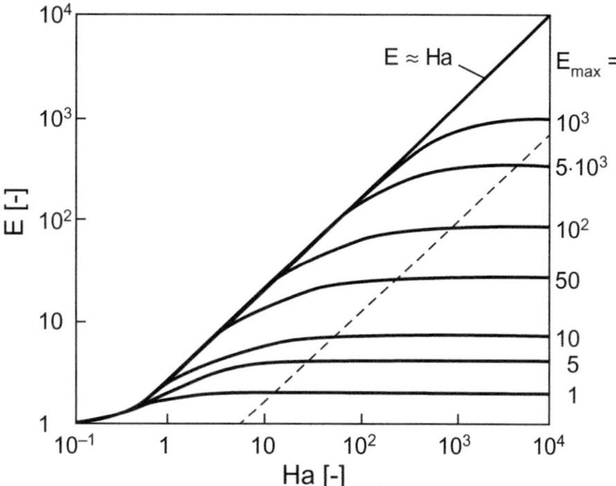

Abb. 8.49 Verstärkung des Stoffübergangs bei unterschiedlich schnellen Reaktionen (*gestrichelte Linie* entspricht $Ha = 10E_{\text{max}}$)

Entspricht das ermittelte E noch nicht dem Maximalwert, so kann man entweder einen anderen Reaktortyp wählen oder durch eine Erhöhung der Temperatur die Hatta-Zahl vergrößern.

Die bisher getroffenen Aussagen gelten für den isothermen Fall einer bimolekularen Gas-Flüssig-Reaktion pseudoerster Ordnung unter Zuhilfenahme der Zweifilmtheorie. Ausführlichere Betrachtungen anderer, komplexerer und spezieller chemischer Reaktionen finden sich in der angegebenen Fachliteratur [33, 101] und [102].

Um beurteilen zu können, ob eine isotherme Betrachtung vorgenommen werden kann, ist es nötig, die *maximale Temperaturerhöhung an der Phasengrenze* abzuschätzen [99]:

$$\Delta T_{\text{max}} = \frac{j_1 D_{1,\text{fl}} \cdot [(-\Delta_{\text{Abs}} H) + (-\Delta_{\text{R}} H)]}{\lambda_{\text{fl}} \beta_{1,\text{fl}}} \cdot \sqrt{\frac{a_{\text{fl}}}{D_{1,\text{fl}}}}. \tag{8.357}$$

Bei dieser Berechnung der Temperaturerhöhung wird angenommen, dass die gesamte Wärme aus Absorption und Reaktion an der Phasengrenzfläche frei wird. Es ergibt sich somit die *maximal mögliche Temperaturerhöhung*, bei der λ_{fl} den Wärmeleitfähigkeitskoeffizienten und a_{fl} den Temperaturleitfähigkeitskoeffizienten der Flüssigphase darstellen.

Wird der berechnete Wert so klein eingeschätzt, dass er die Absorption und die Reaktion nicht beeinflussen kann, so ist die zusätzliche Berücksichtigung eines Temperatureffektes nicht notwendig. Für den einfachen Fall der irreversiblen Reaktion 1. Ordnung ist es möglich, die Temperaturerhöhung im nichtisothermen Fall aus einer Enthalpiebilanz zu berechnen (s. [99]). Wird die abgeschätzte Temperaturerhöhung an der Phasengrenzfläche als zu groß angesehen, so ist eine vollständige modellmäßige Beschreibung des nichtisothermen Reaktors notwendig (s. hierzu Carrà und Morbidelli [100]).

Bei der gesamten theoretischen Betrachtung darf nicht vergessen werden, dass die Modelle (und somit die gewünschte Berechnung der auftretenden Effekte) nur dann sinnvoll anwendbar sind, wenn die notwendigen *System- und Stoffdaten* bekannt sind. Es handelt sich dabei um die Phasengrenzfläche a_V, die Stoffübergangskoeffizienten β_{fl} bzw. β_g, die Diffusionskoeffizienten $D_{i,fl}$ und den Henry-Koeffizienten H_1. Eine Übersicht der Methoden zur Bestimmung der ersten beiden Größen geben Westerterp et al. [103]. Zahlenwerte zu diesen Größen in Abhängigkeit vom Reaktortyp findet man für Laborreaktoren bei [104] (S. 227) und für technische Reaktoren bei [104] (S. 323 u. 340) [103] (S. 479 u. 487) und [105] (S. 27). Diffusionskoeffizienten können für einige Systeme – vor allem wenn Luft oder Wasser enthalten ist – direkt aus der Literatur entnommen werden (z. B. [106, 107] und [108]). Weiterhin bieten sich Möglichkeiten, Diffusionskoeffizienten über Korrelationen zu berechnen ([34]) oder experimentell zu bestimmen ([106] und [109]). Zahlenwerte und Korrelationen für Henry-Koeffizienten sind in den Tabellenwerken [107] und [108] und für die thermischen Koeffizienten (λ_{fl},$c_{p,fl}$) in [16] zu finden.

8.4.2 Reaktorauslegung

Auf die Betrachtung der Flüssig-Flüssig-Systeme wird auch in diesem Abschnitt wieder verzichtet, da zwar die prinzipiellen Überlegungen identisch sind, die Reaktoren aber einen grundlegend anderen Aufbau aufweisen müssen. Der Grund dafür ist, dass zwei flüssige Phasen einen wesentlich geringeren Dichteunterschied besitzen als eine gasförmige und eine flüssige Phase. Für spezielle Betrachtungen kann auf den Artikel von Bart et al. [110] und vor allem auf die allgemeinen Lehrbücher für thermische Trennverfahren [111–113] sowie auf das Buch von Doraiswamy und Sharma [104] verwiesen werden. In den dabei interessanten Kapiteln Flüssig-Flüssig-Extraktion bzw. Flüssig-Flüssig-Systeme werden nicht nur die möglichen Apparatetypen, sondern auch deren Auslegung beschrieben und teilweise diskutiert. Als Laborreaktor für Flüssig-Flüssig-Systeme bietet sich ein kontinuierlicher Rührkessel an (vgl. [103] S. 466).

8.4.2.1 Laborreaktoren

Mithilfe der Laborreaktoren für Gas-Flüssig-Reaktionen ist es möglich, die Mikrokinetik und zum anderen die Stoffübergangskoeffizienten β_{fl} bzw. β_g für den Fall der Überlagerung von Stofftransport und chemischer Reaktion zu ermitteln. Bei der Bestimmung der Mikrokinetik ist vor allem auf große spezifische Phasengrenzflächen a_V zu achten, während bei der Ermittlung der Einflüsse des Stofftransports bekannte (definierte) Phasengrenzflächenwerte und fluiddynamische Zustände notwendig sind. Da für beide Fälle eine Vielzahl von vorgeschlagenen Laborreaktoren existiert (vgl. [101] u. [99]) und in diesem Rahmen nur das allgemeine Prinzip erklärt werden soll, wird hier nur auf die wichtigsten eingegangen.

Für die Ermittlung der *Mikrokinetik* bietet sich vor allem der von Manor und Schmitz [114] entwickelte gradientenfreie Reaktor an. Dieser ermöglicht die Untersuchung schneller chemischer Reaktionen im isothermen Fall ohne den störenden Einfluss von Stofftransportvorgängen. Das Grundprinzip ist dabei, dass durch Rotorblätter ein dünner Flüssigkeitsfilm auf der Innenseite eines Zylinders aufgebracht wird, und die Phasengrenzfläche

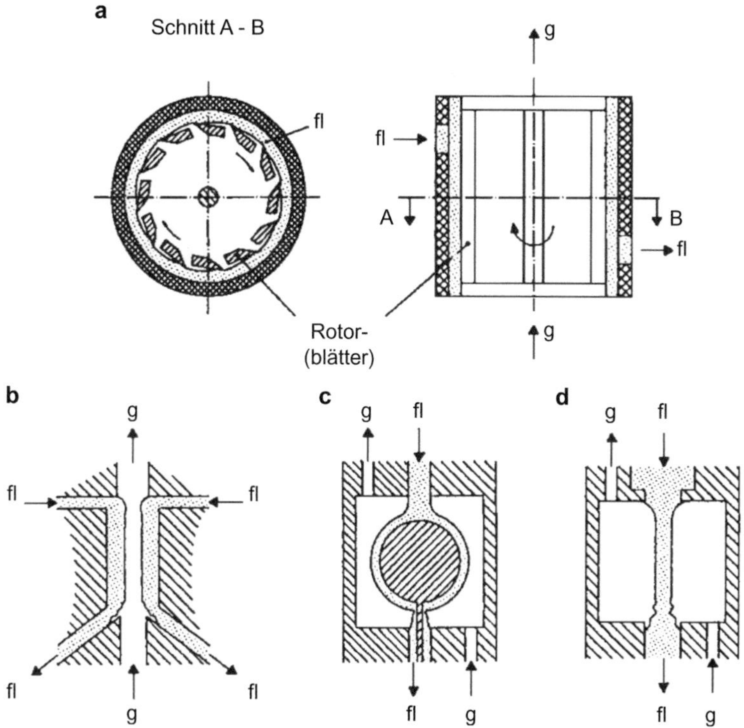

Abb. 8.50 Laborreaktoren für Gas-Flüssig-Systeme (schematisch); **a** gradientenfreier Reaktor (Manor/Schmitz), **b** Fallfilmabsorber, **c** Einzelkugelabsorber, **d** Laminarstrahlabsorber

durch das stetige Darüberstreifen der Rotorblätter ständig erneuert wird (s. Abb. 8.50a). Somit können Stoffübergangswerte erzielt werden, die um ein Vielfaches höher liegen als bei anderen Reaktorsystemen. Die Flüssig- und die Gasphase werden dabei kontinuierlich durch den Reaktor geführt und durch ein entsprechend temperiertes Medium in der Zylinderwand auf konstanter Temperatur gehalten.

Die Bestimmung der *Makrokinetik* kann z. B. mittels Fallfilm-, Laminarstrahl- oder Einzelkugelabsorbern erfolgen. Alle diese Reaktoren beruhen auf relativ einfachen Konzepten und ermöglichen die experimentelle Untersuchung schneller und momentaner Reaktionen, die in der Nähe der Phasengrenzfläche ablaufen:

- *Fallfilmabsorber*

  Bei diesem Laborreaktor handelt es sich um eine einfache Ausführung, bei der ein dünner Flüssigkeitsfilm aufgrund der Schwerkraft an einer Rohrinnen- oder -außenseite hinunterfließt (s. Abb. 8.50b). Der laminar strömende Flüssigkeitsfilm steht dabei in Kontakt mit der entgegengesetzt strömenden Gasphase. Durch Änderung der Flüssigkeitsvolumenströme ist es möglich, den Stoffübergangskoeffizienten zu variieren. Verschiedene Größen für die Phasengrenzfläche erhält man durch unterschiedliche Rohrdurchmesser, wobei der übliche Bereich zwischen 10^{-3} und 10^{-2} m^2 liegt. Die zu verwirklichenden Kontaktzeiten zwischen Gas und Flüssigkeit gehen von 0,1 bis 1 s und werden durch Variation der Volumenströme erreicht. Nähere Angaben zur Durchführung der Experimente, Auswertung der Ergebnisse und Beachtung von Nichtidealitäten finden sich in der jeweiligen Speziallliteratur [99, 115–117].

- *Einzelkugelabsorber*

  Im Gegensatz zum Fallfilmabsorber wird hier der laminare Grenzfilm nicht auf eine senkrechte Wand aufgebracht, sondern auf die Oberfläche einer Kugel (s. Abb. 8.50c). Der Vorteil ist dabei, dass Effekte der Nichtidealität weitgehend vermieden werden können, ohne eine große Einschränkung der Flexibilität in Kauf nehmen zu müssen (Phasengrenzfläche: 10^{-3} bis $4 \cdot 10^{-3}$ m^2; Kontaktzeit: 0,1 bis 1 s). Die Modellvorstellungen zur Fluiddynamik, die zur Auswertung der experimentellen Ergebnisse notwendig sind, werden in den grundlegenden Arbeiten zu diesem Reaktortyp beschrieben und diskutiert (s. [118] und [119]). Erweitert man den Einzelkugelabsorber zu einem Kugelstrangabsorber, ist man sehr nahe daran, die Bedingungen im realen (technischen) Reaktor (Füllkörperkolonne) wiederzugeben, da dann auch Vermischungseffekte der Flüssigkeit zwischen den einzelnen Kugeln berücksichtigt werden (vgl. [101]).

- *Laminarstrahlabsorber*

  Bei diesem Reaktor wird die Flüssigkeit nicht als laminarer Film, sondern als laminarer Freistrahl durch den Gasraum geführt (s. Abb. 8.50d). Durch die Wahl dieser Anordnung ergibt sich ein großer Variationsbereich für die Größen, die das System bestimmen. Die möglichen Werte der Phasengrenzfläche und der Kontaktzeit liegen zwischen $3 \cdot 10^{-5}$ m^2 und 10^{-3} m^2 bzw. 0,01 s und 0,1 s. Der Laminarstrahlabsorber schließt sich somit an den unteren Bereich von Fallfilm- bzw. Einzelkugelabsorbern an und ist ebenso flexibel. Durch die (idealisiert betrachtete) zylindrische Form des laminaren Freistrahls ergeben sich äußerst einfache Zusammenhänge für die Fluiddynamik, die, zusammen mit den auftretenden Nichtidealitäten, von Danckwerts [99] ausführlich behandelt werden. Auch mit diesem Laborreaktor können experimentelle Werte für Stoffübergangskoeffizienten erhalten werden, die sehr gut mit der Theorie übereinstimmen.

8.4.2.2 Technische Reaktoren

Basierend auf einer Einteilung von van Krevelen [120] ergeben sich bei Gas-Flüssig-Systemen drei prinzipielle Reaktortypen für die technische Anwendung:

1. Die Flüssigphase fließt im Gasraum als dünner Film, d. h., beide Phasen sind kontinuierliche Phasen.
2. Die Gasphase wird in der Flüssigkeit dispergiert, d. h., nur die Flüssigkeit ist eine kontinuierliche Phase.
3. Die Flüssigphase wird im Gasraum dispergiert, d. h., nur die Gasphase ist eine kontinuierliche Phase.

Diese Einteilung erweist sich als sinnvoll, da die Phase, in der der Stofftransportwiderstand am größten ist, die kontinuierliche Phase sein soll. Bei der kontinuierlichen Phase kann die Fluiddynamik besser beeinflusst werden und es lässt sich somit das übergeordnete Ziel der Reaktorauslegung bzw. -auswahl verfolgen. Dieses ist die Bereitstellung von fluiddynamischen Zuständen, um durch die gezielte Beeinflussung des Stofftransportwiderstandes eine maximale Ausbeute zu erreichen. Bevor ganz am Ende dieses Kapitels nochmals kurz auf die Vorgehensweise bei der Reaktorauswahl eingegangen wird, sollen im Folgenden die wichtigsten technischen Reaktoren vorgestellt und erläutert werden.

- *Blasensäule* (s. Abb. 8.51a)
  Dieser Reaktortyp, bei dem das Gas in der Flüssigkeit dispergiert wird, ist der verbreitetste in der Industrie und existiert in vielen Bauvarianten. Die Vorteile sind

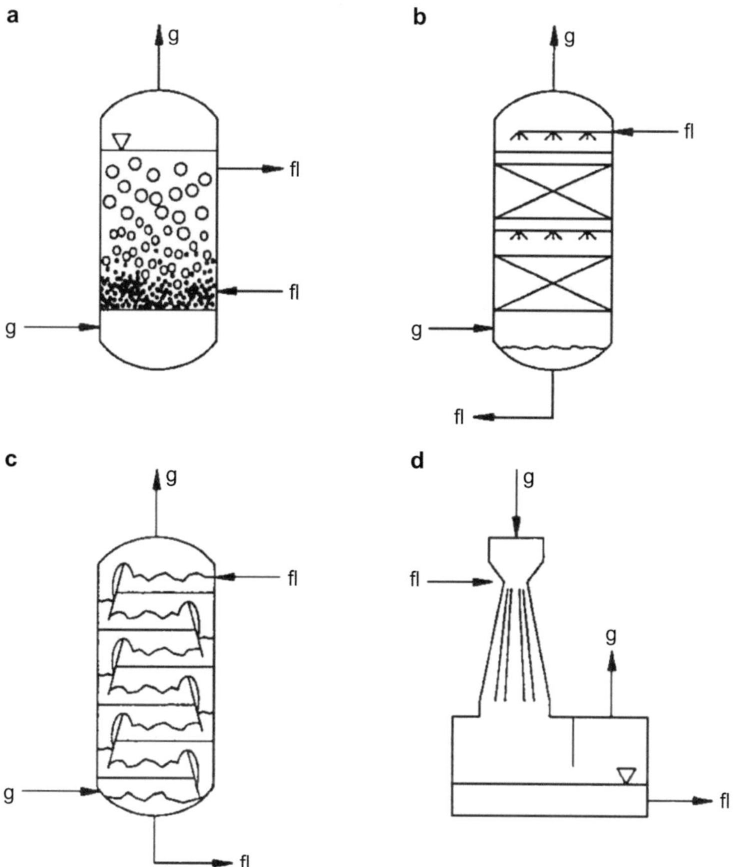

Abb. 8.51 Technische Reaktoren für Gas-Flüssig-Systeme (schematisch); **a** Blasensäule, **b** Füllkörperkolonne, **c** Bodenkolonne, **d** Venturi-Wäscher

dabei die äußerst einfache Bauweise (keine bewegten Teile, Gasdispersion mittels Lochplatte), die große Variationsbreite der Flüssigkeitsverweilzeit und die annähernd ideale Durchmischung, sodass auch Wärmetransportwiderstände vernachlässigbar sind. Vor allem in der biotechnologischen Produktion werden Blasensäulen häufig eingesetzt, da es möglich ist, Apparate mit sehr großem Flüssigkeitsinhalt zu konstruieren und zu betreiben. Die Grenze ist hierbei vor allem durch das Höhe/Durchmesser-Verhältnis gegeben, da die spezifische Phasengrenzfläche durch Koaleszenz der Gasblasen mit zunehmendem Abstand von der Dispergiervorrichtung immer kleiner wird. Ein weiterer Nachteil ist die starke Rückvermischung, vor allem der flüssigen Phase; diese führt dann zum Entwurf von in der Höhe unterteilten Säulen.

Eine umfassende Zusammenfassung und ausführliche Diskussion der Systemparameter sowie deren Abschätzung findet man in [121].

- *Füllkörperkolonne* (s. Abb. 8.51b)

Die in die Kolonne eingebrachten Füllkörper, über die die Flüssigkeit hinabrieselt, sorgen für einen weitverzweigten Flüssigkeitsfilm, der immer wieder vermischt wird. Somit wird auf relativ einfache Weise ohne großen Energieaufwand (geringer Druckverlust, keine bewegten Teile) eine genügend große Phasengrenzfläche erzeugt. Je nach Größe des Reaktors können die Füllkörper entweder einfach als wahllose Schüttung oder in regelmäßiger Anordnung gestapelt in die Kolonne eingebracht werden. Bei größeren Einheiten ist wegen der zunehmend ungleichmäßigeren Flüssigkeitsverteilung über den Querschnitt (Randgängigkeit) darauf zu achten, dass in bestimmten Abständen die Flüssigkeit immer wieder neu verteilt wird (die Gasphase wird hier als zusammenhängend angesehen). Das Haupteinsatzgebiet von Füllkörperkolonnen ergibt sich vor allem bei korrosiven Medien und Atmosphären, da die Füllkörper aus den verschiedensten Materialien hergestellt werden (z. B. Keramiken, Edelstähle oder Kunststoffe), die sehr gute korrosionsbeständige Eigenschaften aufweisen. Falls jedoch Wärme zu- oder abgeführt werden muss oder nur geringe Flüssigkeitsmengen eingesetzt werden können oder sollen oder gar sehr langsame Reaktionen vorliegen, ist der Einsatz von Füllkörperkolonnen nicht möglich bzw. nicht sinnvoll.

- *Bodenkolonne* (s. Abb. 8.51c)

Müssen große Wärmemengen zu- oder abgeführt werden und/oder ist nur ein geringer Flüssigkeitsdurchsatz erwünscht oder möglich, so bieten sich vor allem Bodenkolonnen an. Bei diesem Reaktortyp kann der Wärmeaustausch direkt in der flüssigen Phase auf den einzelnen Böden stattfinden; ferner wird durch eine entsprechende Dimensionierung der Wehre und Abstromschächte (falls vorhanden) garantiert, dass ein zusammenhängender Flüssigkeitsfilm vorliegt (Flüssigkeitsphase wird hier als zusammenhängend angesehen). Eine weitestgehende Unterdrückung von Rückvermischungseffekten geschieht durch die eingebauten Böden, da durch diese die Kolonne in einzelne Abschnitte unterteilt (kaskadiert) wird. Durch die Ausführungsform der Böden und die möglichen Formen der Stoffstromführung können die verschiedensten Einsatzbereiche abgedeckt werden. Die Böden, die der Grund für den vorteilhaften Einsatz sind, begründen aber auch den größten Nachteil dieses Reaktortyps, der in der aufwendigen Konstruktion und Auslegung und somit in den Kosten zu sehen ist.

- *Sprühturm*

  Eine starke Dispersion der flüssigen Phase, wie sie bei den Sprühtürmen (Strahlwäschern) erfolgt, ist nur selten erforderlich, da der Hauptanteil des Stofftransportwiderstands meistens auf der Flüssigkeitsseite liegt. Der Einsatzbereich reduziert sich somit auf Reaktionen mit sehr hohen Umsetzungsgeschwindigkeiten, oder wenn Feststoffpartikel im Gas oder in der Flüssigkeit vorhanden sind. Der Venturi-Wäscher (s. Abb. 8.51d) als spezielle Ausführung des Sprühturmes eignet sich besonders zur zusätzlichen Staubreinigung von Gasen. Ein großer Vorteil der Sprühtürme ist vor allem die relativ große spezifische Phasengrenzfläche.

Die Auswahl des geeigneten technischen Reaktors erfolgt zumeist so, dass nur so viel spezifische Phasengrenzfläche wie nötig erzeugt wird, da deren Erzeugung mit einem energetischen und konstruktiven Aufwand verbunden ist. Oder in anderen Worten: Findet die Reaktion überwiegend im Kern der flüssigen Phase statt ($Ha < 0{,}3$), so ist eine Erhöhung der Phasengrenzfläche nicht erforderlich und nur mit Zusatzkosten verbunden. Entscheidend bei der Auswahl des Reaktors ist also der Ausnutzungsgrad η der Flüssigkeit bzw. der Wirkungsgrad η der Gas-Flüssig-Reaktion. Dieser ergibt sich für die allgemeine Reaktion nach Gl. 8.317 mit der Definition nach Gl. 8.28 und 8.331 zu (vgl. Abb. 8.46):

$$\eta = \frac{r_\mathrm{e}}{r} = \frac{r_\mathrm{e}}{k'' \cdot c_1|_P} = \frac{r_\mathrm{e}}{k'' \cdot \frac{p_1}{H_1}}. \tag{8.358}$$

Für r_e sind die entsprechenden Ergebnisse aus Abschn. 8.4.1.1 bzw. Abschn. 8.4.1.2 einzusetzen.

Westerterp et al. [103] geben eine Möglichkeit an, den Flüssigkeitsausnutzungsgrad η nur durch Stoff- und Systemgrößen auszudrücken. Diese Größen sind dabei in den beiden dimensionslosen Kennzahlen *Ha* (*Hatta-Zahl*) und *Hl* (*Hinterland-Verhältnis*) enthalten. Das Hinterland-Verhältnis ist definiert als das Verhältnis von Flüssigkeitsvolumen zum Grenzschichtvolumen:

$$Hl = \frac{V_\mathrm{fl}}{V_\mathrm{fl} \cdot a_V \cdot \delta_\mathrm{fl}} = \frac{1}{a_V \cdot \delta_\mathrm{fl}}. \tag{8.359}$$

Insgesamt ergibt sich dann für den Ausnutzungsgrad:

$$\eta = \frac{1}{Ha \cdot Hl} \cdot \frac{(Hl - 1) \cdot Ha + \tanh(Ha)}{(Hl - 1) \cdot Ha \cdot \tanh(Ha) + 1}. \tag{8.360}$$

Diese Darstellung gewinnt man aus der allgemeinen globalen Bilanzbetrachtung für die Komponente A_1 in der Flüssigphase unter der Voraussetzung, dass sowohl im Zustrom wie auch im Abstrom nur ein sehr geringer Anteil des Eduktes A_1 vorliegt.

In Kombination mit dem Hinterland-Verhältnis (*Hl*) dient der Ausnutzungsgrad der Flüssigkeit zur Abschätzung, inwieweit eine starke Vermischung der beiden Phasen (*Hl* klein) in Abhängigkeit von der Hatta-Zahl überhaupt sinnvoll ist oder ob nicht bereits ohne starke Durchmischung der maximale Flüssigkeitsausnutzungsgrad von 1,0 erreicht wird [103] (vgl. Abb. 8.52). Ist folglich die Hatta-Zahl aufgrund entsprechender Experimente bekannt, so kann abgeschätzt werden, welcher Reaktortyp sinnvollerweise eingesetzt wird. Dabei sollte es sich um den Reaktor handeln, bei dem unter der Maßgabe des geringsten Energieeintrags bereits ein Ausnutzungsgrad von 1,0 erhalten wird.

Die größte Vermischung ergibt sich beim Sprühturm durch die Zerstäubung der Flüssigphase. Füllkörperkolonne und Blasensäule vermischen die beiden Phasen auch noch sehr gut, da die Phasengrenzfläche durch die verschiedenen Einbauten immer wieder neu gebildet wird. Somit ist auch sofort einzusehen, warum bei den Füllkörperkolonnen noch kleinere Hinterland-Verhältnisse erreicht werden können (vgl. Abb. 8.52) – da nach jeder Füllkörperlage die Phasengrenzfläche erneuert wird. Schlecht wird die Vermischung bereits in Rührkesseln, da dort nur örtlich begrenzt (am Rührer) neue Phasengrenzfläche gebildet werden kann. Die schlechte Vermischung in den Blasensäulen beruht im Gegensatz zu den Sprühtürmen auf der starken Neigung zur Koaleszenz (Zusammenwachsen) von Gasblasen in Flüssigkeiten.

Mit der Vorstellung und kurzen Diskussion dieser vier Reaktortypen für Gas-Flüssig-Systeme sollte deutlich werden, dass es eine Vielzahl von völlig unterschiedlichen Konzepten gibt. Hilfestellungen auf dem Weg zur Wahl des richtigen Reaktortyps erhält man aufgrund der in Abschn. 8.4.1 dargestellten Theorien sowie von Modellen für den speziellen Reaktortyp und von experimentellen Untersuchungen. Die spezielle Literatur ([104, 100, 103, 105] und [122]) geht dabei detaillierter auf die Modellvorstellungen und die

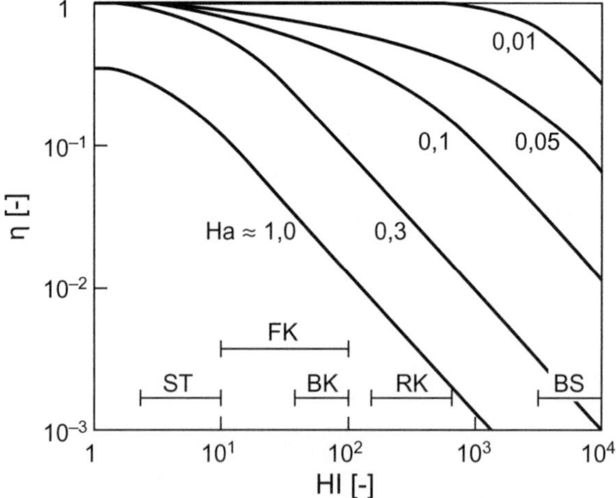

Abb. 8.52 Diagramm zur Abschätzung des notwendigen Vermischungsgrads; *ST* Sprühturm, *FK* Füllkörperkolonne, *BK* Bodenkolonne, *RK* Rührkessel, *BS* Blasensäule

Vorgehensweise bei der Auslegung bzw. die Probleme beim Scale-up ein. Der allgemeine Handlungsablauf kann dabei wie folgt beschrieben werden:

- Messung der intrinsischen (homogenen) Kinetik,
- Bestimmung, in welchem Teil der Flüssigphase die Reaktion überwiegend abläuft,
- daraufhin Vorauswahl verschiedener Reaktortypen,
- Bestimmung von β_{fl} und Ha,
- Berechnung von E als Funktion der zu erwartenden Konzentrationen,
- Bestimmung der Querschnittsfläche und der Volumina der beiden Phasen bei gegebenen Volumenströmen,
- Ermittlung von Strömungszuständen der Phasen und von Parametern der fluiddynamischen Modelle,
- Berechnung des minimalen Reaktorvolumens aus mathematischen Modellen unter Annahme eines Plug-flow-Strömungszustandes,
- Entwicklung mathematischer Modelle der vorausgewählten Reaktortypen zur Beschreibung des nichtidealen Verhaltens,
- Berechnung des Reaktorvolumens,
- Wahl bzw. Einschränkung der Reaktoren aufgrund der gewonnenen Daten,
- endgültige Auswahl nach der Betrachtung des Energieverbrauches bzw. dessen Minimierung.

Auf detailliertere Ausführungen soll in diesem Zusammenhang verzichtet werden. Eine ausführliche Betrachtung der Bilanzen und Modelle bei technischen Reaktoren für mehrphasige Systeme wurde bereits im Abschn. 8.2.3 am Beispiel der heterogen katalysierten Fluidreaktionen durchgeführt. Eine Übertragung auf Fluid-Fluid-Systeme ist vom grundlegenden Verständnis her durchaus möglich, wobei darauf geachtet werden muss, dass dann das primäre Ziel der Berechnung nicht die Katalysatormasse, sondern das Reaktionsvolumen ist.

Literatur

1. Whitman, W.G.: The two-film theory of gas absorption. Chem. Met. Eng. **29**, 146–148 (1923)
2. Bird, R.B., Stewart, W.E., Lightfoot, E.N.: Transport Phenomena, 2. Aufl., Wiley, New York (2002)
3. Baehr, H.D., Stephan, K.: Wärme- und Stoffübertragung, 8. Aufl. Springer-Vieweg, Berlin (2013)
4. Sattler, K.: Thermische Trennverfahren, 3. Aufl. Wiley-VCH, Weinheim (2001)
5. Kraume, M.: Transportvorgänge in der Verfahrenstechnik, 2. Aufl. Springer-Vieweg, Berlin (2012)
6. Higbie, R.: The rate of absorption of pure gas into a still liquid during short periods of exposure. Am. Inst. Chem. Eng. **31**, 365–389 (1935)

7. Danckwerts, P.V.: Significance of liquid-film coefficients in gas absorption. Ind. Eng. Chem. **43**, 1460–1467 (1951)
8. Lewis, W.K., Whitman, W.G.: Principles of gas absorption. Ind. Eng. Chem. **16**, 1215–1220 (1924)
9. Ramachandran, P.A., Chaudhari, R.V.: Three-Phase Catalytic Reactors. Gordon and Breach Science Publishers, New York (1983)
10. Weitkamp, J., Gläser, R.: Katalyse. In: Dittmeyer, R., Keim, W., Kreysa, G., Oberholz, A. (Hrsg.) Winnacker/Küchler. Chemische Technik: Prozesse und Produkte. Band 1: Methodische Grundlagen. Wiley-VCH, Weinheim (2004)
11. Deutschmann, O., Knözinger, H., Kochloefl, K., Turek, T.: Heterogeneous catalysis and solid catalysts. In: Ullmann's Encyclopedia of Industrial Chemistry. Wiley-VCH, Weinheim (2009)
12. Schüth, F., Sing, K.S.W., Weitkamp, J.: Handbook of Porous Solids. Wiley-VCH, Weinheim (2002)
13. Ertl, G., Knözinger, H., Schüth, F., Weitkamp, J. (Hrsg.): Handbook of Heterogeneous Catalysis, Bd. 1, 2. Aufl., Wiley-VCH, Weinheim (2008)
14. Klemm, E., Köstner, M., Emig, G.: Transport phenomena and reaction in porous media. In: Schüth, F., Sing, K.S.W., Weitkamp, J. (Hrsg.) Handbook of Porous Solids, Bd. 5, Wiley-VCH, Weinheim (2002)
15. Dittmeyer, R., Emig, G.: Simultaneous heat and mass transfer and chemical reaction. In: Ertl, G., Knözinger, H., Schüth, F., Weitkamp, J. (Hrsg.) Handbook of Heterogeneous Catalysis, Bd. 3, 2 Aufl., Wiley-VCH, Weinheim (2008)
16. VDI e. V.: VDI-Wärmeatlas, 11. Aufl. Springer-Vieweg, Wiesbaden (2013)
17. Lowell, S., Shields, J.E., Thomas, M.A., Thommes, M.: Chemisorption: site specific gas adsorption. In: Lowell, S., Shields, J.E., Thomas, M.A., Thommes, M. (Hrsg.) Characterization of Porous Solids and Powders: Surface Area, Pore Size and Density. Particle Technology Series, Bd. 16. Springer, Berlin (2004)
18. Cassiere, G., Carberry, J.: The interphase catalytic effectiveness factor: activity, yield, non-isothermality. Chem. Eng. Educ. **7**, 22–26 (1973)
19. Mears, D.E.: Test for transport limitations in experimental catalytic reactors. Ind. Eng. Chem. Proc. Des. Develop. **10**, 541–547 (1971)
20. Thoenes, D., Kramers, H.: Mass transport from spheres in various regular packings to a flowing fluid. Chem. Eng. Sci. **8**, 271–283 (1958)
21. Dwivedi, P.N., Upadhyay, S.N.: Particle-fluid mass transfer in fixed bed and fluidized beds. Ind. Eng. Chem. Proc. Des. Dev. **16**, 157–165 (1977)
22. Hughmark, G.A.: Mass transfer for suspended solid particles in agitated liquids. Chem. Eng. Sci. **24**, 291–297 (1969)
23. Papula, L.: Mathematik für Ingenieure und Naturwissenschaftler, Bd. 1, 14. Aufl. Vieweg Teubner, Wiesbaden (2015)
24. Damköhler, G.: Einfluß von Diffusion, Strömung und Wärmeübergang auf die Ausbeute bei chemisch-technischen Reaktionen. In: Eucken, A., Jakob, M. (Hrsg.) Der Chemie-Ingenieur. Bd. III/1, S. 359–485. Akademische Verlagsgesellschaft, Leipzig (1937)
25. Thiele, E.W.: Relation between catalytic activity and size of particle. Ind. Eng. Chem. **31**, 916–920 (1939)
26. Aris, R.: On shape factors of irregular particles. Chem. Eng. Sci. **6**, 262–268 (1957)
27. Petersen, E.E.: Chemical Reaction Analysis. Prentice-Hall, New York (1965)
28. Weisz, P.B., Prater, C.D.: Interpretation of measurements in experimental catalysis. Adv. in Catal. **6**, 143–196 (1954)
29. Sharma, R.K., Cresswell, D.L., Newson, E.J.: Effective diffusion coefficients and tortuosity factors for commercial catalysts. Ind. Eng. Chem. Res. **30**, 1428 (1991)

30. Zalc, J.M., Reyes, S.C., Iglesia, E.: The effects of diffusion mechanism and void structure on transport rates and tortuosity factors in complex porous structures. Chem. Eng. Sci. **59**, 2947–2960 (2004)
31. Bruggeman, D.A.G.: Berechnung verschiedener physikalischer Konstanten von heterogenen Substanzen. Annalen der Physik. **416**, 665–679 (1935)
32. Hirschfelder, J.O., Curtiss, C.F., Bird, R.B.: Molecular Theory of Gases. Wiley, New York (1954)
33. Satterfield, C.N.: Mass Transfer in Heterogeneous Catalysis. MIT Press, Cambridge (1970)
34. Reid, R.C., Prausnitz, J.M., Poling, B.E.: The Properties of Gases and Liquids, 4. Aufl., McGraw-Hill, Boston (1987)
35. Wilke, C.R., Lee, C.Y.: Estimation of diffusion coefficients for gases and vapors. Ind. Eng. Chem. **47**, 1253–1257 (1955)
36. Fuller, E.N., Schettler, P.D., Giddings, J.C.: New method for prediction of binary gas-phase diffusion coefficients. Ind. Eng. Chem. **58**, 18–27 (1966)
37. Wilke, C.R., Chang, P.: Correlation of diffusion coefficients in dilute solutions. AIChE J. **1**, 264–270 (1955)
38. Le Bas, G.: The Molecular Volumes of Liquid Chemical Compounds. Longmans, Green & Co Ltd., London (1915)
39. Kärger, J., Ruthven, D.M., Theodorou, D.N.: Diffusion in Nanoporous Materials. Wiley-VCH, Weinheim (2012)
40. Keil, F.: Diffusion und Chemische Reaktionen in der Gas/Feststoff-Katalyse. Springer, Berlin (1999)
41. Wicke, E., Kallenbach, R.: Die Oberflächendiffusion von Kohlendioxyd in aktiven Kohlen. Kolloid-Z. **17**, 135 (1941)
42. Mears, D.E.: Diagnostic criteria for heat transport limitations in fixed bed reactors. J. Catal. **20**, 127–131 (1971)
43. Anderson, J.B.: A criterion for isothermal behavior of a catalyst pellet. Chem. Eng. Sci. **18**, 147–148 (1963)
44. Harriot, P.: Thermal conductivity of catalyst pellets and other porous particles. Chem. Eng. J. **10**, 65–71 (1975)
45. Parker, J.W., Jenkins, J.R., Butler, P.C., Abbott, G.I.: Flash method of determining thermal diffusivity, heat capacity and thermal conductivity. J. Appl. Phys. **32**, 1679–1685 (1961)
46. Frank-Kamenetzki, D.A.: Stoff- und Wärmeübertragung in der chemischen Kinetik (übersetzt von J. Pawlowski). Springer, Berlin (1959)
47. Weisz, P.B., Hicks, J.S.: The behaviour of porous catalyst particles in view of internal mass and heat diffusion effects. Chem. Eng. Sci. **17**, 265–275 (1962)
48. Appl, M.: Ammonia, 2. Production processes. In: Ullmann's Encyclopedia in Industrial Chemistry. Wiley-VCH, Weinheim (2012)
49. Haldor Topsoe (Lyngby, Dänemark): Südafr. Pat. 645 279 (1964)
50. Quartulli, O.J., Wagner, G.A.: Why horizontal NH_3-converters? Hydrocarbon Process. **57**, 115 (1987)
51. Bernard, R.A., Wilhelm, R.H.: Turbulent diffusion in fixed beds of packed solids. Chem. Eng. Progr. **46**, 233–244 (1950)
52. Fahien, R.W., Smith, J.N.: Mass transfer in packed beds. AIChEJ. **1**, 28–37 (1955)
53. Tsotsas, E., Martin, H.: Thermal conductivity of packed beds: a review. Chem. Eng. Process. **22**, 19–37 (1987)
54. Zehner, P., Schlünder, E.-U.: Wärmeleitfähigkeit von Schüttungen bei mäßigen Temperaturen. Chem.-Ing.-Tech. **42**, 933–941 (1970)

55. Winterberg, M.E., Tsotsas, E., Krischke, A., Vortmeyer, D.: A simple and coherent set of coefficients for modeling of heat and mass transport with and without chemical reaction in tubes filled with spheres. Chem. Eng. Sci. **55**, 967–979 (2000)
56. Carberry, J.J., Wendel, M.M.: A computer model of the fixed bed catalytic reactor: the adiabatic and quasi-adiabatic cases. AIChE J. **9**, 129–133 (1963)
57. Wenner, R.R., Dybdal, E.C.: Catalytic dehydrogenation of ethylbenzene. Chem. Eng. Progr. **44**, 275–286 (1948)
58. Oele, A.-P.: Technological aspects of the catalytic combustion of ammonia with platinum gauze elements. Chem. Eng. Sci. **8**, 146–157 (1958)
59. Kramers, H., Westerterp, K.R.: Elements of Chemical Reactor Design and Operation., S. 173. Netherlands University Press, Amsterdam (1963)
60. Kramers, H.: Heat transfer from spheres to flowing media. Physica. **12**, 61–80 (1946)
61. Thiemann, M., Scheibler, E., Wiegand, K.W.: Nitric acid, nitrous acid, and nitrogen oxides. In: Ullmann's Encyclopedia in Industrial Chemistry. Wiley-VCH, Weinheim (2012)
62. Horn, F., Küchler, L.: Probleme bei reaktionstechnischen Berechnungen. Chem.-Ing.-Tech. **31**, 1–11 (1951)
63. Smith, J.M.: Chemical Engineering Kinetics, 3 Aufl., McGraw-Hill, New York (1981)
64. Reh, L.: Wirbelschichtreaktoren für nicht katalytische Reaktionen. In: Ullmann's Encyclopädie der technischen Chemie, Bd. 3, 4. Aufl., S. 433 ff. Chemie, Weinheim (1973)
65. Werther, J.: Fluidized-bed reactors. In: Ullmann's Encyclopedia in Industrial Chemistry. Wiley-VCH, Weinheim (2012)
66. Werther, J.: Fluidized-bed reactors. In: Ertl, G., Knözinger, H., Schüth, F., Weitkamp, J. (Hrsg.) Handbook of Heterogeneous Catalysis, Bd. 4, 2. Aufl., Wiley-VCH, Weinheim (2008)
67. Kunii, K., Levenspiel, O.: Fluidization Engineering. Butterworth-Heinemann, Boston (1991)
68. Geldart, D. (Hrsg.): Gas Fluidization Technology. Wiley, Chichester (1986)
69. Davidson, J.F., Clift, R., Harrison, D.: Fluidization, 2. Aufl., Academic Press, London (1985)
70. Pell, M.: Gas Fluidization. Elsevier, Amsterdam (1990)
71. Yates, J.G.: Fundamentals of Fluidized-Bed Chemical Processes. Butterworths, London (1983)
72. Mahecha-Botero, A., Grace, J.R., Elnashaie, S.S.E.H., Jim Lim, C.: Advances in modeling of fluidized-bed catalytic reactors: a comprehensive review. Chem. Eng. Commun. **196**, 1375–1405 (2009)
73. Werther, J.: Zur Problematik der Maßstabsvergrößerung von Wirbelschichtreaktoren. Chem.-Ing.-Tech. **49**, 777–785 (1977)
74. Werther, J.: Mathematische Modellierung von Wirbelschichten. Chem.-Ing.-Tech. **56**, 187–196 (1984)
75. Grace, J.R.: An evaluation of models for fluidized-bed reactors. AIChE Symp. Ser. **67**, 159 (1971)
76. Kunii, D., Levenspiel, O.: Fluidization Engineering. Wiley, New-York (1969)
77. May, W.G.: Fluidized bed reactor studies. Chem. Eng. Prog. **55**, 49–55 (1959)
78. May, W.G.: DECHEMA-Monographie. Bd. 32, S. 471. Chemie, Weinheim (1959)
79. Van Deemter, J.J.: Mixing and contacting in gas-solid fluidized beds. Chem. Eng. Sci. **13**, 143–154 (1961)
80. Böck, W., Sitzmann, W., Emig, G., Werther, J.: Inst. Chem. E. Symp. Ser. No. **87**, 479 (1984)
81. Sitzmann, W., Schößler, M., Werther, J.: Zur Emittlung der Kinetik komplexer Reaktionen aus Messungen im Wirbelschichtreaktor. Chem.-Ing.-Tech. **59**, 68–69 (1987)
82. Sitzmann, W., Werther, J., Böck, W., Emig, G.: Modelling of fluidized beds – determination of suitable kinetics for complex reactions. German Chem. Eng. **8**, 301–307 (1985) sowie dt. Synopse in: Chem.-Ing.-Tech. **57**, 58–59 (1985)

83. Sitzmann, W.: Experimentelle Untersuchung und mathematische Modellierung komplexer heterogenkatalytischer Reaktionen in Wirbelschichten am Beispiel der Ethanoldehydratisierung. Dissertation, TU Hamburg-Harburg (1986)
84. Ho, T.C.: Mass transfer. In: Yang, W.-C. (Hrsg.) Handbook of Fluidization and Fluid-Particle Systems. Marcel Dekker, New York (2003)
85. Werther, J.: Hydrodynamics and mass transfer between the bubble and emulsion phases in fluidized beds of sand and cracking catalyst. In: Fluidization: Proceedings of the 4th Int. Conference on Fluidization (Kashikojima, Japan, 1983). Engineering Foundation, New York (1984)
86. Böck, W.: Modellierung komplexer heterogenkatalytischer Reaktionen in Wirbelschichten am Beispiel der Ethanoldehydratisierung. Dissertation, Universität Erlangen-Nürnberg (1984)
87. Yagi, S., Kunii, D.: Studies on combustion of carbon particles in flames and fluidized beds. Symposium on Combustion **5**, 231–244 (1955)
88. Yagi, S., Kunii, D.: Fluidized-solids reactors with continuous solids feed. Chem. Eng. Sci. **16**, 364–391 (1961)
89. Ausman, J.M., Watson, C.C.: Mass transfer in a catalyst pellet during regeneration. Chem. Eng. Sci. **17**, 323–329 (1962)
90. Ishida, M., Wen, C.Y.: Comparison of kinetic and diffusional models for solid-gas reactions. AIChE J. **14**, 311–317 (1968)
91. Wen, C.Y.: Noncatalytic heterogeneous solid-fluid reaction models. Ind. Eng. Chem. **60**, 35–54 (1968)
92. Fritz, W.: Chemiker-Z. **94**, 377 (1970)
93. Schwab, G.M., Philinis, J.: Reactions of iron pyrite: its thermal decomposition, reduction by hydrogen and air oxidation. J. Am. Chem. Soc. **69**, 2588–2596 (1947)
94. Franck, H.-G., Stadelhofer, J.W.: Industrielle Aromatenchemie: Rohstoffe, Verfahren, Produkte. Springer, Berlin (1987)
95. Papula, L.: Mathematik für Ingenieure und Naturwissenschaftler, Bd. 1, 14. Aufl. Springer Vieweg, Wiesbaden (2014)
96. Pirkl, H.-G.: Stoffaustausch und Reaktion bei der Absorption von Stickstoffdioxid und Schwefeldioxid aus Rauchgasen. Dissertation, Universität Erlangen-Nürnberg (1992)
97. Kameoka, Y., Pigford, R.: Absorption of nitrogen dioxide into water, sulfuric acid, sodium hydroxide, and alkaline sodium sulfite aqueous solutions. Ind. Eng. Chem. Fundamen. **16**, 163–169 (1977)
98. Kramers, H., Blind, M., Snoeck, E.: Adsorption of nitrogen tetroxide by water jets. Chem. Eng. Sci. **14**, 115–123 (1961)
99. Danckwerts, P.V.: Gas-Liquid-Reactions. McGraw-Hill, New-York (1970)
100. Carra, S., Morbidelli, M.: Gas-liquid reactors. In: Carberry, J.J., Varma, A. (Hrsg.) Chemical Reaction and Reactor Engineering. Marcel Dekker, New York (1987)
101. Astarita, G.: Mass Transfer with Chemical Reaction. Elsevier, Amsterdam (1967)
102. Sherwood, T., Pigford, R., Wilke, C.: Mass Transfer. McGraw-Hill, New York (1975)
103. Westerterp, K.R., Van Swaaij, W.P.M., Beenackers, A.A.C.M.: Chemical Reactor Design and Operation. Wiley, Chichester (1984)
104. Doraiswamy, L., Sharma, M.: Heterogeneous Reactions, Bd. 2, Wiley, New York (1984)
105. Kastanek, F., Zahradnik, J., Kratochvil, J., Cermak, J.: Chemical Reactors for Gas-Liquid-Systems. Ellis Horwood, New York (1993)
106. Ullmanns Enzyklopädie der technischen Chemie, Bd. 1, 4. Aufl., S. 145. Chemie, Weinheim (1980)
107. Springer Materials – The Landolt Börnstein Database, www.materials.springer.com

108. Lechner, M.D. (Hrsg.): Taschenbuch für Chemiker und Physiker. Band I: Physikalisch-chemische Daten. Begründet von Jean d'Ans, Ellen Lax, 4. Aufl. Springer, Berlin (1992)
109. Jost, W., Hauffe, K.: Diffusion (Methoden der Messung und Auswertung), 2. Aufl. Steinkopff, Darmstadt (1972)
110. Bart, H.-J., Mahr, R., Bauer, A.: Stoffumwandlung und Stoffaustausch bei Flüssig/Flüssig-Systemen. Chem. Ing. Tech. **61**, 941–948 (1989)
111. Sattler, K.: Thermische Trennverfahren: Grundlagen, Auslegung, Apparate, 3. Aufl. Wiley-VCH, Weinheim (2012)
112. Grassmann, P., Widmer, F., Sinn, H.: Einführung in die thermische Verfahrenstechnik. Walter de Gruyter & Co, Berlin (1997)
113. Mersmann, A., Kind, M., Stichlmaier, J.: Thermische Verfahrenstechnik: Gundlagen und Methoden. Springer, Berlin (2005)
114. Manor, Y., Schmitz, R.A.: Gradientless reactor for gas-liquid reactions. Ind. Eng. Chem. Fundam. **23**, 243–252 (1984)
115. Roberts, D., Danckwerts, P.V.: Kinetic of CO_2 absorption in alkaline solutions. Chem. Eng. Sci. **17**, 961–969 (1962)
116. Gilliland, E.R., Baddour, R.F., Brian, P.L.T.: Gas absorption accompanied by a liquid-phase chemical reaction. AIChE J. **7**, 223–230 (1961)
117. Astarita, G., Gioia, F.: Hydrogen sulfide chemical absorption. Chem. Eng. Sci. **19**, 963–971 (1964)
118. Lynn, S., Straatemeier, J., Kramers, H.: Absorption studies in the light of the penetration theory. Chem. Eng. Sci. **4**, 63–67 (1955)
119. Davidson, J.F., Cullen, E.J.: The determination of diffusion coefficients for sparingly soluble gas in liquids. Trans. Inst. Chem. Eng. **35**, 51 (1957)
120. Van Krevelen, D.: Research. **3**, 106 (1950)
121. Rollbusch, P., Bothe, M., Becker, M., Ludwig, M., Gründewald, M., Schlüter, M., Franke, R.: Bubble columns operated under industrially relevant conditions – current understanding of design parameters. Chem. Eng. Sci. **126**, 660–678 (2015)
122. Hölemann, K., Gorak, A.: Absorption. In: Goedecke, R. (Hrsg.) Fluid-Verfahrenstechnik: Grundlagen, Methodik, Technik, Bd. 2, Wiley-VCH, Weinheim (2006)

Mikroreaktionstechnik 9

Zentrale Aufgabe der *Mikroreaktionstechnik* ist die Auslegung und Optimierung chemischer Verfahren, die in *Mikrostrukturen* durchgeführt werden. Sie bedient sich dabei der Grundlagen der klassischen Reaktionstechnik und stellt somit keine „neue" Reaktionstechnik dar. Dieser Rückgriff auf die klassische Reaktionstechnik wird in Kap. 9 durch mehrfache Verweise auf Inhalte vorangegangener Kapitel und deren Anwendung deutlich werden.

Eine besondere Herausforderung in der Mikroreaktionstechnik besteht in der Identifizierung derjenigen Teilschritte, die für die Durchführung chemischer Reaktionen in Mikrostrukturen relevant sind. So werden auf der Mikroskala Teilschritte signifikant und damit relevant, die auf der Makroskala vernachlässigbar waren. Dies zu erkennen und zu berücksichtigen ist von zentraler Bedeutung in der Mikroreaktionstechnik.

Die Gliederung des Kap. 9 orientiert sich an einer Klassifizierung von chemischen Reaktionen in homogene oder homogen katalysierte Fluidreaktionen, heterogen katalysierte Fluidreaktionen und Fluid-Fluid-Reaktionen. Die jeweiligen Reaktionsklassen werden jeweils hinsichtlich der Fluiddynamik, der Stoffbilanz, der Enthalpiebilanz und der Reaktorauslegung behandelt.

In den Abschn. 9.1 bis 9.4 wird zunächst von einem einzelnen Mikrokanal als repräsentativer Ausschnitt eines Mikrostrukturreaktors ausgegangen. Im abschließenden Abschn. 9.5 wird dann auf Gestaltungskonzepte für Mikrostrukturreaktoren mit interner Parallelisierung etwas näher eingegangen.

G. Emig et al., *Chemische Reaktionstechnik*,
https://doi.org/10.1007/978-3-662-68826-7_9

9.1 Begriffe und Definitionen

Die *Mikroreaktionstechnik* ist eine von vielen *Mikrotechniken*. Zu den ältesten Mikrotechniken zählt die Mikroelektronik mit ihrer seit den 60er-Jahren des 20. Jahrhunderts rasant zunehmenden Integrationsdichte der auf einem Chip durch Miniaturisierung untergebrachten elektronischen *Bauteile*.

Die Mikroreaktionstechnik ist dagegen eine sehr junge Disziplin, die ihren Startpunkt Anfang der 90er-Jahre des 20. Jahrhunderts besitzt. Unter Mikroreaktionstechnik versteht man die Anwendung reaktionstechnischer Grundlagen und Kenntnisse auf die Durchführung von chemischen Reaktionen in Strukturen, *deren laterale Abmessungen zwischen 100 nm und 1 mm liegen.*

Die entsprechenden Reaktoren wurden lange Zeit als Mikroreaktoren bezeichnet. Als zutreffenderer Terminus etabliert sich zunehmend der Begriff *Mikrostrukturreaktoren*, um hervorzuheben, dass nicht die Reaktoren klein sind, sondern lediglich die darin enthaltenen Mikrostrukturen.

Der häufig benutzte Begriff *Mikroeffekte* bezieht sich auf die in Mikrostrukturen signifikant und relevant werdenden Effekte. Diese sind der intensivierte Wärme- und Stofftransport entlang der kleinsten Abmessungen durch Wärmeleitung und Diffusion sowie die Intensivierung von Grenzflächenphänomenen (z. B. heterogene Katalyse). Die jeweils korrespondierenden und beschreibenden Parameter sind unter Annahme einer Kapillare mit kreisförmigem Querschnitt des Radius r_R (vgl. auch Abb. 9.1):

- Zeitkonstante der Diffusion t_D:

$$t_\mathrm{D} = \frac{r_\mathrm{R}^2}{D_i}. \tag{9.1}$$

- Zeitkonstante der Wärmeleitung t_W:

$$t_\mathrm{W} = \frac{r_\mathrm{R}^2}{a}. \tag{9.2}$$

mit der Temperaturleitzahl a:

$$a = \frac{\lambda}{\rho c_p}. \tag{9.3}$$

- Spezifische Oberfläche a_V:

$$a_V = \frac{2}{r_\mathrm{R}}. \tag{9.4}$$

Aus den Gl. 9.1 bis 9.4 wird ersichtlich, dass die Zeitkonstanten für Diffusion und Wärmeleitung in lateraler Richtung proportional zum Quadrat des Radius sind und die spezifische Oberfläche umgekehrt proportional zum Radius des Reaktionsvolumens ist. In Tab. 9.1 sind in Abhängigkeit vom Durchmesser des Mikrokanals und für Stickstoff und Wasser als Medium die dazugehörigen Parameterwerte berechnet. Bei einer druckgetriebenen Durchströmung von Mikrokanälen, wie sie für die Produktion von Chemikalien in Mikroreaktoren typisch ist, liegen die Kanaldurchmesser im Bereich von etwa 10 bis 100 µm bis 1 mm. Auf Lab-on-a-Chip-Anwendungen mit anderen konvektiven Transportmechanismen wie Elektrophorese oder Kapillarkräfte wird in diesem Kapitel nicht eingegangen.

Bei der Berechnung der Parameterwerte in Tab. 9.1 wurde von den in Tab. 9.2 angegebenen Stoffdaten ausgegangen.

Wie man Tab. 9.1 entnehmen kann, liegen *bei Gasen die Zeitkonstanten für die laterale Diffusion und Wärmeleitung im Allgemeinen deutlich unter* 1 s, bei Durchmessern kleiner als 100 µm sogar unter 1 ms. Dies verdeutlicht die mögliche Intensivierung des Wärme- und Stofftransports in Richtung der kleinsten Abmessung der Mikrostruktur bei Gasreaktionen. *Bei Flüssigkeiten lassen sich Zeitkonstanten der Wärmeleitung im Sekunden- und Millisekundenbereich realisieren*, sodass auch bei vielen Flüssigprozessen durch Verkleinerung der Kanalweite eine Intensivierung des Wärmetransports möglich ist. *Bei Flüssigkeiten liegt jedoch die Zeitkonstante der Diffusion oftmals im Minuten- oder Sekundenbereich* und kann bei schnellen Flüssigreaktionen limitierend wirken. In diesem Fall muss man die Diffusionswege z. B. durch Lamellenbildung weiter erniedrigen oder das laminare Mischen durch Induzieren von Sekundärströmungen mit konvektiven Beiträgen zusätzlich beschleunigen ([1, 2]).

Tab. 9.1 Typische Werte charakteristischer Parameter für Prozesse in Mikrostrukturen

	t_D		t_W		a_V
r_R	Stickstoff	Wasser	Stickstoff	Wasser	
[µm]	[ms]	[s]	[ms]	[s]	[m^{-1}]
1000	100	1000	33,3	6,9	4.000
500	25	250	8,3	1,7	8.000
100	1	10	0,3	0,07	40.000
10	0,01	0,1	0,0033	0,0007	400.000

Tab. 9.2 Typische Diffusionskoeffizienten und Temperaturleitzahlen für Stickstoff und Wasser bei Standardbedingungen

	D_i	a
	[m^2/s]	[m^2/s]
Gas (Stickstoff)	$1 \cdot 10^{-5}$	$3 \cdot 10^{-5}$
Flüssigkeit (Wasser)	$1 \cdot 10^{-9}$	$1{,}5 \cdot 10^{-7}$

9.2 Homogene und homogen katalysierte Fluidreaktionen

In Abb. 9.1 ist der relevante Ausschnitt eines Mikrostrukturreaktors für die homogene oder homogen katalysierte Reaktion skizziert. Das Reaktionsgemisch durchströmt den Mikrokanal, der vereinfachend als Kapillare angenommen wird, und reagiert im gesamten Volumen des Mikrokanals. Jenseits der Kapillarwandung befindet sich das Wärmeträgermedium. Nachfolgend wird die Diskussion auf eine exotherme Reaktion beschränkt, lässt sich aber auf eine endotherme Reaktion analog übertragen.

9.2.1 Fluiddynamik

Bei einer einphasigen druckgetriebenen Durchströmung eines Mikrokanals überwiegen die Reibungskräfte gegenüber den Trägheitskräften, sodass im Allgemeinen von *laminarer Strömung* ausgegangen werden kann. *Die Reynolds-Zahlen liegen typischerweise im Bereich zwischen 10 und 500.* Die radiale Geschwindigkeitsverteilung ist somit im zylindrischen Mikrokanal parabolisch und wird durch Gl. 6.41 in Kap. 6 beschrieben.

Der Druckverlust im Mikrokanal ergibt sich im laminaren Strömungsregime aus dem *Hagen-Poiseuille'schen Gesetz*:

$$\Delta p = \frac{128}{\pi} \eta \frac{L}{d_R^4} \dot{V}. \tag{9.5}$$

9.2.2 Stoffbilanz

Entscheidend für die richtige Formulierung des Reaktormodells des *isotherm durchströmten Mikrokanals* ist die Kenntnis des zugrunde liegenden *Verweilzeitverhaltens*. Dieses wird durch zwei Transportmechanismen bestimmt:

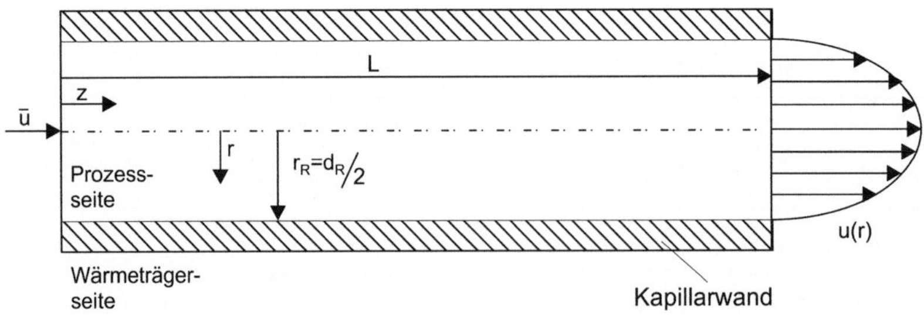

Abb. 9.1 Prinzipskizze für eine homogene oder homogen katalysierte Fluidreaktion in einem Mikrokanal (hier Kapillare)

a) durch den konvektiven Transport entlang Stromlinien unterschiedlicher Strömungsgeschwindigkeit (vgl. Abschn. 9.2.1),
b) durch die molekulare Diffusion in radialer Richtung.

Bei Rohrdurchmessern im cm-Bereich und darüber ist der Einfluss der molekularen Diffusion vernachlässigbar. In diesem Fall liegt eine segregierte Strömung vor und man erhält das in Abschn. 6.4.2.1 abgeleitete Verweilzeitverhalten für das laminar durchströmte Rohr. Dagegen ist in Mikrokanälen die molekulare Diffusion quer zur Strömungsrichtung nicht mehr vernachlässigbar und muss entsprechend berücksichtigt werden. Die Überlagerung beider Effekte kann durch das Dispersionsmodell (s. Abschn. 6.4.2.2) beschrieben werden. Charakteristischer Parameter der Dispersion ist die Bodenstein-Zahl *Bo* (Gl. 6.59) bzw. die Péclet-Zahl Pe_z (Gl. 6.67). Im vorliegenden Fall gilt die bereits in Kap. 6 in Gl. 6.70 aufgeführte Korrelation von Taylor für laminar durchströmte Rohre mit überlagerter molekularer Diffusion. Unter Berücksichtigung des Zusammenhangs zwischen Bodenstein-Zahl *Bo* und Péclet-Zahl Pe_z gemäß Gl. 6.69 erhält man:

$$Bo = \frac{\overline{u} \cdot L}{D_{e,z}} = Pe_z \cdot \frac{L}{d_R} = \frac{192}{Re \cdot Sc} \cdot \frac{L}{d_R} = 192 \cdot \frac{L \cdot D_i}{\overline{u} \cdot d_R^2}. \tag{9.6}$$

Der rechte Term in Gl. 9.6 stellt das Verhältnis zweier Zeitkonstanten dar, nämlich der Verweilzeit ($\tau = L/\overline{u}$) und der Zeitkonstante der Diffusion (vgl. Gl. 9.1). Das Verhältnis dieser Zeitkonstanten ist auch bekannt als *Fourier-Zahl Fo* (s. auch Abschn. 6.4.2.1), sodass sich insgesamt folgender Zusammenhang ergibt:

$$Bo = 48 \cdot \frac{\tau}{t_D} \approx 50 \cdot Fo. \tag{9.7}$$

Die Fourier-Zahl ist eine wichtige dimensionslose Kenngröße in der Mischtechnik. Im vorliegenden Fall des geraden Mikrokanals handelt es sich um einen *laminaren Diffusionsmischer.* Ist die Fourier-Zahl groß genug (ca. > 2), überschreitet die Bodenstein-Zahl einen Wert von 100 und man erhält annähernd die Verweilzeitsummenkurve des idealen Strömungsrohrreaktors (vgl. Abb. 6.4b und Abb. 9.2). In diesem Fall ist die fluiddynamische Verweilzeit im Vergleich zur Zeitkonstante der Querdiffusion groß genug, sodass die Querdiffusion eine Fokussierung und damit eine enge Verweilzeitverteilung bewirken kann. In der dargestellten Summenkurve entspricht dies einem steilen Anstieg und einem um $\theta = 1$ symmetrischen Verlauf. Je kleiner die Fourier-Zahl wird, desto mehr nähert man sich der Verweilzeitsummenkurve des vollständig segregierten, laminar durchströmten Rohrreaktors (vgl. Abb. 6.8b und 9.2). Die molekulare Diffusion ist dann zu langsam, um innerhalb der Verweilzeit eine Fokussierung der Verweilzeitverteilung zu bewirken. Werte der Fourier-Zahl zwischen 0 und ∞ decken somit den Bereich zwischen dem voll-

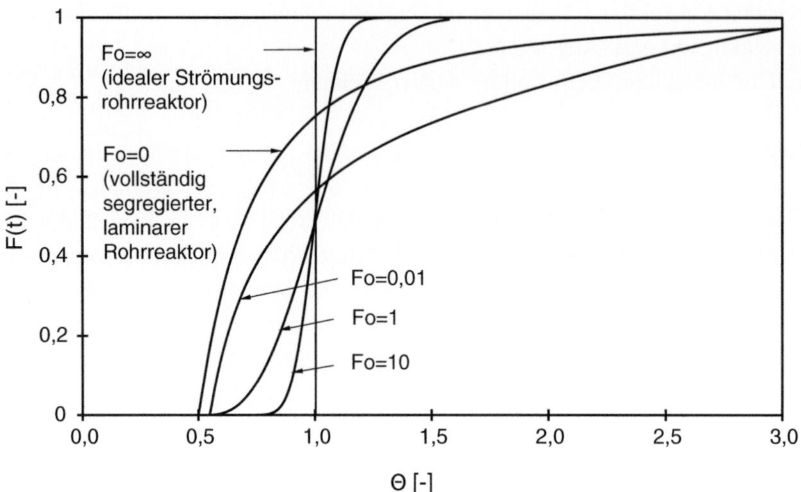

Abb. 9.2 Verweilzeitsummenkurve $F(t)$ für ein laminar durchströmtes Rohr bei unterschiedlichen Fourier-Zahlen *Fo*. (Aus Berechnungen eines Markierungsexperimentes mittels der CFD-Software Fluent [3])

ständig segregierten, laminar durchströmten Rohrreaktor und dem idealen Strömungsrohrreaktor ab.

In Kap. 6 wurde bereits die Péclet-Zahl in Abb. 6.12 gemäß Gl. 9.6 aufgetragen. Der Abbildung kann man entnehmen, dass für Mikrostrukturreaktoren mit typischen L/d_R-Werte von einigen 100 und typischen Reynolds-Zahlen zwischen 10 und einigen 100 (vgl. Abschn. 9.2.1) bei Gasreaktionen üblicherweise von einem idealen Strömungsrohrreaktor ausgegangen werden kann. Abb. 6.12 kann man aber auch entnehmen, dass bei Reaktionen in flüssiger Phase jedoch häufig die fluiddynamisch bedingte Spreizung der Verweilzeitverteilung nicht mehr durch die in flüssiger Phase deutlich langsamere molekulare Diffusion innerhalb der für die Reaktion notwendigen Verweilzeit ausgeglichen werden kann. Es resultieren dann Bo kleiner 100, sodass ein realer Strömungsrohrreaktor mit signifikanter Rückvermischung vorliegt.

Bei der Formulierung der Stoffbilanz muss neben den bereits diskutierten Stofftransporttermen noch der Reaktionsterm berücksichtigt werden. Dabei ist zu unterscheiden, ob eine Stofftransportlimitierung vorliegt oder nicht. Beschreibende Kenngröße ist in diesem Fall die *Damköhler-Zahl 2. Art* Da_{II} für Homogenreaktionen (für heterogen katalysierte Reaktionen vgl. Abschn. 8.2), die die Zeitkonstante der Diffusion t_D nach Gl. 9.1 mit der Zeitkonstante der Reaktion t_R nach Gl. 3.92 ins Verhältnis setzt:

$$Da_{II} = \frac{t_D}{t_R}. \tag{9.8}$$

Die Zeitkonstante der Reaktion t_{R} berechnet sich für eine irreversible Reaktion n-ter Ordnung bezogen auf Reaktor-Eingangsbedingungen gemäß (s. auch Gl. 3.92):

$$t_{\mathrm{R}} = \frac{c_{1,0}}{|\,\nu_1\,| \cdot r_0} = \frac{1}{|\,\nu_1\,| \cdot k \cdot c_{1,0}^{n-1}}. \tag{9.9}$$

Sofern nicht gilt $Da_{\mathrm{II}} \ll 1$, insbesondere wenn $Da_{\mathrm{II}} > 1$, d. h. die Zeitkonstante der Reaktion kleiner als die Zeitkonstante der Diffusion und somit die Reaktion schneller als die Diffusion ist, müssen radiale Konzentrationsgradienten berücksichtigt werden. Die allgemeine Stoffbilanz für Zylinderkoordinaten und Rotationssymmetrie gemäß Gl. 5.26 geht dann mit $u_r = 0$ in folgende *zweidimensionale Stoffbilanz* über:

$$0 = -2\overline{u}\left(1 - \left(\frac{r}{r_{\mathrm{R}}}\right)^2\right)\frac{\partial c_i}{\partial z} + D_i\frac{\partial^2 c_i}{\partial z^2} + D_i\left(\frac{\partial^2 c_i}{\partial r^2} + \frac{1}{r}\frac{\partial c_i}{\partial r}\right) + \sum_{j=1}^{M} \nu_{i,j} r_j. \tag{9.10}$$

Die dazugehörigen Randbedingungen entsprechen den Gl. 8.236, 8.237 und 8.238. Es ist hervorzuheben, dass $D_{\mathrm{e},z}$ und $D_{\mathrm{e},r}$ in Gl. 5.26 in Gl. 9.10 in D_i übergehen, da die Dispersion durch unterschiedliche Verweilzeiten der Fluidelemente durch das radiale Geschwindigkeitsprofil bereits berücksichtigt ist und turbulente Anteile an der Dispersion wegen des laminaren Strömungsregimes in Mikrokanälen nicht auftreten.

Für den Fall $Da_{\mathrm{II}} \ll 1$, d. h. wenn die Reaktion deutlich langsamer als die Diffusion ist, liegt keine Stofftransportlimitierung der homogenen bzw. homogen katalysierten Reaktion vor:

Ist in diesem Fall $Fo > 2$, d. h. $Bo > 100$, gilt die bereits in Abschn. 5.4.4.1 abgeleitete *eindimensionale Stoffbilanz für das ideale Strömungsrohr* (s. Gl. 5.240):

$$0 = -\overline{u}\,\frac{\mathrm{d}c_i}{\mathrm{d}z} + \sum_{j=1}^{M} \nu_{i,j} r_j. \tag{9.11}$$

Ist in diesem Fall $Fo < 2$, d. h. $Bo < 100$, muss die Dispersion aufgrund des radialen Geschwindigkeitsprofils berücksichtigt werden. Dies kann mithilfe des *Dispersionsmodells* erfolgen (vgl. auch Abschn. 6.5.1):

$$0 = -\overline{u}\,\frac{\mathrm{d}c_i}{\mathrm{d}z} + D_{\mathrm{e},z}\,\frac{\mathrm{d}^2 c_i}{\mathrm{d}z^2} + \sum_{j=1}^{M} \nu_{i,j} r_j. \tag{9.12}$$

Der axiale Dispersionskoeffizient $D_{\mathrm{e},z}$ in Gl. 9.12 kann mithilfe der Gl. 9.6 und 9.7 ermittelt werden.

9.2.3 Enthalpiebilanz

Enthalpie- und Stoffbilanz sind über den Reaktionsterm im Allgemeinen nichtlinear gekoppelt. Es resultiert ein System partieller, nichtlinearer gekoppelter Differenzialgleichungen. Diese Systeme können nur numerisch mit einer geeigneten Simulationssoftware gelöst werden (vgl. Abschn. 12.6).

Die mit der zweidimensionalen stationären Stoffbilanz (s. Gl. 9.10) korrespondierende *zweidimensionale stationäre Enthalpiebilanz* erhält man analog aus Gl. 5.48:

$$0 = -2\bar{u}\left(1 - \left(\frac{r}{r_{\mathrm{R}}}\right)^2\right)\rho c_p \frac{\partial T}{\partial z} + \lambda \frac{\partial^2 T}{\partial z^2} + \lambda\left(\frac{\partial^2 T}{\partial r^2} + \frac{1}{r}\frac{\partial T}{\partial r}\right) + \sum_{j=1}^{M}\left(r_j \cdot \left(-\Delta_{\mathrm{R}} H_j\right)\right). \tag{9.13}$$

Bei entsprechender Temperatursensitivität der Reaktion haben radiale Temperaturgradienten (vgl. Abschätzung in diesem Kapitel) zur Folge, dass auch die Stoffbilanz zweidimensional formuliert werden muss. Umgekehrt gilt, dass im Falle nicht zu vernachlässigender radialer Konzentrationsgradienten bei entsprechender Konzentrationssensitivität und Reaktionsenthalpie der Reaktion auch die Enthalpiebilanz zweidimensional formuliert werden muss.

Für den Spezialfall, dass keine radialen Konzentrations- und Temperaturgradienten berücksichtigt werden müssen und die effektive axiale Wärmeleitung vernachlässigt werden kann, reichen die eindimensionalen Bilanzgleichungen aus (idealer Strömungsrohrreaktor). Die *eindimensionale Enthalpiebilanz des stationär betriebenen, idealen Strömungsrohrs* wurde bereits in Abschn. 5.4.4.2 (vgl. Gl. 5.260) hergeleitet. Nach Einführung der spezifischen Wärmeaustauschfläche

$$a_V = \frac{A_{\mathrm{W}}}{V} = \frac{4}{d_{\mathrm{R}}}$$

erhält man für die Enthalpiebilanz:

$$0 = -\rho c_p \bar{u} \frac{dT}{dz} + k_{\mathrm{W}} a_V\left(\overline{T}_{\mathrm{WT}} - T\right) + \sum_{j=1}^{M}\left(r_j \cdot \left(-\Delta_{\mathrm{R}} H_j\right)\right). \tag{9.14}$$

Aus Gl. 9.14 wird ersichtlich, dass das Produkt $k_{\mathrm{W}} a_{\mathrm{V}}$ die Größe des Wärmeabfuhrterms und damit die Höhe des Maximums des axialen Temperaturverlaufes (hot spot) entscheidend beeinflusst.

Der Wärmedurchgangskoeffizient k_W wird in den meisten Fällen vom Wärmeübergangskoeffizienten auf der Reaktionsseite dominiert. Liegt dort eine voll entwickelte laminare Strömung vor, wie dies im Mikrokanal im Allgemeinen der Fall ist, gilt für die Nusselt-Zahl Nu [4]:

$$Nu = \frac{\alpha \cdot d_R}{\lambda} = 4{,}36. \tag{9.15}$$

Berechnet man den Wärmeübergangskoeffizienten aus Gl. 9.15 für Luft bei Standardtemperatur und für einen Mikrokanal mit 100 µm Durchmesser, so erhält man einen Wert von ca. 1.000 W/(m^2 K). Tab. 4.2 in Abschn. 4.2 kann man entnehmen, dass der Wert für eine turbulente Rohrströmung („Makrorohr") bei Gasen lediglich 30 bis 50 W/(m^2 K) beträgt. Dies bedeutet eine Steigerung um den Faktor 20 bis 30. Ähnliches gilt auch für Flüssigkeiten: Im Vergleich zur turbulenten Rohrströmung („Makrorohr") mit einem Wärmeübergangskoeffizienten von 1.000 bis 5.000 W/(m^2 K) (vgl. Tab. 4.2 in Abschn. 4.2) erhält man im Mikrokanal mit 100 µm Durchmesser einen etwa um den Faktor 10 höheren Wert. In beiden Fällen kommt die in einem Mikrokanal von 100 µm um einen Faktor von etwa 100 größere spezifische Wärmeaustauschfläche a_V hinzu, sodass sich insgesamt im Mikrokanal im Vergleich zu einem üblicherweise turbulent durchströmten Rohr mit einem Durchmesser von einigen Zentimetern das Produkt $k_W a_V$ um etwa den Faktor 1.000 steigern lässt. *Somit können in Mikrostrukturreaktoren Temperaturmaxima (hot spots), wie sie in konventionellen Rohrreaktoren auftreten, minimiert oder unterdrückt und isotherme oder nahezu isotherme Betriebsbedingungen realisiert werden.* Hierdurch ergeben sich für den Mikrostrukturreaktor verschiedene *Potenziale*:

- Betrieb bei einer höheren mittleren Reaktionsgeschwindigkeit (→ kleinere Reaktoren oder größere Umsatzgrade)
- Höhere Selektivitäten erreichbar (→ höhere Rohstoffeffizienz)
- Geringere Verdünnung bzw. höhere Eingangskonzentrationen möglich (→ kleinere Reaktoren)

Der letzte Punkt ist von sicherheitstechnischer Relevanz. Bei zu hohen Eingangskonzentrationen kann es in konventionellen Rohrreaktoren zu einer thermischen Explosion (run away) kommen. Deren Auftreten kann mit dem sogenannten Stabilitätsdiagramm nach Barkelew vorhergesagt werden [5]. Durch die hohe Wärmeabfuhrleistung in Mikrostrukturreaktoren ist dagegen meist ein stabiler Reaktorbetrieb möglich.

Das Potenzial von Mikrostrukturreaktoren gegenüber konventionellen Strömungsrohrreaktoren kann bei bekannter und parametrisierter Kinetik durch simultanes Lösen der Stoff- und Enthalpiebilanz Gl. 9.11 und 9.14 unter Berücksichtigung der entsprechenden Randbedingungen und der jeweils charakteristischen $k_W a_V$-Werte bewertet werden. Dies kann mit einer geeigneten kommerziellen Simulationssoftware (vgl. Abschn. 12.6) erfolgen.

Nachfolgend soll eine Gleichung für die Abschätzung des Temperaturmaximums im Mikrostrukturreaktor hergeleitet werden. Dazu wird von der zweidimensionalen Enthalpiebilanz für eine einzige ablaufende Reaktion ausgegangen (vgl. Gl. 9.13). Der axiale konvektive Wärmetransport und die axiale Wärmeleitung im Reaktionsgemisch werden vernachlässigt (erste beiden Terme auf der rechten Seite von Gl. 9.13). Als dominierende Terme werden nur die radiale Wärmeleitung zur Wand sowie der Wärmeerzeugungsterm berücksichtigt. Nähert man den Rohrquerschnitt durch einen quadratischen Querschnitt an, so muss nur die zweite Ableitung der radialen Temperaturabhängigkeit berücksichtigt werden:

$$\frac{\mathrm{d}^2 T}{\mathrm{d}r^2} = \frac{r \cdot (-\Delta_{\mathrm{R}} H)}{\lambda}. \tag{9.16}$$

Es gelten die Randbedingungen:

$$\frac{\mathrm{d}T}{\mathrm{d}r} = 0 \quad \text{für } r = 0, \tag{9.17}$$

$$\lambda \frac{\mathrm{d}T}{\mathrm{d}r} = k_{\mathrm{W}}\left(\overline{T}_{\mathrm{WT}} - T\right) \quad \text{für } r = r_{\mathrm{R}}. \tag{9.18}$$

Unter der Annahme, dass die Reaktionsgeschwindigkeit nicht vom Radius abhängt und gleich der Anfangsreaktionsgeschwindigkeit ist, kann Gl. 9.16 mit Randbedingungen Gl. 9.17 und 9.18 integriert und die radiale Temperaturüberhöhung ΔT abgeschätzt werden. Führt man die für das Problem spezifischen Kenngrößen ein, erhält man folgende Endgleichung:

$$\frac{\Delta T}{\Delta T_{\mathrm{ad}}} = 0{,}5 \cdot \frac{t_{\mathrm{W}}}{t_{\mathrm{R}}}. \tag{9.19}$$

Die Zeitkonstante der Wärmeleitung t_{W} berechnet sich gemäß Gl. 9.2, die Zeitkonstante der Reaktion t_{R} gemäß Gl. 9.9 und die adiabate Temperaturerhöhung ΔT_{ad} gemäß Gl. 5.102.

Die so berechnete radiale Temperaturüberhöhung kann näherungsweise der axialen gleichgesetzt werden, denn der Konvektionsterm in Gl. 9.13 (erster Term auf der rechten Seite) ist im Wesentlichen für die Lage und weniger für die Höhe des hot spots verantwortlich.

Da die Reaktionsgeschwindigkeit als radius- und damit temperaturunabhängig betrachtet wurde, ist die Abschätzung nur dann aussagekräftig, wenn sich für das Temperaturmaximum ein geringer Wert von wenigen °C ergibt. Im Falle größerer Werte wird das Temperaturmaximum unterschätzt, und zwar umso stärker, je größer die Aktivierungsenergie der Reaktion ist [1].

9.2.4 Reaktorauslegung

Für den Fall, dass die Kinetik der Reaktion bekannt ist, kann die Reaktorauslegung relativ einfach nach dem in Abb. 9.3 dargestellten Schema erfolgen. Nachfolgend werden die einzelnen Schritte nochmals beschrieben:

1. *Festlegung des Kanaldurchmessers* d_R

Mit Gl. 9.8 und 9.19 lässt sich der Durchmesser eines einzelnen Mikrokanals meist ausreichend klein wählen, sodass in radialer Richtung weder Wärme- noch Stofftransportlimitierungen auftreten und somit keine radialen Konzentrations- und Temperaturgradienten zu berücksichtigen sind. In Einzelfällen – insbesondere bei sehr schnellen, stark exothermen Reaktionen – ist es möglich, dass der Durchmesser eines einzelnen Mikrokanals nicht ausreichend klein gewählt werden kann, weil sich sonst zum Beispiel zu hohe Druckverluste oder zu hohe Fertigungskosten im Schritt 3 der Reaktorauslegung negativ auswirken. In diesem Fall sind entweder besondere Maßnahmen in der Gestaltung der Kanäle zu ergreifen (vgl. Abschn. 9.1) oder man muss das Auftreten von radialen Temperatur- und Konzentrationsgradienten im Einzelkanal bei der Auslegung berücksichtigen.

2. *Bestimmung der notwendigen Verweilzeit* τ

Im Falle, dass im Schritt 1 Stoff- oder Wärmetransportlimitierungen nicht ausgeschlossen werden konnten, ist durch numerische Integration der Gl. 9.10 und 9.13 die optimale Verweilzeit τ für einen Mikrokanal zu ermitteln (vgl. Abschn. 12.6).

Sofern keine radialen Stoff- oder Wärmetransportlimitierungen zu berücksichtigen sind, genügt es zunächst, die eindimensionale Stoffbilanz für den idealen isothermen Strömungsrohrreaktor zu lösen (Gl. 9.11). Für ein komplexes Reaktionssystem erfolgt die Lösung zumeist numerisch (vgl. Abschn. 12.4), für eine einzelne ablaufende Reaktion ergibt sich die schon in Abschn. 5.4.1.4 in Gl. 5.81 formulierte Integralgleichung (beachte Äquivalenz zwischen diskontinuierlichem idealen Rührkesselreaktor und idealem Strömungsrohrreaktor, s. Abschn. 5.5.1). Sie soll wegen ihrer Wichtigkeit hier nochmals wiederholt werden:

$$\tau = \int_0^{U_i} \frac{c_{i,0}}{|\nu_i| \cdot r(U_i)} \mathrm{d}U_i. \tag{9.20}$$

Es kann dann die Fourier-Zahl Fo gemäß Gl. 9.7 gebildet und überprüft werden, ob die Annahme eines idealen Strömungsrohres erfüllt ist ($Fo > 1$). Wenn dies nicht der Fall ist, muss entweder der Kanaldurchmesser d_R entsprechend weiter erniedrigt oder es muss der

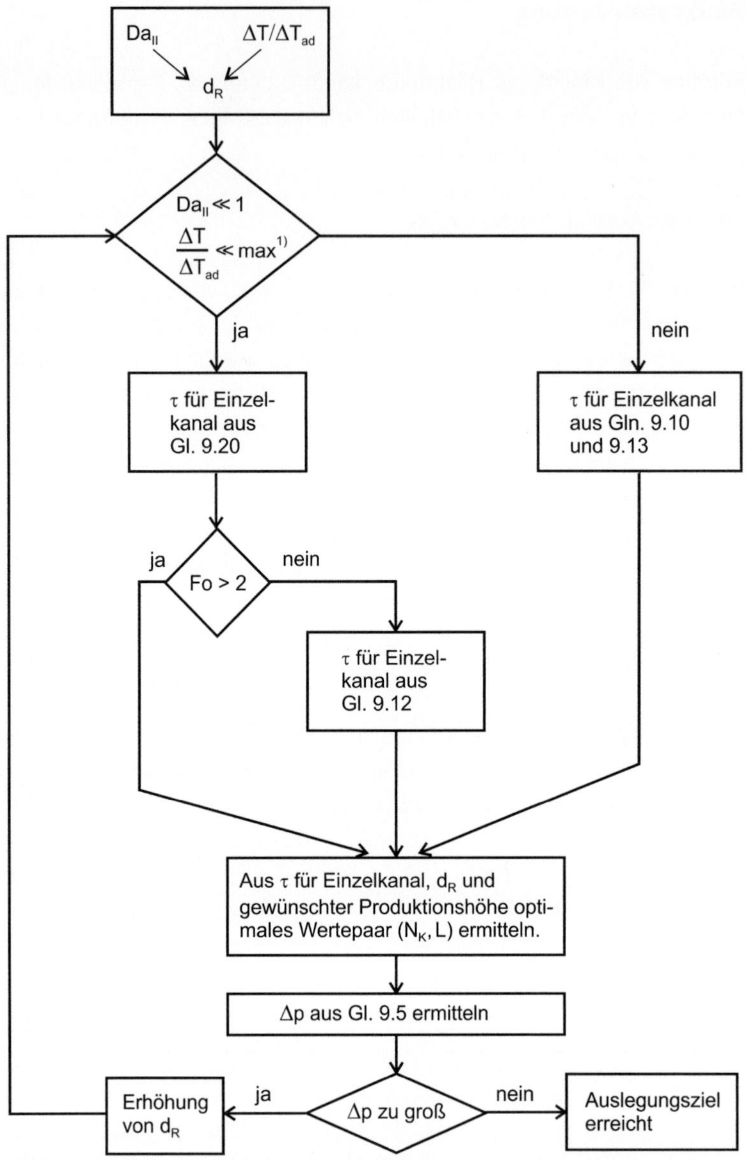

Abb. 9.3 Schema für die Auslegung eines Mikrostrukturreaktors für eine homogene oder homogen katalysierte Fluidreaktion ([1] zugelassener Maximalwert je nach Temperatursensitivität der Reaktion)

Einfluss der molekularen Diffusion mithilfe des Dispersionsmodells durch numerische Integration von Gl. 9.12 berücksichtigt werden.

3. *Bestimmung der Kanallänge L und der notwendigen Anzahl an Kanälen* N_K

Mit der nun bekannten optimalen Verweilzeit τ und den zugehörigen Umsatzgraden (und Selektivitäten bei komplexen Reaktionen) kann für eine geforderte Produktionshöhe des Mikrostrukturreaktors der Gesamtvolumenstrom $\dot{V}_0$ berechnet werden (s. Gl. 5.52). Die Anzahl N_K der Einzelkanäle sowie ihre Länge L ergibt Wertepaare, die sich aus der bekannten Verweilzeit eines Mikrokanals wie folgt berechnen lassen:

$$\tau = \frac{V_K}{\dot{V}_{0,K}} = \frac{V_K \cdot N_K}{\dot{V}_0} = \frac{d_R^2 \pi}{\dot{V}_0} \cdot (N_K \cdot L). \tag{9.21}$$

Das optimale Wertepaar (N_K, L) ergibt sich im Wesentlichen aus dem Minimum der Gesamtkosten für den mikrostrukturierten Apparat (interne Parallelisierung) oder die mikrostrukturierten Apparate (interne und externe Parallelisierung). Die Gesamtkosten setzen sich aus den Investitionskosten (f(N_K)) und den Betriebskosten (f(L) wegen Druckverlusts gemäß Gl. 9.5) zusammen.

9.3 Heterogen katalysierte Fluidreaktionen

Bei *heterogen katalysierten Fluidreaktionen* findet die Reaktion an einem festen Katalysator statt, sodass zwei Phasen, eine fluide und eine feste Phase, berücksichtigt werden müssen. Der feste Katalysator kann dabei entweder als Festbett oder als Wandkatalysator vorliegen. Erstere werden dann als Mikrofestbettreaktoren bezeichnet und ihre Bilanzierung und Auslegung erfolgt wie bei konventionellen Festbettreaktoren (s. Abschn. 8.2.3.1). Dabei ist zu beachten, dass der Druckverlust entlang der Schüttung eventuell nicht mehr vernachlässigbar ist. Nachfolgend soll daher nur der *Mikrokanal mit Wandkatalysator* behandelt werden (vgl. Abb. 9.4).

Für die Fluiddynamik im durchströmten Mikrokanal gelten die in Abschn. 9.2.1 gemachten Aussagen, sodass kein eigener Abschnitt zur Fluiddynamik erforderlich ist. Auch soll nachfolgend nur der exotherme Fall diskutiert werden, da der endotherme Fall sich analog verhält.

9.3.1 Stoffbilanz

In der heterogenen Katalyse können äußere und/oder innere Stofftransportvorgänge die effektive Reaktionsgeschwindigkeit beeinflussen (vgl. Abschn. 8.2.2.1 und 8.2.2.2). Bei komplexen Reaktionen bewirken Limitierungen durch Stofftransportvorgänge zudem häu-

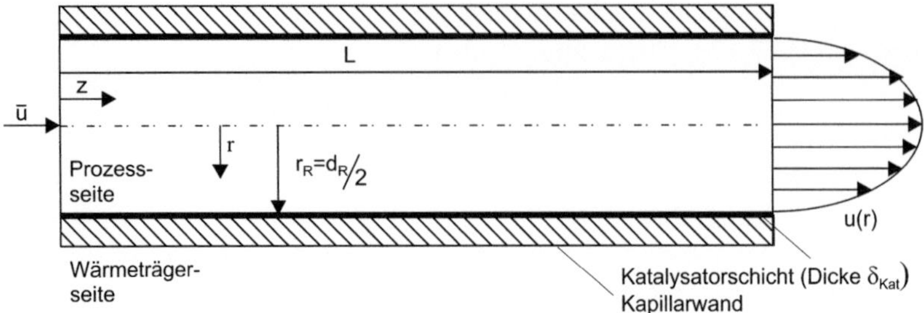

Abb. 9.4 Prinzipskizze für eine heterogen katalysierte Fluidreaktion in einem Mikrokanal (hier Kapillare) mit Wandkatalysator

fig unerwünschte Selektivitätseinbußen ([6–8]). Der *Einfluss von äußeren und inneren Stofftransportvorgängen* auf die chemische Reaktion kann auch in der heterogenen Katalyse durch die *Damköhler-Zahl 2. Art* beschrieben werden (vgl. Gl. 9.8 und Abschn. 12.1), die die Zeitkonstante der Diffusion t_D (hier für äußeren und inneren Stofftransport) mit der Zeitkonstante der Reaktion t_R (hier für die heterogen katalysierte Reaktion) ins Verhältnis setzt. *Werte für Da_{II} von deutlich größer 1 lassen auf Vorliegen einer Limitierung durch den Stofftransport schließen; Werte deutlich kleiner 1 bedeuten, dass kein Einfluss durch den Stofftransport vorliegt.*

Beim *äußeren Stofftransport* wird die Reaktionsgeschwindigkeit im Allgemeinen auf die äußere Katalysatoroberfläche bezogen (vgl. Abschn. 8.2.2.1). Im vorliegenden Fall eines Wandkatalysators erfolgt dementsprechend der Bezug auf die Schichtoberfläche (Zylinderoberfläche bei Kapillaren). Die Zeitkonstante der Reaktion ergibt sich dann wie folgt:

$$t_R = \frac{c_{i,0}}{r_{A,0} \cdot a_V}. \tag{9.22}$$

Mit der Zeitkonstante der Diffusion nach Gl. 9.1 und der Definition der spezifischen Oberfläche a_V nach Gl. 9.4 lässt sich somit *bei bekannter intrinsischer Kinetik der Reaktion die Damköhler-Zahl 2. Art Da_{II} für Eingangsbedingungen* berechnen und damit die Relevanz des Stofftransports einschätzen:

$$Da_{II} = \frac{t_D}{t_R} = \frac{2r_R \cdot r_{A,0}}{D_i \cdot c_{i,0}}. \tag{9.23}$$

Für eine Quantifizierung der Abnahme der effektiven Reaktionsgeschwindigkeit bei vorliegender äußerer Stofftransportlimitierung sei auf Abb. 8.6 in Abschn. 8.2.2.1 und weiterführende Literatur verwiesen ([7, 8]).

Das *Diagnose-Kriterium nach Mears* [9] erlaubt es, *aus gemessenen, effektiven Reaktionsgeschwindigkeiten* für Reaktoreingangsbedingungen abzuschätzen, ob eine Limitierung durch äußeren Stofftransport vorliegt oder nicht (s. Abschn. 8.2.2.1, Gl. 8.57 mit $\beta_i = D_i/\delta = D_i/r_R$):

$$\frac{r_R \cdot r_{A,e,0}}{D_i \cdot c_{i,0}} < \frac{0{,}05}{|\, n\,|}. \tag{9.24}$$

Wenn die Ungleichung erfüllt ist, dann liegt keine Limitierung durch den äußeren Stofftransport vor.

Die linke Seite von Gl. 9.24 stellt ebenfalls eine Damköhler-Zahl 2. Art dar, wie ein Vergleich mit Gl. 9.23 ergibt. Der wesentliche Unterschied ist jedoch der Bezug auf eine effektive, gemessene Reaktionsgeschwindigkeit.

Für den *inneren Stofftransport* gelten analoge Betrachtungen. Bei einem vorliegenden Wandkatalysator kann in erster Näherung von einer Plattengeometrie ausgegangen werden. Dabei entspricht die Dicke δ_{Kat} einer Katalysatorschicht auf einem nicht-porösen Reaktorwerkstoff der halben Dicke einer Katalysatorplatte mit Dicke 2L (vgl. Abb. 8.9). Dies ist zulässig, da in beiden Fällen an dieser Stelle dieselbe Null-Gradient-Randbedingung für den Konzentrationsverlauf gilt: im Falle der Katalysatorplatte als Symmetrie-Randbedingung und im Falle der Beschichtung als Null-Transport-Randbedingung. Die Damköhler-Zahl 2. Art Da_{II} ergibt sich somit für einen in erster Näherung ebenen Wandkatalysator aus der dimensionslosen Stoffbilanz für die Katalysatorplatte durch Substitution von L durch δ_{Kat} in Gl. 8.68 (vgl. Abschn. 8.2.2.2):

$$Da_{II} = \delta_{Kat}^2 \frac{r_{V,0}}{D_{i,e} \cdot c_{i,0}}. \tag{9.25}$$

Die *Damköhler-Zahl 2. Art für den inneren Stofftransport* kann wiederum als Quotient der Zeitkonstanten für die Diffusion und Reaktion interpretiert werden. Die Zeitkonstante der Diffusion wird in diesem Fall nicht mehr gemäß Gl. 9.1 berechnet, sondern ergibt sich aus der Dicke der porösen Katalysatorschicht δ_{Kat} und dem effektiven Diffusionskoeffizienten $D_{i,e}$ (s. Gl. 8.122 in Abschn. 8.2.2.2) gemäß:

$$t_D = \frac{\delta_{Kat}^2}{D_{i,e}}. \tag{9.26}$$

Bei bekannter intrinsischer Kinetik lässt sich die Damköhler-Zahl 2. Art Da_{II} gemäß Gl. 9.25 für Eingangsbedingungen berechnen und mittels Abb. 8.11 unter Berücksichtigung der Gl. 8.69 der Porenwirkungsgrad quantifizieren. In den meisten Fällen wird man die Dicke des Wandkatalysators so wählen, dass gerade noch keine Diffusionslimitierung auftritt (*designing near the edge of diffusion limitation*).

Mithilfe des *Weisz-Prater-Kriteriums* [10] kann man *mittels gemessener, effektiver Reaktionsgeschwindigkeiten* ermitteln, ob eine Limitierung durch inneren Stofftransport vorliegt oder nicht (s. Gl. 8.120 in Abschn. 8.2.2.2). Für die Geometrie einer ebenen Katalysatorschicht muss Gl. 8.120 adaptiert werden, indem die für die Kugelgeometrie gültigen Grenzwerte um den Faktor 9 erniedrigt werden (Umrechnung der Quadrate äquivalenter charakteristischer Abmessungen):

$$\frac{\delta_{\mathrm{Kat}}^2 \cdot r_{V,\mathrm{e}}}{D_{i,\mathrm{e}} \cdot c_{i,0}} < \begin{cases} 0{,}7; & n=0 \\ 0{,}07; & n=1 \\ 0{,}03; & n=2. \end{cases} \tag{9.27}$$

Eine einfache Reaktorbilanz ergibt sich, wenn folgende Annahmen erfüllt sind:

1. Weder Limitierung durch inneren noch durch äußeren Stofftransport, d. h., die jeweiligen Damköhler-Zahlen 2. Art Da_{II} gemäß Gl. 9.23 und 9.25 sind deutlich kleiner 1 bzw. die Diagnose-Kriterien nach Gl. 9.24 und 9.27 sind erfüllt.
2. Es liegt das Verweilzeitverhalten eines idealen Strömungsrohrreaktors vor, d. h., die Fourier-Zahl *Fo* ist größer als 1 (vgl. Abschn. 9.2.2).
3. Isotherme Bedingungen sind gewährleistet.
4. Die Reaktion ist volumenbeständig.

Unter den genannten Annahmen kann ein eindimensionales, pseudohomogenes Reaktormodell formuliert werden:

$$\overline{u}\frac{\mathrm{d}c_i}{\mathrm{d}z} = \nu_i \cdot r_m \cdot \rho_{\mathrm{Pseudo}}. \tag{9.28}$$

Diese Gleichung ist analog zur Stoffbilanz des Festbettreaktors in Gl. 8.210. Die mittlere Strömungsgeschwindigkeit $\overline{u}$ entspricht der Leerrohrgeschwindigkeit u_{L} in Gl. 8.210. Anstelle der Schüttdichte $\rho_{\mathrm{Schütt}}$ in Gl. 8.210 wird eine Pseudoschüttdichte eingeführt, die sich ergeben würde, wenn die beschichtete Katalysatormasse m_{Kat} sich als Schüttung im durchströmten Fluidvolumen V befinden würde:

$$\rho_{\mathrm{Pseudo}} = \frac{m_{\mathrm{Kat}}}{V}. \tag{9.29}$$

Es muss an dieser Stelle besonders darauf hingewiesen werden, dass hier ein *eindimensionales pseudohomogenes Reaktormodell* vorliegt (idealer Strömungsrohrreaktor), bei dem der durchströmte Fluidkanal als Reaktionsvolumen angenommen wird. Dies ist möglich, wenn keine Stofftransportlimitierungen vorliegen und die Katalysatormasse mittels der Pseudoschüttdichte gemäß Gl. 9.29 auf das Volumen des Fluidkanals bezogen wird.

Formuliert man Gl. 9.29 als Quotient der entsprechenden Differenziale, kann Gl. 9.28 mit der Katalysatormasse als Variable formuliert werden:

$$\dot{V}\frac{\mathrm{d}c_i}{\mathrm{d}m_{\mathrm{Kat}}} = \nu_i \cdot r_m. \tag{9.30}$$

Mit Gl. 9.28 oder der äquivalenten Gl. 9.30 können durch Integration axiale Konzentrationsprofile in Mikrostrukturen berechnet werden, sofern die Annahmen 1. bis 4. gültig sind. Wenn die Gültigkeit der Annahme 1. nicht mehr erfüllt ist, kann man sich – zumindest bei einer einfachen Reaktion – dadurch behelfen, dass statt der intrinsischen Reaktionsgeschwindigkeit r_m die effektive Reaktionsgeschwindigkeit $r_{m,\mathrm{e}}$ verwendet wird. Letztere kann mithilfe der Damköhler-Zahl 2. Art Da_{II} über den Katalysatorwirkungsgrad η aus der intrinsischen Reaktionsgeschwindigkeit berechnet werden. Hier sei auf weiterführende Literatur verwiesen ([7, 8]).

Wenn laterale Konzentrationsgradienten nicht mehr vernachlässigt und nicht in Form eines Katalysatorwirkungsgrades berücksichtigt werden können, wie dies z. B. bei komplexen Reaktionen der Fall ist, führt dies zu einem *zweidimensionalen heterogenen Reaktormodell.*

Für den durchströmten Kanal ist die Stoffbilanz ähnlich zu Gl. 9.10:

$$0 = -2\overline{u}\left(1-\left(\frac{r}{r_{\mathrm{R}}}\right)^2\right)\frac{\partial c_i}{\partial z} + D_i\frac{\partial^2 c_i}{\partial z^2} + D_i\left(\frac{\partial^2 c_i}{\partial r^2} + \frac{1}{r}\frac{\partial c_i}{\partial r}\right). \tag{9.31}$$

Da die Reaktion nicht in homogener Phase stattfindet, sondern am Wandkatalysator fällt der letzte Term in Gl. 9.10 heraus und die Reaktion wird durch eine neue *Randbedingung bei* $r = r_{\mathrm{R}}$ angekoppelt:

$$-D_i\frac{\partial c_i}{\partial r}\bigg|_{r=r_{\mathrm{R}}} = D_{i,\mathrm{e}}\frac{\partial c_i}{\partial x}\bigg|_{x=\delta_{\mathrm{Kat}}}. \tag{9.32}$$

Die Koordinate x ist identisch mit der in Abb. 8.9 dargestellten Koordinate x, wobei die Position der Katalysatoroberfläche eines plättchenförmigen Katalysatorpartikels identisch ist mit derjenigen einer Katalysatorschicht (Wandkatalysator), d. h. $x = L = \delta_{\mathrm{Kat}}$.

Die *Stoffbilanz für den porösen Wandkatalysator* kann Gl. 8.63 in Abschn. 8.2.2.2 entnommen werden. In Gl. 8.63 muss für den allgemeinen Fall statt der Spezies A_1 die Spezies A_i formuliert werden und für ein komplexes Reaktionssystem lautet der letzte Term auf der rechten Seite

$$\sum_{j=1}^{M}\nu_{i,j}r_j.$$

Die Lösung des gekoppelten partiellen Differenzialgleichungssystems kann mithilfe geeigneter Programme numerisch berechnet werden (vgl. Abschn. 12.6).

9.3.2 Enthalpiebilanz

Der große Vorteil des Wandkatalysators ergibt sich vor allem bei stark exothermen oder endothermen Reaktionen. Bei Festbettreaktoren wird im Falle einer stark exothermen Reaktion die Reaktionswärme aus dem Katalysatorkorn durch Wärmeübergang an das Reaktionsmedium abtransportiert. Bei einem Wandkatalysator kann die Wärme direkt durch Wärmeleitung aus der Katalysatorschicht über die Reaktorwand an das Wärmeträgermedium abgeführt werden. Prozessseitig findet also kein eventuell limitierender Wärmeübergang statt. Somit kann nur eine Temperaturüberhöhung aufgrund mangelnder Wärmeleitung in der Katalysatorschicht auftreten. Basierend auf der Forderung, dass die effektive Reaktionsgeschwindigkeit nicht mehr als 5 % von derjenigen für isotherme Bedingungen abweicht, hat *Anderson* ein entsprechendes *Kriterium zum Ausschluss einer Wärmetransportlimitierung* im Korn abgeleitet (s. Abschn. 8.2.2.4 und [11]). Adaptiert man diese Ableitung nach Anderson auf die Schichtgeometrie des Wandkatalysators, erhält man:

$$\frac{|\,\Delta_{\mathrm{R}}H\,| \cdot r_{V,\mathrm{e}} \cdot \delta_{\mathrm{Kat}}^2}{\lambda_{\mathrm{Kat}}\overline{T}_{\mathrm{WT}}} < 0{,}15\,\frac{R\overline{T}_{\mathrm{WT}}}{E_{\mathrm{A}}}. \tag{9.33}$$

In Gl. 9.33 ist $\overline{T}_{\mathrm{WT}}$ die mittlere Temperatur des Wärmeträgermediums, wobei angenommen wird, dass diese Temperatur auch an der Katalysatoroberfläche herrscht, die unmittelbar an die Reaktorwand grenzt. Dies entspricht der Annahme, dass weder die Wärmeleitung in der Reaktorwand noch der Wärmeübergang an das Wärmeträgermedium limitiert, sondern allein die Wärmeleitung in der Katalysatorschicht zu berücksichtigen ist. Aufgrund der schlechteren Wärmeleitfähigkeit poröser, oxidischer Materialien, um die es sich bei vielen Katalysatoren handelt, ist diese Annahme durchaus gerechtfertigt.

In Abschn. 8.2.2.5.1 wurde die Überlagerung von äußerem Stoff- und Wärmetransport für ein kugelförmiges Katalysatorkorn behandelt. Die grafische Darstellung beider Bilanzen führte zur Auftragung einer Wärmeerzeugungskurve und einer Wärmeabfuhrgeraden in Abhängigkeit von der Oberflächentemperatur des Kornes (vgl. Abb. 8.17). Es wurde das Auftreten statisch stabiler und instabiler Betriebspunkte sowie das Zünd-/Lösch-Verhalten diskutiert. Voraussetzung für das Auftreten beider Phänomene ist, dass die Steigung der Wärmeabfuhrgeraden kleiner ist als die größte Steigung der Wärmebildungskurve. Ist die Steigung der Wärmeabfuhrgeraden dagegen ausreichend steil, treten nur stabile Betriebspunkte auf und man beobachtet kein Zünd-/Lösch-Verhalten.

Wenn man im Falle des Wandkatalysators annimmt, dass die Wärmeabfuhr durch Wärmeübergang von der Oberfläche der Katalysatorschicht an das vorbeiströmende Fluid vernachlässigbar ist, ergibt sich für die Wärmeabfuhrgerade folgende Gleichung:

$$q_{\text{Ab}} = k_{\text{W}}\left(T|_{\text{P}} - \overline{T}_{\text{WT}}\right), \tag{9.34}$$

wobei der Wärmedurchgangswiderstand alle Teilwiderstände enthält, die der Wärmestrom auf seinem Weg von der Katalysatoroberfläche mit der Temperatur $T|_{\text{P}}$ zum Wärmeträgermedium mit der Temperatur $\overline{T}_{\text{WT}}$ überwinden muss (vgl. auch Gl. 4.32 in Abschn. 4.3):

$$\frac{1}{k_{\text{W}}} = \frac{\delta_{\text{Kat}}}{\lambda_{\text{Kat}}} + \frac{d}{\lambda} + \frac{1}{\alpha_2}. \tag{9.35}$$

Da – wie bereits erwähnt – zumeist davon ausgegangen werden kann, dass der Widerstand der Wärmeleitung in der porösen, oxidischen Katalysatorschicht limitiert, ergibt sich für die Wärmeabfuhrgeraden:

$$q_{\text{Ab}} = \frac{\lambda_{\text{Kat}}}{\delta_{\text{Kat}}}\left(T|_{\text{P}} - \overline{T}_{\text{WT}}\right). \tag{9.36}$$

Vergleicht man mit der Wärmeabfuhrgeraden beim umströmten Katalysatorkorn (linke Seite in Gl. 8.157 mit $\alpha = \lambda_f/\delta_f$ analog zu Gl. 4.17), dann wird deutlich, dass das Verhältnis der Steigungen m_1/m_2 der Wärmeabfuhrgeraden von Wandkatalysator und Katalysatorkorn im Wesentlichen durch folgende Gleichung gegeben ist:

$$\frac{m_1}{m_2} = \frac{\frac{\lambda_{\text{Kat}}}{\delta_{\text{Kat}}}}{\frac{\lambda_f}{\delta_f}} = \frac{\lambda_{\text{Kat}}}{\lambda_f} \cdot \frac{\delta_f}{\delta_{\text{Kat}}}. \tag{9.37}$$

Handelt es sich bei dem Fluid um ein Gas, dann ist die Wärmleitfähigkeit λ_{Kat} der porösen Katalysatorschicht um etwa den Faktor 10 größer als diejenige des Fluids λ_f, womit sich eine um den Faktor 10 größere Steigung der Wärmeabfuhrgeraden für den Wandkatalysator ergibt. Dies setzt voraus, dass die jeweiligen Distanzen für den Wärmetransport δ_{Kat} (Schichtdicke des Wandkatalysators) und δ_f (Dicke der Fluidgrenzschicht) vergleichbar sind. Handelt es sich bei dem Fluid um eine Flüssigkeit, dann hat die Wärmeleitfähigkeit λ_{Kat} der porösen Katalysatorschicht die selbe Größenordnung wie diejenige des Fluids λ_f und die Steigungen der Wärmeabfuhrgeraden sind ähnlich, wieder vorausgesetzt, dass die jeweiligen Distanzen für den Wärmetransport vergleichbar sind.

Für beide Fälle, also Gas oder Flüssigkeit, gilt: Macht man zusätzlich die Katalysatorschicht ausreichend dünn, kann eine weitere Erhöhung der Steigung der Wärmeabfuhrgeraden erzielt werden. *Es ist daher in einem Mikrostrukturreaktor mit Wandkatalysator möglich, auch bei stark exothermen Reaktionen ausschließlich statisch stabile Betriebspunkte zu realisieren*, d. h. die Bedingung gemäß Gl. 8.158 für jeden Betriebspunkt zu erfüllen und ein Zünd-/Lösch-Verhalten zu unterdrücken. Dies wurde auch experimentell von Rebrov et al. für die Ammoniak-Oxidation bereits nachgewiesen [12].

Sofern radiale Temperaturgradienten nicht mehr vernachlässigbar sind, muss ein *zweidimensionales heterogenes Reaktormodell* formuliert werden. Sowohl für den konvektiv durchströmten Fluidkanal als auch für den Wandkatalysator sind die entsprechenden Enthalpiebilanzen zu formulieren.

Die *Enthalpiebilanz für den konvektiv durchströmten Fluidkanal* lautet:

$$0 = -2\overline{u}\left(1-\left(\frac{r}{r_{\mathrm{R}}}\right)^2\right)\rho c_p \frac{\partial T}{\partial z} + \lambda \frac{\partial^2 T}{\partial z^2} + \lambda\left(\frac{\partial^2 T}{\partial r^2} + \frac{1}{r}\frac{\partial T}{\partial r}\right). \tag{9.38}$$

Diese Gleichung ist ähnlich zu Gl. 9.13, mit dem Unterschied, dass die Reaktionswärme nicht in dem den Mikrokanal durchströmenden Fluid erzeugt wird, sondern im Katalysator. Die Ankoppelung des Katalysators erfolgt über eine neue Randbedingung bei $r = r_{\mathrm{R}}$ (vgl. auch Gl. 9.32), d. h., der Wärmeübergang zwischen Wandkatalysator und Fluid wird nun nicht mehr vernachlässigt:

$$-\lambda \frac{\partial T}{\partial r}\bigg|_{r=r_{\mathrm{R}}} = \lambda_{\mathrm{Kat}} \frac{\partial T}{\partial x}\bigg|_{x=\delta_{\mathrm{Kat}}}. \tag{9.39}$$

Die *Enthalpiebilanz für den Wandkatalysator* kann durch Übertragung von Gl. 8.161 auf Plattengeometrie sowie Anpassung der Randbedingungen (s. Gl. 8.162) erhalten werden. So gilt bei $x = \delta_{\mathrm{Kat}}$ Gl. 9.39 und bei vernachlässigbaren Wärmetransportwiderständen vom Wandkatalysator zum Wärmeträgermedium gilt bei $x = 0$:

$$T(x=0) = \overline{T}_{\mathrm{WT}}. \tag{9.40}$$

Diese Enthalpiebilanzgleichungen müssen simultan mit den Stoffbilanzgleichungen aus Abschn. 9.3.1 gelöst werden. Dies ist nur numerisch mit einer geeigneten Computersoftware möglich (vgl. Abschn. 12.6).

9.3.3 Reaktorauslegung

Im Falle einer heterogen katalysierten Reaktion kann durch die Beschränkung des Reaktionsortes auf die Katalysatorschicht an der Wand eines Mikrokanals zumeist das Verhalten eines idealen, isothermen Strömungsrohrreaktors angenommen werden. Die Reaktorauslegung erfolgt bei bekannter Kinetik analog zu homogenen oder homogen katalysierten Fluidreaktionen (vgl. Abschn. 9.2.4) in folgenden Schritten:

1. *Festlegung des Kanaldurchmesser d_R und der Schichtdicke δ_{Kat} des Wandkatalysators*
   Mit dem Mears-Kriterium (Gl. 9.24), dem Weisz-Prater-Kriterium (Gl. 9.27) und dem Anderson-Kriterium (Gl. 9.33) lassen sich diese Abmessungen meist so festlegen,

dass weder Wärme- noch Stofftransportlimitierungen vorliegen, d. h. reaktionsbedingt keine radialen Konzentrations- und Temperaturgradienten auftreten. Wenn zusätzlich auch die Fourier-Zahl Fo größer als eins ist, was erst unter 2. überprüft werden kann, verhält sich der Mikrokanal wie ein idealer isothermer Strömungsrohrreaktor. In diesem Fall kann die differenzielle pseudohomogene Stoffbilanz Gl. 9.28 bzw. deren integrale Form Gl. 9.20 zur Auslegung herangezogen werden. Häufig wird auch die pseudohomogene, jedoch mit der Katalysatormasse als Integrationsvariable formulierte, differenzielle Stoffbilanz nach Gl. 9.30 verwendet. Ihre integrale Form wurde bereits schon in Abschn. 8.2.3.1.4 in Gl. 8.214 formuliert. Wegen ihrer Wichtigkeit für die Reaktorauslegung bei heterogen katalysierten Reaktionen, soll diese Gleichung hier nochmals wiederholt, jedoch für einen Einzelkanal formuliert werden:

$$\tau_{\text{mod}} = \frac{m_{\text{Kat,K}}}{\dot{V}_{0,\text{K}}} = \int_0^{U_i} \frac{c_{i,0}}{\mid \nu_i \mid r_{m,\text{e}}} \, \mathrm{d}U_i. \tag{9.41}$$

2. *Bestimmung der notwendigen modifizierten Verweilzeit* τ_{mod}
   Für einen optimalen Umsatzgrad kann bei vorgegebener Eingangskonzentration und bekannter Kinetik die notwendige modifizierte Verweilzeit τ_{mod} gemäß Gl. 9.41 berechnet werden.
3. *Bestimmung der Kanallänge L und der notwendigen Anzahl an Kanälen* N_K
   Analog zur Auslegung für homogene und homogen katalysierte Fluidreaktionen in Abschn. 9.2.4 muss das optimale Wertepaar (N_{K}, L) für eine zu realisierende Anlagenkapazität ermittelt werden. Für sinnvolle Vorgaben von L berechnet man aus der Kanalgeometrie und der Schichtdicke δ_{Kat} die Katalysatormasse pro Kanal $m_{\text{Kat,K}}$. Mit der unter 2. ermittelten modifizierten Verweilzeit τ_{mod} ergibt sich der notwendige Volumenstrom im Einzelkanal. Die zu realisierende Anlagenkapazität legt den Gesamtvolumenstrom fest, sodass sich nun die Anzahl der notwendigen Kanäle N_{K} berechnen lässt. Das optimale Wertepaar ergibt sich aus den in Abschn. 9.2.4 bereits geschilderten Aspekten.

9.4 Fluid-Fluid-Reaktionen

Fluid-Fluid-Reaktionen sind bereits in Abschn. 8.4 behandelt worden. Ähnlich wie in Abschn. 8.4 erfolgt auch hier eine Beschränkung auf Gas-Flüssig-Reaktionen. Eine Übertragung auf Flüssig-Flüssig-Reaktionen erfordert im Wesentlichen die Formulierung des Verteilungsgesetzes von Nernst anstelle des Absorptionsgesetzes von Henry an der Phasengrenzfläche.

9.4.1 Fluiddynamik

Bei Gas-Flüssig-Reaktionen im Mikrokanal kommt es zur Ausbildung einer Zweiphasenströmung. Es sind verschiedene Strömungsregime möglich [13], wobei die sogenannte Pfropfen- oder Taylor-Strömung (im Engl. *slug-flow*) bevorzugt betrachtet werden soll. Abb. 9.5 zeigt schematisch das dazugehörige Strömungsbild. Durch die Segmentierung der Flüssigkeit in Form von Pfropfen bildet sich unter dem Einfluss der Wandreibung eine sekundäre Zirkulationsströmung (sog. Taylor-Wirbel) in den Flüssigkeitspfropfen aus. Zugleich entsteht ein dünner Film der Flüssigkeit an der Wand. Überschreitet der Gasvolumenstrom bei konstantem Flüssigkeitsvolumenstrom einen bestimmten Wert, kommt es zur Ausbildung einer sogenannten Ringströmung (im Engl. *annular-flow*), bei der das Gas im Kernbereich und die Flüssigkeit als Film entlang der Wand strömt.

9.4.2 Stoffbilanz

Die Kenntnis des Verweilzeitverhaltens und der Stofftransportprozesse ist grundlegend für die Formulierung des Reaktormodells.

Die Rückvermischung zwischen aufeinanderfolgenden Pfropfen erfolgt über den Flüssigkeitsfilm an der Wand. Da der Film sehr dünn ist, ist die axiale Dispersion sehr gering und man kann in den meisten Fällen von einem idealen Strömungsrohrreaktor mit einer sehr engen Verweilzeitverteilung ausgehen [14].

Bei schnellen Reaktionen ($Ha > 3$) ist der Reaktionsort die flüssigkeitsseitige Grenzschicht, d. h., der Kern der flüssigen Phase ist nicht an der Reaktion beteiligt. Für diesen Fall wurde bereits in Abschn. 8.4.1.2 unter Zugrundelegung der Filmtheorie für eine irreversible Reaktion 1. Ordnung für die auf das Reaktionsvolumen bezogene Reaktionsgeschwindigkeit r_e die Gl. 8.348 abgeleitet, die nachfolgend nochmals wiederholt wird:

$$r_e = a_V \cdot \sqrt{k' D_{1,\text{fl}}} \cdot c_1|_P. \tag{9.42}$$

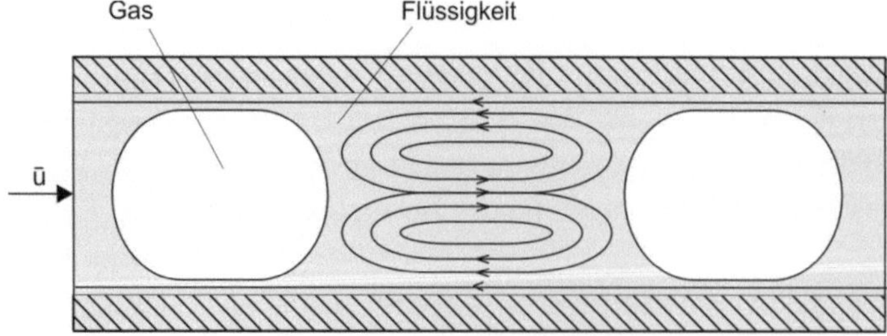

Abb. 9.5 Prinzipskizze für eine Gas-Flüssig-Reaktion in einem Mikrokanal (hier Kapillare)

Gl. 9.42 kann man entnehmen, dass die auf das Reaktionsvolumen bezogene, effektive Reaktionsgeschwindigkeit proportional zur ebenfalls auf das Reaktionsvolumen bezogenen, volumenspezifischen Phasengrenzfläche a_V und proportional zur Wurzel des Diffusionskoeffizienten $\sqrt{D_{1,\text{fl}}}$ ist. Eine Erhöhung der effektiven Reaktionsgeschwindigkeit r_e kann also durch Erhöhung der spezifischen Phasengrenzfläche und des Stofftransports erreicht werden.

In Mikrokanälen ist die auf das Reaktionsvolumen bezogene Phasengrenzfläche gegenüber konventionellen technischen Reaktoren (vgl. Abschn. 8.4.2.2) um den Faktor 10 bis 100 höher [13]. Zusätzlich wird der Stofftransport etwa um den Faktor 10 beschleunigt [14], da der diffusive Transport in den Flüssigkeitspfropfen durch konvektive Beiträge der Taylor-Wirbel unterstützt wird. Insgesamt lässt sich die Reaktionsgeschwindigkeit r_e somit um den Faktor 100 bis 1.000 erhöhen, wobei maximal natürlich nur die Reaktionsgeschwindigkeit an der Phasengrenzfläche bzw. ein Ausnutzungsgrad der Flüssigkeit η von 1 erreicht wird.

Das Diagramm. Abb. 8.52 in Abschn. 8.4.2.2 dient der Auswahl eines geeigneten technischen Reaktors für Gas-Flüssig-Reaktionen. Es muss um den Mikrostrukturreaktor erweitert werden. Dieser ist bei einem Hinterland-Verhältnis von 1 zu positionieren, da die gesamte Flüssigkeit als laminarer Film vorliegt. Somit wird deutlich, dass das Einsatzgebiet des Mikrostrukturreaktors schnelle Reaktionen sind, die im flüssigkeitsseitigen Grenzfilm ablaufen, da nur hier eine Stofftransportintensivierung möglich ist. Bei langsamen Reaktionen ($Ha < 0{,}3$) ist dagegen ein konventioneller begaster Rührkesselreaktor vorzuziehen.

In Gas-Flüssig-Strömungen ist bei vorliegender Taylor- oder Pfropfenströmung die axiale Rückvermischung durch die Segmentierung der Strömung vernachlässigbar. Radiale Konzentrationsgradienten werden in den Gasphasen durch molekulare Diffusion schnell abgebaut (vgl. Abschn. 9.1). Die Stoffbilanz des heterogenen Reaktormodells in Gl. 8.25 kann daher für die Gasphase entsprechend vereinfacht werden und mit dem Homogenisierungsansatz nach Gl. 8.29 in ein einfaches pseudohomogenes Reaktormodell überführt werden:

$$0 = \varepsilon_g \cdot u_g \cdot \frac{1}{RT} \frac{dp_1}{dz} + \nu_1 r_e. \tag{9.43}$$

Für eine schnelle, irreversible Reaktion 1. Ordnung ($Ha > 3$) ergibt sich unter Berücksichtigung von Gl. 9.42 folgende einfache Differenzialgleichung 1. Ordnung für die Gasphase ($\nu_1 = -1$):

$$\varepsilon_g \cdot u_g \cdot \frac{1}{RT} \frac{dp_1}{dz} = a_V \cdot \sqrt{k' D_{1,\text{fl}}} \cdot \frac{p_1}{H_1}. \tag{9.44}$$

Der Partialdruck an A_1 in der Gasphase nimmt also exponentiell mit der axialen Koordinate z ab und die Konzentration des Produktes nimmt komplementär in der Flüssigphase zu.

9.4.3 Enthalpiebilanz

Die Diskussion der Enthalpiebilanz kann analog zu den homogen und homogen katalysierten Fluidreaktionen erfolgen (vgl. Abschn. 9.2.3). Da bei Gas-Flüssig-Reaktionen die Wärmefreisetzung in der Flüssigphase erfolgt, steht der Abtransport der Wärme aus der Flüssigphase im Vordergrund. Dabei ist zwischen dem Flüssigkeitsfilm zwischen Gaspfropfen und der Wand und dem eigentlichen Flüssigkeitspfropfen zu unterscheiden. Als konservative Abschätzung der Temperaturüberhöhung kann man in jedem Fall Gl. 9.19 heranziehen. Sofern die errechnete Temperaturüberhöhung ausreichend gering ist (wenige °C), liegt man mit der Abschätzung auf der sicheren Seite. Bei zu groß abgeschätzten Temperaturüberhöhungen muss die Zeitkonstante des Wärmetransportes dahingehend überprüft werden, inwieweit sie durch die konvektiven Beiträge durch die Taylor-Zirkulation erniedrigt wird.

9.4.4 Reaktorauslegung

Die Reaktorauslegung kann prinzipiell analog zu Abschn. 9.2.4 erfolgen, d. h., nach Festlegung des Kanaldurchmessers und Berechnung der notwendigen Verweilzeit wird das optimale Wertepaar Kanallänge und Anzahl der Kanäle aus der zu realisierenden Kapazität ermittelt.

9.5 Mikrostrukturreaktoren

9.5.1 Labormaßstab

Im Labormaßstab existiert eine Vielzahl von Gestaltungskonzepten für Mikrostrukturreaktoren. Bauteilgrößen liegen üblicherweise zum Teil deutlich unter $100 \times 100 \times 100$ mm und die Durchflüsse meist im Bereich von einigen l/h. Eine sehr gute Darstellung verschiedener Bauformen sowie eine Klassifizierung von Mikrostrukturreaktoren findet man bei Hessel et al. [1].

9.5.2 Technischer Maßstab

Nachfolgend werden zunächst einige grundsätzliche Aspekte bei der Realisierung technischer Konzepte diskutiert sowie Beispiele dargestellt.

Als bevorzugte Strategie für die Übertragung von Laborergebnissen in den Produktionsmaßstab ist ein Ähnlichkeitsansatz zu wählen [15], wobei mindestens die geometrische und reaktionstechnische Ähnlichkeit gewährleistet sein muss. Wenn möglich sollten zusätzlich fluiddynamische und wärmetechnische Ähnlichkeit vorliegen. Die Gestaltung des Laborreaktors sollte sich dabei am technischen Konzept orientieren und nicht umgekehrt.

Die Entwicklung eines technischen Konzeptes erfolgt durch Umsetzung verfahrenstechnischer Anforderungen unter Berücksichtigung konstruktiver und fertigungstechnischer Möglichkeiten innerhalb eines ökonomischen Rahmens. Das technische Konzept wird maßgeblich bestimmt durch die gewünschte Kapazität und die Reaktionsklasse. Eine Erhöhung der Produktionsleistung kann zum einen durch eine interne Reproduktion der Mikrostruktur im Apparat oder durch ein *Numbering-up*, also durch die Parallelisierung von Mikrostrukturreaktoren, erfolgen.

Typische Probleme bei der Konzeption technischer Mikrostrukturreaktoren sind:

1. Kopplung von Mikro- und Makrowelt
2. Strömungsgleichverteilung auf eine Vielzahl paralleler Kanäle
3. Hohe Anforderung an die Bauteiltoleranzen
4. Gefahr von Bypass-Strömen oder Undichtigkeiten
5. Kühlung von Hochtemperatur-Mikrostrukturreaktoren
6. Mikrokorrosion
7. Wirtschaftliche Fertigung mikrostrukturierter Bauteile
8. Technische Katalysatorbeschichtung für heterogen katalysierte Gasphasenreaktionen
9. Minderung der Verstopfungsgefahr und Reinigungsstrategien
10. Mangelnde Langzeiterfahrungen

9.5.2.1 Beispiele für homogene bzw. homogen katalysierte Flüssigphasenreaktionen

Abb. 9.6 zeigt ein Beispiel für einen technischen Mikrostrukturreaktor für Flüssigphasenreaktionen. Der Reaktor besteht aus alternierend angeordneten mikrostrukturierten Reaktions- und Wärmeaustauschermodulen. Die Bauteilgröße beträgt etwa 1.200 × 300 × 70 mm. Es können in Apparaten dieser Bauweise und Baugröße Durchsätze von mehreren 100 l/h realisiert werden, wobei die Verweilzeiten im Minutenbereich liegen. Eine gemessene Verweilzeitsummenkurve des Gesamtapparates, d. h. einschließlich Verteiler und Sammler, ist in Abb. 9.7 dargestellt. Die auf einen Einzelkanal bezogene Reynolds-Zahl lag innerhalb des in Abschn. 9.2.1 angegebenen typischen Bereichs für einen laminar durchströmten Mikrokanal. Dennoch erhält man, wie in Abschn. 9.2.2 ausführlich diskutiert, eine enge Verweilzeitverteilung bzw. eine steile, symmetrische Verweilzeitsummenkurve. Ein Vergleich mit Abb. 9.2 lässt erkennen, dass die gemessene Kurve zwischen den theoretischen Kurven für $Fo = 1$ und $Fo = 10$ liegt und somit das Verweilzeitverhalten annähernd dem des idealen Strömungsrohrreaktors entspricht.

Ein weiteres Beispiel für den Einsatz von Mikrostrukturreaktoren im technischen Maßstab und industriellem Umfeld ist die Produktion von Feinchemikalien bei der Clariant AG. Man ist bei Clariant in der Lage, Spezialprodukte mit einem Jahresbedarf von 80 t in einer kontinuierlich arbeitenden Anlage auf Basis von Mikrostrukturreaktoren zu produzieren [16]. Zudem wurde eindrucksvoll nachgewiesen, dass es möglich ist, selbst Suspensionen in Mikrostrukturreaktoren ohne nennenswerte Störungen durch Verstopfungen zu erzeugen bzw. zu verarbeiten. So wurden im Mikrostrukturreaktor Azopigmente hergestellt.

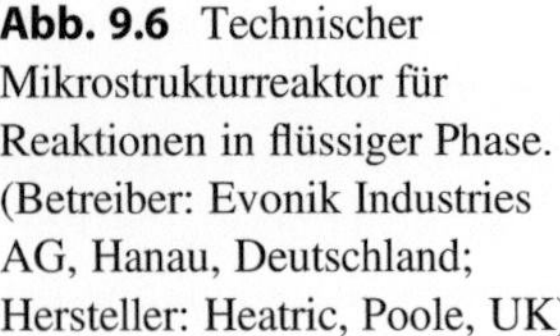

Abb. 9.6 Technischer Mikrostrukturreaktor für Reaktionen in flüssiger Phase. (Betreiber: Evonik Industries AG, Hanau, Deutschland; Hersteller: Heatric, Poole, UK)

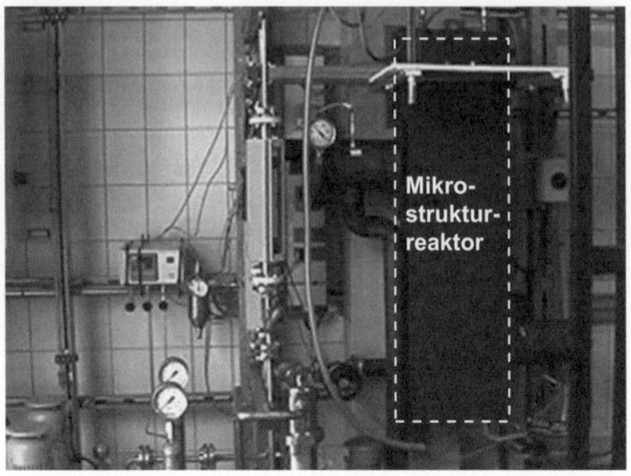

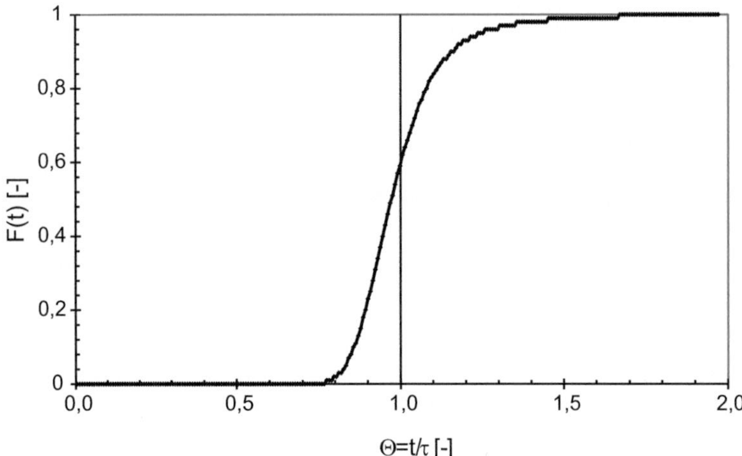

Abb. 9.7 Gemessene Verweilzeitverteilung für den in Abb. 9.6 abgebildeten technischen Mikrostrukturreaktor. (Quelle: Evonik Industries AG, Hanau, Deutschland)

9.5.2.2 Beispiel für heterogen katalysierte Gasphasenreaktionen

Ein von ThyssenKrupp Industrial Solutions AG und Evonik Industries AG entwickelter technischer Mikrostrukturreaktor für heterogen katalysierte Gasphasenreaktionen ist exemplarisch in Abb. 9.8 dargestellt. Der Apparat hat einen Durchmesser von etwa 1.400 mm und eine Höhe von 4.000 mm. Es handelt sich ebenfalls um einen modular aufgebauten Mikrostrukturreaktor, wobei in einem einzelnen mikrostrukturierten Reaktionsmodul Gasdurchsätze von einigen m^3/h realisiert werden [17].

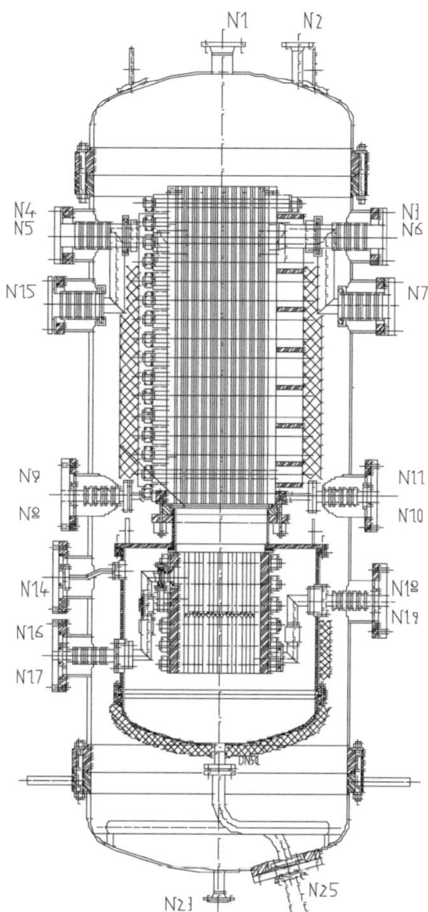

Abb. 9.8 DEMiS®-Reaktor. (Evonik Industries AG, Hanau, Deutschland und ThyssenKrupp Industrial Solutions AG, Dortmund, Deutschland)

Die geometrische Gestaltung der mikrostrukturierten Module resultierte aus der ökonomisch motivierten Forderung, Mikroeffekte (vgl. Abschn. 9.1) mit einem minimalen konstruktiven und fertigungstechnischen Aufwand zu erzeugen. Dies führte zu einer Schlitzgeometrie der Strömungskanäle, wobei nur eine Dimension, nämlich die Schlitzweite, sich auf der Mikroskala befindet, wohingegen die anderen beiden Dimensionen, die Schlitzbreite und die Schlitzlänge, sich auf der Makroskala bewegen [18].

Literatur

1. Hessel, V., Hardt, S., Löwe, H.: Chemical Micro Process Engineering – Fundamentals, Modelling and Reactions. Wiley-VCH, Weinheim (2004)
2. Klemm, E., Rudek, M., Markowz, G., Schütte, R.: Mikroverfahrenstechnik. In: Dittmeyer, R., Keim, W., Kreysa, G., Oberholz A. (Hrsg.) Winnacker-Küchler. Chemische Technik – Prozesse und Produkte, Bd. 2, 5. Aufl. Wiley-VCH, Weinheim (2004)
3. Stephan, M.: Fluent Deutschland GmbH: Berechnungen mit der CFD-Software Fluent, private Mitteilung (2005)
4. VDI e. V. (Hrsg.): VDI-Wärmeatlas, 9. Aufl. Springer, Berlin (2002)
5. Barkelew, C.H.: Stability of chemical reactors. Chem. Eng. Prog. Symp. Ser. **55**, 37–46 (1959)
6. Wheeler, A.: Reaction rates and selectivity in catalyst pores. Adv. Catal. **3**, 249–327 (1951)
7. Emig, G. Dittmeyer R.: Simultaneous heat and mass transfer and chemical reaction. In: Knözinger, H., Weitkamp, J., Ertl, G. (Hrsg.) Handbook of Heterogeneous Catalysis, Bd. 3, 1. Aufl. Wiley-VCH, Weinheim (1997)
8. Klemm, E., Köstner, M., Emig, G.: Transport phenomena and reaction in porous media. In: Schüth, F., Sing, K.S.W., Weitkamp, J. (Hrsg.) Handbook of Porous Solids, 1. Aufl. Wiley-VCH, Weinheim (2002)
9. Mears, D.E.: Tests for transport limitations in experimental catalytic reactors. Ind. Eng. Chem. Proc. Des. Develop. **10**, 541–547 (1971)
10. Weisz, P.B.: Diffusivity of porous particles. Z. Phys. Chem. **11**, 1–15 (1957)
11. Anderson, J.B.: A criterion for isothermal behavior of a catalyst pellet. Chem. Eng. Sci. **18**, 147–148 (1963)
12. Rebrov, E.V., de Croon, M.H.J.M., Schouten, J.C.: Design of a microstructured reactor with integrated heat-exchanger for optimum performance of a highly exothermic reaction. Catal. Today. **69**, 183–192 (2001)
13. Haverkamp, V.: Charakterisierung einer Mikroblasensäule zur Durchführung stofftransportlimitierter und/oder hoch-exothermer Gas/Flüssig-Reaktionen, Fortschritt-Bericht VDI, Reihe 3, Nr. 771. VDI, Düsseldorf (2003)
14. Irandoust, S., Andersson, B.: Monolithic catalysts for nonautomobile applications. Catal. Rev. Sci. Eng. **30**, 341–392 (1988)
15. Zlokarnik, M.: Scale-up, Modellübertragung in der Verfahrenstechnik. Wiley-VCH, Weinheim (2000)
16. Wuthe, S.: Mikroreaktoren halten Einzug in die Produktion von Feinchemikalien. Chem. Tech. **7**, 36 (2004)
17. Markowz, G., Schirrmeister, S., Albrecht, J., Becker, F., Schütte, R., Caspary, K.J., Klemm, E.: Mikrostrukturierte Reaktoren für heterogen katalysierte Gasphasenreaktionen im industriellen Maßstab. Chem. Ing. Tech. **76**, 620–625 (2004)
18. Markowz, G. et al.: Mikroreaktor in Plattenbauweise mit einem Katalysator, Patent WO 2004/ 091771, 28. Oktober 2004

Reaktionstechnik der Polyreaktionen 10

Als Polyreaktionen werden Kettenreaktionen bezeichnet, in denen aus niedermolekularen Bausteinen (Monomeren) Makromoleküle (Polymere) entstehen.

10.1 Begriffe und Definitionen

10.1.1 Einführung in die Polyreaktionen

Die meisten technisch interessanten Polymeren haben *Molmassen zwischen 10^4 und* 10^7 g/mol. Dabei ist nicht eine bestimmte Molmasse typisch für ein bestimmtes Polymer, sondern handelsübliche Polymere wie Polyethylen oder Polyamid-6 werden je nach Einsatzgebiet mit zahlreichen verschiedenen Molmassen hergestellt. Aber auch ein Polyethylen der Molmasse z. B. 10^5 g/mol besteht nicht aus durchweg gleich großen Makromolekülen, sondern aus einem *Gemisch verschieden großer Moleküle*, das je nach Herstellungsart mehr oder weniger uneinheitlich ist.

Polymere unterscheiden sich aber nicht nur nach ihrer Molmasse. So können generell alle *Isomerien*, wie sie von niedermolekularen Verbindungen bekannt sind, auch bei Polymeren auftreten. Weiterhin sind viele Polymere *Copolymere* aus zwei oder mehr Monomeren. Hier können die Monomeren in der Kette statistisch oder alternierend angeordnet sein; bei Blockcopolymeren kommt es zur Ausbildung von streng getrennten oder mehr oder weniger „verschmierten" Blöcken. Bildet ein Comonomeres die Hauptkette und ein anderes Seitenzweige, so spricht man von Pfropfcopolymeren. Durch geeignete Reaktionsführung lassen sich sowohl einheitliche Copolymerisate herstellen, als auch unein-

Klaus-Dieter Hungenberg

G. Emig et al., *Chemische Reaktionstechnik*,
https://doi.org/10.1007/978-3-662-68826-7_10

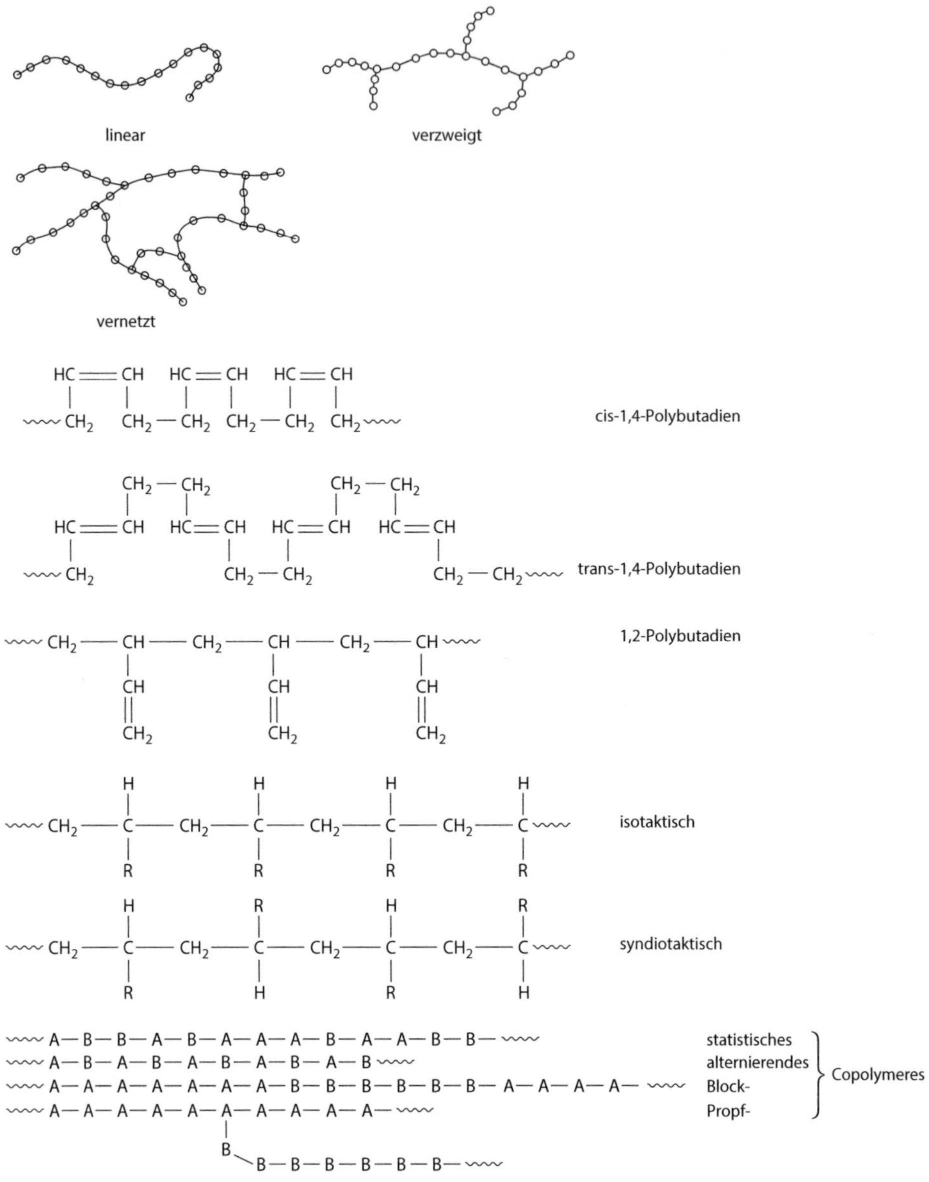

linear

verzweigt

vernetzt

cis-1,4-Polybutadien

trans-1,4-Polybutadien

1,2-Polybutadien

isotaktisch

syndiotaktisch

~ A—B—B—A—B—A—A—A—B—A—A—B—B— ~ statistisches
~ A—B—A—B—A—B—A—B—A—B ~ alternierendes
~ A—A—A—A—A—A—A—B—B—B—B—B—B—A—A—A—A— ~ Block-
~ A—A—A—A—A—A—A—A—A—A— ~ Propf-
B—B—B—B—B—B—B— ~

Copolymeres

Abb. 10.1 Strukturprinzipien von Makromolekülen

heitliche, bei denen die Zusammensetzung von Makromolekül zu Makromolekül verschieden ist. Abb. 10.1 zeigt die Strukturprinzipien von Makromolekülen.

Bei der *Reaktionstechnik von Polyreaktionen* sind eine Reihe von *Besonderheiten* zu beachten, die man in der Regel in dieser Ausgeprägtheit sonst nicht findet, so die *hohe, sich in der Regel während der Reaktion ändernde Viskosität*, die *starke Wärmetönung*, die

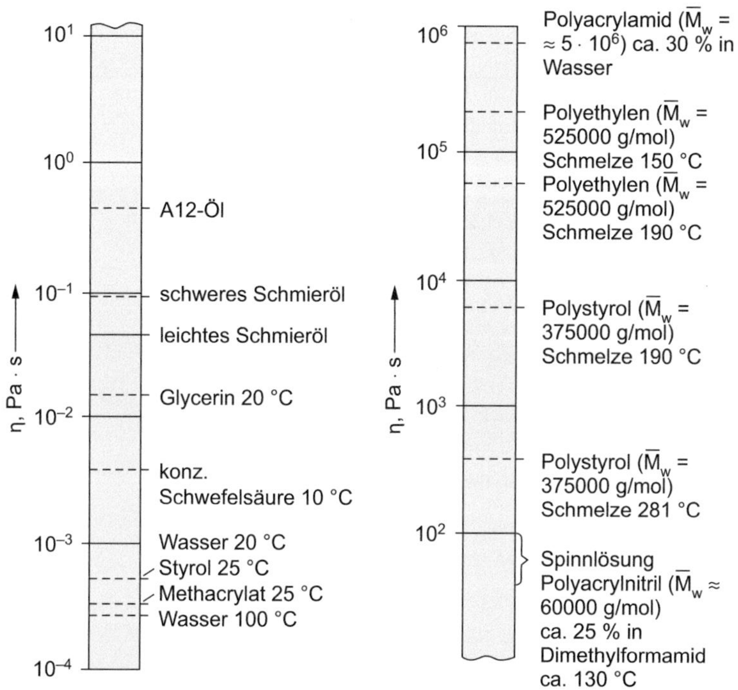

Abb. 10.2 Viskosität technisch interessanter Polymersysteme

Empfindlichkeit gegenüber Verunreinigungen und die Tatsache, dass sich Polymere nach der Reaktion *praktisch nicht mehr aufarbeiten lassen.*

So weisen Makromoleküle in der Schmelze wie auch in Lösung sehr hohe Viskositäten auf. In Abb. 10.2 sind einige Beispiele dazu aufgeführt. Während der Polymerisation in Substanz oder in Lösung kann die Viskosität um viele Zehnerpotenzen ansteigen. Durch Erhöhen der Temperatur kann man versuchen, diese Viskositätszunahme zu kompensieren. Dem sind aber Grenzen durch die thermische Stabilität des Polymeren, Nebenreaktionen (s. Abschn. 10.2.2.2 und 10.2.2.3) und/oder die spezielle Kinetik der Polyreaktionen (s. Abschn. 10.2.3) gesetzt, die in der Regel die Herstellung höherer Molmassen bei hohen Temperaturen verhindern. Diese hohe Viskosität der Reaktionsmischung erschwert sowohl den Stoff- als auch vor allem den Wärmetransport. So können niedrige Wärmedurchgangskoeffizienten von der Größenordnung $k_w = 20 - 30$ W/(m^2 K) auftreten.

Verbunden mit der hohen Reaktionswärme von Polyreaktionen und der rechnerischen adiabaten Temperaturerhöhung (s. Tab. 10.1) ergeben sich außerordentlich hohe Anforderungen an die Wärmeabfuhr und den sicheren Betrieb von Polymerisationsreaktoren.

Abhilfe in diesem Problemkreis schaffen heterogene Polymerisationsverfahren wie die Emulsions-, Suspensions- oder Fällungspolymerisation (s. Abschn. 10.4), bei denen die hochviskose polymerhaltige Phase in einer niederviskosen Phase – meistens Wasser – dispergiert wird.

Eine weitere Besonderheit ist in der *Polymerisationskinetik* begründet: Polymerisationen, seien es jetzt radikalisch, ionisch oder durch Übergangsmetalle initiierte Polymerisa-

Tab. 10.1 Polymerisationswärmen wichtiger Monomere [1, 2]

Monomer	Allgemeine Formel	$-\Delta_R H$ [kJ/mol]	ΔT_{ad} [K]
Ethylen, Propylen, Styrol, Vinylester, Acrylsäure u. Ester, Acrylnitril, Butadien, Chloropren, Isopren	H(H)C=C(H)X	67–105	300–2000
Isobuten, α-Methylstyrol, Methacrylsäure und -ester, Vinylidenchlorid	H(H)C=C(Z)X	33–59	140–400
ε-Caprolactam, 2-Pyrollidon (γ-Butyrolactam)		0–17	0–70

Tab. 10.2 Beschreibung eines Polymerisats

Chemismus (Monomerbausteine)
Mittlere Molmasse und Molmassenverteilung
Verzweigung, Vernetzung, Endgruppen
Taktizitäten, Kristallinitäten, Morphologie der Kristalle
Bei Copolymeren: Einbauverhältnis, Sequenzlänge der Monomeren, Statistik der Pfropfung
Bei heterogener Polymerisation: Teilchenform und -größenverteilung, Morphologie der Polymerphasen ineinander
Zusätze wie Stabilisatoren oder Pigmente und Verunreinigungen

tionen, erfolgen in einer Kettenreaktion, bei der die *Konzentration der Kettenträger*, wachsende Polymerradikale oder -ionen, in technisch interessierenden Ansätzen *sehr gering* ist; sie liegt bei radikalischer Polymerisation um 10^{-5} bis 10^{-4} mol/m^3. Deshalb sind Polymerisationsreaktionen ungewöhnlich empfindlich gegen Verunreinigungen.

Sehr hohe Anforderungen werden an die gezielte Reaktionsführung zur Herstellung von Polymeren mit definierten Eigenschaften wie Zusammensetzung, Molmasse, Verzweigungsgrad usw. gestellt. Im Gegensatz zur niedermolekularen Chemie gibt es praktisch keinerlei Trenn- oder Fraktionierungsmethode, mit der Polymere nach ihrer Herstellung aufgearbeitet werden können, um unerwünschte Makromoleküle (z. B. mit unerwünschter Molmasse oder Zusammensetzung) aus dem Reaktionsgemisch zu entfernen. Fraktioniermethoden für Polymere wie die Gelpermeationschromatografie oder Ultrazentrifugation können nur für analytische Zwecke eingesetzt werden. Auch die Entfernung niedermolekularer Komponenten wie Restmonomere, Lösungsmittel oder Nebenprodukte aus Polymerlösungen und -schmelzen ist aufgrund der hohen Viskosität und damit niedrigen Diffusionsgeschwindigkeiten aufwendig und erfordert in vielen Fällen spezielle Apparate wie Strangentgaser, Extruder, Dünnschichtverdampfer o. ä.

Tab. 10.2 gibt eine Übersicht über die wichtigsten Strukturmerkmale eines Makromoleküls.

10.1.2 Polymerisationsgrad und Polymerisationsgradverteilung

Synthetische Polymere sind in der Regel nicht molekular einheitlich, sondern bestehen aus Kettenmolekülen unterschiedlicher Länge; sie weisen eine *Kettenlängenverteilung* auf. Eine Polymerkette P_i ist durch ihren *Polymerisationsgrad i,* die Zahl ihrer Monomereinheiten, charakterisiert. Die Molmasse einer solchen Kette ist dann $M_i = i \cdot M_M$. Prinzipiell sind solche Kettenlängen- oder Molmassenverteilungen diskrete, diskontinuierliche Verteilungen, die für große Polymerisationsgrade meist als kontinuierliche Verteilungen dargestellt werden.

Je nachdem, wie die Menge der Ketten mit dem Polymerisationsgrad i auf der Ordinate angegeben wird, unterscheidet man Häufigkeits-, Massen- und GPC-Verteilungen (s. Tab. 10.3). Die Häufigkeitsverteilung gibt die molare Konzentration bzw. den Molenbruch x_i, die Gewichtsverteilung die Massekonzentration bzw. den Massenbruch w_i der Ketten mit i Monomereinheiten an. Die GPC-Verteilung ist das Ergebnis der Gelpermeationschromatografie (GPC), der zurzeit gebräuchlichsten Methode zur Bestimmung von Verteilungen. Hier ist die Masse der Kette stärker gewichtet als bei der Gewichtsverteilung. Die Häufigkeitsverteilung ist in der Regel das Ergebnis einer Modellrechnung (s. Tab. 10.3). Zur Umrechnung von GPC-Verteilungen in Häufigkeits- oder Gewichtsverteilungen sei auf die Literatur verwiesen [33].

Die Verteilungen können als differenzielle oder integrale Verteilungen dargestellt werden. Differenzielle Verteilungen geben die Menge an Ketten der Länge i an, integrale Verteilungen die Menge aller Ketten bis zum Polymerisationsgrad i. Abb. 10.3 zeigt die verschiedenen Möglichkeiten der Darstellungen schematisch.

Die mittleren Polymerisationsgrade bzw. Molmassen ergeben sich als Zahlen- oder Gewichtsmittel aus den ersten Momenten der jeweiligen Verteilungen nach Gl. 10.1a–d:

$$\overline{P}_n = \frac{\sum_{i=1}^{\infty} n_i i}{\sum_{i=1}^{\infty} n_i} = \sum_{i=1}^{\infty} x_i i \tag{10.1a}$$

$$\overline{P}_w = \frac{\sum_{i=1}^{\infty} m_i i}{\sum_{i=1}^{\infty} m_i} = \sum_{i=1}^{\infty} w_i i \tag{10.1b}$$

Tab. 10.3 Darstellung von Molmassenverteilungen

Verteilung	Ordinate	Abszisse
Häufigkeitsverteilung	$\propto c_i$ oder x_i	i oder M_i
Massenverteilung	$\propto ic_i$ oder w_i	i oder M_i
GPC-Verteilung	$\propto i^2c_i$ oder GPC_i	$\log i$ oder $\log M_i$

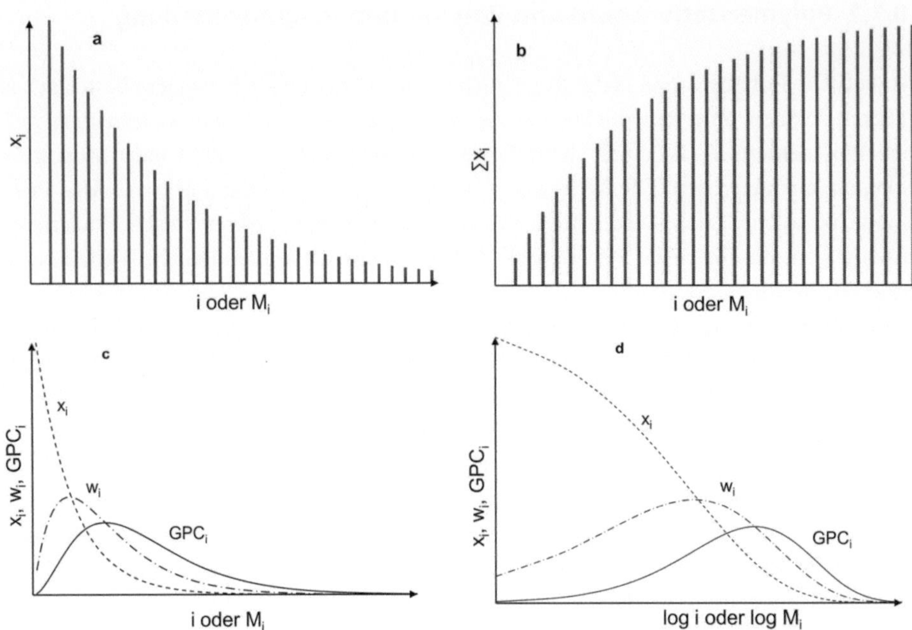

Abb. 10.3 Mögliche Darstellungen von Verteilungen. **a** differenziell, diskret, **b** integral diskret, **c** kontinuierliche Häufigkeits-, Massen- und GPC-Verteilung auf linearer Abszisse, **d** auf logarithmischer Abszisse

$$\overline{M}_n = \frac{\sum_{i=1}^{\infty} n_i M_i}{\sum_{i=1}^{\infty} n_i} = \sum_{i=1}^{\infty} x_i M_i \tag{10.1c}$$

$$\overline{M}_w = \frac{\sum_{i=1}^{\infty} m_i M_i}{\sum_{i=1}^{\infty} m_i} = \sum_{i=1}^{\infty} w_i M_i. \tag{10.1d}$$

Die Mittelwerte können zum einen aus den Verteilungen berechnet oder mit speziellen Messmethoden bestimmt werden. So liefern osmotische Methoden wie die Dampfdruckosmometrie das Zahlenmittel, Lichtstreumethoden das Gewichtsmittel.

Als Maß für die Breite der Verteilung hat sich der *Polydispersitätsindex D* gemäß Gl. 10.2

$$D = \frac{\overline{P}_w}{\overline{P}_n} = \frac{\overline{M}_w}{\overline{M}_n} \tag{10.2}$$

eingebürgert. Dieser hängt mit der Standardabweichung σ, der Größe, mit der in der Statistik üblicherweise Verteilungsbreiten charakterisiert werden, nach Gl. 10.3 zusammen:

$$D = \left(\frac{\sigma}{\overline{M}_n}\right)^2 + 1. \tag{10.3}$$

10.1.3 Klassifizierung nach Elementarreaktionen

Damit aus Monomeren Makromoleküle gebildet werden können, müssen diese *bifunktionell* sein. Im einfachsten Fall können das zwei funktionelle Gruppen, z. B. Carboxyl- und Hydroxygruppen, sein, die miteinander reagieren können (s. Tab. 10.4).

Die Bifunktionalität kann auch verborgen sein, wie in Doppelbindungen oder Ringen (s. Tab. 10.5). In diesen Fällen bedarf es einer initiierenden Reaktion, bei der ein aktives Zentrum ein Monomermolekül anlagert. Dieses aktive Zentrum verbleibt an der Kette und lagert weiter Monomeres an, bis es gegebenenfalls desaktiviert wird. Ein solches aktives Zentrum kann ein Radikal, ein Anion oder Kation oder auch ein Übergangsmetallkomplex sein.

Treten *Terminierungsreaktionen* auf, die das aktive Zentrum desaktivieren, so kann man unterscheiden, ob diese Terminierungsreaktionen zwischen den aktiven Zentren selbst auftreten und damit Abbruchreaktionen systeminhärent sind, z. B. eine Radikal-Radikal-Reaktion, oder ob die Desaktivierung zwischen dem aktiven Zentrum und einer anderen Verbindung *X* stattfindet, z. B. mit Wasser, einem Ion o.ä. Dies ist gewöhnlich der Fall, wenn es sich bei den aktiven Zentren um Ionen oder Übergangsmetallkomplexe handelt, da diese in der Regel nicht miteinander reagieren können.

Darüber hinaus können während der Polymerisation weitere Reaktionen, vor allem *Übertragungsreaktionen*, stattfinden, bei denen das aktive Zentrum von einer wachsenden Kette auf ein anderes Molekül übertragen wird. Dabei bleibt die Konzentration der aktiven Zentren erhalten. Die individuelle Kette wird abgebrochen und eine neu wachsende Kette gestartet. Dies geschieht durch Abstraktion eines Atoms oder Ions von einem Überträgermolekül *Ü* durch das aktive Zentrum.

Rein phänomenologisch können danach Polyreaktionen je nach Art der für die Bildung eines Makromoleküls notwendigen Elementarreaktionen in 3 Klassen eingeteilt werden, wie sie in Schema 10.1, 10.2, 10.3 dargestellt sind:

Tab. 10.4 Typische Reaktionen an funktionellen Gruppen für Stufenwachstumsreaktionen

Nr.	Reaktanden Funktionelle Gruppen	Produkte Art der Bindung im Polymeren	Polymertyp
1	~ COOH + HO ~	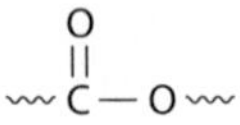 ~ C(=O)—O ~	Polyester
2	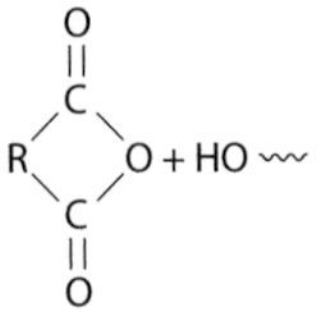 R(C=O)₂O (cyclisches Anhydrid) + HO ~	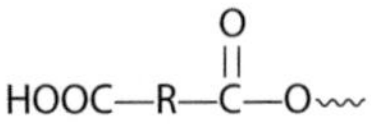 HOOC—R—C(=O)—O ~	Polyester
3	~ COOR + HO ~	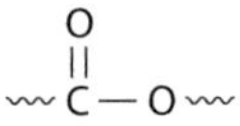 ~ C(=O)—O ~	Polyester
4	~ COOH + H_2N ~	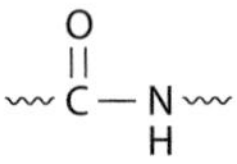 ~ C(=O)—NH ~	Polyamid
5	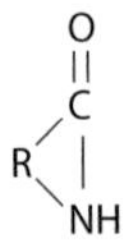 R(C=O)NH (Lactam)	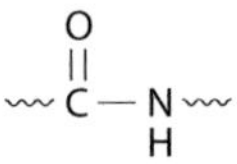 ~ C(=O)—NH ~	Polyamid
6	~ COOR + H_2N ~	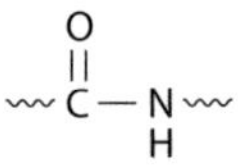 ~ C(=O)—NH ~	Polyamid
7	~ OH + HO ~	~ —O— ~	Polyether
8	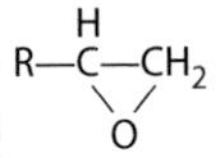 R—CH—CH_2 (Epoxid, über O verbrückt)	~ O ~	Polyether
9	~ NCO + HO ~	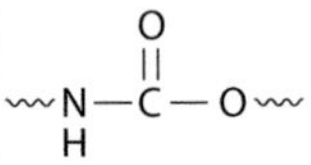 ~ NH—C(=O)—O ~	Polyurethan
10	~ NCO + H_2N ~	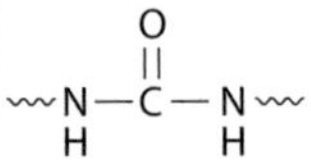 ~ NH—C(=O)—NH ~	Polyharnstoff
11	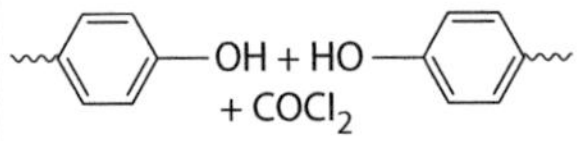 ~ C₆H₄—OH + HO—C₆H₄ ~ + $COCl_2$	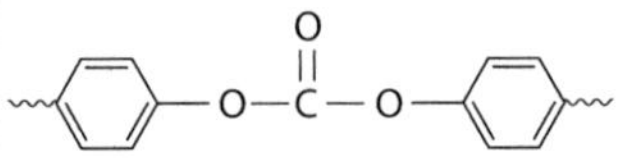 ~ C₆H₄—O—C(=O)—O—C₆H₄ ~	Polycarbonat

Schema 10.1

$$P_i + P_j \xrightarrow{k_p} P_{i+j} \quad \text{Wachstum.}$$

Es finden nur Wachstumsreaktionen zwischen Molekülen der Länge i und j $(i, j = 1, \ldots, n)$ statt, die jeweils zwei funktionelle Gruppen A und B besitzen, wobei sich diese an zwei unterschiedlichen Molekülen A–A und B–B oder an einem Molekül A–B befinden können. Reaktionen dieser Art werden auch als *Stufenwachstumsreaktionen* bezeichnet. Beispiele dafür sind Polykondensationen oder Polyadditionen wie einige in Tab. 10.3 dargestellt sind.

Schema 10.2

$$\begin{aligned} I + M &\xrightarrow{k_i} P_1^* && \text{Start} \\ P_i^* + M &\xrightarrow{k_p} P_{i+1}^* && \text{Wachstum.} \end{aligned}$$

In diesem Fall wird eine Kettenreaktion durch eine Startreaktion zwischen einem Initiator und einem Monomer initiiert; die die Kettenreaktion tragende Spezies P_i^* addiert in einer Wachstumsreaktion fortlaufend Monomere. Es gibt keine die Kettenreaktion abbrechende Elementarreaktion zwischen den die Kettenreaktion tragenden aktiven Zentren. In der Regel sind die Kettenträger P_i^* Ionen oder Übergangsmetallkomplexe. Laufen nur diese beiden Reaktionen, Start und Wachstum, ab, so spricht man von einer *„lebenden" Polymerisation.*

Daneben können wie bereits erwähnt Abbruchreaktionen mit anderen Komponenten oder Übertragungsreaktionen stattfinden:

$$\begin{aligned} P_i^* + X &\xrightarrow{k_t} P_i + A && \text{Abbruch} \\ P_i^* + \ddot{U} &\xrightarrow{k_{tr}} P_i + P_1^* && \text{Übertragung.} \end{aligned}$$

Bei der Übertragungsreaktion überträgt die wachsende Kette P_i^* ihr aktives Zentrum auf eine niedermolekulare Verbindung $\ddot{U}$, wobei eine neue Kette P_1^* gestartet wird und die ursprüngliche Kette zu einer inaktiven Kette P_i wird.

Monomere M sind in der Regel entweder olefinische oder zyklische Verbindungen, die die für eine Kettenreaktion notwendige Bifunktionalität, inhärent enthalten. Beispiele finden sich in Tab. 10.5.

Tab. 10.5 Typische Monomere und Initiatoren für die ionische/übergangsmetallkatalysierte Polymerisation

Anionisch	Styrol, Diene	Butyllithium, Naphthylnatrium
	Ethlenoxid, Propylenoxid	KOH, t-BuOK
Kationisch	Isobuten	BF_3, $AlCl_3$
	Tetrahydrofuran	BF_3, $HClO_4$
	Trioxan	BF_3, SbF_3
Übergangsmetallkatalysiert	Ethen, Propen, Diene	$TiCl_4/AlEt_3$, (Ziegler-Natta-Katalysatoren), CrO_3 (Phillips-Katalysatoren), Metallocene

Schema 10.3

$$
\begin{aligned}
I &\xrightarrow{k_d} 2R^* && \text{Initiatorzerfall}\\
R^* + M &\xrightarrow{k_i} P_1^* && \text{Start}\\
P_i^* + M &\xrightarrow{k_p} P_{i+1}^* && \text{Wachstum}\\
P_i^* + P_j^* &\xrightarrow{k_{t,d}} P_i + P_j && \text{Abbruch durch Disproportionierung}\\
P_i^* + P_j^* &\xrightarrow{k_{t,k}} P_{i+j} && \text{Abbruch durch Kombination.}
\end{aligned}
$$

Im dritten Fall (s. Schema 10.3) kommen als inhärente Elementarreaktionen Abbruchreaktionen hinzu, bei der zwei aktive Ketten P_i^* miteinander unter Verlust der die Kettenreaktion tragende Funktionalität – typischerweise eine Radikalfunktion – reagieren. Hierbei kann es zur *Disproportionierung* unter Erhalt der Kettenlängenoder zur *Kombination* kommen.

Auch hier können Übertragungsreaktionen stattfinden:

$$P_i^* + \ddot{U} \xrightarrow{k_{tr}} P_i + P_1^* \quad \text{Ubertragung.}$$

Typische Initiatoren I für eine solche radikalische Polymerisation sind Peroxide wie Dibenzoylperoxyd, tert.-Butylperbenzoat, Dicumylperoxid und Azoverbindungen wie Azobisisobutyronitril u. ä. Bis auf wenige Ausnahmen sind fast alle Vinylverbindungen nach diesem Mechanismus polymerisierbar.

10.2 Kinetik von Polyreaktionen

Um die in Tab. 10.2 aufgeführten Größen gezielt einstellen zu können, ist die Kenntnis der Polymerisationskinetik unabdingbar.

10.2.1 Kinetik der Polykondensation/Polyaddition

Bei dieser Art von Polyreaktionen finden nur Ketten aufbauende Reaktionen zwischen Molekülen statt, die an jedem Ende eine funktionelle Gruppe (s. Tab. 10.4) tragen. Sie wird auch als *Stufenwachstumsreaktion* bezeichnet. Wenn bei der Reaktion zwischen den funktionellen Gruppen A und B eine niedermolekulare Komponente wie Wasser (Beispiele 1, 4 und 7 in Tab. 10.4) oder Alkohole entstehen (Beispiele 3 und 6 in Tab. 10.4), spricht man von einer *Polykondensation*, ist das nicht der Fall, von einer *Polyaddition*.

Vom kinetischen Standpunkt handelt es sich bei Stufenwachstumsreaktionen um Reaktionen jeweils 1. Ordnung bzgl. der Endgruppenkonzentrationen c_A und c_B:

$$-\frac{\mathrm{d}c_\mathrm{A}}{\mathrm{d}t} = k_p c_\mathrm{A} c_\mathrm{B} = k_p c_\mathrm{A}^2. \tag{10.4}$$

Für den einfachen stöchiometrischen Fall $c_{\mathrm{A},0} = c_{\mathrm{B},0}$ erhält man für den Zeitverlauf Gl. 10.5:

$$\frac{1}{c_\mathrm{A}} - \frac{1}{c_{\mathrm{A},0}} = k_p t. \tag{10.5}$$

Man definiert als Umsatzgrad U_A nach Gl. 10.6 den Bruchteil der abreagierten funktionellen Gruppen:

$$U_\mathrm{A} = \frac{n_{\mathrm{A},0} - n_\mathrm{A}}{n_{\mathrm{A},0}}. \tag{10.6}$$

Mit Gl. 10.5 und 10.6 erhält man für die Zeitabhängigkeit des Umsatzgrades Gl. 10.7 (s. auch Gl. 5.88a):

$$1 - U_\mathrm{A} = \frac{1}{1 + k_p c_{\mathrm{A},0} t}. \tag{10.7}$$

Bei dieser Art von Reaktionen sind der Umsatzgrad der Endgruppen und der mittlere Polymerisationsgrad streng miteinander gekoppelt. Bei der Polyreaktion bifunktioneller Moleküle sei n_0 die Zahl der Moleküle zu Beginn und n die Zahl der Moleküle beim Umsatzgrad U_A an A-Gruppen, dann ist entsprechend die Zahl der funktionellen Gruppen $2n_0$ bzw. $2n$. Das Zahlenmittel $\overline{P_n}$ des Polymerisationsgrades (s. Gl. 10.8a, b, c) ist dann gegeben durch das Verhältnis der Zahl n_0 der ursprünglich vorhandenen Moleküle zur Zahl n der zur betrachteten Zeit t noch vorhandenen Moleküle. Der Ausdruck für das Gewichtsmittel $\overline{P}_w$ ist ohne weitere Herleitung angegeben.

$$\overline{P}_n = \frac{n_0}{n} = \frac{1}{1 - U_\mathrm{A}} \tag{10.8a}$$

$$\overline{P}_w = \frac{1 + U_\mathrm{A}}{1 - U_\mathrm{A}} \tag{10.8b}$$

$$D = \frac{\overline{P}_w}{\overline{P}_n} = 1 + U_\mathrm{A}. \tag{10.8c}$$

Die Zeitabhängigkeit für den zahlenmittleren Polymerisationsgrad erhält man dann mit Gl. 10.9:

$$\overline{P}_n = \frac{1}{1 - U_\mathrm{A}} = 1 + k_p c_{\mathrm{A},0} t. \tag{10.9}$$

Die selben Abhängigkeiten erhält man, wenn man solche Polykondensationen katalysiert durch Zugabe einer Säure durchführt und $k_p = k_p' \cdot c_\mathrm{Kat}$ ansetzt, wobei k_p' der Geschwindigkeitskoeffizient für die katalysierte Reaktion sei (s. Abschn. 3.3.3). Nun sind bei Veresterungs- oder Amidierungsreaktionen gewöhnlich Carboxylendgruppen (A=COOH) inhärent vorhanden, die dann *autokatalytisch* wirken können. Man erhält hier formalkinetisch Gl. 10.10 für den stöchiometrischen Fall ($c_{\mathrm{A},0} = c_{\mathrm{B},0}$) eine Reaktion 3. Ordnung:

$$-\frac{\mathrm{d}c_\mathrm{A}}{\mathrm{d}t} = k_p c_\mathrm{A}^2 c_\mathrm{B} = k_p c_\mathrm{A}^3. \tag{10.10}$$

Integration liefert dann Gl. 10.11a, b, c für die zeitlichen Verläufe von Endgruppenkonzentration, Umsatzgrad und Polymerisationsgrad:

$$\frac{1}{c_\mathrm{A}^2} - \frac{1}{c_{\mathrm{A},0}^2} = 2k_p t \tag{10.11a}$$

$$1 - U_\mathrm{A} = \frac{1}{\sqrt{1 + 2k_p c_{\mathrm{A},0}^2 t}} \tag{10.11b}$$

$$\overline{P}_n = \sqrt{1 + 2k_p c_{\mathrm{A},0}^2 t}. \tag{10.11c}$$

Hier lässt sich der autokatalytische Fall (Gl. 10.11a, b, c, Abhängigkeit von $t^{1/2}$) vom unkatalysierten oder fremdkatalysierten Fall (Gl. 10.9, Abhängigkeit von *t*) anhand der unterschiedlichen Zeitabhängigkeiten von Umsatzgrad und Polymerisationsgrad einfach unterscheiden.

Für den *Fall nicht-stöchiometrischer Ausgangsverhältnisse* der funktionellen Gruppen, wenn z. B. ein Überschuss von B-Gruppen $r = n_{A,0}/n_{B,0} < 1$ vorhanden ist, gilt Gl. 10.12

$$\overline{P}_n = \frac{1+r}{1+r-2U_A r}. \tag{10.12}$$

Tab. 10.6 zeigt den Einfluss von Umsatzgrad und Stöchiometrie auf den erreichbaren mittleren Polymerisationsgrad $\overline{P_n}$. Die Polymerisationsgrade vieler technischer Polykondensate, die zwischen 100 und 200 liegen, werden also erst bei Umsatzgraden zwischen 99 und 99,5 % erreicht. Die Äquivalenz der funktionellen Gruppen muss strikt eingehalten werden, sodass die Ausgangsverbindungen sehr rein sein müssen. Außerdem ist während der Reaktion Sorge zu tragen, dass keine flüchtigen Komponenten wie z. B. Diamine mit dem Kondensatwasser ausgetragen werden.

Bei vielen dieser Stufenwachstumsreaktionen, vor allem den Polykondensationen, handelt es sich um *Gleichgewichtsreaktionen*, bei denen im geschlossenen System der maximal erreichbare Umsatzgrad und damit auch der Polymerisationsgrad im Gleichgewicht durch die Gleichgewichtskonstante K bestimmt sind. Ausgehend vom Massenwirkungsgesetz lassen sich einfache Beziehungen für diese Größen herleiten. Für den stöchiometrischen Fall gelten Gl. 10.13a, b:

$$U_{Gl} = \frac{\sqrt{K}}{1+\sqrt{K}} \tag{10.13a}$$

$$\overline{P}_{n,Gl} = 1 + \sqrt{K}. \tag{10.13b}$$

Im offenen System, bei dem das Kondensatmolekül aus dem Reaktionssystem entfernt wird, ergibt sich die einem bestimmten mittleren Polymerisationsgrad entsprechende Wasserkonzentration nach Gl. 10.14:

Tab. 10.6 Einfluss von Umsatzgrad und Einsatzstoffverhältnis r auf $\overline{P}_n$

U_A	$r = 1$	$r = 0{,}99$	$r = 0{,}98$	$r = 0{,}95$
0	1	1	1	1
0,5	2	2	2	2
0,7	3	3	3	3
0,9	10	10	9	8
0,95	20	18	17	13
0,98	50	40	33	22
0,99	100	67	50	28
0,995	200	100	66	33

$$c_{H_2O} = \frac{K \cdot c_{A,0}}{\overline{P}_n \cdot \left(\overline{P}_n - 1\right)} \cong \frac{K \cdot c_{A,0}}{\overline{P}_n^2}. \quad (10.14)$$

Diese Beziehung zeigt die hohen Anforderungen an die Entgasung von Polykondensatschmelzen bei ihrer Herstellung.

Die Ableitung der Verteilungsfunktion der Molmassen geschieht nach dem Vorbild von Flory [3] am einfachsten statistisch. Ein Molekül der Länge i enthält genau $(i - 1)$ abreagierte Gruppen A (Wahrscheinlichkeit U_A^{i-1}) sowie eine nicht abreagierte Gruppe A (Wahrscheinlichkeit $1 - U_A$). Die Anzahl n_i der Ketten der Länge i ist dann das Produkt der Wahrscheinlichkeiten und der Gesamtzahl der Ketten n zum Umsatzgrad U_A.

Für die Häufigkeitsverteilung, den Molanteil der Ketten der Länge i, bzw. die Massenverteilung, den entsprechenden Massenanteil, ergeben sich die Gl. 10.15a, b:

$$x_i = U_A^{i-1}(1 - U_A) \quad (10.15a)$$

$$w_i = iU_A^{i-1}(1 - U_A)^2. \quad (10.15b)$$

Verteilungen dieses Typs werden als *Schulz-Flory-Verteilungen* oder im englischen Sprachgebrauch als *most probable distribution* bezeichnet.

Häufig findet man die Massenverteilung auch in der Form von Gl. 10.16, die eine gute Näherung von Gl. 10.15b für $U_A \to 1$ und damit große Polymerisationsgrade darstellt und als kontinuierliche Verteilung dargestellt ist (vgl. Abschn. 10.1.2).

$$w_i = \frac{i}{\overline{P}_n^2} \exp\left(-\frac{i}{\overline{P}_n}\right). \quad (10.16)$$

Abb. 10.4 zeigt Häufigkeits- und Massenverteilungen für verschiedene Umsatzgrade.

Mit zunehmendem Umsatzgrad wird die Verteilung zu höheren Polymerisationsgraden verschoben. Die Häufigkeitsverteilung ist hier eine monoton fallende Funktion, d. h. molar gesehen überwiegen die kürzeren Ketten.

10.2.2 Kinetik der ionischen/übergangsmetallkatalysierten Polymerisation

Hier handelt es sich nach der Klassifizierung in Abschn. 10.1.3 um Kettenreaktionen, bei denen die die Reaktionskette tragende Spezies (zumindest auf der Zeitskala der Polymerisation) keine Abbruchreaktion miteinander eingehen (Schema 10.2). Es handelt sich in der Regel um Ionen oder Übergangsmetallkomplexe P_iZ, bei denen die Wachstumsreaktion nach Schema 10.4 abläuft.

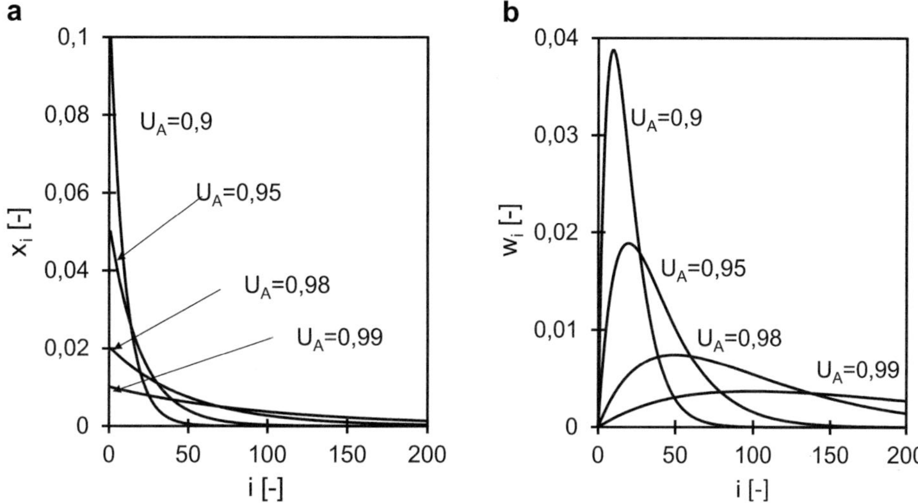

Abb. 10.4 Häufigkeitsverteilung (**a**) und Massenverteilung (**b**) für Stufenwachstumsreaktionen bei verschiedenen Umsatzgraden

Schema 10.4

$P_i^- + M \rightarrow P_{i+1}^-$ anionische Polymerisation
$P_i^+ + M \rightarrow P_{i+1}^+$ kationische Polymerisation
$P_iZ + M \rightarrow P_{i+1}Z$ übergangsmetallkatalysierte Polymerisation.

Einige wichtige Beispiele finden sich in Tab. 10.5.

10.2.2.1 Lebende Polymerisation

Fehlen neben Abbruchreaktionen mit anderen Verbindungen auch sonstige Neben- und Übertragungsreaktionen spricht man von einer *„lebenden" Polymerisation* [4]. Am besten untersucht sind hier als Initiatoren für die anionische Polymerisation Alkalialkyle wie z. B. Butyllithium CH_3–CH_2–CH_2–CH_2Li (BuLi) für die Polymerisation von Styrol und Dienen. Je nach Polarität des Lösungsmittels liegen sie mehr oder weniger polarisiert bzw. dissoziiert vor, wobei hohe Unterschiede in ihrer Reaktivität zu beobachten sind.

Aus Schema 10.2 lassen sich die Differenzialgleichungen Gl. 10.17a, b für den Kettenstart und das Wachstum ableiten, die über die Initiatorkonzentration gekoppelt sind. Die Summe aller aktiven, wachsenden Ketten entspricht der umgesetzten Initiatormenge, da aus einem Initiatormolekül genau eine Kette gestartet wird.

$$-\frac{dc_I}{dt}=\frac{dc_{P_1^-}}{dt}=r_i=k_i c_M c_I \tag{10.17a}$$

$$\frac{dc_M}{dt}=-r_i-\sum_{i=1}^{\infty} r_{p,i}=-k_i c_I c_M-k_p c_M \sum_{i=1}^{\infty} c_{P_i^-}=-k_i c_I c_M-k_p c_M (c_{I,0}-c_I). \tag{10.17b}$$

Ist die Initiierungsreaktion schnell gegenüber dem Kettenwachstum ($k_i > k_p$), so kann man die Konzentration aller wachsenden Ketten gleich der eingesetzten Initiatorkonzentration und die Gleichung für die Polymerisationsgeschwindigkeit lässt sich direkt integrieren (s. Gl. 10.18), wenn man den Monomerverbrauch in der Startreaktion vernachlässigt, was bei hohen Polymerisationsgraden zulässig ist. Diese Annahme, dass der Verbrauch an Monomeren nur durch die Wachstumsgeschwindigkeit bestimmt ist, und der Verbrauch durch andere Reaktionen wie Initiierung oder Übertragung vernachlässigbar ist, wird auch als *Langkettenhypothese (LCH)* bezeichnet und wird in der Regel für alle Kettenwachstumsreaktionen angenommen. Damit ist die Wachstumsgeschwindigkeit gleich der Polymerisationsgeschwindigkeit sowie der Geschwindigkeit des Monomerverbrauchs:

$$-\frac{dc_M}{dt}=r_p=k_p c_M c_{I,0}. \tag{10.18}$$

Der Zeitverlauf ergibt sich für eine Reaktion 1. Ordnung dann gemäß (s. auch Gl. 5.89a):

$$c_M=c_{M,0}e^{-k_p c_{I,0} t} \quad \text{bzw.} \quad U_M=1-e^{-k_p c_{I,0} t}. \tag{10.19}$$

Als Polymerisationsgradverteilung ergibt sich für diesen Fall die *Poisson-Verteilung* mit den zugehörigen Mittelwerten in Gl. 10.20a–d. Der Polydispersitätsindex wird $D \approx 1$. $\overline{\nu}$ ist die *mittlere kinetische Kettenlänge* und gibt die Anzahl der pro Kette stattfindenden Wachstumsschritte an.

$$x_i=\frac{e^{-\overline{\nu}}\cdot \overline{\nu}^{(i-1)}}{(i-1)!} \tag{10.20a}$$

$$w_i=\frac{i\cdot e^{-\overline{\nu}}\cdot \overline{\nu}^{(i-1)}}{(i-1)!(\overline{\nu}-1)} \tag{10.20b}$$

$$\overline{P}_n=\frac{c_{M,0}-c_M}{c_{I,0}}=U_M\frac{c_{M,0}}{c_{I,0}}=\overline{\nu}+1 \tag{10.20c}$$

$$\overline{P}_w = 1 + \overline{\nu} + \frac{\overline{\nu}}{1 + \overline{\nu}} \approx \overline{\nu} + 2. \tag{10.20d}$$

Der mittlere Polymerisationsgrad nimmt mit dem Umsatzgrad linear zu (s. Abb. 10.5). Häufigkeits- und Massenverteilung sind praktisch nicht mehr unterscheidbar (s. Abb. 10.6).

Ist k_i dagegen kleiner als k_p, starten also nicht alle Ketten gleichzeitig, sondern zeitverzögert, ergibt sich ein breitere Verteilung, die sogenannte *Goldverteilung* [6]. In Abb. 10.6 ist diese im Vergleich zur Poisson-Verteilung dargestellt. Der bei der Goldverteilunghohe Anteil an niedermolekularen Komponenten und der steile Abfall bei höheren Polymergraden sind eben in diesem verzögerten Start über einen längeren Zeitraum begründet.

10.2.2.2 Kinetik der ionischen/übergangsmetallkatalysierten Polymerisation mit Übertragungs- und Abbruchreaktion

Nicht alle ionischen Polymerisationen zeigen diesen lebenden Charakter. In vielen Fällen kommt es zu *Übertragungsreaktionen*, bei denen eine neue Kette gestartet wird, indem das aktive Zentrum auf ein anderes Molekül übertragen und die wachsende Kette abge-

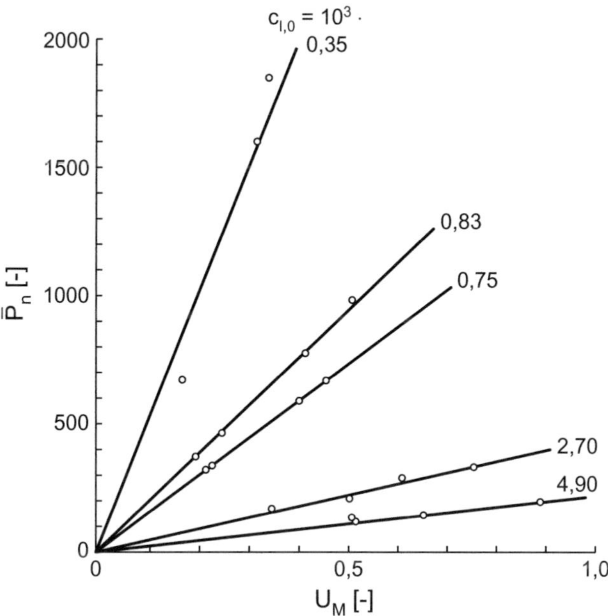

Abb. 10.5 Lineare Zunahme des mittleren Polymerisationsgrades mit dem Monomerumsatzgrad bei der lebenden Polymerisation [5]

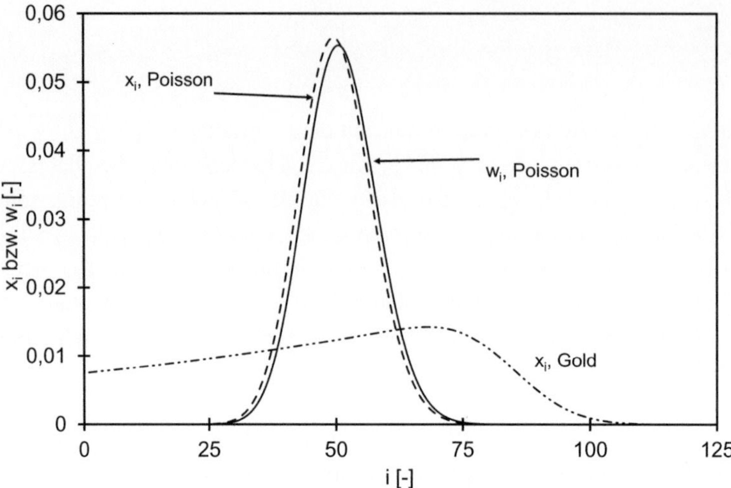

Abb. 10.6 Verteilungen für eine lebende Polymerisation bei einer mittleren kinetischen Kettenlänge von 50. Häufigkeits- und Massenverteilung für eine Poisson-Verteilung bei $k_i \gg k_p$. Häufigkeitsverteilung für eine Goldverteilung bei $k_i \ll k_p$

brochen wird. Beispielhaft sei das an der kationischen Polymerisation von Isobuten (Schema 10.5) gezeigt.

Schema 10.5

Hier wird ein Proton von einer wachsenden Kette auf das Monomere übertragen, das neu entstandene Carbokation startet durch Addition von Monomeren eine neue Kette. Die Konzentration der aktiven Zentren und damit die Reaktionsgeschwindigkeit bleibt dabei konstant, der Polymerisationsgrad wird erniedrigt, die Verteilung abhängig vom Verhältnis $\sigma = k_{tr}/(k_{tr} + k_p)$ verbreitert [7, 8]. Als Grenzfälle erhält man die Poisson-Verteilung ($\sigma \to 0$, $k_{tr} = 0$, keine Übertragung) bzw. die Schulz-Flory-Verteilung, wenn $\sigma = 1/\overline{P_n}$, und man in Gl. 10.15a den Parameter der Verteilung U_A durch die Wachstumswahrscheinlichkeit

$k_p/(k_{tr} + k_p)$ ersetzt. Hier zeigt sich deutlich der Einfluss verschiedener Reaktionen auf die Breite der Molmassenverteilung bei Polymeren.

Neben Übertragungsreaktionen zum Monomer können weitere Übertragungsreaktionen mit Lösungsmittel, Cokatalysator wie Aluminiumalkylen oder extra zugesetzten Reglern (z. B. H_2 bei der Ziegler-Polymerisation von Propen) auftreten.

Verallgemeinert man das auf weitere Übertragungsreaktionen (z. B. auf das Lösungsmittel *S*, einen Regler *Ü*), so lässt sich die Wachstumswahrscheinlichkeit ϕ mit Gl. 10.21 als Verhältnis von Wachstumsreaktionsgeschwindigkeit zur Summe der Geschwindigkeiten aller möglichen Reaktionen beschreiben.

$$\phi = \frac{r_p}{r_p + r_t + r_{\mathrm{tr},M} + r_{\mathrm{tr},S} + r_{\mathrm{tr},\ddot{U}}}. \tag{10.21}$$

Damit erhält man eine Schulz-Flory-Verteilung (Gl. 10.15a) mit ϕ statt U_A als Parameter.

Obwohl inhärente Terminierungsreaktionen zwischen den aktiven Zentren bei ionischen und übergangsmetallkatalysierten Polymerisationen in der Regel nicht stattfinden, können aktive Zentren dennoch durch Reaktion mit anderen Komponenten (*X*) vernichtet werden. *X* kann dabei z. B. eine protische Verbindung, ein starker Komplexbildner oder auch ein Ion sein.

Das Differenzialgleichungssystem Gl. 10.17a, b muss dann durch entsprechende Differenzialgleichungen Gl. 10.22 für den Abbruch ergänzt werden.

$$-\frac{\mathrm{d}c_{P_i^*}}{\mathrm{d}t} = r_t = k_t c_{P_i^*} c_X. \tag{10.22}$$

10.2.2.3 Kinetik der übergangsmetallkatalysierten Polymerisation mit verschiedenen aktiven Zentren

Bisher wurde davon ausgegangen, dass nur eine Art aktiver Zentren die Polymerisation trägt, so z. B. das Carbokation in Schema 10.5. Bei der übergangsmetallkatalysierten Polymerisation trifft das nur in wenigen Fällen zu, so z. B. wenn Metallocene [9], die man auch als *Single-site-Katalysatoren* bezeichnet, als Initiatoren verwendet werden. In vielen Fällen jedoch sind die verwendeten Übergangsmetallkomplexe nicht molekular einheitlich; sie können als unterschiedliche Isomere vorliegen, und diese unterscheiden sich in ihrer Reaktivität in Start-, Wachstums- und/oder Übertragungsreaktionen und damit in den Geschwindigkeitskoeffizienten für die einzelnen Reaktionen. Damit weist jede Form eine andere Wachstumswahrscheinlichkeit (s. Gl. 10.21) auf, was zur Folge hat, dass sie jeweils zu Schulz-Flory-Verteilungen mit unterschiedlichen Mittelwerten führen. Nehmen wir an, dass es *m* unterschiedliche Zentren gibt, so ergeben sich Zahlen-und Gewichtsmittel des gesamten gebildeten Polymeren nach Gl. 10.23a, b aus den entsprechend gewichteten Mittelwerten der Einzelverteilungen. Gl. 10.23c gibt dann die Gesamtverteilung wieder.

$$\overline{\overline{P}}_n = \sum_{j=1}^{m} x_j \overline{P}_{n,j} \tag{10.23a}$$

$$\overline{\overline{P}}_w = \sum_{j=1}^{m} w_j \overline{P}_{w,j} \tag{10.23b}$$

$$w(i) = \sum_{j=1}^{m} w_j \frac{i}{\overline{P}_{n,j}^2} \exp\left(-\frac{i}{\overline{P}_{n,j}}\right). \tag{10.23c}$$

Eine besonders große Rolle spielen solche *Multiple-site-Katalysatoren* bei den heterogenen Polyolefinverfahren (s. Abschn. 10.4), bei denen der Katalysator als Feststoff vorliegt.

10.2.3 Kinetik der radikalischen Polymerisation

Bei der *radikalischen Polymerisation* finden neben Start- und Wachstumsreaktionen inhärent Abbruchreaktionen statt, bei denen die Kette tragenden aktiven Zentren, Radikale, durch Reaktion miteinander vernichtet werden (s. Schema 10.3).

Ein Initiatormolekül I zerfällt in zwei Radikale R^*, die in sehr schneller Wachstumsreaktion so lange Monomeres anlagern, bis mit einem weiteren Radikal ein Abbruch erfolgt. Der Ausbeute an Initiatorradikalen, die tatsächlich eine Kette starten, wird durch den sogenannten *Radikalausbeutefaktor* f, $f < 1$, Rechnung getragen. Der Kettenabbruch kann nach zwei Mechanismen erfolgen. Bei *Disproportionierungsabbruch* wird ein Wasserstoffatom übertragen, es entsteht ein Makromolekül mit gesättigter und eines mit ungesättigter Endgruppe, bei *Kombinationsabbruch* entsteht aus zwei Kettenradikalen ein gesättigtes Makromolekül. Die zugehörigen Geschwindigkeitskoeffizienten $k_{t,\mathrm{d}}$ und $k_{t,\mathrm{k}}$ addieren sich zu einem Gesamtabbruchkoeffizienten k_t. Zusätzlich können Kettenübertragungsreaktionen hinzukommen, bei denen ein wachsendes Kettenradikal ein Atom, meistens ein Wasserstoffatom, von anderen im System vorhandenen Verbindungen (Monomer, Lösungsmittel, Polymer, Überträger) abstrahiert; die Kette wird abgesättigt, es entsteht ein neues Radikal, das wieder Monomeres anlagern kann.

Aus Schema 10.3 lassen sich die Reaktionsgeschwindigkeiten Gl. 10.24a–e für die einzelnen Elementarreaktionen, nämlich Initiatorzerfall unter Radikalerzeugung, Kettenstart, Kettenwachstum und Abbruch, ableiten. Hierin ist $c_{P_T^*}$ die Gesamtkonzentration aller aktiven Polymerketten.

$$\text{Initiatorzerfall}: r_\text{d} = k_\text{d} c_I \tag{10.24a}$$

$$\text{Radikalerzeugung}: r_{R^*} = 2f \cdot k_\text{d} c_I \tag{10.24b}$$

$$\text{Start}: r_\text{i} = k_\text{i} c_{R^*} c_M \tag{10.24c}$$

$$\text{Wachstum}: r_\text{p} = k_\text{p} c_M c_{P_i^*} \tag{10.24d}$$

$$\text{Abbruch}: r_\text{t} = (k_\text{t,d} + k_\text{t,k}) c_{P_T^*}^2 = k_\text{t} c_{P_T^*}^2. \tag{10.24e}$$

Für die nachfolgend dargestellte Ableitung der zeitlichen Verläufe der Konzentrationen wird die sogenannte *Bodenstein'sche Quasistationaritätsbedingung (QSSA)* angewendet. Diese besagt, dass die Konzentration aller Radikale konstant bleibt. Diese Annahme gilt sowohl für jede einzelne Radikalsorte, also für c_{R^*} und $c_{P_i^*}$, als auch für die Gesamtradikalkonzentration $c_{P_T^*}$, die wie folgt definiert ist:

$$c_{P_\text{T}^*} = \sum_{i=1}^{\infty} c_{P_i^*}. \tag{10.25}$$

Aufgrund ihrer hohen Reaktivität reagieren Radikale in dem Maße durch Abbruch miteinander ab, wie sie entstehen. Diese Näherung ist der Hauptgrund für die Unterscheidung zwischen Schema 10.2 und Schema 10.3. Bei der radikalischen Polymerisation ist die Abbruchreaktion inhärent, die aktiven Zentren sind transiente Spezies und werden ständig neu generiert und durch Reaktion untereinander abgebrochen.

Im Folgenden werden noch zwei weitere Annahmen getroffen, nämlich dass die Geschwindigkeitskoeffizienten des Kettenwachstums und des Abbruchs unabhängig von der Kettenlänge i sind, d. h., es gilt

$$k_{p,i} = k_p \quad \text{bzw.} \quad k_{t,i} = k_t \tag{10.26}$$

und dass aufgrund der Langkettenhypothese

$$k_i = k_p \tag{10.27}$$

gesetzt werden kann, da der Startschritt nur einer von mehreren 100 oder 1000 Additionsschritten ist.

Wendet man nun die Bodenstein'sche Quasistationaritätsbedingung auf das Initiatorradikal R^* an, so erhält man unter Berücksichtigung von Gl. 10.27:

$$\frac{\mathrm{d}c_{R^*}}{\mathrm{d}t} = r_{R^*} - r_i = 2fk_\mathrm{d}c_I - k_p c_{R^*} c_M = 0 \tag{10.28}$$

bzw. aufgelöst nach der Konzentration des Initiatorradikals:

$$c_{R^*}(t) = \frac{2fk_d c_I(t)}{k_p c_M(t)}. \tag{10.29}$$

Nun wird die Bodenstein'sche Quasistationaritätsbedingung für jede Radikalspezies der Kettenlänge i formuliert und Gl. 10.26 berücksichtigt:

$$\begin{aligned}
\frac{\mathrm{d}c_{P_1^*}}{\mathrm{d}t} &= r_i - r_{p,1} - r_{t,1} = k_p c_{R^*} c_M - k_p c_{P_1^*} c_M - k_t c_{P_1^*} \sum_{i=1}^{\infty} c_{P_i^*} = 0 \\
\frac{\mathrm{d}c_{P_2^*}}{\mathrm{d}t} &= r_{p,1} - r_{p,2} - r_{t,2} = k_p c_{P_1^*} c_M - k_p c_{P_2^*} c_M - k_t c_{P_2^*} \sum_{i=1}^{\infty} c_{P_i^*} = 0 \\
&\vdots \\
\frac{\mathrm{d}c_{P_i^*}}{\mathrm{d}t} &= r_{p,i-1} - r_{p,i} - r_{t,i} = k_p c_{P_{i-1}^*} c_M - k_p c_{P_i^*} c_M - k_t c_{P_i^*} \sum_{i=1}^{\infty} c_{P_i^*} = 0 \\
\frac{\mathrm{d}c_{P_{i+1}^*}}{\mathrm{d}t} &= r_{p,i} - r_{p,i+1} - r_{t,i+1} = k_p c_{P_i^*} c_M - k_p c_{P_{i+1}^*} c_M - k_t c_{P_{i+1}^*} \sum_{i=1}^{\infty} c_{P_i^*} = 0 \\
&\vdots
\end{aligned} \tag{10.30}$$

Durch Aufsummation erhält man mit Gl. 10.25:

$$\begin{aligned}
\frac{\sum_{i=1}^{\infty} \mathrm{d}c_{P_i^*}}{\mathrm{d}t} &= k_p c_{R^*} c_M - k_t \left(\sum_{i=1}^{\infty} c_{P_i^*} \right)^2 \\
&= k_p c_{R^*} c_M - k_t \left(c_{P_\mathrm{T}^*} \right)^2 = 0.
\end{aligned} \tag{10.31}$$

Die Gesamtradikalkonzentration ergibt sich nun aus Gl. 10.31 unter Berücksichtigung von Gl. 10.29 zu:

$$c_{P_T^*} = \left(\frac{r_i}{k_t} \right)^{1/2} = \left(\frac{k_p c_{R^*} c_M}{k_t} \right)^{1/2} = \left(\frac{2f \cdot k_\mathrm{d} c_I}{k_t} \right)^{1/2}. \tag{10.32}$$

Vernachlässigt man den Monomerverbrauch durch die Initiierungsreaktion (Langkettenhypothese, vgl. Abschn. 10.2.2.1), so ergibt sich mit Gl. 10.24d, 10.25, 10.26 sowie 10.32 für die *Stoffmengenänderungsgeschwindigkeit an Monomerem* (*Polymersationsgeschwindigkeit*):

$$-\frac{\mathrm{d}c_M}{\mathrm{d}t} = \sum_{i=1}^{\infty} r_{p,i} = \sum_{i=1}^{\infty} k_p c_{P_i^*} c_M = k_p c_{P_T^*} c_M = r_p = k_p \left(\frac{2f \cdot k_\mathrm{d}}{k_t}\right)^{1/2} c_I^{1/2} c_M. \quad (10.33)$$

Die Konzentration des Initiators ergibt sich aus der dazugehörigen Stoffmengenänderungsgeschwindigkeit:

$$-\frac{\mathrm{d}c_I}{\mathrm{d}t} = r_\mathrm{d} = k_\mathrm{d} c_I. \quad (10.34)$$

Mit der Differenzialgleichung 1. Ordnung für den Initiatorverbrauch Gl. 10.34 lässt sich Gl. 10.33 integrieren und man erhält Gl. 10.35a, b für die Zeitabhängigkeit der Initiator- und Monomerkonzentration unter idealen Bedingungen im absatzweisen Betrieb:

$$c_I = c_{I,0} e^{-k_\mathrm{d} t} \quad (10.35\mathrm{a})$$

$$-\ln \frac{c_M}{c_{M,0}} = -\ln(1 - U_M) = 2 \frac{k_p}{k_t^{0,5}} \left(\frac{2f}{k_\mathrm{d}}\right)^{0,5} c_{I_0}^{0,5} \left(1 - e^{-0,5 k_\mathrm{d} t}\right). \quad (10.35\mathrm{b})$$

Um den mittleren Polymerisationsgrad bzw. die mittlere kinetische Kettenlänge zu berechnen, sind gegebenenfalls Übertragungsreaktionen zu berücksichtigen. Bei der Kettenübertragung abstrahiert ein wachsendes Kettenradikal ein Atom, meistens ein Wasserstoffatom, von einer anderen im System vorhandenen Verbindung *Ü* (Monomer, Lösungsmittel, Polymer); die ursprüngliche Radikalfunktion wird gesättigt und es entsteht ein neues Radikal an der Verbindung *Ü*, das eine neue Kette starten kann.

Schema 10.6

$$P_i^* + \ddot{U} \xrightarrow{k_\mathrm{tr}} P_i + \ddot{U}^*$$
$$\ddot{U}^* + M \xrightarrow{\text{schnell}} P_1^*.$$

Da die Anzahl der Radikale dabei konstant bleibt, ändern Übertragungsreaktionen die Polymerisationsgeschwindigkeit nicht; sie erniedrigen aber den Polymerisationsgrad. Die Übertragungsgeschwindigkeit ist dabei durch Gl. 10.36 gegeben, wobei die Übertragungsreaktionen aller aktiver Polymerketten *i* aufsummiert werden (nicht explizit dargestellt, aber analog zu Wachstum und Abbruch):

$$-\frac{\mathrm{d}c_{\ddot{U}}}{\mathrm{d}t} = \frac{\mathrm{d}c_{P_1^*}}{\mathrm{d}t} = r_\mathrm{tr} = k_\mathrm{tr} c_{P_T^*} c_{\ddot{U}}. \quad (10.36)$$

Die mittlere kinetische Kettenlänge (Gl. 10.37) gibt die Zahl der pro aktiver Polymerkette im Mittel addierter Monomereinheiten an und ist damit das Verhältnis von

Wachstumsgeschwindigkeit zu allen Reaktionsgeschwindigkeiten, die die individuelle Kette abbrechen, also Abbruch- und Übertragungsgeschwindigkeiten:

$$\overline{\nu}_{P_T^*} = \frac{r_p}{r_t + r_{\text{tr}}} = \frac{k_p c_M}{k_t c_{P_T^*} + k_{\text{tr}} c_{\ddot{U}}}. \tag{10.37}$$

Die Gesamtradikalkonzentration $c_{P_T^*}$ hierin ergibt sich aus Gl. 10.32.

Als Polymerisationsgradverteilung der aktiven Ketten erhält man wieder eine *Schulz-Flory-Verteilung* (Gl. 10.38a, b)

$$x_i = \phi^{i-1}(1-\phi), \tag{10.38a}$$

$$w_i = i\phi^{i-1}(1-\phi)^2, \tag{10.38b}$$

wobei ϕ die Wachstumswahrscheinlichkeit $\phi = r_p/(r_p + r_t + r_{tr})$ für die aktiven Ketten ist. Auch hierzu führen *statistische Überlegungen*: damit eine lebende Kette genau den Polymerisationsgrad i hat, müssen $(i-1)$ Additions- und 1 Abbruch- oder Übertragungsschritt erfolgen.

Will man den mittleren Polymerisationsgrad der toten Ketten und deren Polymerisationsgradverteilung, also des eigentlichen Wertproduktes, berechnen, so muss man unterscheiden, ob Ketten durch Disproportionierung unter Beibehalt der Kettenlängen der aktiven Radikalketten oder durch Kombination unter Kopplung jeweils zweier aktiver Ketten abbrechen.

Hierzu bezieht man die Reaktionsgeschwindigkeiten der Reaktionen, bei denen aus einer aktiven Kette eine tote Kette hervorgeht (Gl. 10.39a) und die Reaktionsgeschwindigkeiten, bei denen aus zwei aktiven Ketten eine tote entsteht (Gl. 10.39b), jeweils auf die Wachstumsgeschwindigkeit und definiert die Verhältnisse τ und β:

$$\tau = \frac{r_{t,\text{d}} + r_{\text{tr}}}{r_p} = \frac{k_{t,\text{d}} c_{P_T^*} + k_{\text{tr}} c_{\ddot{U}}}{k_p c_M} \tag{10.39a}$$

$$\beta = \frac{r_{t,\text{k}}}{r_p} = \frac{k_{t,\text{k}} c_{P_T^*}}{k_p c_M}. \tag{10.39b}$$

Diese hängen mit der Wachstumswahrscheinlichkeit und der kinetischen Kettenlänge nach Gl. 10.40 zusammen:

$$\phi = \frac{1}{1+\tau+\beta} = \frac{\overline{\nu}_{P_T^*}}{\overline{\nu}_{P_T^*} + 1}. \tag{10.40}$$

Damit lassen sich Häufigkeits- und Massenverteilung der toten Ketten (Gl. 10.41a, b) als Funktion dieser Größen und damit in Abhängigkeit der Konzentrationen der einzelnen

Spezies herleiten, die sich im einfachsten Fall aus Gl. 10.32 und 10.35a, b sowie aus der Integration von Gl. 10.36 ergeben [10]:

$$x_i = \frac{(\tau+\beta)\cdot\left(\tau+\left(\frac{\beta}{2}\right)\cdot(\tau+\beta)\cdot(i-1)\right)}{\left(\tau+\frac{\beta}{2}\right)}\cdot\frac{1}{(1+\tau+\beta)^i} \tag{10.41a}$$

$$w_i = (\tau+\beta)\left(\tau+\frac{\beta}{2}\cdot(\tau+\beta)\cdot(i-1)\right)\cdot i\cdot\frac{1}{(1+\tau+\beta)^i}. \tag{10.41b}$$

Mittelwerte und Polydispersität der Polymergradverteilung ergeben sich nach Gl. 10.42a–c:

$$\overline{P}_n = \frac{1}{\tau+\beta/2} \tag{10.42a}$$

$$\overline{P}_w = \frac{2\tau+3\beta}{(\tau+\beta)^2} \tag{10.42b}$$

$$D = \frac{\overline{P}_w}{\overline{P}_n} = \frac{(2\tau+3\beta)(\tau+\beta/2)}{(\tau+\beta)^2}. \tag{10.42c}$$

Für die Grenzfälle bei Abwesenheit von Übertragungsreaktionen erhält man damit Gl. 10.43 für Abbruch durch Disproportionierung

$$\overline{P}_n = \frac{1}{\tau} = \overline{\nu}, \quad \overline{P}_w = \frac{2}{\tau} = 2\overline{\nu}, \quad D = 2, \tag{10.43}$$

und Gl. 10.44 für Abbruch durch Kombination:

$$\overline{P}_n = \frac{2}{\beta} = 2\overline{\nu}, \quad \overline{P}_w = \frac{3}{\beta} = 3\overline{\nu}, \quad D = 1{,}5. \tag{10.44}$$

Abb. 10.7 zeigt die Änderung der Verteilungsfunktionen x_i und w_i mit den Anteilen an Disproportionierung und Kombination. Mit zunehmendem Anteil an Kombination wird die Verteilung enger und zu höheren Polymerisationsgraden verschoben. Die Kopplung von Ketten P^*, die einer Verteilung mit $D = 2$ unterliegen, durch Kombination führt damit zu einer engeren Verteilung mit $D = 1{,}5$.

Für diesen Grenzfall erhält man aus Gl. 10.37 mit Gl. 10.32 für die kinetische Kettenlänge den Ausdruck

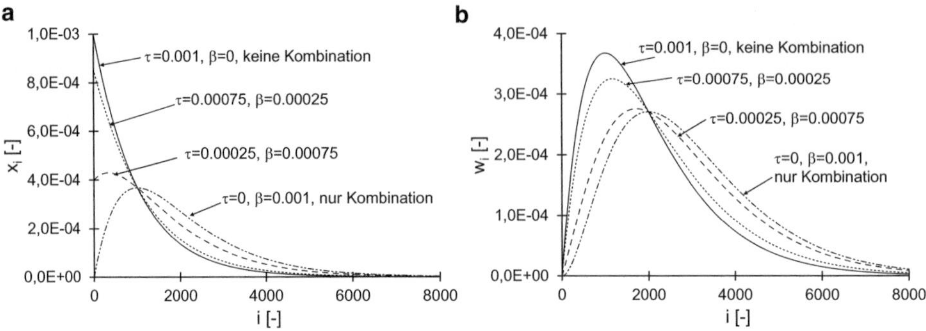

Abb. 10.7 Häufigkeitsverteilung (**a**) und Massenverteilung (**b**) bei der radikalischen Polymerisation für verschiedene Anteile an Kombinations- und Disproportionierungsabbruch

$$\overline{\nu}_{P_T^*} = \frac{r_p}{r_t} = \frac{k_p c_M}{k_t c_{P_T^*}} = \frac{k_p}{\sqrt{k_t}} \frac{c_M}{\sqrt{2f \cdot k_d c_I}}, \tag{10.45}$$

aus dem sich die prinzipiellen Abhängigkeiten des mittleren Polymerisationsgrad von den beteiligten Komponenten und Geschwindigkeitskonstanten ableiten lassen. So nimmt mit steigender Temperatur die mittlere Kettenlänge ab, da k_d mit $E_\mathrm{A,d} > 100\,\mathrm{kJ/mol}$ die mit Abstand höchste Aktivierungsenergie aufweist ($E_{\mathrm{A},p} \approx 15$–$30\,\mathrm{kJ/mol}$, $E_\mathrm{A,t} \leq 10\,\mathrm{kJ/mol}$).

Beispiel 10.1

Hier sollen für typische Werte die charakteristischen Größen berechnet werden.

Es sei:

$$c_I = 5\,\mathrm{mol/m^3}, \quad c_M = 10^4\,\mathrm{mol/m^3}, \quad f = 0{,}5$$
$$k_\mathrm{d} = 0{,}0001\,\mathrm{s^{-1}}, \quad k_t = 5 \cdot 10^4\,\mathrm{m^3/(mol\,s)}, \quad k_p = 10^{-1}\,\mathrm{m^3/(mol\,s)}.$$

Damit wird die Initiierungsgeschwindigkeit:

$$r_i = \frac{\mathrm{d}c_{P_1^*}}{\mathrm{d}t} = 2f \cdot k_d c_I = 0{,}5 \cdot 2 \cdot 0{,}0001 \cdot 5\,\mathrm{mol/\left(m^3\,s\right)} = 5 \cdot 10^{-4}\,\mathrm{mol/\left(m^3\,s\right)}.$$

Mit Gl. 10.32 erhält man die Gesamtradikalkonzentration:

$$c_{P_T^*} = \left(\frac{2f \cdot k_\mathrm{d} c_I}{k_t}\right)^{1/2} = \left(\frac{2 \cdot 0{,}5 \cdot 0{,}0001 \cdot 5}{5 \cdot 10^4}\right)^{1/2} \mathrm{mol/m^3} = 10^{-4}\,\mathrm{mol/m^3}.$$

Die mittlere Lebensdauer $t_{P_T^*}$ eines Radikals ergibt sich aus dem Verhältnis der Radikalkonzentration und der Abbruchgeschwindigkeit r_t:

$$t_{P_T^*} = \frac{c_{P_T^*}}{r_t} = \frac{c_{P_T^*}}{k_t c_{P_T^*}^2} = \frac{1}{k_t c_{P_T^*}} = \frac{1}{5 \cdot 10^4 \cdot 10^{-4}}\,\mathrm{s} = 0{,}2\,\mathrm{s}.$$

Bei Abwesenheit von Übertragungsreaktionen ($r_U = 0$) und Abbruch durch Disproportionierung ($k_t = k_{t,\mathrm{d}}$) ist der mittlere Polymerisationsgrad der toten Ketten gleich der kinetischen Kettenlänge:

$$\overline{P}_n = \overline{\nu}_{P^*} = \frac{r_p}{r_{t,\mathrm{d}}} = \frac{k_p c_M}{k_t c_{P_T^*}} = \frac{10^{-1} \cdot 10^4}{5 \cdot 10^4 \cdot 10^{-4}} = 200.$$

Bei Abbruch durch Kombination würde sich bei unveränderter kinetischer Kettenlänge ein Wert von $\overline{P}_n = 400$ ergeben.

Innerhalb von Bruchteilen von Sekunden wächst eine einmal gestartete Kette auf ihre finale Größe, bevor sie abbricht; die Konzentration der gleichzeitig aktiven Ketten ist äußerst gering. Diese kurze Lebensdauer bedeutet, dass verfahrenstechnische Maßnahmen (Änderung von Temperatur, Monomerart oder -konzentration, Verweilzeit usw.) von der einzelnen wachsenden Kette gar nicht „gesehen" werden. Die finale Kettenlänge wird schon bei infinitesimal kleinem Umsatzgrad gleich zu Beginn der Reaktion erreicht, anders als in Abschn. 10.2.2.1, wo hohe Kettenlängen auch erst bei hohen Monomerumsätzen erreicht werden.

Die Polymerisationsgeschwindigkeit, also der Verbrauch an Monomeren bzw. Produktion von Polymeren, ist dann:

$$\begin{aligned} r_p &= k_p \left(\frac{2f \cdot k_\mathrm{d}}{k_t} \right)^{1/2} c_M c_I^{1/2} = 10^{-1} \cdot \left(\frac{2 \cdot 0{,}5 \cdot 0{,}0001}{5 \cdot 10^4} \right)^{1/2} 10^4 \cdot 5^{1/2}\,\mathrm{mol}/\left(\mathrm{m}^3\,\mathrm{s}\right) \\ &= 1\,\mathrm{mol}/\left(\mathrm{m}^3\,\mathrm{s}\right). \end{aligned} \tag{10.46}$$

Bei einer angenommenen Monomermolmasse von 0,1 kg/mol entspricht das einer Raum-Zeit-Ausbeute von $0{,}1\,\mathrm{kg/(m^3\,s)}$. Nimmt man weiter einen typischen Wert von 70 kJ/mol für die Reaktionsenthalpie an, ergibt sich eine Wärmeproduktionsrate von $70\,\mathrm{kW/m^3}$. ◀

Die in Beispiel 10.1 berechneten Werte sind instantane Größen, sie gelten für kleine Umsatzintervalle ($c_\mathrm{I} \approx$ const, $c_\mathrm{M} \approx$ const). Um den gesamten Umsatzbereich zu berücksichtigen, muss der Verbrauch an Initiator, Monomer, Überträger usw. berechnet werden. Der Verlauf dieser Größen hängt von Reaktor und Reaktionsführung ab. Darauf wird in Abschn. 10.3 näher eingegangen.

Bei allen bisherigen Betrachtungen ist (stillschweigend) davon ausgegangen worden, dass die Geschwindigkeitskonstanten nur von der Temperatur und, bei höheren Drücken, vom Druck abhängen, nicht von anderen Parametern. Bei Polymerisationen findet man häufig jedoch weitere Abhängigkeiten, zum einen von der Viskosität des Reaktionsmediums, zum anderen von der Kettenlänge des wachsenden Polymerradikals.

Der Fehler, den man macht, wenn man die Kettenlängenabhängigkeit nicht berücksichtigt, ist für hochmolekulare Produkte nicht groß, sodass die Kettenlängenabhängigkeit in vielen Fällen vernachlässigt werden kann. Die Viskositätsabhängigkeit kann dagegen aber zu Änderungen um mehrere Größenordnungen führen. Dies ist darauf zurückzuführen, dass Radikal-Radikal-Reaktionen wie die Abbruchreaktion gewöhnlich diffusionskontrolliert ablaufen; der Geschwindigkeitskoeffizient für die Abbruchreaktion zwischen zwei Polymerradikalen liegt mit $k_t \approx 10^4\ \mathrm{m^3/(mol\ s)}$ in der Größenordnung von diffusionskontrollierten Reaktionen. Mit steigender Viskosität des Reaktionsmediums bei zunehmendem Umsatzgrad wird die Diffusion der Radikalketten behindert, k_t wird kleiner.

Dies wird als *Gel- oder Trommsdorff-Effekt* ([11–17]) bezeichnet. Abb. 10.8 verdeutlicht die Auswirkungen dieses Effektes. Die Reaktionsgeschwindigkeit nimmt zu Beginn linear mit dem Umsatzgrad des Monomers ab (s. Gl. 10.33, mit $c_M = c_{M,0} \cdot (1 - U_M)$ und $c_I \approx$ const, da der Initiator AIBN relativ langsam zerfällt). Das Abweichen der Kurven von der Linearität kennzeichnet das Einsetzen des Geleffektes. Mit steigendem Umsatzgrad

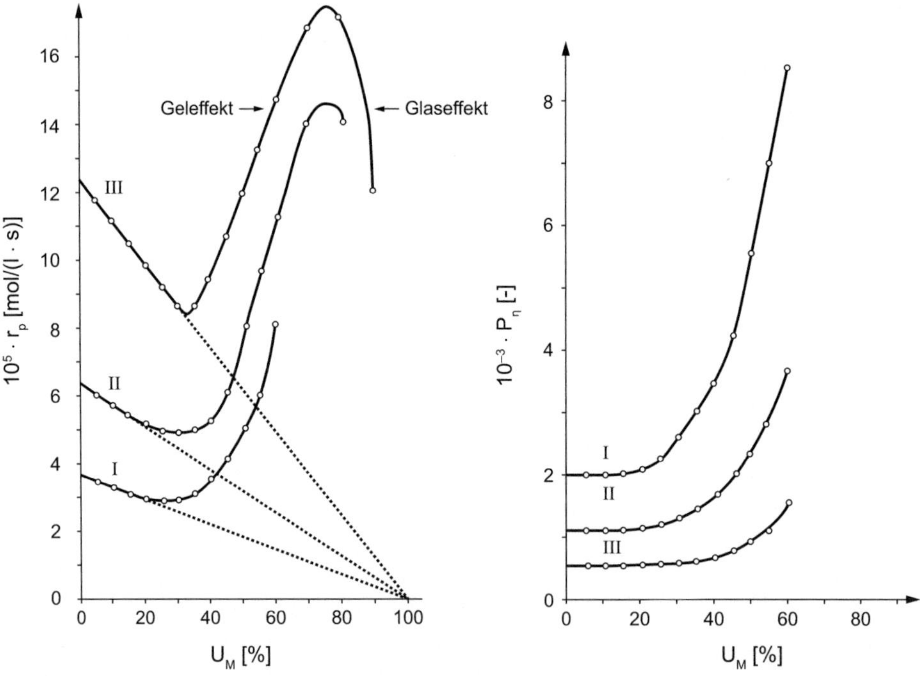

Abb. 10.8 Abhängigkeit von Polymerisationsgeschwindigkeit und mittlerem Polymerisationsgrad vom Umsatzgrad bei der Polymerisation von Styrol bei 50 °C bei verschiedenen Konzentrationen des Initiators Azobis(isobutyronitril), AIBN: 18,3 mol/m^3 (I), 61 mol/m^3 (II), 281 mol/m^3 (III). Ideale Polymerisationskinetik nach Gl. 10.33 unter der Annahme, dass der Initiator AIBN relativ langsam zerfällt. (Aus [18])

wird k_t kleiner, die stationäre Radikalkonzentration (s. Gl. 10.32 mit $c_I \approx$ const) steigt ebenso wie die Lebensdauer der Radikale; die Reaktionsgeschwindigkeit als auch die Wachstumswahrscheinlichkeit und damit auch der mittlere Polymerisationsgrad (in Abb. 10.8 als viskositätsgemittelter Polymerisationsgrad) nehmen zu und es kommt zu einer immer größer werdenden Abweichung von den durch die Idealkinetik vorhergesagten Werten.

Bei weiter steigender Viskosität und wenn die Reaktionstemperatur unterhalb der Glastemperatur des Polymeren liegt, wird auch die Diffusion der kleinen Monomermoleküle behindert, was zu einem Absinken des Wachstumsgeschwindigkeitskoeffizienten und einer Abnahme der Polymerisationsgeschwindigkeit bis auf null führt. Dies wird als *Glaseffekt* [19–21] bezeichnet.

10.2.4 Kinetik der Copolymerisation

Der größte Teil der technisch interessanten Polymere sind *Copolymere* aus zwei oder mehr Monomeren, die meistens durch radikalische Polymerisation, aber auch durch ionische Polymerisation hergestellt werden. Um die Struktur von Copolymeren zu beschreiben, ist die Kenntnis der dabei stattfindenden Wachstumsreaktionen notwendig. Im Falle einer Copolymerisation von zwei Monomeren müssen vier verschiedene Wachstumsreaktionen (Schema 10.7) berücksichtigt werden.

Schema 10.7

$$\begin{aligned}
P_1^* + M_1 &\xrightarrow{k_{11}} P_1^* \quad & r_{11} &= k_{11} c_{P_1^*} c_{M_1} \\
P_1^* + M_2 &\xrightarrow{k_{12}} P_2^* \quad & r_{12} &= k_{12} c_{P_1^*} c_{M_2} \\
P_2^* + M_1 &\xrightarrow{k_{21}} P_1^* \quad & r_{21} &= k_{21} c_{P_2^*} c_{M_1} \\
P_2^* + M_2 &\xrightarrow{k_{22}} P_2^* \quad & r_{22} &= k_{22} c_{P_2^*} c_{M_2}.
\end{aligned}$$

Dabei sind k_{11} und k_{22} die Wachstumskoeffizienten der Homopolymerisation von M_1 bzw. M_2 und k_{12} bzw. k_{21} die „gekreuzten“ Wachstumskoeffizienten. P_1^*, P_2^* bezeichnen hier Ketten mit M_1 bzw. M_2 am wachsenden Kettenende.

Durch Anwendung der Bodenstein'schen Quasistationaritätsbedingung auf jede der beiden Radikalarten und Einführung der dimensionslosen Copolymerisations-Parameter r_1 und r_2 nach Gl. 10.47a, b

$$r_1 = \frac{k_{11}}{k_{12}}, \tag{10.47a}$$

$$r_2 = \frac{k_{22}}{k_{21}}, \tag{10.47b}$$

erhält man die Copolymerisationsgleichung, die die Zusammensetzung des Copolymeren in einem kleinen Umsatzgradintervall ($c_{M_1}, c_{M_2} = \text{const}$) in Abhängigkeit von der Zusammensetzung des Monomergemisches angibt. Sie kann mit den Molverhältnissen x und y (Gl. 10.48a–c) als auch mit den Molenbrüchen f_i und F_i (Gl. 10.49a–c) formuliert werden. x bzw. f_i ist hier die Zusammensetzung in der Monomermischung, y bzw. F_i die im Polymeren:

$$y = \frac{1 + r_1 x}{1 + \frac{r_2}{x}} \tag{10.48a}$$

$$y = \frac{dc_{M_1}}{dc_{M_2}} \tag{10.48b}$$

$$x = \frac{c_{M_1}}{c_{M_2}} \tag{10.48c}$$

$$F_1 = \frac{r_1 f_1^2 + f_1 f_2}{r_1 f_1^2 + 2 f_1 f_2 + r_2 f_2^2} \tag{10.49a}$$

$$F_1 = 1 - F_2 = \frac{dc_{M_1}}{dc_{M_1} + dc_{M_2}} \tag{10.49b}$$

$$f_1 = 1 - f_2 = \frac{c_{M_1}}{c_{M_1} + c_{M_2}}. \tag{10.49c}$$

Abb. 10.9 zeigt die Verläufe für einige ausgewählte Paare von r-Werten.

In der Regel ist die entstehende Polymerzusammensetzung, y bzw. F_i, von der Ausgangszusammensetzung verschieden; nur wenn beide r-Werte 1 sind, sind Polymer- und Monomerzusammensetzung über den gesamten Zusammensetzungsbereich gleich. Sind beide r-Werte kleiner als 1, schneidet die Zusammensetzungskurve die Winkelhalbierende in einem Punkt, die zugehörige Monomerzusammensetzung wird in Analogie zur Destillation als „azeotrope" Mischung bezeichnet, Polymer- und Monomerzusammensetzung in diesem Punkt sind identisch.

Führt man eine diskontinuierliche Copolymerisation mit einer von dieser azeotropen Zusammensetzung verschiedenen Ausgangszusammensetzung durch, so ändert sich die

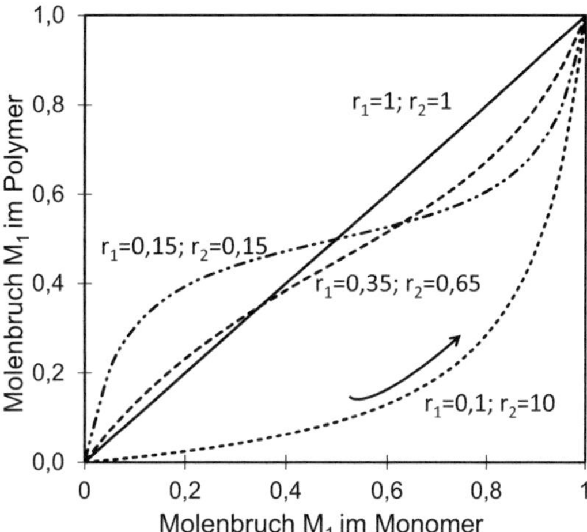

Abb. 10.9 Typische Copolymerisationskurven für ausgewählte *r*-Werte

Zusammensetzung des nicht umgesetzten Monomergemisches ständig und damit auch die Zusammensetzung der zum jeweiligen Umsatzgrad entstehenden Copolymerketten. Mit steigenden Umsatzgraden „rutscht" man entlang der Zusammensetzungslinie, wie der Pfeil in Abb. 10.9 es beispielhaft für $r_1 = 0{,}1$, $r_2 = 10$ andeutet.

Nun unterscheiden sich Copolymere nicht nur in ihrer Zusammensetzung; bei gleicher Zusammensetzung können sie sich durch die Abfolge der beiden Monomere unterscheiden (s. Abb. 10.1). Wichtige Charakterisierungsgrößen sind dabei die mittleren Sequenzlängen $\overline{n}_i$ (Gl. 10.50a, b) der beiden Monomeren, die angeben, wieviel Monomere gleicher Art im Mittel aufeinander folgen:

$$\overline{n}_1 = 1 + r_1 x, \tag{10.50a}$$

$$\overline{n}_2 = 1 + \frac{r_2}{x}. \tag{10.50b}$$

Je größer diese Werte sind, desto „block"artiger sind die Strukturen; sind beide Werte 1, handelt es sich um ein alternierendes Copolymer.

Detailliertere Information enthält die Sequenzlängenverteilung Gl. 10.51a, b), die den Anteil der Sequenzen der Länge i der beiden Monomere M_1, bzw. M_2 angibt.

$$n_{1,i} = \left(\frac{r_1 x}{1 + r_1 x}\right)^{i-1} \left(1 - \frac{r_1 x}{1 + r_1 x}\right) \tag{10.51a}$$

$$n_{2,i} = \left(\frac{x}{x + r_2}\right)^{i-1} \left(1 - \frac{x}{x + r_2}\right) \tag{10.51b}$$

10.2.5 Vergleich der verschiedenen Typen von Polyreaktionen

Die drei hier in ihrer idealisierten Form vorgestellten Reaktionsmechanismen unterscheiden sich grundlegend in der Art, wie sich der mittlere Polymerisationsgrad mit dem Umsatzgrad entwickelt (Abb. 10.10).

Bei den Mechanismen ohne inhärente Abbruchreaktion, also Wachstum durch Polymerverknüpfung und lebende Polymerisation, nimmt der Polymerisationsgrad mit dem Monomerumsatzgrad (Kurven A, B) zu.

Bei der Stufenwachstumsreaktion werden zu Beginn durch Reaktion der Endgruppen vorwiegend Oligomere gebildet; erst bei hohen Umsatzgraden an Endgruppen nimmt der Polymerisationsgrad exponentiell zu (Kurve A). Bei der lebenden Polymerisation erfolgt die Zunahme linear (Kurve B); an eine durch die Anfangsinitiatorkonzentration festgelegte Anzahl von Ketten addieren sich nacheinander die Monomereinheiten.

Bei der radikalischen Polymerisation (Kurven C) haben schon die ersten Ketten einen hohen Polymerisationsgrad, ob im weiteren Verlauf der Polymerisation höhere oder niedrigere Polymergrade aufgebaut werden, lässt sich aus Gl. 10.37 abschätzen. Vernachlässigt man dort die Kettenübertragung und setzt die Gesamtradikalkonzentration aus Gl. 10.32 ein, so hängt der Verlauf der kinetischen Kettenlänge und damit des mittleren Polymerisationsgrades vom Verlauf des Verhältnisses $c_{\mathrm{M}}/\sqrt{c_{\mathrm{I}}}$ ab. In der Regel wird man die Bedingungen aber so wählen, dass die Monomerkonzentration schneller abnimmt als die des Initiators, da dieser sonst vor dem Monomeren verbraucht ist und die Reaktion zum Erliegen kommt („Dead-end-Polymerisation“).

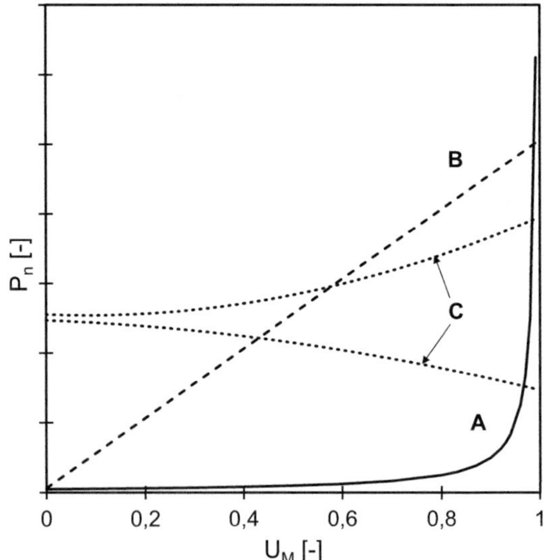

Abb. 10.10 Schematischer Verlauf des zahlenmittleren Polymerisationsgrades mit dem Umsatzgrad bei diskontinuierlicher Polymerisation; *A*: bei Polymerverknüpfung (= Polykondensation, -addition), *B*: bei Monomerverknüpfung ohne Abbruch (= lebende Polymerisation), *C*: bei Monomerverknüpfung mit Abbruch (= radikalische Polymerisation)

10.3 Einfluss des Reaktortyps auf die Polymerisation

Neben dem Reaktionsmechanismus – Kettenaufbau durch Polymer- oder Monomerverknüpfung mit oder ohne Abbruchreaktionen – hat besonders die Art der Reaktionsführung entscheidenden Einfluss auf die Eigenschaften des Polymeren. Insbesondere muss zwischen Reaktoren ohne (idealer Strömungsrohrreaktor) und mit Rückvermischung des Reaktionsvolumens (kontinuierlicher idealer Rührkesselreaktor, realer Strömungsrohrreaktor) unterschieden werden. Reaktionen im diskontinuierlichen idealen Rührkesselreaktor und im idealen Strömungsrohrreaktor werden gemeinsam behandelt, da sich Orts- und Zeitkoordinate ineinander umrechnen lassen (s. Kap. 5).

Stellvertretend für die in Tab. 10.2 aufgeführten Eigenschaften wird hier der Einfluss der Reaktionsführung auf die Molmassenverteilung und die Copolymerzusammensetzung betrachtet.

10.3.1 Idealer Strömungsrohrreaktor/diskontinuierlicher idealer Rührkesselreaktor

10.3.1.1 Stufenwachstumsreaktion

Bei der Stufenwachstumsreaktion sind alle Makromoleküle während des gesamten Umsatzes der stufenweisen Reaktion ihrer funktionellen Gruppen unterworfen. Der mittlere Polymerisationsgrad nimmt mit wachsendem Umsatzgrad zu (s. Gl. 10.8a–c). Die Verteilung der Molmassen entspricht nach Gl. 10.15a, b bei höherem Umsatzgrad ($U_A \rightarrow 1$) einer Schulz-Flory-Verteilung mit der Polydispersität zwei ($D = 2$).

10.3.1.2 Lebende Polymerisation

Bei der lebenden Polymerisation wachsen die einmal gestarteten Ketten immer weiter, solange noch nicht umgesetztes Monomer im Reaktor vorhanden ist. Nach Gl. 10.20c steigt der mittlere Polymerisationsgrad linear mit dem Umsatzgrad. Der mittlere Polymerisationsgrad am Ende der Reaktion ist durch das Verhältnis von eingesetztem Monomer und Initiator gegeben. Die Molmassenverteilung des Polymeren ist (für $k_i \geq k_P$) eine Poisson-Verteilung, die mit zunehmendem Polymerisationsgrad, d. h. also auch mit zunehmendem Umsatzgrad, immer einheitlicher wird, die Polydispersität geht gegen eins.

10.3.1.3 Radikalische Polymerisation

Zur Verdeutlichung wird eine ideale radikalische Polymerisation mit Abbruch durch Disproportionierung ohne Vorliegen von Übertragungsreaktionen, die mit einem Initiator gestartet wird (s. Schema 10.3), betrachtet. Die zeitliche Änderung der Initiator- und Monomerkonzentrationen ist durch die Gl. 10.35a, b gegeben. Mit diesen Konzentrationen ändern sich ebenfalls die quasistationäre Gesamtradikalkonzentration (Gl. 10.32) und die die Verteilung bestimmenden Parameter τ und β (Gl. 10.39a, b). In jedem Umsatzintervall entstehen damit Polymerketten, deren Verteilung und Mittelwerte durch die Gl. 10.41a, b und 10.42a–c mit den jeweils aktuellen Parametern gegeben ist. Sie werden als differenzielle oder auch instantane Eigenschaften bezeichnet. Die integralen, kumulativen Eigenschaften – Verteilungen und Mittelwerte der bis zum Umsatzgrad U_M entstandenen Polymerketten – ergeben sich durch entsprechende Integration (Gl. 10.51):

$$w_{i,U_M} = \frac{1}{U_M} \int_{U_M=0}^{U_M} w_{i,U_M} \, dU_M. \tag{10.51}$$

Abb. 10.11 zeigt beispielhaft typische Verläufe der differenziellen und integralen Größen als auch die Verschiebung der Gesamtverteilung mit dem Umsatzgrad. Mit zunehmendem Umsatzgrad nimmt der mittlere Polymerisationsgrad ab, die Verteilungen werden zu niedrigeren Polymerisationsgraden verschoben. Ursache dafür ist, dass im gewählten Beispiel, die Monomerkonzentration stärker als die Initiatorkonzentration abnimmt; die kinetische Kettenlänge nimmt ab. Die Polydispersität des integral entstandenen Polymeren nimmt zu, während die der differenziell entstehenden Verteilungen immer zwei ist (nicht dargestellt), da Abbruch durch Disproportionierung angenommen wird (vgl. Gl. 10.43).

10.3.1.4 Copolymerisation

Die Copolymerisationsgleichung (Gl. 10.48a–c und 10.49a–c) sowie das Copolymerisationsdiagramm (Abb. 10.9) gelten für konstante Zusammensetzung bzw. infinitesimal kleine Umsatzgrade. Schon dort ist angedeutet, dass sich bei Betrachtung eines größeren Umsatz-

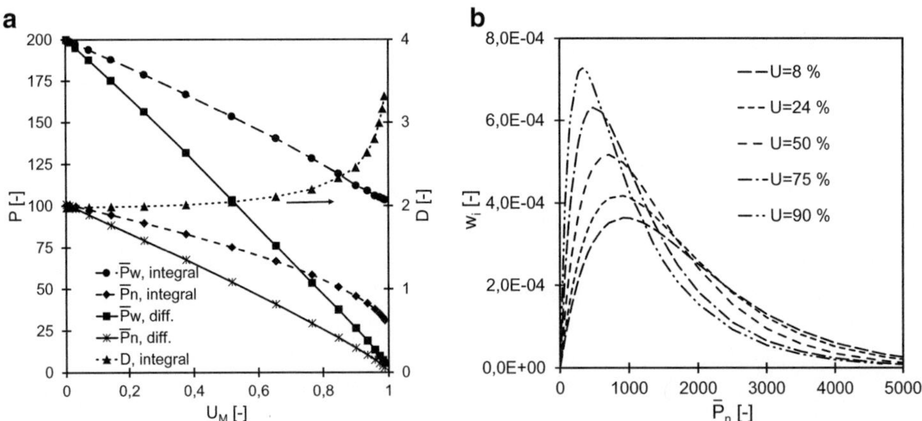

Abb. 10.11 Verlauf der differenziellen und integralen Mittelwerte des Polymerisationsgrades und der Polydispersität mit dem Umsatzgrad (**a**) und integrale Gewichtsverteilungen für verschiedene Umsatzgrade (**b**) im diskontinuierlichen Rührkesselreaktor. Berechnung mit $c_I = 37\,\text{mol/m}^3$, $c_M = 9.500\,\text{mol/m}^3$, $k_p = 1{,}7\,\text{m}^3/(\text{mol s})$, $k_i = 4{,}8 \cdot 10^{-5}\,\text{s}^{-1}$, $f = 0{,}5$, $k_{t,\text{d}} = 1{,}5 \cdot 10^5\,\text{m}^3/(\text{mol s})$ (nach Gl. 10.35a, b, 10.41a, b und 10.42a–c)

gradintervalls die Zusammensetzung des entstehenden Copolymeren kontinuierlich ändert (Ausnahme: Polymerisation im azeotropen Punkt). Für die Berechnung der Umsatzabhängigkeit der Zusammensetzung existiert eine geschlossene, aber sehr umständlich zu nutzende Lösung [22, 23]. Der einfachere Weg, die Änderung der Zusammensetzung mit dem Umsatzgrad zu beschreiben, besteht darin, aus der Copolymerisationsgleichung (Gl. 10.48a–c), die die Änderung der Konzentration von M_1 mit der Konzentration von M_2 beschreibt, ein System aus 2 Differenzialgleichungen Gl. 10.52 zu erzeugen, die jeweils die Änderungen der Konzentration von M_i mit der Summe der Konzentrationen von M_1 und M_2 beschreiben:

$$\begin{aligned}\frac{\mathrm{d}c_{M_1}}{\mathrm{d}(c_{M_1}+c_{M_2})} &= \frac{1+r_1\dfrac{c_{M_1}}{c_{M_2}}}{2+r_1\dfrac{c_{M_1}}{c_{M_2}}+r_2\dfrac{c_{M_2}}{c_{M_1}}}\\ \frac{\mathrm{d}c_{M_2}}{\mathrm{d}(c_{M_1}+c_{M_2})} &= \frac{1+r_2\dfrac{c_{M_2}}{c_{M_1}}}{2+r_1\dfrac{c_{M_1}}{c_{M_2}}+r_2\dfrac{c_{M_2}}{c_{M_1}}}.\end{aligned} \tag{10.52}$$

Abb. 10.12 zeigt die Änderung der Zusammensetzung des momentan entstehenden Polymeren für eine Copolymerisation von Styrol (M_1) und Acrylnitril (M_2) als Beispiel ($r_1 = 0{,}41$, $r_2 = 0{,}03$).

Man sieht aus Abb. 10.12, dass nur beim azeotropen Punkt mit einem molaren Anteil von ca. 38 % Acrylnitril die Zusammensetzung des Copolymeren über den gesamten Umsatzgrad konstant bleibt. Bei allen anderen Monomermischungen entsteht ein uneinheitliches Copolymerisat, bei dem zu Beginn der Reaktion eine andere Zusammensetzung entsteht als gegen Ende. Technisch ist das z. B. beim Copolymerisat Styrol/Acrylnitril deshalb unerwünscht, weil schon Unterschiede des molaren Anteils von 4–5 % in der Zusammensetzung genügen, um die Copolymere unverträglich miteinander zu machen. Als Folge der Unverträglichkeit kommt es zu einer Entmischung, das Polymere weist eine Trübung auf. Solche Unverträglichkeiten bei Copolymeren aus gleichen Monomeren aber unterschiedlicher Zusammensetzung ist ein allgemein zu beobachtendes Phänomen bei Polymeren. Abb. 10.12 zeigt außerdem, dass bei Ausgangszusammensetzungen unterhalb von ca. 20 mol % Acrynitril gegen Ende reines Polystyrol, bei Ausgangszusammensetzungen oberhalb 40 mol % gegen Ende reines Polyacrynitril entsteht, da das jeweils andere Monomere verbraucht ist.

Obwohl das hier zur Änderung der Zusammensetzung mit dem Umsatzgrad Gesagte für alle Polymerisationen mit Monomerverknüpfung gilt, muss auf einen entscheidenden Unterschied hingewiesen werden. Bei der radikalischen Polymerisation werden immer wieder neue Ketten gestartet, die eine Lebensdauer im Sekundenbereich haben, sodass sich die Zusammensetzung der zu unterschiedlichen Umsatzgraden gestarteten Ketten

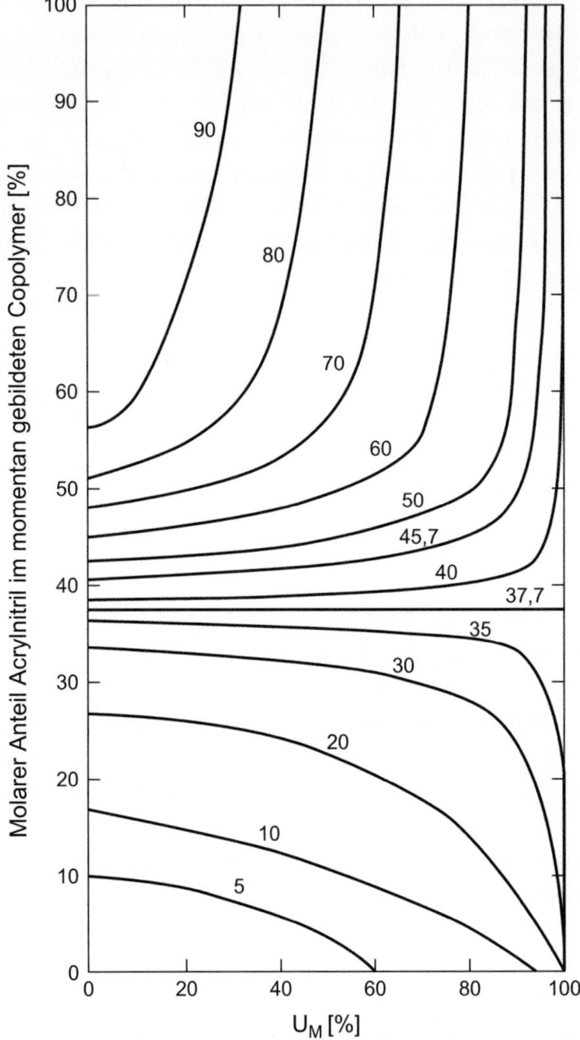

Abb. 10.12 Änderung der Zusammensetzung des momentan entstehenden Polymeren bei der Copolymerisation von Styrol/Acrylnitril für verschiedene Acrylnitrilgehalte (in Mol-%) in der Ausgangsmischung [24]

gemäß Gl. 10.52 ändert. Mit steigendem Umsatzgrad entstehen neue Ketten mit unterschiedlicher Zusammensetzung. Bei der lebenden Polymerisation werden alle Ketten annähernd gleichzeitig gestartet (s. Abschn. 10.2.2.1), die Anzahl der Ketten bleibt konstant, die Änderung in der Zusammensetzung tritt entlang der Ketten auf. Tab. 10.7 zeigt dies schematisch.

Tab. 10.7 Umsatzabhängigkeit der Copolymerzusammensetzung bei lebender und radikalischer Polymerisation

Anteil M_2 im Umsatzintervall	Radikalische Polymerisation	Lebende Polymerisation
0,2	$M_1M_1M_2M_1M_1$	$M_1M_1M_2M_1M_1$
0,4	$M_1M_1M_2M_1M_1$ $M_2M_1M_1M_2M_1$	$M_1M_1M_2M_1M_1M_2M_1M_1M_2M_1$
0,8	$M_1M_1M_2M_1M_1$ $M_2M_1M_1M_2M_2$ $M_1M_2M_2M_2M_2$	$M_1M_1M_2M_1M_1M_2M_1M_1M_2M_2M_1M_2M_2M_2M_2$

10.3.2 Kontinuierlicher idealer Rührkesselreaktor

Nach Denbigh und Turner [25] wird bei Polyreaktionen in einem kontinuierlich betriebenen idealen Rührkesselreaktor die Molmassenverteilung von zwei einander entgegen gerichteten Effekten beeinflusst. Die Konstanz der Zusammensetzung der Reaktionsmischung (konstante Konzentrationen und Temperatur, vgl. Kap. 5) wirkt verengend und die Verweilzeitverteilung (vgl. Kap. 6) verbreiternd auf die Molmassenverteilung. Ist die Lebensdauer des aktiven Zustands bei der Polymerisation klein gegenüber der Verweilzeit (1 s bei radikalischer Polymerisation), so überwiegt der erste Effekt und man erhält ein Polymeres mit einer engeren Molmassenverteilung als im diskontinuierlichen idealen Rührkesselreaktor. Ist dagegen die Lebensdauer des aktiven Zustands gleich der individuellen Verweilzeit oder größer, so überwiegt der zweite Effekt und es resultiert eine breitere Verteilung als bei diskontinuierlicher Polymerisation. Dies trifft generell für die lebende Polymerisation und auch die Stufenwachstumsreaktion zu.

10.3.2.1 Stufenwachstumsreaktion

Bei der Stufenwachstumsreaktion will man in der Regel einen hohen Umsatzgrad an funktionellen Gruppen erreichen, um hohe Molmassen zu erzielen, wofür ein kontinuierlicher Rührkesselreaktor in der Regel nicht geeignet ist. Er kommt als Bestandteil einer Reaktorkaskade oder für die Herstellung niedermolekularer Produkte in Frage.

Bei der Stufenwachstumsreaktion sind alle Endgruppen während der gesamten Zeit einer weiteren Reaktion zugänglich und der Reaktorausfluss übernimmt die Rolle einer Abbruchreaktion. Ohne weitere Herleitung seien hier die Gl. 10.53a–c für die Mittelwerte der Polymerisationsgrade und die Polydispersität angegeben:

$$\overline{P}_n = \frac{1}{1 - U_\mathrm{A}} \tag{10.53a}$$

$$\overline{P}_w = \frac{1 + U_\mathrm{A}^2}{(1 - U_\mathrm{A})^2} \tag{10.53b}$$

$$D = \frac{1 + U_A^2}{(1 - U_A)}. \tag{10.53c}$$

Während das Zahlenmittel für die Reaktionsführung mit und ohne Rückvermischung gleich ist, strebt das Gewichtsmittel und damit auch die Polydispersität für den kontinuierlichen Rührkessel für hohe Umsatzgrade gegen unendlich. Ursache für die Breite der Verteilung ist, dass gemäß der Verweilzeitverteilung Ketten schon nach wenigen Kondensationsschritten, also als niedermolekulare Oligomere, den Reaktor verlassen können, andere dagegen mehrere fluiddynamische Verweilzeiten im Reaktor verbleiben und während dieser Zeit zu sehr hochmolekularen Ketten kondensieren können.

Streng gelten Gl. 10.53a–c nur für irreversible Reaktionen, also im Wesentlichen für Polyadditionsreaktionen. Bei Polykondensationsreaktionen sorgen die Gleichgewichtsreaktionen als auch mögliche Umesterungs- oder Umamidierungsreaktionen wieder für eine Verengung der Verteilung in Richtung einer Schulz-Flory-Verteilung. Sind die Zeitkonstanten für diese Reaktionen in der Größenordnung der mittleren Verweilzeit, erhält man eine engere, sonst eine breitere Verteilung.

10.3.2.2 Lebende Polymerisation

Bei einer lebenden Polymerisation ohne Abbruchreaktion sind die Verhältnisse ähnlich wie bei der Stufenwachstumsreaktion. Auch hier lebt das polymerisationsaktive Kettenende praktisch unendliche Zeit, was bei diskontinuierlicher Reaktionsführung zu der engen Poisson-Verteilung führt, da alle Ketten gleichzeitig starten und mit gleicher Wahrscheinlichkeit Monomeres anlagern. Führt man sie in einem kontinuierlichen idealen Rührkesselreaktor durch, so können entsprechend der breiten Verweilzeitverteilung aktive Ketten schon nach wenigen Additionsschritten den Reaktor verlassen, andere verbleiben mehrere mittlere Verweilzeiten im Reaktor und wachsen während dieser Zeit zu hohen Polymerisationsgraden. Den Reaktor verlassende Ketten haben also entsprechend ihrer individuellen Verweilzeit t deutlich unterschiedlich viele Wachstumsschritte durchschritten, sodass sich ihre Kettenlängen deutlich unterscheiden und damit die Molmassenverteilung entsprechend verbreitert ist. Die Polymeren weisen eine Schulz-Flory-Verteilung (s. Gl. 10.38a, b) auf, bei der in diesem Fall die Wachstumswahrscheinlichkeit ϕ durch Gl. 10.54 gegeben ist:

$$\phi = \frac{k_p c_M}{k_p c_M + 1/\tau}. \tag{10.54}$$

Hier übernimmt also der Ausfluss der aktiven Polymerketten aus dem Reaktor die Rolle der Abbruchreaktion bei der radikalischen Polymerisation.

10.3.2.3 Radikalische Polymerisation

Eine radikalische Polymerisation läuft im kontinuierlichen idealen Rührkesselreaktor bei konstanten Konzentrationen und damit mit konstanter Bruttoreaktionsgeschwindigkeit und konstant bleibendem mittleren Polymerisationsgrad ab. Die Molmassenverteilung entspricht der Schulz-Flory-Verteilung. Es gelten die Gleichungen aus Abschn. 10.2.3; man erhält also die Werte, die bei diskontinuierlicher Polymerisation in einem kleinen Umsatzintervall erhalten werden. Ganz allgemein erzeugen bei kontinuierlicher radikalischer Polymerisation der Strömungsrohrreaktor oder die Rührkesselkaskade wegen der sich zeitlich bzw. örtlich ändernden Konzentrationen ein Polymeres mit breiterer Molmassenverteilung (höherer Uneinheitlichkeit) als der kontinuierliche ideale Rührkesselreaktor. Strömungsrohrreaktor oder Rührkesselkaskade sind dagegen besser zur Erreichung eines hohen Umsatzgrades geeignet.

10.3.2.4 Copolymerisation

Der kontinuierliche ideale Rührkesselreaktor zeichnet sich durch zeitlich und örtlich konstante Konzentrationen aus. Die Zusammensetzung des entstehenden Copolymeren ist durch die Copolymerisationsgleichung Gl. 10.48a–c gegeben, bei deren Herleitung ja konstante Konzentrationen angenommen wurden, wenn man den Differenzialquotienten durch den Differenzenquotienten aus Ein- und Ausflusskonzentrationen ersetzt (s. Gl. 10.55).

$$\frac{\mathrm{d}c_{M_1}}{\mathrm{d}c_{M_2}} = \frac{c_{M_{1,0}} - c_{M_1}}{c_{M_{2,0}} - c_{M_2}} = \frac{1 + r_1 \frac{c_{M_1}}{c_{M_2}}}{1 + r_2 \frac{c_{M_2}}{c_{M_1}}}. \tag{10.55}$$

Die Zusammensetzung des Copolymeren ist damit vom Umsatzgrad abhängig, bei dem der Reaktor betrieben wird; da sich im Gegensatz zum diskontinuierlichen idealen Rührkesselreaktor die Konzentrationen aber nicht ändern, weisen alle Ketten die gleiche Zusammensetzung auf.

Abb. 10.13 zeigt den Vergleich der Umsatzgradabhängigkeit der Zusammensetzung des entstehenden Copolymeren im diskontinuierlichen und kontinuierlichen Rührkesselreaktor. Ab einem Umsatzgrad von 0,8 enthält das entstehende Copolymer im diskontinuierlichen Reaktor kein Styrol mehr, während im kontinuierlichen Rührkessel zu jedem Umsatzgrad styrolhaltiges Copolymer gemäß Gl. 10.55 entsteht.

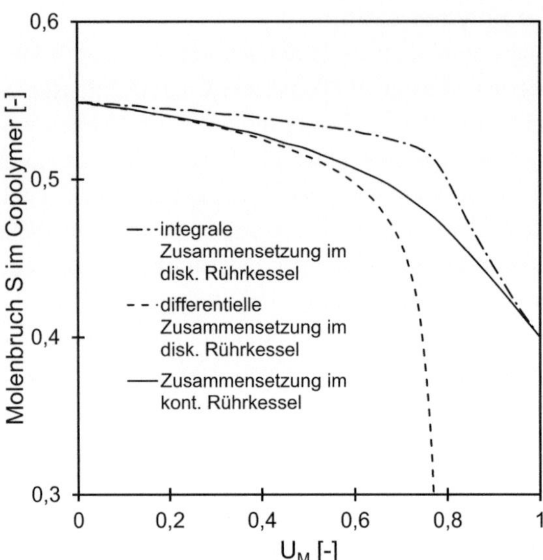

Abb. 10.13 Abhängigkeit der Copolymerzusammensetzung vom Monomergesamtumsatzgrad bei einer Ausgangszusammensetzung von 40 mol-% Styrol (S) und 60 mol-% Acrylnitril (AN) für den diskontinuierlich und kontinuierlich betriebenen Rührkessel

10.3.3 Halbkontinuierlicher idealer Rührkesselreaktor

Viele Polymertypen werden im halbkontinuierlich betriebenen Rührkesselreaktor hergestellt, für den die Bilanzgleichungen in Abschn. 5.4.3 hergeleitet wurden.

Prinzipiell kann man zwischen zwei Betriebsformen unterscheiden. Einmal wird ein Teil der Produkte aus dem Reaktionsgemisch entfernt. Im zweiten Fall werden Edukte wie Monomeres und/oder Initiator während der Reaktion nachdosiert.

Das erste Verfahren kommt vor allem dann zum Einsatz, wenn das Polymere durch Gleichgewichtsreaktionen hergestellt wird, also bei der Herstellung von Polyestern und Polyamiden. Hier wird das Kondensat, in den meisten Fällen Wasser, über den Kopf einer aufgesetzten Rektifizierkolonne entfernt und nicht umgesetzte Edukte in den Reaktor zurückgeführt. Auf diese Weise wird die für das Erreichen des gewünschten Polymerisationsgrades (s. Gl. 10.14) erlaubte Wasserkonzentration eingestellt.

Der Betrieb unter Nachdosierung von Monomeren und/oder Initiator wird in der Regel aus Sicherheits- und/oder Qualitätsgründen gewählt [26].

Wenn statt der gesamten zu polymerisierenden Monomermenge nur ein Teil zusammen mit Initiator im Reaktor vorgelegt wird und der andere Teil nachdosiert wird, so ist das Wärmeerzeugungspotenzial durch diese Dosierkontrolle deutlich reduziert (vgl. Abschn. 5.4.3 und Beispiel 5.6). Weiterhin stellt sich während eines weiten Bereichs der Reaktion ein quasistationärer Zustand ein, bei dem die chemische Abreaktion der Edukte etwa gleich schnell wie der Zufluss ist, was dazu führt, dass über diesen Bereich die

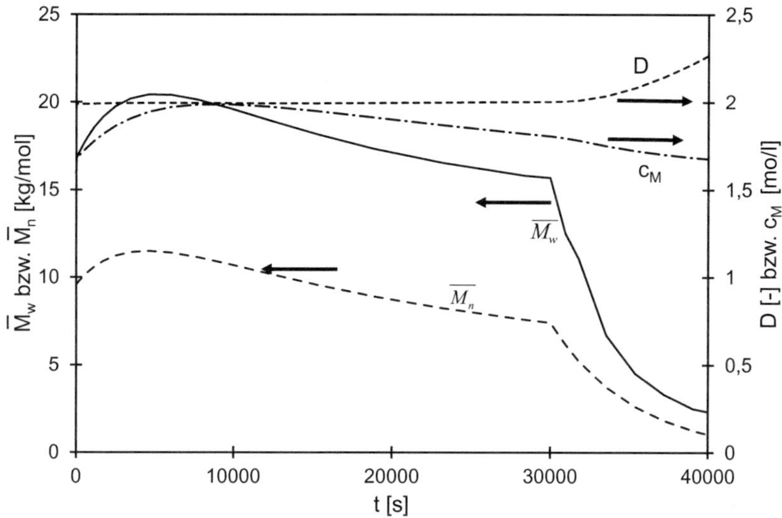

Abb. 10.14 Beispiel für eine halbkontinuierliche Polymerisation. Reaktorvorlage aus Lösungsmittel und Monomer mit $c_{M,0} = 1$ mol/l. Konstante Monomer- und Initiatordosierung über 30.000 s. Endpolymergehalt 46 Gew.-%

Konzentrationen etwa gleich bleiben und deutlich einheitlichere Polymere als im diskontinuierlichen Betrieb entstehen. Abb. 10.14 verdeutlicht das Verhalten.

Es wird die gesamte Lösungsmittelmenge zusammen mit einem Teil des Monomeren und Initiators im Reaktor vorgelegt und weiteres Monomer entsprechend einem Endgehalt von 46 Gew.-% zusammen mit Initiator über 30.000 s zudosiert und weitere 10.000 s nachpolymerisiert, um den Monomerumsatzgrad zu vervollständigen. Während der Dosierung ändert sich die Monomerkonzentration nur geringfügig, chemische Reaktionsgeschwindigkeit und Dosiergeschwindigkeit des Monomers sind etwa gleich. Damit ändert sich die Molmasse des differenziell und auch integral entstehenden Polymeren nur wenig, wenn man den Verlauf mit dem diskontinuierlichen idealen Rührkesselreaktor in Abb. 10.11 vergleicht (dort Polymerisationsgrade aufgetragen). Erst nach Ende der Dosierzeit, wenn das restliche Monomer satzweise abreagiert, kommt es naturgemäß zu größeren Änderungen in der Konzentration und damit auch bei der differenziell entstehenden Molmasse. Da das aber nur einen geringen Teil am Gesamtpolymer ausmacht, ändert sich die integrale Molmasse nur geringfügig.

Das Gefahrenpotenzial ist ebenfalls geringer. Um in einem Satzreaktor einen Polymergehalt von 46 Gew.-% erzielen, liegt natürlich auch der Anfangsgehalt an Monomeren bei 46 %. Eine Abschätzung der in diesem Anfangszustand möglichen adiabaten Temperaturerhöhung ($\Delta_R H = -100$ kJ/mol, $M_M = 0{,}1$ kg/mol, $c_p = 20$ J/(kg K) ergibt 230 K, während sich im halbkontinuierlichen Betrieb bei der Maximalkonzentration des Monomers (1,2 mol/l) ein Wert von 60 K ergibt. Durch Verlängerung der Zulaufzeiten lässt sich das Gefahrenpotenzial weiter verringern. In der Praxis gilt es hier, einen akzeptablen Kompromiss zwischen Produktivität und Sicherheit zu erzielen.

Tab. 10.8 Molmassenverteilung bei Polyreaktionen in verschiedenen Reaktortypen

Reaktion	Disk. idealer Rührkessel und ideales Strömungsrohr	Kontinuierlicher idealer Rührkessel
Polymerverknüpfung z. B. Polykondensation, Polyaddition (s. Schema 10.1)	Schulz-Flory-Verteilung	Viel breiter als Schulz-Flory-Verteilung
Monomerverknüpfung ohne Abbruch z. B. lebende Polymerisation (s. Schema 10.2)	Poisson-Verteilung für $k_i > k_p$ Goldverteilung für $k_i < k_p$	Schulz-Flory-Verteilung
Monomerverknüpfung mit Abbruch z. B. radikalische Polymerisation (s. Schema 10.3)	Mit Umsatzgrad zunehmend breiter als Schulz-Flory-Verteilung	Schulz-Flory-Verteilung

10.3.4 Zusammenspiel von Reaktionsmechanismus und Reaktortyp

Die Molmassenverteilung wird also einerseits durch die Art der Polyreaktion, Monomerverknüpfung mit und ohne Abbruch oder Polymerverknüpfung, und andererseits durch den Typ des verwendeten Reaktors bestimmt. In Tab. 10.8 sind zusammenfassend die sechs verschiedenen Kombinationen der drei Polyreaktionstypen mit den Reaktoren zusammengestellt und die jeweils resultierenden Molmassenverteilungen charakterisiert.

10.4 Polymerisationsverfahren in heterogener Phase

In den bisherigen Kapiteln zur Kinetik und dem Reaktorverhalten ist stillschweigend von einem homogenen Reaktionssystem ausgegangen worden. Eine Vielzahl von Polymeren wird dagegen auch in *mehrphasigen Reaktionssystemen* hergestellt.

Grund für die Durchführung solcher mehrphasigen Verfahren ist einmal die gegenüber homogenen Verfahren deutlich reduzierte Viskosität und die damit verbundene bessere Wärmeabfuhr, wenn die hochviskose Polymerphase in einer niederviskosen kontinuierlichen Phase dispergiert ist. Zum anderen besitzen solche Polymere Anwendungseigenschaften, die sonst nicht erreicht werden. Neben den molekularen Eigenschaften des Polymeren wie Molmasse, Zusammensetzung usw. spielen dann auch Größe, Form und Morphologie der Teilchen eine entscheidende Rolle.

Einen Überblick über die heterogenen Verfahren gibt. Tab. 10.9. Eine ausführliche Behandlung der Kinetik dieser heterogenen Verfahren würde den Umfang des Kapitels überschreiten, sodass auf die weiterführende Literatur verwiesen werden muss (z. B. [34, 43, 48–50]) und hier nur einige grundlegende Aspekte angesprochen werden sollen.

Generell gelten für alle heterogenen Verfahren in jeder Phase des Systems die gleichen chemischen Mechanismen und kinetischen Gesetzmäßigkeiten wie sie in Abschn. 10.2. beschrieben sind. Um die Reaktionsgeschwindigkeit und Polymereigenschaften wie Molmasse, Zusammensetzung usw. in jeder Phase zu bestimmen, müssen in die diese Größen beschreibenden Gleichungen die jeweiligen Konzentrationen in der betrachteten Phase

Tab. 10.9 Wichtige heterogene Polymerisationsverfahren

Verfahren	Charakteristik	Beispiel
Suspensions-, Perlpolymerisation	Polymer, Monomer, Initiator unlöslich im Suspensionsmittel, Initiator löslich im Monomeren. Von Beginn an zweiphasig	Expandierbares Polystyrol, Polymethylmethacrylat, Polyvinylchlorid
Fällungs-, Dispersionspolymerisation	Polymer unlöslich in seinem Monomer bzw. im Gemisch Monomer/Fällungsmittel. Separate Polymerphase entsteht während der Polymerisation	Polyvinylchlorid, Acrylate, Polypropylen, Niederdruckpolyethylen in Gasphase oder inertem Fällungsmittel
Emulsionspolymerisation	Monomer, Polymer unlöslich in Wasser, Initiator löslich in Wasser, unlöslich im Monomer	Styrol-Butadien-Kautschuk, Polyacrylate, PVC, Polychloropren u. v. m.

eingesetzt werden. In mehrphasigen Systemen muss zudem die Kinetik und Thermodynamik des Stoffaustausches zwischen den Phasen beschrieben werden.

10.4.1 Suspensions-/Perlpolymerisation

Die *Suspensions- oder Perlpolymerisation* ist eine radikalische Polymerisation und wird praktisch immer diskontinuierlich durchgeführt. Monomeres mit öllöslichem Initiator wird unter Verwendung von Schutzkolloiden (organische wasserlösliche Polymere) oder Pickering-Emulgatoren (fein verteilte wasserunlösliche anorganische Salze) in Wasser zu Tröpfchen mit Durchmessern von 0,1 bis 1 mm emulgiert. Da weder Monomer, Polymer noch Initiator in der Regel wasserlöslich sind, brauchen Phasenübergänge hier nicht betrachtet werden. In den Tröpfchen läuft die Polymerisation nach den in Abschn. 10.2.3 beschriebenen Gesetzmäßigkeiten ab.

Neben den molekularen Eigenschaften des Polymeren sind als weitere Eigenschaften Teilchengröße und Teilchengrößenverteilung interessant. Diese werden im Wesentlichen durch die Rührbedingungen (Reaktorgröße, Rührerform, -drehzahl), die Oberflächenspannung und den Viskositätsverlauf der reagierenden Monomer-/Polymerphase bestimmt. Häufig werden die Zusammenhänge zwischen diesen Größen durch dimensionslose Kenngrößen [27] oder aber durch Populationsbilanzen in Verbindung mit CFD-Methoden beschrieben ([28–30]).

10.4.2 Fällungs-/Dispersionspolymerisation

Bei der *Fällungspolymerisation* ist das System im Gegensatz zur *Suspensionspolymerisation* in der Regel zu Beginn homogen; erst mit steigenden Umsatzgraden und der Bildung von Polymer bildet sich eine polymerreiche Phase, da das entstehende Polymer im Monomer bzw. dem Gemisch aus Monomer und Fällungsmittel unlöslich ist. In beiden Phasen können die in Abschn. 10.2 beschriebenen Reaktionen ablaufen.

Zur Beschreibung des Stoffaustauschs zwischen den Phasen hat es sich in den meisten Fällen bewährt anzunehmen, dass die Phasen sich bzgl. der Konzentrationen der niedermolekularen Stoffe (Monomere, Lösungsmittel, Initiator) im Gleichgewicht befinden. Für den Austausch der hochmolekularen Stoffe wird aufgrund ihrer Größe und damit kleinen Diffusionskoeffizienten eine Transporthinderung angenommen, die im Extremfall zu einem Stoffstrom von null zwischen den Phasen führt, d. h., die Makromoleküle verbleiben in der Phase, in der sie gebildet werden.

Das Ausmaß der Reaktion in den beiden Phasen wird sowohl entscheidend von der Verteilung des Initiators und des Monomeren zwischen polymerreicher und -armer Phase bestimmt als auch durch die Transportgeschwindigkeit wachsender Polymerketten von einer Phase in die andere und ist sehr stark vom jeweiligen System abhängig.

Abb. 10.15 zeigt die Molmassenverteilungen zu verschiedenen Umsatzgraden in einem System (Methylmethacrylat (MMA) in überkritischem CO_2), bei dem die Polymerisation

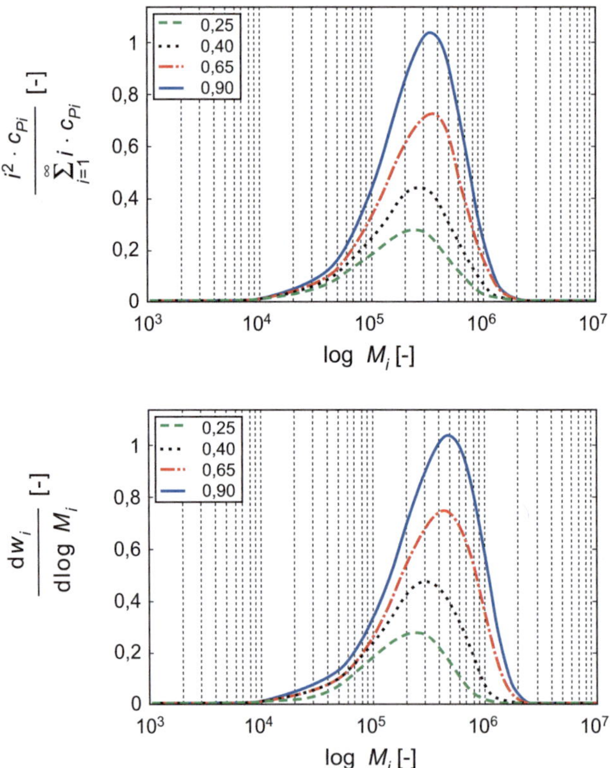

Abb. 10.15 Berechnete (*oben*) und experimentelle Molmassenverteilung (*unten*) bei verschiedenen Umsatzgraden bei der Polymerisation von Methylmethacrylat (MMA) in überkritischem CO_2. (Aus [31])

praktisch ausschließlich in der dispersen Polymerphase stattfindet. Radikale, die in der dispersen Polymerphase entstehen, wachsen und terminieren dort, bevor sie in die kontinuierliche Phase diffundieren können. Radikale, die in der kontinuierlichen Phase entstehen, treten noch während sie wachsen, in die Polymerphase ein und wachsen dort weiter bis sie terminieren. Die entstehenden Molmassenverteilungen sind monomodal und verschieben sich mit steigendem Umsatzgrad zu höheren Molmassen, wie es auch in einem diskontinuierlichen Rührkesselreaktor der Fall sein kann (vgl. Abb. 10.11).

Ganz anders verhält es sich für das in Abb. 10.16 dargestellte System (Vinylidenfluorid, VDf, in überkritischem CO_2). Hier findet die Polymerisation in beiden Phasen statt. Im Gegensatz zum obigen Fall ist der Transport wachsender Ketten von einer Phase in die andere langsamer als Wachstum und Abbruch, d. h. die Ketten wachsen und terminieren in der Phase, in der sie erzeugt wurden. Da die Konzentration an Monomer und Initiator in beiden Phasen unterschiedlich ist, entstehen in jeder Phase Polymere mit unterschiedlichen Molmassen. Es resultieren bimodale Verteilungen.

Bei den Niederdruckverfahren für Polyolefine mit Übergangsmetallkatalysatoren, bei denen das Monomere entweder als Gasphase oder in einem inerten Verdünnungsmittel vorliegt, befindet sich der Katalysator in der festen Polymerphase. Die Polymerisation findet praktisch ausschließlich in der Polymerphase statt. Die Verhältnisse sind ähnlich wie in Abb. 10.15.

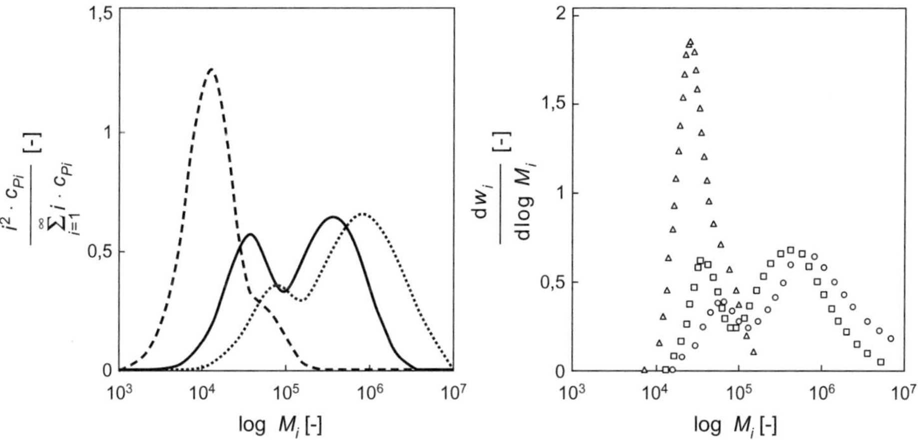

Abb. 10.16 Berechnete (*links*) und experimentelle Molmassenverteilungen (*rechts*) bei der Polymerisation von Vinylidenfluorid (VDf) in überkritischem CO_2 nach 25 % Umsatzgrad für verschiedene Anfangsmonomerkonzentrationen: 1000 mol/m^3 (△, *gestrichelt*); 3100 mol/m^3 (□, *durchgezogen*); 6200 mol/m^3 (∘, *punktiert*). (Aus [32])

10.4.3 Emulsionspolymerisation

Wie bei der Suspensionpolymerisation wird auch hier das Monomere unter zu Hilfenahme von Tensiden in Wasser emulgiert. Im Vergleich zur Suspensionpolymerisation ist hier der Initiator jedoch wasserlöslich und es werden gewöhnlich ionische Tenside verwendet, die oberhalb der *kritischen Mizellkonzentration (CMC)* vorliegen. Dies führt letztlich zu einer Teilchengröße der *Polymerteilchen (Latexteilchen)*, in denen die Polymerisation stattfindet, von ca. 0,1 µm, also um ein Vielfaches kleiner als bei der Suspensionpolymerisation. Dies führt zu einigen kinetischen Besonderheiten, auf die im Folgenden eingegangen wird.

Anhand von Abb. 10.17 werden die Vorgänge bei der *Emulsionpolymerisation* erläutert.

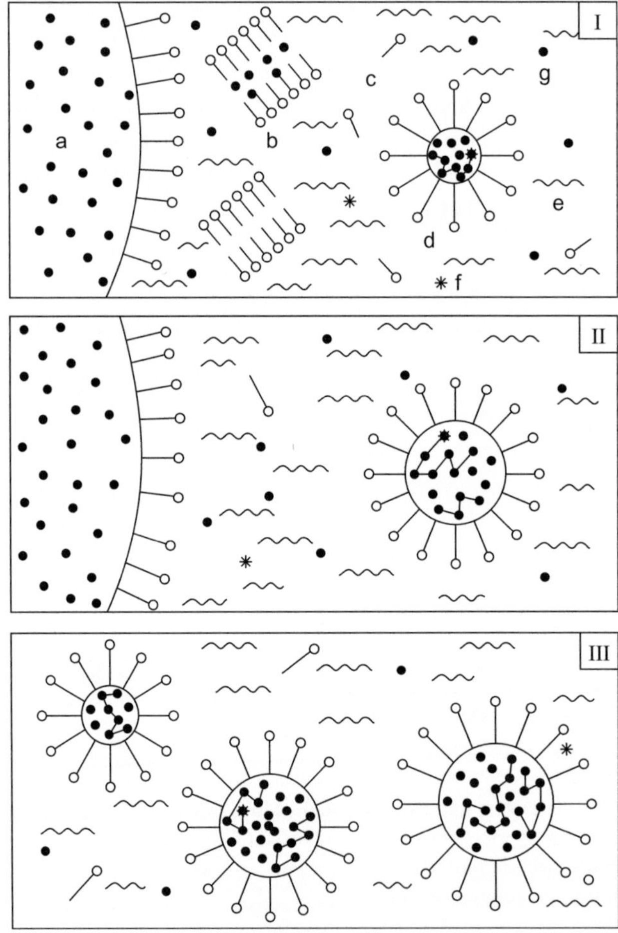

Abb. 10.17 Schema einer Emulsionspolymerisation [34] mit I Teilchenbildungsperiode, II Wachstumsperiode, III Verarmungsphase. *a* Monomertröpfchen, *b* Mizelle, *c* Tensid, *d* Latexteilchen, *e* Wasser, *f* Radikal, *g* Monomer

Zu Beginn liegen emulgierte Monomertröpfchen (ca. 100 µm), in Wasser gelöster Initiator (z. B. $K_2S_2O_8$) und mit Monomer gequollene Mizellen (0,01 µm) vor. In der Wasserphase ist Monomer gemäß seiner Wasserlöslichkeit gelöst. Radikale aus dem Zerfall des Initiators addieren einige Monomereinheiten von dem in Wasser gelösten Monomer. Die so entstandenen oligomeren Radikale sind lipophil. Sie treten in die Mizellen ein und starten dort die Polymerisation des darin solubilisierten Monomeren. Aus der Mizelle entsteht ein Latexteilchen. Im Folgenden werden Radikale und Monomeres aus den Monomertröpfchen über die Wasserphase nachgeliefert, um das Gleichgewicht zwischen Monomertröpfchen, Wasserphase und Latexteilchen einzuhalten. Die kleinen Latexteilchen wachsen auf Kosten der großen Monomertröpfchen. Dadurch nimmt die Gesamtgrenzfläche im System zu. An ihr wird immer mehr Emulgator adsorbiert, bis die CMC in der Wasserphase unterschritten wird und die Mizellen verschwinden. Die Teilchenbildungsperiode (I) ist damit beendet; es werden keine neuen Teilchen gebildet. In der folgenden Wachstumsperiode (II) wachsen die vorhandenen Latexteilchen weiter, bis alle Monomertröpfchen verbraucht sind. Während der Verarmungsphase (III) polymerisiert das in den Latexteilchen noch vorhandene restliche Monomere aus.

Smith und Ewart [35–37] haben auf der Basis dieses Mechanismus eine kinetische Theorie entwickelt, die für sehr wenig wasserlösliche Monomere wie Styrol und Butadien experimentell gut bestätigt ist.

Nimmt man an, dass die Teilchenbildungsphase, die Umwandlung von Mizellen in Latexteilchen, schnell abgeschlossen ist, so findet Polymerisation nur in den Latexteilchen statt. Die Wachstumsgeschwindigkeit für die radikalische Polymerisation ist allgemein durch Gl. 10.24d gegeben. Um die Reaktionsgeschwindigkeit $r_{p,\mathrm{P}}$ in einem einzelnen Teilchen (in (mol/s)/Partikel) anzugeben, müssen hier die Konzentrationen am Ort der Reaktion, also im Teilchen, eingesetzt werden. Es resultiert Gl. 10.56, in der $c_{M,\mathrm{P}}$ die Monomerkonzentration und $\overline{n}$ die mittlere Radikalzahl im Latexteilchen ist:

$$r_{p,\mathrm{P}} = k_p c_{M,\mathrm{P}} \frac{\overline{n}}{\mathrm{N_A}}. \tag{10.56}$$

Die Gesamtreaktionsgeschwindigkeit (Gl. 10.57) ergibt sich durch Multiplikation mit der Anzahl N_P der Partikel pro Volumeneinheit:

$$r_p = k_p c_{M,\mathrm{P}} \frac{\overline{n}}{\mathrm{N_A}} \cdot \frac{N_\mathrm{P}}{V}. \tag{10.57}$$

Hier sind drei Größen spezifisch für die Emulsionspolymerisation, $c_{\mathrm{M,P}}$, $\overline{n}$ und N_P.

Die Monomerkonzentration im Latexpartikel ergibt sich aus der *Morton-Kaizermann-Altier-Gleichung* (Gl. 10.58) [38]:

$$\frac{2v_M\sigma}{r_P RT} = -\left[\ln(1-\Phi_P) + \Phi_P + \chi\Phi_P^2\right], \tag{10.58}$$

in der σ die Oberflächenspannung zwischen Latexteilchen und Wasser ist, r_P der Radius des Latexteilchens, v_M das Molvolumen des Monomeren, Φ_P der Volumenbruch des Polymeren im Latexteilchen und χ der sogenannte *Flory-Huggins Parameter* [39–41] ist, der der Dampfdruckerniedrigung durch das Polymere Rechnung trägt.

Für die mittlere Radikalzahl pro Teilchen kann man von einer sehr vereinfachten Überlegung ausgehen. Tritt ein Radikal in ein Latexteilchen ein, in dem sich ein wachsendes Radikal befindet, so kommt es sofort zur Termination zwischen diesen beiden Radikalen. Diese Vereinfachung ist gerechtfertigt, da die Latexteilchen sehr klein sind (ca. 0,1 μm) und die eintretenden oligomeren Radikale so beweglich sind, dass sie praktisch sofort das im Latexteilchen wachsende Kettenradikal treffen und abbrechen. Tritt das Radikal aus der Wasserphase in ein Teilchen ein, in dem sich kein wachsendes Kettenradikal befindet, so startet es hier die Wachstumsreaktion. Nach dieser Vereinfachung ist in einem Latexteilchen also entweder ein Radikal oder keines, im Mittel ist damit $\overline{n} = 0{,}5$.

Zur Berechnung der Anzahl N_P der Latexteilchen, die während der Teilchenbildungsphase (Phase I in Abb. 10.17) entstehen, sind eine Reihe von Theorien entwickelt worden, auf die hier nicht eingegangen werden kann. In vielen praktischen Anwendungen wird jedoch, um die Reaktion reproduzierbarer zu führen, der Monomeremulsion zu Beginn eine bestimmte Menge eines kleinteiligen Latex zugesetzt (Saat-Latex). Man überspringt damit die Teilchenbildungsphase und legt so eine genau definierte Menge an Latexteilchen N_P vor. Damit sind alle Größen aus Gl. 10.57 bekannt.

Die hier gewählte Darstellung ist stark vereinfacht, beschreibt aber die grundlegenden Charakteristika der Emulsionspolymerisation. Hervorzuheben ist im Gegensatz zu den anderen beschriebenen Verfahren die *Kompartimentalisierung* der Radikale. Die sich in verschiedenen Latexteilchen befindlichen Radikale können keine Abbruchreaktion miteinander eingehen. Insgesamt führt das zu einer in der Regel höheren Polymerisationsgeschwindigkeit und auch höheren Polymerisationsgraden in der Emulsionspolymerisation als in der Lösungs- oder Substanzpolymerisation.

10.5 Schlussbemerkung

In diesem Kapitel sollte in einige grundlegende Prinzipien der Polymerisationstechnik und der Kinetik eingeführt werden, mit denen das Zusammenspiel zwischen chemischem Reaktionsmechanismus, Art der Reaktionsführung und die daraus resultierenden strukturellen Eigenschaften der Polymere quantifiziert werden kann. Dabei ist von idealisierten Bedingungen ausgegangen worden. In der Praxis sind weitere Phänomene wie Nebenreaktionen bei höheren Temperaturen, unzureichende Durchmischung, Temperaturgradienten, Grenzschichten, Belagsbildung usw. zu berücksichtigen.

Für eine vertiefte Einarbeitung sei auf eine Reihe von Lehrbüchern und Monografien hingewiesen ([42–54]).

Literatur

1. Daumiller, G.: Polymerisationsreaktionen in der Technik. Chem.-Ing.-Tech. **40**, 673–682 (1968)
2. J. Brandrup, Immergut, E. H. (Hrsg.): Polymer Handbook, 3. Aufl. Wiley, New York (1989)
3. Flory, R.J.: Molecular size distribution in linear condensation polymers. J. Amer. Chem. Soc. **58**, 1877–1885 (1936)
4. Szwarc, M.: Living polymers and mechanisms of anionic polymerization. Adv. Polymer Sci. **49**, 1–175 (1983)
5. Hostalka, H., Schulz, G.V.: Zur Kinetik anionischer Polymerisationsvorgänge. Z. Physik. Chem. **45**, 286–304 (1965)
6. Gold, L.: Statistics of polymer molecular size distribution for an invariant number of propagating chains. J. Chem. Phys. **28**, 91–99 (1958)
7. Chiang, R., Hermans, J.J.: Influence of catalyst depletion or deactivation on polymerization kinetics. II. Nonsteady-state polymerization. J. Polymer Sci. Part. **A1**(4), 2843–2856 (1966)
8. Peebles, L.H.: Molecular weight distributions in polymers. Interscience Publishers, New York (1971)
9. Scheirs, J., Kaminsky, W. (Hrsg.): Metallocene-based polyolefins, preparation, properties, and technology. Wiley, New York (1999)
10. Hutchinson, R.: Free-radical polymerization: Homogeneous. In: Meyer, T., Keurentjes, J. (Hrsg.) Handbook of polymer reaction engineering, Bd. 1. Wiley-VCH, Weinheim (2005)
11. Schulz, G.V., Scholz, A., Figini, R.V.: Analyse zweier charakteristischer Verteilungen von Polystyrol durch Kolonnenfraktionierung. Makromol. Chem. **57**, 220–240 (1962)
12. Trommsdorff, E., Kohle, H., Lagally, R.: Zur Polymerisation des Methacrylsäuremethylesters. Makromol. Chem. **1**, 169–198 (1948)
13. Friis, N., Hamielec, A.E.: Gel-effect in emulsion polymerization of vinyl monomers. ACS-Symp. Ser. **24**, 82–91 (1976)
14. Stickler, M.: Free-radical polymerization kinetics of methyl methacrylate at very high conversions. Makromol. Chem. **184**, 2563–2579 (1983)
15. Panke, D., Stickler, M., Wunderlich, W.: Zur Polymerisation von Methylmethacrylat bis zu hohen Umsätzen. Experimentelle Untersuchungen. Makromol. Chem. **184**, 175–191 (1983)
16. Stickler, M., Panke, D., Hamielec, A.E.: Polymerization of methyl methacrylate up to high degrees of conversion: experimental investigation of the diffusion-controlled polymerization. J. Polym. Chem. Sci. Polym. Chem. Ed. **22**, 2243–2253 (1984)
17. Buback, M.: Free-radical polymerization to high conversion. A general kinetic treatment. Makromol. Chem. **191**, 1575–1587 (1990)
18. Elias, H.-G.: Makromoleküle, 4. Aufl. Hüthig & Wepf, Basel (1981)
19. Horie, K., Mita, I., Kambe, H.: Calorimetric investigation of polymerization reactions. I. Diffusion-controlled polymerization of methyl methacrylate and styrene. J. Polym. Sci. Polym. Chem. Ed. **6**, 2663–2676 (1968)
20. Soh, S.K., Sundberg, D.C.: Diffusion-controlled vinyl polymerization I–IV. J. Polym. Sci. Polym. Chem. Ed. **20**, 1299–1371 (1982)
21. Mita, I., Horie, K.: Diffusion-controlled reactions in polymer systems. J. Macromol. Sci., Rev. Macromol. Chem. Phys. Part C. **27**, 91–161 (1987)

22. Skeist, I.: Copolymerization: The composition distribution curve. J. Am. Chem. Soc. **68**, 1781–1784 (1946)
23. Meyer, V.E., Lowry, G.G.: Integral and differential binary copolymerization equations. J. Polym. Sci. Part A. **3**, 2843–2851 (1965)
24. Gerrens, H.: Entmischungserscheinungen bei Hochpolymeren und ihre Bedeutung in der Technik. Chem.-Ing.-Tech. **39**, 1053–1061 (1967)
25. Denbigh, K.G., Turner, J.C.R.: Einführung in die chemische Reaktionstechnik. Verlag Chemie, Weinheim (1973)
26. Stoessel, F.: Safety of polymerization processes. In: Meyer, T., Keurentjes, J. (Hrsg.) Handbook of polymer reaction engineering, Bd. 1. Wiley-VCH, Weinheim (2005)
27. Hopff, H., Lüssi, H., Gerspacher, R.: Zur Kenntnis der Perlpolymerisation. Teil 1 und 2. Makromol. Chem. **78**, 24–46 (1964)
28. Nogueira, S.E., Pinto, J.C., Vianna, A.S.: Analysis of energy dissipation in stirred suspension polymerization reactors using computational fluid dynamics. Can. J. Chem. Eng. **90**, 983–995 (2012)
29. Alexopoulos, A.H., Maggioris, D., Kiparissides, C.: CFD analysis of turbulence non-homogeneity in mixing vessels: A two-compartment model. Chem. Eng. Sci. **57**, 1735–1752 (2002)
30. Vivaldo-Lima, E., Wood, P.E., Hamielec, A.E.: Calculation of the particle size distribution in suspension polymerization using a compartment-mixing model. Can. J. Chem. Eng. **76**, 495–505 (1998)
31. Mueller, P.A., Storti, G., Morbidelli, M.: Detailed modelling of MMA dispersion polymerization in supercritical carbon dioxide. Chem. Eng. Sci. **60**, 1911–1925 (2005)
32. Mueller, P.A., Storti, H., Morbidelli, M., Apostolo, M., Martin, R.: Modeling of vinylidene fluoride heterogeneous polymerization in supercritical carbon dioxide. Macromolecules. **38**, 7150–7163 (2005)
33. Hutchinson, R.A., Aronson, M.T., Richards, J.R.: Analysis of pulsed-laser generated molecular weight distributions for the determination of propagation rate coefficients. Macromolecules. **26**, 6410–6415 (1993)
34. Gerrens, H.: Polymerisationstechnik. 5. Emulsionspolymerisation. In: Ullmann's Encyklopädie der Technischen Chemie, Bd. 19, 4. Aufl., S. 132–145. Verlag Chemie, Weinheim (1980)
35. Smith, W.V., Ewart, R.H.: Kinetics of emulsion polymerization. J. Chem. Physics **16**, 592–599 (1948)
36. Smith, W.V.: The partition of acrylonitrile between styrene and water. J. Amer. Chem. Soc. **70**, 2177–2179 (1948)
37. Smith, W.V.: Chain initiation in styrene emulsion polymerization. J. Amer. Chem. Soc. **71**, 4077–4082 (1949)
38. Morton, M., Kaizermann, S., Altier, M.W.: Swelling of latex particles. J. Colloid Sci. **9**, 300–312 (1954)
39. Flory, P.J.: Thermodynamics of high polymer solutions. J. Chem. Phys. **9**, 660–660 (1941)
40. Flory, P.J.: J. Chem. Phys. **10**, 51–61 (1942)
41. Huggins, M.L.: Solutions of long-chain compounds. J. Chem. Phys. **9**, 440–440 (1941)
42. Lechner, M.D., Gehrke, K., Nordmeier, E.H.: Makromolekulare Chemie. Ein Lehrbuch für Studium und Praxis. Birkhäuser, Basel (1995)
43. Elias, H.-G.: Makromoleküle, 6. Aufl. Wiley-VCH, Weinheim (1999)
44. Moad, G., Solomon, D.H.: The chemistry of radical polymerization. Elsevier, Oxford (2006)
45. K. Matyjaszewski, Davis, T.P. (Hrsg.): Handbook of radical polymerization. Wiley-Interscience, Hoboken (2002)
46. Buback, M., German, A.L. (Hrsg.): Free-radical Polymerization: Kinetics and mechanism. Wiley-VCH, Weinheim (2001)

47. Hagiopol, C.: Copolymerization. Kluwer Academic, New York (1999)
48. Piirma, I.: Emulsion polymerisation. Academic Press, New York (1982)
49. Fitch, R.M.: Polymer colloids – a comprehensive introduction. Academic Press, San Diego (1997)
50. Meyer, T., Keurentjes, J. (Hrsg): Handbook of polymer reaction engineering. Wiley-VCH, Weinheim (2005)
51. Peebles, L.H.: Molecular weight distributions in polymers. Inter-science Publishers, New York (1971)
52. Dotson, N.A., Galvan, R., Laurence, R.L., Tirrell, M.: Polymerization process modeling. VCH Publishers, New York (1996)
53. H. Batzer, H. (Hrsg.): Polymere Werkstoffe, Bd. 1–3. G. Thieme, Stuttgart (1984/85)
54. Hungenberg, K.-D., Wulkow, M.: Modeling and simulation in polymer reaction engineering. Wiley-VCH, Weinheim (2018)

Elektrochemische Reaktionstechnik 11

Die Elektrochemische Reaktionstechnik befasst sich mit der Auslegung und Optimierung elektrochemischer Reaktoren, bei denen entweder durch eine freiwillig ablaufende elektrochemische Reaktion elektrischer Strom erzeugt oder durch elektrischen Strom eine nicht freiwillig ablaufende elektrochemische Reaktion durchgeführt wird. Im ersteren Fall handelt es sich bei dem Reaktor um eine Stromquelle (galvanische Zelle), z. B. eine Batterie oder eine Brennstoffzelle. Im letzteren Fall bezeichnet man den Reaktor auch als Elektrolyseur wie er z. B. für die Wasser- oder die Chlor-Alkali-Elektrolyse eingesetzt wird. Im vorliegenden Kapitel werden wir uns auf die Elektrolyse beschränken, mit deren Hilfe chemische Reaktionen durchgeführt und chemische Produkte erzeugt werden. In der Elektrochemie wird hierfür auch der Begriff „Präparative Elektrochemie“ oder – wie in diesem Kapitel – „Elektrosynthese“ benutzt. Inhalt des Kap. 11 ist daher die der Elektrosynthese zugrunde liegende Reaktionstechnik. Bezüglich der physikalisch-chemischen Grundlagen, der (spektro)elektrochemischen Methoden oder spezieller Anwendungen und Phänomene wie der Sensorik, Galvanik oder Korrosion sei auf einschlägige Lehrbücher und Monografien verwiesen (z. B. [1–6]). Zur Vertiefung der Elektrochemischen Reaktionstechnik können folgende Lehrbücher und Monografien empfohlen werden: [7–10].

In der Elektrochemischen Reaktionstechnik werden Elektronen als Reaktionspartner eingeführt, d. h. elektrochemische Redoxreaktionen betrachtet. Es handelt sich daher nicht um eine „neue“ Reaktionstechnik, was dadurch ersichtlich wird, dass in Kap. 11 immer wieder auf Inhalte vorangegangener Kapitel Bezug genommen werden kann.

In Abschn. 11.1 werden zunächst die Begriffe und Definitionen für elektrochemische Reaktionen erweitert. Anschließend wird in Abschn. 11.2 die Thermodynamik und in Abschn. 11.3 die Kinetik elektrochemischer Reaktionen erläutert, wobei letztere wiederum in Mikrokinetik und Makrokinetik untergliedert werden kann. In Abschn. 11.4 wird

G. Emig et al., *Chemische Reaktionstechnik*,
https://doi.org/10.1007/978-3-662-68826-7_11

abschließend auf elektrochemische Reaktoren, deren Bauformen, Betriebsweisen und Scale-up eingegangen.

11.1 Begriffe, Definitionen und Beispiele

Die in den nachfolgenden beiden Abschnitten eingeführten Begriffe und Definitionen sind konsistent mit den IUPAC-Empfehlungen zur Elektrochemie [11], wenngleich hier nicht immer dieselben Größensymbole verwendet werden, wie z. B. das Elektrodenpotenzial, das im deutschen Sprachraum häufig mit φ und im angloamerikanischen Sprachraum mit E bezeichnet wird.

11.1.1 Begriffe

Abb. 11.1 zeigt schematisch einen typischen Aufbau einer Elektrolysezelle für die Elektrosynthese. Hierbei handelt es sich also um ein heterogenes Reaktionssystem bestehend aus mindestens zwei Phasen, nämlich den festen Elektroden und den flüssigen und/oder gasförmigen Edukten und Produkten A_i. Weiterhin sind neben den Reaktanden auch Begleitstoffe vorhanden wie Leitsalze, die im Idealfall als Inertstoffe betrachtet werden können, Verunreinigungen, auf die Elektrolyseprozesse oft sehr empfindlich reagieren, oder Katalysatoren, welche den Elektrolyseprozess in Richtung des gewünschten Produkts beschleunigen. Die Elektrosynthese lässt sich somit gemäß der Abb. 2.1 und 2.2 hinsichtlich Zusammensetzung und Phasenbestand wie jede andere chemische Reaktion klassifizieren.

Die Besonderheit in der Elektrosynthese liegt in der Beteiligung von Elektronen, die nicht direkt zwischen den Reaktanden, sondern indirekt zwischen den Elektroden und den Reaktanden übertragen werden (s. Abschn. 11.1.2). Liegt die Elektrode negativ polarisiert vor, wird diese als Kathode bezeichnet, und bei ausreichend negativem Potenzial finden an der *Kathode* Reduktionsreaktionen statt. Die positiv polarisierte Elektrode bezeichnet man als *Anode*, an der – bei ausreichend positivem Potenzial – Oxidationsreaktionen ablaufen. Der Elektrolyt besteht aus einem Lösungsmittel (z. B. Wasser oder organische Lösungsmittel wie Acetonitril oder Dimethylformamid), einem *Leitsalz* XY (z. B. Kaliumhydroxid mit $X^+ = K^+$ und $Y^- = OH^-$ oder Lithiumhexafluorophosphat mit $X^+ = Li^+$ und $Y^- = PF_6^-$ oder Tetrabutylammoniumtetrafluoroborat $X^+ = N(C_4H_5)_4^+$ und $Y^- = BF_4^-$) und den Reaktanden des Reaktionssystems. Die Wahl des Lösungsmittels und des Leitsalzes erfolgt so, dass sie sich bei der Elektrosynthese bei den notwendigen Elektrodenpotenzialen nicht zersetzen oder – was auch möglich ist – definiert zersetzen [12]. Auf der Kathodenseite bezeichnet man den *Elektrolyt* als *Katholyt* und auf der Anodenseite als *Anolyt*. Es sind auch Dreiphasensysteme möglich, wenn zusätzlich Gase entstehen oder umgesetzt werden. In diesem Fall werden in der Technik sogenannte Gasdiffusionselektroden eingesetzt [13]. Da die Elektroden zudem porös sein können, können sich, wie in

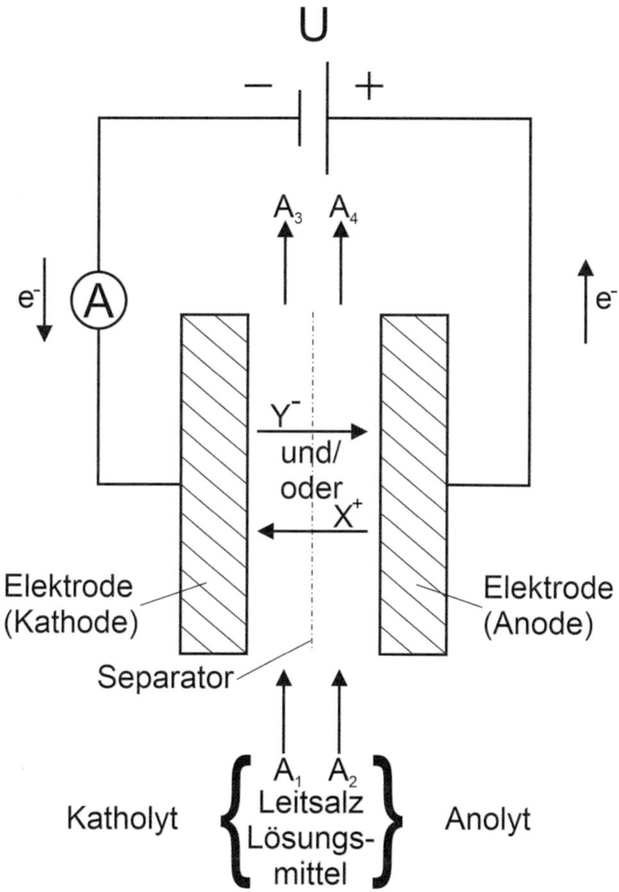

Abb. 11.1 Typischer Aufbau einer Elektrolysezelle für die Elektrosynthese (Leitsalz XY mit X^+ als Kation und Y^- als Anion)

Kap. 8 für die heterogen katalysierten Reaktionen dargestellt, Reaktion und Diffusion (Film- und Porendiffusion) überlagern, sodass man auch in der Elektrochemischen Reaktionstechnik zwischen der sogenannten Mikrokinetik (s. Abschn. 11.3.1) und der Makrokinetik (s. Abschn. 11.3.2) unterscheiden muss.

Kathoden- und Anodenraum können über einen *Separator* getrennt sein, wobei man dann von einer geteilten Zelle spricht, oder sie sind in einer sogenannten ungeteilten Zelle nicht über einen Separator getrennt. Letztere erlaubt einen einfacheren Aufbau und einen geringeren Gesamtwiderstand der Zelle (s. nachfolgend), jedoch ist dies nur möglich, wenn Edukt und/oder Produkt nicht an der jeweils anderen Elektrode unerwünscht reagieren, d. h. Nebenreaktionen unterliegen. Als Separatoren werden typischerweise Diaphragmen oder Membranen (kationen- oder anionenleitend) eingesetzt.

An den Elektroden, der negativ polarisierten Kathode und der positiv polarisierten Anode findet ein Übergang zwischen Elektronen- und Ionentransport statt, der mit einem Ladungsdurchtritt – in der Elektrosynthese mit einem Elektronendurchtritt zwischen Elektrode und Edukt – verbunden ist. Genau genommen findet dieser Ladungsdurchtritt in der sogenannten *elektrochemischen Doppelschicht* an oder nahe der Elektrodenoberfläche statt. Das Edukt kann spezifisch an der Elektrodenoberfläche adsorbiert sein (sogenannter *Inner-Sphere-Mechanismus*) oder in der elektrochemischen Doppelschicht vorliegen (sogenannter *Outer-Sphere-Mechanismus*). Im ersteren Fall werden Elektronen über wechselwirkende Orbital übertragen und die Elektrode fungiert als Katalysator, im letzteren Fall liegt ein quantenmechanischer Tunnel-Effekt vor, der unabhängig vom Material der Elektrode ist. Hinsichtlich der Theorien des Ladungsdurchtritts (z. B. Markus-Theorie) und der elektrochemischen Doppelschicht sei auf Lehrbücher der physikalischen Elektrochemie [1] und Spezialliteratur [14] verwiesen.

In der in Abb. 11.1 schematisch gezeigten Elektrolysezelle für die Elektrosynthese kommt es dann zu einem Stromfluss der *Stromstärke* I, wenn die angelegte *Spannung* U die thermodynamische Gleichgewichtsspannung U_0 überschreitet. Der sich ergebende Stromfluss hängt von verschiedenen Teilwiderständen ab:

1. $R_{Ohm,ges}$: Summe der Ohm'schen Widerstände der beiden Elektroden (Elektronentransport), des Elektrolyts (Ionentransports) und des Separators (Ionentransport) sowie der Kontaktierung und des äußeren Stromkreises
2. $R_{Rkt,ges}$: Summe der Durchtrittswiderstände an Anode und Kathode (Elektrodenreaktionen)
3. $R_{Diff,ges}$: Summe der Stofftransportwiderstände an/in Anode und Kathode (Film- und Porendiffusion)

Die einzelnen Ohm'schen Widerstände R_{Ohm} sind dabei unabhängig von Strom bzw. Spannung konstant und liefern gemäß dem Ohm'schen Gesetz einen linearen Beitrag zur Strom-Spannungs-Kurve. Die jeweiligen Durchtritts- und Stofftransportwiderstände R_{Rkt} und R_{Diff} sind dagegen abhängig von Strom und Spannung und liefern daher nichtlineare Beiträge zur Strom-Spannungs-Kurve. Insgesamt kann die *Strom-Spannungs-Kurve* durch folgende Gleichung beschrieben werden:

$$\begin{aligned} U(I) - U_0 &= \sum R_{Rkt}(I) \cdot I + \sum R_{Diff}(I) \cdot I + \sum R_{Ohm} \cdot I = \\ &= R_{Rkt,ges}(I) \cdot I + R_{Diff,ges}(I) \cdot I + R_{Ohm,ges} \cdot I. \end{aligned} \tag{11.1}$$

Anstelle der Widerstände kann man auch die entsprechenden *Überspannungen*, d. h. die Beiträge zur Gesamtspannung, die über die Gleichgewichtsspannung hinausgehen, einführen. Mit den Überspannungen der Elektrodenreaktionen, die auch als Aktivierungs- oder Durchtrittsüberspannungen bezeichnet werden, den Überspannungen durch Stofftransportlimitierung (Diffusions- oder Konzentrationsüberspannungen) und den Ohm'schen Überspannungen kann man Gl. 11.1 auch schreiben:

$$U(I) - U_0 = \eta_{Rkt,ges}(I) + \eta_{Diff,ges}(I) + \eta_{Ohm,ges}(I). \tag{11.2}$$

Abb. 11.2 zeigt beispielhaft eine *Strom-Spannungs-Kurve U(I)* sowie die Beiträge der verschiedenen Überspannungen. Typischerweise ergeben sich mit zunehmender Stromstärke drei Regime: das *mikrokinetische Regime* (Reaktionsüberspannung), das *Ohm'sche* Regime (linearer Bereich) und das *stofftransportlimitierte Regime* (Diffusionsüberspannung). Auf das mikrokinetische Regime werden wir im Abschn. 11.3.1 und auf das stofftransportlimitierte Regime im Abschn. 11.3.2 näher eingehen. Die thermodynamische Gleichgewichtsspannung wird in Abschn. 11.2.2 näher behandelt. Bezüglich des Ohm'schen Regimes wird auf die einschlägigen Lehrbücher der Elektrochemie und Physikalischen Chemie verwiesen, in denen auf die elektrische Leitfähigkeit bzw. den elektrischen Widerstand von flüssigen und festen Elektrolyten eingegangen wird [2, 25].

11.1.2 Definitionen

Wie in Abschn. 2.1 beschrieben, lässt sich jegliches Reaktionsschema, auch das einer Elektrosynthese, mit der Matrix der stöchiometrischen Koeffizienten $\nu_{i,j}$ gemäß der Gl. 2.1

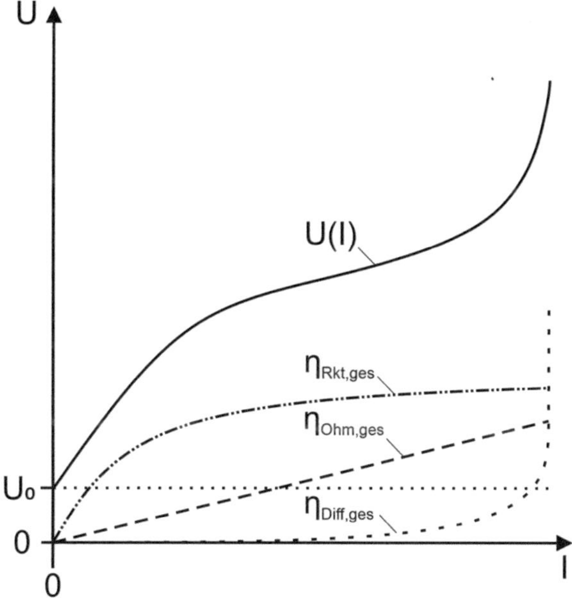

Abb. 11.2 Typischer Verlauf einer Strom-Spannungs-Kurve einer elektrochemischen Zelle für die Elektrosynthese

beschreiben. Der Abb. 11.1 liegt beispielsweise folgende gewünschte Elektrosynthese (Hauptreaktion, $j = 1$) zugrunde:

$$\nu_{1,1}A_1 + \nu_{2,1}A_2 + \nu_{3,1}A_3 + \nu_{4,1}A_4 = 0. \tag{11.3}$$

Geht man davon aus, dass A_1 und A_2 Edukte und A_3 und A_4 Produkte sind, so wie in Abb. 11.1 dargestellt, dann kann man unter Berücksichtigung der Vorzeichen der stöchiometrischen Koeffizienten die chemische Gleichung der Elektrosynthese (Hauptreaktion, $j = 1$) wie folgt schreiben:

$$|\nu_{1,1}|A_1 + |\nu_{2,1}|A_2 \rightleftharpoons \nu_{3,1}A_3 + \nu_{4,1}A_4. \tag{11.4}$$

Nehmen wir ferner an, dass in dieser Elektrosynthese pro Formelumsatz $|\nu_{e^-,1}|$ Elektronen übertragen werden und dass in den *Halbreaktionen der Elektrosynthese* Kohlenwasserstoffe umgesetzt werden und daher formal Protonen beteiligt sind, dann kann für die Halbreaktion an der Kathode (*Kathodenreaktion*)

$$|\nu_{1,1}|A_1 + |\nu_{e^-,1}|e^- + |\nu_{H^+,1}|H^+ \rightleftharpoons \nu_{3,1}A_3 \tag{11.5}$$

und die dazugehörige Halbreaktion an der Anode (*Anodenreaktion*)

$$|\nu_{2,1}|A_2 \rightleftharpoons \nu_{4,1}A_4 + \nu_{e^-,1}e^- + \nu_{H^+,1}H^+ \tag{11.6}$$

geschrieben werden. Die Gl. 11.5 und 11.6 ergeben zusammen die Elektrosynthese bzw. elektrochemische Redoxreaktion gemäß Gl. 11.4.

Die Gl. 11.5 und 11.6 wurden zur Vereinfachung mit Protonen formuliert, die als solche nicht frei, sondern in Form eines Protonendonors HB^{+z} mit der Ladungszahl z vorliegen, der bei der Protonenübertragung die korrespondierende Base $B^{+(z-1)}$ bildet, welche umgekehrt auch wieder Protonen aufnehmen kann:

$$HB^{+z} \rightleftharpoons H^+ + B^{+(z-1)}. \tag{11.7}$$

Je nach dem pH-Wert des wässrigen Elektrolyts kann es sich bei HB um das Oxoniumion H_3O^+ ($z = +1$) oder das Wassermolekül H_2O ($z = 0$) handeln. Die korrespondierende Base bzw. der Protonenakzeptor $B^{+(z-1)}$ ist dann jeweils das Wassermolekül H_2O oder das Hydroxidion OH^-. In protischen organischen Lösungsmitteln kann dieses selbst der Protonendonor sein und im Falle aprotischer Lösungsmittel müssen Protonendonoren zugesetzt werden, sofern ein Protonentransfer erfolgen soll.

Bei elektrochemischen Redoxreaktionen müssen die Halbreaktionen neben der Elementbilanz (s. Gl. 3.4) auch die *Ladungsbilanz* (s. Gl. 11.12) erfüllen. Die *Ladung* Q_i der

Stoffmenge n_i eines Reaktionspartners ergibt sich aus seiner *Ladungszahl* z_i und der *Faraday-Konstante* F wie folgt:

$$Q_i = n_i \cdot z_i \cdot F. \tag{11.8}$$

Die *Ladungszahl* z_i hat bei Anionen, je nach deren Wertigkeit negative ganzzahlige Werte, und bei Kationen je nach deren Wertigkeit, positive ganzzahlige Werte. Bei ungeladenen Verbindungen ist z_i null. Im Falle von Elektronen ist die Ladungszahl -1.

Die *Faraday-Konstante* F gibt die Ladung an, die einem mol Elementarladungen entspricht. Sie ist daher das Produkt aus der Avogadro-Konstante N_A und der Elementarladung e ist:

$$F = N_A \cdot e = 6{,}022 \cdot 10^{23}\,\mathrm{mol}^{-1} \cdot 1{,}602 \cdot 10^{-19}\mathrm{C} = 96.485\,\mathrm{C} \cdot \mathrm{mol}^{-1}. \tag{11.9}$$

Die *Ladungsbilanz* besagt, dass Ladungen nicht verschwinden oder gebildet werden können, d. h. Ladungsneutralität erfüllt sein muss:

$$\sum_{i=1}^{N} Q_i = 0. \tag{11.10}$$

Entsprechend gilt für jede chemische Reaktion j ($j = 1 \ldots M$) für die Summe der Ladungsänderungen ΔQ_i aller N Reaktionspartner (inklusive der Elektronen)

$$\sum_{i=1}^{N} \Delta Q_i = F \cdot \sum_{i=1}^{N} (\Delta n_i \cdot z_i) = 0, \tag{11.11}$$

d. h. auch für einen Formelumsatz mit $\Delta n_i = \nu_{i,j}$:

$$\sum_{i=1}^{N} (\nu_{i,j} \cdot z_i) = 0. \tag{11.12}$$

Aus den Bilanzen ergibt sich für die Gl. 11.5 und 11.6 der Zusammenhang

$$|\nu_{e^-,1}| = |\nu_{H^+,1}|. \tag{11.13}$$

Die *Halbreaktionen einer Redoxreaktion* erfolgen also in der Elektrosynthese örtlich getrennt als Kathoden- und Anodenreaktion, wobei die Elektronen im äußeren Stromkreis von der Anode zur Kathode fließen und innerhalb der Elektrolysezelle der Stromkreis durch einen entsprechenden Ionentransport im Feld zwischen Anode und Kathode geschlossen wird. Aufgrund der üblicherweise hohen Leitsalzkonzentrationen in der Größenordnung von 1 mol/l, um die Ohm'sche Überspannung des Elektrolyts zu reduzieren, übernehmen üblicherweise die Kationen und/oder Anionen des Leitsalzes den Ionentransport innerhalb der Zelle (s. Abb. 11.1).

Auch in der Elektrosynthese kann man die in Abschn. 2.4 eingeführten integralen Größen Umsatzgrad, Selektivität, Ausbeute sowie Atomeffizienz, E-Faktor, Produktionshöhe, Kapazität und Raum-Zeit-Ausbeute verwenden. Hierzu benötigt man lediglich die Konzentrationen der Verbindungen A_1 bis A_4 am Reaktorein- und -ausgang sowie den Volumenstrom durch die Elektrolysezelle und das Reaktionsvolumen in der Elektrolysezelle. Zusätzlich kann man aus der Produktionshöhe sowie der angelegten elektrischen Spannung U und der elektrischen Stromstärke I (s. Abb. 11.2) einen *spezifischen Strombedarf* E_k als kWh elektrische Energie pro kg Produkt A_k bilden:

$$E_k = \frac{P_{el}}{\dot{m}_k} = \frac{U \cdot I}{\dot{m}_k}. \tag{11.14}$$

Gemäß dem *1. Faraday'schen Gesetz* hängt die Produktionshöhe des Produktes A_k proportional von der Stromstärke des elektrischen Stromes ab, der in der gewünschten Reaktion (Hauptreaktion, $j = 1$) fließt. Das 1. Faraday'sche Gesetz ergibt sich aus der Stöchiometrie der gewünschten Elektrodenreaktionen Gl. 11.5 und 11.6, da die Stoffmengen an gebildetem Produkt A_k und an umgesetzten Elektronen im Verhältnis ihrer stöchiometrischen Koeffizienten stehen müssen

$$\frac{\Delta n_{k,1}}{\Delta n_{e^-,1}} = \frac{\nu_{k,1}}{\nu_{e^-,1}}. \tag{11.15}$$

Die Änderung der Ladung an Elektronen lässt sich aus der verbrauchten oder gebildeten Stoffmenge der Elektronen in der Hauptreaktion $j = 1$ gemäß Gl. 11.8 berechnen, wenn man berücksichtigt, dass die Ladungszahl für eine Elektron -1 beträgt:

$$\Delta Q_{e^-,1} = \Delta n_{e^-,1} \cdot (-1) \cdot F. \tag{11.16}$$

Da in der Kathodenreaktion Elektronen verbraucht werden, d. h. die Stoffmengenänderung der Elektronen negative ist, ergibt sich rechnerisch zusammen mit der negativen Ladungszahl der Elektronen von $z = -1$ eine positive Ladungsänderung in der Kathode. Allerdings werden die verbrauchten Elektronen bei dem jeweiligen Kathodenpotenzial durch die externe Spannungsquelle nachgeliefert. Analog ergibt sich in der Anode eine negative Ladungsänderung.

Löst man nun Gl. 11.15 nach der gebildeten Stoffmenge an Produkt in der gewünschten Reaktion $j = 1$ auf und setzt die übertragenen Stoffmenge der Elektronen aus Gl. 11.16 ein, erhält man das *1. Faraday'sche Gesetz*:

$$\Delta n_{k,1} = \frac{\nu_{k,1} \cdot \left(-\Delta Q_{e^-,1}\right)}{\nu_{e^-,1} \cdot F}. \tag{11.17}$$

Das 1. Faraday'sche Gesetz besagt, dass die Gesamtladung an Elektronen, die an der Kathode verbraucht oder an der Anode gebildet werden, proportional zur Stoffmenge $\Delta n_{k,1}$ an Produkt A_k ist, das in der jeweiligen Halbreaktion an der Kathode oder Anode gebildet wird. Der Proportionalitätsfaktor ergibt sich aus den stöchiometrischen Koeffizienten sowie der Faraday-Konstanten.

Multipliziert man Gl. 11.17 mit der Molmasse M_k des Produktes A_k und dividiert durch die Zeit Δt erhält man im Grenzübergang $\Delta t \rightarrow dt$ und unter Berücksichtigung von $I_1 = -\,\mathrm{d}Q_{e^-,1}/\mathrm{d}t$ die Produktionshöhe:

$$\dot{m}_{k,1} = \nu_{k,1} \frac{I_1 \cdot M_k}{\nu_{e^-,1} \cdot F}. \tag{11.18}$$

I_1 ist dabei die Stromstärke des partiellen elektrischen Stroms, der in der gewünschten elektrochemischen Reaktion (Hauptreaktion, $j = 1$) an der jeweiligen Elektrode fließt. I_1 besitzt an der Kathode einen negativen und an der Anode einen positiven Wert.

Im Falle von M_F Faraday'schen Reaktionen, d. h. $M_F - 1$ Nebenreaktionen, die ebenfalls unter Übertragung von Elektronen ablaufen, muss für die Stromstärke des Gesamtstroms an der jeweiligen Elektode, I_E, gelten:

$$I_E = \sum_{j=1}^{M_F} I_j. \tag{11.19}$$

Die Stromstärke des Gesamtstroms an der Kathode besitzt wiederum einen negativen, und die an der Anode einen positiven Wert. Die Gesamtstromstärke des elektrischen Stromes im äußeren Stromkreis I ist, genauso wie die angelegte Spannung U, eine positive Größe:

$$I = |I_E|. \tag{11.20}$$

Betrachtet man die Elektronen als Reaktionspartner, dann kann man für jede Halbreaktion eine auf die übertragenen Elektronen bezogene Selektivität zu Produkt A_k gemäß Gl. 2.17 angeben, die als *Faraday-Effizienz* (FE_k) oder manchmal auch als Stromeffizienz für die Bildung des Produkts A_k bezeichnet wird:

$$FE_k = \frac{\Delta n_{k,1}}{\Delta n_{e^-} \cdot \frac{\nu_{k,1}}{\nu_{e^-,1}}}. \tag{11.21}$$

Die *Faraday-Effizienz* FE_k setzt also die Stoffmenge des in der jeweiligen Halbreaktion gebildeten Produkts $\Delta n_{k,1}$ ins Verhältnis zu der Stoffmenge, die sich aus der Stoffmenge der umgesetzten Elektronen Δn_{e^-} hätte bilden können. In der Kathodenreaktion werden Elektronen verbraucht und in der Anodenenreaktion gebildet. Mit den vorzeichenbehafteten stöchiometrischen Koeffizienten der Elektronen, die in der Kathodenreaktion negativ und in der Anodenreaktion positiv sind, ergibt sich für die Faraday-Effizienz immer ein positiver Wert. Eine Faraday-Effizienz von 100 % bedeutet also, dass alle Elektronen nur in der gewünschten Reaktion umgesetzt werden. Man kann Gl. 11.21 auch mit der Stromstärke des partiellen elektrischen Stroms in der gewünschten Reaktion und der Stromstärke des insgesamt im äußeren Stromkreis geflossenen Stroms I ausdrücken:

$$FE_k = \frac{\Delta n_{k,1} \cdot \frac{\nu_{e^-,1}}{\nu_{k,1}}}{\Delta n_{e^-}} = \frac{|I_1|}{I}. \tag{11.22}$$

Die *Energie-Effizienz* EE_k für die Bildung des Produktes A_k kann nun mithilfe der dafür thermodynamisch notwendigen Leistung aus der Gleichgewichtsspannung U_0 und der Stromstärke des partiellen elektrischen Stroms I_1, der in die gewünschte elektrochemische Reaktion fließt, berechnet werden, indem man diese auf die tatsächlich erforderliche Leistung bezieht:

$$EE_k = \frac{U_0 \cdot |I_1|}{U \cdot I} = \frac{U_0}{U} \cdot FE_k. \tag{11.23}$$

Die *Energie-Effizienz* für die Bildung des Produktes A_k ist also umso kleiner, je geringer der Anteil des elektrischen Stroms ist, der in die gewünschte Hauptreaktion fließt (s. Gl. 11.22) und je höher die angelegte Spannung aufgrund von Überspannungen ist (s. Gl. 11.1).

Neben den *Faraday'schen Reaktionen*, also elektrochemisch aktivierten Reaktionen, können in der Elektrosynthese auch zusätzlich *Nicht-Faraday'sche Reaktionen*, also rein thermisch aktivierte chemische Reaktionen ablaufen, die wir allen vorausgegangenen Kapiteln dieses Lehrbuchs zugrunde gelegt hatten, sodass sich ein komplexes Reaktionssystem aus Faraday'schen und Nicht-Faraday'schen Reaktionen ergeben kann. Beispiel 11.1 beschreibt ein solches komplexes Reaktionssystem am Beispiel der elektrochemischen CO_2-Reduktion.

Bis jetzt haben wir in diesem Abschnitt integrale Größen wie den spezifischen Energiebedarf E_k, die Faraday-Effizienz FE_k und die Energie-Effizienz EE_k definiert, die in der Elektrochemischen Reaktionstechnik noch zusätzlich zu den bereits in Abschn. 2.4 definierten integralen Größen hinzukommen. Abschließend soll nun noch auf die in der Elektrochemischen Reaktionstechnik neu hinzukommenden lokalen Größen, nämlich die

Faraday'sche Reaktions- und die Faraday'sche Stoffmengenänderungsgeschwindigkeit eingegangen werden. Für die Nicht-Faraday'schen Reaktionen bleiben die in Abschn. 2.4 eingeführten Definitionen natürlich weiterhin gültig.

Die differenzielle Änderung der Reaktionslaufzahl, $d\xi_j$, an der Kathode oder Anode einer elektrochemischen Reaktion j kann über die differenzielle Änderung der Stoffmenge an Elektronen normiert mit dem dazugehörigen stöchiometrischen Koeffizienten wie folgt formuliert werden:

$$d\xi_j = \frac{dn_{e^-,j}}{\nu_{e^-,j}}. \tag{11.24}$$

Mit der differenziell für eine beliebige Halbreaktion der Reaktion j formulierten Gl. 11.16 erhält man dann das *1. Faraday'sche Gesetz*, das nicht wie in Gl. 11.17 mit der Stoffmenge des an der Kathode oder Anode der Hauptreaktion gebildeten Produkts $\Delta n_{k,1}$, sondern für die Kathoden- oder Anodenreaktion einer beliebigen elektrochemischen Redoxreaktion j mit der Reaktionslaufzahl ξ_j formuliert ist:

$$d\xi_j = \frac{-\,dQ_{e^-,j}}{\nu_{e^-,j} \cdot F} = \frac{|dQ_{e^-,j}|}{|\nu_{e^-,j}| \cdot F}. \tag{11.25}$$

Setzt man nun Gl. 11.25 in die Definitionsgleichung der *Reaktionsgeschwindigkeit* gemäß Gl. 2.6 ein, erhält man mit dem Reaktionsvolumen V

$$r_j = \frac{1}{V} \cdot \frac{1}{\nu_{e^-,j} \cdot F} \cdot \frac{-\,dQ_{e^-,j}}{dt} \tag{11.26}$$

und nach Einführen der Stromstärke des partiellen elektrischen Stroms $I_j = dQ_{e^-,j}/dt$ an der Kathode oder Anode in Reaktion j:

$$r_j = \frac{1}{V} \cdot \frac{I_j}{\nu_{e^-,j} \cdot F}. \tag{11.27}$$

Da die Elektrodenreaktion eine heterogene Reaktion ist, d. h. an einer festen Oberfläche, der Elektrodenoberfläche, abläuft, verwendet man die in Abschn. 8.2.2 mit Gl. 8.32 eingeführte auf die Oberfläche bezogene Reaktionsgeschwindigkeit und erhält dann analog:

$$r_{j,A} = \frac{1}{A} \cdot \frac{I_j}{\nu_{e^-,j} \cdot F}. \tag{11.28}$$

Bezieht man den partiellen elektrischen Strom I_j auf die Elektrodenoberfläche A, erhält man die sogenannte *partielle Stromdichte* i_j und Gl. 11.28 kann dann wie folgt geschrieben werden:

$$r_{j,A} = \frac{i_j}{\nu_{e^-,j} \cdot F}. \tag{11.29}$$

Die *partielle Stromdichte* i_j, die an der Kathode ein negatives und an der Anode ein positives Vorzeichen hat, hängt vom Potenzial der Elektrode ab, worauf in Abschn. 11.3 näher eingegangen wird.

Für die *Stoffmengenänderungsgeschwindigkeit* R_i gilt weiterhin Gl. 2.9, wobei zu den Nicht-Faraday'sche Reaktionen die Faraday'schen Reaktionen hinzukommen und mitsummiert werden:

$$R_{i,A} = \sum_{j=1}^{M} \nu_{i,j} \cdot r_{j,A}. \tag{11.30}$$

Liegt nur eine Faraday'sche Reaktion vor, wie das in Gl. 11.3 der Fall war, vereinfacht sich Gl. 11.30 zu:

$$R_{i,A} = \frac{\nu_{i,1} \cdot i_1}{\nu_{e^-,1} \cdot F}. \tag{11.31}$$

Gl. 11.31 entspricht dem 1. Faraday'schen Gesetz gemäß Gl. 11.17, wenn man auf differenzielle zeitliche Änderungen übergeht und auf die Elektrodenoberfläche bezieht.

11.1.3 Beispiele

Tab. 11.1 gibt einen Überblick über einige großtechnische elektrochemische Prozesse sowie technische Entwicklungen, wie die CO_2-Elektrolyse, die bereits weit vorangeschritten sind. Neben der Bruttoreaktion sind die Kathoden- und Anodenreaktionen aufgelistet, und zwar als irreversible Reaktionen, wie sie bei entsprechend hohen elektrischen Strömen und Überspannungen vorliegen (s. auch Abschn. 11.3.1). Weiterhin sind die jeweiligen Elektrokatalysatoren, bzw. Anode und Kathode, sowie Elektrolyte und der Zellentyp aufgelistet. Auf einige dieser Prozesse kommen wir in den nachfolgenden Beispielen nochmals zurück. So behandelt das Beispiel 11.1 die CO_2-Elektrolyse zu CO bzw. Synthesegas, das Beispiel 11.2 bezieht sich auf die *Chlor-Alkali-Elektrolyse* mit Sauerstoffverzehrkathode, im Beispiel 11.3 wird auf die Mikrokinetik der sauren *Wasserelektrolyse* eingegangen und im Beispiel 11.4 auf Stofftransportlimitierungen in der *CO_2-Elektrolyse*. Zwei elektroorganische Synthesen seien besonders hervorgehoben: der sogenannte *Baizer-Prozess* von Monsanto, nach dem 300.000 t pro Jahr an Adiponitril durch kathodische Hydrodimerisierung von Acrylnitril hergestellt werden [15]. Adipodinitril wird für die

Tab. 11.1 Ausgewählte elektrochemische Prozesse im Überblick

Prozess	Bruttoreaktion	Kathoden-/Anodenreaktion	Kathode/Anode	Elektrolyt	Zelldesign
Chlor-Alkali-Elektrolyse	$2H_2O + 2NaCl$ $\rightarrow H_2 + Cl_2 + 2Na^+ + 2OH^-$	Anode: $2Cl^- \rightarrow Cl_2 + 2e^-$ Kathode: $2H^+ + 2e^- \rightarrow H_2$	Anode: Ruthenium-dotiertes Titanoxid/Titan Kathode: Nickel	Flüssig: Anolyt: gesättigte NaCl-Lösung Katholyt: verdünnte NaOH-Lösung	Plattenzelle mit Membran (kationenleitend)
Chlor-Alkali-Elektrolyse mit SVE (Sauerstoffverzehrelektrode)	$4NaCl + O_2 + 2H_2O$ $\rightarrow 2Cl_2 + 4NaOH$	Anode: $4Cl^- \rightarrow 2Cl_2 + 4e^-$ Kathode: $O_2 + 2H_2O + 4e^- \rightarrow 4OH^-$	Anode: Ruthenium-dotiertes Titanoxid/Titan Kathode: Silber/PTFE (SVE: Sauerstoffverzehrelektrode)	Flüssig: Anolyt: gesättigte NaCl-Lösung Katholyt: verdünnte NaOH-Lösung	Plattenzelle mit Membran (kationenleitend)
Alkalische Wasserelektrolyse	$2H_2O \rightarrow O_2 + 2H_2$	Anode: $4OH^- \rightarrow 2H_2O + O_2 + 4e^-$ Kathode: $4H_2O + 4e^- \rightarrow 2H_2 + 4OH^-$	Anode: Nickel Kathode: Nickel	Flüssig: $5 - 7\ \frac{mol}{l}\ KOH$	Plattenzelle mit Diaphragma
Saure Wasserelektrolyse	$2H_2O \rightarrow O_2 + 2H_2$	Anode: $2H_2O \rightarrow O_2 + 4H^+ + 4e^-$ Kathode: $4H^+ + 4e^- \rightarrow 4H_2$	Anode: Iridiumoxid Kathode: Platin	Fest: Kationenleitende Membrana (z. B. Nafion®)	Plattenzelle mit Membran, die gleichzeitig fester Elektrolyt ist
Baizer-Prozess (Monsanto)	$2\ CH_2{=}CH{-}CN + H_2O$ $\rightarrow NC{-}(CH_2)_4{-}CN + 0{,}5O_2$	Anode: $H_2O \rightarrow 0{,}5O_2 + 2H^+ + 2e^-$ Kathode: $2\ CH_2{=}CH{-}CN + 2H_2O + 2e^-$ $\rightarrow NC{-}(CH_2)_4{-}CN + 2OH^-$	Anode: Kohlenstoffstahl Kathode: Cadmium-beschichteter Kohlenstoffstahl	Flüssig: Wässrige Tetraalkylammoniumsalzlösung, Korrosionsinhibitoren	Plattenzelle ohne Separator (ungeteilte Zelle)

(Fortsetzung)

Tab. 11.1 (Fortsetzung)

Prozess	Bruttoreaktion	Kathoden-/Anodenreaktion	Kathode/Anode	Elektrolyt	Zelldesign
Gepaarte Elektrolyse aus Oxidation von 4-tert-Butyltoluol und Reduktion von Phthalsäuredimethylester (BASF)	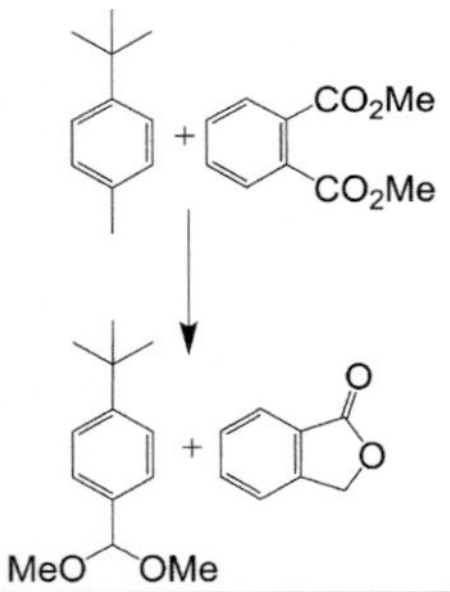 CO_2Me, CO_2Me; O, O; MeO, OMe	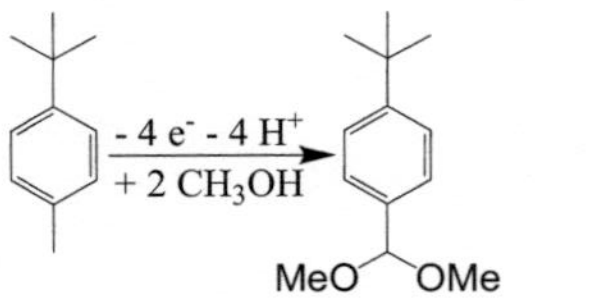 Anode: $\xrightarrow[+2\,CH_3OH]{-4\,e^- -4\,H^+}$ MeO OMe Kathode: MeO_2C CO_2Me $\xrightarrow[-2\,CH_3OH]{+4\,e^- +4\,H^+}$ O, O 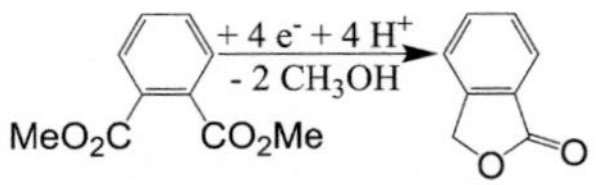	Anode: Graphit oder Bor-dotierter Diamant Kathode: Graphit oder Bor-dotierter Diamant	Flüssig: Tributylmethylam-moniummethylsulfat in Methanol	Kapillarspalt-Zelle ohne Separator
CO_2-Elektrolyse (Siemens Energy/Evonik)	$CO_2 \rightarrow CO + 0{,}5O_2$	Anode: $H_2O \rightarrow 0{,}5O_2 + 2H^+ + 2e^-$ Kathode: $CO_2 + H_2O + 2e^- \rightarrow CO + 2OH^-$	Anode: Iridium Kathode: Silber	Flüssig: Wässrige K_2SO_4-Lösung	Plattenzelle mit Diaphragma

Nylon-6,6-Herstellung benötigt. Dieser Prozess stellt den technisch größten elektroorganischen Syntheseprozess dar [16, 17]. Ebenfalls besonders hervorgehoben sei die parallele gepaarte Elektrosynthese der Firma BASF, bei der sowohl an der Anode als auch an der Kathode Wertprodukte erzeugt werden. Die anodische Methoxylierung von 4-tert-Butyltoluol zum 4-tert-Butylbenzaldehyddimethylacetal, das dann unter Bildung von 4-tert-Butylbenzaldehyd und Methanol verseift wird, war bereits zuvor ein technischer Prozess. Allerdings erfolgte bei diesem Prozess an der Kathode die Wasserstoffbildung. Der Firma BASF gelang es 1999, die anodische Methoxylierung mit der kathodischen Phthalsäuredimethylester-Reduktion zu Phthalid zu koppeln [18]. Rein stöchiometrisch reagiert also 4-tert-Butyltoluol mit Phthalsäuredimethylester zu 4-tert-Butylbenzaldehyddimethylacetal und Phthalid. Dabei wird kathodisch so viel Methanol gebildet wie anodisch verbraucht wird. Neben der parallelen *gepaarten Elektrolyse* gibt es noch die konvergente, die konsekutive und die divergente gepaarte Elektrolyse, auf die hier aber nicht näher eingegangen werden soll [19, 20].

11.2 Elektrochemische Thermodynamik

Die elektrochemische Thermodynamik baut auf der chemischen Thermodynamik, die im Abschn. 3.2 behandelt wurde, insofern auf, als die Hauptsätze der Thermodynamik um die elektrische Arbeit erweitert werden. Anstelle des chemischen Potenzials tritt das elektrochemische Potenzial, das bei geladenen Teilchen zusätzlich das elektrische Potenzial berücksichtigt. Das elektrische Potenzial beschreibt die potenzielle Energie einer Ladung im elektrischen Feld, das sich zwischen den Elektroden ausbildet und dessen Gradient an der Elektrode, in der sogenannten elektrochemischen Doppelschicht, am größten ist.

11.2.1 Erster Hauptsatz der Thermodynamik

In Abschn. 3.2.1 hatten wir den 1. Hauptsatz der Thermodynamik für ein geschlossenes System mit Gl. 3.15 formuliert, welcher besagt, dass sich die differenzielle Änderung der inneren Energie dU aus der über die Systemgrenze ausgetauschten Wärme δQ und Arbeit δW ergibt. Bei der ausgetauschten Arbeit hatten wir in Abschn. 3.2.1 nur die Volumenänderungsarbeit δW_V berücksichtigt:

$$\delta W_V = -pdV. \tag{11.32}$$

Eine Volumenexpansion führt dazu, dass Arbeit an der Umgebung verrichtet wird und die innere Energie abnimmt, weshalb die ausgetauschte Volumenänderungsarbeit dann ein negatives Vorzeichen hat. Wird im betrachteten geschlossenen System eine Elektrosynthese, d. h. eine elektrochemische Redoxreaktion, durchgeführt, so wird *elektrische Arbeit* am System verrichtet. Es muss eine elektrische Spannung U angelegt werden und es fließt entsprechend der Strom-Spannungs-Kurve (s. Abb. 11.2) eine elektrischer Strom mit der Stromstärke I. Die notwendige elektrische Leistung beträgt dann:

$$P_{el} = U \cdot I. \tag{11.33}$$

Somit ergibt sich die in einem differenziellen Zeitraum am System geleistete *elektrische Arbeit* δW_{el}:

$$\delta W_{el} = P_{el} \cdot dt = U \cdot I \cdot dt = U \cdot |dQ_{e^-}|. \tag{11.34}$$

$|dQ_{e^-}|$ ist der Betrag der elektrischen Ladung der Elektronen, die im Zeitraum dt durch den äußeren Stromkreis aufgrund der angelegten Spannung U geflossen sind. In der Elektrosynthese wird diese Ladungsmenge an der Kathode verbraucht und an der Anode gebildet.

Der 1. Hauptsatz der Thermodynamik für ein geschlossenes und isobares elektrochemisches System ergibt sich aus Gl. 3.18, wenn man noch die elektrische Arbeit δW_{el} gemäß Gl. 11.34 berücksichtigt, die zugeführt wird, wenn man eine äußere Spannung U anlegt und im äußeren Stromkreis die Ladungsmenge $|dQ_{e^-}|$ fließt:

$$(dH)_p = \delta Q + U \cdot |dQ_{e^-}|. \tag{11.35}$$

Unter Berücksichtigung des totalen Differenzials für die Enthalpie (s. Gl. 3.19), d. h. nach Einführung der Wärmekapazität (s. Gl. 3.21) und der Reaktionsenthalpie (s. Gl. 3.23), kann man Gl. 11.35 für eine einzige ablaufende Reaktion wie folgt schreiben:

$$m \cdot c_p \cdot dT + \Delta_{\mathrm{R}} H \cdot d\xi = \delta Q + U \cdot |dQ_{e^-}|. \tag{11.36}$$

Da der Ladungsbetrag $|dQ_{e^-}|$ gemäß dem 1. Faraday'schen Gesetz mit der Reaktionslaufzahl nach Gl. 11.25 gekoppelt ist, lautet der *1. Hauptsatz der Thermodynamik* für eine einzige ablaufende elektrochemische Redoxreaktion:

$$m \cdot c_p \cdot dT = \delta Q + |\nu_{e^-}| \cdot F \cdot U \cdot d\xi - \Delta_{\mathrm{R}} H \cdot d\xi. \tag{11.37}$$

Gl. 11.37 stellt also die Wärmebilanz für ein geschlossenes isobares elektrochemisches System dar und besagt, dass ausgetauschte Wärme, elektrische Arbeit und Wärmetönung der Reaktion eine entsprechende Änderung der Temperatur des Systems bewirken. Eine nicht freiwillig ablaufende elektrochemische Reaktion (s. Abschn. 11.2.2), wie sie in der Elektrosynthese vorliegt, ist zumeist auch endotherm, sodass man aus Gl. 11.37 die Spannung ableiten kann, die angelegt werden muss, um den Wärmeverbrauch durch die endotherme Reaktion genau durch die zugeführte elektrische Arbeit zu kompensieren. In diesem Fall würde dann keine Wärme mit der Umgebung ausgetauscht und es tritt auch keine Temperaturänderung auf. Diese Spannung wird auch als *thermoneutrale Spannung* U_{th} bezeichnet und kann wie folgt berechnet werden:

$$U_{th} = \frac{\Delta_R H}{|\nu_{e^-}| \cdot F}. \qquad (11.38)$$

Somit kann man also drei Spannungsbereiche für elektrochemische Redoxreaktionen im geschlossenen System klassifizieren:

- $U \leq U_0$:
  Die elektrochemische Redoxreaktion läuft bei der betrachteten Temperatur nicht ab, da die angelegte Spannung die thermodynamische Gleichgewichtsspannung U_0 nicht übersteigt. Dies zeigt sich in einem entsprechenden Achsenabschnitt in der Strom-Spannungs-Kurve in Abb. 11.2, dessen Berechnung im nachfolgenden Abschn. 11.2.2 näher erläutert wird.
- $U_o < U < U_{th}$:
  Die elektrochemische Redoxreaktion läuft ab, wobei sich die Temperatur des Systems dabei erniedrigt. Für die Gewährleistung isothermer Bedingungen müsste Wärme zugeführt, d. h. geheizt werden.
- $U > U_{th}$:
  Die elektrochemische Redoxreaktion läuft ab, wobei sich die Temperatur des Systems dabei erhöht. Für die Gewährleistung isothermer Bedingungen müsste Wärme abgeführt, d. h. gekühlt, werden. Da elektrochemische Reaktoren in der Elektrosynthese hohe Raum-Zeit-Ausbeuten erzielen müssen, werden hohe Stromdichten eingestellt und somit hohe Spannungen angelegt, sodass starke Temperaturerhöhungen auftreten können.

11.2.2 Zweiter Hauptsatz der Thermodynamik

In Abschn. 3.2.2 haben wir den 2. Hauptsatz der Thermodynamik mithilfe der Entropieänderung dS des abgeschlossenen Systems dahingehend formuliert, dass die Entropie S des Systems sich bei reversiblen Prozessen nicht ändert und bei irreversiblen Prozessen zunimmt (s. Gl. 3.37). Mit der klassischen Definition der Entropie S als reversible ausgetauschte Wärme bezogen auf die absolute Temperatur, die manchmal auch als reduzierte Wärmemenge bezeichnet wird, kann man den 2. Hauptsatz der Thermodynamik für ein geschlossenes System mit der sogenannten Clausius'sche Ungleichung formulieren (Gl. 3.39), die hier wegen ihrer Bedeutung für die weitere Herleitung nochmals wiederholt werden soll:

$$dS \geq \frac{\delta Q}{T}. \tag{11.39}$$

Löst man nun Gl. 11.35, also den 1. Hauptsatz der Thermodynamik für elektrochemische Redoxreaktionen, nach δQ auf und setzt in Gl. 11.39 ein, erhält man:

$$dS \geq \frac{(dH)_p}{T} - \frac{U \cdot |dQ_{e^-}|}{T} \tag{11.40}$$

und nach Multiplizieren mit T und Umsortieren der Terme:

$$(dH)_p - T \cdot dS \leq U \cdot |dQ_{e^-}|. \tag{11.41}$$

Mit der Definition der Gibbs'schen bzw. freien Enthalpie als $G = H - T \cdot S$ gemäß Gl. 3.43 erhält man für isobare isotherme geschlossene Systeme als Endgleichung den 2. Hauptsatz der Thermodynamik für elektrochemische Redoxreaktionen (Elektrosynthese):

$$(dG)_{p,T} \leq U \cdot |dQ_{e^-}|. \tag{11.42}$$

Im thermodynamischen Gleichgewicht gilt das Gleichheitszeichen, sodass sich unter Berücksichtigung des 1. Faraday'schen Gesetzes gemäß Gl. 11.25 für die *Gleichgewichtsspannung* U_0 einer unter Übertragung von $|\nu_{e^-}|$ Elektronen ablaufenden elektrochemischen Redoxreaktion (Elektrosynthese) ergibt:

$$U_0 = \frac{(\Delta_\mathrm{R} G)_{p,T}}{|\nu_{e^-}| \cdot F}. \tag{11.43}$$

Es sei an dieser Stelle ausdrücklich darauf hingewiesen, dass es sich bei U_0 nicht um die Gleichgewichtszellspannung (oder elektromotorische Kraft EMK), auf die wir später unter Einführung von Gl. 11.70 noch eingehen werden, handelt, sondern um die über eine externe Stromquelle angelegte äußere Spannung. Die Verwendung der EMK würde in Gl. 11.43 zu einem negativen Vorzeichen auf der rechten Seite führen. Da wir uns hier aber auf die Elektrosynthese beschränken, soll weiterhin die Spannung der externen Stromquelle verwendet werden.

Unter Standardbedingungen, d. h. die chemischen Verbindungen A_i liegen in unendlicher Verdünnung im Elektrolyt mit einer Bezugskonzentration von 1 mol/l vor, der Druck wird üblicherweise mit 1 bar und die Temperatur mit 25 °C festgelegt, geht Gl. 11.43 über in die *Standardgleichgewichtsspannung*:

$$U_0^0 = \frac{\Delta_\mathrm{R} G^0}{|\nu_{e^-}| \cdot F}. \tag{11.44}$$

Berücksichtigt man den Zusammenhang der freien Reaktionsenthalpie von den Aktivitäten der Reaktanden nach Gl. 3.56 und setzt diesen in Gl. 11.43 ein, so erhält man unter Berücksichtigung von Gl. 11.44 die sogenannte *allgemeine Nernst-Gleichung*, welche die äußere Gleichgewichtsspannung für eine Elektrosynthese angibt:

$$U_0 = U_0^0 + \frac{R \cdot T}{|\nu_{e^-,1}| \cdot F} \ln K = U_0^0 + \frac{R \cdot T}{|\nu_{e^-,1}| \cdot F} \ln\left(\prod_{i=1}^{N} a_i^{\nu_i}\right). \tag{11.45}$$

Die Temperatur- und Druckabhängigkeiten der Gleichgewichtsspannung ergeben sich aus den jeweiligen Druck- und Temperaturabhängigkeiten der freien Reaktionsenthalpie nach Gl. 3.45 zu

$$\left(\frac{\partial U_0}{\partial T}\right)_p = \frac{1}{|\nu_{e^-,1}| \cdot F} \cdot \left(\frac{\partial \Delta_\mathrm{R} G_1}{\partial T}\right)_p = -\frac{\Delta_\mathrm{R} S_1}{|\nu_{e^-,1}| \cdot F} \tag{11.46}$$

und

$$\left(\frac{\partial U_0}{\partial p}\right)_T = \frac{1}{|\nu_{e^-,1}| \cdot F} \cdot \left(\frac{\partial \Delta_\mathrm{R} G_1}{\partial p}\right)_T = \frac{\Delta_\mathrm{R} V_1}{|\nu_{e^-,1}| \cdot F}. \tag{11.47}$$

Beispiel 11.1
Die CO_2-Elektrolyse zu CO erfolgt nach folgender Bruttogleichung:

$$CO_2 \rightleftarrows CO + 0{,}5\, O_2. \tag{a}$$

Wie Tab. 11.1 entnommen werden kann, wird die CO_2-Elektrolyse mit K_2SO_4 als Leitsalz und Wasser als Lösungsmittel durchgeführt. Wasser fungiert bei den vorliegenden pH-Werten auch als Protonendonor bzw. Protonenakzeptor. Ein Diaphragma trennt Kathoden- und Anodenraum. Als Elektroden werden sogenannte Gasdiffusionselektroden mit geeigneten Elektrokalysatoren (Silber an der Kathode und Iridium an der Anode) eingesetzt. Es gibt verschiedene Typen von Gasdiffusionselektroden. Die hier verwendeten Gasdiffusionselektroden sind vom Typ der Sauerstoffverzehrkathoden, die für die Chlor-Alkali-Elektrolyse entwickelt wurden (s. Tab. 11.1 und Beispiel 11.2). Sie zeichnen sich dadurch aus, dass sie porös und durch ihren PTFE-Gehalt schlecht benetzbar sind, sodass der flüssige Elektrolyt diese nicht flutet, sondern im Inneren einen Flüssigkeitsfilm auf dem Elektrokatalysator bildet, der „fingerförmig" in die Elektrode eindringt [21]. Dadurch erhöht sich die elektrochemisch aktive Elektrodenoberfläche A gegenüber der geometrischen Elektrodenfläche A_E um ca. zwei Größenordnungen [22]. Das gasförmige CO_2 wird auf der dem flüssigen Elektrolyt gegenüberliegenden Elektrodenseite vorbeigeführt, diffundiert in die Gasdiffusionselektrode hinein und durch den ausgedehnten dünnen Flüssigkeitsfilm im Inneren der Elektrode an den Elektrokatalysator.

Die gewünschte Kathodenreaktion kann daher wie folgt formuliert werden:

$$CO_2 + 2e^- + H_2O \rightleftarrows CO + 2OH^- \tag{b}$$

Als unerwünschte Nebenreaktion findet an der Kathode die Wasserreduktion unter Wasserstoffbildung statt, die nur durch geeignete Wahl von Katalysatoren (hier Silber) und unter Vermeidung einer CO_2-Stofftransportlimitierung (s. Beispiel 11.4) weitgehend unterdrückt werden kann:

$$2H_2O + 2e^- \rightleftarrows H_2 + 2OH^- \tag{c}$$

Als Anodenreaktion wird üblicherweise die Wasser-Oxidation unter Sauerstoffentwicklung durchgeführt:

$$H_2O \rightleftarrows 0{,}5\ O_2 + 2e^- + 2H^+ \tag{d}$$

Iridium hat als Elektrokatalysator die höchste Stabilität unter den an der Anode vorherrschenden oxidierenden und sauren Bedingungen.

Die Gl. b und d ergeben insgesamt die Bruttoreaktion gemäß Gl. a.

Der Wert der freien Standardreaktionsenthalpie der Bruttoreaktion Gl. a kann gemäß Gl. 3.60 aus den freien Standardbildungsenthalpien der beteiligten Reaktanden, die Tab. 3.1 entnommen werden können, zu

$$\Delta_R G^0 = 257{,}3\ \text{kJ} \cdot \text{mol}^{-1} \tag{e}$$

berechnet werden. Die Standardreaktionsenthalpie ergibt sich analog über die Standardbildungsenthalpien der Reaktanden gemäß Gl. 3.33 zu:

$$\Delta_R H^0 = 283{,}2\ \text{kJ} \cdot \text{mol}^{-1}. \tag{f}$$

Nun können mit den Gl. 11.38 und 11.44 die thermoneutrale Spannung und die Standardgleichgewichtsspannung für die Bruttoreaktion berechnet werden und man erhält:

$$U_{th} = 1{,}47\ \text{V} \tag{g}$$

bzw.

$$U_0^0 = 1{,}33\ \text{V}. \tag{h}$$

Erhöht man die Spannung über die Standardgleichgewichtsspannung bzw. die Gleichgewichtsspannung, welche nach Umrechnung auf andere Zusammensetzungen gemäß Gl. 11.45 und auf andere Drücke und Temperaturen gemäß Gl. 11.46 und 11.47 erhalten wird, dann erfolgt – wie in Abb. 11.2 dargestellt – ein Stromfluss *I*. Ist die angelegte Spannung größer als die thermoneutrale Spannung, dann wird Wärme erzeugt. Diese lässt sich wie folgt berechnen:

$$\dot{Q}_R = -(U - U_{th}) \cdot I. \tag{i}$$

Je höher der Stromfluss *I*, desto größer ist die Produktionshöhe von CO gemäß Gl. 11.18 abhängig von der Faraday-Effizienz gemäß Gl. 11.22. Typische Faraday-Effizienzen für die Bildung von CO liegen an Silber-Elektrokatalysatoren bei etwa 90 % [23]. Je höher die auftretenden Überspannungen (s. Abb. 11.2), desto geringer die dazugehörigen Energieeffizienzen. Typische Energieeffizienzen für die elektrochemische CO_2-Reduktion zu CO liegen bei einer Stromdichte von 300 mA/cm^2 bei etwa 47 % bezogen auf die Standardgleichgewichtsspannung [23]. Der spezifische Strombedarf errechnet sich dann gemäß Gl. 11.14 nach Einsetzen von Gl. 11.18 und unter Berücksichtigung von Gl. 11.22 und 11.23 zu:

$$E_{CO} = \frac{2 \cdot U_0 \cdot F}{EE_{CO} \cdot M_{CO}} = 6340 \ \text{kWh} \cdot \text{t}^{-1}. \tag{j}$$

Mit dem jeweiligen Industriestrompreis ergeben sich dann die Stromkosten pro Tonne produziertes CO, die natürlich nur einen Teil der Gestehungskosten darstellen.

Die auf niedrigem Temperaturniveau produzierte Wärme ergibt sich aus Gl. i durch Einsetzen von Gl. 11.18 und unter Berücksichtigung von Gl. 11.22 und 11.23:

$$\frac{\dot{Q}_R}{\dot{m}_{CO}} = \frac{2 \cdot \left(\frac{U_0^0 \cdot FE_{CO}}{EE_{CO}} - U_{th}\right) \cdot F}{FE_{CO} \cdot M_{CO}} = 7287 \ \text{kWh} \cdot \text{t}^{-1}. \tag{j}$$

Bis jetzt haben wir nur die Faraday'schen Reaktionen diskutiert. Für die optimale Betriebsweise des Elektrolyseurs sind aber auch die Nicht-Faraday'schen Reaktionen zu berücksichtigen. So kommt es an der Kathode mit den in Reaktionsgleichung Gl. b gebildeten Hydroxidionen mit zunehmendem pH-Wert noch zur Bildung von Kaliumhydrogencarbonat und Kaliumcarbonat:

$$CO_2 + OH^- \rightleftarrows HCO_3^- \tag{k}$$

bzw.

$$HCO_3^- + OH^- \rightleftarrows CO_3^{2-} + H_2O \tag{l}$$

Insgesamt ergeben sich also die in Abb. 11.3 dargestellten Stoffströme. In Abschn. 11.4.3 kommen wir nochmals auf dieses Beispiel zurück und beantworten die Frage, wie die Elektrolytströmen (Katholyt und Anolyt) prozessiert werden, um sie wiederverwenden zu können. ◀

Es sei an dieser Stelle darauf hingewiesen, dass gemäß Gl. 11.43 das reine chemische Gleichgewicht wie wir es in Abschn. 3.2.2.2 besprochen haben, nicht eingestellt ist, d. h. die Bedingung

$$(\Delta_R G)_{p,T} = 0 \tag{11.48}$$

in der Elektrochemischen Reaktionstechnik nicht mehr gilt. Daher wurde in Gl. 11.45 im Index der Aktivität der Reaktanten nicht der Zusatz „Gl" hinzugefügt, also $a_{i,\text{Gl}}$, da

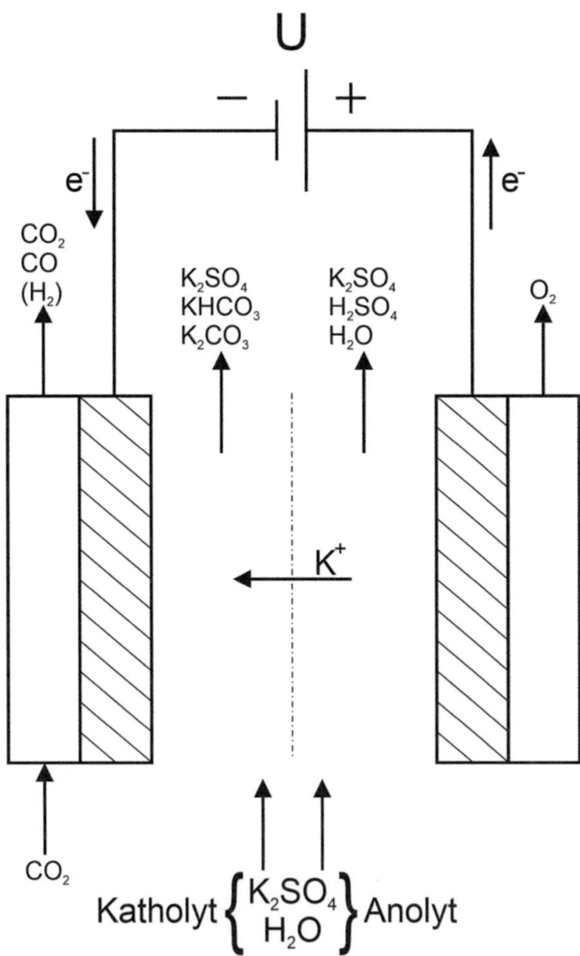

Abb. 11.3 CO_2-Elektrolyse zu CO. (Nach [24])

dieser Zusatz in den vorangegangenen Kapiteln nur beim Vorliegen rein chemischer Gleichgewichte verwendet wurde. Im elektrochemischen Gleichgewicht kommt es dagegen sowohl an der Kathode als auch an der Anode zu einer Ladungstrennung durch Übertragung von Elektronen zwischen der Elektrode und der Lösung (Elektrolyt), sodass ein elektrisches Feld entsteht und Coulomb-Kräfte der Ausbildung des chemischen Gleichgewichts entgegenwirken.

Es ist daher notwendig den Verlauf des *elektrischen Potenzials* in einer Elektrolysezelle näher zu betrachten und zu verstehen. Abb. 11.4 zeigt exemplarisch den Verlauf des *elektrischen Potenzials* φ, wobei das elektrische Potenzial in der Lösung auf null gesetzt wurde. Es wird vereinfachend davon ausgegangen, dass kein Separator vorhanden ist, an dem sich ebenfalls eine Potenzialdifferenz aufgrund unterschiedlicher Konzentrationen dieseits und jenseits der Membran (wie auch in biologischen Zellen) einstellen würde.

Das an einer bestimmten Stelle im elektrischen Feld vorliegende *elektrische Potenzial* φ, z. B. in einer Elektrode, ergibt sich aus der Arbeit W_{el}, die notwendig ist, um eine Probeladung q von einem Bezugsort (hier das Innere der Lösung) zum betrachteten Ort aufgrund der im elektrischen Feld auf die Probeladung q wirkenden Coulomb-Kraft zu verschieben:

$$\varphi = \frac{W_{el}}{q}. \tag{11.49}$$

Der Potenzialverlauf bzw. die Arbeit, die notwendig ist, um eine Probeladung an die Kathode bzw. an die Anode zu verschieben, wird durch die sogenannte elektrische Doppelschicht bestimmt. Bei einer negativen oder positiven Polarisierung der Elektrode wird das Potenzial zunächst dadurch abgeschirmt, dass sich eine jeweils entgegengesetzt geladene Schicht an Ionen (mit Solvathülle) starr an die Elektrodenoberfläche anlagert. Diese starre Doppelschicht wird auch als *Helmholtz-Doppelschicht* bezeichnet. Aufgrund der thermischen Bewegung der geladenen Teilchen wird die Überschussladung der Elektrode aber nicht komplett durch die Helmholtz-Doppelschicht abgeschirmt, sondern es erfolgt noch eine weitere Abschirmung der Überschussladung der Elektrode in der sogenannten *diffusen Doppelschicht,* bevor dann Ladungsneutralität gemäß Gl. 11.10 gegeben und das Feld vollständig abgeschirmt ist. Dieses Modell wird auch als *Stern-Modell* bezeichnet

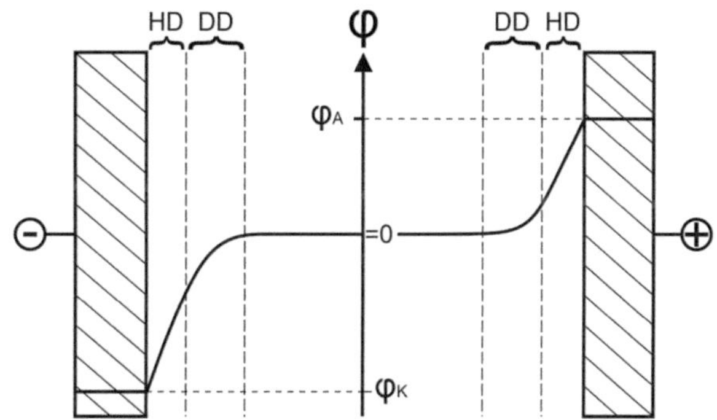

Abb. 11.4 Potenzialverlauf zwischen Kathode und Anode in einer ungeteilten elektrochemischen Zelle (ohne Separator) auf Basis des Stern-Modells [25] und bezogen auf das Potenzial der Lösung (Elektrolyt), das auf null gesetzt wurde. DD: Diffuse Doppelschicht, HD: Helmholtz-Doppelschicht

[25]. Das elektrische Potenzial, das sich bei Annäherung der Probeladung bis zur äußeren Helmholtz-Fläche, also der Grenze zwischen Helmholtz-Doppelschicht und diffuser Doppelschicht, ergibt, wird als Volta-Potenzial bezeichnet. Die Potenzialdifferenz über die Helmholtz-Doppelschicht bezeichnet man als Oberflächenpotenzial und das Potenzial in der Elektrode, also die Summe aus Volta-Potenzial und Oberflächenpotenzial, *Galvani-Potenzial.* Aufgrund der in der technischen Elektrosynthese hohen Leitsalzkonzentrationen, um den Ohm'schen Widerstand gering zu halten, ist die abschirmende Wirkung in der diffusen Doppelschicht sehr hoch bzw. die diffuse Doppelschicht vernachlässigbar klein [7], d. h. das Volta-Potenzial ist vernachlässigbar und nur das Oberflächenpotenzial trägt zum Galvani-Potenzial bei. *Im Folgenden soll das Galvani-Potenzial der Elektrode kurz als Elektrodenpotenzial bzw. elektrisches Potenzial der Elektrode bezeichnet werden.*

Wir betrachten nun eine elektrochemische Redoxreaktion etwas detaillierter, wobei wir uns exemplarisch das thermodynamische Gleichgewicht für die Kathodenreaktion gemäß Gl. 11.5 anschauen. Wie bereits erwähnt stellt sich an der Elektrode kein chemisches Gleichgewicht ein, weil durch den Elektronentransfer eine Polarisation der Elektrode einsetzt und sich eine elektrische Doppelschicht ausbildet. Die Kathodenreaktion findet in dieser elektrischen Doppelschicht statt, d. h. neben dem chemischen Potenzial μ ist das elektrische Potenzial φ zu berücksichtigen. Die Gleichgewichtsbedingungen ergibt sich somit nicht aus der Gleichheit der chemischen Potenziale, sondern aus der Gleichheit der elektrochemischen Potenziale. Das *elektrochemische Potenzial* an einer Position ist die Summe aus dem chemischen Potenzial und dem sich aus dem elektrischen Potenzial ergebenden elektrischen Energie an dieser Position:

$$\widetilde{\mu}_i = \mu_i + z_i F \cdot \varphi. \tag{11.50}$$

Es sei an dieser Stelle nochmals betont, dass z_i die Ladungszahl ist. Für Elektronen beträgt ihr Wert -1. Ergänzend sei angemerkt, dass das chemische Potential eine molare Größe ist, nämlich die molare freie Enthalpie (s. Gl. 3.49), weshalb der elektrische Energiebeitrag gemäß Gl. 11.49 mit Hilfe von Gl. 11.8 auf 1 mol Ladungsträger bezogen werden muss.

Das thermodynamische Gleichgewicht an einer Redoxelektrode kann für die im Gleichgewicht stehenden Phasen, also Elektrode (E) und Lösung (L), grundsätzlich wie folgt formuliert werden:

$$\widetilde{\mu}_{e^-,\mathrm{E}} = \widetilde{\mu}_{e^-,\mathrm{L}}. \tag{11.51}$$

Gl. 11.51 besagt, dass die elektrochemischen Potenziale der Elektronen in den beiden im thermodynamischen Gleichgewicht stehenden Phasen gleich groß sein müssen. Wäre dies nicht der Fall, würde die hier beispielhaft gewählte Kathodenreaktion gemäß Gl. 11.5 solange in die entsprechende Richtung ablaufen, bis die elektrochemischen Potenziale gleich groß sind und das thermodynamische Gleichgewicht erreicht ist. Setzt man in Gl. 11.51 die jeweiligen elektrochemischen Potenziale nach Gl. 11.50 ein, so erhält man für die gewählte Kathodenreaktion folgende Bedingung für das elektrochemische Gleichgewicht:

$$\mu_{e^-,\mathrm{K}} - F \cdot \varphi_{\mathrm{K},0} = \mu_{e^-,\mathrm{L}} - F \cdot \varphi_{\mathrm{L}}. \tag{11.52}$$

Löst man nach dem elektrischen Gleichgewichtspotenzial der Kathode auf und setzt das elektrische Potenzial in der Lösung als Bezugspotenzial auf null, ergibt sich:

$$\varphi_{\mathrm{K},0} = \frac{\mu_{e^-,\mathrm{K}} - \mu_{e^-,\mathrm{L}}}{F}. \tag{11.53}$$

Für die chemischen Potenziale der Elektronen in der Kathode und im Elektrolyt kann man Gl. 3.53 einsetzen:

$$\varphi_{\mathrm{K},0} = \frac{\mu^0_{e^-,\mathrm{K}} - \mu^0_{e^-,\mathrm{L}}}{F} + \frac{RT}{F} \ln \frac{a_{e^-,\mathrm{K}}}{a_{e^-,\mathrm{L}}}. \tag{11.54}$$

Die Aktivität der Elektronen in der Lösung beim Gleichgewichtspotenzial $\varphi_{\mathrm{K},0}$ wird über das Massenwirkungsgesetz gemäß Gl. 3.57 ausgedrückt, da die Elektronen an die potenzialbestimmenden Verbindungen gemäß der in Gl. 11.5 formulierten Gleichung der Kathodenreaktion gebunden sind:

$$K\left(\varphi_{\mathrm{K},0}\right) = a_1^{\nu_{1,1}} \cdot a_{e^-,\mathrm{L}}^{\nu_{e^-,1}} \cdot a_{H^+}^{\nu_{H^+,1}} \cdot a_3^{\nu_{3,1}}. \tag{11.55}$$

Durch Auflösen von Gl. 11.55 nach $a_{e^-,L}$ erhält man:

$$a_{e^-,\mathrm{L}} = \left(\frac{K\left(\varphi_{\mathrm{K},0}\right)}{a_1^{\nu_{1,1}} \cdot a_{H^+}^{\nu_{H^+,1}} \cdot a_3^{\nu_{3,1}}}\right)^{\frac{1}{\nu_{e^-,1}}}. \tag{11.56}$$

Setzt man Gl. 11.56 in Gl. 11.54 ein und betrachtet man das Elektronengas im Metall als reine Phase mit Aktivität eins, setzt also $a_{e^-,\mathrm{K}} = 1$, folgt:

$$\varphi_{\mathrm{K},0} = \frac{\mu^0_{e^-,\mathrm{K}} - \mu^0_{e^-,\mathrm{L}}}{F} - \frac{RT}{\nu_{e^-,1} \cdot F} \ln K\left(\varphi_{\mathrm{K},0}\right) + \frac{RT}{\nu_{e^-,1} \cdot F} \ln\left(a_1^{\nu_{1,1}} \cdot a_{H^+}^{\nu_{H^+,1}} \cdot a_3^{\nu_{3,1}}\right). \tag{11.57}$$

Die ersten beiden Terme in Gl. 11.57 fasst man zum *Standardgleichgewichtspotenzial* zusammen, sodass sich folgende vorläufige Endgleichung für das elektrische Gleichgewichtspotenzial an der Kathode ergibt:

$$\varphi_{\mathrm{K},0} = \varphi^0_{\mathrm{K},0} + \frac{RT}{\nu_{e^-,1} \cdot F} \ln\left(a_1^{\nu_{1,1}} \cdot a_{H^+}^{\nu_{H^+,1}} \cdot a_3^{\nu_{3,1}}\right). \tag{11.58}$$

Führt man für die stöchiometrischen Koeffizienten Beträge ein, ergibt sich die Endgleichung:

$$\varphi_{\mathrm{K},0} = \varphi_{\mathrm{K},0}^{0} + \frac{RT}{|\nu_{e^-,1}| \cdot F} \ln\left(\frac{a_1^{|\nu_{1,1}|} \cdot a_{H^+}^{|\nu_{H^+,1}|}}{a_3^{\nu_{3,1}}} \right). \tag{11.59}$$

Eine analoge Ableitung kann exemplarisch für das thermodynamische Gleichgewicht der Anodenreaktion gemäß Gl. 11.6 gemacht werden und man erhält:

$$\varphi_{\mathrm{A},0} = \varphi_{\mathrm{A},0}^{0} + \frac{RT}{\nu_{e^-,1} \cdot F} \ln\left(\frac{a_4^{\nu_{4,1}} \cdot a_{H^+}^{\nu_{H^+,1}}}{a_2^{|\nu_{2,1}|}} \right). \tag{11.60}$$

Das *Gleichgewichtspotenzial* für die in Gl. 11.5 und 11.6 formulierte Kathoden- bzw. Anodenreaktion ist eine lokale reaktionstechnische Größe, d.h. es ist von den lokalen Konzentrationen an und in der jeweiligen Elektrode abhängig. Die elektrischen Gleichgewichtspotenziale können also im elektrochemischen Reaktor je nach Kinetik (s. Abschn. 11.3) und Betriebsbedingungen (s. Abschn. 11.4) ortsabhängig sein. Dies gilt insbesondere auch für eine häufig vorliegende Abhängigkeit des Gleichgewichtspotenzials von der Protonen-Aktivität bzw. dem pH-Wert, die nachfolgend exemplarisch für die Kathodenreaktion nach Gl. 11.5 anhand der Gl. 11.59 abgeleitet werden soll. Separiert man in Gl. 11.59 die Abhängigkeit von der Protonenaktivität, erhält man:

$$\varphi_{\mathrm{K},0} = \varphi_{\mathrm{K},0}^{0} + \frac{RT \cdot |\nu_{H^+,1}|}{|\nu_{e^-,1}| \cdot F} \ln a_{H^+} + \frac{RT}{|\nu_{e^-,1}| \cdot F} \ln\left(\frac{a_1^{|\nu_{1,1}|}}{a_3^{\nu_{3,1}}} \right). \tag{11.61}$$

Berücksichtigt man nun noch die Definition des pH-Werts gemäß

$$pH = -\log(a_{H^+}) \tag{11.62}$$

sowie die Umrechnung vom natürlichen in den dekadischen Logarithmus nach

$$\ln(y) = \frac{\log(y)}{\log(e)} = 2{,}3026 \cdot \log(y), \tag{11.63}$$

erhält man:

$$\varphi_{\mathrm{K},0} = \varphi_{\mathrm{K},0}^{0} - \frac{2{,}3026 \cdot RT \cdot |\nu_{H^+,1}|}{|\nu_{e^-,1}| \cdot F} pH + \frac{RT}{|\nu_{e^-,1}| \cdot F} \ln\left(\frac{a_1^{|\nu_{1,1}|}}{a_3^{\nu_{3,1}}} \right). \tag{11.64}$$

Berücksichtigt man noch, dass für T = 298 K

$$\frac{2{,}3026 \cdot RT}{F} = 0{,}0591\,\mathrm{V} \tag{11.65}$$

ist und dass die stöchiometrischen Koeffizienten für die Elektronen und Protonen im vorliegenden Fall gleich groß sind, erhält man die Endgleichung:

$$\varphi_{\mathrm{K},0} = \varphi^0_{\mathrm{K},0} - 0{,}0591\,\mathrm{V} \cdot pH + \frac{RT}{|\nu_{e^-,1}| \cdot F} \ln\left(\frac{a_1^{|\nu_{1,1}|}}{a_3^{\nu_{3,1}}}\right). \tag{11.66}$$

Das Gleichgewichtspotenzial an der Kathode ist also umso negativer, je höher der pH-Wert (je geringer die Protonenaktivität), je kleiner die Eduktaktivität und je höher die Produktaktivität ist.

Analog kann man für die Anodenreaktion gemäß Gl. 11.6 die pH-Abhängigkeit des Gleichgewichtspotenzials anhand Gl. 11.60 wie folgt ableiten:

$$\varphi_{\mathrm{A},0} = \varphi^0_{\mathrm{A},0} - 0{,}0591\,\mathrm{V} \cdot pH + \frac{RT}{\nu_{e^-,1} \cdot F} \ln\left(\frac{a_4^{\nu_{4,1}}}{a_2^{|\nu_{2,1}|}}\right). \tag{11.67}$$

Das Gleichgewichtspotenzial an der Anode ist also umso positiver, je kleiner der pH-Wert (je höher die Protonen-Aktivität), je niedriger die Eduktaktivität und je höher die Produktaktivität ist.

Geht man anstelle von Gl. 11.5 und 11.6 von einer allgemeinen Halbreaktion aus, indem man alle Verbindungen auf der die Elektronen aufnehmenden Seite, der Seite der Elektronen, mit Ox_i und alle Verbindungen auf der die Elektronen abgebenden Seite der Gleichung mit Red_i bezeichnet:

$$\begin{aligned} &|\nu_{\mathrm{Ox}_1}|\mathrm{Ox}_1 + \ldots + \left|\nu_{\mathrm{Ox}_{N_{\mathrm{Ox}}}}\right|\mathrm{Ox}_{N_{\mathrm{Ox}}} + |\nu_{e^-}|e^- \rightleftarrows \\ &|\nu_{\mathrm{Red}_1}|\mathrm{Red}_1 + \ldots + \left|\nu_{\mathrm{Red}_{N_{\mathrm{Red}}}}\right|\mathrm{Red}_{N_{\mathrm{Red}}}, \end{aligned} \tag{11.68}$$

dann erhält man für die Elektrodenreaktion, egal ob Kathoden- oder Anodenreaktion, als Endgleichung für das *Gleichgewichtspotenzial*:

$$\varphi_{\mathrm{E},0} = \varphi^0_{\mathrm{E},0} + \frac{RT}{|\nu_{e^-}| \cdot F} \ln\left(\frac{\prod_{i=1}^{N_{\mathrm{Ox}}} a_{\mathrm{Ox}_i}^{|\nu_{\mathrm{Ox}_i}|}}{\prod_{i=1}^{N_{\mathrm{Red}}} a_{\mathrm{Red}_i}^{|\nu_{\mathrm{Red}_i}|}}\right). \tag{11.69}$$

Diese Gleichung ist die historische Nernst-Gleichung, manchmal auch als *spezielle Nernst-Gleichung* bezeichnet, da sie das Elektrodenpotenzial einer Elektrodenreaktion im elektrochemischen Gleichgewicht in Abhängigkeit von den Aktivitäten aller beteiligten Verbindungen und der Temperatur beschreibt. Kombiniert man nun zwei Elektrodenreaktionen in einer Elektrolysezelle (s. Abb. 11.1) dann lassen sich mit der Nernst-Gleichung gemäß Gl. 11.69 die jeweiligen Elektrodenpotenziale im elektrochemischen Gleichgewicht berechnen.

Die Potenzialdifferenz zwischen dem Inneren der Kathode φ_K und dem Inneren der Anode φ_A (s. Abb. 11.3) wird auch als *Gleichgewichtszellspannung* oder *elektromotorische Kraft EMK* bezeichnet:

$$EMK = \varphi_{\mathrm{K},0} - \varphi_{\mathrm{A},0}. \tag{11.70}$$

Im Falle der Elektrosynthese ist die Kathode der Minuspol und die Anode der Pluspol. Es ergibt sich also gemäß Gl. 11.70 eine negative Gleichgewichtszellspannung, die durch eine von außen angelegte Spannung U_0 kompensiert werden muss:

$$U_0 = -EMK. \tag{11.71}$$

Im Falle einer galvanischen Zelle ist die Kathode der Pluspol, da bei der kathodischen Reduktion Elektronen verbraucht werden, die an der Anode, dem Minuspol, durch anodische Oxidation erzeugt und durch den äußeren Stromkreis zur Kathode fließen. Bei einer galvanischen Zelle laufen die Kathoden- und Anodenreaktionen freiwillig ab und die galvanische Zelle wird selbst zur Stromquelle. Es ergibt sich in diesem Falle eine positive EMK bzw. eine positive Gleichgewichtszellspannung, d. h., die galvanische Zelle wirkt als Batterie und liefert die Spannung:

$$U_0 = EMK. \tag{11.72}$$

Setzt man die jeweiligen Nernst-Gleichungen der Kathoden- und Anodenreaktion nach Gl. 11.69 in Gl. 11.70 ein und berücksichtigt den Vorzeichenwechsel bei der Umrechung auf die von außen angelegte Spannung gemäß Gl. 11.71, so erhält man die allgemeine Nernst-Gleichung nach Gl. 11.45, welche die äußere Gleichgewichtsspannung für eine elektrochemische Bruttoreaktion angibt. Auch für die exemplarische Betrachtung der elektrochemischen Redoxreaktion nach Gl. 11.4 mit den dazugehörigen Elektrodenreaktionen Gl. 11.5 und 11.6 erhält man mit den jeweiligen Gleichgewichtspotenzialen an Anode und Kathode gemäß Gl. 11.66 und 11.67 durch Einsetzen in Gl. 11.70 und unter Verwendung von Gl. 11.71 die dazugehörige äußere Gleichgewichtsspannung, die wiederum mit derjenigen, aus der allgemeinen Nernst-Gleichung gemäß Gl. 11.45 berechneten, übereinstimmt. Die pH-Abhängigkeit der Kathoden- und Anodenreaktion kürzt sich dabei heraus, da die angenommene elektrochemische Redoxreaktion, Gl. 11.4, nicht von der Protonenaktivität abhängig ist.

Da in der allgemeinen und der speziellen Nernst-Gleichung die Aktivitäten der beteiligten Verbindungen eingehen, sollen im Folgenden einige Hinweise auf die Berechnung der Aktivitäten der Verbindungen aus deren Konzentrationen gegeben werden. Wir haben bereits in Abschn. 3.2 mit Gl. 3.53 Aktivität einer Verbindung A_i in einer Mischphase definiert:

$$a_i = e^{\left(\mu_i - \mu_i^0\right)/RT}. \tag{11.73}$$

Die Aktivität ergibt sich also aus der Abweichung des chemischen Potenzials der Verbindung A_i in der realen Mischphase vom chemischen Potenzial der Verbindung A_i im Standardzustand. Für die Aktivität a_i gilt (s. auch Gl. 3.69):

$$a_i = \gamma_i \cdot x_i. \tag{11.74}$$

Aufgrund der Wechselwirkung zwischen den Verbindungen ist die thermodynamische Wirkung nicht mehr über die Molenbrüche gegeben, sondern muss mit dem Aktivitätskoeffizienten korrigiert werden.

Der Standardzustand für die Verbindung A_i in einer flüssigen Elektrolytphase ist deren unendliche Verdünnung. Als Bezugskonzentration wird 1 mol/l verwendet:

$$x_i = \frac{c_i}{c_0} = \frac{c_i}{1\ \mathrm{mol/l}}. \tag{11.75}$$

Da nur die Differenz von Gleichgewichtspotenzialen gemäß Gl. 11.70 zugänglich ist, können einzelne Gleichgewichtspotenziale nur gemessen und angegeben werden, indem man eine Referenzelektrode verwendet und das Potenzial der Elektrode für die entsprechende Elektrodenreaktion stromlos misst. Als Referenzelektrode hat sich die sogenannte *Standard-Wasserstoffelektrode* etabliert, bei der ein platiniertes Platinblech in eine Lösung der H^+-Ionenaktivität $a_{H^+} = 1$ eintaucht und von Wasserstoff mit einem Standarddruck von p = 1,013 bar umströmt wird (Messaufbau s. Abb. 11.5). Das Potenzial der Standard-Wasserstoffelektrode wird konventionsgemäßig auf null gesetzt. So erhält man für jede Elektrodenreaktion ein Gleichgewichtspotenzial unter Standardbedingungen (T = 298 K, p = 1,013 bar, $a_i = 1$).

In der Praxis werden Referenzelektroden eingesetzt, die einfacher aufgebaut sind und ebenfalls ein konstantes und reproduzierbares Potenzial unter stromlosen Bedingungen besitzen. Beispiele solcher Referenzelektroden sind die Silber-Silberchlorid-Elektrode (für saure Elektrolyte) oder die Quecksilber-Quecksilberoxid-Elektrode (für alkalische Elektrolyte) [2]. Jede in der Praxis eingesetzte Referenzelektrode hat wiederum ein Gleichgewichtspotenzial gegenüber der Standard-Wasserstoffelektrode, sodass jedes mit einer beliebigen Referenzelektrode gemessene Gleichgewichtspotenzial in das Standardgleichgewichtspotenzial umgerechnet werden kann [3].

Es ist aber auch möglich dieses Standardgleichgewichtspotenzial einer Elektrodenreaktion aus der freien Standardreaktionsenthalpie der elektrochemischen Redoxreaktion bestehend aus der betrachteten Elektrodenreaktion unter Standardbedingungen als eine

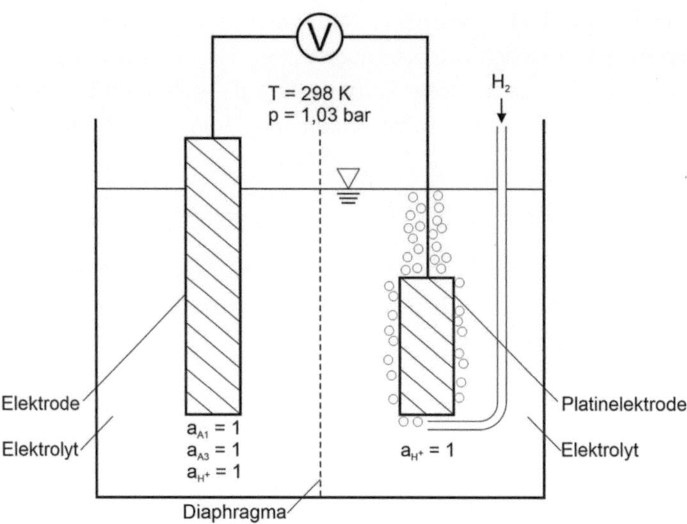

Abb. 11.5 Schematischer Aufbau einer Zelle mit Standard-Wasserstoffelektrode als Referenzelektrode zur Bestimmung des Standardgleichgewichtspotenzials am Beispiel der Elektrodenreaktion Gl. 11.5

Halbreaktion und der Reaktion an der Standard-Wasserstoffelektrode als andere Halbreaktion zu berechnen. Dies sei am Beispiel der elektrochemischen CO_2-Reduktion zu einem Kohlenwasserstoff A_k als Kathodenreaktion veranschaulicht, für die zur Bestimmung ihres Standardgleichgewichtspotenzials die folgende elektrochemische Redoxreaktion zugrunde gelegt wird:

$$xCO_2 + \frac{y}{2} H_2 \rightleftarrows A_k + zH_2O \tag{11.76}$$

Bestimmt man die freie Standardreaktionsenthalpie dieser Reaktion, wie in Abschn. 3.2.2.2 beschrieben, dann erhält man mit Gl. 11.44 die Standardgleichgewichtsspannung, aus der sich mit Gl. 11.70 und 11.71 das Standardgleichgewichtspotenzial der elektrochemischen CO_2-Reduktion zu einem Kohlenwasserstoff A_k ergibt, da das Standardgleichgewichtspotenzial der Standardwasserstoffelektrode definitionsgemäß den Wert null hat.

In Tab. 11.2 sind die *Standardgleichgewichtspotenziale* verschiedener Elektrodenreaktionen (Halbreaktionen) aufgelistet, wobei die Elektrodenreaktionen als Kathodenreaktionen formuliert sind. Man nennt diese Tabelle auch *elektrochemische Spannungsreihe*. Ein negatives Standardgleichgewichtspotenzial bedeutet, dass das elektrochemische Gleichgewicht unter Standardbedingungen auf der Seite der oxidierten Form vorliegt. Je negativer das Standardgleichgewichtspotenzial ist, desto stärker liegt das elektrochemische Gleichgewicht unter Standardbedingungen auf der Seite der oxidierten Form. Entsprechend ist die reduzierte Form ein starkes Reduktionsmittel wie dies z. B. bei Lithium und Kalium der Fall ist. Um die Reaktion in Richtung der reduzierten Form zu erzwingen, sind

Tab. 11.2 Standardgleichgewichtspotenziale für wenige ausgewählte Elektrodenreaktionen (elektrochemische Spannungsreihe)

$\sum \lvert \nu_{Ox_i} \rvert Ox_i$	$+\lvert \nu_{e^-} \rvert e^-$	⇄	$\sum \lvert \nu_{Red_i} \rvert Red_i$	$\varphi^0_{E,0}$
Li^+	$+1e^-$	⇄	Li	−3,04 V
K^+	$+1e^-$	⇄	K	−2,92 V
$CO_2 + 2H^+$	$+2e^-$	⇄	HCOOH	−0,17 V
$CO_2 + 2H^+$	$+2e^-$	⇄	$CO + H_2O$	−0,10 V
$2H^+$	$+2e^-$	⇄	H_2	±0,00 V
$O_2 + 4H^+$	$+4e^-$	⇄	$2H_2O$	+1,23 V
Cl_2	$+2e^-$	⇄	$2Cl^-$	+1,36 V
F_2	$+2e^-$	⇄	$2F^-$	+2,87 V

negativere Potenziale als die tabellierten Standardgleichgewichtspotenziale notwendig. Ein positives Standardgleichgewichtspotenzial bedeutet, dass das elektrochemische Gleichgewicht unter Standardbedingungen auf der Seite der reduzierten Form liegt, und zwar umso stärker, je positiver der Wert ist. Entsprechend ist die oxidierte Form ein starkes Oxidationsmittel wie dies z. B. bei Fluor der Fall ist. Um die Reaktion in Richtung der oxidierten Form zu erzwingen, ist ein positiveres Potenzial als das tabellierte Standardgleichgewichtspotenzial notwendig.

Mithilfe der elektrochemischen Spannungsreihe kann nun für eine durchzuführende Elektrosynthese die Gleichgewichtsspannungen U_0 ermittelt werden, die wie in Abb. 11.2 dargestellt, mindestens erforderlich ist, um eine Elektrosynthesereaktion durchzuführen. Dazu werden die Standardgleichgewichtspotenziale $\varphi^0_{E,0}$ für die gewünschte Kathoden- und Anodenreaktion der elektrochemischen Spannungsreihe entnommen (oder wie beschrieben experimentell bestimmt oder berechnet) und nach Gl. 11.70 und 11.71 zunächst der Wert für die Standardgleichgewichtsspannung U^0_0 berechnet. Für eine Elektrosynthese muss sich hier ein positiver Wert ergeben für die von außen angelegte Spannung ergeben. Wenn sich ein negativer Wert ergibt, würde es sich bei dieser Kombination von Kathoden- und Andodenreaktion um eine galvanische Zelle handeln. Die Standardgleichgewichtsspannung kann dann mit Gl. 11.45, 11.46 und 11.47 auf andere Konzentrationen bzw. Aktivitäten, Temperaturen und Drücke umgerechnet werden, um die Gleichgewichtsspannung U_0 für die gewählten Reaktionsbedingungen zu erhalten. Beispiel 11.2 demonstriert exemplarisch für zwei Elektrosynthesen die Vorgehensweise. Wie in Abb. 11.2 dargestellt, kommen zur Gleichgewichtsspannung mit zunehmender elektrischer Stromstärke noch zunehmende Überspannungen durch den Elektronen transfer an der Elektrode (Reaktionsüberspannung) sowie möglicherweise auch zusätzlich Überspannungen durch eine Diffusionslimitierung zur oder in der Elektrode hinzu. Auf diese Überspannungen und ihre Abhängigkeiten von der elektrischen Stromstärke wird im folgenden Abschnitt eingegangen.

Beispiel 11.2
Nachfolgend soll anhand von zwei einfachen Beispielen die Anwendung der elektrochemischen Spannungsreihe gemäß Tab. 11.2 demonstriert werden:

- In Beispiel 11.1 hatten wir die *CO_2-Elektrolyse zu CO* diskutiert und die Standardgleichgewichtsspannung aus der freien Standardreaktionsenthalpie bestimmt. Wir kommen auf das selbe Ergebnis, wenn wir die Standardgleichgewichtspotenziale der Kathoden- und Anodenreaktion der CO_2-Elektrolyse zu CO der elektrochemischen Spannungsreihe entnehmen und dann mittels der Gl. 11.70 und 11.71 die Standardgleichgewichtsspannung berechnen:

$$U_0^0 = -\left(\varphi_{K,0}^0 - \varphi_{A,0}^0\right) = 0{,}10\,\mathrm{V} + 1{,}23\,\mathrm{V} = 1{,}33\,\mathrm{V}.$$

- Bei der *Chlor-Alkali-Elektrolyse* wird an der Anode Chlor erzeugt (s. Tab. 11.1). Gemäß der elektrochemischen Spannungsreihe in Tab. 11.2 müsste an der Anode Sauerstoff und nicht Chlor entstehen, da das Gleichgewichtselektrodenpotenzial der Sauerstoffbildung +1,23 V und das der Chlorbildung +1,36 V beträgt. Die Sauerstoffbildung besitzt jedoch am gewählten Elektrokatalysator (Ruthenium-dotiertes Titanoxid/Titan) eine höhere Reaktionsüberspannung, sodass beim Potenzial der Chlorbildung wenig Sauerstoff entsteht. In Tab. 11.1 sind zudem zwei Varianten der Chlor-Alkali-Elektrolyse aufgelistet. In beiden Fällen wird Chlor an der Anode und Kalilauge an der Kathode produziert. Der Unterschied der Varianten liegt in der Kathodenreaktion. In der konventionellen Variante wird an der Kathode die Wasserstoffbildungsreaktion durchgeführt, also Wasserstoff produziert. Für diese Variante kann die Standardgleichgewichtsspannung aus der elektrochemischen Spannungsreihe mittels der Gl. 11.70 und 11.71 wie folgt berechnet werden:

$$U_0^0 = -\left(\varphi_{K,0}^0 - \varphi_{A,0}^0\right) = 0{,}00\,\mathrm{V} + 1{,}36\,\mathrm{V} = 1{,}36\,\mathrm{V}.$$

Diese Variante der Chlor-Alkali-Elektrolyse (s. Tab. 11.1, Membranverfahren) wird bei einer Spannung U von etwa 3 V und einer Stromdichte von 6.000 A/m^2 betrieben [26].

Als stromsparender Variante kann aber auch die Sauerstoffreduktion an sogenannten Sauerstoffverzehrelektroden (s. auch Beispiel 11.1) durchgeführt werden. Die Standardgleichgewichtsspannung beträgt in diesem Fall:

$$U_0^0 = -\left(\varphi_{K,0}^0 - \varphi_{A,0}^0\right) = -1{,}23\,\mathrm{V} + 1{,}36\,\mathrm{V} = 0{,}13\,\mathrm{V}.$$

Theoretisch könnte man die Spannung also um 1,23 V vermindern, praktisch erreicht man jedoch aufgrund von Abweichungen von den Standardbedingungen und aufgrund von Überspannungen nur eine Spannungserniedrigung um etwa 1 V. Diese stromsparende Variante der Chlor-Alkali-Elektrolyse wird typischerweise bei einer Spannung von ca. 2 V gegenüber etwa 3 V bei der konventionellen Variante und bei ähnlicher Stromdichte wie die konventionelle Varianten betrieben, sodass sich eine Einsparung an elektrischer Energie von etwa 30 % ergibt [26]. ◀

11.3 Kinetik von Elektrodenreaktionen

Wie im Abschn. 11.1.1 beschrieben, findet der Elektronendurchtritt in der Helmholtz-Doppelschicht statt. Ähnlich wie bei heterogen katalysierten Reaktionen (s. Abschn. 3.3.2) kann der Fall vorliegen, dass das Edukt chemisorbiert wird und eine Oberflächenreaktion abläuft. In diesem Fall spricht man von *heterogener Elektrokatalyse* bzw. einem *Innensphären-Mechanismus* (engl. *Inner Sphere Mechanism*), weil der Elektronentransfer auf das chemisorbierte Edukt erfolgt. Wenn der Elektronentransfer dagegen durch den quantenmechanische Tunneleffekt zum Edukt erfolgt, d. h. das Edukt zwar in der Helmholtz-Doppelschicht vorliegt, aber nicht an der Elektrode chemisorbiert ist, spricht man von einem *Außensphären-Mechanismus* (engl. *Outer Sphere Mechanism*). In diesem Fall liegt keine heterogene Elektrokatalyse vor und das Material der Elektrode spielt keine Rolle. Es können auch redoxaktive Mediatoren eingesetzt werden, die mit dem Edukt in homogener Phase reagieren und an der Elektrode durch Elektronentransfer in einem Außensphärenmechanismus regeneriert werden (*homogene Elektrokatalyse*). In Abschn. 11.3.1 werden zunächst Kinetiken von Elektrodenreaktionen besprochen, die keiner Limitierung durch den Stofftransport unterliegen (Mikrokinetik). Anschließend wird in Abschn. 11.3.2. auf den Fall eingegangen, dass der Stofftransport zur und in die Elektrode kinetisch limitiert und in Form einer Makrokinetik berücksichtigt werden muss.

11.3.1 Mikrokinetik

Bei der Ableitung der Mikrokinetik von Elektrodenreaktionen wird zunächst davon ausgegangen, dass eine Elektrodenreaktion abläuft, bei der nur ein Elektron in nur einem Reaktionsschritt reversibel übertragen wird. Man spricht dann von einer *reversiblen Ein-Elektron-ein-Schritt-Reaktion*. Beim sogenannten Außensphären-Mechanismus kann angenommen werden, dass die Reaktionsgeschwindigkeit proportional zur Konzentration des Edukts in der Helmholtz-Doppelschicht ist und diese mit der Konzentration des Edukts im Kern des Elektrolyten übereinstimmt. Im Falle des Innensphären-Mechanismus hängt die Reaktionsgeschwindigkeit dagegen – ähnlich wie bei der klassischen heterogenen Katalyse – von den Oberflächenkonzentrationen bzw. dem Belegungsgrad der Reaktanden ab (s. Abschn. 3.3.2). Adsorptionsisothermen beschreiben den Zusammenhang zwischen den Konzentrationen in der Helmholtz-Doppelschicht und den Belegungsgraden an der Elektrodenoberfläche. Im Gegensatz zur klassischen heterogenen Katalyse muss in der heterogenen Elektrokatalyse in vielen Fällen die Potenzialabhängigkeit des Adsorptionsgleichgewichts berücksichtigt werden. Auf Basis der Ein-Elektron-ein-Schritt-Reaktion kann dann eine Erweiterung auf *Mehr-Elektronen-ein-Schritt-Reaktionen* und schlussendlich auf *Mehr-Elektronen-mehr-Schritt-Reaktionen* erfolgen. Im letzteren Fall sind neben den elektrochemischen Reaktionsschritten (abgekürzt mit E) auch chemische Reaktionsschritte (abgekürzt mit C) mögli, bei denen kein Elektronentransfer erfolgt. Wie in Abschn. 11.1.2 bereits als Begriffe eingeführt, bezeichnet man die elektrochemischen Reaktionsschritte auch als Faraday'sche und die chemischen als Nicht-Faraday'sche Reaktionsschritte. Entsprechend entstehen Sequenzen von Reaktionsschritten wie z. B. EC, CE, ECE, EEE etc., wobei oft ein Teilschritt als geschwindigkeitsbestimmend angenommen werden kann. Die Methode des geschwindigkeitsbestimmenden Teilschritts haben wir bereits in Abschn. 3.3.2 kennengelernt. Auf Mehr-Elektronen-mehr-Schritt-Reaktionen kann im Rahmen des Lehrbuchs nur beispielhaft eingegangen werden, da es eine enorme Vielzahl von Möglichkeiten gibt, Teilschritte zu kombinieren und Annahmen für den geschwindigkeitsbestimmenden Teilschritts zu treffen.

11.3.1.1 Außensphären-Mechanismen (*outer sphere mechanisms*)

Zunächst gehen wir von einer *reversiblen Ein-Elektron-ein-Schritt-Reaktion* der Form:

$$\mathrm{Ox} + e^- \underset{k_{\mathrm{Ox}}}{\overset{k_{\mathrm{Red}}}{\rightleftarrows}} \mathrm{Red} \tag{11.77}$$

aus, wie sie sich durch Vereinfachung der allgemeinen Halbreaktion nach Gl. 11.68 ergibt. Wir nehmen weiterhin an, dass die Abnahme des elektrischen Potenzials nur in der Helmholtz-Doppelschicht erfolgt. Wir vernachlässigen also die diffusive Doppelschicht, deren Einfluss man durch die sogenannte Frumkin-Korrektur der (noch abzuleitenden) Butler-Volmer-Gleichung berücksichtigen kann. Der lineare Potenzialabfall in der Helmholtz-Doppelschicht kann zudem durch Polarisation adsorbierter Moleküle und die daraus resultierende Abschwächung des Feldes beeinflusst werden.

Die Ableitung des Zusammenhangs zwischen der Reaktionsüberspannung und dem elektrischen Strom basiert auf der Überlegung, dass der Energieverlauf beim Übergang vom Edukt zum Produkt, wie beispielsweise in Abb. 3.10 für eine Nicht-Faraday'sche Reaktion dargestellt, bei einer Faraday'schen Reaktion durch das elektrische Potenzial beeinflusst wird. Es muss nämlich zusätzlich elektrische Arbeit verrichtet werden, um das Elektron an die Elektrode und in den Übergangszustand zu bringen. Eine tiefer gehende Betrachtung ist auf Basis der Theorie des Übergangszustands möglich, die in einschlägigen Lehrbüchern der Physikalischen Chemie bzw. Elektrochemie nachgelesen werden kann [2, 25]. Im Rahmen dieses Lehrbuchs reicht es aus, nur die Lage der Energieniveaus zu diskutieren, wohlwissend, dass auch entropische Beiträge, z. B. bei der Temperaturabhängigkeit der Kinetik der Elektrodenreaktion, eine Rolle spielen. Auf die Abhängigkeit der Elektrodenkinetik vom elektrischen Potenzial bzw. von der Reaktionsüberspannung hat die gemachte Vereinfachung jedoch keinen Einfluss. Abb. 11.6 veranschaulicht die Auswirkung der elektrischen Energie der Elektronen auf die Lage der Energieniveaus der Elek-

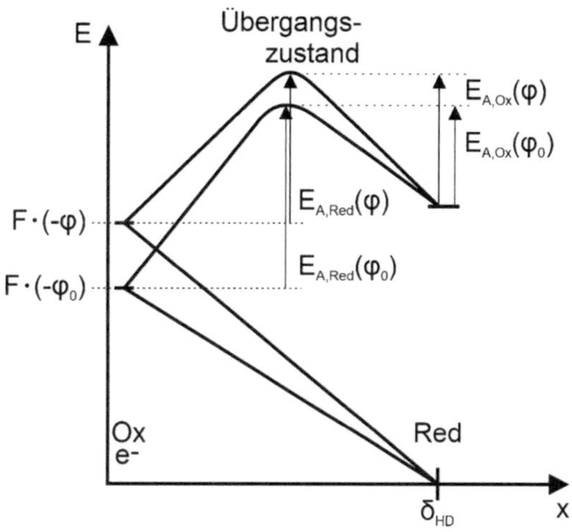

Abb. 11.6 Auswirkung des Potenzialverlaufs in der Helmholtz-Doppelschicht auf den Energieverlauf einer Ein-Elektron-ein-Schritt-Reaktion an der Kathode

trodenreaktion. In Abb. 11.6 wird von einem negativen Potenzial der Elektrode ausgegangen, d. h. die elektrische Energie eines Mols Elektronen nimmt wegen der linearen Potenzialabnahme in der Helmholtz-Doppelschicht gemäß Gl. 11.49 entsprechend der zu leistenden Arbeit entsprechend linear zu. Die elektrischen Energie eines Mols an Elektronen an der Elektrode ergibt sich im elektrochemischen Gleichgewicht ($\varphi_{\mathrm{E}} = \varphi_{\mathrm{E},0} = \varphi_0$) daher aus Gl. 11.49, indem man die Elementarladung des Elektrons ($q = -e$) mit der Avogadro-Konstante N_A multipliziert und die Faraday-Konstante F gemäß Gl. 11.9 einführt:

$$E_{el} = -F \cdot \varphi_0. \tag{11.78}$$

Verändert man das elektrische Potenzial zu einem gegenüber dem Gleichgewichtspotenzial φ_0 negativeren Werten $\varphi_{\mathrm{E}} = \varphi$, dann erhöht sich die elektrische Energie der Elektronen um

$$\Delta E_{el} = -F \cdot (\varphi - \varphi_0) = -F \cdot \eta = F \cdot (-\eta) \tag{11.79}$$

und es findet eine Übertragung von Elektronen auf die oxidierte Form statt, d. h., es tritt ein kathodischer Strom auf. $\eta = \varphi - \varphi_0$ ist dann die *Reaktionsüberspannung* $\eta_{Rkt,K}$ der Kathode und besitzt einen negativen Wert. Die Elektrode wird zur Anode, wenn für η positive Werte gewählt werden. η ist dann die *Reaktionsüberspannung* $\eta_{Rkt,A}$ der Anode. Die Energie der Elektronen an der Anode ist also niedriger als die der Elektronen im thermodynamischen Gleichgewicht. Die *Reaktionsüberspannungen* η_{Rkt} haben wir bereits in Abschn. 11.1.1 eingeführt und sie sind in Abb. 11.17 zusammen mit allen anderen Überspannungen einer arbeitenden Elektrolysezelle veranschaulicht. Wir werden im Folgenden zur Vereinfachung der formelmäßigen Darstellung bei der Überspannung η_{Rkt} den Index „Rkt" weglassen sowie auch die Indizes „E" für „Elektrode" bzw. „K" für „Kathode" und „A" für „Anode". Dies bietet sich immer dann an, wenn aus dem Gesamtzusammenhang klar ist, dass es sich um eine Reaktionsüberspannung an einer Kathode oder Anode handelt.

Die Konsequenzen aus der Verschiebung des Energieverlaufs gegenüber dem elektrochemischen Gleichgewicht durch eine negative Überspannung ist in Abb. 11.6 klar ersichtlich: Man erkennt, dass die Aktivierungsenergie der Reduktion gegenüber dem elektrochemischen Gleichgewicht erniedrigt und die der Oxidation erhöht wird. Entsprechend kommt es zu einem kathodischen Strom und die Elektrode wird zur Kathode. Mithilfe der sogenannten *Symmetriefaktoren* β_{Red} und β_{Ox}, deren Werte zwischen null und eins liegen [1], kann man den Anteil der elektrischen Energie der Elektronen an der Elektrode, der die Aktivierungsenergie der jeweiligen Durchtrittsreaktionen bei dem gegenüber dem Gleichgewichtspotenzial φ_0 negativerem Potenzial φ erniedrigt bzw. erhöht, angeben. Für die Aktivierungsenergie der Reduktion ergibt sich

$$E_{\mathrm{A,Red}}(\varphi) = E_{\mathrm{A,Red}}(\varphi_0) - \beta_{\mathrm{Red}} \cdot F \cdot (-\eta) \tag{11.80}$$

und für die Aktivierungsenergie der Oxidation

$$E_{\mathrm{A,Ox}}(\varphi) = E_{\mathrm{A,Ox}}(\varphi_0) + \beta_{\mathrm{Ox}} \cdot F \cdot (-\eta). \tag{11.81}$$

Wie man der Abb. 11.6 leicht entnehmen kann, gilt im Falle des linearen Verlaufs [1]:

$$\beta_{\mathrm{Ox}} + \beta_{\mathrm{Red}} = 1. \tag{11.82}$$

Der Werte von β_{Ox} und β_{Red} hängen stark davon ab, an welchem Ort in der Helmholtz-Schicht der Übergangszustand vorliegt. Je näher er an der Kathode liegt, desto mehr nähert sich β_{Red} dem Wert 1. Umgekehrt, je näher der Übergangszustand an der äußeren Helmholtz-Fläche (elektrolytseitige Begrenzung der Helmholtz-Doppelschicht) liegt, desto mehr nähert sich β_{Ox} dem Wert 1. Im Falle eines symmetrischen Energieprofils mit dem Übergangszustand in der Mitte der Doppelschicht, was in vielen Fällen angenommen werden kann, gilt:

$$\beta_{\mathrm{Ox}} = \beta_{\mathrm{Red}} = 0{,}5. \tag{11.83}$$

Die *potenzialabhängigen Aktivierungsenergien* der Reduktion und Oxidation gemäß Gl. 11.80 und 11.81 wirken sich entsprechend der Arrhenius-Gleichung, Gl. 3.96, wie folgt auf die oberflächenbezogenen Reaktionsgeschwindigkeiten der Reduktion und Oxidation aus:

$$r_{\mathrm{Red,A}}(\varphi) = c_{\mathrm{Ox}} \cdot k_{\mathrm{Red,A}} = c_{\mathrm{Ox}} \cdot \hat{k}_{\mathrm{Red,0}} \cdot e^{-\left(\frac{E_{\mathrm{A,Red}}(\varphi_0) - \beta_{\mathrm{Red}} \cdot F \cdot (-\eta)}{RT}\right)}, \tag{11.84}$$

$$r_{\mathrm{Ox,A}}(\varphi) = c_{\mathrm{Red}} \cdot k_{\mathrm{Ox,A}} = c_{\mathrm{Red}} \cdot \hat{k}_{\mathrm{Ox,0}} \cdot e^{-\left(\frac{E_{\mathrm{A,Ox}}(\varphi_0) + \beta_{\mathrm{Ox}} \cdot F \cdot (-\eta)}{RT}\right)}. \tag{11.85}$$

Wir sind hierbei davon ausgegangen, dass sowohl die Reduktion als auch die Oxidation Reaktionen 1. Ordnung sind und in einem idealen flüssigen Reaktionssystem stattfinden, bei denen die Aktivitätskoeffizienten den Wert 1 besitzen (s. Gl. 11.74). Die Bezugskonzentration haben wird in die Geschwindigkeitskonstante integriert (s. Gl. 11.75).

Zieht man die Temperaturabhängigkeit im elektrochemischen Gleichgewicht, also bei $\varphi = \varphi_0$, in den präexponentiellen Faktor hinein, erhält man die sogenannte *Standardreaktionsgeschwindigkeitskonstanten* $k_{\mathrm{Red,0}}$ und $k_{\mathrm{Ox,0}}$, und es bleibt die exponentielle Abhängigkeit der oberflächenbezogenen Reaktionsgeschwindigkeiten von der Überspannung η stehen:

$$r_{\mathrm{Red,A}}(\varphi) = c_{\mathrm{Ox}} \cdot k_{\mathrm{Red,A}} = c_{\mathrm{Ox}} \cdot k_{\mathrm{Red,0}} \cdot e^{-\frac{\beta_{\mathrm{Red}} \cdot F}{RT} \cdot \eta}, \tag{11.86}$$

$$r_{\mathrm{Ox,A}}(\varphi) = c_{\mathrm{Red}} \cdot k_{\mathrm{Ox,A}} = c_{\mathrm{Red}} \cdot k_{\mathrm{Ox,0}} \cdot e^{\frac{\beta_{\mathrm{Ox}} \cdot F}{RT} \cdot \eta}. \tag{11.87}$$

Mit zunehmend negativerer Reaktionsüberspannung, also immer negativerem Potenzial der Elektrode, nimmt also die Reaktionsgeschwindigkeit der Reduktion zu und die der Oxidation ab. Die dazugehörigen kathodischen und anodischen Stromdichten ergeben sich aus dem 1. Faraday'schen Gesetz gemäß Gl. 11.29 zu:

$$i_{\mathrm{Red}}(\varphi) = -F \cdot c_{\mathrm{Ox}} \cdot k_{\mathrm{Red,0}} \cdot e^{-\frac{\beta_{\mathrm{Red}} \cdot F}{RT} \cdot \eta}, \tag{11.88}$$

$$i_{\mathrm{Ox}}(\varphi) = +F \cdot c_{\mathrm{Red}} \cdot k_{\mathrm{Ox,0}} \cdot e^{\frac{\beta_{\mathrm{Ox}} \cdot F}{RT} \cdot \eta}. \tag{11.89}$$

Die Gesamtstromdichte an der Elektrode ergibt sich gemäß Gl. 11.19 durch Addition der Gl. 11.88 und 11.89:

$$\begin{aligned} i(\varphi) &= i_{\mathrm{Ox}}(\varphi) + i_{\mathrm{Red}}(\varphi) = \\ &+F \cdot c_{\mathrm{Red}} \cdot k_{\mathrm{Ox,0}} \cdot e^{\frac{\beta_{\mathrm{Ox}} \cdot F}{RT} \cdot \eta} - F \cdot c_{\mathrm{Ox}} \cdot k_{\mathrm{Red,0}} \cdot e^{-\frac{\beta_{\mathrm{Red}} \cdot F}{RT} \cdot \eta}. \end{aligned} \tag{11.90}$$

Im elektrochemischen Gleichgewicht, also für $\eta = 0$, muss gelten $i(\varphi) = 0$, wodurch Gl. 11.90 übergeht in:

$$F \cdot c_{\mathrm{Red}} \cdot k_{\mathrm{Ox,0}} = F \cdot c_{\mathrm{Ox}} \cdot k_{\mathrm{Red,0}}. \tag{11.91}$$

Das heißt, im elektrochemischen Gleichgewicht ist der kathodische gleich dem anodischen Strom, welcher als *Austauschstromdichte* i_0 bezeichnet wird:

$$i_0 = F \cdot c_{\mathrm{Red}} \cdot k_{\mathrm{Ox},0} = F \cdot c_{\mathrm{Ox}} \cdot k_{\mathrm{Red},0}. \tag{11.92}$$

Somit erhält man insgesamt die sogenannte *Butler-Volmer-Gleichung*, die die Abhängigkeit der Stromdichte vom Potenzial der Elektrode bzw. der Reaktionsüberspannung beschreibt:

$$i(\eta) = i_{\mathrm{Ox}}(\eta) + i_{\mathrm{Red}}(\eta) = i_0 \cdot \left(e^{+\frac{\beta_{\mathrm{Ox}} \cdot F}{RT} \cdot \eta} - e^{-\frac{\beta_{\mathrm{Red}} \cdot F}{RT} \cdot \eta}\right). \tag{11.93}$$

Die *Überspannung* η haben wir schon in Gl. 11.79 eingeführt

$$\eta = \varphi - \varphi_0. \tag{11.94}$$

Trägt man i/i_0 über η für $\beta_{\mathrm{Ox}} = \beta_{\mathrm{Red}} = 0{,}5$ und $T = 298K$ auf, erhält man Abb. 11.7. In Abb. 11.7 ist sowohl die Gesamtstromdichte als auch die kathodische bzw. anodische Stromdichte aufgetragen. Man bezeichnet die sich ergebenden Kurven als Stromdichte-Überspannungs-Kurven oder auch Polarisationkurven. Man erkennt, dass für $\eta = 0\,V$ die Gesamtstromdichte null wird, weil Reduktion und Oxidation mit der selben Stromdichte, der Austauschstromdichte, ablaufen. Das elektrochemische Gleichgewicht ist wie das chemische Gleichgewicht ein dynamisches Gleichgewicht. Wird die Überspannung deutlich erhöht bzw. erniedrigt, dann bestimmt der anodische bzw. der kathodische Strom die Gesamtstromdichte und die Elektrode wird zur Anode bzw. Kathode.

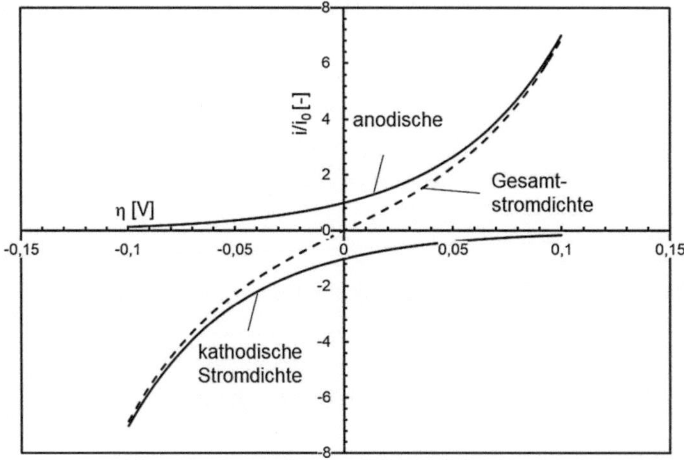

Abb. 11.7 Stromdichte-Überspannungs-Kurven (Polarisationskurve) gemäß Butler-Volmer-Gleichung für eine Ein-Elektron-ein-Schritt-Reaktion mit $\beta_{\mathrm{Ox}} = \beta_{\mathrm{Red}} = 0{,}5$. Auftragung i/i_0 über η

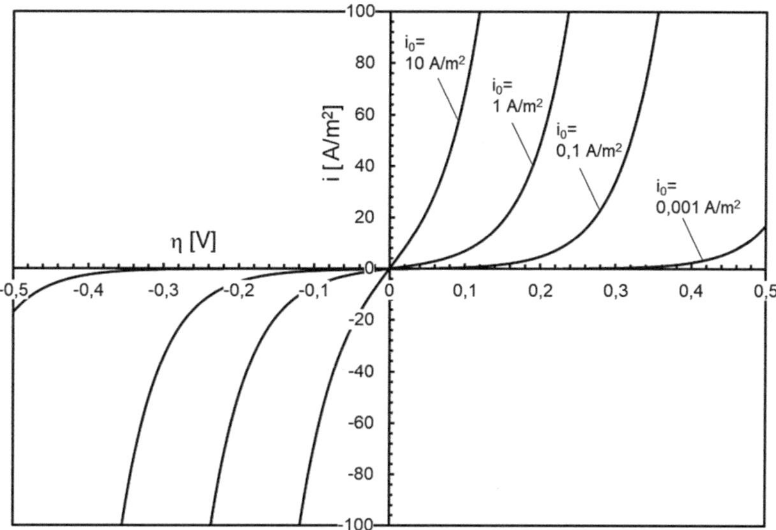

Abb. 11.8 Stromdichte-Überspannungs-Kurven (Polarisationskurven) gemäß Butler-Volmer-Gleichung für eine Ein-Elektron-ein-Schritt-Reaktion mit $\beta_{\mathrm{Ox}} = \beta_{\mathrm{Red}} = 0{,}5$. Auftragung i über η für verschiedene Austauschstromdichten i_0

Trägt man nun i anstelle von i/i_0 auf, dann sieht man gut den Einfluss der Austauschstromdichte i_0. Eine hohe Austauschstromdichte bedeutet, dass die Elektrode schlecht polarisierbar ist, d. h., geringe positive oder negative Überspannungen führen schon zu hohen Stromdichten, was aus Sicht der Elektrosynthese wünschenswert ist (Abb. 11.8). Niedrige Austauschstromdichten führen zu gut polarisierbaren Elektroden, d. h., die Überspannung kann stark erhöht werden, ohne dass große elektrische Ströme fließen. Letzteres ist aus Sicht der Elektrosynthese unerwünscht.

Verändert man den Wert des Symmetriekoeffizienten, so steigt mit zunehmenden β_{Red} der kathodische Strom stärker an als der anodische Strom. Die *Stromdichte-Überspannungs-Kurven* werden zunehmen unsymmetrischer. Entsprechende Auftragungen findet man beispielsweise in [1] oder [25].

Da Elektrosynthese üblicherweise bei entsprechend großen positiven oder negativen Überspannungen durchgeführt werden, um hohe Stromdichten und schlussendlich hohe Raum-Zeit-Ausbeuten im Elektrolyseur zu erreichen, kann an der Anode die kathodische und an der Kathode die anodische Stromdichte vernachlässigt werden, sodass sich aus Gl. 11.93 für die Kathode

$$i_{\mathrm{Red}}(\eta) = -\,i_0 \cdot e^{-\frac{\beta_{\mathrm{Red}} \cdot F}{RT} \cdot \eta} \tag{11.95}$$

und für die Anode

$$i_{\mathrm{Ox}}(\eta) = i_0 \cdot e^{+\frac{\beta_{\mathrm{Ox}} \cdot F}{RT} \cdot \eta} \tag{11.96}$$

ergibt.

Diese Vernachlässigung ist zulässig, wenn gilt:

$$|\eta| \gg RT/F \tag{11.97}$$

und noch keine Stofftransportlimitierung einsetzt (s. Abschn. 11.3.2).

Logarithmiert man die Gl. 11.95 ergibt sich für die Kathode

$$\ln(-\,i_{\mathrm{Red}}) = \ln(i_0) - \frac{\beta_{\mathrm{Red}} \cdot F}{RT} \cdot \eta \tag{11.98}$$

bzw. mit Gl. 11.63:

$$\log(-\,i_{\mathrm{Red}}) = \log(i_0) - \frac{\beta_{\mathrm{Red}} \cdot F}{2{,}3026 \cdot RT} \cdot \eta. \tag{11.99}$$

Analog ergibt sich durch Logarithmieren von Gl. 11.96 für die Anode:

$$\ln(i_{\mathrm{Ox}}) = \ln(i_0) + \frac{\beta_{\mathrm{Ox}} \cdot F}{RT} \cdot \eta \tag{11.100}$$

bzw. mit Gl. 11.63:

$$\log(i_{\mathrm{Ox}}) = \log(i_0) + \frac{\beta_{\mathrm{Ox}} \cdot F}{2{,}3026 \cdot RT} \cdot \eta. \tag{11.101}$$

Die halblogarithmische Auftragung gemäß Gl. 11.99 und 11.101, wie sie Abb. 11.9 zu entnehmen ist, wird auch als *Tafel-Auftragung* bezeichnet. Es ergibt sich die sogenannte *Tafel-Gerade*, wobei b die sogenannte *Tafel-Steigung* ist:

$$b_{\mathrm{Ox}} = \frac{2{,}3026 \cdot RT}{\beta_{\mathrm{Ox}} \cdot F} \tag{11.102}$$

bzw.

$$b_{\mathrm{Red}} = -\,\frac{2{,}3026 \cdot RT}{\beta_{\mathrm{Red}} \cdot F}. \tag{11.103}$$

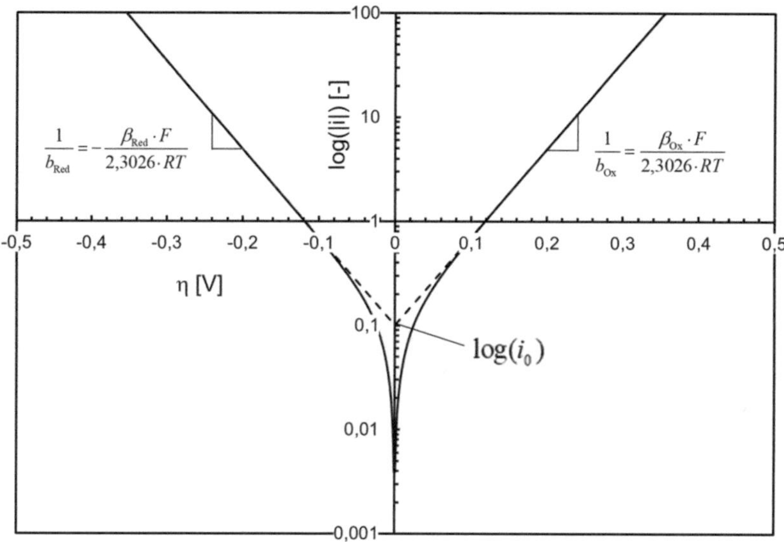

Abb. 11.9 Tafel-Auftragung für eine Ein-Elektron-ein-Schritt-Reaktion mit $\beta_{Ox} = \beta_{Red} = 0{,}5$ gemäß Gl. 11.99 und 11.101 (log(|*i*|) über η)

Dies hat historische Gründe, da *Julius Tafel* 1905 [27] das Potenzial in Abhängigkeit vom dekadischen Logarithmus des Stromes gemäß

$$\eta = a + b \cdot \log(|i|) \cdot \tag{11.104}$$

auftrug und diskutierte. Auch diese Gerade wird als *Tafel-Gerade* bezeichnet, wobei die Steigung dieser Gerade die heute nach Tafel benannte *Tafel-Steigung b* ist. Durch Vertauschen der Abszisse und Ordinate lässt sich Abb. 11.9 einfach in Abb. 11.10 transformieren, aus der die Tafel-Steigung *b* direkt ersichtlich ist. Man erkennt auch, dass eine schlecht polarisierbare Elektrode einer niedrigen Tafel-Steigung entspricht. Die *Tafel-Steigung* gemäß Gl. 11.102 gibt also entsprechend Gl. 11.104 an, wieviel Volt (V) bzw. Millivolt (mV) Spannung notwendig sind, um den Strom um eine Zehnerpotenz (Dekade) zu erhöhen.

Im Folgenden soll nun über die Ein-Elektron-ein-Schritt-Reaktion hinausgegangen werden. Im allgemeinen Fall der *Mehr-Elektronen-ein-Schritt-Reaktion* werden $|\nu_{e^-}|$ Elektronen übertragen, wobei damit auch der Fall der Ein-Elektron-ein-Schritt-Reaktion abgedeckt ist:

$$\mathrm{Ox} + |\nu_{e^-}|e^- \underset{k_{Ox}}{\overset{k_{Red}}{\rightleftarrows}} \mathrm{Red}. \tag{11.105}$$

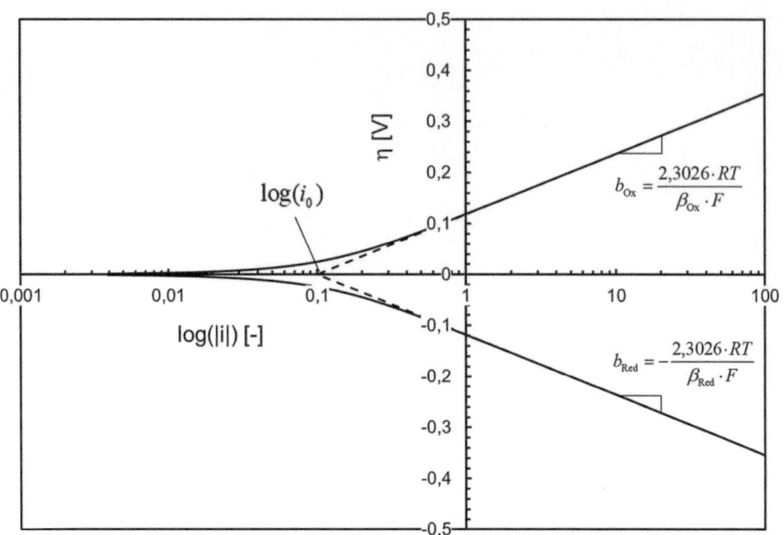

Abb. 11.10 Tafel-Auftragung für eine Ein-Elektron-ein-Schritt-Reaktion mit $\beta_{Ox} = \beta_{Red} = 0{,}5$ gemäß Gl. 11.103 (η über log(|*i*|))

Die elektrische Energie von $|\nu_{e^-}|$ mol Elektronen an der Elektrode ergibt sich gemäß Gl. 11.78, indem man die rechte Seite dieser Gleichung lediglich mit $|\nu_{e^-}|$ multipliziert:

$$E_{el} = -|\nu_{e^-}| \cdot F \cdot \varphi_0. \tag{11.106}$$

Die Ableitungen basieren auf den in Abb. 11.6 visualisierten Überlegungen, nur dass man in Abb. 11.6 und allen Gleichungen F durch $|\nu_{e^-}| \cdot F$ ersetzen muss. Entsprechend ergibt sich dann die Butler-Volmer-Gleichung für den Fall, dass in dem einen vorliegenden Reaktionsschritt eine beliebige Anzahl von Elektronen übertragen wird, zu

$$i(\eta) = i_{Ox}(\eta) + i_{Red}(\eta) = i_0 \cdot \left(e^{+\frac{\beta_{Ox} \cdot |\nu_{e^-}| \cdot F}{RT} \cdot \eta} - e^{-\frac{\beta_{Red} \cdot |\nu_{e^-}| \cdot F}{RT} \cdot \eta} \right). \tag{11.107}$$

Für $|\eta| \gg RT/(|\nu_{e^-}| \cdot F)$ geht die Butler-Volmer-Gleichung für den kathodischen und den anodischen Strom in die Tafel-Gleichung (s. Gl. 11.104) über und die Tafel-Steigung ergibt sich zu

$$b_{Ox} = \frac{2{,}3026 \cdot RT}{\beta_{Ox} \cdot |\nu_{e^-}| \cdot F} \tag{11.108}$$

bzw. zu

$$b_{\mathrm{Red}} = -\frac{2{,}3026 \cdot RT}{\beta_{\mathrm{Red}} \cdot |\nu_{e^-}| \cdot F}. \tag{11.109}$$

Berücksichtigt man Gl. 11.65 und nimmt $\beta_{\mathrm{Ox}} = \beta_{\mathrm{Red}} = 0{,}5$ an, dann ergibt sich für die Tafel-Gleichung:

$$b = \pm\frac{0{,}1182\,\mathrm{V}}{|\nu_{e^-}|} \approx \pm\frac{120\,\mathrm{mV}}{|\nu_{e^-}|}. \tag{11.110}$$

Wird ein Elektron in einer Ein-Elektron-ein-Schritt-Reaktion oder ist in einer Mehr-Elektronen-mehr-Schritt-Reaktion der erste Schritt mit der Übertragung eines Elektrons geschwindigkeitsbestimmend, ergibt sich also eine Tafel-Steigung von 120 mV. Bei zwei Elektronen, die im geschwindigkeitsbestimmenden Schritt übertragen werden, ergibt sich dann entsprechend eine Tafel-Steigung von 60 mV. Tab. 11.3 fasst die typischen Werte („Kardinalwerte") für die Tafel-Steigung einer Mehr-Elektronen-ein-Schritt-Reaktion zusammen.

An dieser Stelle sollen zwei Hinweise gegeben werden, die für die Mikrokinetik von elektrochemischen Redoxreaktionen von grundsätzlicher Bedeutung sind:

1. Der Zusammenhang $\beta_{\mathrm{Ox}} + \beta_{\mathrm{Red}} = 1$ mit Werten der Symmetriefaktoren zwischen 0 und 1 gilt nur bei linearem Potenzialverlauf in der Helmholtz-Doppelschicht, bei Vernachlässigung der diffusiven Doppelschicht, bei einer Ein-Elektron-ein-Schritt-Reaktion und bei Vorliegen eines Außensphären-Mechanismus. Daher gibt es eine Empfehlung der IUPAC in der Butler-Volmer-Gleichung gemäß Gl. 11.93 anstelle der Symmetriefaktoren β_{Ox} und β_{Red} sogenannte *Durchtrittsfaktoren* α_{Ox} und α_{Red} zu verwenden, d. h. die Butler-Volmer-Gleichung als formalkinetischen Ansatz zu formulieren. Die Durchtrittsfaktoren α_{Ox} und α_{Red} sind nach der Empfehlung der IUPAC wie folgt definiert [28]:

$$\alpha_{\mathrm{Ox}} = \frac{2{,}3026 \cdot RT}{F} \cdot \frac{\partial \log(i_{\mathrm{Ox}}(\eta))}{\partial \eta} \tag{11.111}$$

sowie

$$\alpha_{\mathrm{Red}} = -\frac{2{,}3026 \cdot RT}{F} \cdot \frac{\partial \log(-i_{\mathrm{Red}}(\eta))}{\partial \eta}. \tag{11.112}$$

Tab. 11.3 Typische gerundete Werte („Kardinalwerte") für die Tafel-Steigung abhängig von der Anzahl der übertragenen Elektronen in einer Mehr-Elektronen-ein-Schritt-Reaktion

$\|\nu_{e^-}\|$	b
1	120 mV
2	60 mV
3	40 mV

Für den betrachteten Spezialfall der Mehr-Elektronen-ein-Schritt-Reaktion ergibt sich dann aus Gl. 11.107 $\alpha_{Ox} = \beta_{Ox} \cdot |\nu_{e^-}|$ sowie $\alpha_{Red} = \beta_{Red} \cdot |\nu_{e^-}|$. Aber auch für jeden anderen Spezialfall können aus mechanistisch begründeten Herleitungen der Butler-Volmer-Gleichung die Durchtrittsfaktoren mit den Gl. 11.111 und 11.112 bestimmt werden. Die Durchtrittsfaktoren können aber auch rein experimentell aus der Tafel-Auftragung gemessener Stromdichte-Überspannungs-Kurven aus den jeweiligen Tafel-Steigungen b_{Ox} und b_{Red} ermittelt werden:

$$\alpha_{Ox} = \frac{2{,}3026 \cdot RT}{F} \cdot \frac{1}{b_{Ox}} \tag{11.113}$$

sowie

$$\alpha_{Red} = -\frac{2{,}3026 \cdot RT}{F} \cdot \frac{1}{b_{Red}}. \tag{11.114}$$

2. Die Ableitung der Mikrokinetik muss grundsätzlich konsistent mit der Thermodynamik sein, was man anhand der Mehr-Elektronen-ein-Schritt-Reaktion einfach zeigen kann, indem man die Reaktionsgeschwindigkeiten der Reduktion und Oxidation gemäß den Gl. 11.86 und 11.87 gleichsetzt (und F durch $|\nu_{e^-}| \cdot F$ ersetzt):

$$r_{Red,A}(\varphi) = c_{Ox} \cdot k_{Red,0} \cdot e^{-\frac{\beta_{Red} \cdot |\nu_{e^-}| \cdot F}{RT} \cdot \eta} = r_{Ox,A}(\varphi) = c_{Red} \cdot k_{Ox,0} \cdot e^{\frac{\beta_{Ox} \cdot |\nu_{e^-}| \cdot F}{RT} \cdot \eta}. \tag{11.115}$$

Mit $\beta_{Ox} + \beta_{Red} = 1$ (d. h. Annahme aller unter 1. genannten Voraussetzungen) sowie mit $K(\varphi_0) = k_{Red,0}/k_{Ox,0}$ erhält man:

$$\frac{c_{Ox}}{c_{Red}} \cdot K(\varphi_0) = e^{\frac{|\nu_{e^-}| \cdot F}{RT} \cdot \eta}. \tag{11.116}$$

Setzt man für $\eta = \varphi - \varphi_0$ und für φ das Standardgleichgewichtspotenzial φ_0^0 ein, dann geht Gl. 11.116 über in:

$$K(\varphi_0) = e^{\frac{|\nu_{e^-}| \cdot F}{RT} \cdot \left(\varphi_0^0 - \varphi_0\right)}. \tag{11.117}$$

Hierbei wurde berücksichtigt, dass im Standardzustand $c_{Ox} = c_{Red} = 1$ mol/l gilt (wir gehen von idealen Flüssigsystemen aus).

Setzt man nun Gl. 11.117 in Gl. 11.116 ein, erhält man mit $\eta = 0$, d. h. für das elektrochemische Gleichgewicht, als Endgleichung die *Nernst-Gleichung*, die konsistent mit Gl. 11.69 ist:

$$\varphi_0 = \varphi_0^0 + \frac{RT}{|\nu_{e^-}| \cdot F} \ln\left(\frac{c_{Ox}}{c_{Red}}\right). \tag{11.118}$$

In der Praxis sind Elektrosynthesen sehr häufig *Mehr-Elektronen-mehr-Schritt-Reaktionen*, d. h. sie können unterschiedliche Sequenzen von elektrochemischen (E) und chemischen (C) Reaktionsschritten umfassen und z. B. einem EC-, CE-, ECE- oder EEE-Schema folgen. In diesem Fall wenden wir die *Methode des geschwindigkeitsbestimmenden Teilschritts* an, die wir in Abschn. 3.3.2 bei der Ableitung von Kinetiken heterogen katalysierter Reaktionen bereits kennengelernt haben, d. h., wir nehmen an, dass ein Teilschritt geschwindigkeitsbestimmend ist und die anderen so schnell sind, dass sie jeweils im elektrochemischen bzw. chemischen Gleichgewicht vorliegen.

Wir betrachten zunächst eine *Mehr-Elektronen-mehr-Schritt-Reaktion*, bei der insgesamt $|\nu_{e^-}|$ Elektronen übertragen werden, wovon im geschwindigkeitsbestimmenden Teilschritt $|\nu_{e^-,\text{rds}}|$ Elektronen und in den vorgelagerten Schritten $|\nu_{e^-,\text{vor}}|$ Elektronen in reversiblen Ein-Elektron-ein-Schritt-Reaktionen übertragen werden (E-, EE-, EEE-, EEEE-Schema usw.):

$$
\begin{array}{llcl}
\text{Ox} & + \; e^- & \underset{r_{\text{Ox},1}}{\overset{r_{\text{Red},1}}{\rightleftarrows}} & \text{Red}_1, \\
\text{Red}_1 & + \; e^- & \underset{r_{\text{Ox},2}}{\overset{r_{\text{Red},2}}{\rightleftarrows}} & \text{Red}_2, \\
\text{Red}_2 & + \; e^- & \underset{r_{\text{Ox},3}}{\overset{r_{\text{Red},3}}{\rightleftarrows}} & \text{Red}_3, \\
 & & \vdots & \\
\text{Red}_{|\nu_{e^-,\,\text{vor}}|-1} & + \; e^- & \underset{r_{\text{Ox},\,|\nu_{e^-,\,\text{vor}}|}}{\overset{r_{\text{Red},\,|\nu_{e^-,\,\text{vor}}|}}{\rightleftarrows}} & \text{Red}_{|\nu_{e^-,\,\text{vor}}|}, \\
\text{Red}_{|\nu_{e^-,\,\text{vor}}|} & + \; |\nu_{e^-,\,\text{rds}}| e^- & \overset{r_{\text{Red,rds}}}{\longrightarrow} & \text{Red}.
\end{array}
$$

Die nach dem geschwindigkeitsbestimmenden Schritt übertragenen Elektronen sind zwar kinetisch nicht mehr relevant, aber sehr wohl stöchiometrisch, wenn man die Reaktionsgeschwindigkeit des geschwindigkeitsbestimmenden Teilschritts in die Gesamtstromdichte umrechnet (s. Gl. 11.121).

Da die dem geschwindigkeitsbestimmenden Schritt vorgelagerten Elektronenübertragungen im elektrochemischen Gleichgewicht vorliegen, muss für jede vorgelagerte Elektronenübertragung

$$r_{\text{Red,j}} = r_{\text{Ox,j}} \tag{11.119}$$

gelten. Die Reaktionsgeschwindigkeit der Mehr-Elektronen-mehr-Schritt-Reaktion ergibt sich aus der Reaktionsgeschwindigkeit des geschwindigkeitsbestimmenden Teilschritts gemäß

$$r = r_{\text{rds}} = r_{\text{Red,rds}} \tag{11.120}$$

und die dazugehörige Gesamtstromdichte i entsprechend

$$i = -|\nu_{e^-}| \cdot F \cdot r_{\text{Red,rds}}. \tag{11.121}$$

Wir haben hier den Index „A“, der den Bezug der Reaktionsgeschwindigkeit auf die Elektrodenoberfläche gemäß Gl. 11.28 symbolisiert, der Einfachheit halber weglassen. Weiterhin wurde davon ausgegangen, dass die Überspannung an der Kathode ausreichend negativ ist, sodass der geschwindigkeitsbestimmende Schritt als irreversibler Reduktionsschritt angenommen werden kann.

Mit Gl. 11.119 erhält man durch Einsetzen der Gl. 11.86 und 11.87:

$$c_{\text{Red,j-1}} \cdot k_{\text{Red,j}} \cdot e^{-\frac{\beta_{\text{Red,j}} \cdot F}{RT} \cdot \eta} = c_{\text{Red,j}} \cdot k_{\text{Ox,j}} \cdot e^{\frac{\beta_{\text{Ox,j}} \cdot F}{RT} \cdot \eta}. \tag{11.122}$$

Unter Berücksichtigung von $\beta_{\text{Ox}} + \beta_{\text{Red}} = 1$ und unter Einführung der Gleichgewichtskonstante am Gleichgewichtspotenzial φ_0, $K_j(\varphi_0) = k_{\text{Red,j,0}}/k_{\text{Ox,j,0}}$, erhält man folgende Gleichung:

$$\frac{c_{\text{Red,j}}}{c_{\text{Red,j-1}}} = K_j(\varphi_0) \cdot e^{-\frac{F}{RT} \cdot \eta}. \tag{11.123}$$

Somit erhält man durch Multiplikation von Gl. 11.123 entsprechend der Anzahl $|\nu_{e^-,\text{vor}}|$ der vorgelagerten Reduktionsgleichgewichte:

$$\frac{c_{\text{Red},|\nu_{e^-,\text{vor}}|}}{c_{\text{Red},|\nu_{e^-,\text{vor}}-1|}} \cdot \; \cdots \; \cdot \frac{c_{\text{Red,3}}}{c_{\text{Red,2}}} \cdot \frac{c_{\text{Red,2}}}{c_{\text{Red,1}}} \cdot \frac{c_{\text{Red,1}}}{c_{\text{Ox}}} = \frac{c_{\text{Red},|\nu_{e^-,\text{vor}}|}}{c_{\text{Ox}}} = \left(\prod_{j=1}^{|\nu_{e^-,\text{vor}}|} K_j(\varphi_0) \right) \cdot e^{-\frac{|\nu_{e^-,\text{vor}}| \cdot F}{RT} \cdot \eta}. \tag{11.124}$$

Setzt man nun Gl. 11.124 in die Gleichung für die Reaktionsgeschwindigkeit der geschwindgkeitsbestimmenden irreversiblen Mehr-Elektronen-ein-Schritt-Reaktion

$$r = r_{\text{rds}} = r_{\text{red,rds}} = c_{\text{Red},|\nu_{e^-,\text{vor}}|} \cdot k_{\text{Red,rds}} \cdot e^{-\frac{\beta_{\text{Red,rds}} \cdot |\nu_{e^-,\text{rds}}| \cdot F}{RT} \cdot \eta} \tag{11.125}$$

ein, erhält man die Endgleichung:

$$r = c_{\text{Ox}} \cdot k_{\text{Red,rds}} \cdot \left(\prod_{j=1}^{|\nu_{e^-,\text{vor}}|} K_j(\varphi_0) \right) \cdot e^{-\frac{(|\nu_{e^-,\text{vor}}| + \beta_{\text{Red,rds}} \cdot |\nu_{e^-,\text{rds}}|) \cdot F}{RT} \cdot \eta}. \tag{11.126}$$

Unter Berücksichtigung von Gl. 11.121 kann man die oberflächenbezogene Reaktionsgeschwindigkeit in die Stromdichte umwandeln, sodass sich ergibt:

$$i(\eta) = -|\nu_{e^-}| \cdot F \cdot c_{\text{Ox}} \cdot k_{\text{Red,rds}} \cdot \left(\prod_{j=1}^{|\nu_{e^-,\text{vor}}|} K_j(\varphi_0) \right) \cdot e^{-\frac{(|\nu_{e^-,\text{vor}}| + \beta_{\text{Red,rds}} \cdot |\nu_{e^-,\text{rds}}|) \cdot F}{RT} \cdot \eta} = -i_0 \cdot e^{-\frac{(|\nu_{e^-,\text{vor}}| + \beta_{\text{Red,rds}} \cdot |\nu_{e^-,\text{rds}}|) \cdot F}{RT} \cdot \eta}. \tag{11.127}$$

Nach Logarithmieren und Umwandeln in die Form der Gl. 11.104 ergibt sich die *Tafel-Steigung* zu:

$$b_{\text{Red}} = -\frac{0{,}0591 \text{ V}}{|\nu_{e^-,\text{vor}}| + \beta_{\text{Red,rds}} \cdot |\nu_{e^-,\text{rds}}|} \approx -\frac{60 \text{ mV}}{|\nu_{e^-,\text{vor}}| + \beta_{\text{Red,rds}} \cdot |\nu_{e^-,\text{rds}}|}. \tag{11.128}$$

In Tab. 11.4 sind die Tafel-Steigungen für verschiedene Anzahlen an Elektronentransfers vor und im geschwindigkeitsbestimmenden Schritt aufgelistet, wobei für den geschwindigkeitsbestimmenden Schritt, der eine irreversible Mehr-Elektronen-ein-Schritt-Reaktion darstellt, davon ausgegangen wurde, dass gilt: $\beta_{\text{Red,rds}} = 0{,}5$. Man erkennt, dass die Tafelsteigung nur bestimmte Werte, sogenannte Kardinalwerte, annehmen kann, die Rückschlüsse auf den Mechanismus erlauben, aber – ähnlich wie in der klassischen Thermokatalyse – keinen Beweis für den Mechanismus darstellen.

Zu den Eintragungen in Tab. 11.4 können noch folgende Erläuterungen gegeben werden. Die ersten beiden Zeilen entsprechen dem Fall der Mehr-Elektronen-ein-Schritt-Reaktion, weil keine reversiblen Ein-Elektron-ein-Schritt Reaktionen vorgelagert sind, d. h. $|\nu_{e^-,\text{vor}}| = 0$ ist. Daher sind die ersten beiden Zeilen in Tab. 11.4 mit den ersten beiden Zeilen in Tab. 11.3 hinsichtlich der Tafel-Steigungen identisch. Die dritte Zeile in Tab. 11.4 beschreibt den Fall, dass der reaktionsgeschwindigkeitsbestimmende Schritt eine Nicht-Faraday'sche Reaktion ist, womit ein EC-Schema vorliegt. Gl. 11.125 geht dann über in

$$r = r_{\text{rds}} = r_{\text{Red,rds}} = c_{\text{Red},|\nu_{e^-,\text{vor}}|} \cdot k_{\text{Red,rds}} \tag{11.129}$$

Tab. 11.4 Typische gerundete Werte („Kardinalwerte“) für die Tafel-Steigung abhängig von der Anzahl den beteiligten vorgelagerten Ein-Elektronen-Transfer-Gleichgewichte und der Anzahl der Elektronen, die im geschwindigkeitsbestimmenden Reduktionsschritt übertragen werden

$\lvert\nu_{e^-,\text{vor}}\rvert$	$\lvert\nu_{e^-,\text{rds}}\rvert$	$-b_{\text{Red}}$
0	1	120 mV
0	2	60 mV
1	0	60 mV
1	1	40 mV
1	2	30 mV
2	2	20 mV

und ist – nach Einsetzen von Gl. 11.124 – nur über die vorgelagerten elektrochemischen Gleichgewichte potenzialabhängig. Je mehr Elektronen in den vorgelagerten Ein-Elektronen-ein-Schritt-Reaktionsgleichgewichten übertragen werden und je mehr Elektronen an der geschwindigkeitsbestimmenden irreversiblen Mehr-Elektronen-ein-Schritt-Reaktion beteiligt sind, desto kleiner werden die Tafelsteigung und der dazugehörige Kardinalwert.

Abschließend soll hier noch auf den Wert des Durchtrittsfaktors eingegangen werden, den man erhält, wenn man Gl. 11.128 in Gl. 11.114 einsetzt, also von der formalkinetischen Formulierung der Butler-Volmer-Gleichung mit dem Durchtrittsfaktor α_{Red} anstelle des Symmetriefaktors β_{Red} ausgeht. Der Durchtrittsfaktor ergibt sich dann wie folgt:

$$\alpha_{\text{Red}} = |\nu_{e^-,\text{vor}}| + \beta_{\text{Red,rds}} \cdot |\nu_{e^-,\text{rds}}|. \tag{11.130}$$

Man erhält also Werte, die deutlich von dem häufig angenommenen Wert 0,5 abweichen, den man für den Symmetriefaktor angenommen hätte, wenn man von einer Ein-Elektron-ein-Schritt-Reaktion gemäß Gl. 11.93 ausgegangen wäre. Zum Beispiel würde sich im Fall des Nicht-Faraday'schen geschwindigkeitsbestimmenden Tielschritts ein Durchtrittsfaktor von $\alpha_{\text{Red}} = |\nu_{e^-,\text{vor}}|$ ergeben, d.h. der Durchtrittsfaktor würde der Anzahl der in den vorgelagerten Ein-Elektron-ein-Schritt-Reaktionsgleichgewichten übertragenen Elektronen entsprechen und daher ganzzahlige Werte ≥ 1 annehmen. Im Falle der Faraday'schen geschwindigkeitsbestimmenden Reaktion würden weitere Elektronen im geschwindigkeitsbstimmenden Schritt übertragen, so dass Gl. 11.130 für den Durchtrittkoeffizienten Werte deutlich größer als 0,5 ergeben kann.

Es können aber auch beliebige Nicht-Faraday'sche Reaktionen als vorgelagerte Gleichgewichte hinzugenommen werden (CE-, CCE-, CCCE- Schema usw.), wobei dann in Gl. 11.123 der exponentielle Potenzialterm wegfällt und das Massenwirkungsgesetz für chemische Gleichgewichte gemäß Gl. 3.59 stehenbleibt.

Wie in der Einleitung zu Abschn. 11.3 erwähnt, können auch *redoxaktive Mediatoren* eingesetzt werden, die in ihrer aktivierten Form M^* in homogener Phase, d. h. in der Elektrolytlösung, in einer Redoxreaktion mit dem Edukt zum Produkt reagieren, dabei in die nicht-aktivierte Form M übergehen, um anschließend in einem Außensphären-Mechanismus an der Elektrode durch Elektronentransfer wieder regeneriert zu werden (*homogene Elektrokatalyse*). Als redoxaktive Mediatoren können Hauptgruppenverbindungen, organische Verbindungen und metallorganische Komplexe (s. auch Abschn. 3.3.3) dienen [29]. In Abb. 11.11 ist beispielhaft die Kathodenreaktion gemäß Gl. 11.5 dargestellt, die nicht direkt an der Kathode abläuft, sondern über einen redoxaktiven Mediator, wobei M^* dessen reduzierte Form und M dessen oxidierte Form darstellt. Man erkennt, dass durch die Verwendung des redoxaktiven Mediators die Reaktion von der Elektrodenoberfläche in ein bestimmtes Volumen des flüssigen Elektrolyts, das wir nachfolgend noch tiefergehend betrachten werden, verlagert wird.

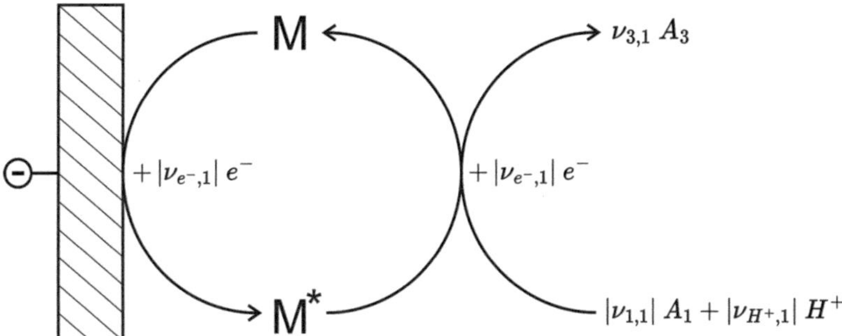

Abb. 11.11 Durchführung der Reduktion nach Gl. 11.5 mithilfe eines redoxaktiven Mediators (homogene Elektrokatalyse)

Wir leiten nun die Mikrokinetik der homogenen Elektrokatalyse beispielhaft anhand des folgenden vereinfachten EC-Schemas ab, wobei wir beim elektrochemischen Schritt von einer reversiblen Ein-Elektron-ein-Schritt-Reaktion ausgehen:

$$\begin{array}{lllll} M & + & e^- & \underset{r_{\mathrm{Ox},M*}}{\overset{r_{\mathrm{Red},M}}{\rightleftarrows}} & M^*, \\ A_1 & + & M^* & \xrightarrow{r_{\mathrm{rds}}} & A_2 \quad + \quad M. \end{array}$$

Die folgenden Annahmen sollen erfüllt sein:

1. Der Elektronentransfer an der Elektrode erfolgt so schnell, dass das elektrochemische Gleichgewicht eingestellt ist und die Nernst-Gleichung gemäß Gl. 11.69 gilt.
2. Die Reaktion des Edukts mit dem aktivierten Mediator ist der geschwindigkeitsbestimmende Schritt.
3. Es liegt keine Diffusionslimitierung für das Edukt A_1 vor.

Es wird sich eine *Diffusions-Reaktions-Schicht* ausbilden, da der aktivierte Mediator in der Helmholtz-Doppelschicht ($x = 0$) gebildet wird und anschließend so weit in den flüssigen Elektrolyt hineindiffundiert bis er vollständig verbraucht ist. In Abb. 11.12 sind qualitative Konzentrationsprofile des Mediators und seiner aktivierten Form gezeigt. Die quantitativen Konzentrationsverläufe ergeben sich aus der allgemeinen Stoffbilanz (s. Kap. 5, Gl. 5.19), in der man nur den Diffusions- und Reaktionsterm in x-Richtung berücksichtigt, ähnlich wie wir das bei heterogen katalysierten Reaktionen im Falle der Limitierung durch Porendiffusion (s. Abschn. 8.2.2.2, Gl. 8.63) und bei Fluid-Fluid-Reaktionen im Falle schneller Reaktionen in der Grenzschicht der Flüssigphase (s. Abschn. 8.4.1.2, Gl. 8.332) gemacht haben:

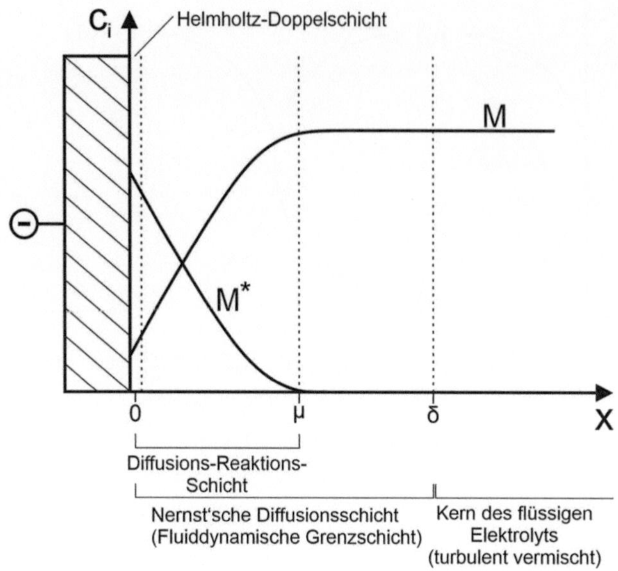

Abb. 11.12 Ausbildung einer Diffusions-Reaktions-Schicht bei Verwendung redoxaktiver Mediatoren

$$0 = D_{M*} \cdot \frac{\mathrm{d}^2 c_{M*}}{\mathrm{d}x^2} - k_{\mathrm{rds}} \cdot c_{M*} \cdot c_1. \tag{11.131}$$

Es gelten die Randbedingungen:

$$x = 0: \quad c_{M*} = c_{M*}(x = 0) \tag{11.132}$$

sowie

$$x \rightarrow \infty: \quad \frac{\mathrm{d}c_{M*}}{\mathrm{d}x} = 0. \tag{11.133}$$

Durch Lösen des Randwertproblems erhält man als Ergebnis das Konzentrationsprofil für *M**, welches durch einen exponentiellen Konzentrationsabfall ausgehend von $c_{M*}(x = 0)$ beschrieben wird:

$$c_{M*}(x) = c_{M*}(x = 0) \cdot e^{-\sqrt{\frac{k_{\mathrm{rds}} \cdot c_1}{D_{M*}}} \cdot x}. \tag{11.134}$$

Es ergibt sich somit eine Diffusions-Reaktions-Schicht der Dicke μ, wie in Abb. 11.12 vereinfacht dargestellt. Da es sich um eine asymptotische Annäherung an den Wert 0 handelt, schätzt man die Dicke der Reaktionsschicht durch den Schnittpunkt der Tangente bei $x = 0$ mit der x-Achse ab und erhält:

$$\mu = \sqrt{\frac{D_{M*}}{k_{\mathrm{rds}} \cdot c_1}}. \tag{11.135}$$

Durch Einsetzen typischer Werte für die Parameter erhält man für die Diffusions-Reaktions-Schicht Dicken μ von ca. 10 nm [30]. Die Dicke der Helmholtz-Schicht δ_{HD} ist üblicherweise kleiner als 1 nm und die Dicke der fluiddynamischen Grenzschicht δ liegt im Bereich von 10 bis 100µm, je nach Reynolds-Zahl.

Für die Konzentrationen des aktivierten und des nicht aktivierten Mediators liegt an der Stelle $x = 0$ das elektrochemische Gleichgewicht vor und durch Anwendung der Nernst-Gleichung gemäß Gl. 11.69 erhält man:

$$\frac{c_{M*}(x=0)}{c_M(x=0)} = e^{-\frac{F}{RT}\cdot\eta}, \tag{11.136}$$

wobei $\eta = \varphi_0 - \varphi_0^0$ ist.

Berücksichtigt man noch, dass an jeder Stelle x, also auch bei $x = 0$, gelten muss

$$c_{M*}(x) + c_M(x) = c_M, \tag{11.137}$$

ergibt sich:

$$c_{M*}(x=0) = \frac{c_M}{1 + e^{\frac{F}{RT}\cdot\eta}}. \tag{11.138}$$

Setzt man dieses Ergebnis in Gl. 11.134 ein, erhält man für das Konzentrationsprofil des aktivierten Mediators in Abhängigkeit von der Überspannung:

$$c_{M*}(x) = \frac{c_M}{1 + e^{\frac{F}{RT}\cdot\eta}} \cdot e^{-\sqrt{\frac{k_{\mathrm{rds}}\cdot c_1}{D_{M*}}}\cdot x}. \tag{11.139}$$

Berücksichtigt man noch, dass stationäre Bedingungen vorliegen, dann muss die elektrische Stromdichte mit der Diffusionsstromdichte des aktivierten Mediators an der Stelle $x = 0$ aufgrund der dem 1. Faraday'schen Gesetz folgenden Elektronenübertragung durch folgenden Zusammenhang verknüpft sein:

$$i = F \cdot D_{M*} \cdot \left.\frac{\mathrm{d}c_{M*}}{\mathrm{dx}}\right|_{x=0}. \tag{11.140}$$

Wäre die Gleichheit nicht erfüllt, würde sich die Konzentration des aktivierten Mediators an der Stelle $x = 0$ solange ändern, bis die Gleichheit erfüllt ist.

Der Konzentrationsgradient des aktivierten Mediators an der Elektrode ergibt sich durch Ableiten der Gl. 11.139 nach der x-Koordinate und Einsetzen von x = 0. Setzt man dieses Ergebnis in Gl. 11.140 ein, erhält man als Endgleichung:

$$i(\eta) = -F \cdot \sqrt{k_{\mathrm{rds}} \cdot c_1 \cdot D_{M*}} \cdot \frac{c_M}{1 + e^{\frac{F}{RT} \cdot \eta}}. \tag{11.141}$$

Gl. 11.141 beschreibt einen sigmoidalen Verlauf für die kathodische Stromdichte, wie er beispielhaft in Abb. 11.13 dargestellt ist und auch nicht mehr formalkinetisch durch die Butler-Volmer-Gleichung beschrieben werden kann. Bei entsprechend hohen positiven Überspannungen läuft die Reaktion nicht ab, da das vorgelagerte Gleichgewicht des redoxaktiven Mediators ganz auf der Seite der nichtaktivierten Form M liegt. Bei entsprechend hohen negativen Überspannungen wird ein Stromplateau erreicht, dessen Wert als *Plateaustromdichte* bezeichnet wird. In diesem Fall liegt das vorgelagerte Gleichgewicht des redoxaktiven Mediators ganz auf der Seite des aktivierten Mediators, der dann die Konzentration $c_{M*}(x = 0) = c_M$ annimmt und für den nichtaktivierten Mediator gilt $c_M(x = 0) = 0$. Es sei an dieser Stelle darauf hingewiesen, dass sich die Plateaustromdichte bei einer mediierten Elektrokatalyse, d. h. bei Einsatz eines redoxaktiven Mediators, unabhängig von der Dicke der *fluiddynamischen Grenzschicht*, d. h. der *Nernst'schen Diffusionsschicht*, einstellt. Oder in anderen Worten: Die Plateaustromdichte ist nicht von der Reynolds-Zahl abhängig, wie das bei Anwendung der Filmtheorie zur Beschreibung des Stoff-

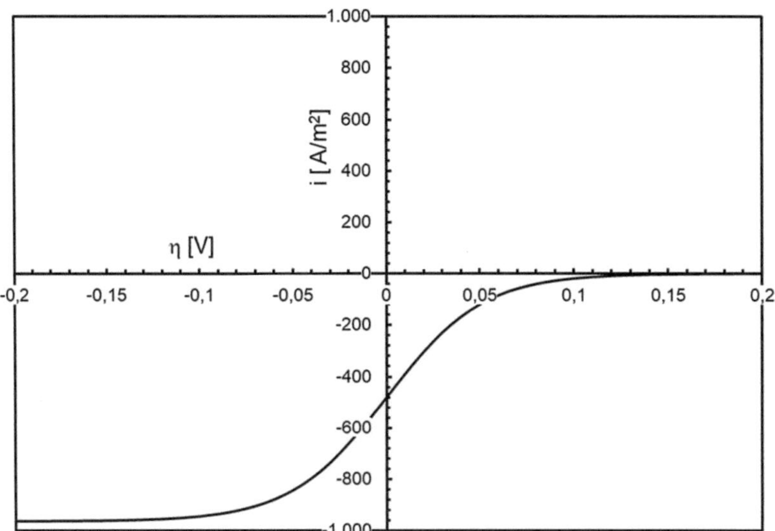

Abb. 11.13 Stromdichte-Überspannungs-Kurve (Polarisationskurve) bei Verwendung eines redoxaktiven Mediators gemäß Gl. 11.141. (Mit $T = 298$ K, $k_{\mathrm{rds}} \cdot c_1 = 10^6\,\mathrm{s}^{-1}$, $D_{M*} = 10^{-10}\,\mathrm{m}^2 \cdot \mathrm{s}^{-1}$, $c_{M*} = 1\,\mathrm{mol} \cdot \mathrm{m}^{-3}$, $c_1 = 10^3\,\mathrm{mol} \cdot \mathrm{m}^{-3}$)

übergangs der Fall war (s. Abschn. 8.1.1.1). Auf diesen Fall wird in dem folgenden Abschn. 11.3.2 im Rahmen der Makrokinetik eingegangen.

11.3.1.2 Innensphären-Mechanismus (*inner sphere mechanism*)

Wie bereits erwähnt findet beim Innensphären-Mechanismus die Elektronenübertragung an das adsorbierte Edukt statt, sodass bei der Ableitung der Mikrokinetik der Elektrodenreaktion Adsorptionsisothermen zu berücksichtigen sind (*heterogene Elektrokatalyse*). Hierbei können grundsätzlich zwei Mechanismen unterschieden werden, die nachfolgend am Beispiel der allgemeinen Reduktionsreaktion gemäß Gl. 11.5 dargestellt sind, wobei einfachheitshalber alle stöchiometrischen Koeffizienten gleich 1 gesetzt werden:

1. Die Elektronenübertragung findet als geschwindigkeitsbestimmender Schritt nach der Chemisorption des Edukts statt (CEC-Schema):

$$\begin{array}{lllll} A_1 & + \; z & & \underset{r_{\mathrm{des},1}}{\overset{r_{\mathrm{ads},1}}{\rightleftarrows}} & A_1 - z, \\ A_1 - z & + \; e^- & + \; H^+ & \xrightarrow{r_{\mathrm{rds}}} & A_2 - z, \\ A_2 & + \; z & & \underset{r_{\mathrm{des},2}}{\overset{r_{\mathrm{ads},2}}{\rightleftarrows}} & A_2. \end{array}$$

2. Die Elektronenübertragung findet gleichzeitig mit der Chemisorption des Edukts statt und die Weiterreaktion des chemisorbierten Edukts ist der geschwindigkeitsbestimmende Schritt (ECC-Schema):

$$\begin{array}{lllll} A_1 & + \; z & + \; e^- & \underset{r_{\mathrm{des},1}}{\overset{r_{\mathrm{ads},1}}{\rightleftarrows}} & A_1^- - z, \\ A_1^- - z & + \; H^+ & & \xrightarrow{r_{\mathrm{rds}}} & A_2 - z, \\ A_2 & + \; z & & \underset{r_{\mathrm{des},2}}{\overset{r_{\mathrm{ads},2}}{\rightleftarrows}} & A_2. \end{array}$$

Im Folgenden werden für beide Mechanismen die Mikrokinetiken abgeleitet und es wird gezeigt, wie man die Tafel-Auftragung heranziehen kann, um die beiden Mechanismen zu unterscheiden. Der Einfachheit halber wird auch hier der Index „A“, der den Bezug der Reaktionsgeschwindigkeit auf die Elektrodenoberfläche gemäß Gl. 11.28 symbolisiert, weggelassen. Weiterhin wird ebenfalls der Einfachheit halber davon ausgegangen, dass die Reduktionsreaktion quasi irreversibel ist.

Mechanismus 1

Bei Mechanismus 1 kann die Mehrkomponenten-Langmuir-Adsorptionsisotherme für den Belegungsgrad θ_I an A_I gemäß Gl. 3.121 herangezogen werden, um die Reaktionsgeschwindigkeit des geschwindigkeitsbestimmenden Schritts zu formulieren:

$$r = r_{\mathrm{rds}} = \theta_1 \cdot c_{H^+} \cdot k_{\mathrm{rds},0} \cdot e^{-\frac{\beta_{\mathrm{Red}} \cdot F}{RT} \cdot \eta} = \frac{k_{\mathrm{rds},0} \cdot K_{\mathrm{ads},1} \cdot c_1 \cdot c_{H^+}}{1 + K_{\mathrm{ads},1} \cdot c_1 + K_{\mathrm{ads},2} \cdot c_2} \cdot e^{-\frac{\beta_{\mathrm{Red}} \cdot F}{RT} \cdot \eta}. \quad (11.142)$$

Der Term vor der e-Funktion entspricht der Mikrokinetik des Eley-Rideal-Mechanismus der heterogen-katalysierten bimolekularen Reaktion zwischen einem chemisorbierten Edukt A_1 und einem Edukt, hier das Proton, das nicht chemisorbiert, sondern aus der flüssigen Phase reagiert. Der Exponentialterm enthält die Abhängigkeit von der negativen Überspannung, die ausreichend negativ sein muss, um die Bedingung gemäß Gl. 11.97 zu erfüllen und die Rückreaktion zu vernachlässigen, aber auch nicht zu negativ sein darf, damit nicht eine Stofftransportlimitierung einsetzt (s. Abschn. 11.3.2). Dieser Bereich ist dann der lineare Bereich in der Tafel-Auftragung gemessener Stromdichte-Überspannungs-Kurven. Multipliziert man Gl. 11.142 mit der Faraday-Konstante F und dem stöchiometrischen Koeffizienten des Elektrons (hier -1) gemäß Gl. 11.29, so ergibt sich die Stromdichte i, wenn man wieder die Austauschstromdichte i_0 als präexponentiellen Faktor einführt, zu:

$$i(\eta) = -\frac{F \cdot k_{\mathrm{rds},0} \cdot K_{\mathrm{ads},1} \cdot c_1 \cdot c_{H^+}}{1 + K_{\mathrm{ads},1} \cdot c_1 + K_{\mathrm{ads},2} \cdot c_2} \cdot e^{-\frac{\beta_{\mathrm{Red}} \cdot F}{RT} \cdot \eta} = -i_0 \cdot e^{-\frac{\beta_{\mathrm{Red}} \cdot F}{RT} \cdot \eta}. \quad (11.143)$$

Gl. 11.143 entspricht in seiner Potentialabhängigkeit dem reduktiven Strom der Butler-Volmer-Gleichung einer Ein-Elektron-ein-Schritt-Reaktion (s. Gl. 11.95), weil auch im Mechanismus 1 der geschwindigkeitsbestimmende Teilschritt eine Ein-Elektron-ein-Schritt-Reaktion ist. Unterschiedlich ist jedoch die Austauschstromdichte i_0, die beim Außensphären-Mechanismus proportional zur Konzentration des zu reduzierenden Edukts (oxidierte Form) in der Helmholtz-Doppelschicht und beim Innensphären-Mechanismus proportional zum Belegungsgrad des zu reduzierenden Edukts ist, der über die Multikomponenten-Langmuir-Adsorptionsisotherme beschrieben wird. Die Austauschstromdichte enthält aber auch die Geschwindigkeitskonstante der Elektronenübertragung im elektrochemischen Gleichgewicht und ist im Falle des Innensphären-Mechanismus ein Maß für die Aktivität des Elektrokatalysators. Ein Vergleich unterschiedlicher Elektrokatalysatoren über ihre Austauschstromdichten ist allerdings nur dann aussagekräftig, wenn die Stromdichte nicht auf die geometrische Elektrodenoberfläche A_E, sondern auf die elektrochemisch aktive Elektrodenoberfläche A bezogen wird. Nur bei nichtporösen und glatten Elektroden stimmt die geometrische mit der elektrochemisch aktiven Elektrodenoberfläche überein. Ist der Elektrokatalysator aber porös wie z. B. Raney-Nickel-Katalysatoren oder Metall-Träger-Katalysatoren mit porösen Rußen als Träger, dann muss die elektrochemisch aktive Oberfläche, die im Englischen als „electrochemical active surface area" bezeichnet und mit ECSA abgekürzt wird, bestimmt werden. Hierfür gibt es elektrochemische Methoden, auf die hier nicht näher eingegangen werden soll, sondern die in einschlägigen Lehrbüchern wie z. B. [3] nachgelesen werden können. Natürlich ist sicherzustellen, dass die gesamte elektrochemisch aktive Oberfläche auch an der Umsetzung beteiligt ist, d. h. keine Film- und Porendiffusionslimitierungen vorliegen (s. Abschn. 11.3.2). Abschließend sei bemerkt, dass die Adsorptionsgleichgewichtskonstanten $K_{\text{ads},i}$ auch potenzialabhängig sein können, also $K_{\text{ads},i}(\eta)$ gelten kann, was den linearen Bereich der Tafel-Auftragung zusätzlich einschränken kann. Eine Potenzialabhängigkeit der Adsorption liegt bei geladenen Reaktanden, Reaktanden mit starken Dipolmomenten, aber auch bei polarisierbaren unpolaren Reaktanden vor. Auf die verschiedenen theoretischen und experimentellen Ansätze sei unter dem Stichwort „Elektrosorption" auf einschlägige Lehrbücher verwiesen [1, 2].

Unter Berücksichtigung möglicher Nichtlinearitäten durch die Elektrosorption ergibt sich für Mechanismus 1 gemäß Gl. 11.143 eine Tafel-Auftragung mit der Tafelsteigung $b = -120\,\text{mV}$ und eine Parallelverschiebung der Tafel-Geraden um $\Delta\eta = -\Delta pH \cdot 120$ mV bei einer pH-Änderung um ΔpH. Wenn das Proton nicht am geschwindigkeitsbestimmenden Teilschritt beteiligt ist, also keine Proton-gekoppelter Elektronentransfer (PCET = Proton Coupled Electron Transfer) stattfindet, sondern nach dem geschwindigkeitsbestimmenden Teilschritt übertragen wird, dann würde keine Abhängigkeit der Stromdichte vom pH-Wert und somit auch keine Parallelverschiebung der Tafel-Geraden bei Änderung des pH-Wertes beobachtet werden.

Mechanismus 2

Im Mechanismus 2 ist zunächst das *elektrochemische Adsorptionsgleichgewicht* zu formulieren, ähnlich wie wir das beim Außensphären-Mechanismus mit Gl. 11.119 bzw. Gl. 11.122 bereits gemacht hatten, nur mit dem Unterschied, dass jetzt Belegungsgrade zu berücksichtigen sind:

$$r_{\text{ads},1} = \theta_z \cdot c_1 \cdot k_{\text{ads},1,0} \cdot e^{-\frac{\beta_{\text{Red}} \cdot F}{RT} \cdot \eta} = r_{\text{des},1} = \theta_1 \cdot k_{\text{des},1,0} \cdot e^{\frac{\beta_{\text{Ox}} \cdot F}{RT} \cdot \eta}. \tag{11.144}$$

Löst man nach dem Belegungsgrad θ_1 auf, setzt $K_{\text{ads},1}(\varphi_0) = k_{\text{ads},1,0}/k_{\text{des},1,0}$ und berücksichtigt $\beta_{\text{Ox}} + \beta_{\text{Red}} = 1$, erhält man:

$$\theta_1 = K_{\text{ads},1}(\varphi_0) \cdot c_1 \cdot e^{-\frac{F}{RT} \cdot \eta} \cdot \theta_z. \tag{11.145}$$

θ_z ist der Anteil an leeren Zentren, für die die Zentrenbilanz gemäß Gl. 3.99 gilt.

Für das *chemische Adsorptionsgleichgewicht* von A_2 gilt Gl. 3.113, die nachfolgend nochmals formuliert ist:

$$\theta_2 = K_{\text{ads},2} \cdot c_2 \cdot \theta_z. \tag{11.146}$$

Durch Einsetzen von Gl. 11.145 und 11.146 in die *Zentrenbilanz* $1 = \theta_z + \theta_1 + \theta_2$, Auflösen nach θ_z und Einsetzen von θ_z in Gl. 11.145 erhält man

$$\theta_1 = \frac{K_{\text{ads},1}(\varphi_0) \cdot c_1}{1 + K_{\text{ads},1}(\varphi_0) \cdot c_1 \cdot e^{-\frac{F}{RT} \cdot \eta} + K_{\text{ads},2} \cdot c_2} \cdot e^{-\frac{F}{RT} \cdot \eta} \tag{11.147}$$

und es kann dann die Stromdichte über die Reaktionsgeschwindigkeit des geschwindigkeitsbestimmenden Teilschritts berechnet werden:

$$\begin{aligned} & i(\eta) = -F \cdot r_{\text{rds}} = -F \cdot k_{\text{rds}} \cdot c_{H^+} \cdot \theta_1 = \\ & -\frac{F \cdot k_{\text{rds}} \cdot K_{\text{ads},1}(\varphi_0) \cdot c_1 \cdot c_{H^+}}{1 + K_{\text{ads},1}(\varphi_0) \cdot c_1 \cdot e^{-\frac{F}{RT} \cdot \eta} + K_{\text{ads},2} \cdot c_2} \cdot e^{-\frac{F}{RT} \cdot \eta} = \\ & -i_0 \cdot e^{-\frac{F}{RT} \cdot \eta}. \end{aligned} \tag{11.148}$$

Abb. 11.14 zeigt den charakteristischen Verlauf dieser Stromdichte-Überspannungs-Kurve. Dieser folgt nicht der Butler-Volmer-Gleichung (Gl. 11.93 bzw. Gl. 11.95). Es ergibt sich wie bei der mediierten Elektrokatalyse wieder ein sigmoidaler Verlauf. Bei entsprechend hohen negativen Überspannungen wird ein Stromplateau erreicht, dessen Wert als *Plateaustromdichte* bezeichnet wird. In diesem Fall liegt das vorgelagerte elektrochemische Adsorptionsgleichgewicht ganz auf der Seite des adsorbierten Edukts, sodass dann die Oberfläche mit A_1 gesättigt ist und $\theta_1 = 1$ gilt. Bei entsprechend hohen positiven Überspannungen liegt das elektrochemische Adsorptionsgleichgewicht ganz auf der Seite

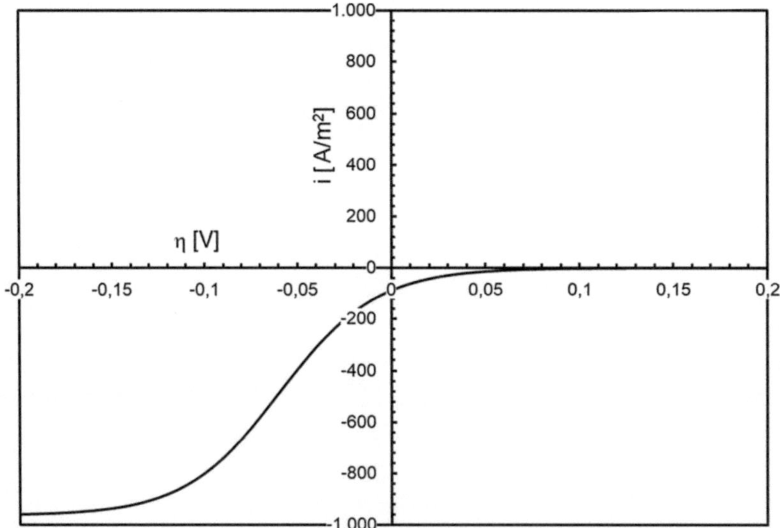

Abb. 11.14 Stromdichte-Überspannungs-Kurve (Polarisationskurve) für die heterogene Elektrokatalyse mit einem der geschwindigkeitsbestimmenden Oberflächenreaktion vorgelagerten elektrochemischen Adsorptionsgleichgewicht gemäß Gl. 11.148 (Mechanismus 2). (Mit $T = 298$ K, $k_{\text{rds}} = 10^{-2}\,\text{s}^{-1}$, $K_{\text{ads},1} = 10^{-4}\,\text{m}^3 \cdot \text{mol}^{-1}$, $K_{\text{ads},2} = 0\,\text{m}^3 \cdot \text{mol}^{-1} c_{H^+} = 1\,\text{mol} \cdot \text{m}^{-3}$, $c_1 = 10^3\,\text{mol} \cdot \text{m}^{-3}$)

des nicht adsorbierten Edukts A_I und es gilt $\theta_1 = 0$. In diesem Fall kommt der Strom zum Erliegen und es wird kein Produkt gebildet. Es sei an dieser Stelle darauf hingewiesen, dass sich der Grenzstrom (oder Plateaustrom) wie bei der mediierten Elektrokatalyse unabhängig von der Dicke der *fluiddynamischen Grenzschicht*, d. h. der *Nernst'schen Diffusionsschicht*, einstellt. Oder in anderen Worten: Die Plateaustromdichte ist nicht von der Reynolds-Zahl abhängig wie das bei Anwendung der Filmtheorie zur Beschreibung des Stoffübergangs der Fall war (s. Abschn. 8.1.1.1). Auf diesen Fall wird in dem folgenden Abschn. 11.3.2 im Rahmen der Makrokinetik eingegangen.

Es ergibt sich für Mechanismus 2 gemäß Gl. 11.148 eine Tafel-Auftragung mit der Tafelsteigung $b = -\,60\,\mathrm{mV}$ im linearen Bereich und eine Parallelverschiebung der Tafel-Geraden um $\Delta\eta = -\,\Delta pH \cdot 60\,\mathrm{mV}$ bei einer Änderung des pH-Werts um ΔpH. Wie man der Abb. 11.14 entnehmen kann, liegt eine exponentielle Abhängigkeit der Stromdichte von der Überspannung dann vor, wenn die Überspannung nicht zu negativ wird bzw. wenn noch ausreichend kleine Belegungsgrade θ_I vorliegen. Bei zu hohen negativen Überspannungen nähert man sich der Sättigung der Katalysatoroberfläche und es kommt zu einem Wendepunkt in der Stromdichte-Überspannungs-Kurve. Auch im Falle des Mechanismus 2 gilt, dass nur dann eine pH-abhängige Verschiebung der Tafel-Geraden um $\Delta\eta = -\,\Delta pH \cdot 60\,\mathrm{mV}$ auftritt, wenn das Proton am oder vor dem geschwindigkeitsbestimmenden Schritt beteiligt ist.

Zusammenfassend kann man festhalten, dass die beiden Mechanismen durch entsprechende Stromdichte-Überspannungs-Messungen und Tafel-Auftragung anhand ihrer Tafel-Steigungen unterschieden werden könnten. Zudem liefert die pH-abhängige Verschiebung der Tafel-Geraden in Ordinatenrichtung einen Hinweis auf die Beteiligung von Protonen vor bzw. im geschwindigkeitsbestimmenden Teilschritt.

Im Beispiel 11.3 werden anhand eines konkreten Beispiels, nämlich der sauren Wasserelektrolyse, zwei Reaktionsmechanismen vorgestellt, für unterschiedliche geschwindigkeitsbestimmende Teilschritte die Mikrokinetiken abgeleitet und dann die Unterschiede in der Tafel-Auftragung diskutiert.

Beispiel 11.3

Bei der *sauren Wasserelektrolyse* an metallischen Elektrokatalysatoren werden üblicherweise folgende drei Elementarschritte angenommen:

1. Volmer-Reaktion:

$$H^+ + z + e^- \underset{k_{-1}}{\overset{k_{+1}}{\rightleftarrows}} z - H.$$

2. Heyrovsky-Reaktion:

$$z - H + H^+ + e^- \underset{k_{-2}}{\overset{k_{+2}}{\rightleftarrows}} H_2 + z.$$

3. Tafel-Reaktion

$$2z - H \underset{k_{-3}}{\overset{k_{+3}}{\rightleftarrows}} H_2 + 2z.$$

Die Gesamtreaktion kann also grundsätzlich durch Kombination der Volmer- und der Heyrovsky-Reaktion oder durch Kombination der Volmer- und der Tafel-Reaktion ablaufen. Man bezeichnet dann diese Kombinationen dementsprechend mit Volmer-Heyrovsky- bzw. Volmer-Tafel-Mechanismus. Für die Ableitung der jeweiligen Mikrokinetiken soll wieder die Methode des geschwindigkeitsbestimmenden Teilschritts angenommen werden. Entsprechend ergeben sich drei Fälle:

1. *Die Volmer-Reaktion ist der geschwindigkeitsbestimmende Teilschritt*

Unabhängig davon, ob der Volmer-Heyrovsky- oder der Volmer-Tafel-Mechanismus vorliegt, ergibt sich die Mikrokinetik bei entsprechend negativen Überspannungen (Rückreaktion vernachlässigbar) zu

$$r = r_{\text{rds}} = r_{+1} = \theta_z \cdot c_{H^+} \cdot k_{+1}. \tag{a}$$

Da es sich um einen Elektronentransferschritt handelt, kann die Reaktionsgeschwindigkeitskonstante gemäß Gl. 11.86 durch das Produkt aus der sogenannten Standardreaktionsgeschwindigkeitskonstanten und der exponentiellen Abhängigkeit der Reaktionsgeschwindigkeit von der Überspannung ausgedrückt werden:

$$r = r_{\text{rds}} = r_{+1} = \theta_z \cdot c_{H^+} \cdot k_{+1,0} \cdot e^{-\frac{\beta_{\text{Red}} \cdot F}{RT} \cdot \eta}. \tag{b}$$

Wenn der Volmer-Schritt der reaktionsgeschwindigkeitsbestimmende Schritt, also der langsamste Schritt, ist, dann kann davon ausgegangen werden, dass unabhängig davon, ob die Heyrovsky- oder die Tafel-Reaktion folgt, die adsorbierten Wasserstoffatome schnell in molekularen Wasserstoff umgesetzt werden. Daher kann man davon ausgehen, dass der Belegungsgrad an atomaren Wasserstoff sehr gering ist bzw. umgekehrt der Anteil leerer Zentren gegen 1 geht, also $\theta_z = 1$ gilt. Somit ergeben sich die Endgleichung für die Reaktionsgeschwindigkeit zu

$$r = k_{+1,0} \cdot c_{H^+} \cdot e^{-\frac{\beta_{\text{Red}} \cdot F}{RT} \cdot \eta} \tag{c}$$

und die für die Stromdichte unter Berücksichtigung der Gl. 11.29 zu

$$i(\eta) = -F \cdot k_{+1,0} \cdot c_{H^+} \cdot e^{-\frac{\beta_{\text{Red}} \cdot F}{RT} \cdot \eta}. \tag{d}$$

2. *Die Heyrovsky-Reaktion ist der geschwindigkeitsbestimmende Teilschritt (Volmer-Heyrovsky-Mechanismus)*

Da die Reaktionsgeschwindigkeit der Bruttoreaktion durch die Heyrovsky-Reaktion gegeben ist, kann man – wieder ausreichend negative Überspannungen angenommen – die dazugehörige Mikrokinetik formulieren:

$$r = r_{\text{rds}} = r_{+2} = \theta_H \cdot c_{H^+} \cdot k_{+2} = \theta_H \cdot c_{H^+} \cdot k_{+2,0} \cdot e^{-\frac{\beta_{\text{Red}} \cdot F}{RT} \cdot \eta}. \tag{e}$$

In diesem Fall befindet sich die vorgelagerte Volmer-Reaktion im elektrochemischen Gleichgewicht, d. h. Hin- und Rückreaktion laufen gleich schnell ab:

$$r_{+1} = \theta_z \cdot c_{H^+} \cdot k_{+1,0} \cdot e^{-\frac{\beta_{\text{Red}} \cdot F}{RT} \cdot \eta} = r_{-1} = \theta_H \cdot k_{-1,0} \cdot e^{\frac{\beta_{\text{Ox}} \cdot F}{RT} \cdot \eta}. \tag{f}$$

Mit der Zentrenbilanz

$$\theta_H + \theta_z = 1 \tag{g}$$

kann der Belegungsgrad an atomaren Wasserstoff aus Gl. f unter Berücksichtigung von $\beta_{\text{Ox}} + \beta_{\text{Red}} = 1$ sowie $K_1(\varphi_0) = k_{+1,0}/k_{-1,0}$ wie folgt berechnet werden:

$$\theta_H = \frac{c_{H^+} \cdot K_1(\varphi_0)}{c_{H^+} \cdot K_1(\varphi_0) + e^{\frac{F}{RT} \cdot \eta}}. \tag{h}$$

Setzt man Gl. h in Gl. e ein erhält man die Endgleichung für die Reaktionsgeschwindigkeit zu

$$r = \frac{K_1(\varphi_0) \cdot k_{+2,0} \cdot c_{H^+}^2 \cdot e^{-\frac{\beta_{\text{Red}} \cdot F}{RT} \cdot \eta}}{c_{H^+} \cdot K_1(\varphi_0) + e^{\frac{F}{RT} \cdot \eta}} \tag{i}$$

sowie die für die Stromdichte zu:

$$i(\eta) = -\frac{F \cdot K_1(\varphi_0) \cdot k_{+2,0} \cdot c_{H^+}^2 \cdot e^{-\frac{\beta_{\text{Red}} \cdot F}{RT} \cdot \eta}}{c_{H^+} \cdot K_1(\varphi_0) + e^{\frac{F}{RT} \cdot \eta}}. \tag{j}$$

3. *Die Tafel-Reaktion ist der geschwindigkeitsbestimmende Teilschritt (Volmer-Tafel-Mechanismus)*

In diesem Fall ist die Reaktionsgeschwindigkeit der Bruttoreaktion durch die Tafel-Reaktion gegeben, bei der es sich um eine Rekombination von adsorbierten Wasserstoffatomen, also eine rein thermokatalytische Reaktion, handelt. Man kann weiterhin davon ausgehen, dass die Konzentration an gelöstem Wasserstoff im wässrigen Elektrolyt gering ist und der gebildete Wasserstoff die Elektrode in Form von Gasblasen verlässt. Somit kann die Tafel-Reaktion als irreversibel betrachtet werden, was in folgender Mikrokinetik mündet:

$$r = r_{\text{rds}} = r_{+3} = k_{+3} \cdot \theta_H^2. \tag{k}$$

Die vorgelagerte Volmer-Reaktion befindet sich wie im Fall 2 im elektrochemischen Gleichgewicht, sodass Gl. h in Gl. k eingesetzt werden kann. Man erhält dann die Endgleichung für die Reaktionsgeschwindigkeit zu

$$r = k_{+3} \cdot \left(\frac{c_{H^+} \cdot K_1(\varphi_0)}{c_{H^+} \cdot K_1(\varphi_0) + e^{\frac{F}{RT} \cdot \eta}} \right)^2 \tag{l}$$

und die für die Stromdichte zu

$$i(\eta) = -F \cdot k_{+3} \cdot \left(\frac{c_{H^+} \cdot K_1(\varphi_0)}{c_{H^+} \cdot K_1(\varphi_0) + e^{\frac{F}{RT} \cdot \eta}} \right)^2. \tag{m}$$

Da die Tafel-Reaktion selbst kein Elektronentransferschritt ist, hat die Potenzialabhängigkeit der Kinetik ihren Ursprung in der Potenzialabhängigkeit des Belegungsgrads an atomaren Wasserstoff basierend auf der Volmer-Reaktion.

Eine Unterscheidung der beiden Mechanismen bzw. der geschwindigkeitsbestimmenden Teilschritte kann über eine Tafel-Auftragung gemäß Abb. 11.10 und die jeweils charakteristischen Tafel-Steigungen erfolgen. Allerdings lassen sich die Gl. j und m nicht ohne weiteres in die Tafel-Form gemäß Gl. 11.104 umformen. Dies liegt daran, dass sich nur in bestimmten Potenzial-Bereichen Tafel-Geraden ergeben.

Dies erkennt man leicht, wenn man in Gl. m von hohen negativen Überspannungen ausgeht, da dann die e-Funktion im Nenner als additiver Term vernachlässigt werden kann und sich eine Stromdichte ergibt, die nicht mehr vom Potenzial abhängt. Mit zunehmend negativer Überspannung wird also beim Volmer-Tafel-Mechanismus mit der Tafel-Reaktion als geschwindigkeitsbestimmenden Schritt die Tafel-Steigung immer negativer und schlussendlich minus unendlich sein (vgl. Abb. 11.10). Physikalisch hat dies seine Ursache darin, dass der Belegungsgrad gegen 1 läuft. Im Bereich schwach negativer Überspannungen und geringer Belegungsgrade kann im Nenner von Gl. m der Term $c_{H^+} \cdot K_{1,0}$ vernachlässigt werden und man erhält für den Volmer-Tafel-Mechanismus mit der Tafel-Reaktion als geschwindigkeitsbestimmenden Schritt eine Tafel-Steigung von 30 mV, da gilt:

$$b_{\text{Red}} = -\frac{2{,}3026 \cdot RT}{2 \cdot F} \approx -\frac{60\,\text{mV}}{2} = -30\,\text{mV}.$$

Im Falle von Gl. j kann man ähnlich wie bei Gl. m bei stark negativen Überspannungen die e-Funktion im Nenner als additiven Termin vernachlässigen. Dann ergibt sich nach Umwandeln in die Tafel-Gleichung gemäß Gl. 11.104 für den Volmer-Heyrovsky-Mechanismus mit der Heyrovsky-Reaktion als geschwindigkeitsbestimmenden Schritt mit der üblichen Annahme $\beta_{Red} = 0{,}5$ als Tafel-Steigung:

$$b_{\text{Red}} = -\frac{2{,}3026 \cdot RT}{\beta_{\text{Red}} \cdot F} \approx -\frac{60\,\text{mV}}{\beta_{\text{Red}}} = -120\,\text{mV}.$$

Im Bereich schwach negativer Überspannungen kann im Nenner von Gl. j der Term $c_{H^+} \cdot K_{1,0}$ vernachlässigt werden, sodass dann die beiden e-Funktionen multipliziert werden können und sich für den Volmer-Heyrovsy-Mechanismus mit der Heyrovsky-Reaktion als geschwindigkeitsbestimmenden Schritt als Tafel-Steigung ergibt:

$$b_{\text{Red}} = -\frac{2{,}3026 \cdot RT}{(\beta_{\text{Red}} + 1) \cdot F} \approx -\frac{60\,\text{mV}}{\beta_{\text{Red}} + 1} = -40\,\text{mV}.$$

Im Falle der Volmer-Reaktion als geschwindigkeitsbestimmenden Teilschritt gilt, solange die Gültigkeit der Annahme der geringen Belegungsgrade an atomaren Wasserstoff gilt, Gl. d, und es ergibt sich als Tafel-Steigung mit der üblichen Annahme $\beta_{Red} = 0{,}5$:

$$b_{\text{Red}} = -\frac{2{,}3026 \cdot RT}{\beta_{\text{Red}} \cdot F} \approx -\frac{60\,\text{mV}}{\beta_{\text{Red}}} = -120\,\text{mV}.$$

In Tab. 11.5 ist das Ergebnis der Diskussion der Mikrokinetiken zusammengefasst. Es sei hier auch auf Shinagawa et al. verwiesen, wo man die vollständigen Tafel-Auftragungen findet und die hier diskutierten linearen Bereiche grafisch sehr gut erkennt [31]. Es sei an dieser Stelle angemerkt, dass man die Mikrokinetiken für den Volmer-Heyrovsky- und den Volmer-Tafel-Mechanismus auch auf Basis des Bodenstein'schen-Quasistationaritätsprin-

Tab. 11.5 Typische Werte („Kardinalwerte") für die Tafel-Steigung abhängig von dem geschwindigkeitsbestimmenden Teilschritt bei der sauren Wasser-Elektrolyse. [1)] Gleichung nicht anwendbar, da Annahme der geringen Belegungsgrade dann nicht mehr erfüllt

Geschwindigkeitsbestimmender Teilschritt	$-b_{\text{Red}}$ für schwach negative Überspannungen	$-b_{\text{Red}}$ für stark negative Überspannungen
Volmer-Reaktion	120 mV	[1)]
Heyrovsky-Reaktion	40 mV	120 mV
Tafel-Reaktion	30 mV	$\rightarrow\infty$

zips für den Belegungsgrad der Wasserstoffatome (s. Gl. 3.106) ableiten kann. Dies ändert aber nichts an den sich ergebenden und in Tab. 11.5 dargestellten Tafel-Steigungen. ◀

11.3.2 Makrokinetik

In Abschn. 11.3.1 haben wir uns mit dem Zusammenhang der Reaktionsüberspannung η_{Rkt} mit der Stromdichte i für verschiedene Elektrodenreaktionen beschäftigt und sind dabei davon ausgegangen, dass die Konzentrationen c_i an der Elektrode mit denen im Kern der flüssigen Phase übereinstimmen bzw. im Falle der Beteiligung von Gasen sich über das Absorptionsgleichgewicht ergeben. Bis jetzt sind wir auch von nichtporösen zweidimensionalen Elektroden (*2D-Elektroden*) ausgegangen, bei denen die elektrochemisch aktive Oberfläche A gleich der geometrischen Elektrodenoberfläche A_{E} ist ($A = A_{\mathrm{E}}$). Um die elektrochemisch aktive Oberfläche A gegenüber der geometrischen Elektrodenoberfläche A_{E} zu erhöhen, werden aber auch poröse dreidimensionale Elektroden (*3D-Elektroden*) eingesetzt ($\mathrm{A} \gg A_{\mathrm{E}}$).

Technisch relevante Stromdichten, die notwendig sind, um ausreichend große Raum-Zeit-Ausbeuten zu erhalten, betragen mindestens einige 100 $\mathrm{mA/cm^2}$ bzw. einige 1.000 $\mathrm{A/m^2}$. Bei diesen hohen Stromdichten können Konzentrationsgradienten an und in die Elektrode auftreten. Diese führen zu *Diffusionsüberspannungen* η_{Diff}, die wir uns im Folgenden anschauen werden. Das heißt, dass sich die Überspannung η nun aus Beiträgen durch die Reaktion und die Diffusion zusammensetzt:

$$\eta = \eta_{\mathrm{Rkt}} + \eta_{\mathrm{Diff}}. \tag{11.149}$$

Ein Beitrag an der Überspannung durch die Diffusionslimitierung des Edukts A_1 kommt dann zustande, wenn

$$c_1|_{\mathrm{P}} < c_1 \quad \text{bzw.} \; c_1(x) < c_1 \tag{11.150}$$

gilt, d. h. die Konzentration des Edukts A_1 an bzw. in der Elektrode geringer als die im Kern des flüssigen Elektrolyts ist. $c_1|_P$ ist dabei die Konzentration des Edukts an der Phasengrenzfläche zwischen der festen Elektrode und dem flüssigen Elektrolyt (im Englischen auch als „Solid Electrolyte Interface", SEI, bezeichnet), $c_1(x)$ ist der Konzentrationsverlauf in der plattenförmigen porösen Elektrode und c_1 ist die Konzentration im Kern der flüssigen Phase. Dies Nomenklatur hatten wir bereits in der klassischen heterogenen Katalyse in den Abschn. 8.2.2.1 und 8.2.2.2 verwendet. Eine maximale Limitierung durch den Stofftransport des Eduktes $\mathrm{A_1}$ liegt vor, wenn die Konzentration an der Elektrode auf den Wert 0 $\mathrm{mol/m^3}$ abgesunken ist, d. h. $c_1|_{\mathrm{P}} = 0$ mol/l gilt.

Ähnlich wie in der heterogenen Katalyse sprechen wir von einer effektiven und einer intrinsischen Stromdichte, d. h. ersterer liegt eine Makrokinetik und letzterer eine Mikrokinetik zugrunde. Gemäß Abschn. 11.3.1 können wir für eine beliebige Kathodenreaktion die *intrinsische Stromdichte* formalkinetisch mit der Butler-Volmer-Gleichung beschreiben, wenn wir anstelle der Symmetriefaktoren die Durchtrittsfaktoren verwenden. Bei ausreichend negativen Überspannungen kann die anodische Stromdichte vernachlässigt werden und man erhält:

$$i = -i_0 \cdot e^{-\frac{\alpha_{\mathrm{Red}} \cdot F}{RT} \cdot \eta_{\mathrm{Rkt}}}. \tag{11.151}$$

Bei der *effektiven Stromdichte* i_e muss man i_0 entsprechend korrigieren, weil i_0 die Konzentration an A_1 im Kern der Elektrolytphase enthält, aber die Konzentration an der Elektrodenoberfläche bzw. in der Elektrode enthalten müsste. Im Falle einer elektrochemischen Reaktion 1. Ordnung in A_1 kann die Korrektur wie folgt vorgenommen werden:

$$i_e = -i_0 \cdot \frac{c_1|_{\mathrm{P}}}{c_1} e^{-\frac{\alpha_{\mathrm{Red}} \cdot F}{RT} \cdot \eta} \tag{11.152}$$

bzw.

$$i_e = -i_0 \cdot \frac{c_1(x)}{c_1} e^{-\frac{\alpha_{\mathrm{Red}} \cdot F}{RT} \cdot \eta}. \tag{11.153}$$

Löst man Gl. 11.152 bzw. Gl. 11.153 nach η auf und berücksichtigt, dass

$$i_e = i \quad \text{für} \quad c_1|_{\mathrm{P}} = c_1 \quad \text{bzw.} \quad c_1(x) = c_1 \tag{11.154}$$

gilt, erhält man:

$$\eta = -\frac{RT}{\alpha_{\mathrm{Red}} \cdot F} \ln\left(\frac{-i}{i_0}\right) + \frac{RT}{\alpha_{\mathrm{Red}} \cdot F} \ln\left(\frac{c_1|_{\mathrm{P}}}{c_1}\right) \tag{11.155}$$

bzw.

$$\eta = -\frac{RT}{\alpha_{\mathrm{Red}} \cdot F} \ln\left(\frac{-i}{i_0}\right) + \frac{RT}{\alpha_{\mathrm{Red}} \cdot F} \ln\left(\frac{c_1(x)}{c_1}\right). \tag{11.156}$$

Vergleicht man Gl. 11.155 bzw. Gl. 11.156 mit Gl. 11.149, so kann die Diffusionsüberspannung wie folgt zugeordnet werden:

$$\eta_{\mathrm{Diff}} = \frac{RT}{\alpha_{\mathrm{Red}} \cdot F} \ln\left(\frac{c_1|_{\mathrm{P}}}{c_1}\right) \tag{11.157}$$

bzw.

$$\eta_{\mathrm{Diff}} = \frac{RT}{\alpha_{\mathrm{Red}} \cdot F} \ln\left(\frac{c_1(x)}{c_1}\right) \tag{11.158}$$

Das bedeutet, dass keine Diffusionsüberspannung vorliegt, wenn die Konzentration des Edukts an der Elektrodenoberfläche bzw. in der Elektrode gleich der im Kern der flüssigen Phase ist und dass die Diffusionsüberspannung immer negativer wird (und zusammen mit der negativen Reaktionsüberspannung zusätzlich aufgebracht werden muss), je stärker die Limitierung durch Diffusion, d. h. je geringer die Konzentration des Edukts an der äußeren oder inneren Elektrodenoberfläche ist. Zu Gl. 11.157 bzw. Gl. 11.158 sind zwei Hinweise wichtig:

1) Wir haben uns auf den Fall beschränkt, dass die Elektrodenreaktion 1. Ordnung im Edukt A_1 ist und keine weiteren Edukte zu betrachten sind.
2) Wir sind davon ausgegangen, dass die Produkte schnell genug abdiffundieren (was z. B. bei Gasen der Fall ist). Wenn dies nicht der Fall ist, dann gehen auch die Produktkonzentrationen in Gl. 11.157 bzw. Gl. 11.158 ein, da sich das Gleichgewichtspotenzial φ_0 entsprechend der Nernst-Gleichung, Gl. 11.69, verschiebt.

Für die Berechnung der Konzentration der Spezies A_i an bzw. in der Elektrode muss die Stoffbilanz an jeder Stelle (x, y, z) für jede beteiligte Spezies A_i für einen differenziellen Quader mit dem Volumen $\mathrm{d}V = \mathrm{d}x \cdot \mathrm{d}y \cdot \mathrm{d}z$ gelöst werden (s. Abschn. 5.2). In Abschn. 5.2 haben wir für den zu- und abgeführten Stoffstrom den Konvektions- und Diffusionsterm berücksichtigt. In der Elektrochemischen Reaktionstechnik kommt noch der sogenannte Migrationsterm hinzu:

$$\boldsymbol{j}_i = (\boldsymbol{j}_i)_{\mathrm{Diff}} + (\boldsymbol{j}_i)_{\mathrm{Konv}} + (\boldsymbol{j}_i)_{\mathrm{Migr}}. \tag{11.159}$$

Wir gehen im Folgenden davon aus, dass kein Stofftransport durch Konvektion an die Elektrode erfolgt, d. h., dass die Elektrode überströmt (*flow-by electrode*), aber nicht durchströmt (*flow-through electrode*) wird, wie dies bei den allermeisten technischen Prozessen der Fall ist (s. auch Tab. 11.1). Weiterhin wollen wir im Folgenden von einem 1D-Transportmodell ausgehen und haben nur die x-Komponenten der Vektoren in Gl. 11.159 zu berücksichtigen. Somit vereinfacht sich Gl. 11.159 zu:

$$j_{i,x} = (j_{i,x})_{\mathrm{Diff}} + (j_{i,x})_{\mathrm{Migr}}. \tag{11.160}$$

Die Ableitung dieser Gleichung kann mithilfe des elektrochemischen Potenzials gemäß Gl. 11.50 erfolgen, denn der Gradient des elektrochemischen Potenzials der Spezies A_i ist die treibende Kraft für den Stofftransport der Spezies A_i im elektrischen Feld:

$$j_{i,x} = -K_i \cdot \frac{\mathrm{d}\widetilde{\mu}_i}{\mathrm{d}x}. \tag{11.161}$$

K_i ist dabei eine Proportionalitätskonstante, die es noch zu bestimmen gilt. Setzt man nun Gl. 11.50, also die Definition des elektrochemischen Potenzials, und Gl. 3.53, also die Abhängigkeit des chemischen Potenzials von der Aktivität der Spezies A_i, ein und geht von einer idealen Mischphase aus (Gl. 11.73 und 11.74), so ergibt sich:

$$j_{i,x} = -K_i \cdot \frac{\mathrm{d}}{\mathrm{d}x}\left[\mu_i^0 + RT \ln c_i(x) + z_i F \cdot \varphi\right]. \tag{11.162}$$

Berücksichtigt man, dass gilt

$$\frac{\mathrm{d}\ln c_i}{\mathrm{d}x} = \frac{1}{c_i} \cdot \frac{\mathrm{d}c_i}{\mathrm{d}x} \quad \text{sowie} \quad \mu_i^0 = \text{const}, \tag{11.163}$$

so erhält man:

$$j_{i,x} = -K_i \cdot \left[\frac{RT}{c_i(x)} \cdot \frac{\mathrm{d}c_i(x)}{\mathrm{d}x} + z_i F \cdot \frac{\mathrm{d}\varphi}{\mathrm{d}x}\right]. \tag{11.164}$$

Durch Vergleich mit dem 1. Fick'schen Diffusionsgesetz

$$\left(j_{i,x}\right)_{\mathrm{Diff}} = -D_i \cdot \frac{\mathrm{d}c_i}{\mathrm{d}x} \tag{11.165}$$

ergibt sich für K_i:

$$K_i = \frac{D_i \cdot c_i(x)}{RT}. \tag{11.166}$$

Insgesamt ergibt sich die Endgleichung:

$$j_{i,x} = -D_i \cdot \frac{\mathrm{d}c_i(x)}{\mathrm{d}x} - D_i \cdot c_i(x) \cdot \frac{z_i F}{RT} \cdot \frac{\mathrm{d}\varphi}{\mathrm{d}x}. \tag{11.167}$$

Diese Gleichung wird auch als *Nernst-Planck-Gleichung* bezeichnet. Der Migrationsterm, d. h. der zweite Term auf der rechten Seite von Gl. 11.167, beschreibt die Bewegung von geladenen Spezies in einem elektrischen Feld, d. h. entlang eines Gradienten des elektrischen Potenzials. Der Migrationsterm fällt natürlich bei ungeladenen Edukten, wie z. B. CO_2 (s. Beispiel 11.4), weg. Aber auch bei geladenen Edukten kann er häufig vernachlässigt werden, da die Leitsalzkonzentration meist so hoch ist, dass diese den Ionentransport übernehmen. Wir werden daher im Folgenden den Migrationsterm vernachlässigen.

11.3.2.1 Filmdiffusion (2D-Elektrode)

Wir haben uns bereits in Abschn. 8.1.1.1 mit dem Stoffübergang von einer fluiden Phase an eine Phasengrenzfläche beschäftigt und die sogenannte *Filmtheorie* kennengelernt. Diese geht von einer stagnierenden Grenzschicht an der Phasengrenze aus und beschreibt den Stoffübergang mithilfe des *Stoffübergangskoeffizienten* β_1 und dem Konzentrationsgradienten zwischen dem Kern der fluiden Phase und der Phasengrenze (s. Gl. 8.2). Ähnlich wie bei der Filmdiffusion in der heterogenen Katalyse (s. Abschn. 8.2.2.1) kann diese Theorie auch auf den Stoffübergang der Spezies A_1 vom Kern der flüssigen Phase an die Elektrodenoberfläche angewendet werden. Dabei ist es unerheblich, ob es sich bei der Elektrodenreaktion um einen Innensphären- oder Außensphären-Mechanismus handelt. Wir haben im Zusammenhang mit Abb. 11.12 festgestellt, dass die Dicke der *fluiddynamischen Grenzschicht* typischerweise im Bereich von 10 bis 100µm liegt, je nach Reynolds-Zahl, und dass die Dicke der elektrochemischen Doppelschicht (Helmholtz- und diffuse Doppelschicht) typischerweise kleiner als 10 nm ist.

Wir gehen bei der nachfolgenden Betrachtung der Einfachheit halber von einer Ein-Elektron-ein-Schritt-Reaktion 1. Ordnung aus, die durch die Butler-Volmer-Gleichung (s. Gl. 11.93) beschrieben werden kann. Bei entsprechend hohen negativen Überspannungen kann dann wieder die anodische Stromdichte in Gl. 11.93 vernachlässigt werden. Im stationären bzw. quasistationären Zustand muss dann gelten, dass die durch Stoffübergang pro Zeiteinheit antransportierte Stoffmenge an A_1 gemäß Gl. 8.38 gleich der an der Oberfläche pro Zeiteinheit abreagierten Stoffmenge gemäß Gl. 11.86 ist:

$$\beta_1 \cdot \left(c_1 - c_1|_P\right) = c_1|_P \cdot k_{\text{Red},0} \cdot e^{-\frac{\beta_{\text{Red}} \cdot F}{RT} \cdot \eta}. \tag{11.168}$$

Durch Auflösen von Gl. 11.181 nach $c_1|_P$ erhält man:

$$c_1|_P = \frac{\beta_1}{\beta_1 + k_{\text{Red},0} \cdot e^{-\frac{\beta_{\text{Red}} \cdot F}{RT} \cdot \eta}} \cdot c_1. \tag{11.169}$$

Diese Gleichung ist fast identisch mit Gl. 8.46, nur dass wir hier eine potenzialabhängige Geschwindigkeitskonstante vorliegen haben. Man erkennt, analog zur Diskussion zu Gl. 8.46, dass bei einem ausreichend großen Stoffübergangskoeffizienten der additive Reaktionsterm im Nenner vernachlässigt werden kann, und die Konzentration an der Elektrode gleich der im Kern der flüssigen Phase ist. Mit zunehmender negativer Überspannung wird die Elektrodenreaktion immer schneller und der Stofftransport limitiert immer stärker. Entsprechend sinkt die Konzentration an der Elektrode bis auf den Wert 0 mol/m^3 ab.

Setzt man nun die Gl. 11.169 in Gl. 11.152 (mit $\alpha_{\text{Red}} = \beta_{\text{Red}}$)ein, ergibt sich für die *effektive Stromdichte*:

$$i_e = -\frac{\beta_1 \cdot i_0 \cdot e^{-\frac{\beta_{\text{Red}} \cdot F}{RT} \cdot \eta}}{\beta_1 + k_{\text{Red},0} \cdot e^{-\frac{\beta_{\text{Red}} \cdot F}{RT} \cdot \eta}}. \tag{11.170}$$

Erweitert man den Quotienten auf der rechten Seite von Gl. 11.170 mit $F \cdot c_1$, führt i_0 mit Gl. 11.92 ein $|\nu_{e^-}| = 1$ und berücksichtigt

$$i_{\mathrm{Gr}} = -F \cdot \beta_1 \cdot c_1 \tag{11.171}$$

sowie

$$i = -i_0 \cdot e^{-\frac{\beta_{\mathrm{Red}} \cdot F}{RT} \cdot \eta} = -F \cdot c_1 \cdot k_{\mathrm{Red},0} \cdot e^{-\frac{\beta_{\mathrm{Red}} \cdot F}{RT} \cdot \eta}, \tag{11.172}$$

so ergibt sich die Endgleichung

$$i_e = \frac{i_{Gr} \cdot i}{i_{\mathrm{Gr}} + i} \tag{11.173}$$

bzw.

$$\frac{1}{i_e} = \frac{1}{i_{\mathrm{Gr}}} + \frac{1}{i}. \tag{11.174}$$

Hierbei ist i_{Gr} die *Grenzstromdichte* und i die *intrinsische Stromdichte*, wenn keine Stofftransportlimitierung vorliegt. Ist die Grenzstromdichte also deutlich größer als die intrinsische Stromdichte, dann geht die effektive in die intrinsische Stromdichte über. Ist umgekehrt die intrinsische Stromdichte deutlich größer, dann geht die effektive Stromdichte in die Grenzstromdichte über. Für Fälle, die zwischen den Extremfällen liegen, liefern beide Stromdichten, die Grenzstromdichte und die intrinsische Stromdichte, einen Beitrag zur effektiven Stromdichte. Abb. 11.15a zeigt eine typische *Stromdichte-Überspannungs-Kurve*, die bei niedrigen negativen Überspannungen der intrinsischen Stromdichte entspricht und dann zunehmend von der Grenzstromdichte beeinflusst wird, bis diese am Ende, bei sehr hohen negativen Überspannungen, limitiert. Es ergibt sich wieder ein sigmoidaler Verlauf. Abb. 11.15b zeigt die dazugehörige Tafel-Auftragung, der man einen linearen Bereich (Tafel-Gerade) entnehmen kann, bei dem die Überspannung nicht so stark negativ ist, dass sich die Grenzstromdichte bemerkbar macht, aber andererseits auch ausreichend negativ, damit die Rückreaktion vernachlässigt werden kann. Aus der Tafel-Gerade ergibt sich dann die *Austauschstromdichte* i_0 und die *Tafel-Steigung* b_{Red}.

Abschließend sei darauf hingewiesen, dass auch in der Elektrochemischen Reaktionstechnik ein *Elektrodenwirkungsgrad* analog zu Gl. 8.28 definiert werden kann. Unter Berücksichtigung von Gl. 11.29 und der Tatsache, dass nur von einer Faraday'schen Reaktion ausgegangen wurde ($j = 1$), ergibt sich dann:

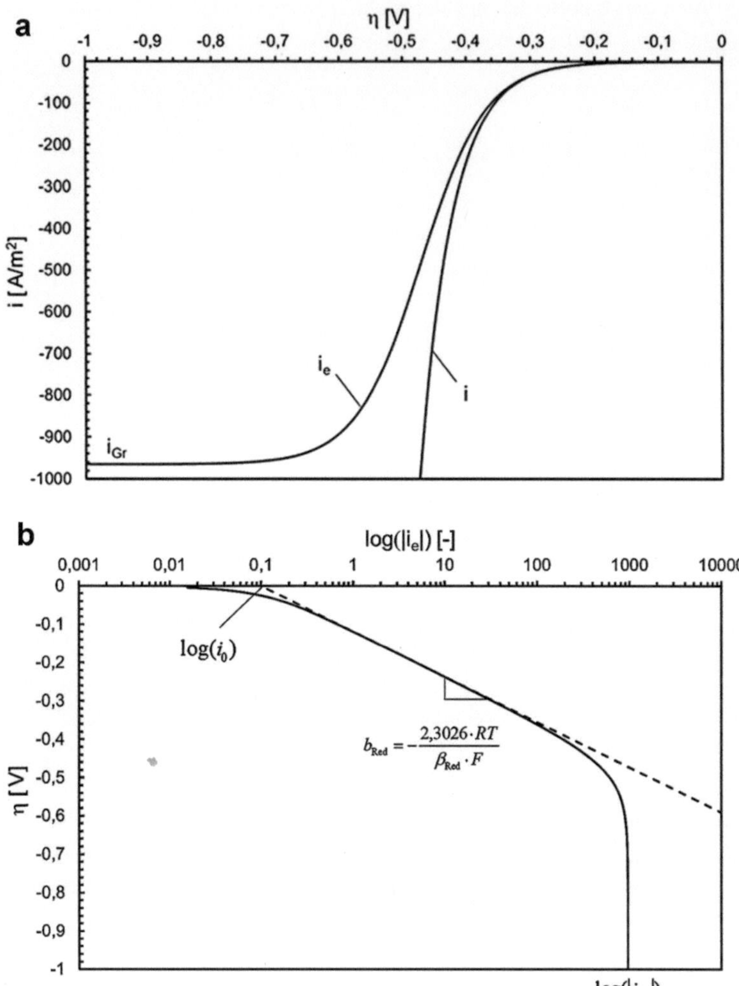

Abb. 11.15 Intrinsische und effektive Stromdichte für eine Ein-Elektron-ein-Schritt-Reduktion gemäß Gl. 11.172 bzw. Gl. 11.170. (**a**) Stromdichte-Überspannungs-Kurve (Polarisationskurve). (**b**) Tafel-Auftragung der effektiven Stromdichte und Tafel-Gerade (gestrichelt). (Mit $T = 298\,\mathrm{K}$, $\alpha_{\mathrm{Red}} = \beta_{\mathrm{Red}} = 0{,}5$, $i_0 = 0{,}1\ \mathrm{A \cdot m^{-2}}$, $\beta_1 = 10^{-5}\,\mathrm{m \cdot s^{-1}}$, $c_1 = 10^3\,\mathrm{mol \cdot m^{-3}}$)

$$\eta_{\mathrm{E}} = \frac{r_{1,e}}{r_1} = \frac{i_{1,e}}{i_1} = \frac{i_e}{i} \tag{11.175}$$

Setzt man nun für die effektive und die intrinsische Stromdichte Gl. 11.170 und 11.172 ein, erhält man für den äußeren Elektrodenwirkungsgrad (Filmdiffusion):

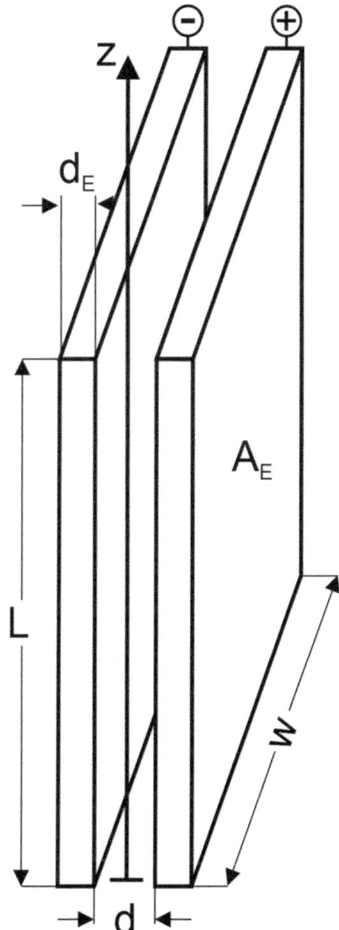

Abb. 11.16 Charakteristische Abmessungen eines Strömungskanals zwischen zwei planparallelen Elektroden für eine ungeteilte Zelle

$$\eta_{\mathrm{E}} = \frac{\beta_1}{\beta_1 + k_{\mathrm{Red},0} \cdot e^{-\frac{\alpha_{\mathrm{Red}} \cdot F}{RT} \cdot \eta}}. \tag{11.176}$$

Mit der *elektrochemischen Damköhler-Zahl 2. Art*

$$\mathrm{Da}_{\mathrm{II,el}} = \frac{k_{\mathrm{Red,A}}}{\beta_1} = \frac{k_{\mathrm{Red},0} \cdot e^{-\frac{\alpha_{\mathrm{Red}} \cdot F}{RT} \cdot \eta}}{\beta_1} \tag{11.177}$$

erhält man folgenden Zusammenhang:

$$\eta_{\mathrm{E}} = \frac{1}{1 + \mathrm{Da}_{\mathrm{II,el}}}. \tag{11.178}$$

Dies ist dieselbe Gleichung wie Gl. 8.50, d. h., der Stoffübergang an eine 2D-Elektrode kann genauso behandelt werden wie der Stoffübergang an einen festen nicht-porösen Katalysator in der klassischen heteogenen Katalyse. Es gelten daher auch dieselben Kriterien für das Vorliegen einer Limitierung durch den äußeren Stofftransport (Filmdiffusion) wie in Abschn. 8.2.2.1 beschrieben.

Auf einen wichtigen Unterschied soll jedoch an dieser Stelle hingewiesen werden. Aufgrund der typischerweise vorliegenden Anordnung von planparallelen Elektroden, müssen andere wie die in Abschn. 8.2.2.1 aufgelisteten Korrelationen für den *Stoffübergangskoeffizient* angewendet werden. So kann für eine *voll entwickelte turbulente Strömung* im Spalt zwischen zwei planparallelen Elektroden die *Chilton-Colburn-Korrelation* [9]

$$Sh = 0{,}023 \cdot \mathrm{Re}^{0{,}8} \cdot Sc^{0{,}33} \tag{11.179}$$

und für die *voll entwickelte laminare Strömung* im Spalt zwischen zwei planparallelen Elektroden die Re-unabhängige Korrelation [40]

$$Sh = 2{,}69 \tag{11.180}$$

angewendet werden. Die Definition der Kennzahlen ist identisch mit den in Gl. 8.6, 8.7 und 8.8. Als charakteristische Länge l_c wird im Falle eines durchströmten Spalts zwischen zwei planparallelen Elektroden der sogenannte *hydraulische Durchmesser* d_h verwendet:

$$l_c = d_h = \frac{4 \cdot A_\mathrm{R}}{U} = \frac{4 \cdot d \cdot w}{2 \cdot (d + w)} \tag{11.181}$$

A_R ist hier der Querschnitt des Strömungskanals und U sein benetzter Umfang. Diese berechnen sich aus der Breite der Elektrode w und dem Elektrodenabstand d. Abb. 11.16 veranschaulicht die typischen Abmessungen eines Strömungskanals zwischen zwei planparallelen Elektroden einer ungeteilten Zelle. Im Falle einer geteilten Zelle ist der Elektrodenabstand d der Abstand zwischen Elektrode und Separator.

Berechnet man aus Gl. 11.179 und 11.180 den Stoffübergangskoeffizienten β_1 und setzt ihn in Gl. 11.171 ein, so erhält man folgende *Grenzstromdichte für die voll entwickelte turbulente Strömung:*

$$i_\mathrm{Gr} = -0{,}023 \cdot F \cdot c_1 \cdot \nu^{-0{,}47} \cdot D_1^{0{,}67} \cdot d_h^{-0{,}2} \cdot u^{0{,}8} \tag{11.182}$$

und folgende *Grenzstromdichte für die voll entwickelte laminare Strömung*:

$$i_\mathrm{Gr} = -2{,}69 \cdot F \cdot c_1 \cdot D_1 \cdot d_h^{-1}. \tag{11.183}$$

Bei der voll entwickelten turbulenten Strömung ist die Grenzstromdichte stark von der Strömungsgeschwindigkeit abhängig, bei der voll entwickelten laminaren Strömung ist sie dagegen unabhängig von der Strömungsgeschwindigkeit. Bei der voll entwickelten laminaren Strömung ist die Grenzstromdichte dagegen stark von dem hydraulischen Durchmesser abhängig, die voll entwickelte turbulente Strömung zeigt dagegen eine wesentlich geringere Abhängigkeit vom hydraulischen Durchmesser.

Welches Strömungsregime vorliegt, und ob evtl. der Einlaufbereich zu berücksichtigen ist [7], hängt von der Geometrie der Elektroden, insbesondere dem Elektrodenabstand, und von der Betriebsweise ab. Hierauf wird in Abschn. 11.4.3 noch etwas näher eingegangen.

Beispiel 11.4

Die *elektrochemische CO_2-Reduktion zu CO* gemäß Tab. 11.1 und Beispiel 11.1 wird mit sogenannten Gasdiffusionselektroden in wässrigen Elektrolyten durchgeführt. Wie im Beispiel 11.1 beschrieben, bildet sich im Inneren der porösen 3D-Elektrode ein dünner Elektrolytfilm auf dem Elektrokatalysator aus. Die Dicke dieses Elektrolytfilms wird mit 50 nm angenommen [32]. Das CO_2 strömt gasseitig entlang der Gasdiffusionselektrode, diffundiert in die Elektrode an den Elektrolytfilm, löst sich an der Phasengrenzfläche Gas/Flüssig entsprechend seiner Löslichkeit und diffundiert durch den dünnen Elektrolytfilm an die Flüssig/Fest-Grenzfläche zum Elektrokatalysator (Silber). Würde man dagegen das CO_2 entsprechend seiner Löslichkeit vorgelöst im flüssigen wässrigen Elektrolyten entlang einer nicht-porösen 2D-Elektrode strömen lassen, dann würde sich – wie bereits erwähnt – eine fluiddynamische Grenzschicht von 10 bis 100µm ausbilden, durch den das CO_2 diffundieren muss, um zum Elektrokatalysator zu gelangen. Wir gehen nachfolgend von einer Grenzschichtdicke von 50µm aus.

In beiden Fällen kann zur Abschätzung der Grenzstromdichte Gl. 11.171 angewendet werden, wobei zu beachten ist, dass die Gleichung für eine Ein-Elektron-ein-Schritt-Reduktion gilt, hier aber pro Molekül CO_2 zwei Elektronen übertragen werden:

$$i_{\mathrm{Gr}} = -2 \cdot F \cdot \frac{D_{CO_2}}{\delta} \cdot c_{CO_2}. \tag{a}$$

Mit einer CO_2-Löslichkeit (p = 1 bar, T = 50 °C, [33]) von

$$c_{CO_2} = 18{,}8 \ \mathrm{mmol/l} \tag{b}$$

und einem Diffusionskoeffizienten im wässrigen Elektrolyt bei 50 °C [34] von

$$D_{CO_2} = 1{,}91 \cdot 10^{-9} \ \mathrm{m^2/s} \tag{c}$$

kann gemäß Gl. a der Grenzstrom für die beiden Fälle

$$\delta = 50 \ \mathrm{nm} \quad \text{und } \delta = 50 \ \mu\mathrm{m} \tag{d}$$

berechnet werden.

Für die konventionelle 2D-Elektrode mit vorgelöstem CO_2 ergibt sich:

$$i_{\text{Gr}} = -14\,\text{mA/cm}^2. \tag{e}$$

Für die Gasdiffusionselektrode (3D-Elektrode) ergibt sich:

$$i_{\text{Gr}} = -14.000\,\text{mA/cm}^2. \tag{f}$$

Man sieht, dass man nur mit der Gasdiffusionselektrode, eine1 porösen 3D-Elektrode, technisch relevante Stromdichten von mehreren 100 mA/cm^2 bzw. mehreren 1.000 A/m^2 erreichen kann und konventionelle nicht-poröse 2D-Elektroden ungeeignet sind. Es sei abschließend noch darauf hingewiesen, dass die berechneten Grenzstromdichten und der in Abb. 11.15 gezeigte typische sigmaoidale Verlauf nur für die partielle Stromdichte der elektrochemischen CO_2-Reduktion gilt, nicht jedoch für die Gesamtstromdichte. Wie wir in Beispiel 11.1 gesehen haben, ist die Wasserstoffbildung durch die Wasserreduktion zu berücksichtigen, die mit zunehmender CO_2-Stofftransportlimitierung immer stärker wird, da im wässrigen Elektrolyt ausreichend Wasser vorhanden ist ($c_{H_2O} \approx 55$ mol/l), das in der Helmholtz-Doppelschicht als Adsorbat am Katalysator reagieren kann, wenn CO_2 nicht mehr genügend schnell nachdiffundiert. ◀

11.3.2.2 Porendiffusion (3D-Elektrode)

Wir haben uns bereits in Abschn. 8.2.2.2 im Zusammenhang mit der klassischen heterogenen Katalyse mit der Porendiffusion beschäftigt und für eine irreversible Reaktion 1. Ordnung sowie eine plättchenförmige Katalysatorgeometrie den dimensionslosen Konzentrationsverlauf im porösen Katalysator sowie den sich hieraus ergebenden inneren Katalysatorwirkungsgrad hergeleitet, wobei beide nur von einem einzigen dimensionslosen Parameter abhingen, dem sogenannt Thiele-Modul ϕ. In der Elektrochemischen Reaktionstechnik ergeben sich dieselben Gleichungen für den Konzentrationsverlauf, Gl. 8.75, und den inneren Elektrodenwirkungsgrad, Gl. 8.82, wenn man einen *elektrochemischen Thiele-Modul* ϕ_{el} wie folgt einführt:

$$\phi_{el} = \frac{d_{\text{E}}}{2} \cdot \sqrt{\frac{k_{\text{Red},V}}{D_{1,e}}}. \tag{11.184}$$

d_{E} ist die Dicke der porösen Elektrode, wobei wir von einer porösen plattenförmige Elektroden, wie in Abb. 11.16 dagestellt, ausgehen. $D_{1,e}$ ist der effektive Diffusionskoeffizient von Edukt A_1 in der porösen Elektrode gemäß Gl. 8.122. $k_{\text{Red,V}}$ ist die volumenbezogene Geschwindigkeitskonstante der elektrochemischen Reduktionsreaktion, die sich für eine Ein-Elektron-ein-Schritt-Reaktion bei entsprechend hohen negativen Überspannungen unter Vernachlässigung der anodischen Stromdichte mit Gl. 11.86 und 11.92 wie folgt ergibt:

$$k_{\mathrm{Red},V} = a_V \cdot k_{\mathrm{Red},0} \cdot e^{-\frac{\beta_{\mathrm{Red}} \cdot F}{RT} \cdot \eta} = \frac{a_V \cdot i_0 \cdot e^{-\frac{\beta_{\mathrm{Red}} \cdot F}{RT} \cdot \eta}}{F \cdot c_1|_{\mathrm{P}}}. \tag{11.185}$$

Für Mehr-Elektronen-mehr-Schritt-Reaktionen 1. Ordnung kann Gl. 11.184 ebenfalls verwendet werden, wenn man Gl. 11.185 durch

$$k_{\mathrm{Red},V} = \frac{a_V \cdot i_0 \cdot e^{-\frac{\alpha_{\mathrm{Red}} \cdot F}{RT} \cdot \eta}}{|\nu_{e^-}| \cdot F \cdot c_1|_{\mathrm{P}}} \tag{11.186}$$

ersetzt, d.h. bei den Gl. 11.86 und 11.92 anstelle des Symmetriefaktors β_{Red} den Durchtrittsfaktor α_{Red} verwendet und bei der Einführung der Austauschstromdichte i_0 die Gesamtzahl der ausgetauschen Elektronen $|\nu_{e^-}$ und den stöchiometrischen Koeffizient des Eduktes ν_1 unter Verwendung von Gl. 11.31 (1. Faraday'sches Gesetz) berücksichtigt.

Da die Ableitung des Konzentrationsverlaufs und des inneren Katalysatorwirkungsgrads in Abschn. 8.2.2.2 auf einer auf das Katalysatorvolumen bezogenen Reaktionsgeschwindigkeit beruhte (pseudohomogene Betrachtung, Abschn. 8.2.2.2), muss auch in der Elektrochemischen Reaktionstechnik die Reaktionsgeschwindigkeit der Reduktion, Gl. 11.86, auf das Volumen der porösen 3D-Elektrode bezogen werden. Dies erfolgt mit der volumenspezifischen Oberfläche der porösen 3D-Elektrode:

$$a_V = \frac{A}{V_{\mathrm{E}}}. \tag{11.187}$$

A ist dabei die elektrochemisch aktive, innere Oberfläche der porösen 3D-Elektrode und V_{E} ihr Volumen (äußere Oberfläche der porösen Elektrode).

Wie bereits angemerkt, ergeben sich mit dem elektrochemischen Thiele-Modul dieselben Endgleichungen für den Konzentrationsverlauf in der Elektrode und den inneren Elektrodenwirkungsgrad, was man leicht überprüfen kann, wenn man in der Stoffbilanz für den porösen plättchenförmigen Katalysator, Gl. 8.63, die volumenbezogene Reaktionsgeschwindigkeit r_V durch die Mikrokinetik einer Elektrodenreaktion gemäß Gl. 11.86 ersetzt, wobei die volumenbezogene Geschwindigkeitkonstante durch Gl. 11.186 beschrieben wird:

$$r_V = a_V \cdot r_{\mathrm{Red,A}}(\varphi) = a_V \cdot c_1 \cdot k_{\mathrm{Red,A}} = c_1 \cdot k_{\mathrm{Red,V}}. \tag{11.188}$$

Die Randbedingungen der Stoffbilanz sind im Falle der porösen plattenförmige Elektrode dieselben wie für den porösen plättchenförmigen Katalysator, wenn man davon ausgeht, dass die Elektrode von beiden Seiten mit dem Elektrolyt benetzt wird. Dann gilt an der Stelle x = 0 (in der Mitte der porösen Elektrode) durch die Plattensymmetrie die Null-Gradient-Randbedingung (Neumann-Randbedingung) und an der Stelle $x = d_{\mathrm{E}}/2$ (äußere Elektrodenoberfläche) die Vorgabe der Konzentration an der Phasengrenze $c_1|_{\mathrm{P}}$

(Dirichlet-Randbedingung). Wenn nicht die gesamte Elektrode porös ist, z. B. weil sie eine poröse Katalysatorschicht besitzt, und/oder nur von einer Seite benetzt ist, dann müssen die Positionen der Randbedingungen an die jeweilige Geometrie angepasst werden. Da also die Differenzialgleichung und ihre Randbedingungen identisch mit denen des porösen plättchenförmigen Katalysators sind, sind auch die Lösungen identisch, d. h. es ergeben sich dieselben Abhängigkeiten des Konzentrationsverlaufs und des Elektrodenwirkungsgrads vom Thiele-Modul (Abb. 8.10 bzw. Abb. 8.11). Man muss nur den klassischen Thiele-Modul durch den *elektrochemischen Thiele-Modul* gemäß Gl. 11.184 ersetzen. Je höher die intrinsische Aktivität des Katalysators i_0 und je negativer die Überspannung η, desto stärker nimmt die Konzentration in die poröse 3D-Elektrode hinein ab und desto niedriger ist der Elektrodenwirkungsgrad. Beispiele für die Anwendung der analytischen Lösung gemäß Gl. 8.75 und 8.82 findet man z. B. in [8] und in [35].

11.4 Elektrochemische Reaktoren

In der klassischen heterogenen Katalyse ist es das Ziel der *Reaktorauslegung*, also der Festlegung des Reaktortyps und seiner Betriebsweise, dass man entweder für eine vorgegebene Produktionskapazität das Reaktionsvolumen (und damit das Reaktorvolumen) minimiert bzw. für einen vorgegebenen Reaktor (und damit ein vorgegebenes Reaktionsvolumen) die Produktionskapazität maximiert. Die hierzu vorhandenen Optimierungspotenziale waren beispielsweise der Grad der Rückvermischung (Verweilzeitverteilung), die Temperaturführung und der Katalysator. Diese Optimierungspotenziale sind natürlich mit einem optimalen Reaktortyp verknüpft, in dem sich diese realisieren lassen. All dies gilt auch für die Elektrochemische Reaktionstechnik und die Auslegung zur Minimierung des Reaktionsvolumens bzw. Maximierung der Produktionskapazität unterliegt denselben Grundlagen. Hierauf wird etwas näher in Abschn. 11.4.3 eingegangen. Neben diesen reaktionstechnischen Aspekten spielt in der Elektrosynthese aber oft die Wirtschaftlichkeit der Prozesse die zentrale Rolle, denn man wird nur dann eine Elektrosynthese der klassischen thermochemischen bzw. thermokatalytischen Synthese vorziehen, wenn diese wirtschaftlicher ist. Allerdings erfahren Elektrosynthesen momentan eine Renaissance durch die politischen Vorgaben zukünftig klimaneutral zu produzieren [36], denn die Elektrosynthese erlaubt die Einkopplung elektrischer Energie aus regenerativen Quellen, um chemische Reaktionen zu aktivieren und/oder den Wärmebedarf endothermer Reaktionen zu decken. Da auch regenerativ erzeugter Strom zukünftig beschränkt sein wird, spielt die *Energieeffizienz* (s. Gl. 11.23) und der *spezifische Strombedarf* (s. Gl. 11.14) eine entscheidende Rolle, sodass für deren Maximierung bzw. Minimierung ebenfalls eine Optimierung durchzuführen ist. Setzt man in Gl. 11.14 nacheinander die Gl. 11.18, 11.22 und 11.23 ein, erhält man:

$$E_k = \frac{P_{el}}{\dot{m}_k} = \frac{U \cdot I}{\dot{m}_k} = \frac{\nu_{e^-,1}}{\nu_{k,1}} \cdot \frac{U \cdot I \cdot F}{I_1 \cdot M_k} = \frac{|\nu_{e^-,1}|}{\nu_{k,1}} \cdot \frac{U \cdot F}{FE_k \cdot M_k} = \frac{|\nu_{e^-,1}|}{\nu_{k,1}} \cdot \frac{U_0 \cdot F}{EE_k \cdot M_k}. \tag{11.189}$$

Der *minimale spezifische Strombedarf*, der sich bei einer Energieeffizienz von 100 % ergeben würde, wäre somit:

$$E_{k,\min} = \frac{|\nu_{e^-,1}|}{\nu_{k,1}} \cdot \frac{U_0 \cdot F}{M_k}. \tag{11.190}$$

Mithilfe des minimalen Strombedarfs kann – in Abhängigkeit vom Strompreis – der mindestens zu berücksichtigende Beitrag der Stromkosten an den Gestehungskosten pro 1 kg oder 1 t Produkt ermittelt werden. Aufgrund der Überspannungen wird der Beitrag der Stromkosten an den Gestehungskosten jedoch zum Teil deutlich über dem minimal möglichen Wert liegen. Abb. 11.17 veranschaulicht alle Überspannungen, die zu berücksichtigen sind:

1. *Die Reaktionsüberspannungen an der Kathode und der Anode, die auch als Aktivierungs- oder Durchtrittsüberspannungen bezeichnet werden.*
   Diese können vor allem dadurch minimiert werden, dass geeignete Elektrokatalysatoren eingesetzt werden, die nicht nur die Aktivierungsenergie, sondern auch zusätzlich die Nebenproduktbildung minimieren. In diesem Zusammenhang spielt aber auch das Leitsalz eine Rolle, da dieses die elektrochemische Doppelschicht ausbildet.
2. *Die Diffusionsüberspannungen an bzw. in der Kathode und Anode, die auch als Konzentrationsüberspannungen bezeichnet werden.*
   In diesem Zusammenhang spielt das Elektrodendesign (Porosität, Benetzung) sowie die Strömungsführung eine große Rolle (Flow-through- oder Flow-by-Elektrode, Sherwood-Zahl).
3. *Ohm'sche Überspannungen im Katholyt und Anolyt.*
   Diese hängen vom spezifischen Widerstand bzw. der spezifischen Leitfähigkeit des Elektrolyts und somit von der Konzentration der vorhandenen Ionen, also vor allem des Leitsalzes, ab. Weiterhin spielt der Abstand zwischen den Elektroden eine große Rolle, den es zu minimieren gilt. Oder es werden sogenannte Zero-Gap-Zellen eingesetzt, wo man feste Elektrolyte einsetzt, die direkt mit der Elektrode einen Verbund bilden.
4. *Ohm'sche Überspannungen des Separators.*
   Je nachdem, um welchen Typ eines Separators es sich handelt, kann ein erheblicher zusätzlicher Widerstand auftreten, wie dies z. B. bei Ionentauschermembranen der Fall ist. Auf einen Separator zu verzichten, also eine ungeteilte Zelle zu verwenden, wäre die beste Lösung, da dieser Widerstand dann ganz wegfällt. Allerdings besteht dann die Gefahr, dass das Produkt an der jeweiligen gegenüberliegenden Elektrode elektroche-

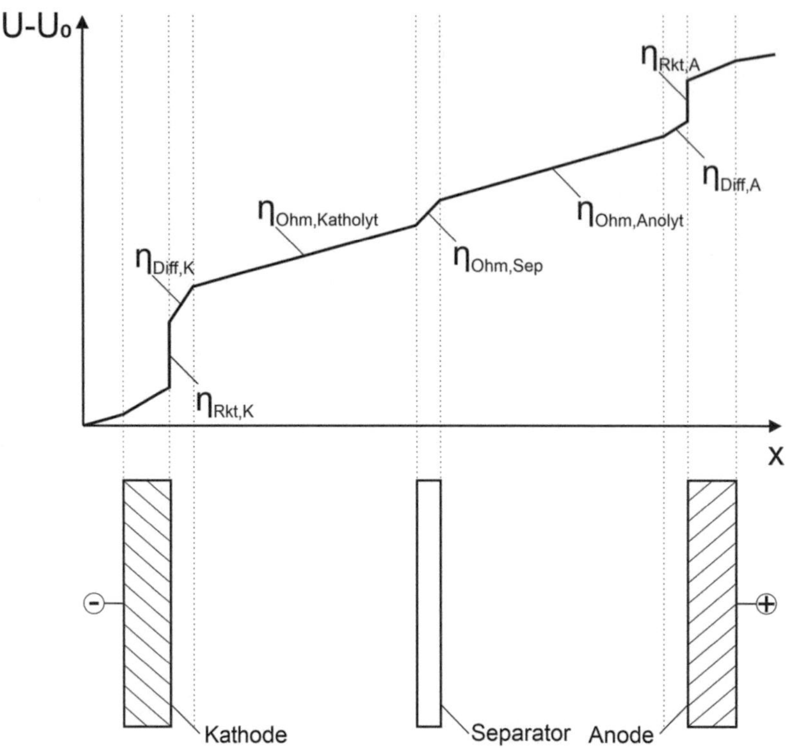

Abb. 11.17 Auftretende Überspannungen in einer arbeitenden Elektrolysezelle

misch zu nicht gewünschten Produkten umgesetzt wird, sei es zurück zum Edukt oder zu Nebenprodukten.

5. *Ohm'sche Überspannungen in der Elektrode und im Stromkreis.*

   Je nach elektrischer Leitfähigkeit der Elektrode können diese Widerstände, insbesondere bei großen technischen Elektroden, eine Rolle spielen. Auch können Kontaktwiderstände an den elektrischen Anschlüssen erhebliche Beiträge liefern.

Alle aufgeführten Überspannungen nehmen, sei es linear oder sei es nichtlinear, mit der Stromdichte zu. Mit zunehmender Stromdichte wird weniger Gesamtelektrodenoberfläche für eine gewünschte Produktionskapazität benötigt, d. h., der Elekrolyseur wird kleiner und damit die Investitionskosten niedriger. Andererseits nehmen die Überspannungen zu, d. h., die Energieeffizienz nimmt ab und die Stromkosten steigen, d. h., die Betriebskosten werden höher. Zudem sinkt häufig auch die Faraday-Effizienz mit zunehmender Stromdichte, was den spezifischen Strombedarf nach Gl. 11.189 weiter erhöht. Insgesamt ergibt sich so ein Optimum der Stromdichte, bei dem die Gesamtkosten minimal sind. Dies gilt auch für das Beispiel der CO_2-Elektrolyse zu CO (s. Beispiel 11.1), für die für den momentanen Stand der Technik und für bestimmte ökonomische Rahmenbedingungen (z. B. Strompreis) ein Wert von 61,5 mA/cm^2 ermittelt wurde [37].

Wie qualitativ diskutiert, wird man die Stromdichte so weit erhöhen, dass man ausreichend große Raum-Zeit-Ausbeuten erzielt, damit nicht zu hohe Investitionskosten für den Elektrolyseur die Elektrosynthese unwirtschaftlich machen. Allerdings sind dem reaktionstechnische Grenzen gesetzt, weil bei Erreichen der Grenzstromdichte für die gewünschte Reaktion, Nebenreaktionen sehr häufig stark zunehmen, sei es Lösungsmittel- oder Leitsalz-Zersetzung oder Nebenreaktionen des Edukts bzw. Produkts der Elektrodenreaktion. Beispielhaft soll hier die CO_2-Elektrolyse zu CO genannt werden, bei der bei Erreichen der *Grenzstromdichte* für die CO_2-Reduktion eine starke Wasserstoffbildung einsetzt oder der Baizer-Prozess, bei dem bei Erreichen der Grenzstromdichte für die Acrylnitril-Umsetzung zu Adiponitril zunehmend Propionitril gebildet wird (s. Tab. 11.1, [16, 23]). Das reaktionstechnische Optimum liegt daher oft nahe der *Grenzstromdichte*, das wirtschaftliche Optimum kann je nach wirtschaftlichen Rahmenbedingungen niedriger liegen.

In den folgenden Abschn. 11.4.1 und 11.4.2 werden typische elektrochemische Reaktoren gezeigt, wie sie im Labormaßstab bzw. technischen Maßstab eingesetzt werden. Abschn. 11.4.3 gibt abschließend noch einen kurzen Einblick in die verschiedenen Betriebsweisen elektrochemischer Reaktoren.

11.4.1 Labormaßstab

Im Labormaßstab unterscheidet man zwischen diskontinuierlich betriebenen elektrochemischen Zellen, sogenannten *H-Typ-Zellen*, und kontinuierlich betriebenen elektrochemischen Zellen, sogenannten *Durchflusszellen*. Dabei können Durchflusszellen auch so betrieben werden, dass insgesamt ein diskontinuierlicher Betrieb vorliegt, wenn nämlich der Elektrolyt durch ein externes Reservoir umgepumpt, also rückgeführt, ohne dass dabei Elektrolyt entnommen wird (s. Abb. 11.22). Ist der Rückführstrom ausreichend groß, liegt eine ideale Vermischung des durchströmten Volumens, also von Reservoir, Rohrleitungen und Reaktor bis in den molekularen Bereich vor, sodass es sich um einen diskontinuierlichen idealen Rührkesselreaktor handelt. Dies kann in einer H-Typ-Zelle durch ausreichendes Rühren mit einem Magnetrührer erreicht werden. H-Typ-Zellen haben typischerweise eine 3-Elektroden-Anordnung, d. h. besitzen eine Arbeitselektrode, eine Referenzelektrode und eine Gegenelektrode. Die Arbeitselektrode ist entweder als Kathode oder Anode geschalten, je nachdem, ob man die kathodische oder die anodische Halbreaktion bestimmen möchte. In der 3-Elektroden-Anordnung wird das Elektrodenpotenzial gegenüber der Referenzelektrode mittels eines Potentiostaten bei konstantem Potenzial (potentiostatisch) oder konstantem Strom (galvanostatisch) gemessen. Bei der potentiostatischen Messung zeichnet man den elektrischen Strom auf (Chronoamperometrie) und bei der galvanostatischen Messung das Elektrodenpotenzial (Chronopotenziometrie). Die jeweiligen Zeitabhängigkeiten geben insbesondere Hinweise auf die Stabilität der Elektrode. Potentiostaten erlauben es, das Elektrodenpotenzial durch die sogenannte Methode der Stromunterbrechung (Current Interrupt Method) zu messen, da bei abrupter Stromunterbrechung das Elektrodenpotenzial schlagartig um die Ohm'sche Überspannung abnimmt, wohingegen sich alle anderen Überspannungen langsamer abbauen [3]. Abb. 11.18 zeigt eine solche H-Typ-Zelle, wobei es sich hier um eine geteilte Zelle handelt. H-Typ-Zellen können auch als einfache Becherglaszellen ohne Separator (ungeteilte Zellen) ausgeführt sein. Für die Zellen werden als Materialien meist Quarzglas oder Borosilikatglas eingesetzt, für die Elektroden glasartiger Kohlenstoff (*glassy carbon*), Graphit oder Kohlefaservliese. Elektrokatalysatoren werden durch Beschichtungsverfahren aufgebracht oder es werden Elektroden aus den entsprechenden katalytisch aktiven Materialien hergestellt. Abb. 11.19 zeigt eine Durchflusszelle. Für die Zellen werden als Materialien meist Kunststoffe wie Plexiglas oder PEEK eingesetzt, die man z. B. mittels CNC-Fräsmaschinen bearbeiten kann. Für die Elektroden werden ähnliche Materialien wir bei den H-Typ-Zellen verwendet. Es können aber auch sogenannte Gasdiffusionselektroden (s. Beispiel 11.1) eingesetzt werden wie das in Abb. 11.19 gezeigt ist.

11.4.2 Technischer Maßstab

Die Skalierung elektrochemischer Reaktoren erfolgt von der Labor-Zelle (s. Abschn. 11.4.3) einerseits über ein klassisches *geometrisches Scale-up* der Elektrodenfläche und andererseits durch eine *internes Numbering-up* von Einzelzellen innerhalb des elektrochemischen Reaktors zu einem Elektrolysemodul. Dieser wird auch als Zellstapel (engl. *Stack*) bezeichnet. Durch *externes Numbering-up* von Elektrolysemodulen kann man die Anlagenkapazität weiter steigern. Die Vorgehensweise ist ähnlich wie bei Mikrostrukturreaktoren (s. Abschn. 9.5) und beruht auf der allgemeinen Vorgehensweise der Maßstabsüber-

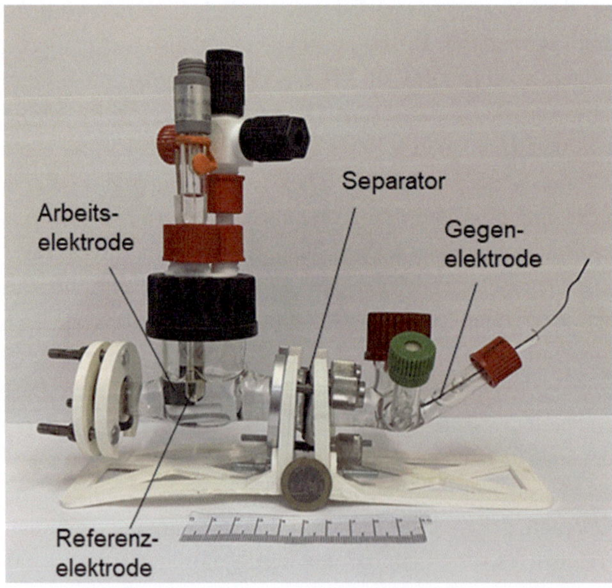

Abb. 11.18 H-Typ-Zelle (Quelle: Institut für Technische Chemie, Universität Stuttgart)

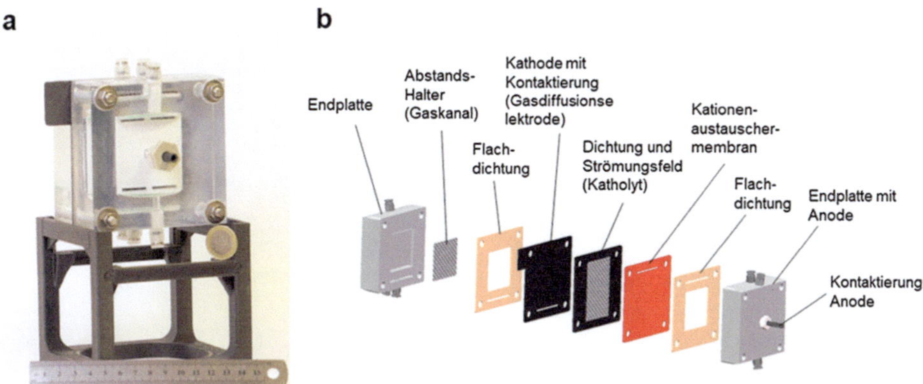

Abb. 11.19 Labor-Durchflusszelle für die Elektrolyse von CO_2 zu Ameisensäure basierend auf einer Gasdiffusionselektroden mit einer geometrischen Elektrodenoberfläche von 50 mm × 50 mm. (**a**) Foto. (**b**) Explosionszeichnung. (Quelle: Ertel IonStream GmbH)

tragung wie in Abschn. 1.1.1 beschrieben. Die elektrische Kontaktierung erfolgt dann entweder über die äußeren Elektroden, wobei die inneren Elektroden über Bipolarplatten polarisiert werden, oder es wird jede Zelle getrennt über Monopolarplatten kontaktiert und polarisiert [7]. In der bipolaren Verschaltung sind die Zellen in Serie geschaltet, d. h., der Gesamtstrom ist der Strom einer Zelle und die Gesamtspannung ergibt sich aus der Multiplikation der Zellspannung mit der Anzahl der Zellen. Insgesamt ergibt sich eine hohe Spannung. In der monopolaren Verschaltung werden die Zellen meist parallel geschalten, d. h., die Gesamtspannung ist die Spannung einer Zelle und der Gesamtstrom ergibt sich durch Multiplikation des Stroms einer Zelle mit der Anzahl der Zellen. Insgesamt ergibt sich ein vergleichsweise großer Strom bei einer deutlich kleineren Spannung. Was die Verteilung der Stoffströme anbelangt, so können die Zellen durch eine externe Verteilung oder durch einen interne Verteilung versorgt werden [7]. Die beiden Beispiele in Abb. 11.20 und Abb. 11.21 zeigen eine bipolare Verschaltung der Zellen und eine interne Verteilung der Stoffströme. Die Elektroden sind entweder als rechteckige Platten wie in Abb. 11.19 oder als Scheiben wie in Abb. 11.20 und 11.21 ausgeführt. Um die Ohm'schen Überspannungen zu minimieren wird entsprechend der Elektrodenabstand minimiert. Bei der in Abb. 11.20 gezeigten *alkalischen Wasserelektrolyse* liegt der Elektrodenabstand im Millimeter-Bereich und zwischen den Elektroden befindet sich ein Diaphragma, um das Vermischen von Wasserstoff und Sauerstoff zu vermeiden. Bei dem im Abb. 11.21 gezeigten *Kapillarspaltreaktor* wird kein Separator verwendet und die Elektroden haben einen Abstand von weniger als einem Millimeter.

11.4.3 Betriebsweisen

Abb. 11.22 zeigt, abhängig von der Strömungsführung, verschiedene Betriebsweisen einer Zelle eines elektrochemischen Reaktors, welche sich auch auf Zellenstapel übertragen

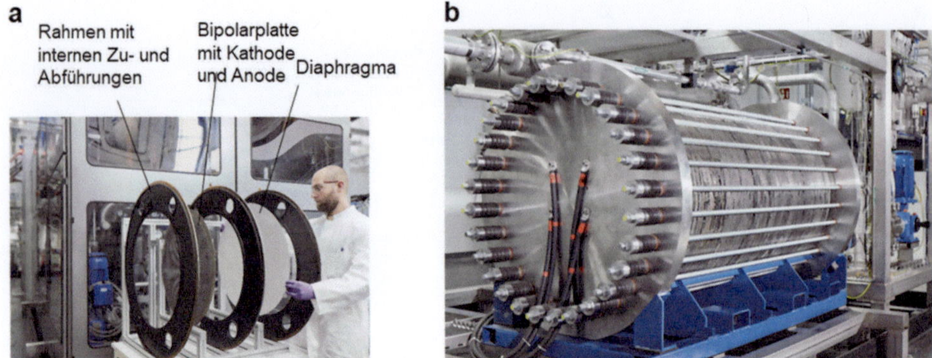

Abb. 11.20 Plattenstapel-Design (Scheibenförmige Elektroden) am Beispiel der alkalischen Wasserelektrolyse. (**a**) Modell einer Zelle (Elektrodenfläche 2700 cm^2). (**b**) Stapel aus 120 Zellen mit einer elektrischen Leistung von 0,5 MW und einer Produktionshöhe von Wasserstoff von ca. 80 $Nm^3 \cdot h^{-1}$. (Quelle: Zentrum für Sonnenenergie- und Wasserstoff-Forschung Baden Württemberg, ZSW)

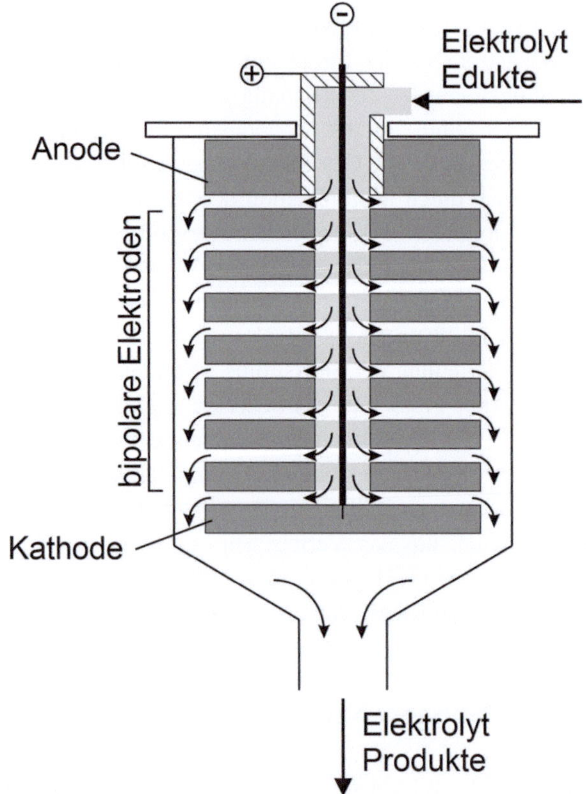

Abb. 11.21 Plattenstapel-Design (Scheibenförmige Elektroden) am Beispiel des BASF-Kapillarspaltreaktors für organische Elektrosynthesen. (Nach [38])

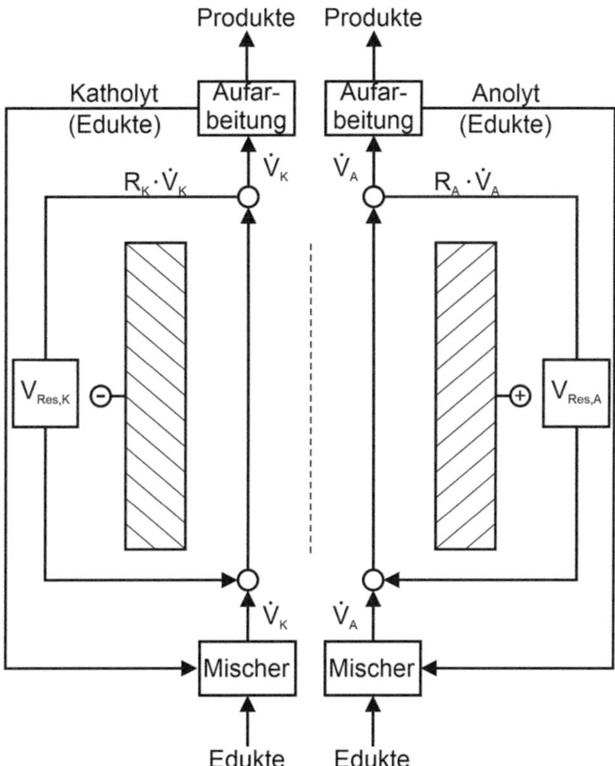

Abb. 11.22 Betriebsweisen von Elektrolyseuren für die Elektrosynthese

lassen. Geht man von idealen Verweilzeitverteilungen aus (s. Kap. 6), ergeben sich folgende ideale Reaktoren (s. Kap. 5):

- $R_K = 0$ bzw. $R_A = 0$: Idealer Strömungsrohrreaktor
- $R_K \to \infty$ bzw. $R_A \to \infty$: Kontinuierlicher idealer Rührkesselreaktor
- $\dot{V}_K = 0$ bzw. $\dot{V}_A = 0$: Diskontinuierlicher idealer Rührkesselreaktor

R_K bzw. R_A ist dabei das sogenannte Rückführverhältnis von Katholyt bzw. Anolyt, das wie folgt definiert ist:

$$R_K = \frac{\dot{V}_{K,\text{rück}}}{\dot{V}_K} \quad \text{bzw.} \quad R_A = \frac{\dot{V}_{A,\text{rück}}}{\dot{V}_A} \tag{11.191}$$

In den Rückführströmen können sich zusätzlich Reservoirs mit den Volumina $V_{Res,K}$ bzw. $V_{Res,A}$ befinden.

Abb. 11.22 veranschaulicht auch den oft hohen Aufwand den Elektrosynthesen hinsichtlich der Aufarbeitung nach sich ziehen. Katholyt und Anolyt müssen abgetrennt und rezykliert werden. Selbiges gilt auch für das Edukt, sofern es nicht vollständig umgesetzt wurde. Zudem können auf der Kathoden- und Anodenseite unterschiedliche Verweilzeitverhalten (s. Kap. 6) vorliegen. Beim Einsatz von Gasdiffusionselektroden kommt noch zusätzlich die Gasphase hinzu, die zu- und abgeführt werden muss, aber auch gasförmige Produkte enthalten kann. Kann der elektrochemische Reaktor als ungeteilte Zelle betrieben werden, vereinfacht sich die Strömungsführung oft etwas. Manchmal lassen sich Katholyt und Anolyt mischen, um als ein Elektrolyt dem elektrochemischen Reaktor wieder zugeführt zu werden. In Beispiel 11.1, der CO_2-Elektrolyse zu CO, ist das der Fall, da das Produkt CO in der Gasphase ist und keine flüssigen Wertprodukte entstehen. Führt man Katholyt und Anolyt in Beispiel 11.1 zusammen, kommt es zu einer Neutralisation und zur Freisetzung von CO_2, das wieder der Kathode zugeführt werden kann.

Im Folgenden soll beispielhaft die Auslegung und Skalierung einer elektrochemischen Durchflusszelle erfolgen, die sich fluiddynamisch wie ein idealer Strömungsrohrreaktor verhält (s. Abschn. 6.3.1) und in der eine Ein-Elektron-ein-Schritt-Reaktion abläuft, die durch die Butler-Volmer-Gleichung (Gl. 11.93) beschrieben werden kann. Dabei soll davon ausgegangen werden, dass die Elektrode, wie in Abb. 11.16 dargestellt, Plattengeometrie hat, unporös ist und nur von einer Seite vom Elektrolyt benetzt wird. Dieser Fall ist insbesondere in der Organoelektrochemie, der klassischen organischen Elektrosynthese, sehr häufig. Wie eingangs in diesem Kapitel erwähnt, werden technische Elektrolyseure aus wirtschaftlichen Gründen nahe an der Grenzstromdichte betrieben. Aufgrund der hohen Stromdichten kann dann in der Butler-Volmer-Gleichung (s. Gl. 11.93) die anodische Stromdichte vernachlässigt werden. Die Stoffbilanz kann für ein *stationär betriebenes ideales Strömungsrohr* gemäß Gl. 5.240 wie folgt formuliert werden, wenn man im Sinne eines pseudohomogenen Reaktormodells (s. Abschn. 8.1.2.2) anstelle der Mikrokinetik (Butler-Volmer-Gleichung, Abschn. 11.3.1.1) die Makrokinetik (Filmdiffusion, Abschn. 11.3.2.1) verwendet:

$$u \cdot \frac{\mathrm{d}c_1(z)}{\mathrm{d}z} = R_{1,e}. \tag{11.192}$$

z ist die axiale Koordinate gemäß Abb. 5.26, wobei von einem Rechteckkanal zwischen zwei planparallelen Elektroden ausgegangen wird (s. Abb. 11.16). Unter Berücksichtigung der volumenspezifischen Elektrodenoberfläche a_V, also der äußeren Elektrodenoberfläche A_E bezogen auf das Reaktionsvolumen V, ergibt sich mit Gl. 11.31 für den Transfer eines Elektrons und unter der Annahme, dass der stöchiometrische Koeffizient des Eduktes A_1 gleich eins ist:

$$R_{1,e} = a_V \cdot \frac{i_e}{F}. \tag{11.193}$$

Durch Einsetzen von Gl. 11.170 in Gl. 11.193 und diese wiederum in Gl. 11.192 erhält man:

$$\frac{dc_1(z)}{dz} = -\frac{1}{u} \cdot \frac{a_V \cdot \beta_1 \cdot k_{Red,0} \cdot e^{-\frac{\beta_{Red} \cdot F}{RT} \cdot \eta(z)}}{\beta_1 + k_{Red,0} \cdot e^{-\frac{\beta_{Red} \cdot F}{RT} \cdot \eta(z)}} \cdot c_1(z). \tag{11.194}$$

Aus Gl. 11.194 wird ersichtlich, dass die Ortsabhängigkeit der Überspannung zu berücksichtigen ist, da das Gleichgewichtspotenzial gemäß der Nernst-Gleichung von den lokalen Konzentrationen der oxidierten und der reduzierten Form abhängt (s. Gl. 11.69).

Geht man aber davon aus, dass die Überspannung $\eta(z)$ so negativ ist, dass man sich im Bereich des Grenzstroms (s. Abb. 11.15a) befindet, dann dominiert im Nenner die Geschwindigkeit der Reduktion gebenüber dem Stoffübergang:

$$\frac{dc_1(z)}{dz} = -\frac{1}{u} \cdot \frac{a_V \cdot \beta_1 \cdot k_{Red,0} \cdot e^{-\frac{\beta_{Red} \cdot F}{RT} \cdot \eta(z)}}{k_{Red,0} \cdot e^{-\frac{\beta_{Red} \cdot F}{RT} \cdot \eta(z)}} \cdot c_1(z). \tag{11.195}$$

und man erhält schlussendlich:

$$\frac{dc_1(z)}{dz} = -\frac{1}{u} \cdot a_V \cdot \beta_1 \cdot c_1(z). \tag{11.196}$$

Trennung der Variablen und Integration entlang der Reaktorachse z liefert die Endgleichung für den Reaktorausgang $z = L$:

$$c_1(L) = c_{1,0} \cdot e^{-\frac{1}{u} \cdot a_V \cdot \beta_1 \cdot L} \tag{11.197}$$

bzw. die Verweilzeit am Reaktorausgang τ

$$c_1(\tau) = c_{1,0} \cdot e^{-a_V \cdot \beta_1 \cdot \tau}. \tag{11.198}$$

Aufgrund der Äquivalenz des idealen Strömungsrohrreaktors und des idealen diskontinuierlichen Rührkesselreaktors hinsichtlich Verweilzeit und Reaktionszeit (s. Abschn. 5.5.1 und Gl. 5.276) gilt für den *diskontinuierlichen idealen Rührkesselreaktor*:

$$c_1(t) = c_{1,0} \cdot e^{-a_V \cdot \beta_1 \cdot t}. \tag{11.199}$$

Für die Kathodenseite ergibt sich die volumenspezifische Elektrodenoberfläche a_V aus der Elektrodenoberfläche A_E mit dem Elektrodenabstand d zu (s. Abb. 11.16):

$$a_V = \frac{A_E}{A_E \cdot d} = \frac{1}{d}. \tag{11.200}$$

Es sollte sich also beim Scale-up der selbe Umsatzgrad ergeben, wenn man

$$\frac{1}{u} \cdot a_V \cdot \beta_1 \cdot L \approx \text{const} \tag{11.201}$$

konstant hält.

Geht man von *voll entwickelter turbulenter Strömung* und der Gültigkeit der *Chilton-Colburn-Korrelation* gemäß Gl. 11.179 aus, dann kann man den Stoffübergangskoeffizient über diese Korrelation ausdrücken und erhält das Scale-up-Kriterium:

$$u^{-0{,}2} \cdot d^{-1{,}2} \cdot L \approx \text{const} \tag{11.202}$$

Im Falle der *voll entwickelten laminaren Strömung* ergibt sich aus der entsprechenden Korrelation gemäß Gl. 11.180 als Scale-up-Kriterium:

$$u^{-1} \cdot d^{-2} \cdot L \approx \text{const} \tag{11.203}$$

Es sei darauf hingewiesen, dass das Scale-up-Kriterium für die voll entwickelte laminare Strömung streng genommen nur dann gilt, wenn sich die elektrochemische Zelle dennoch fluiddynamisch wie ein idealer Strömungsrohrreaktor verhält, was bei ausreichend kleinen Elektrodenabständen der Fall ist (z. B. im Kapillarspaltreaktor, s. Abb. 11.21) wie wir im Kapitel 9 (Mikroreaktionstechnik) im Abschn. 9.2.2 gesehen haben. Welches Strömungsregime vorliegt, hängt stark von der Betriebsweise und den Geometrien des Elektrolyseurs ab. So liegt z. B. turbulente Strömung vor, wenn der Abstand der Elektroden d in der Größenordnung von 1 cm liegt, *Turbulenzpromotoren wie Gitter und Netze* eingesetzt werden [7] und/oder mit großen Rückführverhältnissen gearbeitet wird. Das ist zum Beispiel im diskontinuierlichen Betrieb mit einem externen Reservoir der Fall, in dem man das Produkt akkumuliert. Dies ist auch der Fall, wenn man eine kleine Produktmenge entnimmt und den elektrochemischen Reaktor als *kontinuierlichen idealen Rührkesselreaktor* betreibt. In letzterem Fall kann man die bekannte Stoffbilanz gemäß Gl. 5.135 anwenden, analog die effektive Stoffmengenänderungsgeschwindigkeit nach Gl. 11.193 einsetzen und nach der Austrittkonzentration $c_1(x)$ auflösen. Eine voll entwickelte laminare Strömung liegt z. B. vor, wenn der Elektrodenabstand deutlich unter 1 mm liegt, und man im Bereich von Mikrostrukturreaktoren liegt (s. Kap. 9). Dies ist z. B. beim Kapillarspalt-Reaktor der Fall, wo der Abstand der Elektrodenscheiben 0,2 bis 1 mm beträgt oder in sogenannten *elektrochemischen Mikrostrukturreaktoren* [37]. Diese Reaktoren werden aus praktischen Gründen als ungeteilte Zellen und meist bei sehr hohem Umsatzgrad betrieben [39].

Soweit hatten wir als Scale-up-Kriterium ein fluiddynamisches Kriterium abgeleitet, um sowohl im Labor- als auch im technischen Reaktor nahe der Grenzstromdichte zu produzieren. Macht man die Bilanzgleichung Gl. 11.194 dimensionslos, indem man als dimensionslose Variablen

$$\widehat{c}_1 = \frac{c_1}{c_{1,0}} \tag{11.204}$$

und

$$\widehat{z} = \frac{z}{L} \tag{11.205}$$

einführt, dann erhält man folgende dimensionslose Stoffbilanz:

$$\frac{d\widehat{c}_1(\widehat{z})}{d\widehat{z}} = -\mathrm{NTU} \cdot \frac{\mathrm{Da}_{\mathrm{II,el}}}{1 + \mathrm{Da}_{\mathrm{II,el}}} \cdot \widehat{c}_1(\widehat{z}). \tag{11.206}$$

Dies bedeutet, dass man denselben dimensionslosen Konzentrationsverlauf und den selben Umsatzgrad an A_1 erhält, wenn man beim Scale-up NTU und $\mathrm{Da}_{\mathrm{II,el}}$ konstant hält. Beide Kennzahlen kennen wir bereits: $\mathrm{Da}_{\mathrm{II,el}}$ ist die *elektrochemische Damköhler-Zahl 2. Art*, die für eine elektrochemische Reaktion 1. Ordnung gemäß Gl. 11.177 definiert ist. NTU entspricht Gl. 11.201:

$$\mathrm{NTU} = \frac{1}{u} \cdot a_V \cdot \beta_1 \cdot L \tag{11.207}$$

NTU steht für die *Anzahl der Übertragungseinheiten* (*Number of Transfer Units*) und ist letztendlich das Verhältnis aus der Zeitkonstante der Konvektion durch den Elektrolyseur und der Zeitkonstante der Diffusion zur Elektrodenoberfläche:

$$\mathrm{NTU} = \frac{\tau}{t_\mathrm{D}} = \frac{L/u}{(d \cdot \delta)/D_1} = \frac{1}{u} \cdot a_V \cdot \beta_1 \cdot L \tag{11.208}$$

Gl. 11.208 gibt also an, wie oft beim Durchströmen des Spalts zwischen den planparallelen Elektroden das Edukt an die Elektrode „übertragen“ wird, d. h. diffundieren kann. NTU enthält geometrische und fluiddynamische Größen, die bekannt sind bzw. wie der Stoffübergangskoeffizient in Abhängigkeit von der Reynolds- und Schmidt-Zahl bestimmt werden können.

Auch $\mathrm{Da}_{\mathrm{II,el}}$ ist ein Verhältnis zweier Zeitkonstanten, nämlich das Verhältnis zwischen der Zeitkonstante für die Diffusion zur äußeren Elektrodenoberfläche und der Zeitkonstante für die intrinsische Reaktion an der äußeren Elektrodenoberfläche. Wir haben dieses Verhältnis der Zeitkonstanten bereits bei der heterogen katalysierten Fluidreaktion im Mikrokanal mit Wandkatalysator diskutiert (s. Abschn. 9.3 sowie Gl. 9.22 und 9.23). Diese Diskussion kann analog auf eine elektrochemische Reaktion 1. Ordnung übertragen werden:

$$Da_{\text{II,el}} = \frac{t_D}{t_R} = \frac{(d \cdot \delta)/D_1}{(c_{1,0})/(a_V \cdot r_{\text{Red,A}})} = \frac{(d \cdot \delta)/D_1}{d/k_{\text{Red,A}}} = \frac{\beta_1}{k_{\text{Red,A}}} \tag{11.209}$$

Für $k_{\text{Red,A}}$ kann man mit Gl. 11.86, 11.92 und 11.103 schreiben:

$$k_{\text{Red,A}} = \frac{i_0}{F \cdot c_{1,0}} \cdot e^{\frac{2{,}3026}{b_{\text{Red}}} \cdot \eta} \tag{11.210}$$

$k_{\text{Red, A}}$ kann also durch Tafel-Auftragung aus Achsenabschnitt und Steigung der Tafel-Gerade (s. Abb. 11.15b), also durch Bestimmen von i_0 und b_{Red}, ermittelt werden. $c_{1,0}$ entspricht dabei der Konzentration der oxidierten Form $c_{Ox,0}$ am Reaktoreingang. Aus $k_{\text{Red,A}}$ und β_1 ergibt sich dann $Da_{\text{II,el}}$, dessen Wert – ebenso wie der von NTU– beim Scale-up konstant gehalten werden muss.

Alternativ zu $Da_{\text{II,el}}$ kann aber auch die sogenannte Wagner-Zahl Wa konstant gehalten werden, da diese Kennzahl – ähnlich wie $Da_{\text{II,el}}$– den Grad der Limitierung durch Filmdiffusion beschreibt. Die *Wagner-Zahl* Wa ist wie folgt definiert:

$$\text{Wa} = \frac{\partial \eta / \partial i}{\rho_{\text{Ohm}} \cdot l_c} = \frac{R_{\text{Rkt}}}{R_{\text{Ohm}}}. \tag{11.211}$$

l_c ist die charakteristische Länge, die hier dem Elektrodenabstand d entspricht. ρ_{Ohm} ist der spezifische Widerstand des Elektrolyts (hier: Katholyt), der im folgenden Zusammenhang mit dem Ohmschen Widerstand steht:

$$R_{\text{Ohm}} = \rho_{\text{Ohm}} \cdot \frac{d}{A_{\text{E}}} \tag{11.212}$$

Hält man also die Wagner-Zahl, d. h. das Verhältnis aus Reaktionswiderstand und Ohm'schen Widerstand des Elektrolyts konstant, dann befindet man sich in einem ähnlichen elektrochemischen Regime, d. h., die Beiträge der Rückreaktion oder der Filmdiffusion sind gleich, je nach Größe der Wagner-Zahl.

Betrachtet man die elektrische Betriebsweise, dann kann eine Elektrolysezelle bzw. ein Elektrolyseur unabhängig von der chemischen Betriebsweise galvanostatisch (I = const), potentiostatisch (φ = const) oder voltastatisch (U = const) betrieben werden. In einem industriellen Umfeld ist der potentiostatische Betrieb wegen der hohen Kosten für große Potentiostaten im Allgemeinen nicht wirtschaftlich. Üblicherweise erfolgt daher ein galvanostatischer oder manchmal auch ein voltastatischer Betrieb [9].

Abschließend sei noch eine Anmerkung zur Energiebilanz eines Elektrolyseurs gemacht. Wir hatten mit Gl. 11.37 die Energiebilanz für ein geschlossenes System bereits formuliert und mit Gl. 11.38 die thermoneutrale Spannung eingeführt. Üblicherweise werden Elektrolyseure bei Spannungen betrieben, die oberhalb der thermoneutralen Spannung liegen und üblicherweise werden Elektrolyseure adiabat betrieben, da es apparatetechnisch aufwendig und teuer wäre, eine Kühlung zu integrieren. Daher nimmt der Elektrolyt die überschüssige elektrische Arbeit als Wärme auf, die durch die zusätzlichen Überspannungen (vor allem Ohm'sche Überspannungen) anfällt:

$$(U - U_{th}) \cdot I = \left(\dot{V}_{\mathrm{K}} \cdot \rho_{\mathrm{K}} \cdot c_{p,\mathrm{K}} + \dot{V}_{\mathrm{A}} \cdot \rho_{\mathrm{A}} \cdot c_{p,\mathrm{A}}\right) \cdot \Delta T_{ad} \tag{11.213}$$

In Gl. 11.213 wird davon ausgegangen, dass es in x-Richtung (orthogonal zur z-Koordinate) zu einem vollständigen Temperaturausgleich kommt und es durch die überschüssige elektrische Arbeit zu einer adiabaten Temperaturerhöhung in z-Richtung zwischen Ein- und Austritt des Elektrolyten kommt. Die Volumenströme von Katholyt und Anolyt müssen ausreichend hoch sein, damit die Temperatur nicht über einen bestimmten Maximalwert ansteigt. Die Wärmeabfuhr kann dann in externen Wärmeübertragern erfolgen.

Literatur

1. Eliaz, N., Gileadi, E.: Physical Electrochemistry, 2. Aufl. Wiley-VCH, Weinheim (2019)
2. Hamann, C.H., Hamnett, A., Vielstich, W.: Electrochemistry, 2. Aufl. Wiley-VCH, Weinheim (2007)
3. Bard, A.J., Faulkner, L.R., White, H.S.: Electrochemical Methods, 3. Aufl. Wiley, Hoboken (2022)
4. Zosky, C. (Hrsg.): Handbook of Electrochemistry, 1. Aufl. Elsevier, Amsterdam (2007)
5. Maruccio, G., Narang, J. (Hrsg.): Electrochemical Sensors, 1. Aufl. Elsevier, Amsterdam (2022)
6. Ohtsuka, T., Nishikata, A., Sakairi, M., Fushimi, K.: Electrochemistry for Corrosion Fundamentals. Springer, Singapore (2018)
7. Schmidt, V.N.: Elektrochemische Verfahrenstechnik, 1. Aufl. Wiley-VCH, Weinheim (2003)
8. Wendt, H., Kreysa, G.: Electrochemical Engineering, 1. Aufl. Springer, Cham (1999)
9. Goodridge, F., Scott, K.: Electrochemical Process Engineering, 1. Aufl. Springer, Cham (1995)
10. Wehinger, G.D., Kunz, U., Turek, T.: Reaktoren für spezielle technisch-chemische Prozesse: Elektrochemische Reaktoren. In: Reschetilowsi, W. (Hrsg.) Handbuch Chemische Reaktoren, 1. Aufl. Springer, Berlin (2021)
11. Pingarrón, J., Labuda, J., Barek, J., Brett, C.M.A., Camões, M.F., Fojta, M., Hibbert, D.B.: Terminology of electrochemical methods of analysis (IUPAC Recommendations 2019). Pure Appl. Chem. **92**, 641–694 (2020)
12. Creager, S.: Solvents and supporting electrolytes. In: Zosky, C. (Hrsg.) Handbook of Electrochemistry, 1. Aufl. Elsevier, Amsterdam (2007)
13. Rabiee, H., Ge, L., Zhang, X., Hu, S., Li, M., Yuan, Z.: Gas diffusion electrodes (GDEs) for electrochemical reduction of carbon dioxide, carbon monoxide, and dinitrogen to value-added products: a review. Energy Environ. Sci. **14**, 1959–2008 (2021)
14. Di Giacomo, F.: Introduction to Marcus Theory of Electron Transfer Reactions, 1. Aufl. World Scientific Publishing, Singapore (2020)
15. Danly, D.E.: Development and commercialization of the monsanto electrochemical adiponitrile process. J. Electrochem. Soc. **131**, 435 C (1984)
16. Blanco, D.E., Lee, B., Modestino, M.A.: Optimizing organic electrosynthesis through controlled voltage dosing and artificial intelligence. PNAS. **116**, 17683–17689 (2019)
17. Blanco, D., Dookhith, A., Modestino, M.: Enhancing selectivity and efficiency in the electrochemical synthesis of adiponitrile. React. Chem. Eng. **4**, 8–16 (2019)
18. Hannebaum, H., Pütter, H.: Strom doppelt genutzt: Erste technische „Paired Electrosynthesis". Chem. Unserer Zeit. **33**, 373–374 (1999)

19. Pollok, D., Waldvogel, S.R.: Electro-organic synthesis – a 21st century technique. Chem. Sci. **11**, 12386–12400 (2020)
20. Sbei, N., Hardwick, T., Ahemd, N.: Green chemistry: electrochemical organic transformations via paired electrolysis. ACS Sustain. Chem. Eng. **9**, 6148–6169 (2021)
21. Löffelholz, M., Osiewacz, J., Lüken, A., Perrey, K., Bulan, A., Turek, T.: Modeling electrochemical CO_2 reduction at silver gas diffusion electrodes using a TFFA approach. Chem. Eng. J. **435**, 134920 (2020)
22. Bienen, F., Hildebrand, J., Kopljar, D., Wagner, N., Klemm, E., Friedrich, K.A.: Importance of time-dependent wetting behavior of gas-diffusion electrodes for reactivity determination. Chem. Ing. Tech. **93**, 1015–1019 (2021)
23. Haas, T., Krause, R., Weber, R., Demler, M., Schmid, G.: Technical photosynthesis involving CO_2 electrolysis and fermentation. Nat. Catal. **1**, 32–39 (2018)
24. Reinisch, D., Schmid, B., Martic, N., Krause, R., Landes, H., Hanebuth, M., Mayrhofer, K., Schmid, G.: Various CO_2-to-CO electrolyzer cell and operation mode designs to avoid CO_2-crossover from cathode to anode. Z. Phys. Chem. **234**, 1115–1131 (2020)
25. Wedler, G., Freund, H.-J.: Lehrbuch der Physikalischen Chemie, 6. Aufl. Wiley-VCH, Weinheim (2012)
26. Behr, A., Agar, D.W., Jörissen, J., Vorholt, A.J.: Einführung in die Technische Chemie, 2. Aufl. Springer Spektrum, Berlin (2016)
27. Tafel, J.: Über die Polarisation bei kathodischer Wasserstoffentwicklung. Z. Phys. Chem. **50**, 641–712 (1905)
28. Guidelli, R., Compton, R.G., Feliu, J.M., Gileadi, E., Lipkowski, J., Schmickler, W., Trasatti, S.: Defining the transfer coefficient in electrochemistry: an assessment (IUPAC Technical Report. Pure Appl. Chem. **86**, 245–258 (2014)
29. Novaes, L.F.T., Liu, J., Shen, Y., Lu, L., Meinhardt, J., Lin, S.: Electrocatalysis as an enabling technology for organic synthesis. Chem. Soc. Rev. **50**, 7941–8002 (2021)
30. Costentin, C., Savéant, J.-M.: Multielectron, multistep molecular catalysis of electrochemical reaktions: benchmarking of homogeneous catalysts. ChemElectroChem. **1**, 1226–1236 (2014)
31. Shinagawa, T., Garcia-Esparza, A., Takanabe, K.: Insight on Tafel slopes from a microkinetic analysis of aqueous electrocatalysis for energy conversion. Sci. Rep. **5**, 13801 (2015)
32. Burdyny, T., Smith, W.A.: CO_2 reduction on gas-diffusion electrodes and why catalytic performance must be assessed at commercially-relevant conditions. Energy Environ. Sci. **12**, 1442–1453 (2019)
33. Sander, R.: Compilation of Henry's law constants (version 4.0) for water as solvent. Atmos. Chem. Phys. **15**, 4399–4981 (2015)
34. Zeebe, R.E.: On the molecular diffusion coefficients of dissolved and and their dependence on isotopic mass. Geochimica et Cosmochimica Acta. **75**, 2483–2498 (2011)
35. Blake, J.W., Padding, J.T., Haverkort, J.W.: Analytical modelling of CO_2 reduction in gas-diffusion electrode catalyst layers. Electrochim. Acta. **393**, 138987 (2021)
36. Geres, G., Kohn, A., Lenz, S., Ausfelder, F., Bazzanella, A., Möller, A.: Roadmap Chemie 2050: Auf dem Weg zu einer treibhausgasneutralen chemischen Industrie in Deutschland. DECHEMA/ FutureCamp. (2019)
37. Garg, S., Li, M., Idros, M.N., Wu, Y., Wang, G., Rufford, T.: Is maximising current density always the optimum strategy in electrolyser design for electrochemical CO_2 conversion to chemicals? ChemRxiv. https://doi.org/10.26434/chemrxiv-2021-7chqx
38. Ziogas, A., Kolb, G., O'Connell, M., Attour, A., Lapicque, F., Matlosz, M., Rode, S.: Electrochemical microstrucutred reactors: design and application in organic synthesis. J. Appl. Electrochem. **39**, 2297–2313 (2009)
39. Rode, S., Attour, A., Lapicque, F., Matlosz, M.: Thin-gap single-pass high-conversion reactor for organic electrosynthesis. I. Model development. J. Electrochem. Soc. **155**, E193–E200 (2008)
40. Picket, D.J.: Electrochemical Reactor Design. 2. Aufl. Elsevier Publ. Co., Amsterdam (1979)

Mathematischer Anhang

12

Mit den folgenden Ausführungen zu mathematischen Problemen aus dem Bereich der Chemischen Reaktionstechnik soll weder ein vollständiger Überblick über die möglichen Verfahren noch eine streng mathematische Darstellung mit Herleitung und Beweisführung gegeben werden. Es ist vielmehr das Ziel, sowohl dem lernenden Studierenden wie auch dem arbeitenden Chemiker oder Ingenieur *ausgewählte* Lösungsverfahren für typische mathematische Probleme zu erläutern. Zugleich soll aufgezeigt werden, welche Möglichkeiten sich aufgrund der Numerik – besonders unter Berücksichtigung heutiger Rechnerleistungen – bei der Lösung auch komplexerer mathematischer Probleme ergeben.

12.1 Dimensionslose Kennzahlen

Die der Chemischen Reaktionstechnik zugrunde liegenden theoretischen Gleichungen enthalten dimensionsbehaftete physikalische Größen und stellen einen Zusammenhang zwischen ein oder mehreren *abhängigen Variablen* wie z. B. den Konzentrationen c_i und/oder der Temperatur T und ein oder mehreren *unabhängigen Variablen* wie z. B. den Ortskoordinaten x, y, z und/oder der Zeit t her. Dimensionsbehaftete Parameter wie z. B. die Reaktionsgeschwindigkeitskonstanten oder die Wärmekapazität berücksichtigen die chemischen und physikalischen Eigenschaften des Reaktionssystems. Durch die Einführung *dimensionsloser Kennzahlen* kann die Zahl dimensionsbehafteter Größen deutlich reduziert und unabhängig vom jeweils gewählten Reaktionssystem aufgetragen und diskutiert werden. Weiterhin erlauben dimensionslose Kennzahlen auch eine einfache Maßstabsübertragung, d. h. ein Scale-up oder Scale-down (s. auch Kap. 1 und [1]).

Es gibt prinzipiell zwei Vorgehensweisen, um zu *dimensionslosen Kennzahlen* zu gelangen:

G. Emig et al., *Chemische Reaktionstechnik*,
https://doi.org/10.1007/978-3-662-68826-7_12

- Durch Überführung der dem reaktionstechnischen Problem zugrunde liegenden dimensionsbehafteten theoretischen Gleichungen in ihre jeweilige dimensionslose Form. Dazu werden die dimensionsbehafteten abhängigen und unabhängigen Variablen in dimensionslose Variablen umgewandelt. Es entstehen dann dimensionslose Gleichungen mit dimensionslosen Kennzahlen als relevanten Parametern des reaktionstechnischen Problems.
- Durch Anwendung des *π-Theorems von Buckingham* [2].

Die erstere Vorgehensweise wurde beispielsweise in Abschn. 6.5.1 im Zusammenhang mit der Berechnung des Umsatzgrads nach dem Dispersionsmodell angewendet. So wurden die dimensionslosen Konzentrationen und der dimensionslose Ort als dimensionslose Variablen gemäß Gl. 6.81 und 6.82 eingeführt und die dimensionslose Form der Stoffbilanz gemäß Gl. 6.83 erhalten. Als dimensionslose Parameter des Dispersionsmodells ergeben sich dann die Bodenstein-Zahl Bo und die Damköhler-Zahl 1. Art Da_{I}. Ein weiteres Beispiel dieser Vorgehensweise war in Abschn. 8.2.2.2 die Formulierung der dimensionslosen Stoffbilanz für den inneren Stofftransport (Porendiffusion) gemäß Gl. 8.67 ausgehend von der dimensionsbehafteten Stoffbilanz in Gl. 8.64 durch Einführung dimensionsloser Konzentrationen und eines dimensionslosen Ortes gemäß Gl. 8.66 und 8.65. Als dimensionsloser Parameter ergab sich hier die Damköhler-Zahl 2. Art Da_{II} bzw. der Thiele-Modul ϕ.

Das *π-Theorem von Buckingham* [2] bietet eine formale Herangehensweise, um die Zahl dimensionsbehafteter Größen eines Problems durch Einführung dimensionsloser Kennzahlen zu reduzieren. *Es besagt, dass die notwendige Anzahl N_{DG} der dimensionslosen Kennzahlen eines Problems gleich der ursprünglichen Anzahl N_{PG} der dimensionsbehafteten physikalischen Einflussgrößen abzüglich der Anzahl der Grundgrößen N_{GG} des Problems ist*:

$$N_{\mathrm{DG}} = N_{\mathrm{PG}} - N_{\mathrm{GG}}. \tag{12.1}$$

Grundgrößen sind diejenigen physikalischen Größen, aus denen sich alle anderen Größen als Potenzprodukte ableiten (sog. abgeleitete Größen). Für die Chemische Reaktionstechnik sind das im Wesentlichen die Länge l, die Zeit t, die Masse m, die Temperatur T und die Stoffmenge n. Tab. 12.1 fasst die Grundgrößen mit ihren Dimensionen und Einheiten zusammen.

Tab. 12.1 Dimensionen und SI-Einheiten der Grundgrößen

Größe	Dimension	SI-Einheit
Länge l	L	m (Meter)
Zeit t	T	s (Sekunde)
Masse m	M	kg (Kilogramm)
Temperatur T	ϑ	K (Kelvin)
Stoffmenge n	N	mol (Mol)

Die N_{DG} dimensionslosen Kennzahlen Π_i des Problems ergeben sich als Potenzprodukte der N_{PG} dimensionsbehafteten physikalischen Einflussgrößen Q_1 bis $Q_{N_{\mathrm{PG}}}$:

$$\Pi_i = Q_1^{\alpha_1} \cdot Q_2^{\alpha_2} \cdot \ldots \cdot Q_i^{\alpha_i} \cdot \ldots \cdot Q_{N_{\mathrm{PG}}}^{\alpha_{N_{\mathrm{PG}}}}. \tag{12.2}$$

Drückt man nun die Größen Q_i durch die Grundgrößen bzw. deren Dimensionen aus, erhält man eine Dimensionsgleichung, aus der sich N_{GG} Bestimmungsgleichungen für die N_{PG} α_i ergeben, da in der Dimensionsgleichung die Summe der Exponenten jeder Grundgrößendimension verschwinden muss. In der Regel ist $N_{\mathrm{PG}} > N_{\mathrm{GG}}$, sodass man $N_{\mathrm{DG}} = N_{\mathrm{PG}} - N_{\mathrm{GG}}$ Freiheitsgrade für die Lösung des Gleichungssystems hat. Gibt man für N_{DG} α_i -Werte N_{DG} linear unabhängige Lösungen vor, können jeweils die übrigen $N_{\mathrm{PG}} - N_{\mathrm{DG}}$ α_i -Werte berechnet werden. Man erhält dann N_{DG} linear unabhängige Lösungen für die gesuchten dimensionslosen Kennzahlen. Alle anderen dimensionslosen Kennzahlen können durch Multiplikation dieses Basissatzes erhalten werden. Die Vorgehensweise ist ähnlich zu derjenigen in Abschn. 3.1.3.2 zur Bestimmung von Schlüsselreaktionen.

Für die Durchführung dieser sogenannten *Dimensionsanalyse* sowie der Bestimmung der dimensionslosen Kennzahlen des Problems ist Tab. 12.2 hilfreich, in der die Dimensionen und SI-Einheiten einiger in der Chemischen Reaktionstechnik wichtiger von den Grundgrößen abgeleiteter physikalischer Größen aufgelistet sind.

Tab. 12.2 Dimensionen und SI-Einheiten ausgewählter physikalischer Größen

Größe	Dimension	Einheit
Geschwindigkeit u	$\mathrm{L \cdot T^{-1}}$	$\mathrm{m\,s^{-1}}$
Kinematische Viskosität ν	$\mathrm{L^2 \cdot T^{-1}}$	$\mathrm{m^2\,s^{-1}}$
Diffusionskoeffizient D	$\mathrm{L^2 \cdot T^{-1}}$	$\mathrm{m^2\,s^{-1}}$
Kraft F	$\mathrm{M \cdot L \cdot T^{-2}}$	$\mathrm{kg\,m\,s^{-2}} = \mathrm{N}$ (Newton)
Energie E	$\mathrm{M \cdot L^2 \cdot T^{-2}}$	$\mathrm{kg\,m^2\,s^{-2}} = \mathrm{J}$ (Joule)
Leistung P	$\mathrm{M \cdot L^2 \cdot T^{-3}}$	$\mathrm{kg\,m^2\,s^{-3}} = \mathrm{W}$ (Watt)
Druck p	$\mathrm{M \cdot L^{-1} \cdot T^{-2}}$	$\mathrm{kg\,m^{-1}\,s^{-2}} = \mathrm{Pa}$ (Pascal)
Dichte ρ	$\mathrm{M \cdot L^{-3}}$	$\mathrm{kg\,m^{-3}}$
Dynamische Viskosität η	$\mathrm{M \cdot L^{-1} \cdot T^{-1}}$	$\mathrm{kg\,m^{-1}\,s^{-1}}$
Spezifische Wärmekapazität c_p	$\mathrm{L^2 \cdot T^{-2}} \cdot \vartheta^{-1}$	$\mathrm{J\,kg^{-1}\,K^{-1}}$
Wärmeleitfähigkeit λ	$\mathrm{M \cdot L \cdot T^{-3}} \cdot \vartheta^{-1}$	$\mathrm{W\,m^{-1}\,K^{-1}}$
Wärmeübergangskoeffizient α	$M \cdot T^{-3} \cdot \vartheta^{-1}$	$\mathrm{W\,m^{-2}\,K^{-1}}$
Stoffübergangskoeffizient β	$\mathrm{L \cdot T^{-1}}$	$\mathrm{m\,s^{-1}}$

Beispiel 12.1
In Abschn. 4.2 wurde der indirekte Wärmeübergang in einem durchströmten Rohr behandelt. Der über die Rohrlänge L gemittelte Wärmeübergangskoeffizient α hängt gemäß Gl. 4.20 von folgenden sieben physikalischen Einflussgrößen ab:

$$\alpha = f\left(d_{\mathrm{R}}, \rho, \eta, \lambda, u, c_p, L\right). \tag{12.3}$$

Für die gesuchten dimensionslosen Kennzahlen Π_i gilt dann:

$$\Pi_i = L^{\alpha_1} \cdot c_p^{\alpha_2} \cdot \alpha^{\alpha_3} \cdot u^{\alpha_4} \cdot \rho^{\alpha_5} \cdot \lambda^{\alpha_6} \cdot \eta^{\alpha_7} \cdot d_{\mathrm{R}}^{\alpha_8}. \tag{12.4}$$

Da die Π_i dimensionslos sind, ergibt sich mit den Dimensionen der physikalischen Größen (s. Tab. 12.2) die folgende Dimensionsgleichung:

$$\begin{aligned} \mathrm{L}^{\alpha_1} \cdot \left(\mathrm{L}^2 \cdot \mathrm{T}^{-2} \cdot \vartheta^{-1}\right)^{\alpha_2} \cdot \left(\mathrm{M} \cdot \mathrm{T}^{-3} \cdot \vartheta^{-1}\right)^{\alpha_3} \cdot \left(\mathrm{L} \cdot \mathrm{T}^{-1}\right)^{\alpha_4} \cdot \left(\mathrm{M} \cdot \mathrm{L}^{-3}\right)^{\alpha_5} \\ \cdot \left(\mathrm{M} \cdot \mathrm{L} \cdot \mathrm{T}^{-3} \cdot \vartheta^{-1}\right)^{\alpha_6} \cdot \left(\mathrm{M} \cdot \mathrm{L}^{-1} \cdot \mathrm{T}^{-1}\right)^{\alpha_7} \cdot \mathrm{L}^{\alpha_8} = 1 \end{aligned} \tag{12.5}$$

bzw. nach dem Sortieren nach Dimensionen:

$$\mathrm{L}^{\alpha_1 + 2\alpha_2 + \alpha_4 - 3\alpha_5 + \alpha_6 - \alpha_7 + \alpha_8} \cdot \mathrm{M}^{\alpha_3 + \alpha_5 + \alpha_6 + \alpha_7} \cdot \mathrm{T}^{-2\alpha_2 - 3\alpha_3 - \alpha_4 - 3\alpha_6 - \alpha_7} \cdot \vartheta^{-\alpha_2 - \alpha_3 - \alpha_6} = 1 \tag{12.6}$$

Da die Summe der Exponenten null sein muss, ergibt sich folgendes Gleichungssystem:

$$\begin{aligned} \alpha_1 + 2\alpha_2 + \alpha_4 - 3\alpha_5 + \alpha_6 - \alpha_7 + \alpha_8 &= 0 \\ \alpha_3 + \alpha_5 + \alpha_6 + \alpha_7 \& &= 0 \\ -2\alpha_2 - 3\alpha_3 - \alpha_4 - 3\alpha_6 - \alpha_7 &= 0 \\ -\alpha_2 - \alpha_3 - \alpha_6 \& &= 0. \end{aligned} \tag{12.7}$$

Da vier homogene Gleichungen zwischen den Exponenten der acht Einflussgrößen bestehen, kann man $8 - 4 = 4$ unabhängige dimensionslose Kennzahlen bilden. Um vier linear unabhängige Kennzahlen zu erhalten, werden für die Exponenten α_1, α_2, α_3 und α_4 die in Tab. 12.3 angegebenen Werte angesetzt und die Werte für α_5, α_6, α_7 und α_8 aus Gl. 12.7 berechnet. Damit erhält man aus Gl. 12.4 die in Tab. 12.3 aufgeführten vier Kennzahlen Π_1, Π_2, Π_3 und Π_4, die in Abschn. 4.2 in Gl. 4.21 bereits angegeben waren:

$$\Pi_1 = L/d_{\mathrm{R}}, \quad \Pi_2 = Pr, \quad \Pi_3 = Nu, \quad \Pi_4 = Re. \tag{12.8}$$

Abschließend sei angemerkt, dass sich je nach Reihenfolge der physikalischen Einflussgrößen in Gl. 12.4 und je nach Vorgabe der vier α_i -Werte unterschiedliche dimensionslose

Tab. 12.3 Werte der Exponenten α_1, α_2, α_3 und α_4 sowie die sich daraus ergebenden Kennzahlen Π_i

i	α_1	α_2	α_3	α_4	Π_i
1	1	0	0	0	$L \cdot d_R^{-1}$
2	0	1	0	0	$c_p \cdot \eta \cdot \lambda^{-1}$
3	0	0	1	0	$\alpha \cdot d_R \cdot \lambda^{-1}$
4	0	0	0	1	$u \cdot \rho \cdot d_R \cdot \eta^{-1}$

Kennzahlen ergeben, die sich aber durch Linearkombinationen in die in Gl. 12.8 angegebenen vier etablierten Kenngrößen überführen lassen. ◀

12.2 Taylor-Reihenentwicklung

Die *Taylor-Reihe* einer Funktion $f(x)$ ist eine Potenzreihe, die sich aus den Ableitungen von $f(x)$ berechnen lässt. Die allgemeine Form der *Taylor-Reihe* lautet [3]:

$$T_{x_0}(x) = \sum_{k=0}^{\infty} f^{(k)}(x_0) \cdot \frac{(x-x_0)^k}{k!}. \tag{12.9}$$

Dabei ist $f^{(k)}(x_0)$ die k-te Ableitung von $f(x)$ an der Stelle x_0 und $k!$ die k-te Fakultät, d. h. $1 \cdot 2 \cdot 3 \cdot \ldots \cdot (k-1) \cdot k$. x_0 wird auch als *Entwicklungspunkt* der Taylor-Reihe bezeichnet. Die Taylor-Reihe ist innerhalb des Konvergenzintervalls identisch mit der Funktion $f(x)$. Im Gegensatz dazu ist das *Taylor-Polynom* vom Grad n nur noch eine Approximation der ursprünglichen Funktion. Das *Taylor-Polynom* vom Grad n der Funktion $f(x)$ am Entwicklungspunkt x_0 lautet:

$$T_{x_0}^n(x) = \sum_{k=0}^{n} f^{(k)}(x_0) \cdot \frac{(x-x_0)^k}{k!}. \tag{12.10}$$

Das Taylor-Polynom 1. Grades wird auch als *Taylor-Linearisierung* bezeichnet:

$$T_{x_0}^1(x) = f(x_0) + f'(x_0) \cdot (x - x_0) \approx f(x). \tag{12.11}$$

Die Taylor-Linearisierung ist zulässig, wenn $(x - x_0)$ sehr klein ist, d. h. eine differenzielle Änderung $\mathrm{d}x$ vorliegt:

$$T_{x_0}^1(x_0 + \mathrm{d}x) = f(x_0 + \mathrm{d}x) = f(x_0) + f'(x_0) \cdot \mathrm{d}x. \tag{12.12}$$

Die Taylor-Linearisierung kam beispielsweise bei der Herleitung der allgemeinen Stoff- und Energiebilanz in Abschn. 5.2 und 5.3 zum Einsatz. So ergibt sich beispielsweise die

x-Komponente des konvektiven Stoffstroms $c_i \cdot u_x$ ($=f(x)$) an der Stelle $x_0 + \mathrm{d}x$ des differenziellen Bilanzvolumens in Abb. 5.1 gemäß (s. auch Gl. 5.8a):

$$f(x_0 + \mathrm{d}x) = (c_i \cdot u_x)_{x_0} + \left.\frac{\partial (c_i \cdot u_x)}{\partial x}\right|_{x_0} \mathrm{d}x. \tag{12.13}$$

Beispiel 12.2

Für die Euler-Funktion $f(x) = e^x$ lauten die ersten vier Taylor-Polynome am Entwicklungspunkt $x_0 = 0$ wie folgt:

$$\begin{aligned}
T^0_{x_0}(x) &= f(x_0) = e^0 = 1 \\
T^1_{x_0}(x) &= T^0_{x_0}(x) + f'(x_0) \cdot (x - x_0) = 1 + e^0 \cdot x = 1 + x \\
T^2_{x_0}(x) &= T^1_{x_0}(x) + f''(x_0) \cdot \frac{(x - x_0)^2}{2!} = 1 + x + e^0 \cdot \frac{x^2}{2} = 1 + x + \frac{x^2}{2} \\
T^3_{x_0}(x) &= T^2_{x_0}(x) + f'''(x_0) \cdot \frac{(x - x_0)^3}{3!} = 1 + x + \frac{x^2}{2} + \frac{x^3}{6}.
\end{aligned} \tag{12.14}$$

Abb. 12.1 zeigt die ersten vier Taylor-Polynome der Euler-Funktion e^x . Man erkennt, dass das Taylor-Polynom in der Nähe des Entwicklungspunktes mit der gegebenen Funk-

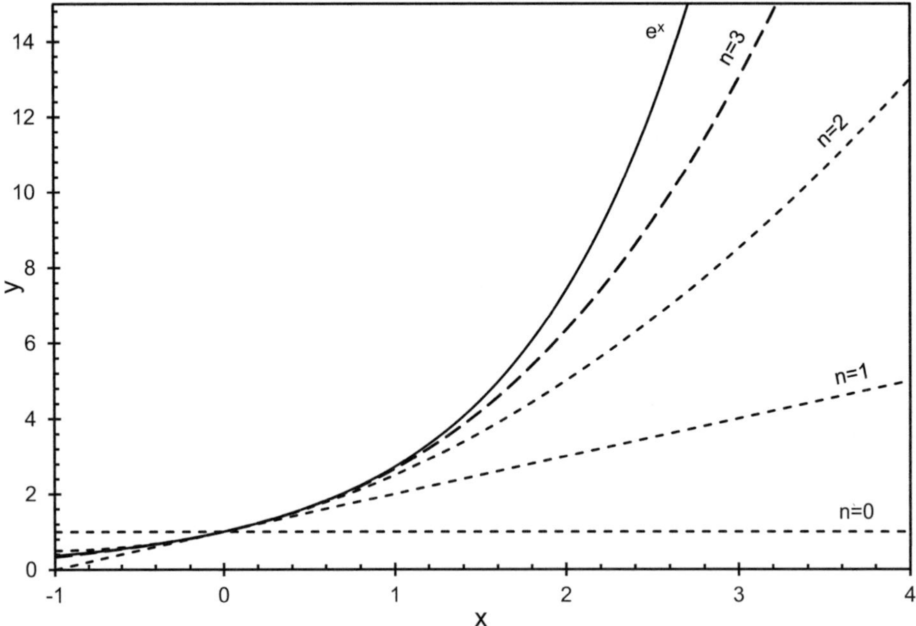

Abb. 12.1 Taylor-Polynome der Euler-Funktion e^x für die Grade $n = 0$, $n = 1$, $n = 2$ und $n = 3$

tion umso besser übereinstimmt, je höher dessen Grad n ist. Das Taylor-Polynom ersten Grades ($n = 1$, Taylor-Linearisierung) ist eine sehr gute Näherung bei differenziellen Abweichungen vom Entwicklungspunkt. ◀

12.3 Nullstellenbestimmung

Die Bestimmung von Nullstellen ist eine immer wieder anzutreffende Aufgabe im ingenieur-wissenschaftlichen Bereich. Anwendungen sind in der Lösung nichtlinearer Gleichungen wie z. B. bei der Berechnung des Gleichgewichtsumsatzgrades nach Gl. 3.80 oder der Rührkesselkaskade nach Gl. 5.303 sowie bei der Lösung charakteristischer Gleichungen im Zuge der Lösung von Differenzialgleichungen (s. Abschn. 12.4.1) zu sehen.

Für die Nullstellenbestimmung bieten sich vor allem numerische Verfahren an ([4, 5]). Hierzu gibt es mehrere Verfahren, bei denen der Schätzwert mehr oder weniger genau sein muss und eine bessere oder schlechtere Konvergenz erreicht wird. Das *Tangentenverfahren* (*Newton-Verfahren*) ist das am häufigsten eingesetzte Verfahren zur numerischen Bestimmung einer Nullstelle, da es eine schnelle Konvergenz besitzt. Allerdings kann das Verfahren bei schlechten Startwerten divergieren. Von der Konvergenzsicherheit her bieten sich vor allem die *Sekantenverfahren* an, die anstelle der Tangente an einem Punkt die Sekante zwischen zwei Punkten nutzen.

Zunächst soll das *Tangentenverfahren* (*Newton-Verfahren*) näher erläutert werden, das in Abschn. 5.6.1 bei der Berechnung einer Rührkesselkaskade zum Einsatz kam (s. Gl. 5.303). Die sogenannte *Newton-Formel* lässt sich aus einer Taylor-Reihenentwicklung um den Entwicklungspunkt x_0 ableiten. Es wird nun angenommen, dass x die Nullstelle einer Funktion $f(x)$ ist und x_0 ein Schätzwert für x. Dann kann man gemäß Gl. 12.9 schreiben:

$$f(x) = 0 = T_{x_0}(x) = f(x_0) + f'(x_0) \cdot (x - x_0) + f''(x_0) \frac{(x - x_0)^2}{2!} + \ldots \qquad (12.15)$$

Unter der Voraussetzung $f'(x_0) \neq 0$ erhält man durch Auflösen nach x:

$$x = x_0 - \frac{f(x_0)}{f'(x_0)} - \frac{f''(x_0)}{f'(x_0)} \frac{(x - x_0)^2}{2!} + \ldots \qquad (12.16)$$

Wenn nun x in der Nähe von x_0 liegt, können alle Terme höherer Ordnung auf der rechten Seite vernachlässigt werden und man erhält als Näherung:

$$x \approx x_0 - \frac{f(x_0)}{f'(x_0)}. \qquad (12.17)$$

Aus Gl. 12.17 lässt sich nun die sogenannte *Newton-Formel* und damit ein iteratives Verfahren ableiten, wobei α der jeweilige Iterationsschritt ist ($\alpha = 0{,}1,\ 2{,}3, \ldots$):

$$x_{\alpha+1} = x_\alpha - \frac{f(x_\alpha)}{f'(x_\alpha)}. \tag{12.18}$$

In Abb. 12.2 ist das *Newton-Verfahren* exemplarisch veranschaulicht. Im vorliegenden Fall sind drei Iterationen ausreichend, um eine gute Näherung der Nullstelle zu erhalten.

Nachfolgend soll noch das *Sekantenverfahren* kurz erläutert werden. Im Gegensatz zum Tangentenverfahren benötigt es keine Berechnung der Ableitung von $f(x)$, da anstelle der Tangente eine Sekante zwischen den Punkten $(x_0, f(x_0))$ und $(x_1, f(x_1))$ bestimmt und dann der Schnittpunkt $x_S = x_2$ der Sekanten mit der x-Achse berechnet wird. Das einfache *Sekantenverfahren* leitet sich aus der Newton-Formel ab, indem man die Ableitung $f'(x_\alpha)$ wie folgt durch einen Differenzenquotient ersetzt:

$$f'(x_\alpha) = \frac{f(x_\alpha) - f(x_{\alpha-1})}{x_\alpha - x_{\alpha-1}}. \tag{12.19}$$

Setzt man nun Gl. 12.19 in die *Newton-Formel* Gl. 12.18 ein, so erhält man folgende Iterationsformel für das *Sekantenverfahren* ($\alpha = 1{,}2,\ 3, \ldots$):

$$x_{\alpha+1} = \frac{f(x_\alpha) \cdot x_{\alpha-1} - f(x_{\alpha-1}) \cdot x_\alpha}{f(x_\alpha) - f(x_{\alpha-1})}. \tag{12.20}$$

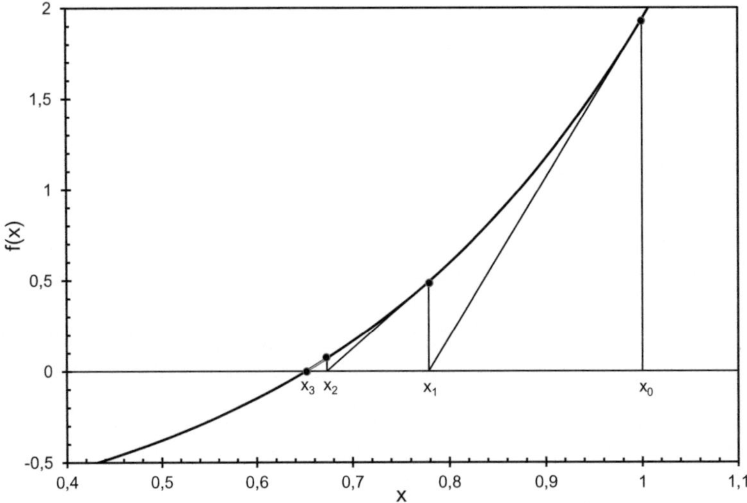

Abb. 12.2 Veranschaulichung des Newton-Verfahrens

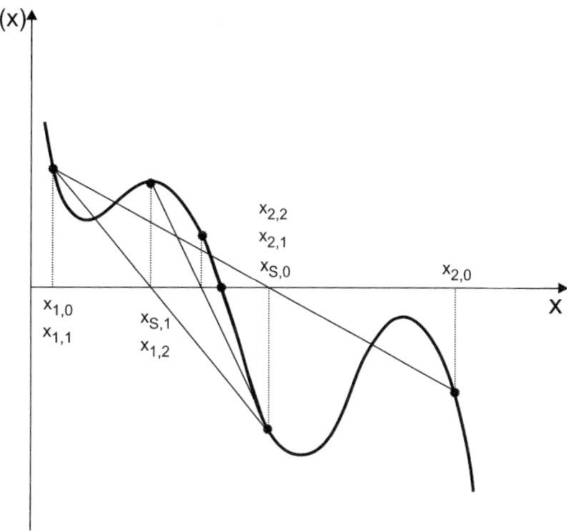

Abb. 12.3 Grafische Darstellung des Regula-falsi-Verfahrens

Die sogenannten *Bisektionsverfahren* sind Sonderfälle des Sekantenverfahrens, bei denen in jedem Iterationsschritt die Werte x_α und $x_{\alpha+1}$ so gewählt werden, dass die Nullstelle dazwischen liegt. Im Folgenden wird als Beispiel für ein Bisektionsverfahren das sogenannte *Regula-falsi-Verfahren* vorgestellt und grafisch veranschaulicht (s. Abb. 12.3):

1. Ausgegangen wird von den Intervallbegrenzungen $x_1 = x_{1,0}$ und $x_2 = x_{2,0}$ sowie den dazugehörigen Funktionswerten $f(x_{1,0})$ und $f(x_{2,0})$ mit $f(x_{1,0}) \cdot f(x_{2,0}) < 0$.
2. In den weiteren Iterationsschritten wird die Steigung der Geraden durch die beiden Punkte an den Intervallgrenzen berechnet:

$$m = \frac{f(x_{2,\alpha}) - f(x_{1,\alpha})}{x_{2,\alpha} - x_{1\alpha}}. \tag{12.21}$$

3. Als Nächstes erfolgt die Berechnung des Schnittpunkts der Geraden mit der Abszisse:

$$x_{S,\alpha} = x_{2,\alpha} - \frac{f(x_{2,\alpha})}{m}. \tag{12.22}$$

4. Nach der Berechnung des zugehörigen Funktionswertes $f(x_{S,\alpha})$ wird geprüft, ob der Schnittpunkt bereits die gesuchte Nullstelle ist; $f(x_{S,\alpha}) = 0$?
5. Abhängig von der Lage des Schnittpunkts $x_{S,\alpha}$ zur Nullstelle wird das neue Intervall festgelegt:

   a) $f(x_{S,\alpha}) \cdot f(x_{2,\alpha}) < 0$

$$\begin{aligned} x_{1,\alpha+1} &= x_{S,\alpha} \\ x_{2,\alpha+1} &= x_{2,\alpha}. \end{aligned} \tag{12.23}$$

b) $f(x_{S,\alpha}) \cdot f(x_{2,\alpha}) > 0$

$$\begin{aligned} x_{1,\alpha+1} &= x_{1,\alpha} \\ x_{2,\alpha+1} &= x_{S,\alpha}. \end{aligned} \tag{12.24}$$

6. Die Iteration ist dann beendet, wenn der Funktionswert zu dem berechneten Schnittpunkt null ergibt oder das Verfahren konvergiert ist und eine berechnete Näherungslösung angegeben werden kann. Als Konvergenzkriterium dient die Abweichung zweier aufeinanderfolgender Schnittpunkte:

$$x_{S,\alpha} - x_{S,\alpha-1} < \varepsilon \quad \text{mit } \varepsilon > 0. \tag{12.25}$$

12.4 Lösung von Differenzialgleichungen und Differenzialgleichungssystemen

Differenzialgleichungen dienen in den Naturwissenschaften vor allem der Beschreibung von „realen" Prozessen. Im Bereich der Technischen Chemie geben sie Stoff- und Wärmetransportvorgänge einzelner Teilschritte (Fick'sches und Fourier'sches Gesetz), wie auch des Gesamtsystems (Bilanzgleichungen) wieder. Systeme von Differenzialgleichungen ergeben sich durch die Berücksichtigung mehrerer Komponenten innerhalb einer Phase, für heterogene Reaktionssysteme, bei denen in mehreren Phasen bilanziert wird und im nichtisothermen Fall, weil dann Stoff- und Enthalpiebilanzen simultan betrachtet werden müssen.

Beachtet man, dass die zu berücksichtigenden Differenzialgleichungen maximal 2. Ordnung sind (vgl. Kap. 5), so liegt die Einschränkung der nachfolgenden Ausführungen auf diese Typen von Differenzialgleichungen auf der Hand.

12.4.1 Analytische Lösungsmöglichkeiten

Die grundlegenden Bilanzgleichungen in der Technischen Chemie sind zwar partiell und durch den Reaktionsterm in vielen Fällen auch nichtlinear, aber trotzdem sollen im Rahmen der analytischen Behandlung ausschließlich *gewöhnliche lineare Differenzialgleichungen* betrachtet werden, da nur für diese allgemeingültige Lösungswege angegeben werden können.

12.4.1.1 Differenzialgleichungen 1. Ordnung

Gegeben sei eine *gewöhnliche lineare inhomogene Differenzialgleichung 1. Ordnung* in der Form:

$$\frac{\mathrm{d}y}{\mathrm{d}x} + p(x) \cdot y + q(x) = 0. \tag{12.26}$$

$p(x)$ und $q(x)$ bezeichnen dabei Funktionen von x. Dabei wird $q(x)$ als die Inhomogenität der Differenzialgleichung bezeichnet. Ist also $q(x) = 0$, so heißt die Gleichung homogen, sonst inhomogen.

Die Lösung der inhomogenen Differenzialgleichung setzt die Lösung der zugehörigen homogenen voraus. Im homogenen Fall

$$\frac{\mathrm{d}y}{\mathrm{d}x} + p(x) \cdot y = 0 \tag{12.27}$$

lassen sich die Variablen trennen:

$$\frac{\mathrm{d}y}{y} = -p(x)\mathrm{d}x. \tag{12.28}$$

Das allgemeine Integral von Gl. 12.28 lautet:

$$y = C \cdot \exp\left(-\int p(x)\mathrm{d}x\right), \tag{12.29}$$

worin C die Integrationskonstante ist.

War die Differenzialgleichung homogen, so muss man die vorzugebende Rand- oder Anfangsbedingung in die allgemeine Lösung der Differenzialgleichung (Gl. 12.29) einsetzen. Dadurch ist C bestimmt und man erhält die Lösung für den speziellen Anwendungsfall.

Inhomogene Differenzialgleichungen werden nach der Methode der *Variation der Konstanten nach Lagrange* gelöst [6]. Der Grundgedanke dieser Methode ist, dass man dem Integral der inhomogenen Gleichung die selbe Form wie demjenigen der homogenen Gleichung zu geben versucht. Dazu setzt man

$$y = C(x) \cdot \exp\left(-\int p(x)\mathrm{d}x\right), \tag{12.30}$$

wobei $C(x)$ nun eine noch zu bestimmende Funktion von x ist. Nach Einsetzen von Gl. 12.30 in die Differenzialgleichung (Gl. 12.26) ergibt sich unter Berücksichtigung der Produkt- sowie Kettenregel:

$$\frac{\mathrm{d}C(x)}{\mathrm{d}x}\exp\left(-\int p(x)\mathrm{d}x\right)+q(x)=0, \qquad (12.31)$$

bzw.

$$\frac{\mathrm{d}C(x)}{\mathrm{d}x}=-q(x)\exp\left(\int p(x)\,\mathrm{d}x\right). \qquad (12.32)$$

Aus Gl. 12.32 folgt durch Integration:

$$C(x)=-\int\left[q(x)\exp\left(\int p(x)\,\mathrm{d}x\right)\right]\mathrm{d}x+C_1. \qquad (12.33)$$

Durch Einsetzen dieser Gleichung in Gl. 12.30 erhält man das allgemeine Integral der inhomogenen Differenzialgleichung (Gl. 12.26):

$$y=-\exp\left(-\int p(x)\,\mathrm{d}x\right)\cdot\int\left[\exp\left(\int p(x)\,\mathrm{d}x\right)q(x)\right]\mathrm{d}x+C_1\exp\left(-\int p(x)\,\mathrm{d}x\right). \qquad (12.34)$$

Setzt man noch die vorzugebende Rand- oder Anfangsbedingung ein, so erhält man einen Wert für C_1 und somit die spezielle Lösung des Differenzialgleichungsproblems.

Das beschriebene Lösungsverfahren wurde beispielsweise in Abschn. 6.3.3 zur Lösung von Gl. 6.33 eingesetzt, um die Verweilzeitverteilung einer Kaskade idealer Rührkesselreaktoren herzuleiten.

12.4.1.2 Differenzialgleichungen 2. Ordnung

In der Technischen Chemie – und der Technik im Allgemeinen – spielt die Differenzialgleichung

$$a\frac{\mathrm{d}^2y}{\mathrm{d}x^2}+b\frac{\mathrm{d}y}{\mathrm{d}x}+cy=0, \qquad (12.35)$$

in welcher a, b und c konstante Größen sind, eine äußerst wichtige Rolle. So ist beispielsweise in der Stoffbilanz des Dispersionsmodells gemäß Gl. 6.78 in Abschn. 6.5.1 der erste Summand der Dispersionsterm mit $a=D_e$ als Dispersionskoeffizient, der zweite Summand der Konvektionsterm mit $b=-u$ als (konstante) Geschwindigkeit in x-Richtung und der dritte Summand der Reaktionsterm mit $c=-k_1$ als Reaktionsgeschwindigkeitskonstante für eine Reaktion 1. Ordnung. In Gl. 6.78 ist die gebundene Variable y die Konzentration c_i der Spezies A_i und die freie Variable x die axiale Koordinate z.

Die *Differenzialgleichung* Gl. 12.35 ist *gewöhnlich, linear, homogen und 2. Ordnung.* Das Lösungsverfahren besteht darin, dass man versuchsweise ansetzt [6]:

$$y = C \cdot e^{\lambda \cdot x}. \tag{12.36}$$

Damit erhält man aus Gl. 12.35:

$$Ce^{\lambda x}\left(a\lambda^2 + b\lambda + c\right) = 0. \tag{12.37}$$

Die Gl. 12.37, welche man nach Euler als die „charakteristische Gleichung" bezeichnet, ist für jede Wurzel λ_i der Klammer erfüllt. Man erhält die Wurzeln durch Nullsetzen des Klammerausdruckes. Es ist also

$$y_i = C_i e^{\lambda_i \cdot x}. \tag{12.38}$$

Da die Differenzialgleichung Gl. 12.35 in der abhängigen Variablen und in ihren Differenzialquotienten linear ist, ist auch die Summe mehrerer Lösungen wiederum eine Lösung, wovon man sich durch Einsetzen in die Differenzialgleichung Gl. 12.35 leicht überzeugen kann. Man erhält demnach eine mit zwei Konstanten behaftete Lösung der Differenzialgleichung Gl. 12.35, welche die allgemeine Lösung darstellt:

$$y = C_1 e^{\lambda_1 \cdot x} + C_2 e^{\lambda_2 \cdot x}. \tag{12.39}$$

Die beiden Wurzeln λ_1 und λ_2, die durch Auflösen der charakteristischen Gleichung

$$a\lambda^2 + b\lambda + c = 0 \tag{12.40}$$

erhalten werden, sind:

$$\begin{aligned} \lambda_1 &= -\frac{b}{2a} + \sqrt{\frac{b^2}{4a^2} - \frac{c}{a}} \\ \lambda_2 &= -\frac{b}{2a} - \sqrt{\frac{b^2}{4a^2} - \frac{c}{a}}. \end{aligned} \tag{12.41}$$

Die Konstanten C_i in der allgemeinen Lösung der Differenzialgleichung sind wiederum über die vorzugebenden zwei Anfangs- oder Randbedingungen zu bestimmen.

Über das hier vorgestellte Verfahren hinaus gibt es für Differenzialgleichungen 2. Ordnung noch viele weitere Verfahren, die meist auf ganz spezielle Typen von Differenzialgleichungen zugeschnitten sind. Der Grundgedanke, der im Normalfall diesen speziellen Verfahren zugrunde liegt, ist, die gegebene Gleichung durch geschickte Substitution auf eine Differenzialgleichung 1. Ordnung zurückzuführen.

12.4.2 Numerische Lösungsmöglichkeiten

Da in vielen Fällen (z. B. Nichtlinearitäten im Reaktionsterm) keine analytischen Lösungen für Differenzialgleichungen angegeben werden können, muss auf *numerische Verfahren* zurückgegriffen werden. Die Grundidee dabei ist, die Lösung von Differenzialgleichungen nicht durch eine explizite Gleichung, die im gesamten Lösungsgebiet definiert ist, zu beschreiben, sondern die Lösung nur an ausgewählten Punkten (sog. Stützstellen) durch den dazugehörenden Funktionswert anzugeben. Dass diese Vorgehensweise natürlich Grenzen besitzt, liegt auf der Hand. Da ist zum einen zu bedenken, dass aufgrund der Betrachtung der Differenzialgleichung nur an bestimmten Stellen ein gewisser „Informationsverlust" vorhanden ist und man nur Näherungslösungen erhalten kann. Zum anderen ist es – heute noch und sicher auch in der nahen Zukunft – aufgrund von Speicherplatzbeschränkungen und eingeschränkten Rechenzeiten nicht möglich, jedes Rechengebiet beliebig groß zu machen oder beliebig genau aufzulösen (durch sehr eng liegende Stützstellen). Trotzdem ermöglichen die numerischen Verfahren gerade im reaktionstechnischen Bereich eine größere Bandbreite für die Berechnungen. Man denke z. B. an mehrdimensionale oder zeitabhängige Modelle (partielle Differenzialgleichungen) sowie an Reaktionen, bei denen mehrere Komponenten untersucht werden sollen (Differenzialgleichungssysteme).

Bei den numerischen Verfahren ist eine etwas andere Einteilung der Typen von Differenzialgleichungen sinnvoll, da hier die Ordnung von untergeordneter Rolle ist. Der Ort, an dem einzelne Funktionswerte vorgegeben werden, ist dafür umso entscheidender:

- Liegen alle gegebenen Werte an dem Rand des Rechengebietes vor, an dem der Prozess auch startet (z. B. Reaktoreingang oder Zeitpunkt null), so handelt es sich um ein *Anfangswertproblem.* Anfangswertprobleme werden vom Prinzip her so gelöst, dass, von den Startwerten ausgehend, die Differenzialgleichung immer bis zur nächsten Stützstelle integriert wird und somit der *angenäherte* Funktionswert an dieser erhalten wird. Dies wird solange wiederholt, bis man am anderen Rand des Rechengebietes angekommen ist. Man unterscheidet dabei zwischenEinschrittverfahren, Mehrschrittverfahren und Extrapolationsverfahren. Wir werden uns hier nur auf das Runge-Kutta-Verfahren als explizites Einschrittverfahren beschränken. Für die Beschreibung der anderen Verfahren sei auf die Lehrbücher der numerischen Mathematik verwiesen ([4, 6]).
- Sind die vorgegebenen Funktionswerte über zwei oder mehrere Ränder des Rechengebietes verteilt, so spricht man von einem *Randwertproblem.* Dieses wird gelöst, indem man die Differenzialgleichung auf einem Rechengitter diskretisiert und in ein lineares algebraisches Gleichungssystem überführt. Die Lösung des linearen algebraischen Gleichungssystems ergibt *angenäherte* Werte der abhängigen Variablen an den Punkten des Rechengitters. Bekannte Diskretisierungsmethoden sind die Finite-Differenzen-Methode, die Finite-Volumen-Methode und die Finite-Elemente-Methode. Wir werden uns hier nur auf die Finite-Differenzen-Methode beschränken. Für die Beschreibung der anderen Diskretisierungsmethoden sei auf entsprechende Lehrbücher der numerischen Mathematik verwiesen ([7, 8]).

12.4.2.1 Anfangswertprobleme

(Gewöhnliche) Anfangswertprobleme n-ter Ordnung lassen sich sehr einfach auf Systeme von Anfangswertproblemen 1. Ordnung zurückführen, sodass die Behandlung dieser Systeme genügt. Da es bei der numerischen Behandlung von Anfangswertproblemen vom Prinzip her gleichgültig ist, ob man von Punkt zu Punkt oder von Vektor zu Vektor rechnet, soll es genügen, das Verfahren am Beispiel einer Differenzialgleichung 1. Ordnung zu erläutern.

Vorgestellt werden im Folgenden die sogenannten *Runge-Kutta-Verfahren* ([4, 5]). Diese Verfahren verwenden immer nur den letzten Funktionswert – und natürlich die Differenzialgleichung an dieser Stelle – zur Berechnung des neuen Funktionswertes. Man bezeichnet sie aus diesem Grund auch als *Einschrittverfahren.* Die einzelnen Runge-Kutta-Verfahren unterscheiden sich durch die Anzahl m der „Hilfsstützstellen", die zur Berechnung des neuen Funktionswertes an der benachbarten Stützstelle verwendet werden. Man spricht dann von m-stufigen Runge-Kutta-Verfahren, wobei beachtet werden muss, dass hier nur sogenannte explizite Verfahren betrachtet werden (Erklärung s. [4] oder [5]).

Gegeben sei die Differenzialgleichung 1. Ordnung

$$\frac{\mathrm{d}y}{\mathrm{d}x} = f(x,y) \tag{12.42}$$

und der Startwert

$$y_0 = y(x_0). \tag{12.43}$$

Dann kann aus dem jeweiligen vorherigen Funktionswert y_i der neue (angenäherte) Funktionswert y_{i+1} berechnet werden:

$$y_{i+1} = y_i + \int_{x_i}^{x_{i+1}} f(x,y)\mathrm{d}x; \quad i = 0, \ldots, N-1. \tag{12.44}$$

Hierbei ist N die Anzahl der Stützstellen (Gitterpunkte). Das – im Normalfall analytisch nicht lösbare – Integral wird durch eine Summation von einzelnen Rechtecksflächen angenähert. Die Verfahrensvarianten unterscheiden sich dabei durch die verschiedenen Gewichtungen der linken und rechten Stützstelle eines Intervalls der Breite h_i sowie der Verwendung von Hilfsstützstellen auf halber Intervallbreite. Oft werden die berechneten Steigungen auf halber Intervallbreite nochmals zusätzlich korrigiert. Diese Korrektur fließt dann wieder zu einem bestimmten Maß in die Berechnung des neuen Funktionswertes ein.

Die allgemeine Iterationsvorschrift für m-stufige *explizite Runge-Kutta-Verfahren* lautet somit:

$$y_{i+1} = y_i + h_i \sum_{j=1}^{m} A_j \cdot k_j(x_i, y_i, h_i). \tag{12.45}$$

Die A_j und $k_j(x_i, y_i, h_i)$ unterscheiden sich für die einzelnen Verfahren. Für $m = 1$ ergibt sich das *Streckenzug-Verfahren nach Euler*, kurz *Euler-Verfahren* genannt:

$$y_{i+1} = y_i + h_i \cdot f(x_i, y_i). \tag{12.46}$$

Die stückweise Approximation der exakten Lösung der Differenzialgleichung Gl. 12.42 durch Geradenabschnitte ist eine relativ grobe Näherung, zumal nur die Steigung an einer einzigen Stelle, nämlich im jeweiligen linken Randpunkt, berücksichtigt wird. Eine ausreichende Genauigkeit des Euler-Verfahrens ist daher nur für entsprechend kleine Schrittweiten h_i zu erwarten, was aber zugleich auch einen hohen Rechenaufwand bedeutet. Dennoch, da es sich um ein einfaches und leicht nachvollziehbares Verfahren handelt, wurde dieses hier beispielsweise bei der Modellierung und Simulation des diskontinuierlichen idealen Rührkesselreaktors im Abschn. 5.4.1 verwendet (s. auch Beispiele 5.3 und 5.4).

Für $m = 4$ ergibt sich das *klassische Runge-Kutta-Verfahren*, dessen spezielle Iterationsvorschrift wie folgt lautet:

$$y_{i+1} = y_i + h_i \cdot \left(\frac{1}{6}k_1 + \frac{1}{3}k_2 + \frac{1}{3}k_3 + \frac{1}{6}k_4\right) \tag{12.47}$$

mit

$$\begin{aligned} k_1 &= f(x_i, y_i) \\ k_2 &= f\left(x_i + \frac{h_i}{2}, y_i + \frac{h_i}{2}k_1\right) \\ k_3 &= f\left(x_i + \frac{h_i}{2}, y_i + \frac{h_i}{2}k_2\right) \\ k_4 &= f(x_i + h_i, y_i + h_i k_3). \end{aligned}$$

Diese spezielle numerische Integration mittels einer verfeinerten Rechteckregel ermöglicht – vor allem bei Funktionsverläufen, deren 1. Ableitung starke Gradienten besitzen – eine schnellere und bessere Konvergenz des klassischen Runge-Kutta- Verfahrens gegenüber z. B. dem Euler-Verfahren. Aus diesem Grund werden Runge-Kutta-Verfahren auch in vielen kommerziellen Programmen (s. Abschn. 12.6) verwendet.

Das vorgestellte Verfahren kann prinzipiell auch bei partiellen Differenzialgleichungen angewandt werden, sofern es sich um reine Anfangswertprobleme mit zwei unabhängigen Variablen handelt und keine gemischten Ableitungen auftreten. Als Beispiel kann hier der ideale isotherme Festbettreaktor genannt werden, in dem sich ein redoxaktiver Katalysator befindet, der mit der Zeit seinen Oxidationszustand ändert. Die modellmäßige Beschreibung erfolgt pseudohomogen und eindimensional, wobei die Zeit als zweite Variable hinzugenommen wird. Gibt man sowohl die Konzentration $c_{i,0}$ am Reaktoreingang ($z = 0$) vor und lässt sie für alle Zeiten t konstant, als auch den Oxidationsgrad f_{Ox} zu Beginn der Reaktion ($t = 0$) an allen Stellen z im Reaktor, so handelt es sich um ein Anfangswertproblem einer partiellen Differenzialgleichung. Die numerische Lösung kann nun relativ einfach erfolgen, indem man für jeden Zeitpunkt t_k das zeitunabhängige Problem (rein eindimensionale Betrachtung des Rohrreaktors) an den Stellen z_j z. B. nach dem Runge-Kutta- Verfahren löst und dann um einen Zeitschritt Δt weiter geht und dabei den jetzt berechenbaren Oxidationsgrad $f_{Ox,k+1}$ als neuen Wert vorgibt.

12.4.2.2 Randwertprobleme

Die numerische Behandlung von Randwertproblemen ist durch die Vielzahl der möglichen Problemstellungen äußerst komplex und meistens nur auf spezielle Typen von Differenzialgleichungen zugeschnitten. Aus diesem Grund soll auch hier eine Beschränkung auf Differenzialgleichungen 2. Ordnung und deren Systeme erfolgen.

Das Grundprinzip des hier zu behandelnden *Finite-Differenzen-Verfahrens* ist, das Rechengebiet in geeigneter Weise in einzelne Stützstellen zu zerlegen (Erzeugung eines Gitters). An diesen Stützstellen werden dann die Differenzialquotienten der Differenzialgleichungen in Differenzenquotienten überführt und man erhält Differenzengleichungen. Löst man diese Differenzengleichungen nach der gesuchten Größe an den einzelnen Stützstellen auf, so erhält man ein (meist lineares oder quasilineares) Gleichungssystem, das wiederum mit geeigneten numerischen Verfahren gelöst werden kann ([5, 7]).

Die Überführung von Differenzialquotienten in Differenzenquotienten ist auf der Berechnung von Funktionswerten rechts und links eines gegebenen Funktionswertes mittels Taylor-Reihenentwicklung begründet (s. Abschn. 12.2). Dabei berechnet sich $f(x_j + \delta x)$ mit $\delta x = x_{j+1} - x_j$ wie folgt:

$$f\left(x_j + \delta x\right) = f_{j+1} = f_j + \left.\frac{\mathrm{d}f}{\mathrm{d}x}\right|_j \delta x + \left.\frac{\mathrm{d}^2 f}{\mathrm{d}x^2}\right|_j \frac{(\delta x)^2}{2!} + \left.\frac{\mathrm{d}^3 f}{\mathrm{d}x^3}\right|_j \frac{(\delta x)^3}{3!} + \ldots \tag{12.48}$$

Analog ergibt sich für $f(x_j - \delta' x)$ mit $\delta' x = x_j - x_{j-1}$:

$$f\left(x_j - \delta' x\right) = f_{j-1} = f_j - \left.\frac{\mathrm{d}f}{\mathrm{d}x}\right|_j \delta' x + \left.\frac{\mathrm{d}^2 f}{\mathrm{d}x^2}\right|_j \frac{(\delta' x)^2}{2!} - \left.\frac{\mathrm{d}^3 f}{\mathrm{d}x^3}\right|_j \frac{(\delta' x)^3}{3!} + \ldots \tag{12.49}$$

Für hinreichend kleine Gitterabstände δx bzw. $\delta' x$ werden die Terme mit $(\delta x)^n$ bzw. $(\delta' x)^n$ und $n > 1$ vernachlässigbar klein, und die Taylor-Reihen können nach dem zweiten Glied abgebrochen werden. Man erhält somit diskrete Ausdrücke für die ersten Ableitungen:

$$\begin{aligned}\text{Vorwärtsdifferenzen}: \quad \left.\frac{\mathrm{d}f}{\mathrm{d}x}\right|_j &\approx \frac{f_{j+1}-f_j}{x_{j+1}-x_j},\\ \text{Rückwärtsdifferenzen}: \quad \left.\frac{\mathrm{d}f}{\mathrm{d}x}\right|_j &\approx \frac{f_j-f_{j-1}}{x_j-x_{j-1}}.\end{aligned} \tag{12.50}$$

Durch Kombination (Addition) dieser beiden Ausdrücke erhält man die (meist sinnvolleren) Zentraldifferenzen:

$$\left.\frac{\mathrm{d}f}{\mathrm{d}x}\right|_j \approx \frac{f_{j+1}-f_{j-1}}{x_{j+1}-x_{j-1}}. \tag{12.51}$$

Eine diskrete Darstellung der 2. Ableitung wird erhalten, indem die Gl. 12.48 und 12.49 nach dem dritten Glied abgebrochen, mit $\delta' x$ bzw. δx multipliziert und dann addiert werden:

$$\begin{aligned}f_{j+1}\cdot\delta' x + f_{j-1}\cdot\delta x \approx f_j\cdot(\delta x+\delta' x) + \left.\frac{\mathrm{d}f}{\mathrm{d}x}\right|_j\cdot(\delta x\cdot\delta' x - \delta' x\cdot\delta x)\\ + \left.\frac{\mathrm{d}^2 f}{\mathrm{d}x^2}\right|_j\cdot\frac{\delta x\cdot\delta' x}{2}\cdot(\delta x+\delta' x).\end{aligned} \tag{12.52}$$

Mit $\delta x + \delta' x = x_{j+1} - x_{j-1}$ ergibt sich schließlich:

$$\left.\frac{\mathrm{d}^2 f}{\mathrm{d}x^2}\right|_j \approx 2\cdot\frac{f_{j+1}\cdot(x_j-x_{j-1}) - f_j\cdot(x_{j+1}-x_{j-1}) + f_{j-1}\cdot(x_{j+1}-x_j)}{(x_j-x_{j-1})\cdot(x_{j+1}-x_j)\cdot(x_{j+1}-x_{j-1})}. \tag{12.53}$$

Setzt man die diskreten Ausdrücke für die Differenzialquotienten in die zu lösende(n) Differenzialgleichung(en) ein und ordnet die Funktionswerte nach ihrer Stützstellenzugehörigkeit, so erhält man ein (noch zu lösendes) Gleichungssystem. Dieses Gleichungssystem ist linear im Falle linearer Differenzialgleichungen, ansonsten nichtlinear. Nichtlineare Gleichungssysteme erhält man zum einen durch die exponentielle Temperaturabhängigkeit der Reaktionsgeschwindigkeiten (Arrhenius-Ansatz) und zum anderen durch kinetische Ansätze, die kein Potenzansatz sind oder deren Ordnung ungleich eins ist.

In allgemeiner (Vektor-)Schreibweise lautet die Beziehung für das erhaltene Gleichungssystem:

$$\mathbf{A}\cdot\mathbf{x} + \mathbf{h}(\mathbf{x}) = \mathbf{b}. \tag{12.54}$$

Hierbei ist der 1. Summand der lineare Anteil, welcher durch die Diskretisierung immer enthalten ist. Der 2. Summand ist ein Funktionenvektor, der auf den Vektor der gesuchten Größe $\boldsymbol{x}$ angewandt wird und dadurch die Nichtlinearität charakterisiert. Der Vektor $\boldsymbol{b}$ ist die sog. rechte Seite und repräsentiert die Bedingungen an den Rändern der einzelnen diskreten Abschnitte.

Bevor wir auf die (numerische) Lösung der erhaltenen Gleichungssysteme eingehen, sollen noch ein paar kurze Bemerkungen zu Systemen von Differenzialgleichungen und partiellen Differenzialgleichungen gestattet sein:

- *Systeme von Differenzialgleichungen.* Mit dem beschriebenen Grundprinzip können nicht nur einzelne Differenzialgleichungen, sondern ebenso Systeme von Differenzialgleichungen gelöst werden. Hierzu werden einfach die nach der Diskretisierung für jede einzelne Differenzialgleichung erhaltenen Gleichungen an jeder Stützstelle untereinander geschrieben, um wieder ein einzelnes (globales) Gleichungssystem zu erhalten.
- *Partielle Differenzialgleichungen.* Da es sich bei diesen Problemstellungen um mehrdimensionale Betrachtungen handelt, muss die Diskretisierung auch nach allen Raumrichtungen erfolgen. Man erhält also ein-, zwei- oder dreidimensionale Gitter, bei denen man die Stützstellen mit einem (globalen) Gesamtindex durchindizieren muss, um wieder auf ein Gleichungssystem zu kommen (vgl. [9]). Dieses enthält dann natürlich nicht nur die benachbarten Komponenten $j+1$ und $j-1$), sondern auch weiter entfernt liegende (z. B. $j+N$ und $j-N$). Zeitabhängige Probleme sind in der Zeit meist Anfangswertprobleme, sodass man das Randwertproblem nur für verschiedene Zeitschritte lösen muss.

Für die Lösung von linearen und nichtlinearen Gleichungssystemen gibt es eine Vielzahl verschiedener Lösungsverfahren, die der Literatur entnommen werden können. Auf die Lösung soll hier im speziellen auch gar nicht eingegangen werden, da entsprechende Routinen über kommerzielle Software (s. Abschn. 12.6) zugänglich sind und somit eine eigene Programmierung überflüssig werden lassen. Ein weiterer Punkt, warum hier kein Lösungsverfahren vorgestellt werden soll, sind die meist langen Rechenzeiten bei allgemein anwendbaren Routinen bzw. die starke Spezialisierung auf bestimmte Typen von Gleichungssystemen, wenn die Rechenzeit optimiert wurde.

Dafür soll im Folgenden kurz dargestellt werden, welche allgemeinen Möglichkeiten man bei der Lösung von Gleichungssystemen besitzt, um sich bei der großen Anzahl von Verfahren orientieren zu können.

- *Lineare Gleichungssysteme.* Diese können immer direkt in einem Schritt gelöst werden, sodass sich Fehler nur aufgrund der Rechengenauigkeit ergeben. Das bekannteste Verfahren ist hierbei die Gauß-Elimination. Darüber hinaus existiert als sehr gute Möglichkeit noch die sogenannte vollständige **LU**-Faktorisierung, bei der die Koeffizientenmatrix A in eine obere (U = upper) und untere (L = lower) Dreiecksmatrix zerlegt wird. Nach dieser Zerlegung gilt es, zwei lineare Gleichungssysteme zu lösen, was sich aber als äußerst einfach herausstellt, da nur noch von oben oder unten beginnend das erhaltene Ergebnis in die jeweils nächste Zeile eingesetzt werden muss (s. hierzu [5]). Außerdem gibt es viele iterative Verfahren, die sich durch mehrmaliges Lösen des Gleichungssystems mit immer neuen Startwerten der wahren Lösung annähern. Hier kommt zum Rundungsfehler im Normalfall auch noch der Fehler infolge der

Iterationen hinzu. Die Iterationsverfahren – speziell diejenigen, die auf einer unvollständigen **LU**-Faktorisierung beruhen – bieten sich vor allem bei sehr dünn besetzten Koeffizientenmatrizen an, die sehr viele Nullen enthalten. Diese ergeben sich vor allem aufgrund mehrdimensionaler Probleme auf der Basis partieller Differenzialgleichungen.

- *Nichtlineare Gleichungssysteme*. Bei der Lösung nichtlinearer Gleichungssysteme sind zwei Grundprinzipien zu unterscheiden. Da sind auf der einen Seite die speziellen Iterationsverfahren (s. [4, 5]) und auf der anderen der Versuch, die nichtlinearen Anteile im Gleichungssystem zu linearisieren. Die Linearisierung erfolgt über Taylor-Reihenentwicklungen der nichtlinearen Funktionen, sodass wieder ein lineares Gleichungssystem resultiert, das mit den oben erwähnten Methoden gelöst werden kann. Das zweite Verfahren bietet sich vor allem dort an, wo der nichtlineare Anteil bei allen Einzelgleichungen des Systems durch dieselbe Funktion gegeben ist. Dies ist im Bereich der Reaktionstechnik normalerweise erfüllt.

12.5 Parameterschätzung

Mathematische Modelle zur Beschreibung von natürlichen oder technischen Prozessen enthalten in fast allen Fällen Koeffizienten, die prinzipiell frei bestimmbare Parameter darstellen. Die Beschreibung eines speziellen Prozesses mit diesen Modellen gelingt aber nur, wenn die System- bzw. Stoffabhängigkeit der Parameter berücksichtigt wird. Bei den meisten realen Vorgängen können diese Parameter nur aufgrund eines Vergleichs der aufgestellten Modelle mit durchgeführten Messungen bestimmt werden. Da diese Messungen zum einen fehlerbehaftet sind und zum anderen meist mehrparametrige Modelle verwendet werden, können diese Koeffizienten im Normalfall nur angenähert (geschätzt), d. h. nicht exakt berechnet werden.

Die somit notwendige Parameterschätzung stellt sich als spezielles *Optimierproblem* dar, bei dem die Fehlerquadratsumme QS – als Summe der quadrierten Abweichungen der Messwerte y_i von den berechneten Modell- bzw. Funktionswerten $g(x_{1,\,i},\ldots,x_{l,\,i},\ldots,x_{L,\,i},$ $a_0,\ldots,a_k,\ldots,a_P)$ – die *Zielfunktion* darstellt und somit minimiert werden soll (vgl. [10, 11]):

$$\mathrm{QS} = \sum_{i=1}^{N} \left(y_i - g(x_{1,i},\,\ldots,x_{l,i},\,\ldots,x_{L,i},a_0,\,\ldots,a_k,\,\ldots,a_P)\right)^2 = \min. \qquad (12.55)$$

Dabei stellen die $x_{\mathrm{l,i}}$ die Variablenwerte der Variablen x_l zugehörig zum Messwert y_i dar und die a_k die gesuchten Parameter. Bei der weiteren Vorgehensweise muss unterschieden werden, ob die beschreibende Funktion $g(x_{1,\,i},\ldots,x_{l,\,i},\ldots,x_{L,\,i},a_0,\ldots,a_k,\ldots,a_P)$ linear oder nichtlinear in den Parametern a_k ist. Entsprechend ergibt sich nämlich eine völlig verschiedene Behandlung des Gesamtproblems.

12.5.1 Lineare Modelle

Unter einem linearen Modell ist ein mathematischer Zusammenhang zu verstehen, der linear in den einzelnen Parametern ist und folgende Grundform aufweist:

$$g(x_{1,i},\ldots,x_{l,i},\ldots,x_{L,i},a_0,\ldots,a_k,\ldots,a_P)=\sum_{k=1}^{P}a_k\cdot f(x_{1,i},\ldots,x_{l,i},\ldots x_{L,i});\quad i=1\ldots N. \tag{12.56}$$

Dabei kann die Funktion $f(x_{1,\,i},\ldots,x_{l,\,i},\ldots x_{L,\,i})$ durchaus *nichtlinear* sein. Zu beachten ist außerdem, dass man einige Zusammenhänge in eine solche lineare Form durch einfache Umformungen überführen oder mittels Taylor-Reihen approximieren und dadurch linearisieren kann. Die Parameter sind, wie bereits beschrieben, dann optimal bestimmt, wenn die Fehlerquadratsumme als Abweichung zwischen Messwerten und berechneten Werten minimal wird. Da die für diesen Fall aufzustellende Fehlerquadratsumme

$$\mathrm{QS}=\sum_{i=1}^{N}\left(y_i-\sum_{k=1}^{P}a_k\cdot f(x_{1,i},\ldots,x_{l,i},\ldots,x_{L,i})\right)^2 \tag{12.57}$$

nur ein einziges Extremum – nämlich das gesuchte Minimum – besitzt, genügt es, die gegebene Fehlerquadratsumme nach den einzelnen Parametern abzuleiten und diese Ableitungen gleich null zu setzen:

$$\frac{\partial \mathrm{QS}}{\partial a_k}=2\sum_{i=1}^{N}\left(y_i-\sum_{k=1}^{P}a_k\cdot f(x_{1,i},\ldots,x_{l,i},\ldots,x_{L,i})\right)\cdot f(x_{1,i},\ldots,x_{l,i},\ldots,x_{L,i})=0. \tag{12.58}$$

Stellt man diese Gleichung für jeden Parameter a_k auf, so resultiert ein lineares Gleichungssystem mit den Parametern als Unbekannte und

$$\sum_{i=1}^{N}y_i f(x_{1,i},\ldots,x_{l,i},\ldots,x_{L,i})$$

als rechte Seiten. Diese können dann wieder, wie in Abschn. 12.4.2 beschrieben, gelöst werden. Die mathematischen Voraussetzungen, die bei der Anwendung dieser Vorgehensweise beachtet werden müssen, sind z. B. bei Bates und Watts [12] vollständig aufgeführt.

12.5.2 Nichtlineare Modelle

Die Bestimmung von Parametern in nichtlinearen Modellen ist um einiges komplexer als bei linearen, da oft nicht nur ein Extremum existiert, sondern viele lokale, von denen im ungünstigen Fall eines dann als „falsche" Lösung ermittelt werden kann. Abhängig ist dies unter anderem auch von den vorgegebenen Startwerten der zu ermittelnden Parameter. Diese Startwerte sind hier nötig, da es keine explizite Lösung mehr gibt, sondern iterativ vorgegangen werden muss. Die Basis ist aber auch hier wieder die Minimierung der aufgestellten Fehlerquadratsumme QS.

Das einfachste Verfahren ist die sogenannte *Rastersuche*, bei der die Werte der ermittelten Quadratsumme im Parameterraum berechnet werden. Dabei sollte man sich durch geschickte Variation dem gesuchten Minimum der Quadratsumme annähern. Dass dieses Verfahren – zumindest bei Parameterzahlen größer 3 – ziemlich zeitaufwendig und ineffizient ist, versteht sich von selbst. Dafür führt es normalerweise immer zum Ziel.

Neben diesen Suchverfahren gibt es auch Verfahren, die bei höheren Parameterzahlen noch effektiv arbeiten. Bei diesen wird (im Normalfall) außer dem Funktionswert auch noch die Ableitung der Funktion verwendet, weshalb sie auch *Gradientenverfahren* genannt werden. Das bekannteste von diesen ist das *Gauß-Newton-Verfahren*, das auch die Grundlage für die meisten heute angewendeten Optimierverfahren darstellt [11].

Beim *Gauß-Newton-Verfahren* geht man davon aus, dass man eine vorgegebene (geschätzte) Lösung $\boldsymbol{a}$ für das Optimierproblem durch geeignete Wahl eines Korrekturschrittes $\Delta\mathbf{a}$ verbessern kann:

$$\mathbf{a}^{(q+1)} = \mathbf{a}^{(q)} + \Delta\mathbf{a}^{(q)}. \tag{12.59}$$

Aus dem Gradienten der Quadratsumme, der mit einer aufgrund von Taylor-Reihen linearisierten Form der Quadratsumme gebildet wird (vgl. [10, 13]), ergibt sich die Korrektur $\Delta\mathbf{a}^{(q)}$ wie folgt:

$$\Delta\mathbf{a}^{(q)} = -\left(\mathbf{J}^{\mathrm{T}}\mathbf{J}\right)^{-1}\mathbf{J}^{\mathrm{T}}\left(\mathbf{y} - \mathbf{g}\left(\mathbf{x}, \mathbf{a}^{(q)}\right)\right). \tag{12.60}$$

J ist hierbei die Jacobi-Matrix des Systems, die sich aus den partiellen Ableitungen $\partial g/\partial a_k^{(q)}$ der Funktion nach den einzelnen Parametern zum Schritt q ergibt. Die Berechnung der einzelnen Koeffizienten der Jacobi-Matrix sollte in geeigneter Weise durch numerische Differenziation (z. B. Zentraldifferenzen s. Gl. 12.51) erfolgen. Die Inversion der Matrix $\mathbf{J}^{\mathrm{T}}\mathbf{J}$ erfolgt aufgrund der (umgewandelten) Definition für das Inverse einer Matrix:

$$\left(\mathbf{J}^{\mathrm{T}}\mathbf{J}\right)\left(\mathbf{J}^{\mathrm{T}}\mathbf{J}\right)^{-1} = \mathbf{E}. \tag{12.61}$$

Bei diesem Gleichungssystem ist E die Einheitsmatrix. Die Koeffizienten der Inversen werden durch Lösen dieses Gleichungssystem erhalten. Hierzu gibt es, wie bereits erwähnt, verschiedene numerische Verfahren (Abschn. 12.4.2).

Dieses grundlegende Gauß-Newton-Verfahren kann auf verschiedenste Art und Weise verbessert werden [13]. Als äußerst sinnvoll hat sich dabei die Gewichtung der verschiedenen Variablen x_l herausgestellt, um bei allen Variablen innerhalb der gleichen Größenordnung zu arbeiten (s. [13]). Um schlechte Konvergenz bzw. Oszillation der Lösung zu vermeiden, haben Box und Kanemasu einen skalaren Interpolationsfaktor λ bei der Berechnung der neuen Parameterschätzwerte $\mathbf{a}^{(q+1)}$ eingeführt, sodass die Grundvorschrift für dieses modifizierte Gauß-Newton-Verfahren nun wie folgt lautet [13]:

$$\mathbf{a}^{(q+1)} = \mathbf{a}^{(q)} + \lambda^{(q+1)} \cdot \Delta\mathbf{a}^{(q)}. \qquad (12.62)$$

Die Berechnung des Interpolationsfaktors $\lambda^{(q+1)}$ erfolgt aufgrund von weiteren Abschätzungskriterien, die z. B. bei Beck und Arnold [13] beschrieben sind. Dort ist auch ein Flussdiagramm für den Iterationsablauf angegeben.

12.6 Software

In den letzten Jahren hat sich eine Reihe von Softwarelösungen etabliert, die sich zur Bearbeitung von Problemstellungen der Technischen Chemie eignen. Die gestiegene Leistungsfähigkeit der Hardware erlaubt heutzutage die Bearbeitung einer Vielzahl von Fragestellungen bereits am Arbeitsplatzrechner. Für das Lösen umfangreicher Aufgaben kann auf Computercluster oder Cloud-Dienste zurückgegriffen werden. Generell lassen sich Programme nach ihrem Einsatzgebiet in vier Klassen einteilen:

- *Fluiddynamische Simulation chemischer Reaktoren*

  Diese Art der Simulation erlaubt die Berechnung von stationären und instationären Strömungsprofilen für im Allgemeinen komplexe Strömungsgeometrien durch Gittergenerierung und Lösen der Impulsbilanz auf diesem Gitter. Zusätzlich können auch Stoff- und Wärmebilanzen simultan gelöst werden.

  Anwendungsbeispiele:
  - Halbkontinuierlicher Betrieb eines nicht ideal durchmischten Rührkesselreaktors
  - Simulation von Verweilzeitverteilungen für Mikrostrukturreaktoren (vgl. Abschn. 9.2.2)
  - Simulation von Brennern
- *Simulation fluiddynamisch idealer chemischer Reaktoren*

  Bei diesen Berechnungen wird das Strömungsprofil als voll entwickelt und bekannt vorausgesetzt, sodass nur die Stoff- und Energiebilanzen gelöst werden müssen. Dabei steht zumeist die Ermittlung einer optimalen und sicheren Reaktionsführung bei komplexen und/oder stark exo- oder endothermen Reaktionen im Vordergrund.

Anwendungsbeispiele:

- Simulation von Schüttschichtreaktoren mit axialen und radialen Temperatur- und Konzentrationsprofilen (vgl. Abschn. 8.2.3.1.6)
- Halbkontinuierlicher Betrieb eines ideal durchmischten Rührkesselreaktors (vgl. Abschn. 5.4.3)

- *Prozess-Simulation*

  Diese Programme eignen sich, wenn der gesamte Prozess simuliert werden soll, d. h., es werden Prozessstufen wie Reaktion, Mischen, Trennen etc. verknüpft und Rückführungen berücksichtigt.
- *Programmiersprachen*

  Neben dem Einsatz von dezidierten Programmen ist auch die Verwendung von selbst geschriebener Software möglich, wodurch eine optimale Anpassung an die jeweilige Fragestellung möglich ist. Mathematisch fortgeschrittene und mit einer höheren Programmiersprache vertraute Anwender können prinzipiell die Modellgleichungen (partielle oder gewöhnliche Differenzialgleichungen sowie algebraische Gleichungssysteme) selbst numerisch lösen. Für einige Programmiersprachen stehen zudem Bibliotheken zur Verfügung, die in die eigenen Programme implementiert werden können, sodass beispielsweise numerische Lösungen nicht selbst programmiert werden müssen. Der Vorteil des Einsatzes von Bibliotheken besteht auch darin, dass die numerischen Methoden validiert sind. Stellen Lizenzkosten keine Hürde dar, lohnt sich der Aufwand der eigenen Programmierung im Allgemeinen nur für die Entwicklung von Programmen für spezielle Problemstellungen, für die keine kommerziellen Programme verfügbar sind.

Für die Lehre und das Selbststudium geeignete Literatur der Reaktorsimulation sind die Bücher von Arno Löwe [14] und Jens Hagen [15]. Als Software wird MATLAB/SIMULINK bzw. POLYMATH eingesetzt.

12.6.1 Kostenfreie Software

Die freie Verfügbarkeit dieser Software erlaubt einen schnellen Einstieg in die Umsetzung. Dies bietet sich etwa für all diejenigen an, die keinen Zugriff auf kommerzielle Softwarepakete haben. Ein weiterer, nicht zu unterschätzender Vorteil ist die häufig sehr große und offene Nutzergemeinschaft, über die beispielsweise Unterprogramme oder Hilfestellung (z. B. in Foren) bezogen werden können. Oft ist die Software auch als Open Source verfügbar, sodass der fortgeschrittene Anwender die Möglichkeit hat, Routinen seinen Bedürfnissen entsprechend anzupassen. An dieser Stelle sei allerdings auch darauf hingewiesen, dass der eigenständigen Anpassung von Programmen stets eine Validierung der Software folgen muss.

- *Fluiddynamische Simulation chemischer Reaktoren*
  - OpenFOAM (http://www.openfoam.com/) – Software-Paket zur Simulation von kontinuumsmechanischen Problemen, insbesondere Strömungssimulation. Die Software steht für das Betriebssystem Linux zur Verfügung.
  - SIMSCALE (https://www.simscale.com/) – Cloud-Lösung zur Simulation von kontinuumsmechanischen Problemen. Der Zugriff erfolgt über eine Browser-Oberfläche, und ist mit begrenzter Rechenleistung kostenlos, solange die Berechnungen öffentlich zur Verfügung gestellt werden. Die Software-Lösung basiert auf OpenFOAM und ist betriebssystemunabhängig.
- *Programmiersprachen*
  - Python (http://www.python.org) – Interpretierte höhere Programmiersprache für die eine große Anzahl an Bibliotheken verfügbar ist. Für die wissenschaftliche Programmierung eignet sich insbesondere die SciPy-Software Umgebung (https://www.scipy.org/), in der eine Vielzahl von Paketen zur numerischen Optimierung, Datenverarbeitung und Visualisierung enthalten sind. Python steht für alle üblichen Betriebssysteme zur Verfügung.
  - R (https://www.r-project.org/) – Programmiersprache für statistische Berechnungen, die eine Vielzahl von statistischen Methoden sowie Werkzeuge für deren Visualisierung bereitstellt. R steht für alle üblichen Betriebssysteme zur Verfügung.
  - FORTRAN (http://gcc.gnu.org/wiki/GFortranStandards) – Höhere Programmiersprache für numerische Berechnungen. FORTRAN-Compiler sind für alle gängigen Betriebssysteme verfügbar, sowohl als proprietäre als auch als freie Software. Bei Verwendung der Programmiersprache FORTRAN können geeignete Unterprogramme aus der sogenannten NAG-Bibliothek (http://www.nag.co.uk) verwendet werden, sodass der numerische Löser nicht selbst programmiert werden muss. Auch sei auf das Konrad-Zuse-Zentrum Berlin (http://www.zib.de) hingewiesen, das leistungsfähige numerische Löser als FORTRAN-Unterprogramme anbietet.

12.6.2 Kommerzielle Software

Der Vorteil kommerzieller Softwarepakete liegt darin, dass die Programme validiert sind und dass ein umfangreicher Support zur Verfügung steht. Hinzu kommt eine stärkere Akzeptanz in der chemischen Industrie.

- *Fluiddynamische Simulation chemischer Reaktoren (CFD = Computational Fluid Dynamics)*
  - ANSYS (http://www.ansys.com/)
    - FLUENT
    - CFX

Beide Programme eignen sich für fluiddynamische Simulationen inklusive chemischer Reaktionen und unterscheiden sich primär in der numerischen Herangehensweise beim Lösen der Bilanzen. Die Software ist für alle üblichen Betriebssysteme verfügbar.

- COMSOL Multiphysics (http://www.comsol.com/) – Software zum Lösen gekoppelter Differenzialgleichungen auf Basis der Finite-Elemente-Methode, wodurch neben fluiddynamischen Simulationen auch eine Vielzahl anderer physikalischer Probleme berechnet werden können. Die Software ist für alle üblichen Betriebssysteme verfügbar.
- CD-adapco (http://www.star-ccm.com/)
  - STAR-CCM+ – Die Software ist für alle üblichen Betriebssysteme verfügbar.

  Alle CFD-Programme bieten Kinetik-Module, mit denen komplexe homogene sowie heterogen katalysierte Reaktionen berücksichtigt werden können.

- *Simulation fluiddynamisch idealer chemischer Reaktoren*
  - PRESTO-KINETICS (http://www.cit-wulkow.de)
  - ASPEN CUSTOM MODELER (ACM) (http://www.aspentech.com)

  ACM ist ein gleichungsorientiertes Werkzeug, d. h., der Benutzer muss eigenverantwortlich die Modellgleichungen formulieren und eingeben. *PRESTO-KINETICS* ist dagegen ein problemorientiertes Werkzeug, bei dem das Modell mit Reaktions- und Prozessmodulen zusammengestellt und damit indirekt ein Satz an Modellgleichungen formuliert wird. Die Bedienerfreundlichkeit ist damit größer, die Flexibilität unter Umständen etwas geringer. Bei Verwendung von *ACM* in Kombination mit *ASPEN PLUS* (vgl. Software zur Prozesssimulation) hat man Zugriff auf umfangreiche Stoffdatenbanken und zudem die Möglichkeit, den gesamten Prozess zu simulieren. Die beiden genannten Programme der Reaktorsimulation bieten zudem die Möglichkeit der Parameterbestimmung auf Basis gemessener kinetischer Daten.

- *Simulation von Polymerisationsreaktoren*
  - ASPEN POLYMERS (http://www.aspentech.com)
  - PREDICI (http://www.cit-wulkow.de)
- *Prozess-Simulation*
  - ASPEN PLUS (http://www.aspentech.com)
  - gPROMS ((https://www.siemens.com/de/de/produkte/automatisierung/industrie-software/gproms-digital-process-design-and-operations.html)
- *Programmiersprachen*
  - MATLAB (http://www.mathworks.com) – Software-Umgebung zur numerischen Lösung mathematischer Probleme, die über eine proprietäre Programmiersprache gesteuert wird und auch die Visualisierung der Ergebnisse erlaubt.

Literatur

1. Zlokarnik, M.: Scale-up: Modellübertragung in der Verfahrenstechnik, 2. Aufl. Wiley-VCH, Weinheim (2005)
2. Buckingham, E.: On physically similar systems: illustrations of the use of dimensional equations. Phys. Rev. **4**, 345–376 (1914)
3. Papula, L.: Mathematik für Ingenieure und Naturwissenschaftler, Bd. 1, 14. Aufl. Springer Vieweg, Wiesbaden (2014)
4. Engeln-Müllges, G., Niederdrenk, K., Wodicka, R.: Numerik-Algorithmen: Verfahren, Beispiele, Anwendungen, 10. Aufl. Springer, Berlin (2011)
5. Dahmen, W., Reusken, A.: Numerik für Ingenieure und Naturwissenschaftler, 2. Aufl. Springer, Berlin (2008)
6. Papula, L.: Mathematik für Ingenieure und Naturwissenschaftler, Bd. 2, 14. Aufl. Springer Vieweg, Wiesbaden (2015)
7. Schwarz, H.-R., Köckler, N.: Numerische Mathematik, 8. Aufl. Springer Vieweg, Wiesbaden (2011)
8. Jung, M., Langer, U.: Methode der finiten Elemente für Ingenieure, 2. Aufl. Springer Vieweg, Wiesbaden (2013)
9. Finlayson, B.: Nonlinear Analysis in Chemical Engineering. McGraw-Hill Book Company, New York (1980)
10. Hoffmann, U., Hofmann, H.: Einführung in die Optimierung. Wiley-VCH, Weinheim (1982)
11. Van den Bos, A.: Parameter Estimation for Scientists and Engineers. Wiley, New York (2007)
12. Bates, D., Watts, D.: Nonlinear Regression Analysis and Its Application. Wiley, New York (1988)
13. Beck, J., Arnold, K.: Parameter Estimation in Engineering and Science. Wiley, New York (1977)
14. Löwe, A.: Chemische Reaktionstechnik: Mit MATLAB und SIMULINK. Wiley-VCH, Weinheim (2009)
15. Hagen, J.: Chemiereaktoren: Auslegung und Simulation. Wiley-VCH, Weinheim (2012)

Symbolverzeichnis

Häufig benutzte Größensymbole sowie deren SI-Einheiten und Bedeutung

Symbol	Dimension	Bedeutung
a	$m^2\ s^{-1}$	Temperaturleitzahl
$\boldsymbol{a}$	verschieden	Beliebiges Vektorfeld
a_x	verschieden	x-Komponente eines beliebigen Vektorfeldes $\boldsymbol{a}$ (je nach Koordinatensystem analog für andere Koordinaten wie y, z, r oder φ)
a_i	–	Aktivität der Spezies A_i in einer realen Mischphase
a_m	$m^2\ kg^{-1}$	Spezifische, massenbezogene Oberfläche eines festen Katalysators
a_V	$m^2\ m^{-3}$	Volumenspezifische Oberfläche, z. B. Phasengrenzfläche (Bezugsgröße: Reaktionsvolumen V), Katalysatoroberfläche (Bezugsgröße: Katalysatorvolumen V_{Kat}) oder Elektrodenoberfläche (Bezugsgröße: Elektrodenvolumen V_{E} oder Reaktionsvolumen V)
A	m^2	Fläche, z. B. Phasengrenzfläche
A_E	m^2	Geometrische (äußere) Elektrodenoberfläche, s. Abb. 11.16
A_{Kat}	m^2	Katalysatoroberfläche (je nach Zusammenhang: innere oder äußere Katalysatoroberfläche)
A_{R}	m^2	Querschnittsfläche des Reaktors, z. B. ideales Strömungsrohr, Wirbelschichtreaktor, Elektrolysezelle
A_{W}	m^2	Wärmeübertragerfläche
A_i	–	Chemische Spezies oder Komponente des Reaktionssystems
$A_{k,i}$	–	Ausbeute der Spezies A_k bezogen auf das Edukt A_i
$A_{\mathrm{Z,S}}$	$kg\ mol^{-1}$	Ausbeutekoeffizient (auch Ertragskoeffizient): Verhältnis von Biomassewachstumsgeschwindigkeit zur Substratverbrauchsgeschwindigkeit

(Fortsetzung)

G. Emig et al., *Chemische Reaktionstechnik*,
https://doi.org/10.1007/978-3-662-68826-7

Symbol	Dimension	Bedeutung
b	verschieden	Beliebiges Skalarfeld
b	V	Tafel-Steigung in V pro Dekade der Stromdichte ($=\partial\eta/\partial \log(\lvert i\rvert)$), s. Gl. 11.104)
b_{Red}, b_{Ox}	V	Tafel-Steigung des kathodischen Stroms (Reduktion) bzw. des anodischen Stroms (Oxidation)
b_h	mol	Gesamtstoffmenge des Elements E_h im Reaktionssystem
B	–	Element-Spezies-Matrix mit den Komponenten $\beta_{h,i}$
Bo	–	Bodenstein-Zahl (s. Gl. 6.59)
c	mol m^{-3}	Konzentration (Gesamtkonzentration bei Mehrspeziessystemen)
c_i	mol m^{-3}	Konzentration der Spezies A_i (für einen beliebigen Zeitpunkt $t > 0$, z. B. am Ende der Reaktion, oder für einen beliebigen Ort $z > 0$, z. B. am Reaktorausgang), Konzentration der Polymerkette P_i (s. Reaktionstechnik der Polyreaktionen, Kap. 10)
$\widehat{c}_i$	–	Dimensionslose Konzentration der Spezies A_i
$c_{i,0}$	mol m^{-3}	Konzentration der Spezies A_i zum Zeitpunkt $t = 0$ oder an der Stelle $z = 0$
$c_{i,\mathrm{Gl}}$	mol m^{-3}	Konzentration der Spezies A_i im chemischen Gleichgewicht
$c_{i,p}$	mol m^{-3}	Konzentration der Spezies A_i in der Phase p
$c_{i,p}\rvert_{\mathrm{P}}$	mol m^{-3}	Konzentration der Spezies A_i an der Phasengrenze P in der fluiden Phase p
$c_i\rvert_{\mathrm{Z}}$	mol m^{-3}	Konzentration der Spezies A_i im Zentrum eines kugelförmigen Katalysatorpartikels
$(c_i)_n$	mol m^{-3}	Konzentration der Spezies A_i im Ablaufstrom des n-ten Kessels einer Rührkesselkaskade
$(c_{i,0})_n$	mol m^{-3}	Konzentration der Spezies A_i im Zulaufstrom des n-ten Kessels einer Rührkesselkaskade
c_k	mol m^{-3}	Konzentration des Produktes A_k (für einen beliebigen Zeitpunkt $t > 0$, z. B. am Ende der Reaktion, oder für einen beliebigen Ort $z > 0$, z. B. am Reaktorausgang)
$c_{k,0}$	mol m^{-3}	Konzentration des Produktes A_k zum Zeitpunkt $t = 0$ oder an der Stelle $z = 0$
$c_{\mathrm{E}}, c_{\mathrm{E},0}$	mol m^{-3}	Konzentration bzw. Startkonzentration des Enzyms E (s. Kinetik biokatalysierter Reaktionen, Abschn. 3.3.4)
c_{EI}	mol m^{-3}	Konzentration des Enzym-Inhibitor-Komplexes EI (s. Kinetik biokatalysierter Reaktionen, Abschn. 3.3.4)
c_{ES}	mol m^{-3}	Konzentration des Enzym-Substrat-Komplexes ES (s. Kinetik biokatalysierter Reaktionen, Abschn. 3.3.4)
c_{S}	mol m^{-3}	Konzentration des Substrats S (s. Kinetik biokatalysierter Reaktionen, Abschn. 3.3.4)
$c_{\mathrm{Z}}, c_{\mathrm{Z},0}$	kg m^{-3}	Konzentration bzw. Startkonzentration der Zellen bzw. Biomasse (s. Kinetik biokatalysierter Reaktionen, Abschn. 3.3.4)

(Fortsetzung)

Symbol	Dimension	Bedeutung
c_{A}, $c_{\mathrm{A},0}$	$\mathrm{mol\ m^{-3}}$	Konzentration bzw. Startkonzentration der funktionellen Gruppe A (s. Kinetik von Polyreaktionen, Abschn. 10.2)
c_{B}, $c_{\mathrm{B},0}$	$\mathrm{mol\ m^{-3}}$	Konzentration bzw. Startkonzentration der funktionellen Gruppe B (s. Kinetik von Polyreaktionen, Abschn. 10.2)
c_{I}, $c_{\mathrm{I},0}$	$\mathrm{mol\ m^{-3}}$	Konzentration bzw. Startkonzentration des Initiators (s. Kinetik von Polyreaktionen, Abschn. 10.2)
c_{M}, $c_{\mathrm{M},0}$	$\mathrm{mol\ m^{-3}}$	Konzentration bzw. Startkonzentration des Monomers (s. Kinetik von Polyreaktionen, Abschn, 10.2)
$c_{\mathrm{M,P}}$	$\mathrm{mol\ m^{-3}}$	Konzentration des Monomers in einem Latexteilchen bei der Emulsionspolymerisation (s. Emulsionspolymerisation, Abschn. 10.4.3)
$c_{\mathrm{P}_i^-}$	$\mathrm{mol\ m^{-3}}$	Konzentration der aktiven Polymerketten bestehend aus i Monomereinheiten bei der anionischen Polymerisation (s. Kinetik von Polyreaktionen, Abschn. 10.2)
$c_{\mathrm{P}_i^*}$, $c_{\mathrm{P}_T^*}$	$\mathrm{mol\ m^{-3}}$	Konzentration der aktiven Polymerketten bestehend aus i Monomereinheiten bzw. Gesamtkonzentration der aktiven Polymerketten bei der radikalischen Polymerisation (s. Kinetik von Polyreaktionen, Abschn. 10.2)
c_{R^*}	$\mathrm{mol\ m^{-3}}$	Konzentration an Radikalen beim Initiatorzerfall der radikalischen Polymerisation (s. Kinetik von Polyreaktionen, Abschn. 10.2)
$c_{\mathrm{Ü}}$	$\mathrm{mol\ m^{-3}}$	Konzentration an Überträgermolekülen bei der Polymerisation (s. Kinetik von Polyreaktionen, Abschn. 10.2)
$c_{\mathrm{Ox},j}$, $c_{\mathrm{Red},j}$	$\mathrm{mol\ m^{-3}}$	Konzentration der oxidierten bzw. der reduzierten Form in der j-ten Faraday'schen Reaktion (Index j kann auch weggelassen werden, wenn nur eine Faraday'sche Reaktion vorliegt) (s. Kinetik von Elektrodenreaktionen, Abschn. 11.3)
c_M, c_{M^*}	$\mathrm{mol\ m^{-3}}$	Konzentration des redoxaktiven Mediators M bzw. seiner aktivierten Form M^* in der homogenen Elektrokatalyse (s. Abb. 11.11)
c_p	$\mathrm{J\ kg^{-1}\ K^{-1}}$	Spezifische massenbezogene Wärmekapazität bei konstantem Druck
$c_{p,0}$	$\mathrm{J\ kg^{-1}\ K^{-1}}$	Spezifische massenbezogene Wärmekapazität bei konstantem Druck zu Beginn der Reaktion bzw. am Reaktoreintritt
$c_{p,i,T}$	$\mathrm{J\ mol^{-1}\ K^{-1}}$	Spezifische stoffmengenbezogene Wärmekapazität der reinen Spezies A_i bei konstantem Druck p und konstanter Temperatur T (Index T kann auch weggelassen werden)
$\Delta_{\mathrm{R}} c_{p,j}$	$\mathrm{J\ mol^{-1}\ K^{-1}}$	Änderung der Wärmekapazität pro Formelumsatz einer chemischen Reaktion j bei konstantem Druck p
C_{BK}	$\mathrm{J\ K^{-1}}$	Wärmekapazität des Bombenkalorimeters (extensive Größe)
C_p	$\mathrm{J\ K^{-1}}$	Wärmekapazität bei konstantem Druck (extensive Größe)

(Fortsetzung)

Symbol	Dimension	Bedeutung
d	m	Wandstärke (Dicke der Wand), Elektrodenabstand (s. Elektrochemische Reaktionstechnik, Kap. 11)
d_a	m	Außendurchmesser
d_h	m	Hydraulischer Durchmesser ($=4A/U$), d. h. viermal Kanalquerschnitt zu Kanalumfang
d_i	m	Innendurchmesser
d_{Kat}	m	Durchmesser eines kugelförmigen Katalysatorpartikels
d_M	m	Moleküldurchmesser
d_{Pore}	m	Porendurchmesser
d_R	m	Innendurchmesser eines Strömungsrohrreaktors
D	–	Polydispersitätsindex eines Polymeren (s. Gl. 10.2)
D_e	$m^2\ s^{-1}$	Dispersionskoeffizient bzw. effektiver Diffusionskoeffizient (berücksichtigt zusätzlich z. B. turbulente Schwankungen, konvektive Beiträge oder poröse Strukturen)
$\mathbf{D_e}$	$m^2\ s^{-1}$	Dispersionsmatrix (s. Gl. 5.22)
$D_{e,r}$	$m^2\ s^{-1}$	Dispersionskoeffizient in radialer Richtung (radialer Dispersionskoeffizient)
$D_{e,\varphi}$	$m^2\ s^{-1}$	Dispersionskoeffizient in Umfangsrichtung
$D_{e,x}$, $D_{e,y}$, $D_{e,z}$	$m^2\ s^{-1}$	Dispersionskoeffizient in x-, y- und z-Richtung (letztere wird auch als axialer Dispersionskoeffizient bezeichnet)
D_i	$m^2\ s^{-1}$	Molekularer Diffusionskoeffizient der Spezies A_i (Selbstdiffusion)
$(D_K)_i$	$m^2\ s^{-1}$	Knudsen-Diffusionskoeffizient der Spezies A_i
$D_{i,e}$	$m^2\ s^{-1}$	Effektiver Diffusionskoeffizient der Spezies A_i in einem porösen Feststoff
$D_{i,k}$	$m^2\ s^{-1}$	Molekularer binärer Diffusionskoeffizient der Spezies A_i in Spezies A_k
$D_{i,p}$	$m^2\ s^{-1}$	Molekularer Diffusionskoeffizient der Spezies A_i in der Phase p
Da_I	–	Damköhler-Zahl 1. Art (s. Gl. 6.86)
Da_{II}	–	Damköhler-Zahl 2. Art (s. Gl. 8.49 bzw. Gl. 8.68)
$Da_{II,el}$	–	Elektrochemische Damköhler-Zahl 2. Art (s. Gl. 11.177)
e	C	Elementarladung ($e = 1{,}602 \cdot 10^{-19}$ C)
E	–	E-Faktor, Masse an generiertem Abfall pro Masse an produziertem Produkt ($=m_{Abfall}/m_k$)
E	–	Verstärkungsfaktor (*enhancement factor*) (s. Gl. 8.352)
$E(t)$	s^{-1}	Verweilzeit-Verteilungsfunktion
E_A	$kJ\ mol^{-1}$	Aktivierungsenergie („wahre Aktivierungsenergie“)
$E_{A,e}$	$kJ\ mol^{-1}$	Effektive Aktivierungsenergie aus Arrhenius-Diagramm („Arrhenius-Aktivierungsenergie“)
E_k	$kJ\ kg^{-1}$	Spezifischer Strombedarf in kJ pro kg erzeugten Produkts A_k. Aus praktischen Gründen meist in kWh pro kg angegeben, wobei 1 kWh = 3600 kJ (s. Gl. 11.14)

(Fortsetzung)

Symbol	Dimension	Bedeutung
EE_k	–	Energieeffizienz für die Bildung des Produkts A_k (s. Gl. 11.23)
f	–	Radikalausbeutefaktor bei radikalischen Polymerisationen (s. Kinetik von Polyreaktionen, s. Abschn. 10.2)
f	verschieden	Funktion (z. B. $f(T)$)
f_i	Pa	Fugazität der Spezies A_i
F	verschieden	Zustandsfunktion in der Thermodynamik
F	$C\ mol^{-1}$	Faraday-Konstante ($F = 96.485\ C \cdot mol^{-1}$)
Fo	–	Fourier-Zahl (s. Gl. 9.1)
$F(t)$	–	Verweilzeit-Summenfunktion
FE_k	–	Faraday-Effizienz (Stromeffizienz) für die Bildung des Produkts A_k in der jeweiligen Faraday'schen Reaktion (s. Gl. 11.22)
g	$m\ s^{-2}$	Erdbeschleunigung ($g = 9{,}81\ m \cdot s^{-2}$)
G	J	Gibbs'sche Energie bzw. freie Enthalpie ($= H - T \cdot S$)
$\Delta_R G_{j,T}$	$J \cdot mol^{-1}$	Gibbs'sche Reaktionsenergie bzw. freie Reaktionsenthalpie einer Reaktion j bei Reaktionstemperatur T (Index T kann auch weggelassen werden), ($= (\partial G/\partial \xi)_{p,T}$)
$\Delta_R G^o_{j,T}$	$J \cdot mol^{-1}$	Gibbs'sche Standardreaktionsenergie bzw. freie Standardreaktionsenthalpie einer Reaktion j bei Reaktionstemperatur T (Index T kann auch weggelassen werden, Standardzustand s. Abschn. 3.2.2.2), ($= (\partial G/\partial \xi)_{p,T}$)
h	m	Höhe
$\%h$	–	Elementbilanz für das Element h
Ha	–	Hatta-Zahl (s. Gl. 8.336)
Hl	–	Hinterland-Verhältnis (s. Gl. 8.359)
H_i	$Pa\ m^3\ mol^{-1}$	Henry-Koeffizient für die Spezies A_i (s. Gl. 8.318)
H	J	Enthalpie ($= U + p \cdot V$)
dH	J	Differenzielle Enthalpie
$\Delta_B H_{i,T}$	$J\ mol^{-1}$	Molare Bildungsenthalpie einer Spezies A_i bei der Temperatur T (Index T kann auch weggelassen werden)
$\Delta_B H^0_{i,T}$	$J\ mol^{-1}$	Molare Standardbildungsenthalpie einer Spezies A_i beim Standarddruck von 1,01325 bar bzw. 1 atm und der Temperatur T (Index T kann auch weggelassen werden)
$\Delta_R H_{j,T}$	$J\ mol^{-1}$	Reaktionsenthalpie einer Reaktion j bei Reaktionstemperatur T (Index T kann auch weggelassen werden), ($= (\partial H/\partial \xi)_{p,T}$)
$\Delta_R H^0_{j,T}$	$J\ mol^{-1}$	Standardreaktionsenthalpie einer Reaktion j beim Standarddruck von 1,01325 bar bzw. 1 atm und Reaktionstemperatur T (Index T kann auch weggelassen werden), ($= (\partial H/\partial \xi)_{p,T}$)
$\Delta_L H_{i,T}$	$J\ mol^{-1}$	Molare latente Wärme einer Spezies A_i bei der Temperatur T (Index T kann auch weggelassen werden)
$\Delta_V H_{i,T}$	$J\ mol^{-1}$	Molare Verbrennungsenthalpie einer Spezies A_i bei der Temperatur T (Index T kann auch weggelassen werden)

(Fortsetzung)

Symbol	Dimension	Bedeutung
$\Delta_V H_{i,T}^0$	$J\ mol^{-1}$	Molare Standardverbrennungsenthalpie einer Spezies A_i beim Standarddruck von 1,01325 bar bzw. 1 atm und der Temperatur T (Index T kann auch weggelassen werden)
i	–	Polymerisationsgrad (Zahl der Monomereinheiten im Polymer P_i)
i	$A\ m^{-2}$	Stromdichte, intrinsisch (Mikrokinetik) (s. Abschn. 11.3.1)
i_e	$A\ m^{-2}$	Stromdichte, effektiv (Makrokinetik) (s. Abschn. 11.3.2)
i_j	$A\ m^{-2}$	Partielle Stromdichte der j-ten Faraday'schen Reaktion (Mikrokinetik) (Index j kann auch weggelassen werden, wenn nur eine einzige Faraday'sche Reaktion ohne Stofftransportlimitierung vorliegt. Dann spricht man nur von der Stromdichte)
$i_{j,e}$	$A\ m^{-2}$	Partielle effektive Stromdichte der j-ten Faraday'schen Reaktion (Makrokinetik) (Index j kann auch weggelassen werden, wenn nur eine einzige Faraday'sche Reaktion vorliegt. Dann spricht man nur von der effektiven Stromdichte)
$i_{j,\mathrm{Gr}}$	$A\ m^{-2}$	Grenzstromdichte der j-ten Faraday'schen Reaktion (Index j kann auch weggelassen werden, wenn nur eine einzige Faraday'sche Reaktion vorliegt. Dann spricht man nur von der Grenzstromdichte)
$i_{j,0}$	$A\ m^{-2}$	Austauschstromdichte der j-ten Faraday'schen Reaktion (Index j kann auch weggelassen werden, wenn nur eine einzige Faraday'sche Reaktion vorliegt. Dann spricht man nur von der Austauschstromdichte) (s. Gl. 11.92)
I	A	Elektrische Stromstärke
I_j	A	Stromstärke des partiellen elektrischen Strom in der j-ten Faraday'schen Reaktion
j_i	$mol\ m^{-2}\ s^{-1}$	Stoffstromdichte der Spezies A_i, wenn nur eine Koordinate
$\mathbf{j}_i$	$mol\ m^{-2}\ s^{-1}$	Vektor der Stoffstromdichte der Spezies A_i
$j_{i,x}$	$mol\ m^{-2}\ s^{-1}$	x-Komponente des Vektors der Stoffstromdichte der Spezies A_i (je nach Koordinatensystem analog für andere Koordinaten wie y, z, r oder φ)
k_j	$(mol\ m^{-3})^{1-n}\ s^{-1}$	Reaktionsgeschwindigkeitskonstante der j-ten Reaktion des Reaktionsschemas im Falle eines Potenzansatzes n-ter Gesamtordnung (Index j kann auch weggelassen werden, wenn nur eine einzige Reaktion vorliegt)
k'_j	s^{-1}	Reaktionsgeschwindigkeitskonstante der j-ten Reaktion des Reaktionsschemas im Falle einer Gas-Flüssig-Reaktion pseudoerster Ordnung bezogen auf das Flüssigkeitsvolumen (Index j kann auch weggelassen werden, wenn nur eine einzige Reaktion vorliegt) (s. Gl. 8.325, Fluid-Fluid-Reaktionen, Abschn. 8.4)

(Fortsetzung)

Symbol	Dimension	Bedeutung
k_j''	s^{-1}	Reaktionsgeschwindigkeitskonstante der *j*-ten Reaktion des Reaktionsschemas im Falle einer Gas-Flüssig-Reaktion pseudoerster Ordnung bezogen auf das Reaktionsvolumen (Index j kann auch weggelassen werden, wenn nur eine einzige Reaktion vorliegt) (s. Gl. 8.327, Fluid-Fluid-Reaktionen, Abschn. 8.4)
$k_{j,A}$	$(\text{mol m}^{-2})^{1-n}\ s^{-1}$	Reaktionsgeschwindigkeitskonstante der *j*-ten Reaktion des Reaktionsschemas im Falle eines Potenzansatzes *n*-ter Gesamtordnung bezogen auf die Katalysatoroberfläche A_{Kat} (Index j kann auch weggelassen werden, wenn nur eine einzige Reaktion vorliegt)
$k_{j,V}$	$(\text{mol m}^{-3})^{1-n}\ s^{-1}$	Reaktionsgeschwindigkeitskonstante der *j*-ten Reaktion des Reaktionsschemas im Falle eines Potenzansatzes *n*-ter Gesamtordnung bezogen auf das Katalysatorvolumen V_{Kat} (Index j kann auch weggelassen werden, wenn nur eine einzige Reaktion vorliegt)
$k_{j,0}$	$(\text{mol m}^{-3})^{1-n}\ s^{-1}$	Präexponentieller Koeffizient gemäß der Arrhenius-Gleichung (Gl. 3.96) für einen Potenzansatz n-ter Ordnung (Index j kann auch weggelassen werden, wenn nur eine einzige Reaktion vorliegt)
$k_{j,A,0}$	$(\text{mol m}^{-2})^{1-n}\ s^{-1}$	Präexponentieller Koeffizient gemäß der Arrhenius-Gleichung (Gl. 3.96) für einen Potenzansatz n-ter Ordnung bezogen auf die Katalysatoroberfläche A_{Kat} (Index j kann auch weggelassen werden, wenn nur eine einzige Reaktion vorliegt)
$k_{j,V,0}$	$(\text{mol m}^{-3})^{1-n}\ s^{-1}$	Präexponentieller Koeffizient gemäß der Arrhenius-Gleichung (Gl. 3.96) für einen Potenzansatz n-ter Ordnung bezogen auf die Katalysatorvolumen V_{Kat} (Index j kann auch weggelassen werden, wenn nur eine einzige Reaktion vorliegt)
k_j	verschieden	Reaktionsgeschwindigkeitskonstante der *j*-ten Reaktion des Reaktionsschemas für eine beliebige Kinetik
$k_{j,0}$	verschieden	Präexponentieller Koeffizient gemäß der Arrhenius-Gleichung (Gl. 3.96) für eine beliebige Kinetik (Index j kann auch weggelassen werden, wenn nur eine einzige Reaktion vorliegt)
k_{d}	s^{-1}	Reaktionsgeschwindigkeitskonstante für den Initiatorzerfall (*decomposition*) (s. Kinetik von Polyreaktionen, Abschn. 10.2)
k_{i}	$(\text{mol m}^{-3})^{-1}\ s^{-1}$	Reaktionsgeschwindigkeitskonstante für die Initiierung (*initiation*) (s. Kinetik von Polyreaktionen, Abschn. 10.2)
k_{p}	$(\text{mol m}^{-3})^{-1}\ s^{-1}$	Reaktionsgeschwindigkeitskonstante für das Kettenwachstum (*propagation*) (s. Kinetik von Polyreaktionen, Abschn. 10.2)
$k_{\text{p},\ i}$	$(\text{mol m}^{-3})^{-1}\ s^{-1}$	Reaktionsgeschwindigkeitskonstante für das Wachstum einer Kettel der Länge *i* (*propagation*) (s. Kinetik von Polyreaktionen, Abschn. 10.2)

(Fortsetzung)

Symbol	Dimension	Bedeutung
k_{t}	$(\mathrm{mol\ m^{-3}})^{-1}\ \mathrm{s^{-1}}$	Reaktionsgeschwindigkeitskonstante für den Kettenabbruch (*termination*) (s. Kinetik von Polyreaktionen, Abschn. 10.2)
$k_{\mathrm{t},i}$	$(\mathrm{mol\ m^{-3}})^{-1}\ \mathrm{s^{-1}}$	Reaktionsgeschwindigkeitskonstante für den Abbruch einer Kettel der Länge i (*termination*) (s. Kinetik von Polyreaktionen, Abschn. 10.2)
$k_{\mathrm{t,d}}$, $k_{\mathrm{t,k}}$	$(\mathrm{mol\ m^{-3}})^{-1}\ \mathrm{s^{-1}}$	Reaktionsgeschwindigkeitskonstante für den Kettenabbruch durch Disproportionierung bzw. Kombination (s. Kinetik von Polyreaktionen, Abschn. 10.2)
k_{tr}	$(\mathrm{mol\ m^{-3}})^{-1}\ \mathrm{s^{-1}}$	Reaktionsgeschwindigkeitskonstante für die Kettenübertragung (*transfer*) (s. Kinetik von Polyreaktionen, Abschn. 10.2)
$k_{\mathrm{Red},j}$, $k_{\mathrm{Ox},j}$	$(\mathrm{mol\ m^{-2}})^{1-\mathrm{n}}\ \mathrm{s^{-1}}$	Reaktionsgeschwindigkeitskonstante für die Reduktion und die Oxidation der j-ten Faraday'schen Reaktion im Falle eines Potenzansatzes n-ter Gesamtordnung bezogen auf die Elektrodenoberfläche A bzw. A_{E} (n kann unterschiedlich sein für Reduktion und Oxidation der j-ten Faraday'schen Reaktion, Index j kann auch weggelassen werden, wenn nur eine einzige Reaktion vorliegt) (s. Kinetik von Elektrodenreaktionen, Abschn. 11.3)
$k_{\mathrm{Red},j,0}$, $k_{\mathrm{Ox},j,0}$	$(\mathrm{mol\ m^{-2}})^{1-\mathrm{n}}\ \mathrm{s^{-1}}$	Reaktionsgeschwindigkeitskonstante für die Reduktion und die Oxidation der j-ten Faraday'schen Reaktion am Gleichgewichtspotenzial φ_0 im Falle eines Potenzansatzes n-ter Gesamtordnung bezogen auf die Elektrodenoberfläche A bzw. A_{E} (n kann unterschiedlich sein für Reduktion und Oxidation der j-ten Faraday'schen Reaktion, Index j kann auch weggelassen werden, wenn nur eine einzige Reaktion vorliegt) (s. Kinetik von Elektrodenreaktionen, Abschn. 11.3)
k_{W}	$\mathrm{W\ m^{-2}\ K^{-1}}$	Wärmedurchgangskoeffizient
K	–	Thermodynamische Gleichgewichtskonstante
$K_{\mathrm{ads},i}$	$\mathrm{m^3\ mol^{-1}}$	Adsorptionsgleichgewichtskonstante der Spezies A_i (heterogene Katalyse)
K_{B}	verschieden	Thermodynamische Gleichgewichtskonstante für die Bildung von Spezies A_i aus den Elementen
K_c	verschieden	Thermodynamische Gleichgewichtskonstante für eine chemische Reaktion auf Basis von Konzentrationen
K_p	verschieden	Thermodynamische Gleichgewichtskonstante für eine chemische Reaktion auf Basis von Partialdrucken
K_x	–	Thermodynamische Gleichgewichtskonstante für eine chemische Reaktion auf Basis von Molenbrüchen
K_γ	–	Thermodynamische Gleichgewichtskonstante für eine chemische Reaktion auf Basis von Aktivitätskoeffizienten
K_θ	–	Thermodynamische Gleichgewichtskonstante für eine chemische Reaktion auf Basis von Belegungsgraden

(Fortsetzung)

Symbol	Dimension	Bedeutung
K_φ	–	Thermodynamische Gleichgewichtskonstante für eine chemische Reaktion auf Basis von Fugazitätskoeffizienten
K_M	mol m^{-3}	Michaelis-Konstante bzw. Dissoziationsgleichgewichtskonstante des Enzym-Substrat-Komplexes
K_S	mol m^{-3}	Substratsättigungskonstante (Monod-Kinetik)
$K_j(\varphi_0)$	–	Elektrochemische Gleichgewichtskonstante der j-ten Faraday'schen Reaktion am Gleichgewichtspotenzial (Index j kann auch weggelassen werden, wenn nur eine einzige Reaktion vorliegt) (s. Gl. 11.117)
l	m	Länge eines Rohrabschnitts
l_c	m	Charakteristische Länge/Abmessung
L	–	Gesamtzahl der Elemente E_h in einem Reaktionssystem
L	m	Länge eines Strömungsrohrreaktors
L	m	Halbe Dicke eines plättchenförmigen Katalysatorpartikels
L_i	–	Gesamtzahl aktiver Zentren, die mit A_i belegt sind
L_0	–	Gesamtzahl aktiver Zentren, die nicht belegt sind
m	–	Ordnung einer chemischen Reaktion (nur im Fall der Bilanzierung einer Rührkesselkaskade, s. Abschn. 5.6.1)
m	kg	Masse (Gesamtmasse bei Mehrspeziessystemen)
m_{Abfall}	kg	Masse an Abfall bei einer chemischen Reaktion
m_{Kat}	kg	Masse an festem Katalysator (Katalysatormasse)
$m_{Kat,K}$	kg	Masse an festem Katalysator (Katalysatormasse) in einem Mikrokanal eines Mikrostrukturreaktors (s. Mikroreaktionstechnik, Kap. 9)
m_i	kg	Masse der Polymerketten P_i bestehend aus i Monomereinheiten
m_i	kg	Masse der Spezies A_i (für einen beliebigen Zeitpunkt $t > 0$, z. B. am Ende der Reaktion)
$m_{i,0}$	kg	Masse der Spezies A_i zu Beginn der Reaktion ($t = 0$)
$\dot{m}$	kg s^{-1}	Massenstrom
$\dot{m}_i$	kg s^{-1}	Massenstrom der Spezies A_i des Reaktionssystems (für einen beliebigen Ort $z > 0$, z. B. am Reaktorausgang)
$\dot{m}_{i,0}$	kg s^{-1}	Massenstrom der Spezies A_i am Reaktoreingang ($z = 0$)
m_k	kg	Produktionshöhe (Masse des Produktes A_k)
$m_{k,max}$	kg	Kapazität einer Anlage (maximale Masse des Produktes A_k)
$\dot{m}_k$	kg s^{-1}	Produktionshöhe (Massenstrom des Produktes A_k)
$\dot{m}_{k,\,max}$	kg s^{-1}	Kapazität einer Anlage (maximaler Massenstrom für das Produkt A_k), meist in der Einheit t a^{-1}
M	–	Gesamtzahl der Reaktionen j des Reaktionssystems
M	–	Redoxaktiver Mediator in der homogenen Elektrokatalyse (s. auch Abb. 11.11)
M^*	–	Aktivierte Form des redoxaktiver Mediator in der homogenen Elektrokatalyse (s. auch Abb. 11.11)

(Fortsetzung)

Symbol	Dimension	Bedeutung
M_i	kg mol^{-1}	Molare Masse der Spezies A_i
M_i	kg mol^{-1}	Molare Masse der Polymerketten P_i bestehend aus i Monomereinheiten
M_k	kg mol^{-1}	Molare Masse der Spezies A_k
M_M	kg mol^{-1}	Molare Masse eines Monomeren M
$\overline{M}_n$, $\overline{M}_w$	kg mol^{-1}	Zahlen- bzw. gewichtsgemittelte Molmasse M_i eines Polymeren
n	–	Ordnung einer chemischen Reaktion
n_i	–	Ordnung der Reaktion in Bezug auf die chemische Spezies A_i
$\overline{n}$	–	Mittlere Radikalzahl pro Latexteilchen bei der Emulsionspolymerisation (s. Emulsionspolymerisation, Abschn. 10.4.3)
$\overline{n}_i$	–	Mittlere Sequenzlänge des Monomeren M_i im Copolymer (s. Kinetik von Polyreaktionen, Abschn. 10.2)
n	–	Nummer des Kessels einer Rührkesselkaskade
n	–	Nummer des Zeitschritts bei numerischer Integration im Zeitbereich
n	mol	Stoffmenge (Gesamtstoffmenge bei Mehrspeziessystemen)
$\boldsymbol{\Delta n}$	mol	Vektor der Stoffmengenänderung mit den Stoffmengenänderungen Δn_i der Spezies als Komponenten
$\dot{n}$	mol s^{-1}	Stoffstrom (Gesamtstoffstrom bei Mehrspeziessystemen)
$n_{A_i-\mathrm{z}}$	mol	Stoffmenge der mit Spezies A_i belegten aktiven Zentren z
n_i	mol	Stoffmenge der Polymerketten P_i bestehend aus i Monomereinheiten
n_i	mol	Stoffmenge der Spezies A_i (für einen beliebigen Zeitpunkt $t > 0$, z. B. am Ende der Reaktion)
$\dot{n}_i$	mol · s^{-1}	Stoffstrom der Spezies A_i des Reaktionssystems (für einen beliebigen Ort $z > 0$, z. B. am Reaktorausgang)
Δn_i	mol	Änderung der Stoffmenge der Spezies A_i
$\Delta n_{i,j}$	mol	Änderung der Stoffmenge der Spezies A_i in der Reaktion j
$n_{i,0}$	mol	Stoffmenge der Spezies A_i zu Beginn der Reaktion ($t = 0$)
$\dot{n}_{i,0}$	mol s^{-1}	Stoffstrom der Spezies A_i am Reaktoreingang ($z = 0$)
n_k	mol	Stoffmenge des Produktes A_k (für einen beliebigen Zeitpunkt $t > 0$, z. B. am Ende der Reaktion)
$\dot{n}_k$	mol s^{-1}	Stoffstrom des Produktes A_k des Reaktionssystems (für einen beliebigen Ort $z > 0$, z. B. am Reaktorausgang)
$n_{k,0}$	mol	Stoffmenge des Produktes A_k zu Beginn der Reaktion ($t = 0$)
$\dot{n}_{k,0}$	mol s^{-1}	Stoffstrom des Produktes A_k am Reaktoreingang ($z = 0$)
$n_{\mathrm{z,ges}}$	mol	Stoffmenge aller aktiven Zentren z
N	–	Gesamtzahl der chemischen Spezies A_i des Reaktionssystems
N	–	Gesamtzahl der Kessel einer Rührkesselkaskade
$\mathrm{N_A}$	mol^{-1}	Avogadro-Konstante ($\mathrm{N_A} = 6{,}022 \cdot 10^{23} mol^{-1}$)
N_{E}	–	Gesamtzahl der Edukte A_i des Reaktionssystems

(Fortsetzung)

Symbol	Dimension	Bedeutung
N_{K}	–	Gesamtzahl der Mikrokanäle eines Mikrostrukturreaktors (s. Mikroreaktionstechnik, Kap. 9)
N_{Ox}	–	Gesamtzahl der Verbindungen auf der die Elektronen aufnehmenden Seite einer elektrochemischen Reaktion (s. Elektrochemische Reaktionstechnik, Kap. 11)
N_{P}	–	Gesamtzahl der Produkte A_k des Reaktionssystems
N_{P}	–	Gesamtzahl der Latexpartikel bei der Emulsionspolymerisation (s. Emulsionspolymerisation, Abschn. 10.4.3)
N_{Red}	–	Gesamtzahl der Verbindungen auf der die Elektronen abgebenden Seite einer elektrochemischen Reaktion (s. Elektrochemische Reaktionstechnik, Kap. 11)
$N_{\mathrm{z,ges}}$	–	Gesamtzahl aktiver Zentren
Nu	–	Nusselt-Zahl (s. Gl. 4.22)
NTU	–	Anzahl der Übertragungseinheiten (Number of Transfer Units), (s. Gl. 11.207)
Ox_i	–	Verbindungen A_i einer elektrochemischen Redoxreaktion, die auf der elektronenabgebenden Seite, also auf der Seite der Elektronen stehen (s. Gl. 11.68)
p	Pa	Systemdruck des Reaktionssystems
p^o	Pa	Bezugsdruck für die Fugazität (willkürlich wählbar, hier: 1,01235 bar)
p_i	Pa	Partialdruck der Spezies A_i
$p_{i,\mathrm{krit}}$	Pa	Kritischer Druck der Spezies A_i
$p_{i,\mathrm{red}}$	–	Reduzierter Partialdruck für Spezies A_i (Bezugsgröße: kritischer Druck $p_{i,\mathrm{krit}}$)
$\overline{P}_n$, $\overline{P}_w$	–	Zahlen- bzw. gewichtsgemittelter Polymerisationsgrad i eines Polymeren
P	–	Anzahl der Phasen p des Reaktionssytems
P_i	–	Polymer(kette) des Polymerisationsgrads i (s. Reaktionstechnik der Polyreaktionen, Kap. 10)
P_{el}	$\mathrm{J\,s^{-1} = W}$	Elektrische Leistung (s. Elektrochemische Reaktionstechnik, Kap. 11)
Pe_z	–	Axiale Péclet-Zahl (s. Gl. 6.67 bzw. Gl. 8.192)
Pe_r	–	Radiale Péclet-Zahl (s. Gl. 8.193)
Pr	–	Prandtl-Zahl (s. Gl. 4.24)
Pr	–	Prater-Zahl (s. Gl. 8.170)
q	$\mathrm{J\,m^{-2}\,s^{-1}}$	Wärmestromdichte, wenn nur eine Koordinate
q_{Ab}	$\mathrm{J\,m^{-2}\,s^{-1}}$	Abgeführte Wärmestromdichte (Wärmeabfuhrgerade)
q_{R}	$\mathrm{J\,m^{-2}\,s^{-1}}$	Durch chemische Reaktion erzeugte Wärmestromdichte (Wärmeerzeugungskurve)
$\boldsymbol{q}$	$\mathrm{J\,m^{-2}\,s^{-1}}$	Vektor der Wärmestromdichte bzw. Enthalpiestromdichte
q_x	$\mathrm{J\,m^{-2}\,s^{-1}}$	x-Komponente des Vektors der Wärmestromdichte (je nach Koordinatensystem analog für andere Koordinaten wie y, z, r oder φ)

(Fortsetzung)

Symbol	Dimension	Bedeutung
q_S	$J\ m^{-2}\ s^{-1}$	Wärmestromdichte durch Strahlung
q	C	Probeladung (kleine Ladung, mit der man das Verhalten von elektrischen Feldern untersucht), (s. Elektrochemische Reaktionstechnik, Kap. 11)
Q	J	Wärmemenge
δQ	J	Differenzielle Wärmemenge
Q_{Draht}	J	Im Bombenkalorimeter durch Verbrennen des Zünddrahts freigesetzte Wärmemenge
Q_{rev}	J	Reversible übertragene Wärmemenge
$\dot{Q}$	$J\ s^{-1} = W$	Wärmestrom
$\dot{Q}_{Ab}$	$J\ s^{-1} = W$	Abgeführter Wärmestrom (Wärmeabfuhrgerade)
$\dot{Q}_R$	$J\ s^{-1} = W$	Durch chemische Reaktion erzeugter Wärmestrom (Wärmeerzeugungskurve)
Q	C	Elektrische Gesamtladung (s. Elektrochemische Reaktionstechnik, Kap. 11)
Q_i	C	Elektrische Gesamtladung eines Ladungsträgers i (s. Elektrochemische Reaktionstechnik, Kap. 11)
r	m	Radiale Koordinate bei Zylinder- oder Kugelkoordinaten
$\widehat{r}$	–	Dimensionslose radiale Koordinate
r	–	Molverhältnis von funktionellen Gruppen bei der Stufenwachstumsreaktion (s. Kinetik von Polyreaktionen, Abschn. 10.2)
r_i	–	Copolymerisationsparameter (s. Gl. 10.47a und b, Kinetik von Polyreaktionen, Abschn. 10.2)
r	$mol\ m^{-3}\ s^{-1}$	Intrinsische Reaktionsgeschwindigkeit (Bezug: Reaktionsvolumen)
r_0	$mol\ m^{-3}\ s^{-1}$	Reaktionsgeschwindigkeit zum Zeitpunkt $t = 0$ oder an der Stelle $z = 0$ (Anfangsreaktionsgeschwindigkeit)
r_e	$mol\ m^{-3}\ s^{-1}$	Effektive Reaktionsgeschwindigkeit (Makrokinetik)
r_j	$mol\ m^{-3}\ s^{-1}$	Reaktionsgeschwindigkeit der j-ten Reaktion des Reaktionsschemas (Mikrokinetik)
$r_{j,p}$	$mol\ m^{-3}\ s^{-1}$	Reaktionsgeschwindigkeit der j-ten Reaktion des Reaktionsschemas in der p-ten Phase des Reaktionssystems (Mikrokinetik)
$r_{j,e}$	$mol\ m^{-3}\ s^{-1}$	Reaktionsgeschwindigkeit der j-ten Reaktion des Reaktionsschemas (Makrokinetik)
$r_{j,m}$	$mol\ kg^{-1}\ s^{-1}$	Auf die Masse m_{Kat} des Katalysators bezogene Reaktionsgeschwindigkeit der j-ten Reaktion des Reaktionsschemas (Mikrokinetik)
$r_{j,A}$	$mol\ m^{2}\ s^{-1}$	Auf die Oberfläche A_{Kat} des Katalysators bezogene Reaktionsgeschwindigkeit der j-ten Reaktion des Reaktionsschemas (Mikrokinetik)

(Fortsetzung)

Symbol	Dimension	Bedeutung
$r_{j,V}$	mol m^{-3} s^{-1}	Auf das Volumen V_{Kat} des Katalysators bezogene Reaktionsgeschwindigkeit der j-ten Reaktion des Reaktionsschemas (Mikrokinetik)
$r_{j,m,\mathrm{e}}$	mol kg^{-1} s^{-1}	Auf die Masse m_{Kat} des Katalysators bezogene Reaktionsgeschwindigkeit der j-ten Reaktion des Reaktionsschemas (Makrokinetik), analog $r_{j,A,\mathrm{e}}$ und $r_{j,V,\mathrm{e}}$
r_{max}	mol m^{-3} s^{-1}	Maximale Reaktionsgeschwindigkeit
r_{RDS}	verschieden	Reaktionsgeschwindigkeit des geschwindigkeitsbestimmenden Teilschritts
r_{d}	mol m^{-3} s^{-1}	Reaktionsgeschwindigkeit für den Initiatorzerfall (*decomposition*) (s. Kinetik von Polyreaktionen, Abschn. 10.2)
r_{i}	mol m^{-3} s^{-1}	Reaktionsgeschwindigkeit für die Initiierung (*initiation*) (s. Kinetik von Polyreaktionen, Abschn. 10.2)
r_{p}	mol m^{-3} s^{-1}	Reaktionsgeschwindigkeit für das Kettenwachstum (*propagation*) (s. Kinetik von Polyreaktionen, Abschn. 10.2)
$r_{\mathrm{p},i}$	mol m^{-3} s^{-1}	Reaktionsgeschwindigkeit für das Wachstum einer Kette der Länge i (*propagation*) (s. Kinetik von Polyreaktionen, Abschn. 10.2)
$r_{\mathrm{p,P}}$	mol s^{-1}	Reaktionsgeschwindigkeit für das Kettenwachstum in einem Latexteilchen bei der Emulsionspolymerisation (*propagation*) (s. Emulsionspolymerisation, Abschn. 10.4.3)
$r_{\mathrm{R^{\bullet}}}$	mol m^{-3} s^{-1}	Reaktionsgeschwindigkeit für die Radikalerzeugung (s. Kinetik von Polyreaktionen, Abschn. 10.2)
r_{t}	mol m^{-3} s^{-1}	Reaktionsgeschwindigkeit für den Kettenabbruch (*termination*) (s. Kinetik von Polyreaktionen, Abschn. 10.2)
$r_{\mathrm{t},i}$	mol m^{-3} s^{-1}	Reaktionsgeschwindigkeit für den Abbruch einer Kette der Länge i (*termination*) (s. Kinetik von Polyreaktionen, Abschn. 10.2)
r_{tr}	mol m^{-3} s^{-1}	Reaktionsgeschwindigkeit für die Kettenübertragung (*transfer*) (s. Kinetik von Polyreaktionen, Abschn. 10.2)
r_{K}	m	Radius des Feststoffkerns (bei Fluid-Fest-Reaktionen, s. Abschn. 8.3)
r_{Kat}	m	Radius eines kugelförmigen Katalysatorpartikels
$r_{\mathrm{M},i}$	m	Molekülradius der Spezies A_i
r_{P}	m	Radius eines kugelförmigen Feststoffpartikels
r_{R}	m	Innenradius eines Strömungsrohrreaktors
r_{Rkt}	m	Radiale Position der Reaktionsfront
R	J mol^{-1} K^{-1}	Universelle Gaskonstante (R = 8,31446 J · mol^{-1} · K^{-1})
R	–	Anzahl der Schlüsselkomponenten
R	Ω	Elektrischer Widerstand (R_{Ohm}: Ohmscher Widerstand, R_{Rkt}: Durchtritts- oder Reaktionswiderstand, R_{Diff}: Stofftransport- oder Diffusionswiderstand)

(Fortsetzung)

Symbol	Dimension	Bedeutung
R_i	mol m^{-3} s^{-1}	Stoffmengenänderungsgeschwindigkeit der Spezies A_i
R_S	mol m^{-3} s^{-1}	Substratverbrauchsgeschwindigkeit
R_Z	kg m^{-3} s^{-1}	Wachstumsgeschwindigkeit der Zellen bzw. Biomasse
R_β	–	Rang der Element-Spezies-Matrix **B**
R_ν	–	Rang der Matrix der stöchiometrischen Koeffizienten
R_K, R_A	–	Rückführverhältnis von Katholyt bzw. Anolyt
Re	–	Reynolds-Zahl (s. Gl. 4.23)
Re_{krit}	–	Kritische Reynolds-Zahl (Umschlag von laminarer in turbulente Strömung)
Red_i	–	Verbindungen A_i einer elektrochemischen Redoxreaktion, die auf der elektronenaufnehmenden Seite stehen (s. Gl. 11.68)
RZA	kg m^{-3} s^{-1}	Raum-Zeit-Ausbeute (produzierte Menge pro Volumen und Zeit)
s	m	Dicke einer Schicht oder Wand; Wegstrecke
$s_{i,T}$	J mol^{-1} K^{-1}	Molare Entropie einer Spezies A_i bei der Temperatur T (Index T kann auch weggelassen werden)
$s^o_{i,T}$	J mol^{-1} K^{-1}	Molare Entropie einer Spezies A_i im Standardzustand bei der Temperatur T (Index T kann auch weggelassen werden, Standardzustand s. Abschn. 3.2.2.2)
S	J K^{-1}	Entropie
$\Delta_R S_{j,T}$	J K^{-1}	Reaktionsentropie einer Reaktion j bei der Reaktionstemperatur T (Index T kann auch weggelassen werden), $(= (\partial S/\partial \xi)_{p,T})$
$\Delta_R S^o_{j,T}$	J K^{-1}	Standardreaktionsenthalpie einer Reaktion j bei der Reaktionstemperatur T (Index T kann auch weggelassen werden, Standardzustand s. Abschn. 3.2.2.2), $(= (\partial S/\partial \xi)_{p,T})$
$S_{k,i}$	–	Selektivität des Produktes A_k bezogen auf das Edukt A_i
Sc	–	Schmidt-Zahl (s. Gl. 6.70)
Sh	–	Sherwood-Zahl (s. Gl. 8.6)
St	–	Stanton-Zahl (s. Gl. 5.170)
t	s	(Chronologische) Zeit
t_0	s	Startzeitpunkt
t_n	s	Zeit nach n Zeitschritten Δt $(t_n = t_0 + n \cdot \Delta t)$
t	s	Individuelle Verweilzeit eines Fluidelements
$\bar{t}$	s	Mittlere individuelle Verweilzeit der Fluidelemente
Δt	s	Zeitdauer (z. B. Betriebszeit)
Δt	s	Kleiner Zeitschritt (Schrittweite) bei numerischen Verfahren
t_R	s	Reaktionsdauer
t_R	s	Zeitkonstante der Reaktion
t_D	s	Zeitkonstante der Diffusion
t_W	s	Zeitkonstante des Wärmetransports (z. B. Wärmeleitung)
T	K	Thermodynamische (absolute) Temperatur
T_0	K	Anfangs- oder Eintrittstemperatur des Reaktionsmediums

(Fortsetzung)

Symbol	Dimension	Bedeutung
$T_{i,\mathrm{krit}}$	K	Kritische Temperatur der Spezies A_i
$T_{i,\mathrm{red}}$	–	Reduzierte Temperatur bezogen auf Spezies A_i (Bezugsgröße: kritische Temperatur $T_{i,\mathrm{krit}}$)
$T_{i,\mathrm{E}}$	K	Temperatur des Fluids i am Eintritt in den Wärmeübertrager
$T_{i,\mathrm{A}}$	K	Temperatur des Fluids i am Austritt aus dem Wärmeübertrager
$T_{\mathrm{W},1}$	K	Temperatur der Wand an der Stelle 1 (Wand des Wärmeübertragers auf der Seite des Fluids 1)
$T_{\mathrm{W},2}$	K	Temperatur der Wand an der Stelle 2 (Wand des Wärmeübertragers auf der Seite des Fluids 2)
$\overline{T}_{\mathrm{WT}}$	K	Mittlere Temperatur des Wärmeträgermediums (z. B. Öl, Salzschmelze etc.)
ΔT_{ad}	K	Adiabate Temperaturerhöhung
ΔT_{m}	K	Mittlere logarithmische Temperaturdifferenz (s. Gl. 4.37)
TOF_i	–	*Turnover frequency* (Gesamtzahl an einem aktiven Zentrum z umgesetzte Moleküle der Spezies A_i)
u	$\mathrm{m\ s^{-1}}$	Strömungsgeschwindigkeit
$\overline{u}, \overline{u}_z$	$\mathrm{m\ s^{-1}}$	Mittlere Strömungsgeschwindigkeit im Querschnitt eines Strömungsrohrreaktors
$\boldsymbol{u}$	$\mathrm{m\ s^{-1}}$	Vektor der Strömungsgeschwindigkeit
u_{mf}	$\mathrm{m\ s^{-1}}$	Minimalfluidisationsgeschwindigkeit (Lockerungsgeschwindigkeit)
u_p	$\mathrm{m\ s^{-1}}$	Strömungsgeschwindigkeit der Phase p
u_{L}	$\mathrm{m\ s^{-1}}$	Leerrohrgeschwindigkeit
u_x	$\mathrm{m\ s^{-1}}$	x-Komponente des Vektors der Strömungsgeschwindigkeit (je nach Koordinatensystem analog für andere Koordinaten wie y, z, r oder φ)
U	J	Innere Energie
U	–	Umfang eines Strömungskanals
δU	J	Differenzielle Änderung der inneren Energie
U_i	–	Umsatzgrad der Spezies A_i
$\overline{U}_i$	–	Mittlerer Umsatzgrad der Spezies A_i
$(U_i)_n$	–	Umsatzgrad der Spezies A_i nach dem n-ten Kessel einer Rührkesselkaskade
$(U_i)_N$	–	Umsatzgrad der Spezies A_i in einer Rührkesselkaskade mit N Kesseln
ΔU_i	–	Änderung des Umsatzgrads der Spezies A_i
$U_{i,\mathrm{Gl}}$	–	Umsatzgrad der Spezies A_i im thermodynamischen Gleichgewicht
U_{M}	–	Umsatzgrad des Monomers M bei Polymerisationen
U	V	Angelegte Spannung (s. Elektrochemische Reaktionstechnik, Kap. 11)

(Fortsetzung)

Symbol	Dimension	Bedeutung
U_0	V	Gleichgewichtsspannung (s. Elektrochemische Reaktionstechnik, Kap. 11)
U_0^0	V	Standardgleichgewichtsspannung (s. Elektrochemische Reaktionstechnik, Kap. 11)
υ_i	$m^3\ mol^{-1}$	Molares Volumen der Spezies A_i
$\upsilon_{i,\text{krit}}$	$m^3\ mol^{-1}$	Kritisches molares Volumen der Spezies A_i
$\upsilon_{i,\text{real}}$	$m^3\ mol^{-1}$	Molares Volumen der Spezies A_i, die als reales Gas vorliegt
$\upsilon_{i,\text{red}}$	–	Reduziertes molares Volumen für Spezies A_i (Bezugsgröße: kritisches molares Volumen $v_{i,\text{krit}}$)
V	m^3	Reaktionsvolumen (= Volumen, das das Reaktionssystem einnimmt)
dV	m^3	Differenzielles Reaktionsvolumen
V_0	m^3	Reaktionsvolumen zu Beginn der Reaktion ($t = 0$)
$\dot{V}$	$m^3\ s^{-1}$	Volumenstrom (für einen beliebigen Ort $z > 0$, z. B. am Reaktorausgang)
$\dot{V}_0$	$m^3\ s^{-1}$	Zugeführter Volumenstrom
$\dot{V}_{0,\text{K}}$	$m^3\ s^{-1}$	Einem Mikrokanal zugeführter Volumenstrom (s. Mikroreaktionstechnik, Kap. 9)
$\dot{V}_\text{K}$, $\dot{V}_\text{A}$, $\dot{V}_E$	$m^3\ s^{-1}$	Volumenstrom Katholyt, Anolyt und Elektrolyt (s. Elektrochemische Reaktionstechnik, Kap. 11)
$\dot{V}_{\text{K,rück}}$, $\dot{V}_{\text{A,rück}}$	$m^3\ s^{-1}$	Rückgeführter Volumenstrom Katholyt und Anolyt (s. Elektrochemische Reaktionstechnik, Kap. 11)
V_Kat	m^3	Volumen an festem Katalysator (Katalysatorvolumen)
V_K	m^3	Volumen eines Mikrokanals eines Mikrostrukturreaktors (s. Mikroreaktionstechnik, Kap. 9)
V_R	m^3	Reaktorvolumen
V_Rohr	m^3	Volumen eines Einzelrohrs eines Rohbündelreaktors
$V_{\text{Res,K}}$, $V_{\text{Res,A}}$	m	Volumen des Katholyt- und Anolyt-Reservoirs
w	m	Breite der Elektrode (s. Abb. 11.16)
w_i	–	Massenbruch der Spezies A_i
W	J	Arbeit
W_V	J	Volumenänderungsarbeit (s. Gl. 11.32)
W_{el}	J	Elektrische Arbeit (s. Gl. 11.34)
δW	J	Differenziell geleistete Arbeit
Wa	–	Wagner-Zahl (s. Gl. 211)
x	–	Koeffizient von Kohlenstoff in der Summenformel des Kohlenwasserstoffs C_xH_y
x	m	x-Koordinate im kartesischen Koordinatensystem
x_0	m	x-Koordinate eines Bezugspunktes im kartesischen Koordinatensystem
dx	m	Differenzielle Weglänge in x-Richtung

(Fortsetzung)

Symbol	Dimension	Bedeutung
$\widehat{x}$	–	Dimensionslose x-Koordinate
x_i	–	Häufigkeitsverteilung bei Polymeren (Molenbruch der Polymerketten mit i Monomereinheiten)
x_i	–	Molenbruch der Spezies A_i (für einen beliebigen Zeitpunkt $t > 0$, z. B. am Ende der Reaktion, oder für einen beliebigen Ort $z > 0$, z. B. am Reaktorausgang)
$x_{i,0}$	–	Molenbruch der Spezies A_i zum Zeitpunkt $t = 0$ oder an der Stelle $z = 0$
$x_{i,Gl}$	–	Molenbruch der Spezies A_i im thermodynamischen Gleichgewicht
x_k	–	Molenbruch des Produktes A_i (für einen beliebigen Zeitpunkt $t > 0$, z. B. am Ende der Reaktion, oder für einen beliebigen Ort $z > 0$, z. B. am Reaktorausgang)
$x_{k,0}$	–	Molenbruch des Produktes A_k zum Zeitpunkt $t = 0$ oder an der Stelle $z = 0$
y	–	Koeffizient von Wasserstoff in der Summenformel des Kohlenwasserstoffs C_xH_y
y	m	y-Koordinate im kartesischen Koordinatensystem
y_0	m	y-Koordinate eines Bezugspunktes im kartesischen Koordinatensystem
dy	m	Differenzielle Weglänge in y-Richtung
y_i	–	Molenbruch der Spezies A_i in der Gasphase
w_i	–	Gewichtsverteilung bei Polymeren (Massenbruch der Polymerketten mit i Monomereinheiten)
z	m	z-Koordinate im kartesischen Koordinatensystem (axiale Koordinate)
$\widehat{z}$	–	Dimensionslose z-Koordinate (axiale Koordinate)
z_0	m	z-Koordinate eines Bezugspunktes im kartesischen Koordinatensystem
dz	m	Differenzielle Weglänge in z-Richtung
z	–	Ladungszahl (sie ergibt sich aus der elektrischen Ladung eines Ladungsträgers dividiert durch die Elementarladung gemäß $z = \frac{Q}{e}$) (s. Elektrochemische Reaktionstechnik, Kap. 11)
z_i	–	Ladungszahl eines Ladungsträgers i (z. B: gilt für eine Elektron $z_{e^-} = -1$ oder für ein Proton $z_{H^+} = +1$) (s. Elektrochemische Reaktionstechnik, Kap. 11)
z_P	–	Gesamtzahl an Feststoffpartikeln
z_{Rohr}	–	Gesamtzahl der Einzelrohre eines Rohrbündelreaktors

Symbolverzeichnis (griechische Symbole)

Symbol	Dimension	Bedeutung
α	$W\ m^{-2}\ K^{-1}$	Wärmeübergangskoeffizient
α_{Red}, α_{Ox}	–	Durchtrittsfaktor der Reduktion und der Oxidation einer beliebigen Elektrodenreaktion (s. Kinetik von Elektrodenreaktionen, Abschn. 11.3) (s. Gl. 11.111 und 11.112)
$\beta_{i,p}$	$m\ s^{-1}$	Stoffübergangskoeffizient der Spezies A_i von der Phase p an die Phasengrenze P
$\beta_{h,i}$	–	Koeffizient von Element E_h in der Summenformel der Spezies A_i (Komponente der Element-Spezies-Matrix)
β_{Red}, β_{Ox}	–	Symmetriefaktor der Reduktion und der Oxidation (nur anwendbar bei reversiblen Ein-Elektronen-ein-Schritt-Reaktionen, wobei dann gilt $\beta_{Red} + \beta_{Ox} = 1$ und oft angenommen wird $\beta_{Red} = \beta_{Ox} = 0{,}5$) (s. Kinetik von Elektrodenreaktionen, Abschn. 11.3)
γ	–	Arrhenius-Zahl (s. Gl. 8.137)
γ_i	–	Aktivitätskoeffizient der Spezies A_i
δ_{Kat}	m	Dicke einer Katalysatorschicht bzw. eines Wandkatalysators (s. Mikroreaktionstechnik, Kap. 9)
δ_p	m	Grenzschichtdicke in der Phase p an der Phasengrenze P (Index p kann auch weggelassen werden)
δ_{HD}	m	Dicke der Helmholtz-Doppelschicht (s. Elektrochemische Reaktionstechnik, Kap. 11 und Abb. 11.4)
Δ	–	Änderung einer Größe
Δ_R	–	Änderung einer Größe während einer Reaktion pro Formelumsatz ($\Delta_R = \partial/\partial\xi$)
ε	–	Emissionsverhältnis für einen Wärmestrahler
ε_p	–	Volumenanteil der Phase p im Reaktionssystem
ε_{Kat}	–	Volumenanteil des festen Katalysators im Reaktionssystem
ε_{Bett}	–	Porosität der Feststoffschüttung bzw. relatives Kornzwischenraumvolumen (Bettporosität)
ε_{mf}		Porosität der Feststoffschüttung bzw. relatives Kornzwischenraumvolumen am Lockerungspunkt
ε_{Pore}	–	Porosität des festen Katalysatorpartikels
η	Pa s	Dynamische Viskosität
η	–	Katalysatorwirkungsgrad
η	V	Überspannung (η_{Ohm}: Ohmsche Überspannung, η_{Rkt}: Durchtritts- oder Reaktionsüberspannung, η_{Diff}: Stofftransport- oder Diffusionsüberspannung)

(Fortsetzung)

Symbol	Dimension	Bedeutung
η_E	V	Elektrodenwirkungsgrad (s. Elektrochemische Reaktionstechnik, Kap. 11)
θ_i	–	Anteil aktiver Zentren, die mit Spezies A_i belegt sind (Belegungsgrad)
$\theta_{i,Gl}$	–	Belegungsgrad der Spezies A_i im thermodynamischen Gleichgewicht
θ_z	–	Anteil aktiver Zentren, die nicht belegt sind
λ	m	Mittlere freie Weglänge des Moleküls
λ	W m K^{-1}	Wärmeleitfähigkeitskoeffizient
λ_{Kat}	W m K^{-1}	Wärmeleitfähigkeitskoeffizient poröser Katalysatorpartikel
λ_e	W m K^{-1}	Effektiver Wärmeleitfähigkeitskoeffizient (berücksichtigt zusätzlich z. B. turbulente Schwankungen, konvektive Beiträge oder poröse Strukturen)
λ_e	W m K^{-1}	Matrix der effektiven Wärmeleitung (s. Gl. 5.47)
$\lambda_{e,r}$	W m K^{-1}	Effektiver radialer Wärmeleitfähigkeitskoeffizient
$\lambda_{e,x}$, $\lambda_{e,y}$, $\lambda_{e,z}$	W m K^{-1}	Effektiver Wärmeleitkoeffizient in x-, y- und z-Richtung
μ	m	Dicke der Diffusions-Reaktions-Schicht bei der Verendung redoxaktiver Mediatoren in der homogenen Elektrokatalyse (s. Kinetik der Elektrodenreaktionen, Abschn. 11.3) (s. auch Abb. 11.12)
μ	s^{-1}	Spezifische Wachstumsgeschwindigkeit in der Ganzzell-Biokatalyse (Monod-Kinetik)
μ_{max}	s^{-1}	Maximale spezifische Wachstumsgeschwindigkeit in der Ganzzell-Biokatalyse (Monod-Kinetik)
μ_i	J mol^{-1}	Chemisches Potenzial der Spezies A_i
$\mu_{i,ideal}$	J mol^{-1}	Chemisches Potenzial der Spezies A_i, die als ideales Gas vorliegt
$\mu_{i,real}$	J mol^{-1}	Chemisches Potenzial der Spezies A_i, die als reales Gas vorliegt
μ_i^o	J mol^{-1}	Chemisches Potenzial der Spezies A_i im Standardzustand (Standardzustand, s. Abschn. 3.2.2.2)
$\widetilde{\mu}_i$	J mol^{-1}	Elektrochemisches Potenzial (s. Gl. 11.50)
ν	m^2 s^{-1}	Kinematische Viskosität
$\overline{\nu}$	–	Mittlere kinetische Kettenlänge, d. h. Anzahl der pro Kette stattfindende Wachstumsschritte (s. Kinetik von Polyreaktionen, Abschn. 10.2)
ν	–	Stöchiometrischer Koeffizient
ν_i	–	Stöchiometrischer Koeffizient der Spezies A_i (wenn $j = 1$)
$\nu_{i,j}$	–	Stöchiometrischer Koeffizient der Spezies A_i in der Reaktion j (wenn $j > 1$)
ξ	mol	Reaktionslaufzahl (= Zahl der Formelumsätze)
$\dot{\xi}$	mol s^{-1}	Zahl der Formelumsätze pro Zeit am Reaktorausgang des stationär und kontinuierlich betriebenen Reaktors

(Fortsetzung)

Symbol	Dimension	Bedeutung
ξ_j	mol	Reaktionslaufzahl der Reaktion j
ρ	kg m^{-3}	Dichte
ρ_0	kg m^{-3}	Dichte zu Beginn der Reaktion
ρ_i	kg m^{-3}	Partialdichte der Spezies A_i
ρ_{Pseudo}	kg m^{-3}	Pseudoschüttdichte bei Mikrokanälen mit Katalysatorschicht/ Wandkatalysator (s. Gl. 9.29, Mikroreaktionstechnik, Kap. 9)
$\rho_{\text{Schütt}}$	kg m^{-3}	Schüttdichte (Dichte der Feststoffschüttung)
ρ_{Ohm}	Ω m	Spezifischer Widerstand
σ	verschieden	Standardabweichung
σ	W m^{-2} K^{-4}	Stefan-Boltzmann-Konstante ($\sigma = (5{,}6696 \pm 0{,}0075) \cdot 10^{-8}\text{W} \cdot \text{m}^{-2} \cdot \text{K}^{-4}$)
τ	–	Tortuosität eines porösen Feststoffpartikels (s. Abschn. 8.2.2.2)
τ	s	Fluiddynamische Verweilzeit
$(\tau)_n$	s	Fluiddynamische Verweilzeit im n-ten Kessel einer Rührkesselkaskade
τ_{mod}	kg s m^{-3}	Modifizierte Verweilzeit (s. Gl. 8.212)
φ	–	φ- Koordinate im Zylinderkoordinatensystem (Winkelkoordinate)
φ	V	Elektrisches Potenzial der Elektrode, auch Elektrodenpotenzial bzw. Galvani-Potenzial (s. Gl. 11.49)
φ_0	V	Gleichgewichtspotenzial der Elektrode
φ_0^0	V	Standardgleichgewichtspotenzial der Elektrode
φ_i	–	Fugazitätskoeffizient der Spezies A_i
ϕ	–	Wachstumswahrscheinlichkeit einer aktiven Polymerkette (s. Gl. 10.21, Kinetik von Polyreaktionen, Abschn. 10.2)
ϕ	–	Thiele-Modul (s. Gl. 8.69)
ϕ_n, ϕ_l, $\phi_{l,n}$	–	Generalisierte Thiele-Moduli (s. Gl. 8.96, 8.111 und 8.113)
ϕ_{el}	–	Elektrochemischer Thiele-Modul (s. Gl. 11.184)
Φ_P	–	Volumenbruch des Polymeren im Latexteilchen (s. Gl. 10.58, Emulsionspolymerisation, Abschn. 10.4.3)
χ	–	Flory-Huggins-Parameter (s. Gl. 10.58, Emulsionspolymerisation, Abschn. 10.4.3)
$\Psi_{l,n}$	–	Generalisierter Weisz-Modul (s. Gl. 8.119)
Ψ_P	–	Sphärizität eines Feststoffpartikels (s. Gl. 8.258)

Häufig benutzte Indizes und deren Bedeutung

Index	Bedeutung
0	Größe bezieht sich auf den Reaktoreingang bzw. Reaktionsbeginn
ab	Größe bezieht sich auf einen abgeführten Stoffstrom (z. B. bei halbkontinuierlichem idealen Rührkesselreaktor oder realem Strömungsrohrreaktor mit Dispersion)
ad	Größe bezieht sich auf adiabate Betriebsweise
ads	Größe bezieht sich auf den Adsorptionsschritt (heterogene Katalyse)
A	Größe bezieht sich auf die Anode (s. Elektrochemische Reaktionstechnik, Kap. 11)
B	Größe bezieht sich auf die Blasenphase (mathematische Modellierung von Wirbelschichtreaktoren, s. Abschn. 8.2.3.2)
BK	Bombenkalorimeter (z. B. C_{BK}, Wärmekapazität des Bombenkalorimeters)
CSTR	Continuous Stirred Tank Reactor (kontinuierlicher idealer Rührkesselreaktor) (z. B. τ_{CSTR}, fluiddynamische Verweilzeit im kontinuierlichen idealen Rührkesselreaktor)
des	Größe bezieht sich auf den Desorptionsschritt (heterogene Katalyse)
diff, Diff	Größe beschreibt Diffusion (z. B. $(j_i)_{\mathrm{diff}}$, diffusive Stoffstromdichte)
e	Effektive (beobachtbare) Größe
el	elektrochemisch (s. Elektrochemische Reaktionstechnik, Kap. 11)
E	Größe bezieht sich auf die Elektrode oder auf den Elektrolyt (s. Elektrochemische Reaktionstechnik, Kap. 11)
f	Größe bezieht sich auf den fluiden Aggregatszustand (λ_{f}, Wärmeleitfähigkeitskoeffizient des Fluids, d. h. des Gases oder der Flüssigkeit)
fl	Größe bezieht sich auf den flüssigen Aggregatszustand (z. B. β_{fl}, Stoffübergangskoeffizient in der flüssigen Phase)
F	Größe bezieht sich auf Faraday'sche Reaktionen (z. B. M_F, Anzahl der Faraday'schen Reaktionen)
g	Größe bezieht sich auf den gasförmigen Aggregatszustand (z. B. β_{g}, Stoffübergangskoeffizient in der Gasphase)
ges	Größe berücksichtigt die gesamten Beiträge zur Größe
h	Größe bezieht sich auf das Element E_h ($h = 1$ bis L)
HD	Helmholtz-Doppelschicht (z. B. δ_{HD}, Dicke der Helmholtz-Doppelschicht) (s. Elektrochemische Reaktionstechnik, Kap. 11)
i	Größe bezieht sich auf die chemische Spezies A_i ($i = 1$ bis N)
iso	Größe bezieht sich auf isotherme Betriebsweise
j	Größe bezieht sich auf die chemische Reaktion j ($j = 1$ bis M)
k	Größe bezieht sich auf das Produkt A_k
konv, Konv	Größe beschreibt Konvektion (z. B. $(j_i)_{\mathrm{konv}}$, konvektive Stoffstromdichte)
K	Größe bezieht sich auf einen Mikrokanal
K	Größe bezieht sich auf die Kathode (s. Elektrochemische Reaktionstechnik, Kap. 11)

(Fortsetzung)

Index	Bedeutung
Kat	Größe bezieht sich auf den Katalysator (z. B. d_{Kat}, Durchmesser des Katalysatorpartikels)
max	maximal; Maximalwert(e) einer Größe
Migr	Größe beschreibt Migration (z. B. $(j_i)_{migr}$, Stoffstromdichte durch Migration) (s. Kinetik der Elektrodenreaktionen, Abschn. 11.3)
M	Vollständige Mikrovermischung (z. B. r_{M}, Reaktionsgeschwindigkeit für vollständige Mikrovermischung)
n	Nummer des Kessels in einer Rührkesselkaskade
opt	Optimal; Optimalwert(e) einer Größe
Ox	Größe bezieht sich auf die Oxidation (s. Elektrochemische Reaktionstechnik, Kap. 11)
p	Größe bezieht sich auf einen konstanten Druck p
p	Größe bezieht sich auf die Phase p ($p = 1$ bis P)
pol	Größe bezieht sich auf polytrope Betriebsweise
P	Größe bezieht sich auf die Phasengrenze (z. B. $c_{i,p}\|_{\mathrm{P}}$, Konzentration der Spezies A_i in der Phasengrenze P der Phase p)
P	Größe bezieht sich auf ein Feststoffpartikel (z. B. d_{P}, Durchmesser des Feststoffpartikels)
PFTR	Plug Flow Tubular Reactor (idealer Strömungsrohrreaktor), (z. B. τ_{PFTR}, fluiddynamische Verweilzeit im idealen Strömungsrohrreaktor)
r	Radiale Komponente eines Größenvektors (z. B. u_r) für Zylinder- oder Kugelkoordinaten
rds	Größe bezieht sich auf den geschwindigkeitsbestimmenden Teilschritt (*rate determining step*)
Red	Größe bezieht sich auf die Reduktion (s. Elektrochemische Reaktionstechnik, Kap. 11)
s	Größe bezieht sich auf stationären Betrieb (bei dynamischen Instabilitäten im kontinuierlichen idealen Rührkesselreaktor) (z. B. $(c_i)_{\mathrm{s}}$, Konzentration von A_i im stationären Betriebszustand)
S	Größe bezieht sich auf die Suspensionsphase (mathematische Modellierung von Wirbelschichtreaktoren, s. Abschn. 8.2.3.2)
S	Vollständige Segregation (z. B. r_{S}, Reaktionsgeschwindigkeit für vollständige Segregation)
Schütt	Größe bezieht sich auf eine Feststoffschüttung
T	Größe bezieht sich auf eine konstante Temperatur T
V	Vorheizzone (z. B. $T_{\mathrm{V},0}$, Temperatur am Eintritt in die Vorheizzone)
W	Wand bzw. Wasser (je nach Zusammenhang)
WT	Größe bezieht sich auf das Wärmeträgermedium (z. B. $\overline{T}_{\mathrm{WT}}$, mittlere Temperatur des Wärmeträgermediums)
x	x-Komponente eines Größenvektors für kartesische Koordinaten (z. B. u_x, Strömungsgeschwindigkeit in Richtung der x-Koordinate)

(Fortsetzung)

Index	Bedeutung
y	y-Komponente eines Größenvektors für kartesische Koordinaten (z. B. u_y, Strömungsgeschwindigkeit in Richtung der y-Koordinate)
z	z-Komponente eines Größenvektors für kartesische Koordinaten (z. B. u_z, Strömungsgeschwindigkeit in Richtung der z-Koordinate)
φ	φ-Komponente eines Größenvektors für Zylinderkoodinaten (z. B. u_φ, Strömungsgeschwindigkeit in Richtung der φ-Koordinate)

Stichwortverzeichnis

A
adiabate Temperaturerhöhung 170, 192
Aktivierungsenergie 93
    Aktivierungsenergie, potenzialabhängig 624
    Durchtrittsfaktor 631
    Filmdiffusion 381
    Porendiffusion 398
    scheinbar negative 101
    Symmetriefaktor 624
    wahre Aktivierungsenergie 93
Ammoniak 6, 29
    Abschnittsreaktor 438
    Stoffübergangskoeffizient 438
    Synthese 6, 29
Anderson-Kriterium 407
Anfangswertproblem 167, 171, 173, 177, 212, 322, 337, 346, 351, 691
    Einschrittverfahren 690, 691
    Euler-Verfahren 692
    Extrapolationsverfahren 690
    Hilfsstützstellen 691
    Mehrschrittverfahren 690
    Runge-Kutta-Verfahren 690, 691
    Schrittweiten 692
    Stützstelle 691
Arrhenius-Diagramm 94
Arrhenius-Gleichung 93
    Arrhenius-Aktivierungsenergie 93
    Arrhenius-Diagramm 94
    Durchtrittsfaktor 631
    präexponentieller Koeffizient 93
    Symmetriefaktor 624
    wahre Aktivierungsenergie 93
Arrhenius-Zahl 405, 413
Atomeffizienz 24
Ausbeute 18

B
Belegungsgrad 98
Berechnung chemischer Gleichgewichte
    Dehydrierung von Methylcyclohexan 79
    gasförmige Reaktionssysteme 76
    Gasphasenhydratisierung von Ethen 89
    Gleichgewichtszusammensetzung 78
    ideale Systeme 77
    Isomerisierung von n-Hexan 85
    reale Systeme 86
    Simultangleichgewichte 84
    Theorem der übereinstimmenden Zustände 87
Berechnung elektrochemischer Gleichgewichte 605
    Austauschstromdichte 625, 655
    Nernst-Gleichung 607, 616
Betriebsweisen 12, 667
Bildungsenthalpie, molare 53
    ab-initio-Berechnungen 55
    Gruppenbeitragsmethoden 55
    Gruppenbeitragsmethode nach Benson 56
    Standardbildungsenthalpie 53
    Standardzustand 53
biokatalysierte Reaktionen 108
    Biokatalysatoren 108
    Enzym-Substrat-Komplex 108
    Inhibitoren 112
    Michaelis-Menten-Gleichung 110
    Michaelis-Menten-Kinetik 109
    Monod-Kinetik 114
    Schlüssel-Schloss-Prinzip 108
Blasensäule 499
Bodenkolonne 500
Bodenstein'sches Quasistationaritätsprinzip 95, 99, 110, 115

G. Emig et al., *Chemische Reaktionstechnik*,
https://doi.org/10.1007/978-3-662-68826-7

Bodenstein-Zahl 272, 282, 513
Bombenkalorimeter 59
Butler-Volmer-Gleichung 626

C

Carbonsäureamid 27
Chemieingenieurwesen 1
chemische Reaktionstechnik 1
  Bedeutung 6
  Begriffe und Definitionen 9
  Lehrinhalte 4
  Reaktionsanalyse 4
  Reaktorauslegung 6
  Scale-down 4
  Scale-up 2
chemisches Potenzial 70
  Mischphase 70
  Mischungsbeitrag zum chemischen Potenzial 70
Chemisorption 372
Chemisorptionsmessung 374
Chilton-Colburn-Korrelation 658
Copolymere 537
  azeotrope Zusammensetzung 567
  Blockcopolymeren 537
  Copolymerisations-Parameter 566
  Pfropfcopolymeren 537
  Sequenzlängen 567
CSTR, „continuous stirred tank reactor“ 155

D

Damköhler-Zahl 1. Art 282
Damköhler-Zahl 2. Art, elektrochemisch 657, 673
Damköhler-Zahl 2. Art 378, 384, 386, 413, 514, 522, 523
Danckwerts-Randbedingungen 424
Dehydrierung von Ethylbenzol zu Styrol 434
Dehydrierung von Methylcyclohexan 63, 73, 79
Differenzialgleichungen 1. Ordnung 687
  analytische Lösungsmöglichkeiten 687
  homogenener Fall 687
  homogener Fall 687
  inhomogener Fall 687
  Variation der Konstanten nach Lagrange 687
Differenzialgleichungen 2. Ordnung 688
  allgemeinen Lösung 689
  charakteristische Gleichung 689
  Lösungsverfahren 689
Differenzialgleichungen 686
  analytische Lösungsmöglichkeiten 686
  Anfangswertproblem 691
  Differenzialgleichungen 1. Ordnung 687
  Differenzialgleichungen 2. Ordnung 687
  numerische Lösungsmöglichkeiten 690
  partielle Differenzialgleichungen 695
  Randwertproblem 693
  Systeme von Differenzialgleichungen 695
Diffusion, effektive
  Bruggeman-Gleichung 399
  Diffusion, Knudsen 400
  Diffusion, konfigurelle 400
  Diffusion, molekulare 400
  Diffusionsmechanismus 399
  „Dusty-Gas"-Modell 402
  „Random-Pore"-Modell 402
  Tortuositätsfaktor 399
  Wicke-Kallenbach-Zelle 403
Diffusion, effektive 399
Diffusion, Knudsen
  Temperaturabhängigkeit 402
Diffusion, Knudsen 400, 402
Diffusion, konfigurelle 400, 402
Diffusion, molekulare
  Beziehung von Wilke und Chang 401
  Chapman-Enskog-Beziehung 401
  kinetischen Gastheorie 400
  Korrelation von Fuller 401
  Korrelation von Wilke und Lee 401
Diffusion, molekulare 400
Diffusionskoeffizient 141
Dispersionsmodell 270, 281
  Bodenstein-Zahl 272
  Dispersionskoeffizient 270
  geschlossene Systeme 274
  Péclet-Zahl 277
Divergenz 144, 154
Drei-Wege-Katalysator 104
Dwivedi-Upadhyay-Korrelation 383

E

E-Faktor 24
elektrisches Potenzial 612
elektrochemisches Potenzial 612
Elektrochemische Reaktionstechnik 589
  1. Faraday'sches Gesetz 596
  Austauschstromdichte 625, 655
  Butler-Volmer-Gleichung 626
  Durchtrittsfaktor 631
  elektrisches Potenzial 611
  Elektrochemische Reaktoren 662
  elektrochemische Spannungsreihe 618
  elektrochemisches Potenzial 612
  Elektrodenpotenzial 612
  elektromotorische Kraft 616
  Energie-Effizienz 598
  Erster Hauptsatz der Thermodynamik 603
  Faraday-Effizienz 597

Faraday-Konstante 595
Faraday'sche Reaktionen 598
Gleichgewichtspotenzial 615
Gleichgewichtsspannung 606
Grenzstromdichte 655, 658, 665
Helmholtz-Doppelschicht 611
Kinetik von Elektrodenreaktionen 621
Ladungsbilanz 595
Makrokinetik 650
Mikrokinetik 621
Nernst-Gleichung 607, 616
Nernst-Planck-Gleichung 653
Nernst'sche Diffusionsschicht 640, 645
Nicht-Faraday'sche Reaktionen 598
partielle Stromdichte 600
Plateautromdichte 640, 644
Produktionshöhe 597
Referenzelektrode 617
Spannung 592
spezifischer Strombedarf, minimal 662
spezifischer Strombedarf 596, 662
Standardgleichgewichtspotenzial 618
Standardgleichgewichtsspannung 606
Stromdichte, effektiv 651, 654
Stromdichte, intrinsisch 651, 655
Strom-Spannungs-Kurve 592
Stromstärke 592
Symmetriefaktor 624
Tafel-Auftragung 628
Tafel-Gerade 628
Tafel-Steigung 628, 635, 655
thermoneutrale Spannung 605
Überspannung 592
Wagner-Zahl 674
Zweiter Hauptsatz der Thermodynamik 605
Elektrochemische Reaktoren 662
Betriebsweisen 667
Durchflusszelle 665
Elektrochemischer Mikrostrukturreaktor 672
H-Typ-Zelle 665
Kapillarspaltreaktor 667
elektrochemische Spannungsreihe 618
Elektrolyse/Elektrosynthese 589
Baizer-Prozess 600
Chlor-Alkali-Elektrolyse 600, 620
CO_2-Elektrolyse 600, 607, 620, 659
Elektrochemische Reaktionstechnik 589
Wasserelektrolyse 600, 645, 667
elektromotorische Kraft 616
Emulsionspolymerisation 583
Energiebilanz
Akkumulationsterm 148
Konvektionsterm 149
Kugelkoordinaten 154
Reaktionsterm 152
Vektorform 154
Wärmebilanz 147
Wärmeleitungsterm 150
Zylinderkoordinaten 154
Energiebilanz, allgemeine 147
Energie-Effizienz 598
Euler-Verfahren 167, 172, 305, 322, 337, 346, 351, 692

F

Fällungspolymerisation 581
Faraday-Effizienz 597
Faraday-Konstante 595
Faraday'sche Reaktionen 598
Fein- und Spezialchemikalien 27
Festbettreaktoren 418
Danckwerts-Randbedingungen 424
Enthalpiebilanz 427
Gleichgewichtsreaktionen 441
modifizierte Verweilzeit 431
Péclet-Zahl 425
Reaktionsführung, adiabate 432, 441
Reaktionsführung, isotherme 429
Reaktionsführung, polytrope 448
Stoffbilanz 423
Fick'sches Diffusionsgesetz 141, 360, 385, 399
Filmdiffusion
Aktivierungsenergie 381
äußerer Katalysatorwirkungsgrad 378
Damköhler-Zahl 2. Art 378
effektive Reaktionsgeschwindigkeit 378
Effektivkinetik 376
Filmwirkungsgrad 376
Limitierung 381
Mears-Kriterium 381
Nernst'sche Diffusionsschicht 640, 645
Stoffübergangskoeffizient 382
Filmtheorie 359, 654
Finite-Differenzen-Verfahren 693
Differenzengleichungen 693
Differenzenquotienten 693
Gauß-Elimination 695
Lineare Gleichungssysteme 695
LU-Faktorisierung 695
Nichtlineare Gleichungssysteme 696
Rückwärtsdifferenzen 693
Vorwärtsdifferenzen 693
Zentraldifferenzen 693
Fluid-Fest-Reaktionen 463
Geschwindigkeitsbestimmender Vorgang 469
Kinetische Modellierung 465

Fluid-Fest-Reaktionen 463 (*Fortsetzung*)
- Modell mit schrumpfendem Feststoffkern 464
- pseudo-stationäre Bedingung 466
- Reaktorauslegung 475
- Umsatzgrad bei konstanter Zusammensetzung der fluiden Phase 469

Fluid-Fest-Reaktoren 475
- Festbettreaktor 476
- homogene Zusammensetzung der fluiden Phase 476
- Reaktorauslegung 475
- Veränderliche Zusammensetzung der fluiden Phase 476
- Wanderschichtreaktor 479

Fluid-Fluid-Reaktionen 481
- effektive Reaktionsgeschwindigkeit 489
- Gas-Flüssig-Stoffdurchgangskoeffizient 483
- Gesamtbetrachtung 492
- Henry-Gesetz 483
- Kinetische Modellierung 482
- maximale Temperaturerhöhung an der Phasengrenze 495
- Mikroreaktionstechnik 529
- Reaktion im Kern der Flüssigphase 483
- Reaktion in der Grenzschicht 485
- Reaktorauslegung 496
- Zweifilmtheorie 483

Fluid-Fluid-Reaktoren 496
- Auswahl des technischen Reaktors 501
- Blasensäule 499
- Bodenkolonne 500
- Einzelkugelabsorber 498
- Fallfilmabsorber 497
- Füllkörperkolonne 500
- Laborreaktoren 496
- Laminarstrahlabsorber 498
- Reaktorauslegung 496
- Sprühturm 501
- Technische Reaktoren 498

Folgereaktionen 323
- Ausbeuteproblem 330
- Beispiele 323
- 1,1-Folgereaktion 325
- 2,1- bzw. 1,2-Folgereaktion 336
- optimale Temperatur 330
- Reaktionsführung, isotherme 325, 333, 337
- Reaktionsführung, nichtisotherme 332, 335, 338
- Rührkesselreaktor, diskontinuierlicher idealer 325, 337
- Rührkesselreaktor, halbkontinuierlicher idealer 336
- Rührkesselreaktor, kontinuierlicher idealer 333, 340
- Selektivitätsproblem 324, 330
- Strömungsrohrreaktor, idealer 325, 337

Folge- und Parallelreaktion 350, 354
Fourier'sches Gesetz 120, 122
Fourier-Zahl 267
Füllkörperkolonne 500

G

Gasphasenhydratisierung 89
Gauß'sche Normalverteilung 274
Gesamtordnung 93
Gibbs-Helmholtz-Gleichung 69, 72
Gleichgewichtskonstante, chemische 69
- Berechnung chemischer Gleichgewichte 76
- Dehydrierung von Methylcyclohexan 73
- Massenwirkungsgesetz 70
- Standardreaktionsentropie 73

Gleichgewichtsreaktionen 297, 441, 445
- Berechnung chemischer Gleichgewichte 76
- Berechnung elektrochemischer Gleichgewichte 605
- bimolekulare Gleichgewichtsreaktion 313
- chemisches Gleichgewicht 68
- Dehydrierung von Methylcyclohexan 79
- Festbettreaktoren 441
- Gasphasenhydratisierung von Ethen 89
- Hordenreaktor 306, 445
- Isomerisierung von n-Hexan 85
- monomolekulare Gleichgewichtsreaktion 297
- optimale Temperatur 304
- Raum-Zeit-Ausbeute 444
- Reaktionsführung, isotherme 298, 307, 314, 318
- Reaktionsführung, nicht-isotherme 300
- Reaktionsführung, nichtisotherme 310, 317, 319
- Reaktionsführung, optimale polytrope 318
- Rührkesselreaktor, diskontinuierlicher idealer 298, 314
- Rührkesselreaktor, halbkontinuierlicher idealer 313
- Rührkesselreaktor, kontinuierlicher idealer 307, 318, 319
- Simultangleichgewichte 84
- Stoffmengenänderungsgeschwindigkeit 304
- Strömungsrohrreaktor, idealer 298, 314
- Umsatzgrad-Temperatur-Diagramm 303
- Zünd-/Lösch-Verhalten 312

Gradient 144, 154
grafische Auswertung 189
Grenzschicht 358, 640, 645, 654

Grenzschichtdicke 360
Grenzstromdichte 655, 658, 665
Grundchemikalien und Zwischenprodukte 27

H

Hagen-Poiseuille'sches Gesetz 512
Helmholtz-Doppelschicht 611
Henry-Gesetz 483
heterogen katalysierte Reaktionen 95, 368
  Arrhenius-Zahl 413
  Belegungsgrad 98
  chemisches Adsorptionsgleichgewicht 102, 643
  Chemisorption 96
  Drei-Wege-Katalysator 104
  elektrochemisches Adsorptionsgleichgewicht 643
  Eley-Rideal-Mechanismus 102
  Festbettreaktoren 418
  Filmdiffusion 375
  geschwindigkeitsbestimmender Teilschritt 99
  Heterogene Elektrokatalyse 641
  Hordenreaktor 421
  Hougen-Watson-Geschwindigkeitsansätze 104
  Katalysatoren, feste 95
  Katalysatorwirkungsgrad 660
  Katalysezyklus 96
  kinetische Modellierung 372
  Langmuir-Hinshelwood-Mechanismus 102
  Mehrkomponenten-Langmuir-Adsorptionsisotherme 102
  Mikrostrukturreaktoren 521
  Oberflächenreaktion 96
  Porendiffusion 383
  Prater-Zahl 414
  Produktinhibierung 101
  Reaktionsgeschwindigkeit 372
  Reaktorauslegung 418
  Thiele-Modul 413
  Überlagerung von Transportvorgängen 408
  Vollraumreaktor 418
  Wärmetransport, äußerer 404
  Wärmetransport, innerer 405
  wichtige Größen 374
  Wirbelschichtreaktoren 454
  Zentrenbilanz 98, 643
  Zentrendichte 374
  Zünd-/Lösch-Verhalten 411
homogene Fluidreaktionen 92
  autokatalytische Reaktionen 93
  Gesamtordnung 93
  Lindemann-Hinshelwood-Mechanismus 94
  Mikrostrukturreaktoren 512
  Molekularität 93
  Potenzansätze 92
  Produktinhibierung 93
homogen katalysierte Reaktionen 105
  Homogene Elektrokatalyse 636
  Hydrierung eines Olefins 107
  Komplexbildungskonstanten 107
  metallorganische Katalysatoren 106
  Mikrostrukturreaktoren 512
  Redoxaktiver Mediator 636
Hordenreaktor 306
  Gleichgewichtsreaktionen 306, 445
  indirekter Kühlung 421
  Kaltgaseinspritzung 307
  optimale Temperaturführung 421
  Reaktionsführung, adiabate 445
Hordenreaktor 421

I

ideale Reaktoren 155
  Kombination idealer Reaktoren 239
  Rührkesselreaktor, diskontinuierlicher idealer 157
  Rührkesselreaktor, halbkontinuierlicher idealer 210
  Rührkesselreaktor, idealer 155
  Rührkesselreaktor, kontinuierlicher idealer 181
  Strömungsrohrreaktor, idealer 155, 218
  Vergleich idealer Reaktoren 233
Instabilitäten, dynamische 200
  oszillatorische Stabilität 205
  Schwingungen 205
  Stabilitätsbedingungen 205
  Stabilitätskriterium 200
Isomerisierung von n-Hexan 85

K

Kapazität 25, 31
Katalysatoren, feste 369
  aktives Zentrum 96, 370
  Alterungsvorgang 370
  Katalysatorgifte 370
  Porendurchmesser 369
  Schalenkatalysatoren 370
  spezifische Oberfläche 369
  Trägerkatalysatoren 370
  Vollkatalysatoren 370
Katalysatorschüttung 371
Kennzahlen, dimensionslose 677
  Arrhenius-Zahl 405, 413
  Bodenstein-Zahl 272, 282, 513

Kennzahlen (*Fortsetzung*)
Damköhler-Zahl 1. Art 282
Damköhler-Zahl 2. Art, elektrochemisch 657, 673
Damköhler-Zahl 2. Art 378, 522
Dimensionsanalyse 679
Dimensionsgleichung 679
Fourier-Zahl 267
Grundgrößen 678
NTU 673
Nusselt-Zahl 126
Péclet-Zahl 277
Prandtl-Zahl 126
Prater-Zahl 414
Reynolds-Zahl 126, 277, 360
Schmidt-Zahl 277, 361
Sherwood-Zahl 360
Stanton-Zahl 199
Taylorreihenentwicklung 681
π-Theorem von Buckingham 678
Thiele-Modul, elektrochemisch 660
Thiele-Modul 386, 413
Wagner-Zahl 674
Kettenreaktionen 114
Kettenfortpflanzung 115
Kettenträger 115
Knallgasreaktion 115
Rice-Herzfeld-Mechanismus 115
Kirchhoff'scher Satz 62
Knudsen-Diffusion
Knudsen-Diffusionskoeffizient 402
komplexe Reaktionen 295
Folgereaktionen 323
Folge- und Parallelreaktion 350, 354
Gleichgewichtsreaktionen 297
Mehr-Elektronen-Mehr-Schritt-Reaktionen 633
mit mehr als zwei Teilreaktionen 349
Parallelreaktionen 341
Selektivitäts-Umsatzgrad-Diagramm 295
Stoff- und Energiebilanzen 296
Konvektion (Wärme) 122
erzwungene 122
freie 122

L

Ladung 594
1. Faraday'sches Gesetz 596
Faraday-Konstante 595
Ladungsbilanz 595
Ladungszahl 595
Leerrohrgeschwindigkeit 366

M

Makrokinetik 90, 358
Elektrolyse/Elektrosynthese 650
Filmtheorie 359
Kriteriengleichungen 361
Stoffdurchgang 361
Stoffdurchgangskoeffizient 364
Stoffübergang 358
Stoffübergangskoeffizient 359
Stromdichte, effektiv 651, 654
Zweifilmtheorie 362
Makromoleküle 537
Häufigkeitsverteilung 541
mittlere Polymerisationsgrade 541
Molmassen 537
Polydispersitätsindex 541
Polymerisationsgrad 541
Viskosität 539
Makroporen 369
Mears-Kriterium 381, 405
mehrphasige Reaktionen 357
Emulsionspolymerisation 583
Fluid-Fest-Reaktionen 463
Fluid-Fluid-Reaktionen 481
Grundlagen 358
heterogen katalysierte Reaktionen 368
Klassifizierung 357
Makrokinetik 358
Polymerisation 579
Reaktormodell, heterogenes 365
Reaktormodell, pseudohomogenes 367
Suspensions- oder Perlpolymerisation 580
Mesoporen 369
Mikrokinetik 90, 163
Außensphären-Mechanismus 622
biokatalysierte Reaktionen 108
Butler-Volmer-Gleichung 626
Ein-Elektronen-Ein-Schritt-Reaktion 622
Elektrolyse/Elektrosynthese 621
formalkinetische Ansätze 91
Heterogene Elektrokatalyse 641
heterogen katalysierte Reaktionen 95
Homogene Elektrokatalyse 636
homogene Fluidreaktionen 92
homogen katalysierte Reaktionen 105
Innensphären-Mechanismus 641
Kettenreaktionen 114
mechanistisch begründete Ansätze 91
Mehr-Elektronen-Mehr-Schritt-Reaktionen 633
Polyreaktionen 547
Stromdichte, intrinsisch 651, 655
Tafel-Auftragung 628
Tafel-Gerade 628
Tafel-Steigung 628, 635, 655

Mikroporen 369
Mikroreaktionstechnik
- Anderson-Kriterium 526
- Begriffe und Definitionen 510
- Beispiele 533, 534
- Bodenstein-Zahl 513
- Damköhler-Zahl 2. Art 522
- Enthalpiebilanz 516, 526, 532
- Fluiddynamik 512, 530
- Fluid-Fluid-Reaktionen 529
- Hagen-Poiseuille'sches Gesetz 512
- heterogen katalysierte Fluidreaktionen 521
- homogene und homogen katalysierte Fluidreaktionen 512
- Mears-Kriterium 522
- Mikroeffekte 510
- modifizierte Verweilzeit 529
- Péclet-Zahl 513
- Stoffbilanz 512, 521, 530
- Wandkatalysator 521
- Wärmeübergangskoeffizient 517
- Zeitkonstante 510

mikroskopische Reversibilität 299
Mikrostrukturreaktoren 510, 532
- Elektrochemischer Mikrostrukturreaktor 672
- Labormaßstab 532

Miniplant-Technik 3
modifizierte Verweilzeit 529

N

Nernst-Gleichung 607, 616
Nernst-Planck-Gleichung 653
Nernst'sche Diffusionsschicht 640, 645
Nernst'scher Verteilungskoeffizient 363
Nicht-Faraday'sche Reaktionen 598
Nitril-Hydrolyse 165, 170, 174, 178, 237
Nullstellenbestimmung 683
- Bisektionsverfahren 684
- Konvergenzkriterium 686
- Konvergenzsicherheit 683
- Newton-Formel 684
- Regula-Falsi-Verfahren 684
- Sekantenverfahren 683
- Tangentenverfahren 683

Nullstellenbestimmungsverfahren 244
Numbering-up 2
Nusselt-Zahl 126, 517

P

Parallelreaktionen 341
- Beispiele 341
- 1,1-Parallelreaktion 342
- 2,1- bzw. 1,2-Parallelreaktion 345
- Reaktionsführung, isotherme 342, 344, 347
- Reaktionsführung, nichtisotherme 343, 345
- Reaktionsführung, nicht-isotherme 347
- Rührkesselreaktor, diskontinuierlicher idealer 342, 346
- Rührkesselreaktor, kontinuierlicher idealer 344, 348
- Strömungsrohrreaktor, idealer 342, 346

Parameterschätzung 696
- Fehlerquadratsumme 696
- Gauß-Newton-Verfahren 698
- Gradientenverfahren 698
- Jacobi-Matrix 698
- lineare Modelle 697
- nichtlineare Modelle 698
- Rastersuche 698
- Zielfunktion 696

Péclet-Zahl 277, 425, 513
- axiale425
- Festbettreaktoren 279
- leere Strömungsrohre 277
- Mikroreaktionstechnik 513
- radiale 426

PFTR, „plug flow tubular reactor“ 155
Phasengrenzfläche, spezifische 366
Plateautromdichte 640, 644
Poisson-Verteilung 265
Polymerisation 540
- anionische Polymerisation 551
- kationische Polymerisation 551
- Poisson-Verteilung 553
- radikalische 546
- Rührkesselreaktor, diskontinuierlicher idealer 569
- Rührkesselreaktor, halbkontinuierlicher idealer 577
- Rührkesselreaktor, kontinuierlicher idealer 573
- Schulz-Flory-Verteilungen 550
- Strömungsrohrreaktor, idealer 569
- übergangsmetallkatalysierte Polymerisation 551

Polymerisationskinetik 540, 547
- Copolymerisation 565
- Copolymerisationsgleichung 566
- Gel- oder Trommsdorff-Effekt 565
- Gleichgewichtsreaktionen 549
- Kinetik der ionischen/übergangsmetallkatalysierten Polymerisation 551
- kinetische Kettenlänge 559
- Langkettenhypothese 557
- lebende Polymerisation 552
- mittlerer Polymerisationsgrad 559
- Quasistationaritätsbedingung 557, 558

Polymerisationskinetik 540 (*Fortsetzung*)
radikalischen Polymerisation 556
Stufenwachstumsreaktion 547
übergangsmetallkatalysierten Polymerisation 555
Übertragungsreaktionen 554
Viskositätsabhängigkeit 565
Wachstumswahrscheinlichkeit 555, 556
Polyreaktionen 537
Abbruchreaktionen 545
Disproportionierung 546
Disproportionierungsabbruch 556
Einfluss des Reaktortyps 569
Elementarreaktionen 545
Kombination 546
Kombinationsabbruch 556
mittlere kinetische Kettenlänge 552
Polyadditionen 545
Polykondensationen 545
Übertragungsreaktionen 543, 559
Wachstumswahrscheinlichkeit 560
Porendiffusion 383, 398
Aktivierungsenergie 398
Damköhler-Zahl 2. Art 386
dimensionslose Stoffbilanz 385
effektive Reaktionsgeschwindigkeit 388, 391, 395
generalisierter Thiele-Modul 392, 395, 395
innerer Katalysatorwirkungsgrad 388
kugelförmige Katalysatorpartikel 392
plättchenförmigen Katalysator 383
Porenwirkungsgrad 388
Thiele-Modul 386
Weisz-Modul 397
Weisz-Prater-Kriterium 398
Wicke-Kallenbach-Zelle 403
Potenzansätze 92
Potenzial
chemisches Potenzial 68, 611
elektrisches Potenzial 611
elektrochemisches Potenzial 612
Elektrodenpotenzial 612
Gleichgewichtspotenzial 615
Nernst-Gleichung 616
Referenzelektrode 617
Standardgleichgewichtspotenzial 618
Prandtl-Zahl 126
Prater-Zahl 414
Produktinhibierung 93, 101
Produktionshöhe 3, 25, 28, 597
Pulsfunktion 258

R

Randwertproblem 232, 690, 693
Finite-Differenzen-Methode 690
Finite-Elemente-Methode 690
Finite-Volumen-Methode 690
Systeme von Differenzialgleichungen 695
Raum-Zeit-Ausbeute 26, 444
Reaktionsanalyse 4, 35
Mikrokinetik 35, 90
Stöchiometrie 35, 36
Thermodynamik 35, 48
Reaktionsenthalpie, freie 68
Gibbs-Helmholtz-Gleichung 69
Reaktionsenthalpie 61
Gibbs-Helmholtz-Gleichung 72
Reaktionsführung, adiabate
Festbettreaktoren 432, 441
Hordenreaktor 445
Rührkesselreaktor, diskontinuierlicher idealer 169
Rührkesselreaktor, kontinuierlicher idealer 191
Strömungsrohrreaktor, idealer 228
Reaktionsführung, isotherme
Festbettreaktoren 429
Rührkesselreaktor, diskontinuierlicher idealer 163
Rührkesselreaktor, kontinuierlicher idealer 188
Strömungsrohrreaktor, idealer 228
Reaktionsführung, polytrope
Festbettreaktoren 448
Rührkesselreaktor, diskontinuierlicher idealer 177
Rührkesselreaktor, kontinuierlicher idealer 198
Strömungsrohrreaktor, idealer 228
Reaktionsgeschwindigkeit 15
Definition 15
in der Elektrolyse/Elektrosynthese 599, 625
in der heterogenenen Katalye 372
effektive Reaktionsgeschwindigkeit 367
effektive Reaktionsgeschwindigkeit 378, 388, 391, 395, 489
Reaktionslaufzahl 14
Reaktionsschema 9, 11, 35
Reaktionssysteme 9
chemische Verbindung 9
Edukte 10
Elektrolyse/Elektrosynthese 589
Hauptprodukte 10
ideale Systeme 77
Koppelprodukte 10
Nebenprodukte 10
Phasenbestand 9, 10
Produkte 10
Reaktionsbedingungen 9
Reaktionsschema 9, 11
reale Systeme 86
Reaktionsvolumen 13

Reaktoren
  Elektrochemische Reaktoren 662
  Festbettreaktoren 418
  Hordenreaktor 421
  Mikrostrukturreaktoren 672
  Rohrbündelreaktor 218, 249
  Rührkesselkaskade 239
  Vollraumreaktor 218
  Vollraumreaktor 418
  Wirbelschichtreaktoren 454
Reaktormodell, heterogenes 365
  eindimensionale Reaktormodellierung 365
  zweidimensionale Reaktormodellierung 365
Reaktormodell, pseudohomogenes 367
  effektive Reaktionsgeschwindigkeit 367
  Homogenisierungsansatz 367
  Wirkungsgrad 367
Reaktormodellierung 135
  allgemeine Bilanzgleichung 137
  Bilanzen für Stoff, Energie und Impuls 135
  Bilanzierungssystematik 136
  Bilanzraum 136
  Energiebilanz, allgemeine 147
  Grundlagen 135
  Stoffbilanz, allgemeine 138
reale Reaktoren 253
  Bilanzierung 281
  Bodenstein-Zahl 282
  Damköhler-Zahl 1. Art 282
  Dispersionsmodell 281
  Segregation 286
  Umsatzgrad für vollständige Segregation 288
  Verweilzeitverhalten 266
  Zellenmodell 284
Referenzelektrode 617
Reinigung von Abgasen 41
Reynolds-Zahl 126, 277, 360
Rohrbündelreaktor 31, 218, 249
  Einzelrohre 32
Rührkesselkaskade 239
  Nullstellenbestimmungsverfahren 244
  Stoffbilanz 239
  Stufenzugverfahren 247
  Verweilzeitverhalten 263
Rührkesselreaktor, diskontinuierlicher idealer 157
  adiabate Temperaturerhöhung 170
  Bilanzgleichungen 162
  Elektrolyse/Elektrosynthese 671
  Enthalpiebilanz 160
  Folgereaktionen 325, 337
  Gleichgewichtsreaktionen 298, 314
  optimale Temperaturführung 181
  Parallelreaktionen 342, 346
  Polyreaktionen 569
  Prinzipskizze 157
  Reaktionsführung, polytrope 177
  Stoffbilanz 157
  Umsatzgrad-Zeitverläufe 166
  Vergleich mit idealem Strömungsrohrreaktor 234
Rührkesselreaktor, halbkontinuierlicher idealer 210
  Dosiergeschwindigkeit 213
  Dosierkontrolle 211
  Enthalpiebilanz 210
  Folgereaktionen 336
  Gleichgewichtsreaktionen 313, 319
  Konzentrations-Zeit-Verläufe 217
  Polyreaktionen 577
  Stoffbilanz 210
Rührkesselreaktor, kontinuierlicher idealer 181
  adiabate Temperaturerhöhung 192
  Bilanzgleichungen 188
  Elektrolyse/Elektrosynthese 672
  Enthalpiebilanz 185
  Folgereaktionen 333, 340
  Gleichgewichtsreaktionen 307, 318
  Instabilitäten, dynamische 200
  Kaskade 239
  Parallelreaktionen 344, 348
  Polyreaktionen 573, 573
  Reaktionsführung, adiabate 191
  Reaktionsführung, isotherme 188
  Reaktionsführung, polytrope 198
  Stoffbilanz 182
  Umsatzgrad-Verweilzeit-Verlauf 190, 190
  Vergleich mit idealem Strömungsrohrreaktor 235
  Verweilzeitverhalten 262
  Zünd-/Lösch-Verhalten 193
Runge-Kutta-Verfahren 167

S

Scale-down 4, 91
Scale-up 2, 91
  externes Numbering-up 2
  geometrisches 2
  internes Numbering-up 2
  Miniplant-Technik 3
Schlüsselkomponenten 39
Schlüsselreaktionen 42
Schmidt-Zahl 277, 361
Segregation 286
  graphische Lösungsmethode 289
  Mikrovermischung und Makrovermischung 286
  teilweise Segregation 286
  Umsatzgrad für vollständige Segregation 288
  vollständige Segregation 286
Selektivität 18
Selektivitäts-Umsatzgrad-Diagramm 295

Sherwood-Zahl 360
Simultangleichgewichte 84
Software 699
  Einsatzgebiete 699
  kommerzielle Software 701
  kostenfreie Software 700
Spannung 592
  Gleichgewichtsspannung 606
  Standardgleichgewichtsspannung 606
  Strom-Spannungs-Kurve 592
  thermoneutrale Spannung 605
  Überspannung 592
Sphärizität 456
Sprühturm 501
Sprungfunktion 257
Stabilitätskriterium 196
Stabilitätskriterium 410
Standardzustand 53
Stanton-Zahl 199
Stöchiometrie 36
  Elementbilanz 47
  Element-Spezies-Matrix 38
  Nichtschlüsselkomponenten 40
  Schlüsselkomponenten 37, 39
  Schlüsselreaktionen 37, 42
  stöchiometrische Koeffizienten 11
  Zielsetzung 37
stöchiometrische Koeffizienten 11
Stoffbilanz
  Akkumulationsterm 139
  Bilanzierungssystematik 138
  Diffusionsterm 141
  Konvektionsterm 139
  Kugelkoordinaten 147
  Reaktionsterm 143
  vektorieller Schreibweise 144
  Wortgleichung 138
  Zylinderkoordinaten 145
Stoffbilanz, allgemeine 138
Stoffdurchgang 361
Stoffdurchgangskoeffizient 364
Stoffmengenänderungsgeschwindigkeit 15, 311, 600
Stoffübergang 358
Stoffübergangskoeffizient 359, 382, 654
  Elektrochemischer Reaktor 658
  Elektrolyse/Elektrosynthese 654
  Festbettreaktor 382
  Suspensionsrührkesselreaktor 383
  Wirbelschichtreaktor 383
Stromdichte-Überspannungs-Kurve 627, 640, 655
Strom-Spannungs-Kurve 592
Stromstärke 592
  Austauschstromdichte 625, 655
  Grenzstromdichte 655, 658, 665
  partielle Stromdichte 600
  Plateaustromdichte 640
  Plateautromdichte 644
  spezifischer Strombedarf, minimal 663
  spezifischer Strombedarf 596, 662
  Stromdichte, effektiv 651, 654
  Stromdichte, intrinsisch 651, 655
  Stromdichte-Überspannungs-Kurve 627, 640, 655
  Strom-Spannungs-Kurve 592
Strömungsrohrreaktor, idealer 218
  autothermen Prozess 229
  Bilanzgleichungen 226
  Elektrolyse/Elektrosynthese 669
  Enthalpiebilanz 222
  Folgereaktionen 325, 337
  Gleichgewichtsreaktionen 298, 314
  Parallelreaktionen 342, 346
  Parallelschaltung von Strömungsrohrreaktoren 249
  Polyreaktionen 569
  Reaktionsführung, adiabate 228
  Reaktionsführung, isotherme 228
  Reaktionsführung, polytrope 228
  Rohrbündelreaktor 249
  Stoffbilanz 219
  Vergleich mit diskontinuierlichem idealem Rührkesselreaktor 234
  Vergleich mit kontinuierlichem idealem Rührkesselreaktor 235
  Verweilzeitverhalten 260
  Wärmeintegration 229
Stufenzugverfahren 247
Suspensions- oder Perlpolymerisation 580

T

Tabellenkalkulation 177, 179
Tabellenkalkulationsprogramm 322, 346
Tafel-Auftragung 628
Tafel-Gerade 628
Tafel-Steigung 628, 635, 655
Taylorreihenentwicklung 140, 142, 150, 152, 220, 225, 404, 406
  Beispiel 682
  Entwicklungspunkt 681
  Taylor-Linearisierung 681
  Taylorpolynom 681
  Taylorreihe 681
Thermodynamik 48, 603
  Austauschstromdichte 625, 655
  Bildungsenthalpie, molare 53
  chemisches Potenzial 68, 70
  Dehydrierung von Methylcyclohexan 63
  dritter Hauptsatz 73
  elektrochemische Spannungsreihe 618

elektrochemisches Potenzial 612
elektromotorische Kraft 616
erster Hauptsatz 49, 603
Fugazitätskoeffizient 87
Gleichgewichtskonstante, chemische 69
Gleichgewichtspotenzial 615
Gleichgewichtsspannung 606
Nernst-Gleichung 607, 616
Reaktionsenthalpie, freie 68
Reaktionsenthalpie 61
Standardgleichgewichtspotenzial 618
Standardgleichgewichtsspannung 606
Theorem der übereinstimmenden Zustände 87
Ulich'sche Näherungen 62
Verbrennungsenthalpie, molare 59
zweiter Hauptsatz 65, 605
Thiele-Modul, elektrochemisch 660
Thiele-Modul 386
Thoenes-Kramers-Korrelation 382
turnover frequency 374

U
Überspannung 592
Ohm'sche Überspannung 663
Reaktionsüberspannung 623, 626, 650, 663
Stromdichte-Überspannungs-Kurve 627, 640, 655
Ulich'sche Näherungen 62
Umsatzgrad 18

V
van't Hoff'sche Reaktionsisobare 302
Verbrennungsenthalpie, molare 59
Bombenkalorimeter 59
Brennwert 59
Heizwert 59
Vergleich idealer Reaktoren 233
diskontinuierlicher Rührkesselreaktor und Strömungsrohrreaktor 234
kontinuierlicher Rührkesselreaktor und Strömungsrohrreaktor 235
Verweilzeit
fluiddynamische Verweilzeit 254
individuelle Verweilzeit 254
modifizierte Verweilzeit 431
Verweilzeitverhalten
Dispersionsmodell 270
Fourier-Zahl 267
ideale Reaktoren 260
Rührkesselkaskade 263
Rührkesselreaktor, kontinuierlicher idealer 262
Rührkesselreaktor, kontinuierlicher realer 266
Stoßmarkierung 258
Strömungsrohrreaktor, idealer 260
Strömungsrohrreaktor, laminarer 267
Zellenmodell 279
Verweilzeitverteilung 253
Experimentelle Ermittlung 256
Strömungsrohrreaktor, realer 267
Verdrängungsmarkierung 257
Verweilzeit-Summenfunktion 254
Verweilzeit-Verteilungsfunktion 254
Vinylacetat 22
Vollraumreaktor 218
Vollraumreaktor 418

W
Wagner-Zahl 674
Wandkatalysator 521
Wärmeabfuhrgerade 194, 196
Wärmeabfuhrgerade 409
Wärmedurchgang 129
Wärmedurchgangskoeffizient 129
Wärmeerzeugungskurve 194, 196
Wärmeerzeugungskurve 410
Wärmeintegration 229
Wärmeleitung 120
Fourier'sches Gesetz 120, 122
Temperaturleitzahl 122
Wärmeleitfähigkeitskoeffizient 120
Wärmestromdichte 120
Wärmestrahlung 123
Emissionsverhältnis 124
schwarzer Strahler 124
Stefan-Boltzmann-Gesetz 123
Strahlungsaustausch 125
Wärmetransport, äußerer 404
Arrhenius-Zahl 405
Mears-Kriterium 405
Wärmetransport, innerer 405
Anderson-Kriterium 407
Anderson-Kriterium 526
Wärmeübergang 125
laminar durchströmte Rohre 127
Nusselt-Zahl 126
Prandtl'sche Grenzschicht 125
Prandtl-Zahl 126
Reynolds-Zahl 126
turbulent durchströmte Rohre 127
Wärmeübergangskoeffizienten 125
Wärmeübertrager 131
mittlere logarithmische Temperaturdifferenz 132
Rekuperatoren 131
Wärmeübertragerleistung 131

Wärmeübertragung
  direkte 119
  Grundlagen 119
  indirekte 120, 129
  Konvektion 119
  Konvektion (Wärme) 122
  Leitung 119
  Mechanismen 120
  Strahlung 119
  Wärmedurchgang 129
  Wärmeleitung 120
  Wärmestrahlung 123
  Wärmeübergang 125
  Wärmeübertrager 131
Weisz-Modul 397
Weisz-Prater-Kriterium 398, 523
Widerstandsbeiwert 279
Wirbelschichten 455
  Eigenschaften von Wirbelschichten 456
  homogene Wirbelschicht 455
Wirbelschichtreaktoren 454
  Blasenmodell 458
  Mathematische Modellierung 457
  Wirbelschichten 455
  Zweiphasenmodelle 458
Wirkstoffe 27
Wirkungsgrad 367
  äußerer Katalysatorwirkungsgrad 378
  Filmwirkungsgrad 376
  innerer Katalysatorwirkungsgrad 388

Z

Zeitkonstante 510
  Zeitkonstante der Diffusion 510
  Zeitkonstante der Reaktion 92
  Zeitkonstante der Wärmeleitung 510
Zellenmodell 279, 284
Zünd-/Lösch-Verhalten 193, 196, 200, 312, 526
  heterogen katalysierte Reaktionen 414
  instabile Betriebspunkte 195
  instabile Betriebspunkte 411
  Rührkesselreaktor, kontinuierlicher idealer 193
  stabile Betriebspunkte 195, 411, 414
  Stabilitätskriterium 196
  Stabilitätskriterium 410
  Stationaritätskriterium 194
  Stationaritätskriterium 410
  Wärmeabfuhrgerade 194
  Wärmeerzeugungskurve 194
  Zünd-Lösch-Hysterese 197
Zweifilmtheorie 362, 483
Zwischenkornvolumen